工程建设国家级工法汇编

（2009~2010 年度）

第五分册

本书编委会　编

中国建筑工业出版社

目　录

第五分册

2009~2010 年度国家一级工法

（升级版）

静态泥浆护壁旋挖式钻孔灌注桩施工工法

YJGF02—2002（2009～2010年度升级版-001）

山西机械化建设集团公司

王永强　安明　刘淑芳　冯廷华　岳效宁

1. 前　言

钢筋混凝土灌注桩是常用的一种深基础形式。当天然地基上浅基础沉降量过大或地基稳定性不能满足建筑物的要求时，常采用桩基础。随着我国现代化建设事业的迅猛发展，大型基础设施和高层建筑越来越多，荷载越来越大，钢筋混凝土灌注桩就成为最广泛使用的基础形式。

钢筋混凝土灌注桩种类较多，从成孔形式上，有人工成孔和机械成孔之分。在机械成孔中，有长螺旋钻孔，短螺旋钻孔，正、反循环回转钻成孔，回转斗钻孔，大锅锥钻孔，冲击式成孔等工艺。人工成孔、长螺旋钻孔工艺大多在地下水位以上，且孔深不宜太深的灌注桩中使用；正、反循环，是采用水介质取土成孔的一种工艺，该工艺需要大量的泥浆和水，且必须有足够的泥浆排放场地，很不适合场地狭窄环境的施工，同时大量的泥浆排放容易对周围环境造成严重的污染；在成孔过程中，泥皮的沉淀厚度不易控制，可造成桩侧摩阻力的降低，有可能极大地影响单桩承载力。大锅锥钻孔等成孔工艺虽然减少了大量泥浆的使用和排放，但施工方法原始，机械化程度低，需要花费大量的人力和时间。

静态泥浆护壁、旋挖式钻孔工艺是在吸收各种成孔工艺优势的基础上发展起来的一种新型的灌注桩成孔工艺。该工艺由于采用非水介质取土成孔，钻孔出土由钻具直接带出，不依靠泥浆输送，大大减少了泥浆的使用，因而成孔泥皮薄、孔径规矩，桩承载力稳定。同时，钻机的安装比较简单，钻头拆卸方便，机械化程度高，成孔速度快。该工艺污染小、噪声低、振动小，非常适于在市区施工，是灌注桩成孔工艺的发展方向。

近几年随着社会的发展，科技的进步，旋挖钻机的生产能力得到了大大的提高，目前国内正施工的旋挖钻机钻孔的最大钻径已达到2.8m左右，最大钻深达到110m左右。因此，在施工程序中，大直径超长钢筋笼制作、安装，泥浆的配制、循环，钻孔的清孔等方面的施工技术都有了很大的不同与提高。我公司2003年编制的国家级工法《静态泥浆护壁旋挖式钻孔灌注桩施工工法》已不能适应目前的施工状况。编制一部新的《静态泥浆护壁旋挖式钻孔灌注桩施工工法》已迫在眉睫。

新的《静态泥浆护壁旋挖式钻孔灌注桩施工工法》是在原国家级工法的基础上总结近几年来的工程实践经验，结合国内目前旋挖成孔灌注桩施工方面的新技术编制而成的。

2010年1月，山西建设厅组织相关专家对《静态泥浆护壁旋挖式钻孔灌注桩施工工法》关键技术进行了鉴定，鉴定结论为"达国内领先水平"。

2. 工 法 特 点

2.1 由于采取了非水介质取土，只需要少量泥浆护壁和清孔，大大减少了泥浆的需求和排放，减少了环境污染，降低了施工成本。

2.2 伸缩式钻杆的使用，避免了钻杆的频繁装配，减轻了劳动强度，加快了工程进度。

2.3 钻孔出土的随出随运，给场地运输带来很大方便，可节省运输费50%，同时节省了工程用水及用电。

2.4 钻机的安装比较简单，在施工场地移动比较快捷方便。

2.5 由于钻头的拆卸方便，可以根据土层的变化和钻进的需要随时更换钻头，加快了钻进速度，扩大了工艺的适用范围。

2.6 噪声低、振动小、污染小。

3. 适 用 范 围

静态泥浆护壁、旋挖式成孔工艺适用于淤泥、地下水位高的黏性土、粉土、砂土、人工填土及含有卵石、碎石的地层、软质岩和风化岩层，不适用的地层为含有强承压水的土层。

4. 工 艺 原 理

4.1 静态泥浆护壁、旋挖式钻孔工艺是在螺旋钻孔、回转斗钻孔、大锅锥等钻孔工艺水平的基础上，吸收综合各种成孔工艺优点发展起来的一种新型的、更适合于各种施工环境的灌注桩成孔工艺。由于采用了静态泥浆护壁，它使旋挖式钻孔工艺从单纯的地下水位以上土层中使用，发展到地下水位以下使用，同时也解决了成孔深度的局限性问题。

4.2 旋挖式成孔工艺是：非水介质取土成孔，钻孔出土由钻头直接带出，不依靠泥浆输送。

4.3 旋挖式钻孔机械的动力头由于机型的不同分别采用内燃机、电动机或液压马达，当动力头为液压马达时，其动力来自悬挂主机发动机。

4.4 旋挖式钻机的钻杆，既有多节连接式钻杆，也有伸缩式钻杆。当采用多节连接式钻杆时，钻具和钻杆的连接为穿入式，钻具可沿着钻杆滚动和爬行，提高了机械化程度。这种连接方式，钻具的拆卸和更换都非常方便。故钻具的形式可根据土层和钻进的需要随时更换。静态泥浆护壁、旋挖式成孔钻机是水介质取土钻机的换代产品。

5. 施工工艺流程及操作要点

5.1 工艺流程图（图5.1）

5.2 施工准备

5.2.1 技术准备

1. 桩基工程施工图及图纸绘审纪要。

2. 建筑场地和邻近区域内的地下管道、地下构筑物、危房、精密仪器车间等的调查资料。

3. 水泥、砂石、钢筋等材料及其制品的质检报告。

4. 主要施工机械及其配套设备的技术性能资料。

5. 桩基施工组织设计或施工方案。

5.2.2 施工场地准备

1. 场地地表处理

当地表为松散欠固结的人工填土、粉细砂、粉土、湿陷性黄土时，可采用低能级强夯加固表层土。加固深度取5m左右，可以有效防止成孔过程中塌孔事故的发生；如加固深度取10m左右，可有效消除场地负摩擦力、砂土的液化与沉陷对桩基的不利影响，提高桩基单桩承载力。

2. 打桩施工面的设置：打桩施工面应根据现场实际情况确定，应注意以下几点：

1）施工面距地下水位应大于1.5m以上。

2）地下水位以上的松散杂填土层，因易跑浆、漏浆造成塌孔，最好予以清除，当清除后的场地标高距地下水位高度太小时，可辅填一定厚度的垫层作打桩施工面，或先行降低水位后再进行打桩施工。

3. 施工前应做好场地平整工作，对于不利于施工机械运行的松软场地应进行坚实处理，施工面最好硬化，雨季施工应做好排水措施。

4. 在建筑物旧址或杂填土地区施工时，应预先进行钻探并将探明在桩位处的旧基础、石块、废弃障碍物挖掉或采取其他处理措施。

5. 对于和施工场地相邻的施工管线、危房等采取相应的隔离和保护措施。

5.2.3 泥浆循环系统的设置

1. 由于钻孔护壁和清孔的需要，需制作一定数量的泥浆，同时为了保持施工场地的干燥，防止污染和浸泡，需进行循环系统的合理规划。

2. 施工场地设置泥浆池，每组泥浆池设循环池一个，容积应大于桩容积的 1.5 倍，沉淀池两个，每个不小于 $15m^3$，两个轮换使用，一个进浆沉淀，一个关闸清理。沉淀池进出口设闸门，沉淀池上口应高出循环池 0.5m。

3. 施工场地设置环形泥浆槽，泥浆池和泥浆槽均应用砖砌筑，池壁和池底用水泥砂浆抹面。

5.2.4 泥浆的制备

1. 泥浆又称稳定液，泥浆成分主要有水、塑性指数大于 17 的黏性土、膨润土、增黏剂、分散剂等。泥浆制作材料主要有：

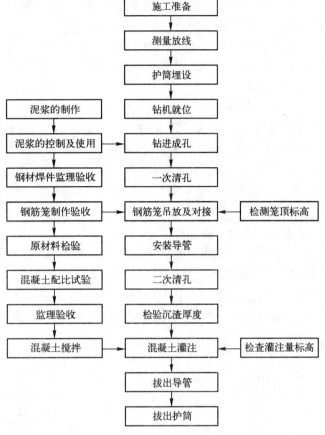

图 5.1 工艺流程图

1）膨润土，以蒙脱石为主的黏土性矿物，塑性指数 I_p 大于 17，小于 0.005mm 的黏粒含量大于 50%；该土具有相对密度低、含砂量小、失水量小、护壁后泥皮薄、稳定性强、固壁能力高等优点。

2）CMC，羧甲基纤维素钠盐，可增加泥浆黏性，使土层表面形成薄膜而防护孔壁剥落，并有降低失水量的作用。

3）碱类，Na_2CO_3 及 $NaHCO_3$，可增大水化膜厚度，提高泥浆胶体率和稳定性，降低失水量，同时加入碳酸钠不能提供钠离子，对膨润土进行改性处理。

4）PHP 聚丙烯酰胺，为高分子聚合物，能提高泥浆的黏度，保持不分散，低固相的性能。

2. 泥浆的性能指标

1）相对密度　1.1～1.15

2）黏度　10～25s

3）静切力　1min 20～30mg/cm²
　　　　　　10min 50～100mg/cm²

4）含砂率　<6%

5）酸碱度 pH 为 7～9

6）胶体率　>95%

7）失水量 <30mL/30min

3. 泥浆的检测

全班工作日开始时，要测定闸门口泥浆下面 0.5m 处的全套指标；在钻进过程中，每隔 2h 测定一次进浆口和出浆口的比重、含砂量、pH 值等指标；在停钻过程中，要每天测定一次各闸门口处 0.5m 外的全套指标。

4. 泥浆的配制应根据钻孔的工程地质情况、孔位、钻机性能等确定。泥浆材料的选定和基本配合比确定应以最容易坍塌的土层为主，初步确定泥浆的配合比，并通过试桩成孔做进一步的修正。

5. CMC、PHP 等外加剂为非速溶水解型材料，使用前先在 60℃ 的水温下进行水解，搅拌至全部分散于水中，放置 1d 后使用。

6. 浆泥拌制的顺序是先注入规定数量的清水，边搅拌边放入膨润土，拌制 30min，使膨润土颗粒充分分散、水化，然后加入纯碱、最后再均匀投入 CMC、PHP 等外加剂水解液，使之充分搅拌混合，静置 12h 后使用。

5.2.5 护筒的制作

护筒的规格，护筒内径 ϕ 为桩径＋100mm，护筒高度由地质条件确定，当在黏性土中时，护筒高度不宜小于 1.2m，当在砂土中时，护筒高度不宜小于 1.7m。护筒采用 4～8mm 厚钢板制作，在护筒的上部设两吊环，一为起吊用，二为绑扎钢筋笼吊筋，压制钢筋笼的上浮。护筒顶端正交刻四道槽，以便挂十字线，以备验护筒、验孔之用。在护筒顶设置一溢浆口（高×宽＝200mm×300mm），以方便清孔或灌注混凝土时泥浆排出。

5.2.6 混凝土的搅拌

1. 混凝土的搅拌采用集中搅拌，电子自动计量，小型搅拌站系统，同时配备两台 300L 搅拌机，以备搅拌站产生故障时备用。

2. 每盘砂、石、水泥外加剂等用量现场标牌公布。

3. 按每根桩需要的灌注时间确定混凝土的初凝时间，并按初凝时间的控制标准确定缓凝剂的填加量。

5.2.7 电源准备

1. 总用电量按下列公式计算：

$$P = 1.1 \times \left[K_1 \frac{\sum P_1}{\cos \phi} + K_2 \sum P_2 \right] \times 1.1 \tag{5.2.7}$$

式中　1.1①——系数；

　　　1.1②——照明用电系数；

　　　P_1——电动机额定功率（kW）；

　　　P_2——电焊机额定用量（kVA）；

　　　K_1——电动机要求系数，取 0.6；

　　　K_2——电焊机要求系数，取 0.6；

　　　$\cos \phi$——功率因素，取 0.75。

2. 需配备临时发电设备，以备突然停电时使用，以避免钻孔和灌注时事故的发生。

3. 根据施工总平面的布置，合理设置配电箱。

5.2.8 钢筋加工

钢筋笼的制作场地应选择在运输比较方便的场所，最好设置在现场内。

1. 主筋连接

钢筋笼主筋的连接方式主要有焊接和机械连接，在同一截面内的钢筋接头数不得多于主筋总数的 50%，两个接头点间的距离不应小于 35d，且最小不得小于 500mm。

1) 焊接

主筋连接可采用对焊、搭接焊、绑条焊等，当主筋采用搭接焊时，单面焊时焊接长度≥10d，双面焊时焊接长度≥5d。钢筋笼焊接时不得从主筋上引弧，以免损伤主筋。焊缝表面应连续、光滑、饱满，不得有夹渣、气孔现象，焊缝余高应平缓过渡，弧坑应填满。搭接焊接头中心应与主筋轴心一致。

2) 机械连接

机械连接方式主要为挤压套筒连接、锥螺纹连接、直螺纹连接。当采用直螺纹连接时主要工序为：钢筋切头、加工丝头、戴帽保护、连接施工。

2. 加劲筋制作

加劲筋一般采用单面或双面搭接焊，制作时，首先制作加劲筋模具，用钢尺校核模具尺寸后，方可批量生产。加劲筋加工好后，码放整齐，挂标牌以备组装钢筋笼时使用。加劲筋在组装钢筋笼前，接头只点焊，待和主筋组装好后，才可对接头进行单面或双面搭接施焊，以避免钢筋局部受热变形。

3. 螺旋箍筋制作

螺旋筋加工前用卷扬机进行拉伸，提高钢筋的抗拉强度，并用圆筒卷成半成品挂标识牌存放。

5.2.9 钢筋笼拼装

1. 首先在钢筋笼骨架成形架上安放加劲筋，在加劲筋上标出主筋位置，然后将主筋依次点焊在加劲筋上，要确保主筋与加劲筋相互垂直。当钢筋笼直径比较大时，应在加劲筋上焊接十字钢筋支撑，确保加劲筋不变形。

2. 将骨架推至外箍筋滚动焊接器上，按规定的间距缠绕箍筋，并用电弧焊将主筋与箍筋固定。

3. 将主筋与箍筋用绑丝跳点、双丝绑扎牢固。

4. 钢筋笼制作成形检查合格后挂标牌于钢筋笼堆放场地，用垫木垫放整齐，防止钢筋笼变形、锈蚀、油污。

5. 当采用直螺纹套筒连接时，钢筋笼加工应将两节钢筋笼节段在一起加工，当两节段钢筋笼加工完毕，做好标记后，将两节钢筋笼连接的直螺纹套筒用扳手拧开，将第一节钢筋笼吊至钢筋笼存放区存放；第三节钢筋笼的制作以第二节钢筋笼为基础进行制作，当第三节钢筋笼加工完毕，将第二、三节钢筋笼间的连接套筒拆开，做完标记后，吊装第二节钢筋笼至钢筋笼存放区存放；按照相同原理进行后序钢筋笼节段的加工。

5.2.10 钢筋笼定位器的设置

为确保钢筋笼保护层厚度，沿主筋外侧，每4m设立一组钢筋笼定位器，定位器采用混凝土滚轴式定位轮，同一截面上均匀地布置3个。与传统的钢筋笼定位器相比，混凝土滚轴式定位轮定位效果好，下放钢筋笼过程中不易变形脱落，且不受某些特殊环境（如海水环境）的制约。

5.3 施工测量放线

5.3.1 开工前，专职测量员要对本工程所需使用的所有测量仪器、工具进行查验，保证其在校准有效期内；查验不合格的测量仪器、工具要及时送至当地技术监督局进行校准。

5.3.2 施工机械进场前，专职测量员会同业主、设计单位和监理单位对所交导线桩进行复测，复测过程中发现有松动、沉陷和丢失的平面、高程控制桩，以及测量不符时，及时提出，由监理工程师最终确定正确坐标和高程。

5.3.3 要在桩位平面外建立测量控制网，测量控制网要符合精度要求，各桩位均应在测量控制网下采用全站仪或经纬仪测定。测量控制网的控制桩用混凝土浇筑，埋设深度不少于80cm，埋设高度高出施工场地5cm，应对每个控制桩逐一编号、标识，并设立明显保护装置和标志。测量控制桩应定期复核。

测量控制网的技术要求见表5.3.3。

测量控制网的技术要求   表5.3.3

平均边长 （m）	量距相对中误差	导线相对闭合差	DJ2测回数	测角中误差 （″）	多边形方位闭合差 （″）	高程闭合差 （mm）
≤100	≤1/20000	1/10000	2	10	$20\sqrt{n}$	$10\sqrt{n}$

注：导线全长小于200m时，其绝对闭合差不应大于20mm。

5.4 护筒的埋设

5.4.1 护筒具有导正钻具，控制桩位，隔离地面水渗漏，防止孔口坍塌，抬高孔内静压水头和固定钢筋笼等作用，应认真埋设。护筒的埋设方法有挖坑埋设法和打（压）入埋设法，当地质条件复杂时宜采用挖坑埋设法。挖坑埋设时，先放出桩位中心点，在护筒外80～100cm的过中心点的正交十字线上埋设控制桩，然后在桩位外挖出比护筒大60cm的圆坑，深度与护筒高度相同，在坑底填筑20cm厚的黏土，夯实，然后将护筒用钢丝绳对称吊放进孔内，在护筒上找出护筒的圆心（可拉正交十字线），然后通过控制桩放样，找出桩位中心，移动护筒，使护筒的中心与桩位中心重合，同时用水平尺（或吊线坠）校验护筒竖直后，在护筒周围回填含水量适合的黏土，分层夯实，夯填时要防止护筒的偏斜。

5.4.2 钢护筒的中心应与桩中心重合，当中心偏差不大于 50mm，垂直度不大于 1/200 后，钻机可就位开钻。

5.5 钻机就位

5.5.1 履带式钻机就位

首先做好场地的平整及压实，使主机左右履带板处于同一水平面上，动力头方向应和履带板方向平行，切不可垂直，开钻前调整好机身前后左右的水平。

5.5.2 步履式锅锥钻机

首先做好场地平整，机架就位后进行调平，第一次调平后挂钻杆，并将钻尖对准钻孔中心位置，旋入坑后，再次调整机架水平，两次调平后才能保证成孔垂直度，以后在每次接杆时，还应再按上述步骤进行。

5.5.3 大锅锥钻机

首先做好三角架支腿的支撑，支腿支点要放好垫木，以防滑动。三条支腿腰身用型钢进行连接，以增强三角架整体刚度。

5.6 钻进成孔

5.6.1 在护筒内注满泥浆后，开始钻进，钻进过程中要随时不断补充泥浆，使孔内始终保持高于地下水位 1～1.5m 的水头高度，同时应根据土质情况调整泥浆配方和比重。

5.6.2 在钻进过程中，要根据地层的变化，及时更换不同形式的钻头。

5.6.3 在钻进过程中不可进尺太快，由于是泥浆护壁，要给予足够的护壁时间。

5.6.4 必须始终控制钻斗在孔内的升降速度，因为如果快速地上下移动钻斗，那么水流将以较快的速度由钻斗外侧和孔壁之间的孔隙流过，导致冲刷孔壁，有时还会在其下方产生负压力导致孔壁坍塌，所以应按孔径的大小及土质情况来调整钻斗的升降速度，见表 5.6.4。

钻斗升降速度   表 5.6.4

桩径（mm）	700	1200	1300	1500
升降速度（m/s）	0.973	0.784	0.628	0.575

5.6.5 当孔壁泥浆皮沉淀较厚时，可用扫孔钻头上下往复，扫刷孔壁。

5.7 钻孔出土及清理

5.7.1 对于旋挖钻机动力头有自动限位装置的，钻孔出土时，钻头提出孔口后摆向一侧，通过反转甩土或打开筒形钻，使其钻出的土卸在一边。

5.7.2 对于旋挖钻机动力头没有自动限位装置的，钻孔出土时，在孔口设立专门的出土装置，钻头只进行垂直上下往复运动，不做水平向摆动。出土装置是在井口安装轨道，行走平板车，当钻头提出孔口后，将平板车推入钻头下，钻头卸土后，再将平板车推离孔口。

5.8 一次清孔

5.8.1 当钻孔深度达到设计要求后，将钻杆提起后更换平底清渣钻头，将钻头下至孔底后，钻杆不加力，使钻头在孔底空转清渣。重复几次后，清孔完毕。

5.8.2 清孔后提出钻头，由质量员和工程监理进行孔径、孔深、垂直度检测，验收合格后，移走钻机，盖好盖板，进行下道工序施工。

5.9 钢筋笼的吊放

5.9.1 钢筋笼的吊放要对准孔位、扶稳、缓慢，避免碰撞孔位，到位后立即固定。

5.9.2 多节钢筋笼吊放时，应将钢筋笼在孔口接长后再放入孔内，利用先插入孔内的钢筋笼上部架立筋将笼体固定在护筒上，再利用吊装机械将上节钢筋笼临时吊住进行两节钢筋笼的对接和绑扎。

5.9.3 当采用焊接连接钢筋笼时，宜采用绑条焊。钢筋笼对接后要请质量员和工程监理对焊缝检查验收，冷却后再沉入孔内。

5.9.4 当采用机械连接的钢筋笼对接时，按照已做的标记对位，使各钢筋的对准率达到 95% 以上，对于少数由于起吊钢筋笼变形引起的错位，可以用小型（1～3t）手动葫芦牵引就位。对于极少数错位严重的，无法进行丝扣对接，则可采用帮条焊的焊接方法解决，帮条焊要求焊缝平整密实，焊缝长度符合规范规定，确保焊接强度质量。

5.9.5 钢筋笼安装过程中应防止碰撞孔壁，当下放困难时，应查明原因，不得强行下放。

5.9.6 钢筋笼的标高定位，可采用锁定式吊杆，当灌注桩空桩深度较大时，尤为必要。使用两根长度略大于施工面至桩顶距离的φ40的钢管，在钢管下端焊若干定位环，间距5cm，在钢筋笼顶端下到孔口时，按照孔口标高至桩顶标高的距离尺寸，确定要使用的定位环顺序，将确定的定位环从主筋外侧首道加劲筋下面插到主筋里侧，再从内侧向环内插入两根同吊杆一样长的插销，将吊杆锁定，插销上端与吊杆上端绑扎在一起，起吊吊杆，将钢筋笼徐徐下放到位，然后将吊杆吊环与护筒绑扎在一起，将钢筋笼固定，同时可防止灌注混凝土时钢筋笼的上浮。

5.10 安放导管

5.10.1 钢筋笼吊入固定后，应逐步安放导管，导管的壁厚不宜小于3mm，直径200～250mm，钻孔深度大时，宜选用大直径导管，以确保导管良好的通导性。

5.10.2 导管直径的制作偏差不应超过2mm，底管长度不宜小于4m。导管使用前进行拼装打压，以检查导管是否有砂眼、变形、密封不严的情况，试水压力为0.6～1.0MPa，导管安放触孔底后，上提300～500mm。

5.11 二次清孔

导管安放工序结束后，检测孔底泥浆和孔底沉渣厚度，若两个条件同时满足要求，可直接灌注混凝土。如果有一项不能满足要求，需进行二次清孔。二次清孔可采用两种方法，一是正循环清孔方法，二是气举反循环法。

5.11.1 当孔径小于800mm，钻孔不深时，采用正循环清孔法。将泥浆泵的高压管和灌注导管连接密封，开启泥浆泵，将泥浆顺导管压入孔底，泥浆携带钻渣从孔底上升至孔口，流出孔外，进行泥浆循环。

5.11.2 当孔径大于800mm，钻孔较深时，采用气举反循环清孔法。它是利用空压机的压缩空气，通过安装在导管内的风管送至桩孔内，高压气与泥浆混合，在导管内形成一种密度小于泥浆的浆气混合物，在导管内外压力差的作用下，使泥浆不断沿导管上涌，排出导管以外，形成反循环。它具有清孔速度快、清渣干净彻底的优点。主要步骤包括：在导管内插入下部开有毛细孔的高压胶管（混合器），将高压胶管与空压机连接，开启空压机向导管内送入高压气体，进行气举反循环。

5.11.3 清孔环节泥浆的调控

泥浆携带钻渣进入沉淀池中，为了使泥浆中的钻渣尽快絮凝沉淀而分离出来，这时可向沉淀池中加入不含外加剂的纯膨润土浆，降低池中的PHP含量，提高絮凝作用，降低泥浆中的含砂率。当泥浆由沉淀池流入循环池时，应加入新鲜的浓泥浆来提高PHP含量，增加泥浆黏度，维持泥浆的高性能，再回流至钻孔内。

5.11.4 当孔底沉渣厚度小于设计要求后应再进行一段时间的泥浆循环，以置换泥浆降低泥浆比重，当泥浆比重<1.20时，方可停止清孔，马上进行灌注。清孔完毕与灌注混凝土的间隔时间不超过45min，以防孔内沉渣再次沉淀及钻孔缩颈的发生。

5.11.5 浇筑混凝土前，孔底500mm以内的泥浆比重应小于1.25，含砂率≤8%，黏度≤28s。

5.12 水下混凝土的灌注

5.12.1 清孔完毕后，在导管上口安装灌料斗，再由导管上部塞入隔水栓，塞入深度以临近水为准。隔水栓可采用皮球。首罐混凝土的容积要大于首次封底后导管埋深1m所需混凝土量的体积。

5.12.2 随着不断的灌注，孔内混凝土面的上升，根据导管的埋深和返水情况，随时提升和拆卸导管。灌注混凝土过程中，设专人测量、记录混凝土灌入量、孔内混凝土面升高值、导管埋深等数据，保证每次拆卸导管后导管埋深要求，导管底端必须保证埋入管外的混凝土面以下 2～3m，且不得大于 6m，避免和禁止导管脱离混凝土面。对浇筑过程中的一切故障均应记录备案。

5.12.3 每根桩的浇筑时间按初盘混凝土的初凝时间控制，桩的超灌高度为 0.8～1.0m。

5.12.4 直径大于 1m 或单桩混凝土量超过 25m³ 的桩，每根桩桩身混凝土应留有一组试件，直径不大于 1m 的桩或单桩混凝土量不超过 25m³ 的桩，每个灌注台班不得少于一组。

5.12.5 在灌注时应防止钢筋笼上浮。在混凝土面距钢筋笼底部 1.0m 左右时，应降低灌注速度。当混凝土面升至钢筋笼底口 4.0m 以上时，提升导管，使导管底口高于骨架底部 2.0m 以上，即可恢复正常速度灌注。

6. 材料与设备

6.1 材料

6.1.1 钢筋

1. 钢筋应按计划进场，进场钢筋应有出厂合格证及出场检验报告，进场钢筋应分等级、规格挂牌标识，标识内容主要有：名称、规格、型号、数量、产地、进货日期，钢筋堆放时，下垫垫木，至少离地面 20cm，以免受潮。要准备彩条布，下雨时覆盖在钢筋上，避免雨淋生锈。

2. 每批进场钢筋都应做复试报告。复试报告合格后才允许使用。同规格、同炉号、同批号的钢筋每 60t 为一检验批，不足 60t 的也按一批计算。取样数量：二根冷弯试验、二根拉力试验。取样长度：根据不同试验室检测机械来确定，一般为 45cm 左右。取样部位：试件应在距钢筋端头 500mm 以上的部位截取。每批钢筋中任选二根钢筋，在每根钢筋上截取一根拉力试件，一根冷弯试件。以上拉力、冷弯试验如有一项不满足要求，应取双倍数量进行复试，如果复试仍不满足要求，则该批钢筋为不合格产品。对不合格的产品应予以封存和退货，内部做好记录，严禁用于工程中。

6.1.2 混凝土

1. 混凝土如采用商品混凝土，要选择信誉好、质量可靠的厂家提供。应提前给厂家提供混凝土的设计要求，如强度、坍落度、水泥有无特殊要求等。水下灌注混凝土的坍落度一般为 180～220mm。

2. 混凝土如果自己搅拌，要提前做配合比试验。并且所用材料使用前必须进行试验，符合要求才能使用。

1）砂宜选用含泥量不大于 3%～5% 的中粗砂。同一产地，同一进场时间，每 400m³ 或 600t 为一个检验批。

2）粗骨料可选用卵石或碎石，最大粒径应不大于 40mm，并不大于钢筋间最小间距的 1/3。同一产地，同一进场时间，每 400m³ 或 600t 为一个检验批。

3）水泥应符合设计要求，强度等级要与混凝土强度相匹配。袋装水泥同一批号每 200t 为一个检验批；散装水泥同一批号每 500t 为一个检验批。

4）混凝土用水也应进行检测，或使用饮用水。

5）混凝土应具备良好的和易性，初凝时间一般不低于 4h。

6.2 钻机及钻具

6.2.1 钻机构造：主机有履带式、步履式和车装底盘式。

6.2.2 动力头：

1. 结构形式：

1）和主机动力分离式

2）和主机动力合一式

2. 动力形式：

1）柴油发动机

2）电动机

3）液压马达

6.2.3 主要机型

1. 短螺旋钻机：代表机型 RT3/S 型，意大利土力公司制造，主机为履带式起重机，动力头和主机分离，动力头为柴油机，可用回转斗钻具。

2. 回转斗钻机：

代表机型 1）HR160，意大利迈特公司制造，主机为履带式起重机，动力头为液压马达，主机发动机为柴油发动机，钻杆为伸缩式。

代表机型 2）GXW1000 型锅锥钻机，张家口探矿机械厂制造，主机为步履式，动力头为电动机，钻杆为多节钻杆。

3. 大口径桩机：代表机型 DGJ1.5 型，山东黄泰实业集团公司、山东电力设备检修安装总公司制造，主机为步履式，动力头为电动机。

4. 大锅锥工程钻机：属比较原始的机动推锥，但由于结构简单、轻便，适合于大机群施工。节能省电，仍不失一种补充机型，动力头为电动机。

6.2.4 钻具的类型

1. 短螺旋钻：为变导程钻头，钻进速度快，正钻钻进，反钻甩土。根据不同土层选用不同形式钻头。

1）尖底钻头：适用于黏性土层，刃器上焊硬质合金刀头后，可钻硬土。

2）平底钻头：适合于松散土层。

3）耙式钻头：适用于含有砖头瓦块的杂填土。

2. 回转斗钻：

适用于淤泥、地下水位高的黏性土、粉土、砂土、人工填土以及含有部分卵石、碎石的地层，主要靠钻杆和钻斗的旋转及重力钻进，其斗牙可采用不同的切削角度。

3. 筒形钻：筒底带活门的锅锥钻斗，适用于流塑状土层的钻进及孔底沉渣的捞取。

4. 大卵石锥：适用于卵石层，为提升式钻锥，锥身为铁链网，用于拦储卵石。

5. 风化岩锥：用于风化岩层的钻削。

6. 辅助锥：

1）螺旋锥：它的功能是将较密实的卵石层搅松，或将卵石挤进孔壁，便于卵石锥钻进。

2）扩孔锥：利用伞形的开合原理，沿传力杆对称地布置 4 组开合器，每组开合器分上下两段活节，对于不适于钻深孔的地方，为了提高桩的承载力，可用这种锥头扩孔，获得扩大的底面积。

7. 扫孔钻：

用于沉淀泥皮过厚时，孔壁的扫刷。

6.3 施工所需的其他机械设备

6.3.1 混凝土搅拌和灌注设备。

6.3.2 钢筋骨架加工机械。

6.3.3 造浆和清孔排水设备。

6.3.4 钢筋笼吊放机。

6.3.5 土方清理机械。

6.4 测量仪器的配备

6.4.1 测量仪器

全站仪、J_2 经纬仪 、SD_3 水准仪、钢卷尺等。

6.4.2 泥浆测试仪器

波美仪、黏度仪 、浮筒切力仪 、pH 试纸 、含砂率仪 、100mL 量筒、滤纸等。

7. 质量控制

7.1 质量控制标准及要求

7.1.1 本工法所采用的施工技术规范

1. 中华人民共和国行业标准《建筑桩基技术规范》JGJ 94—2008；

2. 中国有色金属总公司、中华人民共和国冶金工业部标准《灌注桩基础技术规程》YSJ 212—92、YBJ 42—92；

3.《地基与基础工程施工质量验收规范》GB 50202—2002。

7.1.2 质量标准要求

1. 钢筋笼制作允许偏差：

1）主筋间距±10mm；

2）箍筋间距±20mm；

3）直径±10mm；

4）长度±100mm；

5）主筋保护层允许偏差±20mm。

2. 灌注桩施工的有关允许偏差：

1）桩位放样允许偏差为：群桩 20mm，单排桩 10mm；

2）护筒中心与桩位中心偏差≤50mm；

3）孔深允许偏差＋300mm；

4）桩径允许偏差±50mm（桩径允许偏差的负值指个别断面）；

5）垂直度允许偏差＜1%；

6）孔底沉渣厚度（包括泥浆沉淀及虚土），摩擦桩≤100mm；端承桩≤50mm；抗拔、抗水平力桩≤200mm；

7）钢筋笼安装深度允许偏差±100mm；

8）桩顶桩高允许偏差－50mm～＋30mm；

9）平面位移：1～3 根、单排桩基垂直于中心线方向和群桩基础的边桩允许偏差为：$d/6$ 且不大于 100mm（$d≤1000mm$），$100+0.01H$（$d＞1000mm$）；条形桩基沿中心线方向和群桩基础的中间桩允许偏差为：$d/4$ 且不大于 150mm（$d≤1000mm$），$150+0.01H$（$d＞1000mm$）。（H 为施工现场地面标高与设计标高的距离，d 为设计桩径）。

3. 混凝土的要求：

1）配合比符合设计，水泥用量不少于 360kg/m³；

2）坍落度为 18～22cm；

3）混凝土具有良好的和易性、保水性，初凝时间应控制在 4h 以内；

4）严格控制水灰比；

5）搅拌时间不少于 3min；

6）材料允许偏差：水泥 2%，砂石 3%，水 2%；

7）直径大于 1m 或单桩混凝土量超过 25m³ 的桩，每根桩桩身混凝土应留有一组试件，直径不大于 1m 的桩或单桩混凝土量不超过 25m³ 的桩，每个灌注台班不得少于一组。

7.2 质量控制措施

7.2.1 加强原材料试验工作，严格执行各种材料的检验制度，不合格材料严禁进场和使用，水泥、钢材均应有出厂证明和试验资料，混凝土要做配比试验，严禁套用配合比。

7.2.2 钢筋笼成形绑扎点焊引弧不得在主筋上进行。

7.2.3 护筒的埋设、泥浆的制备、钻孔的清孔要有专人负责，严禁缩颈、夹层、歪斜等质量通病。

7.2.4 为防止钻斗内的土砂掉落到孔内，使泥浆性质变坏或沉淀到孔底，斗底活门在钻进过程中始终应保持关闭状态。

7.2.5 钻机因故停止钻孔时，应设专人值班补浆，防止塌孔事故。

7.2.6 钻孔成孔后要及时灌注，不得过夜，以免造成缩径和塌孔。

7.2.7 测绳要定期用钢尺校验，当更换测绳、搭接测绳或其他不明情况发生时，要随时用钢尺检验。

7.2.8 混凝土灌注时，要防止钢筋笼上浮，必须对钢筋笼采取足够的压制力。

7.2.9 混凝土灌注完毕，开始初凝，即割断钢筋笼挂环，使钢筋骨架不影响混凝土的收缩，及钢筋与混凝土的粘结力。

7.2.10 灌注导管使用后要及时用水清洗，管壁、接口处要经常检查，随时清除砂眼、接口变形等隐患，破损的胶垫和连接螺栓要及时更换。

7.2.11 离析和停滞时间较长的混凝土应进行二次搅拌。

7.2.12 每个台班做两次塌落度试验，并检测砂石含水量、调整水灰比和塌落度。

7.2.13 做好测量控制，保护好测量控制点，经常进行复测。

7.2.14 认真做好施工记录和各项原始记录管理，做到完工资料齐全，并及时整理归档，成孔记录和灌注记录应做到一桩一表。

8. 安 全 措 施

8.1 贯彻安全第一、预防为主的安全工作方针，加强安全教育，严格执行安全生产制度和操作规程，做好安全交底。

8.2 建全安全管理组织，各级管理组织设立专职质量安全员和兼职安全员，对安全关键部位进行经常性检查。

8.3 大直径灌注桩井口设安全盖，防止掉物和塌孔。

8.4 加强机械维护、检修、保养，机电设备由专人操作。

8.5 严格用电管理，施工现场的一切电源电路的安装和拆除，必须由持证电工操作，电器必须严格接地、接零和漏电保护器，场地电缆应架空，严禁拖地和埋压土中。

8.6 做好防雨、防雷和防洪措施，现场工人作业须戴安全帽。

8.7 严禁酒后操作机械和上岗工作。

8.8 混凝土灌注完后的空桩孔位，要及时回填压实。

9. 环 保 措 施

需严格遵守《中华人民共和国环境保护法》以及地方法规和行业企业要求，采取措施控制施工现场的各种粉尘、废水、废气、废泥浆、废渣等对环境的污染和危害。环境保护坚持"预防为主、防治结合"的方针，努力实现可持续发展战略，最大限度地减少施工对周围环境的影响。

9.1 泥浆池在无桩位处设置。池的容量应大于计算泥浆数量，防止泥浆数量大而外溢，造成四处横流污染四周环境。

9.2 废弃泥浆要及时运至场外指定区域，或请专业公司清理。

9.3 用泥浆泵将泥浆装到泥浆车上外运。在装、运、倒过程中要防止跑、冒、滴、漏的现象出现。

9.4 对油料等易挥发品的存放要密闭，并尽量缩短开启时间。

9.5 严禁在施工现场焚烧塑料包装、油毡、橡胶、塑料、皮革包装以及其他产生有毒有害气体的物质。

9.6 在运输砂石、水泥和其他易飞扬的细颗粒散体材料时，用篷布覆盖严密、并装量适中，不得超限运输，以减少扬尘。

9.7 在搅拌站作业时，作业人员配齐劳动保护用品。

9.8 合理安排施工作业时间，减少夜间施工对当地居民的干扰。

9.9 机械车辆途径居住场所时应减速慢行，不鸣喇叭。

9.10 对使用的工程机械和运输车辆安装消声器，并加强维修保养降低噪声。

9.11 在施工期间始终要保持场地的良好排水状态。

9.12 在搅拌站设置沉淀池，废水经沉淀处理，达标后排放。

10. 效 益 分 析

10.1 静态泥浆护壁旋挖式钻孔灌注桩施工工艺，是吸取了各种成孔工艺优势发展起来的一种新型施工工艺。从钻机、钻杆及钻头的安装、拆卸及使用上，它节省了大量的人力，提高了机械化程度，减轻了劳动强度，从而加快了工程进度；钻孔出土的随出随运，给场地运输带来很大方便，可节省运输费50%，同时节省了工程用水费及电费。该工艺施工时，还有一最大优势就是噪声低、振动小，适用于各种土层。

10.2 另外该工艺由于其施工速度快，施工质量好，土层适应性广，也常作为公路、铁路桥梁受灾害抢险时的首选工艺。

11. 应 用 实 例

11.1 新疆国际会展中心地基与基础工程

新疆国际会展中心基础形式为钢筋混凝土灌注桩，桩端持力层为中风化泥质粉砂岩，桩端进入持力层深度1.5～2.0m。其中φ600mm的桩156根，φ800mm的桩527根，φ1000mm的桩365根，桩长平均为24m，灌注桩均采用静态泥浆护壁旋挖式成孔工艺，且采用桩端后压浆工艺。

该工程于2009年4月30日开工，至2009年7月20日完工。新疆建筑设计院岩土工程质量检测站于2009年6月～10月对该工程桩基进行了静载荷试验、声波透射法检测、钻芯法检测、低应变检测，结果显示各项指标均达到设计要求。

11.2 西安咸阳机场专用高速公路Ⅰ标段桥梁桩基工程

西安咸阳国际机场专用高速公路Ⅰ标段朱宏路立交桥桩基，采用静态泥浆护壁旋挖式钻孔灌注桩，地层自上而下依次为粉土、细砂、黏土、细砂、黏土，设计桩径为1300～1500mm，设计桩长40～50m。该工程于2007年1月20日开工，2007年3月30日完工。完工后经检测单位进行静载荷试验等检测，各项指标均达到设计要求。该高速公路于2009年7月8日正式通车。

11.3 临汾市平阳河大桥加固、加宽扩建工程

临汾市平阳河大桥位于临汾市郊区，长564m，宽度由原18m扩建为43m，其桩基采用静态泥浆护壁旋挖式钻孔灌注桩，地层主要以砂层为主，设计桩径1500mm，设计桩长50m左右，该工程于2007年3月18日开工，2007年5月2日完工，完工后经检测单位进行静载荷试验等检测，各项指标均达到设计要求。该桥目前已通车。

静压沉管夯扩灌注桩施工工法

YJGF05－98（2009～2010年度升级版-002）

福州市第七建筑工程有限公司　福建六建集团有限公司

张孝松　王世杰　林元明　黄高飞　姜勇

1. 前　　言

静压沉管夯扩灌注桩（简称扩头桩）是参照国内外有关资料开发的一种桩型。静压沉管夯扩灌注桩与传统的沉管桩相比除具有单桩承载力高、桩身质量得到充分保证外，还有经济合理、造价低、施工环保的特点。很适合软土地区、多层住宅和中小型工业厂房降低造价，缩短工期。我公司通过福建省福州市福兴住宅小区、安徽省淮南市惠利花园城银鹭山庄组团三、组团四等已竣工工程的施工实践，取得了良好的技术成果和经济效益。

2. 工 法 特 点

2.1　工序明确，对每个工序都有控制标准，产品质量有保证。操作简便工效高，周期短，施工 1 根桩仅需 1h 左右。

2.2　施工噪声小无污染，符合环保要求。

2.3　静压沉管夯扩灌注桩比普通沉管桩的单桩承载力高，桩总数减少，桩身混凝土强度得到更好发挥。材料节约，经济效益好。

3. 适 用 范 围

适用于软土地区、多层住宅和中小型工业厂房的扩头桩施工，扩头桩适用于桩端持力层为中低压缩性黏土、粉土、砂土、碎石类土的砂土与粉土、粉质黏性土等。埋深不大于20m。

4. 工 艺 原 理

4.1　静压沉管夯扩灌注桩是一种现场灌注的混凝土桩，它通过静压系统将套管沉至设计标高，先用内夯锤将管内混凝土击出管外，形成扩头。后灌入混凝土安置钢筋笼，最后将套管拔出，留在土中混凝土则形成扩头桩。由于在持力层中夯扩挤密形成扩大头，既增加了桩端截面积，又增加了地基土密度，从而使桩的竖向承载力有较大的提高。

4.2　静压沉管夯扩灌注桩的荷载传递机理（与非扩头桩相比）为桩端扩头增加受力面积，减少了桩尖的刺入位移，提高土对桩的抗力，从而使桩身混凝土得到充分发挥，其摩阻力沿桩身均匀分布受力时，扩大锥面上土体成拱形与锥面有脱离趋势，承载时桩端应力收敛较一般桩快 2～3d（d 为扩大头直径）。

5. 施工工艺流程及操作要点

5.1　施工工艺流程

本工法施工工艺流程图如下：

施工准备——桩尖定位、埋设——桩机就位——试桩——打桩——扩大头施工——吊放钢筋笼——浇筑混凝土——拔除桩管——桩机移机。

5.2 操作要点

5.2.1 施工准备

1. 组织项目部成员学习图纸、地质资料，并进行图纸会审和试成孔，从而熟悉本工程场地内地层情况特征及各项物理性能，水文地质情况，熟悉图纸设计意图及有关规范；

2. 对各种建材进行见证取样送检；

3. 桩基轴线、标高确定并引测完毕，经过监理、甲方复核办理签证手续；

4. "三通一平"施工用电、用水进行合理布设，场地上可能存在一些地下障碍物未破除，待施工中边施工，边破除。

5.2.2 桩尖定位、埋设

根据建设单位提供的规划控制点，按设计施工图的桩位布置图用经纬仪和钢卷尺测放各主要轴线位置并填写测量定位放线记录，报有关部门审核无误后根据桩位布置图测放各工程桩桩位的中心位置，并在各桩位的中心位置埋入预制混凝土桩尖。

5.2.3 桩机就位

根据建设、设计等单位确定的试桩号，桩机就位。施工沉管前先调整机械与桩位间距，让沉管自由垂直套住桩尖，沉管过程中随时校正垂直度，确保桩管垂直度误差小于1％。

5.2.4 试桩

以抬架为终孔标准，其抬架值（压桩力）由工程桩施工前试成孔确定。应综合考虑地层情况和单桩设计承载力。工程桩施工前必须进行试成桩试验，详细记录抬架值（压桩力）数据，混凝土的分次灌入量，外管上拔高度等。并通过净载试验确定单桩设计承载力。

5.2.5 打桩

1. 安放桩尖置桩套管头上，并校正桩管垂直度；

2. 进行施打，沉桩进入设计要求的持力层深度，静压沉管桩机抬架并达到持荷稳定要求，一般持荷稳定为3min。

5.2.6 扩大头施工

1. 达到设计压桩力（抬架值）后，倒入2/3扩头混凝土量，桩管拔高0.5m，用内夯锤将混凝土击出管外形成第一次扩头（注意管内留20cm高的混凝土）；

2. 倒入1/3扩头混凝土量，桩管拔高0.5m，用内夯锤将混凝土击出管外，形成第2次扩头（注意管内留20cm高的混凝土）；

3. 拔管成桩扩大头直径可按下式计算：

$$D = d_0 \sqrt{\frac{H+h-C}{h}} \tag{5.2.6}$$

式中 d_0——桩管内径；

H——拔管高度；

h——夯扩时桩管中混凝土灌注高度；

D——扩头有效直径；

C——管内残留混凝土高度，一般取 $C=0.2$m。

5.2.7 吊放钢筋笼

1. 扩头结束后，进行吊放钢筋笼作业；

2. 钢筋笼采用卷扬机吊入桩管内，并应保证钢筋笼的位置、标高正确；

3. 钢筋笼应按相关规范的要求制作。

5.2.8 浇筑混凝土

1. 根据需要和现场条件桩身混凝土可采用预拌商品混凝土或现场搅拌混凝土，混凝土灌注可采用泵送或专用料斗；

2. 混凝土配合比事先按试验确定，混凝土拌合物应具有良好和易性；

3. 桩端 2～3m 长度范围内混凝土坍落度宜为 150～180mm，其余部分宜为 80～100mm；

4. 长桩管打短桩时，混凝土可以一次连续灌足。

5.2.9 拔除桩管

1. 桩身混凝土灌注到规定高度后，进行振动拔管；

2. 拔管速度应均匀，拔管全过程应保证管内混凝土始终高出自然地面，拔管速度约 1.2m/min；软弱土层应控制在 0.6～0.8m/min；

3. 桩身混凝土顶面标高应与自然地面平，且不低于设计标高 50cm；

4. 拔管过程要有专人观测管内混凝土面，以控制混凝土扩散后桩形成的直径和拔管速度；

5. 当桩较长或拔管有困难时，宜采用分次灌注混凝土办法。

5.2.10 桩机移机

桩机移机应在成桩过程完毕后进行。移机要专人统一指挥，协调作业，注意安全。

5.2.11 做好施工记录，收集各种资料，保证资料的完整便于竣工验收。

5.3 劳动力组织

施工班组其中包括测量工、桩机司机、测量工、打桩工等计 22 人。详见表 5.3。

劳动力组织情况表 表 5.3

序　号	工　种	人　数	序　号	工　种	人　数
1	技术员	1	6	打桩工	2
2	测量工	2	7	钢筋工	2
3	桩机司机	1	8	机械操作工	2
4	电工	1	9	混凝土工	5
5	电焊工	2	10	普工	4

6. 材料与设备

本工法所需用机具设备如表 6 所示。

施工主要机具配备表 表 6

序　号	名　称	单　位	数　量	规　格
1	夯扩打桩机	台	1	GE 系列夯扩打桩机
2	混凝土搅拌机	台	1	JZ-350
3	电焊机	台	2	BX3-500-2
4	卷扬机	台	3	W-TV-5
5	配电柜	台	1	1.8×1.2×0.6
6	桩管	米	按桩长、桩径	ϕ325mm、ϕ377mm、ϕ426mm
7	手推车	辆	4	0.1m³
8	经纬仪	台	2	J6
9	氧割焊具	套	1	
10	小型铲车、翻斗车	台	2	

7. 质量控制

7.1 质量控制标准

本工法执行以下标准：

1.《建筑桩基技术规范》JGJ/T 94—2008；

2.《混凝土强度检验评定标准》GB 50107—2009；

3.《桩基检测技术规范》JGJ 106—2003；

4.《地基与基础工程施工及验收规范》GB 50202—2002；

5. 以及其他有关规范、标准和设计图纸的要求。

7.2 质量保证措施

7.2.1 进场的材料、半成品应符合下列标准：

1. 桩尖宜用钢筋混凝土预制桩尖，其混凝土强度等级不低于C40，必须有产品合格证；

2. 桩身混凝土强度等级不得低于C20，水泥强度等级宜在32.5以上且初凝时间不得小于2h；

3. 细骨料应采用干净的中粗砂，粗骨料的粒径卵石不得大于50mm，碎石不宜大于40mm，并不大于钢筋最小净距的1/3；

4. 桩端2～3m长度范围内混凝土坍落度宜为150～180mm，桩身混凝土坍落度宜采用80～100mm；

5. 所用的水泥、钢材、电焊条必须有产品合格证。

7.2.2 桩尖埋设与钢筋笼制作标准：

1. 轴线允许偏差1cm；桩尖埋设允许偏差2cm。

2. 钢筋笼：主筋间距为10mm，箍筋间距为20mm，钢筋笼长度为50mm，钢筋笼直径为10mm，并应比桩管内径小60～80mm。

7.2.3 桩管垂直度允许偏差1%。

7.2.4 沉桩标准根据不同地基土和桩端持力层确定不同压桩力（抬架值），对以桩端承载力为主的以压桩力控制为主，标高为辅；对于以桩侧摩阻力为主的灌注桩以标高控制为主，压桩力为辅。具体条件按现场试桩标准执行。

7.2.5 严格控制拔管速度，对一般土层的拔管速度可控制在1.2m/min，淤泥或淤泥质土层中应适当减慢，拔管速度控制在0.6～0.8m/min，拔管时管内应有2～3m的混凝土余量，必要时采用反插法、复打法振动拔管，以避免桩身产生缩颈和断桩。

7.2.6 严格按照试验确定的混凝土配合比下料，桩身混凝土必须留有试块，每个浇筑台班及同一配合比不得少于1组，每组3件，混凝土配合比，应在施工前由实验室按设计要求试验。

7.2.7 钢筋笼的制作与埋设应符合设计要求及相应规范。

7.2.8 由于夯扩桩属挤密灌注桩，故应合理布置打桩顺序，群桩布置时，应遵循先中间，后两边，先深后浅的原则。

7.2.9 现场施工过程中作好施工记录，并随时检查施工记录，并对照预定的施工工艺进行检验批质量评定。

8. 安 全 措 施

8.1 执行国家颁发的《建筑施工安全检查标准》JGJ 59—99、《建筑机械使用安全技术规程》JGJ 33—2001。

8.2 为确保施工安全，我们制订了详细的锤击沉管夯扩灌注桩施工安全措施和操作注意事项，要求班组人员严格遵守主要措施如下：

1. 桩机进场前，须办理有关手续，实行安全技术交底制度，坚持班前对所有机具设备进行检查，并做好记录。立架前须经过公司有关部门检查合格，立架时须有安全员、施工员在场，桩机进场施工必须了解电线、电话线、地下管线的位置。

2. 桩机行走场地要平整，填地要夯实，以防倾倒，移机或振动拔管时，桩架上禁止留人。

3. 进入现场的管理人员和工人必须戴安全帽、穿胶鞋，上桩架高空作业应系好安全带，严禁酒后作业。

4. 机械设备要定期检修，不得带病作业，电机设备检修时，要先切断电源，严禁带电作业。

5. 各种电器设备应按规定接地接零，配电开关应设箱加锁，要"一机一闸一保护"，禁止用其他金属丝代替保险丝，非生产时应切断电源并上锁。

6. 现场施工用高低压，设备及线路应按施工设计及有关电气安全技术规程安装和架设，电缆严禁从地面经过。

7. 遇台风来临时，应采取有效措施确保桩架稳定。

9. 环 保 措 施

9.1 施工中产生的废气、噪声、扬尘等主要污染源应按国家相关规定进行控制。

9.2 施工生活垃圾等废物排放应执行以下要求：

1. 保护施工区和生活区的环境，及时处理施工垃圾、生活垃圾等废弃物，将废弃物运至当地环保部门同意的指定地点弃置，并注意避免阻塞水流和污染水源。无法运走的，进行填埋等无害化处理。

2. 在施工区和生活区设置足够的临时卫生设施，定期清扫处理。

9.3 车辆停放、维修时应采取相应措施，避免废油排放及漏油污染。

9.4 扬尘及有害气体控制应执行以下措施：

1. 主要施工场地进行硬化处理，施工便道定期压实地面。对施工场地、施工便道经常洒水，减少扬尘对周围环境的污染。装卸有粉尘的材料时，采取洒水湿润或遮盖，防止沿途撒漏和扬尘。

2. 工地的烧煤茶炉、锅炉、炉灶等设置除尘装置，使烟尘降至允许排放范同。

3. 施工现场道路指定专人定期洒水清扫，形成制度，防止道路扬尘。

4. 车辆开出工地做到不带泥沙，基本做到不洒土、不扬尘。

9.5 施工噪声控制应执行以下要求：

1. 合理布置各种施工工作区和生活区，对空压机、发电机等主要噪声源集中规划，布置在远离生活区的偏僻位置，机房的墙体采取隔声措施，必要时采用障壁防噪。

2. 加强设备维修，定时保养润滑；对机械正确操作，使机械噪声维持其最低声级水平。

3. 合理安排作业时间，尽可能将作业安排在白天施工，避开午休时间，避免夜间施工，使施工噪声对周围环境影响减少到最低程度，遵守城市噪声控制要求。

10. 效 益 分 析

10.1 经济效益

1. 锤击沉管夯扩灌注桩在基础工程中的应用，其经济效益很明显。单位工程建筑面积桩基工程造价 25～30 元/m²。现在施工预应力管桩单位面积桩基工程造价约 50～60 元/m²。采用锤击沉管夯扩灌注桩大大降低了工程建安成本。

2. 与其他类型同桩径的灌注桩相比，桩端截面积增加 100%～250%，其单桩承载力比同桩径沉管灌注提高了 60%～100%。

10.2 社会效益

锤击沉管夯扩灌注桩与普通沉管灌注桩相比有效地避免了缩颈、断桩、吊脚等灌注桩通病。由于单位建筑面积的桩基成本大为降低，从而节约了能源与其他资源的消耗，从根本上符合建筑节能环保的要求。

11. 工 程 实 例

本工法在 2009 年厦门银鹭集团开发的银鹭山庄组团三、组团四等多层住宅小区工程等多项工程中施工使用，工程质量满足设计和规范要求。现以银鹭山庄组团四 27 号楼为实例。

11.1 工程概况

厦门银鹭集团开发的银鹭山庄组团四 27 号楼为 11 层住宅，由厦门华构结构师事务所设计，为现浇混凝土框架结构，基础采用锤击沉管夯扩灌注桩，桩身直径为 400mm，桩端持力层为强风化泥质细砂岩，极限桩端承载力标准值为 4000kPa。

11.2 施工情况

银鹭山庄组团四 27 号楼 2009 年 10 月开工至 12 月桩基施工完毕，施工桩长 6～12m，共 353 根。施工结束按规定进行了静载试验和动测，其中静载试验 3 根，其桩端竖向极限承载力及桩身质量均满足设计要求，一次通过验收。工程结算造价 223783 元，单位面积桩基工程造价 27.6 元/m²。

11.3 工程评价

工程竣工后，银鹭山庄组团三、组团四锤击沉管夯扩灌注桩动测检验一次合格率为 100％；桩端竖向极限承载力满足设计要求，相比预应力管桩施工的单位工程每平方米建筑面积工程造价大为降低，具有很好的经济性。一般说来，由于锤击桩施工噪声大，对市区内的施工环境有一定的限制。但是由于其造价低、工期短、质量可靠，因而在市区周边的工程，特别是福建省日益铺开的保障房建设中得到推广。

预应力土层锚杆工法

YJGF02—92 (2009～2010 年度升级版-003)

中国京冶工程技术有限公司 中国二十冶集团有限公司

胡建林 范景伦 柳建国 张智浩 张培文

1. 前　　言

预应力锚杆是将拉力传递到稳定岩层或土体的锚固体系。它的一端与土体或结构物相连，另一端锚固在土体内，并对其施加预应力，以承受土压力、水压力、抗浮、抗倾覆等所产生的结构拉力，用以维护土体或结构物的稳定。在岩土工程中采用锚固技术，能充分地发挥和提高岩土体的自身强度和自稳能力，显著缩小结构物体积和减轻结构的自重，有效控制岩土工程（体）的变形，岩土锚固可控、可测以及可靠的突出特点已经成为提高岩土工程稳定性和解决复杂岩土工程问题最为经济、有效的方法之一，在我国水利、水电、交通、铁道、矿山、城市基础设施等工程建设中正发挥越来越重要的作用。近年来，随着我国土木、水利和建筑工程建设力度的加大，岩土锚固技术的发展尤为迅速。岩土锚杆（索）（以下统称锚杆）的品种已达到 60 余种；土层锚杆最大承载力达 1500kN，锚杆的最大长度已超过 80m。

由冶金部建筑研究总院编写的《预应力土层锚杆工法》YJGF02—92 于 1992 年批准为国家级工法，此后中冶建筑研究总院有限公司（原冶金部建筑研究总院）围绕有效提高锚杆承载能力问题、锚杆施工工艺和锚固段传力机理方面展开了系统研究，主要取得了如下的研究成果：（1）通过压力灌浆、可重复高压灌浆解决软土层和复杂地层的锚杆承载能力低的缺陷，有效提高承载能力 0.5～1 倍；（2）通过对锚杆锚固段渐进性破坏的研究，成功开发载荷分散型锚杆（压力分散型、拉力分散型）技术，解决了传统拉力集中型锚杆承载能力不能随锚固长度增加而线性增长的局限，从而显著提高了锚杆承载能力；（3）可拆除锚杆施工技术，解决了传统预应力锚杆技术遗留的上述问题，成为一项大有发展前途的绿色施工技术。

压力分散型（可拆芯式）锚杆的研究与应用于 1999 年通过北京市科委组织的鉴定，并获得 2000 年度北京市科技进步二等奖；亦是获得 2003 年度国家科技进步二等奖项目《预应力岩土锚固综合技术及其应用》的核心内容之一。拉力分散型锚杆技术于 2009 年通过中国冶金建设协会组织的鉴定。最新发明及实用新型专利"重复自适应注浆系统"（ZL 201020212412.9）。

2. 工 法 特 点

2.1 受力合理。荷载分散型锚固体系克服了普通预应力锚杆沿锚固段粘结应力分布严重不均匀的缺陷，通过合理调整单元锚杆的锚固段长度，能最大限度利用非均质地层中不同地层的抗剪强度以平衡结构物的拉力。

2.2 主动抗衡。及时提供主动的支护抗力，有利于保护地层的固有强度，阻止地层的进一步扰动，控制地层变形的发展。

2.3 承载力大幅度提高。采用可重复高压灌浆工艺以及新型锚固体系（拉力型锚杆、压力型锚杆）能使锚杆的荷载大幅度提高，蠕变变形小。理论上讲，锚杆承载力可随锚固段长度的增加而提高。

2.4 节能、绿色施工。锚杆锚固功能完成后，拆除其筋体，并将筋体重复使用，更有利于体现节能环保与绿色施工的理念。

2.5 防腐及耐久性持久。压力分散型锚固体系采用双重防腐，灌浆体处于受压状态，大大改善其防腐性能，较大幅度地提高了锚杆锚固使用周期。

2.6 蠕变变形小。荷载分散型锚杆采用多个单元锚杆、具备多个锚固段，最大限度地避免了应力集中、沿锚固段摩阻力分布均匀，可充分地调动土体强度，减小了锚杆蠕变变形。

3. 适 用 范 围

该工法广泛适用于各种基坑支护、边坡、结构抗浮、抗倾覆等工程。

4. 工 艺 原 理

4.1 可重复高压灌浆型锚杆技术

该技术的关键是采用把锚杆的自由段与锚固段分离开来的密封袋和带环圈的注浆导管，在适当时机对锚杆锚固段第一次灌浆体实施高压劈裂灌浆。无纺布密封袋长 1.5～2.0m，紧固在锚杆锚固段上端。在首次以低压向锚杆注浆时，同时也向密封袋内注浆，当灰浆挤压钻孔壁达一定强度后就把锚固段分开。注浆导管是一种直径较大的 PVC 管，在其侧壁每隔 1.0m 就开有若干小孔，这些孔的外部用橡胶圈盖住（图 4.1），从而高压能使灰浆流入管外的钻孔内，但不能反向流动（图 4.1）。注浆钢管上有两个密封圈能限定浆液穿越范围。注浆钢管通入注浆导管后，按需要依次向一个个开孔处注浆，当注浆管形成回路后还可进行多次可重复灌浆。可重复高压灌浆一般用 3.5～4.0MPa 的压力破坏原来变硬的水泥浆体（适宜的水泥浆劈开强度约为 5MPa），使浆液向锚固段周边的土体渗透、挤压和扩散，从而可使软土锚杆（索）的粘结强度与抗拔力提高 1.0 倍左右。

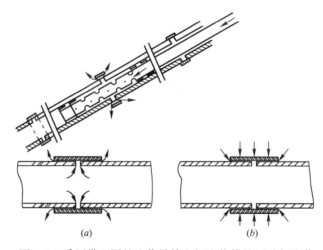

图 4.1 采用带环圈的注浆导管和钢注浆管的可重复注浆
（a）管内高压挤开橡胶圈，使浆液进入管外土体；（b）外部高压挤压橡胶圈，使注浆导管孔洞封闭

4.2 荷载分散型锚固体系

该锚固体系是在同一钻孔中布设若干一定间距配置的单元锚杆（图 4.2），每个单元锚杆有其独立的自由段和锚固段，而且承受的荷载也是通过各自的张拉千斤顶施加的，并通过预先补偿张拉（补偿各单元锚杆在同等荷载下因自由段长度不等而引起的位移差），而使所有单元锚杆承受相同的荷载。荷载分散型锚杆锚固段长度粘结应力分布均匀，其承载力能随锚固段长度的增加而线性增加。根据灌浆体的受力状态（拉、压），可分为拉力分散型锚固体系与压力分散型锚固体系两类，其中压力分散型锚固体系，除能形成双层防腐外，由于灌浆体受压，不易开裂，大大提高了锚杆的耐久性。

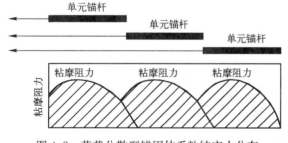

图 4.2 荷载分散型锚固体系粘结应力分布

压力分散型锚固体系具有粘结应力分布均匀、较强的防腐能力、高承载力、蠕变变形小的显著特点，

目前，以其为主的荷载分散型锚固方法已在我国城市深基坑支挡、复杂地层高边坡加固、地下室与低洼结构抗浮及运河船闸抗倾结构、水利水电重力坝中得到广泛应用，并展示了广阔的应用发展前景。

4.3 可拆除锚杆施工技术

该技术采用特殊的锚杆结构构造和工艺，在预应力锚杆使用功能完成后，将预应力筋成功地抽出，从而避免了地下污染和对相邻地下空间开发造成的影响。围绕着锚杆的拆除，最突出的问题是锚杆的结构构造、预应力筋的制作以及锚杆张拉、锁定和拆除。采用无粘结钢绞线为预应力筋体，并将无粘结钢绞线弯曲加工成 U 形，分别装入数个按一定间距配置的承载体上，张拉钢绞线时，在锚固体内部的承载体以承压方式作用于注浆材料固结体上，形成压缩分散型锚杆；而每个承载体与对应的 U 形钢绞线筋体形成一个单元压缩型锚杆，若干个单元锚杆的复合，形成了可拆除锚杆的基本结构构造（图 4.3）。锚杆张拉、锁定并在使用功能完成后，将钢绞线从每个单元锚杆所对应的无粘结包裹体中抽出。

本技术最大限度地调动了锚固体周围岩土体的物理力学强度，大大改善了岩土锚固传力力学机制并充分利用了水泥浆抗压不抗拉的力学特性，具有如下显著特点：（1）沿锚固段轴向粘结应力分布较均匀；（2）多个单元锚杆复合的结构可显著提高锚杆的承载力，且承载力可随锚固段长度的增加而提高；（3）具有可拆除筋体的能力，可排除因设置锚杆而构成对周边地层开发的障碍和地下污染；（4）蠕变变形小。

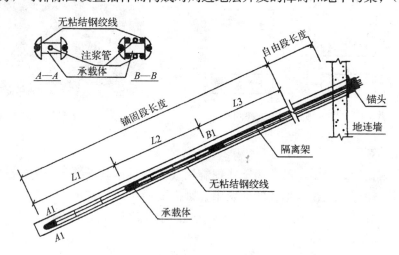

图 4.3　可拆除锚杆结构示意图

5. 施工工艺流程及操作要点

5.1 施工工艺流程

施工准备──→杆体制作──→成孔──→安放杆体──→注浆──→张拉锁定

本工法工艺流程见可拆除锚杆施工工艺流程图（图 5.1）。

5.2 操作要点

5.2.1 杆体制作

杆体制作时，锚杆杆体清除油污、锈斑，严格按照设计长度下料，杆体下料长度误差不大于 50mm；不同单元锚杆杆体应加设区分标记，以便于后续张拉；对于有防腐要求的，按防腐等级做好锚杆杆体防腐保护体系，沿杆体轴线方向每隔 1.0~1.5m 设置一个隔离架。

对于采用可重复高压灌浆的锚杆，在杆体制作时，预先准备长 1~2m、直径 300~500mm 的无纺布套，按设计要求安设好注浆导管，采用滑动方式将无纺布套在锚杆锚固段与自由段的分界处，并将其两端捆绑牢靠。

拉力分散型锚杆在杆体制作时，按设计规定长度切割钢筋、钢丝或钢绞线，钢绞线按一定规律平直排列，注浆管和排气管应与杆体绑扎牢固，按设计间距组装各单元锚杆，形成完整的锚杆体系，并将各单元锚杆的外露端做好标记，在锚杆的张拉前不得损坏。

压力分散型锚杆在杆体制作时，按设计规定的长度切割无粘结钢绞线；用弯曲机将无粘结钢绞线先弯曲成 U 形，并用钢带与承载体捆绑牢固；承载体与钢绞线牢靠固定，并不得损坏钢绞线的防腐油脂和外包塑料（PVC）软管。按承载体的间距、组装各个单元锚杆（图 5.2.1），形成完整的锚杆杆体。锚固段范围内的钢绞线每隔 2.0m 设置一个隔离架，以保证承载体处于钻孔中心。此外，对应不同位置处的承载体相捆绑的钢绞线外露端应作出标记，并在锚杆拆除前，该标记不得损坏。

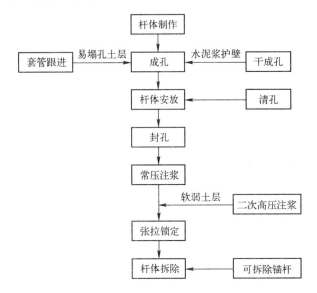

图 5.1　预应力土层锚杆的施工工艺流程图

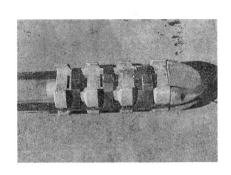

图 5.2.1　承载体及可拆除单元锚杆

5.2.2　钻孔

在硬黏土或不易塌孔的地层中，可采用干式螺旋钻成孔法，钻至设计深度后应将钻孔内的余土旋出孔外，保证孔内无虚土和碎屑；在易塌孔的地层中，则需要用水冲式带护壁套管的成孔法。锚杆孔径为 110～160mm，钻孔深度应超过设计孔深的 0.3m，钻孔偏斜率不应大于锚杆长度的 2%。在安放锚杆前，应将孔内岩粉和土屑清洗干净。

5.2.3　注浆

本工法注浆采用 P.O42.5 普硅水泥，水灰比 0.4∶1，锚杆注浆每延米水泥用量不小于设计用量，水泥浆搅拌均匀，具有和易性、低泌水性，需要时可加入适量的外加剂，使水泥结石体强度不低于 30MPa。

在向有套管护壁的钻孔中注浆时，务必先注浆，再拔套管；或先完成一次常压注浆，再拔出几节套管，将套管外端密封后再进行压力注浆。

在向无套管护壁的钻孔内注浆时，可以先进行常压灌浆，将钻孔灌满后需要时再进行二次压力灌浆。二次压力灌浆通过预埋的注浆管进行，通常在常压灌浆完成 24h 后进行，二次注浆的开启压力在 2～5MPa 之间。

5.2.4　张拉与锁定

当注浆体和台座的强度达到 25MPa 时，采用已标定过包括油泵、千斤顶和锚具等张拉设备按一定的次序对锚杆进行张拉；正式张拉前，应先对锚杆进行 1～2 次预张拉，预张拉荷载为 0.1～0.2 倍锚杆拉力设计值 N_t；锚杆的张拉应按荷载分级进行，根据测试数据绘制荷载-位移曲线，并编制锚杆张拉分析报告。预应力锚杆的锁定荷载应根据被锚固结构的位移变形控制要求而定，一般来讲，对于变形要求较高的工程，锚杆的锁定荷载宜为锚杆拉力设计值；对于变形要求较低的工程，锚杆的锁定荷载宜为锚杆拉力设计值的 0.75～0.90 倍。

荷载分散型锚杆的张拉锁定与普通型锚杆的张拉锁定方式不同。由于组成荷载分散型锚杆的单元锚杆的长度不同，若按等延伸量同时张拉时，每个承载体上的锚索拉力就各不相同，因而必须采用非同时张拉（等荷载张拉）方式。其要点是从最大延伸量（最大自由长度）的锚索起按次序先后张拉，在张拉到最小延伸量的锚索（最小自由长度）后，再同时张拉全部锚索。这是一种把各对锚索张拉夹具连接到千斤顶上的时间相互开的张拉方法，通过调整锚索的最大延伸量与最小延伸量的差异，实现单元锚索在达到设计荷载时的拉力均等。

此外，在实际施工中，亦可对每对锚索或单元锚杆分别张拉锁定。

5.2.5 拆除

在锚杆使用功能完成后，即可在施工完的地下室内实施锚杆拆除作业，与上层地下室施工互不干扰。

锚杆拆除时，可以采用前卡式千斤顶将锚具夹片拆除，然后用绞车直接抽出，对每根锚杆钢绞线的拆除是先短后长，需要时，对较长钢绞线用千斤顶预抽，当钢绞线抗拔阻力降到用绞车可以抽动时，改用绞车抽拔。

5.3 劳动力组织

可拆除锚杆施工按工种分成几个专业队，具体如表5.3所示。

劳动力组织情况表 表5.3

序 号	单项工程	所需人数	备 注	序 号	单项工程	所需人数	备 注
1	管理人员	2		5	张拉	3	
2	成孔	4		6	拆除	3	
3	杆体制作	4		7	杂工	6	
4	注浆	3		8	合计	25	

6. 材料与设备

6.1 主要材料见表6.1。

6.2 主要设备见表6.2。

主要材料 表6.1

序 号	主要材料	备 注
1	无粘结钢绞线	杆体
2	聚酯纤维	承载体
3	普硅水泥	注浆
4	早强剂	注浆
5	减水剂	注浆

主要设备 表6.2

序 号	主要设备	数 量	备 注
1	弯曲机	1台	
2	压油泵	1台	
3	打包机	1台	
4	锚杆钻机	1台	
5	高压注浆泵	1台	
6	张拉设备	1套	
7	回柱绞车	1台	

7. 质量控制

7.1 预应力土层锚杆工程验收按《岩土锚杆（索）技术规程》CECS 22：2005 相应条款进行。

7.2 锚杆验收检验：采用与承载体数量对应的多台相同规格的张拉千斤顶并联由一台油泵均匀供压，确保试验过程中，承载体受力相同。测试拉力的同时，分别测试钢绞线的变形，即"相同拉力不同变形"。检验数量为锚杆总数的5%，检验方法为现场拉拔试验，拉拔力为1.2倍的锚杆设计值。当锚杆锚固体达到设计强度后，可以进行验收试验。依据《岩土锚杆（索）技术规程》CECS 22：2005，采用单循环试验方法。

8. 安 全 措 施

8.1 所有用电设备及配电柜应安装漏电保护装置，并张贴安全用电标识，严禁无电工操作证书人员进行电工作业。

8.2 施工现场要定期进行安全用电检查，电工每天对现场的线路、电气设备进行检查，不符合要求的立即整改。

8.3 施工场区内危险区须挂警示牌，场区内配备足够的灭火器材。

8.4 各种设备必须严格按安全操作规程进行操作，严禁违章作业。

8.5 定期对各种设备进行调试、保养和维修，保证施工设备安全可靠。

8.6 所有作业人员需配备必备的劳动保护用品。

9. 环 保 措 施

9.1 锚杆成孔过程中的岩屑和泥沙应集中排至沉淀池，及时消纳。

9.2 水泥浆搅拌站应有挡风装置防止粉尘飞扬。

10. 效 益 分 析

中国银行大厦位于北京市复兴门内大街与西单北大街交叉路口的西北角，占地面积 13100m²，总建筑面积 172000m²。该大厦地上 15 层，地下 4 层，基坑平均深度为 22.5m。基坑的东侧由于其特殊的地理位置，不允许锚杆滞留在红线外侧，所以设计采用可拆除锚杆，而基坑其余三侧仍采用普通拉力型锚杆。可拆除锚杆在中银大厦基坑支护工程中应用 338 根，锚杆总长 9471m。可拆除锚杆技术实现了在锚杆使用功能完成后，成功地将预应力筋体拆除，解决了锚杆支护造成相邻地下空间开发的障碍和地下污染，实现绿色岩土施工，同时拓展了预应力锚杆的应用范围，具有显著的社会效益。与其替代方案内支撑技术相比，显著缩短了建设工期，节省了工程造价约 25%，同时提供了宽敞的工作面。

北京奥林匹克公园地下联系通道（会议中心段）基坑支护工程于 2005 年 8 月开工、2005 年 10 月竣工。实践证明，采用了分散拉力型锚杆的支护体系不仅安全可靠，同时在保证锚杆设计承载力要求下通过缩短锚杆长度、调整锚杆标高与倾角，解决了两基坑相邻过近、相互干扰的矛盾，确保了支护施工的顺利进行。基坑位移监测结果表明本基坑变形始终处于安全标准内，未对相邻基坑造成不利影响。在支护体系其他组成部分成本大体相当的情况下，原方案采用的普通拉力型锚杆总长度约为 9180m，替换后的分散拉力型锚杆总长度约为 6655m。两种锚杆单位长度制作与施工成本、施工周期相当，在锚杆一项上节省其施工成本 28% 左右。

11. 应 用 实 例

11.1 中国银行大厦基坑支护工程

11.1.1 工程概况

中国银行大厦位于北京市复兴门内大街与西单北大街交叉路口的西北角，占地面积 13100m²，总建筑面积 172000m²。该大厦地上 15 层，地下 4 层，基坑平均深度为 22.5m。基坑的东侧由于其特殊的地理位置，不允许锚杆滞留在红线外侧，所以设计采用可拆除锚杆，而基坑其余三侧仍采用普通拉力型锚杆。可拆除锚杆在中银大厦基坑支护工程中应用 338 根，锚杆总长 9471m。

11.1.2 基坑支护方案

依据场地工程地质资料、基坑开挖深度及地面超载，在中银大厦基坑东侧地连墙上设计布置四排压力分散型锚杆，从上到下一至四排可拆除锚杆的标高分别为 -4.0m、-9.0m、-14.0m 和 -17.0m，锚杆设计长度依次为 32.0m、27.0m、29.0m 和 24.0m，锚杆倾角 20° 与 25° 间隔，间隔距离为 0.8m。第一、二、三排锚杆的设计荷载为 698kN，第四排为 722kN，安全系数为 1.8。如图 11.1.2 所示为中银大厦基坑东侧地连墙锚杆剖面图。根据锚杆极限承载力、所处地层条件及锚固段长度，每根可拆除锚杆设计布置 4 个承载体，8 根钢绞线，承载体编号从孔底向上依次为 1、2、3、4 号，相应放置的钢绞线编号分别为一、二、三、四组（每组两根）。压力分散型锚杆结构参数见表 11.1.2。

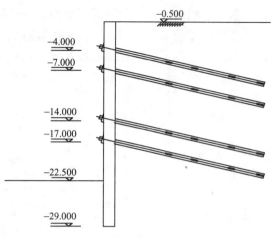

图 11.1.2 中银大厦基坑东侧地连墙锚杆剖面图

可拆除锚杆结构参数表   表 11.1.2

位　　置	自由段 L_f（m）	锚固段 L_1（m）	锚固段 L_2（m）	锚固段 L_3（m）	锚固段 L_4（m）
第一排	12.5	5.00	5.00	5.00	4.50
第二排	10.0	4.25	4.25	4.25	4.25
第三排	8.0	5.25	5.25	5.25	5.25
第四排	6.0	4.50	4.50	4.50	4.50

锚杆在使用功能完成后，根据地下室施工进度，依次拆除第四、三、二、一层锚杆，拆除率达到 95%。

本工程采用可拆除锚杆工艺，解决了深基坑工程支护工程不允许锚杆侵犯相邻地界的难题，在国内尚属首次，填补了国内空白，达到了国际先进水平，为后续城市深基坑工程支护工程的绿色施工提供了技术及实践的保障，充分体现了节能、环保的科学理念，具有重大的实用价值和广阔的市场推广前景。

11.2 北京奥林匹克公园地下联系通道——会议中心段基坑支护工程

11.2.1 工程概况

本工程场地位于北京奥林匹克公园 B 区的西北部。基坑形状狭长，为北京奥林匹克公园环形地下联系通道的一部分，总长度约为 220m，宽度约为 20m，深度为 15.0～17.0m。场地范围内土层为人工堆积层——①粉质黏土填土、人工填土，厚度约 2.0m；新近沉积层——②粉质黏土、黏土粉土，厚度约 7.3m；和第四纪沉积层——③黏质粉土④砂质粉土⑤粉质黏土⑥粉砂⑦粉质黏土，厚度约 9.0m。场地处于古河道冲击范围内，场地土湿软且含水率较高，分别于第④、⑤层蕴含台地潜水，⑦层为层间水。连通道基坑东侧紧临会议中心基坑（深度约 15.40m，采用复合土钉墙支护体系，已施工完毕，两基坑间距离最近处约为 26.0m，如何既确保本工程的基坑支护体系安全可靠同时又不影响相邻基坑的稳定性是一个重点、难点。

11.2.2 基坑支护方案

优化后方案改而采用复合土钉墙+护坡桩——拉力分散型锚杆。方案上部采用 8.0m 高复合土钉墙支护形式，桩身上设置 2 排锚杆，锚杆在桩顶及桩中部各布置一排，水平间距 1.6m，第一排长度为 19.0m、第二排长度为 23.0m。见图 11.2.2。

本基坑支护工程于 2005 年 8 月开工、2005 年 10 月竣工，现连通道主体结构工程已基本完成。实践证明，采用了分散拉力型锚杆的支护体系不仅安全可靠，同时在保证锚杆设计承载力要求下通过缩短锚杆长度、调整锚杆标高与倾角，解决了两基坑相邻过近、相互干扰的矛盾，确保了支护施工的顺利进行。基坑位移监测结果表明本基坑变形始终处于安全标准内，未对相邻基坑造成不利影响。

11.3 在北京昆仑公寓基坑支护工程

在深度为 18.0m 的北京昆仑公寓基坑支护工程施工中，原采用的普通拉力型锚杆在场地原有土层情况下难以达到设计要求的较高承载力，后改用由 2 根单元锚杆复合而成的拉力分散型锚杆，即使锚杆锚固段总长度缩短 2.0～3.0m，而实测锚杆的极限承载力仍均可提高 30％以上（表 11.3）。因此可看出分散拉力型锚杆在提高锚杆锚固段长度利用率上的较大作用，甚至在锚杆锚固段长度缩短的情况下仍然获得了超过原设计普通拉力型锚杆较多的承载力水平。

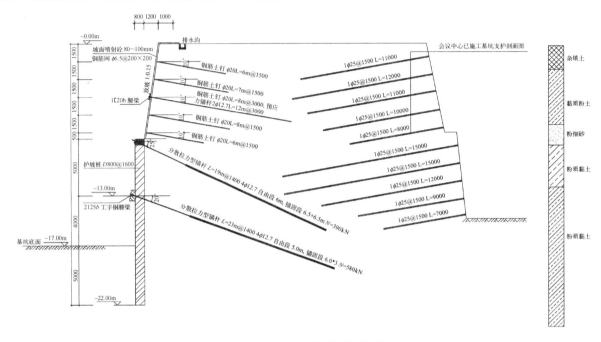

图 11.2.2　设计支护体系结构剖面

昆仑公寓拉力分散型锚杆与普通拉力型锚杆承载力比较表　　　　　　　　　表 11.3

地层条件	锚杆类型	锚固段长度（m）	单元锚杆		锚杆极限承载力（kN）
			个数	锚固段长度（m）	
粉质黏土	普通拉力型锚杆	18	/	/	400～450
	拉力分散型锚杆	16	2	8	600～640
黏质粉土	普通拉力型锚杆	19	/	/	600～625
	拉力分散型锚杆	16	2	8	810～836

多层地下室逆作法施工工法

YJGF04—2000（2009～2010年度升级版-004）

广东省基础工程公司

钟显奇　彭小林　张双铃　刘庆兰　严振豪

1. 前　言

当前地下空间的开发利用进入了一个全新时期，地下室越来越深，地下空间越来越大，当遇到施工场地狭窄、周围环境复杂、周边环境保护要求高、建筑工期短等一系列施工难题时，采用逆作法施工技术应是首选的施工方法。

我司在广州新中国大厦地下室和广州名汇商业大厦地下室施工中应用了逆作法，并总结编写成"多层地下室逆作法施工工法"，该工法于2001年获得国家级工法（工法编号YJGF04—2000）。自成为国家级工法后，该工法被推广应用于地铁车站、高层建筑的地下室结构施工中。在实践中逆作法施工技术又得到不断的丰富和发展，主要包括：（1）逆作结构柱及其桩基的工艺改进：以前几乎都采用人工挖孔，但是随着逆作法应用的地域范围不断扩大，以及成桩工艺的限制和改进，已在逆作法中使用钻（冲）、旋挖成孔等水下混凝土灌注桩基础，逆作工艺做了相应的改变和发展。（2）支承柱的形式：在钢管混凝土柱的基础上发展了钢筋混凝土预制柱，其施工工艺更为简单，成本较低。（3）支承柱的定位技术：由于机械成孔泥浆护壁灌注桩基础施工的要求，以及预制钢筋混凝土支承柱的应用，支承柱的定位技术得到了应用和发展。（4）竖向构件的水平接缝位置和处理方法得到了进一步明确，质量更好，操作方便。

我司于2003年9月至2006年8月承建的南宁佳得鑫水晶城三层地下室应用了逆作法施工，其裙楼支承柱创新地采用了钢筋混凝土预制柱，大大节约了成本，缩短了工期，质量稳定可靠，该项目获得了2005年度"南宁市优质结构奖"。以该工程逆作法施工及其关键技术总结的科技成果"超大型深基坑地下室逆作法及其相关施工技术的应用研究"还获得了广东省建筑工程集团有限公司的2006年度科技进步二等奖、广西壮族自治区2008年度科技进步奖三等奖和2008年度广西自治区区级工法。另外，2004年4月至2006年3月我司承建的南宁新华街人防工程也采用了逆作法，它解决了在城市中心区道路下进行工程建设，影响交通、场地狭窄等难题。其工程桩下部采用钻（冲）孔灌注桩，上部采用人工挖孔桩的成孔方式，中间支承柱为在人工挖孔内钢套筒形成的圆形现浇钢筋混凝土柱，成功地解决了地下旧有人防工事影响的问题。

实践证明，本工法自被评为国家级工法以后，它得到了推广应用，其关键技术得到了进一步的发展，它在工程建设中仍具有良好的经济价值和实用价值。值得进一步推广应用。鉴于该工法已过了六年有效期，因此我司根据其最新发展和应用现状，重新编写，形成升级版的本工法。

2. 工 法 特 点

2.1　建筑物上部结构和地下室结构同时施工，平行立体作业，可大大缩短工程总工期。

2.2　楼板作围护结构水平构件，其刚度大，变形小，从而可以解决敏感地段基坑支护桩侧向变形大的问题。

2.3　地下室外墙可与基坑围护墙采用两墙合一的形式，从而增加了地下室的有效使用面积。

2.4　支承柱采用钢管柱，其梁柱节点的抗震性能明显优于钢筋混凝土结构柱。

2.5　由于开挖和施工的交错进行，逆作结构的自身荷载由立柱直接承担并传递至地基，减少了大开挖时卸载对持力层的影响，降低了基坑内地基回弹量。

2.6 逆作法时，土方开挖不受天气的影响，地下室开挖的进度更容易得到保证。

3. 适 用 范 围

适用于场地条件差、周边建（构）筑物对变形敏感、施工场地狭窄、地下室层数多、基坑面积大、整体工期紧迫等建筑工程和市政工程（如地铁车站、城市地下广场等）的施工。

4. 工 艺 原 理

多层地下室逆作法施工是以地下连续墙或排桩为基坑围护结构、以人工挖孔桩或钻（冲）孔灌注桩为基础，以钢管柱（或预制钢筋混凝土柱）为承重结构，以地下室梁、板体系为基坑水平支撑构件，完成首层（或次层）楼板后，上部结构与下部结构同时施工，并交替进行土石方开挖作业的一种施工方法。

5. 施工工艺流程及操作要点

5.1 施工工艺流程

施工工艺流程见图 5.1。

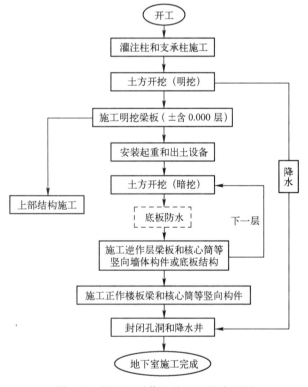

图 5.1 深基坑逆作法施工工艺流程图

5.2 操作要点

逆作法施工是由多种工艺组合而成。由地下连续墙或带止水帷幕的排桩墙构成的围护结构是逆作法施工的前提条件，墙式支护结构的施工质量及止水效果是逆作法施工的第一个关键；在基坑内土方未完全开挖的情况下施工结构柱网，如何处理柱网的定位、混凝土的浇筑、接缝的处理，有效地解决结构竖向荷载的传递是第二个关键；土方开挖及出土的快慢是影响逆作法施工的第三个关键；竖向构件的连接处理直接影响到逆作法施工结构质量，是逆作法施工的第四个关键。

5.2.1 排桩（带止水措施）或地下连续墙的施工

选用何种工艺及施工机械受地质条件、承建商的施工经验以及施工机械装备能力所制约。常用的成槽机械包括钻机、液压抓斗、液压铣槽机，遇到硬岩时使用冲孔桩机。在施工过程中宜根据地质情况的变化，适当地改变工艺和机械设备，选择合理的技术参数，特别是清孔后泥浆的指标控制，严格遵守和执行国家行业规范或地方标准，应使用带有偏差检测和纠偏的设备控制好垂直度，穿过透水层，以保证施工质量，达到挡土和止水的目的（液压抓斗成槽见图 5.2.1）。

5.2.2 工程桩和钢管混凝土柱、钢筋混凝土预制柱的施工

结构工程桩可采用钻（冲）孔灌注桩、套管式灌注桩，条件许可时也可以采用人工挖孔桩，但人工挖孔桩易受地质条件和施工安全管理的制约。

1. 钻（冲）孔灌注桩

采用回转钻机、冲击式钻机或者旋挖钻机成孔，泥浆护壁，泥浆反循环排渣、清孔，然后放入钢筋笼，浇筑水下混凝土。

2. 套管式灌注桩

套管式灌注桩的成孔方法是边下套管边用抓斗挖孔。由于有钢套管护壁，可用串筒浇筑混凝土，亦可用导管浇筑，要边浇筑混凝土边上拔钢套管。

3. 人工挖孔桩

从支承柱的定位和施工的方便性出发，采用人工挖孔桩是较合适的，它可在施工护壁时即进行钢管柱定位器的安装，浇灌桩芯混凝土后，在混凝土初凝前应严格按设计要求剔除桩顶的浮渣层，同时做好钢管柱定位器的安装、固定和位置校核的工作。但是由于人工挖孔桩受到地质条件（有厚层淤泥、砂层、岩溶地质时不适用）、桩径（不小于 1.2m）、桩长（不

图 5.2.1 液压抓斗成槽

宜大于 25m），周边环境（降水效果不明显）等因素的制约，因此，其适用的场合被严格控制，只有在一定条件下才能采用。

4. 钢管柱的加工

钢管混凝土柱不但作为逆作法施工时的竖向支撑，而且作为地下室的承重构件，由有资格的相关企业进行加工制造，圆形柱可采用螺旋卷板自动焊接，或直缝半自动手工焊接，异型柱由拉杆和钢板组合而成，可采用直缝自动焊和手工焊相结合的方法，在加工时一次成型（钢管加工见图 5.2.2-1）。

5. 钢筋混凝土预制柱的制作

某些工程中裙楼的层数少，荷载不大，中间支承柱可采用钢筋混凝土预制柱，钢筋混凝土预制柱在梁板节点位置须预埋好钢板、钢梁接头和柱底端定位器等。预制柱的钢筋、钢板下料，焊接，浇筑混凝土均在预制加工厂批量生产，再搬运到现场安装。钢筋混凝土预制柱外模采用特制组合钢模板。底模在铺设钢筋前拼装好。侧模在钢筋绑扎完成后拼装，外模在拼装前均要涂上脱模剂，拼装模板接缝应顺直、密封、防止漏浆。

6. 钢管柱和预制柱的安装与定位

钢管柱的定位与垂直度必须严格满足设计要求。一般规定支撑柱轴线偏差控制在 10mm 内，垂直度控制在 1/300 内（预制柱安装效果见图 5.2.2-2）。

图 5.2.2-1 钢管加工

图 5.2.2-2 预制柱安装效果

对于钻（冲）孔灌注桩基础，先吊放桩的钢筋笼，再放置孔口调节平台，然后，吊放钢管柱或钢筋混凝土预制柱，利用倾角仪对钢管柱或预制柱四个方向进行角度测量，用调整螺丝对钢管柱或预制柱的角度进行调整和固定，混凝土浇筑后，在桩孔壁和钢管外壁之间的空隙中按设计要求填砂和每隔一定高度浇筑素混凝土圈。

图5.2.2-3　孔底定位器

人工挖孔桩时，先在工程桩桩芯安装定位器（孔底定位器见图5.2.2-3），将钢管柱准确吊放在定位器上，再对钢管柱调垂，通过孔口的临时型钢固定在孔壁上。在桩孔壁和钢管外壁之间的空隙中按设计要求填砂和每隔一定高度浇筑素混凝土圈，然后浇筑柱身混凝土。

从预制柱的准确定位考虑，采用人工挖孔桩作为工程桩施工较方便。采用人工挖孔桩时，施工顺序如下：

1）制作钢筋混凝土预制柱时，在预制柱下端预埋或焊接"十字形"柱尖，柱尖端头为楔形，同时在人工挖孔桩桩孔内埋设圆形定位器，注意定位器的垂直度和标高满足设计要求。

2）安装时，柱尖插入圆形定位器，浇筑第一斗混凝土，使其高于定位器30～50cm，反复提起预制柱3～5次，使柱尖比圆形定位器高出150mm左右，以便混凝土灌入定位器内，确保定位器内混凝土密实。

3）在孔口处，从正交的两个轴线方向进行测量，微调钢筋混凝土预制柱，准确定位。

4）临时固定钢筋混凝土预制柱。

5）继续浇筑桩、柱结合处混凝土。

6）桩孔内柱之间空隙回填砂土，固定钢筋混凝土预制柱。

7. 钢管柱混凝土的浇筑

干作业时，混凝土由搅拌车直接卸入孔口料斗内或由起重机分斗灌入料斗内，用前置式振捣器振捣密实。

浇筑水下混凝土时，通过导管将混凝土灌入桩孔内，随混凝土高度抬高，逐节拆除导管。若柱和桩混凝土设计强度等级不一致，交接面应设在钢管柱底以下1m处。

5.2.3　土石方开挖和地下结构流水作业

流水施工的分段要合理，考虑分块与出土口的远近，分两段进行流水施工，土方施工的同时穿插结构施工，多工序互相交错，合理安排，以保证施工的等节奏流水（明挖施工与流水作业见图5.2.3-1）。

土方开挖按逆作法的支撑顺序分阶段进行。先进行明挖，施工完首层楼板后，地下室转入逆作法施工，与此同时进行上部结构施工。首层楼板以下一般每两层为一组（视施工机械要求和层高而定）进行土方开挖（盖挖施工见图5.2.3-2），从出土口向下挖掘到设计标高，再向四周扩大。利用中小型机械实现全机械化土方开挖和出土作业。由挖掘机负责挖土和短距离运输，基坑扩大后，用推土机进行土方水平传送（土方水平运输见图5.2.3-3），在出土口安排大容量的挖掘机把土石方装上吊斗，利用提土设备将土吊至地面堆放，地面再由挖掘机装车。挖土同时，一边清除柱周杂物，修整连续墙或桩排内壁面，一边平整地坪，浇捣垫层、安装梁模和楼板底模。挖至最后一层时砌筑底板胎模。

图5.2.3-1　明挖施工与流水作业

图5.2.3-2　盖挖施工

图5.2.3-3　土方水平运输

除底板外，每层开挖的基底位于逆作盖板面以下1.5m处，浇筑垫层，以便进行模板支架的安装。

5.2.4　钢梁的安装

钢梁用于核心筒钢构架柱的横向连接，是核心筒部位的构架柱和周边钢管柱的联结梁。在地面将钢梁制作成型后，用卷扬机将其吊入基坑内，然后由挖掘机或装载机水平运送到预定位置，利用挖掘机配合手动葫芦与支承柱的钢梁接头对接就位，手工焊接。对于底板处的钢梁，则在基坑底铺设钢轨，用卷扬机拖运到位（钢梁安装效果见图5.2.4-1）。

钢梁或钢梁牛腿应作为楼板梁的一部分，可采用十字形梁和井字形梁两种形式（图5.2.4-2），对于十字形梁（图5.2.4-3），钢梁与支承柱的钢梁接头对接后，在制作楼盖板梁时，将钢梁包在钢筋骨架内。对于井字形梁（图5.2.4-4），支承柱中的钢梁牛腿与楼板梁垂直，包含在梁的钢筋骨架内。

图5.2.4-1　钢梁安装效果

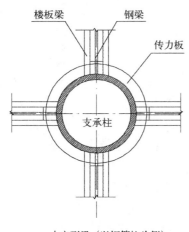

十字形梁（以钢管柱为例）

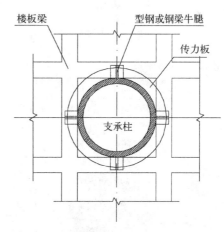

井字形梁（以钢管柱为例）

图5.2.4-2　钢梁连接示意图

图5.2.4-3　十字形梁（钢管柱）

图5.2.4-4　井字形梁（预制柱）

5.2.5　墙体竖向连接及墙体的施工

衬墙施工需先在外墙上安装拉杆螺丝，同时要凿去外墙侧壁表皮，露出新鲜混凝土后，再将上下接缝凿毛并清理干净。绑扎好衬墙钢筋后安装钢模板，分别套上竖杆和横杆，拉平对齐锁紧。其他墙体和柱采用对拉螺丝和钢模板支模。

开挖面和墙体施工缝应位于盖板面以下至少1.5m。墙体处回填中砂，施作砂垫层。侧墙须预留插筋，但一般不设止水钢板。墙板的预留筋可插入砂垫层，以便与下层后浇筑结构的钢筋连接。施工下一段结构时，要对施工缝进行凿毛处理。隔墙和衬墙难以从上面浇筑混凝土，且隔墙和衬墙每次浇筑高度均不大，所以浇筑混凝土时可以从顶部的侧面入仓，浇筑时，突出的楔形混凝土面要比上下两构件接缝面高出50cm。混凝土拆模后，将突出墙面的楔形混凝土块凿除（墙体施工示意图见图5.2.5）。

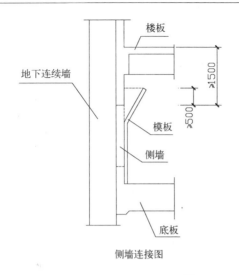
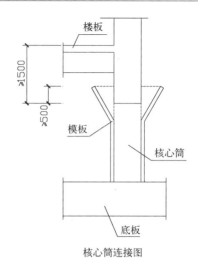

侧墙连接图　　　　　　　　　　　核心筒连接图

图 5.2.5　墙体施工示意图

5.2.6　楼板模板施工

底板采用砌砖地梁模和素混凝土垫层板模，水泥砂浆批荡找平抹光。除了底板外，地下室所有楼层的混凝土楼板均采用钢木模板施工。由于模板工程和土方开挖工程在流水施工中分阶段交替进行，在"两层一挖"土方挖至设计标高时即进行平整，捣好垫层后按正常的施工方法安装梁模和板模，在钢木模表面上刷混凝土隔离剂。上一层的梁、楼板采用正作法施工，宜用门式支架进行支顶（图 5.2.6）。

图 5.2.6　楼板模板支顶

5.2.7　楼板混凝土施工

逆作法施工是在顶部楼盖封闭的条件下进行的，故采用泵送混凝土较为合适。根据工程大小确定输送泵台数进行连续浇筑。要求混凝土的坍落度为 14～16cm，初凝时间为 10～12h，以防冷缝出现。

楼板混凝土按施工进度及考虑混凝土的温度收缩特性进行分块。

浇筑混凝土板时，采取长向推进办法，2组以上输送泵并排薄层灌注、一个坡度、一次到顶，同时及时用水泵将混凝土泌水排出室外。浇捣过程中平板式和插入式振动器配合使用，确保混凝土密实。混凝土分块施工的临时施工缝处采用免拆除 V 形钢网作侧模。

5.2.8　地下室垂直运输

解决基坑内外的垂直运输的效率问题，是多层地下室逆作法成功的关键之一。地下室土石方需要外运，钢筋、模板、钢构件等材料需要运进地下室，为此，在出土口处安装垂直运输系统，既可吊放材料，又可使用专门的吊土桶来吊运土石方。

出土口的位置根据场地和道路的实际情况及结构施工顺序来选择，应在前后门各设置一个，方便流水作业。出土口预留钢筋应用 HPB235 级钢筋，大直径钢筋应预留接驳器，出土口四周及其他部位楼板为施工临时场地时，应对楼板的承载力进行复核，必要时进行加强，并征得设计方的同意。

5.2.9　降水工程

按设计布置降水井，在开挖之前，钻孔埋设降水钢滤管，钢滤管外包多层过滤网，并在钢滤管与孔壁之间回填中粗砂或砾石作为反滤层。埋设后须进行反向洗孔后方能投入使用。底板施工时须设置止水钢环。开挖前开始降水，直到底板完成。封闭降水井前，须确定浮力对地下室无影响才能进行。

5.2.10　通风工程

采用送排结合的方法进行。根据地下室面积的大小和层数的多少，在地面布置多台鼓风机，由风管引入新空气，直达结构施工面，在施工面的上部安装排风机，通过预留孔向地面排出废气。风管沿墙四周布置，固定于楼板底。随着工作面的向内延伸，风管亦不断接长，保证工作面的空气质量。

6. 材料与设备

本工法无特别说明的材料，主要机具设备为：抓斗（含吊机）或铣槽机、钻（冲）孔桩机、反铲挖掘机、推土机、吊机、铲车、电动葫芦、机械化吊运的土斗、空压机、风炮机、卷扬机、电焊机（交流电、直流电），钢筋弯曲机、切断机、对焊机、轴流风机、箱式离心风机、手拉葫芦等。

7. 质 量 控 制

7.1 质量要求

7.1.1 符合《建筑地基基础工程施工质量验收规范》GB 50202、《混凝土结构工程施工质量验收规范》GB 50204、《钢结构工程施工质量验收规范》GB 50205、《钢管混凝土结构设计与施工规程》CECS 28 及有关规范标准。

7.1.2 其他相关质量要求

1. 支承柱安装与定位要满足的质量要求见表 7.1.2：

支承柱安装与定位的质量要求　　　　　　　　　　表 7.1.2

序　号	项　目	允许偏差（mm）	备　注
1	轴线位置	±10	纵、横两个方向量测
2	垂直度	≤1/300	
3	标高	±10	一节按单层计

2. 侧墙（核心筒）施工缝距板面应不小于 1.5m。
3. 预埋钢筋（或钢板）中心线位置偏差应不大于 10mm（纵横两个方向量测）。

7.2 质量控制措施

7.2.1 施工前，应组织人员针对工程特点编写科学、详细的施工组织设计，对施工人员进行有针对性的技术交底。

7.2.2 进场材料均要有出厂合格证，须进行复检的产品，要及时送检，经检验质量不合格的产品不得使用。

7.2.3 埋设孔底定位器与安装支承柱时，应多次测量、复核，以保证支承柱的垂直度、标高等指标符合要求。

7.2.4 制作钢筋笼时，须保证梁、板预留筋的位置、规格和数量准确。施工连续墙（排桩）时，应控制好混凝土和易性、浇灌速度、埋管深度等，防止钢筋笼上浮。

7.2.5 所有施工缝须进行凿毛并冲洗干净方可进行下一段结构的施工。

7.2.6 支承柱安装完成后，及时进行填砂处理。填砂时要四周均匀回填，同时采用水沉的方法，以保证回填砂密实。

7.2.7 对于其他工序的施工，如地下连续墙、灌注桩、钢筋、模板和混凝土浇筑等，应严格按现行有关施工规范、规程执行。

8. 安 全 措 施

8.1 采用有效的监测手段确保深基坑支护本身的安全及周围建筑物、地下管线的安全使用。

8.2 挖土时严格按施工顺序和允许开挖的深度进行，不得超深挖土和无序挖土。

8.3 在开挖到设计要求的深度后，立即进行板和梁的浇筑。

8.4　做好施工过程的排水。

8.5　用电实行三相五线制，所有电气设备必须装设漏电保护开关。进坑的动力及照明电线应使用电缆，在支撑或坑壁上进行可靠的固定。

8.6　坑内应有足够照明度，照明应架设在上层底板下方，并使用低压电气设备。

8.7　在封闭的地下室施工，必须加强通风、排烟设施，保证空气的流通。

8.8　逆作施工时，坑洞和孔洞较多，要设围护栏杆，上下要设有专用上、下人梯。

8.9　起重、司索、指挥等特殊工种持证上岗。起重指挥人员的指挥信号明确，起重机司机应按信号进行操作。施工现场周围必须有明显的隔离标志，起重臂下严禁站人。

9. 环 保 措 施

9.1　在项目经理领导下建立岗位责任到岗、到人的施工现场环境保护责任保证体系，建立健全环境工作管理条例。建立环境保护管理小组，由一名项目副经理主管，成员由各专业骨干组成，做好日常环境管理，并做好环保管理资料的收集和归档。

9.2　采用泥浆机械分离处理系统进行泥浆处理，不能再用的泥浆、泥渣按排放淤泥的规定外运排放，不得排入市政下水道。

9.3　设立有效的三级沉淀装置，施工废水必须经过处理，符合污水排放标准后方可排入市政下水道。

9.4　对噪声量较大的机械设备采取围蔽加消声等措施，降低噪声污染，控制在《施工场界噪声限值》的标准内。

9.5　尽量不在夜间施工，如必须在夜间施工时，须经政府部门批准并公告周边居民。在施工时尽可能使用噪声小的机械设备，减轻对附近居民的影响。

9.6　多余土方在规定时间、规定路线、规定地点弃土，严禁乱倒乱堆。

9.7　清理施工垃圾时使用容器吊运，严禁随意临空抛撒造成扬尘。施工垃圾及时清运，清运时，适量洒水减少扬尘。

9.8　车辆装载不宜过满，对易产生扬尘的车辆用蓬布盖住，在施工现场出入口设置洗车槽，配备高压水枪，车辆经过冲洗后方可进入市区。

10. 效 益 分 析

10.1　节约工期方面

10.1.1　充分利用±0.000 层的梁、板作为裙楼施工的工作面，使地上、地下可以同步施工，大幅度缩短工期；

10.1.2　采用本工法的"两层一挖"逆作法施工，土石方开挖可以全部采用大型挖掘机械进行作业，使挖土作业时间相对缩短；

10.1.3　作业人员在地下空间工作，基本不受气候条件的影响。

10.2　成本控制方面

10.2.1　墙式支护直接作为地下室的外墙，地下室的钢管柱、钢构架柱、混凝土梁、板结构直接作为地下连续墙的内支撑，节约了大量的临时垂直支柱、水平支撑、横撑、斜撑等工程用料和拆除成本，降低了工程造价；

10.2.2　缩短工期，减少了融资压力和融资成本。

10.3　环境保护方面

10.3.1　噪声方面：由于逆作法采用先浇筑表层楼面，再往下挖土作业，所以其在施工中的噪声因表层楼面的阻隔而大大降低。

10.3.2 扬尘方面：顺作法施工采用开敞开挖手段，产生大量灰尘；采用逆作法施工，由于其施工作业在封闭的地下室，可以最大限度地减少扬尘。

10.3.3 钢筋混凝土预制支承柱相对于钢管柱，减少了钢材的用量，符合节约环保的要求。

10.3.4 钢筋混凝土预制支承柱在工厂制作，相对于桩孔内现浇制作，采用钢模板多次重复使用，减少了木材的用量，且工人劳动强度低，操作环境好，做到了以人为本。

10.3.5 逆作法的支护结构变形较明挖法显著减小，大大地提高了对周边建（构）筑物保护的可控度，对环境影响的风险大大降低。

11. 应 用 实 例

11.1 实例一：佳得鑫水晶城地下室工程

佳得鑫水晶城位于南宁市新的市中心区，总用地面积为 23745.0m²，地上 31 层，地下 3 层，其中地上由 4 栋 26 层住宅楼、1 层架空绿化、4 层商业裙房组成，建筑高度为 99.95m，总建筑面积为 165998m²。塔楼为框支剪力墙结构，裙房采用框架结构。

佳得鑫水晶城地下室基坑开挖深度达 19.5m，周长 555m，底面积 18850m²，属超大型深基坑，地层中存在较厚的圆砾层，渗透系数大。采用逆作法施工，采用钢管柱和钢筋混凝土预制柱，支撑柱和主体结构柱合二为一，均在工厂进行加工预制。剪力墙、框架柱混凝土强度等级为 C40、C50、C60，其中地下三层至六层楼面的剪力墙框支柱混凝土强度等级为 C60，钢管高强混凝土浇筑采用前置式振动器振捣的施工方法。本工程于 2006 年 8 月 23 日竣工，其中创新性地使用了钢筋混凝土预制柱作为支承柱，保证了工期和工程质量，节省费用约 500 多万元，创造了良好的经济、社会效益。

11.2 实例二：新华街二期人防工程

新华街二期人防工程全长约 600m，总建筑面积为 13657.46m²，共划分为 6 个防护单元，设有 10 个直通地面的出入口。新华街二期人防地下室与新华街路面基本同宽，两旁建筑物多，车流、人流密集。地下管线密集，且大部分管线无法迁改，需采取保护措施。地下还探明有旧的人防工程，因年代久远，旧人防工事的平面位置、深度等没有详细资料，对围护结构施工影响很大。因此项目的施工场地狭窄，施工用地少，周边环境复杂，工期紧。

该工程采用逆作法施工，于 2004 年 4 月 8 日开工，2006 年 3 月 31 日全部完工，共分四段分期施工。由于旧人防工事的影响，中间支承柱采用人工挖孔桩和钻孔灌注桩的施工工艺，上部采用人工挖孔桩进行成孔，开挖至旧人防工事时，人工凿除旧人防工程，以下再用钻机成孔到设计桩底，在吊放钢筋笼时，先在钢筋笼上安装钢护筒，防止混凝土流向旧人防工事，成孔完成后即浇筑水下混凝土，浇至设计标高。

该工程逆作法的应用不仅保证了基坑的施工安全，而且缩短了占用道路的时间，至少提前了 6 个月恢复地面交通，最大限度地减少了对周边商铺营业和交通的影响，项目得到南宁市政府和建设单位的好评。

隔震建筑橡胶支座施工工法

YJGF80—2004（2009～2010 年度升级版-005）

中建七局第三建筑有限公司　福建六建集团有限公司

张书锋　张世奇　王世杰　王耀　薛云林

1. 前　言

隔震橡胶支座是在建筑物的上部结构与基础顶面之间设置一层具有足够可靠性的隔震层，使上部结构与基础分离，阻隔地震波向上部结构的传播，使输入结构的地震能量被隔震层的耗能元件吸收，减少结构变形，对主体结构实现有效保护，提高结构安全性。在建筑物的基础顶面设置建筑隔震橡胶支座实现减震，近年来已在国内外地震高烈度区得以应用。

我司通过技术攻关及大量工程实践，形成了隔震建筑橡胶支座施工工法，其中"隔震装置空间精确定位支架"已形成专利（ZL201020617981.1）。

2. 工 法 特 点

2.1　可准确控制隔震橡胶支座安装的轴线及标高。

2.2　安装施工简便，施工安全、快速，对施工环境要求低。

3. 适 用 范 围

本工法适用于隔震建筑工程支座的安装，桥梁工程等橡胶隔震支座安装可参照本工法执行。

4. 工 艺 原 理

在隔震装置下部结构上设置一个安装架台，通过调整架台的轴线、标高，提供给隔震装置下预埋钢板准确的空间位置，使隔震橡胶支座的安装达到设计及施工验收规范要求。

5. 施工工艺流程及操作要点

5.1　工艺流程

隔震垫安装施工工艺流程见图 5.1。

5.2　操作要点

5.2.1　测量定位

在安装隔震装置的梁、柱等基础结构位置标出下预埋钢板"十字"中心线，并根据预埋钢板标高设置与中心线对应"十字"码线。

5.2.2　架台调整固定

根据标识的十字中心线设置安装下预埋钢板的架台立柱，并将其固定在其根部的钢筋或混凝土上。把预埋钢板底部的标高引测到架台立柱上，并根据该标高安装架台。

5.2.3　安装下预埋钢板

1. 把下预埋钢板搬运到相应架台上，调整下预埋钢板位置，使其中心线与十字线重合。

2. 用水平尺及楔形塞尺检查其水平度,用电焊接头把下预埋钢板临时固定在架台上。

3. 用精密水准仪、经纬仪及水准尺复核下预埋钢板轴线、标高、水平度,满足规范标准要求后把下预埋钢板固定在架台上,如图 5.2.3 所示。

5.2.4 支座配筋、侧模安装、浇捣支座混凝土

1. 根据图纸要求安装支座处附加钢筋,注意避免在安装附加钢筋过程中把下预埋钢板移动,检查钢筋并做好隐蔽验收记录。

2. 按支墩设计尺寸进行支模,加固牢靠。

3. 浇捣支座混凝土,浇捣混凝土前应用胶带盖住螺帽进行保护;支座混凝土应振捣密实,振捣棒不得碰撞下预埋钢板,混凝土面不得高出下预埋钢板面,清除附着在钢板上混凝土块及砂浆。为防止上下预埋钢板与混凝土间收缩产生缝隙,混凝土中宜掺入适量膨胀剂。

5.2.5 安装隔震垫及隔震垫上预埋件

1. 支座混凝土养护至 80% 强度(以同条件试块强度为准),拆除支墩模板。

2. 清除盖住螺帽部的胶带,并用高压气枪把螺帽内灰尘清除干净。

3. 把隔震垫吊到相应的预埋钢板上,确认螺栓完全插入后,将隔震垫放置在钢板上,锁紧螺栓到规定轴力。

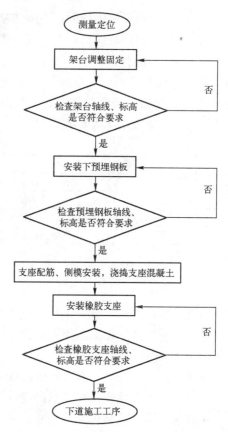

图 5.1 隔震垫安装施工工艺流程

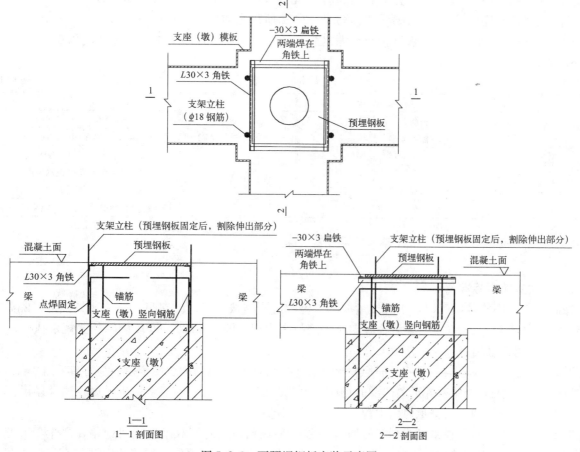

图 5.2.3 下预埋钢板安装示意图

4. 把上预埋件用螺栓固定在隔震垫上，锁紧螺栓到规定轴力。

5. 检查隔震垫的标高、水平度、平面位置及相临隔震垫高差等。

5.2.6 成品保护

在上部结构支模前，应将安装好的橡胶支座用木板等抗冲击材料保护。为防止铁件锈腐，可按设计要求的防腐涂料提前将铁件涂刷。条件允许时，可按图纸要求的橡胶支座正式防护措施施工一步到位。

5.3 劳动力组织（表5.3）

劳动力组织情况表 表5.3

序号	工 种	数量	职责分工	序号	工 种	数量	职责分工
1	测量放样	2名	架台、隔震垫等定位、复核	5	泥水工	2名	浇捣隔震垫支座混凝土
2	焊工	2名	架台、隔震垫等固定	6	木工	2名	安装隔震垫支座侧模
3	隔震垫安装工	2名	上预埋钢板、隔震垫、下预埋钢板安装	7	钢筋工	2名	安装隔震垫支座附加钢筋
4	安全员	1名	监督安全措施落实情况				

6. 材料与设备

6.1 材料

6.1.1 检查隔震支座使用的橡胶、钢材及其他材料必须符合设计要求，并有厂家提供的材料检查证明书或抽样检查质量证明书。

6.1.2 检查隔震橡胶支座的外观不应有使用上有害的裂缝、鼓胀、外伤。

6.1.3 检查隔震橡胶支承高度偏差±4mm；平面尺寸偏差±4mm；平行度1/300以内。

6.1.4 检查联结板外形尺寸、板厚尺寸、孔中心距离及孔径符合规定要求。

6.1.5 检查防锈涂层厚度达到规定要求；检查螺栓有效高度达到规定要求。

6.1.6 隔震橡胶支座的力学性能符合《建筑隔震橡胶支座》JG 118—2000以及《橡胶支座 第1部分：隔震橡胶支座试验方法》GB/T 20688.1—2007所规定的出厂检验项目要求。

6.1.7 隔震支座的上下预埋钢板与预埋钢筋在场外预先焊接并有相关加工质量证明资料。

6.2 设备（表6.2）

主要机具一览表 表6.2

序号	名 称	数量	用 途	序号	名 称	数量	用 途
1	经纬仪	1台	轴线放样及复核	7	吊装设备	1台	吊运隔震垫及预埋钢板
2	水准仪	1台	标高放样及复核	8	50cm钢角尺	1把	校准隔震垫及预埋钢板轴线、水平位置
3	塔尺	1把	标高放样及复核	9	水平尺	1把	校准下预埋钢板水平度
4	起重机	1台	吊装及搬运隔震支座	10	楔形塞尺	1台	校准下预埋钢板水平度
5	50m钢卷尺	1把	轴线放样及复核	11	力矩扳手	1把	锁紧隔震垫与预埋钢板螺栓
6	5m卷尺	2把	水平位置定位及复核	12	电焊机	1台	安装下预埋钢板架台及固定下预埋钢板

7. 质量控制

7.1 质量控制标准

橡胶隔震支座安装施工时，工程质量控制与验收应严格按照《橡胶支座 第3部分：建筑隔震橡胶支座》GB 20688.3—2006及《叠层橡胶支座隔震技术规程》CECS 126∶2001中的相关规定执行。

7.2 质量保证措施

7.2.1 隔震垫在运输、存储时应堆叠整齐、牢固、防止因震动而歪倒磕碰。应存储在干燥、通风、无腐蚀性气体，无阳光照射并远离热源的场所。严禁与酸碱、油类、有机溶剂等接触，避免雨淋。

7.2.2 开箱应细心，避免使用尖锐工具撬伤隔震垫。

7.2.3 隔震支座的联结板或封钢板均有预留吊装螺孔，应使用双吊环同时起吊，严禁单环起吊或倾斜吊装，严禁使用联结螺孔起吊，防止对联结板或封钢板螺孔的损伤；严禁使用铁勾直接勾住隔震支座搬动或起吊。

7.2.4 在工程施工阶段应对隔震支座竖向变形作观测并记录。

8. 安 全 措 施

8.1 工人进入工地后应进行三级安全教育和职业健康安全教育。各工种应进行安全操作规程教育后方能上岗。

8.2 施工作业人员必须了解和掌握本工种的技术操作要领，特殊工种应持证上岗。

8.3 吊装隔震支座及预埋板时应使用预留的吊装螺孔，并使用双吊环同时起吊，严禁单环起吊或倾斜吊装，防止起吊时受力不均摆动碰撞安装人员或其他物体造成事故。严禁使用铁勾直接勾住隔震支座搬动或起吊，防止吊勾脱离时伤人（图8.3）。

8.4 使用力矩扳手时应防止用力过猛脱手伤人。

8.5 橡胶支座存放、安装处四周不得堆放易燃品，并进行明火作业管制。

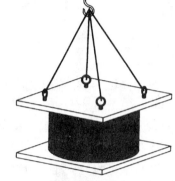

图8.3 隔震支座吊装示意图

9. 环 保 措 施

9.1 安装施工时，不得大力随意敲击钢板，尽量减少噪声的产生。

9.2 焊接作业时应正确佩戴个人防护用品。

9.3 焊接作业后应及时收集焊渣等废弃物，保持施工作业面整洁，做到工完场清。

10. 效 益 分 析

通过多个工程的成功应用，证明本工法操作简便，对施工环境要求低，隔震垫安装质量容易控制，提高了施工效率，取得了良好的社会、经济效益。

11. 应 用 实 例

本工法成功应用于汶川县映秀镇中心卫生院工程、汶川县映秀镇秀平社区、东方世纪大厦等工程。现以映秀镇中心卫生院工程为实例进行简要说明。

11.1 工程概况

映秀镇中心卫生院位于映秀镇内，建筑总面积3583.92m²，其中地下室建筑面积704m²。结构形式为框架剪力墙结构。地下1层，地上3层，结构高度15.50m。建筑总长76.30m，总宽31.55m。各层层高为：地下层4.50m，一、二层3.30m，三层3.90m，设备层2.30m。-0.90m位置设有隔垫层。建筑物结构抗震设防烈度为8度，抗震等级为一级。

11.2 施工情况

2009年9月至12月，在本工程中应用该工法进行62个隔震垫的安装施工，工程质量均满足规范和设计要求。

11.3 工程评价

通过本工法的成功应用，保期保量完成了党中央和人民交给的光荣使命，隔震建筑橡胶支座施工技术的实施赢得了甲方、监理、政府及灾区人民的称赞，树立了"中国建筑"的良好形象，为我国首个抗震减灾示范区的建立做出了应有的贡献。

深基坑开挖监测工法

YJGF18—2000 (2009~2010 年度升级版-006)

广东省基础工程公司

邵孟新　李钦　彭小林　钟国辉　许健

1. 前　　言

在深基坑的设计施工过程中，由于地质条件、荷载条件、材料性质、施工条件和外界其他条件的复杂影响，以及基于当前土压力计算理论和边坡计算模型的局限性，很难单纯从理论上预测工程中可以遇到的问题，所以进行深基坑的信息化施工是十分必要的。即在深基坑的开挖过程中，对支护结构、基坑邻近建筑物、地下管线以及周围土体等在理论分析指导下有计划地监测，以此监测数据为依据，对基坑支护进行动态设计，是十分必要的。

广东省基础工程公司通过广东省工商银行业务大楼、东门车库、合银广场、粤财大厦等基坑的施工监测，总结出了深基坑开挖监测工法，并于 2001 年被评为国家级工法。

自 2001 年获得国家级工法以来，广东省基础工程公司在已完成的一百多个深基坑工程中都采用了该工法技术进行监测，其中 2001 年至 2003 年承建的深圳地铁罗湖站基坑支护工程、2003 年至 2006 年承建的南宁佳得鑫水晶城地下室工程、2007 年至 2010 年承建的南宁名都广场地下室工程对本工法的综合应用和发展尤其具有代表性。其中罗湖站工程利用监测数据为依据，反馈计算并优化基坑支护体系的设计，节省了成本，缩短了工期。罗湖站获得 2005 年建设部专项技术科技示范工程，2006 年获得中国市政工程协会的市政金杯示范工程，2007 年获第七届中国土木工程詹天佑大奖。

另外，随着近十年来我国地下空间的不断开发和利用，基坑支护体系也在不断发展，如：组合内支撑技术、SMW 工法、复合土钉墙支护技术等，基坑监测的手段和监测内容也在不断地发展，如深层土体的沉降和位移监测、地下管道的变形监测等。同时，住房和城乡建设部于 2009 年颁布实施了《建筑基坑工程监测技术规范》GB 50497—2009，以及各地建设部门也出台了一定数量的深基坑管理规定，这些均使建筑基坑工程的监测工法技术得到了丰富和发展。

因此，广东省基础工程公司以 2001 年国家级工法为基础，以近十年来的代表性项目为依据，总结了将近十年来的监测技术的发展，重新编制了升级版的本工法。

2. 工 法 特 点

2.1　监测对象的代表性、针对性

由于监测数据的测读、处理的烦琐。布置测点不可能面面俱到，测点一定有代表性和针对性。选择监测的点、施工段基本上能反映整个结构的受力或变形情况，同时要尽可能监测到整个结构受力或变形的最大值，能起到监测的预警作用。如对围护结构的位移的观测，其长边中点处有可能是位移最大值，在该处就要布置位移观测点。又如钢筋混凝土支撑的测点应布置在支撑长度的 1/3 部位等。

2.2　监测项目要全面

对基坑进行一项或很少的几项原位监测往往是不够的，如果有人为误差，便无法对监测数据进行检验。基坑开挖过程中，围护结构的位移、内力、支撑轴力等都有变化，应采用多项监测手段，使其结果可以互相验证。

2.3　监测人员技术要求高

基坑监测技术含量高，要求监测人员具备测量、土力学、结构力学、钢筋混凝土结构、结构试验等

方面的知识。

2.4 监测的时效性

基坑监测通常是配合降水和开挖过程，有鲜明的时效性。测量结果是动态变化的，深基坑施工中监测需随时进行。

基坑监测的时效性要求对应的方法和设备具有采集数据快、全天候工作的能力，并要求监测数据及时处理、上报。

2.5 监测数据的反馈性与指导性

进行工程结构设计时要采用许多设计参数。按照设计进行施工并进行监测，如果实测结果与设计结果有较大偏差，说明对于现结构，原来设计时采用的参数不一定正确，或其他影响因素在设计中未加考虑。通过一定的方法反算设计参数，如果采用的一组设计参数计算所得的结构变形、内力与实测结果一致或接近，说明采用的这组设计参数进行设计，其结果更符合实际。利用新的设计参数计算分析，判断工程结构施工现状，并对下一施工过程预测，以保证工程施工安全、经济地进行。

2.6 基坑监测需要多方协作

如何将监测的数据成果应用到施工上去，监测小组应与建设方、监理方和施工方紧密配合，监测小组要及时汇报监测情况，当监测结果表现异常时或有险情时，施工单位要及时采取措施，直至排除险情，使监测起到应有的作用。

3. 适 用 范 围

深基坑开挖监测工法适用于开挖深度超过 5m、或开挖深度虽未超过 5m 但场地地质水文条件和周边环境较复杂的基坑工程。

4. 工 艺 原 理

基坑监测是通过对基坑围护结构、支撑或周围土体、建筑物布置测点、埋设监测仪器，每一测试项目都应根据实际情况的客观环境和计算说明书，事先确定相应的警戒值，在基坑开挖过程中，通过对监测项目进行数据测读。以判断位移或受力状况是否会超过允许的范围，判断工程是否安全可靠、经济合理，是否需要调整施工步骤或优化原设计方案。

基坑开挖监测原理如图 4 所示：

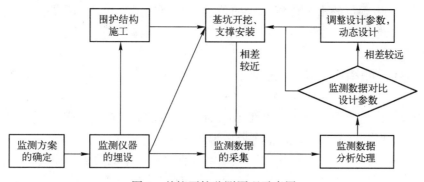

图 4　基坑开挖监测原理示意图

5. 施工工艺流程及操作要点

5.1 施工工艺流程（图5.1）

5.2 操作要点

5.2.1 主要监测项目与监测方法（表5.2.1）

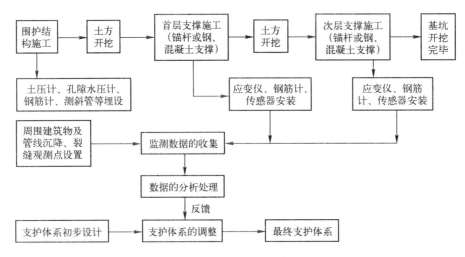

图 5.1　基坑监测施工工艺流程图

监测项目与监测方法　　　　　　　　　　　　　　　　　　　　　　　表 5.2.1

观测对象		观测项目	观测方法	备注
围护结构	地下连续墙板桩、灌注桩	侧压力（土压力和水压力）、变形、弯曲应力	土压力计、孔隙水压计、全站仪、水准仪、测斜仪、应变仪、钢筋计	
支撑	钢支撑	轴向力	应变仪、钢筋计、轴力计	
	锚杆	轴向力	压力传感器	
	围檩	弯曲应力	应变仪、钢筋计	
	立柱	下沉、浮起	水准仪	
周围地基及其他	基坑周围地表土体	沉降、隆起、裂缝	全站仪、水准仪、测斜仪	
	邻近建筑物、构筑物	沉降、抬起、位移、裂缝	全站仪、水准仪、裂缝观察仪	
	基坑底部或深部土层、地下管线等	沉降、隆起、深层位移	全站仪、水准仪、深孔测斜仪	
	地下水	水位、孔隙水压力	水位观测仪、孔隙水压计	

5.2.2　监测点布置

监测点布置可按设计要求进行布设，设计无要求时，可按以下原则布设监测点：

1. 围护墙或基坑边坡顶部的水平位移和竖向位移监测点应沿基坑周边布置，周边中部、阳角处应布置监测点，且宜为共同点。监测点间距不宜大于 20m，每边监测点数目不应少于 3 个。监测点宜设置在围护墙顶或基坑坡顶上。

2. 深层水平位移监测孔宜布置在基坑边坡、围护墙周边的中心处及代表性的部位，每边至少应设 1 个监测孔。

3. 围护墙内力监测点应布置在受力、变形较大且有代表性的部位，每边至少应设 1 处监测点。竖直方向监测点应布置在弯矩较大处，监测点间距宜为 3～5m。

4. 支撑内力监测点的布置在支撑内力较大或在整个支撑系统中起关键作用的杆件上；每道支撑的内力监测点不应少于 3 个；钢支撑的监测截面宜布置在支撑长度的 1/3 部位或支撑的端头。钢筋混凝土支撑的监测截面宜布置在支撑长度的 1/3 部位。

5. 立柱的竖向位移监测点宜布置在基坑中部、多根支撑交汇处、地质条件复杂处的立柱上，监测点不宜少于立柱总根数的 10%，逆作法施工的基坑不宜少于 20%，且不应少于 5 根。

6. 锚杆的拉力监测点应选择在受力较大且有代表性的位置，基坑每边跨中部位和地质条件复杂的区域宜布置监测点。每层锚杆的拉力监测点数量应为该层锚杆总数的 1%～3%，并不应少于 3 根。每层监测点在竖向上的位置宜保持一致。每根杆体上的测试点应设置在锚头附近位置。

7. 土钉的拉力监测点应沿基坑周边布置，基坑周边中部、阳角处宜布置监测点。监测点水平间距不宜大于 30m，每层监测点数目不应少于 3 个。各层监测点在竖向上的位置宜保持一致。每根杆体上的测试点应设置在受力、变形有代表性的位置。

8. 基坑底部隆起监测点按纵向或横向剖面布置，剖面应选择在基坑的中央、距坑底边约 1/4 坑底宽度处以及其他能反映变形特征的位置。数量不应少于 2 个。纵向或横向有多个监测剖面时，其间距宜为 20～50m；同一剖面上监测点横向间距宜为 10～20m，数量不宜少于 3 个。

9. 围护墙侧向土压力监测点的布置在受力、土质条件变化较大或有代表性的部位；平面布置上基坑每边不宜少于 2 个测点。在竖向布置上，测点间距宜为 2～5m，测点下部宜密；当按土层分布情况布设时，每层应至少布设 1 个测点，且布置在各层土的中部；土压力盒应紧贴围护墙布置，预设在围护墙的迎土面一侧。

10. 孔隙水压力监测点宜布置在基坑受力、变形较大或有代表性的部位。监测点竖向布置宜在水压力变化影响深度范围内按土层分布情况布设，监测点竖向间距一般为 2～5m，并不宜少于 3 个。

11. 当采用深井降水时，基坑内地下水位监测点宜布置在基坑中央和两相邻降水井的中间部位；当采用轻型井点、喷射井点降水时，水位监测点宜布置在基坑中央和周边拐角处。

12. 基坑外地下水位监测点的布置应沿基坑周边、被保护对象（如建筑物、地下管线等）周边或在两者之间布置，监测点间距宜为 20～50m。相邻建（构）筑物、重要的地下管线或管线密集处应布置水位监测点；如有止水帷幕，宜布置在止水帷幕的外侧约 2m 处。回灌井点观测井应设置在回灌井点与被保护对象之间。

13. 从基坑边缘以外 1～3 倍开挖深度范围内需要保护的建（构）筑物、地下管线等均应作为监控对象。必要时，尚应扩大监控范围。

14. 位于重要保护对象（如地铁等）安全保护区范围内的监测点的布置，尚应满足相关部门的技术要求。

15. 建（构）筑物的竖向位移监测点布置在建（构）筑物四角、沿外墙每 10～15m 处或每隔 2～3 根柱基上，且每边不少于 3 个监测点；不同地基或基础、建（构）筑物不同结构的分界处，变形缝、抗震缝或严重开裂处的两侧，新、旧建筑物或高、低建筑物交接处的两侧，烟囱、水塔和大型储仓罐等高耸构筑物基础轴线的对称部位，每一构筑物不得少于 4 个监测点。

16. 建（构）筑物的水平位移监测点应布置在建筑物的墙角、柱基及裂缝的两端，每侧墙体的监测点不应少于 3 处。

17. 建（构）筑物倾斜监测点应布置在建（构）筑物角点、变形缝或抗震缝两侧的承重柱或墙上。

18. 建（构）筑物的裂缝监测点应选择有代表性的裂缝进行布置，在基坑施工期间，当发现新裂缝或原有裂缝有增大趋势时，应及时增设监测点。每一条裂缝的测点至少设 2 组，裂缝的最宽处及裂缝末端宜设置测点。

19. 地下管线监测点应布置在管线的节点、转角点和变形曲率较大的部位，监测点平面间距宜为 15～25m，并宜延伸至基坑以外 20m。

20. 基坑周边地表竖向沉降监测点的布置范围宜为基坑深度的 1～3 倍，监测剖面宜设在坑边中部或其他有代表性的部位，并与坑边垂直，监测剖面数量视具体情况确定。每个监测剖面上的监测点数量不宜少于 5 个。

21. 土体分层竖向位移监测孔应布置在有代表性的部位，数量视具体情况确定，并形成监测剖面。同一监测孔的测点宜沿竖向布置在各土层内，数量与深度应根据具体情况确定，在厚度较大的土层中应适当加密。

5.2.3 监测频率

监测项目的监测频率应考虑基坑工程等级、基坑及地下工程的不同施工阶段以及周边环境、自然条件的变化。当监测值相对稳定时，可适当降低监测频率。对于应测项目，在无数据异常和事故征兆的情况下，开挖后仪器监测频率的确定可参照表 5.2.3。

现场仪器监测的监测频率 表 5.2.3

基坑类别	施 工 进 程		基坑设计开挖深度			
			≤5m	5～10m	10～15m	＞15m
一级	开挖深度（m）	≤5	1 次/1d	1 次/2d	1 次 2d	1 次/2d
		5～10		1 次/1d	1 次/1d	1 次/1d
		＞10			2 次/1d	2 次/1d
	底板浇筑后时间（d）	≤7	1 次/1d	1 次/1d	2 次/1d	2 次/1d
		7～14	1 次/3d	1 次/2d	1 次/1d	1 次/1d
		14～28	1 次/5d	1 次/3d	1 次/2d	1 次/1d
		＞28	1 次/7d	1 次/5d	1 次/3d	1 次/3d

基坑类别	施 工 进 程		基坑设计开挖深度			
			≤5m	5～10m	10～15m	＞15m
二级	开挖深度（m）	≤5	1 次/2d	1 次/2d		
		5～10		1 次/1d		
	底板浇筑后时间（d）	≤7	1 次/2d	1 次/2d		
		7～14	1 次/3d	1 次/3d		
		14～28	1 次/7d	1 次/5d		
		＞28	1 次/10d	1 次/10d		

注：1. 当基坑工程等级为三级时，监测频率可视具体情况要求适当降低；

2. 基坑工程施工至开挖前的监测频率视具体情况确定；

3. 有支撑的支护结构各道支撑开始拆除到拆除完成后 3d 内监测频率应为 1 次/1d。

当监测数据变化量较大、速率加快或达到了报警值，支护结构出现开裂，周边地面、邻近的建（构）筑物出现突然较大沉降或严重开裂；基坑及周边大量积水、长时间连续降雨、市政管道出现泄漏等异常情况时，应加强监测，提高监测频率。

5.2.4 监测报警

基坑及支护结构监测报警值应根据监测项目、支护结构的特点和基坑等级确定，见表 5.2.4-1。

建筑基坑工程周边环境监测报警值 表 5.2.4-1

监测对象	项 目		累 计 值		变化速率/mm·d^{-1}	备 注
			绝对值/mm	倾 斜		
1	地下水位变化		1000	—	500	—
2	管线位移	刚性管道 压力	10～30	—	1～3	直接观察点数据
		刚性管道 非压力	10～40	—	3～5	
		柔性管线	10～40	—	3～5	
3	邻近建（构）筑物	最大沉降	10～60	—	—	
		差异沉降	—	2/1000	0.1H/1000	

注：1. H 为建（构）筑物承重结构高度；

2. 第 3 项累计值取最大沉降和差异沉降两者的小值。

周边环境监测报警值的限值应根据主管部门的要求确定，如无具体规定，见表 5.2.4-2。

5.2.5 监测数据的分析与处理

1. 监测数据的分析与处理的工作原理

监测数据成果可采用计算机软件 word、excel 录入和分析整理。利用 excel 强大的数据、图表处理能力对采集的监测原始数据进行计算，并生成图表，再利用 word 处理相关图表，总结论述，整理成文字报告，并归档、上报。

2. 监测数据的分析与处理的操作要点

1）外业观测值和记事项目，必须在现场直接记录于观测记录表中。

基坑及支护结构监测报警值   表 5.2.4-2

序号	监测项目	支护结构类型	一级 累计值 绝对值/mm	一级 累计值 相对基坑深度(h)控制值	一级 变化速率/mm·d	二级 累计值/mm 绝对值/mm	二级 累计值/mm 相对基坑深度(h)控制值	二级 变化速率/mm·d	三级 累计值/mm 绝对值/mm	三级 累计值/mm 相对基坑深度(h)控制值	三级 变化速率/mm·d
1	墙(坡)顶水平位移	放坡、土钉墙、喷锚支护、水泥土墙	30~35	0.3%~0.4%	5~10	50~60	0.6%~0.8%	10~15	70~80	0.8%~1.0%	15~20
		钢板桩、灌注桩、型钢水泥土墙、地下连续墙	25~30	0.2%~0.3%	2~3	40~50	0.5%~0.7%	4~6	60~70	0.6%~0.8%	8~10
2	墙(坡)顶竖向位移	放坡、土钉墙、喷锚支护、水泥土墙	20~40	0.3%~0.4%	3~5	50~60	0.6%~0.8%	5~8	70~80	0.8%~1.0%	8~10
		钢板桩、灌注桩、型钢水泥土墙、地下连续墙	10~20	0.1%~0.2%	2~3	25~30	0.3%~0.5%	3~4	35~40	0.5%~0.6%	4~5
3	围护墙深层水平位移	水泥土墙	30~35	0.3%~0.4%	5~10	50~60	0.6%~0.8%	10~15	70~80	0.8%~1.0%	15~20
		钢板桩	50~60	0.6%~0.7%	2~3	80~85	0.7%~0.8%	4~6	90~100	0.9%~1.0%	8~10
		灌注桩、型钢水泥土墙	45~55	0.5%~0.6%		75~80	0.7%~0.8%		80~90	0.9%~1.0%	
		地下连续墙	40~50	0.4%~0.5%		70~75	0.7%~0.8%		80~90	0.9%~1.0%	
4	立柱竖向位移		25~35		2~3	35~45		4~6	55~65		8~10
5	基坑周边地表竖向位移		25~35		2~3	50~60		4~6	60~80		8~10
6	坑底回弹		25~35		2~3	50~60		4~6	60~80		8~10
7	支撑内力		60%~70% f			70%~80% f			80%~90% f		
8	墙体内力										
9	锚杆拉力										
10	土压力										
11	孔隙水压力										

注: 1. h—基坑设计开挖深度; f—设计极限值。

2. 累计值取绝对值和相对基坑深度 (h) 控制值两者的小值。

3. 当监测项目的变化速率连续 3d 超过报警值的 50% 时, 应报警。

2) 现场的监测资料使用正式的监测记录表格; 有相应的工况描述; 及时整理监测数据; 对监测数据的变化及发展情况应及时分析和评述。

3) 观测数据出现异常, 应及时分析原因, 必要时进行重测。

4) 进行监测项目数据分析时, 应结合其他相关项目的监测数据和自然环境、施工工况等情况以及以往数据, 考量其发展趋势, 并作出预报。

5) 监测成果应包括当日报表、阶段性报告、总结报告。报表应按时报送。报表中监测成果宜用表格和变化曲线或图形反映。

6) 注重监测数据的日常采集与加密监测。

5.2.6 动态施工与动态设计

1. 动态施工与动态设计工作原理

进行工程结构设计时要采用许多设计参数, 按照设计进行施工并进行监测, 如果实测结果与设计结果有较大偏差, 说明对于现结构, 原来设计时采用的参数不一定正确, 或其他影响因素在设计中未加考虑。通过一定的方法反算设计参数，如果采用的一组设计参数计算所得的结构变形、内力与实测结果一致或接近，说明采用的这组设计参数进行设计，其结果更符合实际。利用新的设计参数计算分析，判断工程结构施工现状，并对下一施工过程预测，以保证工程施工安全、经济地进行。

2. 动态施工与动态设计工作流程（图 5.2.6）

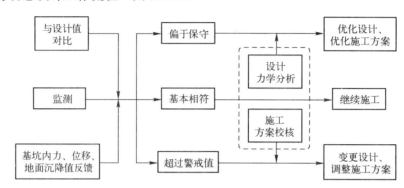

图 5.2.6　动态施工与动态设计工作流程图

3. 动态施工与动态设计的操作要点

1）基于观测值的日常管理

利用计算机实时采集工程结构的变形、内力等数据，每天比较观测值和管理值，监测工程的安全性以及是否与管理值相差过大。

2）现状分析和对下阶段的预测

利用观测结果推算设计参数，根据新的设计参数计算分析，判断现施工阶段工程结构的安全性，并预测以后施工阶段结构的变形及内力。

3）调整设计、施工方案

根据预测结果调整设计方案，必要时改变施工方案，重新进行设计。

5.2.7　监测仪器的安装、使用方法

现场监测常用的仪器有水准仪、全站仪、测斜仪、分层沉降仪、钢筋计、土压力计、孔隙水压计、水位计等。

1. 水准仪、全站仪

1）水准仪：在基坑施工中，水准仪作监测仪器用，应用于以下方面：

（1）基坑围护结构的沉降；

（2）基坑周围地表、地下管线、四周建筑物的沉降；

（3）基坑支撑结构的差异沉降；

（4）确定分层沉降管、地下水位观测孔、测斜管的管顶标高。

2）全站仪：在基坑监测中，经纬仪可作以下用途：

（1）周围建筑物、地下管线的水平位移；

（2）围护结构的顶面及各层支撑的水平位移；

（3）测斜管顶绝对水平位移。

水准仪与全站仪是工程上使用得最频繁、最多的测量仪器，这里对其工作原理和使用方法不再说明。只是要强调一点是，测量控制点要安全，其位置要不在变形、位移区内。

2. 测斜仪

1）测斜管的安装

测斜管有圆形和方形两种，国内多采用圆形，直径有 50mm、70mm 等，每节一般 2m 长，采用钢材、铝合金、塑料等制作，最常用的还是 PVC 塑料管。测斜管在吊放钢筋笼之前，接长到设计长度，绑扎在钢筋上，随钢筋笼一起放入槽内（桩孔内）。或在支护结构外侧土体中钻孔埋设，钻孔直径比测斜管外径大

5～10mm。测斜管的底部与顶部要用盖子封住，防止砂浆，泥浆及杂物进入孔内（测斜管安装见图5.2.7-1）。

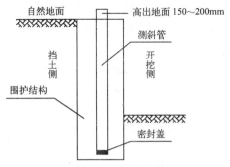

图 5.2.7-1　测斜管安装示意图

2）操作要点

（1）埋入测斜管，应保持垂直，如埋在桩体或地下连续墙内，测斜管与钢筋笼应绑牢；

（2）测斜管有两对方向互相垂直的定向槽，其中一对要与基坑边线垂直；

（3）测量时，必须保证测斜仪与管内温度基本一致，显示仪读数稳定才开始测量；

（4）由于测斜仪测得的是两滑轮之间（500cm）的相对位移，所以必须选择测斜管中的不动点为基准点，一般以管底端点为基准点，这各点实际位移是测点基准点相对位移的累加，进入稳定土层2～3m。

3. 钢筋计

1）钢筋计的安装

钢筋计焊接在钢筋笼主筋上，当作主筋的一段，焊接面积不应少于钢筋的有效面积，在焊接钢筋计时，为避免热传导使钢筋计零漂增加，需要对钢筋计采取冷却措施，用湿毛巾或流水冷却是常采用的有效方法（钢筋计焊接与冷却示意图见图5.2.7-2）。在开挖侧与挡土侧的主筋对应位置都安装钢筋计，钢筋计布置的间距一般为2000～4000mm，视结构的重要性和监测需求而定（钢筋计安装见图5.2.7-3）。

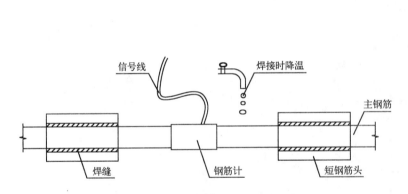

图 5.2.7-2　钢筋计焊接与冷却示意图

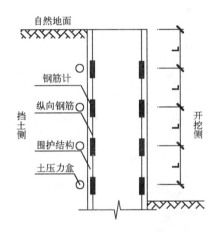

图 5.2.7-3　钢筋计、土压力盒安装示意图

2）基坑监测使用钢筋计操作要点

（1）做好钢筋计传感部分和信号线的防水处理；

（2）仪器安装前必须做好信号线与钢筋计的编号，做到一一对应；

（3）钢筋计焊接必须保证质量；

（4）钢筋计安装好后，浇混凝土前测一次初值，基坑开挖前测一次初值；

（5）测数时，同时用温度计测量气温，考虑温度补偿。

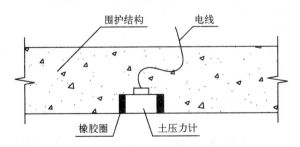

图 5.2.7-4　土压力计的安装示意图

4. 土压力计

1）土压力计的安装

土压力计的安装是测量侧压力的安装方式，土压力盒绑扎于钢筋上，接触面紧贴土体一侧。测量竖向压力时，土压力计安装如图5.2.7-4所示。

2）土压力计安装要点

土压力计埋设于土压力变化的部位即压力曲线变化处，用于监测界面土压力。根据以往施工经验，土压力计绑扎在围护结构的钢筋上，成功的机会不是很大，因为在浇混凝土时，难以保证混凝土不包裹土压力计。最好的安装方法还是在围护结构的外面钻孔埋设土压力计，并在孔中注入与土体性质基本一致的物质，填实空隙。

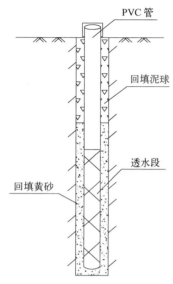

图 5.2.7-5　水位孔剖面示意图

5. 孔隙水压计

安装仪器前，在选定的位置（一般离开基坑外侧 3～5m）钻孔至所需测的深度，再将用砂网、中砂裹好的孔隙水压计放到测点位置，然后孔内注入中砂，以高出孔隙水位计 0.2～0.5m 为宜，最后在孔内埋入黏土，即可将孔封堵好。

6. 水位计

水位孔应沿基坑周边、被保护对象（如建筑物、地下管线等）周边或在两者之间布置，监测点间距宜为 20～50m。相邻建（构）筑物、重要的地下管线或管线密集处布置水位监测点；如有止水帷幕，宜布置在止水帷幕的外侧约 2m 处。且水位监测管的埋置深度（管底标高）应在控制地下水位之下 3～5m。

用钻孔机钻取孔位，再埋入适当长度的 PVC 管，PVC 管下方应凿穿作为透水段。在 PVC 管外围包裹滤砂网，并回填黄砂、泥球等（图 5.2.7-5），使用过程中要保证水位管不被堵塞。

6. 材料与设备

主要的材料及施工机具见表 6。

机具设备表　　表 6

序号	仪器名称	规格、型号（参考）	数量	单位	备注	序号	仪器名称	规格、型号（参考）	数量	单位	备注
1	全站仪	DJK—6 J2 J6	1	台		9	压力传感器	KC—M	具体而定	个	
2	水准仪		1	台		10	应变片		具体而定	片	
3	测斜仪	CK—603 SX—20	1	台		11	测斜仪读数器	GK—600	1	台	
4	测斜管		具体而定	m		12	数据采集仪	SS—2 HR—800	1	台	
5	钢筋计	JXG—1 KS—A	具体而定	个		13	钻机		1	台	
6	土压力计	JXY—4	具体而定	个		14	电焊机		1	台	
7	孔隙水压计		具体而定	个		15	电脑		1	台	
8	PVC 管		具体而定	m		16	摄影机		1	台	

7. 质量控制

7.1 质量要求

深基坑开挖监测工法涉及的规范主要有：

7.1.1 《建筑基坑工程监测技术规范》GB 50497—2009。

7.1.2 《钢筋焊接及验收规程》JGJ 18—2003。

7.1.3 《广州地区建筑基坑支护技术规定》GJB 02—98（广州市标准），各地区可按本地区的标准或国家有关规定。

7.1.4 各监测仪器说明书注明要求的技术要求。

7.2 质量控制措施

7.2.1 应编制切实可行的深基坑监测实施方案。监测人员须经过专业培训，能熟练操作仪器，并能及时处理监测数据。对作业人员应进行技术交底，明确监测要点。

7.2.2 制定基准点和监测点的保护措施，采取设置防护围栏、醒目警示标志等措施，严禁破坏监测点。

7.2.3 使用的量测设备、元器件等均必须经检测合格，且处于有效期内。

7.2.4 量测仪器管理采取专人使用，专人保养，定期检验的制度。

7.2.5 监测的过程应严格遵守相应的规范和细则。

7.2.6 监测的数据须经现场检查，并在室内复核后才可上报。

7.2.7 根据前一次监测分析的结果，及时调整下一次监测方案的实施。

7.2.8 获得的量测数据应及时存储，计算管理应由专人采用计算机系统进行。

8. 安 全 措 施

8.1 监测人员进入施工现场前，进行安全生产教育，严格执行《安全生产规章制度》。

8.2 焊接监测仪器时，作业人员须持证上岗，穿戴手套、绝缘鞋等劳保用品。

8.3 监测施工用电、现场临时用电线路、设施的安装和使用必须按照《施工临时用电安全技术规范》操作，用电实行三相五线制，装设漏电保护开关。

8.4 监测人员应正确使用劳动保护用品，进入施工现场必须戴安全帽，高空作业时，须佩戴好安全带。

8.5 基坑监测需 24h 实时监测，作业人员严禁酒后作业和疲劳作业。

9. 环 保 措 施

9.1 焊接监测仪器时，应有适当的遮挡措施，防止造成光污染。

9.2 布设监测点时，应适当避开市政设施，严禁破坏市政设施。

9.3 在临近住宅区进行监测时，尤其是在夜间监测，严格控制人为噪声，不得喊叫，无故敲打、乱吹哨，限制高音喇叭的使用，最大限度地减少噪声扰民。

9.4 施工现场要求各作业班组做到工完料净，机具、材料等堆放整齐，不得随意放置、丢弃。

10. 效 益 分 析

基坑开挖监测虽然需要投入一定的资金购置、安装监测仪器，并委托专业人员进行全过程的监测、数据分析与反馈、监测报告的编制等。但通过采用一定的监测手段，减少了施工的盲目性，能及时发现施工过程中的异常并预警，保证了基坑支护结构和地下室结构的全过程安全，减少了深基坑事故的发生。同时，通过对周边环境的监测，减小基坑工程带来的对周边环境的不利影响（如因降水引起的地面附加沉降）。另外，通过监测数据的搜集为基坑支护的动态设计提供了充分的依据，因此其社会效益十分巨大。

对于某一项具体的工程项目而言，通过监测数据的反馈与分析，从而调整支护结构的设计、或者合理安排施工顺序，可以产生一定的经济效益。例如，深圳地铁罗湖站通过分析第一、二道钢支撑的轴力、支护桩的应力和应变等数据，调整了钢支撑的布置，优化了锚杆的数量和长度。不仅使支护结构本身的投入量减少，而且为后续的土方开挖、主体结构施工提供了较宽畅的作业空间，提高了工效，简化了施工工序，从而缩短了工期，综合经济效益明显。该项目支护结构共节省费用 1000 多万元，项目工期缩短了 106d。

11. 应 用 实 例

11.1 主要应用实例见表 11.1。

应用实例表　　　　　　　　　　表11.1

序号	工程名称	工程地点	开工日期	竣工日期	监测项目	应用效果	备注
1	深圳地铁罗湖站	深圳市	2001年	2003年	测斜 土压力 挡土桩钢筋应力 锚杆拉力 钢支撑轴力 地下水位	保证安全，监测数据作为优化的依据。节约总投资1000多万元	
2	南宁佳得鑫水晶城地下室	南宁市	2003年	2006年	钢筋应力 测斜 地下水位 支承柱的沉降	确保开挖安全	逆作法
3	南宁南湖名都广场	南宁市	2007年8月	2010年1月	桩顶位移和沉降 支撑轴力 钢筋应力 地下水位 测斜	确保开挖安全	

11.2　工程实例一：深圳地铁罗湖站

罗湖地铁站为地下3层车站，自上而下分别为地下交通层、站厅层和站台层。总建筑面积为41598m²。车站长度353.48m，高度13.04m，标准段宽度32.95m，交通层基坑开挖深度约7m，车站主体基坑开挖深度约20m。距周边建筑物（如深圳火车站、罗湖商业城、大巴站场、罗湖口岸广场前高架桥基础等）距离4～6m。

罗湖地铁站采用了深基坑开挖监测工法施工，监测的项目有测斜、土压力、支护桩钢筋应力、锚杆拉力、钢支撑轴力、地下水位、周边建筑物的裂缝、沉降与倾斜。通过监测不仅保证了基坑的安全和周边环境的安全，同时还将监测数据反馈于钢支撑和锚杆的优化调整。

其中对R－R结构断面处的钢支撑优化具有一定的代表性：

本项目北端段基坑深14m，其北侧与其他标段相连。该段基坑采用人工挖孔桩加四道钢支撑梁的围护结构形式。由于该段基坑较深，地质条件复杂，所以在Ⅱ－14号桩位（断面处）设置了多种监测手段，监测内容包括桩身测斜、桩身内力以及钢支撑轴力。

通过对该位置施工过程中的监测跟踪，进行了两次优化调整。在该处基坑开挖及支护初期，通过监测发现，如果施工中采用三道钢支撑完全可以满足支护的需要，支撑道数就从4道改为3道。然而在第二道支撑完成后经过对监测资料的分析、支护结构的重新计算，发现采用两道钢支撑也能满足结构的安全要求。理由如下：

1. 从对桩体的测斜曲线看，在基坑开挖已达设计深度，第二道支撑做好后其桩身的最大位移只有不到10mm，远小于深圳市基坑规范排桩变形允许值0.0025H（35mm）。桩体变位与开挖深度之比F2＝实测变位/开挖深度＝0.071%，小于规范要求的F2≤0.2%的安全性判别标准。该段其他几个桩的测斜也表现出同样的结果。

2. 从桩身的内力来看，此时钢筋最大轴力只有24kN，最大弯矩也仅为2000kN·m，最大弯矩发生在第二道钢支撑处。钢筋拉应力F3＝钢筋抗拉强度/实测拉应力＝4.5，大于规范要求的F3＞1.0。桩体弯矩F4＝桩体容许弯矩/实测弯矩＞1.0。均表明桩体此时处于弹性状态，并还有很大的安全储备。

3. 从该断面处的Q275钢支撑轴力监测结果看，基坑开挖至12m且第二道支撑做好之前，第一道钢支撑的支撑轴力仅有450kN，而当第二道钢支撑加上后，两道钢支撑的轴力增加速度明显减慢。当开挖至14m深时，两道钢支撑的轴力分别为500kN和400kN，仅为设计轴力的1/4～1/5。

综合以上情况分析，并根据实测数据对支护结构参数和土层参数进行了反演分析，预测两道支撑梁已完全可以满足支护要求。在业主的主持下召开了有设计、监理、施工及监测等各方参加的论证会，与会各方根据对监测结果的分析一致认为可以减掉 1 道支撑。仅此一项即可节省施工费用 60 万元,并且大大简化了施工工序,缩短了工期。

经过同样的监测和分析,S－S 剖面也由 3 道钢支撑改为 1 道钢支撑。用类比的方法进一步进行分析,T－T 剖面的锚杆由 3 道改为 2 道。

本工程借助深基坑开挖监测工法施工进行优化的内容较多,包括土钉长度的优化调整,锚杆长度的优化调整,U－U 剖面锚杆的取消,B－B、C－C 剖面钢支撑的取消等内容,深基坑开挖监测工法在本工程的支护结构施工过程中得到了充分的应用。

11.3 工程实例二:南宁佳得鑫水晶城地下室

佳得鑫水晶城位于南宁市新市中心区,总用地面积为 23745.0m²,地上 31 层,地下 3 层,其中地上由 4 栋 26 层住宅楼、1 层架空绿化、4 层商业裙房组成,建筑高度为 99.95m,总建筑面积为 165998m²。塔楼为框支剪力墙结构,裙房采用框架结构。本工程基坑开挖深度达 19.5m,周长 555m,底面积 18850m²,属于超大型深基坑。在土方开挖阶段,尤其是盖挖阶段采用"两层一挖"的方式开挖,以楼板作为支撑的间距较大,合理运用深基坑的监测技术配合逆作法施工,顺利完成工程,创造了较好的效益。

11.4 工程实例三:南宁南湖名都广场地下室

南宁南湖名都广场基坑面积约为 14820.3m²,基坑宽 56.7～59.4m,深约 19m,其中核心筒开挖最深达 24.1m。本场地地下水丰富,并具有一定承压性。场地靠近南湖,地下水与南湖及邕江有水力联系,地层中的砾砂、圆砾层等土层较厚,透水性强,场地地质水文条件复杂。该工程支护结构采用地下连续墙＋混凝土内支撑支护形式,施工过程以深基坑监测工法为保证,进行系统的原位监测,保证了施工过程结构的安全和周边环境的安全,工程施工顺利,取得了良好效果。

多层面超大面积钢筋混凝土地面无缝施工工法

YJGF70—2004（2009~2010年度升级版-007）

中建五局第三建设有限公司

蒋立红　粟元甲　刘胜利　湛裕勤　唐白奎

1. 前　　言

多层面超大面积钢筋混凝土地面无缝施工技术，突破规范要求，可大大缩短地面施工工期，显著增强地面结构的整体性，提高地面的使用性能，该技术有着广阔的发展空间和应用前景。推广和应用该项技术有利于提高国内钢筋混凝土楼地面的施工水平。

多层面超大面积钢筋混凝土地面无缝施工2004年在白沙集团长沙卷烟厂联合工房工程施工中首次成功应用，并在我公司后续施工的福州海峡国际会展中心、温州百力轮胎、四川卷烟厂技改工程等项目再次创新应用。特别是在福州海峡国际会展中心工程进行了4万m²的展厅大面积重载耐磨地面无缝施工的尝试，并取得了很大成功，获得明显经济和社会效益。该工法的关键技术经中建总公司组织专家鉴定达到国际先进水平。该工法形成的技术标准《超大面积混凝土地面无缝施工技术规范》已于2009年与住房和城乡建设部标准定额司国家标准定额制订合同，且正在编制。

2. 工 法 特 点

与传统的钢筋混凝土地面施工方法相比，多层面超大面积钢筋混凝土地面无缝施工具有以下特点：

2.1 施工缝间距、分块尺寸远远大于目前有关规范在钢筋混凝土地面施工中分仓设缝要求。

2.2 地面施工中取消了永久性伸缩缝、沉降缝和后浇带，采用分块跳仓浇筑方式，可以大大缩短地面施工工期。

2.3 混凝土配制中采用"双掺技术"，不仅能提高混凝土的抗裂能力，改善混凝土的工作性能，而且利用了废料，节约了资源，降低了成本。

2.4 在混凝土中加入合成纤维，可明显提高混凝土的抗裂性，添加合成纤维的混凝土由于纤维乱向分布于混凝土中，可作为抗裂钢丝的替代，比普通混凝土的抗拉抗折性能有较大提高，大大减少混凝土的塑性裂缝和干缩裂缝的产生，从而提高混凝土的抗裂性，提高了混凝土的耐久性。

2.5 混凝土耐磨地面是待混凝土初凝（混凝土初凝的标准：一般在浇捣混凝土4~5h后，目测混凝土表面基本无泌水或用"指压测试法"留下3~5mm印记），分段（仓）将规定用量的耐磨材料均匀铺撒于混凝土面层上，通过打磨、抹平及磨光实现的。

2.6 综合考虑设计、材料、施工、环境等多方面影响因素，提高了混凝土表面平整度，有效控制混凝土质量。

2.7 施工工艺简单，无需特殊的技术措施，选用常规建筑材料及机具设备，易于推广运用。

3. 适 用 范 围

本工法适用于工业与民用建筑大面积楼地面的垫层、钢筋混凝土结构层、找平层的施工，特别适用于对楼面、地面使用性能要求高的工业厂房、大型公共建筑等工程，同时还适用于工厂厂房、物流中心、仓库、高交通量的车库、停车场等有较重荷载和耐磨等特殊要求的地面。

4. 工 艺 原 理

多层面超大面积钢筋混凝土地面无缝施工是在传统的留置后浇带和伸缩缝的基础上发展而来的新型施工技术，指在地面混凝土施工中不设置伸缩缝和后浇带，用施工缝将地面按一定尺寸分为若干块，相邻块间隔浇筑，待先浇筑混凝土经过较大的收缩变形后，再将地面连接浇筑成一个整体。这种跳仓浇筑采用了短距离释放应力的办法应对较大的收缩，待混凝土经过早期较大的温差和收缩后（7～10d），各仓浇筑连接成整体，应对以后较小的收缩。即"先放后抗，抗放兼施，以抗为主"的辩证控制原则。

5. 施工工艺流程及操作要点

5.1 施工工艺流程（图 5.1）

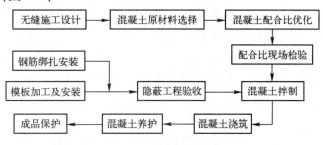

图 5.1 施工工艺流程图

5.2 操作要点

5.2.1 无缝施工设计

1. 施工前应进行无缝施工设计。无缝施工设计的关键是对跳仓间距的设计，即对采用无缝施工的混凝土地面各层（如垫层、钢筋混凝土结构层、找平层等）分别进行跳仓间距的计算。具体方法是：运用地基上混凝土板的平均伸缩缝间距计算公式[①]（式 5.2.1），计算出不留伸缩缝的间距，也就是跳仓施工的跳仓间距。

$$[L] = 1.5\sqrt{\frac{EH}{C_x}} arcch \frac{|\alpha T|}{|\alpha T| - \varepsilon_p} \tag{5.2.1}$$

式中 E——混凝土早期弹性模量；

    H——混凝土板的厚度；

    C_x——下层结构的水平阻力系数；

    α——混凝土线膨胀系数；

    T——混凝土综合温差（水化热温差，收缩当量温差，环境温差代数和）；

    ε_p——混凝土的极限拉伸。

2. 在计算出每层混凝土跳仓间距后，结合实际柱网情况确定多层面超大面积钢筋混凝土地面无缝施工的最终跳仓间距。

3. 编制混凝土施工方案时应保证相邻两块混凝土浇筑间隔时间不得少于 7d。

5.2.2 混凝土配合比设计

1. 混凝土配合比应根据原材料品质、混凝土强度等级、混凝土耐久性以及施工工艺对工作性的要求，通过计算、试配、调整等步骤选定。混凝土的配合比设计应使混凝土在满足强度要求、减小水化热温差、减小混凝土收缩的前提下具有良好的施工性能。

2. 进行混凝土配合比优化，主要从坍落度、和易性、水灰比、砂率、含气量、坍落度损失和强度等方

---

① 引自王铁梦著《工程结构裂缝控制》第 165 页。

面反复试验调整，经现场检验后确定混凝土的最终配合比，同时确定混凝土的生产工艺参数及性能指标。

3．混凝土坍落度严格控制在 10±2cm 范围内。

4．混凝土最小胶凝材料用量不应低于 300kg/m³，其中最低水泥用量不应低于 220kg/m³，配制防水混凝土时最低水泥用量不宜低于 260kg/m³。混凝土最大水胶比不应大于 0.45。

5．单独采用粉煤灰作为掺合料时，硅酸盐水泥混凝土中粉煤灰掺量不应超过胶凝材料总量的 35％，普通硅酸盐水泥混凝土中粉煤灰掺量不应超过胶凝材料总量的 30％，预应力混凝土中粉煤灰掺量不得超过胶凝材料总量的 25％。

6．当采用矿渣粉作为掺合料时，应采用矿渣粉和粉煤灰复合技术。混凝土中掺合料总量不应超过胶凝材料总量的 50％，矿渣粉掺量不得大于掺合料总量的 50％。

7．配制的混凝土除满足抗压强度、抗渗等级等常规设计指标外，还应考虑满足抗裂性指标要求。有条件时，使用温度—应力试验机进行抗裂混凝土配合比的优选。

5.2.3　施工技术准备

1．根据设计要求、合同约定和施工规范要求，明确混凝土的质量验收标准。

2．编制混凝土施工方案，制订钢筋、模板、混凝土专项施工措施、季节性施工措施以及成品保护措施等。

3．综合结构、建筑、设备、电气图纸，全面考虑装修预埋件以及设备管线的预留预埋，避免事后剔凿。

5.2.4　模板安装

1．用槽钢模（刷脱模剂）分仓，槽钢的安装位置须与分仓缝重合，并拉通线校直，检查其标高是否符合要求，确保钢模表面标高即为完成面标高，以方便混凝土浇筑时滚筒施工和机械馒作业。

2．靠墙四周，无法支模的部位墙面根据墙上弹出的面层标高水平墨线拉线进行局部找平。

5.2.5　钢筋绑扎安装

钢筋按分仓设计所分块独立绑扎，块内钢筋为不截断连续绑扎方式。对预留搭接钢筋校正；控制钢筋保护层厚度，确保截面有效高度。

5.2.6　混凝土拌制

1．严格执行同一配合比，保证原材料不变（同产地、同规格、主要性能指标接近）、水灰比不变。

2．控制好混凝土搅拌时间，混凝土的搅拌时间应比普通混凝土延长 15～20s。

3．混凝土搅拌站根据气温条件、运输时间（白天或夜间）、运输道路的距离、砂石含水率变化、混凝土坍落度损失等情况，及时适当地对原施工配合比（水灰比）进行微调，确保混凝土供应质量。

5.2.7　混凝土浇筑

1．混凝土浇筑前，清理模板内的杂物，并检查保护层垫块是否放好，完成对钢筋、管线预留预埋等隐蔽工程验收。

2．合理安排调度，保证混凝土连续浇筑，避免出现施工冷缝。混凝土运输时间控制在规定时间内（根据天气及路程计算），以免坍落度损失过大，而影响混凝土的均一性。加强混凝土进场检验，目测混凝土外观质量，有无泌水离析，保证混凝土拌合物质量。

5.2.8　混凝土振捣

1．混凝土振捣应从中间向边缘振动，振点按"梅花形"布点，并使振捣棒在振捣过程中上下略有抽动，振捣棒移动间距为 200mm 左右，对施工缝和预留空洞等薄弱环节应充分振动，以确保混凝土密实，对设备基础等钢筋密集的部位不得出现漏振、欠振或过振。并在振捣过程中及时排除泌水。

2．掌握好混凝土振捣时间，一般以混凝土表面呈水平并出现均匀的水泥浆、不再有显著下沉和大量气泡上冒时即可停止，混凝土振捣时间一般控制在每个点 15～20s。

3．为提高混凝土的密实性，减少内部微裂缝，对施工缝处等薄弱环节采用二次振捣工艺，即当混凝土浇筑后即将凝固时，在适当的时间内再振捣，掌握好二次振捣的时间间隔（2h 为宜）。

4．控制好混凝土浇筑之间的间歇时间，做到连续而有序地作业。在混凝土振捣中，不得碰撞各种埋件，不得振捣模板、钢筋等；黏在钢筋上的砂浆和混凝土应轻轻碰落。

5.2.9　混凝土平整

1. 地面水平：在混凝土浇筑基本到位时，使用较重的钢制长辊（钢辊应宽于模板 0.5m 以上）于钢模上多次反复滚压，以保证混凝土面水平。滚压作业时，混凝土工应事先去除钢模上的异物，以免影响地面的平整度。在无法使用钢辊作业的部位，应采用长靠尺作出混凝土完成面。混凝土的水平标高则应由水平仪随时检测确认。混凝土平整度应控制在 5mm 范围内。

2. 去除泌水：混凝土面水平完成后，应使用橡胶管去除多余泌水。

5.2.10　混凝土机械收面

1. 待混凝土浇筑至设计标高并赶平后，利用加装圆盘的机械镘进行至少两次的提浆作业，提浆过程中及时进行泌水处理。操作应纵横交错进行，以退磨方式为主，避免产生脚印。

2. 待圆盘施工至一定程度后，取下圆盘进行机械镘抹平及压光作业，操作应纵横交错进行，机械镘角度应逐渐加大。

3. 待混凝土初凝时，根据地坪的实际情况采用机械镘反复紧光，运行时机械镘刀由前向后、左右反复、每趟压搓，反复 3 遍以上，以获得初步平整光洁的表面效果。机械镘的运转速度和机械镘角度的变化应视混凝土地坪的硬化情况作出调整。

5.2.11　混凝土养护

1. 无缝混凝土地面实现混凝土养护是一个重要环节，必须加强混凝土地面的保湿养护。

2. 混凝土应尽早养护，以便使混凝土有充足的养护时间。

3. 采取覆盖塑料薄膜和麻袋，与洒水养护相结合的养护方案。

4. 在混凝土压实抹平后立即用塑料薄膜包裹，边角接茬严密压实，然后在外覆盖 2 层麻袋，养护之前和养护过程中都要洒水保持湿润，养护时间不得少于 14d。

5. 对混凝土地面宜采用动态养护，即现场监测已浇混凝土块体内温度及应力在各龄期的变化，通过测试的实际数据及时调整养护方案，达到对混凝土地面温控防裂的目的。

5.2.12　大面积重载耐磨钢筋混凝土地面施工

1. 混凝土浇筑和振捣同以上 5.2.7 和 5.2.8 条。

2. 撒耐磨材料

待混凝土初凝（混凝土初凝的标准：一般在浇捣混凝土 4～5h 后，目测混凝土表面基本无泌水或用"指压测试法"留下 3～5mm 印记），分段（仓）将 2/3 规定用量的耐磨材料先撒在边角、阳光暴晒和风口部位，再由前往后依次均匀铺撒于混凝土面层上。

3. 粗打磨及抹平

1）待耐磨材料充分润湿后，即可进行加装圆盘的机械镘作业，横向、纵向按序打磨各一次，墙、柱等边角部位用木抹子搓平。

2）耐磨材料应均匀分布于基层混凝土表面并保证地面水平。

3）抹平时间由混凝土面层硬度决定，以平均 1h 打磨 1 次为宜，机械镘应由前向后，左右反复运行，以圆盘每运转 1 圈机械镘移动约半盘宽度效果最佳，若运行时遇凹凸部分，将机械镘在凹凸处前后左右移动即可。

4. 补撒耐磨材料

1）待打磨后的耐磨材料硬化至一定阶段时，进行第二次铺撒耐磨材料作业（用量为规定用量的 1/3）。

2）耐磨材料应撒布均匀（重点补撒较湿润的低洼处，并控制表面颜色均匀一致）。

5. 打磨、抹平及磨光

1）待补撒的耐磨材料充分吸收水分后，再进行至少两次加装圆盘的机械镘作业，机械镘作业应纵横向交错进行。

2）取下机械镘的圆盘，采用机械镘刀进行压光及抹平工作。

3）根据耐磨面层的硬化情况，不断调整机械镘刀的运转速度和与地面的角度（机械镘配有 4 片金属抹片十字组合，倾斜角度可随意调节）。

4）采用机械镘刀对耐磨面层进行磨光作业，纵横向交错进行，运行时机械镘刀由前向后、左右反复、每趟压搓，反复3遍以上，以获得初步平整光洁的表面效果。

6. 表面修饰及养护

1）墁光机作业后面层仍存在抹纹较凌乱，为消除抹纹最后采用薄钢抹子对面层进行有序、同向的人工压光，完成修饰工序。

2）耐磨地坪施工5～6h后喷洒养护剂养护，用量为0.2L/m²。或面覆塑料薄膜防止引起开裂。

3）耐磨地坪面层施工完成24h后即可拆模，但应注意不得损伤地坪边缘。

6. 材料与设备

本工法采用的主要材料见表6-1。

主要材料表　　　　　　　　　　　　　　　　　　　　　　　表6-1

材料名称	规格型号及要求
水泥	P.O 42.5R，符合《硅酸盐水泥、普通硅酸盐水泥》GB 175—2007的要求。水泥比表面积宜小于350m²/kg；水泥碱含量应小于0.6%。水泥中不得掺加窑灰。水泥的进场温度不宜高于60℃；不应使用温度大于60℃的水泥拌制混凝土
细骨料	符合《建筑用砂》GB/T 14684—2001的要求
粗骨料	符合《建筑用卵石、碎石》GB/T 14685—2001的要求，应采用二级或多级级配粗骨料，粗骨料的堆积密度宜大于1500kg/m³，紧密量的空隙率宜小于40%。骨料不宜直接露天堆放、暴晒，宜分级堆放，堆场上方宜设罩棚。高温季节，骨料使用温度不宜大于28℃
水	凡能饮用的水和洁净的天然水，均可用于钢纤维增强混凝土，因海水对钢纤维有锈蚀作用，一般不允许用海水拌制钢纤维增强混凝土
粉煤灰	符合《粉煤灰混凝土应用技术规范》GBJ 146—90的规定，粉煤灰的级别不应低于Ⅱ级，且粉煤灰的需水量比应不大于100%，烧失量应小于5%。严禁采用C类粉煤灰和Ⅱ级以下级别的粉煤灰
减水剂	符合《混凝土外加剂》GB 8076—2008的要求，应采用聚羧酸系高性能减水剂，并根据不同季节、不同施工工艺分别选用标准型、缓凝型或防冻型产品。高性能减水剂引入混凝土中的碱含量（以$Na_2O+0.658K_2O$计）应小于0.3kg/m³；引入混凝土中的氯离子含量应小于0.02kg/m³；引入混凝土中的硫酸盐含量（以Na_2SO_4计）应小于0.2kg/m³。
槽钢模	根据混凝土厚度确定槽钢模规格，但要保证其顺滑平直无变形

本工法采用的主要设备见表6-2。

主要设备表　　　　　　　　　　　　　　　　　　　　　　　表6-2

设备名称	规格型号及要求	设备名称	规格型号及要求
震动棒	ZN50	调直机	GT4/8
平板振动机	ZF55—10	弯曲机	GW40
机械镘	HM—66型，镘刀三片，镘刀调整角度0～15°	水准仪	DSZ3
切断机	GQ50		

7. 质量控制

7.1 质量标准

本工法除严格遵循以下标准和规范外，还应执行项目所在地行政主管部门和相关行业的文件及要求：

《建筑工程施工质量验收统一标准》GB 50300—2001；

《混凝土结构工程施工质量验收规范》GB 50204—2002；

《普通混凝土配合比设计规程》JGJ 55—2000；

《混凝土泵送施工技术规程》JGJ/T 10—95；

《混凝土强度检验评定标准》GBJ 107—87。

7.2 质量控制措施

7.2.1 为保证钢筋保护层厚度尺寸及钢筋定位的准确性,宜采用制作的钢筋马凳或定型生产的纤维砂浆块。浇筑混凝土前,应仔细检查钢筋马凳或保护层垫块的位置、数量及其紧固程度,并应指定专人做重复性检查以提高保护层厚度尺寸的施工质量保证率。构件底面的垫块应至少 1 个/m²,绑扎垫块和钢筋的铁丝头不得伸入保护层内。

7.2.2 根据设计跳仓间距,分块跳仓施工,间隔时间不少于 7d。

7.2.3 插入式振捣棒需变换其在混凝土拌和物中的水平位置时,应竖向缓慢拔出,不得放在拌和物内平拖。泵送下料口应及时移动,不得用插入式振捣棒平拖驱赶下料口处堆积的拌和物将其推向远处。

7.2.4 混凝土层除采用插入式振捣棒、平板振捣器振捣外,还应采用辊筒来回碾压提浆、机械镘整平。

7.2.5 在炎热气候下浇筑混凝土时,应避免模板和新浇混凝土受阳光直射,入模前的模板与钢筋温度以及附近的局部气温不应超过 40℃。应尽可能安排傍晚浇筑而避开炎热的白天,也不宜在早上浇筑以免气温升到最高时加速混凝土的内部温升。

7.2.6 在混凝土浇筑后的抹面压平工序中,严禁向混凝土表面洒水,并应防止过度操作影响表层混凝土的质量。

7.2.7 现浇混凝土潮湿养护时间不少于 14d。在整个潮湿养护过程中,应根据混凝土温度与气温的差别及变化,及时采取措施,控制混凝土的升温和降温速率。

8. 安 全 措 施

8.1 安全标准

本工法除严格遵循以下标准、规范和规程外,还应执行项目所在地行政主管部门和相关行业的文件及要求:

《施工现场临时用电安全技术规范》JGJ 46—2005;

《建筑施工安全检查标准》JGJ 59—99;

《建筑机械使用安全技术规程》JGJ 33—2001。

8.2 安全管理措施

8.2.1 落实安全生产责任制,明确各级管理人员和各班组的安全生产职责,对各班组进行有针对性的安全技术交底(履行签字手续)。会后由专职安全员对各班组施工人员进行上岗前的安全教育和安全技能培训。

8.2.2 严格按安全操作规程施工,对施工现场所有施工机械设备统一定期进行安全检查,发现问题及时解决。

8.2.3 选择有经验的熟练工人,每班配备专业技术安检人员,配备专业电工。

8.2.4 特殊或危险工序要有针对性的施工方案;特殊工种人员必须经过专门培训,持证上岗。

8.2.5 执行施工现场临时用电安全管理制度,实行三相五线制,做到"一机一闸一保护",配备专职电工,施工中的所有电气线路的安装、拆卸和维修统一由电工操作。电工必须对电器及电气线路经常进行检查,定期测试并认真记录。

8.2.6 编写安全管理应急预案,主要包括:《预防机械伤害应急预案》、《预防漏电伤害应急预案》等。

9. 环 保 措 施

严格遵循《建筑施工现场环境与卫生标准》JGJ 146—2004,执行项目所在地行政主管部门和相关行业的文件及要求,并制订以下措施:

9.1 对施工现场的噪声、废水、建筑垃圾等进行监测，均需达到国家和地方环保标准要求。

9.2 施工现场的主要道路进行硬化处理，裸露的场地采取覆盖措施。

9.3 施工现场的出入口设置洗车槽、沉淀池，车辆出入工地大门前都冲洗干净。

9.4 搭设封闭的水泥棚存放水泥，砂集中堆放防止扬尘。

9.5 搅拌站、混凝土输送泵搭设封闭的防护棚并采取隔声措施。

9.6 施工现场设置密闭式垃圾站，施工垃圾和生活垃圾进行分类存放，并及时清运出场。对于废油采取集中存放，统一处理。

9.7 防止施工噪声、夜班灯光和点焊弧光对周围居民正常生活产生影响。

10. 效 益 分 析

10.1 社会效益

多层面超大面积钢筋混凝土无缝地面工程的实施有着巨大的社会意义，不仅能降低工程造价、缩短施工工期，而且对改善地面结构性能，提高地面的使用性能有着重要意义。通过多层面超大面积钢筋混凝土地面无缝施工技术的实施，能够提升国内大面积钢筋混凝土楼地面的施工水平。

10.2 经济效益

10.2.1 可显著缩短地面施工工期，减少管理费用，降低工程造价。

10.2.2 由于跳仓分块的尺寸远远大于现行有关规范的分仓设缝要求，采用钢模可降低模板用量，施工方便快捷，仅需租赁费用及安装费用，节约了周转材料费用及人工费和机械费。

10.2.3 施工简便，无常规后浇带困难的打毛清理工作，节约人工。

10.2.4 适量添加粉煤灰，可减少水泥用量，降低混凝土成本。

11. 应 用 实 例

11.1 福州海峡国际会展中心

福州海峡国际会展中心工程展厅重载耐磨地面总面积为 40000 m²，地面构造从上至下依次为：（1）5mm 厚混凝土加非金属骨料，随打随磨光；（2）95mm 厚 C25 细石混凝土（内掺合成纤维），$\phi 4$ 双向 150 钢筋；（3）钢筋混凝土结构层。我单位采用本工法，槽钢支模，机械提将、抹平压光，施工简单快捷，不仅高效地完成了施工任务，还在地坪平整度、洁净度等方面取得了较大的突破，赢得了业主、监理、质监等单位和部门的高度评价和认可。经现场观测，展厅地面无可见裂缝，裂缝控制取得了成功。节约切缝、打胶人工及材料费用约 4.07 万元。

11.2 百力轮胎厂房

温州百力轮胎厂房工程炼胶车间地面为 144m×424m 金刚砂耐磨地面，地面做法：C20 钢筋混凝土垫层 230mm 厚内配 $\phi 12@200 \times 200$（HRB335），C35 钢筋混凝土面层 70mm 厚内配 $\phi 6@200 \times 200$；均实施了超大面积钢筋混凝土地面无缝施工，并已经监理业主验收，车间地面无可见裂缝。节约留设后浇带及切缝、打胶人工材料费用约 21.1 万元。

11.3 四川卷烟厂长城雪茄烟厂易地技改造项目厂房

四川卷烟厂长城雪茄烟厂易地技改造项目厂房工程联合工房 1 区和 3 区地面为砂石回填后浇筑 100mm 厚混凝土垫层，200mm 厚钢筋混凝土基层，面层采用环氧石英石地坪，其中 1 区面积约 9500m²，3 区面积约 11700m²。均采用了槽钢制模超大面积钢筋混凝土地面无缝施工技术，经联合验收合格，地面无可见裂缝。节约留设后浇带及切缝、打胶人工材料费用约 7.33 万元。

水泥基渗透结晶型防水材料工法

YJGF36—2002（2009～2010年度升级版-008）

河南省第一建筑工程集团有限责任公司　郑州市第一建筑工程集团有限公司

胡保刚　闫志刚　靳鹏飞　江学成　雷霆

1. 前　言

水泥基渗透结晶型防水材料（以下均简称CCCW）是含有特殊活性化学物质的以渗透结晶为主的无机防水材料，主要用于刚性混凝土工程防水，施工后防水性能稳定，效果良好。河南省第一建筑工程集团有限责任公司结合工程实践编写的施工工法，于2003年被评审为国家级工法（YJGF36—2002），并获得2004年河南省建设科学技术进步二等奖。该工法后经河南省体育场（2001年）等工程多次应用，在总结经验的基础上进行了修订，形成现在的工法。

2. 工法特点

2.1　CCCW与混凝土结合后，可向混凝土内部渗透，在混凝土中形成不溶于水的结晶体，填塞毛细孔道，从而使混凝土致密、防水。CCCW处理过的混凝土多年后遇水，材料中的活性物质还能重新激活，混凝土中未完全水化的成分再产生结晶，密封后期形成的裂缝。

2.2　增强混凝土耐久性，延缓混凝土碳化过程，防止钢筋锈蚀。

2.3　施工工艺简便，施工时无明火作业，无毒，无刺激性气味。

3. 适用范围

3.1　地下工程、水利工程的刚性防水，如建筑物地下室、隧道、游泳池、水坝等。既可以涂刷在混凝土结构的迎水面或背水面，也可以掺加在混凝土中。

3.2　露天环境中使用的混凝土结构防水，应采用相应措施。

3.3　裂缝会交变伸缩的结构，用柔性材料填充的沉降缝、变形缝，水泥基防水涂料不适应。

3.4　环境温度4℃以下时，CCCW不宜施工。

4. 工艺原理

CCCW产品以硅酸盐水泥，石英砂为基料，掺入活性化学物质组成，是一种青灰色的干粉状混合物。

CCCW涂刷到混凝土基层表面或掺加在混凝土中，与混凝土的水泥发生反应，生成不溶的树枝状纤维晶体结构，分布在混凝土的微孔和毛细管道中。填塞细小的渗漏水通道，从而提高混凝土强度和起到堵水防水效果。

5. 施工工艺流程及操作要点

5.1　工艺流程

5.1.1　涂刷法施工工艺流程：

基层处理→涂料配制→防水涂层施工→养护→防护层施工。

5.1.2 掺加法施工工艺流程：

混凝土配合比设计→混凝土搅拌→混凝土浇筑→混凝土养护。

5.2 操作要点

5.2.1 基层处理

1. 一般混凝土基层：用钢丝刷，打磨机或 5％的盐酸溶液清洗基层表面的浮浆、返碱、尘土、油污以及表面的浮浆、返碱、尘土、油污以及表面涂层等杂物，并使光滑的混凝土表面变成粗糙面，然后用清水冲洗至中性。在使用 CCCW 前，混凝土表面具有完全湿润的粗糙面。

2. 特殊部位处理：

1）对穿墙孔、结构裂缝（缝宽大于 0.4mm），施工缝等缺陷应凿成 U 形槽，槽宽 20mm，深度 25mm。用水冲刷干净并除去表面的积水，再涂刷 CCCW 浓缩剂灰浆到 U 形槽内，让灰浆达到初步固化（施工后 1～2h 之间），然后用锤子将 CCCW 浓缩剂或堵漏剂的半干燥团料填满 U 形槽并捣实。然后再涂刷一层浓缩剂灰浆。

2）对蜂窝结构及疏松结构应凿除，将所有松动的杂物用水冲刷掉，直至见到坚硬的混凝土基层，并在潮湿的基层上涂刷一层 CCCW 浓缩剂，随后用防水砂浆或防水细石混凝土填补并捣固密实。最后再涂刷一层浓缩剂灰浆。

3）特殊部位加强做法见图 5.2.1-1 ～图 5.2.1-3。

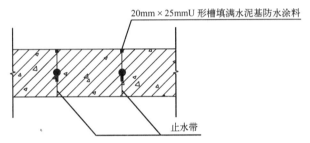

图 5.2.1-1 水平后浇带防水构造示意图

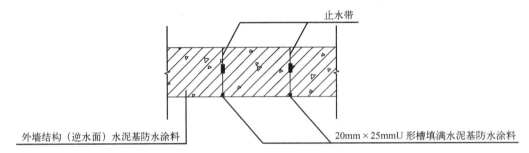

图 5.2.1-2 外墙后浇带防水处理构造示意图

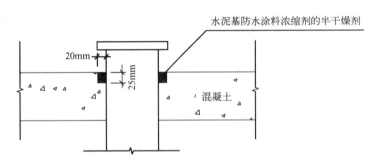

图 5.2.1-3 管道防水节点做法示意图

5.2.2 涂料配制

1. 涂刷施工时，容积配合比为 CCCW：水＝5：2，把计量过的粉料和水倒入搅拌机搅拌均匀，无搅拌设备时也可人工搅拌，但必须拌合均匀。

2. 喷洒施工时，容积配合比为 CCCW：水＝5：3，拌合方法同 2.1.1 条。

3. 用于填实孔洞，U 形槽的半干料团容积配合比为 CCCW：水＝6：1，拌合 10～15s，待混合物中出现固体块后使用。

4. CCCW 应在搅拌后 30min 内用完。

5.2.3 涂刷

1. 涂刷时机的掌握：水利工程、露天环境中使用的混凝土结构，应等待混凝土结构的各种收缩、变形基本稳定后再开始涂刷作业。地下工程，在保证能尽快回填的情况下，迎土面允许拆模后即开始涂刷作业。

2. 涂刷作业可采用半硬性鬃毛刷用力往复涂刷或用专门喷洒机具喷涂。涂料用量控制在不小于 1.5kg/m²。

3. 一般要求涂刷两道，即在第一层涂料达到初步固化（约 1～2h）后，即可进行第二道涂料涂刷。当第一道涂料干燥过快时，应浇水湿润后再进行第二道涂料涂刷。

5.2.4 养护

1. 当 CCCW 涂层固化时（约 2h）开始养护，养护时间不少于 72h，每天洒水至少 3 次（天气热时，应增加喷水次数）或用潮湿的粗麻布覆盖。由于 CCCW 涂层在养护期需要与空气直接接触来确保渗透效果，故严禁采用不透气的塑料薄膜等材料直接覆盖在涂层上。

2. 养护过程中，CCCW 涂层必须避免雨水、大风、日晒、霜冻和泥浆的侵蚀。

3. 对于要用于存放液体的结构，如水池，应保持 7d 的养护，在 12～18d 的完全固化期后方能投入使用。

4. 如果空气流通条件差，如沉箱或小的封闭的沉井，宜使用风扇或鼓风设备送风，以保证涂料接触足够的空气。

5. 地下结构涂刷水泥基防水涂料 36h 后才能进行回填。如果涂刷后 7d 内回填，回填土必须湿润，以避免回填土从 CCCW 涂层中吸收水分，影响渗透效果。

5.2.5 防护层施工

1. CCCW 涂层不宜长期暴露在干燥的空气中，更不宜在阳光下暴晒。

2. 地下工程中 CCCW 涂层可采用回填土作防护层，应在涂刷后 7～10d 内用湿润土回填；水利工程涂刷 CCCW 涂层后最好在 18d 内注水，否则应增加防护层；露天环境中使用的混凝土结构工程，如体育场看台或屋面在 CCCW 涂层施工后 18d 内应施工防护层。

3. 防护层可采用细石混凝土、砂浆、面砖、油漆、环氧树脂或各种涂料。

4. 当经过 CCCW 处理的混凝土结构面外还要加一层混凝土或砂浆、面砖等做法时，应在防水涂料完全固化（即 8～48h）之后施工，采用界面剂刷于防水层上，其粘结力会更好。

5. 当经 CCCW 处理的混凝土面外涂刷油漆、环氧树脂或各类涂料时，应在 CCCW 涂层养护 7d 后进行。使用涂料前宜用 5％的盐酸溶液清洗表面，然后再用清水清洗混凝土表面。

5.2.6 掺加法施工

当 CCCW 作为防水剂掺加在混凝土内工作时应注意以下问题：

1. 混凝土配合比设计前，应做 CCCW 与所选水泥、外加剂的相容性试验，防止产生不良反应；

2. 掺加 CCCW 的混凝土坍落度有所降低，应利用外加剂来调节；

3. 掺加 CCCW 的混凝土会延长初凝时间，施工中应予以考虑；

4. 掺加 CCCW 的混凝土要加强养护，并注意透气性。

6. 材料与设备

6.1 主要材料

6.1.1 缓凝抗渗型 CCCW：一般用于混凝土面层作为单一的涂料使用，或在某些结构需要两种材料时做第一层防水，或作为半干料填补混凝土裂缝、施工缝、孔洞。

6.1.2 缓凝增效型 CCCW：能产生较硬面层，保护下一层涂料，也可作为单独涂层用来防潮。

6.1.3 水泥基渗透结晶型防水剂：用于掺入混凝土内部。

6.1.4 CCCW 技术指标和产品检验依据：详见《水泥基渗透结晶型防水材料》GB 18445—2001。

6.2 主要施工机具设备

6.2.1 机具设备：电动搅拌机具，喷涂机具，手持砂轮机，电锤，吸尘器。

6.2.2 工具：钢丝刷，鬃毛帚，扫帚，手锤，凿子，台秤，搅拌桶，筛子，批灰刀，抹子。

7. 质 量 控 制

7.1 质量控制标准

水泥基渗透结晶型防水材料施工应按现行国家标准《水泥基渗透结晶型防水材料》GB 18445—2001，《地下工程防水技术规程》GB 50108—2008，《地下防水工程质量验收规范》GB 50208—2002 和《混凝土结构工程施工质量验收规范》GB 50204—2002 规定进行施工质量验收。

7.1.1 主控项目

1. 涂料防水层和混凝土掺入法所用材料及配合比必须符合设计要求。

2. 涂料防水层及其转角处、变形缝、穿墙管道等细部做法均须符合设计要求。

3. 涂料防水层的涂料用量应符合设计要求，并控制在不小于 $1.5kg/m^2$。

7.1.2 一般项目

1. 涂料防水层的基层应牢固，基面应洁净、平整，不得有空鼓、松动、起砂和脱皮现象；基层阴阳角处应做成圆弧形。

2. 涂料防水层应与基层粘结牢固，表面平整、涂刷均匀，不得有流淌、皱折、鼓泡，露胎体和翘边等缺陷。

3. 涂料防水层的平均厚度应符合设计要求。最小厚度不得小于设计厚度的 80%。

4. 侧墙涂料防水层的保护层与防水层粘结牢固，结合紧密，厚度均匀一致。

7.2 质量保证措施

7.2.1 熟悉设计意图，合理编制施工方案。

7.2.2 进场材料应有合格证和检验报告，经现场复验合格后方能使用。

7.2.3 CCCW 涂层厚薄均匀，不允许漏涂和露底，不符合要求的应修整重刷。

7.2.4 CCCW 涂层在施工养护期间不得损坏，否则需进行修补。

7.2.5 混凝土表面不应过于光滑，否则应进行酸洗或磨砂，使之粗糙。

7.2.6 混凝土掺入法时，应注意将 CCCW 与其他混凝土材料搅拌均匀。

8. 安 全 措 施

8.1 采用机械施工时，搅拌及喷洒机具应严格按操作规程作业，用电设备均单独设漏电保护器。

8.2 需搭设脚手架时，应按方案搭设和使用。

8.3 施工人员应佩戴工作服、安全帽、手套、口罩。防止 CCCW 溅入眼睛，吸入呼吸道，接触皮肤。

8.4 在坡度大的屋面上施工，施工人员应佩戴安全带。

9. 环 保 措 施

9.1 材料运输车辆严格管理，不超载、不遗洒、不扬尘，文明驾驶，遵守交通法规。

9.2 所有进场的材料材料堆码整齐，做到工完料清，电气设备及工具回收入库，保证施工现场的清洁。

9.3 注意将含有 CCCW 的施工用水经沉淀后再排放。

10. 效 益 分 析

以 2002 年施工的河南省体育场体育中心工程为例测算，在观众看台和观众休息厅（约 4 万 m^2）涂刷了 CCCW 涂层，按每平方米 CCCW 涂料用量 0.9kg，产品按 2001 年出厂价 45 元/kg，人工及管理费 5.5 元/m^2 计算，每平方米造价为 46 元。

以 2004 年施工的金水路跨中州大道立交桥为例，在桥面涂刷了 CCCW 涂层约 3 万 m^2，按每平方米 CCCW 涂料用量 0.9kg，产品按 2004 年出厂价 29 元/kg，人工及管理费 7 元/m^2 计算，每平方米造价为 33.1 元。

11. 应 用 实 例

11.1 河南省体育场体育中心看台：在观众看台和观众休息厅涂刷 CCCW 涂层约 4 万 m^2。

11.2 金水路跨中州大道立交桥：在桥面涂刷了 CCCW 涂层约 3 万 m^2。

11.3 河南省体育场体育中心计分牌：橄榄形计分牌外壳混凝土掺入 CCCW 进行防水。

11.4 黄淮小区 2 号住宅楼：在地下室外墙防水应用 CCCW 涂层 800m^2。

玻璃钢圆柱模板工法

YJGF28—98（2009～2010 年度升级版-009）

河南省第一建筑工程集团有限责任公司　林州建总建筑工程有限公司
职晓云　赵东波　马丙欣　李丽　冯俊昌

1. 前　　言

在现浇钢筋混凝土模板工程中，模板的预制、安装费用在整个模板工程费用中占有较大比重，尤其在圆柱等异形构件模板中更为突出。我公司结合工程实践进行了玻璃钢圆柱模板的开发，并在郑州薛店机场候机楼（1995 年），郑州市百货大楼扩建（1996 年）等工程中应用，均取得了理想的施工效果和经济效益。结合工程实践编写的施工工法，于 1999 年被评审为国家级工法（YJGF28—98），并获得 1997 年河南省建设科学技术进步三等奖。该工法后经河南省体育场（2005 年河南省科技二等奖）、山西省电力公司临汾供电分公司生产调度楼（2008 年）、太原市长风商务区绿平台五标段（2009 年）等工程多次应用，在总结经验的基础上进行了修订，形成现在的工法。

2. 工 法 特 点

采用玻璃钢模板浇筑圆形柱，具有重量轻、工效高和浇筑成型的圆柱柱面光滑整洁等特点。
玻璃钢圆柱模板成本摊销费仅为木模板摊销费 30%。

3. 适 用 范 围

本工法适用于工业与民用建筑中现浇混凝土圆柱的施工。

4. 工 艺 原 理

玻璃钢圆柱是利用不饱和聚酯树脂和玻璃丝布，按照拟浇筑柱子的直径和长度制成的分块拼装整体模板。为了提高模板的整体刚度，在玻璃钢模板中埋置有型钢骨架。

5. 施工工艺流程及操作要点

5.1 工艺流程

清理柱基杂物→弹线定位→校正柱插筋→绑扎柱钢筋→安放埋件→模板下口找平→柱模板就位→用螺栓将柱模组合→校正柱模→固定拉筋→搭设脚手架→浇筑混凝土→拆除脚手架→拆模清理模板→养护混凝土。

5.2 操作要点

5.2.1 支模前的准备工作

1. 施工前，应根据柱模直径、混凝土一次浇筑高度，进行玻璃钢圆柱模板设计。设计内容包括：模板厚度、钢骨架规格、模板固定方法、模板直径和长度。

2. 按图纸要求在地面弹出圆柱定位轴线。

3. 校正柱基的竖向插筋在柱截面范围内，并清理干净。

4. 绑扎柱内钢筋并安放埋件。

5. 在玻璃钢圆柱模板内表面涂刷脱模剂。

5.2.2　柱模支设

玻璃钢圆柱模板支设方法见图 5.2.2，步骤如下：

1. 模板就位：钢筋绑扎完后，首先在柱脚处摊铺护脚砂浆，在模板下口找平，然后将模板抬至柱钢筋一侧竖起，并对准定位轴线，将模板就位。也可以将玻璃钢圆柱模板组装成形后，用吊装机械从柱钢筋上方整体套入。

2. 用螺栓将模板组合起来，并逐个拧紧。

3. 利用水平尺或线锤校正柱模的垂直度，并用拉筋将柱模固定。每根柱子设 3 根拉筋，拉筋可选中 6mm 钢筋，上端一般固定在柱高 2/3 处，下端固定在楼板上，3 根拉筋在水平方向按 120°夹角分开，拉筋与地面交角以 45°～60°为宜，拉筋的延长线要通过圆柱模板的中心。拉筋上需带花篮螺栓，用以调整垂直度。

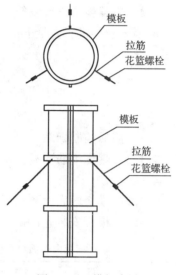

图 5.2.2　模板支设

4. 当混凝土圆柱高度较高时，一般采用多节拼接法或整体提模法施工：

多节拼接法：是将多节柱模拼接在一起使用。要注意上下对齐，然后在模板周围沿竖向设置若干通长钢管，外边设几道铁丝箍箍紧，使之成为一个整体。拼接法要求玻璃钢柱模对接处平滑、尺寸精确，否则会在模板接口处出现不平整，影响美观。

整体提模法：是分段浇筑混凝土。在一段混凝土柱浇筑完成后，将柱模螺栓松开，在柱模拼接处打入木楔，将柱模涨大后整体向上提升到设定高度，使柱模下口和已浇筑好的柱子上端搭接 10～20cm，再校正柱模，拧紧螺栓固定模板，浇筑上面一段的混凝土，如此反复至设计高度。

5.2.3　浇筑混凝土

混凝土浇筑前，应先搭设浇筑用脚手架，注意脚手架应与模板分离。

混凝土坍落度不应小于 3cm，自由倾落高度应小于 2m，一次浇筑高度不得超过 3m，并分层振捣密实。振捣时振动棒不得碰触竖向主筋和模板。

5.2.4　拆模及养护

当圆柱混凝土强度达 10MPa 时，可开始拆模。首先拆除拉筋，然后拆开组合模板的螺栓，将模板从柱面拉开即可。拆开的模板严禁摔撞，拆下的玻璃钢柱模应及时清理干净，将两半模拼好，上好螺栓，竖向放置，严禁叠压横放。

拆模后，应对柱面进行检查，并进行必要的修补或凿毛处理。混凝土养护应优先选用养护剂涂膜养护，或采用塑料布覆盖养护。

6. 材料与设备

6.1　主要材料

6.1.1　模板

玻璃钢圆柱模板是以玻璃丝布作增强材料，不饱和聚酯树脂作粘结材料，型钢作增强骨架，阳模成型的。直径 1000mm 以下的圆柱模，可做成两个半圆；直径 1500mm 以上的圆柱模宜做成三片以上的组合成型柱模。模板长度一般为 2～3m。

6.1.2　钢筋、混凝土：符合设计要求和《混凝土结构工程施工质量验收规范》GB 50204—2002 规定。

6.1.3　辅助材料

1. 48×3.5 脚手架管、扣件；
2. M10×50 螺栓，M10 螺母；
3. φ6 钢筋；
4. 花篮螺栓。

6.2 主要施工机具设备

混凝土搅拌机、混凝土运输车、混凝土泵、震动棒、铁锹、抹子、扳手、水平尺、钢卷尺、线锤、刷子。

7. 质 量 控 制

7.1 质量控制标准

7.1.1 现浇钢筋混凝土玻璃钢圆柱模板施工质量执行《混凝土结构工程施工质量验收规范》GB 50204—2002。

7.1.2 模板内表面要求平整光滑，其允许偏差见表7.1.2。

7.1.3 模板安装允许偏差和检验方法见表7.1.3。

模板内表面允许偏差　　表 7.1.2

序号	项 目	允许偏差（mm）	检 查 方 法
1	长度	±2	用尺量检查
2	直径	±1	用尺量检查
3	内表面垂直平整度	1	用2m靠尺及尺量

模板安装允许偏差　　表 7.1.3

序号	项 目	允许偏差（mm）	检 验 方 法
1	轴线位移	3	用尺量检查
2	截面尺寸	±2	用尺量检查
3	每层垂直度	3	用2M靠尺检查
4	相邻板面高差	2	用直尺和尺量
5	表面平整度	2	用2m靠尺及尺量

7.2 质量保证措施

7.2.1 熟悉设计意图，合理编制现浇钢筋混凝土玻璃钢圆柱模板施工方案。

7.2.2 注意模板就位准确，模板组合螺栓应逐个拧紧。

7.2.3 柱模校正后，应及时用拉筋将柱模固定。

7.2.4 混凝土浇筑时，应注意一次浇筑高度不得超过3m，并分层振捣密实。振捣时振动棒不得碰触竖向主筋和模板。

7.2.5 拆除模板后，应及时进行混凝土表面的修整。

8. 安 全 措 施

8.1 施工人员必须戴好安全帽，2m以上作业必须系好安全带及安全扣。

8.2 施工人员身体健康，无高血压、心脏病等不适合高空作业的疾病。不准酒后上岗，不准带病作业。

8.3 施工人员认真学习安全操作规程，提高安全意识，重点狠抓违章操作的现象，坚持做到每道工序有安全交底。

8.4 电气设备使用前进行检查，电源线使用前进行摇测，有故障的设备及破皮、漏电的电源线必须修好后使用。电路控制严格按照"一机一闸一保护"进行控制。施工中所有电动机具均应安装检验合格的漏电保护器。

8.5 施工作业面上码放材料按150kg/m²计算，不准超荷堆放，防止破坏结构。

8.6 已拆下的模板，严禁从高处扔下，如发现有损坏变形，应及时进行修补。

9. 环 保 措 施

9.1 材料运输车辆严格管理，不超载、不遗洒、不扬尘，文明驾驶，遵守交通法规。

9.2 板材切割在地面进行，施工时注意减少扬尘，完工后将材料堆码整齐，工作现场清理干净，电气设备及工具回收入库，锁好电源闸箱。

9.3 现场散落的模板废料应回收集中，供再生后重复利用。

9.4 分段浇筑混凝土时注意对已完成混凝土面的保护，混凝土施工注意工完料清，保证施工现场的清洁。

10. 效 益 分 析

以河南省体育场为例，承重柱均为钢筋混凝土圆柱，直径 650~1000mm，535 根。模板全部使用玻璃钢圆柱模，投入玻璃钢圆柱模费用 28 万元，浇筑混凝土圆柱 3231 m^3。若使用木模，按《河南省建筑和装饰工程综合基价》（2002）5~25 条，需摊销木模板 262.68 m^3，价值 39.4 万元。

玻璃钢圆柱模板成本摊销费仅为木模板摊销费 30％，并且工效可提高 60％~70％。

11. 应 用 实 例

11.1 河南省体育中心体育场（2001 年）：建筑面积 69153 m^2，现浇钢筋混凝土框架。圆柱直径 650~1000mm，约 535 根，混凝土总量 3231m^3，玻璃钢模板订购费 280000 元，定额模板摊销费 394000 元，节约模板费用 114000 元。该工程获 2005 年国家优质工程银质奖，2005 年河南省科技进步二等奖。

11.2 太原市长风商务区绿平台五标段（2009 年）：建筑面积 57000m^2，框剪结构，一层大厅采用 16 根 10m 高直径为 800mm 的圆柱，玻璃钢模板订购费 8900 元，定额模板摊销费 277000 元，节约模板费用 142000 元。

11.3 山西省电力公司临汾供电分公司生产调度楼（2008 年）：建筑面积 29506 m^2，框剪结构。圆柱高 12m，直径 1000 mm，玻璃钢模板订购费 7600 元，定额模板摊销费 212000 元，节约模板费用 136000 元。

多功能爬架施工工法

YJGF41—2002（2009~2010年度升级版-010）

中建六局建设发展有限公司

岳兰芳　邓青山　张辉　罗天寿

1. 前　　言

附着升降式脚手架（简称：爬架）自20世纪90年代初发展至今，作为一种先进的辅助施工技术被越来越多的建筑企业接受并广泛在建筑工程中应用。尤其是近年来随着我国经济飞速发展，城市建设用地资源的限制，使得建筑结构高层、超高层成为发展趋势，爬架凭借其安全性及经济性得到迅速推广，与传统施工脚手架相比能够节约大量材料及人工，极大提高施工效率和安全性。

国力牌多功能爬架是中国建筑第六工程局有限公司联合天津大学共同研发的，并于1999年首批通过专家鉴定。产品技术先后多次获得中建总公司科技进步奖，并于2003年列为建设部科技成果推广项目。2008年被纳入国家"十一五"支撑计划重点项目"无脚手架安装作业装备技术研究与产业化开发"子课题八"附墙爬升施工装备与大幅度悬臂变长度施工平台技术与产业化开发"项目。国力牌附着升降脚手架GKP－Ⅲ型技术成果，于2010年通过中建总公司组织的科技成果鉴定，成果技术达到国内领先水平，并获得2010年中建总公司科技进步三等奖，同时形成《多功能爬架施工工法》升级版工法，本工法是针对附着式升降脚手架特点，结合新技术、新标准采用新工艺的一套安全施工的指导方法，技术先进、安全可靠、具有显著的经济效益和社会效益。

2. 工 法 特 点

爬架适用于各种高层、超高层建筑，它以构造简单、操作方便、经济耐用等优点赢得了广大用户。尤其在京、津、辽等地区已成为高层、超高层建筑的代名词，是高层、超高层建筑外架施工的首选机具。爬架材料用量与建筑物的高度无关，仅与建筑物的周长有关，它与传统外脚手架相比，材料用量少、使用成本低、且建筑物越高经济效益越明显。

2.1　定型并可旋转和伸缩的附着支承结构，应用于剪力墙、外挑阳台、悬挑梁，变截面和几何截面不规则的高层建筑效果更佳，特点更明显。

2.2　底部支撑桁架按建筑模数配制并通过螺栓连接而成，拆装方便，基本达到了定型化、装配化、标准化、通用性较强。

2.3　升降及使用时均有可靠的双向约束，升降平稳，防止架体内、外倾覆。

采用爬架施工，只需4~6人即可操作爬架升降，节省人工费用，缩短工期，工效显著，减少支出成本。

2.4　节约材料费用，爬架架体只有4~5倍楼层高，根据施工进度逐层升降，比双排外脚手架从地面一直搭到顶层减少用钢量达到40%以上。

2.5　爬架处于上升状态时，能满足结构施工顶层钢筋绑扎、支模、混凝土浇筑，以及下部拆模周转等需求；下降时能满足装修施工时的打底、抹灰、涂料喷涂、贴面、玻璃幕墙安装等工艺要求。

2.6　由竖向主框架、底部支撑桁架组成的传力系统，各节点的杆件轴线汇交于一点，受力合理、且整体稳定性好。

2.7　竖向主框架为刚性框架，导轨为竖向主框架内肢，通长设置，可不受建筑层高变化的限制。安装、拆除方便，使用时，外侧及下部防护周全，便于文明施工，且外形规则、平整、美观。

2.8 爬架操作简单，维护方便、易行，可多次重复使用，降低了施工成本。

2.9 升降设备：电动葫芦，智能控制系统。

2.10 组架方式：可单片、多片、整体。

3. 适 用 范 围

爬架适用于各种结构形式和几何截面的高层、超高层建筑（构筑）物施工，包括剪力墙、框架、框剪、筒体结构等。应用于外挑阳台、悬挑梁、变截面和几何截面不规则的高层建筑（构筑）物，其效果更佳，优势更加明显。

4. 工 艺 原 理

爬架是通过附着支承结构附着在工程结构上，依靠自身的电动升降设备达到自身升降的悬空附着升降脚手架，即沿建筑（构筑）物外侧搭设一定高度（约 4～5 倍楼层高）的外脚手架，并将其附着在工程结构上，其自身带有电动升降机构及升降动力设备，随着工程进展，附着升降脚手架即沿建筑物升降。

4.1 架体构造

4.1.1 架体主要组成：主框架、底部支撑桁架、架体构件。

4.1.2 主框架：由上、中、下三部分拼装而成的定形刚性结构（导轨：与主框架一体，构成主框架的一个主肢）。

4.1.3 底部支撑桁架：由不同规格的标准件通过螺栓连接而成。

4.1.4 架体构件：由大横杆、小横杆、立杆、剪刀撑、扣件等搭设而成。

4.1.5 架体搭设示意图见图 4.1.5。

4.2 附着支承结构

由承重固定支座、防坠支座、防倾支座组成，保证架体与建筑构筑主体在升降和正常使用工况下多点连接固定，是架体承重和防倾覆的主要构件。

4.3 智能控制系统

通过 PC 终端控制电动葫芦，根据施工需要上升或下降，完成爬架升降施工。每个电动葫芦额定起重量 7.5t。控制系统采用 CAN 总线分布式控制和实时控制的串行通信网络，通过销轴传感器采集获取荷载数值，利用位移传感器进行同步监控，并实现同步控制。通过计算机可以直观显示每个机位的技术数据，便于操作及故障的判断与排除，并具有超载、欠载报警保护装置。

4.4 防坠、防倾覆装置

4.4.1 专用机械楔块式防坠器，额定锁紧能力为 10t，为架体升降过程中提供第一道安全保障。

4.4.2 导轨上专门设置有 450mm 间距销孔，可根据现场情况安装防坠销轴，为架体升降工况（防坠销轴在防坠支座导向架上部最近一个销孔处安装，并在升降过程中不断切换安装位置）、使用工况（防坠销轴安装在防倾支座导向架上部最近的一个销孔）提供第二道安全保障。

4.4.3 导向架和防倾覆支座能确保架体不发生内、外倾覆。

4.5 爬架机位平面布置原则

直线布置的架体支承跨度不得大于 7m，折线或曲线布置的架体，相邻主框架支撑点处的架体外侧距离不得大于 5.4m，架的水平悬挑长度不得大于 2m，且不得大于跨度的 1/2。

4.5.1 架体安装搭设要求

1. 架体搭设前，应设置安全、可靠的安装平台来承受安装时的竖向荷载，安装平台上必须有安全防护设施，安装平台的水平安装精度必须满足架体安装要求。

2. 架体安装过程中必须严格控制底部支撑桁架与竖向主框架的安装偏差，底部支撑桁架相邻二机

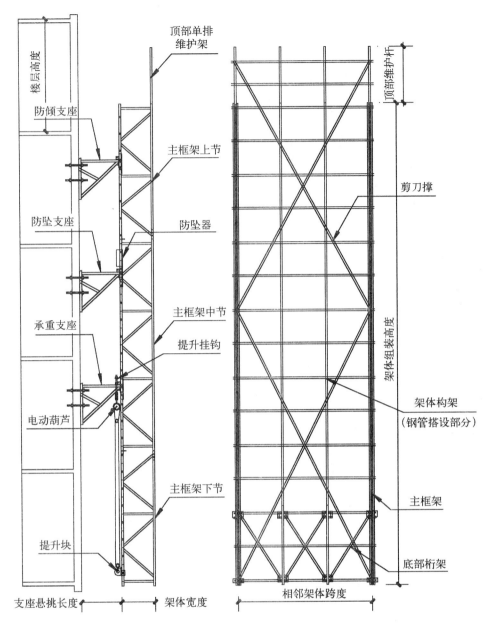

图 4.1.5　架体搭设示意图

位高度差必须小于 20mm，相邻两榀竖向主框架的水平高度差不应大于 20mm。

3. 竖向主框架的垂直偏差应小于 3‰，竖向导轨的竖直偏差应小于 2‰。

4. 竖向主框架和防倾导向装置的垂直偏差不应大于 5‰，且不得大于 60mm。

5. 预留穿墙螺栓孔中心位置偏差必须小于 15mm，其孔径最大值与螺栓直径差值应小于 5mm。

5. 施工工艺流程及操作要点

5.1　爬架施工工艺流程

5.1.1　爬架搭设工艺流程（图 5.1.1）

5.1.2　爬架升降施工流程（图 5.1.2）

5.1.3　爬架拆除工艺流程（图 5.1.3）

5.1.4　爬架防坠保护装置流程（图 5.1.4）

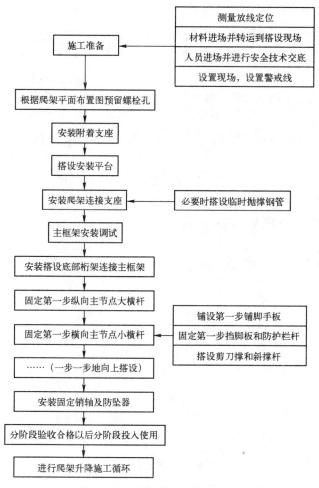

图 5.1.1 爬架搭设工艺流程图

图 5.1.2 爬架升降施工流程图
（a）提升流程图；（b）下降流程图

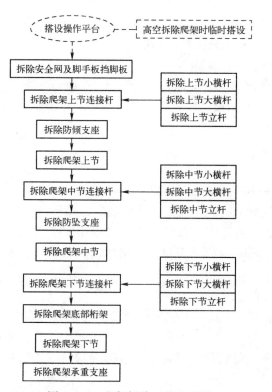

图 5.1.3 爬架拆除工艺流程图

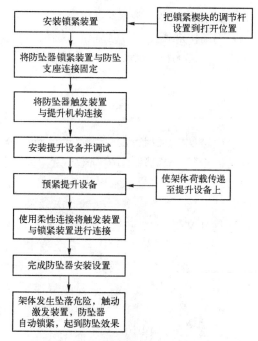

图 5.1.4 爬架防坠保护装置流程图

5.2 操作要点

5.2.1 预留穿墙螺栓孔中心位置偏差必须小于15mm，其孔径最大值与螺栓直径差值应小于5mm。

5.2.2 由安全技术负责人对爬架提升的操作人员进行安全技术交底，做到分工明确，统一指挥，并有记录和签字。

5.2.3 爬架升降作业前清除架体上的活荷载、杂物等，拆除爬架与建筑物连接，准备各种操作工具。

5.2.4 检查控制终端显示数据及运转情况是否正常。

5.2.5 按规定在承重支座上安装电动升降装置，与控制终端连接并调试信号，预紧使架体自重作用在电动葫芦上。

5.2.6 通过控制系统，使架体与支座相对运动，及时准确地切换各种锁销，使架体提升一个楼层或要求高度，微调升降装置，并按规定安装架体承重销，使架体重量作用在承重锁销上。

5.2.7 在架体升降的具体操作过程中，每次使架体提升或下降一层。

5.2.8 爬架下降施工工艺和提升时相似。

5.2.9 爬架提升/降落作业完毕后，按规定安装好各部位螺栓、锁销、锁紧器，使安全网闭合。

6. 材料与设备

6.1 架体搭设安装机具
水平仪、卷尺、线锤、扳手（包括力矩扳手）、手拉葫芦。

6.2 电动提升设备
电控柜、电动葫芦、超载失载报警装置、专用配电箱。

6.3 指挥工具
对讲机、哨子。

7. 质量控制

爬架整体稳定性好，架体升降时平稳、安全，完全符合住房和城乡建设部最新颁发的《建筑施工工具式脚手架安全技术规范》JGJ 202—2010以及行业标准《建筑安全施工检查标准》JGJ 59—99；钢管、型钢、钢板符合《碳素结构钢》GB/T 700—2006中Q235钢的规定。

钢结构焊接工艺符合现行《钢结构工程施工及验收规范》GB 50205—2001、《冷弯薄壁型钢结构技术规范》GB 50018—2002、《钢结构设计规范》GB 50017、《混凝土结构设计规范》GB 50010中的相应要求。

8. 安全措施

应遵照国家现行的《编制建筑施工脚手架安全技术标准的统一规定》（建设部＜97＞建标工字第20号文件批复）、《建筑结构荷载规范》GB 50009—2001、《建筑施工高处作业安全技术规范》JGJ 80—91、《建筑安装工人安全技术操作规程》（80建工劳字第24号）、《建筑施工扣件式钢管脚手架安全技术规范》JGJ 130—2001等标准的有关条文，针对不同工程，还应同时执行该工程所隶属部门的各级有关安全法规和文件，并应特别注意如下事项：

8.1 施工前，必须进行安全技术交底，操作人员必须持证上岗。

8.2 架体安装搭设完毕，在自检合格的基础上，首先必须经土建施工项目部、安全技术部门检查，然后请当地安检站验收，确认无异常情况后方可交付使用。

8.3 升降过程中，控制系统操作者应注意观察显示界面上各机位数据，发现数据异常及时停机检查，确保升降过程中的安全。

8.4 防坠装置与提升设备应分别设置在两套附着支撑结构上，若有一套失效，另外一套仍能够独立承担全部坠落荷载。

8.5 防坠装置应经常检查加强管理，保证工作可靠、有效。

8.6 爬架升降作业时，随提升进度，将防坠销及时插在距离支座导向架最近的主框架销孔内，确保坠落距离最短；在升降操作距离的顶部设置防坠销；升降作业前调整防坠器，使其灵敏可靠。采用上述两种措施确保升降安全。

8.7 爬架使用时，穿好承重销，紧固调节顶撑，锁紧防坠器，穿好防坠销四种措施确保使用安全。

8.8 架体外侧用密目安全网围挡，底层铺设严密脚手板，且采用平网及密目安全网兜底。底层脚手板采用在升降时可折起的翻版构造，保持架体底层脚手板与建筑物表面在升降和正常使用中的间隙，杜绝物料坠落。

8.9 定期检查各种电气设备，发现异常及时汇报处理，并做好维护维修记录工作。

8.10 建立预警和处置突发安全事故的快速反应机制，保证人力、物力、财力的储备，一旦出现危机，确保发现、报告、指挥、处置等环节的紧密衔接，及时应对，保证实现现场的统一指挥和调度。

9. 环 保 措 施

9.1 在搬运、堆放脚手架材料时要轻拿轻放，以尽量降低噪声。

9.2 实行脚手架外围全封闭管理，以阻隔一部分楼层施工噪声的传播量。

9.3 脚手架工程在现场产生的废旧木材及时收集，尽量重复利用，不能重复利用的用于现场临时食堂燃料的补充使用。

9.4 脚手架工程在现场产生的废旧钢材及时收集交废品收购站统一处理。

9.5 脚手架工程产生的废旧安全网要集中收集，尽量用来覆盖现场露天堆放的易飞扬物资（如砂等），实在无法回收重复利用的按照有毒有害垃圾分类交给垃圾处理站统一处理。

9.6 脚手架工程中使用的油漆等要妥善保管好，并在满足区分钢管类别、防锈等作用的前提下尽量节约油漆用量。废旧油漆工具、用具要及时回收并尽量重复利用，不能回收重复利用的就按照有毒有害垃圾分类交给垃圾处理站统一处理。

9.7 在堆场里清洗扣件时，事先采用专用容器或修建专用池子盛接多余的机油，并尽量将盛接的机油回收重复利用，以减少机油污染环境的程度。

10. 效 益 分 析

本工法将工程施工中的脚手架工程部分实现了装备化，通过有效利用电子传感技术配合爬架施工，一次搭设完成后即可使用至施工结束，避免了传统脚手架的反复拆搭，同时配备有直观数据显示，方便作业人员了解各个环节施工状况，消除了一般爬架使用过程中存在的安全盲区等隐患，使爬架的安全性能得到了很大提高，成本得到有效降低，操作更加便利。新工法技术为爬架施工提供了新的发展方向，为高层建筑施工提供更加安全可靠的施工方法，对企业与行业的科技发展奠定了基础，其社会效益和环境效益显著。

本工法与同类施工技术、原工法相比，由于采用了电子传感技术与PC控制技术，使得传统劳动密集型的建筑施工逐渐向技术型转变，有效降低了人工费用，同时避免了因人为造成的不利因素，提高施工效率，有利于现场文明施工，具有良好的经济效益和发展前景。

11. 应 用 实 例

11.1 工程名称

中建御景华庭住宅小区。

11.2　工程概况

11.2.1　工程建设地点

天津市汉沽区河西四经路与四纬路交口。

11.2.2　工程规模

总投资约21418万元，建设规模82536 m²，其中商品住宅70744m²；18～29层；剪力墙结构；最大高度96.54m；本工程中5号、6号、7号楼外脚手架均采用国力牌多功能爬架施工。

11.2.3　工程总包

中国建筑第六工程局有限公司。

11.3　施工情况

本工程爬架依据方案设计，采用整体电动升降，3栋楼共布置升降机位103榀，每栋楼各分2个升降单元，每栋楼单次最多同时提升18个机位。爬架主框架组装高度12.8m，架体顶部搭设1.5m单排维护架，架体总高度14.3m，架体附着器根据结构特点采用有剪力墙附着器。

工程施工阶段：2010年7月～2011年3月

爬架平面布置图见图11.3-1。

爬架立面示意图见图11.3-2。

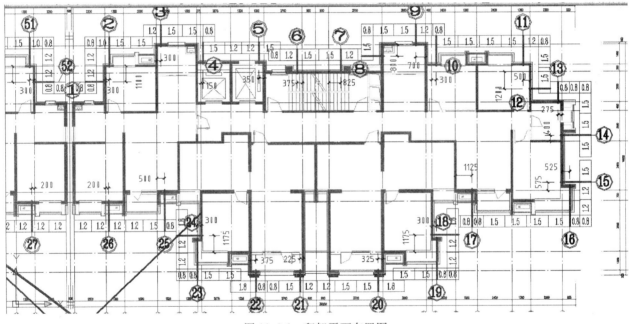

图11.3-1　爬架平面布置图

11.4　工程监测与结果评价

本工程项目结构主体施工中选用了国力牌附着升降脚手架作为外脚手架机具，并采用本工法技术施工后、经过及时监测施工阶段各个主要环节，通过对比经济成本数据体现了其显著的经济效益，同时安全方面性能优越，有效地保证了项目的顺利完成；该产品操作简单、高效，经济效益明显，尤其体现在节约人工成本，提高了现场施工效率。工程竣工后质量合格率100%，无安全生产事故发生，得到了业主及用户的好评，该工程已申报天津市"结构海河杯"。

11.5　其他工程应用情况（表11.5）

工程应用一览　　　　　　　　　　　　　　　　　　表11.5

序号	工程名称	工程地址	工程时间	备注
1	大连医学生物研发及电子口岸数据中心配套生活区	大连市	2009年3月～2010年12月	
2	大连明珠7、8号楼	大连市	2008年2月～2010年3月	

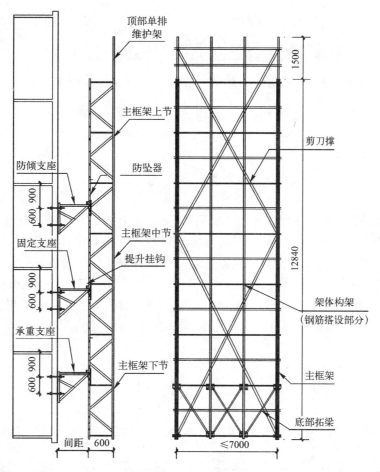

图 11.3-2　爬架立面示意图

　　本工法经过多个工程实践，能够有效提高爬架施工安全和施工效率，使得爬架在总体性能上得到了提高，自工程实践以来，深受使用单位的好评与青睐，目前已成功应用于津、京、辽等多个地区，得到了广大用户的一致好评。

滚轧直螺纹钢筋接头施工工法

YJGF44—2002（2009～2010 年度升级版- 011）

北京市建筑工程研究院有限责任公司

李大宁　黄伟　金崇正　陈志军　张宗生

1. 前　言

1.1　滚轧直螺纹钢筋接头是一种能承受拉、压两种作用力的钢筋机械连接接头，它具有强度高、质量好、速度快、省钢材、无污染、无明火等优点，是钢筋连接技术的一种创新，因而越来越广泛地应用到建筑结构工程施工中。本工法由北京市建筑工程研究院有限责任公司负责完成。

1.2　滚轧直螺纹钢筋连接新技术于 2001 年 7 月 17 日通过北京市建设委员会组织的专家鉴定，获得北京建工集团有限责任公司科技进步一等奖，2002 年获北京市建设科技成果推广转化项目证书，2003 年获建设部科技成果重点推广项目。目前已推广应用钢筋直螺纹接头 2000 多万只，取得了明显的技术经济和社会效益。

2. 工 法 特 点

2.1　接头力学性能达到国家行业标准《钢筋机械连接技术规程》JGJ 107—2010 中Ⅰ级接头的性能指标。

2.2　接头强度高、质量稳定可靠，钢筋接头试件单向拉伸的破断形式绝大部分为钢筋母材颈缩。

2.3　钢筋连接速度快，一人一分钟就可以连接一个接头。

2.4　钢筋滚丝可预制，不占工期。各种规格直螺纹连接套由专业工厂生产，实现了标准化文明施工。

2.5　连接钢筋使用专用扳手，连接时不用电、不用气，也不用各种专用设备。其工艺简捷、安全可靠、无明火作业、不污染环境、无爆炸着火隐患，实现了全天候施工。

2.6　能在施工现场连接φ16～φ40 的同径或异径、竖向或水平的 HRB335、HRB400 级钢筋，不受钢筋的化学成分、人为因素、施工现场供电能力等诸多条件的影响。

3. 适 用 范 围

该工艺适用于一、二级抗震设防的工业与民用建筑及一般构筑物的现浇钢筋混凝土结构的基础、梁、柱、板、墙的钢筋现场连接施工，不得用于预应力钢筋。经常承受反复动荷载及承受高应力疲劳荷载的结构构件在使用该接头前，必须先按要求做接头的疲劳试验。

4. 工 艺 原 理

滚轧直螺纹钢筋接头是利用钢材形变强化的原理，使钢筋上滚轧出的直螺纹强度大幅提高，从而使直螺纹接头的抗拉承载力高于钢筋母材的抗拉承载力。其工艺是先在加工厂用专用的钢筋直螺纹滚轧机，把待连接钢筋的端头滚轧成规整的直螺纹，然后通过带有相同参数的直螺纹连接套，用专用机械扳手，把两根需连接的钢筋通过连接套相对拧紧在一起。

5. 施工工艺流程及操作要点

5.1 钢筋加工（图 5.1）

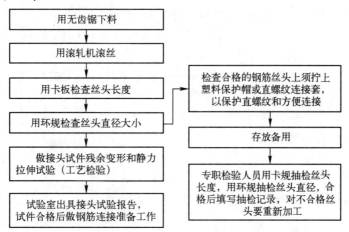

图 5.1 钢筋加工流程图

5.2 连接钢筋（图 5.2-1、图 5.2-2）

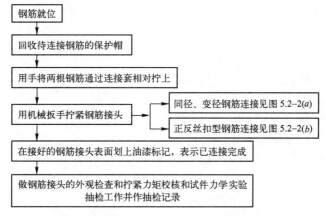

图 5.2-1 钢筋连接流程图

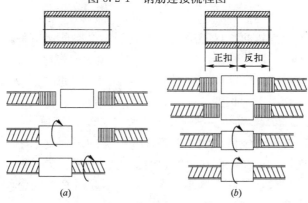

图 5.2-2 不同规格的钢筋连接图

（a）标准型接头；（b）正反丝扣型接头

5.3 操作要点

5.3.1 钢筋下料：必须用无齿锯下料，确保钢筋端头平直，不得有马蹄形式弯曲现象。

5.3.2 钢筋丝头加工：在直螺纹滚轧机上按设计规定的螺距，进刀长度等参数滚轧出钢筋直螺纹丝头。

5.3.3 钢筋连接：用机械扳手将钢筋与直螺纹套筒拧紧，完成后用力矩扳手抽检，需达到规定的力矩值。

6. 材料与设备

6.1 材料准备

6.1.1 钢筋材质应符合《钢筋混凝土用热轧带肋钢筋》GB 1499.2—1998 国家标准。

6.1.2 直螺纹连接套材质：HRB335、HRB400 级钢筋连接所用套管均为优质碳素钢。

6.1.3 直螺纹连接套是专业工厂生产的标准件，供货时需有质保书及合格证。

6.1.4 被连接钢筋端头的滚轧直螺纹质量是经过长度卡板和直径环规逐个检验合格后，塑料保护帽保护的合格品。

6.1.5 力矩扳手应有产品合格证书。

6.2 机具、设备准备及劳动组织

6.2.1 钢筋直螺纹滚轧机

型号：SZ40B。

性能：能滚轧直径$\phi16\sim\phi40$的 HRB335、HEB400 级钢筋。

6.2.2 量规

长度卡板、直径环规及通止规共三种量规。

6.2.3 扳手

专业机械扳手、力矩扳手。

6.2.4 辅助机具

无齿锯。

6.2.5 劳动组织结构是最基本的单元，它随着工程量的增大而成倍数地增加。

6.2.6 滚轧机 2 台，每台配操作工人 1 人。

6.2.7 搬运钢筋：2 人。

6.2.8 检查丝头质量、拧保护帽或连接套：1 人。

6.2.9 在施工面上连接钢筋及画油漆标记：每组 2～3 人。

7. 质量控制

7.1 钢筋滚丝质量

7.1.1 待连接钢筋端头不得弯曲，且必须用无齿锯下料以保证切口平整且与钢筋轴线垂直。

7.1.2 滚轧出钢筋丝头的牙形、螺距必须与连接套的牙形、螺距相一致。有效丝扣长度内的直螺纹，其牙高低于螺纹中径对应牙高的部分即秃牙的部分，其累计长度不得大于一个螺纹周长。

7.1.3 钢筋滚丝质量必须逐个用长度卡板和直径环规检查。

7.2 钢筋连接质量

7.2.1 连接套规格必须与钢筋规格一致，并确保连接套的内螺纹干净、无损。

7.2.2 要保证两根相连接的钢筋端面在直螺纹套筒内的中间位置对顶。

7.2.3 连接完成的钢筋接头，其套管每侧外露丝扣不得超过 2 个完整丝扣，同时不得无外露丝扣。

7.2.4 连接好的钢筋接头必须用油漆做上标记。

7.2.5 采用预埋接头时，连接套的位置、规格和质量应符合设计要求，待连接钢筋上的连接套应固定且连接套的外露端应有密封盖。

7.3 接头工艺检验

施工作业前，每种规格钢筋的接头试件应不少于 3 根，每根试件的抗拉强度和 3 根接头试件的残余变形的平均值应满足《钢筋机械连接技术规程》JGJ 107—2010 的规定。如第一次工艺检验中 1 根试件抗拉强度或 3 根试件的残余变形平均值不合格，允许再抽 3 根试件进行复检。

7.4 接头的现场检验

施工作业之中，在工程结构中随机截取，按每种规格接头，每500个为一批，不足500个也作为一批，每批做3根接头单向拉伸试件，并同时对接头试件的钢筋母材进行抗拉强度试验，试件长度不少于550mm。每种规格3根接头试件均应满足：若按Ⅰ级接头标准，试件抗拉强度应大于钢筋母材的实测抗拉强度（即试件破断于钢筋母材上）或达到钢筋母材抗拉强度标准值的1.1倍；若按Ⅱ级接头标准，试件抗拉强度应大于钢筋母材的标准极限强度。每批试件中，如有一根试件达不到上述要求值，应做双倍试件试验，全部合格后方可进行下一步施工工序。

8. 安 全 措 施

8.1 参加钢筋螺纹接头滚丝及连接钢筋的人员必须经过培训，考核合格后持上岗证作业。

8.2 进行高处作业或操作用电设备的操作人员，应遵守国家颁布的《建筑安装工程安全技术规程》。

8.3 不得在直螺纹滚轧机运转的情况下装卡钢筋。

9. 环 保 措 施

9.1 钢筋螺纹接头原材为钢材，对环境没有破坏。

9.2 严格遵守国家及北京市关于施工现场环境保护的各种规定。

9.3 严格遵守国家及北京市关于施工现场文明施工的各种规定。

10. 效 益 分 析

10.1 钢筋连接速度快、质量好、每根钢筋接头连接时间只用1min左右，比电渣压力焊钢筋接头、冷挤压钢筋接头提高工效3～5倍。

10.2 连接钢筋的同时可进行箍筋绑扎作业和钢筋连接质量抽检，实现流水作业。

10.3 节约钢材和能源，其耗电量仅占电渣压力焊接头的1/6，节省大量电力、焊药，用钢量是钢筋绑扎的1/8～1/10。

10.4 无明火作业、无爆炸着火隐患、不污染环境、能全天候施工、简化了管理、方便了施工。

11. 应 用 实 例

钢筋直螺纹接头自2000年～2010年已在国内推广应用建筑面积达1000多万平方米，工程项目达400余项，大部分是国家省市重点工程。采用该项新技术加快了结构的施工速度，提高了结构的施工质量，简化了施工管理；为国家节约了大量能源和钢材，产生了明显的技术经济和社会效益。应用实例见表11。

表11

工程名称		联想研发大厦	首都博物馆新馆	北京移动通信枢纽中心	中海广场	首钢科教大厦
建筑面积		5万 m²	10万 m²	7万 m²	20万 m²	6万 m²
层数	下	2	2	3	2	2
	上	10	6	24	28	26
接头部位		梁、柱、墙	梁、柱、板、墙	梁、柱、板、墙	梁、柱、墙	梁、柱、板、墙
接头规格		$\phi20\sim\phi32$	$\phi18\sim\phi36$	$\phi18\sim\phi36$	$\phi16\sim\phi32$	$\phi18\sim\phi32$
接头数量		42000个	85000个	107000个	200000个	80000个
施工时间		2000年10月～2001年12月	2002年5月～2003年3月	2002年5月～2003年1月	2006年5月～2008年5月	2010年1月～2011年1月

新型镦粗直螺纹钢筋连接施工工法

YJGF26—98 （2009～2010 年度升级版-012）

建研科技股份有限公司 温州建设集团有限公司

徐瑞榕 吴广彬 胡正华 刘永颐 郑笑芳

1. 前 言

钢筋连接是土木工程中一项量大面广的专业施工技术。近 20 年来，我国在发展和应用钢筋机械连接技术方面取得重大进展，先后自主开发了套筒冷挤压和锥螺纹连接技术，镦粗直螺纹和滚轧直螺纹钢筋连接技术，且在工程中获得广泛应用，各类直螺纹钢筋接头目前已成为我国建筑工程领域主导性钢筋连接技术，其中镦粗直螺纹钢筋接头先后在我国秦山核电站、润阳长江大桥、上海黄浦江越江隧道、北京大运村、北京、上海地铁等国家重点工程中广泛应用，受到用户好评。2000 年，由该项技术开发单位中国建筑科学研究院完成的国家级工法《镦粗直螺纹钢筋连接工法》公布实施，对引导和规范本钢筋连接技术起了较大促进作用。近年来，镦粗直螺纹钢筋连接技术又有了新发展，一种镦头小、强度高、抗疲劳、施工速度更快、节约套筒材料及降低现场加工成本的新型镦粗直螺纹钢筋接头得到有效开发，不仅在国内苏通长江大桥、杭州湾跨海大桥等重大项目中广泛应用，而且受到众多国外客户青睐，先后在中东阿联酋、沙特阿拉伯、伊朗、卡塔尔，东南亚的印度、越南、印尼、马来西亚、泰国等近 20 个国家应用。

新型镦粗直螺纹钢筋接头的连接技术主要是由建研科技股份有限公司（中国建筑科学研究院建筑结构研究所）率先开发，2007 年 2 月经中国建筑科学研究院组织专家组签定，成果达到国际先进水平，2007 年度获中国建筑科学研究院新产品奖，2008 年度中国建筑科学研究院科技进步三等奖，取得"镦粗钢筋用的冷镦装置"等四项实用新型和发明。该工法已形成《CABR 新型镦粗直螺纹钢筋接头生产操作规程》等两项企业技术标准和《镦粗直螺纹钢筋接头》等两项中华人民共和国建筑行业标准。经过科技查新，苏通长江大桥工程采用建研科技股份有限公司的镦粗直螺纹直螺纹钢筋接头产品，使用本工法的相关技术，用于桩基钢筋笼及承台、桥墩和塔身的 $\phi40$ 的 HRB400 级钢筋连接，在国内公开发表的文献中，未见与本工法特点完全相同的报道，未见相同国家级工法的报道。

温州建设集团公司利用这项新技术，在工程实践中较好地解决了钢筋端部的机械切筋及应用技术，不仅能满足镦粗技术所要求的钢筋端部平整的要求，且代替传统砂轮锯切割，显著提高工效，节约成本。建研科技股份有限公司与温州建设集团公司通过本项新技术的工程实践，总结完善了新型镦粗直螺纹钢筋连接技术的成套施工工艺，共同编写了本工法。本工法对规范新型镦粗直螺纹钢筋连接技术将会起较大示范作用。

2. 工法特点

2.1 采用专用切断机代替砂轮切割机进行钢筋下料，可大大提高切筋效率，降低钢筋切割成本，同时可获得满足镦粗工艺要求的平整的钢筋端头。

2.2 采用新的镦粗工艺参数，可形成镦头小、强度高、抗疲劳、质量稳定的镦粗头，从而可节约套筒材料，降低成本。

2.3 新型专用套丝机控制钢筋丝头加工，故障少、质量稳定。

2.4 钢筋笼采用新的地面拼装预制、分节吊装、分节安装工艺，有效解决了原有钢筋笼施工效率低、施工质量差的问题。

3. 适用范围

本工法适用于各类土木工程中 HRB335、HRB400 和 HRB500 级带肋钢筋（直径 16～40mm）的连接，接头应根据不同场合进行选用，如表 3 所示。

镦粗直螺纹钢筋接头根据其不同类型适用于下列场合 表 3

序号	类　型	适 用 场 合
1	标准型	用于钢筋可方便旋转的钢筋连接场合，使用最为广泛
2	加长丝头型	用于钢筋转动较困难的连接场合，通过转动套筒连接钢筋
3	扩口型	用于钢筋笼整体连接，钢筋较难对中的场合
4	异径型	用于连接不同直径的钢筋
5	加锁母型	钢筋完全不能转动，通过转动套筒连接钢筋，用锁母琐定套筒

不同类型钢筋接头的安装示意图如图 3-1～图 3-5 所示。

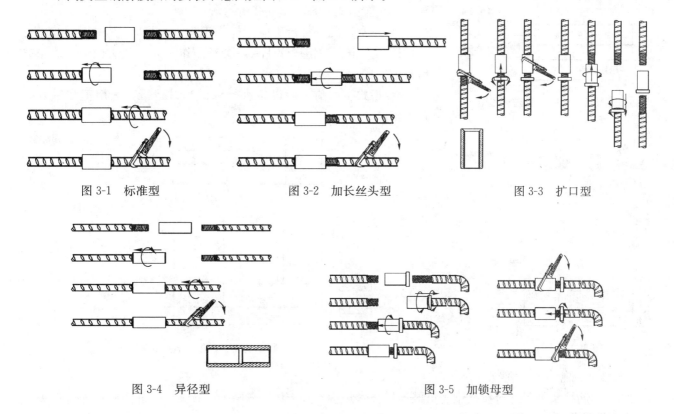

图 3-1　标准型　　　　图 3-2　加长丝头型　　　　图 3-3　扩口型

图 3-4　异径型　　　　　　　图 3-5　加锁母型

4. 工艺原理

根据钢筋冷作硬化原理，将钢筋端部先行少量镦粗，并充分利用冷镦提高的钢筋强度，制作出小型镦粗头，利用专用套丝机在钢筋镦粗段套丝，形成连接用螺纹，用连接套筒将 2 根相同或不同直径的钢筋连接起来；在满足钢筋等强度要求前提下减少镦粗量，优化了镦粗头型，形成了一种接头尺寸小、强度高、抗疲劳、节约套筒材料、质量更为稳定的新型镦粗直螺纹钢筋接头，同时配套解决钢筋机械切筋，自动控制镦头等先进工艺技术。

5. 施工工艺流程及操作要点

5.1 施工工艺流程图（图 5.1）。

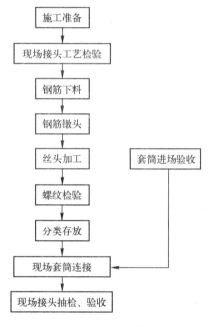

图 5.1 施工工艺流程图

5.2 操作要点

5.2.1 施工准备

1. 从事钢筋镦粗直螺纹加工工作的人员必须经过技术培训，考核合格后持证上岗；班组成员应相对固定。

2. 钢筋丝头加工设备有钢筋专用切断机、镦头机及配套油泵、套丝机；设备安放位置要求有防雨设施及 380V 电源，全部设备电容量为 7kW（或 11.5kW）/套。

3. 设备安装时应使镦头机夹具中心线、套丝机主轴中心线保持同一高度，并与放置在支架上的待加工钢筋中心线保持一致。

4. 钢筋加工支架的布置见图 5.2.1-1、图 5.2.1-2。支架的搭置应保证钢筋摆放水平。一套设备布置方式如图 5.2.1-1 所示，两套设备布置方式如图 5.2.1-2 所示。

5. 正常情况下每台班应配操作工人 5～6 人，其中钢筋切筋 2 人，油泵、钢筋镦粗操作 1 人，套丝操作 1 人，丝头检验、盖保护帽及钢筋搬运 2～3 人。

6. 正式生产前应对设备进行调试和试运行，一切正常后方能开工生产。

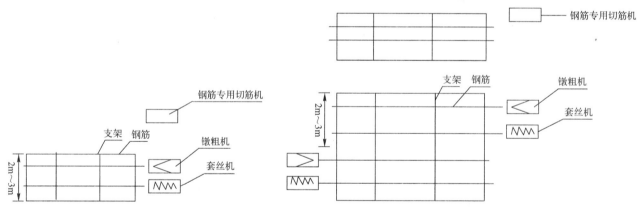

图 5.2.1-1 一套设备布置方式   图 5.2.1-2 两套设备布置方式

5.2.2 现场工艺检验

1. 钢筋接头加工前应按《钢筋机械连接技术规程》JGJ 107—2010 的要求，对进场钢筋进行接头工艺试验，工艺试验应符合下列要求：

1）每种规格钢筋的接头试件不应少于 3 个；

2）钢筋母材抗拉强度试件不少于 3 个，且应取自接头试件同一根钢筋；

3）3 个接头试件的抗拉强度均应符合表 5.2.2 的强度要求。

接头的抗拉强度   表 5.2.2

接头等级	Ⅰ级	Ⅱ级	Ⅲ级
抗拉强度	$f_{mst}^0 \geq f_{stk}$ 断于钢筋 或 $f_{mst}^0 \geq 1.10 f_{stk}$ 断于接头	$f_{mst}^0 \geq f_{uk}$	$f_{mst}^0 \geq 1.25 f_{yk}$

表中：f_{mst}^0——接头试件实测抗拉强度；f_{stk}——钢筋抗拉强度标准值；f_{uk}——钢筋抗拉强度标准值；f_{yk}——钢筋屈服强度标准值。

2. 检验结果不满足上述规定时，允许调整工艺参数后重新进行复检，直至达到合格，并确定与之对应的工艺参数，按此加工制作。

5.2.3 钢筋下料

1. 钢筋下料应用GQ50型机械式专用钢筋切断机，如图5.2.3所示，不宜用普通切筋机，且应使用与钢筋规格相对应的切筋刀片切割钢筋。

2. 钢筋摆放位置应水平，与切筋刀片的圆弧中心等高，且钢筋轴线应与切筋刀片平面相垂直。

3. 钢筋端部不得有弯曲，出现弯曲时应调直。

4. 待镦头的钢筋端面须平整并与钢筋轴线垂直，不得有马蹄形或扭曲。

5.2.4 钢筋镦头

1. 钢筋套丝之前应将钢筋端头先行镦粗。镦粗前镦粗机应先退回零位，钢筋插入、顶紧、保证镦粗段钢筋预留长度。

2. 不同规格钢筋的镦粗压力、镦粗基圆直径、钢筋镦粗缩短尺寸、加工螺纹规格和镦粗长度见表5.2.4。

图5.2.3 GQ50型机械式专用钢筋切断机

新型镦粗直螺纹钢筋接头镦粗工艺参数表　　　　表5.2.4

镦粗机型号		LD−1200型							LD−1800型	
钢筋直径　mm		φ16	φ18	φ20	φ22	φ25	φ28	φ32	φ36	φ40
参　数	公差									
镦粗压力　MPa	±1	13.0	14.0	15.0	17.0	21.0	26.0	32.0	27.0	32.0
墩粗基圆直径 mm	±0.5	18.0	20.0	22.0	24.0	27.5	30.5	34.0	38.0	42.0
镦粗后缩短尺寸 mm	±3	8	8	10	10	10	10	10	11	12
加工螺纹规格	−0.1	M18.0×2.0	M20.0×2.5	M22.0×2.5	M24.0×2.5	M27.5×3.0	M30.5×3.0	M34.0×3.0	M38.0×3.0	M42.0×3.0
镦粗长度（标准丝）mm	±1	18.0	20.0	22.0	24.0	27.0	30.0	34.0	36.0	42.0
镦粗长度（加长丝）mm	±1	38.0	43.5	47.5	51.5	59.0	65.0	73.0	81.0	89.0

注：镦粗压力及镦粗后钢筋缩短尺寸仅为参考值。在每批钢筋进场加工前，均应做镦粗试验，并以镦粗基圆直径合格来确定最佳的镦粗压力及缩短量的最终值。

3. 不合格的镦粗头，应切去后重新镦粗，不得对镦粗头进行二次镦粗。

4. 钢筋镦粗段不得有与钢筋轴线相垂直的横向裂纹。

5.2.5 丝头加工

1. 钢筋镦粗段螺纹采用专用套丝机进行丝头加工。

2. 加工前应将设备调整至正常状态，并进行试生产，检查螺纹质量，合格后方能加工生产。

3. 加工钢筋丝头时，应采用水溶性切削液，当气温低于0℃时，应有防冻措施，不得在不加切削液的情况下进行螺纹加工。

4. 完整螺纹部分应牙形饱满，牙顶宽度超过0.25P（P为螺距）的秃牙部分，其累计长度不宜超过一个螺纹周长。

5. 标准型丝头及加长型丝头的螺纹加工长度应符合表5.2.5的要求，丝头长度公差为+1P。

钢筋端头螺纹加工长度　　　　表5.2.5

钢筋规格	φ16	φ18	φ20	φ22	φ25	φ28	φ32	φ36	φ40
标准型丝头长度（mm）	16	18	20	22	25	28	32	36	40
加长型丝头长度（mm）	36	41	45	49	56	62	70	78	86

5.2.6 螺纹检验

1. 螺纹检验包括螺纹外观、螺纹中径和螺纹长度检验。

2. 外观、中径和长度检验方法和要求应符合行业标准《镦粗直螺纹钢筋接头》JG 171 中的有关规定，见表 5.2.6。

钢筋端部螺纹检验方法及要求 表 5.2.6

检 验 项 目	检验工具	检验方法及要求
螺纹外观	目测	牙形饱满，标准型丝头的牙顶宽超过 0.25P（P 为螺距）的累计长度不得超过 1 个螺纹周长
螺纹中径	螺纹环规	检验螺母（通规）应能拧入全部有效螺纹，环止规拧入不得超过 3P
螺纹长度	检验螺母	对标准丝头，检验螺母拧到丝头根部时，丝头端部应在螺母端部的槽口标记内。

3. 加工工人应逐个目测检查丝头的加工质量，每加工 10 个丝头作为一批，用环规抽检一个丝头，当抽检不合格时，应用环规逐个检查该批全部 10 个丝头，剔除其中不合格丝头，并调整设备至加工的丝头合格为止。

4. 自检合格的丝头，应由质检员随机抽样进行检验，以一个工作班内生产的钢筋丝头为一个验收批，随机抽检 10%，按表 3 的方法进行钢筋丝头质量检验；其检验合格率应不小于 95%，否则应加倍抽检，复检中合格率仍小于 95% 时，应对全部钢筋丝头逐个进行检验，合格者方可使用，不合格者应切去丝头，重新镦粗和加工螺纹，重新检验。

5.2.7 分类存放

1. 钢筋端头螺纹检验合格后，应盖上塑料保护帽或拧上连接套筒。

2. 应按钢筋直径、长度和类型分类存放。

3. 雨季或长期存放时应加盖防雨布保护，防止生锈。

5.2.8 钢筋连接

1. 钢筋连接前的准备工作：

1）回收丝头上的塑料保护帽和套筒端头的塑料密封盖。

2）检查钢筋与连接套筒规格是否一致，检查螺纹丝扣是否完好无损、清洁，如发现杂物或锈蚀要用铁刷清理干净。

2. 接头连接时用管钳扳手拧紧，宜使两个丝头在套筒中央位置相互顶紧。

3. 组装完成后，标准型接头套筒每端不宜有一扣以上的完整丝扣外露，加长丝头型接头、扩口型及加锁母型接头的加长螺纹部分外露丝扣数不受限制，但应另有明显标记，以便检查进入套筒的丝头长度是否满足要求。

4. 各种直径钢筋连接组装后，安装工人应抽取 10% 接头，用力矩扳手校核其拧紧力矩值，并应符合表 5.2.8 的规定。

接头组装时的最小拧紧力矩值 表 5.2.8

钢筋直径（mm）	≤16	18～20	22～25	28～32	36～40
最小力矩（N·m）	100	180	240	300	360

5. 拧紧力矩值的抽检合格率应不小于 95%，否则应对该批全部接头重新拧紧，直至抽检合格为止。

5.3 劳动力组织

正常情况下每台班应配操作工人 5 人，其中镦粗机 1 人，套丝机 1 人，钢筋切割、搬运 3 人，见表 5.3。

劳动力组织情况表 表 5.3

序 号	单项工程	所需人数	备 注
1	钢筋搬运、切割	3	可根据工程进度增减
2	钢筋端部镦粗及套丝	2	
	合计	5	

6. 材料与设备

本工法无需特别说明的材料。所用机具设备见表6。

机具设备   表6

设备名称	型号	适用钢筋规格 mm	工效 个（根）/台班	用途、备注
钢筋切断机	GQ50	φ16～40	600	钢筋端部切平
钢筋镦头机	LD1200	φ16～32	500	钢筋端部镦粗（配6L油泵）
	LD1800	φ32～40	350	钢筋端部镦粗（配12L油泵）
高压油泵	SB6.0/40C	φ16～32		钢筋镦头机的动力源
	SB12.0/40B	φ32～40		
钢筋套丝机	GZT16—40	φ16～40	300～400	钢筋端部加工螺纹
力矩扳手	SF—02/02B	φ16～40		钢筋安装连接后用其测量力矩

注：设备工效与所加工的钢筋规格、加工钢筋的长度、加工工人的设备操作熟练程度、每道工序人员配备是否齐全等因素有关，表中数据为仅供参考的平均值。

7. 质 量 控 制

7.1 丝头加工质量控制

丝头加工质量控制分加工工人自检和质检人员抽检2部分，在丝头加工过程中随时进行，其检验方法、工具和合格标准见表5.2.5和表5.2.6。

7.2 套筒质量控制

7.2.1 套筒质量控制依据进场套筒的合格证和有效的接头形式检验报告验收。

7.2.2 产品合格证应包括适用钢筋直径和接头性能等级、套筒类型、生产单位、生产日期以及可追溯产品原材料力学性能和加工质量的生产批号。

7.3 钢筋接头安装质量控制

安装质量控制主要是检验外露丝扣数和拧紧力矩，具体要求见表5.2.8。

7.4 钢筋接头的现场检验

已安装接头的质量验收应按现行行业标准《钢筋机械连接技术规程》JGJ 107的规定进行：

1. 接头的现场检验按验收批进行。同一施工条件下采用同一批材料的同等级、同型式、同规格接头，应以500个为一个验收批进行检验与验收，不足500个也应作为一个验收批。

2. 对接头的每一验收批，必须在工程结构中随机截取3个接头试件做抗拉强度试验，按设计要求的接头等级进行评定。

3. 当3个接头试件的抗拉强度均符合行业标准《钢筋机械连接通用技术规程》JGJ 107表3.0.5中相应等级的强度要求时，该验收批评为合格。

如有1个试件的强度不符合要求，应再取6个试件进行复检。复检中如仍有1个试件的强度不符合要求，则该验收批评为不合格。

4. 现场检验连续10个验收批抽样试件抗拉强度试验一次合格率为100%时，验收批接头数量可扩大1倍。

8. 安 全 措 施

8.1 认真贯彻"安全第一、预防为主"的方针，根据国家有关规定、条例结合施工单位实际情况和工程的具体特点，组成专职安全员和班组兼职安全员以及工地安全用电负责人参加的安全生产管理网络，执行安全生产责任制，明确各级人员的职责，抓好工程的安全生产。

8.2 施工现场应符合防火、防风、防雷、防洪、防触电等安全规定及安全施工要求进行布置，并完善布置各种安全标识。

8.3 未经过操作培训的人员绝对禁止操作设备。

8.4 设备出现的电气故障，不得由非电工人员处理。

8.5 操作工人进入施工现场应佩戴安全帽。

8.6 套丝机设备操作人员，不允许戴手套，衣袖袖口必须扎紧，衣扣必须扣牢。

8.7 项目负责人应经常对操作人员进行安全教育，提高安全意识，排查各种安全隐患。

9. 环 保 措 施

9.1 成立专门的施工环境卫生管理小组，落实环保责任制度，在施工过程中严格遵守国家及地方有关环境保护的法律、法规和规定。

9.2 加强对加工机械、钢筋堆放、加工场地布置，生产生活垃圾的控制与管理，遵守有关防火及废弃物处理的规定，接受周围群众及城市管理、环境管理部门的监督或检查。

9.3 将生产作业限制在工程建设统一的布局要求内，做到标牌清晰、齐全，各种标识醒目，保证施工现场周围的清洁卫生。

9.4 及时清理钢筋下料后的钢筋断头。

9.5 不得将油泵更换的废油液或套丝机更换的切削液倾倒在施工现场。

9.6 及时回收钢筋丝头用的塑料保护帽和连接套筒的塑料端盖。

10. 效 益 分 析

10.1 本工法技术可实现对钢筋端部不规则截面形状（椭圆、上下半圆错位、截面负公差等）的整形，能明显改善钢筋端部各种外形及尺寸公差，加工出的螺纹牙形好；对各种外形的钢筋（螺纹形，月牙形、竹节形等）的适应性明显加强；本工法无噪声、粉尘等公害，符合国家的节能环保要求。

10.2 本工法与原工法相比减少了镦粗量，使镦粗工艺适用于更广泛的不同材性的钢筋，且明显改善了镦粗直螺纹钢筋接头的疲劳性能；减小了镦头尺寸，优化了镦头头形，减小了镦头压力，降低了镦头模具消耗；并减小了接头的螺纹尺寸，降低了套筒和丝头的螺纹加工的刀具消耗，提高了螺纹加工效率；采用专用的钢筋切断机解决了普通切断机无法满足钢筋断口平整度要求的矛盾；与原砂轮锯切割方法相比，明显降低了钢筋切割的人工及砂轮片消耗，同时大大提高了切割效率；本工法可大量节约套筒钢材用量，比挤压套筒减少 70%，比锥螺纹套筒减少 40%，比原镦粗直螺纹钢筋接头套筒减少约 10%～20%，具有明显的经济效益和社会效益。

11. 应 用 实 例

11.1 工程概况

苏通长江大桥是世界上跨度最大的双塔双索面斜拉桥，主桥跨径组合为 100＋100＋300＋1088＋300＋100＋100。该桥有四项指标名列世界第一：最长主跨 1088m，最高桥塔 306m，最长斜拉索 580m，最大群桩基础。工程于 2003 年 6 月动工，于 2008 年 6 月 30 日正式通车。该工程 φ16～φ40 直径的 HRB400 级钢筋连接采用建研科技股份有限公司（中国建筑科学研究院结构所）的镦粗直螺纹直螺纹钢筋接头产品，接头总用量超过 110 万件。工程效果及桥墩实景见图 11.1-1、图 11.1-2。

图 11.1-1　效果图

图 11.1-2　桥墩

11.2　应用情况

镦粗直螺纹钢筋接头用于桩基钢筋笼（图 11.2-1）及承台、桥墩和塔身（图 11.2-2）的钢筋连接，通过采用加长丝扣型接头和扩口型套筒很好地解决了钢筋笼对接及其他部位不能转动钢筋的连接问题，同时还确保了接头强度。

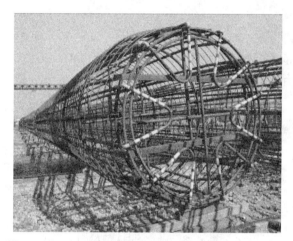

图 11.2-1　制作完成的钢筋笼

图 11.2-2　主塔施工

11.3　节段钢筋笼加工

11.3.1　骨架制作：钢筋笼在场地铺设的枕木或槽钢支架上进行制作。按钢筋笼截面形状成形劲性骨架（图 11.3.1），以提高钢筋笼刚度。钢筋笼每隔 1m～2m 设置十字加劲撑，加强箍肋设在主筋的内侧，环行筋设在主筋的外侧，并同主筋进行点焊，以确保钢筋笼在吊装时不变形。

11.3.2　首节笼制作：在成型好的劲性骨架上首先制作 1 号钢筋笼。为保证钢筋沿骨架圆周方向上位置分布均匀、准确，可先行在制作好的骨架上做好位置标记，在焊接时对位焊接。

11.3.3　次节笼制作：成型 2 号钢筋笼骨架应以 1 号笼为样板制作 2 号钢筋笼。制作时，2 号钢筋笼的钢筋应逐根先与 1 号钢筋笼钢筋对接，再与 2 号钢筋笼的骨架焊接定位，待 2 号笼钢筋与骨架全部焊接完成后，用颜色鲜艳的油漆在任一根前后笼连接好的钢筋上，做上吊装对位标记。钢筋笼预制见图 11.3.3。

11.3.4　吊前准备：将连接两钢筋笼的连接套筒逐一拧至加长丝头一端，松开连接，为吊装做准备（图 11.3.4）。

后面的钢筋笼的制作重复以上过程。当场地条件容许时，亦可多节或整体同时预制。注意：机械接头错开布置。每节加工好的钢

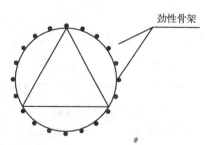

图 11.3.1　劲性骨架示意图

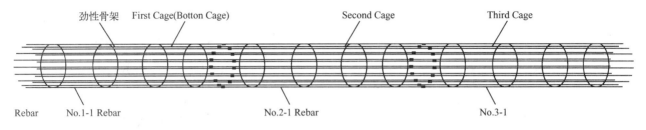

图 11.3.3　钢筋笼预制图

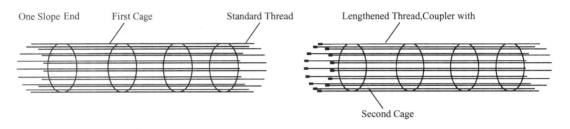

图 11.3.4　钢筋笼拆分图

筋笼悬挂半成品标志牌，标明桩号、节号。

11.4　现场钢筋笼的吊装与连接

11.4.1　将钢筋笼整体水平吊起一定高度后，用吊车使其一端升高，另一端降低，直至钢筋笼垂直。该过程应避免钢筋笼因触地或钢筋绳、吊具与笼的端部钢筋刮碰等使笼端钢筋发生变形。

11.4.2　对准桩孔，吊车将钢筋笼沿桩孔垂直下落。当其剩余 1m 左右在桩孔外部时，停止下落并安装水平支撑，至此 1 号笼就位，见图 11.4.2。

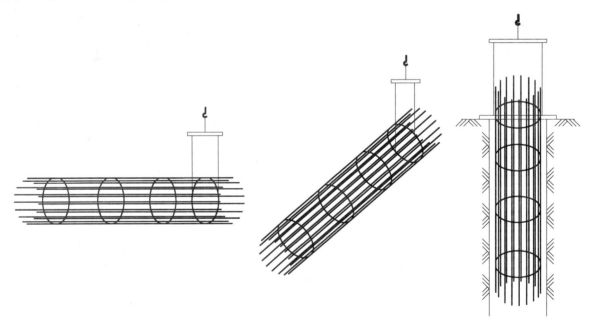

图 11.4.2　1 号钢筋笼起吊就位示意图

11.4.3　按上述方法将 2 号笼垂直吊起移至 1 号笼上部，编号的钢筋对号后使连接面钢筋对顶，见图 11.4.3。

11.4.4　从上往下旋转套筒使其连接上部 2 号笼钢筋。

11.5　钢筋笼下放入孔

下放钢筋笼时要缓慢均匀，根据下笼深度，随时调整钢筋笼入孔的垂直度，尽量避免倾斜及摆动。

重复上述过程即可完成全部钢筋笼的连接。

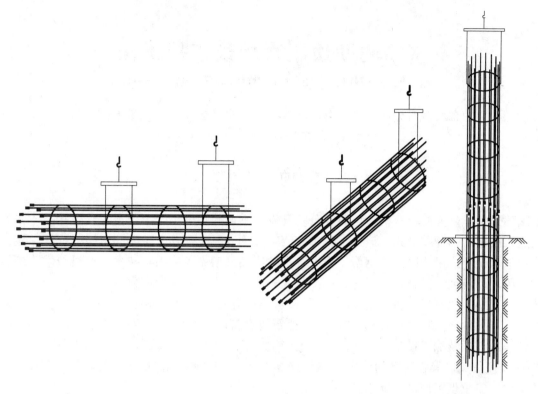

图 11.4.3　2 号钢筋笼起吊就位示意图

11.6　结果评价

通过以上两种镦粗产品及工艺的对比应用，新型镦粗直螺纹钢筋连接技术明显减少了钢筋端部镦粗量，进而减小了镦压力，改善了冷镦性能，对不同材性的钢筋具有更大的适应性，同时降低了模具等配件消耗；质量更稳定，全部试件均断于钢筋母材；新型镦粗套筒与原镦粗套筒相比，可节约钢材 20%；明显提高了钢筋加工工效。本工法得到了建设单位、施工单位和设计单位的一致好评。

钢筋剥肋滚压直螺纹连接工法

YJGF34—2000（2009～2010 年度升级版-013）

中国建筑科学研究院建筑机械化研究分院　温州建设集团有限公司

赵红学　刘占辉　刘子金　胡正华　金瓯

1. 前　　言

由中国建筑科学研究院建筑机械化研究分院开发的钢筋等强度剥肋滚压直螺纹连接技术是钢筋等强度直螺纹连接技术的一种新形式，该技术于 1999 年 12 月 17 日通过了建设部组织的部级鉴定，鉴定委员会认为：该项研究成果为国内外钢筋等强度直螺纹连接又增添了一项新技术，通过技术查新该项技术和设备均为国内外首创，其技术水平达到了国际先进水平，推广应用价值大。

该技术荣获中国建筑科学研究院 2000 年科技进步一等奖；被建设部列为"2000 年科技成果推广转化指南项目"；被中国建筑业协会评为"建筑工程新技术新产品"项目；2004 年"带肋钢筋等强度剥肋滚压直螺纹连接方法及加工设备"获得国家发明专利（ZL 99 1 18912.4），并于同年获得河北省优秀专利奖；2004 年度"钢筋等强度剥肋滚压直螺纹连接技术"获"廊坊市市长特别奖"；GHB40 型直螺纹成型机获得"国家重点新产品"证书。

经过几年工程实践，钢筋剥肋滚压直螺纹连接工法取得了广泛应用，受到了建设与施工单位青睐。鉴于以下几点原因，本工法进行修订。

1.1 由于《钢筋机械连接通用技术规程》JGJ 107、《钢筋混凝土用热轧带肋钢筋》GB 1499 进行了修订，且内容变化较大，原工法有部分内容已不符合要求。

1.2 增加混凝土和钢结构混合结构用"可焊型接头"的有关内容。

1.3 依据《国家级工法编写与申报指南》建协〔2007〕5 号文件精神，对工法重新进行了编写。

2. 工 法 特 点

2.1 接头强度达到行业标准《钢筋机械连接技术规程》JGJ 107—2010 中Ⅰ级接头性能要求。

2.2 接头通过了 200 次疲劳试验，抗疲劳性好。

2.3 螺纹牙形好、精度高，连接质量稳定可靠。

2.4 应用范围广。适用于直径 12～50mm HRB335、HRB400、HRB500、HRBF335、HRBF400、HRBF500、HRB335E、HRB400E、HRB500E、HRBF335E、HRBF400E、HRBF500E 钢筋在任意方向同、异径的连接。可焊型接头用于混凝土构件与钢结构构件之间的连接。

2.5 螺纹加工提前制作，现场装配作业，施工速度快。

2.6 设备无污染，施工安全可靠。

2.7 节约能源，设备功率仅为 3～4kW。

3. 适 用 范 围

3.1 直径 12～50mm HRB335、HRB400、HRB500、HRBF335、HRBF400、HRBF500、HRB335E、HRB400E、HRB500E、HRBF335E、HRBF400E、HRBF500E 钢筋在任意方向的同、异径连接。

3.2 可焊型接头用于混凝土构件与钢结构构件之间的连接。

3.3 要求充分发挥钢筋强度或对接头延性要求高的混凝土结构。

3.4 抗疲劳性能要求高的混凝土结构，如机场、桥梁、隧道、电视塔、核电站、水电站等。

4. 工艺原理

首先将钢筋待连接部分剥肋滚压成直螺纹丝头，再利用连接套筒将带有丝头的钢筋与连接套筒连为一体，从而实现钢筋的连接；用于钢结构与混凝土结构连接时，先将可焊套筒焊接在钢结构上，再将带有丝头的钢筋与可焊套筒进行连接。

5. 施工工艺流程及操作要点

5.1 施工工艺流程

5.1.1 钢筋丝头加工工艺流程（图 5.1.1）

5.1.2 钢筋连接工艺流程（图 5.1.2）

5.1.3 可焊型接头连接工艺流程（图 5.1.3）

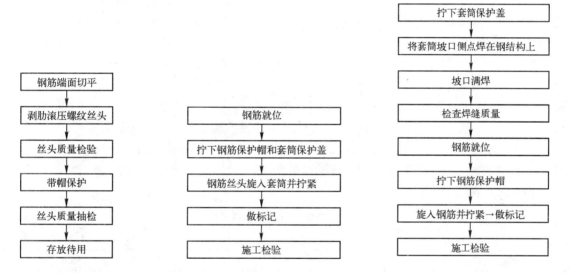

图 5.1.1 钢筋丝头加工工艺流程图　　图 5.1.2 钢筋连接工艺流程图　　图 5.1.3 可焊性接头钢筋连接工艺流程图

5.2 操作要点

5.2.1 钢筋丝头加工

钢筋丝头加工是操作者使用钢筋剥肋滚压直螺纹机将钢筋端部加工出合格螺纹丝头，并进行丝头质量检验、带丝头保护帽和分类堆放的过程。具体有以下几点要求：

1. 钢筋端面切平是为了使钢筋端面与钢筋轴线方向垂直，宜采用砂轮切割机或其他专用切断设备，严禁气割。

2. 丝头加工完成后首先由操作者对丝头进行加工质量检查，包括丝头直径、长度和牙形。

3. 加工质量经检查满足企业标准规定要求后，用钢筋丝头保护帽对丝头进行保护，防止螺纹磕碰或污染。

4. 由质量检验人员对操作者自检合格的丝头进行抽样检验。

5.2.2 钢筋连接

钢筋连接是决定接头质量的关键要素，具体有以下几点要求：

1. 使用扳手或管钳等工具将连接接头拧紧，并使钢筋丝头在套筒中央位置顶紧，防止接头虚拧和漏拧。

2. 对已经拧紧的接头用扭力扳手校核拧紧力矩。拧紧力矩值应符合行业标准《钢筋机械连接技术规程》JGJ 107—2010中表6.2.1的规定。对满足拧紧力矩值要求的接头批做标记，便于与未拧紧接头区分。

3. 对施工完的接头按照行业标准《钢筋机械连接技术规程》JGJ 107—2010中第7章规定进行施工现场接头的检验与验收。

5.2.3 可焊型接头连接

首先将可焊套筒焊接在钢结构件上，如图5.2.3所示，然后再按5.2.2的要求操作。焊接过程中要注意以下几点：

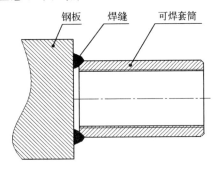

图5.2.3 可焊接头焊接示意图

1. 采用专业焊条施工，焊条应符合技术提供厂家的技术要求。

2. 焊缝参照《钢结构焊缝外形尺寸》JB/T 7949—1999执行。

3. 焊接时保证套筒与构件间隙满足技术要求。

4. 施工人员焊接完成后应对焊缝逐个进行外观质量检查。

5.3 劳动力组织

丝头加工每台设备3人，1人操作设备，2人搬运钢筋。连接钢筋每组2～3人。

6. 材料与设备

6.1 连接用钢筋应符合《钢筋混凝土用钢 第2部分：热轧带肋钢筋》GB 1499.2—2007的要求。

6.2 连接套筒应采用优质碳素结构钢或其他经型式检验确定符合要求的钢材。

6.3 加工钢筋丝头的剥肋滚压直螺纹机由中国建筑科学研究院建筑机械化研究分院（廊坊凯博建设机械科技有限公司）研制开发并生产。该机构思新颖、性能优良、成形螺纹精度高、滚轮寿命长，为国内外首创。技术参数见表6.3。

钢筋剥肋滚压直螺纹机技术参数		表6.3
设备型号	GHB50型	GHB40型
滚丝头型号	50型	40型
可加工钢筋范围	$\phi25～50$	$\phi16～40$
整机质量（kg）	600	590

6.4 限位挡铁是对钢筋加持位置进行限位的工具，型号划分与钢筋规格相同。

6.5 螺纹环规是用于检验钢筋丝头的专用量具，由技术提供厂家提供。

6.6 力矩扳手及普通扳手。其性能范围应不小于100～360N·m。

6.7 辅助机具为砂轮切割机或其他工具，用于钢筋端面切平。

7. 质量控制

7.1 质量控制标准

7.1.1 钢筋丝头和接头的质量检验按照行业标准《钢筋机械连接通用技术规程》JGJ 107—2010中的有关规定执行。

7.1.2 可焊型接头焊缝按照《钢结构焊缝外形尺寸》JB/T 7949—1999中的有关规定执行。

7.2 质量保证措施

7.2.1 参加丝头加工及连接施工的人员应经专业技术人员培训，合格后方可上岗操作，人员应相对稳定。

7.2.2 定期对操作和施工人员进行技术培训和技能考核，增强操作和施工人员的质量意识。

7.2.3 严格执行操作者自检和质量员抽检制度，加强过程质量控制，做到未经检验的产品不进场。

7.2.4 及时对检验工具进行检查和标定。保持丝头加工设备的性能良好。

8. 安 全 措 施

8.1 进行高处作业或带电作业的操作人员，应遵守《建筑安装工程安全技术规程》中的有关规定。

8.2 钢筋剥肋滚压直螺纹机操作安全注意事项详见中国建筑科学研究院建筑机械化研究分院编制的《钢筋剥肋滚压直螺纹机使用说明书》。

8.3 严格执行岗前培训制度，持证上岗。

9. 环 保 措 施

9.1 在工程施工过程中严格遵守国家和地方政府下发的有关环境保护的法律、法规和规章，加强对设备、废油、切削液和铁屑的控制和治理，遵守有关防火及废弃物处理的规章制度，随时接受相关单位的监督检查。

9.2 将施工场地和作业限制在工程建设允许范围内，合理布置、规范围挡，做到标牌清楚、齐全，各种标识醒目，施工场地整洁文明。

9.3 对施工中可能影响到环境的因素制订可靠的实施措施，加强实施中的监测、应对和验证。同时，将相关方案和要求向全体施工人员详细交底。

10. 效 益 分 析

10.1 经济效益

1. 本工法由于采用剥肋滚压直螺纹，使得钢筋丝头可以提前制作，现场施工装配作业，与焊接及挤压连接相比，现场施工速度显著提高。

2. 剥肋、滚压螺纹两道工序使用一台设备一次装卡即可完成钢筋丝头的加工，加工速度快，一个丝头只需30～50s。设备资金投入量小，移动灵活，适合各种工程使用。

3. 整机耗电少，不需专用配电，无明火作业，不污染环境和钢筋，能全天候施工。前期设备投入小，有利于全社会推广应用。

10.2 社会效益

1. 由于丝头的加工是先将钢筋的横纵肋剥掉，使滚压螺纹前钢筋柱体尺寸一致，因此滚压出的螺纹精度高，直径大小一致，接头质量稳定性好。有利于降低钢筋连接的质量风险，对于提高建筑物的抗震性能有重要作用。

2. 剥肋滚压直螺纹连接丝头的加工只对钢筋的表层进行硬化，丝头加工对钢筋延性影响不大，通过大量工程应用，连接接头不会出现脆断现象，适用于各种钢筋连接。对高强钢筋的社会化推广工作提供了有利技术支撑。

11. 应 用 实 例

钢筋等强度剥肋滚压直螺纹连接技术自1999年鉴定以来，已在国家体育场、国家大剧院、国家游泳运动中心、首都机场T3航站楼、昆明机场、龙湾财富东方大厦、北京SOHO现代城、国家药检中心工程、北京顺义国际学校、北京清华同方科技广场、山东省交通厅工程、廊坊电信大厦、长邯高速公路漳北大桥、洛三高速公路工程等（表11）数千项工程应用。既在工程主体结构的梁、柱、基础中得到应用，又在桥梁的桩、梁、桥面及高速公路的护坡锚杆中得到广泛应用。通过采用该技术，显著提高了工程施工质量，加快了施工进度，节约了大量的能源和钢材，产生了明显的经济效益和社会效益。

部分工程应用实例　　　　　　　　　　　　　　表11

序号	工程名称	应用部位	钢筋规格(φ)	序号	工程名称	应用部位	钢筋规格(φ)
1	首都国际机场新航站楼	基础、梁、柱	25～40	8	中央电视台新台址	基础、梁、柱	22～50
2	国家大剧院	基础、梁、柱	20～40	9	内蒙古托克托电厂	基础	25～40
3	首都博物馆	基础、梁、柱	16～36	10	中关村科技大厦	基础、梁、柱	20～40
4	龙湾财富东方大厦	基础、梁、柱	22～32	11	清华大学创业园	基础、梁、柱	22、25、32
5	台山核电站常规岛、核岛	基础、梁、柱	16～40	12	人民日报社住宅楼	基础、梁、柱	18、20、25
6	厦门西站房	基础、梁、柱	20	13	山西长邯高速	桩	16
7	深圳盐田区行政文化中心	基础、梁、柱	22、25	14	河南洛三高速	护坡锚杆	16

钢筋滚轧直螺纹连接施工工法

YJGF25—98（2009～2010年度升级版-014）

中建七局第三建筑有限公司

高洁琦　吴建英　郭常胜　杨克红

1. 前　　言

随着我国住房和城乡建设部对钢筋机械连接技术的逐步推广，近年来钢筋滚轧直螺纹接头越来越多地应用于各类建筑工程中。原国家级工法《带肋钢筋直螺纹套筒连接工法》（YJGF25—98）涉及的国家及地方行业标准、规程均已修订，且钢筋滚轧直螺纹的施工工艺不断改进、更新，现根据现行标准规范及现场实际，重新总结形成本工法。

2. 工 法 特 点

钢筋滚轧直螺纹连接具有技术先进、质量保证、经济合理、操作简便、安全适用、不污染环境等特点，其接头的抗拉强度均不小于被连接钢筋抗拉强度标准值，并具有高延性及反复拉压性能，即其接头均能达到《钢筋机械连接通用技术规程》JGJ 107 规定的Ⅰ、Ⅱ级接头强度，具有良好的力学性能。

3. 适 用 范 围

本工法适用于工业与民用建筑及一般构筑物中采用 HRB335，HRB400，RRB400 级 $\phi16\sim\phi40$ 的钢筋作为受力钢筋的滚轧直螺纹连接。

4. 工 艺 原 理

钢筋滚轧直螺纹连接工艺的基本原理是将两根待连接的钢筋端部经滚轧工艺加工成直螺纹，然后通过相应的连接套筒用管钳或扳手把两根钢筋相互连接形成钢筋接头。

5. 施工工艺流程及操作要点

5.1　工艺流程（图 5.1）

5.2　操作要点

5.2.1　检查被加工钢筋是否符合设计要求，然后将被连接钢筋用砂轮片切割机切断，使钢筋端面平整并与钢筋轴线垂直。

5.2.2　钢筋直螺纹滚轧设备经调试运转正常后，方可加工直螺纹丝头。钢筋滚轧直螺纹丝头加工有3种工艺方法：压圆滚轧工艺，剥肋滚轧工艺和直接滚轧工艺。

1. 压圆滚轧工艺

按钢筋规格直径选择相适配的压圆模，调整压圆机支架高度及长度定位尺寸，将钢筋加工的端头放入模具中，调整压泵压力进行压圆操作。经压圆后，钢筋端头形成圆柱体的回转体，再经过钢筋直螺纹滚轧机滚轧制成直螺纹丝头。

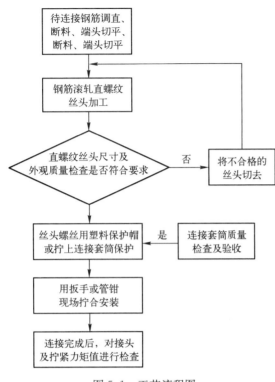

图 5.1　工艺流程图

2. 剥肋滚轧工艺

对要进行连接的钢筋端部，先经过钢筋直螺纹滚轧机的剥肋装置，对钢筋的纵肋及横肋进行切削处理，进而滚轧制成直螺纹丝头。

3. 直接滚轧工艺

对要进行连接的钢筋端部，不经过机械整形，直接采用钢筋直螺纹滚轧机进行滚轧，制成直螺纹丝头。

5.2.3　对加工完的丝头应逐个进行自检，不合格的丝头应切去重新加工。

5.2.4　已检验合格的丝头应立即带上塑料保护帽或拧上连接套筒加以保护，防止装卸时损坏，并按规格分类堆放整齐。

5.2.5　连接钢筋时，钢筋规格应与连接套筒规格一致，并保证钢筋丝头和连接套筒内螺纹干净、完好无损。

5.2.6　钢筋现场连接方法

1. 采用标准型或异径型套筒连接钢筋时，逐一取下丝头保护帽，将连接套筒对正一端钢筋中线旋入，用手拧至拧不动为止，再采用扳手或管钳旋拧套筒；接着对正套筒中线旋入另一侧钢筋，用手拧至拧不动时，再采用扳手或管钳对钢筋旋拧。

2. 采用正反丝扣型套筒连接时，应先对正两侧钢筋中线旋入套筒，使钢筋丝头同时进入套筒1～2丝扣，再采用扳手或管钳对套筒进行旋拧，使两根钢筋丝头在套筒中间位置顶紧。

3. 采用加锁母型套筒连接钢筋，适用于钢筋完全不能转动的场合，如弯折钢筋以及桥梁、灌注桩等钢筋笼的相互对接。将锁母和连接套筒预先拧入一端制有加长螺纹的钢筋内，再对准另一根待连接钢筋，然后反向转动连接钢筋，再用锁母卡紧套筒。

5.2.7　钢筋接头拧紧后，应进行拧紧力矩值检查。

5.3　劳动组织

劳动组织应根据钢筋直螺纹丝头加工工艺及现场安装钢筋位置来确定，以一套直螺纹丝头直接滚轧机及现场连接柱筋为例，所需人员配备见表5.3。

各工种人员配备和工作任务　　　　　　　　　　　　　　　　表 5.3

序号	工　种	人数	工　作　任　务
1	钢筋下料工	1	切平钢筋端头，将已加工好的直螺纹丝头套上保护套
2	机械操作工	1	操作直螺纹滚轧机，检验直螺纹丝头质量
3	普工	1～2	负责传递及扶正对中待连接钢筋
4	钢筋安装工	1	用扳手或管钳拧紧直螺纹套筒

6. 材料与设备

6.1　材料

6.1.1　钢筋：用于接头连接的钢筋应符合《钢筋混凝土用热轧带肋钢筋》GB 1499及《钢筋混凝土用余热处理钢筋》GB 13014中的有关规定。

6.1.2　连接套筒及锁母的材料宜选用45号优质碳素结构钢或其他经型式检验确认符合要求的钢材，其材质应符合有关钢材的现行国家标准及《钢筋机械连接通用技术规程》JGJ 107—2003的有关规定。

6.1.3 材料均应有产品合格证、性能检测报告等，并按规定做相关的进场检验。

6.2 设备

所需的机具设备有砂轮片切割机、压圆机、直螺纹滚轧机、游标卡尺、环通规、环止规、扳手、管钳等。

7. 质量控制

7.1 连接套筒进场应具备产品合格证和套筒原材料质量证明文件，螺纹牙形应饱满，套筒表面不得有裂纹，表面及内螺纹不得有严重的锈蚀及其他肉眼可见的缺陷。

7.2 连接套筒内螺纹的设计牙形，螺距及长度宜按照机械工业国家及行业标准有关规定执行。标准型连接套筒基本参数见表7.2。

标准型连接套筒的基本参数 表7.2

套筒规格（钢筋直径）	长度（mm）≥	外径（mm）≥	螺距（mm）≥	螺纹牙形角
φ16	46	25	2	
φ18	50	28	2.5	
φ20	54	32	2.5	
φ22	60	36	2.5	
φ25	66	40	3	60°～75°
φ28	72	44	3	
φ32	78	50	3	
φ36	91	55	3	
φ40	98	60	4	

7.3 待连接钢筋的端部若有弯曲，应在下料前先进行调直；钢筋下料时应采用砂轮片切割机切断，不得用气割或冲剪下料。

7.4 钢筋直螺纹滚轧设备应加注水溶性润滑冷却液，不得使用油性润滑液。

7.5 现场加工的钢筋丝头的有效螺纹长度，丝头中径、牙形角、螺距等应符合设计规定并与相应连接套筒匹配，且经检测合格后方能进行连接工序。其中标准型接头有效螺纹长度应不小于1/2连接套筒长度。

7.6 连接套筒及丝头加工时的外观质量、螺纹尺寸等的检验要求应符合《滚轧直螺纹钢筋连接接头》JG 163—2004及《钢筋滚轧直螺纹连接技术规程》DBJ 13—63—2005中的相关条款。

7.7 直螺纹丝头检验合格后应套上塑料保护帽或拧上连接套筒，按规格分类码放整齐；雨季或长期码放情况下，应对丝头采取防锈措施。

7.8 钢筋接头拧紧后应用力矩扳手按不小于表7.8中的拧紧力矩值检查，并加以标记。

滚轧直螺纹钢筋接头拧紧力矩值 表7.8

钢筋直径/mm	≤16	18～20	22～25	28～32	36～40
拧紧力矩值/（N·m）	80	160	230	300	360

注：当不同直径的钢筋连接时，拧紧力矩值按较小直径钢筋的相应值取用。

7.9 直螺纹套筒连接件的混凝土保护层厚度宜符合《混凝土结构设计规范》GB 50010中受力钢筋混凝土保护层最小厚度的规定，且不得小于15mm。连接件之间横向净距不宜小于25mm。

7.10 接头的现场检验与验收应满足《钢筋机械连接通用技术规程》JGJ 107及《钢筋滚轧直螺纹连接技术规程》DBJ 13—63—2005中的规定。

8. 安 全 措 施

采用本工法施工时，除应严格执行建筑工程有关安全施工的规程及规定外，还应遵守注意以下事项：

8.1 施工作业人员必须掌握本工艺的技术操作要领，并经"三级"安全教育后方能上岗；特殊工种应持证上岗。

8.2 滚轧设备应在检查及试运转合格后方准作业。

8.3 用电设备均应设三级保护，严格按用电安全规程操作。

8.4 严格按各种机械使用说明与相关标准操作。钢筋切头，压圆及滚丝时要防止机械伤害。

8.5 高处作业时，应严格按《建筑施工高处作业安全技术规范》JGJ 80 中的相关条款执行。

9. 环 保 措 施

9.1 按规程操作，尽量减少噪声及震动，操作噪声较大的设备（如砂轮片切割机）时，尽量避开学生上课及居民休息时间。

9.2 夜间施工时，严禁敲打钢筋以防扰民。

9.3 施工应用低角度照明，防止光污染。

9.4 机械润滑油应通过专设油池集中处理，不准直接排入市政管道或内河；铁屑、废弃的手套、工具等应收集后送专门机构处理。

10. 效 益 分 析

10.1 本工艺质量可靠性好、安全环保、环境适应性强。加工螺纹时可在室内操作，不受恶劣气候影响，还可提前预制；而现场安装又极其简便快捷，且不受停电影响，能连续施工，故能缩短工期，加快进度，具有良好的综合效益。

10.2 以 Φ25 钢筋连接为例，本工艺中的标准型连接套筒与搭接焊相比。效益分析如下：

1. 采用 Φ25 钢筋直螺纹连接，目前市场单价为一个接头 10.5 元/个（含连接套筒价格，直螺纹丝头加工及现场安装等），按每小时可加工 30 个丝头，现场砂轮片切割机，直螺纹滚轧机等合计每小时用电按 4.5kW·h 计，施工电费按 1 元/kW·H 计，故加工每个丝头的电费为 4.5/30＝0.15 元/个，每个连接头所耗费的电费为 2×0.15＝0.3 元/个。

即采用标准型连接套筒的 Φ25 直螺纹接头的单价为 10.5＋0.3＝10.8 元/个。

2. 若采用搭接焊连接 Φ25 钢筋，搭接焊缝按单面焊 10d 计，Φ25 三级钢筋市场单价按 5000 元/t 计，（计算依据套用福建省 2005 年定额）

1）材料费：A＋B＝4.82＋2.43＝7.25 元

A. 钢筋 0.25×3.853×10−3×5000 元/t＝4.82 元

B. 电焊条 0.54×4.5 元/kg＝2.43 元

2）人工费：0.047×48 元/工日＝2.26 元

3）机械费：0.0419×57.37＝2.40 元

故采用单面搭接焊 Φ25 钢筋的成本为 1＋2＋3＝7.25＋2.26＋2.40＝11.9 元

3. 相比采用钢筋焊接接头，用直螺纹套筒连接 Φ25 钢筋，每个接头节约费用为 11.9－10.8＝1.1 元。

11. 应 用 实 例

钢筋滚轧直螺纹连接技术自 1996 年以来，在我司承建的大部分工程中均有使用，目前接头数量已达几百万个。本工法成功应用于厦门海关业务办公楼、福州市中级人民法院庭审判大楼、福建省农业高新技术实验中心大楼，经各方多次抽检表明，质量十分稳定可靠，实用效果非常显著，为公司带来了良好的综合效益。现以厦门海关业务办公楼工程为实例说明本工法的应用情况。

11.1 工程概况

厦门海关业务办公楼是国家海关总署及厦门市的重点工程，本工程为现浇框架—剪力墙结构，总建筑面积 51806 ㎡，地下 1 层，地上 21 层，建筑总高 89.50m。

11.2 施工情况

工程中 $\underline{\Psi}$16～$\underline{\Psi}$36 的钢筋连接均采用直螺纹连接技术，接头个数总计约 12 万个。

11.3 工程评价

钢筋滚轧直螺纹连接技术在本工程的成功应用，既解决了因柱、梁钢筋设计直径大，造成梁柱及斜梁交叉处的钢筋密集，难于安装的施工难题，又因其加工安装简便，缩短了工期且降低了成本，而深受参建各方的一致好评。该工程被评为 2008 年度国家级"文明工地"及 2009 年度"鲁班奖"优质工程。

实践证明，随着钢筋滚轧直螺纹连接技术的持续推广及普遍应用，对于保证工程质量、降低工程成本、节能环保、文明施工等，具有十分重大的意义。

大跨度箱形变截面钢筋混凝土拱施工工法

YJGF66—2004（2009～2010 年度升级版-015）

中建二局第三建筑工程有限公司　中铁六局集团有限公司

施锦飞　裴健　倪金华　李应龙　韩友强

1. 前　　言

目前，国内大跨度拱多为拱桥，作为房建工程中用来支撑屋盖体系的拱并不多见。清华大学综合体育中心工程和山西大同大学体育馆工程设计采用大跨度钢筋混凝土拱结构作为支撑屋盖体系。清华大学综合体育中心工程采用大跨度箱形变截面钢筋混凝土拱，拱的中心跨度 110.016m，拱顶标高 29m；由中建二局第三建筑工程有限公司施工，该拱结构施工中在施工流水段的设计、模板设计与施工、"六对称均衡施工法"、预拱度设计及封拱技术等方面取得了科研成果并形成 2004 年度国家级工法，此工法于 2005 年推广应用到山西大同大学体育馆工程中。山西大同大学体育馆工程在结构形式、建筑面积、观众席位、拱中心跨度、拱顶高度、两道拱轴线距离等规模指标都与清华大学综合体育中心工程类似。山西大同大学体育馆拱中心跨度 115m，拱顶高度 30.5m，在施工中研究采用的大跨度钢筋混凝土拱形结构免预压施工技术、大跨度钢筋混凝土拱结构施工技术中弧形合笼底模可调装置技术等方面有所创新。有两项创新技术具有中国自主知识产权，发明专利：大跨度钢筋混凝土拱形结构免预压施工工艺（ZL 200710061601.3）；实用新型专利：大跨度钢筋混凝土拱形结构施工技术中弧形合拢底模可调装置（ZL 200620023362.3）。

通过本工法的应用，解决了体育建筑及会展中心等大型公共建筑中拱结构采用钢筋混凝土材料施工、跨度在 110m 以上、又是箱形和变截面拱的施工技术难题，在成功施工实例的基础上，总结编制了本工法。

2. 工 法 特 点

2.1　拱跨度大，拱的跨度在 110m 以上。

2.2　拱的建筑材料为钢筋混凝土而不是钢材，用钢筋混凝土材料建造大跨度拱结构的施工方法比钢结构拱的施工方法复杂得多。

2.3　拱的造型为变截面，拱顶、拱中心线、拱底三弧不同心，与通常的等截面拱，就施工技术而言，要困难得多，并且由于采用变截面拱，两拱之间钢筋混凝土连系桁架的高度、角度、位置、方向都不相同，并且只能高空现场施工作业。

2.4　由于结构构造需要，变截面拱设计为封闭式的箱形拱，在每榀桁架与拱的相交处设拱的加强肋，为了确保混凝土结构的耐久性，施工完后箱形拱内不允许留置模板，必须全部拆除。

2.5　由于工程的重要性和结构设计上的考虑，拱脚与承台之间不能留置施工缝，混凝土拱结构的施工质量要求达到内坚外美的清水混凝土效果。

3. 适 用 范 围

本工法适用于体育建筑、会展中心等大型公共建筑。

4. 工 艺 原 理

通过特殊的施工流水段的划分技术，解决箱形拱内模拆除困难和变高度、变角度、变方向、变标高的钢筋混凝土桁架施工难度大等问题；通过独特的模板设计技术解决所有模板尺寸都不同的问题；通过"六对称"均衡施工法解决双拱施工均衡性问题；通过整体浇筑法满足混凝土内坚外美的要求；通过引进桥梁施工的封拱技术，解决封拱结构受力变换的问题；通过施工测量控制技术保证了三弧不同心、模板起拱、平面形状复杂的定位问题；通过采用"免预压"技术消除支撑体系的非弹性变形、验证支撑体系的安全性；通过采用弧形合拢底模可调装置技术实现"免预压"施工工艺。

5. 施工工艺流程及操作要点

5.1 施工工艺流程

工程桩验收→土方开挖→破桩头→混凝土垫层施工→拱脚承台、拉梁施工→拱下部承台、基础梁施工→回填土→拱支撑架基础（垫层）→搭设拱支撑架→拱底模板支设→拱体分段（每段按模板→钢筋→混凝土工序进行流水）施工→封拱（封顶合拢）→养护→拆除支撑体系和模板。

5.2 操作要点

5.2.1 拱施工流水段的划分

1. 分段原则

1) 分段位置要使拱的支架受力对称、均匀和变形最小为原则。

2) 拱体分段施工缝留设应考虑桁架施工和避开拱肋范围，便于模板安装和拱内模板拆除。

3) 混凝土的浇筑顺序，两拱应沿拱轴线方向分段对称、由下向上、同步浇筑。

4) 各段的接缝面要与拱轴线垂直。

2. 拱的分段

沿拱轴线方向分段，第一个施工缝位置设置在拱脚处，其余施工缝设置在拱的加劲肋上下端各1600mm处，最高处设为封拱段，长度约2m左右（以拱顶垂直中心线为对称轴，两边均匀留设）。

通过特殊的施工流水段的划分技术，解决箱形拱内模板拆除困难和变高度、变角度、变方向、变标高的钢筋混凝土桁架施工难题。

5.2.2 模板设计与施工技术

模板分拱脚模板、拱体模板、桁架模板。而拱顶、拱中心线、拱底的三弧不同心与高度、角度、方向、位置、标高均不相同的桁架给模板设计方案、加工尺寸与安装质量提出了很高的要求。

1. 拱体模板

拱体模板由拱底模板、拱外侧模板、拱内侧模板、拱顶模板和支撑件、连接件等组成，为保证拱体达到清水混凝土效果，外侧模板采用酚醛树脂镜面模板；内模板考虑拆模方便采用企口木板，施工段的划分考虑箱形拱内狭小空间的拆模，拱体外底模整条拱一次对称安装就位。拱内外侧模板用穿墙螺杆固定，如图5.2.2-1所示。

1) 外底模板

外底模板在拱顶处最大预留拱度为100mm，在拱脚处预留拱度为零，其余各处按圆弧曲线起拱。脱模剂选用无色水质型脱模剂。外模板嵌缝材料采用透明玻璃胶。

2) 外侧模板

外侧模板采用18mm厚酚醛树脂复面木胶合板，木肋50mm×100mm松木方（竖向布置），水平钢管2ϕ48mm×3.5mm。外侧模板呈扇形分块布置，外侧模板之间的竖向拼缝是沿拱轴线的法线方向。

3) 外顶模板

外顶模板采用18mm厚酚醛树脂复面木胶合板，木肋采用5根50mm×100mm松木方，木肋沿拱顶纵向布置，模板按段分块布置，标准模板长度为 1200mm，每段末尾剩余尺寸不足 1200mm 时，按实际尺寸加工一块非标准模板补缺。拱顶附近坡度渐趋平缓，当混凝土浇灌时能保持自稳不向下流淌时，可以不使用外顶模板。

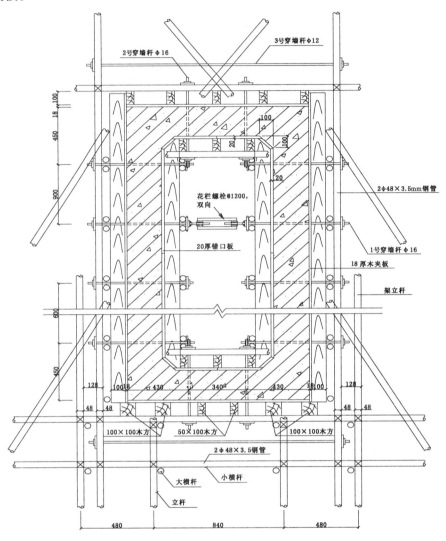

图 5.2.2-1　A 段模板安装横剖面图

4）内底模板

内底模板采用 20mm 厚松木企口板，木肋采用 3 根 50mm×100mm 松木方沿拱内底纵向布置，内底模板分块配制。标准模板长度为 2000mm，每段末尾剩余尺寸不足 2000mm 时，按实际尺寸加工一块非标准模板补缺。然后向其余各段周转使用。对拉螺栓孔位置应与外底模板的螺栓孔位置相对应。

5）内侧模板

内侧模板分块及编号与外侧模板相对应，如外侧模板 Y1 对应的内侧模板为 N1。在外侧模板放样的基础上放出内侧模板。

内侧模板采用 20mm 厚松木企口板，木肋采用 50mm×100mm 松木方沿拱径向布置。内、外侧模板的对拉螺栓孔位置应一致。

6）内顶模板

内顶模板采用 20mm 厚松木企口板，木肋采用 3 根 50mm×100mm 松木方沿拱纵向布置，内顶模板分块配置，第一段配足，然后逐段周转使用。

7）拱顶弧形合拢底模

本技术是为了解决现有模板及支撑体系"免预压"施工工艺而提供一种大跨度钢筋混凝土拱形结构

施工技术中弧形合拢底模可调装置，见图 5.2.2-2。

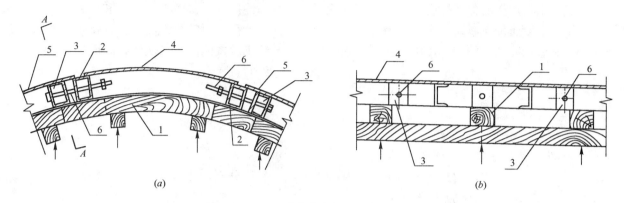

图 5.2.2-2　弧形合拢底模可调装置示意图

弧形合拢底模可调装置，由纵向支撑导轨 1、设置在纵向支撑导轨 1 上的两端带子口的弧形合拢底模 4 及其设置在带子口的弧形合拢底模 4 两侧的带有母口 3 的标准段模板 5 组成，且子口 2 和母口 3 之间设有间隙且通过加长可调螺栓 6 对接在一起。

施工时，先将纵向支撑导轨按含有预拱高度的设计曲线布置安装在拱顶合拢段部位，其材料可以采用方木、型钢等，布置形式与两侧标准段的纵向支撑交错排列，使之具备一定的自由度，能够沿纵向产生一定的相对位移；将带子口的弧形合拢底模放置在纵向支撑导轨上，其两端的子口分别与固定的标准段模板的母口对应，子口与母口的预留间隙为预先确定的结构底模沿轴线变形量 a（a 值与预拱度、拱形结构线性荷载、支撑体系形式等有关）；在子口与母口对接处的加强肋上开有对应的圆孔，用加长可调螺栓将两模板子母口对接处穿在一起并拧上螺帽。通过加长可调螺栓和纵向支撑导轨控制模板的变形方向，两侧的拱结构模板沿轴线逐渐使子母口对接，从而实现大跨度钢筋混凝土拱形结构施工中底模的连续圆顺和变形均匀。

大跨度拱形结构现浇混凝土一般采用分段对称施工的方法，施工过程中支撑体系将发生向内和向下的体系变形，拱形结构底模逐渐趋向于设计曲线和标高，两侧的底模将逐渐合拢，加长调节螺栓也应随之紧固，当施工至合拢段时，子母口闭合，加长调节螺栓紧固到位，将板缝用海绵条填塞密实。大跨度拱形结构要求混凝土强度达到 100% 设计强度时才允许拆模，而且拆模工作应从拱结构中部的合拢段开始，由于弧形合拢底模采用了子母口形式，为拆模提供了方便。

2. 桁架模板

根据桁架上、下弦截面尺寸及腹杆截面尺寸确定模板规格，模板采用 18mm 厚木夹板和 50mm×100mm 木方制作。

5.2.3　免预压技术

1. 沿拱结构轴线两端对称搭设支撑体系，确定预拱度，在支撑体系上搭建整体式弧形底模，弧形底模在拱顶处留有合拢段；对拱结构进行施工段划分，然后沿拱跨方向对称分段施工。

2. 在每一施工段中，首先在底模上由两端向中间绑扎钢筋，然后支侧模，设置施工段法向模板，支顶模，顶模的支设随混凝土施工高度随支随打，单块顶模沿拱体弧向方向的宽度为 1～1.5m，最后浇筑混凝土；待混凝土终凝后拆除顶模、侧模以及法向模板，法向模板拆除后施工缝为法向，施工缝的处理方法为首先剔除表面浮浆及松散混凝土，剔到实处露出石子后用水冲洗、湿润即可，然后进行下一段施工；从第二施工段开始，每段施工时先浇筑 1～2m 微膨胀混凝土，以控制每段混凝土收缩变形，产生裂缝，拱顶合拢段混凝土也采用微膨胀混凝土，微膨胀混凝土较设计混凝土强度等级提高一个等级。

3. 待施工到最后合拢段时，在支撑体系上安装弧形合拢底模可调装置，支侧模，浇筑混凝土，拱结构合拢段施工时的环境温度控制在 5～15℃。

4. 底模拆除时要求拱体混凝土强度达到 100% 设计强度，落架时考虑结构的体系转换，按照先高后低、先中间后两边，分段对称施工的原则拆除支撑体系。

由于拱结构在施工中以及在拆除支撑体系转换后会产生下列弹性及非弹性变形：

拱由于自重所产生的弹性挠度；拱因温度变化所产生的弹性挠度；拱因承台受挤和位移而产生的弹性挠度；拱应混凝土硬化收缩而产生的弹性挠度变形；拱在设计荷载下的弹性和非弹性下沉；支撑体系的弹性变形和基础受载后的非弹性压缩变形，该拱形结构的预拱度按照以下二次抛物线确定：

$$\sigma x = a\sigma \ (1-4 \ X^2/L^2) \tag{5.2.3}$$

式中　σ——拱顶总预加高度；

　　　L——拱圈跨度；

　　　X——跨中到任意点水平距离；

　　　a——为预拱修正系数，取 0.5～1.0。

此公式是根据现有方法对预拱度的确定的基础上并经过理论分析、计算以及实践经验总结得来的。

5.2.4 "六对称"均衡施工法

"六对称"均衡施工法，是指双拱对称施工；每拱施工时支撑架对称搭设和拆除；模板对称安装和拆除；混凝土浇筑时从两拱脚开始向顶部逐段对称施工；桁架对称施工；桁架混凝土浇筑从两端向中心推进对称施工。

"六对称"均衡施工法，其关键在施工过程中用工序对称来保证结构施工中的受力对称；保证模板和支撑体系受力均匀不变形。在施工实践中，如在支撑架的搭设中，稍有不慎，就出现过支撑架偏位的情况，造成局部返工。因此，在以后的施工过程中，十分注意对称施工，如果混凝土浇筑过程中，由于不对称施工造成拱轴线偏位，将造成永久性缺陷，甚至造成施工技术的失败。

5.2.5 承台与拱脚整体浇筑法

按常规做法，桩基承台混凝土可以单独浇筑，这种施工工艺比较合理并为拱脚架子、模板安装提供了坚实的基础和正确的尺寸，并且采取拱脚处承台面下凹 200mm 作为拱承台与拱脚底部的施工缝，拱脚与承台分两次浇筑。但设计要求承台与两拱脚混凝土一次性整体浇筑，不能有施工缝。在工程施工中，做好模板设计、混凝土配合比设计。浇筑过程中，承台采用斜面分层、循序渐近的方法。采取从拱脚模板预留入口进入模板内振捣混凝土，并采用电子测温技术，确保大体积混凝土施工质量。

5.2.6 清水混凝土施工技术

大跨度箱形变截面钢筋混凝土拱为外露构件，拱结构混凝土质量必须达到内坚外美的效果。故在普通混凝土的验收标准上，制定如下质量标准：

轴线通直，弧度、半径尺寸准确；棱角方正、线条顺直、弧形美观；表面平整光滑、色泽一致；表面无明显气泡，无砂带和黑斑；表面无蜂窝、麻面、裂纹和露筋现象；模板拼缝、对拉螺杆和施工缝留设要有规律性并且美观；模板的拼缝接缝和施工缝处无挂浆、漏浆。因此对所采用的施工方法、选用材料的品质、操作人员的技能和施工管理水平等均有很高的要求。

根据拱施工的特点，从测量放线、钢筋、模板、混凝土配合比设计、混凝土搅拌、混凝土运输、混凝土浇筑、混凝土振捣、混凝土养护及成品保护等方面，采取相应的施工技术措施，在整个拱的施工过程中，保证各道工序施工的连贯一致性，精心组织施工，达到预期的效果。

5.2.7 封拱技术

封拱施工为本工程的重点和关键，封拱对技术、环境温度以及施工方法都有严格的要求。由于建筑工程施工规范中没有钢筋混凝土拱封拱技术要求，我们参照桥梁混凝土拱的施工要求执行。

封拱时间选择在日平均气温接近当地年平均气温的时间来浇筑。在浇筑混凝土之前，将整个拱身用自来水淋湿，待拱体混凝土温度降到最低点后方可浇筑。

封拱混凝土强度等级执行设计要求。拱混凝土配合比由中心实验室配制。坍落度、初凝时间及终凝时间由试验确定，搅拌站专人负责配合比计算。浇筑混凝土时应从一侧下料待拱体对面混凝土与底层基本相平时再从另一面下料，以防空气堵在底板中间。

5.2.8 拱施工测量控制技术

该工程拱结构的轴线控制及高程控制是测量工作的关键和难点，根据该结构的施工特点，对该结构各阶段轴线控制，将采用平行侧面借线方法；高程采用吊挂钢尺进行抄测。

在施工各阶段过程中，为掌握重要的拱结构受力轴线位移与沉降情况，及时发现沉降与变形的程度，提供可靠的变形数据，在各施工过程中对拱结构进行受力观测沉降和变形观测。每次观测后的成果均与首次成果比较，计算沉降量，每次观测结束后，都要检查计算结果是否正确。将观测数据列入沉降观测的成果表中。

为了随时掌握拱架支撑、拱结构和拱脚的变形情况，按照施工程序在支设模板、钢筋绑扎、浇筑混凝土以及拱底模板拆除前后的各个阶段对拱结构及拱脚进行变形观测。

6. 材料与设备

6.1 主要材料

主要材料见表 6.1。

主要材料表　　　　　　　　　　　　　　　　　　　　表 6.1

序号	材料名称	材料规格	主要技术要求标
1	模板	18mm	酚醛树脂复合木胶合板
2	木方	50mm×100mm，100mm×100mm	木肋
3	底模板	20mm	企口木模板
4	钢管	ϕ48mm×3.5mm	拱支撑架及脚手架
5	穿墙螺杆	ϕ16mm	
6	组合钢模板	55系列	拱基础施工

6.2 主要机具设备

主要机具设备见表 6.2。

主要施工机具一览表　　　　　　　　　　　　　　　　表 6.2

序号	设备名称	规格	数量	单位	施工部位
1	激光经纬仪	J2—JD	1	台	定位测量
2	水准仪	DS3	1	台	高程测量
3	千斤顶	3～6t	根据计算确定	台	架体提升
4	水平尺		1	把	水平度测量
5	塔吊	H3/36B（R=60m）	2	台	结构施工
6	混凝土搅拌机	JSY—350	2	台	结构施工
7	混凝土输送泵	HBJ30	2	台	结构施工
8	插入式振动器		16	台	结构施工
9	平板式振动器		2	台	结构施工
10	电焊机	BX₃—500—2	2	台	结构施工
11	钢筋冷挤压机		4	套	结构施工
12	木工手电锯		4	台	结构施工
13	木工电刨	MIB103A	1	台	结构施工
14	木工手电钻		8	台	结构施工
15	小翻斗车		6	套	结构施工
16	空压机		1	台	结构施工
17	压路机		1	台	结构施工
18	蛙式打夯机		4	台	结构施工

7. 质量控制

7.1 钢筋工程

7.1.1 用于拱的钢筋都应有出厂质量证明书或检验报告单。

7.1.2 拱结构主筋实测强屈比不应小于 1.25，实测屈服强度与强度标准值的比值 λ 应为：$1 \leq \lambda \leq 1.25$。

7.1.3 进行钢筋机械连接和焊接的操作工人必须经过技术培训、考试合格，持证上岗。

7.1.4 套筒挤压钢筋连接必须做好挤压线和控制线以保证连接质量，冷挤压接头的施工现场检验与验收详见《钢筋机械连接通用技术规程》JGJ 107—96 和《带肋钢筋套筒挤压连接技术规程》JGJ 108—96。

7.1.5 拱体施工缝外 250mm 处要安放钢筋定位框，以保证拱体主筋位置和混凝土保护层。

7.1.6 钢筋工程在支模前必须进行隐蔽工程验收。钢筋绑扎分项工程允许偏差见表 7.1.6。

钢筋绑扎分项工程允许偏差表　　　　　　　　　　　　　　　表 7.1.6

序　号	项　目		允许偏差（mm）	
			国家标准	内控标准
1	承台板钢筋网间距		±20	±15
2	拱体、桁架箍筋外包尺寸		±5	±4
3	拱体、桁架主筋间距		±10	±8
4	拱体、桁架箍筋间距		±20	±15
5	承台板马凳铁高度			±5
6	受力钢筋保护层	承台板	±10	±8
		桁架	±5	±4
		拱体	±3	±3

7.2 模板工程

7.2.1 模板安装严格按"模板方案"进行，如需要修改时必须取得编制者的同意。

7.2.2 模板安装时必须先放线、验线之后进行。放线时要弹出中心线、边线、支模控制线。

7.2.3 模板及其支架必须有足够的承载能力、刚度和稳定性，能可靠地承受新浇混凝土的自重和侧压力，以及在施工过程中所产生的荷载。

7.2.4 桁架下弦模板应起拱，起拱高度为 20mm。

7.2.5 模板安装的允许偏差见表 7.2.5。

模板安装的允许偏差表　　　　　　　　　　　　　　　　表 7.2.5

序号	项　目		允许偏差（mm）	
			国家标准	内控标准
1	轴线位置	承台	5	3
		拱体、桁架	5	2
2	底模上表面标高		±5	+2，−5
3	截面尺寸	承台	±10	±5
		拱体、桁架	+4，−5	+3，−4
4	拱模垂直度		6	5
5	相邻两板表面高低差		2	1
6	表面平整度（2m 长度内）		5	4
7	预埋件中心线位移		3	3

7.3 混凝土工程

7.3.1 选择资质、信誉可靠的商品混凝土搅拌站，供应质量可靠的混凝土。自设混凝土搅拌站应进行详细可靠性、可行性设计。建立可靠的搅拌站运行和质量管理制度，经严格评审后才能允许生产混凝土。

7.3.2 泵送混凝土配合比要根据施工现场泵的种类、泵送距离、输送管径、浇筑方法、气候条件确定。

7.3.3 商品混凝土进场，第一车必须有"开盘鉴定"，要有混凝土等级、坍落度、初终凝时间及搅拌时间等，不合格者，立即退场。

7.3.4 在混凝土浇筑地点，每两小时检查一次混凝土的坍落度，如发现混凝土有异常情况，随时抽查。

7.3.5 在浇筑混凝土前，对模板内的杂物和钢筋上的油污等应清理干净，对模板的缝隙和孔洞应予堵严。

7.3.6 每段的混凝土浇筑要连续进行，当必须间歇时，其间歇时间宜缩短，并须在前层混凝土初凝之前，将上层混凝土浇筑完毕，若因故前层混凝土已初凝时，须按施工缝处理。

7.3.7 拱底板混凝土浇筑，为了保证混凝土充满底板，在内底模板上必须留ϕ12排气孔，并派专人观察，浇筑到位要立即封严。

7.3.8 在混凝土浇筑过程中，对模板及支撑体系进行沉降及变形观察。

7.3.9 按规定及时做好混凝土标养试块以及同条件养护试块，并按时送检。

7.3.10 混凝土允许偏差见表7.3.10。

混凝土允许偏差表　　　　　　　　　　　表 7.3.10

序号	项　　目		允许偏差（mm）	
			国 家 标 准	内 控 标 准
1	轴线位移	承台板	15	12
		拱体、桁架	8	6
2	标高	拱体每段标高	±10	±8
		拱体全高	±30	±20
3	截面尺寸	承台板	+8，−5	±5
		拱体、桁架	+8，−5	+6，−4
4	拱体垂直度	每段	8	5
		全高	25	15
5	表面平整度（2m长度内）		8	6
6	预埋件中心位置		5	5

8. 安 全 措 施

8.1 建立安全监督管理机构，认真贯彻安全生产规章制度，严格遵守安全操作规程，工地有专职安全检查员，其有权指令进行停工。

8.2 进入现场的施工人员必须佩戴安全帽，每道工序要做好安全交底，操作地点必须达到安全要求方能进行操作。

8.3 在吊装危险警戒区内（10m内）如安装机械和设置通道要搭设高度不低于3m的安全防护棚，吊车作业区的通道，脚手架的进入口，均必须搭设防护棚。

8.4 提升操作平台上设有安全员与地面应有专门的通话联系设备。

8.5 操作平台上放的材料必须分散开，集中存放时不准滑升，混凝土碎块及垃圾不准直接丢到地面，必须用吊车运输。

8.6 操作平台的内外吊脚兜底、满挂安全网，平台上设有灭火器。

8.7 电焊和气焊施工区域，应有专人负责看火，并将周围易燃物品移开，工人必须持证上岗。

8.8 手持电动工具要戴绝缘手套，并设有漏电保护装置。

8.9 高空作业人员操作时必须精神集中，手用工具放入工具袋，避免物品掉下。凡患有高血压、心脏病、贫血等不适合高空作业人员不得进行高空作业。

8.10 六级以上大风天停止作业。

8.11 定期给施工操作人员发放必须的劳动保护用品。

9. 环 保 措 施

9.1 结合施工场地周边的环境情况，编制环保方案，尽可能减少对环境产生不利影响。

9.2 与施工区域附近的居民和团体建立良好的关系，对受噪声污染的居民和团体，事前通知，采取合理的预防措施避免扰民。

9.3 采取一切必要的手段防止运输的物料进入场区道路，并安排专人及时清理。

9.4 对于固体废弃物采用分类收集、处理的方法进行控制。

9.5 施工中要结合具体工程实际情况，做到优化选择，严密组织，减少机械、材料、人员和附属器具等各项资源消耗。

10. 效 益 分 析

10.1 清华大学综合体育中心工程大跨度箱形变截面钢筋混凝土拱施工过程中，通过合理的流水段的划分、模板和支撑体系的合理设计和施工、"六对称"均衡的施工方法、清水混凝土施工技术及科学合理的施工测量控制技术，提高了施工速度，保证了工程质量，创经济效益 112.54 万元。

10.2 山西大同大学体育馆工程大跨度钢筋混凝土拱结构施工过程中，通过技术开发与创新，采用免预压施工工艺，减少租赁脚手架周转材料使用、减少抹灰工序等，提高了施工速度，保证了工程质量，创经济效益 50.5 万元。

11. 应 用 实 例

11.1 清华大学综合体育中心工程是一座集体育比赛、办公、会议、教学、演出及电视转播于一体的多功能 5000 座体育建筑。建筑面积 12600m²，首层建筑面积 8584 m²，地上 3 层，檐高 15m，比赛场地平面呈椭圆形，长轴 84.5m，短轴 65m，沿椭圆形轴线均匀布置 26 根高 15m 变截面钢筋混凝土柱；长轴方向设 2 道间距为 18m、跨度为 110.016m 箱形变截面钢筋混凝土拱，拱顶标高 29m，拱顶断面高 1.8m，拱脚断面高度 4.5m，拱顶曲率半径 74.586m，拱底曲率半径 65.704m，拱中心线曲率半径 70.00m，箱形结构壁厚 250mm；外形尺寸宽×高为 1200mm×（1800～4500mm），空腔尺寸为 700mm×（1300～4000mm）。两道拱间轴线距离 18m，由 12 榀现浇钢筋混凝土桁架联系并对称布置；现浇钢筋混凝土桁架垂直于拱侧面，且与拱侧面高度同高，每榀桁架的高度、角度、方向、位置、标高均不相同。工程实例照片见图 11.1-1，110.016m 箱形变截面钢筋混凝土拱的几何尺寸见图 11.1-2。

图 11.1-1　竣工后全景照片

本工法通过特殊的施工流水段的划分技术，解决箱形拱内模拆除困难和变高度、变角度、变方向、变标高的钢筋混凝土桁架施工难度大等问题；通过独特的模板设计技术解决了所有模板尺寸都不同的问题；通过"六对称"均衡施工法解决了双拱施工中荷载、温度应力、结构变形、轴线控制等施工均衡性问题；通过承台与拱脚的整体浇筑法，解决了形状复杂、大体积混凝土浇筑高度高的难题；通过制定高于普通混凝土的清水混凝土的质量标准，保证外露结构达到内坚外美的要求；通过引进桥梁施工的封拱技术，解决了拱结构受力变换的问题；通过施工测量控制技术保证了三弧不同心、模板起拱、平面形状复杂的定位问题。经变形观测结果统计：拱脚水平位移动4.6mm（设计要求6mm）预拱度100mm，实测为南拱78mm，北拱74mm，拱顶标高为29.02m和29.016m，垂直偏差、水平、位移、垂直度误差及施工中拱的下沉均满足设计及规范要求。

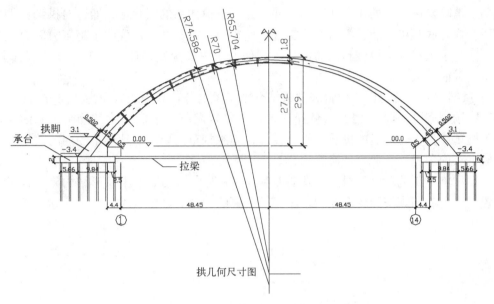

图11.1-2 拱的几何尺寸图

从国内文献和互联网上检索查新，国内大跨度混凝土拱形结构多用于桥梁施工建设，屋顶用混凝土双拱结构及箱形施工技术均有报道，从其文献看，未见有与本工法特点完全相同的文献和专利报道。与国内外类似技术比较，本工法具有创新性、先进性、适用性和可操作性的特点，2002年1月29日，中国建筑总公司科技开发部组织召开了大跨度箱形变截面钢筋混凝土拱综合施工技术成果鉴定会，鉴定结论为：大跨度箱形变截面钢筋混凝土拱综合施工技术达到国内领先水平。该项成果获得北京市科学技术进步三等奖、中建总公司科学技术进步二等奖；获得2003~2004年度国家级工法，此工法于2005年推广应用到山西大同大学体育馆工程中并实现了创新，取得了良好的社会效益和经济效益。

11.2 山西大同大学体育馆工程，建筑物占地面积约19000m²，设计建筑面积16966.8m²，平面设计基本为椭圆形，观众席共6722座，比赛场地60m×36m。有两道平行的钢筋混凝土拱自南向北跨越体育馆上空，用以支撑屋盖体系拱的中心跨度115m，拱顶高度30.5m，两道拱轴线距离24m。拱的两端为实体断面，中部为矩形空腔断面。截面尺寸为高2.5m，宽1.5m，空腔部分壁厚400mm。拱底基础由桩基和箱形基础组成，两道拱轴线距离24m，两拱之间为钢结构双曲面网壳，每个拱脚下均设计了一个箱形基础，平面尺寸为18.5m×10.5m。见图11.2-1和图11.2-2。

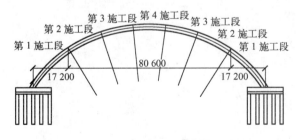

图11.2-1 拱分段对称向上施工示意图

图11.2-2 竣工后全景照片

该工程在结构形式、建筑面积、观众席位、拱中心跨度115m、拱顶高度30.5m、两道拱轴线距离等规模指标都与清华大学综合体育中心工程类似，并与中建二局第三建筑工程有限公司签订技术服务协议，共同开展"山西大同大学大跨度钢筋混凝土拱施工技术"的科研课题研究，将"大跨度箱形变截面钢筋混凝土拱施工工法"推广应用到该工程中，并在"大跨度钢筋混凝土拱形结构免预压施工技术"、"大跨度钢筋混凝土拱结构施工技术中弧形合笼底模可调装置技术"有创新，成绩显著：

1. 通过采用"免预压"施工技术，能够在保证拱结构施工安全的基础上，预拱度变形可控，预拱度值更加准确，消除支撑体系的非弹性变形，并且验证支撑体系的安全性，通过对拱结构划分施工段对称施工和利用合拢处底模可调装置等措施，实现"免预压"施工技术，优化了施工方案，避免使用大量的配重材料，减少了大量施工机械和人力的投入，使施工更安全，保证了施工质量，节省了预压工序，有效降低成本，并能够大大提高施工速度；

2. 大跨度拱结构施工缝的留设位置和数量结合施工段划分，其缝线方向为法向方向；

3. 拱体混凝土表面圆顺、光滑、拱色泽均匀，未发生混凝土表面裂纹及蜂窝、麻面、错台等质量通病，保证了施工质量，合拢后的拱质量符合设计、施工规范的要求，达到了预期的效果。

该技术成果获中国施工企业管理协会科学技术创新二等奖、形成省级工法一项、"大跨度钢筋混凝土拱形结构免预压施工工艺"已注册国家发明专利，"大跨度钢筋混凝土拱形结构施工技术中弧形合拢底模可调装置"已注册国家实用新型专利，获得了良好的社会和经济效益。

坡屋面现浇混凝土施工工法

YJGF38—2002（2009~2010 年度升级版- 016）

福建六建集团有限公司　福州建工（集团）总公司

吕明　黄高飞　刘越生　严涛　林青

1. 前　言

随着建筑业的发展、人们审美水平的提高，为了迎合人们生活多样化选择的需求，近几年来，在建筑设计上呈现出许多新颖别致、纷呈多样的坡屋面结构。传统上坡屋面（通常指坡度在 25°~75°之间的坡屋面）施工中往往采取安装斜坡底面模板或在钢筋面上附加一层钢丝网进行浇筑、拍实，在振捣过程中往往造成混凝土滑落，产生离析现象，坡屋面板厚度难以保证，在混凝土初凝前由于重力作用易产生拉裂裂缝，同时混凝土浇捣密实性难以得到控制，施工质量难以达到预期效果，而坡度较大的坡屋面应采用双层固定模板，其做法同剪力墙，施工成本较高。本施工方法针对坡屋面结构施工难的特点使用一种操作简易、切实可行的双层活动模板安装体系，逐级安装、逐级浇筑坡屋面混凝土，从而保证混凝土的浇筑质量。本施工工法近几年来已应用于莆仙大剧院、福建省闽江花园新城二期 A 区工程、福州丹宁顿小镇 A 区二期项目等多个工程项目，涵盖公共建筑、住宅等多个方面，2010 年取得坡屋面现浇混凝土结构实用新型技术专利，并获评 2010 年度福建省省级工法（二级）。

2. 工 法 特 点

2.1　采用竖向定位木龙骨作为控制坡屋面结构的厚度及安装面层模板的依据，面层模板则预先制作好，施工时采用逐级摆放、安装，逐级浇筑，模板安装与浇筑混凝土互不干扰工作面，相互依次循环进行，操作简单、方便，能保证结构密实、截面尺寸正确及表面平整，有利于保证混凝土成型的质量。

2.2　与单层模板比较，安装活动式面层模板能克服混凝土滑落的缺陷，混凝土浇捣易达到密实的效果，保证了混凝土密实度，确保了混凝土施工质量，避免了以往由于结构渗、漏而返工修补所造成的延误工期及其经济损失。

2.3　与双层固定模板比较，采用活动式面层模板降低了施工成本，采用本施工方法其投入费用相对传统安装双层固定模板要减少投入 60%左右。

3. 适 用 范 围

本施工工法适用于通常设计坡度在 25°~75°之间的公共建筑、住宅类工程项目等密实性钢筋混凝土坡屋面结构。

4. 工 艺 原 理

本施工方法是在按要求安装好坡屋面底层模板后，依据坡屋面的走向沿坡底至坡顶的方向布置面层竖向龙骨，竖向龙骨与底层模板间通过限位止水螺栓进行夹固、定位来进行面层模板的制安；面层模板采用分级活动模板，施工时由下至上逐级安装面层模板，逐级浇筑屋面混凝土，配合混凝土初凝后进行面层活动模板的拆除，向上依次循环进行。

5. 施工工艺流程及操作要点

5.1 工艺流程（图 5.1）

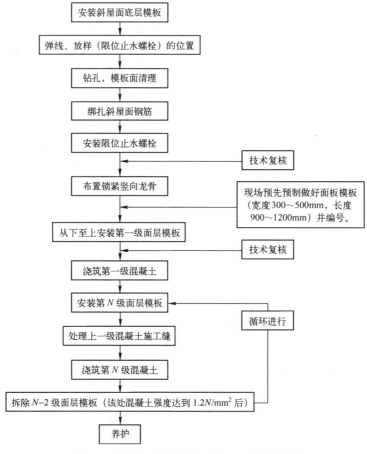

图 5.1 坡屋面现浇混凝土施工工艺流程图

5.2 操作要点

5.2.1 坡屋面底层模板支撑体系按规范要求搭设完成后，调整可调顶托的标高，铺设坡屋面底层模板，必须保证模板拼缝的严密。将模板上的杂物清理干净，涂刷隔离剂时不得沾污钢筋，混凝土接槎处避免隔离剂沾污，经自检合格后，提交监理单位对坡屋面模板工程进行预检。

5.2.2 利用计算机 CAD 技术进行设计绘图，绘制面层模板定位龙骨与限位螺栓的位置图，确定面层模板的分级数，现场施工采用数字化全站仪进行施工放样、弹线。

5.2.3 为了避免在浇捣混凝土过程中板面钢筋下陷，保证板筋的有效高度，在双层钢筋网之间应增设有效的支撑马凳筋，支撑马凳筋不小于 $\phi 10$，当板筋 $\geqslant \phi 12$ 时，间距不大于 $1000mm \times 1000mm$，当板筋 $< \phi 12$ 时，间距不大于 $600mm \times 600mm$，同一方向上的支撑不少于 2 处，且距板筋末端不大于 150mm。马凳筋与上、下层钢筋接触点采用点焊，同时在其周边 2～3 道范围内的上、下层钢筋网也采取点焊，以加强钢筋网整体稳定性。钢筋相互间应绑扎牢固，以防止浇捣混凝土时，因碰撞、振动使绑扣松散，钢筋移位，造成露筋。

5.2.4 止水螺栓的止水片与螺栓应满焊严密，防止结构渗漏的同时以此确保混凝土保护层的厚度，在安装高度限位止水螺栓施工过程中，露头不宜太长，以 100mm 为宜。

5.2.5 竖向龙骨可采用 $40mm \times 60mm$ 或 $50mm \times 50mm$ 方木双拼，布置间距依据面层模板模数级而定，竖向龙骨双拼间的空隙用小木条夹钉（图 5.2.5-1、图 5.2.5-2），竖向龙骨与底层模板间固定采用对拉螺栓高度限位并加焊止水片，限位止水螺栓布置间距控制在 1000～1500mm 左右，这种做法不仅能保证结构厚度，而且能延长渗水路线、增加对渗透水的阻力，防止渗漏。止水片与螺栓应满焊严密。

安装完毕经技术复核后方可进行下道工序施工。

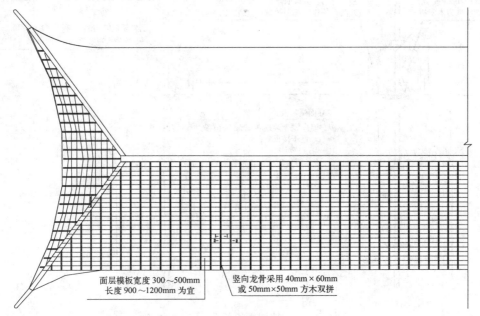

面层模板宽度 300～500mm
长度 900～1200mm 为宜

竖向龙骨采用 40mm×60mm
或 50mm×50mm 方木双拼

图 5.2.5-1　坡屋面模板示意图

5.2.6　面层模板经放样分级，并事先预制完成，宽度 300～500mm，长度 900～1200mm，预制时尽量采用同一模板数级，不足处经现场放样后确定，这样一方面便于模板安装、周转，节约材料；另一方面也有利于混凝土浇筑及在施工中检查混凝土浇筑是否密实，可适当地减少混凝土上、下层搭接时间，减少冷缝产生。

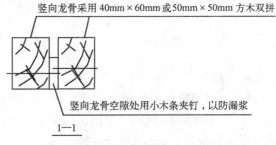

竖向龙骨采用 40mm×60mm 或 50mm×50mm 方木双拼

竖向龙骨空隙处用小木条夹钉，以防漏浆

1—1

图 5.2.5-2　坡屋面模板 1—1 剖面图

分级面层模板预制时两侧边加钉 20～30cm 长的 30mm×40mm 侧压骨，面层模板的长度模数应比两侧竖向龙骨之间的净距小 10mm（两端各 5mm），以便于面层模板安放，安装时将面层模板的下边缘与竖向龙骨的下边缘对齐，通过铁钉将面层模板的侧压骨与竖向龙骨钉牢（图 5.2.6）。

5.2.7　浇筑混凝土时在模板面上口可临时设置 50cm 高的挡板，避免浇筑时骨料滑落。对于钢筋排列较密的坡屋面，可采用 φ30 小型振动棒振捣。浇筑过程中可采用小锤敲击检查是否已浇筑密实。

5.2.8　浇筑混凝土时，可以斜屋檐为起点，绕屋面一周循环浇筑，浇筑完一层后即可安装上一层面层模板，逐级逐段安装面层模板，然后逐级浇筑混凝土，相互依次循环进行，直至浇筑结束。对于结构尺寸较大的，周长较大的坡屋面，应在施工前根据每层混凝土浇筑的速度，计算好浇筑时间。如有必要时，可适当考虑添加缓凝剂，避免混凝土搭接前产生冷缝。

5.2.9　周长较大的坡屋面浇筑下一级混凝土之前若上一级混凝土已初凝，应对上一级混凝土施工缝进行处理：剔除浮渣打毛界面清理干净并刷纯水泥浆后浇筑下一级混凝土。

5.2.10　面层活动模板可在混凝土强度达到 1.2N/mm² 后拆除以循环使用，拆模时应小心，严禁乱撬，以免造成止水螺栓松动及混凝土结构的缺棱掉角，底层模板则应根据规范中有梁板拆模的规定，以同条件试块试压强度为依据，经批准后，予以拆模。

5.3　劳动力组织

5.3.1　模板工 3 人负责定位竖向龙骨、安装止水螺栓、活动面层模板等，普工 2 人负责运输材料及拆除循环使用的面层模板。

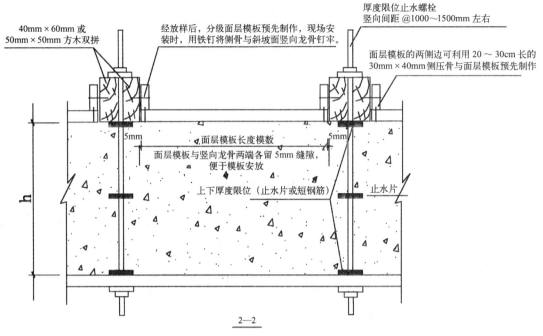

图5.2.6 坡屋面模板2—2剖面图

5.3.2 泥水工1人负责使用振动棒振捣混凝土，普工2人负责运输材料及铲送混凝土和材料清理。

5.3.3 钢筋工1人负责混凝土施工时看筋及时调整钢筋安装质量。

6. 材料与设备

6.1 材料

6.1.1 梁板模板可采用胶合板（弹性模量 E＝6000N/mm²），规格为915mm×1830mm×18mm或1220mm×2440mm×18mm，竖向定位龙骨可采用40mm×60mm或50mm×50mm松方木双拼，活动面层模板侧压骨采用30mm×40mm松方木。

6.1.2 止水螺栓规格可采用一级圆钢φ10（抗拉 [σ]＝170kN/mm²，抗剪 [τ]＝130kN/mm²），止水片规格采用50mm×50mm的3厚扁钢，配蝴蝶扣或螺母，形成固定支撑体系。

6.1.3 模板支撑架采用φ48mm×3.5mm钢管，配可调顶托、扣件等，其间距、排距经设计计算后确定，并按规范布置好水平支撑及拉撑，顶托空隙处应用木楔紧塞。

6.1.4 针对坡屋面板厚较小、钢筋较密的特点，粗骨料宜采用10～20mm碎卵石，易于混凝土浇筑，密实石子应有试验报告单。砂宜采用中砂，砂中含泥量以及泥块的含量（大于5mm的纯泥），应符合《普通混凝土用砂质量标准及检验方法》JGJ 52中有关规定的要求。

6.1.5 混凝土外加剂：所用混凝土外加剂的品种、生产厂家及牌号应符合配合比报告单的要求。

6.2 设备

6.2.1 模板预制安装设备：锯木机、电刨机、锤子、扳手、墨斗（弹线器）。

6.2.2 模板安装设备：手提电钻、蝴蝶扣或螺母、锤子、扳手。

6.2.3 放样仪器设备：经纬仪、水准仪、钢尺。

6.2.4 质量检测工具：工程检测尺一套。

7. 质 量 控 制

7.1 质量标准

模板工程质量标准除应满足表7.1的规定外，尚应符合国家标准《混凝土结构工程施工及验收规范》GB 50204—2002及其他有关规范规定。

坡屋面现浇结构模板允许偏差 表 7.1

项　目	允许偏差（mm）		检验方法
	企业标准	国家标准	
轴线位置	3	5	钢尺检查
底模上表面标高	+2，−4	±5	水准仪或拉线、钢尺检查
截面内部尺寸	+2，−5	+4，−5	钢尺检查
相邻两板表面高低差	2	2	钢尺检查
表面平整度	4	5	2m靠尺和塞尺检查

7.2 质量措施

7.2.1 预先编制施工方案，重点为确定竖向龙骨间距和面层模板分级层次，并对其支撑体系、止水螺栓间距进行计算后确定。经上级技术主管批准并取得专业监理工程师审核认可后实施。

7.2.2 支撑系统及附件要安装牢固，无松动现象，面板应安装严密，保证不变形、不漏浆。面板要认真刷涂脱模剂，以保护面板增加周转次数。

7.2.3 拆模控制时间应以同条件养护试块强度等级为依据，并符合规范及相关规定。拆模应小心谨慎，爱护模板支撑件，并应对构件认真清理、修复、保养。

8. 安 全 措 施

8.1 严格遵循国家颁布的《建筑安装工程安全技术规程》及上级主管部门颁布的各项有关安全文件规定。

8.2 操作班组就位前，应针对本分项工程施工操作特点，进行安全交底，施工中应加强安全巡检，着重检查配件牢固情况，特别应做好外架的封闭及防护工作。

8.3 模板安装、拆除严格按照操作规程进行操作，面层模板适当布置防滑条，严禁酒后上岗。

8.4 模板工程作业组织，应遵循支模与拆模统一由一个作业班组进行作业。其好处是，支模就考虑拆模的方便和安全，拆模时，人员熟知情况，易找拆模关键点位，对拆模进度、安全、模板及配件的保护都有利。

8.5 模板支撑严格按拆模审批表批准的时间开始拆除，拆下后应马上分类堆放并及时清运至地面。

8.6 高处混凝土浇捣时临边防护必须到位，施工脚手架必须安全、可靠，严禁擅自拆除安全网、脚手架的扫地杆、主节点处纵横向水平杆、连墙杆等主要安全设施。混凝土浇捣时应派专人看护模板，遇有紧急情况应停止施工，及时向值班施工员汇报。

9. 环 保 措 施

9.1 成立相关的施工环境卫生管理机构，在施工过程中，严格遵守国家和地方政府下发的有关环境保护法律法规，加强对施工材料、设备、废水及防火的处理制度。

9.2 施工过程中产生的建筑垃圾及生活垃圾、弃渣应及时清理和运走。

9.3 在混凝土浇捣过程中，振捣手应尽量减少振动棒与钢管、钢筋等的接触，严禁将转动的振捣器放在作业面上。

9.4 在施工过程中，调节好作业时间，严格控制施工噪声在65dB以下。在清运垃圾时，严格控制扬尘高度不得大于1.5m。

10. 效 益 分 析

坡屋面现浇混凝土施工技术安装活动式面层模板能克服混凝土滑落的缺陷，混凝土浇捣易达到密实的效果，保证了混凝土密实度，确保了混凝土施工质量，避免了以往由于结构渗、漏而返工修补所造成的延误工期及其经济损失；与双层固定模板比较，采用活动式面层模板降低了施工成本，其投入费用相对传统安装双层固定模板要减少投入 60% 左右，符合国家提倡的创建节能型社会的方针。另外，其对用户今后在使用功能效果及对当前以质量求生存的施工企业而言，也取得了良好的社会效益。

11. 应 用 实 例

本工法成功地应用于福建省闽江花园新城二期 A 区工程、福州丹宁顿小镇 A 区二期项目、莆仙大剧院等工程，工程质量均满足规范和合同要求，现以莆仙大剧院为例说明本工法应用情况。

11.1 工程概况

莆仙大剧院位于福建省莆田市荔城区延寿路与东园路交叉口东南侧。建设单位：莆田市艺术研究所；设计单位：福州大学土木建筑设计研究院；监理单位：上海三维工程建设咨询有限公司；施工总承包单位：福建六建集团有限公司。工程于 2007 年 11 月开工，2008 年 9 月结构封顶。

本工程在三个剧院舞台屋面造型上共设计 3 个高低错落的大型坡屋面，剧院之间通廊单向斜屋面，设计坡度在 45°～60° 之间。其中主剧院舞台屋面设计上为 22.6m×78m，高 7.5m（28.6～36.1m）的坡屋面，坡屋面基座上周设计 400mm×800mm 框架梁，坡屋面屋脊处设 1 根 La 梁，截面尺寸 600mm×800mm，斜屋脊处设 4 根 Wla，截面尺寸 400mm×800mm，设置 φ600mm 框架柱。斜板设计厚度 150mm，设计最大坡度 75°，斜板配 φ12@100mm×100mm 双层双向钢筋，设计混凝土强度等级 C30S6（其结构平面图见图 11.1）。

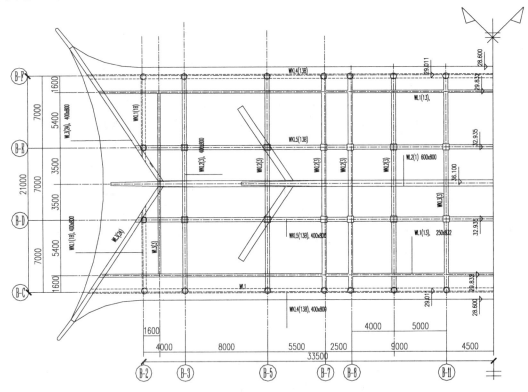

图 11.1 主剧院舞台坡屋面平面图

11.2 施工情况

11.2.1 坡屋面面层模板经放样后共分 12 级，模板模数级采用 915mm×1830mm×18mm 规格胶合板的 1/4，即 457.5mm×915mm×18mm，以利于节约材料及模板周转，不足处经放样后确定，竖向龙骨采用 40mm×60mm 松方木双拼，止水螺栓采用 φ10，止水片采用 50mm×50mm，其面层模板模数级及竖向龙骨、止水螺栓布置见图 11.2.1。

11.2.2 斜板底主楞木采用 100mm×100mm 松方木，次楞木采用 50mm×100mm 松方木。面层模板共分 12 级，每安装完一级即可浇筑混凝土，浇筑完一级，接下去进行上一级面层模板安装，相互依次循环进行至浇筑结束（图 11.2.2）。

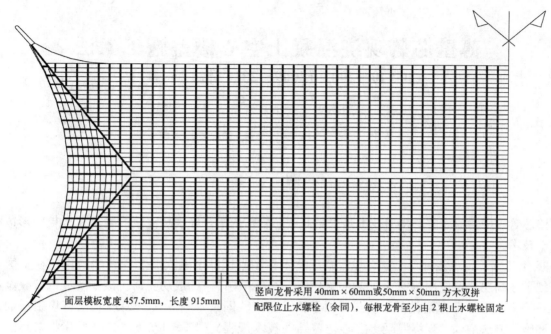

图 11.2.1　模板模数级及竖向龙骨、止水螺栓布置详图

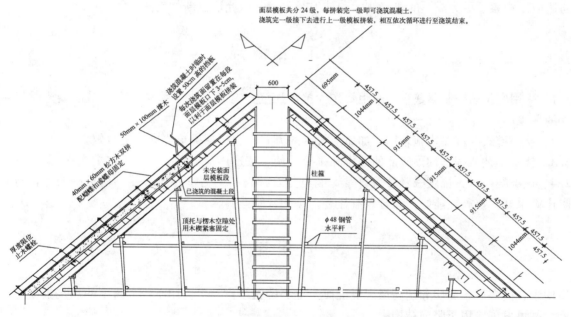

图 11.2.2　斜板底支撑示意图

11.3　工程评价

本工程坡屋面施工结束后，混凝土结构截面尺寸正确、表面平整、振捣密实、观感质量好，未出现蜂窝、麻面、露筋等质量缺陷，降低了混凝土因滑落造成的损耗。经监理单位、建设单位进行多次淋水试验检查，未出现任何渗漏现象，坡屋面混凝土结构施工取得了良好的经济和社会效益，获得了各相关单位的一致好评。

薄壁芯管现浇混凝土空心楼盖施工工法

YJGF40—2002（2009～2010升级版-017）

湖南省第六工程有限公司

方东升　伍灿良　王本淼　杨志　肖奕

1. 前　言

薄壁芯管现浇混凝土空心楼盖技术是采用薄壁芯管作内模，经现场浇筑混凝土在楼板中形成空腔楼盖的施工技术。

1996年薄壁芯管现浇混凝土空心楼盖施工技术在湖南国际金融大厦工程开始应用，在全国尚属首例，开创了在高层建筑应用薄壁管现浇混凝土空心楼盖结构体系的成功先河。该技术成果曾获湖南省科技进步三等奖，2002年其总结的工法获得国家级工法，获国家专利3项。2004年已将该工法的主要工艺技术和施工方法纳入《现浇混凝土空心楼盖结构技术规程》CECS 175：2004。近几年来我们不断地总结分析、试验研究，对原工法进行升级改进，着重在芯管的间距控制和抗浮等关键技术上进行了创新，通过应用积累了更为成熟的成套技术和施工经验，并由此形成新的工法。

2. 工 法 特 点

2.1 采用定位筋控制薄壁管的间距及作为抗浮压筋，有效解决了薄壁管在浇筑混凝土时发生位移及上浮的现象。

2.2 "捆绑式"抗浮措施采用增加弧形管卡的方式比直接捆绑更牢固、更有效。

2.3 施工工艺流程增加预应筋的铺设和张拉，使工法适用范围更广泛，工艺更先进。

2.4 该类结构可大幅度减轻楼盖自重，能充分发挥材料的力学性能，使结构更趋合理，可降低层高，隔声效果好，抗震性能好，综合效益显著。

3. 适 用 范 围

适用于各类多层、高层和超高层现浇混凝土空心楼盖结构，也适用于较大跨度的现浇混凝土空心楼盖结构，并可发展应用于竖向结构中。

4. 工 艺 原 理

在现浇边支承板、柱支承板、无梁楼盖等混凝土结构中，按一定规则在板中放置埋入式永久性薄壁芯管，管间纵肋布置钢筋网片，或管节端布置受力钢筋，并与板顶、板底钢筋绑扎成整体，以芯管非抽芯成孔工艺形成现浇混凝土空心楼盖结构。

5. 施工工艺流程及操作要点

5.1　工艺流程（图5.1）

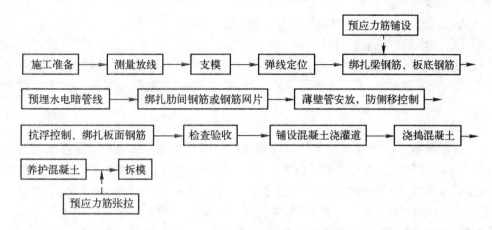

图 5.1 工艺流程图

5.2 操作要点

5.2.1 施工准备

按设计图纸明确芯管的规格、各项技术参数。为便于施工操作管理，根据柱网开间尺寸和安装预留预埋情况，确定芯管主长度尺寸和配套长度尺寸，绘制排管图，开出规格单，下单订制薄壁管。

5.2.2 测量放线

为轴线引测、支架支模做准备。

5.2.3 支模：根据受力承荷状态，计算并制订模板施工技术方案。

1. 下层楼板应能承受上层荷载，上层支架的立柱应对准下层支架的立柱，并铺设垫板。

2. 对跨度不小于 4m 的现浇板，其模板应按设计要求起拱；当设计无具体要求时，起拱高度宜按单向板或双向板跨度的 2/1000～3/1000。

5.2.4 弹线定位

按施工图，在平板模上弹出薄壁管和暗梁位置线、钢筋分布线及水电安装管道等预埋位置线。

5.2.5 绑扎梁钢筋及板底筋

1. 按弹线标识，先扎梁钢筋后扎板底筋，并按要求设置钢筋保护层。

2. 楼板中的非预应力钢筋纵向受力钢筋可分区均匀布置，也可在肋宽范围内适当集中布置，在整个楼板范围内的钢筋间距均不宜大于 250mm。

3. 楼板中的无粘结预应力筋可布置在楼板肋宽和区格板周边的楼板实心区域范围内，且应符合现行行业标准《无粘结预应力混凝土结构技术规程》JGJ 92—2004。

5.2.6 预应力筋铺设

1. 楼板中的预应力钢筋可沿顺筒方向均匀布筋，横筒方向集中布筋。均匀方向的单根无粘结预应力筋间距宜为 200～500mm，最大间距不得大于板厚的 6 倍，且不宜大于 1000mm；采用带状（2～4根）布置时，最大间距不大于板厚的 12 倍，且不宜大于 2400mm。

2. 每一方向穿过柱的无粘结预应力筋的数量不少于 2 根；预应力筋的曲线矢高宜采用钢筋支托控制，支托间距不宜大于 2000mm。

3. 内模间肋宽范围内布置多束无粘结预应力筋时，可将预应力筋并束绑扎，并在张拉端或锚固端将预应力筋分散布置。预应力筋张拉端应采用穴模。

5.2.7 安装预留预埋设施

1. 施工过程中，安装工程的预留预埋设施必须与钢筋绑扎，薄壁管的安放等工序交叉平行进行，否则过后很难插入。

2. 预埋水平管线应根据管径大小尽量布置在暗梁处或管肋间。当水平管线、电线盒等与薄壁管无法避开时，应将薄壁管断开进行避让。遇管线交叉或特别集中处，可换用小直径薄壁管予以避让。

3. 穿过楼板竖向管道宜用预埋钢套管，并按划线位置与钢筋骨架焊接定位牢固，其中心允许偏差控制在 3mm 之内，严禁事后剔凿。钢套管与薄壁管的净距离应不小于 50mm。

5.2.8 绑扎肋间钢筋或钢筋网片

按图弹线标识施工（可与板底筋同时施工），网片筋在搬运、堆放和吊运过程中，应采取措施防止钢筋网片弯曲变形。钢筋网片根据工程设计要求现场制作。钢筋绑扎点要符合《混凝土结构工程质量施工验收规范》GB 50204—2004 的要求。

5.2.9 薄壁管安放

在底筋及网片筋绑扎后，按弹线位置要求准确安放薄壁管。在安装过程中应注意：

1. 根据设计要求和楼盖结构尺寸及吊运施工条件，薄壁管应分段制作，分段安装然后再安装成整体，其筒芯长度尺寸宜为 1000～2000mm，便于制作、运输和安装或根据具体情况采用经协商的长度尺寸；允许短管接长，但不得锯断，且端壁不得有破损，两纵向相邻管段应紧密接触。

2. 薄壁管在运卸、堆放、吊运过程中，应小心轻放，禁止抛甩，防止其损坏，吊运安放时，应制作专用吊篮卸至施工点。

3. 在薄壁管的安放过程中，应采取技术措施保证其位置准确和整体顺直，以保证空心板肋宽及板顶、板底混凝土的厚度尺寸。薄壁管安放时底部宜用混凝土撑筋或垫块垫起，管间肋部采用短钢筋焊接作为定位筋（图 5.2.9），根据布管平面图将定位筋安放于底板下层钢筋网片的上部钢筋上，定位筋要与管垂直且通长设置，于薄壁管两头安放两排定位筋以确保薄壁管的间距，芯管之间的净距宜不小于 50mm。薄壁管安放整体顺直度和端头顺直度（指薄壁管端面设计有横肋时）控制偏差为 3/1000，最大不超过 15mm。安放时，与暗梁、剪力墙结构钢筋的净间距应满足设计要求，如设计无要求时宜为 50～70mm。

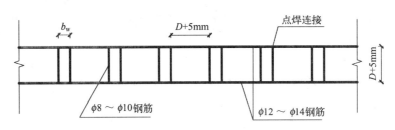

图 5.2.9　管间定位筋制作示意图

b_w—顺筒肋宽（按设计及规范要求且≥50mm）；D—薄壁管外径

4. 薄壁管安放过程中要随时铺设架板，对钢筋、薄壁管成品进行保护，严禁直接踩踏。当板面筋未绑扎之前发生薄壁管损坏，应予全部撤换；当板面筋已绑扎完发生薄壁管小面积损坏，应采取填充麻袋和胶带纸粘贴等封堵措施。

5.2.10 抗浮措施

1. 当薄壁管安放好后，确认管底已垫至设计标高，并检查薄壁管间距，以及薄壁管与暗梁、剪力墙结构钢筋的净间距，均符合设计要求后，才可采取抗浮技术措施。

2. 抗浮措施采用的是"压筋式"或"捆绑式"方法。"压筋式"是利用薄壁管抗浮作用点（约在每段薄壁管距各自端头的 1/5 处）定位筋上部通长钢筋作为压筋（一般为 $\phi12～\phi14$mm），然后将压筋用铅丝穿过模板与支模架扭固紧。"捆绑式"方法是在薄壁管上部套上弧形管卡，管卡是根据薄壁管的弧度制作的，管卡与壁管之间的接触面较大，在薄壁管顶部抗浮作用点套上管卡后，再用 12 号～14 号铅丝捆绑管体和上部的弧形管卡，再穿过模板与支架体拧紧，使薄壁管不容易损坏。

3. 根据结构具体情况，考虑流态混凝土对芯管的浮力以及振动棒（片）震激混凝土时向上的顶托力，对管卡的间距和铅丝规格、拉结间距应通过计算后，在施工技术方案中予以确定。薄壁芯管空心楼盖钢筋绑扎、薄壁管安放及抗浮措施具体见图 5.2.10-1～图 5.2.10-4。

5.2.11 绑扎板面筋

1. 在底筋及网片筋绑扎、薄壁管安放、预留预埋工作全部完成后再绑扎楼板面筋和板端支座负筋。

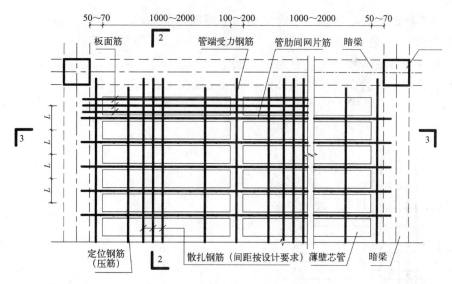

图 5.2.10-1　薄壁管安放平面布置示意图

注：本图尺寸单位为 mm。1—1 剖面见图 5.2.10-1；2—2 剖面见图 5.2.10-2；3—3 剖面见图 5.2.10-3

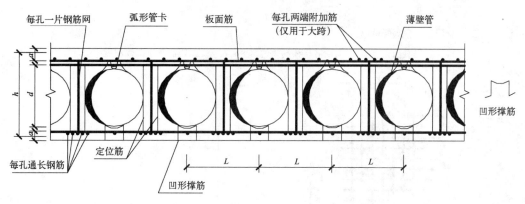

图 5.2.10-2　薄壁管现浇空心楼盖 2—2 剖面图

a—混凝土保护层厚度；d—薄壁管直径；h—楼板厚度；L—薄壁管间距

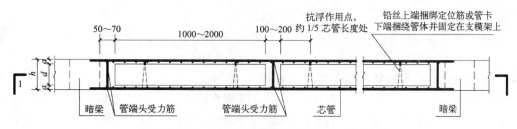

图 5.2.10-3　薄壁管现浇空心楼盖 3—3 剖面图

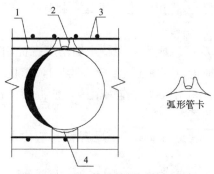

图 5.2.10-4　薄壁管抗浮筋示意图

1—抗浮压筋（φ12～φ14 钢筋）；2—弧形管卡（φ8～φ10 钢筋）；3—楼板面筋；4—撑筋

2. 空心楼盖角部板面、板底均应配置附加的构造钢筋，配筋的范围从支座中心算起，两个方向的延伸长度均不小于所在角区格板短边跨度的1/4，构造钢筋在支座处应按受拉钢筋锚固。

3. 板顶、板底附加构造钢筋在两个方向的配筋率均不宜小于0.2%，且直径不宜小于8mm，间距不宜大于200mm。受拉钢筋的锚固长度应符合《混凝土结构设计规范》GB 50010—2002的要求。构造筋具体布置见图5.2.11-1～图5.2.11-4。

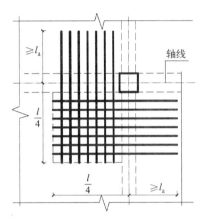

图5.2.11-1　阴角布置图

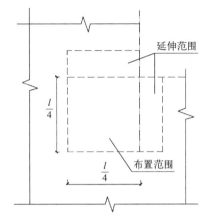

图5.2.11-2　阴角布置区域

l—构造筋所在布置范围区格板的短边跨度；l_a—受拉钢筋最小锚固长度

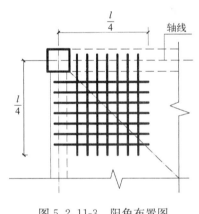

图5.2.11-3　阳角布置图

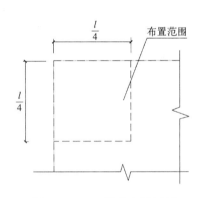

图5.2.11-4　阳角布置区域

5.2.12 浇捣混凝土：根据设计要求确定配合比。

1. 在浇筑混凝土之前，除对钢筋、预留预埋质量检查验收外，应对薄壁管的安放顺直度及抗浮措施进行检查验收，符合规定要求后，才可浇筑混凝土。在浇筑混凝土时，应派专人对芯管进行观察、维护和修补，当管芯位置发生偏移时，应及时校正处理。

2. 浇筑混凝土应架空铺设浇筑道。禁止将施工机具直接压在薄壁管管体上，施工操作人员不得直接踩踏薄壁管和钢筋。

3. 混凝土浇筑宜采用泵送，一次浇筑成型，混凝土坍落度宜控制在16～18cm范围内。浇筑推进方向沿薄壁管管体轴线方向循序渐进地进行。混凝土卸料应均匀，防止堆积过高而损坏薄壁管，振捣混凝土时应采用小振动棒或高频振动片。利用振动的作用范围，使混凝土挤进薄壁管底部，保证底部混凝土密实，严禁振动棒（片）直接振动芯管。

5.2.13 预应力筋的张拉应符合现行行业标准《无粘结预应力混凝土结构技术规程》JGJ 92—2004的要求。

5.2.14 混凝土养护、拆模：混凝土养护采用麻袋或塑料薄膜掩面湿水，遇高温天气湿水次数相应增加。混凝土经养护达到设计强度即可拆模。

6. 材料与设备

6.1 主要材料

6.1.1 水泥：其质量指标应符合国家标准《通用硅酸盐水泥》GB 175—2007 中的相应规定。

6.1.2 水泥、钢筋、砂、石、外加剂、掺合料等原材料进场时，应按现行国家标准《混凝土结构工程施工质量验收规范》GB 50204—2002 中的检查数量和检验方法的规定进行验收。

6.1.3 薄壁芯管

1. 芯管为壁厚 3～5mm 的水泥复合薄壁管，进场应有产品合格证和出厂检验报告，并进行现场抽样检验。

2. 出厂检验项目内容为：外观质量、尺寸偏差、吸水率、气干性密度、抗压荷载值、浸水抗压荷载值、抗振捣性能、对钢筋锈蚀性。

3. 进场抽样检验项目内容为：外观质量、尺寸偏差、吸水率、抗压性能、浸水抗压性能。

4. 进场检验批及检验方法：同一材料按同一工艺方法生产的同一规格的产品检验批的批量宜为 2000～5000 根（或以同一楼层或施工段用量作为一检验批），随机抽取 20 根，在外观质量检验合格后，再各自选取 3 根分别做尺寸偏差、吸水率、抗压性能和浸水抗压性能的检验。当进场数量过大时，当连续 3 批一次检验合格时，可改为每 10000 根为一个检验批。

5. 薄壁管技术指标、质量要求及检验方法应符合《现浇混凝土空心楼盖结构技术规程》CECS 175：2004 中的规定。

6.2 机具设备（表 6.2）

机具设备一览表 　　　　　　　表 6.2

名　称	规格型号	数　量	名　称	规格型号	数　量
经纬仪、水准仪		各 1～2 台	混凝土输送泵	HBT	视工程量定
电焊机		2～4 台	塔吊	视情况选定	视工程而定
芯管专用吊笼		每台塔吊用 2～3 台	混凝土振动器	平板式和插入式	视工程量定
电动切割机	手提式	2～5 台	手枪式电钻		视工程量定
钢筋加工设备		1 套			

7. 质量控制

7.1 薄壁管的产品质量、施工及验收应符合设计要求和《现浇混凝土空心楼盖结构技术规程》CECS 175：2004 中的规定。对无粘结预应力混凝土空心楼盖的施工和验收尚应符合现行的行业标准《无粘结预应力混凝土结构技术规程》JGJ 92—2004 等有关规定。

7.2 薄壁管安装要按图纸标识及弹线位置顺直准确安放，其整体顺直度和端头顺直度（指有横肋时）控制偏差 3/1000，最大不应超过 15mm。

7.3 薄壁管防侧移及抗浮措施应到位，方法正确，应对照施工技术方案全数检查，以保证整个楼板不浮起、不超厚、保证板肋厚度尺寸。

8. 安全措施

8.1 凡在坠落高度基准面 2m 或 2m 以上有可能坠落的高处进行作业时，均应遵照《建筑施工高处作业安全技术规程》JGJ 80—91 的规定执行。

8.2 本工法遵照《建筑施工安全检查标准》JGJ 59—99、《施工现场临时用电安全技术规范》JGJ 46—2005、《建筑机械使用安全技术规程》JGJ 33—2001 对安全进行严格的检查监控。

8.3 施工现场执行各专业工种安全技术操作规程，并要求各特殊技术工种持证上岗操作，机械设备做到专人专机。

9. 环 保 措 施

9.1 薄壁管芯中的氯化物和碱的含量应符合现行有关标准的规定，且不应含有影响环境和人身健康的有害成分。

9.2 砂浆、混凝土在运输和使用过程中应做到不洒、不漏、不剩、不弃。工人操作地点和周围保持清洁，做到干活脚下清、活完场地清，落地混凝土、多余材料、半成品等及时清理、回收、利用。

9.3 振捣混凝土时振捣棒严禁振捣钢筋和模板，以降低噪声污染。

10. 效 益 分 析

10.1 本工法经过广泛应用，采用的系列技术措施是成功的，关键解决了以永久性复合薄壁芯管替代价格昂贵的纸管、硬塑管、薄壁波纹管及抗浮，为今后大面积的推广应用奠定了基础。

10.2 采用现浇混凝土空心板，结构自重减轻，减少了楼板混凝土用量，比普通混凝土楼板减少混凝土量的 20％～45％，比无粘结预应力混凝土楼板减少混凝土量 20％，经济效益明显。

10.3 薄壁芯管现浇混凝土空心楼盖结构，与普通有梁板和预应力平板相比，具有减轻楼盖结构自重、降低层高、隔声效果好、抗震性能好、施工方便、节约模板等特点，能加快施工进度。

10.4 本工艺技术的研制与开发是无梁楼盖结构体系中多孔现浇板的新型技术，是现有板式结构施工技术的发展和创新，仍然得到了广泛的应用，具有显著的经济效益和社会效益。

11. 应 用 实 例

本工法自 2002～2008 年期间，应用的工程项目已达十几项，主要代表性工程有：

11.1 2004 年中南国际服装交易广场，总建筑面积 20.3 万 m²，单层建筑面积 2.3 万 m²，楼层地下 1 层、地面 8 层，是湖南省株洲市标志性工程，也是长株潭经济一体化物流园区内的重点项目。该工程为 9000mm×9000mm 的现浇混凝土空心楼盖结构体系，其中空心楼板厚 350mm，500mm。采用薄壁芯管作为空心楼盖的埋入式内模技术，实现了大开间，增加了房屋室内净空高度，降低总体造价，取得了显著的社会效益和经济效益。

11.2 2003 年由湖南省第六工程有限公司施工的智能化办公楼建于湖南省建六公司机关大院内，是一所综合性办公楼，工程为框架剪力墙结构，建设等级为二级，地下室耐火等级为一级，地面以上耐火等级为二级，总建筑面积约为 16419m²，建筑总高度为 63.7m，包括地下 1 层，地上 15 层。本工程标准层大面积采用薄壁芯管钢筋混凝土空心楼盖技术，施工时按设计图纸无梁楼盖设计说明及本工法指导施工，有效解决了芯管位移与抗浮的问题，从而提高了施工质量，加快了施工进度，扩大了房屋使用面积，降低了劳动强度，并获得了湖南省优质工程"芙蓉奖"。

11.3 2004 年由湖南省立信建材实业有限公司与湖南省第六工程有限公司共同合作施工湖南省农业厅鹿芝岭科技办公大楼，地下室两层采用 BDF 薄壁管空腹楼盖，建筑面积 13700m²，空腹楼盖结构网柱 8400m×8400m，薄壁管为 φ300mm×1000mm，楼盖厚度 400mm。采用本技术利用"工"字梁腹棋逢对手中穿过的密肋钢筋，使整个楼盖形成一个整体，并且没有明梁，改善建筑物的使用功能，降低综合造价，缩短施工工期。

夹层橡胶垫隔震层施工工法

YJGF51—2002（2009～2010 年度升级版- 018）

山西省第五建筑工程公司　泛华建设集团有限公司

周遂　白艳琴　芦瑞玲　雷志芳　谭利华

1. 前　言

近年来，随着地壳活动日益活跃，地震以及地震引起的自然灾害在世界各地频繁发生，给国家和人民财产造成了极大的损失。汶川大地震以来，我国将抗震加固设计与施工技术的研究提到一个很高的重视程度。相比日本抗震设计做的比较好的国家，我国属于森林资源匮乏和人口众多的国家，完全采用日本木制结构抗震设计和施工的可能性不大。面对我国建筑结构类型的发展趋势，保障公共建筑尤其是学校、医院以及民用住宅的抗震质量，提高砖混结构、框架结构等建筑结构类型的抗震性能，是建筑业未来很长一段时间的研究课题。"防患于未然"，抗震首先要隔震。2001 年，我公司通过在山西部分建筑物中应用夹层橡胶隔震垫施工技术，总结了一套《夹层橡胶垫隔震层施工工法》（YJGF51—2002），获得国家级工法。2009 年，该技术持续在大同一中初中部、高中部教学楼及实验楼工程，晋中学院师范分院图书馆、报告厅工程，汶川第一幼儿园，北京部分中小学抗震加固改造中应用，在原来夹层橡胶隔震垫尺寸的基础上发展成为体量更大的夹层橡胶隔震支座施工技术。2010 年 12 月 4 日，经山西省建设厅组织专家委员会鉴定，我们总结的夹层橡胶隔震垫（支座）关键施工技术已达到国内领先水平。为此，我们总结出《夹层橡胶垫隔震层施工工法》作为此次国家级工法升级版的申报。

2. 工 法 特 点

2.1　施工工艺简单、易操作，便于施工质量控制。

2.2　隔震装置维护简单，耐久性和抗老化性可达 70 年，装置安全、可靠。

2.3　隔震装置具有稳定的弹性复位功能，地震后能自动复位。

2.4　在基础中加入隔震支座设计的建筑物抗震性能明显提高，性价比合理。

3. 适 用 范 围

3.1　适用于地震设防烈度为 8～10 度的新建工业与民用建筑。

3.2　适用于为提高抗震等级而进行的加固改造建筑工程。

4. 工 艺 原 理

4.1　夹层橡胶隔震支座结构

夹层橡胶隔震支座，是由薄橡胶片与钢板相互交错叠置数层整体硫化形成。夹层橡胶隔震支座是由橡胶垫、上（下）连接板、连接螺栓、上（下）预埋钢架组成（图 4.1-1，图 4.1-2）。其中，橡胶垫是夹层橡胶隔震层的核心构件，主要是靠它来隔震。为了与上（下）连接钢板的连接，在橡胶垫的上下表面都粘有封板，封板上有螺孔与连接板连接。

4.2　夹层橡胶隔震支座抗震原理

在基础加入隔震支座设计目的是通过在下部结构与上部结构之间设置隔震层来改变结构整体的动力

特性。一般地震的振动周期大多在 0.1～1s 之间，隔震支座因水平刚度较小，可延长上部结构的周期至 3s 以上，使建筑物因地震而产生的加速度反应大量减小，从而达到保护建筑结构物的目的。在地震作用下，橡胶片产生弹性变形，通过弹性位移吸收地震作用力，隔震支座中的钢板层对橡胶层竖向变形起约束作用，使支座具有很高的竖向承载能力，同时又不影响橡胶的水平柔性，使其有良好的水平变形能力和复位能力，从而提高建筑物的抗震能力。

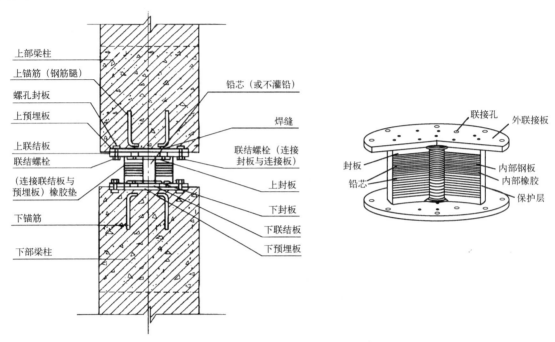

图 4.1-1　夹层橡胶垫构造图

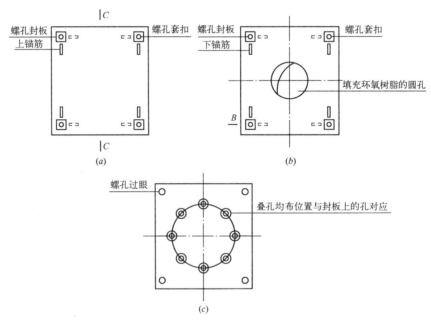

图 4.1-2　细部构造

（a）上预埋件大样；（b）下预埋件大样；（c）上下连接板大样

4.3　夹层橡胶隔震施工工艺原理

通过上、下埋板把隔震支座与上、下结构进行连接，将结构本身的重力及地震应力进行传递，从而发挥隔震支座在结构体系中的作用。同时隔震支座预埋板安装平整度须按要求控制在 3‰ 以内，从而确保：隔震支座顶部结构不发生不均匀竖向变形；隔震支座顶部结构不产生爬坡或滑坡现象，影响隔震效果；隔震支座的竖向荷载不发生改变，产生附加弯矩；下部结构支承构件不出现附加水平效应。

5. 施工工艺流程及操作要点

5.1 施工工艺流程

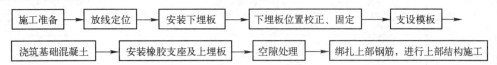

施工准备 → 放线定位 → 安装下埋板 → 下埋板位置校正、固定 → 支设模板 →

浇筑基础混凝土 → 安装橡胶支座及上埋板 → 空隙处理 → 绑扎上部钢筋，进行上部结构施工

5.2 操作要点

5.2.1 施工准备

1. 编制橡胶隔震支座施工方案，并对操作人员进行详细的技术交底。

2. 检查所有进场橡胶隔震构件的合格证，复核其规格、型号。

3. 底部基础混凝土预留下埋板锚筋高度不浇筑；预留部分钢筋拉筋待下埋板安装后再行安装。

5.2.2 放线定位

按设计图纸，在基础上放出轴线、控制线位置。

5.2.3 安装下埋板

利用起重设备将预埋板吊运并放置至设计部位；在可调螺栓对应位置放置垫块（图5.2.3）。

5.2.4 下埋板位置校正、固定

根据所放轴线及控制线，调整下埋板位置，偏差不得大于5mm；调节可调螺栓，使下埋板位于同一水平面，并且埋板水平度不得大于3‰，水平度利用高精度水平尺在双向同时进行检查；用直径不小于14mm的短钢筋将下埋板锚筋与基础竖向主筋焊接固定；在埋板固定牢固后旋转可调螺栓，取出垫块。将螺栓连接孔用胶带贴严实，防止混凝土进入（图5.2.4）。

图5.2.3 安装下埋板

图5.2.4 下埋板位置校正固定

5.2.5 支设模板、浇筑基础混凝土

1. 安装基础拉筋，支设模板；从下埋板中心孔及模板边缘处浇筑混凝土；混凝土强度等级不得小于C30，且宜选用微膨胀混凝土；为了确保预埋钢板的位置不变，在浇混凝土时，先往板两端浇，初步固定了其位置后，再往板下面浇，板下面分二次浇捣，人员应在架空跳板上进行操作，不得直接站在下埋板上；混凝土应振捣密实；振捣棒严禁直接振捣钢筋或埋板、锚筋。此次浇混凝土一定要由专人负责，并且要有技术员跟踪检查指导（图5.2.5）。

图5.2.5 浇筑混凝土

2. 混凝土浇筑质量保障措施

在安装下预埋钢板的过程中要对各项技术指标留有原始记录，见表 5.2.5。

橡胶垫下预埋钢板安装施工记录

表 5.2.5

支座编号 \ 指标	纵向轴线（允许偏差 5mm）	横向轴线（允许偏差 5mm）	绝对平整度（允许偏差 3mm）	竖向标高（允许偏差 5mm）
1				
2				
3				
…	…	…	…	…
工长（签字盖章）		监理（签字盖章）		日期：

5.2.6 校核下埋板水平度

混凝土浇筑完毕后，应立即校核下埋板水平度，如不满足要求需立即进行调整。

5.2.7 安装橡胶支座及上埋板

混凝土浇筑 48h 后，用起重设备将橡胶支座本体施作在固定位置，按照厂家提供的吊点（连接板

图 5.2.7 安装制作及上埋板

上预留的吊装螺孔）安装吊具，严禁使用连接螺孔起吊，防止对连接螺孔造成损伤；用高强螺栓将连接板牢固地与上、下预埋板连接，高强螺栓应对称拧紧，拧紧过程分为初拧、复拧、终拧三个阶段，并在同一天完成（图 5.2.7）。

5.2.8 缝隙处理

为了保证橡胶支座与接触面的平整，用环氧树脂将下部定位钢架内留置 5mm 的凹槽填满刮平，并养护至强度值不小于 50% 的设计值。

5.2.9 绑扎上部钢筋，进行上部结构施工

绑扎隔震支座上部钢筋进行上部结构混凝土施工前，应事先用彩条布将隔震支座包裹做临时覆盖保护，以免造成污染。

5.3 劳动力组织

施工过程中实行专业化管理，由 1 名专业技术管理人员负责此项工作，所有操作人员必须经专业技术培训方可上岗。为了加快施工速度，流水作业时，每个小组安排 4 人施工。

6. 材料与设备

6.1 主要材料

6.1.1 上（下）连接板

连接板均为正方形，其边长大于橡胶垫的直径，在上、下连接板上以其中心为圆心，某一半径（小于橡胶垫半径）为半径的圆上留有螺孔（和橡胶垫上、下封板连接）；在上、下连接板的四角部位各留有 4 个螺孔（和上、下预埋钢板连接）。上、下连接板的材质要求为 A₃ 钢，符合《碳素结构钢》GB/T 700—2006，Q235 的标准要求，光洁度为 6.3，并做镀锌处理。

6.1.2 连接螺栓

连接螺栓有两种不同的型号，其中小的是连接上、下连接板与封板的；大的是连接上、下连接板与上、下预埋钢板的。螺栓的性能等级要求高强发黑外六角螺钉 8.8 级。

6.1.3 上（下）预埋钢架

预埋钢架由钢板和 HRB335 级钢筋腿焊接而成。钢板的边长与连接板相同，其厚度比连接板小 1 级。材质要求和连接板相同，在其四角部位留有四个螺孔（和上、下连接板连接），下预埋钢板中间留有圆孔，安装后用环氧树脂填充；HRB335 级钢筋腿共有 8 条（弯成直角状），钢筋腿与钢板间焊缝质量要求高，要求满焊，且焊缝高度≥5mm。

6.1.4 橡胶支座技术指标（表 6.1.4）

橡胶支座技术指标　　　　　　　　　　　　　　表 6.1.4

内　容	参　数	单　位	LRB700－120G6 (T_r＝140mm)	LRB700－100G4 (T_r＝140mm)
竖向性能	标准面压	N/mm²	10	10
	标准竖向荷载	kN	3848	3848
	竖向刚度	×10²kN/m	3522	3259
水平性能 γ＝100%	屈服后（等效）刚度	kN/m	1514	1074
	屈服力	kN	90.2	62.6

6.2 机具设备

机具设备配置应根据工程大小、现场条件等配备。

机械：电焊机。

工具：楔形塞尺、锤子、高精度水平尺、塔尺、力矩扳手、精密水准仪、大小钢尺等。

7. 质 量 控 制

7.1 安装前应对工程所用类型和规格的隔震装置依据《橡胶支座试验方法》GB 20688.1—2006、《建筑隔震橡胶支座》GB 20688.3—2006 进行抽样检测，抽样的数量应不少于总数的 50%。一般情况下，每项工程抽样总数不少于 20 件，每种规格的产品抽样数量不少于 4 件。检查包含力学性能检查和外观检查。

7.2 安装定位钢架不得使钢板变形，不宜在钢板上施焊。

7.3 橡胶支座处的柱头受力钢筋及箍筋，应符合节点核心区的构造要求，箍筋应予加密，且上端箍筋应在受力主筋的端头绑扎牢固。

7.4 橡胶支座柱头混凝土应在定位钢架锚固筋长度加 5cm 范围内留置二次浇筑混凝土区段，宜选用细石混凝土，配合比应准确，强度等级应符合设计要求，并留置两倍常规规定的试块组数。

7.5 下预埋钢板的各项指标允许偏差见表 7.5。

下预埋钢板的各项指标允许偏差　　　　　　　　　　　　　　表 7.5

项　目	允许偏差（mm）	检查并校正工具
轴线位置	5	细白线绳结合小钢尺、锤子
绝对平整度	3	精密水平尺、楔形塞尺
相对平整度	5	精密水准仪、塔尺
竖向标高	5	精密水准仪、塔尺

7.6 高强螺栓连接应对称、分阶段拧紧，并进行防腐处理。

7.7 为防止隔震支座受到破坏，上部结构施工时，模板支撑不得架设于隔震支座上。

8. 安 全 措 施

8.1 施工前应严格进行三级技术交底，专业工种需持证上岗。

8.2 埋板及橡胶支座吊运时，应设专人指挥，使用双环同时起吊，严禁单环起吊或倾斜吊装。

8.3 电焊作业前清理操作区域可燃物，安排专门看火人员，并配备灭火器等消防器材。

8.4 在正式施焊前要进行试焊，焊件送试验室试验，合格后方可正式施焊。

8.5 氧气瓶与乙炔瓶隔离存放，严格保证氧气瓶不沾染油脂、乙炔发生器有防止回火的安全装置。

8.6 所有操作人员必须戴好安全帽，并有专人定期检查，确保安全防护用品处于完好状态。

9. 环 保 措 施

9.1 成立施工环境卫生管理机构，在工程施工过程中严格遵守国家和地方政府下发的有关环境保护的法律、法规和规章，加强对施工燃油、工程材料、废气、废水、生产生活垃圾、弃渣的排放控制和治理，遵守有关废弃物处理的规章制度，做好交通环境疏导，虚心接受城市交通管理和相关单位的监督检查。

9.2 将施工场地和作业限制在工程建设允许的范围内，合理布置、规范围挡，做到标牌清楚、齐全，各种标识醒目，施工场地整洁文明。

9.3 对施工中可能影响到的各种公共设施制订可靠的防止损坏和移位的实施措施，加强实施中的监测、应对和验证。同时，将相关方案和要求向全体施工人员详细交底。

9.4 建立领用及退料制度。保证废物回收利用，防止污染环境。

9.5 采取设立隔声墙、隔声罩等消声措施降低施工噪声到允许值以下，同时尽可能避免夜间施工。

9.6 对施工场地道路进行硬化，并在晴天经常对施工通行道路进行洒水，防止尘土飞扬，污染周围环境。

10. 效 益 分 析

10.1 采用基础隔震设计，可使上部结构所受地震力大大降低，在进行上部结构抗震设计（梁柱断面、配筋、构造等）时，根据隔震计算结果，可按设防烈度降低 0.5～1.5 度进行设计计算（根据《建筑抗震设计规范》GB 50011—2001 的相关规定），在高烈度地区可达到不增加造价的目的，但其抗震安全度却能提高 4～10 倍。

10.2 本工法施工简便，需要投入的人力少，自身工期短。

10.3 防震效果好，使用年限长，而且若干年后可以更换上新的橡胶垫继续使用。

10.4 造价低廉，与其他抗震方法相比经济效益显著。比如同是 24m 高的砖混结构（使用橡胶支座）与框架结构相比，每平方米的工程造价节约 180 元。

11. 应 用 实 例

11.1 大同一中初中、高中部教学楼、实验楼工程，位于山西省大同市向阳东街 101 号，框架结构，五层，建筑面积为 36879m²。该工程于 2008 年 12 月 26 开工，2009 年 12 月 10 日竣工。

11.2 晋中学院师范分院图书馆、报告厅工程，位于晋中市榆次区晋中新城南部，框架结构，其中图书馆地下 1 层、地上 5 层，报告厅地上 3 层，建筑面积 15400m²。该工程于 2006 年 3 月 15 日开工，2008 年 1 月 1 日竣工。

11.3 汶川县第一幼儿园工程为汶川地震后重建项目。工程采用叠层橡胶支座共计 100 套，该工程于 2009 年 2 月 1 日开工，2009 年 7 月 30 日竣工。

我公司承建的以上工程，采用了夹层橡胶隔震垫（支座）技术，比框架防震具有更好的经济效益，收到了防震效果。得到了用户的满意，取得了较好的社会效益。

ALC 板内隔断非承重墙安装工法

YJGF49—2002（2009～2010 年度升级版-019）

南通新华建筑集团有限公司

易杰祥　邬建华　吴勉和　钱志强　鲁开明

1. 前　　言

内配有专利防锈防腐技术处理的钢筋增强网片的 ALC 内墙板是一种环保型、性能可靠、安装便捷的绿色建材，是国家康居示范工程选用产品。科学合理的安装节点设计，使 ALC 板与混凝土结构、钢结构有可靠连接，板墙墙体牢固、平整度高，同济大学、东南大学的多项试验结果表明，ALC 板墙具有优越的抗震性能。"ALC 板内隔断非承重墙安装技术"通过了江苏省建筑工程管理局组织的科技成果鉴定，其工法被评为 2001～2002 年度国家级工法。经过多年的努力，开发的多种独特的新型安装方法在千余项工程中得到了很好的推广应用，积累了丰富的经验，获得政府级科技进步奖、华夏建设科技一等奖等荣誉。为了进一步总结提升取得的施工经验，对原工法进行完善升级，制定新工法。

2. 工 法 特 点

2.1 板墙质轻、保温、隔声、隔热、防火性能好，有效降低建筑能耗，达到节能节地的效果。

2.2 安装便捷，可自由切割，加工性能好，施工速度快。

2.3 安装节点连接强度安全可靠，能满足 8 度抗震设防要求。

2.4 板墙表面平整度高，减少现场湿作业，可直接进行面层装修，既节省装修用工、用料，又消除了粉刷面易开裂、空鼓的质量通病。

2.5 切割的零料可回收循环再利用，符合绿色施工要求。

3. 适 用 范 围

适用于无长期浸水环境的、单层、多层、高层混凝土剪力墙结构、框架（框剪）结构、钢结构、轻钢结构、钢混结构等建筑物内隔断板墙。

4. 工 艺 原 理

采用纵向垂直安装法即竖装板形式安装。ALC 板墙体由 ALC 板、板顶（底）固定件（或板间钢筋芯柱）、板与混凝土结构（钢结构）通过嵌缝、灌浆固定连接成整体。

5. 施工工艺流程及操作要点

5.1　工艺流程（图 5.1）

5.2　操作要点

5.2.1　按施工设计图纸做现场排板图，列出板就位安装顺序。ALC 板在排板设计时，宜使隔墙长度符合 600mm 的模数，当隔墙长度尺寸凑不成 600mm 的倍数时，宜将"余量"安排在靠柱或墙的那块隔墙板的一侧，不宜设置在门窗洞口附近。

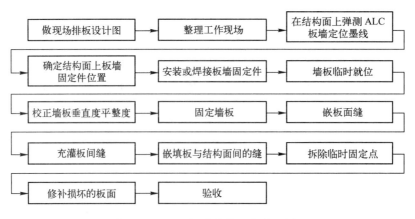

图 5.1　ALC 板墙安装工艺流程图

5.2.2　整理工作面现场，要求与板材接触的混凝土面要平整，钢结构接触面要进行防锈防腐处理，对有防水要求的房间或高度稍大于板体长度的空间，支模、浇筑 C20 细石混凝土导墙（墙厚同 ALC 板厚，高度根据需要），导墙混凝土保温保湿养护不少于 7d。

5.2.3　根据排版图在混凝土面（或钢构件面）的板底、梁底、墙面、柱面及楼地面弹出 ALC 板墙体厚度边框墨线，用以控制整个墙面垂直度、平整度，留出门窗洞口位置。在墨线内依据排版图准确标识固定件（如膨胀螺栓、U 形钢板卡、L 形钢板卡、芯柱钢筋、角钢等）的安装（焊接）位置。

5.2.4　板材进场后，应对其种类、尺寸、外观等进行检查确认，确保选用外观相同，薄厚一致的条板。根据实际需要，在现场对板材进行适当切割。

5.2.5　在运输和安装过程中，应采用适当的运输和施工工具，避免板材损坏。

5.2.6　墙板采用纵向垂直安装法进行安装施工。其顺序为：有门洞口的墙，应从门洞处向两端依次进行，门洞两侧宜有整板；无门洞的隔墙，应从一端向另一端顺序安装。门洞两侧无法采用整板时，应采用角钢进行加固。

墙板安装有插入钢筋法、钢板卡法（U 形钢板卡法、L 形钢板卡法）、管板安装法、角钢钩头螺栓法、ADR 法等多种方法，现介绍两种最主要施工方法：

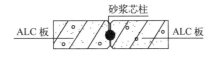

图 5.2.6-1　钢筋芯柱

1. 插入钢筋法：在板四角板缝内插入的连接在主体结构上的钢筋和灌入缝内的水泥砂浆形成的"销柱"将板与板连接成整体墙，见图 5.2.6-1。

当安装板材与混凝土结构面接触时，在标识的固定件位置打入膨胀螺栓，确保膨胀螺栓嵌入深度不小于 40mm，将 500mm 长的钢筋套上丝扣与膨胀螺栓连接，见图 5.2.6-2。

当板材与钢构件面接触时，在标识的固定件位置焊接插入板缝钢筋 $\phi 8$，$L=500mm$，见图 5.2.6-3。

依照定位墨线，座浆，逐块将板材临时安装就位，调整好垂直度、表面平整度和拼缝高差后，在上下两端用木楔临时固定。

2. 钢板卡固定法：将钢板卡（U 形卡或 L 形专用卡）固定在板缝位置。当板材与混凝土结构面接触时，在标识的固定件位置将钢板卡用膨胀螺栓或射钉固定，见图 5.2.6-4；当板材与钢构件面接触时，在标识的固定件位置将钢板卡焊接在钢构件上，见图 5.2.6-5。

用膨胀螺栓（或射钉）将钢板卡子固定在板墙与梁、板、柱、墙及楼板面的连接位置，板基本就位后，调整其垂直度、平整度，将板上端卡在钢板卡内，板底用木楔将板固定好，确保墙板与主体结构的可靠连接。

5.2.7　墙体安装好后，清除板面拼缝处浮尘，洒水湿润，用掺入水泥量 10％的 UEA 的 1：3 水泥砂浆将板面缝嵌实勾平缝，在板缝处粘贴 50mm 宽自带胶网格布。

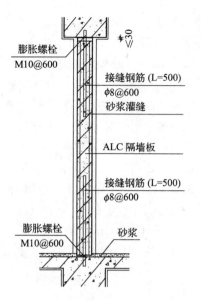

图 5.2.6-2　ALC 板与混凝土结构面连接示意图

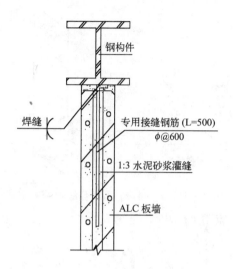

图 5.2.6-3　ALC 板与钢构件面连接示意图

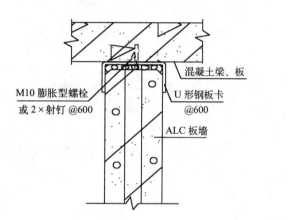

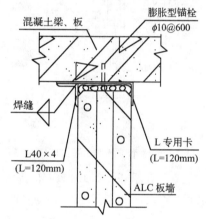

图 5.2.6-4　在混凝土结构面用 U 形钢板卡和 L 形专用卡固定板墙示意图

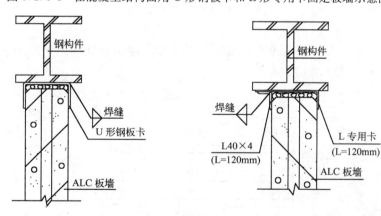

图 5.2.6-5　在钢构件面用 U 形钢板卡和 L 形专用卡固定板墙示意图

　　5.2.8　在板拼缝顶、底端开小口，从顶端开口处用溜槽灌入掺有水泥用量15%的 UEA、稠度适当的 1∶3 水泥砂浆，使芯柱填满灌实，并用 1∶3 水泥砂浆将上下板端缝填平嵌实。待砂浆芯柱养护 28d后，拆除临时用固定木楔块，再将剩余的板端缝用水泥砂浆嵌平。

　　5.2.9　墙板两侧与混凝土或其他材料接触的地方以及过梁板与两侧墙板的缝隙采用两侧嵌 PE 棒、打 PU 发泡剂，待 PU 发泡剂固化后，用美工刀修裁平整，采用与两边框架弹性连接可以有效避免墙体材料的收缩引起裂缝。

对隔墙 T 形转角、L 形转角部位的缝隙也采用两侧嵌 PE 棒、打 PU 发泡剂，待 PU 发泡剂固化后，用美工刀修裁平整，见图 5.2.9。

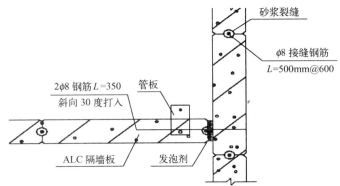

图 5.2.9　隔墙转角部位缝隙处理示意

5.2.10　板面有缺损应进行修补，对深度小于 30mm 的缺损可用修补粉一次修平；对大于 30mm 的缺损应进行二次修补，第一次用混合物水泥砂浆补至距表面 10mm 处，待干后用修补粉修平，对靠边的缺损，修补时必须注意保留原缝，不可连缝带缺损一次补平。

5.2.11　在门窗洞口及通风管穿墙开口部分，应采用一定的修补措施。开口大于 600mm、小于 1200mm 的洞口，采用 50×6 的 U 形扁钢进行加固，见图 5.2.11-1，大于 1200mm 的洞口采用角钢进行加固，见图 5.2.11-2。

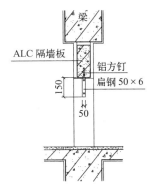

图 5.2.11-1　宽度小于 1.2m 洞口加固示意图

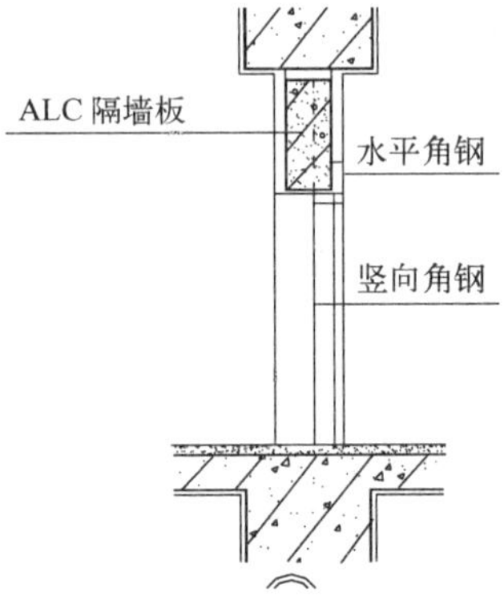

图 5.2.11-2　宽度大于 1.2m 洞口加固示意图

5.2.12　管线、电器开关等开口以不破坏板材主筋为原则，采用专用切割工具切槽，不宜横向开槽。修补槽口时，洒水湿润，用 1∶3 水泥砂浆并掺 15％UEA 填平压实。

6. 材料与设备

6.1　ALC 板以硅砂、水泥、石灰等为主要原料，内配有经防锈处理的钢筋增强，以全自动化控制生产的一种新型轻质建材（图 6.1）。

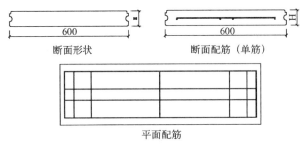

图 6.1　ALC 板构成示意图

6.2　ALC 板的物理力学性能：弹性模量为 $1.75×10^3 N/mm^2$，气干相对密度为 $0.5～0.55$，设计计算密度 $650kg/m^3$。ALC 隔断板厚及最大长度见表 6.2。

ALC 单板外观尺寸表　　　　表 6.2

厚度（mm）	75	100	125	150	175
最大长度（mm）	3000	4000	5000	6000	6000

6.3 机具设备

6.3.1 脚手架：采用可移动门式脚手架。

6.3.2 材料准备：ALC板内隔墙板、M10膨胀螺栓、专用射钉、$\phi 8$钢筋螺杆（$L=500$mm）、U形钢板卡、L专用卡、L40×4角钢、50×6扁钢、UEA微膨胀剂、P.O32.5普通硅酸盐水泥、砂等。

6.3.3 机具：软钢丝绳、撬棍、线坠、塞尺、靠尺、钢卷尺，木楔块、电钻、墨斗、专用切割机、电刨、冲击机、灌缝用具、溜槽，刷子、水桶、铁抹子、阴角抹子等。

7. 质 量 控 制

7.1 ALC板墙安装验收以《建筑工程施工质量验收统一标准》GB 50300—2001和《建筑装饰装修工程质量验收规范》GB 50210—2001为依据，并参照《蒸压轻质加气混凝土板（NALC）构造详图》03SG715—1、江苏省标准DB32/T 184—1998《蒸压轻质加气混凝土板应用技术规程》的要求。

7.2 板墙安装验收允许偏差应符合表7.2：

ALC板墙安装允许偏差及检查方法　　　　　　　　　　　　　　表7.2

序　号	项目名称	允许偏差（mm）	检查方法	序　号	项目名称	允许偏差（mm）	检查方法
1	轴线位置	3	拉线、尺量	5	表面平整度	3	2m靠尺、塞尺
2	墙面垂直度	3	2m托线板、吊垂线	6	墙板拼缝高差	±2	尺量
3	板缝垂直度	5	2m托线板、吊垂线	7	洞口偏移	±5	尺量
4	板缝水平度	3	拉线、尺量				

7.3 板的安装节点构造应符合设计要求，安装后经检查合格后方可进行下道工序施工。

7.4 修补砂浆应由板材制造厂家特别配制。

7.5 板缝内的填充砂浆硬化之前，不得使板受到有害的振动和冲击。

8. 安 全 措 施

8.1 安全措施

8.1.1 参加施工的工人，要熟知安全操作规程。坚守工作岗位，严禁酒后操作。

8.1.2 电工、起重工等专业工种，必须有专业操作证书和上岗证，方能独立操作，机械操作应有专人负责。

8.1.3 正确使用个人防护用品。

8.1.4 施工现场的脚手架、防护措施，安全标志和警示牌，不得擅自拆动，需要拆动的，需经施工负责人同意。

8.1.5 工作前必须检查机械器具等性能，确认完好后方准使用。

8.1.6 电气设备和线路必须绝缘良好，遇有临时停电或停工时，必须断电。

8.2 劳动组织

每一安装班组配木工2人，负责就位找垂直、平整；瓦工、普工4~5人，负责搬运墙板就位。

9. 环 保 措 施

9.1 遵守有关环境保护规定，采取措施控制施工现场各种扬尘、固体废物以及噪声等对环境的污染和危害。

9.2 裁切下来的板条集中回收，送生产厂家再利用，禁止四处洒落、埋入土中或作为建筑垃圾处理。

9.3 施工现场不得乱堆乱放，做到"工完、料尽、场地清"，做好文明施工工作。

10. 效 益 分 析

10.1 直接经济效益

10.1.1 因墙面平整度控制在1～2mm内，不需再做水泥砂浆或混合砂浆粉刷，直接在墙面上批腻子。经测算，每平方米ALC板粉刷面可节约粉刷用料2.20元、节省用工1.20元。

10.1.2 有效降低工程造价。因ALC板墙不需湿作业，可以缩短施工工期，综合减少现场用工，每一万平方米建筑面积工程至少可减少用工5万元。

10.2 社会效益

10.2.1 因工程提前交付，受到了业主及相关部门的好评，为承接新的工程创造了良好的条件。

10.2.2 ALC板设计容重为600～650kg/m³，仅及混凝土的1/3，采用ALC板内隔墙，可有效降低地基基础处理费用。

10.2.3 在ALC板上直接批腻子，消除了墙面粉刷层容易开裂、空鼓的质量通病，确保工程质量而无须返工重复用工，并取得了良好的社会效益。

10.2.4 内隔墙ALC板厚度在75～175mm间，与硅酸盐砌块、KP1多孔砖等隔断墙相比，有效增加了室内使用面积。

10.3 环保效益

10.3.1 ALC板是一种硅酸盐材料，在光和空气中不会老化，作为建筑物的非承重结构，完全能够达到建筑物规定的使用寿命。

10.3.2 ALC板不具放射性，不含有石棉等对人体有害物质，达到绿色环保要求。

10.3.3 ALC板是一种不燃材料，即使在高温和明火下其化学稳定性和体积稳定性依然良好。

11. 应 用 实 例

11.1 南京经济技术开发区办公楼，位于南京市新港开发区，建筑面积24800m²，框架6层，1998年12月10日开工，1999年11月28日竣工，内隔断采用150mm厚ALC板，应用量为2443m²，该工程获2001年度江苏省"扬子杯"优质工程奖。

11.2 南京经济技术开发区银行楼，位于南京市新港开发区，建筑面积12600m²，框架6层，1998年3月6日开工，1999年12月1日竣工，内隔断采用150mm厚ALC板，应用量为1560m²，该工程评为2000年度南京市优良工程。

11.3 南京投资大厦，位于南京市中山南路，建筑面积20000m²，框架20层，1998年10月28日开工，2000年5月30日竣工，内隔断采用125mm厚ALC板，应用量为7000m²，该工程评为2001年度南京市优良工程。

11.4 苏州工业园区服务外包职业学院北标段工程，位于苏州工业园区独墅湖高教区松涛街208号，由16层图文信息中心、5层实训楼、3层公共教学楼北楼和2层食堂组成，建筑面积9.3万m²，框架结构，2009年7月开工建设，2010年6月竣工交付使用，部分内隔断墙采用ALC板，板厚150mm，应用量4500m²，该工程质量符合施工质量验收规范和设计要求。

11.5 ALC板材已经在如南京奥体中心各场馆、南京国际展览中心、南京苏宁环球大厦、南京金陵饭店、江苏省政协大楼、泰州电信大楼、南京河西开发区指挥部办公楼、南京市自来水办公楼、南京市雨花区政府办公楼、南京市人民检察院、马鞍山马钢钢结构住宅、唐山钢结构别墅楼、上海JST厂房、北京金鹰国际物流库、天津力神药业厂、天津飞马、天津保税区物流中心、佳木斯机场等千余项工程中得到应用。

建筑物整体移位施工工法

YJGF42—98（2009～2010 年度升级版-020）

福建省建筑科学研究院　福建六建集团有限公司

张天宇　王世杰　吴志雄　李梁峰　黄高飞

1. 前　　言

我国正处于大力发展时期，城市建设进程飞速发展，旧城改造、道路拓宽等经常需要拆除部分老旧建筑物。当遇到文物古建筑等需要保护的建筑时，便产生了文物建筑保护与城市建设之间的矛盾，采用建筑物整体移位技术将需保护的文物建筑整体移位至异地进行保护无疑是解决这种矛盾的最优途径。

建筑物的整体移位技术是指保持原有建筑物整体性和可用性不变，结构安全可靠的原则下，将其从原址移到新址，涉及地基基础、钢结构、混凝土结构、砖木结构等领域，包含土力学、结构力学、结构动力等学科，它采用托换技术，将上部结构与基础分离，安装行走机械、施加固动力后达到水平移位。安装顶升机构达到垂直移位并使倾斜得到调整，它包括纵横向移动、转向或者移动加转向。利用液压推进系统，提高了水平移位速度，提高了工效，为建筑物整体移位技术的推广应用提供了条件。

福建省建筑科学研究院和福建六建集团有限公司积极开展科技创新，在建筑物整体移位施工技术上进行技术攻关。同时，总结形成了《建筑物整体移位施工工法》。本工法于 2011 年 4 月通过福建省住房城乡建设厅关键技术鉴定会评审，并获得 1999 年度建设部科技进步三等奖。此工法应用于福建省天主教福州教区泛船浦天主堂神父楼整体旋转平移及修缮专项工程，在保证结构质量和安全施工方面效果明显，取得了良好的经济效益和社会效益。

2. 工 法 特 点

2.1　建（构）筑物不需拆除，保持其上部结构原状，保留或恢复其使用功能。

2.2　在整体水平移位中，应用组合式下走道板及活动反力支座能灵活拆装，重复利用；在需转向移位时，可进行局部换向操作，做到安全可靠、方便换向。

2.3　采用液压推进系统及组合式下走道板，可有效地提高工效、缩短工期、降低工程费用。

3. 适 用 范 围

本工法适用于具有使用价值或保留价值，但因各种原因需全部或局部拆除，因平面位置不妥，需规划调整的建（构）筑物：

1. 一般工业与民用建筑，其层数一般为 12 层以内，其结构形式可包括钢结构、钢筋混凝土结构、砖木结构、石结构等；

2. 其他构筑物；

3. 古建筑与特殊建筑。

4. 工 艺 原 理

4.1　利用先施工的托换梁作为一个托架，利用在托架与基础或平移轨道之间安置的行走机构，在外加动力推动下进行水平向移位；或利用在托架与基础之间安置的顶升机构进行垂直向移位。

4.2　托换梁将建筑物沿某一水平面切断，形成一个平面托架，将上部结构荷重转移至托架上，使上部结构与基础分离，形成一个可移位的整体。托换梁一般为钢筋混凝土结构，分段施工组成。

4.3 在托换梁与基础或平移轨道之间安置滚轴，当施加的外加动力克服阻力后，即可实施水平向移位。在建筑物与就位处之间设置临时平移轨道，在就位处建造永久性基础，使建筑水平向移位至就位处。

4.4 在托换梁与基础之间安置千斤顶后，当顶升力大于建筑物总荷重时，即可实施垂直向移位。

4.5 建筑物就位后进行可靠的连接处理。

整体移位施工原理如图 4 所示。

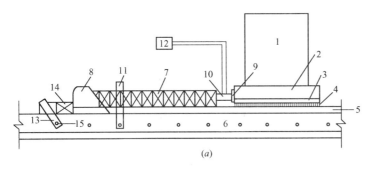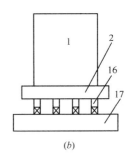

图 4　整体移位施工原理图

(a) 水平向整体移位；(b) 垂直向整体移位

1—建筑物；2—托换梁；3—上轨道板；4—钢滚轴；5—下轨道板；6—平移轨道；7—垫箱；
8—反力支座；9—固定架；10—油压千斤顶；11—垫箱固定架；12—电动油泵站；13—后反力架；
14—机械式千斤顶；15—插销；16—千斤顶及垫箱；17—基础

5. 施工工艺流程及操作要点

5.1　工艺流程

5.1.1　整体移位的总体工艺流程

整体移位的总体工艺流程见图 5.1.1。

5.1.2　托换梁施工工艺流程

钢筋混凝土托换梁施工工艺流程见图 5.1.2。

5.1.3　水平向（定点旋转）整体移位施工工艺流程

建筑物整体水平向（定向旋转）移位施工工艺流程见图 5.1.3。

5.1.4　垂直向整体移位施工工艺流程

建筑物整体垂直向移位施工工艺流程见图 5.1.4。

5.2　操作要点

建筑物整体移位前应进行可行性分析和综合经济评估。按国家现行有关规范和标准进行检测、复核和鉴定，经综合评估适宜整体移位的建筑物方可进行移位设计。

建筑物整体移位设计应包括：托换、移位线路及轨道，顶升高度，临时加固支撑，新建基础，就位后连接等，建筑物位于地震区应按抗震鉴定标准进行鉴定，不满足时应进行抗震加固处理。

5.2.1　托换梁的施工

利用人工或机械在整体移位要求的某一水平面上将建筑物墙体上开凿出一定长度的洞口，形成一个单元梁段，对梁底进行处理后，在单元梁段内绑扎钢筋、支模、浇筑混凝土，完成一个单元梁段。各单元梁段之间相互连接，最终形成一道封闭的托换梁——托架。

1. 托换梁单元的划分

单元梁段越长，其连接处理越少，可降低工程造价，提高施工工效，并可提高托换梁的整体性。由于墙体承受上部结构荷载及墙体自重，托换梁施工时，墙体开凿长度不可能无限制增加，一般应根据建筑物层数、楼面结构、墙体承重的主次关系、砌体本身强度等因素综合考虑，将墙体划分为若干个单元，每个单元长度一般在 1500~2000mm 之间。交叉墙体处为一个独立单元，各单元梁段应间隔施工，相邻单元梁段混凝土强度达到砌体强度后才能施工。

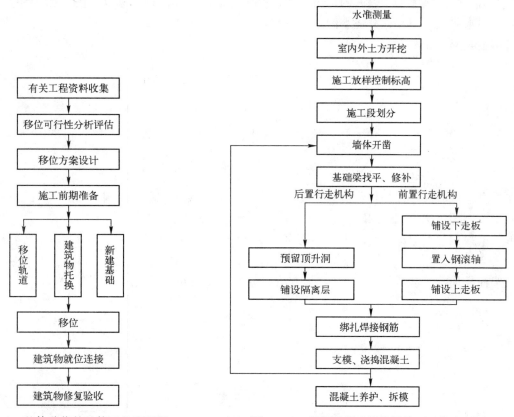

图 5.1.1　整体移位的总体工艺流程图　　　　图 5.1.2　钢筋混凝土托换梁施工工艺流程图

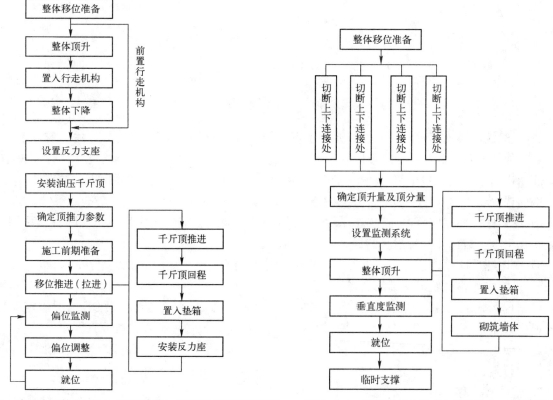

图 5.1.3　建筑物整体水平向（定点旋转）移位施工工艺流程图　　　图 5.1.4　建筑物整体垂直向移位施工工艺流程图

2. 单元梁段的连接

单元梁段之间主筋采用双面焊接，其施工缝的处理，应严格按相关施工规范执行，后浇单元梁段浇捣混凝土前，应清除施工缝表面的垃圾、水泥薄膜及表面松动的砂石和软弱的混凝土层，同时还要将表面凿毛，用水冲洗干净并充分浇水润湿，一般润湿时间不少于 24h。

其施工缝形式如图 5.2.1-1 所示。

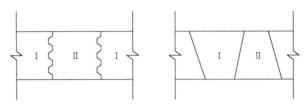

图 5.2.1-1 托换梁施工缝形式

在垂直移位时其千斤顶位置避开施工缝位置，一般应设置在单元梁段中部。

3. 单元梁段的混凝土浇捣

单元梁段梁顶面应保证与墙体密实连接。支模时，应采用喇口，并超灌 200mm 高混凝土。

4. 框架柱的托换

框架柱托换施工参考图 5.2.1-2，其方法可分为焊接法和植筋法两种。

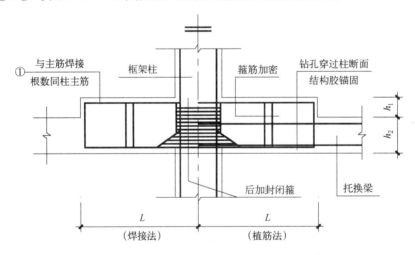

图 5.2.1-2 框架柱托换

1）框架柱托换施工时应间隔进行，为了保持原框架的柱网尺寸，应在切断柱子前，设置水平杆件定位。相邻柱不得同时托换。必要时应设置临时支撑措施，如采用砖柱或钢管支撑。由于框架柱主要传递上部结构荷载，其托换依靠后浇牛腿实现，因此，后浇牛腿应考虑新旧混凝土的协调工作，在钢筋布置、钢筋锚固或焊接长度方面加强处理措施。

2）框架柱托换完成后，当后浇混凝土部分达到设计强度后即可实施切断，切断一般采用人工开凿，机械钻孔为辅，以防止产生过大的振动。

3）柱切断后应尽快进行移位施工，防止出现过大变形。

5. 整体水平移位轨道基础的选择

根据现场施工条件，地质勘察资料，建筑物总荷重、结构状况、重要等级等情况确定基础的材料。其材料可选用钢结构、钢筋混凝土结构、条石结构、木结构及各种组合结构。其要求是能满足结构承载能力，方便施工，可重复利用。根据整体移位方案设计，每隔一定距离在基础中应预埋 ϕ50mm 钢管，用于固定行走机构。

6. 整体水平移位轨道基础地基处理

在远距离移位过程中，对于轨道基础缺乏详细的地质勘察资料时，应在基础施工前做详细了解，并采用钎探等方法，查明是否存在孔洞、暗沟。软弱地基应经处理，并经现场荷载检测。

7. 建筑物平移前的加固

1）混合结构中，对于有门窗洞的墙体，可采用临时填充加固。对于上刚下柔的混合结构，应采取横向刚度加强措施；

2）框架结构中，可采用填充砖墙、砖柱，钢筋混凝土柱或钢管临时加固，以分解集中力。

5.2.2 整体移位施工

根据移位要求，整体移位分为整体水平向移位（旋转移位）与整体垂直向移位两种。

1. 整体水平向移位（整体平移）

1）行走机构的安置

根据工序分前置式和后置式 2 种。前置式在托换梁施工时安置，随托换梁施工进行。后置式在托换梁施工完成，达到设计强度后，采用整体垂直移位，使托换梁与基础间有一定的空间，从而进行一次性整体安置。

前置式行走机构施工时，托换梁单元梁段划分应考虑行走机构中走道板长度，并保证走道板水平一致。后置式行走机构施工时，由于垂直移位需要，应预留机构千斤顶顶升洞并保证一定的洞口高度。其预留洞口数量应根据建筑物总荷重计算确定。

行走机构中的滚轴需承受上部全部荷重，其根数与间距应根据建筑物荷重确定，滚轴材料考虑远距离移位或多次重复使用，一般选用实心钢滚轴。后置式行走机构施工时，行走机构安装完成后建筑物需进行整体下降处理，其千斤顶操作应统一均衡，防止局部千斤顶超载发生破坏。

2）外加动力施加

外加动力施加应优先采用液压千斤顶系统，为保证顶推力的准确性，应对千斤顶与压力表进行配套校验，并加标注，在实际施工时配套使用。

外加动力包括顶推力或牵拉力，其大小与建筑物荷重，行走机构材料等有关，其计算可按下式 5.2.2-1：

$$N=k \cdot \frac{Q(f+f')}{2R}(kN) \tag{5.2.2-1}$$

式中　N——总外加动力（kN）；

　　　K——因走道板与滚轴表面不平及滚轴方向偏位等原因引起的阻力增大系数，一般钢材 $K=2.5$；

　　　Q——建筑物总荷重（kN）；

　　f，f'——沿上下走道板的主要摩擦系数，运动中为 $0.07\sim0.09$；

　　　R——滚轴半径（cm）。

外加动力按实际作用点分配，其分配原则为：施加在各作用点的外加动力必须与建筑物上部结构传至托换梁的策略成正比。外加动力作用点必须尽可能与建筑物各轴线重合，作用点分布应根据托换梁布置综合考虑，以对称均匀为原则。

3）上下走道板间水平误差及处理措施

建筑物在托换时一般分成几十个单元进行施工，必定存在一定的累计误差。实际施工误差最大值可达 20mm。其处理措施主要是加强水准测量，反复校核，多点校准。对于远距离水平移位，在条件许可时，优先采用后置行走机构，其水平误差可在安置行走机构时利用垫层调整。

4）整体移位时的偏位及矫正

由于上下走道板之间局部存在不平行，产生滚轴受力不均，在移位时引起滚轴与轨道板轴线不垂直，其结果导致建筑物在移位时偏位。出现偏位后，应根据偏位方向统一利用滚轴进行矫正。移位时应进行监测，及时矫正偏差，防止偏位过大。

5）转向时行走机构置换

需要在整体水平移位中进行方向转换时，可采用置换行走机构方法完成。平移轨道在换向区应预留千斤顶孔洞，建筑物到位后可采用机械式千斤顶进行局部或整体顶升，对行走机构采取局部换向置换，当行走机构换向完成后，可采用局部或整体下降方法，卸除千斤顶荷载，使托换梁支承在行走机构上。

6）移位时的监测

整体水平移位时，应对外加动力各作用点实际施加力进行观测记录，根据外加动力变化判断移位时的异常情况。同时采用直尺、经纬仪，对移位过程中的建筑物偏位进行监测，利用水准观测监控平移轨道基础沉降。同时应加强上部结构观测，及时发现安全隐患。

2. 整体垂直移位（整体顶升）

1）顶升机构

顶升机构由机械式螺旋千斤顶与支承垫箱、铁板等组成，局部可采用液压千斤顶辅助操作。一般采用的螺旋千斤顶额定承载力为320～500kN。当采用液压千斤顶时，应注意漏油而产生倒程现象。垫箱一般有三种不同规格，以满足各千斤顶行程要求，其重量不应过大，以满足人工搬运要求。垫箱必须具有一定承压程度，且表面平整，一般采用在钢板箱内填充C20混凝土。

2）顶升点布置原则

顶升点数可根据上部结构总荷重估算（式5.2.2-2，式5.2.2-3）：

$$n = \frac{Q}{Na} \cdot K \tag{5.2.2-2}$$

$$Na = \frac{N}{1.5} \tag{5.2.2-3}$$

式中　n——顶升点数；

Q——结构总荷重；

K——安全系数，可取1.5；

Na——顶升对千斤顶的允许工作荷载；

N——千斤顶额定工作荷载。

千斤顶布置可根据线荷载分布或集中力位置来布置，在混合结构中，一般千斤顶间距为1.5～1.7m，沿墙体分布，墙体洞口处应避开，荷载相对集中处可适当加密或换用工作荷载大的千斤顶，在框架结构中千斤顶布置主要集中在柱周围，在条件允许时，可在柱底布置千斤顶。

3）顶升操作

应保证千斤顶同步顶升和支垫稳固。当累计顶升高度超过千斤顶行程时，应对千斤顶进行回程，回程时应注意相邻千斤顶不得同步进行，回程前应先用楔块进行支撑垫保护，并保证受力平稳。顶升累计达设计高度后，应立即在主要受力部位用垫块支承，并迅速进行结构连接处理。待结构连接完成，并达到一定强度后才能分批除千斤顶。

4）顶升监测

各个顶升点应设置顶升分量标尺，其最大分量不超过10mm，顶升时统一指挥，每次各顶升点应达到所要求的顶升分量值，以防产生误差，导致上部结构变形。顶升时设置水准仪和经纬仪进行观测，以控制建筑物倾斜。

3. 整体旋转移位

1）旋转移位轴心设置

旋转移位宜采用定轴旋转。轴心应与地基基础可靠连接，并应具有足够的刚度，能够抵抗旋转移位过程中产生的不平衡水平力而不产生水平方向的移位或变形。托换体系应与轴心外筒可靠连接，并具有足够的平面内刚度，能够可靠地将旋转过程中的水平向不平衡力传递至轴心。

2）旋转移位下轨道的设置

定轴旋转移位过程不允许出现偏位，旋转移位托换梁及弧形下轨道应根据建筑物实际平面尺寸进行精确放样。当托换梁为非弧形的短直梁时，弧形下轨道顶面的宽度应根据托换梁边角的旋转覆盖面进行确定。旋转移位过程中应随时调整辊轴与弧形下轨道垂直，以减小不平衡力。

3）旋转移位上轨道的设置

与一般的整体平移工程相比，定轴旋转需要多设置一道用于旋转的上轨道梁，其作用及受力特点与平移上轨道梁相同。

4）旋转移位外加动力的施加

旋转移位外加动力应优先采用张拉液压千斤顶与钢拉索组成的拉力系统，钢拉索应根据施力点处的半径沿弧形张拉。外加动力可按公式计算值乘以 1.5 的系数进行估算。

外加动力作用点应根据建筑物上部结构传至托换梁的重力均匀布置，当托换体系具有较好的平面内刚度时，外加动力作用点可布置在远离轴心处。外加动力作用方向应始终垂直于作用点与轴心的连线。

5）旋转移位时的监测

旋转整体移位时除了应按水平移位的要求进行监测外，应特别注意对托换体系与轴心连接构件、轴心工作状态的监测。如产生较大的变形、裂损应立即采取调整措施。

5.2.3 整体移位后的连接处理

1. 承重墙体的连接

应采用不低于原墙体要求的砌体材料，新砌墙体顶部与托换梁底之间砌筑砂浆应饱满，如间隔小于或等于砖厚度，应采用细石混凝土灌填密实。

2. 在整体垂直移位中，由于顶升到位后千斤顶不可能一次性拆除，墙体砌筑不可能一次砌筑完成，一般需分 2～3 次砌筑，相邻墙体搭接砌筑质量无法保证时，可采用浇捣素混凝土，以保证墙体整体性（如图 5.2.3 所示）。

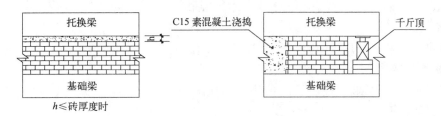

图 5.2.3　承重墙连接

3. 框架柱的连接

整体水平移位就位后，当柱底与基础面间隙较小时，可采用预埋钢筋焊接，间距较大有一定高度时，可采用钢筋混凝土连接。

整体垂直移位后，其连接一般采用钢筋混凝土现浇处理。当柱主筋每边不多于 4 根时，其连接采用主筋上下焊接、连接区箍筋加密、提高混凝土强度等级；当柱主筋每边多于 4 根时，除上述处理外，应对该段柱进行局部加固处理，可采用加大截面法或外包钢加固法。

应注意混凝土浇筑质量，防止新旧混凝土之间产生隔缝。

5.3 劳动力组织

劳动力组织见表 5.3。

劳动力组织　　　　　　　　　　　　　　　　　　　　　　　　　　　　表 5.3

序　号	工　种	人　数	职　责
1	总指挥	1	全面负责，技术方案制订，移位指挥
2	副总指挥	2	现场管理，技术指导，协调指挥工作
3	监测人员	3	主要部位的监测
4	班长	5	具体组织施工，协调副指挥工作
5	电工	2	电气设备及线路的安装与维护
6	维修工	2	机械设备维修

5.3.1 建筑物整体移位涉及的工种包括：泥水工、钢筋工、水电工、电焊工、机修工、测量工、电气操作工、辅助工、专业技术人员。

5.3.2 组织各工种专业技术人员进行技术交底，对操作人员进行技术要领及施工规范的学习，划分作业班组。

5.3.3 整体水平面移位时一线作业班组设：土方开挖、托换加固、测量控制、顶推移位、偏位矫正、设备搬运、设备维修、中央控制。

5.3.4 整体垂直移位时一线作业班组设：托换加固、测量控制、顶升操作、墙壁体砌筑、设备维修、中央控制、辅助用工。

5.3.5 液压操作人员应了解电动高压油泵站性能，各旋钮开关作用，熟悉使用说明书，各液压油泵站油压表与配套千斤顶率定值，掌握液压顶推系统的工作原理及操作程序。

5.3.6 各作业班组明确岗位职责，移位时，由播音设备统一指挥，监测人员由对讲机统一联络，严明纪律。

5.3.7 整体移位应由专业施工队伍实施。

6. 材料与设备

6.1 土方开挖
挖土机、装载机、自卸汽车。

6.2 托换梁
混凝土切割机、空心压缩机、风锤、电焊机、钢筋切割机、混凝土振动器、混凝土搅拌机、砂浆搅拌机。

6.3 液压推进系统
电动高压油泵站、液压千斤顶、电控箱、机械式千斤顶。

6.4 行走机构系统
组合式下走道板、钢滚轴、拆装式反力支座、垫箱、后反力架等。

6.5 顶升机构系统
机械式螺旋千斤顶，垫箱等。

6.6 监测系统
水准仪、经纬仪、测力仪表、直尺、对讲机、播音设备。

7. 质量控制

7.1 质量控制标准

7.1.1 建筑物整体移位施工质量执行《建筑工程施工质量验收统一标准》GB 50300—2001、《建筑地基基础工程施工质量验收规范》GB 50202—2002、《混凝土结构工程施工质量验收规范》GB 50204—2002、《钢结构工程施工质量验收规范》GB 50205—2001、《砌体工程施工质量验收规范》GB 50203—2002 和《建筑地基处理技术规范》JGJ 79—2002、《建筑地基基础设计规范》GB 50007—2002 为依据，并其允许偏差见表 7.1.1。

建筑物整体移位施工允许偏差　　　　表 7.1.1

序　号	项　目			允许偏差	检验方法
1	托换梁底标高			10mm	拉线、用尺检查
2	移位时，平移轨道与新建基础面标高水平误差			5mm	拉线、用尺检查
3	移位时，中轴线偏差			≤1/2 托换梁宽，	经纬仪、用尺检查
4	就位时，中轴线偏差			20mm	经纬仪、用尺检查
5	就位后垂直度	单层	≤5m	8mm	经纬仪或吊线、用尺检查
			>5m	10mm	
		全高（H）		H/1000 且≤30mm	

7.1.2 工程托梁与整体水平移位轨道基础施工质量控制标准

《建筑地基基础工程施工质量验收规范》GB 50202—2002、《混凝土结构工程施工质量验收规范》GB 50204—2002、《钢结构工程施工质量验收规范》GB 50205—2001。

7.2 质量控制措施

7.2.1 建筑物整体移位前应进行综合评估，编制详细的施工方案，主要是明确建筑物托换梁尺寸与部位、移位线路及轨道，顶升高度，临时加固支撑，新建基础，就位后连接等问题，经上级技术主管批准并取得专业监理工程师审核认可后实施。

7.2.2 移位前，对建筑物的结构进行临时加固，以分解集中力，确保不因移位应力变形而影响建筑物自身的稳固。

7.2.3 建筑物整体移位时，应采取有效措施，确保结构的稳定，并防止产生过大变形，故外加动力施工加值应控制在设计计算值±10%左右内。

7.2.4 建筑物整体移位时正确使用经纬仪严格校准轴线偏差值与建筑物的垂直度。

7.2.5 建筑物就位后，应使上部结构与基础重新连接，并保证建筑物具有良好的整体性能和抗震性能。连接构造传力路线明确，构造简单，其承载力不低于原有结构。

7.2.6 建筑物整体移位应保证主要受力构件不出现裂损，次要构件不破坏，附属构件可修复。

8. 安 全 措 施

8.1 工程施工时严格遵循《建筑施工安全检查标准》JGJ 59—1999等法律法规及上级主管部门颁布的各项有关安全文件规定。施工用电应由电工统一搭设，严禁乱拉设、电线拖地等，电焊作业时做好劳动保护措施，并备好灭火器材。

8.2 操作人员就位前，应针对建筑物整体旋转移位施工操作特点，进行安全技术交底，重点是对施工过程的安全操作要点说明及施工过程中易出现的安全事故与预防措施。

8.3 各种机械设备，操作人员应遵守相应的安全操作技术要求，配齐安全防护，机械操作人员应持证上岗，机械故障由专业人员进行维修。

8.4 电源线应使用安全电缆，并做架空处理，不得随地拖拉，安装漏电保护器，避免触电事故。

8.5 严防高压油管出现扭转或死弯现象，发现后应立即卸除油压进行处理。油管接头处严禁操作人员站立，支垫系统应可靠固定，防止支垫侧移伤人。

8.6 经标定的液压系统不允许随意更换，操作人员应精神集中，给油、回油应平稳，油压表读数不得超过表中最大限值70%，并做好记录。

8.7 整体移位过程中，应对建筑物外挂设施进行必要的检查，进行加固处理，以防坠落。

8.8 整体移位施工现场应在一定范围内设置警戒线，防止他人进入。

8.9 整体移位应明确各人责任，移位过程应有统一指挥，应有专人对主要受力构件进行观测记录。出现异常情况，及时查明原因。

9. 环 保 措 施

9.1 成立相关的施工环保管理机构，在施工过程中，严格遵守国家和地方政府下发的有关环境保护法律法规，加强环境、卫生、文明、安全的施工管理。

9.2 根据有关法律法规、规章和施工方案，合理布置临时施工场地，施工场地做到整洁文明。施工过程中的建筑垃圾及生活垃圾、弃渣应及时清理和运走，并按政府有关部门的规定进行处理。

9.3 在施工过程中，调节好作业时间，严格控制施工噪声在65dB以下，噪声较大的工序禁止夜晚作业。在基础施工与清运垃圾时，严格控制扬尘高度不得大于1.5m。

9.4 综合利用资源，对固体废物实行充分回收和合理利用。制订固体废物综合利用的措施；工程废土集中过筛，重新利用，筛余物用粉碎机粉碎，不能利用的工程垃圾集中处置；建立先发先用，装饰材料的包装统一回收，水泥袋回收制度；施工现场设立废料区，专人管理可利用的废料。

10. 效 益 分 析

10.1 节省能源、成本低、省工省时

据统计，建筑物整体移位所需费用约占拆除重建费用的 20%～60%，整体垂直移位一般在 20%，整体水平移位一般在 40%。节省建筑用材，减少拆除引起的环境污染。整体移位所需时间一般为 60～90d，因此具有省工省时的优点，经济效益明显。

10.2 建筑物整体移位应用于古建筑等方面，可保持其原貌与结构构造完整，其价值无法用经济衡量，其拆除后的损失将无法估算。在经济效益以外，更重要的是社会效益。

10.3 整体移位过程对建筑物本身结构影响较小，对邻近建筑物及周围环境无影响。

10.4 托换梁、移位基础、新建基础可同时组织施工，在掺加外加剂等措施后，可进一步缩短工期，满足各方要求。

10.5 采用液压推进系统，其平移速度比传统机械千斤顶提高约 30 倍。

11. 应 用 实 例

本工法成功应用于天主教福州教区泛船浦天主堂神父楼整体旋转平移及修缮专项工程、中铁大桥局亚青别墅 1 号、2 号楼建筑物整体平移专项工程、原协和大学第四宿舍楼整体搬迁保护专项工程等工程，工程质量满足规范和合同要求。现以天主教福州教区泛船浦天主堂神父楼整体旋转平移及修缮专项工程为实例。

11.1 泛船浦天主堂是天主教福州教区的主教堂，建造于 1932 年，是迄今为止福建最大的天主教堂。神父楼作为泛船浦天主堂之附属建筑，现为神父的办公与居住场所。该建筑为二层砖木结构，属省级文物保护单位。泛船浦教堂神父楼长 33.1m，宽 16.8m，高 8.0m，建筑面积 1200m²，结构形式为二层砖木结构，该楼窗户造型独特，外墙墙体厚 500mm，内墙厚 370mm，二层木楼板，屋顶木屋架、瓦屋面，平面规则，轴线墙体对齐。该建筑的建筑风格与主堂一致，独具特色。由于教堂具有较好的文物保护意识，建筑物的主体结构保持较为完好。

11.2 该工程累计向东整体平移 80.7m，以建筑物平面中心为轴心，定轴整体旋转 90°，使建筑物成为南北朝向，再向南平移 35.96m，全过程换向 2 次。首次采用了圆弧形托换梁，在托换结构体系中部设置交叉拉梁与中心旋转圆梁形成大刚度结构体系，运用钢滚筒固定于旋转平台中心点，实现建筑物定轴旋转就位，具有旋转角度大，施工精度高的特点。在建筑物整体旋转移位中极具代表性，包括了水平向移位、定轴旋转移位、转向置换等。

11.3 该工程经济效益和社会效益显著，移位后满足了城市道路及防洪堤的建设需求，并完整原样保留了珍贵的文物建筑，取得了良好的社会反响。

焊接 H 形钢结构建筑制作安装工法

YJGF72—2002（2009~2010 年度升级版-021）

中铁四局集团有限公司

夏阳　陈宝民　李荣浩　刘瑜　方继

1. 前　言

H 形钢结构建筑是近年来在国内外建筑市场中广泛采用的一种建筑形式，它是用 H 形钢立柱和钢梁代替传统的钢混立柱和预制梁，并用夹芯彩色墙体和屋面代替传统的砖混墙体和预制屋面的一种新型建筑结构。因 H 形钢结构构件截面小，可以有效地利用建筑空间，从而有效降低房屋的高度，减少建筑体积。另外，H 形钢结构根据要求可设计成等截面或变截面梁、柱，是轧制 H 形钢无法替代的。与钢筋混凝土相比具有经济性好、建设周期短、造型美观、抗震性好等优点，H 形钢结构构件刚度好，制造、运输及安装都比较方便，因此具有广阔的市场前景。

2. 工 法 特 点

焊接 H 形钢结构工厂加工与施工现场基础制作可同步进行，能有效缩短工期；焊接 H 形钢结构工厂内采用流水线加工制作，生产效率高；专用工装的使用，能充分保证制作质量；安装采用扭矩扳手施拧高强度螺栓，能够保证 H 形钢结构安装设计要求。

3. 适 用 范 围

焊接 H 形钢是一种较为新型的建筑结构，在发达国家应用比较普遍。近年来许多外资、合资企业将此类结构引入国内以替代传统的混凝土结构，可用于单层和多层工业厂房、大跨度建筑、仓库、大棚和高层建筑。

4. 工 艺 原 理

焊接 H 形钢结构建筑由屋面梁、立柱、檩条、支撑等组成，其间的连接为焊接和高强度螺栓连接，它的制作是用焊接组装的方法将三块钢板焊接组合而成，由于焊接变形的影响，在成型中一般采用专门的防变形措施及校正工序。

钢结构吊装借助于吊车，根据施工现场布置情况，单节或分段吊装并用高强度螺栓进行连接，采用捯链和螺旋千斤顶进行校正。

5. 施工工艺流程及操作要点

5.1　工艺流程

5.1.1　焊接 H 形钢结构制作工艺流程。H 形钢结构制作过程技术难点在于钢立柱、托架梁、屋面架、吊车梁、联系梁主构件尺寸及焊接变形控制，拟定主构件制作工艺流程（图 5.1.1）。

5.1.2　H 形钢结构安装工艺流程。为了提高安装精度和安装时的安全性采用单元安装，其工艺流程如图 5.1.2 所示：

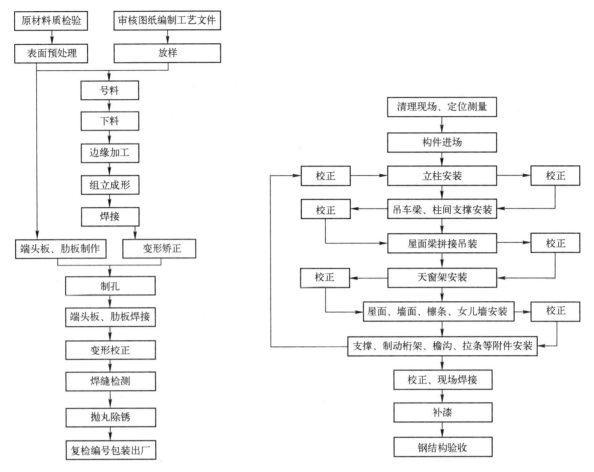

图 5.1.1　拟定主构件制作工艺流程图　　　图 5.1.2　H 形钢结构安装工艺流程图

5.2　操作要点

5.2.1　焊接 H 形钢结构制作

1. 主构件制作

1）原材料检验、矫直、表面预处理

焊接 H 形钢结构制作所采用的钢材必须有足够的强度、良好的塑性、韧性、耐疲劳性和优良的焊接性能，且易于冷热加工成型，耐腐蚀性好、成本低廉。目前焊接 H 形钢结构材料选的较多的是 Q235 和 Q345 两种钢材。材料进厂时，必须附有材料质检证明书，合格证（原件）。当对钢材的质量有疑议时，应按国家现行有关标准的规定进行抽样检验，其中保证项目：材料屈服点和五大元素的含量。

钢材表面的缺陷一般不允许采用焊补和堵塞处理，应用凿子、磨光机、砂轮清理。清理处应平缓无棱角，清理深度不得超过钢板厚度负偏差的 1/2，对于 Q345 低合金钢板还应保证不低于其允许的最小厚度。

2）审核图纸、编制工艺文件

图纸审核的主要内容应包括：设计文件是否齐全；钢结构的几何尺寸是否齐全、正确；H 形钢结构节点是否清楚，是否符合国家现行标准；材料表中数量是否符合工程总数；H 形钢构件间连接形式是否合理；加工符号、焊接符号是否合理等。工艺文件的主要内容应包括：为保证成品达到规定的标准而制订的措施；关键零件的精度要求、检查方法和使用的量具、工具；主要构件制作的工艺流程，工序质量标准，为保证构件达到工艺标准而采用的工艺措施；采用的加工设备和工艺装备等。

3）下料

构件下料前必须进行放样、号料。放样和号料是焊接 H 形钢结构制作工艺中的第一道工序，放样工作的准确与否将直接决定产品的质量。放样用的工具必须经过计量部门的校验复核合格的方能使用。

下料常用方法有机械剪切和气割,机械剪切的零件,其板厚不宜大于 12.0mm,剪切常用的工具是剪板机。

焊接 H 形钢结构在工程应用中,根据跨度、高度和荷载不同,H 形钢结构常采用等截面或变截面结构类型,对于等截面焊接 H 形钢,其翼板和腹板采用多头自动直条火焰气割机进行下料;变截面的腹板常采用半自动直条火焰气割机下料。下料过程制订严格的工艺卡,减少切割变形,确保质量。下料后,由专职质检员对构件进行检测。检测工具:卷尺、平台、塞规。

4)边缘加工

焊接 H 形钢结构制造过程中,经过剪切或气割过的钢板边缘,其内部结构会硬化。所以,比如桥梁或重型吊车梁等 H 形钢构件,须将下料后的边缘刨去 2～4mm,以保证质量;此外,为了保证焊缝质量和工艺性焊透以及装配的准确性,需要将钢板边缘刨成或加工成坡口或刨直铣平。边缘加工方法主要有:铲边、刨边、铣边和碳弧气刨四种。常用的工具有:风动铲锤、刨边机、端面铣床和碳弧气刨等。

5)组立成型

经过下料和边缘加工,加工出焊接 H 形钢的零件:翼板和腹板。欲将翼板、腹板组立成截面为 H 形的钢结构,须用一种专用设备来完成。目前国内焊接 H 形钢加工行业中常用的是全自动组立机。

组立拼装的翼板和腹板,必须平直无旁弯。如因拼装、切割产生不平或明显旁弯,必须事先矫直平整,方可进行组立拼装,在组立工件平台上,使用翼板、腹板夹紧定位装置,实现先后或同时左右同步压紧定位,以保证翼板与腹板的垂直度,通过调节左、右两侧翼板夹紧定位装置伸出臂长度,能够实现 H 形钢的对称组立和不对称组立,使用定位组立挡块,使翼板、腹板端部对齐,保证 H 形钢的端头部分平直。

组立顺序一般为:第一块翼板和腹板组立成"⊥"形,然后第二块翼板与其组立成"H"形。组立时采用 CO_2 气体半自动保护焊点焊成型,在腹板两侧同时对称点焊,点焊时根据焊接规范控制定位焊接工艺参数,包括焊接电流、定位焊缝长度和位置及间距等。组立的同时需检测 H 形钢的截面高度、翼腹板垂直度、腹板中心偏移量。检测工具一般采用钢卷尺、钢板尺、角尺等。

CO_2 气体半自动保护焊属于定位焊接,焊缝高度与长度限制较严格,所以在组立工位上必须是由具有焊接合格证的焊工操作,定位焊操作应采用回焊引弧,落弧填满弧坑的方法;焊缝的长度,如设计未要求,一般应按受力焊缝(设计焊缝)高度的 7 倍计算,焊缝间距通常为 300～500mm。

6)焊接

焊接是焊接 H 形钢制作过程中的一道关键特殊工序。也是钢结构的连接方式中的主要连接方式。因为它是一种局部加热的工艺过程,焊接过程中及焊接后,被焊构件将不可避免地产生焊接应力和变形。在焊接时应合理选择焊接方法、顺序和预热等其他工艺措施,尽可能地把焊接应力和焊接变形控制到最小程度,以保证焊接质量。在制作焊接 H 形钢时,对首次使用的钢材、焊接材料、焊接方法及焊后热处理,应进行焊接工艺评定。焊接工艺评定须遵从现行国家有关规定。在焊接 H 形钢结构制作过程中,常用的焊接方法有手工电弧焊、气体保护焊和自动埋弧焊。主构件的焊接在自动龙门焊机上进行,操作人员必须经过培训,持证上岗。焊接所用的焊丝、焊剂必须符合国家规范和设计要求,焊剂使用前应按要求烘烤。经烘焙后的焊条应放入保温筒内,随取随用。焊接残余应力的调节和消除:主要在设计、施焊和焊后三个阶段采取相应措施,在设计时:①尽量减少焊缝的数量和尺寸,如采用型钢和大尺寸的钢板,采用填充金属量少的坡口形式;②避免焊缝布置得过分集中,焊缝间应保持足够的距离;③采用刚性较小的接头形式。在焊接过程中:①先焊收缩量较大的焊缝,一个结构有对接焊缝也有交焊缝时应先焊对接焊缝;②先焊工作时受力较大的焊缝,使内应力合理分布,假如翼板、腹板上均有焊缝时,一般应先焊翼板的对接焊缝,再焊腹板的对接焊缝,然后才进行船形焊缝的焊接。焊接结束后可采取局部高温回火,对焊缝及其附近应力大的局部区域加热到高温回火温度,然后缓慢冷却,可采用气体火焰或电加热等。

焊接变形的控制:主要影响因素有焊接顺序、约束度、焊接条件、接头特征、预热温度和层间温度等，在设计和施工过程中采取相应措施：①在设计时尽量将焊缝对称布置，或采用间断焊缝以减少焊缝数量和尺寸，减少变形。②在焊接 H 形钢时采用对称施焊顺序将有利于调节和控制构件弯曲变形；对于"⊥"形接头不对称坡口焊缝，采用先焊小坡口焊缝少的一侧的焊接顺序。③刚性固定法，对于刚性小的结构，可以通过采用胎夹具或其他临时支撑等方法，增加结构在焊接时的刚性，以达到减少焊接变形的目的。对刚性较大的结构，不宜采用。④对于受力较大的 T 形接头或十字接头，在保证相同的强度条件下，采用开坡口角焊缝比一般角焊缝可大大减少焊缝金属，减小焊接变形。焊接前由技术人员制订焊接工艺卡，并在一次施焊后对焊接工艺卡进行评定，根据评定报告修改焊接工艺卡，直到满足各项要求。施焊前，应在焊缝的两端设置引弧板，焊接时，焊工应遵守焊接工艺，不得自由施焊及在焊缝外母材上进行引弧。H 形钢截面物件主焊缝采用船形焊缝，有利于提高焊缝质量。焊接后由专职质检员对焊缝进行超声波探伤，不得有未焊透，夹渣等缺陷。焊缝外观不得有气孔、咬边、偏焊等超差缺陷。焊后工件须堆放有序，以减小变形。

7）矫正

在焊接 H 形钢结构制作过程中，常会产生各种变形，变形原因大多有以下几种：①钢材原材料变形；②切割变形；③焊接变形；④其他变形。

变形矫正的方法大多为机械矫正和火焰矫正两种。机械矫正目前常采用的是矫正机。方法就是使焊接 H 形钢翼板或腹板在两个相对运动的压辊间移动，通过压辊间的挤压作用，使翼板或腹板发生塑性变形，达到矫正目的。机械矫正时需注意每次矫正量不能太大，通常是每次 1～2mm，矫正过程中适时检测矫正状态。火焰矫正是利用火焰在焊件适当部位加热，使工件在冷却收缩时产生新的变形，以矫正焊接所产生的变形。对由低碳钢和低合金结构钢制作而成的焊接 H 形钢，火焰矫正用的更普通。常用工具为烘枪。

8）端头板、肋板制作

端头板厚度一般在 12.00mm 以上，又因数量较大，选择使用仿形火焰切割机进行下料。切割前将钢材切割区域表面的铁锈、污物等清除干净，气割后清除溶渣和飞溅物。切割后，端头板长度、宽度误差必须在规范范围内。端头板连接螺栓孔加工在摇臂钻床上进行，以确保端头板的互换性便于安装。与托架梁连接的立柱端头板采用模板加工，进行配钻，并打钢印标记。肋板采用剪板机下料（厚度大于 12mm 采用火焰下料），并切角 25mm×25mm，以便于肋板焊接。

本工序由专职质检员对构件进行检验，检测工具：卷尺、游标卡尺、角度尺。

9）钻孔

焊接 H 形钢结构制作中钻孔主要指两方面：H 形钢结构主体构件安装孔与附件支撑安装孔。H 形钢结构主体构件安装孔位于钢构件的端头连接板上，这类孔钻孔时大多采用摇臂钻床或数控钻床。采用摇臂钻床是为保证孔安装精度，必须画线定位准确，为提高钢构件安装速度，端头板钻孔采用模钻，以确保端头板使用时具有较高互换性。采用数控钻床，因其具有较高定位精度，端头板钻孔时不采用模钻。在钻孔时根据安装孔径的大小选择钻头，安装孔径一般允许偏差为 0～1mm。

H 形钢结构附件支撑安装孔位于 H 形钢主体构件的翼板或腹板上，这类孔钻孔常采用磁力钻完成，钻孔关键在于孔定位准确与否，孔径大小符合设计要求和钻孔时注意安全，在悬空作业时，必须将磁力钻固定好，防止因突然断电导致磁力钻落下发生事故。这类安装孔径允许偏差为 0～1mm。钻孔完成后，应检查孔径大小、孔定位尺寸是否符合要求，检查工具一般为钢卷尺、钢板尺、游标卡尺。

10）端头板、肋板附件焊接

端头板、肋板焊接前，须将 H 形钢端头切割、修整，切割采用端头切割机，切割尺寸依据施工工艺卡，长度尺寸采用负偏差。切割端面与 H 形钢中心线角度要严格控制，经检测超出误差允许范围时须进行修整。端头板点焊时，应保证端头板中心与 H 形钢中心吻合，偏差不得超出 2.0mm。点焊工作在专用胎具上进行，以便进一步控制端头板与 H 形钢的角度。焊接采用手工对称施焊，焊工须依据焊接工艺卡进行焊接，焊后将焊渣清理干净，并打上焊工编号待查。肋板焊接采用手工对称施焊，肋板必须与所在平面垂直。檩托焊接采用手工焊接，檩托的位置须保证纵向直线度。一般顺序是先焊接连接板，再焊接加肋板；先焊接 H 形截面内肋板，再焊接 H 形钢截面外肋板。尽可能使不对称或收缩量大的焊接工作在部件组装时进行，以使焊缝自由收缩，在总装时减少焊接变形。

焊接后由专职质检员检测焊缝质量和焊缝变形。超出规范要求，须进行修整，并将检验报告整理成资料。

11）焊缝检测

焊缝检测严格地说不是一道制造工序，本工法在此单独列出是强调在焊接 H 形钢结构制造过程中焊缝检测很重要，且必不可少。

焊缝检测包括外观检查和非破坏性检查。

（1）焊缝外观检查

外观检查方法主要是目视观察，用焊缝规检查，焊缝外观缺陷控制主要是看焊缝成型是否良好，焊道与焊道过渡是否平滑，焊渣、飞溅物是否清理干净，其外形尺寸应符合现行国家标准《钢结构焊缝外形尺寸》JBT 7949 的规定。外观检查发现不合格焊缝应及时返修，但焊缝同一部位的返修次数不宜超过两次，特别是低合金结构焊缝的返修。焊缝如出现裂缝，必须彻底清除后进行补焊。补焊时应查明原因，制订返修工艺措施，严禁焊工自行返工处理，以防裂缝再次发生。

（2）焊缝非破坏检查

焊缝非破坏性检查目的是检查内部缺陷，其手段主要是超声波探伤。焊接接头内部缺陷分级应符合《钢焊缝手工超声波探伤方法和探伤结果分级》（GB 11345）的规定。局部探伤的焊缝，有不允许的缺陷时，应在该缺陷两端的延伸部位增加探伤长度，增加的长度不应小于该焊缝长度的 10%，且不应小于200mm，当仍有缺陷时，应对该焊缝百分百探伤检查。同时要注意焊缝进行探伤的最早时间：碳素钢应在焊缝自然冷却到环境温度时，低合金结构钢应在完成焊接后 24h。

12）预拼装

在焊接 H 形钢结构制作过程中，为检验组装后 H 形钢结构外形尺寸，应对 H 形钢结构进行自由状态下的预拼装。

焊接 H 形钢结构预拼装在专用平台上进行，均为平面预拼装，H 形钢构件应处于自由状态，不得强行固定以提高其准确度。预拼装数量可按设计要求执行。对于分段构件预拼装或构件的总体预拼装，在拼装时，所有节点板均应装上，除检查各部位尺寸外，还应用试孔器检查连接板叠孔的通过率。预拼装检查合格后，对上下定位中心线、标高基准线、交线中心点等应标注清楚、准确，以便于安装。

13）抛丸除锈

抛丸除锈：抛丸除锈是目前焊接 H 形钢结构除锈的首选方法。它不仅能提高钢材表面抗腐蚀能力，也可提高钢材表面抗疲劳强度和钢材表面硬度。抛丸除锈常用的磨料是钢丸和铁丸。它有利于漆膜的附着，抛丸除锈等级一般均能达到 Sa2、Sa2.5、Sa3 级别，能满足设计要求。在焊接 H 形钢结构中，某些特殊位置的连接板，比如与翼板垂直的端头板，应在组装前先抛丸除锈。焊接 H 形钢结构在抛丸后4h～6h 内应涂装防锈漆。

14）涂装防腐

涂装前应对涂料验收，确认符合设计要求，然后开桶、搅拌、配比、熟化、稀释、过滤。而且当天使用的涂料应当天配置，不得随意添加稀释剂。

涂装遍数、涂层厚度均应符合设计要求，涂装时的环境温度和相对温度应符合涂料产品说明书的要求，当产品说明书无要求时，环境温度宜在 5～38℃ 之间，相对湿度不应大于 85%。焊接 H 形钢构件表面有结露时不得涂装，涂装后 4h 不得淋雨。施工图中注明不涂装的部位不得涂装。安装焊缝处应留30～50mm 暂不涂装。凡是在焊缝位置范围内发现误涂的，应按除锈方法清除干净后才能施焊。涂装应均匀，无明显起皱、淋挂、附着良好。涂装检查需修补的，在修补前应对各部分旧漆膜和未涂区用砂轮片打磨或钢丝刷等方法进行钢材表面处理；为了保持修补漆膜的平整性，应在缺陷四周的漆膜 100～200mm 范围内进行修整，使漆膜具有一定的斜度；修补涂层应按涂层涂刷工艺要求和程序进行补涂。涂装完毕，应在 H 形钢构件上标注构件的原编号。另外，设计要求喷涂防火涂料时，用料和施工人员均需由法定的专门机构检测和批准，以保证涂装质量。根据我国目前的《钢结构防火涂料应用技术规程》规定，在同一工程中，每使用100t薄涂型防火涂料，应抽检一次粘结强度，每使用500t厚涂型防火涂料，应抽检一次粘结强度和抗压强度，结果须符合国家标准。防火涂料外观质量应该涂层平整、接槎平整、无凹陷、粘结牢固、无粉化松散和浮浆、涂层表面无明显裂纹等。

15）验收编号包装发运

焊接H形钢结构生产流水线各道工序完工以后，应对H形钢做全面验收，内容包括：H形钢结构观感检查、截面尺寸检查、翼板腹板垂直度检查、焊接质量检查、高强度螺栓摩擦面检查、外形尺寸检查、关键安装孔检查以及H形钢结构翘曲检查等，检查结果应及时填写表格，并整理归档。验收合格，根据施工蓝图为焊接H形钢编号，编号位置应在H形钢明显醒目处。包装应在涂层干燥后进行；包装应保护H形钢涂层不受损伤，保证H形钢构件，零星不变形、不损坏、不散失；包装还应符合运输的有关规定。包装箱上应标注H形钢构件、零件名称、编号、重量、重心和吊点位置等，并应填写包装清单。

2. 屋面檩条、墙面檩条的制作

制作工艺：原材料检验——下料——轧制成型——除锈喷涂——检验、编号、包装

1）原材料检验

原材料必须附有质检证明书、合格证（原件），并按国家现行有关标准进行理化试验，检验资料存档待查。

2）下料

依据设计尺寸用开卷机下料，剪切面应平整。下料后，由专职质检员进行检验，采用卷尺和游标卡尺检测，并整理检验记录。

3）轧制成型

构件在檩条成形机上轧制成型，在冲床上冲孔。成形檩条进行严格检测，各项参数整理成资料，当误差超出允许范围时，须立即对机器进行调整。各项参数合格后进行批量生产。

4）表面除锈、喷漆

檩条均采用抛丸机进行喷砂除锈，表面达到Sa2.5级，抛丸除锈4h内进行喷漆保护，采用氯磺化聚乙烯防腐涂料。二道底漆，构件油漆完全干后方可喷下道漆，最后喷防火漆。油漆厚度必须达到设计要求。防腐涂料必须有质量证明书及试验报告。

5）编号、包装

本构件按规格包装采用铁皮包扎，构件与构件之间用软木将其隔开，以防止包扎后的构件之间相互碰损。

5.2.2　焊接H形钢结构的安装

1. 安装准备

组织工人学习有关安装图纸和有关安装的施工规范，依据施工组织平面图，做好现场建筑物的防护、对作业范围内空中电缆设明显标志。

2. 定位测量

土建队应向安装队提供以下资料：

①基础混凝土强度等级；②基础周围回填土夯实情况；③基础轴线标志，标高基准点；④每个基础轴线偏移量；⑤每个基础标高偏差；⑥地脚螺栓螺纹保护情况。

依据土建队有关资料，安装队对基础的水平标高，轴线，间距进行复测。符合国家规范后方可进行下道工序。并在基础表面标明纵横两轴线的十字交叉线，作为立柱安装的定位基准。

3. 构件进场

依据现场平面图，将构件堆放到指定位置。构件存放场地须平整坚实，无积水，构件堆放底层垫无油枕木，各层钢构件支点须在同一垂直线上，以防钢构件被压坏和变形。构件堆放后，设有明显标牌，标明构件的型号、规格、数量以便安装。

4. 立柱安装

立柱安装前对构件质量进行检查，变形、缺陷超出允许偏差时，处理后才能安装。吊装前清除表面的油污、泥沙、灰尘等杂物。为消除立柱长度制造误差对立柱标高的影响，吊装前，从立柱顶端向下量出理论标高为 1m 的截面，并做明显标记，便于校正立柱标高时使用。在立柱下底板上表面，做通过立柱中心的纵横轴十字交叉线。吊装前复核钢丝绳、吊具强度并检查有无缺陷和安全隐患。吊装时，由专人指挥。安装时，将立柱上十字交叉线与基础上十字交叉线重合，确定立柱位置，拧上地脚螺栓。先用水平仪校正立柱的标高。以立柱上"1m"标高处的标记为准。标高校正后，用垫块垫实。拧紧地脚螺丝．用两台经纬仪从两轴线校正立柱的垂直度，达到要求后，使用双螺帽将螺栓拧紧。对于单根不稳定结构的立柱，须加风缆临时保护措施。设计有柱间支撑处，安装柱间支撑，以增强结构稳定性。

5. 吊车梁安装

吊车梁安装前，应对梁进行检查，变形、缺陷超出允许偏差时，处理后才能安装。清除吊车梁表面的油污、泥沙、灰尘等杂物。吊车梁吊装采用单片吊装，在起吊前按要求配好调整板、螺栓并在两端拉揽风绳。吊装就位后应及时与牛腿螺栓连接，并将梁上缘与柱之间连接板连接，用水平仪和带线调正，符合规范后将螺丝拧紧。

6. 屋面梁安装

屋面梁安装过程为：地面拼装──→检验──→空中吊装。

地面拼装前对构件进行检查，构件变形、缺陷超出允许偏差时，须进行处理。并检查高强度螺栓连接磨擦面，不得有泥沙等杂物，磨擦面必须平整、干燥，不得在雨中作业。地面拼装时采用无油枕木将构件垫起，构件两侧用木杠支撑，增强稳定性。连接用高强度螺栓须检查其合格证，并按出厂批号复验扭矩系数。长度和直径须满足设计要求。高强度螺栓应自由穿入孔内，不得强行敲打，不得气割扩孔。穿入方向要一致。高强度螺栓由带有公斤数电动扳手从中央向外拧紧，拧紧时分初拧和终拧。初拧宜为终拧的 50%。在终拧 1h 以后 24h 以内，检查螺栓扭矩，应在理论检查扭矩 ±10% 以内。高强度螺栓接触面有间隙时，小于 1.0mm 间隙可不处理；1.0～3.0mm 间隙，将高出的一侧磨成 1：10 斜面，打磨方向与受力方向垂直；大于 3.0mm 间隙加垫板，垫板处理方法与接触面同。梁的拼接以两柱间可以安装为一单元，单元拼接后须检验以下参数：①梁的直线度；②与其他构件（例如立柱）联接孔的间距尺寸。当参数超出允许偏差时，在磨擦面加调整板加以调整。梁吊装时，两端拉揽风绳，制作专门吊具，以减小梁的变形，吊具要装拆方便。安装过程高强度螺栓连接与拧紧须符合规范要求。对于不稳定的单元，须加临时防护措施，之后拆卸吊具。

7. 屋面檩条、墙檩条安装

屋面檩条、墙檩条安装同时进行。檩条安装前，对构件进行检查，构件变形、缺陷超出允许偏差时，须进行处理。构件表面的油污、泥沙等杂物清理干净。檩条安装须分清规格型号，必须与设计文件相符。屋面檩条采用相邻的数根檩条为一组，统一吊装，空中分散进行安装。同一跨安装完后，检测檩条坡度，须与设计的屋面坡度相符。檩条的直线度须控制在允许偏差范围内，超出允许偏差的要加以调整。墙檩条安装后，检测其平面度、标高，超出允许偏差的要加以调整。结构形成空间稳定性单元后，对整个单元安装偏差进行检测，超出允许偏差应立即调整。

8. 其他附件安装

其他附件主要有：水平支撑、拉条、制动桁架、走道板、女儿墙、隔撑、门架、雨蓬、爬梯等。附件安装时，检查构件是否有超出允许偏差变形、缺陷，规格型号应与设计文件相同，安装必须依据有关国家规范进行。

9. 复检调整、焊接、补漆

构件吊装完，对所有构件复检、调整，达到规范要求后，对需焊接部位进行现场施焊，对构件油漆损坏进行修补。

10. 钢结构验收

先组织本单位专业工程师、项目队长、班组长对构件进行自检，发现超出允许偏差的，及时调整。

自检后写书面报告呈交建设单位，请求组织验收，验收合格，可进行屋面板安装。

5.3 劳动组织

一个工作面主要劳动力组织根据本工程特点，拟在施工时配备劳动力如表 5.3 所示，并在施工过程中及时予以调整，确保工期进度需要。

劳动力配备表 表 5.3

工 种	人 数	工作内容
项目经理	1	现场指挥、组织协调
专业工程师	1	全面负责制作安装技术
质量安全员	1	负责工程质量监督和安全生产
工长	2	分别负责制作、安装两组的技术、质量、安全等
电焊工	6	H 形钢焊接、端头板的焊接和现场安装拼焊
机械钳工	4	机械操作、钻孔
起重工	4	H 形钢移动、拼装、吊装
油漆工	5	H 形钢防腐油漆
架子工	10	现场钢构件安装
电工	2	负责制作、安装用电
测量工	2	基础复测、测量放线、检查标高

6. 材料与设备

本工法使用设备见表 6-1。

主要机具设备表 表 6-1

序 号	设备名称	数量（台）	规格型号	备 注
1	直条火焰切割机	1	CG1～3000A	H 形钢下料
2	H 形钢组立机	1	Z15	H 形钢主构件组立
3	龙门焊机	1	LHA	H 形钢主构件焊接
4	翼缘矫正机	1	HYJ－800	H 形钢主构件焊接
5	端头切割机	1	XG－120	端头板下料
6	折弯机	1	W67Y－63T	檩条加工
7	剪板机	1	Q11－8＊2500A	肋板加工
8	摇臂钻	1	Z35A	制孔
9	立钻	1	Z535	制孔
10	磁力钻	2	JIC－ADO2－23	制孔
11	交流焊机	10	BX3－300	H 钢结构焊接
12	碳弧气刨	1	ZXJ	边缘加工
13	开坡口机	1		边缘加工
14	气体保护焊机	2	ND－310CO2/MAG	组立点焊
15	硅整流焊机	2	ZXG－500	焊接
16	半自动切割机	1	CG1－30	下料
17	空气压缩机	3	2V－0.5/8	抛丸机用
18	自动远红外电焊条烘干机	1	ZYH－30	焊条、焊剂烘焙
19	行车	1	10t	吊运
20	行车	1	5t	吊运
21	C 形檩条机	1	HC240	檩条制作

序　号	设备名称	数量（台）	规格型号	备　注
22	喷抛丸机	1	WL—2	除锈
23	汽车起重机	1	QY—8	H 形钢结构安装
24	汽车起重机	1	QY—20	H 形钢结构安装
25	水准仪	1	DZS2—1	检查标高
26	经纬仪		J2	检查轴线
27	漆膜测厚仪			测量漆膜厚度
28	压力机	1	2000kN	矫正
29	超声波探伤仪	1	CTS—22	检测焊缝

我们现从事的 H 形钢结构生产中最常用的材料主要有 Q235 和 Q345 两种，具体规格见表 6-2。

主要材料表　　　　　　　　　　　　　　　　　　　　　　表 6-2

序　号	名　称	规　格	材　质
1	主构件（立柱、屋架梁）	$\delta=10，12，14，16，20，30$	Q235
2	吊车梁	$\delta=8，10，12，14$	Q345
3	檩条	$\delta=2.5，3$	Q235
4	附件	$\delta=8，10$	Q235

7. 质 量 控 制

本工法严格执行《钢结构工程施工质量验收规范》GB 50205—2001、《建筑工程质量检验评定标准》GB 50301—2001、《门式刚架轻型房屋钢结构技术规程》CECS 102—2002、《建筑结构焊接规程》JGJ 81—2002。

7.1　H 形钢制作允许偏差

7.1.1　立柱制作的允许偏差（表 7.1.1）

立柱制作的允许偏差　　　　　　　　　　　　　　　　表 7.1.1

项　目	允 许 偏 差
柱底面到柱端与屋架梁连接最上一个安装孔距离（L）	$\pm L/1500$ ± 15.0
柱底面到牛腿支承面距离（L_1）	$\pm L_1/2000，\pm 8.0$
牛腿面的翘曲	2.0
柱脚底平面度	5.0
墙托的直线度	与"H"形钢中心偏差小于 2.0mm

7.1.2　吊车梁、屋面梁的允许偏差（表 7.1.2）

吊车梁、屋面梁的允许偏差　　　　　　　　　　　　表 7.1.2

项　目		允 许 偏 差
梁长度（L）	端部有凸缘支座板	0 −0.5
	其他形式	$\pm L/2500$ ± 10.0
端部高度（h）		± 2.0
两端最外侧安装孔距离（L_1）		± 3.0
吊车梁上翼缘板与轨道接角面平面度		1.0

7.1.3　构件试拼装的允许偏差（表 7.1.3）

构件试拼装的允许偏差　　　　　　　　　　　　　　　　表 7.1.3

项　　目	允许偏差
跨度最外端两安装孔与两端支承面外侧距离	+5.0 −10.0
接口截面错位	2.0
拱度	$L/2000$（L 为构件长度）
预拼装单元总长	±5.0
节点处杆件轴线错位	3.0

7.2　H 形钢安装允许偏差

7.2.1　主体结构安装的允许偏差（表 7.2.1）

主体结构安装的允许偏差　　　　　　　　　　　　　　　　表 7.2.1

项　　目			允许偏差
柱	柱脚底座中心线对定位轴线偏移		5.0
	柱基准点标高	有吊车梁	+3.0，−5.0
		无吊车梁	+5.0，−8.0
	单层柱垂直度	$H \leqslant 10m$	10.0
		$H > 10m$	$H/1000$，25.0
	弯曲矢高		$H/1000$，15.0
吊车梁	同跨间内同一横截面内吊车梁顶面高差	在支座处	10.0
		在其他处	15.0
	同跨间任一截面的跨距		±10.0
	跨中垂直度		$H/500$
	同列相邻两柱间梁顶面高差		$L/1500$，10.0
	制动板表面平直度		3.0
	制动梁弦杆在相邻节点间平直度		$L1/1500$，5.0
	侧向弯曲		$L/1000$，10.0
	挠曲		+10.0
	安装在钢柱上对牛腿中心线偏移		5.0

7.2.2　围护系统安装的允许偏差（表 7.2.2）

围护系统安装的允许偏差　　　　　　　　　　　　　　　　表 7.2.2

项　　目		允许偏差
立柱	中心线对定位轴线位移	5.0
	垂直度	$H/1000$
	弯曲失高	$H/250$，15.0
檩条	间距	±15.0
	弯曲失高	$L/1000$，10.0
抗风桁架垂直度		$H/250$，15.0

7.3　质量保证措施

7.3.1　组织工程技术人员，认真阅读图纸，确定施工中的关键工序，编制施工工艺卡。进行评定，在制作前对所有构件均在钢平台上放样，量取实际尺寸。

7.3.2 钢结构制作安装过程中，严格执行自检、互检、专检制度，每道工序必须在自检达到标准后，才能进行下一道工序，检验工作落实到人，对不符合质量目标的构件，及时标识返修，杜绝不合格产品流入下道工序。

7.3.3 严格按设计图施工，认真落实岗位技术责任制和技术交底制度，技术交底工作必须简明易懂，实行施工工艺卡制度。施工工艺卡必须注明单项工程技术要点和注意事项，并标明工序和检测内容、标准，使施工工艺卡成为指导该工程的行为规范。

7.3.4 制订严格的材料管理制度，工程所需的原材料、半成品、构件必须是合格供应商提供的优质品，无证产品一律不准进厂。

7.3.5 减少工厂制作的手工焊接，尽量用自动化、半自动焊接，减少现场施工焊接，以保证焊接质量。

7.3.6 制订钢结构发运制度，加强运输过程中质量管理，减少因运输、吊装而产生的变形。

8. 安 全 措 施

8.1 组织学习《钢结构工程施工安全技术规程》等有关规范和法规。

8.2 进入施工现场必须戴安全帽，登高作业必须系好安全带，穿防滑鞋，工具应放置工具包内。

8.3 中小型施工机具，都必须专人使用，专人保养，并挂安全操作牌。

8.4 吊机及各种大型施工机械，使用前要认真检查，确认良好，并经试运转正常后，方可使用。

8.5 吊装作业由专人统一指挥，吊装人员坚持岗位，吊装时设警戒线，吊车起吊时大臂作业范围内严禁站人，起重机械严禁带病作业，严禁非工作人员进入施工区。

8.6 空中吊装时，构件两端要系好风缆，构件上严禁站人。

8.7 吊装第一榀钢架时应搭设临时固定装置，等形成空间稳定结构时，才能拆除。

8.8 钢柱安装登高时应使用钢挂梯或设置在钢柱上的爬梯。

8.9 登高安装梁时，在两端设置挂篮，在梁上行走时，其一侧的临时护拦可采用钢索，用花兰螺丝拉紧。

8.10 构件运输时要绑扎牢固，不得超高、超宽。

9. 环 保 措 施

9.1 将施工场地和作业限制在工程建设允许的范围内，合理布置、规范围挡，做到标牌清楚、齐全，各种标识醒目，施工场地整洁文明。

9.2 生活垃圾集中堆放、及时处理，生活污水设污水池，经沉淀且符合排放标准后排放。施工中各种建筑垃圾、施工弃渣均须按指定的地点堆弃，严禁将废弃物随意堆弃。

9.3 报废材料或施工中返工的挖除材料立即运出现场并进行掩埋等处理。对于施工中废弃的零碎配件、边角料、水泥袋、包装箱等及时收集清理并做好现场卫生，以保护自然环境不受破坏。

9.4 优先选用先进的环保机械。采取设立隔声墙、隔声罩等消声措施降低施工噪声到允许值以下，同时尽可能避免夜间施工。

9.5 对施工场地道路进行硬化，并在晴天经常对施工通行道路进行洒水，防止尘土飞扬，污染周围环境。

10. 效 益 分 析

焊接 H 形钢结构作为一种新兴的建筑结构，现已成为现代企业首选的建筑结构，它与传统的砖混结构建筑相比，具有投资少、造价低、污染少和造型美观以及反复利用等优势，有着良好的社会效益。

在经济效益方面，通过工厂化制作，施工速度快，加快资金周转，提高资金的收益率，因此可降低综合造价3%～5%。采用切割、埋弧自动焊、端头板安装和牛腿安装等专用工装胎具，其中通用性工装4套，临时性工装5套（如檩托定位等），较好地满足了生产的需要，并且提高了工效、保证了质量。现场钢结构吊装借助于吊车，单节或分段吊装并用高强度螺栓进行连接，采用倒链和螺旋千斤顶进行校正，有效控制了结构变形，节约工期。

11. 应 用 实 例

11.1 在2006年12月至2010年9月，我厂承建沈阳地铁1号线一期工程13号街车辆段工程。该工程建筑面积约1200m²，厂房主构件采用变截面，等截面实腹式刚门架，围护采用彩色压型钢板瓦，吊车梁采取成型工字钢悬挂安装，制作质量允许偏差小，安装精度要求高。通过确定多头火焰切割技术参数，解决了下料变形及变形控制问题。保证了下料精度，精确控制了原材料的损耗，减少了原材料采购的投入，节约了采购成本50万元。按期保质地完成了钢结构厂房制作安装任务，顺利通过专家组的验收，工程合格率达100%。

11.2 在2006年12月至2009年10月，我厂承建北方重工集团有限公司H厂房工程。建筑面积84500m²，厂房总长300m，总宽295.35m。本工程围护系统屋面板、墙面板均为双层、双面镀铝锌板，每平方米双面镀铝锌量≥150g，外表面采用HDP高耐久性聚酯涂层，外板厚度为0.6～0.8mm，内板厚度为0.4mm；屋面、墙面设保温层，保温材料为100mm厚离心玻璃超细保温棉；砌体采用M5混合砂浆砌烧结多孔砖；门采用木门和金属门，窗采用金属窗；屋面檩条、墙面檩条均采用C形钢。采用切割、埋弧自动焊、端头板安装和牛腿安装等专用工装胎具，其中通用性工装四套，临时性工装五套，较好地满足了生产的需要，并且提高了工效、保证了质量。节约成本85万元。焊接工艺试验研究成果解决了制造、组装施工中的焊缝焊接问题，为生产进度和工程质量提供了重要的工艺技术保证。工程竣工后各项指标、性能的验收，均达到了验收的标准。不仅在使用上得到了良好的保证，在环境外观上也达到了用户满意的效果。

11.3 在2008年5月至2011年3月，我厂承建新建铁路上海动车段四线检查库工程。新建铁路上海动车段四线检查库工程位于沪杭线K13+100～K13+568内，建筑面积21510.3m²。本工程四线检查库横向跨度43.75m，其中AB跨10.25m，BC跨33.5m，纵向长度468m，跨距均为9m。H形钢立柱与预埋在承台内的地脚螺栓相连，主体结构为H形钢立柱（H700×400×12×22）支撑拱形钢桁架（上、下弦均为H300×300×10×15，腹杆为H150×150×6×8），钢结构主体在14、27、40轴各设一道伸缩缝。主要钢构件钢柱、钢梁等材质为Q345B，次构件如檩条、水平支撑、柱间支撑、系杆等支撑系统材质为Q235B。本工程施工难度大，通过采用本工法，有效地控制了钢结构变形，确保了工程质量、安全、快速地完成了任务，竣工后施工各项技术指标符合要求，并取得了良好的经济效益和社会效益，受到了建设单位的好评。

大型仿古建筑混凝土结构构架施工工法

YJGF47—2002 （2009～2010 年度升级版- 022）

山西省第一建筑工程公司

张兰香　白少华　李卫俊　王跃立　李止芳

1. 前　　言

木构架、斗拱、坡屋盖是中国古代建筑的基本特征，随着时代的发展，经过不断地创造，逐渐形成了世界上独一无二的建筑体系和独特风格。其中采用榫卯连接把各种不同形状的木构件组合安装在一起，形成独特的木构架结构体系；其次最显著的特征是屋盖与立柱间过渡的斗拱。随着对传统建筑的继承和创新，在一些新建、复建的古建筑工程中，多采用钢筋混凝土结构代替部分木构架形成了现阶段的仿古建筑。为了达到油漆彩绘之后与木构架相同的效果，对仿古构件的制作与安装以及现浇古构件的质量及艺术表现效果提出了很高的要求。

近年来，我公司先后在永济鹳雀楼复建工程（2002 年），临汾市尧庙华门（2005 年），运城市人民公园熏风楼（2007 年），甘肃泾川大云寺博物馆管理接待中心（2009 年）等工程中，采用了大型仿古建筑混凝土结构构架施工工艺，取得了良好效果。《大型仿古建筑混凝土结构构架施工工法》形成于 2002 年，2003 年并荣获了国家一级工法（YJGF47—2002），后经过多项工程中的进一步完善总结，形成了一整套成熟的施工方法，在现代仿古建筑施工中具有很好的推广应用价值。

永济鹳雀楼复建工程于 2002 年竣工，由于该工法的成功应用，施工质量优异，2003 年获得最高质量奖—鲁班奖；四新技术和技术创新的成功结合，2003 年获得了“建设部重点实施技术示范工程”，2004 年又获得了“詹天佑土木工程大奖”。该工法还在公司后续承接的临汾华门（2005 年），运城文化广场熏风楼（2007 年），甘肃泾川大云寺博物馆管理接待中心（2009 年）等工程中成功应用，取得了良好效果。在成功应用该工法的同时进一步完善总结，形成了升级版的《大型仿古建筑混凝土结构构架施工工法》，该工法关键技术于 2010 年 12 由山西省住房和城乡建设厅组织专家进行鉴定，评价该关键技术水平达到国内领先水平，并于 2011 年 3 月荣获山西省省级工法（SJGF11—14—02）。该工法在现代仿古建筑施工中具有很好的推广应用价值。

2. 工 法 特 点

采用大型仿古建筑混凝土结构构架施工工艺，能完整体现柱、枋、檩、斗拱、椽飞、角梁、屋盖等古建筑元素，是应用现代建筑材料、通过现代施工技术和施工工艺建造完整木构架特征的混凝土仿古建筑的施工方法。与后焊接安装斗拱的结构相比，其结构更加安全。与传统木结构相比，可节约森林资源保护环境，减轻消防控制负荷，同时可解决防虫、防腐等问题。

仿古构件制作、安装、预制与现浇多层叠合施工及节点处理是施工中控制的重要工序。节点处的分层流水，构件安装与现浇部分的交叉施工、搭接工艺的有序分解，仿古构件的有效组合，同层构件标高的合理控制，使得构件层次清晰、受力明确、结构安全可靠、施工操作灵活、工效显著。

3. 适 用 范 围

本工法适用于体现柱、枋、檩、斗拱、椽飞等古建筑元素的各类仿古建筑混凝土结构构架施工。

4. 工 艺 原 理

此工艺是根据木构架的层次分解构件，按结构的受力情况做成清水混凝土的单体构件（代替木制斗拱）。预制构件安装采用浇筑混凝土与现浇构件连接（代替木构件榫卯安装），经过预制、现浇多层叠合施工，使其形成具有古建筑特点的刚性混凝土结构构架，当古建筑吊顶以下部分为明袱作法时，则要求仿古建筑吊顶以下各构件为清水混凝土。仿古建筑结构构架的清水混凝土经过油漆彩绘之后要达到木构架的整体艺术效果。

5. 施工工艺流程及操作要点

5.1　施工工艺流程（图5.1）

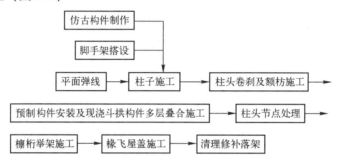

图5.1　大型仿古建筑混凝土结构构架施工工艺流程图

5.2　操作要点

5.2.1　平面弹线

结构施工前，平面放线，要设十字中线控制桩、外槽轴线控制桩、主楼外转角45°控制桩。各层施工前用激光经纬仪将十字中线，外槽轴线投测到楼面上，放出各轴线位置，角柱轴线放出后，用45°角控制线校核，无误后弹各轴线，并将角柱的45°线随之弹出。

5.2.2　柱子施工

1. 弹柱边控制线

根据模板情况，弹放柱边控制线，每侧宽出模板边100mm，以利检查、校正模板。

2. 绑柱钢筋

竖向钢筋采用直螺纹连接，箍筋采用螺旋筋。设主筋定位卡，控制主筋位置。在柱头卷刹处、柱主筋变位处，放内、外双定位卡，就位钢筋。

3. 支柱模板

根据柱边控制线，安放柱模（钢模）校正，并用钢管架子固定。注意有侧角柱的柱边控制线为双控线，确保有侧角柱的柱头偏侧方向及位置准确一致。

4. 浇混凝土

混凝土采用塔吊运输及泵送均可，每500mm高振捣一次，防止漏振。用泵送时，泵管架子不得与柱模架子相连，防止泵管振动影响柱子位置的准确性。浇筑高度至额枋底。

5.2.3　柱头卷刹及额枋施工

柱头卷刹时代性较强，要根据建筑年代设定。如：唐代建筑的柱头卷刹为平剖圆形，立剖为双曲线的曲面。模板加工难度较大，可根据工作量的大小，制作钢模或木模。

1. 支额枋底模

柱子拆模后，将楼层500mm标高线用水平仪抄至各柱，并将轴线引至各柱（包括45°线）。搭设模板架子铺底模，可在钢模上再铺光洁度好的覆面竹胶板，满足清水构件表面观感的要求。

2. 穿额枋钢筋及栌斗钢筋

根据标高及轴线位置，找准额枋钢筋位置（注意圆柱主筋的变位影响），编号穿筋。在柱头处还应将上部栌斗竖向变形筋就位（注意在柱内的锚固长度）。

3. 支额枋侧模及柱头模板

柱头模板在卷刹下部为局部圆形，与额枋侧模相接，圆模上部与卷刹模板相接。用钢制卷刹模板时在下面法兰处应留螺栓孔与圆模相接、确保卷刹位置。额枋侧模用钢模或胶合模板（注意与卷刹相接处是曲线相交），满足清水模板要求。

4. 浇混凝土

此段混凝土浇筑，要注意标高准确、确保卷刹与栌斗相接处高度一致，混凝土的竖向留槎可设在柱与额枋相交处。

5.2.4 构件制作

1. 模板试制、验收、制作与安装

1）模板试制采用木模

（1）斗模板制作，斗的外侧模板分两组四片组成，每片 50mm 木板上贴敧高部分曲线反模制成，其中一组斗模板的长度为：斗的上宽加另一组模板厚再加开口固定长度，另一组斗模板的长度为：斗的上深加榫长（两组模板相交处长模板的开槽深度），如图 5.2.4-1 所示。

（2）拱模板制作，拱模板也分为四片制作，两侧面为成对模板，预留筋处用堵头模，拱头卷刹处，不论拱辦多少均做成整模。侧模是在 50mm 木板上贴反刻拱眼，拱头卷刹宽度为拱宽（材宽），如图 5.2.4-2 所示。

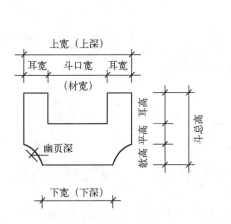

图 5.2.4-1　斗模板位置关系图

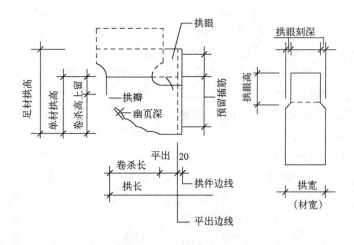

图 5.2.4-2　拱模板位置关系图

2）试制模板验收：模板制作好后，按设计尺寸仔细检查，斗应注意敧高、幽页（yao）深处的曲线。拱应注意拱头卷刹、各拱辦曲线、幽页深及拱眼刻深，分片检查之后，进行组装，试浇素混凝土构件一个，拆模后，除检查各尺寸外，设计人员验收构件的艺术效果，不满足艺术效果时，设计人员修订个别尺寸。斗、拱外形满足艺术效果时所用的模板，即可作为样板模板。

3）施工用模板制作：按斗、拱的样板模板制作施工用模板。使用次数多的特殊部位模板可作成工具式钢模板。配模数量根据构件数量、工期及加工场地、能力而定。

4）模板安装

（1）斗模板安装。预制场地要平整，并铺放表面平整度好的钢板或竹面胶合板。核对钢筋半成品。核对斗模板种类。支斗模板并在斗的长模端头开双口用木拉板卡在开口处固定侧模，上口固定是在安完预留洞芯模及斗模板后用内顶、外卡方法固定。注意斗心预留洞的模板要毛面且有稍度，便于脱模。

（2）拱模板安装。选择拱头卷刹模板，放于光洁度好的底模（钢模、竹胶板、钢板均可）上。安放拱钢筋半成品（注意核对构件种类）。合拱侧模，并安放拱堵头模板，拱的侧模在两端头开双口用木拉板卡在开口处固定。拱与斗连体制作时，拱侧模是带斗模的组合模板，按上述顺序合完模板后，安放斗钢筋半成品并加斗心预留插筋，再安一组斗的短模，拱侧模外再垫木方与斗模外皮垫平，并用大木方加对拉螺栓夹板式固定。斗口处内顶、外卡固定。

2. 钢筋制作、绑扎

1）斗、拱钢筋均为异形钢筋，制作前先用三合板放出斗、拱1∶1剖面大样，画出钢筋位置。

2）钢筋成型时比照大样图制作、编号并标识堆放，注意拐点及曲线矢高。

3）斗、拱钢筋绑扎。按照图纸要求，仔细核对钢筋的规格种类，确认无误后，按构件种类分批进行绑扎、验收，并按构件种类分别标识、堆放。使用时，按设计保护层厚度垫放塑料成品保护层垫块。

3. 浇筑混凝土

1）配合比设计：混凝土原材经取样、试配后，其施工原材料和技术参数应相对固定，并以此来减小混凝土构件观感色差。

2）混凝土浇捣：混凝土经机械搅拌后，水平运输至浇筑地点。入模后用振捣棒振捣密实。为减少构件表面气泡，采用二次振捣法施工。

4. 构件修补、标识、验收、弹线

混凝土终凝后，即可拆除构件侧模，此时混凝土还没有强度，拆模时要特别小心，尽量避免磕碰构件楞角。拆下的模板要刷脱模剂备用。拆模后随即用刮刀取界面剂的稀释液调制成颜色与混凝土基本相同的水泥腻子对构件表面的气泡、麻面等进行修补，注意不得使楞、线变形。修补砂浆终凝后进行养护，7d后用砂布将构件表面磨光。并将构件种类标识在非明露面。构件验收按后面制定的质量标准进行验收。验收合格的构件，按上架要求，将中线及相关控制线弹在构件表面，按平面布置分类堆放。

5.2.5 脚手架搭设

脚手架除满足规程外，尚应满足下列条件：

1. 脚手架杆不得遮挡各控制线。

2. 脚手架杆要躲开所安构件及现浇构件的位置。

3. 检查安装用脚手架的稳固性，必须达到牢固、稳定并设置安全防护。

4. 检查构件安装的稳固措施是否到位。

5.2.6 构件安装

1. 构件就位

1）核验构件种类，确认无误后，吊至安装处。

2）将拱底中线对准柱相应轴线安放，安放时注意拱预留筋插入圆柱筋内的位置（圆柱筋先绑扎），调整钢筋位置，保证构件校正有余量。

3）临时固定。构件基本到位后，调整钢架管、扣件锁定，在构件与钢管接触处先用木楔等稍软东西垫设，临时固定后即可摘钩。

2. 构件校正、固定

1）构件校正按标高、轴线、控制线进行：先校正构件的标高、再校正中线，基本符合要求后，再检查构件的垂直度、平直度及构件的控制线（构件的进出错位），进行构件的二次调整，同时还需对多层构件者进行垂直对齐校正，均符合要求后，进行初验收。在单柱头上分层构件校正好后，应与相对应的柱头上相应构件相互校核，确认允许偏差达到要求后即可固定。

2）固定

（1）人字拱固定：将人字拱上埋件与下部额枋上埋件先点焊固定。之后再次检查各控制线，确认允许偏差不超标时，再进行满焊。

（2）其他构件固定：斗、拱、枋等构件均与现浇构件相连，其固定在现浇构件的钢筋、模板检查无误后，浇筑混凝土予以固定。

5.2.7 现浇异形混凝土构件施工

1. 现浇构件异形模板的试作

1）现浇拱模板同预制拱构件制作模板。

2）隐刻枋模板：采用胶合板作基面，上贴反刻木模制成。

3）月梁模板：月梁是古建筑构架中明栿的一种梁，其据年代及地域不同形式大不相同，基本均为曲面组合与相交或相切。要做成混凝土构件，模板制作难度很大。由现场据设计图纸放 1：1 大样、试作、经设计人员认可后，进行正式模板批量制作。模板表面刮腻子、刷油漆保证其顺光密实。

2. 异形钢筋的制作安装

根据构架分解情况，理清钢筋所在位置，并根据编号放样，局部采用 1：1 样板协助制作。个别钢筋弯折部分穿透多层构件，绑扎时，要注意先固定穿层多的主筋，最后穿单层平筋及箍筋，在绑扎箍筋时，要注意有构件通过时，先按箍筋数量放好，待构件就位后再绑扎。在封模板前按设计保护层厚度垫设成品塑料垫块。

3. 模板安装

根据构件分层情况，先支底模，待钢筋绑扎完、同层构件以及与之相连的预制斗安装完后，支安侧模。由于构件所处位置不同，大多数侧模是分多片（构件影响）或是多处开口。支放时要注意保证构件安装位置不能动，修整校正模板，然后就位，模板就位后，要再次校核构件位置，确认无误后，堵塞模板缝。加固时架管不得阻挡各控制线，也不得占用上部构件位置。

4. 浇筑混凝土

现浇部分构件大小不一，浇筑时不得用吊斗直接下放混凝土拌合物，要制作特形溜槽或簸箕使混凝土拌合物到位。振捣时要注意，不得在模板上振。要快插慢拔保证混凝土密实。

5.2.8 柱头节点处理

1. 节点处应处理好结构与艺术的统一。须在施工层的划分、模板接缝、构件接槎等细部采取有效的措施来控制。

2. 预制构件的制作打破了木结构榫卯联结的常规，分体的斗拱可整体制作，对称的令拱等可连件制作，与现浇构件连接处，可"吃"入 10mm，保证成形后线条的整体性。

3. 节点处构件的连接，锚固、焊接工序必须经验收后，方可转入下道工序施工。

4. 各节点施工缝处，模板拆除后及时凿毛，用高压水清理干净，合模前再次清理并润湿。

5. 因仿古结构柱头构造的特殊性，柱子不能一次施工到顶，需留设多道水平施工缝。应在第一道施工缝处，增加竖向构造加强筋至柱顶。

5.2.9 檩桁举架及椽飞屋盖的施工

1. 檩桁举架及椽飞屋盖施工顺序应遵循先下后上、先里后外、先四角、后前檐的原则。首先施工檩桁举架部分的梁架，其次进行椽飞及整体屋盖的施工，檩桁举架及椽飞屋盖各节点如图 5.2.9 所示。

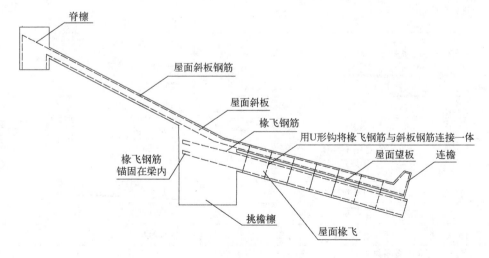

图 5.2.9 檩桁举架及椽飞屋盖节点图

2. 屋盖横剖是折线形，纵剖两端头翘起。支设模板时，轴线、檩桁线位置须准确，注意拐点位置，满足屋面的变坡要求。对吻件、宝顶等安装位置定位要正确，并应予埋好铁件、扶脊桩，以便瓦件的连接固定。同时注意各部位的避雷系统应与安装人员密切配合，不得遗漏。

3. 椽飞与屋盖板整体支设模板，一次浇筑成型，椽、飞、连檐模板配制先按设计图放大样，经复核无误后，即可按样板制作足尺单体模型，翼角部位应制作一个 1∶1 的整体模型，保证四个翼角的平出起翘一致。因屋盖板是斜坡作业，下滑的推力较大，模板固定必须牢固，模板的立面同椽头，内退 3cm，留出雀台线。

4. 屋盖板混凝土施工操作的难度很大，绝不能用平面施工的方法操作。一要严格控制坍落度，二要自下而上交圈浇捣，严格控制平整度。屋面坡度小时，直接用小型振捣器振捣密实，并及时修坡；屋面坡度大时要分段支上模，也用小型振捣器振捣密实。终凝后即可拆除上模，认真养护。并应注意斜坡作业安全。

5.2.10 清理、修补、落架

在架子拆除前，要对所有构件进行清理，发现气泡、麻面等缺陷随即修补，并用磨光机打磨平整光滑。待检查验收后即可落架。拆架时要特别注意安全及成品保护，只能下传，不得乱掷，以免砸坏构件。

5.3 劳动力组织

本工法在组织实施时，采用流水作业、交叉施工，木工班、混凝土班、构件安装班、钢筋班根据施工进度由工长做好工序协调工作，统一安排、分段作业、流水施工。作业人员根据工程规模及古建筑物构造复杂难易情况而定。

6. 材料与设备

本工法无需特别说明的材料，采用的主要机具见表 6。

机具设备表 表 6

名　称	规　格	数　量	用　途
混凝土搅拌机		1	混凝土搅拌
插入式振捣器		2	浇筑混凝土
钢筋冷拉机		1	加工钢筋
钢筋切断机		1	加工钢筋
钢筋弯钩机		1	加工钢筋
自升式塔吊		2	吊装构件、机具等
交流电焊机		2	焊接钢筋、埋件
混凝土磨光机		1	混凝土表面修理
水平仪		1	控制标高
激光经纬仪		1	控制轴线
质量检测仪器		一套	质量检查验收
木工工具	包括细木工具	一套	加工模板
钢筋定位卡	自制		固定钢筋
异形钢模板	自制或外加工		柱头卷杀、拱卷刹等
曲线样板	自制		检查曲面用
活尺或直边薄塑料板			曲面划线

注：表中数量可根据工程大小适度调整。

7. 质 量 控 制

7.1 工程严格执行《建筑工程施工质量验收统一标准》GB 50300－2001、《混凝土结构工程施工质量验收规范》GB 50204－2002。

7.2 在国家规范及行业标准中，没有大型仿古建筑混凝土结构构件的制作和安装验收标准，原工法结合《古建筑修建工程质量检验评定标准》（北方地区）CJJ 39－91 和工程具体情况制订了企业标准，现又结合《清水混凝土应用技术规程》JGJ 169—2009，修订了企业内控标准，并以此进行质量控制，企业标准需经相关方认可后用于施工验收。

7.3 混凝土仿古构件制作的检验标准

7.3.1 主控项目与普通混凝土构件相同，外观质量符合普通清水混凝土技术标准要求。

7.3.2 允许偏差（表 7.3.2-1、表 7.3.2-2）

混凝土仿古构件斗制作　　　　　　　　　　　　　　　　　　　表 7.3.2-1

检测项目	允许偏差（mm）	检测项目		允许偏差（mm）
上宽	3	平高		0，－3
上深	3	敲高		3
下宽	3	深		3
下深	3	斗口宽	前	0，+3
总高	3		后	0，+3

混凝土仿古构件栱制作　　　　　　　　　　　　　　　　　　　表 7.3.2-2

检测项目		允许偏差（mm）	检测项目		允许偏差（mm）
拱厚	前	3	拱瓣幽页深		3
	后	3	拱头卷刹总长	竖	3
拱高		0，－3		平	3
拱长		3	分瓣卷刹长度	竖	3
拱眼刻深				平	3

7.3.3 主控项目

1. 构件的钢筋、混凝土强度等级符合设计要求，材料合格证、试验报告、混凝土强度报告均归档备查。

2. 构件的型号、位置、锚固必须符合设计要求、且无损坏变形、构件标识在非明露面。

3. 构件安装按分解层次有序进行。

4. 构件安装焊接牢固，搭接长度、焊缝长度均满足要求。

5. 构件接头处混凝土振捣密实、认真养护，强度满足设计要求。

6. 构件接缝处外观线条顺直、美观。

7.3.4 允许偏差项目（表 7.3.4）

混凝土仿古构件安装　　　　　　　　　　　　　　　　　　　表 7.3.4

项　目	允许偏差（mm）	备　注
轴线位移	3	
标高	3	
垂直度	3	斗、拱身侧立面垂直
构件平直度	5	同层构件拉通线
构件进出错位	8	拱身出跳长度、拉通线或以间为单位拉通线
构件垂直对齐	5	同侧面、垂直面、同类构件吊线检查

8. 安 全 措 施

8.1 认真贯彻落实安全生产责任制、安全生产规章制度和操作规程，组织制订针对性安全事故措施，消除安全事故隐患。

8.2 本工法施工的主要专业工种起重工、电焊工、架子工，各工种必须持证上岗；木工、仿古构件安装工均为古建熟练专业技术工，具体人员以工程规模大小而定。

8.3 按操作规程要求认真检查所使用机电设备及工具是否漏电，机具不得带病作业，非机械操作人员不得上机操作。

8.4 上架安装构件的人员，要按照安全规定佩戴安全带，上架操作人员要穿绝缘防滑鞋。

8.5 垂直运输构件要设专人指挥，防止高空滑落、坠落等事故。

8.6 层间操作平台、架体外围要铺脚手板，挂安全网，按标化工地进行安全防护。

8.7 构件安装用脚手架要有专项方案、有交底、有验收记录，验收合格，安全稳固后方可上人作业。

8.8 构件安装要有专项方案，方案中必须要有应急预案部分。

8.9 交叉作业量大，加强个人安全防护意识，戴好安全帽。

8.10 六级风以上，高空作业禁止施工。

9. 环 保 措 施

9.1 运用 ISO 14000 和 ISO 18000 管理体系，实施绿色施工，科学管理和技术进步，最大限度地节约资源与减少对环境负面影响的施工活动，实现"四节一环保"。

9.2 在工程施工中严格进行过程管理，加强对材料、设备、废水、生产生活垃圾的控制和治理，最大限度地节约资源、保护环境和减少污染。

9.3 根据施工进度、库存情况等合理安排材料的采购、进场时间和批次，减少库存。

9.4 采取技术和管理措施，优化方案，精确配料，合理用材，提高材料的利用率和周转率。

9.5 在施工组织设计中，合理安排施工顺序、工作面，以减少作业区域的机具数量，相邻作业区充分利用共有的机具资源，提高各种机械的使用率和满载率，降低各种设备的单位耗能。

9.6 设立专用集水坑、沉淀池，对废水进行集中处理，防止在施工现场乱流影响环境。

10. 效 益 分 析

10.1 仿古建筑混凝土结构代替传统的木构架形式，综合环保、资源、经济、技术、艺术方面，具有深远的社会效益。

10.2 仿古建筑混凝土构件模板的设计决定着构件的质量及艺术水平。曲线部分采用特制工具式钢模，易于保证工程质量。

10.3 混凝土斗、拱连体制作，可减少安装工作量，加快安装速度。

10.4 钢筋混凝土仿古建筑，部分构件采用予制安装，与全现浇结构相比，施工灵活、方便，可加快施工速度。

10.5 仿古建筑中，混凝土构件安装采用了组合式的刚性连接节点，代替了古建筑木结构构件的榫卯安装，提高了结构的安全度、耐久性。

10.6 利用混凝土的可塑性，采用现代施工工艺满足多件仿古构件艺术线条的统一，同时还可以达到木构架的总体艺术效果。

11. 应 用 实 例

11.1 永济鹳雀楼复建工程于 2002 年 9 月竣工，是一个规模、难度较大的钢筋混凝土框架剪力墙结构的仿唐式三层四檐古建筑。建筑总高 73.9m，古建筑面积为 8222m²。工程采用钢筋混凝土予制古建筑斗、拱、枋安装及现浇圆柱、月梁、枋组合成的一座古典式建筑。混凝土表面平整光洁、曲线优美、尺寸一致、不再进行抹灰装饰。使彩绘在混凝土构件表面处理后，直接进行。鹳雀楼复建工程中用材之大（斗口、拱宽达 280mm），安装难度之大（单个拱件达 100kg 以上），且安装数量也多（仅斗有19 种 5700 余件、拱有 21 种 2900 余件，加上枋总计有 1.1 万件之多），尚属国内少见。由于予制混凝土斗、拱质量优异，为构件安装分项和整体工程质量达优创造了良好的条件。工程先后荣获"詹天佑土木工程大奖"、鲁班奖、"建设部重点实施技术示范工程"、全国优秀质量管理小组等荣誉称号，并受到多位来过现场的古建专家的好评，达到了木构架所表现的艺术效果。同时企业也取得了良好的经济效益，仅异型模板设计就节约木材 255m³，节省投资 42.74 万元。

11.2 运城市人民公园熏风楼于 2007 年 10 月竣工，为框架混凝土结构仿唐建筑，重檐十字歇山屋顶，建筑高 22.1m，建筑面积 2178m²。施工中采用"分段分层流水，节点组装，预制、现浇构件叠合施工"工艺，预制构件制作精细，与主体结构连接严密牢固，仿古构件的艺术效果符合唐代建筑的风格，并受到设计、建设、监理单位及古建专家的高度评价，该建筑已成为运城市的地标性建筑之一。

11.3 甘肃泾川大云寺博物馆管理服务中心于 2009 年 10 月竣工，建筑包括迎宾门、接待中心大门、贵宾厅等建筑，建筑形制均为仿唐风格，混凝土结构，建筑面积约 3378m²。其中斗拱、额枋、椽飞均采取现浇混凝土施工方法，工程中很好地把握建筑和结构构架的特点，分层流水叠合施工，将各种仿古构件合理有效组合，过程严格控制，满足了仿古建筑普通清水混凝土的艺术要求，工程进一步总结完善了椽飞与屋盖现浇混凝土结合施工方法，改进了预制椽飞在安装时与连接点控制难、艺术效果不好的缺点，结构的抗震性也得到了可靠的保证。

以上工程采用大型仿古建筑混凝土结构构架施工工艺，使得构件层次清晰、受力明确、结构安全可靠、施工操作灵活、工效显著。再现了传统建筑木构架的艺术。

高舒适度低能耗建筑干挂饰面幕墙
聚苯复合外墙外保温施工工法

YJGF55—2002（2009～2010 年度升级版-023）

北京建工博海建设有限公司　浙江大东吴集团建设有限公司

蔡晓鸿　姚新良　刘凤鸣　孙书森　王强

1. 前　　言

北京建工博海建设有限公司（原北京建工集团有限责任公司总承包二部）于 2002 年完成的国家级工法《高舒适度低能耗建筑干挂饰面砖幕墙聚苯复合外墙外保温施工工法》，是首例应用于我国的高舒适度低能耗建筑的关键配套技术。

多年来，北京建工博海建设有限公司联合浙江大东吴集团建设有限公司在原有国家级工法的基础上进行了深入的研究与应用，从选材、构造做法等方面又有改进和创新，形成了本工法。其中保温层由模塑聚苯板改为挤塑聚苯板，保温效果更好；保温层施工由粘贴式改为模板内置式，施工速度更快；保温层表面新增一层杜邦膜防潮层，有效起到防潮和保护作用；饰面层由饰面砖改为装饰铝板，装饰效果和耐久性更好；饰面层与保温层之间流动空气层由 90mm 改为 97mm 厚，更利于隔热和干燥，并有显著的隔声效果。经实测，万国城北区（当代 MOMA）工程墙体主体部位综合传热系数 K＝0.343W/m³·K，较原有工法的外墙综合传热系数（0.53 W/m²·K）有明显降低，其热工性能接近欧洲标准，其全年采暖能耗指标为标准煤 6.34kg/m²，而北京市规定的节能 65％住宅全年采暖能耗为 8.82kg/m²，相比之下又节约近 30％，达到节能 75％的标准，减少了室外气候对室内环境的干扰，降低了建筑物能耗。本工法还在北京安宁庄西路住宅小区工程（上地 MOMA）和湖州市港航管理局航道养护中心和船员训练基地工程成功应用。

本工法是万国城北区（当代 MOMA）工程的主要科技成果之一，于 2009 年 2 月通过了北京市住房和城乡建设委员会组织并主持的科技成果鉴定，成果总体上达到了国际先进水平，现已申报 2010 年北京市科学技术奖。万国城北区（当代 MOMA）工程于 2008 年通过了美国 LEED-ND 认证，并获纽约建筑师协会可持续发展建筑奖、中国土木工程詹天佑奖优秀住宅小区金奖、北京市建筑业新技术应用示范工程、北京市建筑长城杯金奖等。

2. 工 法 特 点

2.1 外墙保温改为导热系数小于 0.028W/(m²·K) 的 100mm 厚挤塑聚苯板，保温效果更好。

2.2 保温层表面新增一层杜邦膜防潮层，有效起到防潮和保护作用。

2.3 外墙饰面层改为装饰铝板，采用干挂技术通过钢龙骨与结构预埋件连接，提高了饰面的耐久性和装饰效果。

2.4 饰面层与保温层之间的流动空气层改为 97mm 厚，更利于隔热和干燥，并有显著的隔声效果。

2.5 与其他外保温形式相比，本工法保温层施工由粘贴式改为模板内置式，装饰铝板工厂加工，现场组装，其施工速度快、工期短，现场无大量湿作业。

2.6 本工法辅以 ALUK 三腔断热铝合金窗、外遮阳和屋面保温等外围护系统，并配合天棚低温辐射采暖制冷等系统，可做到不安装空调暖气等大功率高能耗设备，给居住者创造出舒适的温度环境，从而使高舒适度超低能耗建筑得以实现。

3. 适 用 范 围

适用于现浇混凝土剪力墙结构，采用天棚低温辐射采暖制冷技术不设空调暖气或采用其他采暖制冷方式的，外檐为干挂饰面的各类建筑。

4. 工 艺 原 理

本工法在原有国家级工法的基础上有改进和创新，外墙外保温系统由干挂饰面幕墙装饰铝板、97mm厚空气层、防潮层、100mm厚保温层、400mm厚混凝土墙体组成。外墙保温层施工采用模板内置式，保温材料选用导热系数小于 0.028 W/（m² · K）100mm 厚的挤塑聚苯板，安装牢固，施工速度快，保温效果好；保温层表面新增一层杜邦膜防潮层，起到有效防潮和保护作用；外墙饰面层为装饰铝板，装饰效果好，施工便捷；饰面层与保温层之间留有 97mm 的流动空气层，利于隔热、干燥保温层，并有显著的隔声效果。其经实测，墙体主体部位综合传热系数 K＝0.343W/m² · K，其热工性能接近欧洲标准，在满足北京市居住建筑节能 65％标准的基础上再节能约 30％，达到节能 75％的标准，降低了室外气候对室内环境的干扰，为热舒适度、声舒适度、光舒适度、节能性等各项指标提供了可靠保障。

复合外墙外保温系统设计构造见表4，剖面图见图4。

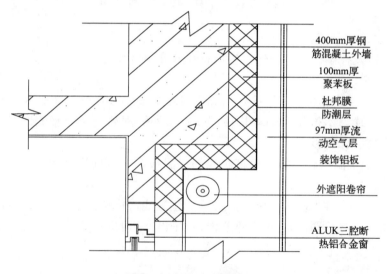

图 4　复合外墙结构剖面图

复合外墙外保温系统构造　　　　　　　　　　　　　　　　　　　表 4

结 构 外 墙		钢筋混凝土外墙
保温层	保温板	100mm 厚挤塑聚苯板
	防潮层	杜邦膜防潮层
	空气层	97mm 厚流动空气层
饰面层	龙骨	主龙骨预埋件、主龙骨连接件、主龙骨、次龙骨
	饰面	铝板

5. 施工工艺流程及操作要点

5.1　工艺流程

保温板放样 → 测量放线 → 保温板安装 → 预埋件安装 → 模板安装 → 混凝土浇筑 → 模板拆除 → 局部处理 →

结构及预埋件检查 → 杜邦防潮膜安装 → 转接件安装 → 幕墙铝板龙骨安装 → 装饰铝板安装 → 验收

5.2　操作要点

5.2.1　保温板放样

根据使用部位不同，采用不同规格挤塑聚苯板。在墙体大面处采用标准板块；阳台、窗口、门洞等处根据实际尺寸裁剪，编号并翻样，现场安装人员按放样图进行现场加工。保温板沿 600mm 方向两侧和阴阳角处均做企口搭接，企口尺寸为 25mm。见图 5.2.1。

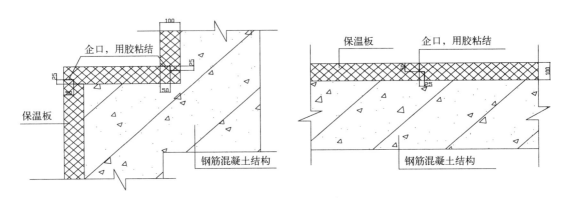

图 5.2.1　外墙外保温采用企口连接

5.2.2　测量放线

在楼板上放出轴线及控制线，控制保温板位置和外墙厚度尺寸。

5.2.3　保温板安装

1. 绑扎完墙体钢筋后，应在外墙钢筋外侧绑扎混凝土垫块（规格为 30mm×30mm），梅花形布置，每平方米板内不小于 6 块，不得使用塑料垫块，以确保外侧钢筋与保温板间距满足混凝土保护层的厚度，然后按照放样图拼装保温板。

2. 先安装阴阳角处保温板，再安装角板之间的保温板，企口处用聚苯胶粘结，在接口处两侧内部用垫块垫平，保证接槎平整。

3. 保温板拼装就位后，在保温板上放出插接栓的位置线，将插接栓穿过保温板，伸入墙体≥50mm，梅花形布置，每平方米 8 个，其尾部与墙体钢筋作临时固定。见图 5.2.3。

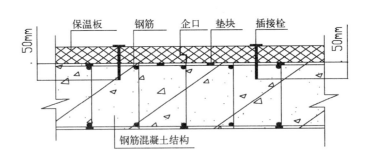

图 5.2.3　保温板插接栓安装

4. 现场保温板需涂刷隔离剂进行保护，保证外墙外保温的良好性能和防火隔离要求。

5. 保温板间的防火隔离带施工应结合设计要求与保温板的施工同步进行。

5.2.4　预埋件安装

保温板安装完毕后，安装幕墙槽式预埋件，预埋件穿过保温板锚入混凝土结构中，锚入深度应满足设计要求，其表面与保温板外皮一平，并粘贴透明胶布与保温板固定。安装后应对安装位置进行测量检查，保证安装精度。见图 5.2.4。

5.2.5 模板安装

1. 按保温板厚度确定角模、平模配制尺寸、数量，宜采用大模板施工。

2. 在安装外墙外侧模板前，须在现浇混凝土墙体的根部采取可靠的定位措施，以防模板挤靠保温板。

3. 将模板放在三角平台架上就位，模板底部要与下层保温板搭接 100mm，然后从内向外穿螺栓紧固校正，连接必须严密、牢固，以防出现错台和漏浆现象，严禁在墙体钢筋底部布置定位筋。宜采用模板上部定位。

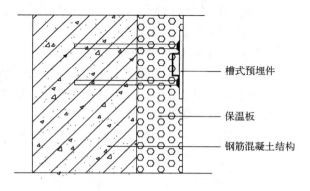

图 5.2.4 幕墙预埋件安装

5.2.6 混凝土浇筑

1. 在混凝土浇筑前，应在保温板顶面槽口处连同外模板扣上金属"Π"形保护"帽"。

2. 振捣棒移动水平间距宜为 400mm，严禁将振捣棒紧靠保温板进行振捣。

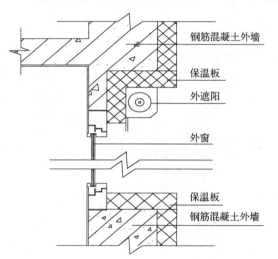

图 5.2.8-1 门窗洞口保温节点

5.2.7 模板拆除

1. 常温施工时墙体混凝土强度能保证其表面积棱角不受损伤，冬季施工中不应低于 4.0MPa 及达到混凝土设计强度标准值的 30%，方可拆除模板。

2. 应先拆除外墙外侧模板，再拆外墙内侧模板，并及时清理墙面混凝土边角和板面余浆。

5.2.8 局部处理

结构施工完后，需对局部无法采用模板内置保温板施工的部位进行处理。

1. 门窗洞口保温节点处理：窗框外侧四周墙面均用聚苯板满粘，防止热桥。见图 5.2.8-1。

2. 屋面女儿墙节点处理：女儿墙内外两侧及顶部均用聚苯板满粘，立面与压顶保温板做企口，阻断热桥。见图 5.2.8-2。

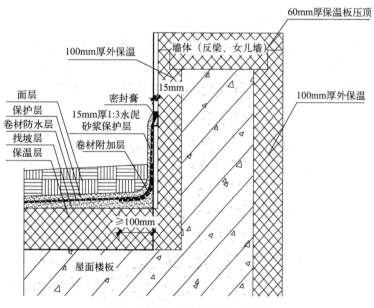

图 5.2.8-2 女儿墙保温板节点

3. 地下保温节点处理：地下室外墙外保温应伸入室外地坪以下 1.0m，超过北京地区冰冻线－0.8m，有效阻断热桥。见图 5.2.8-3。

5.2.9 结构实体及幕墙预埋件检查

结构施工完，应对结构实体和幕墙预埋件进行测量检查，根据测量结果检查结构和预埋件是否符合幕墙的安装精度要求，如超出允许偏差范围则应进行处理。

5.2.10 杜邦防潮膜安装

保温板施工完毕后，使用塑料胀栓将杜邦防潮膜固定在外墙保温板上，防潮膜要延伸到窗框部位结构与保温板交接线 100mm。

5.2.11 转接件的安装

先将转接件用 M12 螺栓固定在埋件上，用防腐胶垫隔开，避免双重腐蚀。连接角码与铝板龙骨用不锈钢螺钉先连接好，再与转接件用 M8 螺栓连接。埋件可以横向调节铝板位置，转接件可以竖向调节铝板位置，转接件和连接角码可以共同调节铝板进出位，满足了铝板的三维可调。见图 5.2.11。

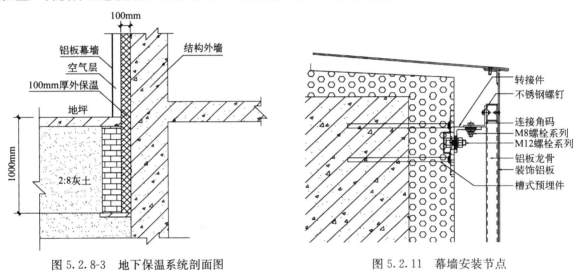

图 5.2.8-3　地下保温系统剖面图　　　　图 5.2.11　幕墙安装节点

5.2.12 幕墙铝板龙骨安装

铝板龙骨框在工厂已经组装好，现场将其挂接到转接件上即可。铝板龙骨安装完毕后，应进行层间防火层的安装。

5.2.13 铝板的安装施工

铝板龙骨安装完毕后，依据编号图的位置，进行铝板的安装，安装铝板要拉横向、竖向控制线，保证铝板的位置。铝板安装过程中，要考虑平整度、分格缝的大小及各项指标，控制在误差范围内，并按设计规定的螺丝数量进行安装，不得有少装现象。铝板安装按铝板保护膜上箭头方向进行安装，防止铝板折光产生误差。

6. 材料与设备

6.1 材料

6.1.1 主要材料，见表 6.1.1。

主要材料　　　　　　　　　　　　　　　表 6.1.1

材料名称	材料规格	性能指标
挤塑聚苯板	100mm、70mm、50mm 厚，标准板 600mm 宽	压缩强度不小于 250KPa，导热系数小于 0.028 W/（m² · K），燃烧性能应符合设计和规范要求
杜邦膜	0.17mm 厚	水蒸气透过率 230g/m² · d，不透水性≥500mm

材 料 名 称	材 料 规 格	性 能 指 标
槽式预埋件	10mm 厚钢板	Q235
连接件	10mm 厚角钢	Q235
装饰铝板	3mm 厚	

6.1.2 所有进场的材料均需有相关的材料质量证明书、合格证。进场后应对保温板的强度、容重进行检查，对幕墙铝板的外观等进行检查，并按规定对保温板进行复验。

6.2 设备

6.2.1 装饰铝板幕墙用机具设备

电焊机、手电钻、切割机、磨边机、套筒扳手、螺丝刀等。

6.2.2 作业及运输机具

1. 作业面采用脚手架或吊篮等进行施工。

2. 水平运输采用双轮小推车等常规运输车辆，垂直运输采用双笼室外电梯。

6.2.3 常规检测仪器量具

经纬仪、水平仪、水平尺、垂直检测尺、托线板、靠尺、线坠、方尺、钢卷尺、钢板尺、塞尺、小线等。

7. 质 量 控 制

外墙外保温、干挂饰面幕墙的施工质量要求按照《建筑装饰装修工程质量验收规范》GB 50210—2001 和《建筑节能工程施工质量验收规范》GB 50411—2007 等规范规程制订。

7.1 外墙外保温

7.1.1 质量标准

1. 主控项目

1) 聚苯板进场后，应做质量检查和验收，其品种、规格、性能必须符合设计和有关标准的要求，并按规定进行复验。

2) 聚苯板的厚度必须符合设计要求，其负偏差不得大于 3mm。

3) 安装聚苯板前应在外墙钢筋外侧绑扎砂浆垫块，每平方米不少于 6 个。

4) 聚苯板安装后，外侧模板安装前，应检查插接栓数量和锚入深度，每平方米墙面锚栓不少于 8 个，且位置均匀、与钢筋连接牢固；锚固深度应符合设计要求。

5) 保温板的安装位置应正确、接缝严密，保温板在浇筑混凝土过程中不得移位、变形，必须与混凝土粘结牢固、无松动，保温板表面应采取界面处理措施。

2. 一般项目

1) 保温板的外观应完整无破损，符合设计要求和产品标准的规定。

2) 保温板接缝方法应符合要求，接缝应平整严密。

3) 保温板安装允许偏差与检验方法见表 7.1.1。

保温板安装允许偏差与检验方法　　　　　　　　　　　　　　　　　　表 7.1.1

项　次	项　　目		允许偏差（mm）	检 验 方 法
1	表面平整度		≤3	2m 靠尺和楔形塞尺
2	大面垂直度	每层	≤3	2m 托线板
		全高	≤H/1000 且≤20	经纬仪或吊线和尺量
3	阴阳角垂直度		≤3	2m 托线板
4	阴阳角方正		≤2	200mm 方尺和楔形塞尺
5	接缝高低差		≤1.5	直尺和楔形塞尺

7.1.2 控制措施

1. 保温板施工必须严格按照施工方案进行，杜绝现场随意拼装，切割现象。

2. 保温板及模板安装完毕，混凝土浇筑前必须再次检查保温板与外模的贴合情况，如有问题，必须进行纠正。

3. 浇筑混凝土时，应用导流板，避免混凝土进入保温板与外模之间影响保温板的外形和垂直度以及污染保温板，振捣时避免碰撞保温板，导致保温板移位，从而出现热桥现象。

7.2 干挂饰面幕墙铝板

7.2.1 主控项目

铝板幕墙的造型、立面分格应符合设计要求。

铝板的品种、规格、颜色、光泽及安装方向等应符合设计要求。

铝板幕墙主体结构上的预埋件和后置埋件的位置、数量、抗拉拔力应符合设计要求。

铝板幕墙转接件与预埋件、连接角码的连接和铝板的安装必须符合设计要求，安装必须牢固。

幕墙连接件的防腐处理应符合设计要求。

铝板幕墙的防雷装置必须与主体结构的防雷装置可靠连接。

铝板幕墙的防火、防潮材料的设置应符合设计要求，并应密实、均匀、厚度一致。

7.2.2 一般项目

铝板表面应平整、洁净、色泽一致。

幕墙铝板数量、位置尺寸等应符合设计要求。

幕墙铝板安装允许偏差与检验方法见表7.2.2。

幕墙铝板安装允许偏差与检验方法 表 7.2.2

序　号	项　目		允许偏差（mm）	检 验 方 法
1	幕墙垂直度	$H \leqslant 30m$	10	用经纬仪检查
		$30m < H \leqslant 60m$	15	
		$60m < H \leqslant 90m$	20	
		$H > 90m$	25	
2	水平度	层高$\leqslant 3m$	3	用水准仪检查
		层高$> 3m$	5	
3	幕墙表面平整度		2	2m靠尺和塞尺检查
4	板材立面垂直度		3	用垂直检测尺检查
5	竖缝直线度		3	拉5m线用钢直尺检查
6	接缝高低差		1	用钢直尺和塞尺检查

8. 安 全 措 施

8.1 认真贯彻、落实国家"安全第一，预防为主"的方针，严格执行国家、地方及企业安全技术规范、规章、制度。

8.2 施工人员进入现场必须戴好安全帽，上架子作业必须穿好防滑鞋，系挂好安全带。

8.3 建筑外檐按要求支设好水平安全网。外架子不得集中堆料，用完的工具及时装入工具袋中以防坠落，严禁在高处向下抛物。

8.4 机械必须设置防护措施，每台机械必须一机一闸，并设漏电保护开关。

8.5 现场使用电焊、气焊时一定要采取防护措施，防止保温板燃烧。

8.6 吊篮安装完毕后，经公司安全部门验收后方可使用。每天对吊篮所有的安全装置进行测试才能进行当天的运转。吊篮载人、载物时应荷载分布均匀，严禁超载使用。

8.7 挤塑聚苯板严格按照现场平面布置图要求堆放原材料，堆放场地为禁火区域，应远离火源，严禁吸烟，并配备相应的灭火器具；附近消火栓要有明显标志，消防道路要畅通。

8.8 施工作业面严格执行用火申请制度，设专人看火。

8.9 挤塑聚苯板施工完后应及时涂刷隔离剂进行防火保护。

9. 环 保 措 施

9.1 认真贯彻执行国家、市政府颁发的有关文明施工的规定和条例。

9.2 成立环保领导小组，环保领导小组由行政领导负责具体落实，各级生产部门负责本部门所管辖生产区域的环保工作。确定现场环保员，并成立专职的场容清洁队，配备专用清洁设备。

9.3 各种临时设施、机械设备和材料的堆放位置，堆放原材料、机具，构件归方码垛。插牌标识，禁止乱堆乱放。

9.4 施工期间各工种、各专业班组，应各自做到工完料清。及时清理，保证场内道路畅通。交接班时做到现场无杂物。各专业之间相互爱护成品、半成品，避免交叉污染。

9.5 施工现场有严格的分片包干和个人岗位责任制，做到现场清洁、材料构件码放整齐，怕潮、怕雨淋、日晒的材料要有防潮和遮盖措施。

9.6 施工现场应及时清理作业面由于聚苯板磕碰出现的固体污染物。

10. 效 益 分 析

10.1 通过复合外墙外保温施工技术的应用，使工程的室内保温取得了良好的效果，万国城北区（当代 MOMA）工程经过现场实际检测，外墙系统的传热系数为 $0.34W/m^2 \cdot K$，完全达到了设计要求。根据测算，采用该技术的围护结构耗热量最高指标为 $13.6W/m^2$，全年采暖能耗指标为标准煤 $6.34kg/m^2$，而北京市规定的节能 65％住宅全年采暖能耗为 $8.82kg/m^2$，相比之下又节约近 30％，达到节能 75％的标准。

10.2 本工法外墙外保温采用一体化施工，装饰铝板工厂加工，现场组装，有效地降低了施工难度，缩短了施工工期。其中万国城北区（当代 MOMA）工程节省工期 30d，节省了脚手架和吊篮的租赁费用、人工费等费用，节省资金约 15 万元。

10.3 短期看，此外墙外保温与普通建筑相比增加了投入，提高了建筑造价，但高效的外墙外保温系统在建筑的建成使用过程中可大大降低用于采暖制冷的能源消耗，大大降低建筑的长期能源投入。幕墙铝板优于干挂饰面砖幕墙，提高了饰面的耐久性和装饰效果。因此从长远考虑，本工法的应用能带来可观的经济效益。

10.4 由于保温装饰效果好，减少了室外气候对室内环境的干扰，具有更高的热舒适度、声舒适度、光舒适度，为用户提供了健康舒适的生活环境，保障室内人员的身心健康，同时节约燃烧资源，减少了烟雾的排放，即减少了环境污染，利于环保，美化城市环境，能为环境的持续改善做出贡献，社会效益显著。

11. 应 用 实 例

本工法在"万国城北区（当代 MOMA）工程"、"北京安宁庄西路住宅小区工程（上地 MOMA）"和"湖州市港航管理局航道养护中心和船员训练基地工程"等多项工程应用，仅上述 3 项工程总建筑面积达 45.1 万 m^2，具体应用情况如下：

万国城北区（当代 MOMA）工程总建筑面积 $221426m^2$，框架剪力墙结构，由 8 栋住宅楼及配套工程组成。工程于 2005 年 11 月开工，2008 年 4 月竣工。由于节能显著，工程受到美国绿色建筑委员会的关注，于 2008 年通过了美国 LEED－ND 认证，并获纽约建筑师协会可持续发展建筑奖、中国土木工程詹天佑奖优秀小区金奖，北京市建筑业新技术示范工程，北京市建筑结构长城杯金奖等。外墙外保温施工采用了《高舒适度低能耗建筑干挂饰面幕墙聚苯复合外墙外保温施工工法》，通过冬天和夏天的考验，未发现任何质量问题，而且节能效果明显，受到了建设单位的好评。

北京安宁庄西路住宅小区工程（上地 MOMA）位于西三旗与上地信息产业基地之间，含 19 座住宅与 1 座幼儿园，总建筑面积约 19.58 万 m^2，于 2006 年 12 月开工，2008 年 12 月竣工，施工过程中以确保施工质量及使用功能为目标，应用了《高舒适度低能耗建筑干挂饰面幕墙聚苯复合外墙外保温施工工法》，其施工质量优良，提高了施工效率，建筑能耗低，室内舒适度高，为工程的恒温恒湿提供了有力保证。

湖州市港航管理局航道养护中心和船员训练基地工程位于湖州市环城西路 32 号，主楼为 15 层，框剪结构，南北两侧辅楼为 4 层框架结构，地下 1 层，建筑总面积 33608m^2，工程于 2006 年 7 月 4 日开工至 2009 年 9 月 8 日竣工验收。被评为浙江省建设工程"钱江杯"优质工程。施工中采用了《高舒适度低能耗建筑干挂饰面幕墙聚苯复合外墙外保温施工工法》，应用效果良好，社会效益显著。

聚苯保温板与混凝土现浇复合外墙施工工法

YJGF88—2004 (2009～2010年度升级版-024)

浙江舜杰建筑集团股份有限公司　江苏省华建建设股份有限公司

程杰　朱靖　姚荣海　许世明　鞠玉忠

1. 前　　言

节约资源和环境保护工作在各行各业不断推进,建筑外围护结构的保温隔热技术是建筑节能技术之一,通过它以实现用少量的能源获得较舒适的室内环境。聚苯保温板与混凝土整体现浇形成复合外墙,这样形成的外保温外墙经过实践检验,具有较多的优越性。插接栓式大模内置外保温现浇复合外墙在工程中运用较多。2003年10月,《插接栓式大模内置现浇外墙外保温施工工法》的关键技术经江苏省建筑工程管理局组织的鉴定委员会鉴定具有国内领先水平,并获得江苏省建筑业省级施工工法,2006年1月,该工法获得国家级工法(YJGF 88—2004)。6年来该技术得到广泛应用,2011年3月本工法升级版的关键技术经江苏省住房和城乡建设厅组织的鉴定委员会鉴定具有国内领先水平,获得江苏省建筑业省级施工工法。

2. 工 法 特 点

2.1　聚苯保温板具有低导热性、低密度、低吸水性,将其运用到建筑外墙,使建筑物具有良好的保温性能,是实现节能建筑的重要措施。

2.2　混凝土结构施工时,将聚苯保温板放置于外墙外侧模板内侧,而后浇筑混凝土,形成具有保温性能的复合外墙。这种现浇复合外墙具有聚苯保温板和墙体混凝土粘结紧密、承载能力强、可靠性高、整体热工性能好、不占用房屋使用面积、不影响室内装修质量、易脱模、受施工气候影响小、可兼作冬季施工的技术措施、节约工期、综合造价低等特性。

2.3　插接栓式大模内置外保温现浇复合外墙是现浇复合外墙施工方法中整体保温性能最好的一种施工方法,它是通过穿过保温板的插接栓(低导热系数的改性塑料制成)使保温板与墙体牢固地结为一体而不是通过穿过保温板的钢丝网架。

2.4　在拆模后的外墙保温板上挂钢板网后进行抹灰,抹灰面上粘贴外墙面砖等外装饰,也可以在表面抹聚合物水泥砂浆,压入玻纤网格布做涂料型饰面层。后挂钢板网,避免了由于混凝土的侧压力导致钢丝网压入保温板凸肋内的弊病。

2.5　本工法在原国家级工法的基础上,增加了《民用建筑外保温系统及外墙装饰防火暂行规定》的相关内容和施工防火安全技术内容。

3. 适 用 范 围

本工法适用于要求具有保温隔热要求的现浇钢筋混凝土剪力墙结构的外墙外保温施工。

4. 工 艺 原 理

插接栓式大模内置现浇外墙外保温体系是由保温板、插接栓、钢板网以及固网套件等部分组成,其构造及装配大样如图4-1、图4-2所示。

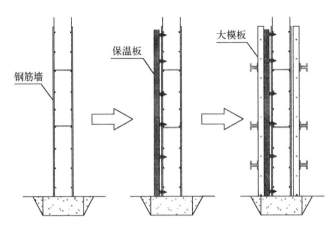

图 4-1　插接栓式大模内置现浇外保温板构造图

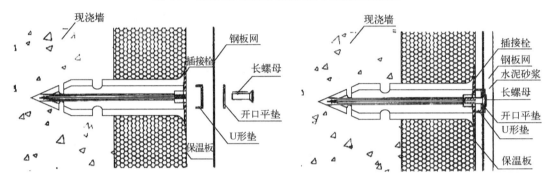

图 4-2　插接栓式大模内置现浇外保温板装配

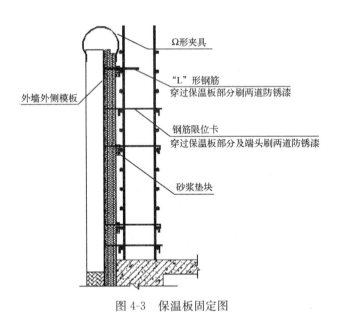

图 4-3　保温板固定图

其工艺原理：施工时在浇筑外墙混凝土之前，将保温板安装在墙板钢筋外侧，紧夹在墙板钢筋及外模之间，插入插接栓，做好保温板接缝间的处理；浇筑混凝土后，保温板与混凝土墙体牢固地结合在一起，一次成活；保温板中的插接栓深入混凝土内部，保证保温板与混凝土外墙的有效连接，整个安装过程省时省力。钢板网通过连接套件与插接栓连接，从而保证外粉刷层与主体结构有效连接，钢板网对砂浆粉刷层的抗裂又起到很好的作用。

此外，通过增减插接栓的数量，可以调整外装饰层的"连接力"，满足不同装饰层的多种要求。

保温板安装固定见图 4-3。

5. 施工工艺流程及操作要点

5.1　施工工艺流程

施工缝处理及弹线 → 在保温板上弹出插接栓位置线 → 绑扎墙体钢筋 → 绑扎钢筋保护层垫块、安装钢筋限位卡 → 钢筋隐检 → 安装门窗洞口及预留洞口模板 → 从墙角开始安装保温板 → 非整块保温板下料切锯 → 按设计要求插入插接栓及"L"形插筋 → 接缝处理 → 保温板安装质量验收 → 烫穿墙螺栓孔洞 → 支墙模 → 在模板上口处将保温板上端固定到模板上 → 浇筑混凝土 → 拆模、清理保温板表面胶带纸及海

绵条 → 填塞穿墙螺栓孔洞 → 安装 U 形垫和长螺母 → 抻平、挂上钢板网、插开口平垫、旋紧长螺母 →钢板网安装隐检 → 外墙抹灰 → 外墙饰面

5.2 操作要点

5.2.1 外保温复合外墙施工

1. 住宅建筑防火应符合下列规定：

1）高度大于等于 100m 的建筑，其保温材料的燃烧性能应为 A 级。

2）高度大于等于 60m 小于 100m 的建筑，其保温材料的燃烧性能不应低于 B2 级。当采用 B2 级保温材料时，每层应设置水平防火隔离带。

3）高度大于等于 24m 小于 60m 的建筑，其保温材料的燃烧性能不应低于 B2 级。当采用 B2 级保温材料时，每两层应设置水平防火隔离带。

4）高度小于 24m 的建筑，其保温材料的燃烧性能不应低于 B2 级。其中，当采用 B2 级保温材料时，每三层应设置水平防火隔离带。

2. 其他民用建筑防火应符合下列规定：

1）高度大于等于 50m 的建筑，其保温材料的燃烧性能应为 A 级。

2）高度大于等于 24m 小于 50m 的建筑，其保温材料的燃烧性能应为 A 级或 B1 级。其中，当采用 B1 级保温材料时，每两层应设置水平防火隔离带。

3）高度小于 24m 的建筑，其保温材料的燃烧性能不应低于 B2 级。其中，当采用 B2 级保温材料时，每层应设置水平防火隔离带。

3. 设置防火隔离带时，应沿楼板位置设置宽度不小于 300mm 的 A 级保温材料。防火隔离带与墙面应进行全面积粘贴。其防火隔离带的施工应与保温材料的施工同步进行。

4. 根据墙体尺寸及门窗洞口位置绘制保温板配板图，图中须注明：

1）轴线位置，各类预留洞口位置及尺寸；

2）所配板块分为标准板、异形板，各类板块须注明企口方向（图 5.2.1-1）。

5. 钢筋绑扎及安装保护层垫块、钢筋限位卡

1）钢筋绑扎必须符合验收要求，达到横平竖直，无扭曲变形，墙体钢筋可采用水平、竖向"梯子筋"来控制其位置。外墙模板采用大模板。

2）为了防止安装模板时过分压缩保温板，导致墙体钢筋没有保护层，必须利用钢筋限位卡来控制内外模的尺寸且需在钢筋骨架与保温板之间绑扎垫块。由于保温板表面密度较差，钢筋塑料垫块不再适用，钢筋骨架与保温板接触的一面使用水泥砂浆垫块。

3）安装钢筋限位卡（间距@1200mm、梅花状布置），并与墙体钢筋绑扎牢固。钢筋限位卡既可控制墙体结构断面尺寸和墙体钢筋位置间距，又可有效防止模板向内挤压保温板。墙体上口 10cm 处需加一道钢筋限位卡，以防止保温板在混凝土的侧压力下产生上浮或内倾。钢筋限位卡大样见图 5.2.1-2。

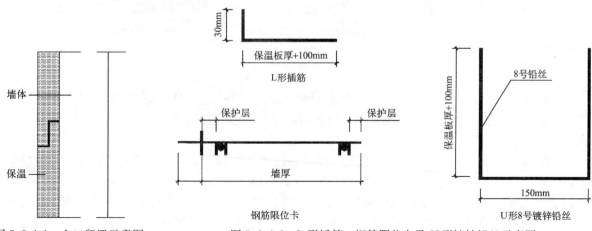

图 5.2.1-1　企口留置示意图　　　　图 5.2.1-2　L 形插筋、钢筋限位卡及 U 形镀锌铅丝示意图

6. 保温板的下料

保温板的高度：首层为层高＋5cm，首层以上为层高＋3cm（企口高度2cm），这样可以保证保温板只在每层的层间出现一次拼缝，其他位置均不必进行水平缝拼接。另外，保温板顶层为实际剩余高度。

用于找补的保温板和门窗洞口处的保温板，可根据现场实量尺寸精确下料，下长料时一定要先在保温板上弹出位置线，下短料时用钢尺垫着，使用较薄的钢锯条切锯，切割面须平直，尺寸允许误差为±3mm。另外，也可根据实际需要定形加工，现场直接拼装。

7. 弹出每块保温板上的插接栓位置线，间距为300mm×300mm，梅花状布置，保温板上插接栓布置见图5.2.1-3。

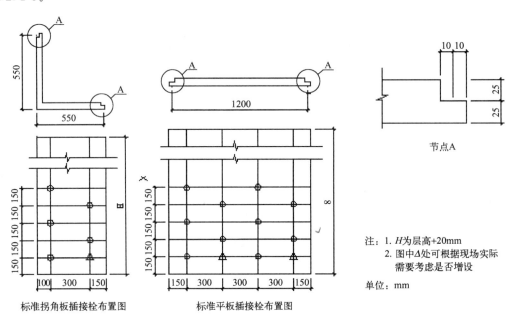

图5.2.1-3 保温板插接栓布置图

8. 修整下部接口处保温板，要求接口处无砂浆结块等。按照配板图安装保温板，从阳角部位开始，水平向阴角方向铺放。保温板在阴、阳角处的拼缝及洞口处的收头做法见图5.2.1-4。

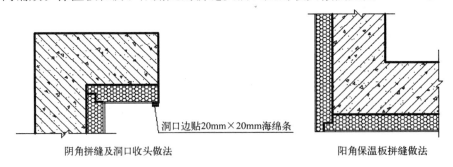

图5.2.1-4 阴阳角处保温板拼缝做法

9. 用木板适当拍打保温板使其就位，按设计要求插入插接栓及"L"形插筋（"L"形插筋大样见图5.2.1-2），并用火烧丝将两者与墙体内侧钢筋绑扎连接。插接栓碰到钢筋时不易安装，可将插接栓拔出向左或向右移动后插入，以避开钢筋。

10. 保温板水平和竖向拼缝应企口搭接，所有拼缝处要附加"U"形8号镀锌铅丝（间距@600mm一道，大样见图5.2.1-2）穿过保温板与墙体外侧钢筋缠绕绑扎（图5.2.1-5）；"U"形铅丝不宜收得太紧，以免过度压缩保温板，混凝土浇筑的侧压力无法使其恢复。由于拼缝处易发生漏浆而形成局部麻面，且因保温板的遮挡不易观察到，需在所有板缝接头处按要求粘贴胶带纸。如若接缝过大，需在接缝处先用海绵条或聚苯板条填塞后再粘贴胶带纸。

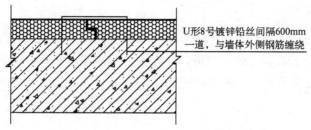

图 5.2.1-5　保温板竖向拼缝做法

11. 模板安装

1）保温板安装完毕，需对墙体部位的杂物进行清理（可用空压机吹，辅以人工清理），安装墙体模板时，外模必须固定牢靠，且不得挤压保温板。

2）保温板上开穿螺栓孔时，可用电烙铁对准模板上的穿墙螺栓孔烫穿保温板即可，保温板上的开孔宜略小于穿墙螺栓直径。

3）门窗洞口模板的处理：

（1）保温板略长于洞口结构边缘，可使保温板压住洞口模板，超出部分不小于 30mm，具体做法见图 5.2.1-6。

（2）保温板正好与洞口结构外缘平齐，可使洞口模板正好与保温板端部顶紧，具体做法见图 5.2.1-7。

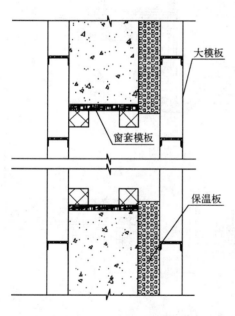

图 5.2.1-6　门窗洞口模板做法

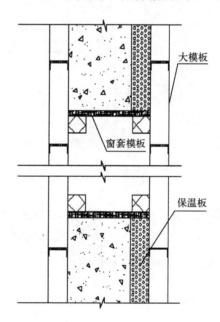

图 5.2.1-7　门窗洞口模板做法

4）为防止大模板上口处的保温板向内倾，可采用卡夹加固方法，即在模板上口部位用 $\phi6$ 钢筋弯曲成"Ω"形状的夹具，将保温板紧紧固定在外侧大模板上，夹具间距为 500～600mm。

12. 混凝土浇筑

1）混凝土应分层连续浇筑，每层浇筑高度为 500mm 左右，采用导流板进行下料，下料口应尽量分散，振动棒应直上直下，不允许碰到保温板，以免使保温板破损。

2）泵送混凝土浇筑时，利用挡板等降低混凝土的冲击力，且不直接冲向保温板。

13. 拆模后保温板的处理

1）清理保温板接缝处的胶带纸及海绵条，用扫帚清理保温板面层浮尘。

2）在边角或洞口部位，对插接栓漏放或不易安装处的保温板可采用后加尼龙胀栓的方法进行补强加固。

3）对于因碰撞、明火等造成保温板损坏面积超过 150mm×150mm 时，可采用下列方法对损坏部位进行修补：

（1）对损坏部位进行彻底清理，以凿出混凝土和保温板接触面为准；

（2）裁切出与损坏部位形状相近的聚苯板，利用聚合物砂浆将裁切好的聚苯板满贴到损坏部位；

（3）挂钢板网时，用尼龙胀栓对修补部位进行锚固。

5.2.2 贴面型外装饰

1. 挂钢板网

1）门窗洞口处聚苯板面的裁切：用钢锯条或裁纸刀对门窗洞口处的保温板按设计尺寸要求进行裁切，应保证切割面的顺直、平整。穿墙螺栓留下的孔洞，应用掺膨胀剂的聚苯保温砂浆填塞密实。

2）安装 U 形垫和长螺母，注意不要将长螺母旋紧，需留出 4～5mm 钢板网和平垫的安装空间。

3）抻平钢板网，将钢板网挂到长螺母上，插开口平垫，旋紧长螺母，应尽量将钢板网抻紧、抻平，并将长螺母旋紧。

4）安装钢板网应从外墙上角开始，钢板网上下左右搭接长度需达到 100mm 左右，并用火烧丝按 30cm 左右间距进行绑扎连接，门窗洞口周边要用水泥钢钉做好包角和封边工作。

5）拐角部位钢板网应是连续的，可从每边双向绕角后包墙宽度不小于 200mm，也可采用每边大于 200mm 的角网进行补强。钢板网在墙体转角处的搭接见图 5.2.2-1。

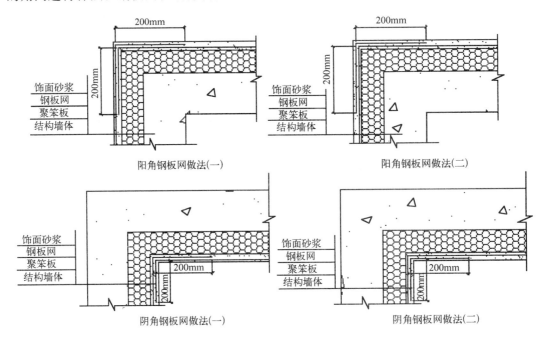

图 5.2.2-1　阴阳角钢板网做法示意图

6）钢板网在门窗洞口处的加强见图 5.2.2-2。

7）裁网时需用专用裁网刀，钢板网的折弯可利用木方或型钢的直角，用手按压而成。

2. 外墙抹灰

1）检查所有钢板网的搭接拼缝和收头部位是否全部按要求设置并固定牢固，不得遗漏。

2）抹灰前要对保温板外表面进行界面处理并养护（应采用与聚苯板有粘结性能的界面剂）。如果在出厂时已完成界面处理，则应认真清理板面灰尘、松动的聚苯板、污垢等杂物。

3）抹灰分两层，底层和罩面层，底层 12～15mm 盖住钢板网，罩面层厚度不大于 8mm，总厚度不大于 23mm。

4）每层抹灰的间隔时间不少于 24h（气温较低或空气湿度较大时应适当延长），每层砂浆终凝后均应洒水养护，使表面保持湿润，避免脱水。暑天施工时，若砂浆凝结速度太快，可通过试验掺加柠檬酸以延长凝结时间，但最多不得超过水泥用量的 0.4%。同时应控制好作业面的大小，否则不能控制在砂浆凝结

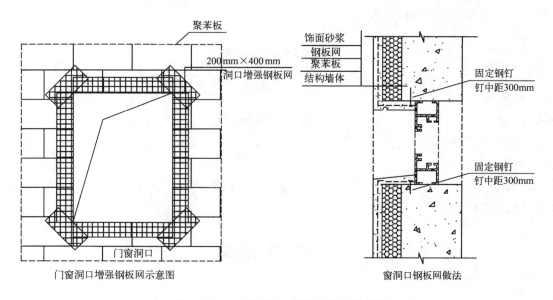

图 5.2.2-2　门窗洞口钢板网做法示意图

前完成找平和表面搓毛,而导致砂浆表面强度降低,另外应选择没有阳光暴晒的时段施工。

5)在面层砂浆抹灰施工时,应根据建筑物外立面分格效果要求,合理留设外墙分格缝,原则上水平分格缝的间距不宜超过 2m,最大应控制在 3m 以内,垂直分格缝最大间距不宜超过 5m,宜设置在门窗洞口边。分格缝处的钢板网应剪断。分格缝做法大样见图 5.2.2-3。

在底层砂浆抹灰面上根据设计要求弹好分格缝位置线,用"胶泥"将塑料分格条粘贴到底层抹灰面上。

6)门窗洞口周边侧面,要根据设计要求抹保温砂浆或采取其他措施,避免局部产生"冷桥"。

7)尽量避免在高温、风干及冬期施工。

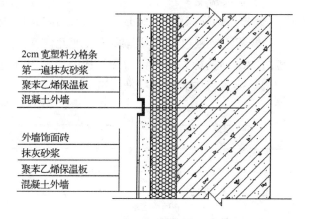

图 5.2.2-3　分格缝做法

3. 外墙贴面

外保温抹灰的洒水养护工作必须保证抹灰至少有 3d 的湿润时间,在抹灰层达到较高的强度,收缩变形基本完成后,方可进行外贴面施工,并提前一天将基层洒水湿润。

1)贴面砖的水泥腻子与面层抹灰的强度相差不宜太大。

2)外墙贴面砖后应及时洒水养护,保持面砖和基层湿润 7d。

5.2.3 涂料型外装饰

1. 清理保温板面层,使面层洁净无污染,保温板部位堵塞穿墙螺栓孔洞应采用泡沫聚氨酯或其他保温材料。

2. 板面、门窗口保温板如有缺损应用保温板加以修补,如局部有凹凸不平处抹界面砂浆后用轻质砂浆进行局部找平或打磨。

3. 抹聚合物水泥砂浆,并按层高、窗台高和过梁高将玻璃纤维网格布在施工前裁好备用,待抹完第一层聚合物砂浆后,立即铺设玻璃纤维网格布,并用抹子将其压入聚合物砂浆内。网格布之间搭接长度宜≥80mm,紧接再抹面层聚合物砂浆,以网格布均被浆料覆盖为宜。在首层和窗台四角部位则要压入两层网格布。面层聚合物水泥砂浆,以盖住网格布为宜,距网格布表面厚度不得大于 2mm。

4. 外墙涂料尽量推迟施工时间,以保证墙面干燥,局部裂纹充分发展并稳定后,用弹性腻子嵌填刮平。涂料选用高性能、高弹性防水涂料。

6. 材料与设备

6.1 材料

聚苯板、PP－03 插接栓、镀锌钢板网（13mm×13mm）、镀锌 U 形垫、镀锌开口平垫、长螺母、"L"形预埋筋、"U"形 8 号镀锌铅丝、20 号火烧丝、20mm×22mm 海绵条等。

6.2 机具设备

手锯、墨斗、电烙铁、2m 靠尺、直尺、3m 卷尺、专用裁网刀、抹灰用工具、粘贴外墙面砖用工具、外墙涂料施工用工具等。

7. 质量控制

7.1 原材料

7.1.1 聚苯乙烯保温板

1. 聚苯板密度≥18kg/m³ 且符合设计要求，具有阻燃性能（氧指数≥30），其余性能应符合《绝热用模塑聚苯乙烯泡沫塑料》GB/T 10801.1—2002 标准中的要求，进场前必须进行原材料复试。

2. 聚苯乙烯板边长及对角线的长度允许误差在 2mm 以内，厚度允许误差－1mm，＋2mm。

7.1.2 插接栓：握螺钉力和吊挂力应满足相应标准的规定。

7.2 保温板安装验收标准（表 7.2）

保温板安装验收标准 表 7.2

序　号	项　目	允许偏差（mm）	检查方法
1	轴线位移	5	尺量检查
2	表面平整度	8	2m 靠尺，钢尺
3	表面垂直度	6	2m 垂直度仪或托线板
4	拼缝宽度	2	尺量检查
5	阴阳角垂直度	4	2m 靠尺

7.3 成型后验收标准（表 7.3）

成型后验收标准 表 7.3

序　号	项　目	允许偏差（mm）	检查方法
1	轴线位移	5	尺量检查
2	表面平整度	4	2m 靠尺，钢尺
3	表面垂直度	4	2m 垂直度仪或托线板
4	阴阳角垂直度	3	2m 垂直度仪或托线板
5	苯板压缩厚度	3	尺检，上中下各三点取平均值

7.4 抹灰及贴面的评定标准

保温板上的抹灰、面砖粘贴、外墙涂料施工的验收须符合《建筑工程施工质量验收统一标准》GB 50300—2001 和《建筑装饰装修工程质量验收规范》GB 50210—2001 的规定和要求。

7.5 保温板安装完成应进行隐蔽工程验收，做好验收记录。

7.6 应按《建筑节能工程施工质量验收规范》GB 50411—2007 进行墙体节能分项工程验收。

8. 安 全 措 施

8.1 外保温工程施工现场应为禁火区域，并应远离火源，严禁吸烟。当附近有明火作业时，必须严格执行动火审批制度，并采取相应的安全措施。

8.2 外保温工程施工作业工位，应配备足够的消防器材，指定专人维护、管理、定期更新，应确保其适用、有效。

8.3 施工现场使用的电气设备必须符合防火要求；电缆、电线等带电线路应与可燃类保温材料堆放区保持安全距离。

8.4 当可燃类保温材料储存在库房中时，库房应由不燃性材料搭设而成，并有专人看管。严禁在施工建筑物内堆存保温材料。当可燃类保温材料露天堆放时，堆放场应符合以下要求：

8.4.1 堆放场四周应由不燃性材料围挡。

8.4.2 堆放场应为禁火区域，其周围 10m 范围内及上空不得有明火作业，并应有显著标识。

8.4.3 堆放场附近不得放置易燃、易爆等危险物品。

8.4.4 堆放场应配备种类适宜的灭火器、砂箱或其他灭火器具。

8.4.5 堆放场内材料的存放量不应超过 3d 的工程需用量，并应采用不燃性材料完全覆盖。

8.5 采用防火构造的外保温工程，其防火构造的施工应与保温材料的施工同步进行。外保温工程的施工应分区段进行，各区段应保持一定的防火间距，并宜尽早安排覆盖层（抹面层或界面层）的施工。保温层施工时，没有保护面层的保温层不得超过 3 层楼高，裸露不得超过 2d。

8.6 外保温工程施工区域动用电气焊、砂轮等明火时，必须确认明火作业所涉及区域内的可燃类保温材料已覆盖了抹面层或界面层，并设专门的动火监护人，配备足够的灭火器材。严禁在已完成安装的保温材料上进行电气焊接和其他明火作业。

8.7 施工用照明等发热设备靠近可燃类保温材料时，应采取可靠的防火保护措施。电气线路不应穿过可燃类保温材料，确需穿过时，应采取穿管（不燃材料）防火保护等措施。

8.8 现浇混凝土大模内置外保温工程施工，宜在安装就位前，对保温板面做好界面处理。若未事先做好界面处理，应在外墙混凝土拆模后及时对保温层表面进行防护层处理。保温板安装属于高空作业，存在一定的不安全因素，因此在施工前，要做好安全技术交底，确保各项基本安全措施到位后方可作业。脚手架外侧要挂安全网，高度超过作业层墙体 1m 以上，围护到位；安装器具体积小容易坠落，必须摆放在安全部位；大风天气要注意固定，大块板材要有两人以上同时操作。

8.9 外保温施工期间如遇公休日及节假日，需对已安装的裸露的保温层进行防火覆盖处理。施工期间，施工单位应加强保温材料的堆放管理，随时清理遗留在施工现场的废弃保温材料。

9. 环 保 措 施

9.1 施工过程中严格遵守有关环境保护的法律法规，遵守有关废弃物处理的规章制度。

9.2 施工现场的废胶带纸等不可随地乱扔，做到工完料清，可循环利用应及时收集。

9.3 施工时特别是夜间控制噪声污染，不得影响周围居民。

9.4 聚苯乙烯材料本身比较容易被破坏，施工中应尽量避免碰撞，尤其是在脚手架的搭设和拆除时一定要注意保护；如果外墙要开洞，必须先画好位置再锯开保温板，方可进行开洞施工；另外，考虑保温板的防火、防污染、钢板网锈蚀、长期的日晒雨淋会使保温板表面的界面剂失效等原因，安装好钢板网的保温板应尽早进行分层抹灰保护。

10. 效 益 分 析

与外墙内保温相比较，节约室内空间 2% 左右，降低建筑的单方造价；消除外墙薄弱部位的"冷桥"现象；杜绝了外墙内保温粉刷裂缝的通病，延长建筑物内装修的使用寿命；施工方便，降低了工人的劳动强度；整体保温性能好，节约能源；能够在冬期施工，避免了其他保温板冬期无法粘贴的缺点，并且外墙混凝土外侧无需另做保温养护，大幅度缩短了工期；材料费及人工费节约 1/3～1/4。

11. 应 用 实 例

11.1 北京冷泉住宅区西 A 区，总建筑面积 111742m²，地下 2 层，地上 8 层，总高度 30m。外墙保温使用插接栓式大模内置现浇外墙外保温板 37490m²。外墙面砖饰面，立面效果相当美观。该工程于 2007 年 6 月开始施工，模板使用 86 式组合大钢模，整个工程于 2009 年 5 月竣工。根据统计比较，使用这种与外墙同步施工的插接栓式大模内置现浇外墙外保温新技术，比使用传统的内保温技术增加建筑使用面积 1550m²，比采用外墙内保温、外墙粘贴外保温的施工工艺可提前 30d 工期，有效地缩短脚手架的使用周期，降低租赁费用，节约人工和材料合计约 13 万元。

11.2 北京晓月苑 7－2 号楼，总建筑面积 48418m²，地下 2 层，地上 25 层，总高度 76m。外墙保温使用插接栓式大模内置现浇外墙外保温板 18365m²。外墙 3 层以上为涂料饰面，3 层（含）以下为面砖饰面。该工程于 2005 年 12 月开始施工，模板使用 86 式组合大钢模，整个工程于 2007 年 7 月竣工。比采用外墙内保温、外墙粘贴外保温的施工工艺可提前 33d 工期，有效地缩短脚手架的使用周期，降低租赁费用，节约人工和材料合计约 9 万元。

11.3 北京晓月苑 8－1 号楼及地下车库，总建筑面积 53950m²，地下 2 层，地上 25 层，总高度 76m。外墙保温使用插接栓式大模内置现浇外墙外保温板 17007m²。外墙 3 层以上为涂料饰面，3 层（含）以下为面砖饰面。该工程于 2006 年 10 月开始施工，模板使用 86 式组合大钢模，整个工程于 2009 年 4 月竣工。比采用外墙内保温、外墙粘贴外保温的施工工艺可提前 30d 工期，有效地缩短脚手架的使用周期，降低租赁费用，节约人工和材料合计约 8 万元。

防静电水磨石地面施工工法

YJGF74—2004（2009～2010年度升级版-025）

中国建筑第七工程局有限公司　浙江环宇建设集团有限公司

焦安亮　黄延铮　刘文明　祁忠华　周国勇

1. 前　言

随着我国经济的高速发展，为了消除生产和使用过程中的静电危害效应，防静电地面越来越多地应用于石油、化工、生物、医药、电子、航空、军工等各个生产领域。防静电水磨石地面作为一种静电防范，以其材料易得、造价低、施工简便且具有良好防静电性能、耐磨性和耐腐蚀性，被广泛运用于各种有防静电要求的生产加工制造场所和对静电敏感电子元器件、计算机房、各类通信、遥控、调度、指挥中心等场所和易受静电干扰的试验和检测等有特殊要求的生产和试验、检测场所。

2010年5月31日，国家标准《导（防）静电地面设计规范》GB 50515—2010和《建筑地面工程施工质量验收规范》GB 50209—2010同时发布并于2010年12月1日正式实施，分别从设计和施工方面对防静电水磨石地面的提出了新的标准要求。我们结合近几年防静电水磨石地面施工技术最新发展和新发布的两部规范的标准要求，对防静电水磨石地面工法（原国家级工法编号为YJGF74－2004）进行了改进和完善。

2. 工 法 特 点

2.1　通过特制的导电胶粘剂及水泥的相互作用在水磨石内部全面构建导电网络使地面整体具有稳定持久的防静电能力。

2.2　由于导电胶粘剂与水泥相容性好，添加量低，所以水磨石机械强度不受影响，承重力强，不怕重车碾轧，不怕重物拖拉，抗压强度可达30MPa。

2.3　用途广泛，可根据工艺要求预埋工艺接地端子，给组建防静电生产线和防静电环境带来极大方便和可靠性。可对接地电网进行个性化设计以满足不同使用功能地面的防静电性能要求，也可对防静电水磨石施工原材料进行改进，如满足不发火防静电水磨石地面等各种使用功能要求。

2.4　由于本施工工法生产的防静电水磨石地面面层和找平层均具有相应的导电性，因此使接地安装简易可靠、操作简便、可以减少劳动力的投入及缩短施工工期。

2.5　水泥、砂、石渣等均可就地取材，造价低廉，仅在常规建筑水磨石地坪造价基础上，增加少量的防静电工艺费和专用材料费，具有较好的性能价格比。

2.6　采用的导电胶粘剂为水溶性环保材料，施工后清洗简单不会污染环境；施工过程中产生的废水、废渣采取了集中排放方式避免随处溢流污染环境。

3. 适 用 范 围

3.1　雷管、火药、炸药、烟花爆竹等易燃易爆特种危险化学品及其制品的生产制造场所、储存场所和检修、测试、拆装、销毁等场所。

3.2　加油站、加气站等易燃易爆气体、液体、粉体（固体）及化工产品生产使用和储存场所。

3.3　静电敏感电气或电子元件、组件和设备防静电工作场所，计算机房，各类通信、遥控、调度、指挥中心等场所。

3.4 计量室、理化试验室等，精密数控加工中心，精密光电器材等有特殊要求的生产场所。

3.5 医疗部门的手术室、麻醉室、吸氧室、心脑电图等场所。

4. 工 艺 原 理

在现制水磨石地面面层和找平层的材料配合比中加入一定比例的导电胶粘剂使其形成静电亚导体材料，在水磨石地面找平层（低于找平层面 10mm）中埋入由镀锌扁铁（冷拔钢丝或镀锌铁丝等导电材料）组成静电接地网，静电接地网通过接地引出线与接地干线（或接地端子）连接，使水磨石地面面层、找平层与静电接地网、接地干线（或接地端子）一起提供较好的静电泄漏途径，以满足该地面的设计静电防护要求。待现制防静电水磨石地面固化干燥后，在温度为 $-15～55℃$，相对湿度为 $10\%～85\%$ 时，其极对地电阻值为 $1×10^6～1×10^{10}\,\Omega$。

5. 施工工艺流程及操作要点

5.1 工艺流程

抄平放线→基层处理→涂覆绝缘漆→敷设静电接地网→接地安装→找平层施工→敷设装饰分格条→面层铺设→试磨→粗磨→补浆及养护→细磨→磨光→草酸清洗→打防静电地板蜡→抛光及养护→接地电阻测试→验收。工艺流程图见图 5.1。

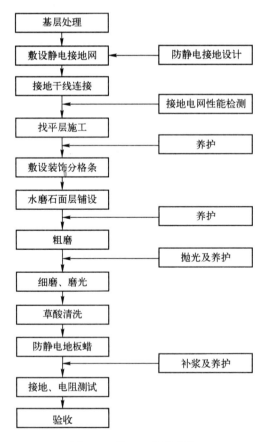

图 5.1 施工工艺流程图

5.2 操作要点
5.2.1 施工准备

1. 顶棚、墙面抹灰已完成并验收，屋面已做完防水层。

2. 基层结构验收完毕、室内墙面弹好＋50cm水平线、门框安装和防护完成，予埋水暖、电气管道及其他各种预埋件均应按设计要求安装完毕。

3. 水磨石施工前，应做好垫层和防水层，按标高留出水磨石厚度（30～35mm），并做好隐蔽验收。

4. 水磨石浆采取有组织排除，楼层设置排浆管，水磨石浆排至室外排浆坑。

5.2.2 基层处理

1. 基层清理、润湿：检查找平层的基层混凝土或水泥炉渣的平整度和标高，有松散处剔除刷净，进行补强处理。

2. 涂覆绝缘漆：对露出基层表面的金属（如钢筋、管道）涂绝缘漆两遍后晾干。

5.2.3 静电接地系统敷设

1. 静电接地网敷设

应根据使用功能要求进行防静电接地系统的设计并严格按图纸设计组织施工（图5.2.3）。

$\phi 3.2\sim\phi 5.0$ 静电接地网可采用 40mm×4mm 镀锌扁钢，按 4.0m×4.0m 组成网格，也可采用 $\phi 3.2\sim\phi 5.0$ 冷拔钢丝焊接网片或 10 号镀锌钢丝焊接网片，网片纵横间距不大于 1.5m。在施工时要将扁钢或冷拔钢丝调直，纵横向连接处应焊接牢固。

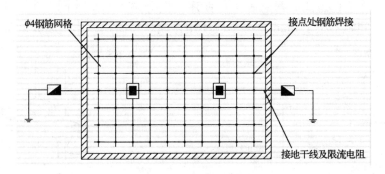

图 5.2.3 防静电接地网示意图

2. 接地网与接地干线连接

根据接地系统设计，在接地网焊接接地引出线，与接地干线焊接，接地干线材料选用 4mm×40mm 镀锌扁铁或 $\phi 10$ 圆钢，如无镀锌件，可用导电涂料涂覆在扁铁或圆钢上。

静电导泄网的出线端要与主楼独立的接地干线相连（需加接地电阻等元器件）。防静电现浇水磨石地面宜单独接地，其系统接地电阻值应小于 100Ω。

静电接地网与接地干线的连接必须牢固，每块地面的接地网与接地干线的连接不应少于 2 处；超过 100m² 的防静电地面的接地网应增加与接地干线的连接点。

静电接地网完成后，应对其进行电性能检测。其自身导电性能应良好，且与建筑物其他导体不得有短路现象。当施工接地引下线、地下接地体时，接地引下线的长度应尽量短，接地体的埋设应符合《电气装置安装工程接地装置施工及验收规范》GB 50169 的规定。接地引下线与导电地网和地下接地体的连接应牢固、可靠。

5.2.4 找平层施工

1. 找平层冲筋

根据墙上＋500mm标准线，在地面四周拉线做找平层灰饼，灰饼间距 2m 左右，60mm 见方，待灰饼砂浆硬结后，在纵横方向以灰饼高度为标准进行冲筋。

2. 抹找平层

在已敷设好的接地网的基层上刷混凝土界面剂或用水湿润基层表面。使用 1:3 干硬性水泥砂浆（按水泥重量的配比掺入导电胶粘剂并搅拌均匀），砂浆稠度宜为 30～50mm，覆盖于导电地网上。找平层厚度在 20～25mm 之间，接地网保护层厚度不小于 10mm。

3. 找平层养护

找平层抹好后，于次日开始洒水养护，在常温养护 1～2d，在低温或冬期施工不宜浇水，养护约 3～5d。待抗压强度达到 1.2MPa，方可进行下道工序施工。

5.2.5 分格条的镶嵌

1. 弹分格线

待找平层水泥砂浆强度达到 1.2MPa 后，根据设计要求的分格尺寸，一般采用 1m×1m，在房间中部弹十字线，计算好周边的镶边宽度后，以十字线为准弹分格线。若设计有图案要求时，应按设计要求弹出清晰的线条。

2. 镶嵌分格条

用小铁抹子抹稠水泥浆将分格条固定住（分格条安在分格线上），抹成 30°八字形（图 5.2.5-1），高度应低于分格条条顶 4～6mm，分格条应平直（上下必须一致）、牢固、接头严密，不得有缝隙，作为铺设面层的标志。另外在粘贴分格条时，在分格条十字交叉接头处，为了使拌合料填塞饱满，在距交点 40～50mm 内不抹水泥浆（图 5.2.5-2）。镶条后 12h 开始浇水养护，最少 2d，在此期间房间应封闭，禁止各工序进行。

铜分格条使用前应涂刷绝缘漆后两遍晾干后使用，铜分格条与接地网之剖面距离不应小于 10mm，其端头之间不应连接，间距不小于 3mm，并不应使用金属材料固定。非金属分格条可按建筑常规操作。

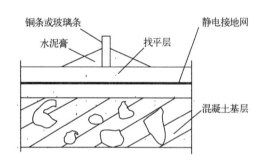

图 5.2.5-1 地面镶嵌分格条剖面图

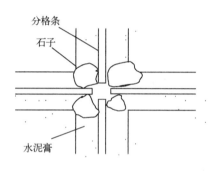

图 5.2.5-2 铜分格条交叉处粘贴方法

5.2.6 水磨石拌合料的拌制、铺设及养护

1. 水磨石拌合料的拌制

水磨石拌合料的体积比宜采用 1∶1.5～1∶2.5（水泥∶石粒），按设计要求掺入导电胶粘剂并用机械搅拌均匀，同一彩色水磨石面层应使用同厂、同批颜料。施工配料前必须经试验室试验后确定，配料时采用搅拌机拌制，要求配合比计量准确。

2. 刷水泥浆结合层

先用清水将找平层撒水湿润，涂刷与面层颜色相同的水泥浆结合层（掺入面层同水泥配比的导电胶粘剂），水灰比控制在 0.4～0.5，涂刷均匀，最好在水泥浆中掺加胶粘剂，边刷边铺石渣浆，不得涂刷面积过大，防止水泥浆结合层风干导致面层空鼓。接地线上应保持干净，不刷水泥浆。

3. 水磨石拌合料的铺设

水磨石拌合料的面层厚度宜为 12～18mm，并应按石料粒径确定。铺石渣浆顺序：铺石渣浆时应先铺有色处，后铺无色处；先铺深色处，后铺浅色处；先铺分格条边，后铺分格条方框中间；先做大面积后做镶边，且应在前一种色浆凝固后有一间隔时间，再铺另一种色浆。在分格条两边及交角处特别注意压实抹平。铺浆厚度：石渣浆的虚铺厚度一般以高出分格条 5mm，待用滚筒碾压后高出分格条 2mm 为宜。遇地面有金属物时，应对金属物进行绝缘处理，可对管道涂覆绝缘胶。

4. 滚压、抹平

石渣浆铺好后开始滚压，滚压前将分格条顶面的石渣浆清理干净，用铁抹子或木抹子将分格条两边宽约 10cm 范围内轻轻拍实（避免将分格条挤移位）。滚压时用力要均匀（要随时清掉粘在滚筒上的石渣），应从横竖两个方向轮换进行，达到表面平整密实、出浆石粒均匀为止。待石粒浆稍收水后，再用铁抹子拍平、压实。

5. 养护

面层石渣浆滚压完 24h 后，开始洒水养护，常温养护 5～7d，低温或冬期养护时间应延长至 10d 以上。

5.2.7 水磨石面层的磨光

水磨石面层的磨光不得少于 3 遍、补浆 2 次即"两浆三磨"。

1. 试磨

机磨前应进行手工试磨，以石渣不松动为准，经检查合格，方可正式开磨。开磨时间见表 5.2.7。

开磨时间参考表   表 5.2.7

序号	平均温度（℃）	开磨时间（d）	
		机器磨	人工磨
1	20～30	2～3	1～2
2	10～20	3～4	1.5～2.5
3	5～10	5～6	2～3

2. 粗磨

经试磨合格后开始，宜选用磨石 54、60、70 号，边磨边用水冲洗，并用 2m 靠尺板检查平整度，要求达到石渣磨透、磨平，石渣显露，分格条全部外露。磨完第一遍后，将表面冲洗干净。待表面晾干后，再用与面层石渣浆同色的水泥浆补浆。补完浆后次日开始养护，养护 2～3d 后（低温及冬期养护 5d 以上）才能磨第二遍。

3. 细磨

第二遍使用细磨石，采用 90、100、120 号油石磨光，要求达到磨平磨光，达到要求后将表面冲洗干净，进行第二次补浆并养护 2～3d。

4. 磨光

使用 180、220、240 号油光磨石，边磨边清洗，平整度、光滑度达到要求，磨完后冲洗干净，继续养护。

5.2.8 水磨石表面层的处理

1. 草酸擦洗

水磨石表面擦草酸，应在不影响面层质量的其他施工项目全部完成后进行。用热水将草酸溶化，重量比为热水：草酸＝1：0.35，待溶液冷却后洒于地面上，用 240 号以上的油石打磨一遍，磨光后用清水冲洗干净并擦干，待地面干糙发白后，即可进行打蜡。

2. 打防静电地板蜡

在不影响面层质量的其他工序完成后将地面擦干净，用布粘稀糊状的防静电地板蜡涂在地面上，涂蜡要薄而匀，用磨石机垫麻袋或麻绳打磨第一遍，用同样方法涂第二遍，磨光打亮，达到光亮、整洁、颜色一致。

5.2.9 电阻检测

在施工完成表面干燥后应进行接地电阻和表面电阻检测，检测时地坪含水率不大于 10%。承接防静电现浇水磨石地面的检测单位，应由得到国家授权的具有出具相应测试报告资质的权威机构担任。

5.3 成品保护措施

5.3.1 运输材料时注意保护门框、墙面。

5.3.2 找平层施工时不得碰撞管线、埋件及设备。

5.3.3 打磨时水泥废浆应及时清除，不得流入下水口及地漏。

5.3.4 打磨时不得溅污墙面及设施。

6. 材料与设备

6.1 主要施工材料

6.1.1 白水泥：硅酸盐水泥强度等级不低于 42.5，用于浅色或彩色水磨石面层，用于彩色水磨石面层时应采用同一出厂批号水泥。

6.1.2 青水泥：硅酸盐水泥强度等级不低于 42.5，用于找平层和深色水磨石面层。

6.1.3 砂：要求洁净，无杂质，细度模数不小于 0.7 含泥量不大于 3％。

6.1.4 石渣：应采用混合级配，色泽一致，洁净无杂质，无风化。粒径除特殊要求外，宜为 4～12mm。同一单项工程应采用同批次、同产地、同配比的石子。颜色、规格不同的石子应分类保管。

6.1.5 装饰分格条：可用玻璃条、铜条或塑料条。分格条的尺寸规格为宽 3～5mm，高 10～15mm（视石子粒径定），长度按分割块尺寸确定。

1. 玻璃条：用普通平板玻璃裁制而成。

2. 铜条：采用工字形铜条。使用前必须调直，铜条表面应做绝缘处理，绝缘材料的电阻值应不小于 $1.0 \times 10^{12} \Omega$。

3. 塑料条：用聚氯乙烯板材裁制而成。

6.1.6 导电胶粘剂：流质状水溶性环保材料，具有与水泥相容性高、不易氧化和挥发等特性，用于水磨石找平层和面层混合料的拌制。

6.1.7 接地静电网用扁钢、钢筋：40mm×4mm 镀锌扁钢、$\phi 3.2 \sim \phi 5.0$ 冷拔钢丝或 10 号镀锌钢丝，使用前张拉调直。

6.1.8 颜料：采用耐光、耐碱性好的颜料，其掺入量为水泥量的 3％～6％，最高不得超过 12％。

6.1.9 草酸：宜热水溶解，浓度宜 5％～10％，用于水磨石面层中性处理及去污。

6.1.10 防静电地板蜡：体积电阻 $5.0 \times 10^4 \sim 1.0 \times 10^9 \Omega$ 之间的专用防静电地板蜡。

6.1.11 绝缘漆：B 级，绝缘电阻值不小于 $1.0 \times 10^{12} \Omega$。

6.2 主要机具设备

6.2.1 主要机具：混凝土搅拌机、砂浆搅拌机、混凝土平板震动器、水磨石机、抛光机、混凝土切割机、调直机、运输小车、水准仪。

6.2.2 其他辅助机具为：小线、盒尺、2m 水平尺、水桶、扫帚、木杠、铁制滚筒、铁簸箕、木抹子、铁抹子、毛刷、钢丝刷、平锹、手锤、錾子、筛子、胶皮水管、磨石、导电胶、绝缘胶、低压照明灯等。

6.2.3 检测机具：数字兆欧表、电极、接地电阻测量仪等。

7. 质 量 控 制

7.1 质量标准

7.1.1 防静电水磨石地面设计和施工质量标准应符合《导（防）静电地面设计规范》GB 50515—2010、《建筑地面工程施工及验收规范》GB 50209—2010 规范要求。

7.1.2 防静电水磨石电性能

1. 摩擦起电电压：地坪表面摩擦起电电压小于 50V。

2. 地坪系统电阻：地面对接地极母线电阻应符合《电子产品制造与应用系统防静电检测通用规范》SJ/T 10694—2006 标准要求，其值为 $1 \times 10^4 \sim 10^9 \Omega$。

3. 地坪点对点电阻：地坪表面相距 900～1000mm 电阻符合《电子产品制造与应用系统防静电检测通用规范》SJ/T 10694—2006 标准要求，其值为 $1 \times 10^4 \sim 10^{10} \Omega$。

4. 接地电阻：符合《电子产品制造与应用系统防静电检测通用规范》SJ/T 10694—2006 标准要求，不大于 10Ω。

7.1.3 防静电水磨石地坪掺入导电胶粘剂后，其物理机械强度应满足以下要求：

1. 光泽度：35～45。

2. 抗压（N/cm²）：＞2744。

3. 抗折（N/cm²）：＞490。

4. 强度：大于 75～100 号。

5. 耐磨性：500g 时大于 8000 转无明显磨损。

6. 起尘性：＜1mg/cm²。

7.1.4 外观质量要求

1. 地坪表面平整、光滑、清洁、坚硬、不平整度小于 3/1000。

2. 地面无磨痕、无裂缝、不起砂、不起鼓。

3. 装饰分格条横平竖直，铜分格条各条端头之间不得连接，间隙不小于 3cm。

4. 地面镶边的用料及尺寸应符合设计和施工规范的规定，边角整齐光滑，不同面层颜色相邻处不混色。

5. 防静电地板蜡洒布均匀不露底，色泽一致，厚薄均匀，光滑明亮，图纹清晰，表面洁净。

7.2 质量检测

7.2.1 防静电水磨石电性能指标的检验应在地坪施工结束 1 个月后或地坪含水量小于 10％时进行。

7.2.2 根据《电子产品制造防静电系统测试方法》SJ/T 10694—2006 的要求，进行地坪表面摩擦起电电压、地坪面电阻、体积电阻的检验。

7.2.3 根据《防止静电事故通用导则》GB 12158—2006 进行接地电阻的检验。

7.2.4 根据《建筑地面工程施工质量验收规范》GB 50209—2010 进行地坪外观、机械强度的检验。

7.3 质量技术措施

优化施工方案，严格按施工方案实施，加强技术交底，强化验收手续。

7.4 质量管理措施

7.4.1 工程使用的材料必须有出厂合格证及试验报告，不合格材料一律不得进场。

7.4.2 对进场材料严格执行"四验"，即验品种、验规格、验质量、验数量，认真把好质量关。

7.4.3 施工过程中严格执行"三检"制度。

8. 安 全 措 施

8.1 实行安全生产责任制

成立安全施工领导小组，制订安全生产管理制度及施工操作制度，实行安全生产责任制，认真贯彻执行"安全第一、预防为主"的方针。

8.2 安全用电及防漏电保护措施

8.2.1 严格执行《施工现场临时用电安全技术规范》，实现"三级配电，两级保护"，采用具有重复接地的 TN—S 保护系统。

8.2.2 配电箱一律使用铁质箱体，应做防潮保护。

8.2.3 配电箱和开关箱的铁质箱体应做可靠的保护接地。

8.2.4 配电箱、配电柜内设置漏电保护器，其额定动作电流和额定漏电动作时间安全可靠（额定漏电动作电流≤30mA，额定漏电动作时间＜0.1s），并具有合适的分级配合。

8.2.5 开关箱与用电设备之间实行"一机，一闸，一漏，一箱"制，禁止"一闸多机"。

8.2.6 在潮湿及易触电的施工条件下采用安全电压，不大于 24V 供电。

8.2.7 为便于对配电箱和开关箱的管理，防止误操作，所有配电箱、开关箱应在箱门处标注其名称、编号、用路、分路情况等，必须专箱专用，不得随意接挂其他临时用电设备。

8.2.8 进出导线保证良好的绝缘性，不得使用裸导线或绝缘有损伤的导线，导线与开关电器之间做固定连接，所有接头必须固定。

8.2.9 现场使用的活动机具，导线不准挂在金属物体上，严禁在电线上搭挂物品。

8.2.10 操作人员必须接受必要的岗前安全技术培训，掌握安全用电基本知识，熟悉用电设备的电气性能。

8.2.11 施工人员在湿作业环境下操作打磨机等机械施工时必须穿绝缘胶鞋和戴绝缘施工手套。

8.2.12 专业电工要经常对配电箱、开关箱、电气线路、用电设备和保护设施进行检查维修，并做好记录。

8.3 其他安全保证措施

水磨石打磨施工范围内，除打磨机操作人员外禁止其他人员在该施工范围内穿行或进行其他施工。

9. 环 保 措 施

9.1 楼层施工时，施工应按从上至下的顺序，在上层施工前应对该楼层的预留洞口、楼梯边缘进行临时封堵，避免施工产生的废水、废浆溢流至下层，造成污染。

9.2 设置废水、废浆收集点，将收集到的废水、废浆排放至室外沉淀池进行沉淀，沉淀后的废水经过滤后排入市政污水管道，沉淀的废浆及时清理以车外运处理。

9.3 水磨石面层打磨施工尽量安排在白天施工，避免深夜施工扰民。

9.4 面层打磨时，应保持打磨机打磨部件和打磨接触面始终处于水下施工，可以降低施工产生的噪声，同时可以防止粉尘的扬起。

9.5 施工人员必须戴口罩，防止粉尘进入口鼻。

10. 效 益 分 析

防静电水磨石地面成本价格低，仅为防静电活动地板价格的 1/3～1/4，大幅度降低了工程成本。同时与防静电活动地板相比，防静电水磨石地面未降低楼层净空，提高了机房的可利用高度空间，且地面使用寿命长，不易破坏，可大大节省维修费用。

本工法采用的胶粘剂型防静电水磨石地面与传统加导电粉型防静电水磨石地面相比，其表面电阻和系统电阻指标更稳定，整体导电性更易保证；且其机械强度、耐磨性质量更有保证，使用和维护方便，效益显著。

11. 应 用 实 例

11.1 长春第二长途通信枢纽工程，总建筑面积 32700m²。开工时间 2001 年 6 月，竣工时间 2004 年 8 月，防静电水磨石地面施工面积约为 15000m²，防静电接地网采用间距为 4m×4m 的镀锌扁钢接地系统，获得长春市"君子兰"杯，取得了显著的经济效益和社会效益。

11.2 福清光电园捷联厂区一期，总建筑面积 165000m²，开工时间 2008 年 6 月，竣工时间 2010 年 10 月，防静电水磨石地面施工面积为 13200m²，防静电接地网采用间距为 1.5m×1.5m 的 φ4 冷拔钢丝焊接网片。经抽检质量全部达到设计要求，其良好的防静电和耐磨性深受监理单位和建设单位的好评。

11.3 六安博微长安科技园主设计大楼工程，总建筑面积 30773m²，开工时间 2009 年 1 月，竣工时间 2010 年 10 月，防静电水磨石地面施工面积为 4700m²，防静电接地网采用间距为 1.5m×1.5m 的 φ4 冷拔钢丝焊接网片。经抽检质量全部达到设计要求，其良好的防静电和耐磨性深受监理单位和建设单位的好评。

骨架式膜结构施工工法

YJGF68—2004（2009～2010年度升级版-026）

浙江省建工集团有限责任公司　浙江海滨建设集团有限公司

金睿　卓建明　焦挺　王坚飞　胡庆红

1. 前　言

　　膜结构是一种建筑与结构完美结合的结构体系，它是用高强度柔性薄膜材料与支撑体系相结合形成具有一定刚度的稳定曲面，能承受一定外荷载的空间结构形式。其造型自由轻巧、阻燃、制作简易、安装快捷、节能、易于清洗、使用安全等优点，因而使它在世界各地受到广泛应用，被誉为21世纪的建筑结构。这种结构形式特别适用于大型体育场馆、入口廊道、小品、公众休闲娱乐广场、展览会场、购物中心等领域。

　　骨架式膜是一种十分稳定的结构体系，骨架构成了完整的建筑空间。骨架式膜结构的膜不仅仅是单纯的覆盖屋面体系，而且充分发挥了采光建筑功能、高强度受力特性。骨架一般暴露于整个膜结构的内侧，而且膜的透光性更加突显骨架的室内视觉效果。在工程实践基础上，我们编制了《骨架式膜结构施工工法》，被评为2003～2004年度国家级工法（YJGF68—2004）。此后，在不断的工法开发和升级过程中，提出了针对单层PTFE—ETFE膜组合和双层PTFE—PTFE膜组合的"吊装法"和"兜网法"施工工艺，解决了组合膜结构的施工难题。其关键技术通过了浙江省住房和城乡建设厅组织的专家验收（验收证书编号：浙建［科］验字［2001］48号），被评为国内领先水平。

2. 工法特点

　　2.1　利用结构找形、体系内力分析与剪裁的专业软件，通过考虑表面曲率、膜材幅宽、边界走向、整体美观等因素的裁剪方案，保证了成形膜结构与设计造型的吻合。

　　2.2　通过反绳网的设置，解决了膜布牵引后固定成形前由于风力因素造成的膜面损坏。

　　2.3　通过"吊装法"和"兜网法"结合应用，解决了单层PTFE—ETFE组合膜结构和双层PTFE—PTFE组合膜结构的安装难题。

3. 适用范围

　　本工法适用于目前较为常见的骨架式膜结构施工，包括近年来新出现的单层PTFE—ETFE膜组合和双层PTFE—PTFE膜组合的施工。

4. 工艺原理

　　骨架式膜结构（图4-1）通过自身稳定的钢构件或其他刚性构件骨架体系支撑膜体来覆盖建筑空间，骨架体系决定建筑形体，膜体为覆盖物。

　　PTFE和ETFE的组合膜结构屋面（图4-2）充分利用PTFE和ETFE膜材各自的优点，保证室内不受紫外光的影响，保证建筑内部自然光线，整个屋面对太阳能的反射率高、热吸收量很少，即使在夏季炎热的日光的照射下，室内也不会受太大影响。ETFE膜完全为可再循环利用材料，可再次利用生产新的膜材料，或者分离杂质后生产其他ETFE产品。PT-

图4-1　骨架式膜结构模型

FE 和 ETFE 的组合膜结构屋面的膜材安装采用"吊装法"。

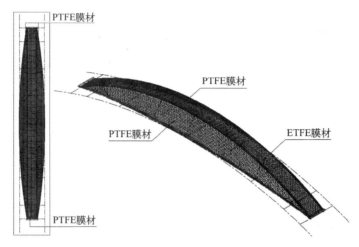

图 4-2　PTFE 和 ETFE 组合膜结构形式示意图

双层 PTFE 的组合膜结构屋面（图 4-3）通过两层 PTFE 之间的空气介质，来隔热保温。利用 PTFE 膜材强度高、耐久性好、防火难燃、自洁性好的优点，在一些高湿度场所的游泳馆、跳水馆，利用双层 PTFE 的组合膜来防冷凝。双层 PTFE 的组合膜结构屋面的膜材安装采用"吊装法"（外膜）和"兜网法"（内膜）相结合。

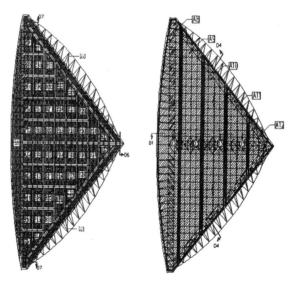

图 4-3　双层 PTFE 膜内、外膜分区示意图

"吊装法"的思路是利用塔吊或其他起重机械通过专用吊装工具，将膜片吊装就位。"兜网法"的思路是通过将膜片在专用绳网兜上展开，然后收紧调整绳网将膜片就位。

5. 施工工艺流程及操作要点

5.1　工艺流程

骨架式膜结构一般由支撑骨架与覆盖的膜材组成，这些构件均可以在工厂内预先加工。其中，膜材是在工厂内按照设计尺寸裁剪，然后运输到现场组合拼装。工厂化加工保证了其精确度，构件运到工地现场分别安装。主要工艺流程如下：

膜结构裁剪制作 → 支撑骨架结构安装 → 搭设脚手架平台 → 安装绳网（双层膜制作"兜网"）→ 膜面就位 → 膜面展开 →

周边固定 → 张拉 → 周边调整、细部处理 → 收尾清理

5.2 膜结构的裁剪制作

膜结构的裁剪拼接过程不能完全消除误差，这是因为首先用平面膜片拼成空间曲面就会有误差，其次膜布是各向异性非线性材料，在把它张拉成曲率丰富的空间形状时，不可避免地会与初始设计形状有出入。因此，布置膜结构表面裁剪缝时要考虑以下几个因素：

1. 表面曲率：如果相邻单元曲率相差很大，说明在这个位置，曲面扭曲得很严重，如果裁剪缝在此处不切断重新开始，那么裁剪膜块的边界在此处就会有很大的弧形。

2. 膜材料的幅宽：找形分析过程中的平面网格划分时，就要考虑到膜材料的幅宽。尽量使一块膜布中包含的膜单元是完整的，否则还要通过插值计算确定膜块边界点的位置。

3. 边界的走向：如果边界比较平直，可以考虑用一个膜块的长边作为这条边界，否则只能用多个膜块的短边拼接成这条边界。

4. 美观：因为膜材料具有透光性，实际结构中可以清楚地看见焊缝，所以裁剪缝的布置一定要规则、合理，最好能形成一些漂亮的图案以增加结构的美感。如果膜表面设置有压索或脊索，那么最好使裁剪缝与压索或脊索重合，使索不至于打乱焊缝的图案布置。

5.3 支撑骨架结构安装

支撑骨架结构是实现膜结构造型的骨架，通常为钢结构，如钢管组合桁架等，支撑骨架结构在膜结构施工前安装完成，可采用高空散拼或分块、整体吊装等施工方法，与常规钢结构安装方法相同。

5.4 施工脚手架搭设

5.4.1 膜面搁置平台

1. 每跨膜面施工前应搭设搁置平台，搭设平台的主要材料是钢管、扣件和九夹板。搁置平台可搭设在各单元根部。

2. 搁置平台平面尺寸：长度应满足一块膜横向展开时的尺寸（每跨的跨度）。平台顶面用九夹板满铺。搭设完毕后，外露的脚手管、扣件及尖角部位应用棉布包裹。

3. 搭设搁置平台用的九夹板板面应保证清洁、无污物，并保证无尖锐毛刺，以免造成膜面的损坏或污染。

5.4.2 施工操作平台

1. 每跨膜面安装时需设置操作平台。平台面低于骨架上表面60cm，搭设宽度应根据施工具体工况决定，原则为便于膜面的安装。双层PTFE应考虑到内膜安装的操作方便。施工操作平台外侧应设置安装防护栏杆。搭设完成后，平台表面用九夹板满铺。

2. 搭设脚手平台时，凡与主体钢结构接触的物件，必须用棉布衬垫，防止损坏结构表面油漆。

3. 所有平台搭设完成后，外围应设置安全防护栏杆。

4. 脚手平台搭设完成后，应由专职安全员进行安全检查，验收合格挂牌后，方可使用。

5. 所有脚手平台的搭设及验收应依照现行的《建筑施工扣件式钢管脚手架安全技术规范》JGJ 130等有关脚手架规范规定执行。

5.5 绳网安装

1. 膜面铺设前，需安装绳网，作为膜展开的依托。绳网材料可采用φ16腈纶绳。绳网安装时，纵向每隔1.5m弦拉一道绳索，绳索一端与膜面搁置平台相连，另一端通过绳索紧绳机与马道紧密相连。横向每隔5m弦拉一道，两端固定在骨架上。双层的PTFE膜还需要制作安装绳网以形成"兜网"，便于内膜的膜片安装就位。

2. 绳网安装结束后，通过绳索紧绳机对绳索施加足够的力，以避免膜面在牵引过程中与钢结构接触，造成膜面的损坏或污染。

3. 绳索及紧绳机与钢结构相连接部位，用棉布衬垫。

5.6 膜面铺设

5.6.1 膜面安装必备条件

1. 钢结构必须安装完毕，膜结构支架必须安装完成，并应满足设计要求；

2. 结构整体是安全、稳定的；

3. 相关区域内构件的涂装必须施工完毕；

4. 相关区域内施工准备工作结束；

5. 膜面、安装工具及五金件到达施工现场；

6. 膜面安装技术指导抵达现场，对现场情况全面检查后同意开工；

7. 接收到现场监理工程师下发的开工单。

5.6.2 膜面安装准备

根据膜面安装准备要求，约每隔 3～4m 放置一定数量的膜面固定材料，以及临时张拉工具。膜面安装固定材料包括铝合金压板、止水橡胶带、不锈钢螺栓、灰色夹具、白色夹具和 $\phi16$ 腈纶绳。

5.6.3 安装工具准备

将安装膜面的手工工具分发到各个班组。手工工具包括人力钳、套筒扳手及带安全挂钩的工具袋。

5.6.4 膜面的就位

1. 在工地堆场内平地上拆除膜面包装箱的顶板及侧面板；

2. 根据膜面安装部位确认膜面编号；

3. 膜布的外层包裹着很厚的塑料纸，每一层之间摆放有硬纸筒，将膜布从包装箱内取出时，吊装用索具为 4 根 1.5t 绳圈。起吊时，为防止绳圈直接接触膜面造成膜布上产生折痕，应将绳圈从硬纸筒内穿过，确认膜面铺设方向后用 80t 汽车吊将膜布就位至搁置平台的中心。

5.6.5 展开膜面

1. 膜面展开必备条件：当天风力不大于 5 级（风速小于 8.2m/s），且非大雨天；绳网的拉设符合方案要求；所有安全设施及操作平台符合方案要求。

2. 膜布展开前，应再一次对搁置平台表面上的九夹板板面进行检查，应保证清洁、无污物，并保证无尖锐毛刺，以免造成膜面的损坏或污染。

3. 所有参加膜面展开工作的人员，必须穿软底胶鞋。

4. 当膜面被搁置在平台上后，横向展开膜面并在膜布前缘每隔 2m 安装一个灰色夹具，并用绳索连接夹具。

5. 膜布展开时，随时观测膜布外观质量，发现因制作引起的破损、钩丝及不可清除的污迹，及时进行退换或修补等处理。

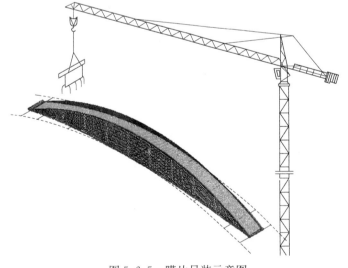

6. PTFE 和 ETFE 组合膜的膜片采用"吊装法"（图 5.6.5）。吊装前先安装好绳网。膜面吊装展开的过程中应注意：1）应由专人负责统一指挥；2）保证吊装的牵引速度同步；3）有专门技术人员跟踪监督；4）膜片按照一定的顺序依次进行吊装就位。

7. 双层 PTFE 组合膜的膜片先安装内膜，后安装外膜。外膜采用"吊装法"，内膜采用"兜网法"，即先采用 $\phi16$ 腈纶绳纵向间隔 1.5m，横向间隔 1m 制作绳网，将膜片在绳网上先展开，再慢慢收紧绳网将膜片就位。在膜面安装展开的过程中应注

图 5.6.5 膜片吊装示意图

意：1）内膜安装检查合格后开始安装外膜；2）工人的牵引速度同步；3）外膜安装时需采取措施保证物件不落失在两层膜之间的空腔中；4）膜片展开安装时应保证膜面洁净、无折痕，依次安装到位。

5.6.6　安装反绳网

当膜布牵引工作结束后，为防止风的作用造成膜面的损坏，应立即安装反绳网，反绳网拉设时纵向每隔 3m 弦拉一道，并对周边作临时固定。

5.6.7　周边固定

1. 当膜面被牵引到距最终位置 20cm 远时，卸除部分紧绳机（并用钢丝绳机代替紧绳机绳索）。

2. 调整膜布周边，使膜布中心位置与设计中心位置相一致，然后进行膜布周边固定工作。

3. 将膜面的前、后缘（内、外环方向）与边索相连接，膜面与边索的连接时通过 L 形卡环完成的。连接时应完全按照施工图纸的要求进行。

4. 膜布与膜结构支架的连接有 2 种方法：1）先将角钢固定在膜结构支架上，并将调整螺栓尺寸放至最大位置。再将膜面安装到角钢上，拧紧所有膜面紧固螺栓后转动角钢上的调整螺栓，将膜面调整至最终安装位置。2）先将膜面与角钢相连接，连接完成后将角钢向安装位置牵引，并安装调整螺栓，转动螺栓后将膜面调整至最终安装位置。按上述步骤将膜面周边安装到位。

5. 装谷索的前端锚具。

6. 将边索后端到位。

7. 安装谷索后端具。

8. 预张拉谷索。目的是防止天气突然改变（起风或下雨）。

5.6.8　膜面铺设注意点

1. 提升膜面时应做到：1）膜面周边受力基本均匀；2）膜面上无集水点。

2. 膜面安装时，操作工人的手套必须是干净的、无油污的；鞋子必须是软底胶鞋；安装工具放置时一定要平稳摆放，使用时必须做到是安全的、可控制的；小工具必须放置在工具包内。膜面安装完成后保证膜布不破损，表面不被污浊。

3. 膜面安装时，应按现场安装技术人员的指导进行；所有节点应根据施工图纸进行安装；谷索的张拉应满足设计要求并在安装技术人员的指导下进行。

5.6.9　膜材拼接

典型的膜片粘结缝宽为：PVC 膜材 25～50mm，PTFE 膜材 50～75mm，对精度要求较高的膜结构，要考虑接缝处双层膜材的刚度提升对整体张拉成形后的"补偿"影响，否则对单块膜片的精确"补偿"效果，在整体拼装后会有损失，致使张拉不能有效到膜材搭接位。

5.7　PTFE 和 ETFE 组合膜结构施工注意事项

PTFE 和 ETFE 组合膜结构屋面，一般先安装顶部的 ETFE 膜，ETFE 膜安装到为位后再安装侧边的 PTFE 膜。组合膜结构的膜布牵引工作结束后，应立即安装反风绳，张拉膜布，应注意避免由于张拉不均匀造成膜面褶皱。在张拉过程中，无论张拉是否顺利到位，不应轻易改变预先设定的张拉位置。张拉应慢速均匀地进行张拉，在膜材及钢结构的对应位置作出标记一一对应，并用螺栓分段定位，确保均匀张拉。

5.8　双层 PTFE 组合膜结构施工注意事项

屋面双层 PTFE 组合膜结构，一般先安装内层的 PTFE 膜，后安装外层的 PTFE 膜。运输到场的单元膜块成品包装进行检查和确认，按安装工作顺序要求的方位：上、下（膜径向）、左、右（膜纬向），进行吊放到位，以免造成错位而影响安装时单元膜块的展开施工安装工作。单元膜块展开后，先将膜中部的膜体固定点固定好，再用紧绳器将膜径向大致拉拽距到位处 2/3 位置，然后张拉膜纬向，大致拉拽距到位处 2/3 位置，二次张拉，将膜径向及纬向先后张拉到位，并对单元膜块的主要膜边，从对称两面的膜边固定，按先经向后纬向的顺序进行固定组装，直至完成全部边角的组装固定工作。

5.9　膜的整理和清洗

在膜面安装全过程，应充分注意对膜材表面的洁净进行维护和清理，安装工作全部结束后，拆除临时设施，清除余料杂物，清扫施工现场。膜材表面一般选用中性的清洗液，用高压水泵加压冲洗，遇到污点采用有超细纤维毛巾擦洗。清洗时应注意做好安全措施，操作人员沿着安全绳行走，穿软底鞋，随身系好安全带。

6. 材料与设备

6.1 膜材

用于膜结构中的膜材是一种具有高强度、柔韧性好的薄膜材料；是由织物基材（玻璃纤维、聚酯长丝）和涂层（PTFE、硅酮、PVC）复合而成的涂层织物。具有轻质、柔韧、厚度小、重量轻、透光性好；对自然光有反射、吸收和透射能力；它不燃、难燃或阻燃；具有耐久、防火、气密良好等特性；表面景氟素处理（涂覆 PVF 或 PVDF）的膜材、自身不发黏、有很好的自洁性能。

常用建筑膜材包括：1）PTFE 膜材：由聚四氟乙烯（PTFE）涂层和玻璃纤维基层复合而成。PTFE 膜材品质卓越，价格也较高。2）PVC 膜材：由聚氯乙烯（PVC）涂层和聚酯纤维基层复合而成，应用广泛，价格适中。3）加面层的 PVC 膜材：在 PVC 膜材表面涂覆聚偏氟乙烯或聚氟乙烯，性能优于纯 PVC 膜材，价格相应略高于纯 PVC 膜材。4）ETFE 膜材：膜材料没有任何布基，仅由一层乙稀四氟乙稀薄膜构成，乙稀氟乙稀本身具有很好的化学稳定性，不需要任何其他的面层保护。

6.1.1 力学性能

1. 中等强度的 PVC 膜：其厚度仅 0.61mm，但它的拉伸强度相当于钢材的一半。

2. 中等强度的 PTFE 膜：其厚度仅 0.8mm，但它的拉伸强度已达到钢材的水平。

3. 膜材的弹性模量较低，这有利于膜材形成复杂的曲面造型。

6.1.2 光学性能

膜材料可滤除大部分紫外线，防止内部物品褪色。其对自然光的透射率可达 25%，透射光在结构内部产生均匀的漫射光、无阴影、无眩光，具有良好的显色性，夜晚在周围环境光和内部照明的共同作用下，膜结构表面可发出自然柔和的光辉。

6.1.3 声学性能

一般膜结构对于低于 60Hz 的低频几乎是透明的，对于有特殊吸声要求的结构可以采用具有 FABRASORB 装置的膜结构，这种组合比玻璃具有更强的吸声效果。

6.1.4 防火性能

如今广泛使用的膜材料能很好地满足对于防火的需求，具有卓越的阻燃和耐高温性能，达到法国、德国、美国、日本等多国标准。

6.1.5 保温性能

单层膜材料的保温性能与砖墙相同，优于玻璃。同其他材料的建筑一样，膜建筑内部也可以采用其他方式调节其内部温度。例如：内部加挂保温层，运用空调采暖设备等。

6.1.6 自洁性能

PTFE 膜材和经过特殊表面处理的 PVC 膜材具有很好的自洁性能，雨水会在其表面聚成水珠流下，使膜材表面得到自然清洗。

6.2 支撑骨架材料

支撑体系材料，根据膜结构设计的不同而采用不同的形式，一般为钢结构桁架，具体材料要求详见有关产品标准和钢结构验收规范。

6.3 机具设备（表 6.3）

机具设备表 表 6.3

序 号	设备名称	用 途	规格、数量
1	起重机	安装膜面索、就位膜面	80T/1 台
2	神仙葫芦	安装谷索	1T/4 只 3T/2 只
3	绳圈	大绳圈作为膜块起吊时的索具；小绳圈可将紧绳机与钢结构相连	大：4 只 小：120 只

序　号	设备名称	用　途	规格、数量
4	4磅榔头		6把
5	羊角榔头		20把
6	套筒扳手	安装压板螺丝	20把
7	腈纶绳	拉设绳网；牵引膜面	1600m
8	大力钳	固定压板螺栓	5把
9	方口钳	安装膜面与钢索连接节点专用工具	5把
10	工具包	放置螺栓、螺帽以及小工具	20只
11	安全带	保证高空操作人员的人身安全	40副
12	钢锯		4把
13	对讲机	工程联系	4只
14	美工刀		8把
15	线手套		100副

注：机具配备应根据实际工程量适当调整。

7. 质 量 控 制

膜结构制作安装分项工程应按具体情况划分为一个或若干个检验批，按规定进行工程质量验收。与膜结构制作安装相关的钢结构分项工程的验收，应按现行国家标准《钢结构工程施工质量验收规范》GB 50205—2001和《膜结构技术规程》CECS 158：2004执行，其他相关分项工程的验收应按有关的施工质量验收标准执行。

7.1 验收标准

7.1.1 保证项目

1. 膜材料的材质、外观及厚度，必须符合设计要求和膜材料的有关规定。

2. 膜材屋面密封防水处理部位，其外露连接零部件必须用铝合金件或镀锌件固定。

3. 膜材屋面严禁有渗漏现象。

4. 屋面膜体表面的脊、谷索与膜边索，应用无油镀锌或不锈钢索，索套口处应做好防水处理。

7.1.2 基本项目

屋面膜材安装外观质量；膜体表面平整度；膜材污损程度；膜面排水坡度、水落口与封檐；屋面膜体边沿与结构连接牢固度；天沟、檐口、泛水制作质量。

7.2 质量保证措施

7.2.1 膜安装前要严格检查钢结构的施工质量，重点检查与膜交接的节点板的位置、尺寸，以及是否光滑等。

7.2.2 对钢结构主桁架之间的平面轴线位置进行重点检查，对偏差较大的部位必须在调整到误差范围之内后才能进行膜结构的安装。

7.2.3 施工前对班组进行详细的技术交底和讲解安装注意事项，重点强调膜的保护。每天上班前进行分组交底，做到分工、分岗明确。

7.2.4 配备专职质量检查员，对施工进行全面过程控制，对不符合图纸和规范要求的坚决进行返工。

7.2.5 工程开工前由专门技术人员对项目全体施工员以上人员进行技术交底，明确每道工序质量要求和质量标准，以及可能发生的质量事故的预防措施，然后由项目经理、施工员对操作工人进行第二次施工技术及安全交底。施工操作人员应了解膜片单元节点的连接形式，并在进场施工前都必须经过专业操作培训和专业安全教育。

7.2.6 膜面安装时应严格按照现场安装技术人员的指导进行。膜面安装前需检查所有与膜面相关连接点是否有飞溅、毛刺等现象，并应确保无锋利刺口。膜面安装前，用棉布将周边可伤及膜面的构件包盖。膜面安装前必须将所有螺栓孔试钻。

7.2.7 搭设膜面搁置平台用材料板面应保证清洁、无污物，并保证无尖锐毛刺，以免造成膜面的损坏或污染。高空操作人员应符合超高空施工体质要求，严禁酒后施工。

7.2.8 在膜安装时设专人对膜进行看护和保管，以防止安装过程中对膜造成损伤和污染。安装工具不可随意抛掷，以防止膜面损坏。膜面铺展后，严禁穿皮鞋上膜面。膜面张拉时，应随时进行膜面应力的测试，以防止应力过大造成膜面的损坏。

7.2.9 竣工后所有施工资料及文件档案，按照档案馆的规定编制完成并及时移交。

8. 安 全 措 施

8.1 总体措施

8.1.1 所有施工人员必须严格执行国家和有关部门的安全生产规章制度，切实做好安全自身保护工作。

8.1.2 所有参加膜结构施工人员，进场施工前都必须经过专业安全培训或专业安全教育。

8.1.3 指派专职安全员驻场监督，班组设兼职安全员贯彻专管相结合，形成一个强有力的安全网。

8.1.4 设置质安组对施工全过程进行监督，发现事故苗头或隐患及时查找原因，并落实整改措施。

8.2 具体措施

8.2.1 施工现场建立安全管理网络，严格执行安全交底制度，加强对施工人员的安全教育，增强安全意识和自身保护意识，遵守各项安全规章制度。

8.2.2 现场各种机电设备、未经专职人员验收合格不得使用，机械应由专人操作、持证上岗。电动机械及工具应严格按一机一闸制接线。配电器开关箱内的电器必须可靠完好，不准使用破损、不合格的电器。严格执行施工现场临时用电安全技术规范的要求。

8.2.3 每天上班前进行交底，做到分工、分岗明确。施工前对机械、仪器、料索具、工具进行检查，确认完好方可运行、使用。

8.2.4 安装、维修或拆除临时用电工程，必须由电工完成。现场照明器具和器材的质量均符合有关标准、规范的规定。不得使用绝缘老化或破损的器具和器材。照明灯具的金属外壳必须做保护接零。

8.2.5 现场安全设施必须由专职人员搭设，其他任何人员不得随意拆除和松动。每天施工前应对安全设施进行检查和维修。

8.2.6 高空作业，严禁向下抛掷物体，使用的工具应用绳索和安全带或工具袋牵牢防止失落。拧固膜面上的螺栓不得使用活络扳手。

8.2.7 小工具必须放在工具袋内，所有散件必须收集在容器内并不超过平口，严禁散落，不准双手拿物体上下和使用有毛病的工具。

8.2.8 高空操作人员应符合超高空施工体质要求，严禁酒后施工。

8.2.9 特种工作人员必须持证上岗，进入现场必须戴好安全帽。施工过程中，教育工人认真做好落手清工作，做到工料尽场地清。

8.2.10 在施工过程中绝对禁止拆满堂脚手架及操作平台四周围护当中拉结点的杆件作其他用，确因工作需要时要得到专业施工员、安全员同意加固措施后方可拆除，并派人监管，待工作完毕及时恢复原样。

9. 环 保 措 施

9.1 油漆等易挥发、易燃物品应存放在现场指定的位置，减少对环境的不利影响。

9.2 钢结构应采用定制后现场安装，减少现场切割、敲打、焊接等加工引起的飞尘、噪声、气味对环境的不利影响。

9.3 施工产生的废弃物（焊条、包装纸、胶带纸等）应及时清理并集中堆放在指定位置，防止对环境产生不利影响。

9.4 进入施工现场一切人员应保持现场及周围环境卫生，不乱倒垃圾、渣土，不乱扔废弃物，不乱排污水。禁止向市政排水沟、排水管道检查井、管道出口、雨水口和排水明沟内倾倒工程污水、垃圾、粪便，严禁将施工污水流出施工区域污染环境。

9.5 禁止向市政排水管道排放有害的工业废液、废渣、废油、废气以及其他有毒有害的废弃物。

10. 效 益 分 析

骨架式膜结构建筑具有较多优点，实际应用产生的经济、社会效益主要有以下几点：

1. 更自由的建筑形体塑造。多变的支撑结构和柔性膜材使建筑物造型更加多样化，新颖美观，同时体现结构之美，且色彩丰富，可创造更自由的建筑形体和更丰富的建筑语言。

2. 更好的经济效益。膜建筑屋面重量仅为常规钢屋面的 1/30，这就降低了墙体和基础的造价。同时膜建筑奇特的造型和夜景效果有明显的"建筑可识性"和商业效应，其价格效益比更高。

3. 更短的施工周期。膜工程中所有加工和制作依据设计均可在工厂内完成，在现场只进行安装作业。相比传统建筑的施工周期要快一倍。

4. 更低的能源损耗。膜材有较高的反射性及较低的光吸收性，并且热传导性较低，这极大程度上阻止太阳能进入室内。另外，膜材的半透明性保证了适当的自然漫散射光照明室内。

5. 更大跨度的建筑空间。由于自重轻，膜建筑可以不需要内部支撑面大跨度覆盖空间，这使人们可以更灵活、更有创意地设计和使用建筑空间。

骨架式膜结构施工技术在原普通单层膜结构施工的基础上，通过运用单层 PTFE—ETFE 膜组合和双层 PTFE—PTFE 膜组合，进一步完善骨架式膜结构的施工工艺，采用"吊装法"和"兜网法"施工工艺，比膜片采用人工安装的方法，节省了一半人工。骨架式膜施工利用"工厂化"与"现场组合"的工艺流程，骨架膜的支撑骨架、膜面组装单元，根据设计图纸在专业加工厂家进行下料，膜工程中所有加工和制作依设计均可在工厂内完成，在现场只进行安装作业，相比传统建筑的施工周期要快一倍。同时可充分利用主体结构施工的塔吊机械，垂直运输机械的利用效率提高。经工程实践证明，综合效益明显，节省施工管理成本达到 20%，骨架式膜结构施工工艺的综合效益达到了 30% 以上。

11. 应 用 实 例

11.1 浙江省体育局体育训练中心训练馆工程（图 11.1）

工程建筑面积 29059m²，框架 3 层，±0.000 相当于黄海高程 7.45m，建筑物最高点 42.8m。工程主要由篮球、排球、乒乓球、羽毛球专业训练及配套设施组成。屋面采用大跨度铝镁锰板钢结构和骨架式膜结构体系。该屋面的膜材采用的是 PTFE、ETFE 组合膜材，PTFE 膜材采用的是沙特阿拉伯艾美公司 ArchiFab F—310，ETFE 膜材采用的是日本旭硝子株式会社 FLUON ETFE FILM。该工程荣获 2009 年度浙江省优质工程"钱江杯"。

11.2 浙江省体育局体育训练中心游泳馆工程（图 11.2）

该工程是浙江省"五大百亿"重点工程，总投资约 1.6 亿，观众座位 1028 个，建筑面积 17356m²，框架结构，地下 1 层，地上 4 层。屋面采用大跨度钢结构和膜结构体系，天棚采用透光双层膜结构。该屋面的膜材采用的是双层 PTFE 的组合膜材，外膜 PTFE 膜材采用的是沙特阿拉伯产的 FIBERTECH C1008，内膜 PTFE 膜材采用的是德国产的 POLYMAR8964—FR。该工程荣获 2007 年国家优质工程银质奖。

图 11.1　浙江省体育局训练中心训练馆

图 11.2　浙江省体育局体育训练中心游泳馆

11.3　浙江省体育局体育训练中心室内外田径场工程（图 11.3）

图 11.3　浙江省体育局训练中心室内外田径场

　　该工程包括新建一标准室外 400m 塑胶跑道田径场和一室内 200m 塑胶缓冲跑道田径场。室内 200m 国际标准塑胶跑道、400m 塑胶跑道田径场半径为 36.5m，直道 8 道、弯道 8 道。田径场看台采用骨架式膜结构，工程膜材采用法国法拉利公司 FERRARI 1202T2，外表面涂覆 100％PVDF 清洁涂层。膜展开面积约 12000m²。工程荣获浙江省优质工程"钱江杯"。

低温辐射采暖地板施工工法

YJGF54—2002（2009~2010 年度升级版-027）

山西四建集团有限公司

张文杰　侯湘东　戴斌　李彦春　杨军伟

1. 前　　言

低温辐射地板采暖，是随着化学工业的飞速发展，聚丁烯（PB）及交联聚乙烯（PEX）等高性能管材的生产，在 20 世纪 80 年代中期在国外推出的一项新型实用技术，由于它具有舒适、节能、经济等特点，很快被人们接受，而得到普遍推广，我国在 20 世纪 80 年代末和 20 世纪 90 年代初分别由德国和韩国引进了这项技术，并在很多工程和住宅建筑中取得成功的应用。2000 年施工的太原市捷利小区中国农业发展银行山西省分行 8 号、9 号、10 号及 12 号 A 段住宅楼工程，在山西省首家引进使用这项技术，经各方通力配合，精心策划组织，认真检查落实，取得令人满意的效果，在后来的多个项目中的应用也取得良好的效果，在不断总结经验的基础上形成本工法，并获批为国家级工法。

近年来，随着低温辐射地板采暖技术的大面积推广应用（仅 2003 年以来我公司应用该技术施工的工程就有 30 余项），行业标准及一些地方标准也相继出台，施工技术进一步成熟，另外随着工程实践的不断增加和新的经验的累积，"多次打压试验"、"卫生间的防水处理措施"等关键技术的应用，在施工工艺、质量控制等方面有了新的要求，特对原工法进行了升级修订，本次修订的关键技术已通过省级鉴定，鉴定结论为"国内领先"。

2. 工 法 特 点

低温地板采暖具有以下特点：其室内温度曲线最适合人体生理要求（脚暖头凉）；减少散热器占地面积，扩大实际利用空间；减少楼层噪声；可实行分户、分室控制，实现分户计量和人们对不同采暖温度的要求；热源选择广，在可供 35℃ 以上热水的地方均可实现低温地板采暖；使用寿命长，管材使用 50 年以上，减少了维修及物业管理费用。

由于其加热盘管隐蔽于楼（地）面垫层中，从施工方面来说具有采暖系统与楼（地）面垫层施工同时进行，且易受垫层及其上地面面层施工影响的特点。

3. 适 用 范 围

低温辐射地板采暖技术的适用范围很广，可在住宅、办公楼、宾馆大厅、展览馆、影剧院、商场、医院、实验室、机房、游泳馆、体育馆、厂房、畜牧场、育苗（种）等场所应用，特别适合大跨度、高层和矮窗式建筑物的供暖需求。

4. 工 艺 原 理

在建筑物楼（地）面结构层上，首先铺设高效保温材料及铝箔反射膜，起到单向保温和隔热的作用，而后将热水盘管（PB 或 PEX 管等）按一定的间距和回路方式排列、固定在保温材料上，最后回填豆石混凝土，经捣实、平整后再做地面装饰面层（材质不限，可以是大理石、瓷砖、木质地板、地毯等）。热媒采用≤60℃ 的低温热水，通过加热盘管加热管周围的混凝土垫层和地面面层，主要以辐射的方式向室内散热，从而达到舒适的供暖效果（示意图见图4）。

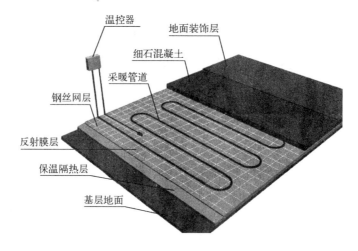

图4　工艺原理示意图

5. 施工工艺流程及操作要点

5.1　工艺流程

工艺流程图见图5.1。

5.2　操作要点

5.2.1　施工准备

1. 检查地面：检查地面平整、清洁情况，清扫地面杂物、剔除室内墙体和边角落灰。

2. 卫生间、厨房及其他需做防水处理的地方，防水层施工完毕。

3. 材料进场验收：盘管在运输、储存过程中要注意保护，不得划伤、挤压。

5.2.2　分、集水器安装

1. 当水平安装时，分水器安装在上，集水器安装在下。中心距离为200mm，集水器下端，距地面应不小于300mm。

2. 当垂直安装时，分水器、集水器下端距地面不小于150mm。

5.2.3　绝热层（一般为聚苯板，要求密度≥20kg/m³）的铺设：沿墙周边的条状绝热层（一般为10mm厚的高发泡聚乙烯塑料，宽度80～100mm，可同时作为靠墙边的伸缩缝）先放（应立放），用绝热层的保温板将其与墙边挤紧，绝热层的保温板应切割整齐，接缝紧密，无翘曲起拱。

5.2.4　铝箔反射膜的铺设：要求铺设平整，拼贴压接规矩，缝隙处用胶带封口，边角处收头整齐。

5.2.5　钢丝网的铺设、固定：钢丝网连接要用铅丝绑扎、四周要用钢钉同地面或墙边固定，PEX等回弹性较小的管材可不设钢丝网，直接用转用塑料卡钉固定在绝热层上。

5.2.6　加热盘管安装

1. 按设计图纸进行放线（如反射膜已印有线，此项可免），并配管（如已按设计定长供货，此项可免）。

2. 按照设计的间距与回路方式排管，较典型的回路方式有：直列型、旋转型、往复型等（图5.2.6）；靠外墙，尤其是外飘窗和落地玻璃幕处，布管间距应适当加密；地面的固定设备下不应布管。

3. 布管操作顺序：原则上是以集、分水器安装位置为中心，由远及近、由里及外、由中心及外圈的施工顺序。

4. 裁切管材采用专用工具，断口要平整，断口面要垂直于管轴线。

5. 同一回路要用一条整管不得有接头，管材间距应符合设计要求，间距偏差不大于±10mm，保持管表面平整。

6. 设计有钢丝网的，盘管用塑料扎带固定于钢丝网上；设计无钢丝网的直接用塑料卡钉固定在绝热层上；固定点的间距：直管段不大于500mm，弯管段不大于200mm，在1800拐弯处，应有5个固定卡子。

7. PB管及PEX管等塑料管用手即可弯回，不必用工具，但注意要缓慢用力，弯曲部位不得出现硬折死弯，弯曲半径不小于管外径的8倍。

8. 管道系统安装间段或完毕的敞口处，应始终保持封堵。

9. 在靠近分、集水器的周围，盘管排列较密，为防止局部地面温度过高，在加热管的始末端距分、集水器1m长的管段，应设柔性套管等保温措施。

10. 操作温度不低于5℃，温度太低会影响盘管的柔韧性。

5.2.7　盘管与分、集水器的连接

1. 加热管始末端出地面至连接配件的管段，应设置硬质管套。

2. 安装要平整，管连接平行、均匀对称。

5.2.8　隐蔽验收及打压试验

分、集水器与盘管安装完毕经验收合格后进行打压，压力要求1.2~1.4MPa（或工作压力的1.5倍，且≥0.6MPa），稳压1h，压力降不超过0.05MPa且不渗漏为合格。

5.2.9　浇捣豆石混凝土

1. 混凝土强度等级为C15，豆石粒径为5~12mm。

2. 伸缩缝的设置：每个房间的四周靠墙边放10mm厚条状高发泡聚乙烯塑料作为伸缩缝，浇混凝土垫层前临时固定，面积较大的大厅应按设计要求设伸缩缝，如设计无要求可按小于5m设缝；管材穿过门口处应采用PE高发泡聚乙烯材料设伸缩缝；盘管穿越伸缩缝处应设长度为300mm的柔性波纹套管。

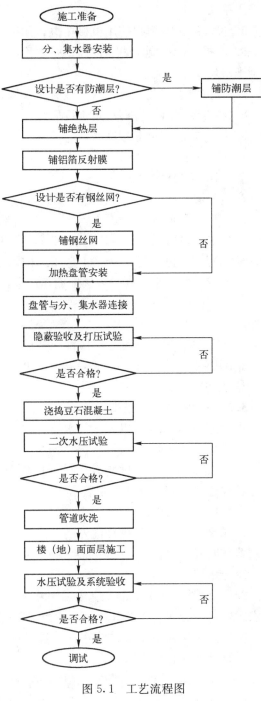

图5.1　工艺流程图

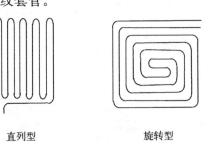

直列型　　　　旋转型　　　　往复型

图5.2.6　盘管回路方式

3. 浇捣混凝土时，盘管要带压进行，即上一工序打压试验合格后，不卸压即进行混凝土浇捣。

4. 运输混凝土时，应搭马道，严禁用小车从管表面推行，也不能用混凝土泵直接冲击输送，操作时采用平头铁锹。

5. 捣混凝土时不得使用机械振捣，用手动工具拍实到返浆即可。

6. 严格控制混凝土表面标高及平整度，浇捣前据建筑 50 线设好标高控制点；表面搓压处理同一般混凝土垫层要求。

7. 应按要求留置试块，保证混凝土强度达到设计要求。

8. 当混凝土凝固并有一定强度后，管道方可卸压，一般 48h 后卸压。

9. 所有施工人员应穿软底鞋。

10. 混凝土养护不少于 14d。

5.2.10 二次水压试验

在填充层混凝土浇筑并养护完成后进行，试验方法与标准同混凝土浇筑前，发现问题及时处理。

5.2.11 管道吹洗

二次水压试验后将盘管内的水用高压空气吹洗干净。如发现吹洗出的水中有杂质，应接清水反复冲洗直至水变清，再用高压空气将管内余水吹洗干净。

5.2.12 面层施工同一般楼地面，但要注意以下几点：

1. 对面积较大的地板，当面层为大理石、花岗岩时在混凝土垫层上设有伸缩缝的对应部位需做专门处理。

2. 当选用木地板作面层时应注意选用地暖适用型。

3. 注意若面层施工不合格，需返工时，不得用切割机切割，要用凿子小心凿锻，不得触及垫层，以免盘管受损。

5.2.13 验收前水压试验及系统验收

1. 系统水压试验：以分、集水器为单位，逐回路进行，试验方法与要求同前两次。水压试验合格后应将系统内的水吹尽。

2. 系统验收：水压试验合格后，按规范进行现场实物与资料的竣工验收工作，并做好验收记录，并在验收合格后填写规范规定表格，然后进行竣工交接。

5.2.14 系统调试

1. 在调试时，首先应冲洗外网及支管，以防止异物进入地暖环路系统，造成堵塞。具体做法应从分水器前断开，将供水支管和回水支管连接，进行外网系统的全面清洗，直至清水流出为止，方可与地暖系统分水器连接。

2. 往地暖系统注水时，应注意注水的速度不能过快，以免带进过多的空气，造成系统排气不畅。注水时应松开分水器上的放风阀，使系统内的空气排出，直至清水流出后再将放风阀关闭。地暖系统在注水时应一个单元或单层楼注水，应检查进、回水阀是否开启，以上须有施工人员在场，直到全部注满，系统处于正常运行状态为止。

3. 冬季试运行时，应严格控制水温，首次运行时的供水温度应设定在 25～30℃ 之间。运行一周后，每 24h 将供水温度调高 5～8℃，直至升到所设计的供水温度。

6. 材料与设备

6.1 材料

进场的所有材料均应按国家有关现行标准检验合格并获监理批准方可使用。

低温辐射采暖地板使用的主要材料为塑料盘管，目前市场所用盘管材料一般主要有聚丁烯管（PB）、交联聚乙烯管（PEX）、耐热聚乙烯（PE-RT）等，其他还可用 PPR 及复合管材等，由设计根据相关的标准及具体情况选定。

塑料盘管为成卷供应，规格一般为外径 16mm、20mm 较为常用。

6.1.1 主要物理性能指标（表 6.1.1）

6.1.2 耐腐蚀要求：管材应选用带阻氧层的，氧渗透率指标＜0.1mg/L·d。

几种塑料管道的技术经济性能对比　　　　　　表6.1.1

项　目	PE—X	PE—RT	XPAP	PP—R	PB
密度 kg/m³	950	933	1300	909	900
导热系数 W/（m·k）	0.4	0.4	0.45	0.24	0.22
热膨胀系数 mm/（m·k）	0.15	0.195	0.026	0.18	0.13
工作温度范围（℃）	−70～95	−70～95	−70～95	−15～80	−70～95
液压试验环应力 MPa（95℃，1000h）	3.5	3.5	4.4	7.3	6.0
渗氧率	较小	较小	不渗	较大	较小
连接方式	卡箍机械	热熔	卡箍机械	热熔	热熔
连接用管件	锻造黄铜	PE—RT管件	锻造黄铜	PP—R管件	PB管件
物料回收利用率	不能	能	不能	能	能
价格比	1	1.15	1.5	1.2	2.5

6.2　机具设备

试压机、剪管器、小推车、平头铁锹、木搓、铁抹、电锤、钢丝钳、聚苯板切割刀、扳手等，其他小型配套工具。

7. 质量控制

7.1　本工法执行的国家现行标准、规范

主要有：《地面辐射供暖技术规程》JGJ 142—2004、《建筑给排水及采暖工程施工质量验收规范》GB 50242—2002、《建筑地面工程施工质量验收规范》GB 50209—2002 等。

7.2　检验方法

主要的检验方法为打压试验，以检验管材是否渗漏及其耐压能力、管件、阀门等的接口严密性及耐压能力。本工法在整个施工过程中要求进行 3 次水压试验，较行业标准 JGJ 142—2004 要求的 2 次多 1 次，多出的 1 次为系统验收前的水压试验，是为确认在整个装修过程中分、集水器及以下的管路系统是否受到意外损害，及时发现并解决问题。

7.2.1　三次水压试验

1. 加热管铺设完成后的水压试验；

2. 混凝土回填层完成后的水压试验；

3. 系统验收前的水压试验。

7.2.2　水压试验方法

1. 经分水器缓慢进水，同时将管道内空气排出，以每组分、集水器为单位，逐回路进行；

2. 充满水后，进行水密性检查。试验介质为水，不宜以气压试验代替水压试验；

3. 试验压力应为工作压力的 1.5 倍，且不应小于 0.6MPa。采用手动泵缓慢升压，升压时间不小于 15min，一般分 2～3 次升至试验压力，在试验压力下，稳压 1h，观察其压力降，若压力降不大于 0.05MPa 且不渗不漏为合格。

7.3　质量验收表

参照《地面辐射供暖技术规程》JGJ 142—2004 及《建筑给排水及采暖工程施工质量验收规范》GB 50242—2002、《建筑地面工程施工质量验收规范》GB 50209—2002 中的相关表格。

7.4　质量控制要点

7.4.1　豆石混凝土垫层表面裂缝控制

1. 混凝土配合比与坍落度的控制：应尽量使用预拌混凝土，加强现场检验，尽量不要现场拌制混凝土。

2. 采用表面二次抹压法，并掌握好二次抹压的时机，不宜过迟。

3. 注意养护环境，要保证有足够的湿度。如高层建筑的高处风大则应在做好窗洞口的封闭措施后，再进行混凝土垫层的浇筑。

7.4.2 打压试验

打压试验是系统质量控制和保证其耐久性的重要手段，通过 3 次打压试验来监控和保证系统的水密性，过程方法见 7.2。

7.4.3 成品保护

1. 管路敷设完后在没有覆盖垫层前及现场必须封闭保护，需通行的地方必须覆盖软泡沫层加模板保护。

2. 浇筑后垫层混凝土强度未达到 1.2MPa 前，现场还必须封闭保护，任何人不得踩踏；地面面层的施工应在混凝土垫层层养护期满后进行。

3. 分、集水器安装后应做临时的包裹保护，以免后续工序对其污染和破坏，外壳待整个工程完工交工前再安装。

4. 每次打压结束，必须用高压空气把管内积水全部吹出，防止天冷冻裂管道。

5. 装修过程中在加热管的铺设区内，严禁穿凿、钻孔或进行射钉作业。

7.4.4 卫生间等有水部位的专项要求

1. 卫生间应做两道防水层，一般做法在绝热层下部做一道柔性防水层，填充层上部做一道刚性防水层。

2. 卫生间、厨房等有水房间，过门口处应先做混凝土止水带（高度为垫层的厚度），止水带内侧随基层做防水层，盘管穿过止水带处可采取留套管，浇混凝土垫层前从内侧用硅酮密封胶密封，或采用地暖管穿橡胶圈等做法防水。

3. 卫生洁具下，不应布管。

8. 安 全 措 施

本工法施工是在主体结构及围护、分隔墙完成之后进行，影响安全的因素较少，主要注意以下 4 个方面：

8.1 各种塑料管、绝热材料等不得直接接触明火及其他高温热源。

8.2 施工用电方面，若现场需照明，需按规范要求使用安全电压及做好漏电保护。

8.3 混凝土运输过程中注意未装栏杆楼梯、未封闭洞口等处的安全。

8.4 未浇混凝土垫层前不得在现场进行电焊作业，以免烧伤盘管及引起火灾。

9. 环 保 措 施

9.1 聚苯板的余料、碎片等要及时收集装袋运走，不得随地乱扔。

9.2 盘管的下脚料要及时清理收集，集中回收处理。

9.3 管道冲洗的出水应直接排到下水流或接到容器内，不得四处漫流。

10. 效 益 分 析

10.1 经济效益

10.1.1 从施工角度的效益

与一般的明装散热器采暖施工相比，由于无凿墙穿洞，可明显减少后期的修补、返修，及对成品保护的费用，从而降低成本。

10.1.2 从使用角度的效益

由于其加热盘管埋于地下，不占用建筑空间，从而可扩大有效使用面积及便于家居布置，产生明显的经济效益；一次性的安装费用增加不多，但由于使用寿命长及维护费用极低与本身运行的节能效果，使得其全寿命周期成本大大低于其他采暖方式，以 PB 管（相对较贵的一种管材）为例与其他采暖方式的技术经济性能的分析比较，见表 10.1.2。

聚丁烯管低温地面辐射采暖与其他采暖方式技术、经济、性能比较

单位：建筑面积 m²
表 10.1.2

采暖方式	一次性投资						使用维修年限（年）
	每平方米造价（元）	加罩装修散热器费用（元）	占有效使用面积费用计划			每平方米合计（元）	
			每100m²占用面积（m²）	折合金额（元）	每平方米价		
聚丁烯地板辐射采暖	100	无	无	无	无	100	50
铸铁散热器	35	20～50	2	8000	80	135～165	10
钢片散热器	60	20～50	1.8	7200	72	152～182	8
合金散热器	120	20	1.5	6000	60	200	15
直燃机热风供暖	280	吊顶	无	无	无	280	—
空调供暖	120	无	0.3	1200	12	132	7

采暖方式	采暖期造价费用比较				采暖性能比较			
	采暖费用（元）	每100m²节约费用（元）	年维修费用（元）	其他损失	舒适性	楼板隔声	分户计量	分室控制
聚丁烯地板辐射采暖	70%为8.2	430	无	少	好	好	能	能
铸铁散热器	12.5	—	2	阀门漏水引起损失	一般	差	不便	不便
钢片散热器	12.5	—	3	阀门漏水引起损失	一般	差	不便	不便
合金散热器	12.5	—	0.5	少	一般	差	不便	不便
直燃机热风供暖	50	大超	大	少	一般	差	不便	不便
空调供暖	20	超	大	少	一般	差	能	不便

注：采暖期费用，按散热器 4 个月每月每平方米耗煤 50kg，按 0.25 元/kg 计算。

10.2 社会效益

10.2.1 "节能减排"方面

由于地面供暖辐射散热可以用较低的室内设计温度（16～20℃）达到较高设计温度（18～22℃）对流散热的供暖效果，故这种采暖方式可"节能"20% 左右，从目前我国的燃料用能源结构来看，"节能"即节约燃料，就等于减少了 CO_2、SO_2 和粉尘的排放量，此外管材废料等均可回收循环制造，故这种采暖方式还可"减排"，符合国家"节能减排"与"低碳环保"的政策方向。

10.2.2 舒适度方面

由于低温地板辐射采暖室内温度曲线最适合人体生理要求（脚暖头凉），从而提高了采暖的舒适度，改善了生活质量。

10.2.3 其他方面

可减少楼板噪声；可实行分户、分室控制。

11. 应 用 实 例

11.1 太原华德中心广场2号、3号、4号、5号楼项目，位于太原市长风街，于2008年3月开工，2009年11月交工，该项目由4个单位工程组成，2号、3号楼为剪力墙结构的高层住宅，4号、5号楼为框架结构的商业及办公用房，项目总建筑面积145000m²，采暖系统采用了PE－RT管低温地板辐射采暖，取得了满意效果。

11.2 山西阳曲国家粮食储备库东部湾小区1号楼工程位于阳曲县国家粮食储备库面粉厂内，地下1层，地上16层，剪力墙结构，建筑面积13162.18m²，该工程2007年3月1日，2008年10月15日竣工。本工程采用了低温辐射地板采暖技术，效果良好，创造了很好的社会效益和经济效益。

11.3 山西宇星客车2号高层住宅楼建筑面积为34442.4m²，位于太原市大东关街，剪力墙结构，工程于2007年10月28日开工，2009年10月15日竣工，采暖系统采用了低温辐射地板采暖施工技术，获得建设单位、监理单位好评，取得了良好的社会效益和经济效益。

11.4 由于本工法的大面积推广应用，工程实例还有很多，表11.4所列为我公司施工的部分其他应用实例。

部分其他工程应用实例 表11.4

序　号	工 程 名 称	建筑面积（m²）	开、竣工日期	获奖情况
1	阳泉凤凰城A3号、A4号	31429.3	2007年7月25日～2008年11月6日	汾水杯
2	晋翔小区1号、2号	39050	2007年5月～2009年11月	
3	大同惠民D3号	14135.14	2007年3月～2009年11月	
4	吕能电力1号	10095	2008年3月20日～2009年11月	
5	吕能电力2号	4741	2008年3月20日～2009年11月	
6	大同睿和A1、A2、C1、C2	63482	2007年3月～2010年1月	
7	柏杨树经济适用房	11280.3	2008年12月5日～2009年12月20日	
8	电子二所	21875	2008年9月～2010年11月	
9	太铁白龙苑7号	37729	2007年12月1日～2010年12月1日	
10	古交滨河大厦	44092	2006年8月4日～2007年7月30日	
11	水工大厦	22539.33	2003年6月10日～2004年10月31日	
12	定襄兵乐工程文体中心、空勤宿办楼	4960	2008年3月10日～2008年8月12日	
13	金色水岸·龙园14号住宅楼	14662	2005年6月～2006年9月	汾水杯
14	山西交通厅2号住宅楼	8245	1998年6月～2002年6月	省优
15	太原铁路机械学校高层住宅楼	20853	2003年2月～2004年12月	省优
16	东曲矿7号、8号、9号高层住宅楼	46000	2009年5月～2010年12月	结构样板工程

薄壁连体法兰矩形风管施工工法

YJGF60—2002（2009~2010年度升级版-028）

上海市安装工程有限公司　浙江舜江建筑集团有限公司

何广钊　许光明　严忠海　朱俊峰

1. 前　言

原国家级工法《薄壁连体法兰矩形风管施工工法》（YJGF60—2002）自从2003年颁布后，至今已有7年之久，多年来新工艺在全国各地得到推广应用，特别是我国沿海各大中城市较为显著，2005年建设部向全国推广应用机电安装工程10项施工新技术，这项新工艺是其中之一项，实践表明，工法的推广具有现实意义。

基于下列原因，应对原工法进行修订：

1.1　根据建设部建标〔2002〕84号文件要求，由中国安装协会组织北京、上海、广州等13家参编单位，于2003年年底完成了中华人民共和国行业标准《通风管道技术规程》JGJ 141—2004编制和审定工作，规程中对薄钢板法兰矩形风管制作和安装质量要求做了较详尽的表述，对施工单位应用这项新工艺有很好指导作用。因此，规程中一些术语、技术指标可用于对原工法进行修订和补充。

1.2　2005年中国建筑标准设计研究院为了使全国各建筑设计研究院和施工单位更好了解和应用薄钢板法兰矩形风管新工艺，报建设部立项批准，委托上海市安装工程有限公司主编《薄钢板法兰风管制作与安装》国家建筑标准设计图集，2006年在广东、上海、江苏等4家参编单位共同努力下完成了图集的编制和审定工作，建设部建质〔2007〕10文批准发行实施，图号为07K133，该图集除了表达工艺详图外，还在工程术语、工艺方法、原材料、零配件、机械设备等各方面考虑全国各地的差异情况，力求各地能应用这项新工艺，今后设计人员可以在工程设计说明中标明图号，施工单位便可以采纳新工艺施工。因此，图集一些内容可以补充到原工法中去。

1.3　原工法以全自动生产线设备为推广对象，实践表明，经济上较便宜的分散布置的单机设备对中、小型施工企业实施这项新工艺更为合适，此外，原工法采用的材料、零配件、工艺方法主要针对上海地区的应用情况，与各地区会有差异，因此，新工法应在设备、材料上考虑全国各地的通用性，有必要对原工法做修改。

1.4　根据最新颁布的《国家级工法编写和申报指南》编写要求，原工法应修改。

特此，对原工法做出了修订。

2. 工 法 特 点

2.1　新工艺可以采用卷筒镀锌钢板在全自动生产线进行生产，也可以采用板材在分散布置的单机设备进行生产，完成整平、轧制加强筋、冲角、冲槽、下料、轧制咬缝、轧制连体法兰边、折边等工序，实现电脑自动化、机械化、工厂化生产。与传统的工艺相比，具有生产效率高、尺寸准确、成型质量好的优点。

2.2　与传统的角钢法兰风管相比，新工艺制作的风管严密性好，能较好地满足国家施工验收规范对漏风量检测要求。

2.3　由于采用卷筒镀锌钢板进行连续生产，可大为降低边角料的损耗，同时由于采用与管壁连在一起的薄钢板法兰代替厚度较大的角钢法兰，既可节省钢材又减少了工序并提高了生产效率。

2.4　由于风管连接工艺的变更，使得风管安装施工操作简便快捷，施工周期可缩短，能加快工程的建设速度。

2.5 风管制作可以实现完全工厂化，施工现场可减少或完全不占用生产场地，没有以前施工现场制作风管时产生污染环境的高噪声，有利于保护环境和文明施工。

3. 适 用 范 围

本工法适用于通风空调工程中工作压力不大于 1500Pa 的矩形风管制作与安装，风管边尺寸为 160～2000mm。

4. 工 艺 原 理

4.1 按施工图对每一个风管系统进行风管制作前，应先根据卷筒镀锌钢板的厚度和宽度，计算扣除法兰成形后的风管的长度标准尺寸，然后在现场复核图纸尺寸，确定每一个系统制作风管的管段、管配件的数量和尺寸、活接口位置和尺寸，复核尺寸的原则是：避免支管和送回风口的开口处落在主风管的法兰边上，避免风管与其他管线或设备交叉或碰撞，确保生产后的风管系统能在现场顺利施工。

4.2 矩形风管全自动生产线或单机设备可采用 4 种宽度尺寸（即 1525mm、1500mm、1250mm、1220mm）的卷筒镀锌钢板，可通过电脑输入风管尺寸、数量、折边等数据，连续进行自动下料，这是节省材料和提高工效的重要措施；单机设备还可以采用 1000mm×2000mm 或 1200mm ×2400mm 板材在剪板机上人工下料。

4.3 电脑控制的全自动矩形风管生产线，可根据操作人员输入的风管断面尺寸和管道折边尺寸、管段节数，自动进行整平、轧制加强筋、冲角、冲槽、下料、轧制咬缝、轧制法兰边、折边等工序生产，这是实现工厂化生产重要手段。分散布置的单机设备可以由各种设备组合自动或半自动完成上述各项加工工序，这是推广应用新工艺较为经济的方法。

4.4 风管成型的咬口形式可以是联合角咬口或按扣式咬口，但净化空调工程不可采用按扣式咬口制作风管。咬口紧密是风管强度牢固和减少漏风的关键，风管联合角咬口合缝成形可以采用液压合缝机或手工锤打合缝，用机械合缝符合环保要求，而手工方法则较为经济。

4.5 每节风管成型咬口合缝后，风管两端四角安装角连接件（俗称角码）可以采用液压压角机紧固也可采用手工工具操作。角连接件与风管连体法兰边紧固，可使两节风管连接时，四角用 4 只螺栓上紧后不易松动。

4.6 每节风管角连接件安装后，四角拐角部位用密封胶把漏风的缝隙封住，这是防止风管漏风的重要措施。

4.7 矩形风管系统中的三通、弯管、变径管等管配件，采用电脑控制的等离子自动切割机进行放样和下料，这也是配件实现自动化、机械化、工厂化生产的重要手段。为了减少初投资，也可以采用人工放样和下料，经下料后的单片要分别采用单台机组轧制咬口和连体法兰边，最后再组合成型。

4.8 不同工作压力的风管和管配件，当断面尺寸及长度尺寸大于一定值时，应根据相关规范要求进行加固处理，以使风管满足强度要求。

4.9 现场风管系统安装施工，风管之间的连接四角采用螺栓，其余部位根据工作压力和边长尺寸大小用弹簧夹或顶丝夹紧固，风管与防火阀、调节阀、止回阀、空调器等部件和设备的连接为了牢固一律用顶丝夹紧固。

4.10 风管的支吊架工艺原理与传统的角钢法兰风管相同，主要与风管的重量有关。

5. 施工工艺流程及操作要点

5.1 施工工艺流程图（图5.1）

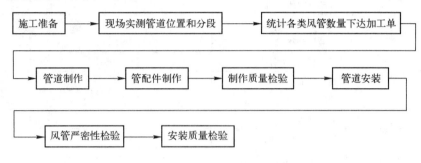

图5.1 施工工艺流程图

5.2 操作要点

5.2.1 风管系统在制作和安装施工前，应做好准备工作。

1. 确定工程量，做好材料采购和设备的安排工作；

2. 做好风管制作进度计划和人员安排工作；

3. 做好风管成品或半成品储藏、运输计划工作；

4. 做好现场施工场地安排工作；

5. 做好现场施工人员安排工作。

5.2.2 安排技术人员根据施工图内容到施工现场复核尺寸，确定管段尺寸和数量，根据复核情况由施工员向生产车间或现场制作人员传达各类风管、管配件生产任务。

5.2.3 根据施工单位现有的生产设备安排风管和管配件的制作，注意按照工程的性质确定风管的材料厚度、咬口形式和加固形式，此外，还应根据工程地点与生产车间距离确定风管成型方式和地点。

5.2.4 矩形风管的加固工艺十分重要，加固形式、数量和位置及加固材料的选用，应根据工程的性质、风管工作压力、断面尺寸，管道长度等因素确定（详见《国家建筑标准设计图集07K133》和《通风管道技术规程》）。

5.2.5 风管和管配件制作完成后应由质量监督部门检验合格后才可发送到现场安装，制作质量要符合本工法有关条款的规定。

5.2.6 风管送至施工现场应注意产品保护工作，防止成品或半成品之间相互碰撞和摩擦。风管系统安装前，应注意风管端面四角连接处是否已做好密封处理，法兰垫料应正确贴附在法兰断面处，搭接口应防漏。风管连接时，四角上螺栓和4条法兰边上的弹簧或顶丝卡操作应用力均匀，以使连接断面紧固一致，不因产生缝隙而造成漏风。此外，管道支吊架设置应合理、整齐、标高一致。

5.2.7 为了提高施工效率，水平风管常在地面组装后再进行吊装，由于连接工艺与常规角钢法兰风管不同，为了防止连接件松动，建议地面组装风管不宜大于3节。

5.2.8 风管安装时，弹簧夹、顶丝卡等连接件的设置和法兰垫料的安放以及支吊架的设置都应该符合本工法7.3.1～7.3.5条款的规定。

5.2.9 风管安装后应根据《通风与空调工程施工质量验收规范》GB 50243—2002中的4.2.5条款按工作压力大小和系统抽验的数量做好漏光和漏风量的检测，只有检测合格后才可进行保温施工。

6. 材料与设备

本工法无需特别说明的材料，采用的主要施工机械、机具设备见表6。

主要机具设备表
表 6

序　号	机具名称	型号规格	数　量
1	矩形风管全自动生产线	CTL 型＋DRF 型	1 套
2	弹簧夹成型机	T—10A	1 台
3	开式可倾压力机	J23	2 台
4	连体法兰成型机	HGB—15	2 台
5	液压合缝机	FAH—3456V	1 台
6	数控等离子自动切割机	PDC—0612	2 台
7	角连接件液压紧固机	HGBYJ—12	2 台
8	联合角咬口机	XFJ—12	2 台
9	剪板机	6×2500	2 台
10	连体法兰折方机	GBZF—12	1 台
11	风管加工经济生产线	HXYCJZX12—1250	1 台

7. 质 量 控 制

7.1 连体法兰矩形风管制作与安装质量必须符合《通风与空调工程施工质量验收规范》GB 50243 的要求。详细节点和质量要求可参阅《国家建筑标准设计图集 07K133》和中华人民共和国行业标准《通风管道技术规程》JGJ 141—2004。

7.2 连体法兰矩形风管制作质量要求

7.2.1 应控制好镀锌板材或卷筒镀锌钢板的下料尺寸精确，控制好法兰条、咬口的成型质量，严格按断面尺寸、管道长度、板材厚度等因素做好风管的加固工序以及防漏风措施，使风管既满足一定的强度要求，又能较好地减少漏风量。

7.2.2 连体法兰矩形风管采用全自动生产线或单机设备制作，其 3 种常用法兰高度尺寸见图 7.2.2，主要控制高度偏差±1.0mm。目前，国内也有生产法兰高度为 33mm、34mm 的全自动生产线和单机设备在使用，同样也控制高度偏差±1.0mm。

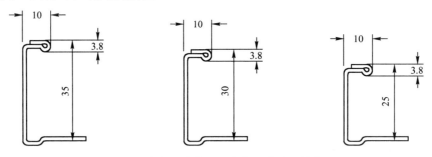

图 7.2.2　3 种常用连体法兰高度尺寸图（单位：mm）

7.2.3 采用卷筒镀锌钢板生产，其板宽有 1220mm、1250mm、1500mm、1525mm 等 4 种规格。连体法兰成形后管段的长度见表 7.2.3。

风管长度表（mm）
表 7.2.3

法兰高度（mm）	卷筒钢板宽度（mm）			
	1220	1250	1500	1525
25	1150	1180	1430	1455
30	1140	1170	1420	1445
35	1130	1160	1410	1435

　　注：根据钢板制造精度，上述数据误差为±2mm。

　　（不包括法兰垫料的厚度）

7.2.4 风管成形后对角线之差不大于3.0mm,法兰平面度允许偏差为2mm。

7.2.5 连体法兰连接用的弹簧夹用厚度≥1.0mm镀锌钢板冲压成形。顶丝卡用厚度≥3.0mm钢板冲压制成型后镀锌处理。

7.2.6 连体法兰矩形风管的加固可以采用管外加固框或管内支撑2种方式,加固形式和尺寸请参阅07K133图集,但用于净化空调系统不得采用管内壁的加固方式。

7.3 连体法兰矩形风管安装质量要求

7.3.1 风管安装质量主要控制连接方式以及连接件工艺要求、安装间距,为了防止水平风管的挠度影响连接件的松动,吊架跨度控制十分必要,至于支吊架工艺要求与常规角钢法兰风管的要求是相同的。

7.3.2 用于安装风管的弹簧夹长度为≤150mm,弹簧夹之间的间距应≤150mm,最外端的弹簧夹离风管边缘空隙距离不宜大于150mm。

7.3.3 对于边长≥1250mm的中压风管和边长≥1500mm的低压风管,宜用顶丝卡代替弹簧夹进行风管连接。其空隙距离要求与上述弹簧夹的规定相同。

7.3.4 安装风管的吊架,采用镀锌C形型钢,其规格大小与承载风管的重量和吊架跨度有关,承载风管的重量与风管断面尺寸、壁厚、吊架间距、保温与否及其重量有关,请参阅相关资料。吊杆相应采用M8~M12通丝螺杆及M8~M12内膨胀螺栓。

7.3.5 风管水平安装时,对于边长小于400mm的风管,支吊架间距不应大于3m,边长400~1250mm的风管,支吊架间距不应大于2.6m,边长大于1250mm的风管,支吊架间距不应大于2.3m,吊杆距离保温层的空隙不小于10mm,风管末端设置的吊架悬空距离不得大于1m,也不得小于100mm。施工单位也可以选用传统角钢法兰风管系统常用的圆钢、角钢作为吊杆和吊架。支吊架间距仍按上述规定。

7.3.6 布置吊架时,除了要遵守最大的跨度规定外,对于需要保温的风管,还应注意吊架离法兰或者风口、短接管的距离不应小于100mm,以防止保温层压缩变形,影响保温层或粘结胶带位移。

7.3.7 风管垂直安装时,支架间距不应大于4m,直管段至少应有2个固定点。

7.3.8 风管与系统中的防火阀、VAV末端、消声器、止回阀、调节阀等部件安装连接时一律采用顶丝卡连接。

7.3.9 法兰垫料采用带压敏胶的发泡聚乙烯塑料带,其厚度不小于4mm,其宽度应≥10mm,垫料的接头应采用阶梯式和凸凹字形式,安装风管时不能有漏垫或者脱落在管内。施工单位也可以采用其他有压缩密封作用的其他合格法兰垫料。净化空调风管系统宜选用不透气、不产尘,弹性好的法兰垫料,厚度为5~8mm。

8. 安 全 措 施

8.1 风管制作与安装施工过程中,所有设备都应按规定的要求设置相应的防护措施。例如:外壳应接地良好;皮带盘应设防护罩等。

8.2 使用电器设备或机械设备的操作人员务必了解并熟悉机器的性能,遵守每种机器各自规定的操作程序。电脑控制等离子切割机和全自动矩形风管生产线以及带数控的单机等重要的设备应由专人负责操作和保养。生产线吊装卷筒镀锌钢板时应遵守安全吊装守则,防范吊车重物伤人事故。

8.3 风管成型后在搬运过程中,应防止碰伤手与脚,同时要注意保护好产品的外观质量。

8.4 风管安装时吊架设置膨胀螺栓应注意符合安全要求,以免发生事故。

8.5 所有管理人员和生产人员都应遵守《安全生产工作条例》。

9. 环 保 措 施

9.1 全自动生产线需要压缩空气做辅助动力,因此空气压缩机工作时噪声对环境有影响,防治措施是将压缩机布置在有隔声和消声的小室,以免影响车间及附近区域。

9.2 风管制作过程中某些工序会产生较高的工作噪声,例如联合角咬口或按扣式咬口在合缝时以及铆接加固件时都会产生影响环境的过高噪声，建议对这些工序要采取有效的防治措施，联合角咬口合缝时可以使用液压机械合缝而不使用手工敲打的办法，铆钉铆接时也使用液压机械而不使用人工敲打的办法。如果非用人工不可，则采取其他防治措施，例如对室内增设隔声和消声件。

9.3 电脑放样下料等离子切割机工作时应设置有效的排风系统，将切割产生的气体排放到室外高空位置。

10. 效 益 分 析

对于采用全自动生产线实现工厂化、机械化生产，现场安装的效益分析，施工全过程的经济效益的构成与传统的施工方法有所变化，应该从原材料的选用、制作成本、设备折旧、施工生产效率等几方面进行分析并综合起来进行评估。

由于采用卷筒镀锌钢板代替平板制作风管，在原材料价格上前者的价格略比后者便宜，由于连续生产，材料损耗率比平板制作低。此外，由于机械化、自动化程度的提高使劳动生产率大为提高，因此制作成本较传统工艺要低。

设备使用费比传统工艺应有所增加，这是由于全自动化生产设备造价和分散布置单机设都较昂贵，新工艺设备的折旧费有所增加，但这可以从生产效率提高和节省原材料所得到的效益得到补偿。从耗用材料成本上分析，新工艺要比传统工艺节省，特别是采用卷筒镀锌钢板连续用于制作风管和连体法兰，节约更多的材料成本。

新工艺使得风管系统安装施工显得简单和方便，生产效率也明显得到提高，施工现场无须管道制作工场，节省了场地费用，还可做到文明施工。

从总体看来，采用新工艺的经济效益应比老工艺好，但在推广应用初期会有一个磨合和适应期。成本的降低有一定的潜力。

薄钢板连体法兰矩形风管全自动生产线全年产量约为 40～60 万 m^2，适用于年工程量较大的施工企业应用。对于年工程量较少或工程分散各地的施工企业采购分散布置的单机设备可能更加合适，一方面初期投资大为降低，另一方面便于移动使用，虽然生产效率有所降低，但总的生产成本还是略低，综合各方面的情况，对提高生产效率、工程质量、经济效益有好处。

新工艺提高了矩形风管制作和安装生产效率，有利于缩短工期，加快工程建设进度，因此具有较好的社会效益。

11. 应 用 实 例

上海市安装工程有限公司从 1998 年引进矩形风管全自动生产线投入生产后，采用新工艺的薄钢板连体法兰矩形风管在上海交银金融大厦、上海科技城、上海新国际博览中心、北京京西宾馆、上海联合利华、上海金光外滩金融中心、上海磁悬浮制梁车间、上海震旦国际大楼等工程中应用。

风管系统的制作除了直管段以外还包括管配件和风管连接件的生产及相关的辅助用工，平均每位工人约可完成 10～12 m^2 工程量，其生产效率的提高与风管的管径大小和管配件的多少和复杂情况有关。

现场风管安装的实例，以上海金光外滩金融中心为例：大楼的标准层风管面积约 600 m^2，7～9 名工人 3 天内便可安装完毕，平均生产效率约 20～25 m^2/工，如果在厂房或其他高大空间（如大宴会厅、大会场等）的区域进行交叉施工的话，则效率会有所降低。

2006 年～2007 年上海浦东国际机场二期航站楼通风空调系统工程量高值 40 余万 m^2，仅在一年内便顺利完成，如果没有全自动生产线是难以胜任的。

2007 年为了迎接世博会场馆建设，我公司添置分散布置的单机设备半自动和手动生产线，从 2008 年至 2010 年 3 月共完成世博会一轴四馆和虹桥机场西航站楼空调工程施工，其中风管工作量约 30 多万 m^2。

上海市安装工程有限公司拥有的薄钢板法兰矩形风管全自动生产线和分散布置的单机设备半自动和手动生产线年产量约为 100 万 m^2。

高舒适度低能耗建筑天棚低温辐射采暖制冷系统施工工法

YJGF53—2002（2009~2010年度升级版-029）

北京建工博海建设有限公司　浙江大东吴集团建设有限公司

董艳洁　姚新良　孙书森　郭笑冰　杨玉苹

1. 前　言

北京建工博海建设有限公司（原北京建工集团有限责任公司总承包二部）于2002年完成的国家级工法《高舒适度低能耗建筑天棚低温辐射采暖制冷系统施工工法》YJGF53—2002是首例应用于我国高舒适度低能耗建筑的关键技术。

随着人类生活对温度、空气品质和舒适度等要求的提高，高舒适度低能耗建筑天棚低温辐射采暖制冷系统（以下简称低温辐射采暖制冷系统）在住宅建筑中得到广泛的应用。在日益增多的应用过程中，多种新型管材也逐步地被应用到系统中，而且使用该系统的建筑物建筑造型愈加追求个性化，致使结构复杂性提高，甚至出现超限结构，对该系统的施工提出更高更广的要求，故有效地保证该系统管道施工质量，确保实现高舒适度低能耗的目标，成为我们研究和解决的问题。

多年来，北京建工博海建设有限公司、浙江大东吴集团建设有限公司通过在工程中的实践，在原工法的基础上进行了深入的研究与应用，从选材、施工工艺、节点做法、缩短工期及冬季施工等方面进行了改进和创新，包括：将管材由原PB管扩展为更适合北方地区冬季施工的高密度交联聚乙烯（PE－Xa）管；将原单纯在现场钢筋底铁上绑扎辐射管改为辐射管网拍预制与现场绑扎相结合的施工方法，增加与结构施工的平行作业，缩短了工期；遇顶板有暗梁、型钢、剪力键的复杂结构施工时，采用暗梁箍筋开口及型钢预留孔洞的方法解决了辐射管管路走向的问题；规范各阶段水压实验技术标准；在北方冬季施工中采用乙二醇防冻液打压试验，确保冬季施工的顺利进行。经过在当代万国城北区（当代MO-MA）工程、北京安宁庄西路住宅小区工程及湖州市港航管理局航道养护中心和船员训练基地工程等工程中的成功应用，证明本工法可有效地保证施工质量，提高施工效率，确保实现高舒适度低能耗的目标，可供广大技术人员在类似工程中借鉴推广。

以本工法为核心施工技术的科技成果于2009年2月通过了北京市住房和城乡建设委员会组织的科技成果鉴定，成果总体上达到了国际先进水平。成功应用本工法的当代万国城北区（当代MOMA）工程荣获纽约建筑师协会可持续发展建筑奖，2009年度中国土木工程詹天佑奖优秀住宅小区金奖、北京市新技术应用示范工程、北京市建筑长城杯金奖；以本工法为基础的科研成果《抗震与节能关键技术在当代MOMA工程中的研究与应用》已申报2010年度北京市科学技术奖。湖州市港航管理局航道养护中心和船员训练基地工程被评为2010年度浙江省建设工程"钱江杯"优质工程。

2. 工法特点

2.1 本工法管材选用高密度交联聚乙烯（PE－Xa）与聚乙烯醇（EVOH）组成的阻氧层共挤而成，常用规格有DE25mm×2.3mm、DE20mm×2.0mm，首次在亚洲应用于北方冬季大面积（总建筑面积22万 m^2）的施工现场。

2.2 根据塑料管的材质特性，本工法明确了低温辐射采暖制冷管道绑扎技术标准，管道弯曲部位绑扎形成"灯泡弯"，确保弯曲半径不小于5倍管道外径。

2.3 明确辐射管回路的打压步骤、压力标准及验收标准，确保该系统的施工质量。冬季施工，管路试压采用乙二醇防冻液。

2.4 低温辐射采暖制冷系统管道安装采用网拍预制与现场绑扎相结合的施工方法，既提高了施工效率，也解决了复杂结构内辐射管遇暗梁、型钢的走向问题。

3. 适 用 范 围

本工法适用于寒冷、炎热及高温度、高湿度地区各类工业和民用建筑的天棚低温辐射采暖制冷系统的施工，特别适用于在北方地区冬季施工的复杂结构建筑。

4. 工 艺 原 理

4.1 系统工作原理

天棚低温辐射采暖制冷系统是一种替代性新型空调末端系统，通过与热回收全置换新风系统相结合，以超强的围护结构系统做保障，可以提供高标准的热舒适性和良好的空气品质。系统的工作温度控制在 $18～28℃$ 这个低温范围之内，通过埋设在混凝土楼板内均布的水管，依靠低温热水为热媒，冬天热水供水温度为 $28℃$ 左右，有 $5～8℃$ 的温差，保证室温不低于 $20℃$，而夏季冷水温度为 $18℃$，维持 $6～8℃$ 的温差，室内温度不超过 $26℃$，以辐射这种高效热交换方式工作，通过混凝土楼板散热及吸热，自动调节室内温度（图4.1）。

4.2 施工工艺原理

4.2.1 天棚采暖制冷系统构造

天棚采暖制冷系统构造（图4.2.1）是将管路埋设在混凝土楼板内，现浇层的下铁之上、水电管线及上铁之下。管径直径 $De20mm$、$De25mm$，间距 $150～350mm$ 之间，系统以辐射方式工作。

4.2.2 施工工艺原理

管道安装分为网拍预制和现场绑扎2种方法。网拍预制是将管道绑扎在预制好的钢筋网格上，进行压力试验后，运至结构顶板，按设计图纸位置拼好，该方法多用于结构简单的楼板；现场绑扎是将盘管直接绑扎在结构顶板下铁钢筋上，然后进行压力试验，该方法多用于结构复杂，机电管线多，与混凝土结构内部件交叉多的楼板。根据结构楼板的特点，采用现场绑扎与网拍预制相结合的施工方法，可大大提高施工效率，降低人力投入，其综合效益非常显著。

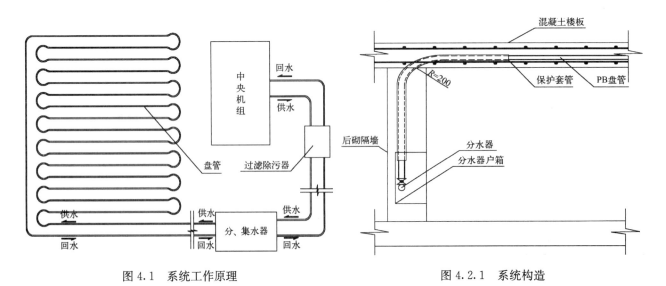

图4.1 系统工作原理　　　　　　　　　图4.2.1 系统构造

5. 施工工艺流程及操作要点

5.1 施工工艺流程（图5.1）

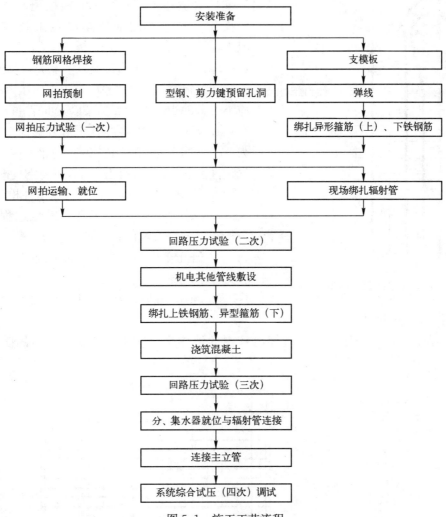

图5.1 施工工艺流程

5.2 安装前准备

5.2.1 依据施工图纸，针对楼板内的各专业管线，复杂结构部件的布置，优化管线的综合排布。施工流水段划分时要考虑管路的系统性和结构施工的可操作性。

5.2.2 安装前仔细阅读施工图纸，按图纸尺寸，进行辐射管切割及网拍预制，并将预制的网拍与现场位置对应编号、制作标签。

5.2.3 辐射管安装前，应检查外观质量，管内部不得有杂质。

5.2.4 对施工人员提前进行培训交底，挂牌上岗。不经培训，不得进入施工现场。设专人在作业层监督检查。

5.3 操作要点

5.3.1 钢筋网格的焊接

根据管道的材质特性、管径、网拍的大小、管路的间距，依照设计图纸提供的参数和形式，在加工平台上使用直径φ4mm或φ6mm的冷拔圆钢加工钢筋网格，钢筋网格需采用对接点焊的方式进行焊接。对钢筋接头处进行打磨处理，避免管道被磨损。

5.3.2 网拍预制

采用电工尼龙绑扎带将管道牢固地固定在预制好的钢筋网格上，严禁使用金属丝绑扎管道。冬季可考虑包塑钢丝代替电工尼龙绑扎带，以增加绑扎强度。直管处的固定点间距应小于500mm，在弯曲管段应适当加密（图5.3.2）。管道的弯曲半径应不小于5～6倍管道外径，冬季施工网拍预制移至有采暖房间内操作，管道弯曲前应至少在采暖房间内放置12h以上。

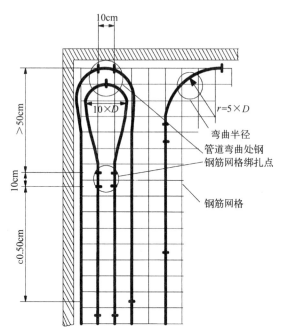

图5.3.2 钢筋网拍预制图

5.3.3 网拍压力试验（一次）

天棚辐射盘管的试验压力为工作压力的1.5倍，且不应小于1.5MPa，压力试验按以下步骤进行（图5.3.3）：

1. 通过分、集水器向管道中缓慢注水（冬季注入浓度为30%、冰点为－20℃乙二醇防冻液），并通过分水器的排气阀将管道中的空气排出，并保证将空气排净；

2. 管道充满液体后，进行水密性检查；

3. 采用手动泵缓慢升压，升压过程中应随时观察与检查，不得有渗漏；

4. 升压至试验压力后，停止加压，稳压1h，观察有无泄漏现象；

5. 稳压1h后，补压至规定试验压力值，压力降不超过0.05MPa并无渗漏为合格；

6. 压力试验结束后，使用压缩空气将辐射管内的液体全部吹出。冬季将吹出的防冻液进行回收利用。

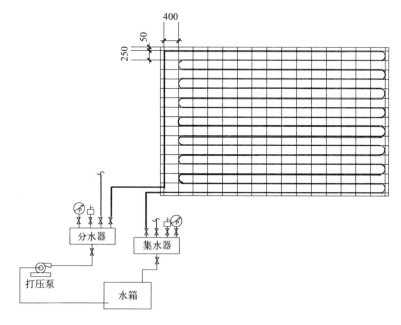

图5.3.3 网拍压力试验示意图

5.3.4 网拍的储存和运输

使用胶带将辐射管的供、回水端口密封。辐射管与集分水器的连接管道需按图纸设计的要求事先预留，并将预留的辐射管盘卷起来，固定于钢筋网格上，避免预留的辐射管在运输过程中被损坏。将事先编号的标签绑扎于对应的钢筋网格上，避免混淆。

需要重叠堆放时，钢筋网拍间需用木板均匀隔开，重叠堆放的层数不得超过5层。钢筋网拍需长期存放在室外时，需用不透光的薄膜或类似物品遮盖管道，并避免管道被划伤或挤压变形。

运输钢筋网拍时需使用吊架进行垂直吊装运输，在吊装前需确认所有管道及预留的连接管道均已牢固地固定，并加强在运输过程中的管道保护。

5.3.5 网拍就位及现场绑扎

严格依照设计图纸的要求，将正确的钢筋网拍铺设于相应的位置。网拍上预留的连接管与需现场绑扎的辐射管采用电工尼龙绑扎带固定于钢筋上，进行现场绑扎，现场绑扎的要求与预制钢筋网拍时相同。与其他专业交叉施工时，应注意成品保护，避免管道受损。

在现场绑扎管道时，不能直接将管道在钢筋表面上拖拽，避免管道表面被钢筋损伤。应将管材放在管道绞盘上。管道绞盘可由工地上常备的钢筋绞盘代替。在管道穿越大梁时，应使用剖开的 PVC 管作为保护套管。

天棚管道应在分、集水器垂直投影面积内伸出底（顶）板，要求平顺和整齐。穿越底（顶）板和外露的管道部分需加设聚乙烯保护套管。

为防止各专业在顶板施工过程中对天棚管道的踩踏，可在钢筋网格中间架设 50mm 的陶粒砖或等高的其他材料加以保护，在浇筑混凝土前撤走。

5.3.6 型钢预留孔洞

辐射管管线遇到工字钢、抗剪键等型钢，在型钢加工时应按管线走向预留好孔洞，以便管线穿过，此项措施必须在结构设计允许的情况下采用。

5.3.7 异形箍筋安装

采取异形箍筋的方法解决天棚辐射采暖制冷管道与暗梁交叉的问题，在不封口的箍筋上绑扎下铁钢筋，待下铁钢筋绑扎完后，从开口处放下盘管等管道，然后绑扎上铁钢筋，最后将箍筋开口处封住，此项措施必须在结构设计允许的情况下采用。

5.3.8 各回路辐射管压力试验（二次）

网拍固定完、回路系统形成后，对辐射管进行压力试验，试验压力同一次试压。合格后，将压力降至工作压力进行保压，其他专业人员方能进行下道工序的施工。

5.3.9 机电管线及钢筋上铁施工

电线管宜铺设在天棚管道上方，以避免电线管及上层钢筋损伤天棚管道。铺设电线管及绑扎上层结构钢筋时必须采取措施避免天棚管道被踩踏。

5.3.10 混凝土浇筑及养护

在混凝土浇筑过程中，需由专人对天棚管道进行保护。在浇筑混凝土时不得使用振动棒，宜采用平板振捣器。在浇筑过程中，需另设专人密切关注压力表的压力变化情况，如出现压力下降异常，必须马上停止混凝土的浇筑，需及时检查管道，对管道的泄漏点立即进行处理。

在混凝土浇筑完成和养护过程中，辐射管系统必须处于保压状态。

5.3.11 回路压力试验（三次）

在混凝土终凝后，对辐射管由保压状态升压至试验压力，进行第三次压力试验，合格后方能泄压。使用压缩空气将辐射管内残留的液体全部吹出，防冻液进行回收，拆除临时打压用分、集水器，使用保护胶带将天棚管道的供、回水端口密封，并做好标识。

5.3.12 分、集水器就位及与辐射管连接

按图纸要求，将分、集水器牢固平整地固定在隔墙上，与辐射管连接采用钢塑转换专用接头，供、回水管路方向应准确，并做好标识。

5.3.13 连接主立管，进行综合试压（四次）及调试

分、集水器与主立管连接，形成完整的闭合系统后，进行系统的综合试压，试压要求同一次试压。调试时，要缓慢升至设计供水温度，对每组分、集水器及辐射管回路逐路调节，直至达到设计要求。

6. 材料与设备

6.1 材料

PE－Xa辐射管是由高密度交联聚乙烯与聚乙烯醇（EVOH）组成的阻氧层共挤而成。在交联聚乙烯管道与防渗氧层之间有一具有强大结合性能的胶粘剂层。阻氧层增强了管道的耐磨性和耐侵蚀性，可应用于大多数恶劣的施工现场环境，具体参数见表6.1。

PE－Xa辐射管技术数据　　　　表6.1

密度 （依据 DIN 53497 测试）	弹性模量（依据 DIN 53457 测试）	抗冲击强度		线性膨胀系数	导热系数 W/(m·K)	40℃时氧渗透量 g/(m³·d)	管道表面粗糙度/mm
		20℃时	−20℃时				
0.93 g/cm³	600 N/mm²	不破裂	不破裂	$1.5\ K^{-1}\times10^{-4}$	0.35	<0.1	0.007

6.2 设备

6.2.1 钢筋机具

钢筋切断机、电焊机、无齿锯、调直机。

6.2.2 辐射管道机具

电动试压泵、小型空气压缩机、专用剪管器、煨管器、活动扳手、钢卷尺、钢剪、压力表等。

7. 质量控制

7.1 本工法执行的国家、行业、地方规范

7.1.1 《采暖通风与空气调节设计规范》GB 50019—2003。

7.1.2 《建筑给水排水及采暖工程施工质量验收规范》GB 50242—2002。

7.1.3 《通风与空调工程施工质量验收规范》GB 50243—2002。

7.1.4 《建筑设备施工安装图集》91SB系列。

7.1.5 《低温热水地板辐射供暖应用技术规程》DBJ/T 01—49—2000。

7.2 质量主控项目

7.2.1 混凝土内辐射管不得有接头。

7.2.2 辐射管弯曲部分不得出现硬折弯现象。

7.2.3 系统安装完毕，管道应进行综合水压试验，试验压力应符合设计要求，当设计未注明时，系统综合水压试验压力应为系统顶点工作压力的1.5倍，且不小于0.6MPa。系统在试验压力下稳压1h，压力降不大于0.05MPa，且各连接处不渗不漏。

7.3 质量一般项目

7.3.1 管材剪、锯：可用剪刀将管材截成任意长度，切口平整，用蝴蝶锉除去无边倒角，倒角不宜过大。

7.3.2 分、集水器型号、规格、公称压力及安装位置、高度等应符合设计要求。

7.3.3 辐射管管径、间距和长度应符合设计要求，间距偏差不大于±10mm。

7.4 质量保证措施

7.4.1 本系统辐射管在楼板内不允许有任何接头，成品保护是施工的重点和难点，是高舒适度低能耗建筑天棚低温辐射采暖制冷系统成败的关键，需制订严格的奖惩办法和管理制度以及相应的技术措施加以保护。

7.4.2 划分流水段时应结合辐射管布置情况，将施工缝留置在辐射管尽量少的部位，以降低下一工序施工时对辐射管的破坏几率。

7.4.3 钢筋下铁绑扎电盒固定后，钢筋工种与辐射管施工进行交接检。辐射管铺设后，辐射管与

机电其他工种进行交接检。

7.4.4 辐射管的固定允许用电工尼龙绑扎带及包塑钢丝，不许用铁丝。辐射管出楼面处采用聚乙烯保护套管，套管长度为穿过点前后最少各1m。

7.4.5 在结构工作面上存料时，采用落地平台，工作面上搭马凳跳板作为施工人员马道。马凳摆放位置保证离辐射管100mm以上，并固定牢固。不允许任何人踩踏辐射管，防止辐射管受损。

7.4.6 在辐射管敷设区内电焊作业时要采用湿石棉布覆盖，防止施焊时火花飞溅到辐射管上，施焊后要对焊接部位及时浇水降温。电焊机接地线接地要牢固，不虚接；焊接线确保绝缘。

7.4.7 钢制电线管采用支架支护，避免挤压下部辐射管，支架应绑在下铁钢筋的交叉点上，能够支撑一个构件。

7.4.8 辐射管带压浇筑混凝土时，禁止用铁锹直接铲混凝土，防止伤管。大面振捣采用平板式表面振动器。局部使用振捣棒振捣时，避免直接接触辐射管。

8. 安 全 措 施

8.1 加工现场必须保持道路畅通，危险部位必须设置明显标志。

8.2 机械必须设置防护措施，每台机械必须"一机一闸"，并设漏电保护开关。

8.3 焊机接地良好，不准在露天雨水天的环境下工作，焊接场所不能使用易燃材料搭设，焊工操作要佩戴防护用品。

8.4 用手推车运管时，应先清理好道路，并把管子放在车上绑牢，以免滑落伤人。

8.5 利用塔吊往高处吊管时，必须绑牢固，严禁砸落、拖拉，由起重吊装专职信号工指挥。

8.6 顶板上摆放材料要整齐，避免污染。

8.7 在高空作业应选好位置站稳，系好安全带，防止蹬滑或踩探头板。

9. 环 保 措 施

9.1 生产及生活污水达标排放，水压试验、管道冲洗泄水时，应有组织排放，不得漫流造成污染。

9.2 施工现场夜间无光污染，避免油品、化学品的泄漏现象，固体废弃物要采取严密措施，对各种废料垃圾要及时清除堆放到指定地点。

9.3 对产生强噪声的设备要采取相关措施，不使其对周围环境产生不良影响，夜间施工严禁使用噪声超标的机具。

9.4 施工现场的材料要码放整齐，按照平面布置存放材料，不得乱堆乱放。

9.5 要严格控制易燃、易爆或有毒物质，施工如有需要，须经审批，不得在施工现场存放。

10. 效 益 分 析

通过反复总结实施，确定了高舒适度低能耗建筑天棚低温辐射采暖制冷系统管道施工技术，并得以成功应用，为最终系统运行和使用奠定了基础，取得了良好的经济效益和社会效益。

10.1 经济效益

减少工程施工周期，加快施工进度，缩短了工程的总工期，节约了大量人力、物力，总计节省材料及人工费用140余万元，取得了可观的经济效益。

10.2 社会效益

经过施工实践检验，严格地控制整个施工过程，成功地解决了诸多施工难点，科学合理安排好工种工序间的衔接，提高了施工质量，保证了工期，赢得了建设单位、监理单位等的各方好评，同时也为类似复杂工程提供了宝贵的经验和可靠的依据，提高了建筑企业的施工技术水平，创造了良好的社会效益，提升了企业知名度。

10.3 其他效益

节约能源减少污染：水温控制在 20～28℃ 之间，根据天气变化自动进行温度调节，可节约大量燃烧资源。由于节约燃烧资源，减少了烟雾的排放，减少了环境污染。

增加使用面积：由于此采暖制冷管线埋设在结构中，不占用建筑空间，因此可增加住户的有效使用面积，节约用户的费用。

舒适度高：由于系统有很好的自动调节功能，室内无气流感和噪声。

低能耗：用户冬夏两季采暖和制冷费用降低，采暖和制冷使用同一系统，设备投入简化，设备的功率低，降低了成本。

11. 应 用 实 例

本工法在当代万国城北区（当代 MOMA）工程、北京安宁庄西路住宅小区工程（上地 MOMA）和湖州市港航管理局航道养护中心和船员训练基地工程等多项工程中应用，3 项工程总建筑面积达 45.1 万 m²，工程质量优良，节能效果明显，受到了各方的好评，社会效益显著。

11.1 当代万国城北区（当代 MOMA）工程位于北京市东城区东直门香河园路 1 号，总建筑面积 22 万 m²，小区建筑包含地下车库、8 栋高档住宅塔楼、酒店、多厅艺术影院、幼儿园。当代 MOMA 工程的结构是满布暗梁、剪力键、型钢、劲性梁的超限结构，施工过程中，北京建工博海建设有限公司以确保施工质量及使用功能为目标，多方分析、优化设计，成功研究并应用了《高舒适度低能耗建筑天棚低温辐射采暖制冷系统施工工法》，采用高密度交联聚乙烯（PE－Xa）管材施工，规格 DE25mm× 2.3mm，工程量总计 40 万延米。该工程于 2005 年 11 月开工，2008 年 4 月竣工，施工质量优良，采用网拍预制和现场绑扎相结合的施工方法、暗梁异形箍筋解决天棚辐射管与暗梁的交叉、型钢预留孔洞管线通过型钢混凝土梁、冬季乙二醇防冻液进行打压且回收重复利用等多项施工技术措施，确保了工程质量，提高了施工效率，为最终的系统运行和使用奠定了基础，为本工程超低能耗绿色建筑高科技住宅理念的实现做出了巨大的贡献，为类似工程的实施提供了实践经验。

11.2 北京安宁庄西路住宅小区工程（上地 MOMA）位于西三旗与上地信息产业基地之间，总建筑面积约 19.58 万 m²，含 19 座住宅与 1 座幼儿园。采用高密度交联聚乙烯（PE－Xa）管材施工，规格 DE20mm×2.0mm，工程量总计 38.6 万延米，施工质量优良，采用网拍预制和现场绑扎相结合的施工方法、完善的成品保护措施，确保了工程质量，提高了施工效率，为最终的系统运行和使用奠定了基础。该工程于 2006 年 12 月开工，2008 年 12 月竣工，施工质量优良，能耗低，室内舒适度高，为本工程的恒温恒湿提供了有力保证。

11.3 湖州市港航管理局航道养护中心和船员训练基地工程位于湖州市环城西路 32 号，主楼 15 层，框剪结构，南北两侧辅楼 4 层，框架结构，地下 1 层，建筑总面积 3.36 万 m²。施工中应用了《高舒适度低能耗建筑天棚低温辐射采暖制冷系统施工工法》，应用面积为 2.87 万 m²。本工程于 2006 年 7 月 4 日开工，2009 年 9 月 8 日竣工，质量合格。本工程被评为 2010 年度浙江省建设工程"钱江杯"优质工程，本工法被评为浙江大东吴集团建设有限公司 2009 年度公司级工法。该项施工技术的应用为保障工程质量发挥了重要作用，达到了开发建造本地区首例高舒适度、低能耗、健康建筑的目标。

电控附着式升降脚手架与模板一体化成套技术施工工法

YJGF43—2002（2009～2010 年度升级版-030）

北京市建筑工程研究院有限责任公司　北京六建集团有限责任公司

任海波　殷志华　于大海　李海生　李桐

1. 前　言

北京市建筑工程研究院于 1998 年承担北京市科技合同项目"电控附着式升降脚手架与模板一体化成套应用技术研究"，进行了系统地研究设计与试制试验，研制的导轨导座式液压爬模爬架在 18m 高的专用试验台上试验成功后，从 2001 年 1 月开始应用，至今已在 70 多项工程中进行了考核与应用，取得了良好效果，经总结形成工法。本工法于 2003 年获得国家级工法，经过实际应用表明，本工法具有可靠的安全保障，其技术本身设计多重安全防护体系，施工过程与现有工艺配合完善；与其他施工技术相比，其施工过程更加合理紧凑，架体综合功能强，平均施工速度提前 2～3d/层，有效地节省了人工、施工现场用地、塔吊使用、辅助材料使用、施工机具租赁费用，节约成本，取得了良好的综合效益。本工法先后获 2003、2006 年建设部科技推广项目，2004 年第八届北京技术市场金桥奖，2004 年北京市科学技术二等奖，2006 年建设部华夏杯二等奖，2007 年北京市火炬计划项目。2005 年 5 月，在本工法技术基础上进行改型的"大型液压爬架"在北京电视中心工程中成功应用并通过北京市建设委员会专家鉴定，达到了国际先进水平。

2. 工法特点

本工法采用的是导轨导座式液压爬模爬架，与现有技术相比，主要特点如下：

2.1　联体爬升分体下降的组合式架体系统，构思新颖，构造简单，受力明确，具有多种功能：结构施工期间，整体一体化爬升施工；当工程需要提前进行外装饰施工时，可将下端挂架与主承力架分体，进行装饰施工。

2.2　爬架、爬模、大模板一体化技术，能满足多种施工作业的使用要求。

2.3　坚固牢靠的多功能附着装置：附着装置既承受传递全套设备的自重和其上的施工荷载及风荷载，又是导轨、架体分别爬升的导向装置和防止架体倾覆装置。

2.4　导轨与架体互爬技术：架体（主承力架）通过具有自动导向、复位、锁定功能的上下爬升箱及其之间的液压油缸附着在带有踏步承力块和导向板的 H 形导轨上，可以实现导轨与架体的相互自动爬升。

2.5　同步升降控制技术：爬模爬架的同步升降系统，采用可编程控制器控制的油路闭环同步控制技术，可实现同步自动化控制，其误差可以达到以毫米计算的高精度。

2.6　安全可靠的防坠装置和完备的安全措施：爬升机构中爬升箱为凸轮摆块自锁式，液压系统中设有双向液压锁和过载保护，设计专用的预应力锚夹具式防坠落装置。

2.7　轻便的液压动力系统：采用的便携式液压油缸和泵站，通过电控手柄操作，装拆容易，转移轻便，利用率高。

2.8　架体可分体装配，提前投入使用：架体采用分体式构造，组装爬升灵活，传力线路明确，可在低处装拆，提早投入使用，技术含量高，综合效益好。

3. 适 用 范 围

本工法广泛适用于高层、超高层建筑工程和高耸构筑工程的结构施工与外装饰施工。

4. 工 艺 原 理

电控附着式升降脚手架与模板一体化成套技术的主要技术原理有：附着原理及防倾原理、模板移动与定位原理、升降原理、防坠原理和同步控制原理。具体说明如下：

4.1 附着原理及防倾原理

附着装置由固定座、附着套、导轨挂座等组成，施工作业期间，H形导轨上端座钩挂在附着装置的导轨挂座上，架体主承力架上部的U形挂座通过防倾插板与附着装置连接在一起，架体主承力架下部支腿顶靠在工程结构上。与此同时，架体通过爬升箱内两侧的燕尾槽以及调节支腿的双向开口式夹板附着并支承在H形导轨上。

4.2 模板移动与定位原理

模板合模、分模采用水平移动滑车，模板固定于水平移动滑车上，并随滑车前后移动，到位后用楔铁进行锁紧。保证了工人在爬模架体作业平台上就可以进行合模、退模、模板清理等工作，有效减少了塔吊吊次。

4.3 升降原理

液压爬模爬架的升降机构主要由附着在H形导轨上的上下爬升箱和液压油缸组成。上下爬升箱内设有能够自动导向复位、锁定的承力块和联动式导向轮。H形导轨与爬升箱相接触面上设有供升降用的踏步块和导向板，上爬升箱上端的连接轴与竖向主承力架连成为一体。

4.4 防坠原理

防坠装置上端的固定端，安装在导轨的上端部；防坠装置的锁紧端，安装在主承力架的主梁U形挂座上；预应力钢绞线一端锚固在防坠装置上端的固定端内，另一端从防坠装置下端的锁紧端（紧固端）内穿过。在架体处于静止状态时即施工作业的工况下，要旋紧紧固端的螺母使紧固端内的钢绞线夹片与钢绞线处于锁紧状态；当导轨爬升到位后开始爬升架体，架体在爬升过程中，紧固端的螺母处于松弛状态，当出现架体下坠即架体原本是在上升过程中而突然相对于导轨下降时，锁紧端内的弹簧会自动推动钢绞线夹片进行楔紧，从而使架体立刻停止下坠而达到防坠落的目的。

4.5 同步控制原理

同步控制系统由主机和各分站组成，主机负责对各分站上传的位移信号进行判断比较，并发出控制指令；各分站负责采集各点的位移信号，同时对该信号进行滤波等处理后向主机传送，并根据主机发出的控制指令，控制各点位电机的起停。

5. 施工工艺流程及操作要点

5.1 工艺流程（图5.1）

5.2 操作要点

5.2.1 附着式升降脚手架及大模板安装

按要求在墙体上预埋好穿墙螺栓套管，当结构首层墙体混凝土强度达到10MPa要求后，即可在预埋孔处安装穿墙螺栓和附墙装置，并在起重设备的配合下，安装主承力架、导轨、外墙模板及支承架、液压升降装置、防护栏杆、脚手板和安全网等。当二层外墙钢筋绑扎完成后，即可进行内、外墙模板的安装就位，检查合格后浇筑外墙混凝土。

5.2.2 拆外墙模板与导轨爬升

当二层的外墙混凝土强度达到脱模要求后，可将外墙模板支承架后移或吊走模板，此时可安排浇筑顶板混凝土，并在预埋孔处安装穿墙螺栓和附墙装置，操作液压升降装置，将导轨爬升到上一个楼层位置。

5.2.3 架体的爬升

当导轨爬升到位后，再次启动液压升降装置，将架体爬升到上一个楼层位置，移动支承架将外墙模板安装就位，开始浇筑上层外墙混凝土。

重复正常工艺流程直至结构封顶。

5.2.4 架体拆除

当外墙装饰施工基本完成后，在地面随即可以拆除下部架体（吊篮架）。在屋面临时安装常规吊篮用的屋面悬挂装置，重新安装钢丝绳和安全锁，操作吊篮电控系统，拆除架体的附墙装置，将上部架体降至地面后拆除。

6. 材料与设备

6.1 材料

6.1.1 外协件与加工件：以钢板、型钢、钢管为主要用材，检查材料的规格尺寸，厂家提供材质检测单。

6.1.2 连接销轴：厂家提供材质检测单。

6.1.3 标准件：购买合格产品，检验螺母、螺栓、垫片、开口销符合标准。

6.1.4 分线箱：厂家提供材质检测单及合格证。装配要求：符合《施工现场临时用电安全技术规范》JGJ 46—2005 技术规范。

6.1.5 电控箱：厂家提供材质检测单及合格证。装配要求：符合《施工现场临时用电安全技术规范》JGJ 46—2005 技术规范。

6.1.6 传感器及油缸：厂家提供材质检测单及合格证。

6.2 设备（表6.2）

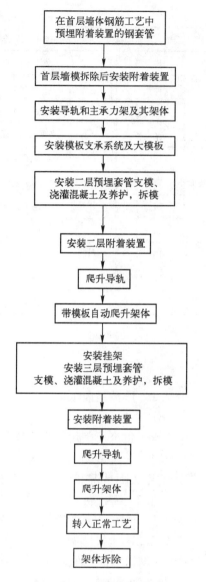

图 5.1 工艺流程图

机具设备表

表 6.2

序　号	设备名称	型　号	单　位	数　量
1	爬模爬架试验台		台	1
2	万能工具铣床	X8140D	台	1
3	数控卧式铣床	HM2012	台	1
4	液压牛头刨床	YB60100	台	1
5	逆变式直流手工电弧焊机	ZX7-180	台	1
6	逆变式焊条电弧焊机	ZX7-500AII	台	1
7	二氧化碳保护焊机	MIG-270F	台	1

序　号	设备名称	型　号	单　位	数　量
8	交流电焊机	BX1—200	台	1
9	二氧化碳保护焊机	NBC—250	台	1
10	数字兆欧表	DP—6200	块	1
11	高度游标卡尺	0～500	块	1
12	电阻表	PC32—3	台	1
13	万用表	MF—47	台	2
14	外径千分尺	25～50	块	2
15	直尺表	200～315	块	1
16	三用游标卡尺	0～150	块	1
17	游标卡尺	0～300mm	块	2
18	内测千分尺	5—30	块	1

7. 质量控制

7.1　质量验收依据

出厂检验依据为《建筑施工分体式附着升降脚手架》Q/BCJ 03—2001。

7.2　生产及使用过程中质量保证措施

7.2.1　爬模爬架的架设、使用与拆除，要按照本工法中的施工工艺、操作要点与注意事项，结合具体工程实际情况制订相应的爬模爬架施工方案组织实施。

7.2.2　爬模爬架全套装备在进入施工现场前，施工单位有关人员要到生产厂家对其所用装备的主要部件进行产品质量抽查。所用装备各部件的质量均应是合格品，并出具产品合格证和产品使用说明书。

7.2.3　爬模爬架支承跨度不应大于8m，折线或曲线布置时不应大于5.4m；爬模爬架的悬挑长度，整体式架体时小于跨度的一半，并不应大于3m，单组式架体时不宜大于跨度的1/4。爬模爬架的荷载不能超过液压油缸的顶升能力。

7.2.4　爬模爬架安装铺设脚手板时，相邻架体之间的间隙为100mm左右，以防止不同时升降时相互碰撞，但在爬升到位后要及时将间隙进行封盖。对于架体的开口端在爬升前应安装护栏，并采取相应的警示设施。

7.2.5　附着装置的预埋套管或预埋组合件，其孔位的上下与左右偏差≤10mm。

7.2.6　附着装置的安装要牢靠，采用M48穿墙螺栓时，内墙面应安装垫板和双螺母，垫板尺寸≥100mm×100mm×10mm，外墙面螺栓杆应露出螺母3扣以上。

7.2.7　工程结构混凝土强度达到10MPa以上方可进行爬升作业。

7.2.8　爬升过程中，实行统一指挥，平稳爬升。但是，有异常情况发生时，任何人均可立即发出暂停指令。

7.2.9　爬升到位后，必须及时按使用状态要求安装固定并做好各部位的安全防护，在没有完成有关安全作业之前，不得擅自离岗或下班，并及时办好施工作业有关手续。

7.2.10　爬模爬架的拆除，要进行拆除技术交底，并按序安全拆除。

8. 安全措施

本工法包括设计安全、使用安全。采用本工法，除遵照国家有关建筑安装工程安全技术法规和当地建筑工程施工安全操作规程外，尚应结合本工法的构造特征和具体工程实际情况，使用中亦应遵循我方安全使用措施要求。

8.1 设计安全：由于本工法用于高层建筑施工作业，因此设计有专用的架体防坠装置，架体进场前，必须对其质量和功能进行确认，不允许不合格的产品进场。

8.2 拆装安全：一是，安装要符合要求，并经过联合检查与验收；二是维护要到位，为减小水平梁架在爬升过程中产生的水平力，水平梁架与竖向主承力架之间的螺栓连接不宜过紧，各部位的安全维护要符合要求；三是，预埋套管与预埋组合件的位置要准确；四是，按照使用说明书有序安装与拆除。

8.3 操作安全：一是爬升前，混凝土强度必须≥10MPa，并持有爬升通知书；二是爬升操作者必须是经过专业培训与考核的专职人员，并持安全上岗证，按照操作规程进行安全操作，严禁非专职操作人员进行操作。三是严格按照架体使用施工组织设计要求进行，严禁超载使用。

8.4 管理方面：为确保爬模爬架在工程上的安全使用与安全施工，一定要有行之有效的安全组织，要有相应的安全检查与奖惩等行之有效的安全管理制度。

9. 环 保 措 施

爬模爬架设计及使用过程中，考虑环保因素，采取了相关措施。具体要求：

9.1 架体高度设计考虑现有结构层高，跨度设计满足施工荷载要求，架体带模板自动爬升，可多次重复使用，结构强度高，通用性好，节材节能。

9.2 架体使用中对操作人员进行专业培训，要求做到作业环保。

9.3 架体爬升动力设备音量小，使用中无噪声污染。

9.4 架体构件全部为钢结构及其连接件，使用中无扬尘。

9.5 架体设有双层安全防护网，既保证安全又隔离施工噪声等污染。

9.6 架体使用中严格遵守国家及北京市关于施工现场文明施工的各种规定。

10. 效 益 分 析

采用本工法，可以取得显著的经济效益和社会效益，主要表现在及早使用、节材节能、施工快3方面：

10.1 及早使用

10.1.1 经在工程上考核应用表明，新型升降爬模爬架在首层建筑竖向结构的模板拆除后即可进行安装，并作为首层顶板施工及二层钢筋工程施工用的脚手架使用，待二层结构施工完成后进行架体爬升，之后根据需要再安装作为下架体的吊篮作业架。而一般的升降脚手架要在第三层或第四层结构施工之后才开始安装使用。因此，在结构施工中可以及早安装新型升降爬模爬架投入使用。

10.1.2 在高层或超高层建筑工程施工中，为了使整个建筑工期提前，一般是采用加快施工速度的方法，而采用新型升降模架施工时，可将外装修装饰工程提前插入进行，即结构施工至一定层数后，可以安装挂架系统，进行下部装饰作业的施工，也就是说，在进行上部结构施工的同时，下部结构的装修装饰施工可以及早投入运行。

10.1.3 施工中，设置在塔机所在部位的附着式升降脚手架不仅需要专门设计，同时在升降时需要采取将其断开的特殊措施，待升降到位后再进行加固，这是因为：现有的升降脚手架由于高度尺寸较大，在与塔机附墙拉杆相交叉时，增加了升降中的难度。而采用新型升降爬模爬架，由于它的架体高度较低、并且每组架体可以单独升降，等相应的架体升降后，再安装塔机附墙拉杆，可以做到架体不与塔机附墙拉杆交叉，所以在此部位的架体与其他部位一样，不仅不需要断开，而且同样能够及早投入安装使用。

10.2 节材节能

10.2.1 节省用料：新型升降爬模爬架高度较低，架体的水平梁架采用了桁架拼装式设计，脚手架管用量少，即：施工单位在与新型升降模架进行配套安装所需的架管用量，要比与现有升降脚手架进行配套安装所需的架管用量减少很多。同时，由于在首层就能安装使用，可以不再搭设现有升降脚手架安装之前施工用的脚手架，从而又可节省更多的架管材料和用工。

10.2.2 节省用工：在升降操作时，由于液压油缸、油泵等均为便携式，自重较轻，劳动强度低，操作简单，因此不仅减少操作用工，并且提高操作效率。

10.2.3 节省用电：升降模架配套使用的液压泵站的电机功率为 0.55kW，用电量少。根据需要和可能，可以为每组升降模架配备泵站，也可以多组升降模架配备一组泵站使用。

10.3 施工快

由于新型升降模架采用了装配式设计，其安装与拆卸速度较快。液压升降技术不仅升降平稳，且速度较快，从而有利于加快施工周期。

11. 应 用 实 例

本工法已经在全国 70 多项工程中进行了考核应用，典型工程如下：

11.1 本工法在北京林业大学新学生公寓楼工程中实际应用。

本工法于 2001 年在北京林业大学新学生公寓工程上首次进行了带模板爬升的考核应用。该工程建筑面积为 36557m²，全现浇钢筋混凝土剪力墙结构，总高 72.3m，标准层高 2.8m。该工程使用的大模板有 2 种，一种是普通全钢大模板，另一种是课题配套研究开发的 120 系列无背楞大模板。新型升降模架的模板支撑系统均能够满足这两种大模板的使用要求，尤其是模板小车水平移动距离较大，既满足了清理模板要求，提高了大模板的锁紧能力，还提高了对墙面平直度的要求。该工程的结构施工质量被评为长城杯。工程图见图 11.1。

11.2 本工法在国家大剧院歌剧院工程中的实际应用。

本工法于 2002 年在国家大剧院歌剧院工程中进行实际应用。该工程属国家重点工程，总建筑面积 155000m²，建筑物埋置最大深度为 −32.50m（歌剧院台仓底），结构顶标高 +33.55m。歌剧院主舞台台仓长 32.6m，宽 25.8m，台仓四周墙体采用液压爬模爬架施工，解决了台仓施工难题。工程图见图 11.2。

11.3 本工法在浏阳河洪山大桥工程中实际应用。

本工法于 2004 年在浏阳河洪山大桥工程中进行实际应用。该工程为湖南省重点工程，洪山庙大桥为斜拉索塔大桥，索塔高度 151m，索塔向北倾斜 58°，该桥在同类桥梁中的跨度、斜塔高度及倾斜角度均居世界第一。工程施工采用我院液压爬模爬架，填补了国内外多项施工技术空白，提前了 2 个月完成主体结构施工。工程图见图 11.3。

图 11.1　北京林业大学新学生公寓楼工程

图 11.2　国家大剧院歌剧院工程

11.4 本工法在北京电视中心工程中实际应用。

本工法于 2005 年在北京电视中心工程中进行实际应用。该工程为北京市 2008 年奥运工程，地上 42 层，建筑物总高度为 236m，主体结构为钢结构框架—支撑结构体系，施工中采用液压爬架，架体高度 21m，共 9 层操作平台，是第一个在全钢结构工程中应用爬架的工程，创造了多项施工纪录，填补了此项施工技术的多项空白，被誉为全新的技术革命。工程图见图 11.4。

图 11.3 浏阳河洪山大桥工程

图 11.4 北京电视中心工程

本工法部分使用工程实例如表 11 所示。

工法使用工程实例表 表 11

序 号	工 程 名 称	工 程 特 点	施工时间	施工地 D 点
1	北京林业大学新学生宿舍楼液压爬模架工程	全现浇剪力墙结构，总高 72.3m，建筑面积 36557m²	2001 年	北京市
2	清华同方科技广场综合楼液压爬模架工程	主体结构为框架结构，总高 99.7m，建筑面积 105945m²	2001 年	北京市
3	首都机场新塔台液压爬模架工程	北京市重点工程，主体结构为全现浇剪力墙结构，总高 98.7m，建筑面积 2885.5m²	2002 年	北京市
4	国家大剧院歌剧院液压爬模架工程	国家重点工程，总高 33.55m，建筑面积 155000m²	2002 年	北京市
5	尚都国际液压爬架工程	主体结构为框架结构	2003 年	北京市
6	城建大厦液压爬模架工程	主体结构为钢结构—钢筋混凝土结构，总高 103.6m	2003 年	北京市
7	财富中心酒店液压爬模架工程	北京市重点工程，主体结构为钢结构—钢筋混凝土变截面结构，总高 156m，建筑面积 247160m²	2003 年	北京市
8	沈阳泰宸湖畔佳园液压爬模架工程	沈阳市重点工程，主体结构为剪力墙结构，总高 102.3m，建筑面积 320000m²	2004 年	沈阳市
9	富盛大厦液压爬架工程	主体结构为框架核心筒结构，建筑面积 82897m²	2004 年	北京市
10	浏阳河洪山大桥液压爬模架工程	湖南省重点工程，大桥主跨度 206m，索塔高度 151m，索塔倾角 58°	2004 年	长沙市

续表

序　号	工程名称	工程特点	施工时间	施工地D点
11	深圳中兴通讯研发大楼液压爬模架工程	深圳市重点工程，主体结构为钢结构—钢筋混凝土变截面结构，总高 153.2m	2005 年	深圳市
12	北京新保利大厦液压爬模架工程	北京市重点工程，主体结构为钢结构—钢筋混凝土核心筒结构，总高 104.7m	2005 年	北京市
13	北京电视中心液压爬架工程	北京市 2008 年奥运工程，主体结构为钢结构框架—支撑结构体系，总高 236m	2005 年	北京市
14	世纪财富中心液压爬模架工程	主体结构为剪力墙结构，建筑面积 14.2 万 m²	2006 年	北京市
15	盘古大观工程液压爬架工程	主体结构为框架剪力墙结构，地上 18 层，标准层高 3.7m，建筑物周长 300m	2006 年	北京市

HRB400 级钢筋电渣压力焊施工工法

YJGF45—2002（2009～2010 年度升级版- 031）

山西四建集团有限公司

郝英华　段海兵　常彦妮　贺伟　闫春泽

1. 前　　言

HRB400 级钢筋是建设部推广应用的高效钢筋之一，电渣压力焊技术是建设部 2005 年推广应用的粗直径钢筋连接技术的一种。《HRB400 级钢筋电渣压力焊施工工法》被评为 2002 年度国家级工法（YJGF45—2002）。由于近年来该钢种已成为我国钢筋混凝土结构的主导性钢种，同时《钢筋焊接与验收规范》JGJ 18—2003 中也在电渣压力焊中增加了 HRB400 级钢筋的内容。我公司通过多个工程的实施，对原工法进行了完善与改进，形成了现在的工法，以此为课题总结的 QC 成果被评为山西省优秀成果，论文《新Ⅲ级钢筋电渣压力焊连接应用及负温下操作浅谈》被山西省土木建筑学会评为优秀论文一等奖。

太原和信商业广场、金色水岸·龙园 14 号住宅楼、长治晋翔小区高层住宅楼、太原华德中心广场、小店美特好购物中心等三十多个工程竖向粗直径 HRB400 级钢筋连接均采用了电渣压力焊，取得了良好的效果，使用本工法的工程还获得了省优、汾水杯、鲁班奖等荣誉。

2. 工 法 特 点

2.1　HRB400 级钢筋是专门为建筑结构应用开发的新型钢筋，其屈服强度标准值为 400MPa，比普通 HRB335 级钢筋强度提高 20％左右，而价格却增加不多。

2.2　电渣压力焊属于熔化压力焊范畴，适用于 φ16～φ40mm 的 HRB335 级、HRB400 级竖向钢筋连接。竖向钢筋电渣压力焊具有工艺简单，工效高，费用低，焊接速度快，节省钢材、质量有保证的特点。

2.3　与原工法相比，所采用的焊接设备自动化程度有了进一步提高，操作工人的人为因素降低了，焊接质量更加有了保证。

2.4　原工法可焊接钢筋的直径最大为 32mm，现工法可焊接钢筋直径为 40mm。

3. 适 用 范 围

适用于工业与民用建筑现浇钢筋混凝土结构中直径 16～40mm 的 HRB400 级钢筋的竖向连接。

4. 工 艺 原 理

将两钢筋安放成竖向对接形式，利用焊接电流通过两钢筋断面间隙，在焊剂层下形成电弧过程和电渣过程，产生电弧热和电阻热，熔化钢筋，加压完成的一种压焊方法。

5. 施工工艺流程及操作要点

5.1　工艺流程

5.1.1　电渣压力焊施工工艺流程见图 5.1.1

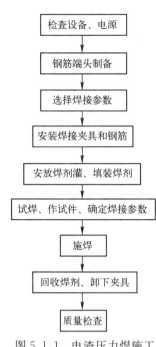

检查设备、电源

↓

钢筋端头制备

↓

选择焊接参数

↓

安装焊接夹具和钢筋

↓

安放焊剂灌、填装焊剂

↓

试焊、作试件、确定焊接参数

↓

施焊

↓

回收焊剂、卸下夹具

↓

质量检查

图 5.1.1　电渣压力焊施工
工艺流程图

5.1.2　电渣压力焊施焊的工艺过程：

闭合电路→引弧过程→电弧过程→电渣过程→挤压过程。

5.2　操作要点

5.2.1　检查设备、电源：施工前检查所选用的电焊机是否处于正常状态，严禁超负荷工作。

5.2.2　钢筋端头制备

钢筋安装之前，焊接部位和电极钳口接触的（150mm 区段内）钢筋表面上的锈斑、油污、杂物等，应清除干净，若钢筋端都有弯折、扭曲，应予以矫直或切除，但不得用锤击矫直。

5.2.3　选择焊接参数

钢筋电渣压力焊的焊接参数主要包括：焊接电流、焊接电压和焊接通电时间，通过多个工程的实践，得出焊接参数选择表（表 5.2.3）如下（不同直径钢筋焊接时，按较小直径钢筋选择参数，焊接通电时间延长约 10%）：

5.2.4　安装焊接夹具和钢筋

夹具的下钳口应夹紧于下钢筋端部的适当位置，一般为 1/2 焊剂罐高度偏下 5～10mm，以确保焊接处的焊剂有足够的淹埋深度。

上钢筋放入夹具钳口后，调准动夹头的起始点，使上下钢筋的焊接部位于同轴状态，方可夹紧钢筋。钢筋一经夹紧，严防晃动，以免上下钢筋错位和夹具变形。

焊接参数选择表　　　　表 5.2.3

钢筋直径（mm）	焊接电流（A）	焊接电压（V）		焊接时间（s）	
		电弧过程	电渣过程	电弧过程	电渣过程
16	250～300	40～45	25～30	14	4
18	300～350	40～45	25～30	15	5
20	350～400	40～45	25～30	17	5
22	400～450	40～45	25～30	18	6
25	400～450	40～45	25～30	21	6
28	500～550	40～45	25～30	24	6
32	600～650	40～45	25～30	27	7
36	700～751	40～45	25～30	30	8
40	850～900	40～45	25～30	33	9

5.2.5　安放焊剂罐、填装焊剂

5.2.6　试焊、作试件、确定焊接参数

在正式进行钢筋电渣压力焊之前，必须按照选择的焊接参数进行试焊并作试件送试，以便确定合理的焊接参数。合格后，方可正式生产。采用自动控制焊接设备时，应按照确定的参数设定好设备的各项控制数据，以确保焊接接头质量可靠。

5.2.7　施焊操作要点

1. 闭合回路、引弧：通过操纵杆或操纵盒上的开关，先后接通焊机的焊接电流回路和电源的输入回路，在钢筋端面之间引燃电弧，开始焊接。被焊工件即上、下钢筋，开始时呈断路状态，当接通电源，上、下钢筋施加焊接电压后，将上钢筋迅速提起，使两端头之间的距离为 2～4mm，在电压作用下，产生电弧，这种局部产生电弧的过程称为引弧过程。

2. 电弧过程：引燃电弧后，应控制电压值。借助操纵杆使上下钢筋端面之间保持一定的间距，进行电弧过程的延时，使焊剂不断熔化而形成必要深度的渣池。电弧过程也称电弧稳定燃烧过程，局部电

弧燃烧后，保持两钢筋被施加的电压在35～45V之间，使电弧稳定燃烧。这时，两钢筋端头由局部电弧逐步扩大，钢筋端头周围的焊剂也被熔化。熔化的钢水被焊剂托住，在端头处形成熔池，熔化的焊剂逐渐形成渣池。

3. 电渣过程：随后逐渐下送钢筋，使上钢筋端都插入渣池，电弧熄灭，进入电渣过程的延时，使钢筋全断面加速熔化。当渣池形成一定深度后，将上钢筋逐步下送，直接深入到渣池之中，这时电弧熄灭，开始进入电渣过程，由电渣熔炼钢筋端部。

4. 挤压断电：电渣过程结束，迅速下送上钢筋，使其端面与下钢筋端面相互接触，趁热排除熔渣和熔化金属，同时切断焊接电源。当电渣过程到达一定时间后，钢筋端头一般熔化量已满足要求，上、下钢筋一般各熔化1.5～2cm，这时，迅速把上钢筋下送，使上钢筋端头压入金属熔池，大部分熔化的钢水被挤出端部，再施加一定的顶压力同时断电，被挤出的钢水包在上、下钢筋端头周围，熔渣也包在周围，未熔焊剂包敷在外围，形成焊包。冷却后，敲去渣壳，露出焊包。

5.2.8 回收焊剂、卸下焊接夹具

接头焊毕，应停歇20～30s后（在寒冷地区施焊时，停歇时间应适当延长），才可回收焊剂和卸下焊接夹具。

5.2.9 质量检查

在钢筋电渣压力焊的焊接生产中，焊工应认真进行自检，若发现偏心、弯折、烧伤、焊包不饱满等焊接缺陷，应切除接头重焊，并查找原因，及时消除。切除接头时，应切除热影响区的钢筋，即离焊缝中心约为1.1倍钢筋直径的长度范围内的部分应切除。

6. 材料与设备

6.1 焊接电源（常用的为大容量交流弧焊机）：根据焊接钢筋直径大小，选用630型，700型或1000型。

6.2 焊接夹具：主要用于夹紧钢筋，并移动上钢筋，有手动式（半自动式）和自动式两种，本工法选用的为自动式。

6.3 控制箱：安装电压表，电流表和信号电铃，便于操作者按照焊接参数准确掌握通电时间。

6.4 电焊钳：与电焊机的把线相连，把焊接电流加在施焊的钢筋之上的专用焊把。

6.5 焊剂盒：用于盛焊剂以保护焊接区域的专用工具。

6.6 焊剂：采用HJ431焊剂。

7. 质量控制

7.1 质量控制标准

钢筋电渣压力焊工程分部分项质量应遵照行业标准《钢筋焊接及验收规程》JGJ 18—2003及其他有关规范中的技术要求，严格控制钢筋电渣压力焊的接头质量。

1. 在一般构筑物中，每300个同类型接头（同钢筋级别、同钢筋直径）作为一批。

2. 在现浇钢筋混凝土框架结构中，每一楼层的300个同类型接头作为一批；不足300个时，仍作为一批。

3. 外观检查

1）接头焊包均匀，不得有裂纹，钢筋表面无明显烧伤等缺陷。

2）接头处弯折角不得大于3°。

3）接头处两钢筋轴线偏移不得超过0.1倍钢筋直径，同时不得大于2mm。

4）外观检查不合格的接头，要切除重焊。

4. 强度检验

从每批成品中切取3个试件进行拉伸试验，3个试件均不得低于该级别钢筋规定的抗拉强度值

（570MPa），若有一个试件的抗拉强度低于规定数值，则取双倍数量的试件进行复验，复验结果若仍有一个试件的强度达不到上述要求，该批接头即为不合格。

7.2 质量保证措施

7.2.1 焊接材料的质量控制

1. 施焊的钢筋有出厂质量证明书，钢筋进场时，按现行国家标准中的规定，抽取试件做力学性能检验，其质量必须符合有关标准规定。

2. 出厂的焊剂有产品合格证。现场存放及运输过程中有防雨措施。

7.2.2 焊接施工质量控制

1. 接头焊包均匀，四周焊包突出钢筋表面的高度应不小于4mm，表面钢筋周边均已熔化。

2. 焊接时，尽量夹紧钢筋，以免烧伤。

3. 正确安装钢筋和夹具，以免轴线偏移。

4. 接头处的弯折角不得大于3°。

5. 接头处的轴线偏移不得大于钢筋直径的0.1倍，且不得大于2mm。

8. 安 全 措 施

8.1 电渣压力焊机具设备的外壳要可靠接地，露天放置的焊机要有防雨遮盖。

8.2 焊接用电线要采用胶皮绝缘电缆，绝缘性能不良的电缆禁止使用。

8.3 焊接变压器要符合安全电压要求。

8.4 用于电渣焊作业的工作台、脚手架，要搭设牢固、安全。

9. 环 保 措 施

9.1 对操作人员配备必须的个人防护用品，采取措施保证焊接时产生的火花不会伤及作业人员。

9.2 强化职业健康卫生教育及现场跟踪监测工作，对作业人员定期进行体检。

9.3 及时收集、清理现场产生的生活垃圾和废弃物。

10. 效 益 分 析

10.1 社会效益

采用电渣压力焊对HRB400级钢筋进行竖向连接，可以提高功效、降低成本、节约资源、保障安全；采用本工法施工的长治晋翔小区和太原华德中心广场获得了市优质工程称号。

10.2 经济效益

电渣压力焊连接与滚压直螺纹连接相比，每个接头大约节约费用12元，长治晋翔小区1号、2号高层住宅楼共节约费用12元/个×23622＝28.35万元；美特好小店购物中心工程共节约费用约12元/个×18900＝22.68万元；华德中心广场工程共节约费用约12元/个×（62380＋23800＋16530＋9600）＝134.772万元。

11. 应 用 实 例

11.1 长治晋翔小区

11.1.1 工程概况

长治晋翔小区1号、2号高层住宅楼，总建筑面积41773m²，地下1层，地上25层，柱竖向钢筋全部为HRB400级钢筋，共有接头23622个，其中φ32的3862个，φ28的1686个，φ25的12374个，φ22

的 578 个，ϕ16 的 5122 个。

11.1.2 施工情况

2007 年 5 月开工，2009 年 7 月竣工，柱 23622 个竖向钢筋连接全部采用电渣压力焊。所有电渣压力焊接头全部合格。

11.1.3 工程评价

该工程获长治市优质工程，正在申报山西省优质工程。

11.2 太原华德中心广场

11.2.1 工程概况

建筑面积 140000m²，总建筑高度 98m，地上 32 层，柱主筋全部采用新Ⅲ级钢筋，共计有直径 25mm 的接头 62380 个，直径 28mm 的接头 23800 个，直径 32mm 的接头 16530 个，直径 40mm 的接头 9600 个。

11.2.2 施工情况

2008 年 10 月开工，竖向粗直径钢筋连接全部采用电渣压力焊。该工程主体结构已于 2009 年 9 月封顶，2010 年 9 月竣工，所有电渣压力焊接头全部合格。

11.2.3 工程评价

该工程获太原市优质工程，正在申报"汾水杯"。

11.3 太原市美特好小店购物中心

11.3.1 工程概况

美特好小店购物中心工程，三层框架结构，建筑面积 31714.19m²，地上 3 层，一层层高为 5.7m，二、三层层高为 5.4m，设计每层有框架柱 210 根，平均每根柱竖向有 30 根钢筋，一层钢筋直径为 28mm，二、三层直径为 25mm，钢筋均为 HRB400 级钢筋，竖向接头有 210×30×3＝18900 个。

11.3.2 施工情况

2009 年 3 月开工，2010 年 12 月竣工，竖向接头全部采用电渣压力焊连接，所施工的电渣压力焊分项全部合格。

11.3.3 工程评价

该工程于 2010 年 12 月开始营业，业主及监理对该工程的施工质量和施工速度均给予了极高的评价。

11.4 其他工程（表 11.4）

其他工程 　　　　表 11.4

序号	工程名称	建筑面积（m²）	结构类型/层数	开竣工时间	HRB400 级钢筋电渣焊接头数	工程评价
1	柳林县政府综合行政办公楼	47498	框剪/16	2003 年 2 月～2004 年 9 月	5674 个	鲁班奖
2	山西煤炭进出口集团公司职工住宅楼	42631	框剪/29	2002 年 9 月～2005 年 9 月	3458 个	鲁班奖
3	和信商业广场	68600	框架/5	2004 年 6 月～2005 年 8 月	3267 个	汾水杯
4	中国联通忻州分公司综合业务楼	8190	框架/7	2003 年 2 月～2005 年 8 月	896 个	省优
5	八路军太行纪念馆	8100	框架/1	2004 年 11 月～2005 年 8 月	1224 个	汾水杯
6	金色水岸·龙园 14 号住宅楼	14462	剪力墙/11	2005 年 6 月～2006 年 9 月	2346 个	汾水杯
7	中国联通临汾联通综合业务楼	9038	框剪/8	2007 年 7 月～2009 年 12 月	968 个	省优
8	临汾市人民检察院技术侦察办公楼	25600	框剪/12	2007 年 5 月～2008 年 12 月	1879 个	汾水杯
9	阳泉凤凰城 A－3、A－4 号住宅楼	31429	框剪/11、9	2007 年 7 月～2008 年 8 月	4678 个	省优
10	灵丘县人民医院医技门诊楼	9079	框架/6	2006 年 10 月～2008 年 10 月	1365 个	市优

通过实例可以看出，HRB400 级钢筋焊接性能良好，只要合理选择焊接设备和人员，调整好焊接参数，电渣压力焊焊接质量是有保障的，这种焊接方法是可以推广应用的。

钢管混凝土顶升浇筑施工工法

YJGF46—2000（2009～2010 年度升级版-032）

中建三局第二建设工程有限责任公司　中国一冶集团有限公司

罗宏　方胜利　黄晨光　郑承红　王平

1. 前　　言

钢管混凝土是介于钢结构和钢筋混凝土结构之间的一种结构形式，兼有两种结构的优点。以往施工都是从钢管柱顶灌入混凝土，施工时需制作施工平台，长时间占用大型吊车，并且，由于高空作业量大，施工人员极其不安全，且每次浇筑的混凝土量并不大，费用高。而泵送顶升混凝土的施工方法无需长时间占用大型吊车，施工时，现场有一台混凝土输送泵即可满足要求，工艺相对简单，同时减少了高空作业量，在安全保障方面可有较大改善，并且具有时间短、费用低等优点。

中建三局二公司在武昌造船厂应用的钢管混凝土顶升浇筑施工综合技术于 2000 年 1 月通过了湖北省级的技术鉴定，其技术水平达到了国内领先水平。该工法也获得了 2000 年度的国家级工法（YJGF46—2000）。之后在中建三局二公司的深圳证券交易所营运中心工程、中国一冶集团有限公司的武钢二冷轧工程等工程中成功应用。通过工程实践，中建三局二公司联合中国一冶集团有限公司进一步总结此工法。2011 年 4 月 8 日，由中建三局二公司和中国一冶集团有限公司完成的科技成果"钢管柱泵送混凝土顶升成套技术研究与应用"通过了中国建筑工程总公司的科技鉴定，该成果达到了国内领先水平。获得国家实用新型专利《插板止回流式混凝土顶升灌注装置》（ZL 200920083635.7）。该工艺具有很好的推广价值。

2. 工 法 特 点

2.1　钢管混凝土柱顶升灌注混凝土的施工，省工、省料，操作简便易行。

2.2　泵送顶升混凝土的施工是将混凝土从钢柱的根部缓慢向上顶升，并通过截止阀、卸压孔等特殊装置来完成钢管内混凝土的顺利浇筑。施工过程中柱内混凝土受到了顶升压力有效地排除了钢柱内尤其是横隔板下的空气，混凝土密实度得到了提高，避免了隔板底下混凝土密实度不足、离析等缺陷；特别是能够保证钢筋密集、结构复杂、施工难度大的构件内混凝土浇筑质量。

2.3　可以加快施工进度。一般情况下，钢管柱吊装就位后，固定好后就可以直接安装屋架、梁板等构件。泵送顶升工作可以在上述工作进行的同时进行平行作业，改变了以往需要从钢管柱顶浇筑完混凝土后才能安装屋架等构件的作业模式。

2.4　采用泵送顶升方法施工，基本可以不振捣，相应减少了高空作业量。

2.5　降低施工费用，与吊车提升料斗在柱顶落灌方法比较，省支了料斗和浇灌平台的制作，节省了施工费用。

3. 适 用 范 围

适用于大型工业厂房及公共建（构）筑物的钢管直径小于 1.2m、顶升高度小于 45m 的圆形及方形钢管柱内混凝土的施工。尤其适用于钢管柱内钢筋密集、结构复杂、施工难度大的钢管柱内混凝土施工。

4. 工 艺 原 理

在钢管下端的适当位置安装一个带闸门的进料支管，直接与泵车的输送管相连，利用混凝土泵的压力将混凝土自下而上挤压顶升灌入钢管内，直至注满整根钢管混凝土柱。钢管柱顶部设置排气孔，以减少泵送压力。在钢管柱下部接口连接管上，采用设置截止闸方法，防止混凝土倒流。

5. 施工工艺流程及操作要点

5.1 施工工艺流程（图 5.1）

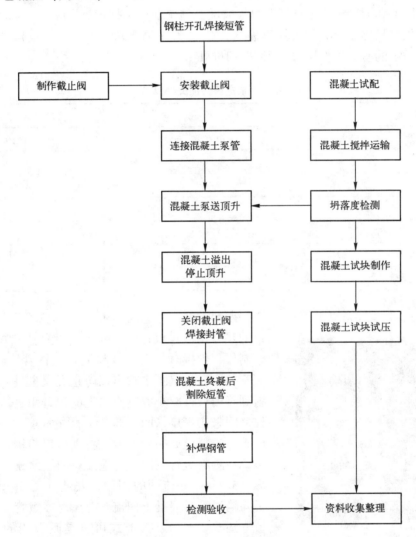

图 5.1 施工工艺流程图

5.2 混凝土的顶升浇筑

5.2.1 混凝土配合比的选择

除必须满足混凝土设计强度和耐久性的要求外，尚应使混凝土满足可泵性要求，使水灰比小、坍落度大，减少混凝土收缩，强度、均匀性和凝聚性均优于普通同强度等级的塑性混凝土。在混凝土中同时掺加减水剂和膨胀剂，可使混凝土拌合物泌水率减小，含气量增加，和易性改善，从而满足泵送要求，可采用压力泌水试验结合施工经验进行控制，一般 10s 时的相对压力泌水率 S10 不宜超过 40%。

$$S10＝V10/V140 \tag{5.2.1}$$

式中　$S10$——10s 时的相对压力泌水率；

　　　$V10$——混凝土加压至 10s 时的泌水量；

　　　$V140$——混凝土加压至 140s 时的泌水量。

粗骨料选用最大粒径与输送管径比对碎石不宜大于 1∶3，对卵石不宜大于 1∶2.5，细骨料宜采用中砂细度模数为 2.0，同时掺合适量Ⅰ级粉煤灰，混凝土水灰比宜为 0.4～0.6，外加剂可选用高效缓凝减水剂增加混凝土的初凝时间，同时掺入 10％的 UEA 膨胀剂使混凝土浇灌后微膨胀，以补偿收缩达到密实。

5.2.2　对混凝土输送泵工作压力的要求

顶升过程中，混凝土在钢管内呈"泉涌状"上升，混凝土输送泵工作压力与泵产品性能、状况、泵送高度、泵送水平距离和混凝土坍落度及和易性有关。施工前要根据现场实际水平泵送距离及泵送管路的设置计算压力损失（具体见压力损失换算表 5.2.2），为减少泵送压力损失，输送泵与钢柱间距离不宜过大，以确保输送泵的有效工作压力达到 10～16MPa。

混凝土泵送压力损失换算表 表 5.2.2

管 件 名 称	换 算 量	换算压力损失值（MPa）
水平管	每 20m	0.10
垂直管	每 5m	0.10
45°弯管	每只	0.05
90°弯管	每只	0.10
管道接环（管卡）	每只	0.10
管路截止阀	每个	0.80
3.5m 橡皮软管	每根	0.20

5.2.3　柱肢与混凝土输送管的连接：在距钢管混凝土柱底部约 800mm 的位置开一个进料口，进料口的尺寸比进料短管大 3mm，焊接的进料短管采用混凝土泵管制作，焊接时须保证进料短管与钢管柱向下呈 45°，进料短管的出口面呈水平状态以防止混凝土进入钢管柱后直接喷射到管内壁，减小混凝土向上的顶升阻力。进料短管与钢管柱之间采用焊接（图 5.2.3），焊缝高度不小于壁厚。为防止施工时进料口处振动剧烈，将进料口与钢管柱之间的焊缝撕裂，在进料短管周围均匀地加焊加强劲板。

图 5.2.3　进料短管与钢管柱连接

5.2.4　止流阀的制作、安装（图 5.2.4-1）：为防止在拆除输送管时混凝土回流，需在连接短管上设置一个止流装置（图 5.2.4-2），其形式可以是闸板式的，或者是插楔式的。为防止在混凝土泵送顶升浇灌过程中闸板缝漏气，需用黄油涂缝，或者加设一个密封圈垫在闸板缝内。混凝土泵送顶升浇灌结束后，控制泵压 2～3min，然后略松闸板的螺栓，打入止流闸板，即可拆除混凝土输送管，转移到另一根钢管柱浇筑。待混凝土强度达 75％后切除连接短管，补焊洞口管壁，磨平、补漆。补洞用的钢板宜为原开洞时切下的。

5.2.5　卸压孔（图 5.2.5）：采用泵送顶升浇灌工艺，钢管柱顶端必须设溢流卸压孔或排气卸压孔。溢流卸压孔的面积应不小于混凝土输送管的截面面积，并将洞口适当接高，以填充混凝土停止泵送顶升浇灌后的回落空隙。

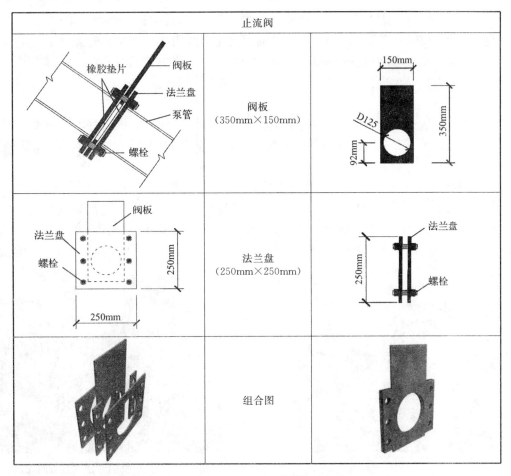

图 5.2.4-1 止流阀的制作及安装

图 5.2.4-2 止流阀

图 5.2.5 卸压孔布置

5.2.6 顶升浇筑施工：每次浇筑混凝土前（包括施工缝）应先浇灌一层厚度为 10～20cm 的与混凝土强度等级相同的水泥砂浆，以免自由下落的混凝土粗骨料产生弹跳现象。浇筑过程中，每一根钢管柱混凝土浇灌最好连续泵送完成，其间不宜停顿，如果必须中断，时间尽量缩短，最多不能超过半小时，否则，由于混凝土在输送管及钢管柱内停留时间过长，有可能导致管内混凝土泵不上去，造成工程质量事故。混凝土顶升浇灌至钢管柱顶部从排气孔溢出后，输送泵停止工作，待混凝土沉实一段时间后（约 5～6min），再泵送顶升一次，排气孔溢出混凝土，顶升浇灌混凝土结束。

5.2.7 创新应用

近几年来，中建三局第二建设工程有限公司和中国一冶集团有限公司合作，已将原国家级工法《钢管混凝土顶升浇筑施工工法》的应用范围和规模进行了大幅拓展，即从直径 φ600mm 扩展到直径 φ1200mm，顶升高度从 36.5m 提升到 45m，从单柱顶升扩展到双肢柱顶升，从圆柱扩展到方柱顶升，从普通的混凝土升级为高强度混凝土，并且在深圳证券交易所营运中心工程、武钢二冷轧工程等工程中成功应用。

1. 钢管柱直径从 0.6m 扩展到 1.2m，从普通的混凝土升级为高性能高强度混凝土。

深圳证券交易所营运中心项目塔楼外框筒东西两侧首层 14 根方钢管柱内混凝土采用泵送顶升施工工艺进行浇筑，方钢管柱最大边长为 1.2m，柱内混凝土强度等级最大为 C70。

2. 从圆柱扩展到方柱顶升。

深圳证券交易所营运中心项目桁架筒柱和塔楼的部分外框筒柱为方钢管柱，方钢管柱最大边长为 2.5m，最小边长为 0.4m。该工程对塔楼外框筒东西两侧首层 14 根方钢管柱内混凝土采用泵送顶升施工工艺进行浇筑（图 5.2.7-1）。

3. 从单柱顶升扩展到双肢柱顶升，顶升高度从 36.5m 提升到 45m。

武钢二冷轧三区主厂房采用单层排架结构，圆形双杯口独立柱基础，钢管双肢格构混凝土柱（图 5.2.7-2）。钢管内混凝土设计强度等级为 C30。主厂房三区钢柱设计主要采用 φ800×12mm 的钢管混凝土柱，格构钢管 φ325mm×8mm。共有 96 根双肢钢管柱，最大柱高 45m。采用泵送顶升浇灌法。

图 5.2.7-1　方钢管柱顶升混凝土施工　　　　图 5.2.7-2　双肢钢管柱顶升混凝土施工

4. 在原有工法基础之上，为了保证钢管混凝土顶升质量，采取了以下措施：

1）钢管混凝土模拟试验（图 5.2.7-3）

深圳证券交易所营运中心项目在钢管柱混凝土施工时，针对本工程特点，综合设计及相关规范规程的要求，在施工现场进行钢管混凝土模拟实验。采用超声波检测管内混凝土的浇筑质量，并采用钻芯取样（图 5.2.7-4），检测混凝土强度，检测完后，采用氧气切割方式把钢柱剖开，用目测的方法观察其浇筑效果，查看混凝土与加劲板、钢管柱钢板的结合情况。一方面验证工程实体钢管混凝土的施工质量，另一方面进一步进行总结和优化施工方案，确保实际施工质量达到要求。

 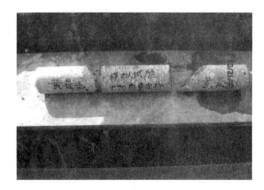

图 5.2.7-3　钢管混凝土模拟试验　　　　　　图 5.2.7-4　钢管混凝土钻芯取样

2）钢管柱内设栓钉和加劲板，加劲板上增设排气孔（图 5.2.7-5）

深圳证券交易所营运中心项目方钢管柱直径大，柱内填充混凝土强度等级最大为 C70，钢管柱内设栓钉，且按节点设置加劲板，加劲板上开设浇筑孔和排气孔，以减少泵送压力。

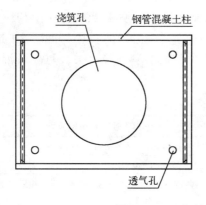 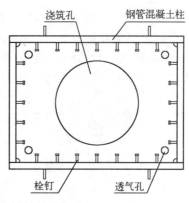

图 5.2.7-5　钢管混凝土柱内设栓钉和加劲板

5.3　劳动组织（表 5.3）

劳动力组织表 　　　　　　　　　　　　　　　　　　　　　　　　　　表 5.3

序　　号	工　　种	人　　数	主　要　工　作
1	混凝土输送车司机	4~6	将商品混凝土从搅拌站运至工地
2	泵机操作工	2	泵机操作及保养
3	接管工	4	布管、安拆管、安装及关闭截止阀等
4	电焊工	2	柱底开孔、焊接封头钢板等
5	指挥人员	2	组织指挥、统筹规划、调度
6	混凝土工	2	浇捣、清理、养护
7	试验员	1	混凝土坍落度及扩展度的检测试块制作等

6. 材料与设备

6.1　混凝土泵

混凝土泵的最大泵送能力应有一定的储备，以保证输送顺利、避免堵管。可选用 HBT60C 高压混凝土泵，其液压系统工作压力可达 32MPa，混凝土出口最高压力可达 16MPa，完全满足工程的需要。

管内最大压力可达到 10MPa，将产生较大纵向拉力，所以必须采用耐高压的管道系统，具体方案如表 6.1 所示：

管道系统选用方案 　　　　　　　　　　　　　　　　　　　　　　　表 6.1

项　　目	选用方案
管径	管径越小则输送阻力越大，过大则抗爆能力差且混凝土在管内流速慢，影响混凝土的性能，综合考虑选用内径为 125mm 的输送管
壁厚	选用壁厚为 10mm 的超高压管道，保障管道的抗爆能力
密封圈	采用带骨架的超高压密封圈以防止混凝土在 16MPa 的高压下从管夹间隙中流出，确保密封，耐久可靠

6.2　钢管柱混凝土顶升系统及组件

钢管柱混凝土顶升系统主要由止流阀、短管、泵管、混凝土泵组成，通过短管和一个 135° 弯头实现。连接短管与钢管柱呈 45° 自下而上插入管洞。管外径与弯头及输送管相同，便于使用管卡连接，从而使混凝土泵送顶升浇筑更加顺利。

7. 质量控制

采用泵送顶升浇灌法施工时混凝土在泵送压力作用下向上流动，在流动过程中粗骨料逐渐向管壁运动，多余的浆液渗至管中间，形成"栓流"。在混凝土流动过程中主要是"栓流"在向前整体移动，当然在运动过程中，栓流与周围部分有各成分的相互交换，周围部分由于黏性与钢管壁的表面张力作用受扰动小，凝结时间较早，基本不向前运动。"栓流"从混凝土面流出后由于重力作用和压力损失又落向周围部分。通过钢管中混凝土流速分布情况的分析可以看出，"栓流"的直径与混凝土的坍落度、混凝土输送泵管及进料支管直径、钢管倾角、混凝土的凝结时间、粗骨料粒径有关。且随着混凝土面的不断上升，泵送压力需要不断加大。质量保证措施见表7。

质量保证措施 表7

序 号	项 目	质量保证措施
1	坍落度	夏天宜大于220mm，冬天宜在180mm左右
2	混凝土输送泵管及进料支管直径	选用内径为125mm的输送管
3	钢管倾角	钢管柱通过短管和一个135°弯头实现。连接短管与钢管柱呈45°自下而上插入管洞
4	粗骨料粒径	粒径5～30mm
5	泵送压力	有效工作压力达到10～16MPa

8. 安 全 措 施

8.1 对作业人员进行"三级"安全文明施工意识教育，特别是在施工前召开班前会，熟悉现场作业条件。

8.2 浇筑施工前，检查输送泵管道的接头和输送管道的架体，确保接头严密和固定架体的牢固。

8.3 夜间浇筑必须有足够照明，提前准备灯具等用具，以保证混凝土施工的正常进行。

8.4 所有电路、机械出现故障，均应由值班电工、修理工进行处理，不得擅自进行处理。

8.5 混凝土浇筑完成后，清洗混凝土泵时，泵管的出口应朝安全方向，以防废浆高速飞出伤人。

9. 环 保 措 施

9.1 对于夜间作业和对周边环境的影响，提前与建设行政主管部门、环保部门、城管部门沟通并进行申请，批准后方可作业。将混凝土施工需连续作业的原因、时间、审批情况以慰问信或致歉信的形式进行告示，寻求周围的居民的谅解。

9.2 输送泵及泵管应及时清洗干净，堆放整齐，要做到工完料净场清。

9.3 混凝土运输车在出施工现场时，要用水冲洗轮胎，不得让罐车带泥上路。

10. 效 益 分 析

10.1 可解决钢管混凝土柱内混凝土密实度不足、离析等缺陷，确保施工质量。

10.2 采用本工法，减少了施工工序，避免多工种交叉施工，有利于安全管理工作。可组织流水施工，加快施工进度。

10.3 本工艺与传统逐段浇捣法相比，具有良好的综合效益。

以深圳证券交易所营运中心项目为例，效益分析如下：

1. 按总共14根钢管柱计算，每根柱平均12m³混凝土计；采用传统逐段浇捣法和采用顶升施工法，费用分析如下：

1）传统逐段浇捣法费用：

混凝土振捣费用30元/m³，计：14×12×30＝5040元。

每根柱至少需开1个振捣孔，开孔及封堵费用计120元/个：14×120＝1680元。

2）顶升施工法费用：

顶升法施工增加阀门的费用，截止阀每个450元，截止阀2个，阀门费用为：2×450＝900元。

顶升法施工采用自密实混凝土，其添加外加剂和粉煤灰每立方米混凝土成本增加15元；14×12×

15＝2520 元。

开孔及焊接封口钢板等的费用计 120 元/个：

14×120＝1680 元。

3）总共节省费用为：

5040＋1680－900－2520－1680＝1620 元。

2. 采用顶升施工法，相比逐段浇捣法，工期缩短约 8d。

11. 应 用 实 例

11.1 武昌造船厂装焊厂房工程（图 11.1），建筑面积 8968m²，属钢结构排架工业厂房。基础下部采用钻孔灌注桩，上部为杯形独立基础，柱子为四肢钢管组成的阶形格构柱，共计 28 根，柱钢管为 φ400×10mm，钢管内 C45 混凝土浇筑应用了钢管混凝土顶升浇筑施工方法。钢管柱高 36.5m，重达 42t。

11.2 深圳证券交易所营运中心（图 11.2）项目位于福田中心区，工程建筑总高度 245.8m，总建筑面积 26.7 万 m²，是一幢现代化的超高层办公楼。本工程桁架筒柱和塔楼的部分外框筒柱为方钢管柱，方钢管柱最大边长为 2.5m，最小边长为 0.4m，柱内填充混凝土强度等级最高为 C70。通过以往工程成功的施工经验，我们对塔楼外框筒东西两侧首层 14 根方钢管柱内混凝土采用泵送顶升施工工艺进行浇筑。已施工的钢管柱工程质量优良。

图 11.1　武昌造船厂装焊厂房工程　　　　　图 11.2　深圳证券交易所营运中心工程

11.3 武钢二冷轧三区主厂房（图 11.3）采用单层排架结构，圆形双杯口独立柱基础，钢管双肢格构混凝土柱。钢管内混凝土设计强度等级为 C30。主厂房三区钢柱设计主要采用 φ800×12mm 的钢管混凝土柱，格构钢管为 φ325mm×8mm。柱高 28.68m 的双肢钢管柱 36 根，柱高 31.18m 的双肢钢管柱 40 根，柱高 45m 的双肢钢管柱 20 根。采用泵送顶升浇灌法。

图 11.3　武钢二冷轧工程

现浇混凝土曲面斜筒体结构施工工法

YJGF46—2002（2009～2010年度升级版-033）

北京建工集团有限责任公司　方远建设集团股份有限公司

杨秉钧　金崇正　翟培勇　朱文键　郑直

1. 前　言

随着我国建筑行业的不断发展，现代建筑风格日益多样化，建筑设计突破了以往的束缚，出现了一批造型新颖、形象独特的建筑，反映了强烈的时代气息和艺术品位。这其中就有许多以曲面造型为建筑表现手段的建筑，甚至有些还打破垂直造型的传统手法，让曲面再发生一定角度的倾斜。首都博物馆新馆工程现浇混凝土椭圆斜筒体结构即是如此，该项施工技术于2003年通过了北京市城建技术开发中心组织的专家评估，并获得建设部"二○○五年度华夏建设科学技术奖三等奖"。而后，2005～2006年在浙江台州市黄岩热电厂、椒江热电厂冷却塔工程上，结合双曲线风筒混凝土现浇结构特点，也成功引入并应用了本工法，工程中所用材料都是常规材料，施工比较简单，管理方便，施工进度快，作业条件比较好，并且钢管扣件来源方便，可供周转使用，取得了良好的经济效益，缩短了工期，应用效果显著。

2. 工 法 特 点

2.1　现浇混凝土曲面斜筒体结构，水平截面多为闭合曲线图形，水平截面形状及尺寸随高度改变，筒体竖向中轴线可以有一定角度倾斜。

2.2　现浇混凝土曲面斜筒体结构立面为曲面，造型新颖。

2.3　筒体的倾斜，造成筒体墙要有一定的抗弯能力，一般设计为剪力墙筒体。

3. 适 用 范 围

本工法适用于高层、水平截面曲面尺寸较大的，竖轴还发生一定角度倾斜的现浇钢筋混凝土结构的施工，此类结构常见于文化娱乐设施、博物馆及冷却塔等。

4. 工 艺 原 理

利用多层板易于加工拼装和钢管脚手架搭设方便等优点，用模板拼成多面体拟合曲面体，通过控制多面体水平截面图形折线段宽度，使弦高在2mm左右，以达到立面曲面光滑顺畅，符合清水混凝土要求，模板的支撑采用脚手架搭设成内刚性排架，由内部单方向支拉模板，以便解决筒体倾斜的支撑问题。

5. 施工工艺流程及操作要点

5.1　施工工艺流程

测量放线 → 搭设刚性支撑架体 → 绑扎钢筋 → 支搭内、外墙柱模板 → 浇筑墙柱混凝土 → 支搭顶板模板、绑扎梁板钢筋 → 浇筑顶梁板混凝土。

5.1.1　楼板处放控制轴线、细部轴线、曲面斜筒体结构墙柱边线（上下口）及模板控制线（上下口）。

5.1.2 搭设脚手架，形成刚性内排架。

5.1.3 绑扎曲面斜筒体结构内墙柱等竖向结构钢筋，如果柱是倾斜的，由于留插筋时已经找好倾斜角度，钢筋绑扎顺插筋方向；如果墙是有倾斜的，先要支搭墙倾斜一侧的模板，在此模板上绑扎钢筋，绑扎完毕后进行隐检。支搭内墙柱模板，柱模支搭到梁底，墙模到顶板底，留梁豁口，如果墙柱是倾斜的，按线检查模板上口位置是否准确，保证倾斜角度，支撑拉顶在内排架上。完成后进行预检。浇筑内墙柱混凝土。混凝土强度达设计要求值时方能拆除模板，此强度值由设计单位计算确定。

5.1.4 支搭顶板模板，绑扎梁板钢筋，内部竖向结构与外曲面斜筒体间的顶板梁留待以后施工，梁柱节点处留埋件，浇筑梁板混凝土。

5.1.5 支搭曲面斜筒体结构外墙倾斜一侧的模板，在此模板上绑扎钢筋，绑扎完毕后进行隐检。支搭另一侧曲面斜筒体结构外墙模板，墙模到顶板底，留顶板梁的梁豁口，完成后进行预检。浇筑曲面斜筒体结构外墙混凝土，混凝土强度达设计要求值时方能拆除模板，此强度值由设计单位计算确定。

5.1.6 支搭剩余顶板部分的板梁模板，绑扎钢筋，梁端焊接工字钢牛腿，并与梁纵向钢筋焊接，浇筑梁板混凝土。

5.2 操作要点

5.2.1 测量放线

1. 控制轴线的测设

地下阶段依据基础外的建筑物控制点，采用方向法或正倒镜挑直线法投测控制线，校核与临近轴线的间距无误后方能使用。

地上阶段控制轴线的投测采用内控法，并结合外控线校核。内控点采用激光垂准仪垂直向上投测，投测允许误差：每层±3mm，全高±10mm。内控点投测到上一楼板后，应进行间距和十字垂直角度的校核，边长相对中误差1/15000，角度中误差12″，同时用远端方向校核控制线的方向，角度中误差12″。

2. 楼面放线

由于倾斜的墙柱平面位置起始线与标高关系密切，楼层放线前先用水准仪普遍测设一遍要放线部位的楼板标高，取最高值作为平面位置线所在标高。楼板混凝土面低于此值且要弹画墨线的部位，先用水泥砂浆抹放线带，应使弹线在同一标高。在楼面施工完毕后，测设轴线交点，轴线因倾斜角度造成的水平方向的平移距离，根据平面位置线所在标高与倾斜角度确定，倾斜的竖向墙柱边线必须放在平面位置线所在标高上，以保证倾斜角度。曲面斜筒体墙的边线采用极坐标法测设，测设的点在曲线上，测点间距应保证其连线与理论曲线的玄高不超过2mm。

3. 模板上口定位点测设

内排架搭设完毕后，在上其中心位置用混凝土板铺设一平台，平台应水平，平台对应中心点处应留通视口。如图5.2.1所示：

在架子操作平台上用激光垂准仪将楼层面上已经平移好的控制轴线及其交点投测上来，校核无误后仍采用极坐标法测量模板上口边线，并与理论计算数值比较。

5.2.2 模板工程

1. 曲面斜筒体墙体模板配置（图5.2.2-1）

1）曲面斜筒体墙模板采用18mm厚覆膜胶合多层板，为保证长城杯质量标准，每块模板1.22m宽，背面开槽弯成折面，与曲线间的矢高控制在2mm以内。附模钢管控制板形，间距随穿墙螺栓（垂直墙面）纵向间距。竖向木方为50mm×100mm木方，中距244mm；横向用φ48钢管按弧度成型做成钢围楞，间距700mm；φ18穿墙螺栓（垂直墙面），纵向间距700mm，横向间距500mm。

2）每块墙体模板均为平行四边形，模板配置高度根据层高及有无楼板的情况确定。中间用整板，两端按角度切割制作成三角形或梯形。但随位置不同，a角度、Δ值不同，现场实际放样求得。配模的排列从曲线上曲率半径小的地方开始，向曲率半径大的地方排列。

3）依据椭圆曲线加工钢管围楞，单根长度2.5～6m，加工时应考虑接头错开，并编号。错开方式如图5.2.2-2所示：

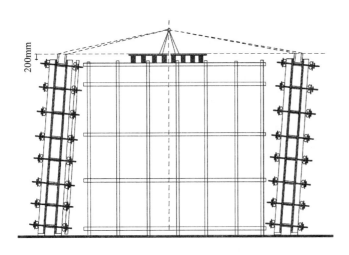

图 5.2.1　模板上口校正定位测设图示

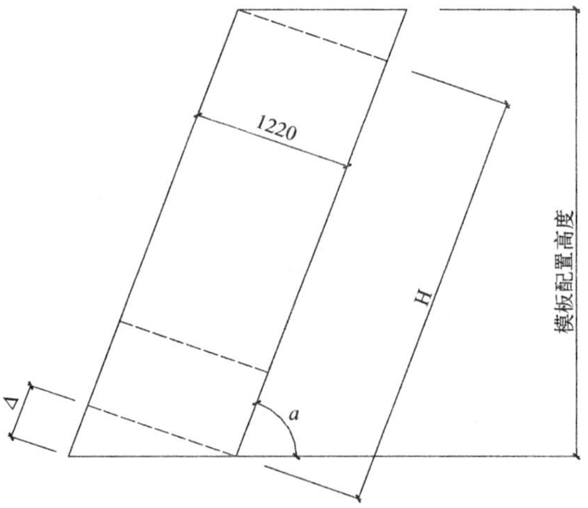

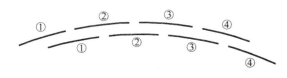

图 5.2.2-2　钢管错开方式图示

图 5.2.2-1　单块模板配置图

2. 曲面斜筒体墙体模板安装

1）模板安装顺序：为便于钢筋绑扎定位，模板安装采取先支倾斜一侧的模板，再支搭另一侧模板。每2块模板在料场临时拼接成组，外侧设临时围楞，用钩头螺栓与胶合板背面木方连成整体，以便吊运安全。每块模板吊运就位后应设临时支撑。内外模用φ18螺杆对拉，左右间距500mm，上下间距700mm。

2）斜筒模板根部做法如图 5.2.2-3、图 5.2.2-4 所示：

3）模板校正：待模板安装完毕临时固定后，根据前述模板上口定位点测设方法检测不同角度线与弧线的交点，从而校正模板位置。

3. 曲面斜筒体墙体模板支撑

采用钢管脚手架组成支撑体系，形成整体钢排架，承受斜向结构施工中产生的水平荷载，特别要考虑筒体倾斜及浇筑混凝土所产生的位于刚性内排架顶部的荷载。立杆水平间距及是否采用双立杆均要根据工程具体情况确定。刚性内排架通过锚环生根在楼板上。

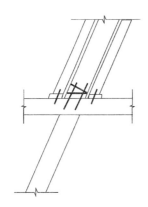

图 5.2.2-3　有楼面筒模根部节点做法

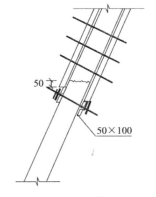

图 5.2.2-4　无楼面筒模根部节点做法

5.2.3　钢筋工程

墙体弧形水平钢筋根据椭圆大样线先加工样品钢筋，再依据样品钢筋批量加工。为了固定斜筒上口钢筋位置，预先加工制作一椭圆形梯子钢筋框，分段配制，编号排序。墙体钢筋绑扎顺序从长轴南端点开始分两组向北推进。

曲面斜筒体墙体施工时，尽量在梁标高处留梁豁口，无法留梁豁口的地方可以在梁标高处留预埋件，埋件处焊钢牛腿，钢筋与钢牛腿焊接。

5.2.4　混凝土工程

曲面斜筒体墙体混凝土从与倾斜一侧垂直的端点开始浇筑，向两端反向进行。每个浇筑点 4 台振捣棒。分层下料，分层振捣，每层 450mm，严禁一次性下料过多或集中某一点下料斜面推进。浇筑采用泵送混凝土结合塔吊料斗。混凝土强度达到设计要求数值时才能拆除，模板拆除后，立即浇水养护，用塑料薄膜包裹，墙体派专人浇水养护。

6. 材料与设备

6.1 材料准备

多层板：18mm；

木方：50mm×100mm、100mm×100mm；

钢管：φ48×3.5；

脚手板：50mm；

槽钢：10 号（10×48×5.3）；

扣件、可调支撑 U 托、穿墙螺栓（含锥体螺栓）、穿墙螺母。

6.2 机具准备

电锯、线、靠尺板、打眼电钻、扳手、钳子、水平尺、钢卷尺、托线板、塔吊等。

6.3 现场准备

在施工现场垂直吊运范围内合理设置模板加工及堆放场地。

6.4 运输准备

多层板在加工区组装成大片模板，包括墙模板、柱模板、梁侧模板，现场安装用塔式起重机吊运，人工配合就位。

7. 质量控制

由于现浇曲面斜筒体在国内比较少见，所以没有相应质量验收标准，根据设计要求，参考有关规范和标准，结合工程实际制定质量验收标准，见表 7。

现浇混凝土曲面斜筒体结构安装质量验收标准　　　　　　　　表 7

序　号	项　目	允许偏差（mm）	检查方法
1	斜筒体水平截面轴线位置	±8	尺量
2	斜筒体墙模板轴线位移	5	全站仪或拉线尺量
3	标高全高	±30	尺量
4	截面尺寸	±3	尺量
5	表面平整	±5	2m 靠尺、楔形塞尺
6	倾斜度	±30	全站仪或拉线尺量

8. 安全措施

8.1 不周转使用的模板，拆模后吊到模板架子上，不得靠在其他物体上，防止滑移、倾倒。

8.2 风力超过 5 级时，禁止吊装模板。

8.3 用塔吊配合安装或拆除模板时，操作人员、指挥人员不得站在模板行经路线的下方，防止意外伤人。

8.4 浇筑墙柱混凝土时，需在墙柱边支搭操作平台，平台后须有一道扫地栏杆和一道齐腰栏杆。平台上铺脚手板，严禁工人或指挥人员站在模板口及模板的支撑上。

8.5 拆除模板时，先挂好吊钩，绷紧吊索，吊钩应垂直于模板，不得斜吊，以防碰撞混凝土墙体。摘钩时手不离钩，待遇吊钩超过头部才可松手，越过障碍物 1m 以上时，才能行车或转臂。

8.6 拆除楼板模板前架设低压照明电线，灯泡密度宜为 4m×4m，死角部增加碘钨灯。

8.7 所有浇筑混凝土的操作平台脚手架不得与模板的支撑直接连接。

8.8 墙模合模前，对于已固定好的门、洞模，不能有任何碰撞。

9. 环 保 措 施

9.1 遵守国家有关环保的法律规定，采取各种有力措施控制施工中废弃物、噪声、振动对环境的污染和危害。

9.2 噪声的控制：在支拆模板时，必须轻拿轻放，上下、左右有人传递。模板的拆除和修理时，禁止使用大锤敲打模板以降低噪声。

9.3 模板面涂刷水性绿色环保脱模剂，严禁使用废机油，防止污染土地。装脱模剂的塑料桶设置在专用仓库内。

9.4 垃圾实行分类管理，模板拆除后，清除模板上的粘结物如混凝土等，现场要及时清理收集，堆放在固定堆放场地，待够一车后集中运到垃圾集中堆放场，确保现场整齐场地清洁。

10. 效 益 分 析

采用覆膜多层胶合板做板面，辅以钢管围楞控制模板曲面形状，内部支撑解决倾斜模板的支搭，通过使用先进的测量仪器——全站仪，解决了曲面斜筒体的测设难题。本工法所用材料都是常规材料，施工比较简单，管理方便，施工进度快，作业条件比较好，并且钢管扣件来源方便，可供周转使用。较定型钢模板的一次性投入节省很多成本，并且能反复在类似工程上使用，又比定型钢模板只能使用在一个工程中经济许多。

11. 应 用 实 例

11.1 首都博物馆新馆是大型综合性博物馆，建筑面积 61680m²，建筑总高 39.6m，其专题展厅为现浇混凝土椭圆截面斜筒体结构，该现浇混凝土斜筒外装饰的椭圆形青铜幕墙，展馆斜出墙面寓意古代文物破土而出。现浇混凝土椭圆斜筒位于建筑平面 14～18/1/B～H 轴间，平面为椭圆，筒壁厚 400mm，椭圆长轴内半径为 17582mm，长轴外半径为 18000mm，椭圆短轴内半径 13100mm，椭圆短轴外半径为 13500mm，斜筒竖向沿长轴方向向北倾斜，其倾斜度为 10：3，斜筒从基础底板（−14.80m）开始一直到顶（＋42.00），总高度 56.8m。椭圆斜筒自地上 3 层破外墙斜出建筑外装修面，平面椭圆内还设有 11 根圆形斜柱，及 90°圆心角的弧形斜墙，墙厚 400mm，内外层墙体之间净距最小处仅有 4m，而且有一部现浇钢筋混凝土螺旋坡道。工程于 2003 年 1 月底完成主体结构施工，结构质量获得 2003 年度北京市结构长城杯金质奖。

11.2 浙江台州黄岩热电厂、椒江热电厂工程，其冷却塔均为自然通风双曲线形风筒结构，为现浇混凝土水池、底板采用整体式筏板，通风壳体最大厚度均为 400mm、最小厚度 180mm。风筒、人字柱、压力水槽采用 C30 抗冻抗渗混凝土现浇钢筋混凝土结构。黄岩热电厂冷却塔工程于 2005 年 3 月 20 日正式开工，2005 年 9 月 25 日竣工验收；椒江热电厂冷却塔工程于 2006 年 5 月 10 日正式开工，2006 年 11 月 10 日竣工验收。施工中针对冷却塔工程规模比较小、高度比较低、工期要求比较紧的特点，借鉴了现浇混凝土曲面斜筒体施工工法，避免了使用常规的爬模工艺和悬挂式脚手架翻模工艺带来的一次性投入大、准备工作时间长、筒壁内模半径控制复杂纠偏难度大等缺点，本工法所用材料都是常规材料，施工比较简单，管理方便，施工进度快，作业条件比较好，并且钢管扣件来源方便，可供周转使用。和常规的爬模工艺和悬挂式脚手架翻模工艺相比，工期提前、工程投入节约、综合成本降低，效益显著。

大跨度屋盖钢结构胎架滑移施工工法

YJGF48—2002（2009～2010年度升级版-034）

中建三局建设工程股份有限公司　中建新疆建工集团第五建筑工程有限公司

张琨　王宏　鲍广鑑　周发榜　刘曙

1. 前　言

原国家级工法《大跨度屋盖钢结构胎架滑移工法》的基本原理是通过动力设备拖拉胎架进行大跨度屋盖钢结构的安装，该原理经过多年在多个项目中进行了成功的应用，在基本原理不变的情况下，胎架的大小，滑移速度和动力牵引设备进行了发展和改进，具有代表性的项目是武汉新火车站项目。

武汉站站房是目前国内首创上部大型建筑与下部桥梁共同作用的"桥建合一"新型结构（图1-1、图1-2），单拱跨度大工况复杂，动力性能和结构稳定分析难度大，结构精度与变形控制要求非常高。

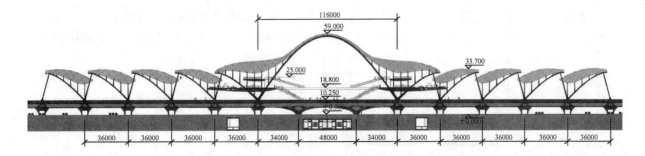

图1-1　武汉站顺轨向剖面图

图1-2　武汉站整体透视图

综合考虑武汉站建筑造型、结构形式以及现场施工环境，采用了"大型滑移胎架、高空原位安装法"进行施工，即在结构原位下方分区搭设大型滑移胎架支撑体系，通过行走式塔吊将结构部件吊至高空组对安装，结构单元片区形成整体稳定后，胎架滑移至下一区间施工。结合动态施工模拟分析，在施工过程中创造性地研究和实践大跨度分阶段安装卸载技术，成功地运用超大型滑移胎架支承，解决了综合技术难度居全国之首例的超大跨度铁路站房钢结构工程的安装施工。

武汉新火车站施工综合技术通过国内知名专家鉴定，整体达到国际先进水平，并成功申报实用新型专利 1 项。

2. 工 法 特 点

2.1 大跨度桁架体系直接就位在设计位置，支座安装精度易于保证。

2.2 行走式塔吊和胎架沿同一方向同步退吊。整个屋盖钢结构吊装仅由 2 台以下行走式塔吊和一组胎架即可完成。

2.3 可充分利用桁架下部的楼面或地面结构，降低了结构的安装高度，同时不需要大量的脚手架及脚手架搭拆人员，降低了设备投入成本。

2.4 采用该工艺使屋盖钢结构的吊装、组对、焊接、测量校正、油漆等工序都可在同一胎架上重复进行，即可提高屋盖的安装质量、改善施工操作条件，又可以增加施工过程中的安全性。

3. 适 用 范 围

本工法适用于大跨度空间曲面、大跨度单跨、多跨空间桁架或网架结构，最适用于跨度不超过起重设备有效吊装范围的多榀桁架相同、单榀桁架重量大、支座情况较为复杂空间桁架、网架体系。

4. 工 艺 原 理

本工法的主要工艺原理是：首先在结构原位下方搭设施工胎架，待该区域结构施工完成，经过检测合格后进行卸载，通过牵引（顶推）机构将胎架滑移至下一施工区域，完成屋盖结构的安装。

将屋盖钢结构按照榀数和网格数分成若干单元，单元可在胎架移走后形成稳定的受力体系，在满足此条件下尽量减少每单元桁架及网格数，但不得少于 2 榀桁架或 2 个网格；

各单元按照吊车的起重能力又分为若干段。

沿桁架垂直方向设置行走式塔吊和胎架滑移的轨道。

根据单元的划分制作满足所有单元组装的可搭拆胎架，胎架需要连接成一个整体，通过牵引设备牵拉将胎架移动到屋盖单元的设计位置。

吊机行走至组装单元就近位置，顺次将需要的分段吊装至滑移胎架上，拼装焊接成单元后，拆除滑移胎架支撑，将组装单元直接落放在设计支座位置。

以卷扬机或液压千斤顶为动力源，通过滑轮组将胎架沿轨道空载滑移至下一组装单元位置，通过调节、修改形成下一单元的组装胎架，与楼面或地面作临时固定。

塔吊行走至本组装单元就近位置拉点处牵拉进行等标高滑移，待滑移单元滑移到设计位置后，拆除滑移轨道，固定支座。如此逐单元拼装，分片滑移，直至完成整个屋盖的施工。概括起来本工法为：高空分片组装、单元整体滑移、累积就位的施工工艺。

胎架主要由牵引系统（液压千斤顶）或者顶推系统、支撑系统（胎架主体）、行走系统（轨道、滑轮）等部分组成。

移位机构顶推移位工作原理：千斤顶一头连接止推器，另一头连接移动物体，止推器用高强度螺栓连接在轨承梁上，千斤顶以轨承梁为反力座，进油升压推动胎架移动。当千斤顶达到设定行程时，回油收缸，带动止推销轴拉出止推器进入下一个止推器，开始下一步顶推。主要应用于后置推动物体。

自动连续拖拉系统的工作原理：千斤顶前后布置 2 个油缸，当其中一个油缸工作时，另一个油缸回缩原来的升程，当工作油缸行程达到设定的升程时停止工作，同时通过传感器命令另一台油缸工作，无停顿间歇，循环往复，速度均匀。主要应用于前置拉动物体。

5. 施工工艺流程及操作要点

5.1 工艺流程（图 5.1）
5.2 操作要点
5.2.1 内业技术工作
1. 施工方案编制

根据总体施工组织设计编制钢结构胎架滑移专项施工方案，并在方案中明确滑移胎架初步设计图纸。

2. 胎架体系结构受力验算

根据绘制的滑移胎架初步设计图纸，进行胎架结构体系受力验算，并综合经济性、操作性、对胎架进行优化设计，确定最终胎架设计图纸。

3. 胎架图纸深化

根据最终的胎架设计图纸，详细深化胎架各杆件、连接节点加工制作图纸。

5.2.2 现场技术工作
1. 胎架拼装、制作

根据审核后的滑移胎架深化图纸要求，在现场加工胎架各细部连接杆件，并分类堆放于塔吊工作范围以内。

2. 胎架搭设

根据胎架深化图纸要求，现场进行胎架杆件吊装，胎架整体安装完毕后，项目部组织各部门对胎架进行综合检查。检查项目具体包括：杆件安装是否齐全、安装位置正确性、节点连接是否牢固、胎架垂直度偏差、安全防护措施等，并形成书面记录。

3. 轨道基础设置

根据施工场地基础情况，适当选择轨道基础结构形式；确保轨道安装处于同一标高上；例如当基础遇到降板结构时，可使用钢支撑搭设过渡结构，使其与高处板面持平。待调整合格后，即可进行轨道梁安装。

4. 滑移轨道安装

在轨道梁上翼缘安装工字形钢轨，为满足安全滑移要求，轨道安装应严格控制直线度、平整对、轨道对接错口尺寸、轨道间距尺寸偏差指标等。

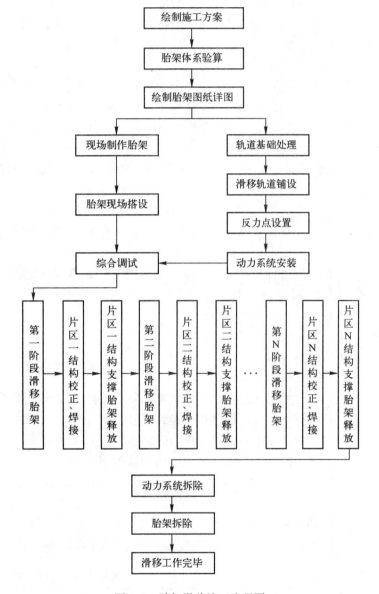

图 5.1 胎架滑移施工流程图

5. 反力装置设置

滑移反力装置主要包括千斤顶反力座、拉锚点节点设计。

1）牵引反力座

牵引反力座按 100t 拉力设计。查《机械设计手册》：钢—钢间静滑动摩擦系数为 0.15，动滑动摩擦系数为 0.10；滚动动摩擦系数为 0.04。胎架整体重量（含底盘、走行机构）为 2740t，则启动推（拉）力为：27400×（0.15×1/4＋0.04×1/4）＝1301.5kN，考虑左右动力源拉（推）不均衡，其中一个动力源承担推（拉）力 2/3，即为：1301.5kN×2/3＝867.66kN，因此计算拉（推）力按 900kN 计。走行机构与钢轨之间卡死情况没在考虑之列。

2）扣锚装置

扣点：Q345C 钢组焊而成，机加工成孔。抗拉力大于 100t。

连接头：Q345C 钢组焊而成，机加工成孔。抗拉力大于 100t。

插销：45 号钢，ϕ58。

6. 动力系统选择与安装

动力系统主要由钢绞线束、液压千斤顶、液压油泵、控制台设置组成，千斤顶选择应根据最不利荷载进行选择，例如一边行走滑轮抱死，另一端行走滑轮因不同步偏差过大而发生卡死，所需最大牵引力。其他设备应与液压千斤顶匹配选择。

7. 滑移过程监测

为了验证千斤顶的同步率并加以纠正和胎架底盘、胎架等的变形是否符合安全要求，应精心进行施工观测。

着重对以下项目进行观测：

1）轨道地基梁受垂直荷载和水平推力所产生的变位和沉降量；

2）顶推（牵引）过程中，胎架底盘、胎架的变形；

3）在顶推过程中，通过液压泵站油表读数和胎架（含底盘）重量的计算关系，找到走行机构的启动静滚动摩擦系数和动滚动摩擦系数；

4）顶推过程中轴线偏位观测；

5）两侧轨道行走同步误差测量；

6）滑移速度观测。

8. 观测方法和仪器

1）轨道地基梁的压缩变形和沉降等项目可在观测部位设置固定的水准尺或测点用精密水准仪观测。

2）胎架平面轴线的偏移可用经纬仪或全站仪观测。

3）静动滚动摩擦系数可由压力表显示的压力求得。

4）滑移不同步误差可以采用在两侧轨道事先用钢尺划分尺寸刻度标识。滑移开始前在胎架滑移前端位置设专人，读取滑移过程中对应刻度，通过比较读数差值，得出同步误差数值，并设置组长传递信号。

5.3 滑移劳动力组织

胎架滑移劳动力共需要 17 人完成。具体安排如表 5.3 所示：

胎架滑移劳动力组织安排 表 5.3

序 号	人数（人）	工作职责	序 号	人数（人）	工作职责
1	1	总控	4	3	紧急维修
2	1	副控	5	8	安全维护
3	4	滑移同步监控	合计	17	

6. 材料与设备

基本仪器设备,各种仪器设备经检定合格并在检定有效期内,见表6。

仪器设备统计表   表6

序 号	名 称	型 号	精度指标	数 量
1	液压千斤顶	ZLD100	100t	4
2	传力索	φ15.24		9
3	全站仪	索佳 set 510	角度测量精度:2″ 测距精度:1mm+1ppm/3.0s	1
4	经纬仪	J2	2″	1
5	水准仪	索佳	2.5mm/km	1
6	对讲机	健伍	2km	2
7	塔尺	5m	1mm	2
8	导链葫芦	10t		4
9	行走式塔吊	K50/50		2

7. 质 量 控 制

按《钢结构工程施工质量验收规范》GB 50205—2001 等规范执行。

7.1 滑移过程的质量控制

7.1.1 控制卷扬机转速,保持滑移速度在30cm/min以下,尽量减小动态对结构的影响。

7.1.2 同步控制及水平偏差控制

各滑移支座轴线偏移≥控制目标时,发出警告;≥计算极限偏移量时,停滑。

各轴线支座间不同步≥50mm时,不间断修正;≥100mm时,停滑。

胎架滑移时,滑移单元到位前应采取限位措施,限位精度控制在10mm以内。

7.2 结构单元拼装精度控制

结构单元安装允许偏差如表7.2所示。

结构单元安装允许偏差   表7.2

序 号	分 项	允许偏差 (mm)	序 号	分 项	允许偏差 (mm)
1	主架支座中心偏移	L/3000 且≤30	5	单元间距	
2	相临支座高差	L1/900 且≤30	6	跨中垂直度	H/250
3	支座最大高差	30	7	杆件弯曲矢高	L2/1000
4	主架纵向、横向长度	±L/2000 且≤±30	9	跨中下挠	L/250

7.3 结构单元的稳定控制

在胎架滑移施工时,胎架需要重复使用,因而在屋盖未形成整体结构,就将胎架撤离结构单元,尤其是开始施工时的第一个单元,结构单元往往稳定性不足,需要加强控制。

7.3.1 进行结构分析，在结构稳定的基础上进行结构单元划分。

7.3.2 将单元结构桁架及网格间所有结构连接件全部连接好，支座按设计要求进行固定好后，方可将滑移胎架滑走。

7.3.3 如结构单元无法满足稳定要求，按照设计进行加固。

7.3.4 安装第一个单元时，在结构单元两侧（刚度较弱方向）增加数道缆风，以增加结构稳定和抗风能力。

7.3.5 必要时需要对薄弱结构进行应力—应变测试：通过计算分析选择主要受力构件、焊接节点、临时加固构件、临时支撑构件作为测试对象，进行焊接、支座安装、胎架支撑拆除前后过程的应力—应变测试。以控制胎架滑移后未形成整体屋盖局部结构单元是否满足受力要求。应力测试采用数据采集系统配备打印机，测点编号并与数据采集系统接好，进行滑移全过程的应力监控，计算机控制系统每 30s 自动采集一组数据，如发现应力值有超过限定值的，通报指挥台，采取相应措施，选各测点应力较大、较小及突变数据组打印。

8. 安全措施

8.1 穿钢绞线前，应严格检查所用的锚具是否有裂纹、夹片缺齿，锚扣点焊接是否满足要求。

8.2 穿钢绞线后，应严格检查夹片是否敲紧，拉耳插销是否拴接牢固，钢绞线是否有松动。

8.3 6 级以上风力停止拖拉、顶推左右开始拖拉前，检查轨道、轨承梁上是否进入行车限界的物体，胎架上是否有未置放牢固的物体，是否有电线未解开、断电、未绑扎牢固。

8.4 开始滑移时，胎架范围内不许站人，防止钢绞线断丝、滑丝回弹伤人伤物。

8.5 滑移过程中如油表读数异常，必须及时停机检查轨道及走行机构。拖拉时，施工人员不得处在走行机构前方、附近及停留。

8.6 滑移作业区应设警戒线，并作明显标志，严禁无关人员进入或通过。

8.7 接地、接零采用 TN—S 系统的各项标准；变压器的中性接地网≤4Ω，N 线只作照明的回路用；设备专用的接地网≤4Ω，PE 线只作设备的漏电保护用，并在设备的现场作重复接地；PE 接地线截面的平方≥相线截面平方的 50%；PE 接地线的颜色，必须采用专用的黄绿双色铜芯线，同时，专用的黄绿双色铜芯线不能作相线或零线使用；PE 接地线严禁使用铝芯线，接点牢固可靠。

8.8 杜绝电力变压器故障引起的火灾；杜绝电气线路故障引起的火灾；杜绝配电设备故障引起的火灾；杜绝电动机故障引起的火灾；杜绝照明灯具及其他故障引起的火灾。

9. 环保措施

9.1 购置环保仪器设备，选用无放射和灼热类型的全站仪，避免在使用过程中灼伤人眼睛。

9.2 测量仪器所使用的电池，不能遗弃在现场，统一放置在回收桶。

9.3 现场及构件上涂刷的测量标记点待安装定位完成后应清除。

9.4 教育作业人员养成良好的卫生习惯，不随地乱丢垃圾、杂物，保持工作和生活环境的整洁。

9.5 施工完成后，及时清除工地围栏，安全防火栏和其他临时设施，并将场地及周围环境清理干净。

10. 效益分析

10.1 经济效益

10.1.1 工期的效益

本工法"大型滑移胎架、高空原位安装法——散件与片状结合施工"的施工工艺在沈阳桃仙机场航站楼、武汉天河机场航站区及配套设施扩建工程和武汉新火车站工程等工程中成功应用，取得了显著的工期效益，其中沈阳仙桃机场航站楼项目可将总长 96.4m 桁架安装速度提高到三天两榀。仅用 93d 完成了 23 榀主桁架，3000t 钢结构安装。节约了工期，为沈阳桃仙机场 2000 年底投入运营争取了时间，奠定了基础。武汉天河机场航站区及配套设施扩建工程仅用 60d 完成了 11000t 钢结构的安装，武汉火车站项目钢结构从 2008 年 12 月 20 日到 2009 年 6 月 30 日共 193 个工作日共完成近 60000t 钢结构的安装工作，日平均完成量 310t，估算缩短工期至少 90d，确保了武汉站的 3.30、6.30 工期目标，为武汉站早日完成通车创造了条件。

10.1.2 品牌效益

在 3 个项目的施工过程中，多次接待国内钢结构行业专家、国外设计人员、公司潜在的业主考察，承办了 2008 年中国钢结构协会年会，武汉火车站项目同时被铁道部列入 2009 年度国际站房会议的专家参观的唯一样板工程。扩大了公司在钢结构领域的影响，提升了公司的声誉。通过本项目的示范作用，间接推动了公司的中标率。在工程施工过程中及完工后的 2008、2009 年度，公司中标额大幅攀升。

10.2 社会效益

3 个项目施工过程中得到了业主、设计、监理单位的一致好评，确立良好的口碑。焊缝检测一次合格率超过 99%，在大跨度钢结构施工领域增添了光辉的一笔，积累了宝贵的施工经验，促进了钢结构安装行业的发展，谱写了中国建筑的新篇章。

11. 应 用 实 例

11.1 沈阳桃仙机场航站楼（图 11.1）扩建之主航楼钢屋盖大跨度曲线空间桁架安装，采用了塔吊退吊，胎架滑移工艺，现工程已顺利完工，由于采用了该胎架滑移方案使本工程无论在经济效益、提高技术水平，还是在缩短工期等诸方面都取得了明显的效果。

图 11.1　沈阳桃仙机场航站楼完工照片　　　　图 11.2　武汉天河机场走廊完工照片

11.2 武汉天河机场航站区及配套设施扩建工程航站楼屋盖为一斜的圆筒壳，筒壳半径 1236.848m，由不同标高和倾角的长跨倒三角形钢管桁架组合而成。指廊水平投影长 258m，宽 46.885m，柱距 12m，指廊屋面结构最高点 21.65m，一个指廊水平投影面积约 12182m²。该工程指廊部分（图 11.2）长度长，跨度大，通过采用滑移胎架施工方法缩短了工期，取得了显著的经济效益。

11.3 武广客运专线武汉站是我国第一个"桥建合一"的新型结构火车站；也是我国第一个"无缝"换乘的火车站，"大型滑移胎架、高空原位安装法"施工成功解决了武汉火车站大体量大空间短工期的结构施工难题。武汉火车站（图 11.3）在施工过程中创造性地研究和实践大跨度分阶段安装卸载技术，成功地运用超大型滑移胎支承，解决了综合技术难度居全国之首例的超大跨度铁路站房钢结构工程的安装施工问题。

图 11.3　武汉火车站完工照片

大、厚、重艺术浮雕石材干挂施工工法

YJGF87—2004（2009～2010 年度升级版- 035）

福建六建集团有限公司　中建七局第三建筑有限公司

陈伯朝　王世杰　吴平春　薛云林　黄高飞

1. 前　　言

建筑墙面艺术浮雕的传统工艺，一般以基础作为承载，浮雕石块砌筑其上，造价大而施工复杂。本工法以现代外墙干挂石材技术为基础，结合了大、厚、重浮雕石材的特性要求，以结构简单、操作容易、造价低、工期短等特点，为大幅浮雕墙面制作、安装提供安全牢固可靠的施工方法。

2. 工法特点

2.1　石材浮雕墙面采用干挂方法施工，改变了石材浮雕施工从基础砌筑的传统工艺、成本低、节约造价，实现了仅在局部高度墙面作为石材浮雕艺术墙面的干挂技术。

2.2　浮雕石材墙面采用型钢骨架与加附框的浮雕石板进行勾挂的装配方法，其受力合理、工艺简单、操作容易、工期短、安全、稳定可靠。

2.3　板块钢附框与浮雕石板结合的槽口内，填塞弹性结构胶，钢附框与石材柔性接触，有利于抗震和安装后墙面细雕锤击震动的要求。

2.4　浮雕板块之间的拼缝密封，板块侧面采用开槽连续装配圆形空心橡胶密封条密封。满足干挂浮雕墙面的水密性、气密性要求。

2.5　钢骨架制作、石板开槽、粗雕刻等工序在工厂内制作、现场只安装，减少粉尘和噪声，有利于施工现场的环境保护。

3. 适用范围

适用于钢筋混凝土框架结构外墙面、浮雕高度在 20m 以下，石板厚度在 300mm 以内，分解后的单块石板面积不大于 1m² 的艺术浮雕石材装饰墙面。

4. 工艺原理

整幅浮雕墙面由若干单片石板拼装干挂组成，骨架用槽钢作为立柱、横梁，组成网格式钢框架，并利用槽钢横梁槽口朝上作为受力挂勾。每单片石板四侧边加槽钢附框，用上附框作为挂勾倒挂在钢框架横梁上，由多片石板拼装成整幅浮雕墙面。

具体为：把整幅浮雕墙面分解成有利于雕刻、安装的若干片浮雕板块，把每片石板块四侧边加工成阶梯形台阶，台阶内侧开通槽，板块四周槽口内加槽钢附框与板块牢固结合，并利用上附框的槽钢作为挂勾。板块下方设置定位孔、定位销，每块石板从上向下安装，板块的上附框挂勾倒挂在槽钢横梁挂勾上。下附框的定位销同步插入定位孔内，由此类推。由若干片石板拼装成整幅浮雕墙面。干挂浮雕石材的关键技术为每块石板采用上勾挂受力、下孔销定位的独特挂法，其构造简单、受力合理、安装速度快、调整容易、成本低。

为确保大、厚、重浮雕石材墙面的结构安全，浮雕石材墙面的结构应按结构的受荷情况和支承条件对主要受力构件进行验算，并应符合：

1. 应力 $\sigma \leqslant [f]$　σ——截面应力最大组合设计值；$[f]$——材料强度设计值。

2. 挠度 $u \leqslant [u]$　u——挠度组合设计值；$[u]$——材料弯曲允许设计值。

5. 施工工艺流程及操作要点

5.1　施工工艺流程（图5.1）

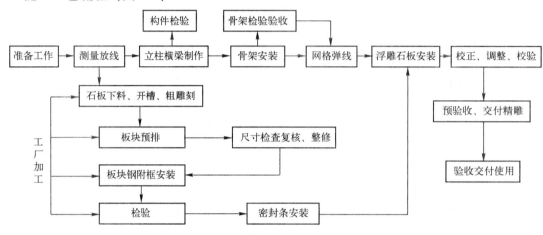

图5.1　大、厚、重艺术浮雕石材干挂施工工艺流程图

5.2　操作要点

5.2.1　施工前准备工作

1. 熟悉图纸、研究节点构造，绘制整幅浮雕墙面网格分块方案图。

2. 材料、施工机具准备。

3. 主体结构验收后，搭设脚手架、清理预埋件。

5.2.2　现场测量放线

1. 根据图纸和整幅浮雕墙面网格分块方案图尺寸，对外墙面进行全面测量放线，消化尺寸误差，制订出整幅浮雕上、下、左、右边界线以及各板块尺寸的网格线。实行分块网格尺寸控制和总尺寸控制，并对尺寸线进行技术复核。

2. 根据测量放线尺寸绘制实际面板网格控制图，分解成板块尺寸详图、板块开槽图，并对板块进行编号，提供给石材加工厂加工。

5.2.3　立柱、横梁制作

根据设计和现场放样尺寸，对立柱横梁进行下料、定位画线、钻孔、铣槽等，制作后进行尺寸复核，并对材料进行热镀锌处理。

5.2.4　骨架安装

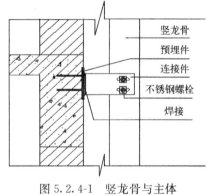

图5.2.4-1　竖龙骨与主体
结构连接大样图

1. 立柱安装：采用不锈钢螺栓，先将立柱与连接件预连接，然后连接件再与主体结构预埋件定位连接。注意连接件与预埋件定位连接时应预先点焊，待全部立柱定位完毕，经检验、调整，立柱的尺寸、标高、平面度、垂直度正确无误后方可焊接牢固，然后进行连接件与立柱的螺栓紧固。立柱与预埋连接见图5.2.4-1。

2. 横梁安装：根据垂直分格尺寸和水平线先将角码定位焊接固定在立柱上，然后通过不锈钢螺栓再将横梁与角码连接。安装时槽钢横梁的槽口朝上，并利用翼缘外伸作为挂勾，横梁安装后必须校核、调整，直至尺寸、水平、标高、平面度符合要求后紧固。横梁与立柱连接节点见图5.2.4-2。

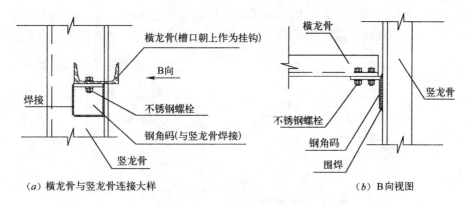

（a）横龙骨与竖龙骨连接大样　　　　　　（b）B 向视图

图 5.2.4-2　横梁与立柱连接节点图

3. 骨架验收：骨架制安完成后进行验收。符合要求后方可交付面板安装。

5.2.5　网格弹线

根据面板网格控制图在验收合格的骨架上弹出面板安装前的网格控制线并编号，并弹出整幅浮雕中线、边线。每片面板实行安装时定位控制、对号入座。

5.2.6　石板下料、开槽、粗雕

浮雕的加工厂根据测量放线提供的面板网格控制图、板块尺寸详图和板块开槽图进行下料并编号，对每片石板四侧边进行阶梯形开槽和密封槽口开槽，并对浮雕图案进行粗雕刻，所有板块应按图编号。石板开槽见图 5.2.6。

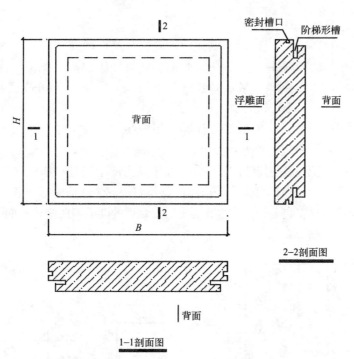

图 5.2.6　浮雕板块开槽图

5.2.7　板块预排检验修整

选择平整的场地，将全部的单片板画按编号位置排列，拼成整幅浮雕图案，并对单片面板 100％ 进行检验，不符合要求的石板预以修整，以确保接缝严密、尺寸准确。并对整幅浮雕长、宽总尺寸进行校核，板块预排检验合格后弹出整幅浮雕的中线。

5.2.8　板块附框安装

将加工好的板块背面四侧边增加槽钢附框，上框的槽钢比边、下框大出一个挂勾宽度作为挂勾。安装附框时槽口内必须填充结构胶，达到钢框与石材柔性接触。为了保证附框连接牢固，在其 4 个角部用

角铁焊接加固，并在上附框内侧焊接定位销，在下附框相应位置焊接定位孔。附框安装完成后，必须进行技术复核，确保每片浮雕板块和附框安装尺寸符合要求。板块与附框安装节点见图 5.2.8。

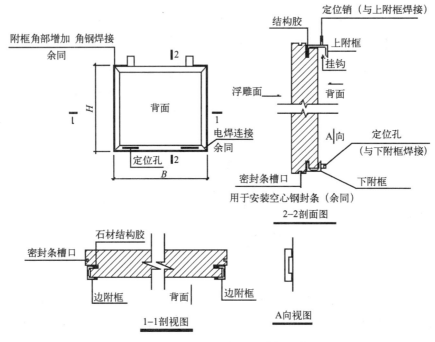

图 5.2.8　浮雕板块与槽钢附框组合图

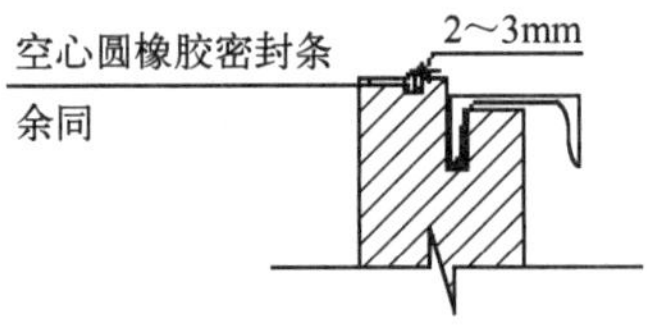

5.2.9　密封条安装

在板块四侧面的密封条槽口内安装三元乙丙橡胶或硅橡胶密封条。密封条宜选用空心圆形，直径应比槽口宽度、深度大 2mm～3mm，密封条安装必须连续的不留缺口，以利于解决密封防水。密封条安装见图 5.2.9。

图 5.2.9　密封条安装图

5.2.10　浮雕石板安装

安装顺序实行从下向上，先中间后两边，实行对号入座的原则。浮雕石板安装从下排中线开始，将已加工好的面板，用电动葫芦提升至预定的挂装位置，每片石板从上向下倒挂在横梁挂勾上，同时将板块上附框的定位销一同插入下附框的定位孔内即可，十分简单。每片石板安装后应予以校正，检查位置准确、接缝严密。下排安装完成检验合格后再安装上一排，由此类推。安装后的浮雕墙面结构断面图（图 5.2.10）

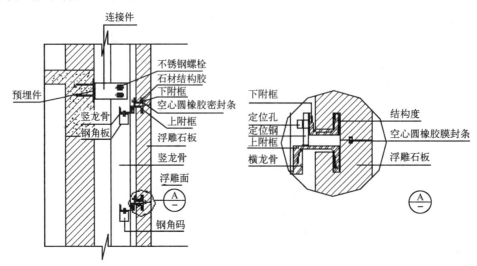

图 5.2.10　浮雕石板安装后剖面图

5.2.11　预验交付精雕

整幅浮雕墙面安装完成后，应进行预验收。合格后交付墙面图案精雕。

5.2.12　验收交付使用

精雕完成，应组织验收，图案符合要求交付使用。

5.3　劳动力组织：每个作业组配备施工专项负责人1名、质检员1名、安全员1名、电焊工2名、安装工人10名，每天可完成25～35m²。

6. 材料与设备

6.1　材料

6.1.1　浮雕石材：选用200mm厚花岗石，其弯曲强度检测值不小于8.0MPa。

6.1.2　钢骨架：Q235B钢材

1. 立柱：采用热镀锌 [18槽钢。

2. 横梁：采用热镀锌 [10槽钢。

6.1.3　预埋板：采用350×250×12钢板，配6φ16钢筋。（结构施工时已预埋）

6.1.4　连接件：

1. ∟80×110×16角钢制成，用于立柱与预埋板连接。

2. ∟80×8角钢制成钢角码，用于横梁与立柱连接。

6.1.5　附框：

1. [10槽钢　用于上附框。

2. [8槽钢　用于边附框、下附框。

6.1.6　定位销、定位孔板：长方形钢销12mm×60mm，$L=60$mm作为定位销，定位孔板采用180×30×30钢板作为定位孔板，孔与销配套。

6.1.7　不锈钢螺栓：采用M16×110，M10×40两种，分别用与立柱、横梁连接。

6.1.8　结构胶：用于板块与附框槽钢结合填塞缝。

6.1.9　密封条：φ18空心圆三元乙丙橡胶密封条，用于板块与板块密封防水。

6.2　设备

电焊机2台、型钢切割机（1台）、1t电动葫芦1部、吊绳1副、电钻1把、手提式砂轮、检测器具以及扳手、锤、撬杆等。

7. 质量控制

龙骨安装必须执行《金属与石材幕墙工程技术规范要求》JGJ—133标准的规定。

7.1　钢材、石材的物理力学性能、热镀锌质量应符合设计及规范要求。

7.2　骨架连接件焊接应牢固可靠，焊接部位的防腐处理应符合设计要求。

7.3　螺栓应紧固，并有防松动措施。

7.4　板块与槽钢附框结合的结构胶填缝应饱满、密实不松动。

7.5　浮雕墙面制安允许偏差见表7.5-1、表7.5-2、表7.5-3、表7.5-4。

骨架安装允许偏差　　　　　　　　　　　　　　　　　　　　表7.5-1

项　　目		允许偏差（mm）	检测方法
预埋件	标高偏差	≤10	与主体标高对照检查
	位置偏差	≤20	钢板尺检查

续表

项　目		允许偏差（mm）	检测方法
立柱	标高偏差	≤3	与主体标高对照检查
	轴线前后偏差	≤2	钢板尺检查
	左右偏差	≤3	钢板尺检查
	相邻两根立柱距离偏差	≤2	钢板尺检查
横梁＊	横梁标高差	≤2	与主体标高对照检查
	同高度相邻横梁高度差	≤1	钢板尺、塞尺检查
	单根水平度	≤1	水平尺检查
焊缝＊	焊脚尺寸（指不足设计要求）	不允许	焊缝量规检查
	咬边	≤1	焊缝量规、钢尺检查
	弧坑、裂纹、夹渣气孔	不允许	放大镜观察

浮雕石板制作允许偏差　　　　　　　　　　　　　　　　　　表 7.5-2

项　目		允许偏差（mm）	检测方法
单片板画尺寸＊	宽度偏差	0，−0.5	钢卷尺
	高度偏差	0，−0.5	钢卷尺
	对角线偏差	≤2	钢卷尺
	槽口尺寸偏差	±2	钢板尺
板块附框尺寸＊	宽度偏差	≤±2	钢卷尺
	高度偏差	≤±2	钢卷尺
	对角线偏差	≤3	钢卷尺
附框石板组装＊	钢附框与石板块组装位置偏差	≤2	钢板尺

浮雕石板安装允许偏差　　　　　　　　　　　　　　　　　　表 7.5-3

项　目		允许偏差（mm）	检测方法
石板安装	竖向板材直线度	≤2.0	2.0m 靠尺钢板尺
	相邻两竖向板间距尺寸	±2.0	钢卷尺
	相邻两横向板间距尺寸	±1.5	钢卷尺
	分格对角线差	≤3.0	钢卷尺
	相邻两横向板的水平标高差	≤2.0	钢板尺或水平仪
	横向板材 2	≤2.0	水平仪或水平尺

安装后的浮雕墙面允许偏差　　　　　　　　　　　　　　　　表 7.5-4

项　目		允许偏差（mm）	检测方法
总尺寸	宽度偏差	≤±3	钢卷尺检查
	高度偏差	≤±3	钢卷尺检查
整体板面	垂直度	≤4	经纬仪检查
	水平度	≤5	水平仪检查

　　说明：1. 以上加（＊）号项为关键工序检验项目，必须 100%检验，严格控制好质量。

　　　　　2. 检验批以每一幅浮雕墙面的龙骨、石板制作、石板安装，分别划分为检验批。

8. 安 全 措 施

8.1　浮雕石材安装必须认真执行国家劳动安全、环境保护等法律法规，结合工程实际制订安全、环境保护施工方案，并经审批方可施工。

8.2 外架搭设必须符合方案要求、牢固可靠，操作层脚手板必须满铺。

8.3 吊装使用的机具必须严格检验，合格后方可使用。

8.4 安装时应专人指挥，吊装时石材应捆绑牢固，上升应平缓，严防坠落伤人。

8.5 安装区域应设警戒线，严禁闲杂人员出入、围观。

9. 环 保 措 施

骨架切割、冲钻孔、铣槽以及石材切割、开槽、石板与附框组装、粗雕应在工厂内进行，加工后检验合格运至工地安装，以减少现场粉尘和噪声，保护施工现场环境。

10. 效 益 分 析

我司走访了福州闽江世纪历史长廊石雕等以基础作为承重结构的石雕墙面，了解了其造价，除石材与雕刻外以地基作为承重的石雕每平方米造价约 420 元/m²，相比可节约造价 170 元/m²。因此采取本工法施工的石雕墙面，节约造价、降低成本。其施工现场噪声、粉尘等公害大大降低，有利于环境保护，而在长期使用过程中，墙面不吐碱污染。

实践证明采用本工法施工的石雕墙面推动了施工技术的进步，社会效益、经济效益、环保效益明显。

11. 应 用 实 例

本工法成功地应用于福建博物院、福州第一中学新校区图书馆、莆仙大剧院等工程，工程质量满足规范和合同要求。现以福建博物院工程为实例说明本工法应用情况。

11.1 工程概况

福建博物院是集历史博物馆、自然博物馆和考古研究所为一体的综合性大型博物馆，工程依功能要求分为主馆、综合馆、自然馆和检测中心 4 组建筑，总建筑面积 36460m²，占地 6hm²；本工程外墙干挂石材幕墙面积大，约 24000m²，各种线条画面造型极为复杂，其中大型艺术浮雕石墙由每片 650×750×200mm，雕刻成形，进行拼装，总数达 280m²，施工难度极大。

11.2 施工情况

11.2.1 施工准备：施工人员熟悉图纸和施工工艺，对施工班组进行技术交底和操作培训。对花岗石板材需拆箱预检数量、规格及外观质量，按图纸编号排列逐块检查，不符合质量标准的须拣出重新加工。

11.2.2 施工顺序：脚手架搭设→基层测量→放线→基层处理→连接件安装→挂板→嵌缝清洗板面→脚手架拆除。

11.3 工程评价

施工工法的应用实现了设计意图，能够保证主体结构的质量、工期和造价，工程按期交付使用，取得了良好的社会效益。同时大、厚、重艺术浮雕石材干挂施工方法，方法简便、措施得当、效率高、施工成本低、应用范围广。应用本工法施工的石雕墙面，节约造价、降低成本。其施工现场噪声、粉尘等公害大大降低，有利于环境保护，而在长期使用过程中，墙面不吐碱污染。

弹性整体道床施工工法

YJGF26—2002（2009～2010 年度升级版-036）

中铁隧道集团有限公司　中铁十八局集团有限公司

胡新朋　孙谋　郭奇　王柏松　赵铁山

1. 前　　言

1.1　"弹性整体道床施工工法"是中铁隧道集团在西安安康铁路秦岭隧道创造性应用，在西安—南京线东秦岭隧道/磨沟岭隧道、襄渝二线新大巴山隧道、宜万铁路白云山隧道等工程得到进一步推广应用和提高，弹性整体道床是一种技术含量高、成型质量稳定、结构合理的新型道床结构，为解决列车高速行驶、长大隧道传统道床维护难的问题，提供了突破性支持。

1.2　它由厂制的预埋铁座式钢筋混凝土预制块套在内设橡胶垫板的橡胶套靴组成支承块，用临时轨排按线路标准提高后的要求浇筑混凝土后形成的整体道床，其弹性相当于有砟轨道道床的弹性，在其上可铺设超长钢轨形成高质量的无缝线路，为高速列车的运行提供线路基础，见图1.2。它所提供的轨下静刚度系数约 400kN/cm，与旧式整体道床相比，静刚度下降了 1～1.5 倍，轨道动应力大量降低，抗列车冲击和抗疲劳作用能力强、使用寿命长、列车运行平稳、速度高、免维修等特点。但其精度要求高，施工难度大。在铁路长大隧道、城市轨道交通、高速铁路特殊地段等方面有着很好的应用前景。

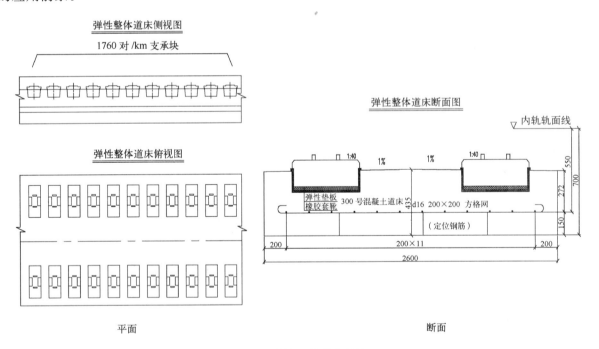

图 1.2　弹性整体道床结构

2. 工 法 特 点

2.1　施工精度容易控制

轨道排架及其支撑系统使中线、水平、轨面高低、三角坑均可精确控制，轨排自身结构合理、稳定性好,施工时可很好地满足技术要求,施工精度高。在施工中利用经纬仪"穿线法"进行中线控制及用水准仪控制高程精调精度,使施工中的人为影响因素减少。

2.2 施工进度快

三组轨排(每组 8 榀,每榀 6.25m)循环使用,施工中的粗调、精调及混凝土灌注三道工序连续循环进行,施工速度快。

2.3 现场施工管理易于控制

施工程序容易掌握、操作明确、工效高,混凝土生产工厂化,混凝土运输灌注及轨排组合、装运、定位机械化,全作业过程为平行流水式,各工序衔接与配合紧凑有序,环境污染小,有利于现场施工管理和工序质量管理。

3. 适用范围

本工法适用于铁路隧道、地下铁道、城市轻轨交通等工程所采用的橡胶套靴式弹性支承块整体道床施工。在需施作弹性整体道床地段,一般只要两侧有水平方向约束或可以形成水平方向约束即可满足施工条件(净空或结构尺寸不同处可按要求对设备进行改造)。

4. 工 艺 原 理

弹性整体道床采用机械设备进行平行流水作业,各工序间保持适当距离并有机衔接与配合。在整个施工过程中,主要有半成品的生产控制和混凝土施工时的生产控制两个方面。

4.1 利用橡胶生产技术及精密铸造技术并结合具体的标准进行橡胶套靴、橡胶垫板及预埋铁座的生产和质量控制;利用铁路混凝土轨枕生产技术并提高相应标准后进行弹性支承块的预制生产和质量控制。

4.2 用 50kg/m 钢轨制作施工用轨道排架(主要是支承块吊篮与钢轨之间的衔接尺寸改造),50kg/m 钢轨代替其他类型轨的轨顶标高、钢轨中心距等转换原理。

4.3 支撑锁定系统的螺杆提升及锁定原理。

4.4 在进行混凝土施工时,利用铁路线路施工的调轨原理进行轨道排架的精确调整定位,从而精确定位预埋弹性支承块。

5. 施工工艺流程及操作要点

5.1 弹性整体道床施工工艺流程

该工艺主要由施工准备、床基清洗、测设控制点、布置钢筋网、吊装轨排、调试锁定、混凝土灌注等步骤组成,详细施工工艺流程见图 5.1。

5.2 操作要点

5.2.1 施工要点

1. 各项工作的目的是使支承块准确定位于道床混凝土中,满足正式轨线铺设要求,而轨道排架是支承块定位的基础,所以它的设备公差相当重要,在加工时一定要注意。在施工期间应定期检查其主要尺寸的变化,根据情况作相应调整或修复。

2. 精调时主要靠排架的支撑及锁定系统调整其轨面状态,可调余地很小,所以粗调时的高程及中线应尽量提高精度。

3. 精调时应注意各个循环之间的衔接,如测量弦线矢度值时将 0 号、1 号点定在上循环中,2 号点在本循环中离接头处 2.5m 处。高程、中线同样应注意循环之间的顺接。

4. 曲线地段施工根据技术要求作相应调整,轨道排架精调定位时以曲线的内轨为基准轨。

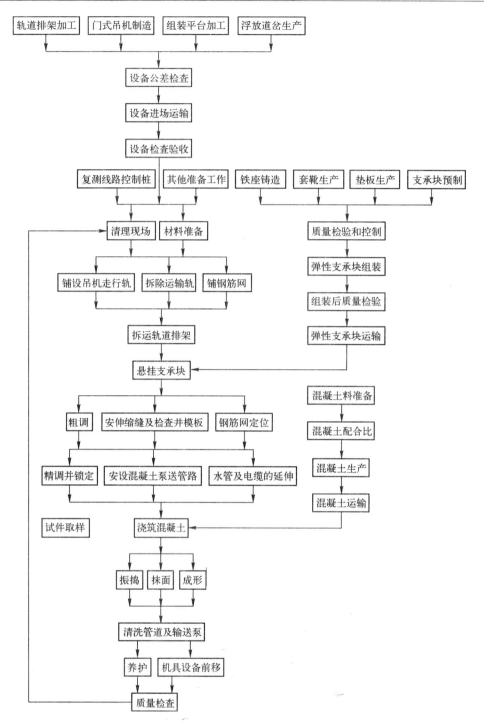

图 5.1　弹性整体道床施工工艺流程框图

5. 混凝土施工时应注意支承块下混凝土的捣固，避免欠振和过振，以振至混凝土表面不再显著下沉，不再出现气泡，表面泛出水泥浆为度。

6. 为避免相互干扰，使各工序有机衔接与配合，从而确保各工序质量，基底清理、钢筋网铺设、吊装轨道排架等各工序间应保持适当的距离。

5.2.2　施工布置

弹性整体道床施工布置见图 5.2.2。

5.2.3　配套机具设备的加工

配套机具设备主要有组合式轨道排架、浮放道岔、专用门式起重机、支承块组装平台等，根据科研成果结合现场具体情况在专业机械厂加工。主要保证轨道排架的设备公差、专用门式吊机适应现场的能力、组装平台设计作用的发挥。

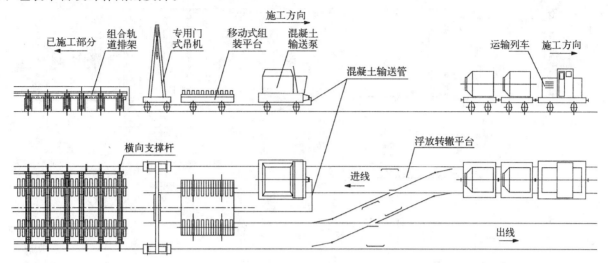

（轨道排架共计 3 组，连续循环倒用，每组 8 榀，每榀 6.25m 长；水平撑杆撑在两侧的约束上。）

图 5.2.2　弹性整体道床施工布置图

1. 组合式轨道排架设备公差

1）轨距偏差为 2mm、－1mm，变化率不得大于 1‰；

2）轨底坡按 1/40 设置；

3）同一断面两支承块连线应垂直于线路中线，前后两支承块间距允许偏差为 ±10mm。

2. 专用门式吊机主要要求适应现场的爬坡能力，电缆卷筒的配套、无极变速性能要求、起吊重量及专用吊具的制作。

3. 组装平台的作用是为了在施工时向轨道排架上悬挂支承块时速度快、定位准以及省时省力等。

5.2.4　半成品的生产及质量控制

1. 橡胶套靴及橡胶垫板的生产和控制

橡胶套靴及橡胶垫板见图 5.2.4-1。由于此橡胶制品技术标准高，采用专业橡胶厂进行制作，从外观质量、各部尺寸、物理机械性能及静刚度等几个方面进行质量控制，运输进场时根据《计数抽样检验程序》GB 2828 的要求进行抽样检查，确保进场产品质量。

2. 预埋铁座加工质量控制

预埋铁座及钢轨组装示意见图 5.2.4-2，在专业生产厂内采用精密铸造的方法进行预埋铁座的生产，从外观质量、形式尺寸、裂纹等几个方面进行加工质量的控制，运输进场时除关键尺寸逐个进行检验外，其他采用 GB 2828 进行抽样检验，确保进场产品质量。

3. 支承块预制生产、组装及质量控制

支承块图见图 5.2.4-3，在专业厂内进行支承块的预制及组装，根据支承块的设计尺寸在专业厂家定做钢模；从外观质量、各部尺寸、混凝土强度、截面抗裂强度等几个方面进行生产质量的控制及检验，组装后的质量按成品支承块的技术标准进行验收。

5.2.5　床体施工

1. 清扫、冲洗道床基底，在无杂物和积水的情况下进行该循环的施工材料（钢筋网片、组装好的弹性支承块等）准备。

2. 复测线路控制桩，超前轨排 200m，按直线 100m、曲线 50m 设控制桩与标桩（各控制桩点的精度应达测量规范要求），各项测量工作严格按相应的施工技术要求进行（中线控制桩用 2″级经纬仪和精密水准仪测定，标桩用与道床同级的混凝土埋设）。

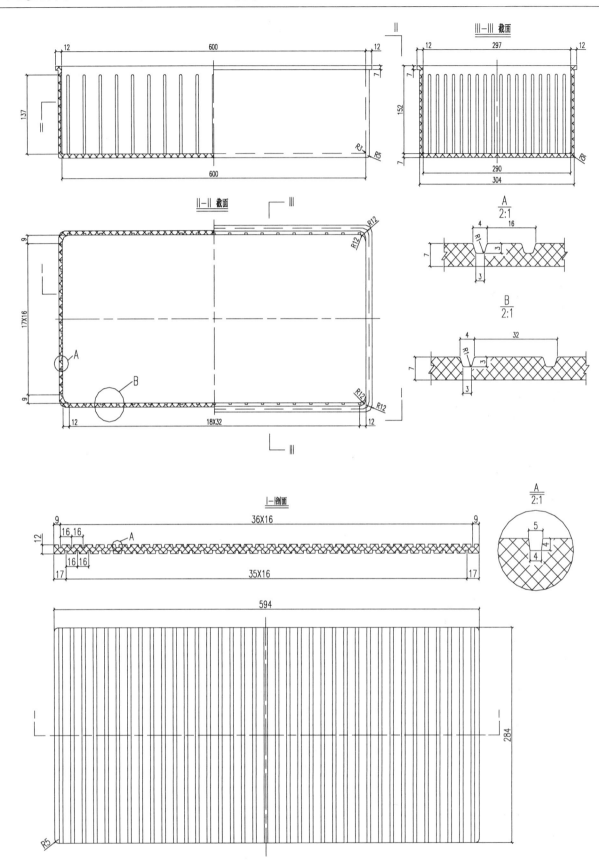

图 5.2.4-1　橡胶套靴及橡胶垫板图（单位：mm）

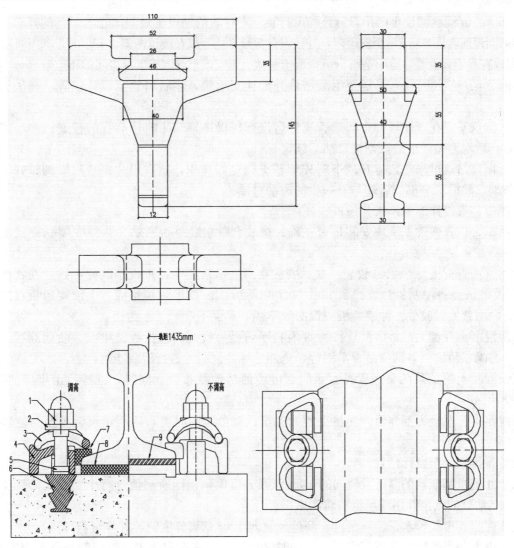

图 5.2.4-2　预埋铁座及钢轨组装（单位：mm）

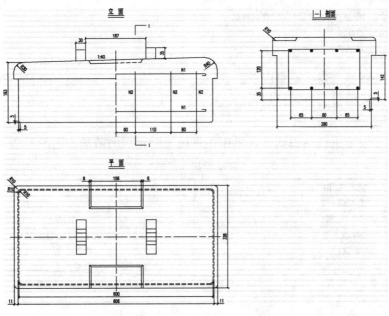

图 5.2.4-3　弹性支承块（单位：mm）

3. 用 24kg/m 钢轨铺设小门吊（5t）的走行轨，走行轨的铺设满足门吊正常运行的要求。

4. 钢筋网超前轨排 200m 运至隧道内，并按设计数量平均竖放在隧道两侧。安设时，利用线路标桩定位，将钢筋网安放在高于弹性整体道床基底 5cm 混凝土垫块上。安设钢筋网施工至少超前轨排架 50m。

5. 拆除上循环轨道排架，吊运至组装平台并加挂支承块，然后吊放至设计位置，在吊放的同时进行粗调定位：

1）将水准仪安置在每循环的中间，后视好后进行每榀排架端头轨顶高程的控制；将经纬仪安置在每循环前方，后视两循环前的控制桩，然后锁定视线。

2）从上循环吊运过来的轨排在放下时先旋转支腿定好高程，然后用"穿线法"调整好中线，每榀排架只调前端，然后下一榀的后端与上一榀的前端对接。

6. 立侧模、安设伸缩缝模板与检核签证：

1）立侧模、检查弹性支承块安装是否正确、橡胶套靴包装是否密贴、轨排支腿套筒及支垫块是否完好，逐一检查并使之达标。

2）伸缩缝沥青板按每 6.25m 设置一块，安放在两支承块正中，垂直于线路中线。沥青板由 2.56m×0.36m×0.02m 沥青浸制板和上部 2.56m×0.06m×0.02m 楔形木板组成，上部楔形板在混凝土初凝后拆除，缝内填塞沥青胶砂。伸缩缝板安设必须牢固，确保不变形、不跑模。

3）每次混凝土开盘之前，由监理按检查内容现场逐一检查，包括线路中线、轨面高程、轨向、整体平整度、有无三角坑、各部位是否牢固等，全面达标签证后才进行混凝土灌注。

7. 安设混凝土输送泵的泵送管路，水管、电缆的延伸及布设。同时，进行轨道排架的精调定位，使之达到设计标准。

1）以线路下行左轨为基准轨，先将高程调整至设计值，同时将右轨用道尺调整至与左轨水平（或超高值）。

2）调整轨排中线至设计位置。

3）测量并记录基准轨的高低及轨向的 10m 弦线矢度值，根据所测值进行个别点位的调整，以达到设计要求；在动过的点位处用道尺将右轨调水平。

4）复核高程、中线、水平、三角坑、高低及轨向 10m 弦线矢度值，并作资料整理。

8. 完成以上各步骤后灌注道床混凝土，同时进行混凝土抹面和养生；将控制桩移至道床混凝土面，按相关规定制成永久桩。

9. 机具设备前移，进入第二组排架的循环。

5.3 劳动力组织

5.3.1 劳动力分配

本工法劳动组织安排分两班。一班以拆、立模板为主，同时进行拆轨、装卸、堆码和清理等；另一班以混凝土灌注为主，同时进行过程控制和清理。

5.3.2 劳动力组织

人员配置根据施工需要进行动态调整，道床正常施工时每班的劳动力组织见表 5.3.2。

劳动组织情况表　　　　　　　　　　　　　　　　表 5.3.2

序　号	立、拆模班工作内容	人　数	顺　号	混凝土班工作内容	人　数
1	领　班	1	1	领　班	1
2	清理、安网	2	2	混凝土生产、运输	9
3	支承块倒运、组装	6	3	混凝土泵操作	1
4	排架就位	4	4	混凝土振捣、抹面、养生	4
5	粗调、精调、锁定	4	5	管路及其他	5
6	拆、立模板	6	6	过程检查	2
7	测　量	2	7	测　量	2
8	门吊兼电工	1	8	门吊兼电工	1
9	合　计	26	9	合　计	25

6. 材料与设备

6.1 使用的新型材料

6.1.1 橡胶

作为橡胶套靴及橡胶垫板的制作材料，采用三元乙丙橡胶，结合具体条件制订相应的技术标准，适用于−35～50℃且排水良好的环境。橡胶套靴及橡胶垫板的形式尺寸见图 5.2.4-1。其主要外观要求：

1. 缺角：掉角的三个边长之和不得大于 6mm。

2. 缺胶：因杂质、气泡、水纹、闷气造成的缺胶面积不大于 9mm²，深度不得大于 1mm，每件不得超过两处。

3. 海绵：工作面上不允许有多于两处的 9mm² 的海绵状物。

4. 毛边和裂纹：毛边宽度不大于 3mm，无肉眼可见裂纹。

6.1.2 球墨铸铁

主要作为弹性支承块预埋铁座的材料，采用 QT400−18，试棒的机械性能满足《球墨铸铁标准》GB 1348 的要求。预埋铁座的形式尺寸见图 5.2.4-2，其主要外观要求如下：

1. 表面不得有气孔凹陷、裂纹、夹砂、疏松和其他显著可见的表面缺陷。

2. 表面所有结疤、铁瘤、型砂、氧化皮及飞边毛刺应清除干净。

3. 轨枕以上部分局部凸出不大于 0.6mm，也不允许有超过 3 处（直径 2～3mm）砂眼；其他部位凸出不大于 2mm。

4. T 形螺栓插入孔不允许有铸造缺陷，并通畅干净。

6.2 机具设备

主要机具设备配备见表 6.2。

主要机具设备配备表　　　　　　　　　　　　　　　表 6.2

序　号	机 具 名 称	规　格	单　位	数　量	附　注
1	门吊	5 t	台	1	施工中吊运轨道排架用
2	组装平台	6.25m	台	2	往排架上悬挂支承块用
3	轨道排架	6.25m	榀	27	2组×13榀/组＋1备用榀
4	门吊走行轨	24kg/m	m	480	轻轨
5	浮放道岔		组	1	施工作业面前调车用
6	混凝土输送泵	30～40m³/h	台	2	备用1台
7	混凝土输送车	6m³	辆	9	
8	插入式振捣器	高频	台	6	备用2台
9	平板振捣器	小型	台	3	备用1台
10	水准仪	$S_{0.7}$	台	1	
11	经纬仪	2″	台	1	
12	可调式基准器		个	100	
13	扳道尺		把	3	
14	万能道尺		把	3	
15	方尺	误差2mm	把	2	自制
16	道床坡度尺	$L=0.02m$	把	2	自制
17	道床平靠尺	4m	把	1	自制
18	基准块	160×20×20mm	个	6	

注：如果施工现场没有输送电，还须自备相应功率的发电机。

7. 质 量 控 制

7.1 本工法要求以《弹性整体道床施工技术要求》及相应技术标准为依据，严格控制橡胶套靴、橡胶垫板、预埋铁座、混凝土支承块等半成品和原材料的质量，严格操作规程。支承块进入现场前先进行严格的质量检查验收，以达到以下要求：

1. 支承块承轨台表面光滑，无长度大于 15mm、深度大于 5mm 的气孔、黏皮、麻面等缺陷。
2. 承轨台以外的表面无长度大于 30mm、深度大于 10mm 的干灰垒和夹杂物。
3. 支承块无肉眼可见的裂纹。
4. 支承块周边棱角破损长度小于 25mm。
5. 各部位尺寸偏差符合有关规范的要求。

7.2 严格控制配套设备的加工质量，特别是轨道排架，尽量提高制造精度，将尽量大的误差空间留在钢轨调整及混凝土施工中，并且在混凝土施工时加强轨道排架轨面系的监控。轨道排架质量控制标准见表 7.2。

轨道排架质量控制标准表 表 7.2

检测项目	检验标准	检验方法
挂篮—钢轨外缘间距	25±0.5mm	尺量
挂篮工作面间距	187±（0，1）mm	尺量
两支承块间距	568±5mm	尺量
挂篮两外缘间距	1698±1mm	尺量
轨排方正度	不大于 2mm	尺量对角线角度
挂篮与钢轨底部密贴状态	密贴	用插尺量

7.3 严格控制好混凝土作业全过程，保证脱模时强度不低于 C38，最终强度不低于 C50，支承块轨下截面抗裂强度检验值达到 65kN。

7.4 对关键技术、关键工序搞好施工前的准备工作，编制标准化作业程序，进行详细认真的技术交底。

7.5 搞好"三检"工作，开展全面质量管理，设专职质量检查工程师，技术人员跟班作业，实施"质量否决权"，严格按表 7.5 要求检查验收，使整个作业过程处于有效控制状态，质量全面达标。

弹性整体道床施工状态检验表 表 7.5

检验项目	轨道排架精调后状态检验	混凝土灌后轨面状态检验
轨距 1435±（0，1）mm	用轨道尺测量，一榀轨排至少检测 3 处，不允许超标	
轨向	以左股钢轨为准，用 10m 弦量，直线上最大矢度不大于 2mm，曲线上最大矢度误差小于允许值	
轨面水平	以左股钢轨为准，高程允许偏差±5mm，两股相对水平差不大于 2mm，在延长 6.25m 距离内无大于 2mm 的三角坑	
高低	用 10m 弦量，最大矢度不大于 2mm	
高程	误差不大于±5mm	
中线	误差不大于 2mm	

8. 安 全 措 施

弹性整体道床施工的工作面狭小、工序多、相互干扰大，必须加强调度指挥，严格执行安全操作规程，具体做到以下几点：

8.1 轨排吊装时由专人统一指挥，通行时则振铃警示。

8.2 各种司机和电工等特殊工种严格培训后持证上岗。

8.3 洞内各种电气设备及照明由电工统一安装并经常检修。

8.4 每班设安全检查员 1 名，随时检查各项作业中存在的安全隐患。

8.5 配套机具上应使用相应的安全设备，如使用防水电缆、门吊上安漏电保护器等。

8.6 每班的班长负责本班的包括安全在内的全面工作，每班均有安全操作规程，确保所有人员、机具的安全。

8.7 建立完善的施工安全保证体系，加强施工作业中的安全检查，确保作业标准化、规范化。

8.8 加强施工机具设备管理和施工用电管理，防止机械事故和触电事故。

9. 环 保 措 施

9.1 认真贯彻业主有关文明施工的各项要求，制订出以"利于生产发展，维护环境卫生"为宗旨的环境保护措施。

9.2 成立文明施工领导小组，对各作业队负责人进行明确分工，落实文明施工现场责任区，制订相关规章制度，确保施工现场环境保护管理有章可循。

9.3 施工现场设置专职的"环境保洁岗"，负责检查施工场地内外的卫生设施和卫生情况，并督促有关部门和个人及时进行清洁。

9.4 施工中严格按审定的施工组织设计及作业指导书实施，各道工序保持场地上无淤泥积水，施工道路平整畅通。临时道路的路面要硬化，道路平坦、通畅，周边设排水沟，路边设置相应的安全防护设施和安全标志，道路要经常维修。

9.5 对环境保护、文明施工现场实行定期和不定期检查，每月组织一次专项检查，对照评分，严格奖惩，交流经验，查纠不足。

9.6 合理安排施工，尽可能使用低噪声设备，严格控制噪声，对于特殊设备采取降噪消声措施，以尽可能减少噪声对周边环境的影响。

10. 效 益 分 析

10.1 弹性整体道床施工工法保证了弹性整体道床的高精度、高质量要求，不留质量隐患，加上整体道床自身设计的特点，可使施工后的弹性整体道床 30 年免维修。由此而节约的维修费用相当可观。

10.2 使施工效率大大提高。在秦岭隧道道床的施工中，与工法形成前相比，在施工投入基本一样的情况下，日施工能力由每天最高 50m 提高到稳定的 81m/d 左右，使工效增加近 38%。

10.3 采用本工法后，各工序分工明确，衔接紧密合理更易于管理，不仅进度大增，而且质量控制更为稳定，节省大量劳动力，降低施工成本 10% 以上，在秦岭隧道进口段，总计节省 2580 个劳动力。

10.4 弹性整体道床施工工法的开发及其应用，为新型弹性整体道床的应用和发展奠定了基础，使新型弹性整体道床的广泛应用成为可能。

10.5 本工法的开发及应用，形成了较高的施工技术及其关键工序控制，为企业培养了一批管理人才和技术人才，大大提高了职工的技能和素质，为磨沟岭隧道等后续工程的弹性整体道床施工创造了良好的条件。

10.6 在秦岭隧道弹性整体道床施工中的应用为西康铁路的按期铺轨及早日交付运营作出了贡献，为施工单位赢得了信誉；在竣工交验的检查及铁道部工程管理中心组织的复查中，整体道床的复查情况表明最好，受到了工程管理中心人员的肯定，其社会效益显著。

11. 应用实例

11.1 西康线铁路秦岭隧道

弹性整体道床施工工法，在西康铁路秦岭隧道铁道部隧道工程局施工段弹性整体道床的施工中形成和使用，效果显著。运用本工法施工弹性整体道床5881.35m，总计用时4.3月，最高月进度为2200m/月，按期保质完成秦岭隧道弹性整体道床的施工任务，为中国第一长隧按期交付运营作出了贡献。

施工后的道床质量优良，保证了隧道内超长无缝线路的铺设质量。根据秦岭隧道监理站的检查情况，全部整体道床合格率100%，优良率100%；同时得到了西安安康铁路建设总指挥部工程监理处的肯定，并且在铁道部工程管理中心复查时受到了表扬。

11.2 西安——南京铁路磨沟岭隧道

西安南京铁路——磨沟岭隧道位于陕西省商南县，全长6112m，是西安南京铁路十大控制工程之一。由中铁隧道集团承建磨沟岭隧道弹性整体道床是继秦岭隧道后第二次使用新型弹性整体道床。它是由厂制的预埋铁座式钢筋混凝土预制块套以内设橡胶垫板的橡胶套靴组成支承块，用临时轨排按提高后的线路标准要求浇筑后形成的一种整体道床。在其上可铺设超长钢轨形成高质量的无缝线路，为高速列车的运行提供线路基础。与旧式整体道床相比它具有抗列车冲击、疲劳作用能力强、使用寿命长、列车运行平稳、速度高、免维修等特点。

磨沟岭隧道弹性整体道床2002年4月20日开始整体道床和沟槽施工，2002年8月31日完成，创下道床、沟槽同步施工1531m/月的记录，平均每月施工1421m，有效地节约了工程工期，并且确保了整体道床的质量，工程合格率100%，优良率100%，质量被评定为优良。

11.3 襄渝线新大巴山隧道

改线铁路襄渝线增建第二线工程安康至梁家坝段新大巴山隧道采用弹性（双块式无砟）整体道床施工，隧道全长10658m，由中铁隧道集团承建襄渝线新大巴山隧道弹性（双块式无砟）整体道床是继秦岭隧道后又一次使用新型弹性整体道床。它是由厂制的预埋铁座式钢筋混凝土预制块套以内设橡胶垫板的橡胶套靴组成支承块，用轨排按提高后的线路标准要求浇筑后形成的一种整体道床。在其上可铺设超长钢轨形成高质量的无缝线路，为高速列车的运行提供线路基础。与旧式整体道床相比它具有抗列车冲击、疲劳作用能力强、使用寿命长、列车运行平稳、速度高、免维修等特点。

襄渝线新大巴山隧道弹性（双块式无砟）整体道床2008年7月15日开始弹性（双块式无砟）整体道床施工，2008年11月31日完成，分为2个工作面施工，平均每月施工2368m，有效地节约了工程工期，并且确保了整体道床的质量，工程合格率100%，优良率100%，质量被评定为优良。

11.4 宜万铁路白云山隧道

宜万铁路白云山隧道位于宜昌市点军区土城乡长阳高家堰镇，全长6827m，起迄里程为DK40+550～DK47+377。是宜万铁路控制工期的13座长大隧道之一，是全线控制工期工程。

根据白云山隧道整体道床设计要求及现场施工条件，I线及II级均采用组合轨道排架法施工，每组排架长6.25m，共投入56组排架及相应的配套设备，施工顺序为先I线后II线，每座单线隧道施工作业面为2个（即进口工区和出口工区）。

该隧道于2004年8月开工，2009年6月10日竣工，由中铁十八局集团承建。采用弹性整体道床施工工法，施工速度为40～81m/d，工程质量经甲方验收评为优良。

敞开式硬岩掘进机在软弱围岩铁路隧道施工工法

YJGF14—2002（2009～2010 年度升级版- 037）

中铁隧道集团有限公司　中交隧道工程局有限公司

徐军哲　郑清君　夏安琳　高存成　吴全立

1. 前　　言

"敞开式硬岩掘进机在软弱围岩铁路隧道施工工法"是中铁隧道集团在西安安康铁路秦岭隧道和西安南京铁路磨沟岭隧道创造性应用，在大伙房输水工程 TBM2 标项目、南疆吐库二线 SK2 标中天山隧道、重庆市轨道交通六号线一期 TBM 试验段工程推广应用（采用了围岩监控量测、超前注浆加固围岩和皮带机出碴等新技术）的一种新颖技术型施工方法，是硬岩掘进机如何适用于软岩掘进施工在技术手段上的拓宽和延伸，具备了"软硬兼吃"的能力，它的开发使掘进机能在软弱围岩情况下充分发挥设备效能、围岩得到及时有效的支护、工程质量安全均得到有效保障。本工法技术先进，具有显著的社会、经济效益。

2. 工 法 特 点

2.1　以新奥法原理为依托，充分利用围岩自身的承载力，构造"支护＋围岩"的共同受力体系，探索出"早预报（地质和设备故障）、预加固、短步进、快支护、勤量测（测量）、勤调参（掘进参数）、勤调向"的施工原则。

2.2　施工质量、安全得到有效保障。对软弱围岩采取行之有效的预加固措施，有效控制掘进过程中的围岩坍塌剥落，人机安全、工程质量有保障。

2.3　施工进度快，劳动生产率高。可多工序平行作业，掘进、初支、超前围岩加固、出碴等工序作业均为机械化作业，工效高，劳动强度低，利于缩短工期。

2.4　完善设备故障预报系统，保障设备良好运转，机械使用率高。

2.5　改善作业环境，通过围岩预加固、喷射混凝土封闭岩面、TBM 底部清碴等大大降低因软岩剥落造成的掌子面污染，实现工厂化施工。

2.6　根据情况可采用机车出碴方案或连续皮带出碴方案。

2.7　在严寒地带、软硬岩交互地层能实现 TBM 掘进快速施工。

3. 适 用 范 围

本工法适用于围岩类别低、围岩自稳能力较差、使用 TBM 施工的各类山岭、水工及海底隧道。

4. 工 艺 原 理

4.1　施工原理

采用敞开式掘进机进行软弱围岩地质条件下的施工，既不能像双护盾式掘进机那样，进行管片的及时支护，也不能像硬岩掘进时那样，使开挖围岩长时间暴露。为此，在敞开式掘进机上增设必要的超前预报、超前支护、锚、喷、底部清碴等设备，以新奥法原理为依托，随时调整掘进参数、及时支护，从而达到快速、安全通过软弱围岩地段的目的，拓宽了敞开式掘进机的适用范围。

4.2 关键技术

4.2.1 超前地质预报技术：采取科学的预测手段对前方围岩的地质情况进行预报，根据预报的结果选择合理的围岩预加固和支护措施。

4.2.2 超前预加固技术：结合 TBM 的特点，利用掘进机本身自带的超前地质钻施作超前预加固围岩，抑制围岩出护盾后产生过大的变形。

4.2.3 依托新奥法原理及时施作锚喷柔性支护，并允许围岩有一定的变形，充分利用围岩自身的承载力，达到支护和围岩共同受力的目的。

4.2.4 选择合理的掘进参数减少对围岩的扰动。

4.2.5 采取对设备本身进行改良如完善底部清碴系统、护盾后增设手喷系统等行之有效的措施加快施工进度。

4.2.6 完善的设备状态监测和故障预报系统是保证设备良好运转、确保正常施工的前提。

4.2.7 量测监控技术是保证施工安全、合理选择支护参数的重要依据。

5. 施工工艺流程及操作要点

5.1 工艺流程

TBM 在软弱围岩中施工工艺流程见图 5.1。

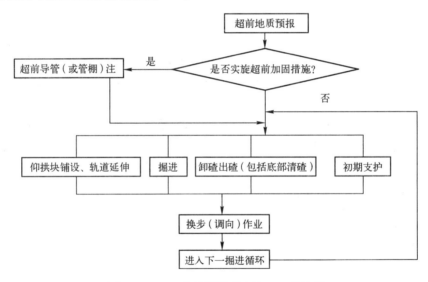

图 5.1 TBM 在软弱围岩中施工工艺流程

5.2 操作要点

5.2.1 超前地质预报

1. 超前地质预报采取以设计图纸为基础、TSP2002 探测前方 100～150m 范围、利用超前钻机探测前方 20m 范围内围岩的地质状况。通过此 3 个方面，可以较准确地掌握前方的围岩破碎带边缘、长度、破碎程度、裂隙水情况等，从而为下一步支护措施的选择提供可供借鉴的依据。

2. 除了采用以上 3 种方法进行前方围岩的预测外，还可以根据掘进参数和皮带机上的石碴情况来进行判断：若推力有减弱的趋势、扭矩增大，皮带机上的石碴块度较大或大小不一，且无长时间的断续现象，说明前方围岩节理发育，但稳定性较好；若推力、扭矩均较小，如空推时的情况，石碴呈断续状成堆出现或时而满皮带机出碴、时而皮带机中一直没有碴，甚至会发生皮带机被卡现象，说明掌子面已进入断层或软弱破碎带内，前方石质破碎，围岩稳定性差（无水）——极差（有水）；若推力、扭矩都比较正常，石碴呈片状、粉状连续出现，且粒径均一，则说明前方围岩匀质性较好。

5.2.2 超前预加固围岩

根据设计图纸的要求及开挖面前方地质预报的结果合理地选择超前加固措施，下面对超前导管注浆和采用超前管棚注浆两种注浆方式分别叙述：

1. 超前导管预注浆加固。

1）超前导管注浆施工工艺流程见图5.2.2。

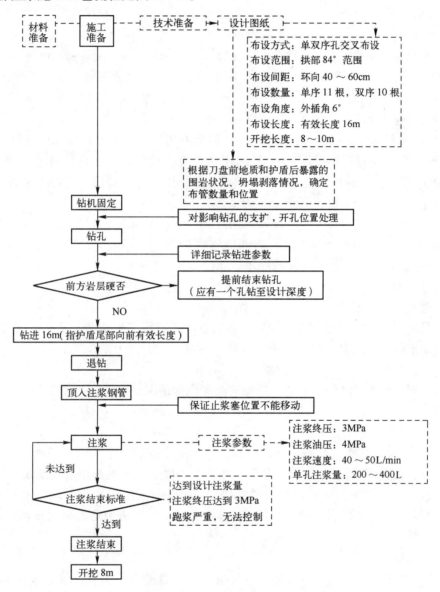

图5.2.2　超前导管注浆施工工艺流程

2）超前注浆范围根据围岩破碎情况和掘进机刀盘护盾长4m及TBM掘进进度要求，沿护盾后缘的导向套以6°仰角在刀盘上部84°区域内钻设16m深的钻孔（超出84°范围时则采用MK-3型全液压钻机钻孔），钻头直径ϕ64mm，成孔直径ϕ70cm，径向间矩0.6~0.8m，径向最大高度2.6m。

3）浆液类型和注浆参数的选择。

水泥：水玻璃双液浆的结石强度和水泥浆浓度、水玻璃浓度、水泥液和水玻璃液的体积比有关，根据胶结要求，水泥浆的水灰比$W:C=0.75$~1，水玻璃浓度＝36Be′，$C:S=1:1$~1:0.6，施工时根据现场试验确定比例。

注浆参数根据围岩的工程地质和水文地质（如围岩孔隙率、裂隙率、渗透系数、涌水量、水压等）并结合实验来选择确定。

注浆压力和扩散半径：采用经验值低压注浆和扩散半径。

压力范围：0.6～1.5MPa，扩散半径：0.6～0.8m。

4）注浆方式和孔位布置：

采用分段注浆方式，注浆管长 16m，分段相连，注浆管头部加工卡环，使用止浆塞止浆，在距孔口第 10m 处、第 5m 处分段注浆。第二循环在距孔口第 10m 处、第 5m 处、孔口分段注浆。孔位布置采用单、双序孔交叉布置。

2. 管棚支护

运用 MK－3 型全液压钻机（2 台）钻孔，φ89×8mm 长 6m 的钢管做管材。可将钢管加工成 2m/根，钢管丝口和钻机钻头丝口匹配，每根钢管套丝长度不小于 10cm，管棚总长视地质情况而定，摆钻仰角 8°～10°，孔间距 40cm。

3. 新型树脂锚杆超前加固

钻孔采用风动凿岩机施钻，钻孔外插角为 20°，偏差不超过 3°，钻孔深度 3m。锚杆采用 φ25 自进式迈式锚杆，其同时作为注浆管，单根长 1m，采用连接套筒连接套打。注浆材料选用新型树脂类化学材料，对 TBM 掘进机前方松散破碎的围岩进行充填堵水、加固，防止冒顶、垮落的险情发生。

1）实现双组分固定配比（1∶1）进料、混合、输出。

2）材料固结时间可调（20s～几分钟）；强度增长快，30～60min 即可达到 20MPa 左右。浆液遇水反应时，放出 CO_2 气体，使浆液产生膨胀，向四周渗透扩散，直到反应结束时止。由于膨胀而产生了二次扩散现象，因而有较大的扩散半径和凝固体积比。

3）注浆范围可控制在 1.5～3m。

4）配套设备简便、操作安全，工艺简单。

5）能有效、及时解决工程疑难问题，控制灾害的发生，确保工程速度，性价比较高。

6）对复杂的渗水或涌水问题处理具有非常好的针对性。

7）材料环保（无任何 VOC），100％树脂。

8）注浆压力根据 TBM 刀盘前面掌子面裂隙浆液渗出的情况确定，取 2～4MPa。

5.2.3 掘进

1. 掘进模式的选择

1）TBM 提供了 3 种工作模式：自动扭矩控制、自动推力控制和手动控制模式。根据转速可分为高速模式（5.4rpm）和低速模式（2.7 rpm）两种．在软岩条件下，一般选用手动模式控制，低速掘进。

2）在实际掘进施工过程中，若不能判定围岩状态，或掌子面围岩软硬不均，遇节理发育或遇有破碎带、断层时，必须选择手动控制模式，主要以扭矩变化并结合推进力参数来选择掘进参数，但单机电流不超过额定值。

2. 掘进参数的选择和调整

在软岩条件下，掘进参数（指刀盘转速、刀盘扭矩、刀盘推力、掘进速度、K 氏系统撑紧压力等）的合理选择可以有效地减少剥落和坍塌。

1）调整 K 氏系统撑紧压力。在软弱地质条件下，撑靴压力应调整到 180bar，以达既满足掘进要求，又使撑靴支撑时不破坏已加固处理过的围岩及支护。

2）调整掘进速度：在 K 氏支撑系统压力调低以后，掘进速度的调整限定在原速度的 50％以内，在软岩情况下，刀盘的推力一般在 4～6N·m 之间，有时更低，扭矩在 50％以下。

3）合理选择刀盘转速：在石质软弱、破碎，在掘进过程中并伴有围岩坍落时，要求采用低速掘进。这样既可以减少刀盘对围岩的扰动，又能够控制皮带机输碴量，避免出现皮带机被卡、皮带被拉断等事故发生。

3. 底部清碴系统的完善

1）由于围岩变形而产生的剥落无法通过正常的出碴系统排出，所以在护盾后边增加一套人工辅助皮带机出碴系统，以缩短清碴时间、提高仰拱块的铺设速度，从而达到缩短工序时间、提高软弱围岩中的掘进速度的目的。敞开式掘进机原设计清碴皮带机主要是将 K1 前部的底碴输送到刀盘内，通过刀盘的旋转、转运到主皮带机上。经过改造后，将原清碴皮带机改进为 2 台清碴皮带机，既可以通过 2 台皮带机接力将石碴输出刀盘，也可以反过来将主机底部的石碴反输到2号皮带机后部的料斗中，运出洞外。改进前后的底部清碴系统情况见图5.2.3。

2）改进后的底部清碴系统有以下优点：

扩大了清碴皮带机的清碴范围，提高了清碴皮带机的清碴速度；

将清碴皮带机的驱动形式由电动改为液压驱动，提高了其在恶环境中的工作可靠性；

提升了敞开式硬岩掘进机在软岩条件下的适应能力。

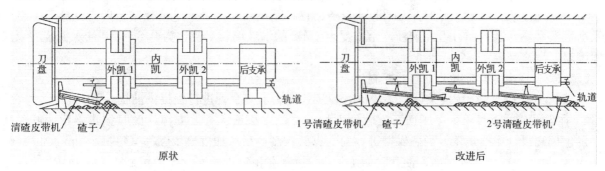

图5.2.3　敞开式掘进机底部清碴机构改进情况示意图

5.2.4　初期支护

在主机进行掘进的同时，通过主机及后配套附属设备完成本循环的初支。

1. 支护作业流程

软弱围岩支护作业流程见图5.2.4。

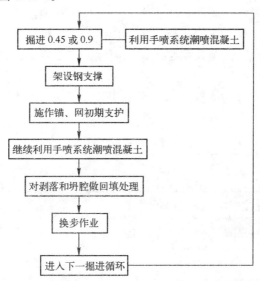

图5.2.4　TBM在软弱围岩中是个支护作业流程图

2. 初期支护参数

根据反复试验、验证，各级围岩的支护参数见表5.2.4。

软弱围岩支护参数表　　　　表5.2.4

参数 围岩类别	超前预加固	全圆钢拱架间距	喷射混凝土厚度	锚杆	钢筋网	注浆加固措施
V级	大跨以上部位施作	0.45m	18cm	长3.0m	大跨以上部位铺设	大跨以上部位施作超前导管注浆
IV级	拱部施作	0.9m	12cm	长2.5m	拱部铺设	拱部施作迈式锚杆注浆 （长4m，φ32，间距1.5m，梅花形布置）

3. 初期支护施工方法

1）围岩出护盾后采用增设的潮喷系统初喷混凝土封闭围岩，主机室后部的机械手复喷至设计厚度。

2）利用 TBM 自带的拱架安装器及时安装全圆钢拱架，控制围岩过大变形。

3）利用前部锚杆钻机在 150° 的顶部区域内钻孔，后部锚杆钻机在两边墙各 90° 范围内钻孔，下部锚杆采用人工手持风钻钻设。

4）钢筋网在安设钢拱架前采用人工铺设，与岩面密贴。

5）迈式锚杆施工：迈式锚杆采用 TBM 自备的锚杆钻机和人工手持风钻相结合的方式施工。对破碎区及坍塌区和渗水区，加打迈式锚杆，用浓度为 36Be' 的水玻璃与水灰比为 0.8～1.0 的水泥浆注双液浆加固围岩，填充空隙。

5.2.5　TBM 换步与掘进方向的控制

1. TBM 一个掘进行程结束后，必须进行换步才能为下一个掘进行程提供前提。

2. 在软弱围岩条件下，掌子面石质软硬不均或撑靴无法正常有效支撑，此时掘进隧道中线、高程极易发生偏离设计中线现象，为确保掘进方向的有效控制，采取加大换步频率（每掘 0.9m 或 0.45m 换步一次），每换一次步调一次向，使 TBM 掘进方向控制在相对于隧道设计轴线 ±30 mm 以内。

3. 因 PPS 导向系统由人工测量提供基准，因此每次前移激光经纬仪时必须保证测量精度，确保移动前后 PPS 控制单元上的数据变化在允许的范围内。为避免测量误差及 PPS 系统出现故障，一般采用 2 套独立的测量系统进行 TBM 掘进导向控制：PPS 自动导向系统和人工测量系统，两系统互相校核，确保掘进方向的准确性。

5.2.6　隧道围岩量测

监控量测是地下工程尤其是在软弱围岩施工中必不可少的一项技术内容，是监视围岩和支护稳定性的重要手段，是判断设计、施工是否正确合理的主要依据，是监视施工是否安全可靠的眼睛。为了更精确更迅速地了解围岩的动态变化，判定其稳定性，从而保证施工安全，采用全站仪进行无尺量测。

1. 施工监测项目

监测项目的选择将以工程设计为依据，针对影响工程施工安全的制约因素和优化工程设计的需要，合理地选择监测项目，本工法选定的监测项目见表 5.2.6。

监控量测项目一览表　　　　　　　　　　　　　　表 5.2.6

监测项目	监测仪器设备	监测目的	监测布设原则	监测频率	备注
地质和支护状况信息的观察	地质罗盘仪等	观察记录工程地质与水文地质情况，作地质素描判断围岩、隧道的稳定性和支护的可靠性	工作面及支护后的地段进行观察	掌子面每次开挖后进行，已施工地段喷混凝土、锚杆、钢架 1 次/d	
地表沉降	电子水准仪、钢钢尺	了解施工过程中地表下沉情况	洞口浅埋段沿隧道中线每隔 5～10m 布设一个测点	开挖初期：1～2 次/d；开挖后期：1 次/2～3d	在开挖前提前及时埋设测点
拱顶下沉	全站仪	了解施工过程中结构的变位情况	沿隧道拱顶部每隔 5～10m 布设测点	1～15d，2 次/d；16～30d，1 次/2d；1～3 月，1～2 次/周；3 月以上，2 次/月。	工作面开挖后及时埋测点
净空收敛	收敛仪	了解施工过程中结构的变位情况	与拱顶下沉点对应于边墙上布设一对测线	≥5mm/d：2 次/d 1～5mm/d：1 次/d 0.5～1mm/d：1 次/2d 0.2～0.5mm/d：1 次/2d <0.2mm/d：1 次/7d	同上
锚杆抗拔力	锚杆拉拔器	测试锚杆轴力，检查锚杆的锚固效果		每 300 根至少选择 3 根	施工支护后及时测试

1) 围岩及支护状态观察：量测组对开挖进行地质描述，包括岩性、岩质、破碎带、节理裂隙发育程度和方向，有无松散、剥落、掉块现象，有无漏水等；初期支护的喷射混凝土是否产生裂缝、剥离，钢支撑是否压屈变形等进行观察分析并予以评估，以修正支护参数。

2) 周边位移量测：采用收敛仪对隧道周边上部两点在其水平连线上的位移进行量测。

3) 拱顶下沉量测：在拱顶预埋量测点，用S1级水准仪进行水准量测。量测精度在±1mm。

4) 周边位移和拱顶下沉的量测点设于隧道的同一横断面上。量测点断面设置间距：Ⅴ级围岩10m，Ⅳ级围岩20m，地质构造不良地段加设测点。

5) 浅埋段设置地表下沉测点，开挖后的地表下沉进行量测，监控浅埋段围岩的稳定性，防止浅埋段坍塌。

2. 量测点布置

量测点布置见图5.2.6。

3. 围岩量测数据的处理分析和反馈

1) 对Ⅴ级、Ⅳ级围岩实施动态监控量测是获取围岩变形信息的重要手段。

2) 将量测管理纳入日常的施工管理中，及时对初期支护参数和围岩稳定性作出正确的分析，用以指导施工。

3) 根据量测数据绘制位移和时间曲线，及时分析反馈信息，以便修正设计参数、变换施工方法和程序。

4) 以位移时间曲线为基础，根据位移、位移速率评定围岩及初期支护的稳定性、安全性。当位移日变形量超过10mm时，应增加观测次数，密切注意支护结构的变化。

当周边收敛、拱顶下沉量达到预测量终值的80%～90%，收敛速率小于0.1～0.2mm/d，拱顶下沉速率小于0.07～0.15mm/d，视为围岩变形稳定，可以安排二次衬砌施工。

5.2.7 皮带机出碴

1. 皮带机的组成

按其工作流程的组成部分可以分为1号皮带机、2号皮带机、3号皮带机、4号皮带机以及出碴分流装置等几部组成。其中1号皮带机为液压驱动，其余为电机驱动。1号、2号皮带机置于掘进机上，3号皮带机为连续皮带机置于主洞内，4号皮带机为输碴皮带。

每一组皮带机的结构基本相同，都是由皮带机架子、托梁、托架、托辊和滚筒等部件组成。其中皮带机架子采用方管制成，可伸缩，托梁采用C形梁加工而成，连接方式采用螺栓连接。基本组成部分见图5.2.7。

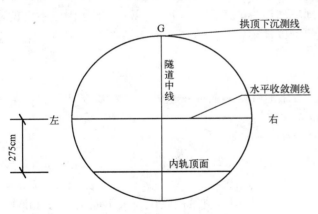

图5.2.6　量测点布置示意图

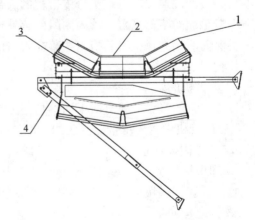

图5.2.7　皮带机的基本组成部件
1—托辊；2—皮带；3—托架；4—皮带机架子

2. 皮带机的使用

1) 皮带机的启动与停机

皮带机的启动顺序为4、3、2、1，停机顺序与其相反。启动时首先4号皮带机运转，紧接着3号、

2 号和 1 号依次运转，这样可保证前一级皮带输出的碴不会在下一级皮带上堆积无法输出。

2）皮带机的延伸

随着 TBM 的不断向前掘进，皮带也需要不断的向前延伸以满足输碴的需要。在整个皮带机的组成中 1 号、2 号和 4 号皮带的长度都是固定的，只有 3 号皮带机可以延伸。3 号皮带机的前端从动滚筒固定于 TBM 后配套的尾部拖车上，其末端用一卷扬机来张紧。掘进时当拖车的牵引力达到设定值时，卷扬机就会转动放皮带，随着掘进机的前进皮带不断延伸。这时要在掘进机后配套 2 号皮带与 3 号皮带接头处的洞壁上搭接皮带机架子，安装、托梁、托架、托辊等皮带运转所需的支撑部件。3 号皮带机的末端是皮带储存区，当皮带用完时可以对皮带进行硫化续接。

3）连续皮带机的延伸工艺

连续皮带机的延伸工作在 TBM 后配套拖车上的皮带机作业平台上进行。工艺流程如下：沿安装在隧道洞壁上的激光导向仪发出的光线在隧道侧面的洞壁上打安装孔→在安装孔内安装膨胀螺栓→用膨胀螺栓固定皮带机的三角支撑、托架、托梁→用水平尺测量托架是否水平，用三角支撑进行调节（两侧高差在 5mm 内为合格）→目测托架是否和激光束在同一条线上，用托架进行调节（误差在 10mm 内为合格）→坚固所有固定螺栓→安装托辊，保证托辊与托梁垂直→坚固托辊固定螺栓→完成一个作业循环，进行下一个作业循环。

3. 皮带的硫化

皮带储存区的储存能力为 300m 储存区，当掘进长度达到 300m 时，皮带储存区的皮带就几乎用尽，需要对皮带进行续接（硫化），硫化皮带时将 3 号皮带的张紧装置放松，在储存区的某一处将原皮带割断，将新续的皮带与其对接，然后加热硫化是接头牢固的结合在一起。将新续的皮带存储到储存区内，这样就完成了一次皮带硫化的过程得以使掘进继续进行。

4. 皮带机出碴分流装置

1）皮带机的分流装置至于 4 号皮带的末端，虽然只有 20m 左右但有其自己的独立的液压系统和张紧装置。当就掘进机掘进时输出的碴在 4 号皮带机的末端用载重汽车装运，多辆汽车轮流作业。如果有出碴车辆出现故障而无法满足正常的输碴需要，但又不能影响掘进机的正常掘进，这时就要用到皮带机的出碴分流装置。将出碴分流装置启动运转后，用其推进油缸将其推到 4 号皮带机的出料口，碴石从皮带分流装置输出直接堆放在空地上，这些碴石可以用装载机配合载重汽车上拉走，为掘进机的正常掘进赢得了时间，而不会影响正常 TBM 施工。

2）1 号皮带机在掘进机上，而且置于内凯的内部，空间很小，人员不容易进入。掘进时落入内凯的碴不容易被清洗掉，所以在 1 号皮带机的底部是设置了清碴皮带。清碴皮带置于 1 号皮带下部，覆盖了整个内凯里面的下部平台，落入内凯的碴就会落到清碴皮带的表面上。正常掘进时他是固定不动的，只有停机保养时用卷扬机将其拖出，落在内凯的碴就可以被很容易的清掉。清完碴后，再用另一端的卷扬机将其收回。

5. 皮带机的张紧装置

各级皮带的张紧方式有所不同，1 号皮带机用液压油缸进行张紧或放松；2 号和 3 号靠配重箱来张紧，4 号皮带机由置于皮带储存区的后面的卷扬机来张紧。

5.2.8 附属作业

1. 仰拱块安装：仰拱块安装由皮带桥下的仰拱块吊机把仰拱块从仰拱块车上吊起，向前运到所需安装的位置。仰拱块下的空隙，用细石混凝土通过注浆泵注塞密实。

2. 轨道延伸：每安装 7～10 块仰拱块延伸一次轨道，利用材料吊机就位，人工固定，为 TBM 提供行走轨道。

3. 供水管路延伸：TBM 最大用水量 60m³/h，供水管路采用 φ200 长 20m 无缝钢管连接。TBM 自带 50m 软水管，每掘进 40～50m 延伸一次。

4. 施工通风：TBM 上安装有一套完善和通风系统，通过一个风管箱与隧道通风系统相接，风管箱储存风管 100m，每掘进 100m 更换一次风管箱。

5. 施工排水：TBM掘进上坡段时施工废水由皮带桥下的一台抽水机抽到仰拱块中心水沟中，由中心水沟排到洞外。TBM掘进下坡段，通过TBM自身配备的一套排水装置，将施工废水通过抽水机及连接的管路排放到洞外。

6. 电源：TBM自身所用10kV高压电源由洞外变电所专线直接高压进洞提供，并保证TBM在无特殊情况下正常运转。TBM施工照明由其机上自带的照明设施解决。

5.3 劳动力组织

根据软岩掘进的特点，施工现场组织管理模式如图5.3所示，各部门及分队设置及职责范围见表5.3。

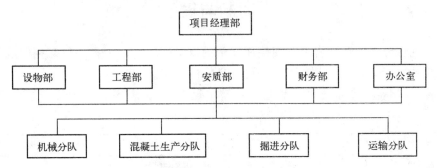

图5.3 施工组织机构图

部门设置及职责范围　　　　　　　　　　　　　　　　　　　　表5.3

序号	部门名称	班组设置	人数	主要职责范围
1	经理部	经理	1	工程项目负责人，对生产指挥，工期、安全、质量、成本负责
		副经理	1	
2	设物部		12	设备管理、工程物资、配件供应
3	工程部		15	施工计划、技术方案的制订，现场施工技术指导、试验、量测
4	安质部		3	安全、质量管理
5	财务部		2	工程财政业务管理
6	办公室		10	人事管理、后勤事务管理
7	机械分队	机钳班	12	施工用风、水、电保障，洞外设备维护
		电工班	6	
		内钳班	7	
8	混凝土生产分队	一班	70	仰拱块预制、洞内用混凝土、网片等支护材料加工
		二班		
		三班		
9	运输分队	一班	18	洞内外有轨运输，轨线养护，弃碴倒运
		二班	18	
		三班	18	
10	掘进分队	掘进一班	21	隧道开挖掘进，初期支护（支护工作量大时可每班适当增加人员）
		掘进二班	21	
		掘进三班	21	
		保养班	20	TBM设备保养，刀具更换、维修
合计			276	

除掘进分队外，其他部门和分队的工作量一般变化不大，故人员配备相对稳定。而掘进分队的工作量则随着围岩的软弱程度不同发生变化，对该分队的劳动力组织就得实行动态管理，既不浪费人力，也保证合适的人员数量，满足施工的需要。由于掘进施工是实行三班掘进，一班穿插保养的施工组织模式。一般情况下，围岩节理发育，支护工作量不大，掘进班每班设 21 人左右。若围岩节理较为发育，在进行锚、网、喷等支护措施同时，还得采取超前注浆加固，全圆钢拱架加密等支护措施，整个支护工作量、劳动强度加大，掘进班的人员应加到 28 人或更多些，以便快速支护、加快掘进速度。而保养班因为日常定期维护工作量不大，状态性的预防维修也是偶尔的，所以人员基本不变。

6. 材料与设备

使用硬岩掘进机要想在软弱围岩中实现快速安全的掘进速度，必须有一整套相应的机具设备，同时还要采取系统性的科学管理方法，来保证这些设备良好的机况。

根据软弱围岩 TBM 施工组织方式，设备配备清单见表 6-1、表 6-2。

TBM 自身及附属设备表　　　　　　　　　　　　　　　　表 6-1

序号	设备（或系统）名称	规格、技术参数	数量	功率	备注
1	TBM 主机	TB880E	1	8×430kW	刀盘直径 8.8m，总长 50m
2	TBM 后配套		1		供水、电、风，总长 206m，双轨线
3	锚杆钻机	THC300 型	4	2×55kW	
4	超前钻机	THC500 型	2	2×55kW	
5	钢拱架安装器		1	液动	安装全圆钢支撑用
6	仰拱吊机	起重 13t	1	18.5kW	
7	机械手喷浆机		2	22kW	
8	混凝土输送泵	20m³/h	2	2×30kW	
9	混凝土罐吊机	20t	1	液动	
10	潮喷机		2	2×7.5kW	
11	拖拉系统	250bar	1	37kW	链条式
12	皮带机系统		3	289.5kW	输送岩碴
13	洞内供水系统		1	145.5kW	TBM 上各处设备用水
14	洞内排水系统		1	30kW	反坡排水用
15	洞外供风系统	供风量 60.8 m³/sec	1	3×250kW	轴流风机
16	洞内接力风机	17m³/sec	3	3×45kW	
17	除尘系统	10m³/sec	1	114.5kW	消除粉尘
18	制冷系统	2×290kW	2	2×290kW	空气制冷
19	空压机	20m³/sec	1	110kW	高压空气
20	应急发电机		1	250kW	
22	机车出碴运输系统		1		机车（35t）7 台 矿车（20m³/台）36 节 平板车（20t/台）8 节 罐车（20t/台）4 节
	皮带机出碴运输系统		1		连续皮带，皮带支架，托辊 1 套 机车（12t）5 台 皮带机动力装置 1 套
22	翻车机		1	2×45kW	矿车翻转卸碴用
23	超前地质预报仪	TSP2002 型	1		超前地质探测用

洞外主要设备表   表 6-2

序号	设 备 名 称	技术参数	数量	功 率	备 注
1	门型吊机	2×75t	1	130kW	TBM 拼装用
2	桥式吊机	2×75t	1	110kW	洞内拆 TBM 用
3	门型吊机	16t	1	50kW	仰拱块存放吊卸
4	桥式吊机	16t	1	50kW	仰拱块生产车间
5	桥式吊机	10t	1	16.2kW	运输车辆修理
6	仰拱块模具		17		
7	装载机	ZLC—50	2		出碴用
8	载重汽车	载重 20t	8		
9	拌合站	JS500 型	2	2×50kW	
10	叉车	6t	1		
11	水泵	100m³/h	2	2×75kW	洞内外高压供水
12	混凝土运输罐	10m³/台	10	10×30kW	
13	配电系统	10kV、6000kW			

7. 质 量 控 制

7.1 质量标准

采用本工法施工，除超前注浆加固、初期支护应遵守《铁路隧道喷锚构筑法技术规范》TB 10108—2002、《铁路隧道施工规范》TB 10204—2002、《铁路隧道工程质量检验评定标准》TB 10417—98 的有关规定和满足设计要求外，还应满足以下标准：

7.1.1 注浆孔孔位标注误差≤±1cm。

7.1.2 钻孔定位误差≤±1cm。

7.1.3 钻孔孔深和设计孔深较差≤±10cm。

7.1.4 浆液凝胶时间在设计值范围内。

7.1.5 单孔单段注浆量不得少于设计注浆量的 80%。

7.1.6 注浆压力不得高于注浆终压，注浆过程中当各孔注浆量达到设计注浆量时，注浆终压应接近设计终压。

7.1.7 围岩出护盾后周边轮廓的剥落量控制在 20cm 以内。

7.1.8 围岩变形收敛值：V 级 10cm；IV 级 8cm。

7.2 技术要求

7.2.1 超前注浆加固围岩时止浆塞安设必须超出刀盘前 1.0m 以上，以免浆液顺护盾上方已扰动破碎岩体缝隙泄漏，甚至凝结刀盘。

7.2.2 注浆施工前，除根据注浆工艺要求配齐机具材料外，还需进行试泵与注水试验，安装注浆管和止浆塞，然后制浆，测浆液浓度后注浆。

7.2.3 掘进进尺的选择应根据围岩类别和支护参数确定，V 级围岩：0.45m，IV 级围岩：0.9m。

7.2.4 增设的手喷系统潮喷混凝土应紧跟出露护盾的围岩及时施作，抑制围岩过大变形，架设钢支撑、施作锚网支护后，同样要继续加强手喷，以保证初期支护的受力。在后部采用喷射手湿喷混凝土补喷至设计厚度。

7.2.5 为了加快施工进度，在剥落产生的位置不影响撑靴通过时，在手喷混凝土、钢支撑锚网施作完毕后，可以拉开一定距离，将剥落处喷射混凝土回填工序与掘进和其他支护工序平行作业。

7.2.6 针对撑靴部位由于围岩抗压强度不能提供足够的撑靴反力，从而易造成撑靴打滑，撑靴部位二次扰动，变形过大，针对此现象采取如下对策：

1. TBM 通过后对钢支撑在此部位加密锁固锚杆进行加固；

2. 此部位出护盾后立即在此部位增设钢筋网、喷射混凝土施工支护，增加此部位的抗压强度，提高承载力；

3. 在围岩相对软弱的情况下，可以通过调整撑靴压力来减少对围岩的扰动。

通过采取以上 3 种措施，能有效地保证撑靴正常工作。

7.2.7 加强监控量测工作，一是为了给合理选择支护参数提供依据，二是掌握掘进断面的变形情况，为后期衬砌施工提供依据。若围岩变形较大，及时进行径向迈式锚杆注浆或并靠加固拱架。

7.2.8 根据石质条件，加强掘进机调向的控制。在软弱地质中掘进时，掘进后隧道中线极易偏低或偏离设计中线，导致主机室和后配套部分通过困难或后期衬砌厚度不够等。此时加大换步频率，每换一次步调一次向，调向的同时，增大刀盘仰角。

7.2.9 拱架安装一定要保证竖直，间距符合设计要求，螺栓拧紧，隧底清碴要彻底，以保证钢支撑紧贴仰拱，以确保仰拱块的顺利安装。

7.2.10 TBM 通过断层破碎带时施工技术要求

1. 遇拱部大面积松动、围岩呈碎石状、呈粉状、一出护盾即不断滑塌的情况，应及时封闭。施作超前注浆加固，注水泥、水玻璃双液浆固结破碎、松散岩体。

2. 对破碎区、坍塌区和渗水区，加打迈式锚杆，用浓度为 36Be 的水玻璃与水灰比为 0.8～1.0 的水泥浆注双液浆加固围岩，填充空隙。

7.2.11 TBM 通过节理密集带及挤压破碎带时，掘进过程中间隔有大量出碴现象时，应及时停机，喷射混凝土封闭岩面然后立模、灌注混凝土（掺有早强剂及减水剂），以有效控制坍塌。若坍塌范围小，应慢速低推力掘进，尽量减小扰动，避免大量出碴。

7.2.12 TBM 通过富水区域施工技术要求

1. 在护盾上方施作注浆小导管，超前预注浆，封堵裂隙水。

2. 护盾后，利用锚杆钻机施作迈式锚杆注水泥水玻璃双液浆。

3. 在富水区加环向透水管，利用凿槽或麻绳等将水引至仰拱处，以便有效喷射混凝土封闭。

8. 安 全 措 施

在软弱围岩中使用硬岩掘进机施工，最重要的是如何保证作业人员和 TBM 设备的安全；以及采取施工技术措施后，对围岩的初期支护体系能否保证结构安全，即能否有效控制围岩的下沉、收敛变形或坍塌。这就要求有足够的安全措施和制订大家都要严格遵守的安全制度来保障。

8.1 作业人员的安全措施

8.1.1 在软弱围岩地段施工，通过 TBM 自带的煤气、瓦斯报警系统和足够功率的通风系统来防煤气瓦斯，防粉尘污染。掘进中产生粉尘通过 TBM 刀盘喷水系统和除尘系统来消除。

8.1.2 在一些行走机械、旋转部件和起重吊机操作区域，必须有醒目的警告标识，防止作业人员意外伤害。

8.1.3 制订必要的规章制度，保证洞内外有轨运输安全。

8.1.4 TBM 施工是 10kV 高压进洞供电，整个 TBM 设备上，电气线路繁多，施工中必须做到检查到位，严防漏电伤人。

8.1.5 坚持加强作业人员的安全教育培训。

8.2 设备安全措施

8.2.1 在一些电气柜、传感器、液压阀组、油缸等重要部件，加装顶棚和包裹材料，防止落石损伤，也可防止漏水受潮，出现电气绝缘故障。

8.2.2 在实施喷混凝土、注浆措施时，对作业区域的 TBM 零部件加装或铺盖物如彩条布、防雨布之类的覆盖物，防止造成设备污染。

9. 环 保 措 施

9.1 在施工过程中,严格遵守国家和地方政府部门颁发的环境管理法律、法规和有关规定,接受相关部门的监督检查。

9.2 加强环境保护宣传教育,学习环境管理体系文件、地方政府环保法规及有关规定,使广大干部职工认识到环境保护的重要性和必要性,增强环境保护的自觉性,提高全员环保意识。

9.3 树立预防为主、加强宣传、全面规划、合理布局、改进工艺、节约资源的环保理念,为企业争取最佳经济效益和环境效益。

9.4 根据工程施工特点,制订噪声污染控制措施、大气污染控制措施、水污染控制措施。加强环境保护检查,制订奖惩制度,定期组织专项检查,严格奖惩,查纠不足。

9.5 针对隧道内水量较大,同时水中含有大量泥沙及开挖面的注浆浆液和机械油污等,将所有污水都导入污水处理池进行处理,保证水质符合国家规定标准再排放。

9.6 加强现场文明施工管理,优先选用先进的环保机械,如:优先选用电动机械,低噪声的设备等,构造一个文明的施工环境,通过良好的环境因素基础,来促进现场的环境保护上台阶。

10. 效 益 分 析

应用 TBM 进行隧道施工,是一种在钻爆法施工基础上,创新发展的技术成果,尤其是 TBM 在软岩隧道施工中的成功运用,既拓展了 TBM 对围岩的适应范畴,又为软岩隧道施工提供了更先进的工法,它具有显著的社会、经济效益:

10.1 施工技术的先进性

由于 TBM 施工无需钻爆法中长时间打眼爆破出碴,只通过电液动力驱动掘进装置,即可实现开挖和出碴工序的同时进行,并且锚杆、挂网、喷混凝土等支护工序也可同步作业;对围岩扰动小,开挖后成形好。同时利用 TBM 上自带的超前钻机,注浆系统和 ZED 定位量测系统,能够实现超前加固,精确定位掘进。这种提前注浆加固,及时封闭防塌,快速掘进通过的施工技术是常规钻爆法无法实现的,它是我国隧道施工史的第四个里程碑,标志着我国的隧道施工技术已跨入国际先进行列。

10.2 机械化程度高,人员劳动强度低

TBM 施工中,大部分的作业全是靠机械进行,掘进、出碴、初期支护、轨线延伸等全是机械化作业,除了坍落岩碴的清除,需一部分人力外,整个现场作业人员的劳动强度较之于钻爆法要低很多。

10.3 安全性高,作业环境好

用 TBM 在软岩中施工的技术指导思想就是提前注浆加固,快速掘进通过,及时封闭防塌,也能通过支护设备及时进行围岩支护,保证人机安全。同时 TBM 上配备良好通风除尘系统,给作业人员提供了一个舒适的工作环境,这是钻爆法的施工条件难以达到的。

10.4 施工速度快,易于缩短施工工期

由于 TBM 施工的优越性,它的施工速度在同类围岩状况的隧道中,基本上是钻爆法的 3 倍以上,如表 10.4 所示,这样对于长大隧道来说,利于缩短工期,降低工程造价。

同类围岩中 TBM 法与钻爆法开挖施工进度对比表 表 10.4

施工方法	V 级围岩	IV 级围岩
TBM 法施工	110~150m/月	300~350m/月
钻爆法施工	35~65m/月	70~85m/月

10.5 弃碴二次使用,利于环保

掘进产生的岩碴粒径均匀,是良好的站场、路基填料,节约弃碴用地。

10.6 工法应用前景广阔

TBM 施工通过西康铁路秦岭隧道和西南铁路磨沟岭隧道的成功运用，作为一种施工技术已被施工单位逐步熟练掌握。况且 TBM 施工代表国内外隧道施工的先进技术，特别适宜在长大隧道工程中使用。而今后长大的山岭、水工、海底隧道工程还有很多，在隧道地质软硬不均的情况下，本工法的推广，将使 TBM 的适用领域大为扩展。

11. 应 用 实 例

11.1 西安——南京铁路磨沟岭隧道

磨沟岭隧道全长 6112m，为软岩隧道，是西安南京铁路十大控制工程之一。地质主要为泥盆系中统石英片岩及大理岩夹云母石英片岩。隧道工点位于礼泉—柞水华力西期褶皱带内，F2 区域性大断层在线路左侧通过，岩体中层理、片理产状极不稳定，尤其是片岩地层中的揉曲现象发育，同时节理发育，众多构造因素造成施工地质条件不良，其中 Ⅳ、Ⅴ 级围岩占 70% 以上（Ⅴ 级围岩 1555m，Ⅳ 级围岩 2724m）。

磨沟岭隧道于 2000 年 7 月 9 日一次试掘进成功，至 2002 年 1 月 26 日全隧贯通。由于采用了高效的管理体系和制度，经过对 TBM 施工技术的消化吸收，利用 TBM 各配套设备性能、优势，通过采取超前地质预报、超前预加固围岩增设潮喷系统、完善底部清碴系统、监控量测及故障预报系统等一系列工程技术措施，有效拓展和延伸了敞开式硬岩掘进机的适用范围。成功穿越受 F2 区域性大断层影响最严重的破碎围岩地段，Ⅴ 级围岩施工指标提高到 110～150m/月、Ⅳ 级围岩施工指标提高到 300～350m/月，Ⅱ、Ⅲ 级围岩进度可维持在 450m/月的进度指标左右，并创造了 TBM 施工月进 573.9 m，日进 41.3m 的全国最新、最高纪录。实现了质量、安全生产无事故，工程质量优良率达 95% 以上创优目标。

11.2 大伙房输水工程 TBM2 标

辽宁省大伙房输水工程是辽宁省十五期间的重点建设项目，工程的主体为自流输水隧洞，全长 85.32km，是国内目前最长的山岭隧道，其工程规模、施工难度、进度指标、技术含量在当今山岭隧道施工中都是空前的。其中 TBM2 标段全长 22558.42m，采用德国 Wirth 公司生产的敞开式 TBM 进行施工。

洞室主要岩性为角闪斜长片麻岩、花岗片麻岩、二云斜长片麻岩等饱和抗压强度为 45～109MPa；角砾熔岩、流纹岩的饱和单轴抗压强度为 50～75MPa；砂岩为 30～50MPa；凝灰岩为 25～50MPa。该标段隧洞围岩 Ⅱ、Ⅲa 类围岩占 61.4%，Ⅲb、Ⅳ、Ⅴ 类围岩占 38.6%。

辽宁省大伙房输水工程 TBM2 标于 2004 年 12 月 25 日开始掘进，推广应用了"敞开式硬岩掘进机在软弱围岩铁路隧道施工工法"，2007 年 9 月完成掘进，TBM 累计掘进了 13010m。在已掘进的围岩段里有完整、坚硬的砂岩，有软弱破碎的断层带及节理密集带，施工过程中针对不同的围岩类别，采取不同的掘进参数，并结合超前地质预报、超前预加固围岩，增设护盾后初喷支护系统、完善底部清碴系统、监控量测及故障预报系统等一系列工程技术措施，特别是采用了国标上先进的连续皮带机出碴技术，再次充分展示出掘进机快速高效的能力。

11.3 南疆吐库二线 SK2 标中天山隧道

中天山特长隧道右线为南疆线吐库段增建二线铁路第二标段（SK2）主体工程，位于吐鲁番地区的托克逊县与巴音郭楞蒙古自治州境内——托克逊、和硕间中天山东段的岭脊地区，长 22.467km，为全线控制性工程。隧道穿越地区总体地势中部高，北东和南西低，海拔 1100～2950m，最高海拔为 2951.6m，地形切割较为剧烈，沟壑纵横，植被稀疏，相对高差 800～1200m，隧道最大埋深超过 1700m，设计坡度为 1.1% 的上坡。中天山隧道右线进口段采用从德国 wirth 公司引进的 φ8.8m 开敞式 880E 型掘进机（以下简称 TBM）施工，共 13792m。

中天山隧道通过的地层岩性主要为志留系变质砂岩夹片岩，志留系角斑岩，华力西期花岗岩，加里东期闪长岩等。按照设计围岩级别，其中 Ⅱ 级围岩 2985m，占 21.6%，Ⅲ 级围岩 7608m，占 55.2%，

Ⅳ级围岩 3039m，占 22%，Ⅴ级围岩 160m，占 1.2%。

中天山隧道右线从 2007 年 12 月 3 日开始掘进以来，推广应用了"敞开式硬岩掘进机在软弱围岩铁路隧道施工工法"，截止到 2011 年 2 月 28 日，TBM 累计掘进了 9010m。在已掘进的围岩段里有完整、坚硬、耐磨性高的花岗岩，有软弱破碎的断层带及节理密集带，施工过程中针对不同的围岩类别，采取不同的掘进参数，并结合超前地质预报、超前预加固围岩，增设护盾后初喷支护系统，完善底部清碴系统、监控量测及故障预报系统等一系列工程技术措施。

11.4 重庆市轨道交通 6 号线一期（TBM 试验段）

重庆市轨道交通 6 号线一期（TBM 试验段）工程采用从美国罗宾斯公司引进的 2 台 φ6.36m 开敞式掘进机施工。2 台 TBM 从 2009 年 12 月 10 日开始掘进以来，截止到 2011 年 2 月 28 日，TBM 累计掘进了 10184m，根据掘进揭露出的围岩情况统计，其中Ⅲ级围岩 1788m，占 11.8%，Ⅳ级围岩 8268m，占 81%，Ⅴ级围岩 128m，占 1.2%。

由于重庆市轨道交通 6 号线一期（TBM 试验段）掘进距离长（设计单线掘进长 12km），隧道埋深浅（最小埋深 15m），围岩变化复杂，岩石强度低，主要为泥质砂岩、砂质泥岩等软弱岩石，为保证本工程 TBM 掘进施工的顺利，在施工过程中推广应用了"敞开式硬岩掘进机在软弱围岩铁路隧道施工工法"，并结合施工实际情况，合理选择掘进模式和掘进施工参数。坚持"早预报（地质和设备故障）、预加固、短步进、快支护、勤量测（测量）、勤调参（掘进参数）、勤调向"的施工原则。采用超前地质预报、超前预加固围岩，增设护盾后初喷支护系统，加强钢拱架及锚杆施工，监控量测及故障预报系统等一系列工程技术措施，保证了 TBM 顺利通过。达到了安全、快速、优质的施工效果，使本工法的应用范围和技术含量进一步扩大和提高。

目前重庆市轨道交通 6 号线一期（TBM 试验段）工程正稳步推进建设中，右线 TBM 已步进过大龙山站并开始向冉家坝站掘进，左线 TBM 也在步进中，工程施工质量、安全、进度均达到业主的要求，工程履约情况良好。

城市轨道交通 ATC 系统数字轨道电路调试工法

YJGF81—2002（2009～2010 年度升级版-038）

中国铁路通信信号集团公司济南工程有限公司

于明　李本刚

1. 前　　言

本工法系在原国家一级工法《城市轨道交通 ATC 系统数字轨道电路调试工法》YJGF81—2002）的基础上重新修订。

城市轨道交通系统，以其速度快、正点率高、载客量大、可以大幅缓解地面交通压力等优点，越来越受到国内众多城市的青睐，除京、沪、广、深等一线城市外，许多二线、三线城市也正在建设或准备规划建设城市轨道交通系统。而城市轨道交通列车的自动、安全、正点运行，依靠的核心技术是自动行车控制系统（ATC）。

目前，国内城市轨道交通 ATC 系统的核心技术多为引进、消化、吸收、创新，数字化程度高，技术先进。ATC 系统由 ATP（列车自动防护）、ATO（列车自动驾驶）、ATS（列车自动监督）3 个子系统组成，其中 ATP 子系统是整个系统的核心。在以数字轨道电路为基础的 ATC 系统中，无绝缘音频数字轨道电路则是 ATP 子系统的基础，承担着最重要的 ATP 数据传输和对列车进行检测的任务，是系统中最基础、最重要的部分。

原工法是在总结广州地铁 1 号线 ATC 系统数字轨道电路调试经验的基础上研究、开发的，并在上海地铁 2 号线 ATC 系统工程中加以验证、推广。2003 年通过国家级工法评审后，先后在上海市轨道交通明珠线一期工程（3 号线）、上海市轨道交通明珠线二期工程（4 号线）、上海市轨道交通 2 号线东延伸工程信号系统工程中成功应用，取得了良好效果。

2. 工 法 特 点

2.1 充分运用轨道电路印刷电路板人机接口进行基本参数的设置、观察和检测，简单、易用。

2.2 轨旁、车载紧密结合，利用计算机进行检测，实现了轨道电路数据传输功能测试的自动化、程序化、动态性和持续性，节省时间和人员。

3. 适 用 范 围

本工法适用于以数字轨道电路为基础的城市轨道交通（地下铁道、地面高架轻轨）ATC 系统的调试，也可适用于铁路数字轨道电路的研究、应用和开发。

在基于通信的列车控制系统（CBTC）轨旁数据传输系统（DCS）的测试中，本工法也具有明显的借鉴意义。

4. 工 艺 原 理

利用综合数据统计、分析、优化原理，将车载 ATC 系统调试获得的数字轨道电路动态传输数据，与轨旁系统变量、MT 源程序和控制线数据进行比对、分析，使轨旁、车载互相认定，保证了测试数据的可信度。

其关键技术为：

4.1 人机接口参数设置。

4.2 轨旁、车载互动测试。

4.3 调整、优化轨道电路的基本参数和数据程序文件。

5. 施工工艺流程及操作要点

5.1 工艺流程（图 5.1）

5.2 操作要点

5.2.1 调试准备

1. 研究系统设计图和控制线图纸，熟悉轨道区段的划分和轨道电路的原理、结构和性能。

2. 编制测试程序计划和测试数据表。

3. 编制轨道电路技术参数一览表，包括：轨道电路名称、区段长度、轨道 ID、MT 地址、频率、参考电容、参考电流等。

4. 将系统维护软件、模拟器软件、MT 源程序、MI 源程序、MMI 操作员控制台软件预先装入测试计算机和操作员控制台计算机中。

5. 配制测试计算机接口电缆。

6. 准备通用测试工具和专用仪器仪表，并检查仪器仪表是否经过检定或校准，其有效期和工作性能是否满足测试需要。

7. 熟悉施工现场室内、外作业环境，确认作业通道和测试用电接口，设置必要的警示标志，做好防火、防水、防尘、防磁、防触电、防盗措施。

5.2.2 室内、外设备检查

1. 室外设备检查：

1）踏勘轨道电路区段，调查线路的实际情况，了解各区段的地形和道床情况。

2）确认各轨道区段"S"BOND 节点和耦合（调谐）单元的位置。

3）对室外传输电缆、"S"BOND 电缆、耦合环线、耦合单元及配线进行检查，确保各种电缆布放、设备安装和配线均符合设计要求。

2. 室内设备检查：

1）轨道电路专用电源检查：确认电源系统中轨道电路专用电源断路器、熔断器和供电电压均符合标准要求。

2）室内接地排和机柜接地检查。

3）确认各轨道电路的控制板、电源板、辅助板等印刷电路板插接到位。

4）确认主、备用轨道联锁计算机 MT 电路板插接到位。

5）确认各设备间连接电缆插接到位。

5.2.3 设置轨道电路基本参数

1. 轨道电路板设置：按照图纸，在控制板上安装 PROM，调整、核对各种跳线位置。

2. MT 程序加载：通电启动轨道联锁计算机 MT，使用便携式电脑和系统维护软件将 MT 程序加载到主、备用轨道联锁计算机 MT 中。程序加载完毕后，重新启动 MT。

3. 轨道电路通电启动：观察 RAM 测试、PROM 测试以及底板 EEPROM 数据读取等初始化信息，检查轨道电路板启动是否正常。若初始化测试达不到理想标准，则根据控制板上的提示信息进行故障处理。

4. 设置轨道电路 MT 通信地址和识别 ID。

5. 轨道电路调谐：调整轨旁耦合单元，使其在发送和接收信号时处于最佳工作状态。应在室内和轨旁接收端耦合单元处同步进行调谐。

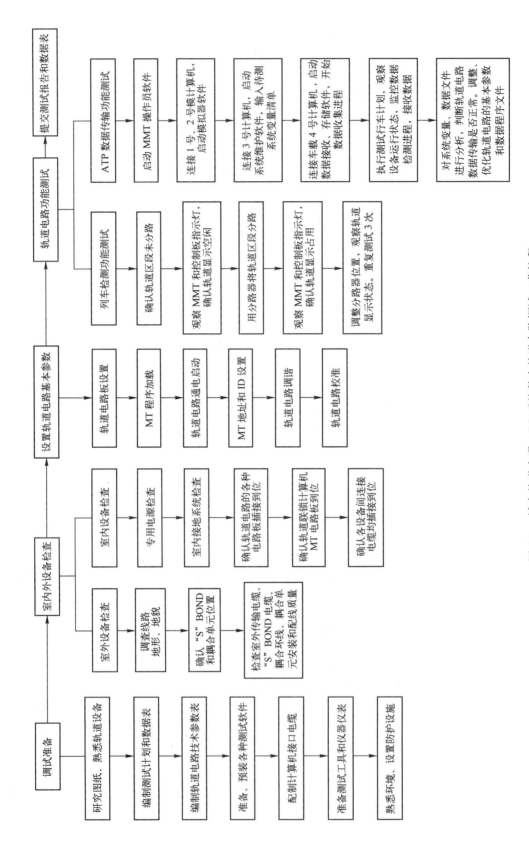

图 5.1 城市轨道交通 ATC 系统数字轨道电路调试工艺流程

调谐步骤如下：

设置轨道电路方向；

输入轨道电路频率；

设置脉冲宽度；

调整轨旁接收端耦合单元的电容（或电感）跳线，用示波表监视信号的频率、波形和幅度，直至信号谐振、幅度达到最高标准。

使用相同方法，对轨道电路的另一个方向进行调谐。

通过控制板内置程序，将设置参数写入底板 EEPROM 中，然后重新启动控制电路板。

调谐过程中，应随时将调谐数据记入测试数据表中。

6. 轨道电路校准：校准程序是用来调整轨道电路发送功率的，须在室内和轨旁接收端 "S" BOND 电缆和耦合环线处同步进行。

1）轨道电流的校准：

设置轨道电路方向；

设置轨道电路频率；

设置脉冲宽度；

调整发送变压器电压，改变发送功率，在室外轨道区段接收端 "S" BOND 电缆和耦合环线处，用示波表或动态信号分析仪测量轨道电流，使接收端轨道电流达到额定电流要求；

设置轨道电路分路检测门限电压（比数）；

调整接收变压器电压，用示波器观察接收端信号波形、幅度，使其达到最佳状态；

检查信号失真度不超出规定范围；

测试轨道电路分路性能：在轨旁接收端 "S" BOND 电缆前方进行轨道分路，在室内检查接收电平是否低于分路检测门限电压。

使用相同方法，对轨道电路的另一个方向进行校准。

2）通过控制板内置程序，检查、确认以下各项：

调整接收器抽头，将电平控制在规定范围内；

最大误差值应在规定范围内；

检查轨道区段未分路时的接收电平比数；

当轨道区段在分路条件下，接收电平比数应达到规定要求。

3）通过控制板内置程序，循环检查各参数设置，若符合要求，则将设置参数写入底板 EEPROM 中，然后重新启动控制电路板。

4）校准过程中，要将所有校准数据记入测试数据表中。

5.2.4 轨道电路功能测试

轨道电路的功能主要是检测列车运行和机车信号数据（ATP 控制线数据）传输。

1. 列车检测功能测试

检查室外轨道区段，确认轨道区段空闲和没有分路；

观察操作员控制台计算机和轨道电路控制板上的指示灯，确认轨道区段空闲；

在室外，用分路器分路轨道区段；

观察操作员控制台计算机和轨道电路控制板上的指示灯，确认轨道区段占用；

当分路器在不同位置进行分路时，确认系统仍然显示轨道区段占用。

2. 控制线数据传输功能测试

1）启动操作员控制台计算机，执行 MMI 软件。

2）将1号、2号计算机分别接入测试站两侧的网络环路接口，启动模拟器软件，模拟测试站左右两侧集中站的工作条件。

3）将3号计算机接入在线轨道联锁计算机 MT，启动系统维护软件，输入待检测系统变量清单，启动系统变量历史记录功能。

4）将 4 号计算机接入车载 ATC 系统数据接收、检测接口，启动数据接收、存储功能。

5）由轨旁测试工程师负责为列车运行建立进路；通过操作员控制台计算机或轨道电路控制板显示器、指示灯，观察轨道电路工作状态；监控系统变量检测计算机数据记录进程。

6）由车载测试工程师负责与轨旁工程师进行联络、协调，监控测试计算机数据接收、处理进程。

7）测试完毕，将变量、数据记录文件编号、归存，并标明测试区段及测试时间。

8）对轨旁系统变量和车载数据历史记录进行分析，与 MT 源程序和控制线图纸进行比对，判断轨道电路数据传输是否正确，对以下有可能产生的传输故障进行分析判断：

室内轨道电路控制板、辅助板故障；

轨旁耦合单元、BOND 缆、环线故障；

MT 源程序编制错误；

控制线图纸数据计算错误；

车载 ATC 接收设备故障。

9）根据数据分析，调整、优化轨道电路的基本参数和数据程序文件。对轨道电路故障进行持续监测和调整、优化，直至所有轨道电路达到最佳工作状态。

10）整理、记录测试数据。

5.2.5 提交测试报告和测试数据表。

5.3 劳动力组织

5.3.1 基本参数设置：4 人，其中，

室内工程师：1 人，负责室内设备参数设置和观察；

轨旁工程师：2 人，负责轨旁设备参数调整；

辅助人员：1 人，负责室、内外通信联络。

5.3.2 功能测试：3 人，其中，

室内工程师：1 人，负责室内设备监测；

车载工程师：1 人，负责 ATP 数据车载接收和监控；

轨旁辅助人员：1 人，负责车地协调、配合。

测试工程师应具有铁路信号或电子类专业本科以上学历、工程师以上职称，辅助人员应具有铁路信号专业中专以上学历、技术员以上职称。所有测试人员应具有良好的计算机应用水平和英语读、写能力，能够熟练使用各种仪器、仪表。

6. 材料与设备

本工法采用的机具设备见表 6。

主要机具、仪器、仪表配备

表 6

序 号	名 称	单 位	数 量	序 号	名 称	单 位	数 量
1	便携式电脑	台	4	8	印刷电路板测试探针	个	2
2	Fluke 92B 型手持式示波表	个	2	9	套筒扳手	套	1
3	HP3569A 动态信号分析仪	台	1	10	组合螺丝刀	套	1
4	Fluke87 数字万用表	个	1	11	防静电腕带	个	2
5	轨道电路分路器	个	2	12	熔断器拔插器	把	1
6	电话总机、分机	套	1	13	IC 芯片拔插器	把	2
7	大功率对讲机	台	2				

7. 质 量 控 制

7.1 质量标准

因国内尚无城市轨道交通 ATC 系统的专业标准，故本工法参考执行下列标准：

《铁路信号工程施工质量验收标准》TB 10419—2003；

《地下铁道设计规范》GB 50157—2003；

《地下铁道工程施工及验收规范》GB 50299—1999。

此外，ATC 系统设备供货合同中的专用合同条款（即技术规格书）和系统供货商提供的系统设计文件也为本工法的重要依据。

7.2 质量控制

7.2.1 进行技术培训，确保所有调试人员理解系统设计原理、熟悉系统设计图，对系统设备的结构和功能、调试流程、调试方法、注意事项能够做到全面理解和掌握。

7.2.2 要求所有调试人员能够熟练使用计算机、动态信号分析仪、手提式示波器、手持式示波表等高、精、尖测试仪器、仪表。

7.2.3 要求所有调试人员对电子元件器、印刷电路板、控制芯片、计算机软件有较高的认识能力和水平。

7.2.4 加强计算机使用控制，确保各种电子记录文件真实、有效。

7.2.5 严格控制测试过程中的质量活动，真实记录各种测试数据，并请工程监理和供货商督导签字确认。

7.2.6 对发现的系统设计错误，要及时在图纸上用彩笔标识，并向工程监理、供货商督导提出书面报告，请他们给予最后确认。未经最后确认的图纸修改仅供参考，不得发放使用。

8. 安 全 措 施

本工法遵守《铁路工程基本作业施工安全技术规程》TB 10301—2009 和 ATC 系统供货商有关产品安全的规定，并采取以下措施：

8.1 对设备房环境进行有效控制，设置防火、防水、防尘、防触电等各种警示标志。

8.2 插接电路板、IC 芯片时，严格按规程操作，做好防磁、防静电工作，以免造成设备损毁。

8.3 施工前须到车控室登记要点，施工现场要设防护标志，设专人防护。进行道岔操作时，要有车站值班员在场检查、确认。

8.4 严格按照测试行车计划行车，行车前要经行调和车站值班员确认。

8.5 线路内作业要避免触及接触网，防止发生高压触电事故。

8.6 作业完毕，要向车站值班员和行车调度销点，在此之前严禁私自离开工作现场。

8.7 加强计算机使用控制，参与测试的计算机要设专人管理，不得挪作他用，严禁私自删除、拷贝、修改电子数据档案。

9. 环 保 措 施

9.1 施工现场的环境管理保护符合《中华人民共和国环境保护法》、《中华人民共和国大气污染防治法》、《中华人民共和国固体废物污染环境防治法》、《中华人民共和国环境噪声污染防治法》等法律法规的规定。

9.2 强化环保意识，遵守法律法规，实施绿色施工，厉行节能降耗。

9.3 对设备房环境进行有效控制，设置防火、防水、防尘、防触电等各种警示标志。

9.4 试验人员着装统一，干净整洁。

9.5 设备房内禁止吸烟及乱扔杂物，保持室内干净。

9.6 试验设备摆放整齐、有序。

9.7 保持试验现场出入的通道畅通。

9.8 防止噪声、光污染及电磁干扰，接受当地无线电管理部门对电台、对讲机等无线通信设施的管理，减少电磁的干扰。

9.9 生活、生产垃圾进行必要的处理，保持现场环境的清洁。

9.10 施工过程中产生的废线缆头，废旧金属、塑料、电缆盘、包装箱等可回收利用的废弃物，及时回收集中处理。

10. 效 益 分 析

无绝缘音频数字轨道电路，改变了传统轨道电路的形态和功能，集成度高，易于维护，在城市轨道交通系统中具有广泛的应用。在我国既有铁路提速防护和新建高速客运专线工程中，也借鉴了相关的技术。

本工法针对ATC系统数字轨道电路数字化程度高、人机接口丰富、软件齐备的特点，充分发挥计算机的作用，强调系统变量和数据分析的作用，将轨道电路功能测试与车载ATC系统测试互动进行，数据互相验证。因此本工法仅需进行1次测试，且测试条件接近于列车的实际运行状况，而传统的模拟测试在顺利的情况下，至少要进行地面静态调测和被动车载检验2次测试。因此本工法可以节省时间50%左右，减少用工30%～50%，同时还保证了系统测试的动态性、全面性和测试数据的可信度。

本工法提高了系统测试的电子化程度，适应了当今技术发展要求，增强了工程技术人员的系统分析和综合测试能力，有力地促进了本地工程技术人员的培养和进步。就人才培养和积累而言，本工法具有长远的社会效益。

另一方面，工程技术人员的本地化，能够减少对外方工程技术人员的过度依赖，有利于降低工程成本。以上海地铁2号线工程为例，外方工程技术人员仅1人，其余均为中方工程技术人员，人工费用仅为外方的4%左右，涉外费用支出减少了80%以上，有着可观的经济效益。

11. 应 用 实 例

1999年开工建设的上海地铁2号线一期工程信号系统安装工程，采用美国USSI公司ATC系统设备，是国内第一个由安装承包商承担全部调试任务的ATC系统。该线路为临时商业运营线路，作业时间短，作业环境复杂，系统调试牵扯面广，安全性较差。应用本工法，充分利用计算机检测的优势，车、地结合，有效地克服了现场工作条件复杂、作业时间短的困难，保证了轨道电路的调试速度和质量，3～4名工程技术人员仅用了28d（累计时间，每天工作3h左右）就完成了全线220余个轨道区段的调试，为系统提前投入运营、扩能增效奠定了坚实的基础。经过长时间的加电运行和持续监测，用此工法调试过的轨道电路运行良好，性能稳定，无须反复调试，应用效果明显。

2009年开工建设的上海地铁2号线东延伸工程信号系统安装工程，同样采用美国USSI公司ATC系统设备。在数字轨道电路调试中成功应用本工法，按期高质量地完成了系统调试工作，系统运行至今安全、稳定、可靠，为上海市轨道交通事业的健康、持续发展和2010年上海世博会的成功举办作出了贡献。

轨枕埋入式无砟轨道施工工法

YJGF24—2002（2009～2010 年度升级版- 039）

中铁十一局集团有限公司

崔幼飞　张军林　雷鹏飞　郑红伟　赵洪洋

1. 前　言

《轨枕埋入式无砟轨道施工工法》是在原工法《桥上长枕埋入式无砟轨道施工工法》的基础上创新改进施工工艺而形成的。原工法在严寒地理环境条件下的秦沈客运专线沙河特大桥桥上得到了成功应用，后来在武广客专、石武客专、哈大客专等高速铁路施工中借鉴了《桥上长枕埋入式无砟轨道施工工法》的关键技术和施工工艺，并进行了相应的创新和提高。通过多条高速铁路的工程实践、积累和总结，形成本工法。轨枕埋入式无砟轨道施工包括用于道岔部分的长枕埋入无砟轨道和用于线路路基、桥梁、隧道部分的双块式无砟轨道施工。本工法结合现场应用情况，主要介绍了 CRTSⅠ型双块式无砟轨道施工中的机具设备、施工工艺、质量控制及环境保护措施等要点。本工法中的关键技术由中国铁道建筑总公司于 2010 年 11 月 17 日在北京组织了评审，各评审专家一致认为，该技术处于国内领先水平。

2. 工法特点

《轨枕埋入式无砟轨道施工工法》是对原工法《桥上长枕埋入式无砟轨道施工工法》的创新与升级。主要区别表现在：1）采用了轨排横向固定体系，为了保证在浇筑混凝土过程中轨道几何尺寸不变形、中线不偏移，对轨排进行固定，增加轨排横向固定体系，横向固定体系一端连接于桥梁防撞墙上，另外一段用卡盘连接在钢轨底部，以保障轨道结构稳定。2）采用了新的轨枕结构形式，双块式轨枕由两侧轨枕块及桁架钢筋组成，减轻了轨枕自身重量，增强了轨枕与道床板混凝土的连接；轨排不需要车辆运输，物流简便；施工工艺简单易懂，便于掌握。3）运用了全新的高精度三维控制测量技术。

2.1 提高工程质量。轨道精度高，本工法采用轨排横向固定体系，轨排组装完成、精调后用轨排横向固定体系固定在桥梁防撞墙上，形成整体结构，轨道在外力作用下，确保轨道有良好的稳定性、连续性和平顺性，精度不会变化。

2.2 加快施工进度。与原有的桥上长枕埋入式无砟轨道施工工法相比较，轨枕埋入式无砟轨道是把原有的长枕经过创新，使轨枕中部没有混凝土只有桁架钢筋，和原有的长枕相比轨枕整体重量减轻三分之一，由于重量减轻，在轨枕的运输、装卸、轨排组装时节约了时间及劳力。

2.3 降低工程成本。本工法运用了全新的高精度三维控制测量技术即 CPⅢ控制网的测量方法。轨道精调小车自动测量轨距、超高及三维坐标，在精调小车专用电脑上显示轨道水平、高低、位置所需调整量进行调整。确保轨道的测量精度。轨道精调控制轨向 2mm/30m 弦，10mm/300m 弦，水平（超高）1mm，高低 1mm，轨面高程±2mm，轨道中线±2mm。后期的长轨铺设后线路平顺性非常好，减小了轨道的调整量。节约了调整扣件、劳力及为后期轨道联调联试提供充足时间。

2.4 工法虽然工序多而复杂，但是将工序内部工作细化，分工明确，形成流水作业，施工人员经过培训合格，就可以上岗操作。

2.5 本工法具有机具设备更科学，施工精度更高，成本低、效率高、工期短等突出优点，应用前景广阔。

3. 适 用 范 围

本工法主要适用于铁路隧道、桥梁、大型车站、道岔等地段的长枕埋入式和双块式无砟轨道施工，也可适用于基础稳定的土质路基和石质路堑地段的长枕埋入式和双块式无砟轨道施工。对铁路整体式道床、城市地铁、城市轻轨等结构类型相同的轨道工程施工也有一定的参考价值。在速度 200～350km/h 客运专线无砟轨道施工中尤其适用。

4. 工 艺 原 理

4.1 轨枕埋入式无砟轨道施工工艺原理是采用现场原位轨排组装或直接布枕方案，将轨枕按照设计标准距离，采用 Vossloh300－1U 型扣件。Vossloh300－1U 型扣件结构简单，连接紧密，弹性好，扣压力大，钢轨防爬阻力大，装卸方便，养护维修工作量小，使用安全性可靠，寿命较长。将扣件系统整理好，检查轨枕与工具轨的平直度以及扣件是否发生塑性变形，如不满足要求则进行调整，利用专用吊具将工具轨吊到轨枕上，按照扣压要求拧紧扣件。轨枕采用桁架结构，桁架式结构利于轨枕和道床混凝土很好的粘结，从而和道床成为一体，大大提高无砟轨道的耐久性和使用年限。人工粗调、粗调机粗调，然后通过高精度螺杆调节将轨排全部悬空后定位，进行横纵向钢筋的绑扎，交叉点要用绝缘绑带绑扎绝缘，立横纵向模板，安装轨排横向固定体系，配属轨道精调小车调整，在调整混凝土浇筑前中后等实行全过程仪器检测，形成施工工艺。

4.2 螺杆调节器原理

4.2.1 支承体系由托盘结构和螺杆组成，托盘上滑动板可以左右滑动，用以实现轨道的横向调整，旋动螺杆调节轨道的高低。按照轨道的水平或超高结构选择相应的螺栓孔。螺栓孔选用的正确与否直接影响轨道的精度（图 4.2.1-1、4.2.1-2）。

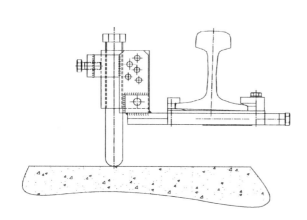 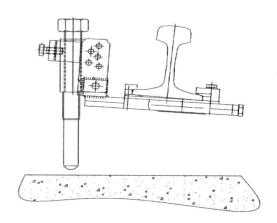

图 4.2.1-1　轨道水平结构螺栓孔的选用　　　　　图 4.2.1-2　轨道超高结构螺栓孔的选用

4.2.2 轨道精调原理

全站仪设站：全站仪采用自由设站法定位，观测前后 4 对连续的 CPⅢ点，自动平差、计算确定位置。改变测站位置时，必须至少交叉观测后方利用过的 4 个控制点。为加快进度，每工作面宜配备 2 台全站仪（图 4.2.2）。

4.2.3 轨排固定原理

轨枕埋入式无砟轨道在精调后，为了保证在浇筑混凝土过程中轨道几何尺寸不变形、中线不偏移是至关重要的，对轨排进行固定，增加轨排横向固定体系，横向固定体系一端连接于桥梁防撞墙上，另外一段用卡盘连接在钢轨底部，以保障轨道结构稳定（图 4.2.3）。

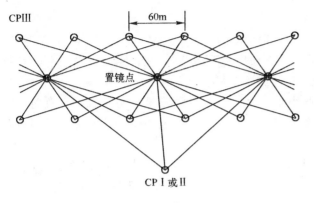

图 4.2.2　CPⅢ精测网　　　　　　　　图 4.2.3　轨排横向固定

5. 施工工艺流程及操作要点

5.1 工艺流程，见轨枕埋入式无砟轨道施工工艺流程图（图 5.1）。

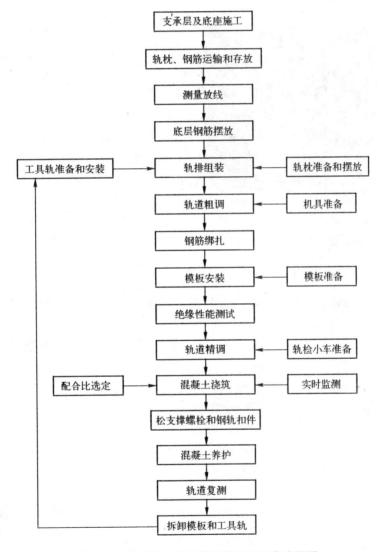

图 5.1　轨枕埋入式无砟轨道施工工艺流程图

5.2 轨枕埋入式无砟轨道的施工是环环相扣，每道工序都相互制约，前一道工序的好坏直接影响下一道工序的施工。

5.3 轨道精度控制是本工法成败的关键技术

5.3.1 轨枕编号：精调之前应对轨枕编号，便于测量和调整。

5.3.2 全站仪设站：全站仪采用自由设站法定位，观测前后4对连续的CPⅢ点，自动平差、计算确定位置。改变测站位置时，必须至少交叉观测后方利用过的4个控制点。

5.3.3 测量轨道数据：使用全站仪测量轨道精调小车棱镜，小车自动测量轨距、水平、轨向、轨面高程、中线位置，通过配套软件自动计算实际测量数据和设计理论数据的偏差值，并迅速显示到精调小车电脑显示屏幕，指导轨道调整。

5.3.4 调整标高：旋转竖向支撑螺杆，调整轨道水平、高程。轨道精调控制标准：轨距±1mm，轨向2mm/30m弦、10mm/300m弦，水平（超高）1mm，高低1mm，轨面高程±2mm，轨道中线±2mm。

5.3.5 调整轨道中线：采用双头调节扳手通过螺杆调机器调整，调整完后用轨排横向固定体系固定。

5.3.6 精调完成后要尽快浇筑混凝土（间隔时间不宜超过2h），暂不能浇筑混凝土时要加强保护，未经允许作业人员不得上轨排作业，其他人员严禁上轨排行走，若轨温变化幅度超过±15℃，或受到外部条件影响，必须重新调整。

图5.4 轨枕摆放

5.4 结合物流通道、物流规划现场标记轨枕堆放位置及间距。轨枕验收及现场堆放。轨枕进场前质检人员对轨枕进行检验，验收项目包括轨枕外观质量和尺寸检查。轨枕垛按（5根×4层）摆放，层间用10cm×10cm方木支撑于承轨槽顶面，并绑扎牢固。采用汽车吊或龙门吊装卸轨枕。在指定的地点存放，并在轨枕和地面、轨枕和轨枕之间放置垫木（图5.4）。

5.5 底座清理及施工放样：复测底座高程，清除道床板范围内下部结构表面浮砟、灰尘及杂物。测设并标记一个线路中线控制点，标示出道床板纵向模板内侧边线和横向模板固定钢条位置。

5.6 轨排组装

5.6.1 散布轨枕

桥梁地段散布轨枕：间隔凸台左、右两侧，各预置1块不低于凸台设计高度的纵向方木（约15cm×15cm），垫木支撑在扣件下方保证双块式轨枕两端均匀受力，桁架钢筋不弯曲变形。清理轨枕扣件上的灰尘、混凝土渣等杂物；检查已完成散布轨枕间距，间距要在规范允许误差范围内。同组轨枕间距误差不大于±5mm，左右偏差不大于±10mm；两组轨枕间距偏差不小于±10mm，左右偏差不大于±10mm；散布后的轨枕线形平顺，与轨道中线基本垂直。

5.6.2 安装工具轨

工具轨进场前质检人员对工具轨进行检验，对不合格、损坏的工具轨拒绝使用，检查工具轨上有无未清理混凝土，包括钢轨底部。用专用吊具吊放工具轨到轨枕上，吊放时设专人指挥，确保前一根工具轨末端不在轨缝处轨枕上方，两工具轨之间轨缝最小1.5cm，最大15cm。

5.6.3 轨排连接组装

检查轨枕与工具轨的垂直度，如不满足要求则进行调整。使用双头内燃机扭矩扳手同步拧紧一套扣件系统的2个螺栓，确保两侧扣件压力均匀，减少安装误差。路隧段扣件螺栓扭矩控制在200N·m左右，桥梁段扣件螺栓扭矩约为140N·m。

5.6.4 安装螺杆调节器、钢轨托盘

螺杆调节器干净，无混凝土附着，平移板已涂油并活动自如，托轨盘已涂油防护，部件配置数量齐全，部件使用工作状态完好。将钢轨托盘平装到轨底，螺杆放置边缘待用；一般直线地段，每隔3根轨

枕两侧对称各设一个螺杆调节器，曲线超高段隔2根轨枕设一对；在每个轨排端的第一根轨枕后安装一对螺杆调节器。

5.7 轨排粗调

用人工进行粗调时，将起道器按照一定间距对称放置于同一轨排两侧，使用普通水准仪对轨排水平、垂直、超高位置进行测量，使用方尺中央绑锤球对线路中桩的方法，通过调整起道器使轨排的水平、垂直、超高位置满足要求，再进行下一轨排的调节（图5.7）。

图 5.7 轨排粗调

用粗调机进行粗调，粗调机沿工具轨自行驶入，4个调整单元布置在一个轨排上，动力牵引单元落在下一个轨排上；通过粗调机与全站仪之间的数据传输，进行水平、垂直、超高位置的自动调节，满足要求后，粗调剂走形移位至下一轨排单元进行调整。

5.8 道床板钢筋绑扎

5.8.1 按照设计要求绑扎钢筋，钢筋交叉部位设置绝缘卡，用尼龙自锁绑扎带（绝缘扎带）绑扎牢固。

5.8.2 接地钢筋焊接，单面焊接长度不小于200mm，双面焊接长度不小于100mm。

5.8.3 钢筋绝缘检测，钢筋绑扎和焊接完成后应进行绝缘测试，接地钢筋以外的任何两根钢筋之间的电阻值不小于2MΩ。

5.9 模板安装

5.9.1 模板内侧应平整、光滑，无变形、无杂物。

5.9.2 模板安装位置正确，满足规范和设计要求。

5.9.3 模板安装牢固，模板接缝严密平整，底部应密封。

5.9.4 混凝土保护层厚度必须满足规范和设计要求。纵向模板安装要求（表5.9.4）。

纵向模板安装精度表　　　　　　　　　　　　　　　　　　表5.9.4

序　号	项目名称	允许偏差	检测工具与方法	备　注
1	纵向模板垂直度	2mm	尺量	
2	纵向模板位置	2mm	尺量	
3	表面平整度	1mm/2m	用靠尺、塞尺	
		2mm/5m	用悬线、塞尺	
		3mm/12m	用悬线、塞尺	
4	横向脉搏拼缝错台量	±0.5mm	游标卡尺	
5	横向模板拼缝间隙	1mm	拉线和尺量	
6	模板长度	±3mm	卷尺	
7	模板宽度	±1mm	直尺	

5.10 轨道精调

5.10.1 轨枕编号：精调之前应对轨枕编号，便于测量和调整。

5.10.2 全站仪设站：全站仪采用自由设站法定位，观测前后4对连续的CPⅢ点，自动平差、计算确定位置。改变测站位置时，必须至少交叉观测后方利用过的4个控制点。为加快进度，每工作面宜配备2台全站仪。

5.10.3 测量轨道数据：使用全站仪测量轨道精调小车棱镜，小车自动测量轨距、水平、轨向、轨面高程、中线位置，通过配套软件自动计算实际测量数据和设计理论数据的偏差值，并迅速显示到精调小车电脑显示屏幕，指导轨道调整。

5.10.4 调整标高：旋转竖向支撑螺杆，调整轨道水平、高程。

5.10.5 调整轨道中线和轨向：采用双头调节扳手调整，路基上采用地锚螺栓调整，桥梁上采用斜撑调整。

5.10.6 精调完成后要尽快浇筑混凝土（间隔时间不宜超过2h），暂不能浇筑混凝土时要加强保护，未经允许作业人员不得上轨排作业，其他人员严禁上轨排行走，若轨温变化幅度超过±15℃，或受到外部条件影响，必须重新调整。

5.10.7 轨道精调控制标准：轨距±1mm，轨向2mm/30m弦、10mm/300m弦，水平（超高）1mm，高低1mm，轨面高程±2mm，轨道中线±2mm。安装轨排横向固定体系。路基地段每隔3根轨枕安装1个地锚螺栓，桥梁直线段每隔3根轨枕安装1个轨排横向固定体系（机械工装不能安装，否则影响工装走行），曲线超高段每隔2根轨枕安装1个轨排横向固定体系。

5.11 道床板混凝土浇筑

5.11.1 混凝土浇筑前应对浇筑面进行清理和洒水湿润，对模板、支撑系统进行复查，对钢轨、轨枕和扣件进行覆盖。

5.11.2 混凝土运输到现场后应检测坍落度、含气量和入模温度。坍落度宜控制在100～140mm，最佳为120mm；入模温度应控制在5～30℃，最佳为5～15℃。

5.11.3 混凝土浇筑时应沿轨枕空格连续浇筑，让混凝土从轨枕下面漫流至下一个轨枕空格，当两轨枕之间空格填满并略高于设计标高时，方可移至下一格浇筑，避免在轨枕下面出现空洞。

5.11.4 人工捣固时，宜采用4根捣固棒（中间2根、两侧各1根）同时捣固，并紧跟混凝土浇筑面，面朝浇筑方向略向后倾斜斜插捣固，利于挤出枕底气泡。

5.11.5 抹面和清理。抹面分3次进行，第一道是在混凝土浇筑约半小时后进行初步抹平；第二道是在混凝土浇筑1h后进行精细找平；第三道是在混凝土初凝前将表面压光。按设计设置横向排水坡，表面平整、光滑，要特别注意钢轨托盘下方和轨枕块四周的处理（图5.11.5）。

图5.11.5 人工抹面

道床板混凝土振捣密实后，表面应按设计设置横向排水坡，人工整平、抹光，其尺寸允许偏差应符合表5.11.5要求。

道床板表面尺寸允许偏差 表5.11.5

序 号	检 查 项 目	允许偏差（mm）
1	顶面宽度	±10
2	道床板顶面与承轨台相对高差	±5
3	伸缩缝宽度	±5
4	中线位置	2
5	平整度	2/1m

5.12 松动支撑螺栓和松开钢轨扣件

混凝土初凝后，将竖向支撑螺栓松动 1/4 圈，松开钢轨扣件和钢轨接头鱼尾板螺栓，释放轨道应力。

5.13 混凝土养护

应在混凝土初凝后 12h 内覆盖和洒水养护，洒水次数应能保持混凝土处于湿润状态；当环境温度低于 5℃ 时，禁止洒水养护。加强混凝土养生，养生期不少于 7d，夏季应落实防晒、保湿措施，冬季应落实防冻、保温措施。

5.14 轨道复测

混凝土终凝后，应拧紧钢轨扣件，对轨道进行复测，复测数据与混凝土浇筑前的数据进行对比分析。如果出现较大变化，分析原因，改进施工工艺。

5.15 拆卸模板、螺杆调节器和工具轨

混凝土终凝 2～4h 后即可拆除螺杆调节器并松动模板，完成轨道复测后即可拆除工具轨，混凝土抗压强度不小于 5MPa 时可以拆除模板。拆除后的模板、螺杆调节器和工具轨应进行彻底清理和保养，运至下一施工段落重复使用。采用无收缩砂浆封堵螺杆孔。

6. 材料与设备

6.1 本工法所需材料（表 6.1）

每一个工作面 200m/d 需要的材料表   表 6.1

序　号	材　料	规格型号	单　位	数　量
1	工具轨	CHN60	m	400
2	扣件	Vossloh 300−1	套	640
3	轨枕	WG−1	根	320
4	混凝土	C40	m³	190
5	钢筋	HRB335	t	33
6	聚丙烯土工布	4mm，700g/m²	m²	620
7	弹性垫板	A1、A2、B	m²	24
8	接地端子	不锈钢	个	64
9	绝缘卡	十字形、一字形	个	15100

6.2 主要机具设备（表 6.2）

每一个工作面 200m/d 需要的机具设备表   表 6.2

序　号	设备名称	规格型号	单　位	数　量	作业项目
1	散枕机	JTL210E	台	1	散布轨枕
2	粗调机	RP1500−4	台	1	轨排的粗调
3	精调小车	GRP1000S	台	1	轨道的精确调整
4	螺杆调节器	TP	套	2000	支承轨排
5	徕卡 1201	TCRP1201	台	4	测量
6	徕卡 2003	TCA2003	台	1	CPⅢ测量
7	天宝电子水平仪	DINI12	台	1	CPⅢ测量
8	SG−1型数字轨检尺	SG−1型	把	1	测轨距、水平
9	钢轨检查器	NZC1.0、YB60−350	套	1	钢轨扭矩、平直度、尺寸
10	液压扳手	重庆运达	台	2	紧固扣件螺栓
11	轨排固定拉杆	自制	套	150	固定轨排
12	轨距撑杆	自制	套	150	调整轨距

6.3 材料及机具设备的选择

工具轨是施工过程中必不可少的周转材料，为了组装轨排保证线路的平顺性。WJ－7 型扣件结构简单，连接紧密，弹性好，扣压力大，钢轨防爬阻力大，装卸方便，养护维修工作量小，使用安全性可靠，寿命较长。

7. 质 量 控 制

7.1 本工法施工质量控制应符合《客运专线无砟轨道铁路工程施工质量验收暂行标准》铁建设 [2007] 85 号及相关规定。

轨枕埋入式无砟轨道施工测量应符合《客运专线无砟轨道铁路工程测量暂行规定》（铁建设函 [2006] 189 号）的有关规定。

施工过程中对路基、桥涵和隧道的沉降变形观测应符合《客运专线铁路无砟轨道铺设条件评估技术指南》（铁建设函 [2006] 158 号）相关规定。

混凝土用原材料、拌制、运输、浇筑及钢筋连接、安装等均应符合《铁路混凝土工程施工质量验收补充标准》（铁建设 [2005] 160 号）和现行《铁路混凝土工程施工技术指南》TZ 210 有关规定。

7.2 对所有的轨枕进场时进行外观、外形尺寸检查，轨枕上扣件系统的外观外形必须同时检查，不合格轨枕拒绝进入现场。

7.3 工具轨在安装前，必须检查工具轨平直度，如出现明显弯曲、扭曲变形、端头有硬弯，未经校正不得使用；每次使用工具轨上必须清理混凝土，将工具轨上的附着物清理干净。

7.4 对于道床板钢筋绝缘处理、综合接地等关键工序，对有交叉点处均进行绝缘测试，接地及绝缘不合格，不允许浇筑混凝土。

7.5 模板在安装就位后，检查模板拼缝处是否严密，竖向边框是否垂直，以防止漏浆。测设线路中线，标定轨道板、模板、基座条的固定位置。纵、横向模板安装一定要垂直，纵模板行车轨道下的支撑垫块一定要牢固平整，设备通过时不得有任何松动，否则影响模板的垂直性。

7.6 轨道精调是轨枕埋入式无砟轨道的核心，是轨道能否成功的关键。

7.6.1 内业质量必须准确无误，仔细核对设计数据（平曲线，竖曲线，超高），检核无误输入到计算机中，对 CPⅢ点的数据导入计算机中，及时更新数据。

7.6.2 测量误差控制措施，采集数据时小车要停稳，全站仪测量时尽量保证工作的连续性，目标距离对无砟轨道测量控制在 40～50m，测量条件较差时，进行测量或者根据具体环境缩短目标，全站仪采用后方交会的方法进行设站。为了确保全站仪的设站精度，建议使用 8 个后视点，如果现场条件不满足，至少应使用 6 个控制点，下一区间设站时至少要包括 4 个上一区间精调中用到的控制点，以保证轨道线形的平顺性。

7.6.3 测站中误差限差：东坐标：0.7mm　北坐标：0.7mm　高程：0.7mm　方向：1.4″，必须满足要求，否则重新设站。

7.7 混凝土浇筑质量对无砟轨道的使用寿命有着较大的影响，因此除了混凝土的质量满足要求外还要注意以下几点：

7.7.1 混凝土需 1 个轨枕间距接 1 个轨枕单向连续浇筑，让混凝土从轨枕块下漫流至前一格，不至在轨枕下形成空洞。

7.7.2 在轨排支撑上，轨枕钢筋桁架或多或少是存在一定弯曲变形的，直接浇筑入混凝土内，不但弯曲应力得不到释放，也会由于桁架的弯曲造成轨距变小；再者，混凝土初凝前的竖向收缩会使轨枕底部与混凝土存在微小的间隙。因此，在混凝土初凝前，浇筑约 3h 后，逆时针旋转调节器螺杆，拧松 1/4 圈，约 2mm，消除桁架弯矩和混凝土竖向沉陷产生的间隙由于温差效应，钢轨会产生内部应力，因此，在混凝土浇筑约 4～5h 后，拧松全部扣件，释放钢轨应力；如环境温度变化较大，可适当提前。

7.7.3 混凝土达到设计强度的 75% 前，禁止在道床板上行车及碰撞轨枕。

7.8 施工过程中按照工序要求展开施工，严格过程控制，加强每道工序的监控管理。

8. 安 全 措 施

8.1 施工现场做到布局合理，机械设备安置稳固，材料堆放整齐，用电设施安装触电保护器，场地平整、整洁，为安全生产创造良好环境。施工现场设醒目的安全标语和安全警示标志，提醒工人注意安全。

8.2 所有起重设备、电气设备、运输设备等，加强保养，使其保持良好的工作状态并具有完备的安全装置。

8.3 夜间施工，现场设置足够的照明设施，并有备用照明设施；夜间施工项目在白天交接班时，检查安全情况，进行记录。

8.4 交叉施工的工程项目，在施工前了解交叉施工工作内容、施工时间，安全注意事项等，必要时派专人进行协调、防护，确保安全。

9. 环 保 措 施

9.1 遵照国家环境保护政策以及环境保护的相关要求，并贯彻到整个施工活动过程中，严格执行环保的各项规定。

9.2 施工前对全体员工进行环境保护法规教育和学习，成立领导小组专人负责环境计划的落实。施工现场划分责任区，指定负责人明确责任区的管理责任。

9.3 施工现场设置足够的临时卫生设施，做好施工现场的卫生管理工作，生活垃圾和生产垃圾分类集中堆放在指定地点，按规定及时处理。合理布置施工场地，生产、生活设施尽量少占农田，施工尽量不破坏原有植被，不损坏用地范围外的耕地、树木、果林、堰塘、水渠等，保护自然环境。

9.4 靠近居民区的工点为了防止噪声污染，合理安排施工时间减少对居民的干扰。

9.5 为防止烟尘污染，各种运输车辆使用装有符合国家卫生标准的净化装置。施工垃圾及时清运，适量洒水，减少扬尘。水泥等粉细散装材料，采取封闭存放，卸运时采取有效措施，减少扬尘。

9.6 凡进行施工作业产生的污水，必须控制污水流向，防止蔓延，施工污水严禁流出工地，污染环境。并在合理的位置设置沉淀池，经沉淀后方可排入污水管线。

9.7 制订触电、坠落、机械伤人等各类事故防治措施，对轨排组装、混凝土浇筑、物流等施工阶段进行重点监控。

9.8 操作人员必须持证上岗。结合无砟轨道施工属于进口设备，机械操作人员必须先进行培训，应具有熟练的操作技能并了解施工的全过程才能上岗。

9.9 轨枕和工具轨的起吊和运输属于高空作业，且二者要求质量精度非常高，起吊必须配备专门的工具配合，确保安全。

10. 效 益 分 析

10.1 该工法各工序流水作业，将复杂的工艺分解到各个小工序中，上道工序进度控制下道工序，容易检查发现制约进度的环节，施工进度快质量易控，原计划每天完成150m，采用本工法后工作面每天完成300m，极大地提高了工效，加快了施工进度，节约施工工期，如果在工期非常紧迫的情况下还可以多开工作面。我单位施工的轨枕埋入式无砟轨道复测精度高，历次外方监理检查和质量信誉评价复测合格率均达100％，得到了各方高度的好评。

10.2 本工法在施工中自己发明研制跨轨道轮胎式龙门吊，吊重5t，价格5万元，节约一辆公铁两用车160万元，龙门吊在施工中灵活方便，不影响其他施工工序，并且不占用物流通道。

10.3 混凝土浇筑等设备采用了简易工装，减少一辆轨道混凝土浇筑车，减少设备购置费用，节约资金 260 万元。

10.4 本工法施工的轨枕埋入式无砟轨道精度高，长轨铺设后轨道调整量小，用于调整轨道的扣件材料及劳务费同比节约资金 310 万元。

10.5 轨枕埋入式无砟轨道施工工法是在原工法桥上长枕埋入式无砟轨道施工工法的基础上创新改进施工工艺而形成的，对国内同类客运专线的施工具有重要的参考作用，具有广阔的推广应用价值。

10.6 轨枕埋入式无砟轨道的施工工艺经济、实用，保证了工程的高标准、高质量要求，对客运专线无砟轨道施工具有很强的指导作用和重要参考意义及很高的推广应用价值和良好的社会效益。

10.7 本工法采用轨排法施工，可充分利用丰富的劳动力资源，施工工艺简单易懂，便于掌握。一次性设备投入少，钢轨、模板等周转材料再利用空间大，产生了良好的经济效益。

11. 应 用 实 例

11.1 由中铁十一局集团承建的武广客运专线全长 63.1km，里程范围为 DK1213＋012～DK1276＋136。起于团结特大桥广州台，止于群力特大桥武汉台北端，正线全长 10.15km。其中长枕埋入式无砟道岔 32 组，折合施工 4416m；采用本施工方法在确保施工安全的情况下，施工质量有序可控，实现了无砟轨道施工的目标，工期进度得到了保证。

11.2 哈大客运专线 TJ－3 标，吉林省的四平、长春、松原市及黑龙江省的哈尔滨市境内，里程范围为 D1K579＋140～DK918＋300（不含 D1K579＋140～DK773＋300 范围正线铺轨），标段新建车站 6 个，分别为四平东、公主岭南、长春西、德惠西、扶余北、双城北站。其中长枕埋入式无砟道岔 52 组，折合施工 7176m，双块式无砟轨道 5320m；采用本施工方法在保证施工安全的情况下，也确保了哈大客专联调联试试验。

11.3 石武客运专线湖北段 TJ Ⅱ标管段位于武汉市黄陂区，起于喻家湾 1 号大桥郑州台，止于木兰隧道中部。施工里程为 DK1121＋009～DK1126＋852.5，其中长枕埋入式无砟道岔施工 29 组，折合施工 3602m。石武客运专线 DK1072＋494－DK1075＋701，正线和站线施工总长度 9600m，应用轨枕埋入式无砟轨道施工工法，保证了施工质量，加快了工程进度，节约了工程成本，确保了铺轨工期。

总之，通过在武广客专、石武客专、哈大客专等项目的推广和应用，表明本工法具有应用环境广泛，应用地段多样，施工连续性强，灵活性大，可同时投入多套工装设备展开多个工作面施工，施工进度快、施工效率高、成本低，一次性设备投入少，钢轨、模板等周转材料再利用空间大，具有广阔的推广应用前景。

板式无砟轨道水泥乳化沥青砂浆施工工法

YJGF25—2002（2009～2010年度升级版-040）

中铁十一局集团有限公司

崔幼飞　张军林　彭勇锋　赵洪洋　杨德军

1. 前　　言

《板式无砟轨道水泥乳化沥青砂浆工法》是在原国家级工法《板式无砟轨道 CA 砂浆施工工法》（批准文号：建质［2003］230 号，工法编号：YJGF25—2002）的基础上创新改进施工工艺而形成的。板式无砟轨道包括 CRTS I 型板和 CRTS II 型板，原国家级工法在秦沈客运专线狗河特大桥右线板的结构形式为 CRTS I 型板，提升后的工法涉及到的结构形式主要是 CRTS II 型板。沪杭客专、石武客专、京石客专等高速铁路在施工中借鉴了《板式无砟轨道 CA 砂浆施工工法》的技术积累和成功经验，并在此基础上对施工工艺、工装设备配置、质量标准、安全文明施工等方面进行了改进和提升，通过多条高速铁路的工程实践、积累和总结，形成了本工法。其中的关键技术由中国铁道建筑总公司于 2010 年 11 月 17 日在北京组织了评审，各评审专家一致认为，该技术处于国内领先水平。随着客运专线铁路建设高潮的来临，本工法将给其他同类型的板式无砟轨道水泥乳化沥青砂浆灌注施工提供有力的技术支持和借鉴作用（板式无砟轨道结构示意见图1）。

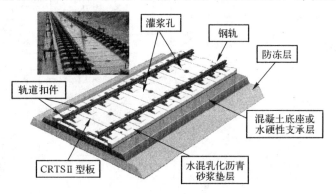

图 1　板式无砟轨道结构示意图

2. 工 法 特 点

2.1 有效提高施工质量。板的精确定位，加固牢靠，避免了后续工序施工对板式结构定位影响；水泥乳化沥青砂浆与原有的 CA 砂浆比较，其检测指标要求更高，且流动性好，能自身充满板底，不需振捣，且灌注工艺可靠，消除了人为不利干扰。

2.2 加快了工程的进度。本工法工序周期短，工装操作简单，施工设备能自由移动，独立性强，可灵活选择多个作业面同时施工。

2.3 降低了施工成本。本工法中板锁定技术减少了吊装设备的使用和劳动力的投入，从而有效节约了施工成本。

2.4 具有很强的操作性和适用性：从施工前准备到施工后砂浆的养护，全面介绍了板式水泥乳化沥青砂浆施工工艺，在沪杭城际、石武、京石客专等多个项目得到成功应用。本工法注重各施工环节工艺合理性的同时，也注重有效降低施工成本，在同类施工中达到先进水平。

3. 适 用 范 围

本工法不仅适用于山区，也适用于其他地区的板式无砟轨道水泥乳化沥青砂浆灌注施工；同时适用于类似技术情况下地铁和城市轻轨等板式无砟轨道水泥乳化沥青砂浆灌注施工。尤其适用于高速铁路客运专线和城际铁路 CRTS II 型板式无砟轨道水泥乳化沥青砂浆灌注施工。

4. 工 艺 原 理

CRTSⅡ型板式无砟轨道水泥乳化沥青砂浆施工的关键：一是保持轨道板精调状态，使铺轨后的线路有良好的初始平顺性，二是保证砂浆有良好的灌注效果，从而增强砂浆的耐久性能。本工法从这两个关键点出发，通过安装压紧装置和采取合理的封边工艺及灌注工艺，保证了精调的轨道板不被扰动，通过熟练掌握砂浆性能，把握润湿、封边和砂浆灌注时间和速度等工艺，使砂浆的灌注效果达到标准要求。

5. 施工工艺流程及操作要点

5.1 水泥乳化沥青砂浆灌注施工工艺流程

水泥乳化沥青砂浆灌注施工主要施工顺序为：轨道板精调→轨道板固定→轨道板封边→灌注砂浆，其施工工艺流程见图5.1。

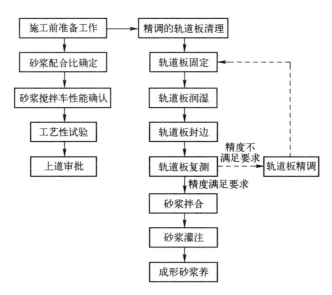

图5.1 水泥乳化沥青砂浆灌注施工工艺流程图

5.2 施工前准备工作

5.2.1 施工前对所有参与水泥乳化沥青砂浆施工各个层面的人员进行岗前理论、操作培训，做到持证上岗。

5.2.2 对进场的水泥乳化沥青砂浆材料进行检验，检查各种材料的合格证及质量证明文件，并送有资质的单位进行型式检验。

5.2.3 砂浆配合比的调整

1. 砂浆基础配合比　砂浆基础配合比由Ⅱ级试验室提供，基础配合比见表5.2.3-1。

2. 砂浆基本配合比　现场工艺性试验的基本配合比由中心试验室根据基础配合比试配得出，基本配合比见表5.2.3-2。

水泥乳化沥青砂浆的基础配合比　　表5.2.3-1

干料 （kg/m³）	乳化沥青 （kg/m³）	水 （kg/m³）	减水剂 （kg/m³）	消泡剂 （kg/m³）
1500	250	150～170	2.0～4.5	0.2～0.5

水泥乳化沥青砂浆的基本配合比　　表5.2.3-2

干料 （kg/m³）	乳化沥青 （kg/m³）	水 （kg/m³）	减水剂 （kg/m³）	消泡剂 （kg/m³）
1500	250	156	3.5	0.3

3. 作业配合比　结合现场使用的砂浆搅拌车，通过调整砂浆的单位用水量和微调外加剂用量，进行灌注前的试拌合，使砂浆的各项检测指标达到或接近试验室基本配合比的检测指标，从而形成现场的作业配合比。作业配合比一般需根据砂浆搅拌车的功率和环境的温、湿度变化作出调整。

5.2.4　砂浆搅拌车性能确认

砂浆搅拌车是水泥乳化沥青砂浆施工的核心设备，其性能必须满足《板式无砟轨道水泥乳化沥青砂浆搅拌车生产制造暂行技术条件》，我公司在石武客专采用邯郸中铁桥梁机械有限公司生产的Ⅰ/Ⅱ－s/d－L800型水泥乳化沥青砂浆搅拌车，该车已通过铁道部技术审查和当地质量技术监督检验部门计量检定，其技术参数如下。沥青砂浆搅拌车见图5.2.4。

图5.2.4　Ⅰ/Ⅱ－s/d－L800型水泥乳化沥青砂浆搅拌车

载料能力：20块物料

计量精度：±1%

车内温度：10～30℃

重载速度：0～20m/min

搅拌机容量：1.25m³

额定搅拌量：800L

储料罐容量：850L

灌注口高度：1600mm

砂浆搅拌车在施工前必须通过试验确定其工作稳定性，表5.2.4是试验过程中对砂浆车的计量误差统计分析，各项误差均在规定范围内。

砂浆车称量误差明细表 表5.2.4

序　号	灌注日期	干料误差（%）	乳化沥青误差（%）	水误差（%）	减水剂误差（%）	消泡剂误差（%）	备　注
1	2010.6.18	0	0.3	0.6	0.2	0.3	
2	2010.6.21	0.3	0.5	0.2	0.2	0	
3	2010.6.21	0.3	0	0.5	0.2	0.1	
4	2010.6.23	0	0.5	0.3	0.1	0.1	
5	2010.6.24	0.1	0.5	0.3	0.2	0.1	
6	2010.6.24	0.1	0	0.3	0.1	0.3	
7	2010.6.26	0.1	0.3	0.4	0.2	0.1	
8	2010.6.26	0.1	0	0.3	0.2	0.1	
9	2010.6.28	0.4	0.3	0.3	0	0.3	
10	2010.6.28	0	0	0.2	0.2	0.2	
11	2010.6.28	0.1	0.3	0.1	0.2	0	
12	2010.6.28	0.1	0.4	0.3	0.2	0.1	
13	2010.6.28	0.1	0.3	0.1	0.2	0	
14	2010.6.28	0	0.3	0.1	0.2	0.1	
误差范围		0～0.4%	0～0.5%	0～0.6%	0～0.3%	0～0.3%	
规定值		0～1%	0～1%	0～1%	0～0.5%	0～0.5%	

5.2.5　工艺性试验

通过水泥乳化沥青砂浆工艺试验，验证水泥乳化沥青砂浆基本性能指标及砂浆搅拌车的性能，确定水泥乳化沥青砂浆的作业配合比和搅拌参数，掌握作业配合比随环境条件改变的变化规律，验证制订的水泥乳化沥青砂浆施工工艺的适应性及合理性，并最终使砂浆的灌注效果达到石武客运专线建设指挥部揭板效果评定标准（表5.2.5），通过模拟现场工况，验证施工方案中机械设备配置和施工工艺的可行性，进一步优化资源配置；也通过此次工艺性试验使CRTSⅡ型板式无砟轨道施工所有参与人员对乳化沥青砂浆施工工艺、资源配备、操作程序有进一步的了解，在进一步了解、规范操作的同时，增强所有施工参与人员的质量意识，为以后施工质量控制打下良好基础。

轨道板揭板评定标准

表5.2.5

序　号	检查内容	标　准
1	水泥沥青砂浆是否泌水	灌注孔及周围不得有泌水，孔内砂浆中间不能有明显下凹
2	水泥乳化沥青砂浆表面的流动痕	揭板后不得有流水痕迹
3	水泥乳化沥青砂浆表面沥青聚积	不得有沥青聚积
4	水泥乳化沥青砂浆表面颜色	表面颜色整体一致，无明显色差
5	水泥乳化沥青砂浆表面痕迹	砂浆表面痕迹与轨道板底面拉毛基本一致
6	水泥乳化沥青砂浆表面气泡（划分区）	10mm及以上气泡的面积之和不得大于板底面积的0.2%，不得有上下贯通气孔；并做5mm及以上气泡统计
7	水泥乳化沥青砂浆断面不断夹层、肉眼可见的气泡集聚，断面内气泡	不得有夹层，30cm断面内大于3mm气泡不得超过1个且大于1mm气泡量不得大于5%
8	水泥乳化沥青砂浆表面起皮、发泡层	不得出现起皮、发泡层；采用刮刀刮动表面无明显刮痕
9	水泥乳化沥青砂浆均匀度	不得分层，不得有肉眼可见沥青颗粒
10	轨道板下的灌浆充盈情况	充盈饱满，砂浆与轨道板四周接触良好
11	粘结情况	1d起吊，吊板用力明显
12	是否有裂纹	不得有裂纹

图5.3　吹风机清除杂物

5.3　轨道板的清理

封边前用吹风机将精调好的轨道板底灰尘及杂物清理干净，用塑料布将轨道板灌浆孔覆盖，防止杂物侵入，见图5.3。

5.4　轨道板固定

为了使轨道板在砂浆灌注时不被浮起，需安装压紧装置将其固定。压紧装置分L形和一字形2种，轨道板两边使用L形压紧装置，相邻轨道板两端合用一字形压紧装置，见图5.4-1和图5.4-2。压紧装置采用槽钢制作，纵向L形压紧装置通过螺杆和配套的膨胀螺栓将其固定在底座上，一字形压紧装置可利用定位锥螺杆，采用翼形螺母将其固定。其中纵向压紧装置可利用封边用膨胀螺栓，这样既节省材料又可尽量减少对底座钻孔损坏。

图5.4-1　轨道板两端一字形压紧装置

图5.4-2　轨道板两侧L形压紧装置

为了掌握轨道板在砂浆灌注时的浮动情况，我们在不同工况条件下的轨道板上安装千分表进行监测，在灌注砂浆时，轨道板横向安装压紧装置，纵向不安装压紧装置，结果发现：直线地段的轨道板在灌注时基本没有浮动现象，曲线地段（超高 130mm），在轨道板低的一侧轨道板至少上浮 2mm 以上。见图 5.4-3 和图 5.4-4。

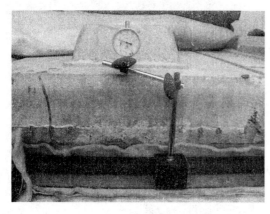

图 5.4-3　安装千分表　　　　　　　　图 5.4-4　安装在曲线段的千分表

通过监测，我们对压紧装置的安装作如下规定：在直线段，轨道板两侧不需设置固定装置，只在两端设置一字形压紧装置；在曲线段，当超高小于 45mm 时，在轨道板两侧中间位置和轨道板两端设置压紧装置，当超高大于 45mm 时，在轨道板两侧各安装 2 个 L 形压紧装置，安装位置距轨道板端部 2m 左右，同时安装端部一字形压紧装置。

5.5　轨道板润湿

砂浆灌注前需对底座及轨道板底进行充分润湿，但不得有明水，润湿的充分与否直接影响砂浆的灌注效果，可用高压水枪对底座和板底进行冲洗，然后用棉布将明水擦拭干净即可，如图 5.5 所示。

5.6　轨道板封边

5.6.1　轨道板横向封边

轨道板横向采用泡沫板及砂浆进行封边。用两条长 2.55m，高约 50cm，厚 5mm 的泡沫板封住轨道板横向缝；每条泡沫板横向剪 2 个排气孔，在排气孔处插入排气管，排气孔采用 ϕ30mmPVC 管制作，管底剪一个 50cm 左右的缺口，靠近轨道板垂直放置。泡沫板间用细砂塞紧填平，砂浆高度与泡沫板顶平齐，见图 5.6.1。

图 5.5　轨道板板底润湿　　　　　　　图 5.6.1　轨道板横向细砂封边

5.6.2　轨道板纵向封边

轨道板纵向采用角钢配套封边带封边。封边角钢有两种型号，长角钢为 2.75m，短角钢为 0.44m，每块板用 4 根长角钢及 4 根短角钢（短角钢为 2 块板共用）。为保证板下砂浆灌注后密实无气泡，在每根角钢上设置 2 个排气管；为了保证精调千斤顶位置不漏浆、精调千斤顶不受污染，在精调千斤顶位置设置 U 形保护套见图 5.6.2-1。

封边角钢用长约 15cm 的角钢压条压紧，压条中间钻 ϕ16 的圆孔，用 M14 的膨胀螺丝与底座板（支承层）固定，见图 5.6.2-2。

图 5.6.2-1　精调千斤顶保护套　　　　　　　　图 5.6.2-2　轨道板纵向封边图

5.7　轨道板复测

砂浆灌注施工前需对封边的轨道板进行空间位置检查确认。检查测量使用全站仪及测量标架进行，测量方法同精调测量。每板检查 2 处（前、后），一次检查的轨道板数量可根据实际情况确定，可采取隔板抽检方式，但检查范围至少覆盖各次全站仪设站精调测量段落，测量结果输入检测评估软件之中，对精调完成的轨道板段进行平顺性检查，检查通过的方可进行砂浆灌注施工。

5.8　水泥乳化沥青砂浆拌制

5.8.1　砂浆原材料运输及砂浆车加料

石武客运专线湖北段地处山区地带，交通不便，无贯通便道，所以线外运输较为困难，必须采用灵活机动的方式进行各种材料的运输。在储料基地和施工点间采用 9m 载重汽车利用既有便道进行干料和乳化沥青的运输，便道和线路平交处采用 1 台 25t 吊车卸料至线间；施工用水用专用水车运输，水车由农用车改装而成，包括储水桶、水泵、水管，每次可送水 4m³。

线上施工法最大的特点是"即拌即灌"，轨道板封边材料和水泥乳化沥青砂浆的各种原材料需通过线间运输，在选择运输设备时，要先考虑既有的线间宽度，再要考虑砂浆车在线间占用的宽度，选用的运输设备必须能够顺利通过砂浆车进行物料的运输，通过各种小型运输设备的比选，我们选择 B30 的叉车，B30 的叉车不但车体宽度满足要求，而且运输时较为灵活，可以自行进行物料的装卸。

用叉车将各种材料运至砂浆车后，通过砂浆车自带的悬臂吊进行加料，见图 5.8.1。

图 5.8.1　对砂浆车进行加料

5.8.2　砂浆的拌合

搅拌砂浆前检查砂浆车的运行状态，并对乳化沥青进行回流，砂浆车由专业的操作人员进行操作。技术人员测量板底间隙计算每块板的砂浆用量，按照事先确定的作业配合比和搅拌参数进行搅拌。确定的搅拌参数如下：

先加乳化沥青、水、减水剂、消泡剂→低速（30r/min）搅拌 15s→加干料（加干料时以 100r/min 的速度进行搅拌）→加完干料后高速（120r/min）搅拌 150s→低速（30r/min）搅拌 60s→取样检测。

搅拌完成后，打开搅拌机的维修口，取样检测砂浆的温度、含气量、扩展度、流动度，各项指标合格后将砂浆放入储料斗准备灌注，同时成形试件检测砂浆其他指标。若检测指标不满足要求则应废弃。

砂浆的流动状态对砂浆的灌注效果影响很大，其流动度和扩展度宜满足以下要求：流动度宜控制在100～120s之间，扩展度控制在 $280mm \leqslant a5 \leqslant 320mm$ 和 $8s \leqslant t280 \leqslant 12s$ 范围内为宜。

5.9 砂浆的灌注

灌注前30min检查轨道板及底座润湿情况，如不够湿润则用旋转喷头进行补充润湿。砂浆拌制好后，接好砂浆车的灌注软管，在轨道板灌注孔插入PVC灌注管见图5.9-1，将灌注漏斗安放在PVC灌注管上，打开灌注软管的阀门进行灌注。为了防止砂浆污染轨道板，灌注时将轨道板用塑料布覆盖。

控制好灌浆阀门，按先慢后快再慢的程序进行灌注：先关闭灌注漏斗上的控制阀门，待漏斗中砂浆达到10cm左右高度后，缓慢提起控制阀，使砂浆慢慢流入灌注孔；待砂浆接触轨道板后，加大灌注速度，同时控制好灌注管的阀门，保持漏斗中砂浆面不低于5cm；当砂浆在观察孔位置接触板底后，减慢灌浆速度，直至灌浆完成。注意观察排气孔，待砂浆全断面流出且无气泡溢出时用海绵或棉纱堵塞排气孔。除砂浆状态影响灌注效果外，砂浆的灌注速度也尤为重要。直线段，灌注时间一般控制在4～6min，砂浆到达观察孔时间一般为1min30s～2min30s，接触板底时间为1min左右；曲线段，灌注时间一般控制在5～7min，砂浆到达观察孔时间一般为3～4min，接触板底时间为1min左右。为了不使流出的砂浆污染底座，在排气管上加装塑料软管，将流出的砂浆回收于小塑料桶中集中处理，见图5.9-2。

待砂浆失去流动度后，舀出灌注管内多余砂浆至轨道板表面以下15cm位置，并拆除PVC灌注管，灌注好的轨道板在拆除精调千斤顶前禁止行人踩踏，必要时设立警示标志。

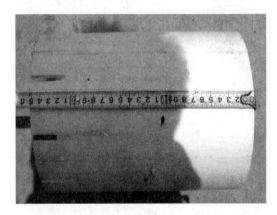
图 5.9-1　PVC灌注管

图 5.9-2　水泥乳化沥青砂浆灌注

5.10 砂浆的养护

当水泥乳化沥青砂浆抗压强度达到1.0MPa后，可拆除精调千斤顶。水泥乳化沥青砂浆的养护原则上按自然养护进行，如最低气温在0℃以下时，应对新灌注的砂浆采取保温措施，当封边拆除砂浆受阳光直射时，应采取保湿养护或涂刷养护剂养护。

6. 材料与设备

6.1 机具、设备配置一个工作面的，见表6.1。

水泥乳化沥青砂浆施工机具、设备配置表　　　　　　　　　　　表6.1

序　号	设备名称	型　号	单　位	数　量	备　注
1	水泥乳化沥青砂浆搅拌车	Ⅰ/Ⅱ－s/d－L800	台	1	
2	吊车	QY25	辆	1	
3	叉车	B30	辆	2	

续表

序　号	设 备 名 称	型　　号	单　位	数　量	备　注
4	载重汽车	9m	辆	1	
5	水车	/	辆	1	
6	PVC灌注管	ϕ150mm×h300mm	个	60	
7	灌注漏斗	自制	个	1	
8	冲击钻		把	2	
9	纵向压紧装置		个	600	
10	横向压紧装置		个	150	
11	精调千斤顶	一维	个	300	
12	精调千斤顶	二维	个	600	
13	保护套	U形	个	900	
14	发电机		台	2	
15	吹风机		台	1	
16	封边角钢		套	150	
17	封边带		套	150	
18	高压水枪		把	2	
19	雾化喷头		个	2	
20	百分表		个	8	
21	塑料桶	1m³	个	20	
22	测温仪		台	2	
23	流动度测定仪		台	1	
24	扩展度筒		个	1	
25	电子天平		台	1	
26	锥形瓶		个	1	
27	含气量测量仪		个	1	

6.2 人员配置一个工作面的，见表6.2。

水泥乳化沥青砂浆施工人员配置表　　　　　　　　　　　表6.2

序　号	项　　目	人员名称	数　量	工 作 内 容
1	轨道板及底座清理	普工	1名	清理轨道板腔灰尘及杂物
2	轨道板润湿	普工	2名	对轨道板底进行充分润湿
3	轨道板封边	普工	12名	轨道板纵、横向封边
4	轨道板固定	普工	6名	安装压紧装置及防滑装置
5	砂浆原材料供给	吊车司机	1名	材料吊装
6		叉车司机	2名	材料库和线上各1名，装卸材料
7		司机	1名	运输干料、乳化沥青减水剂、消泡剂
8		司机	1名	负责砂浆车加水
9		普工	8名	配合加料、卸料
10	砂浆搅拌	操作人员	2名	操作砂浆车
11	砂浆灌注	普工	7名	负责砂浆灌注、堵排气孔
12	砂浆检测	试验员	2名	负责砂浆检测及配合比调整
13	现场技术	工程师	1名	负责现场技术
14	现场主管	调度	1名	负责现场生产
合计			47名	

7. 质 量 控 制

为了确保水泥乳化沥青砂浆施工质量，成立了质量检查监督小组，对施工的全过程进行检查。施工质量除满足《客运专线铁路无砟轨道验收标准》及相关规范文件规定外，还制订了严格的内控制指标，水泥乳化沥青砂浆施工应满足以下主要技术要求：

7.1　进场前检验

7.1.1　砂浆原材料进场前必须按《客运专线铁路 CRTSⅡ型板式无砟轨道水泥乳化沥青砂浆暂行技术条件》规定进行检测，并做基准样对比试验，流动度偏差应在±10s 范围。

7.1.2　砂浆拌合物性能应满足《客运专线铁路 CRTSⅡ型板式无砟轨道水泥乳化沥青砂浆暂行技术条件》规定，其中流动度和扩展度宜在本工法介绍范围。

7.2　施工过程中质量控制

7.2.1　砂浆的灌注厚度控制在 20~40mm 范围，最大厚度不得超过 50mm。

7.2.2　材料温度严格控制在 5~35℃，若超过此温度范围要采取相应的保温或降温措施。

7.2.3　每块板必须连续灌注，灌注时间宜在本工法介绍范围。

7.2.4　灌注时，应保证每个排气孔都有砂浆全断面均匀流出，方可堵塞排气孔。

7.3　灌注施工完成后的检测

7.3.1　成形试件检测砂浆强度，掌握不同温度条件下砂浆强度曲线，必须保证拆除精调千斤顶时砂浆的强度大于 1.0MPa。

7.3.2　必须及时对砂浆进行养护，养护期不小于 7d。

8. 安 全 措 施

8.1　施工前，对所有施工参与人员进行岗前安全培训，操作人员熟悉和掌握水泥乳化沥青砂浆搅拌车等大型机械设备的安全操作规程。

8.2　设专职安全员对整个施工过程进行全程监控。

8.3　吊装作业时，确保吊钩与绳索之间的牢固稳定，起吊和移动范围严禁站人；桥上施工时，注意对桥上、桥下施作人员的防护，防止坠落意外或坠物伤人。

8.4　严禁非施工人员进入施工现场。

9. 环 保 措 施

9.1　施工准备和过程中的环保措施

9.1.1　上场机械设备必须按照相关规定进行检验及标识，各种机具、工装摆放整齐。

9.1.2　灌注水泥乳化沥青砂浆过程中对轨道板进行覆盖保护，避免砂浆对轨道板和底座造成污染，对排气孔排出的砂浆进行回收处理。

9.1.3　对施工产生的废弃物及时清理，保持施工现场整洁。

9.1.4　对精调好的轨道板或刚灌注的轨道板放置标志牌进行防护，以防行人或车辆扰动轨道板。

9.1.5　对施工便道和现场定时进行洒水，防止尘土飞扬。

9.2　完成施工后的环保措施

9.2.1　现场收集的各种固体废弃物必须按照相关规定进行处理或统一运输到指定弃渣场掩埋，避免污染周边环境。

9.2.2　清洗水泥乳化沥青砂浆车或乳化沥青储罐的污水，必须集中回收处理，防止流入农田和地表水，造成污染。

9.2.3 现场对水泥乳化沥青砂浆搅拌车投料时，应采取防尘措施防止干料飞扬造成空气污染。

9.2.4 施工过程中必须加强油料管理，避免洒落，污染桥面或其他构造物。

10. 效 益 分 析

10.1 经济效益分析

本工法采用双向锁定压紧装置，精确的定位和加固了轨道板，与传统的人工加垫支承轨道板方法不但增加了精度，缩短了施工及检测时间，大大减少了劳动力投入，并且其周转减少了工装的投入。平均每个工作面节约人工约 20 个，节约工装投入 10 万元；根据现场施工经验以 2km 一个工作面来计算，京石客专完成双线 12.439km 的无砟轨道水泥乳化沥青砂浆施工，石武客专完成双线 11.70km 无砟轨道水泥乳化沥青砂浆施工，沪杭城际铁路完成 20.2km 水泥乳化沥青砂浆施工，合计 44.339km，累计已节约成本投入达 452.26 万元。

10.2 环保效益分析

施工过程中环境污染主要来自水泥乳化沥青砂浆拌合过程和灌注过程，由于工法采取了砂浆拌合车避免了拌合过程中的污染，废弃的砂浆或清洗砂浆车及灌注工具的污水集中收集处理，避免污染环境。

10.3 节能效益分析

10.3.1 节地效益

本工法工装操作简单，施工设备能自由移动，独立性强，可灵活选择多个作业面同时施工，与传统集中建站拌合，节约了土地的使用。

10.3.2 节材效益

本工法工装可以重复周转使用，节约了辅助性材料的投入，从而减低了成本。

10.4 社会效益

社会价值产生的深远影响，由于新工法的采用，使得我公司在沪杭城际、京石客专、石武客专提前完工，在原有国家工法的基础上有了新的突破，得到建设单位、监理单位的一致称赞，为今后其他客专铁路、城际铁路及地铁、轻轨中相似的板式无砟轨道水泥乳化沥青砂浆施工提供参考价值。

11. 应 用 实 例

11.1 沪杭城际铁路是沪昆高铁的重要组成部分，我公司于 2010 年 3 月至 6 月，共完成沪杭城际铁路 DK116＋253～DK126＋138 段双线折合 20.2km 水泥乳化沥青砂浆施工任务，施工高效，质量优良，确保了该条线路在 18 个月内建成开通，并在列车运行速度上刷新了记录。

11.2 2010 年 8 月至 2010 年 11 月，我公司进行了京石客专 DK214＋060.520～DK226＋500 段双线 12.439km 的无砟轨道水泥乳化沥青砂浆施工，同样提前完成了施工任务，并且施工质量优良。

11.3 2010 年 6 月至 2011 年 1 月，我公司再次顺利完成石武客运专线 DK1121＋009～DK1126＋852 双线折合 11.70km 无砟轨道水泥乳化沥青砂浆施工，施工质量得到各级领导及专家的好评。

沪杭城际、京石客专、石武客运专线的轨道均是在国内首批采用 CRTS Ⅱ型板，其水泥乳化沥青砂浆无成熟经验可供借鉴，因此我公司在原有国家工法《板式无砟轨道 CA 砂浆施工工法》进行升级，形成《CRTS Ⅱ型板式无砟轨道水泥乳化沥青砂浆施工工法》通过三条高速铁路的成功运用，充分证明了本工法的实用性和可靠性。

沉管隧道混凝土管段制作裂缝控制工法

YJGF10—2002（2009～2010年度升级版-041）

上海城建（集团）公司

朱卫杰　李侃

1. 前　　言

沉管法是建造江底、海底大型隧道的一种施工方法，沉管隧道由一节或若干节预制的管段组成，分别浮运到现场，一节接一节地沉放于水底进行连接而成。沉管隧道管段有两种类型，一种是混凝土沉管管段，另一种是钢壳沉管管段。本工法针对混凝土沉管隧道管段介绍。

混凝土沉管隧道最早出现在欧洲。半个多世纪以前，在荷兰鹿特丹建成了第一条钢筋混凝土沉管隧道。我国第一条建成的沉管隧道是广州的珠江隧道。混凝土管段一般在干坞内制作，宁波常洪沉管隧道4节100m长的混凝土管段施工，成功地控制了裂缝产生，成为国内首次依靠混凝土本体防水的沉管隧道。上海外环线沉管隧道也采用该工法制作了7节管段。该技术成果达到国际先进水平，获2002年度上海市科技进步二等奖。

2. 工 法 特 点

大型沉管管段在干坞内制作，有较好的工厂化制作条件，制作的沉管有较好的整体防水性能，制作精度容易控制，施工成本较低。

2.1 混凝土配合比具有低水化热、抗渗、抗裂性能，重度精确。

2.2 支模系统刚度大、精度高，易确保管段制作精度。

2.3 混凝土拌制计量精确，作业自动化程度高。

2.4 采用多项技术措施控制混凝土裂缝，不需采用管段外防水措施。

3. 适 用 范 围

本工法适合各种大、中型混凝土沉管隧道的钢筋混凝土管段制作。

4. 工 艺 原 理

4.1 采用低水化热水泥、双掺技术，掺加抗裂纤维、聚羧酸高性能减水剂、膨胀剂（后浇带使用）等，配制满足强度、抗渗、表观密度、抗裂要求的沉管管段混凝土。

4.2 提高了钢模刚度和控制支模变形，达到沉管管段制作的尺寸精度。

4.3 外侧墙混凝土浇筑采用冷却管和温度监控相结合措施，防止温差引起的混凝土裂缝。

4.4 管段混凝土养护采用顶板蓄水养护、侧墙保湿保温、喷涂养护液、孔口挂帘措施。

4.5 采用分段跳仓浇筑和后浇带施工技术，减少温度和收缩应力，以及软土地基上的不均匀沉降。

5. 施工工艺流程及操作要点

5.1 施工工艺流程

5.1.1 管段总体流程

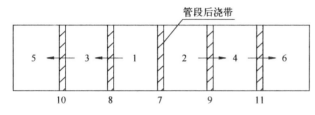

图 5.1.1　上海外环隧道管段总体流程

为避免混凝土收缩和差异沉降产生开裂，混凝土管段制作，一般将每节管段分为几节 10～20m 长的管节。管节之间可设 1～2m 后浇带，将相邻制作完成的管节连接。整个管段的施工流程，一般从中间往两端展开。以上海外环隧道为例，管段总体流程见图 5.1.1。

5.1.2　管节施工流程

每段管节的施工则是按照底板→中隔墙→外侧墙及顶板的流程进行。以下也以上海外环隧道为例，管节施工流程见图 5.1.2。

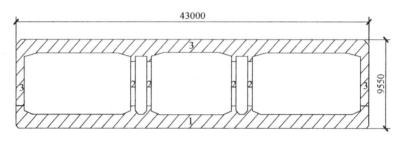

图 5.1.2　上海外环隧道管节施工流程

具体管段的施工流程为：干坞起浮层平整→底板放样→18mm 胶合板铺设→底板钢筋绑扎、预埋件安装→施工缝橡胶止水带安装→模板安装→验收、测量校核→底板混凝土浇筑→混凝土养护→施工缝处理（人工凿毛、吹缝）→中隔墙钢筋绑扎、预埋件安装→模板安装→验收、测量校核→中隔墙混凝土浇筑→混凝土养护→施工缝处理（人工凿毛、吹缝）→支架、脚手及内模模板安装（包括模板清理、模板封箱带贴缝）→验收、顶板标高校核→侧墙及顶板钢筋绑扎、预埋件安装→连续施工缝橡胶止水带安装→侧墙外模安装→侧墙、顶板混凝土浇筑→混凝土养护→后续分节施工（同以上循环）→后浇带施工→管内设备安装→端头钢壳及混凝土封门制作安装→GINA 止水带安装。

5.2　施工操作要点

5.2.1　测量管段、管节位置定位、中轴线放样、预埋件放样。模板放样必须准确，确保管节制作精度。管段制作完成后必须进行尺寸实测，并根据实测数据调整管顶防锚层厚度，确保管节顺利起浮并具有合适的干舷高度。

5.2.2　根据现场施工实际条件，合理采用低水化热水泥、双掺技术等，配制满足强度、抗渗、表观密度、抗裂要求的混凝土，提高管节制作质量。

5.2.3　管段制作应选用合适的模架和模板体系，模架体系必须具有足够的强度和刚度，防止在浇筑过程中发生变形影响管段制作精度。管段外侧应采用刚性模架体系，避免对拉螺栓的使用。

5.2.4　外侧墙及顶板浇筑，在外侧墙内合理设置冷却管、冷却管布置方式经计算及试验确定，以避免出现温差裂缝。

5.2.5　根据管段不同部位采取相应的混凝土养护措施，确保混凝土质量。底板养护用草包（土工布）覆盖和蓄水养护；侧墙拆模后对外墙面进行喷淋养护，喷淋管一般采用塑料管，铺设在外侧墙顶部；顶板面则覆盖土工布蓄水养护，内模拆除后在内孔两侧孔口处用土工布挂帘法封盖，保湿养护时需经常在管内浇水，保持管内相对湿度大于 85% 以上。

5.2.6　管段水平施工缝一般设置在底板斜腋上方 30cm 左右，施工缝内设置钢板止水带。侧墙施工缝在混凝土达到一定强度后进行充分凿毛处理，以提高接缝的混凝土结合强度。管节分段施工缝，采用橡胶钢片止水带，施工缝同样要做好充分的凿毛处理工作。

5.2.7　后浇带施工时间必须待相邻管段沉降基本稳定、混凝土达到一定强度且混凝土完成大部分收缩后进行。后浇带与相邻管段的浇筑间隔时间一般不宜少于 40d。后浇带的施工分为底板、中隔墙（侧墙）和顶板两步浇筑，后浇带混凝土宜采用微膨胀性混凝土，以减少局部收缩产生开裂影响管节施工质量的情况。

5.2.8 管节端封墙虽然为临时设施，但浮运和沉放阶段需承受较大的水压力。施工中应特别注意端封墙内侧的型钢受力体系的安装质量，确保安全。

5.2.9 端钢壳施工要采取必要的措施来保证端钢壳的外形、垂直度、倾角、顺直度、面板平整度均控制在允许偏差范围内。端钢壳的支架体系应设置调节装置，便于在施工期间调整端钢壳相关外形参数。安装 GINA 止水带的面板必须在混凝土浇筑完毕并达到强度后安装，实测管节和端钢壳的外形，进行精确放样后安装。

6. 材料与设备

施工机具设备见表6。

主要机具设备表 表 6

设备名称	型号	单位	数量	备注
钢筋切断机	GQ60	台	4	
钢筋弯筋机	GW50	台	4	
对焊机	UN17-150-1	台	2	国产
木工园锯机	MS109	台	2	
木工断料机	MSY804	台	2	
木工平刨机	MB504-1	台	2	
木工压刨机	MB106	台	2	
木工带锯机	MJ346A	台	2	
台式钻床	Z512-2	台	2	
50T 履带式吊车	日立	辆	2	
运输车辆		辆	6	
插入式振捣器	ZN-50	只	60	20只备用
混凝土泵车		台	3	
柴油空气压缩机		台	3	施工缝处理用

7. 质量控制

7.1 管段几何尺寸允许误差（以上海外环隧道为例）

内孔净宽：0～+20mm；

内孔净高：0～+20mm；

壁厚：+5～-15mm；

管宽：+5～-15mm；

管高：+5～-15mm；

管长：+30～-30mm。

7.2 管段混凝土质量标准（以上海外环隧道为例）

重度：23.5kN/m³±0.1kN/m³；

裂缝宽度：≤0.2mm。

8. 安全措施

沉管隧道施工与其他隧道施工无论在施工方法上和安全生产管理上都截然不同，对于强化安全施工有着极为重要的意义，在施工的全过程中必须贯彻"安全第一、预防为主"的方针。

消防工作要遵循"预防为主、防消结合"的方针，进入施工现场必须健全消防组织，落实施工现场的消防设备。负责新建、扩建、改建内装修等工程项目防火设计的审核，施工中的消防监督和工程竣工后的消防验收。

在工程施工中必须采取必要的措施，以确保工程和施工人员的安全。

9. 环 保 措 施

认真学习环境保护法，执行当地环保部门的有关规定，会同有关部门组织环境监测，调查和掌握环境状态，督促全体职工自觉做好保护工作，并认真接受业主和环保部门的监督指导。环境保护是生态平衡的保证，是我国重要国策，ISO 14001 环境管理体系文件将保护环境贯穿在整个施工过程中，落实到每一个人，使每位员工都形成一种主动保护环境的习惯，为环境保护事业作出我们应尽的义务。

10. 效 益 分 析

在沉管隧道诞生和发展的历史过程中，已经充分显示出其无可比拟的优越性和社会、经济价值。它与以往的掘进盾构隧道相比有很多优点：施工工期缩短；减少时间超出和费用超支的风险；时间上的延误有时可以通过加快某些作业或者增加设备和措施来弥补；还有最重要的一点，造价将大大减低。

11. 应 用 实 例

11.1 上海外环线隧道工程

上海隧道工程股份有限公司承建的上海市重大工程外环线隧道工程沉管段长 736m，分为 7 个管段，各管段长度见表 11.1-1。隧道断面按"三孔二管廊"双向八车道设计，管段宽度为 43m，高 9.55m，主要工作量见表 11.1-2。沉管管段制作是整个工程的核心内容之一，极为重要，直接影响到整个工程的质量和进度。

各管段长度 表 11.1-1

管 段 名 称	E1	E2	E3	E4	E5	E6	E7
长度（m）	108	104	100	100	108	104	108

主要工作量 表 11.1-2

混凝土	120000m³
钢筋	30000t
钢端壳	540t
H 形钢（端墙后靠）	1212t
灌砂管	4257m
舾装预埋件	92t
管节预埋件	384t

其中 E6 分为 E6－1，E6－2 两段分别制作，E1～E5 管段制作满足隧道路线平曲线要求，管段制作不考虑隧道竖曲线。管段制作混凝土采用 C35，抗渗等级 1.0MPa，重度 23.40～23.51kN/m³，钢筋采用热轧 HPB235、HRB335 级钢筋，钢绞线采用 $f_{ptk}=1860MPa$ 的高强度低松弛钢绞线。

外环隧道工程管段制作经过广大建设者们的努力，A 坞中 E7、E6 两节管段于 2001 年 5 月完成，A 坞于 2001 年 6 月 1 日正式放水；B 坞中 5 节管段于 2001 年 7 月完成，2001 年 9 月 9 日正式放水。经过放水检漏及 E7 管段的沉放，我们发现，管段的精度、重量（体现在干舷高度）上均满足设计要求，外侧墙上未发现贯穿裂缝。但发现了一些有湿渍裂缝的现象，主要集中在以下几个部位：

1. 顶板上后浇带，尤其是封闭时间较早的后浇带，如 E7－3 与 E7－4 之间；

2. 顶板上风机壁龛的截面突变处；

3. 顶板上与中隔墙连接处。

对这些现象，我们也进行了认真的分析。对于后浇带施工缝处，主要原因是后浇带的封闭，混凝土的后期收缩在已连接的若干段管节结构上产生收缩应力而引起；风机壁龛截面突变处顶板容易产生集中应力和较高的温度收缩应力；顶板与中隔墙连接处，则是因为该处顶板浇筑厚度超过 2m，混凝土温升较高，它的变形受到已完成的中隔墙结构的约束，而产生温度收缩应力，较易产生裂缝。对这些裂缝，我们也采取了针对性的技术手段，如注浆等封闭裂缝，并达到了较好的工程效果。

11.2 宁波常洪隧道

江中沉管段长 395m，共分 4 节，自北向南分别为 E1、E2、E3、E4，其中 E1 管段长 95m，其余三节 100m。管段横断面外包尺寸为 22800mm×8450mm，为双孔矩形箱式结构。管段内净高 6100mm，单管净宽 9200mm，顶板厚 1150mm，侧墙厚 950mm，中隔墙厚 550mm。管段中间为 1400mm 宽的设备管廊。管段结构混凝土设计混凝土强度 C35，抗渗等级 P10。管段施工时将每节管段分为 5 节管节进行施工，当中设后浇带。

常洪隧道管段制作从 2000 年 5 月 8 日正式展开，到 2000 年 11 月 28 日最后一个混凝土端封门浇捣完成，全部 4 节管段的制作工期历时不到 7 个月。管段制作完成后，质量监督站、现场监理以及业主等有关部门对管段进行了结构验收，大家一致认为管段结构达到了设计和规范的质量要求，完全符合优良级的标准。经管段内外侧外观检查，管段内外表面、后浇带的结合面均未发现明显裂缝。

2000 年 12 月 18 日干坞开始进水，在干坞进水完成后，对管段的渗漏情况进行了检查，检漏结果表明 4 节管段均未发现明显的渗漏水情况，管段的本体防水是成功的。

E1、E2、E3 和 E4 管段分别于 2001 年 1 月 18 日、2001 年 2 月 16 日、2001 年 3 月 18 日和 2001 年 4 月 22 日完成了拖运沉放工作。所有 4 节管段都能顺利起浮，在其起浮后的实测的干舷值均在设计范围内，管段的干舷控制措施同样取得了成功。2002 年 3 月 2 日常洪隧道竣工验收正式通车以来，运行情况良好。

11.3 上海青草沙原水五号沟泵站工程

平面尺寸 133.2m×87.2m，主要混凝土结构厚度为 1.2～2.1m，总计混凝土浇筑方量约 10m³。设计混凝土强度等级 C30，抗渗等级 P8。设计在纵横两个方向各设置了 2 条引发缝，同时横向设置 2 条后浇带，整个结构分成 15 块进行浇筑，采用跳仓法施工。

结构混凝土浇筑从 2009 年 6 月正式开始，到 2010 年 4 月完成，历时 10 个月。在高温期间，针对高温季节混凝土浇筑的温度裂缝控制，进行了多项针对性措施确保质量。混凝土浇筑前对钢筋、模板及拌和骨料进行喷淋以降低入模温度；进行温控仿真模拟试验，针对性的配置抗裂钢筋；合理组织浇筑时间，尽量避开高温区段；针对不同部位采用蓄水、喷淋、喷涂养护液等不同的养护措施。

结构制作完成后，质量监督站、现场监理及业主等相关部门对地下结构进行了进水条件验收，大家一致认为混凝土结构达到了设计和规范的要求，结构表面无明显裂缝，结构渗漏点满足设计防水等级二级的要求。2010 年 10 月，结构通水试运行以来，运行情况良好。

沉管隧道桩基囊袋注浆施工工法

YJGF09—2002 (2009~2010 年度升级版-042)

上海城建（集团）公司

谢彬　张冠军

1. 前　　言

沉管隧道桩基础基底注浆施工主要包括桩基与沉管底板承接囊袋（也可称"软模袋"）注浆、基底充填注浆和管段防水注浆。沉管隧道桩基础基底注浆施工最初用于瑞典的廷斯达特隧道，随后日本的衣浦港也采用了此法，是沉管隧道工程管段基础处理的方法之一。

1997 年开始建造的宁波常洪沉管隧道，经国内外类似工程比选，基底采用桩基础囊袋注浆法施工，在国内沉管隧道工程中，第一次采用桩基础，并自行研发了囊袋注浆新技术工艺，该法作为"常洪沉管隧道工程技术研究"科研项目中研究内容之一，2001 年 12 月通过浙江省科技厅的技术鉴定，技术成果达国际先进水平。

本工法最基本的理念是用模袋作为混凝土模板，软模袋在保证充填物在水下成形的同时又能够自适应复杂的边界形状，以达到充满空隙形成密贴的传力系统。

根据这一理念，上海隧道工程股份有限公司于 2003 年结合位于杭州湾的嘉兴电厂二期取水沉管隧道工程开发出水下模袋混凝土基础，通过对该基础形式中的关键技术进行试验研究，以及在工程实践中不断改进与创新，逐步形成"水下模袋混凝土基础施工工艺"。该工艺作为"杭州湾海底沉管隧道施工关键技术研究"科研项目的研究内容之一，于 2004 年 10 月通过上海市科技委员会组织的技术鉴定，技术成果达到国际先进水平，并先后获得 2007 年中国施工企业管理协会科技创新成果二等奖，2009 年上海市科技进步三等奖。

2009 年本工法又被应用到嘉兴电厂三期的取水工程中。

2. 工　法　特　点

本工法的主要特点如下：

2.1 软模袋可以在不影响基础充灌密实的前提下与复杂的边界环境密贴，形成良好的传力体系。

2.2 施工作业在沉放好的隧道内进行，不受气候影响，不阻碍江面航运。

2.3 施工设备简单、投资少，不需大型专用设备。

2.4 充填注浆因注浆材料中有一部分水泥，所以即使河道中有少许淤泥也能固结。

2.5 通过注浆孔量测的参数，可以确定充填状态。

2.6 浆液固结体形成的基础不会产生因震动而引起的液化现象。

3. 适　用　范　围

适用于在江底地层为淤泥质土、且受潮汐影响，下面淤量较大的条件下建造沉管隧道的基础工程，或者是对精度要求较高的小型水下承载基础。

4. 工　艺　原　理

为解决江中段沉管管段置放处基槽开挖时出现的不平整、浚挖完毕后有回淤现象发生，一般在该处采用打入预应力方桩，桩顶以法兰连接一段钢接桩。由于沉管对桩基顶标高精度控制要求特别高，在实际情况中单靠控制预制桩不能达到精度要求，采用囊袋灌浆承接桩基与管段底板，然后再对基槽超挖形成的基底空隙处进行充填注浆，形成砂浆混合基础，与预应力方桩共同承担荷载，使桩基础起到均匀传力、稳定管段、避免产生不均匀沉降的作用图 4-1、图 4-2、图 4-3。

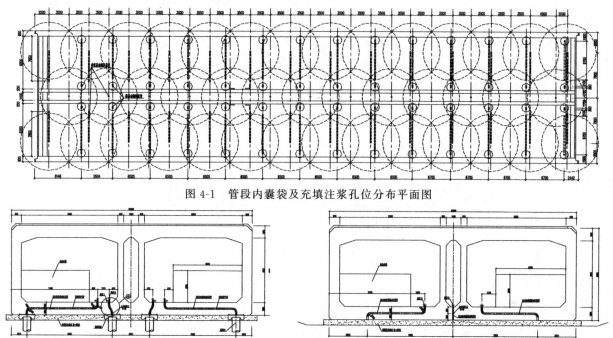

图 4-1 管段内囊袋及充填注浆孔位分布平面图

图 4-2 管段内囊袋注浆孔剖面图　　　　　图 4-3 管段内充填注浆孔剖面图

5. 施工工艺流程及操作要点

5.1 施工工艺流程

在管段进行预制同时，先按设计预埋直径 1500mm 囊袋（与江底桩基分布位置相吻合）及注浆管下半法兰，充填及防水注浆管及其下半法兰，待管段浇筑好后再在注浆管上安装上半法兰及球阀。囊袋注浆管采用双管结构，注浆孔径为 φ102mm，排气孔径为 φ60mm；充填注浆孔位于车道处，孔径为 φ152mm，隔墙内为 φ102mm；防水注浆孔径为 φ50mm。管段沉放到设计位置后先使用两千斤顶先将管段自由端支承在临时支承桩上，并通过对垂直千斤顶的调节，把沉管标高调节到设计标高加预留沉降量标高位置，使沉管底距桩顶 20cm 左右，然后进行各项注浆施工。囊袋安装图见图 5.1-1，裙板结构图见图 5.1-2。

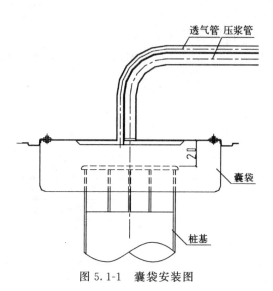

图 5.1-1 囊袋安装图

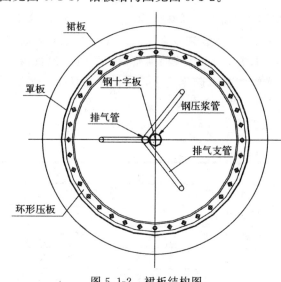

图 5.1-2 裙板结构图

管段沉放完毕后，根据实测的江底最大水密度，加压载水至管段抗浮安全系数达到 1.03 左右，直至基底注浆完成。囊袋注浆顺序是沉放一节，完成一节。囊袋施工先注千斤顶位置囊袋，再从两边同时逐个注浆，随后是防水孔注浆和基底充填注浆。

5.1.1 囊袋注浆

工艺流程见图 5.1.1。

图 5.1.1 囊袋注浆工艺流程

5.1.2 防水注浆

工艺流程见图 5.1.2。

图 5.1.2 防水注浆工艺流程

5.1.3 充填注浆

工艺流程见图 5.1.3。

图 5.1.3 充填注浆工艺流程

5.2 操作要点

5.2.1 在管段浇筑好后，及时进行球阀及上半法兰安装并关闭阀门。

5.2.2 在每一后浇带处留好穿放浆管预留孔（尺寸为 20cm×20cm）。

5.2.3 当一节管段沉放好后，在端封墙上开凿摆送浆管洞口。管段距离较长（约 100m），依据每节管段囊袋注浆顺序，先排好送浆管路、接好送浆泵、连接管段内砂浆接收料斗。

5.2.4 拌浆材料砂选用粒径不大于 5mm 河沙。

5.2.5 囊袋注浆前先打开囊袋注浆气孔球阀，待囊袋内积水放干净后连接注浆管路、压力表，打开注浆管球阀并读取压力表初始读数（水压值）。开启砂浆泵开始注浆，待气孔中冒出与注入浆液一样的稠浆时关闭气孔球阀继续注浆，直到设计注浆量或压力上限值。

5.2.6 待囊袋砂浆达到设计强度后拆除球阀及上半法兰，再用钢板电焊将孔口封闭。

5.2.7 防水注浆前准备两个防喷装置及两根 5m 长一寸芯管（上部带一关闭的球阀），并将带有防喷装置芯管插入防水孔中，尽量使芯管插入至淤泥底部（图 5.2.7-1、图 5.2.7-2）。

5.3 劳动力组织

该工法的劳动组织情况见表 5.3。

劳动组织情况　　　　　　　　　　　　　　　　　　　　　　　　表 5.3

项　目	人　数	项　目	人　数
项目管理	4（人）	拌浆工	6×2 班＝12（人）
作业领班	1×2 班＝2（人）	机械和电工	2×2 班＝4（人）
司泵及操作	1×2 班＝2（人）	共计	26
记录	1×2 班＝2（人）		

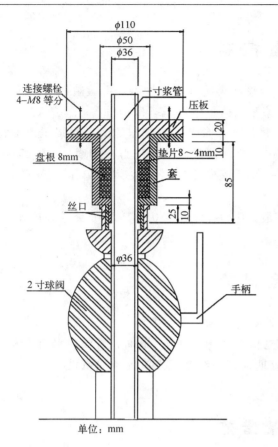

图 5.2.7-1 防水注浆装置详图

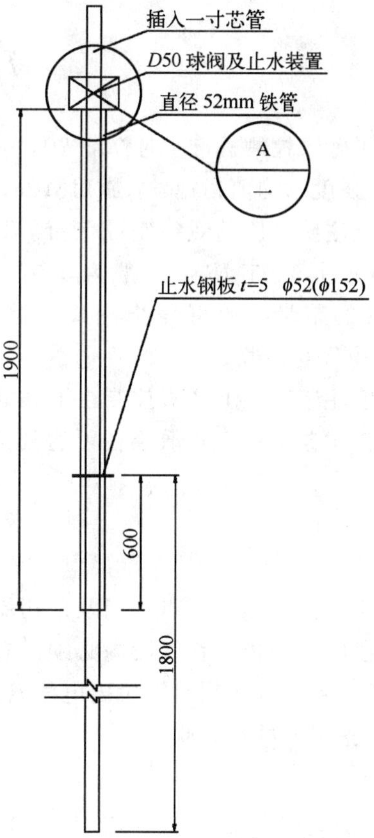

图 5.2.7-2 防水注浆芯管插入示意图

6. 材料与设备

6.1 施工材料

囊袋注浆浆液中，掺加新型高效外掺剂 SY—1，使浆液具有很好的保水性、黏聚性和可泵性。其检验标准符合《混凝土外加剂匀质性试验方法》GB 8077—2000，SY—1 外掺剂技术指标见表 6.1。

SY—1 外掺剂技术指标   表 6.1

项　　目	性　　质	项　　目	性　　质
黏度	40～60	密度	1.03
pH 值	8.0～8.5	外观	淡蓝稠状液

6.2 机具设备

本工法主要的施工机具设备情况见表 6.2。

施工主要机具设备   表 6.2

施工项目	设备名称	型　　号	拌浆量（m³）	流量（L/min）	数　　量
囊袋注浆	地落式混凝土拌和机		0.3		1
	输送泵	TM60		16.7	1
	注浆泵	TM151		0.42	2
防水孔注浆、充填注浆	砂浆拌和机	SM—700	0.8		1
	柱塞泵	SYB50/50—1		20～30	4

7. 质 量 控 制

7.1 按照砂浆检测标准 JGJ 90—70，采用制作砂浆试块进行质量检验，检验龄期为 28d。囊内注浆固结体抗压强度平均值指标：$q_u \geqslant 14$MPa；充填注浆平均值指标：$q_u \geqslant 0.3$MPa。

7.2 囊袋注浆以填满囊袋空隙为准，同时以注浆压力作参考。正常压注时，注浆压力不宜过高，不宜超过该点水头 0.05MPa，一般为 0.02～0.04MPa。当注浆量已到，压力开始增加，继续压注一盘吸浆料斗左右的浆量，便可停止注浆。但当最后一盘浆量未注完时而注浆孔口压力高于水头压力 0.1MPa 时也应停止注浆。

7.3 充填注浆管段上浮值控制在 1cm 内，注浆最大压力控制在 0.01MPa 内；浆液理论设计扩散半径为 5m，施工中浆液最大扩散半径可达到 7m。

8. 安 全 措 施

8.1 本工法执行国家、市、局及公司制定的各种安全技术规程。

8.2 管段间距较长，在管段内必须设置相应配电箱满足泵送动力。此时，管段内水箱还未能拆除，施工场区狭长，施工时必须对管段内电线管路进行定期巡查并给施工人员配备通讯设施（如：对讲机）以便管段内外施工人员及时联系。

9. 环 保 措 施

9.1 开工前对工程所涉及的水域（或海域）范围进行环境影响评价，编制施工环境保护规程和做好环境监测。

9.2 严格执行国家法律法规及工程所在地的地方环境保护规定。

9.3 通过科学规划工期，编制合理的施工方案，采用新工艺、新技术等尽量减少同时施工的船舶和设备数量，以减少施工对环境的影响。

9.4 开工前对所有设备进行严格检查，禁止尾气排放、噪声监测不合格或漏油漏泥设备进入施工现场。

9.5 委托有资质的单位进行环境监测，并根据监测结果及时调整施工周期、方案、工艺方法。

9.6 如果涉及水域（或海域）有珍惜水生物种生存，则需要制订专项保护措施。

9.7 应急预案。一旦发生环境污染事故，应立即启动应急预案。

10. 效 益 分 析

将宁波常洪沉管隧道与已建成通车的宁波甬江沉管隧道进行经济、社会效益比较，见表 10。

常洪沉管隧道与宁波甬江沉管隧道比较　　　　　　　　　　　　　　表 10

比 较 项 目	甬 江 隧 道	常 洪 隧 道
建设工期（年）	8	2
基础形式	抛碎石与基底满堂充填注浆	桩基础与囊袋承接，空隙充填注浆
基础费用（万元）	229	2000
后期沉浆量（累积）	25cm	无
补注浆	不定期管底注浆加固	否
其他维护手段	不定期管顶清淤	否

从表 10 可见，常洪基础施工费远高于甬江隧道基础施工费，但常洪隧道建成通车至今，平均每天营运收入达 10 万元，而甬江隧道与常洪隧道建设工期相差 6 年，除去 6 年中施工建设费不计，单 6 年常洪隧道营运收入就可达 21900 万元。另外，由于甬江隧道基础的原因，至今仍在沉浆，必须不定期对沉管管顶清淤和管底进行注浆加固，和因沉降引起管段破坏后的修补工作，都将大大增加隧道建设的投资，同时给隧道的正常运行带来一定影响。因此采用桩基础囊袋方法较碎石充填注浆方法作为沉管隧道基础，具有更广泛的经济效益和社会效益。

11. 应 用 实 例

11.1 宁波常洪隧道工程

1998 年由上海隧道工程股份有限公司承建的宁波常洪沉管隧道，江中段全长 400m，共由 4 节预制管段构成，平均每节管段长约 100m，管段宽度为 22.8m，高度 8.45m，基底采用桩基础与灌浆囊袋承接，间隙充填注浆方法。桩基础由 204 根 600mm×600mm 预制钢筋混凝土方桩和 16 根钻孔灌注桩组成。管段中囊袋注浆孔共 4 排，每一囊袋位置与江中桩基对应。囊袋注浆结束后，潜水员在水下对两边囊袋进行探摸，发现囊袋均匀饱满，与桩基及管底吻合密贴。管段充填注浆完成后，管段稳定，证明管段基底充填砂浆基本密实，管段沉放后经测量无沉陷，达到了设计效果。2001 年该隧道建成通车至今，隧道的后期沉降控制在了允许的范围内。

11.2 嘉兴电厂二期取水沉管隧道工程

嘉兴电厂二期取水工程位于杭州湾海域，海象条件复杂，水深浪大，施工区域内的最大水深为 28m，日潮差变化高达 6m，海水含泥量高，水下能见度低，回淤严重，水下施工异常艰难。工程共两条取水隧道，每条取水隧道包括：取水头、浮运沉放段和埋涵段。整个取水工程沉放管段共 12 节，每节管段长约 23.4m，为双孔矩形断面，外包尺寸为 8.1m×4.4m，过流孔断面为 3m×3m，取水头 2 个，取水头为高 16.6m、外径 25m 的圆桶形构筑物。取水头和浮运沉放段所处的海域为岩石基床，通过水下爆破清礁形成基槽，在基槽内浇筑模袋混凝土基础作为取水头和管段沉放的临时基础，隧道贯通后再向基底吹石、压浆形成隧道的永久基础。取水头的模袋混凝土沉放基础共 8 个，顶面尺寸为 3m×4m，高度为 1~3m，取水头基础受的最大压应力为 10.71MPa。管段沉放的模袋混凝土基础共 10 个，顶面尺寸为 8.5m×1.0m，高度为 0.5~2.0m，沉放管段基础的最大压应力为 0.74MPa。由于管段沉放就位后的姿态直接关系到管段接头止水带能否压合止水，因此水下模袋混凝土沉放基础的顶标高以及沉放后的后期沉降应该得到严格控制。本工法在工程中的应用情况表明模袋内的混凝土充满度情况良好，基础坐落在基岩上而且与基岩密贴良好，接头处止水带的压缩量达到了设计要求，管段就位后跟踪监测结果表明，管段处于稳定状态，无后期沉降，达到了设计效果。

11.3 嘉兴电厂三期取水沉管隧道工程

嘉兴电厂三期取水工程位于浙江省嘉兴（平湖）市乍浦镇境内，杭州湾北岸的六里湾，东距上海市 90km，西距杭州市 122km。电厂西北侧紧靠沪杭公路，东南侧面向杭州湾，西距乍浦镇约 9km，东距上海金山石化总厂约 30km。拟建的嘉兴电厂三期扩建工程位于二期工程的扩建端和西侧的九龙山之间。本工程范围为循环水泵房前池外 3 条引水箱涵距前池外壁 1m 处至循环水取水头的所有构筑物建设、相关的土石方开挖、回填及保护措施，主要包括：施工闸门井（含钢闸门）、3500mm×3500mm 引水箱涵、配水叉管、现浇段 2×3000mm×3000mm 引水箱涵、街头井、防洪堤、浮运段 2×3000mm×3000mm 引水箱涵、φ25000mm 取水头、φ1000mm 灌注桩、承台梁及相关开挖，部分箱涵基础采用水下模袋混凝土基础。

模袋混凝土基础施工后通过水下探摸表明：基础充满度良好，基础与水下基岩密贴良好，自工程运行以来，监测数据表明结构的稳定性良好。

复合型土压平衡盾构掘进工法

YJGF08—2002（2009～2010 年度升级版-043）

上海隧道工程股份有限公司

李章林　傅德明

1. 前　　言

土压平衡式盾构自 1974 年在日本首次使用以来，以其独到的优势已广泛用于世界各地的隧道工程中。我国上海等软土地区已经广泛应用土压平衡盾构建造地铁隧道和其他市政公用隧道。但是，在强度差别较大的土质以及盾构掘进断面土层不均匀等复杂地质施工中，常规的土压平衡式盾构已难以适应施工要求，而复合型土压平衡盾构正是在该形势下开发研制并成功地应用于复杂地质中施工。

2000 年，上海隧道工程股份有限公司在我国首次应用由该公司开发研制的 ϕ6140 复合型土压平衡盾构建成了广州地铁 2 号线"海珠广场—市二宫"和"市二宫—江南新村"区间隧道；2001 年，上海隧道工程股份有限公司又采用复合型土压平衡盾构成功地穿越了风化岩和砾质黏土交错的复杂地层，建成了深圳地铁一期工程 2A 标；2004 年，上海隧道工程股份有限公司在新加坡与当地建筑公司 Woh Hup（和合公司）组成联营体承建了新加坡深层排污隧道，隧道掘进里程共 5.8km，隧道沿线地质是典型的复合地层。随后又先后与奥地利 Apline 公司，瑞典的 NCC 公司组成联合体承建新加坡地铁环线的 C825、C852、C855 等标段，这些均属于复合地层，尤其是 C855 标段，地层涵盖了从淤泥质黏土到弱风化的花岗岩。在盾构隧道掘进过程中，在多处遭遇从软土到硬岩的过渡区段，在盾构机掘进范围内出现上软下硬的情况（即复合断面），局部区段又有全断面硬岩的情况，抗压强度高达 400MPa 以上。在盾构掘进的过程中还遇到了孤石（即大块的硬岩为软土所包裹）的情况。这些地质情况均给盾构隧道掘进施工带来了极大的挑战。2007 年，上海隧道工程股份有限公司又承建成都地铁 1 号线的建设任务，其地质是典型的富水砂卵石地层，卵石含量高（55% 以上），漂石粒径大（最大粒径为 550mm，含量为 5%～10%，随机性分布），卵石强度高（卵石和漂石单轴抗压强度达 86～98MPa），地下水丰富（区内设计初见水位-4m），透水性好（渗透系数高达 12.5～27.4m/d）。盾构机选型、刀盘及刀具的适应性调整、注浆保护措施、土体改良、进出洞控制等方面均展现了不同的特点。上述工程的成功建设标志着我国在复合地层中进行盾构隧道施工的技术水平已达到国际先进，所形成的"复合型土压平衡盾构掘进工法"是成熟可靠的。

与此同时，上海隧道工程股份有限公司还依托所承接的工程为背景，系统地开展在复合地层进行盾构法隧道施工的关键技术研究，其中科研课题"新加坡复合地层中盾构隧道掘进施工关键技术研究与总结"于 2011 年 1 月 18 日通过鉴定验收，成果达到国际先进水平。

2. 工 法 特 点

复合型土压平衡盾构是在土压平衡盾构的基础上发展起来的一种适用于强度差别较大的土质以及盾构掘进断面土层不均匀等复杂地质条件中施工的新盾构，其施工方法是在刀盘上同时装有刮刀和滚刀，可切削软土、硬土、砂砾和软岩等不均匀地层。本工法为了保持开挖面的稳定，在切削刀盘后的密封舱内充填开挖下来的土体，通过螺旋输送机出土，保持开挖面平衡的一种施工方法。

本工法主要特点有：

2.1　具有切削软土、硬土、砂砾、卵石、岩石等不同强度的岩土功能。

2.2　经过一定距离掘进后，可以在气压状态下对磨损的道具进行更换。

2.3 根据土压变化调整出土和盾构推进速度，易达到工作面的稳定，减少地表变形。

2.4 对掘进土量和排土量能形成自动控制管理，机械自动化程度高、施工进度快。

2.5 施工安全性好，可在大深度、高水压下掘进工作。

2.6 在密闭舱内的安装搅拌棒，防止黏性较强的黏土形成"泥饼"，大大提高了盾构在复杂土层施工中的出土效率。

3. 适 用 范 围

本工法适用于软土、砂砾、卵石、软岩等不同地层内掘进直径3～10m的隧道，能适应多种环境和地层的要求。可在强度差别较大的土质和盾构掘进断面土层不均匀等复杂地层，以及高黏度砾质黏土、风化岩等常规土压平衡盾构无法适应的地层中使用。

4. 工 艺 原 理

复合型土压平衡盾构是利用安装在盾构最前面带有滚刀、撕裂刀或先行刀等刀具的全断面切削刀盘，将正面土体切削下来的土进入刀盘后面的密封舱内，并使舱内具有适当压力与开挖面水土压力平衡或欠平衡，以减少盾构推进对地层土体的扰动，从而控制地表变形，在出土时由安装在密封舱下部的螺旋运输机向排土口连续排土。复合型盾构土压平衡盾构主机见图4。

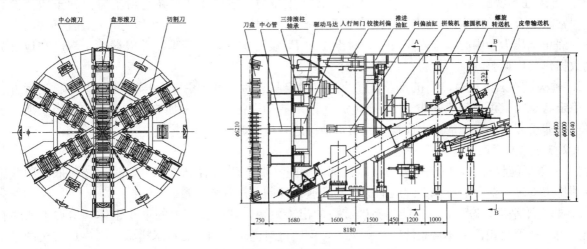

图 4 复合式土压平衡盾构主机

5. 施工工艺流程及操作要点

5.1 主要施工工艺流程

复合型土压平衡盾构主要施工工艺流程见图5.1。

5.2 操作要点

施工时，应不断对日常操作等活动加强管理。随时注意开挖面的状态（土压力设定值）、隧道中心线偏移量、一次衬砌环状况、注浆状况以及对地表变形的影响等。

5.2.1 初始推进段施工

盾构从竖井出发后100m作为推进试验阶段，结合地表变形量情况和工程质量、盾构设备的要求，对土压力、总推力、刀盘扭矩、推进速度、出土量、注浆量等施工参数反复量测、分析、调整，进一步优化。

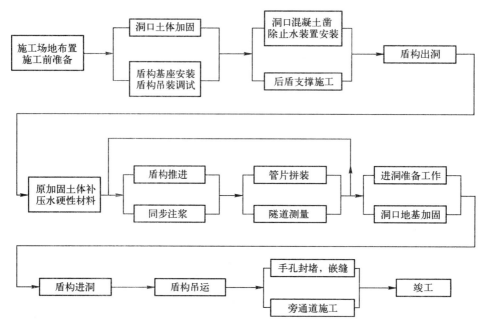

图 5.1　复合地层施工工艺流程图

5.2.2　土压力管理

1. 盾构进入软土层时，土舱应建立土压平衡。土压力一般通过装置在密封土舱内的土压计检测读出，通常较为合适的土压力 P_0 范围是：（水压力＋主动土压力）$<P_0<$（水压力＋被动土压力）。P_0 以相应的静止土压力为中心范围内作波动。对土压力 P_0 设定实行动态管理，并根据覆土深度和地表沉降监测数据作相应调整。

2. 盾构进入岩土层时，当正面岩石层处于较稳定状态时，可考虑非土压平衡状态；当正面岩土层处于稳定状态时，可考虑建立非土压平衡状态，既对盾构设备有利，又加快掘进速度，缩短工期。欠土压平衡或非土压平衡状态的建立应视地表变形情况进行适当调整。

5.2.3　排土管理

1. 土压平衡状态下，以土压力为控制目标，通过实测土压力值 P_1 与 P_0 值相比较，依此压差进行相应的排土管理，主要通过调整螺旋输送机的转速来控制土压和排土量。

2. 非土压平衡状态下，尽可能提高螺旋机的出土效率，减少土舱内的堆积土体，增加土舱的有效进土空间。在刀盘正面土体自立性较好状况下，可通过对土舱内加气的技术措施，提高螺旋机的排土能力，防止土舱内"泥饼"的形成，降低大刀盘扭矩，从而加快掘进速度。

5.2.4　注浆管理

一般采用盾尾同步注浆，辅以管片壁后注浆。

1. 材料

应选择符合土体条件及盾构形式的注浆材料。拌制的浆液应泵送性好、不离析、压注后收缩小、凝结强度大于土体强度。

一般常用材料有：水泥砂浆（砂＋水泥为主）、双液浆（水泥浆＋水玻璃）、水泥＋粉煤灰＋陶土粉。可塑性注浆材料采用炉渣——石灰类甚至黏土等代替水泥，使浆液具有可塑性。

2. 注浆压力和数量

注浆压力选择以能填充建筑空隙为原则，根据相应部位的土压力、水压力、泥浆压力以及衬砌的强度选择合适的压力，一般出口处压力为 0.1～0.3MPa。压浆量考虑到其渗透、加压单侧挤入、脱水等因素，多取为建筑空隙的 150％～250％。对注浆的管理一般结合地表变形进行压力与数量的综合管理。

5.2.5　泡沫剂的压注

盾构处于软土、硬岩夹杂的复杂地质中施工，刀盘前安装滚刀。为了改良土体、保护刀盘以及保证盾构机正面良好的隔水效果，推进过程中采用压注泡沫剂。

泡沫剂压注的操作工序：

启动空压机→启动注水泵→空气、注水压力达到要求→开启泡沫装置→压注泡沫。

5.2.6 刀具的调换

在岩石地层条件下施工时，盾构刀具如果损坏，可在土舱内施加气压条件进入土舱内进行刀具的调换。在换刀具时，要选择土体自立性较好的地段，最好为全断面的岩层区域中进行。

当盾构处于软土层或黏度较高的砾质黏土中施工，尽可能不使用滚刀，增加盾构的进土部位；当盾构处于强度较高的风化岩中施工，应及时安装滚刀；当盾构处于强度较低的风化岩中施工时，应安装撕裂刀或先行刀。

5.2.7 盾构在不同地质界面转换时的施工

盾构由软土层进入全断面岩石层，即由土压平衡状态向欠土压平衡状态或非土压平衡状态过渡，除适当降低土压设定值、增加同步注浆量、调整各区域油压差以及改变盾构千斤顶的合力位置外，还应放慢推进速度。

盾构由全断面岩石层进入软土层，即由欠土压平衡状态或非土压平衡状态向土压平衡状态过渡，除适当增加土压设定值、减少同步注浆量外，同时要提高盾构与设计轴线的相对坡度，调整各区域油压差以改变盾构千斤顶的合力位置和方向，加快推进速度。

5.2.8 盾构穿越断裂带的施工

1. 盾构施工前，确切地掌握断裂带的地质情况；视实际情况对隧道顶部以上的断裂带土体进行加固。

2. 当盾构切口切入断裂带时，要考虑盾构正前方岩土性质的变化，对盾构姿态和出土量等各要素作出相应调整，防止盾构磕头、上仰等现象产生；为了消减沉降和断裂带水的不利影响，应及时实施同步注浆。

3. 在盾构穿越后，对隧道周边的断裂带土体进行壁后注浆加固，确保隧道稳定，同时又能隔断断裂带的水涌向盾构切口，不致形成水路通道。

4. 配备抽水泵，及时抽去盾构工作面的积水，确保盾构快速掘进；严格控制螺旋机闸门（或球阀）的开度，避免大量水喷涌而造成地面沉陷。

5.2.9 盾构在岩石层中的施工

1. 合理利用操挖刀和铰接千斤顶，以达到纠偏效果和调整盾构姿态。

2. "孤石"处理

孤石出现后立即停止推进并锁定千斤顶，防止盾构后退；若前方土体自立性较好，则先清空土舱内的泥土并建立气压平衡，然后组织作业人员通过人行闸门进入土舱内，对孤石进行粉碎；若土体自立性很差或无法自立，则需先对土体进行加固处理后，才允许作业人员进入土舱处理。

3. 防止盾构旋转

掘进过程中，有针对性地加注泡沫以减小刀盘扭矩，消除产生盾构旋转的外力因素；利用减低推进速度、刀盘正反转等措施对盾构旋转角度进行控制；通过改变刀盘旋转方向来纠正盾构旋转；通过增大盾构周边摩阻力控制盾构旋转。

6. 材料与设备

盾构隧道工程的机具设备包括两大部分：一是盾构机械本身及其附属设备；另一部分是隧道施工常用设备。

6.1 复合型土压平衡盾构机械及附属设备

复合型土压平衡盾构机械及附属设备见表6.1。

复合型土压平衡盾构机械及附属设备 表 6.1

系统机械		机械要素	备注
开挖、支护机构		切削刀盘	切削土体并起第一道挡土作用
		密封土舱	存储切削土并保持一定的压力
		盾构千斤顶	提供推力并实现盾构纠偏
		土压力计	检测土压，进行土压管理
添加剂注入装置		添加剂注入泵	
		添加剂注入口	
搅拌装置		切削刀盘	
		各种搅拌翼	防止共转、沉淀、黏附
排土设备		螺旋输送机	运输切削土，挖制出土量
		闸门或选转或漏斗等	调节出土量
管片组装机构		拼装机	
		千斤顶	
润滑、密封装置		油脂注入泵	
		盾尾密封材	
扩挖装置		超挖刀或仿形刀	特殊情况下启用（曲线施工等）
盾构附属设备	测量设备	铅锤	测俯仰、侧倾等
		盾构千斤顶行程计	测偏转
		激光束等	自动控制盾构姿态
	注浆设备	注浆泵	一般安设在后方台车上
		注浆管路	尽量使用活接头
		密封材	
	后方台车	液压组件	
		电气组件	

6.2 盾构隧道施工一般设备

盾构隧道施工一般设备见表 6.2。

盾构隧道施工一般设备 表 6.2

设备类别	设备名称	数量	备注
隧道运输设备	15t 龙门桥式行车	1 台	竖井垂直运输
	电机车	4 辆	隧道水平运输，一般用 8t 或 5t
	平板车	6～10 辆	
	出土箱		大小与数量视工程而定
	Y 形道叉	2～6 副	数量视隧道长度而定
加泥设备	高速搅拌机		一般为 1m³
	储浆桶		
充电设备	充电机	2 套	
	平板车	2 辆	轨距为 640mm
给排水设备	水管		DN50 和 DN100 钢管
	潜水泵或渣浆泵		
照明设备	防潮荧光灯		48V，1 只/10m 左右，隧道内工作面 装在盾构内，一般为 24V
	镝灯		工作现场照明

设备类别	设备名称	数　量	备　注
衬砌制作场	10t/5t 龙门行车	1 台	
	翻身架	1 只	特制
测量设备	经纬仪	2 台	WILD T2
	电子经纬仪	1 台	T2000
	激光测距仪	1 台	Redminzl
	程序计算机		Fx－4500
	水准仪		N2
其他设备	电话机	5 部	通讯联络
	灭火机		消防设备
	送、排风机		通风设备

7. 质量控制

由于盾构隧道工程技术难度高、施工风险大，工程中不可预测因素多，且一般均为百年大计（如越江隧道、地铁隧道），又具有不可返修性，故此对质量要求极高。按照工程建设规范《盾构法隧道工程施工及验收规程》DGJ 08－233—1999 进行施工。

7.1　质量标准

质量标准见表 7.1。

质量标准　　　　　　　　　　　　　　　　　　　　　　　　　　　　表 7.1

项　　目	允 许 偏 差
高程轴线偏差	±100mm
平面轴线偏差	±100mm
相邻管片的径向错台	10mm
相邻管片环向错台	15mm
衬砌环直径椭圆度	6‰D（D 为隧道竖向外径）
隧道漏水量	每昼夜渗水量不大于 0.06L/m²·d，总湿渍面积不应大于总防水面积的 4‰，隧道内任意 100m² 范围内表面湿渍不超过 4 处。单一湿渍最大面积不大于 0.5m²。

7.2　质量目标

杜绝一切技术质量事故，工序合格率达到 100％，工程质量合格；从技术的先进性、管理的科学性、配合的实际性上，制定措施，确保工程质量、施工技术、建筑材料方面都达到一流水平。

杜绝质量事故，减少返工返修，提高一次成优率，按照相应的国家标准完善质量体系，深化质量管理。做到质量工作有章可循、有章必循、体系有效、责任落实。

7.3　质量保证措施

7.3.1　平面控制网测设的技术要求与措施

1. 进场后项目上将专门设立一个测量小组，由项目工程师负责。下设专业测量人员若干。测量人员都已经过专业培训，并持证上岗。

2. 凡进场后的测量仪器都持有国家技术监督局认可的检定单位的检定合格证，并按周检要求，强制检定。要在使用过程中，经常检查仪器的常用指标，一旦偏差超过允许范围，及时校正，保证测量精度。

3. 测量基准点要严格保护，避免撞击、毁坏。在施工期间，要定期复核基准点是否发生位移。

4. 所有测量观察点的埋设必须可靠牢固，严格按照标准执行，以免影响测量结果精度。

7.3.2 施工质量保证措施

1. 加强施工中的技术管理是保证施工质量的一个重要措施。施工技术人员结合各个工序实行质量过程控制，重点做好以下方面：

1）盾构穿越重要建筑物及盾构出洞；

2）盾构推进轴线控制；

3）同步压浆的运作；

4）管片拼装质量控制。

2. 在工程实施前，对参与本工程施工的现场施工技术人员、施工员、质量员、相关负责人、班组长直至每一位施工人员，作层层技术交底。

3. 在施工中，检查督促施工人员严格遵守有关施工操作规程，研究和处理施工中的重大技术问题，负责处理质量事故。

1）严格按照审定的施工组织设计进行施工，每道工序按图纸进行施工，不折不扣地执行有关施工与验收规范和设计单位要求的技术规定。

2）详细阅读甲方提供的工程资料，及工程地质资料勘察报告和有关文件、设计单位提供的工程设计图纸和技术文件，透彻了解甲方、设计单位对工程质量的原则要求和特殊要求。

3）建立重点部位质量保证措施，确保优质工程，加强现场质量管理。重点工序施工结束后，必须由项目组质量员验收、记录、评定后，再邀请业主代表见证，并提供各种书面见证资料。工程结束并经实际应用一段时间后，对本工程质量进行回访。

8. 安 全 措 施

为贯彻"安全第一、预防为主"方针，建立健全安全生产责任制和群防群治制度，确保在施工现场生产过程中的人身和财产安全，减少事故的发生，结合工程的特点建立安全生产保证体系，切实加强对施工现场安全管理。

8.1 安全生产目标

实现重大伤亡事故为零；杜绝设备、火灾、管线等重大事故；事故频率控制在 0.6‰ 以下；争创市政安全标化工地。

8.2 安全生产措施

对施工过程中可能影响安全生产的因素进行控制，确保施工生产按安全生产的规章制度、操作规程和顺序要求进行。

8.2.1 严格控制施工过程，要求施工现场管理人员、特殊作业人员（电工、焊工、架子工、吊车司机、吊车指挥）等人员都必须持有效证件方能上岗，严禁无证操作。

8.2.2 安全设施、设备、防护用品的检查验收控制；安全防护必须做到防护明确、技术合理、安全可靠。

8.2.3 施工过程中分项、分部、针对性交底，分各工种交底以及安全操作规程交底，由技术负责人进行，并由双方签字认可，督促实施。

8.2.4 加强盾构出洞安全控制，确保为凿除洞门搭设的脚手架严格按照规范搭设；对动火区域严格进行现场监控，并配备足够数量的灭火器材。

8.2.5 通过力学计算及分析，合理配备吊运重物的钢丝绳索具；采用小挖机将洞门做粉碎性分层凿除处理，洞门凿除要连续施工，顺序由下至上，全过程由专职安全员进行全过程监督。

8.2.6 行车垂直运输是隧道盾构施工"二线一点"中的重要部分，行车的各项安全装置（包括变速箱、制动装置、滑轮片、电动葫芦等）完好齐全，定期进行检修；行车运输系统良好（行车基础、行车轨道），每班进行检查；起重索具（包括钢丝绳、卸克等）配备安全合理，定期检查更换；吊运物件捆绑情况良好。

8.2.7 管片拼装点是隧道井下盾构工作面的安全重点部位，拼装机要做到指定专人操作。拼装机动作之前，操作人员必须鸣警示铃、亮警示灯；高处拼装人员必须佩戴安全带等防护装备。

8.2.8 确保管片拼装连接件良好（拼装头子、连接销）；对安全防护设施进行维护维修，并在拼装前进行检查；定期对拼装设备及用具进行检查维修，确保状态完好。

8.2.9 临时用电严格按照施工现场临时用电施工组织设计执行，用电设施布置完成后，组织人员验收，合格后方可通电使用；配电间内安全工具及防护措施、灭火器材必须齐全。

8.2.10 对施工现场的易燃、易爆存放场所，加强监控、检查，发现问题及时整改。

8.2.11 对移动及照明机具的使用实行"一箱、一机、一闸、一漏电"保护，并经常进行检查、维修和保养；为避免误操作，一切倒闸操作不得在交接班时进行，并尽可能在负荷最小时进行，除了紧急和事故情况，不得在高峰负荷时进行。

8.2.12 要严格按安全技术管理手册要求，实施各阶段、各工种的安全操作，补充针对性安全技术交底内容，杜绝事故隐患的发生。

8.2.13 任何人不得违章指挥作业，安全员是安全生产的执法人员，有权制止违章作业，任何人不得干涉。当生产、施工与安全发生冲突时，必须服从安全需要。

8.2.14 做好全员发动，使施工过程中存在的事故隐患及时发现、及时处理，确保不合格设施不使用，不安全行为不放过。对已发生的事故隐患及时进行整改，以达到规定要求，并组织复查验收，对有不安全行为的人员进行教育或处罚。

9. 环保措施

全面运行 ISO 14001 环境保护体系标准，系统地采用和实施一系列环境保护管理手段，以期得到最优化结果。

9.1 环境方针

生产目的：不断优化环境；

施工组织：遵守环境法规；

施工过程：控制环境污染；

竣工交付：满足环境要求。

9.2 环境保护措施

9.2.1 要求土方车车次车貌整洁，制动系统完好。车辆后栏板的保险装置完好，并再增设 1 副保险装置，做到双保险，预防后板崩板。车辆配置灭火器，以便发生火灾时应急。

9.2.2 土方装卸时，场地必须保持清洁，预防车轮黏带。车辆驶出工地时，必须对车轮进行冲洗。装载的土方不超高超载，并有覆盖保护措施，以防止土方在运输中沿途扬撒。

9.2.3 土方运输要严格按交通、市容管理部门批准的路线行驶。配备专用车辆对运输沿线进行巡视，发现问题能够及时处理。驾驶员必须严格遵守交通、市容法规，一旦发现崩板立即停车，并及时向领导和管理部门汇报。同时围护好现场，以防污染进一步扩大。

9.2.4 严格按照《中华人民共和国环境噪声污染防治法》第二十七、二十八、二十九和三十条的规定控制施工环境噪声，施工期间施工场界噪声符合建筑施工场界环境噪声排放标准。结合工程实际情况，在施工期可采取以下控制措施：

1. 合理安排施工机械作业，高噪声作业活动尽可能安排在不影响周围居民及社会正常生活的时段进行。

2. 加强对噪声监测，对承建项目建设期间的建筑施工场界噪声定期监测，并填写《建筑施工产地噪声测量记录表》。如发现有超标现象，将采取对应措施，减缓可能对周围环境敏感点造成的影响。

10. 效 益 分 析

一般土压平衡盾构很难在软土和岩石混合地层中施工，复合型土压平衡盾构充分显示其在各种复杂地层中掘进的能力。复合型土压平衡盾构掘进工法与矿山法相比，具有安全、作业环境好、掘进速度快、隧道整体防水好及综合造价低的优点。

复合型土压平衡盾构一般不需要辅助施工法，受环境影响少，能保持连续均衡施工，开挖面始终保持平衡状态，对周边环境影响小。本工法既缩短工期又能保证高质量。对施工人员来说，由于其机械化程度高，隧道内噪声低，无气压，减轻了劳动强度，有利于施工人员的健康和安全。本工法具有较明显的经济效益和社会环境效益。

11. 应 用 实 例

11.1 广州地铁 2 号线区间隧道

2000 年 1 月，由上海隧道工程股份有限公司承建的广州地铁 2 号线海珠广场—市二宫区间隧道工程全长 840m。隧道外径为 6.0m，内径为 5.4m，每环宽 1.2m，管片之间采用弯螺栓手孔式连接，衬砌的设计强度为 C50，抗渗等级为 P12，管片采用错缝拼装的施工工艺。

本工程采用 2 台上海隧道工程股份有限公司开发研制的 ϕ6140 复合型土压平衡盾构（有铰接功能）进行施工，本盾构有以下主要特点：适用于软土、中硬岩、软土和硬岩夹杂的复杂地质，刀盘前安装滚刀（可调换），能切削强度约 50MPa 左右的岩石，可在土压平衡、非土压平衡状态下施工。可向刀盘前加注泡沫以起到改良土体、保护刀盘等作用。盾构穿越土层为（4−1）粉质黏土、（6−8）全风化～中风化夹杂综合岩带、（8）中风化带和（9）微风化带岩层，覆土为 5.5～21m。该标段的典型地质剖面图见图 11.1。

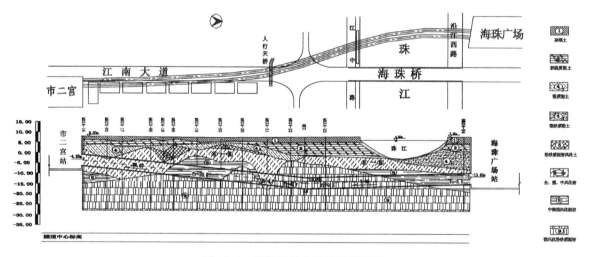

图 11.1 该标段的典型地质剖面图

盾构自海珠广场出洞约 40m 后开始穿越珠江，然后沿江南大道推进，最后到达市二宫北端头井进洞。在整段区间隧道的掘进沿线，需穿越众多的建筑物和管线等。在施工过程中，通过对地面变形进行预测和分析，及时优化调整施工参数，将地表变形控制在 2～3cm 以内，有效地控制了盾构施工过程中的地面变形，减少了诸多辅助措施的实施，产生了显著的社会效益和经济效益。

11.2 成都地铁 1 号线一期工程盾构 1 标工程

11.2.1 工程概况

盾构 1 标是成都地铁 1 号线一期工程最北面的一个标段，隧道的起点也是 1 号线一期工程的起点，位于红花堰站（正式命名升仙湖站）。土建工程包括红花堰站—火车北站区间左、右线盾构隧道、联络通道（含泵房）1条及联络通道1条；火车北站—人民北路站区间左、右线盾构隧道及联络通道（含泵房）1条。

隧道起于红花堰站南端，止于人民北路站北端。盾构出红花堰站以后以半径为350m的曲线过小沙河进入站北一路，沿站北一路向西行进一段，又以半径为400m曲线拐向南面的铁路股道，穿过铁路股道、行包大楼和火车北站广场后进入火车北站，盾构过站后，线路出火车北站沿人民北路继续南行至一环路，在一环路与人民北路交叉口处进入人民北路站，完成掘进施工任务。线路全长约4755.972m。

11.2.2　施工情况

工程采用2台进口海瑞克土压平衡盾构机施工，盾构于2007年9月20日始发，至2009年5月28日双线贯通。施工人员经过不断的技术摸索，工程施工取得了成功，并创造了多项成都之最：

1. 始发覆土最浅。红花堰站始发时覆土只有2.5m，施工难度大。

2. 单区间长度最长，红—火区间1350m。这对盾构刀盘、螺旋机等部件的磨损要求极高。

3. 曲率半径最小（R350m），小曲率半径沿曲线长度达800m，考验盾构隧道曲线纠偏的控制水平。

4. 穿越建构筑物最多，其中包括：

1）穿越直径1m的高压自来水管；

2）下穿使用中的房屋33幢，其中包括250m不停机换刀穿越住宅小区；

3）穿越北新干道高架桥桩基1处；

4）穿越沙河排洪渠1处；

5）连续220m不换刀穿越运营中的成都客站11股铁路股道。

5. 不换刀一次掘进距离最长，达580.6m，将之前本项目创造的256.8m的成都地区记录提高1倍多。

11.2.3　工程监测与结果评价

隧道施工整个过程中轴线偏差、地表沉降、建筑物沉降控制各项指标均符合要求，安全处于良好的受控状态。得到了业主的认可，施工无安全生产事故发生，效果良好。

11.3　新加坡地铁环线四期C855标工程

11.3.1　工程概况

新加坡地铁环线的C855标段包括4座车站和5段区间隧道。该标段始于C854的Farrer（花拉）车站，途经Holland Village（荷兰村）车站、Buona Vista（波那维斯达）车站、One－North（一韦）车站、Kent Ridge（肯特岗）车站、到达C856的West Coast（西海岸）车站。盾构法掘进隧道区间共5段，累计掘进长度约8.8km（上、下行线的总和）。隧道管片采用预制钢筋混凝土衬砌管片，错缝拼装。管片外径 $\phi6350mm$，内径 $\phi5800mm$，厚度275mm，环宽1400mm。管片预制生产并经检测合格后，驳运到工地现场投入使用。主体隧道施工采用2台 $\phi6600mm$ 海瑞克土压平衡式盾构和2台泥水平衡式盾构同时进行。C855标段由Woh Hup－上海隧道－Apline组成的联营体以4亿新元（约合20亿人民币）的标价中标承建。

地质条件的复杂性是该标段最大的挑战。在该标段范围地质条件涵盖了从淤泥质黏土到弱风化的花岗岩。在盾构隧道掘进过程中将在多处遭遇从软土到硬岩的过渡区段，在盾构机掘进范围内出现上软下硬的情况（即复合断面）。局部区段又有全断面硬岩的情况，抗压强度高达400MPa以上。在盾构掘进的过程中还遇到了孤石（即大块的硬岩为软土所包裹）的情况。这些地质情况均给盾构隧道掘进施工带来了极大的挑战。地质剖面图见图11.3.1。

隧道沿线要经过一系列的敏感建（构）筑物。如盾构掘进需要穿越游泳池、马来西亚铁路、原水管、密集的建筑群、以及豪宅群等。这些建（构）筑物对地下施工产生的沉降甚为敏感。局部区段还有型钢基础穿过隧道范围，需要在盾构机经过前进行拔除和托换，对附近的住宅楼需要进行基础托换等。在盾构机通过这些敏感地带期间，需要采取一系列的措施，确保这些建（构）筑物的安全及工程环境的安全，这也大大增加了工程的难度与风险。

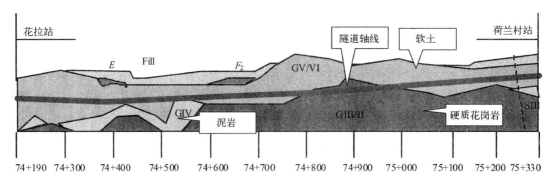

图 11.3.1　花拉站—荷兰村站地质剖面图

11.3.2　工程总体实施情况

根据施工总体安排，整个 C855 标段由 2 台复合式的土压平衡盾构和 2 台复合式的泥水平衡盾构掘进施工。2 台泥水盾构从已经建成的 One North（一韦）车站预留的始发井向 Farrer（花拉）车站方向掘进，穿越正在施工的 Buona Vista（波那维斯达）车站，拼装临时管片，然后又穿越正在施工的 Holland Village（荷兰村）车站，拼装临时管片，最后到达 Farrer（花拉）车站。另外 2 台土压平衡盾构则从位于 One North（一韦）车站和 Kent Ridge（肯特岗）车站间的明挖区间隧道始发向 Kent Ridge（肯特岗）车站掘进，待车站开挖到底板，并浇筑临时底板后盾构从底板上整体牵引平移，进行二次始发，完成从 Kent Ridge（肯特岗）车站到 West Coast（西海岸）车站区间的掘进工作。

2 台土压平衡盾构所经历的地层主要由淤泥质黏土、泥岩和强分化岩组成，强分化岩层最大的单轴抗压强度在 100MPa 以内，隧道的掘进效率相对较高，平均掘进速度为 6 环/d，最高的掘进速度达到 13 环/d，平均每掘进 220m 进行一次开仓验刀。在整个掘进过程中开挖面平衡状态良好，周边环境的隆沉均控制在允许的范围内。

DK 式土压平衡顶管工法

YJGF14—2000（2009～2010 年度升级版-044）

上海城建市政工程（集团）有限公司

余彬泉　韩为峰　章建青　张乃涓　傅纪伟

1. 前　　言

　　土压平衡顶管施工工法是机械化顶管施工的主要方法之一，属于机械化、长距离顶进技术，对施工技术管理有较高的要求，主要体现在对顶管设备操作的严谨性、对施工工艺参数计算和选择的准确性和合理性等。为了规范施工管理，提高施工技术水平，促进非开挖地下管道机械化施工技术的应用和发展，在自主研制的 DK 式土压平衡顶管机成功的基础上，大力开展 DK 式土压平衡顶管施工工法的推广应用。

　　DK 式土压平衡顶管是一种有加泥装置且可对切削下来的土体进行改良的顶管施工，具有广泛的适应性和可靠性。本工法的关键设备是 DK 式顶管机，见图 1。首台 DK 式顶管机是由上海城建市政工程（集团）有限公司顶管技术研究所于 1992 年研制成功。目前，该机从 φ1200～φ3600 已成系列。其中 DK1650 和 DK3000 曾先后荣获上海市科技进步三等奖，DK3000 还荣获过建设部科技进步三等奖；自动引导三维曲线顶管测量技术获上海市科技进步二等奖；非开挖工程中的高分子泥浆技术及其应用获上海市科学技术奖二等奖。并申请了"多刀盘顶管掘进机"专利（ZL 95243673.6）、"土压平衡泥水切削搅拌输送机"专利（ZL 99239999.8）、"PMS 泥水浆液制备方法和它在泥水平衡盾构及顶管施工中的应用"专利（ZL 200410017443.8）、"一种高分子泥浆及其配置系统"专利（ZL 200810036118.4）。

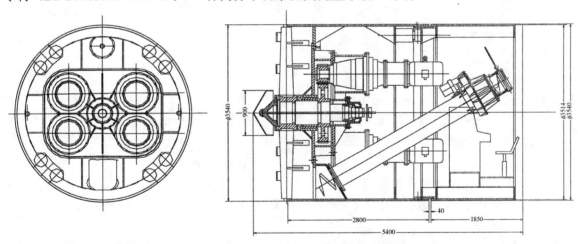

图 1　DK 式土压平衡顶管机

2. 工 法 特 点

　　2.1　顶管机的刀盘没有面板，而只由几根呈辐条状的刀排等组成。在刀排的前面设有切削刀头，在刀排的后面焊有数根搅拌棒。刀盘在切削土体的同时可进行搅拌。

　　2.2　刀排的顶端，切削刀头和中心刀处设有注浆孔，且与主轴中心的注浆孔相通。

　　2.3　通过注浆孔可向挖掘面上注水或黏土浆等，再通过搅拌棒把切削下来的土体与水或浆进行充分的搅拌，使改良的土体具有良好的塑性、流动性和止水性。

　　2.4　隔仓板上设有土压力表，泥土仓的最下部设有螺旋输送机。

2.5 通过调节顶管机的推进速度或调节螺旋输送机的排土量，即可控制土仓内的土压力。

2.6 顶管机还具有操作方便、工作安全可靠、重量轻和刀盘驱动功率小特点。

2.7 本工法施工效益高、质量好，对环境影响小，有较好的社会和经济效益。

3. 适 用 范 围

3.1 本工法适用于 N 值 0～50 的淤泥到砂砾等各种土质条件下施工。

3.2 本工法不仅可在穿越河流、公路、房屋等复土较深的条件施工，而且可在大于管外径 0.8 倍以上浅复土条件施工。

3.3 本工法不仅适用于 $\phi 1000 \sim \phi 3600$mm 口径的混凝土管施工，而且也适用钢管施工。

4. 工 艺 原 理

4.1 刀盘把土体切削下来以后，经过搅拌棒对土体进行搅拌。如果是含水量少的黏土，则可注入水以增加它的含水量，如果是黏粒量少的砂或砂砾土质，则可注入泥浆以增加它黏土成分。经过搅拌的土必须达到具有良好的塑性、流动性和止水性。

4.2 通过调节顶管机推进速度或者通过调节螺旋输送机排土的速度把土仓内的土压力控制在大于顶管所处土层的主动土压力 Pa 和小于被动土压力 Pp 之间。由于刀盘没有面板，土仓的土压力就是顶管机挖掘面上的土压力，因而可以真正达到土压平衡的目的。

4.3 由于螺旋输送机内的土具有止水性，所以螺旋输送机内长长的土塞既可用来平衡地下水压力又可以阻隔地下水的流失。因而可有效地控制土表的沉陷与隆起。

5. 施工工艺流程及操作要点

5.1 施工工艺流程

施工工艺流程见图 5.1。

5.2 操作要点

5.2.1 务必要控制好土仓的土压力 P，要求做到 Pa<P<Pp。

1. 为达到上述要求，必须认真研究土质资料，精确求出 P 及 Pa 的值。

2. 尽量让控制土压力离开 Pa 及 Pp 值远一些，并且在±10～30kPa 范围内波动。

3. 复土浅时，波动范围取±10kPa；复土深时，波动范围取±30kPa。

4. 采用调节顶管机推进速度来控制土压力 P 时，其特性较硬，变化较快；采用调节螺旋输送机排土量来控制土压力 P 时，其特性较软，变化较慢。必要时同时使用这两种方法来控制。

5.2.2 纠偏技术

在推进过程中，必须注意偏差发展的趋势。纠偏的原则是：务必让偏差保持在较小的波动范围内，并且做到勤测勤纠，小幅度纠偏、看趋势纠。

1. 掘进机纠偏系统的可靠性和开挖面稳定性措施是引导机头导向的重要因素。

2. 在机头后面设置一道中继环作为辅助纠偏，有利于多曲线的导向。

3. 采用多组纠偏特殊管节，用短油缸形成整体弯曲弧度，更有利于多曲线的轴线控制。

4. 在前几节管子中设置连接拉杆，能有效防止轴线的导向失控。

5. 保证"勤测、勤纠、微纠"的轴线控制原则。

5.2.3 注浆材料

研制了一种适用于顶管施工的新型复合泥浆材料。该泥浆经注入管外壁与粉砂层之间，具有触变性能好，泥膜稳定时间长，不易被地下水和粉砂层侵入的特点。

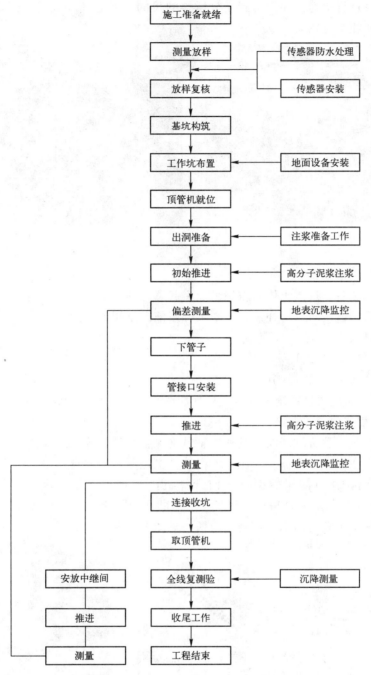

图 5.1 施工工艺流程图

5.2.4 注浆方法

首先在管外壁的土层中形成吸附聚积泥膜，然后在泥膜与管外壁之间形成完整泥浆套，泥浆应具有良好的触变性能、物理和化学稳定性。其主要控制指标为适当的黏度、静剪切力和动剪切力。注浆图见图 5.2.4-1。

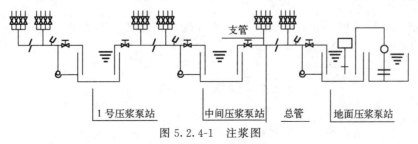

图 5.2.4-1 注浆图

泥浆采用高剪切泵进行快速搅拌能达到充分搅拌的目的，经过 30min 搅拌后，无需进行水化反应，其性能满足要求。现场注浆见图 4。

图 5.2.4-2　现场注浆设备

注浆方法采用压浆三条线：

从洞口开始，以避免管子进入土体后被握裹而引起背土的恶劣情况；机尾同步注浆，要使浆套随机头不断延伸；要对管道沿线定时进行补浆，不断弥补浆液向土层的渗透量。

注浆参数的控制要求为：

1. 压力控制：$p=1.0～1.2\gamma h$；
2. 注浆量控制：建筑空隙的 8～10 倍；
3. 注浆效果检验：通过顶进系统的油压直接反应注浆效果，及时调整。

5.2.5　顶管自动引导测量系统的开发与应用

在顶管施工中，及时对顶管轴线的测量和控制是确保整个顶管施工工程的关键，采用顶管自动引导测量系统按导线测量方法布设，无需人工操作，由计算机控制，逐站自动进行后视，前视的边长、高度角、水平角的自动观测，并将测量数据输送回计算机进行处理，每测量一次约需 5min，全程可达 1000m 以上，测量的精度为 ±2cm，得出工程最终所需的测量结果，可满足超长距离曲线顶管的自动连续测量要求，很好地解决了顶管施工中的测量问题，见图 5.2.5。

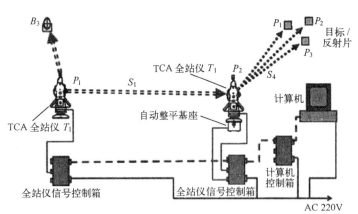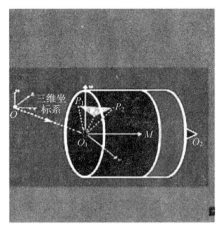

图 5.2.5　自动引导测量系统

5.2.6　每班必须对顶管机所有润滑点的润滑进行检查，以确保润滑处于良好状态。润滑油脂少了应及时补充。

6. 材料与设备

6.1　本工法所需材料为高分子泥浆材料。

6.2 本工法所需的机械设备见表6.2。

机械设备   表 6.2

序 号	名 称	规 格 型 号	数 量	备 注
1	加泥式土压平衡机	$\phi2600mm$	1台	外$\phi3140mm$
2	复合式基坑导轨	$L=6000mm$	1副	
3	后靠板	4.0×4.2×0.3	1块	
4	主顶油缸	TD200－3000	6台	等推力油缸
5	主顶油缸架		1台	
6	环形顶铁	$\phi3140mm×300mm$	1只	
7	液压动力源	$P=32MPa\ Q=25L×2$	1只	含高压软管
8	出土斗车	$3.2m^3$	3只	
9	卷阳机	2t	1台	出土用
10	TCA 全站仪		2台	用于自动测量
11	行车	25t	1只	
12	拌浆机	$1.0m^3$	2只	一台用于改良土体
13	注浆泵		2只	
14	高剪切泵		1台	
15	注浆管路	$\phi25mm$	2套	一套用于改良土体
16	盛浆桶	$2\sim3m^3$	3只	
17	水泵		1只	基坑排水用
18	配电柜	380V 300km	1只	安装有漏电保护器

7. 质 量 控 制

除了必须严格遵守国家、地方及业主制订的有关质量标准以外，在施工中还应做到：

7.1 凡不符合质量要求的成品、材料坚决不用。

7.2 要有严格的质量抄报制度，凡接近质量标准极限的70%时，应停止推进。只有在找出原因并制订有效措施后方可继续推进。

7.3 最大推力在任何时候都不得大于管子所能承受推力的70%，以防管口破碎。

7.4 推进过程中，还注意观测后座以及所有标记是否有变动。

7.5 顶进过程最大沉陷值，在管顶覆土大于管径时，地面最大隆起值为10mm，最大沉降值为30mm。

8. 安 全 措 施

除了应严格遵守国家、地方和企业已颁布的安全技术规程以外，对加泥土压平衡顶管的安全补充规定如下：

8.1 每班必须在上班前先检查一下漏电保护器是否处于良好的状态之中。

8.2 必须在切断电源的状态下接拆各类电缆接头，并且要防止各类电缆接头浸水或弄脏。

8.3 电缆应挂在洞口一侧，这样在推进过程中电缆是渐渐松弛的，否则电缆易在工作中不注意时被拉断而造成事故。

8.4 在停电作业时，必须把螺旋输送机出口关闭，以防喷筴事故脱开而发生意外，必须把顶管机下部的积水清除，同时应及时除净混凝土管道内散落的泥土，保持管道内清洁。

8.5　混凝土管道内应有足够亮度的照明。

8.6　工作坑四周有 0.5m 高的围墙，防止地面陷入工作坑而发生事故。

8.7　已顶完的管道在工作坑中的出口应封堵起来，防止水从管道中流入工作坑而造成事故。

8.8　工作坑中应设有集水井，并装有抽水机，同时还要及时排去工作坑中的积水。

9. 环 保 措 施

9.1　传统观点认为：顶管法对地表变形的影响比盾构法大，而长距离曲线顶管对地表变形的影响更大。本工法和工程实践证明：超长距离曲线顶管的地表变形可以控制在接近盾构法的变形范围。

9.2　本工法也可在超长距离曲线顶管工程中采用，从而减少了中间竖井，因此，对交通和周边环境的影响可以降到最小程度。

9.3　要尽量减少施工机械噪声的危害。为保护施工人员的健康，对于施工机械的噪声，遵守《中华人民共和国环境噪声污染防治法》，依据《工业企业噪声卫生标准》合理安排工作人员轮流操作施工机械，减少接触高噪声的时间。对噪声接触较近的施工人员，除采取防护耳塞或头盔等措施，还应当缩短其劳动时间。同时，要注意对机械经常性保养，尽量使其噪声降低到最低水平。为保护施工现场附近居民的夜间休息，对居民区 150m 以内的施工现场，施工时间加以控制。

9.4　在施工期间，对于工程施工中粉尘污染的主要污染源，采取有效措施减少施工现场的粉尘，防止粉尘对环境的污染。

10. 效 益 分 析

10.1　其社会效益是十分明显的。比开槽埋管对环境影响小，可不必降水和封锁交通，施工后地表沉降小。不需要降水，不需要断交通，可穿河道。

10.2　超长距离曲线顶管施工技术的应用，避免了对居民和周边建筑物的影响，并大大减少了土地的征用。同时可以减少施工对城市交通和建筑物拆迁，以及地下构（建）筑物的影响。

10.3　其经济利益主要表现在两个方面：首先，在埋设深度较深或穿越较多地下管线时，比开槽埋管安全、经济；其次，在居民密集区狭小街道中施工时，拆迁量比埋管小，投资成本低。

11. 应 用 实 例

本工法已在江苏省通榆河北延送水工程灌河地涵工程、上海临港新城污水处理系统一期工程 B4 标段、上海市西藏路电力隧道顶管工程、上海市西藏路电力隧道及南延伸顶管工程、北京西路—华夏西路电力电缆隧道工程 3 标段、雪野路（浦明路－220kV 连云站）电力电缆隧道工程、青草沙水源地原水工程严桥支线工程 C2 标段、中环线 A3.5 标段北虹路地道等工程得到成功运用。DK 式土压平衡顶管工法应用部分实例，见表 11。

DK 式土压平衡顶管工法应用部分实例　　　　　　　　　　　表 11

序　号	工 程 名 称	管道直径（mm）	顶进距离（m）	施 工 日 期
1	江苏省通榆河北延送水工程灌河地涵工程	φ3500	1800	2008 年 07 月～2010 年 05 月
2	北京西路—华夏西路电力电缆隧道工程 3 标段	φ3500	6127	2007 年 09 月～2009 年 09 月
3	雪野路（浦明路－220kV 连云站）电力电缆隧道工程	φ3000	1330	2008 年 06 月～2009 年 08 月
4	青草沙水源地原水工程严桥支线工程 C2 标段	φ3600	2×2141.88	2009 年 05 月～2009 年 12 月

铁路车站三线大跨度软弱围岩隧道施工工法

YJGF13—2002（2009～2010 年度升级版-045）

中铁隧道集团有限公司　中交隧道工程局有限公司

杨秀权　陈庆怀　于忠波　李世君　石新栋

1. 前　　言

　　山岭地区修建铁路，因受地形限制，一些车站的部分站线段延伸入隧道内，由此形成铁路车站三线大跨隧道。与双线铁路隧道相比，三线隧道具有跨度加大而高度变化相对较小，即矢跨比变小、结构形状变得更加扁平的特点。在软弱围岩地层中修建三线大跨隧道，隧道开挖后拱顶及局部应力集中过大，隧道结构极易失稳，给施工带来极大困难。针对内昆铁路曾家坪1号隧道浅埋堆积层的地质特点和三线大跨的结构特点，开展了双侧壁导坑法开挖、中洞施工技术、喷射钢纤维混凝土施工、长锚杆施工、分开式模筑衬砌技术、监控量测及信息反馈等项研究，形成了一套完整的浅埋堆积层三线铁路隧道施工监测、开挖及支护技术，在开挖、支护、二次衬砌、施工监测等方面都有新的突破，丰富了铁路隧道施工技术的内涵，开拓了大跨地下通道和洞室的施工技术的领域。由此形成本工法成果。

　　工法成果形成后，在国内的铁路、公路、水电、地铁及市政等领域的地下工程中得到了广泛的推广应用和不断创新发展，应用工程的技术难度不断加大，技术不断成熟，建成了大量复杂困难的城市地铁、公路、铁路等地下工程。重庆外环高速公路 N4 合同段玉峰山隧道和南京地铁 1 号线南延线工程 TA01 标小行车辆基地出入段线隧道均是大跨度不良地质隧道，运用本工法后安全、优质、按期建成，其技术水平达到国内领先水平，至今仍体现其安全、优质、高效的先进性。

2. 工 法 特 点

　　2.1　将监控量测技术、数据处理和信息反馈技术应用于施工，动态修正施工方法和支护参数，确保施工安全。

　　2.2　运用双侧壁导坑法进行开挖支护，拱部边墙开挖先施作小导管注浆，分部封闭成环，初期支护为锚、网、喷加格栅钢架结构，二次衬砌为钢筋混凝土结构。

　　2.3　边墙与拱部分别采用一套组合模板台车，具有费用低、效率高、混凝土外观质量好的优点。

3. 适 用 范 围

　　3.1　本工法适用于新奥法指导施工的大跨度软弱围岩地下通道及洞室。

　　3.2　本工法适用于各种埋深，Ⅳ～Ⅵ级围岩的铁路三线大跨隧道和类似跨度与围岩的铁路隧道、公路隧道、城市地铁、地下停车场等各种洞室。

4. 工 艺 原 理

　　4.1　采用双侧壁导坑法施工大跨隧道，其机理是将大跨洞室分割成几个小洞室分部施工，合理转化工序。双侧壁导坑施工示意见图 4.1。

　　4.2　以岩体力学理论为基础，监控量测为依据，采用新奥法原理和控制爆破技术，及时喷锚进行初期支护，针对围岩软弱的特点，经监控数据反馈，合理确定工序间关系。

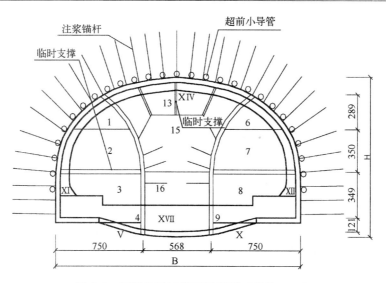

图 4.1　双侧壁导坑施工示意图（单位：cm）

4.3　利用监控位移反分析法及初支钢筋轴力、围岩应力、二衬钢筋轴力、二衬接触压应力的量测结果指导施工。

5. 施工工艺流程及操作要点

5.1　施工工艺流程（图 5.1）

5.2　操作要点

5.2.1　施工准备

1. 熟悉设计图纸，制订详细施工方案；

2. 地表布置监测桩点，并进行原始数据测量；

3. 分析洞口段地质情况和稳定与否，制订进洞前辅助加固措施；

4. 准备施工队伍和设备，培训施工人员，组织所需材料。

5.2.2　洞口段加固措施

洞口段的施工，一般埋深较浅，地质条件差，开挖宽度和高度又大，不易稳定。针对洞口段不良地质的具体情况，应采取适当的加固措施。

5.2.3　导坑施工

一侧导坑先施工，另一侧导坑滞后 15～20m 施工。

1. 导坑上半断面施工

1）在导坑上部测量划出开挖轮廓线，沿开挖轮廓线打设超前小导管并注浆。

2）导坑上半断面采用正台阶法开挖，每次开挖进尺 0.5～0.75m。

3）正洞周边初喷混凝土厚度 5cm。

4）架立格栅钢架，挂网，焊上连接杆。格栅钢架 0.5～0.75m/榀。

5）在周边钻锚杆孔，安装系统径向锚杆并注浆。

6）周边复喷混凝土至设计厚度。

7）在底部横向挖槽，埋入横向临时支撑。

2. 导坑下半断面施工

导坑下半断面开挖面与上半断面开挖断面前后错进 15～20m。

1）开挖导坑下半断面，每次进尺 1.0～1.5m。

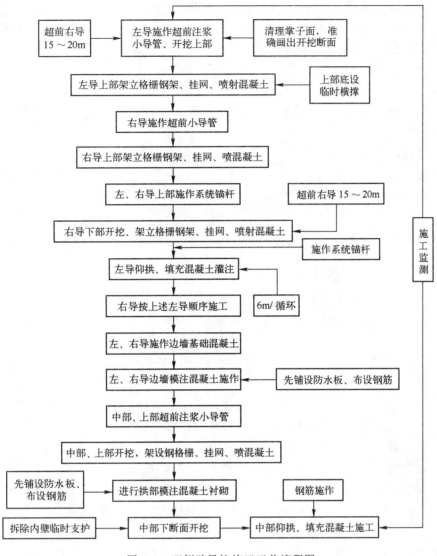

图 5.1　双侧壁导坑施工工艺流程图

2）正洞周边初喷混凝土厚度 5cm。

3）架立格栅支撑，挂网，焊上连接杆，格栅间距 0.5～0.75m/榀。

4）钻锚杆孔，安装系统径向锚杆并注浆。

5）周边复喷混凝土至设计厚度。

6）灌注一侧导坑隧底部分仰拱，灌注边墙基础混凝土，衬砌前绑扎钢筋，并预留钢筋接头，每循环 6m。

7）开挖另一侧导坑上、下半断面，同上。

3. 边墙二次衬砌

侧壁导坑挖成以后必须先做外壁部分二次衬砌后才能开挖中洞，这是结构的受力要求，按侧壁导坑的高度将部分拱部和边墙同时进行灌注，在拱部开挖后拱部二次衬砌的跨径减小，这样可提高结构在施工期的刚度，改善结构在施工期的受力。

4. 注意事项

1）导坑施工应坚持"管超前，短进尺，弱爆破，强支护，勤量测，早封闭"的原则。

2）导坑下部开挖后，呈瘦高形，根据软弱围岩特征，中部岩体经多次扰动后，呈现大塑性区，通过及时施作仰拱和填充混凝土及内壁间对拉锚杆可起到良好作用，有效控制结构位移下沉。

3）为保证两侧壁导坑内壁间土体稳定，可在内壁间施作对拉锚杆，并设围檩。

4）为防止外侧壁部分混凝土和初期支护因悬臂力矩产生的拉应力而失稳，采取的措施是将侧壁导坑的外壁上部每 m 增加 2 根 φ22mm×300mm 的锚杆，锚杆的外露端和模筑混凝土连成整体，同时在二次衬砌拆模后，在导坑内壁初支上加斜撑支顶二次衬砌混凝土上部。

5.2.4 中洞施工

1. 施工步骤

1）左、右导坑外壁部分二次衬砌施作后，进入拱部开挖，先测量划出开挖轮廓线，沿开挖轮廓线打设超前小导管注浆加固，参数同导坑。

2）人工利用风镐，局部控制爆破开挖，每循环进尺 0.5～0.75m。

3）初喷混凝土 5cm。

4）架设拱部格栅钢架，挂网，焊纵向连接筋。

5）打设系统锚杆，参数同导坑。

6）喷射混凝土至设计厚度。

7）架设临时竖撑每排 3 根。

8）拆除导坑内壁上部临时支护钢架。

9）开挖 8～10m 后进行拱部模注衬砌，每循环 6m。

10）开挖中洞中、下部并及时进行仰拱和填充混凝土施作。

2. 注意事项

中洞部分施工会引起应力重分布，由于开挖的跨径大，顶部形状又过于扁平，可能产生较大的受力和下沉，因此应注意以下事项：

1）拱部施工应坚持"管超前，短进尺，弱爆破，强支护，勤量测，早封闭"的原则。

2）拱部开挖支护完成后在拱部设临时竖撑，可以减少结构受力和拱顶下沉。在绑扎钢筋、立模、混凝土灌注、混凝土养护等衬砌工序中应尽可能地对临时竖撑采取适宜的托换措施。

3）在进行拱部二次衬砌施工时，拱顶临时支撑和侧壁导坑内壁临时支撑都要拆除，此时拱部二次衬砌应紧跟，与开挖面的间距应保持在 0.5 倍洞径以内，否则初期支护的强度不可能保证围岩变形稳定，而导致支护结构的破坏。侧壁导的内壁初期支护拆除应配合拱部衬砌，拆一段衬砌一段，衬砌完一段再拆除下一段。

4）中、下层部分开挖应一次挖成，不必左右错进。仰拱开挖每次开挖长度不超过 2～3 榀钢架间距并及时初期支护。仰拱开挖长度达到 6m 时，应灌完仰拱模筑混凝土再开挖。从上层开挖到仰拱成环的距离控制在 2 倍洞径以内。

5.2.5 喷钢纤维混凝土施工

钢纤维混凝土采用湿喷工艺喷射，可以大幅度降低粉尘浓度和回弹率，增大一次喷层厚度，提高生产效率，保证工程质量。

1. 湿喷工艺流程

将满足要求的水泥、砂、石、水、减水剂按配合比加入搅拌机进行搅拌，搅拌好的成品混凝土用运输设备运至喷射地点，并加入喷射机料斗，然后根据湿喷机操作规程进行喷射。湿喷工艺流程如图 5.2.5 所示。

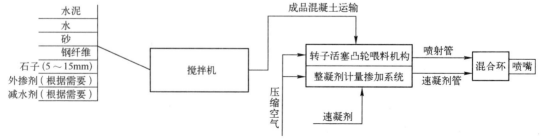

图 5.2.5　TK-961 型湿喷机工艺流程图

2. 设备

350L 混凝土搅拌机 1 台；20m³ 电动空压机 1 台；4m³ 混凝土罐车 2 台；TK—961 型湿喷机 1 台。

3. 人员

湿喷机司机 1 人；喷射手 2 人；上料 3 人；运料 2 人；搅拌 3 人；电工 1 人；班长 1 人；共计 13 人。

4. 材料

细骨料：中粗砂（细度模数大于 2.5）；

粗骨料：最大粒径 15mm；

水泥：425 号普通硅酸盐水泥；

速凝剂：8604 型液态速凝剂；

水：饮用水；

减水剂：高效减水剂；

钢纤维：直径 0.25～0.4mm，长度 20～30mm。

5. 配合比（表 5.2.5）

每 m³ 混凝土配合比用量表　　　　　　　　　　　　　　　表 5.2.5

水泥	粗骨料	细骨料	钢纤维	速凝剂
500kg	1000kg	1000kg	32～37kg	3.5%～5%（水泥含量）

6. 注意事项

1）混凝土材料和易性好，坍落度 8～15cm；

2）按规程操作和保养湿喷机；

3）系统风压≥0.5MPa，风量≥10m³/min；

4）喷嘴控制。

5.2.6　二次衬砌施工

1. 施工方案

三线大跨隧道施工工序繁多，施工干扰因素多，如果采用人工立模加横撑进行二次衬砌施工，将对前方开挖出碴进料造成极不利影响，甚至需暂停开挖。从作业循环时间和施工进度考虑，人工立模衬砌速度缓慢。隧道断面大，拱部衬砌跨度大，立模加固困难，衬砌外观质量难以保证。因此，衬砌施工方案如下：

混凝土在洞外自动计量拌合站拌制，自卸汽车运输，输送泵泵送入模，边墙、拱部采用墙、拱分开式模板台车衬砌，由边模台车和顶拱台车两部分组成。如图 5.2.6-1 和图 5.2.6-2 所示。

1）边模台车

（1）要求

液压动作，靠外力行走，拱架配组合钢模，拱架可上下、左右动作，内净空可通过 ZLC—50 装载机。

（2）参数选定

轨距：3600mm，钢轨 38kg/m，轨枕槽钢 160mm×600mm；

门架高度：内净空 3800mm；

液压系统：系统压力 16MPa，泵排量 20mL/r。

（3）关键问题处理

① 侧压问题

由于隧道中洞未开挖，导洞的另一侧临时边墙可作为台架的支撑物。

② 调心装置

设计成三角架结构，与调心元件（油缸）相对应安装的丝杠即可保证拱架的位置，又可充当支撑作用。

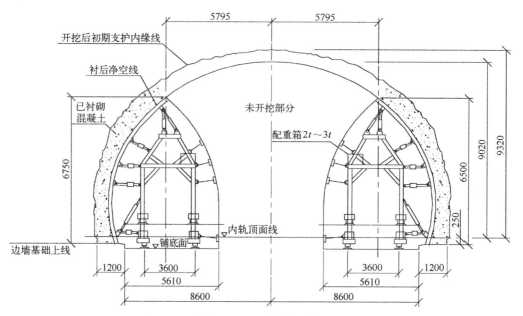

图 5.2.6-1　边墙衬砌图

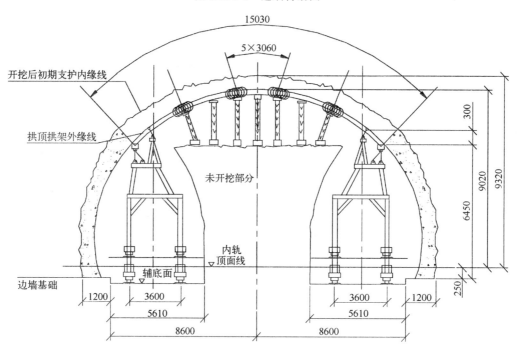

图 5.2.6-2　顶拱衬砌图

③ 为防止拱架前后摆动，可在拱架通梁 II 及 IV 上设置 2 根斜置丝杠与主骨架相连。

④ 为防止拱架以拱部三角架销为圆心旋转，台车前后可设 2 根斜拉丝杠与拱架相连。

⑤ 拱架用钢板拼焊成"工"字形，将 3 个半径的弧长一起做成整体形。

2）顶模台车

顶拱分 5 部分，拱脚用 2 个台架支撑，台架的轨距为 3600mm，与边模台车共用一条轨道，故内净空也与边模台车一致。

为了能够脱模，拱脚通梁下设有一组铰接等腰梯形结构，调节丝杠，拱脚可左、右、上、下移动。顶拱的跨度超过 14m，中间用方木支撑。

行走时，要求将中间 3 节拱架拆除，每个台架单独行走。在就位时，2 台架必须前后位置一致。

2. 注意事项

1）在进行边墙衬砌时，隧道中洞部分未开挖，导洞的另一侧临时边墙可作为台架的支撑物。

2）拱部临时竖撑在绑扎钢筋、立模、混凝土灌注期间应采取稳妥的托换措施。

3）对拱部二衬及时实施回填注浆。

4）防水板铺设和钢筋绑扎作业利用特制的作业台架进行。

5.2.7 施工监测项目

1. 监测项目表

监控量测项目主要根据隧道工程的地质条件、围岩类别、跨度、埋深、开挖方法和支护类型等条件综合确定（表5.2.7-1）。

监测项目表   表5.2.7-1

序　号	监测项目	测试工具及仪表	备　注
1	地表下沉	普通水准仪	必测（浅埋段）
2	拱顶下沉	普通水准仪、钢尺	必测
3	收敛监测	净空变位位移计	必测
4	土体水平位移		洞口段浅埋堆积体
5	土体垂直位移		洞口段浅埋堆积体
6	初支钢筋轴力	应力计	必测
7	围岩应力	压力盒	必测
8	二衬钢筋轴力	应力计	必测
9	二衬接触压力	压力盒	必测

2. 监测布点

监测布点视围岩级别和断面位置情况而定（表5.2.7-2）。

测点布置   表5.2.7-2

围岩级别	断面间距（m）	水平收敛	拱顶下沉	表面位移
V	5～10	5	3	2
IV	15～30	5	3	2

3. 量测频率

量测频率由测点距工作面的距离和测得的位移速度而定，一般情况见表5.2.7-3。

量测频率   表5.2.7-3

位移速度（mm/d）	距工作面（距离）	频　率
＞10	（0～1）D	1～2次/d
5～10	（1～2）D	1次/d
1～5	（2～5）D	1次/2d
＜1	＞5D	1次/周

4. 围岩稳定性应变基准

围岩稳定性应变基准见表5.2.7-4，根据位移变化速率判别，当净空变化速度大于10mm/d时，需加强支护系统，当净空变化速度小于0.5mm/d时，则认为围岩基本稳定。

当实测位移超过表5.2.7-4的允许值或位移值无明显下降时，应立即采取补救措施。

隧道周边相对位移值（%）   表5.2.7-4

围岩级别	覆盖厚度（m）		
	＜50	50～100	＞300
V	0.20～0.80	0.60～1.60	1.00～3.00
IV	0.15～0.50	0.40～1.20	0.80～2.00

注：表中所列围岩稳定性应变基准值是参考性的施工管理值。

5.2.8 劳动力组织

劳动组织详细情况见表5.2.8。

劳动组织人员配备表

表 5.2.8

开 挖	人 数	衬 砌	人 数
测量放线（含监测）	10	防水板铺设	12
钻孔（包括锚杆及爆破）	26	混凝土生产	12
喷射混凝土（包括立拱架）	36	输送泵	6
出碴	15	混凝土输送、振捣	18
排水、养路、通风	10	脱模定位	14
清理及风水电	15	其他	15
合计	112	合计	77

6. 材料与设备

本工法无需特别说明的材料，所需施工机具设备配备见表6。

施工机械配备表

表 6

序 号	机 械 名 称	规 格 型 号	数 量	序 号	机 械 名 称	规 格 型 号	数 量
1	装载机	ZLC50	2	14	钢筋挤压连接机	YJH－7B	1
2	发电机	250kW	1	15	输送泵	HBT－60A	1
3	空压机	VF－9/7－C	1	16	抽水机	80D30×9	2
4	空压机	4L－20/8	3	17	注浆机	CZJ－30	2
5	变压器	315KVA	1	18	电焊机	BX3－500－2	12
6	变压器	S7－500	1	19	湿式喷射机	TK－961	2
7	变压器	S7－100	1	20	钢筋切割机	GJ32	2
8	轴流风机	DF－110W55	1	21	反铲	WY20	1
9	轴流风机	30KW	1	22	皮带输送机		1
10	车床	CY6140	1	23	自卸汽车	8T	6
11	钻床	Z3032×10	1	24	强制拌合机	350L	1
12	混凝土拌合机	JSY600A	2	25	混凝土罐车	4m³	2
13	配料机	HPD800	2				

7. 质量控制

本工法除应遵循现行国家和部颁有关隧道施工、质量及验收规范外，还应做好以下质量控制：

7.1 超前导管钻孔严格控制外插角，注浆应饱满。

7.2 钢支撑应严格测量检查，准确定位，连接良好，拱脚不悬空。

7.3 锚杆应确保眼深，注浆饱满，抗拔力达到设计要求。

7.4 喷混凝土达到设计厚度，强度合格。

8. 安全措施

施工过程中除应严格遵守国家和部颁有关隧道施工安全技术规程外，还应做好以下事项：

8.1 设专职工程技术人员做好地质描述和超前地质预报，并根据监控量测结果，调整支护参数，确保施工人员、设备的安全。

8.2 隧道开挖采用光面爆破，严格按爆破设计和《爆破安全规程》操作施工，严格控制药量，做好软岩的防塌、光爆成形工作。

8.3 洞内施工严格控制进尺，严格按设计和施工方案进行超前小导管注浆加固，在上一环初期支护没完成前，不得进入下一环开挖作业。

8.4 结构应及时封闭成环。

8.5 拱部开挖支护完成，在架设临时竖撑后方可拆除导洞内壁上部临时支护钢架。

9. 环 保 措 施

除执行国家和地方有关环境保护的法律法规外，还要注意以下几点：

9.1 隧道弃碴"先挡后弃"，在弃碴场坡脚按设计施做挡墙，挡墙埋入地面以下不小于 1m，确保挡墙的强度。在弃碴场顶外缘设环形截水沟，弃碴场顶向外做不小于 2% 的排水坡，保证排水畅通，防止雨水冲走弃碴，填塞河流。施工所产生的废碴、废液均应按国家有关环保法规进行处理，不得随意排放和弃置。

9.2 对施工现场和运输便道等易产生粉尘的地段定时进行洒水降尘，勤洗施工机械车辆，使产生的粉尘危害减至最小程度。对易松散和易飞扬的各种建筑材料用彩条布、蓬布等严密覆盖，并放于居住区的下风处。加强施工机械设备的维护保养，减少排放废气对大气的污染。

9.3 合理安排工作人员轮流操作机械。穿插安排低噪声工作，减少接触高噪声工作时间，同时注重机械保养，降低噪声。货场料库、生产房屋和震动设备等位置远离居住地。

9.4 隧道弃碴运到指定地点弃置，生活和生产垃圾等不乱弃乱倒。对有害物质（如染料、油料、废旧材料和生产垃圾等）经处理后运至当地环保部门所指定的地点进行掩埋，防止泄露、腐蚀造成对生态资源的破坏。

10. 效 益 分 析

本工法在内昆铁路曾家坪1号隧道形成，修建中紧紧依靠科技创新攻关，解决了施工中的难点，起到了优化设计、施工的目的，优质地建成了隧道，并降低了工程造价。形成了一套完整的浅埋堆积层三线铁路隧道施工监测、开挖及支护技术，并把开挖、支护、二次衬砌及施工监测有机地结合起来，使工程具备了经济、高效、文明施工程度高等一系列特点。仅曾家坪1号隧道工程竣工后累计盈利220万元。

采用本工法支护结构各截面均能满足要求，并且有较大的安全储备。因而本工法能较好地满足各种基本条件，保证围岩的稳定性及隧道施工的安全性。衬砌施工中由于使用了模板台车，既保证了混凝土的外观质量，解决了各工序的干扰问题，又加快了衬砌速度。

本工法随后在铁路、公路、地铁、市政等领域的地下工程中的推广应用，更加节省了大量的人力、机械、材料、能源等资源，使隧道及地下工程技术水平不断提高，施工作业安全，进度快，工程质量好，创造了很好的经济效益、环境效益和社会效益。

11. 应 用 实 例

11.1 襄渝改线狗磨湾隧道出口

襄渝铁路改线上的狗磨湾隧道全长 1285m，由于地形限制，出口端位于车站内，形成 250.5m 的三线车站隧道和 144m 从三线过渡到单线的过渡段隧道。三线隧道中有 120m 属浅埋、偏压，具有以下特点：（1）地质条件差：隧道穿过地层为志留系石英云母片岩，稳定性差，属Ⅳ级围岩。（2）开挖断面大：开挖高度为 13m，开挖宽度为 20.5m，开挖面积达 228m²。（3）浅埋：隧道衬砌外覆土厚 3.8～11.0m，属超浅埋。（4）偏压：地面横坡一般为 1：0.75～1：2，横坡较陡，埋深又浅，因此隧道偏压受力十分明显。（5）距既有线近：隧道出口洞门的基础开挖紧靠既有线路道碴的坡脚，改线和既有线呈 16°40′的夹角，在路堑边坡中相交。

浅埋、偏压、三线隧道支护参数：（1）初期支护：格栅钢架间距 75cm，横截面外轮廓尺寸 20cm×25cm，主筋 4φ22，腰筋 8 字节φ16，钢筋网φ6，间距 15cm×15cm；喷混凝土 C20 混凝土，厚 30cm；锚杆φ22，L＝4.0m，间距 120cm×120cm，呈梅花形布置。（2）二次衬砌：C25 钢筋混凝土，双层φ20 主筋，间距 25cm，混凝土厚度拱顶 50cm，边墙为 70cm。（3）洞口段加固措施：在靠山侧施作 6 根抗滑桩（断面尺寸 2.0m×2.5m，长 32m），以临时承受开挖时的地层压力，最大限度地减少山体扰动和明挖数量。在出口洞门的 10m 单压明洞采用明挖，先墙后拱施作明洞，在出口端另外 20m 单压明洞采用偏压明洞部分暗挖的特殊施工方法。

该隧道于 1990 年 10 月开工，1993 年 5 月 10 日竣工，由中铁隧道集团二处有限公司承建。采用铁路车站三大跨软弱围岩隧道施工工法，施工中未发生塌方和死亡事故以及危及行车安全、中断行车的事故，工程质量经甲方验收评为优良，三线隧道平均施工速度为 9.8m/月。

11.2　内昆铁路曾家坪 1 号隧道进口

曾家坪 1 号隧道全长 2563m，因受地形限制，曾家坪车站昆明端站线被迫伸入曾家坪 1 号隧道进口洞内，形成 269m 三线隧道及 144m 由三线过渡到单线的过渡段隧道。三线隧道中有 90m 位于堆积层地质中，有以下特点：（1）地质条件差：隧道进口段 90m 位于堆积层中，以块碎石为主，自稳能力差，属Ⅴ级围岩。（2）开挖断面大：开挖高度为 13.83m，开挖宽度为 20.68m，开挖面积达 230m²。（3）浅埋：洞口段隧道衬砌外覆土厚度 2～15m，为超浅埋隧道。

浅埋、堆积层、三线大跨隧道支护参数：（1）初期支护：拱部小导管φ42 小导管，L＝3.5m，纵向间距 2.0m，环向间距 40cm，外插角 5°～7°；格栅钢架主格栅 25cm×20cm，内壁格栅 20cm×15cm，间距均为 50cm；系统锚杆中空锚杆，L＝4.0m，间距 100cm×100cm，梅花形布置；锁脚锚杆φ42 钢花管，L＝3.5m；喷混凝土 C30 钢纤维混凝土，厚度 30cm。（2）二次衬砌：C20 级钢筋混凝土，双层φ22 螺纹钢主筋，间距 25cm，混凝土厚度拱顶为 80cm，边墙为 120cm。（3）洞口段加固措施：在洞口段纵向 55m，隧道中线左侧 15m，右侧 25m 范围内进行深孔注浆加固。注浆加固参数：φ75 钢花管，L＝15～55m，1.5m×1.5m 梅花形布置，注浆压力 0.1～0.5MPa。

该隧道于 1998 年 9 月开工，2000 年 10 月 1 日竣工，由中铁隧道集团二处有限公司承建。采用铁路车站三大跨软弱围岩隧道施工工法，施工中未发生塌方及死亡事故，二次衬砌不渗不漏，内实外美，被评为全线优质工程，三线隧道平均施工速度为 23m/月。

11.3　重庆外环高速公路 N4 合同段玉峰山隧道

西部开发省际公路通道重庆外环高速公路 N4 合同段，玉峰山隧道是重点控制性工程，为全线第二长隧。隧道左线全长 3691m，右线全长 3651m。其中 N4 合同段左线长 1693m，右线长 2119m。隧道为三车道大跨隧道，最大开挖宽度为 18.02m，最大开挖高度为 12.47m，隧道最小开挖断面为 131m²，最大开挖断面达到 177.1m²。隧道围岩主要以Ⅳ、Ⅴ级为主，占整个隧道的 70%以上，岩质软，自稳性差，且隧道矢跨比小，开挖后易坍塌，做好软弱围岩安全快速施工方案及防塌措施至关重要。玉峰山隧道初期支护采用锚杆、钢筋网、喷射混凝土，辅助施工措施为超前大管棚、超前小导管、超前锚杆、自进式锚杆等，初期支护加劲措施为型钢拱架及钢格栅拱架。

工程于 2006 年 4 月开工，2008 年 9 月完工。隧道施工时针对不同围岩情况采用了三台阶预留核心土、CRD 工法、单侧壁导坑法和双侧壁导坑法实现了安全通过。开挖前及时做好超前支护；开挖时遵循"多打眼，少装药"的原侧采取弱爆破方式进行；严格将开挖进尺控制在 0.5～0.8m 范围内；开挖后及时采取有效的初期支护措施；加强监控量测，随时掌握围岩受力变形情况。开挖最高月进尺 161m，平均月进尺 81m。二次衬砌月最高进度 160m/月，平均月进度 90m/月。玉峰山隧道工程在工程安全、质量、进度、施工管理、履约能力得到了交通部、重庆市交委、业主、监理、质检站的高度评价。连续

3 年业主被授予"优秀集体","重庆外环高速公路项目考核一等奖"。

11.4　南京地铁 1 号线南延线工程 TA01 标

南京地铁 1 号线南延线工程 TA01 标小行车辆基地出入段线全长 986.751m，起讫里程为 RK0＋000～RK0＋986.751，其中隧道全长 823m，起讫里程为 RK0＋000～RK0＋823，牵引线段全长为 250m，起讫里程为 QK0＋000～QK0＋250。出入段线 RK0＋698.071～RK0＋823 里程为三线大跨断面，最大开挖跨度 18m。出入段线隧道洞口段为 V 级围岩地段，石质破碎，且覆盖层较薄，此处为生活垃圾和建筑垃圾堆积而成，垃圾山上为单层简易生活用房。由于垃圾山本身的松散性和不稳定，以及与原地层分界面的渗水影响，施工中极易造成塌方和小滑坡。施工安全难度极大，施工存在施工工序多、受力形式转换频繁以及围岩土体多次扰动等特点。

为了做到进洞施工安全，根据施工所揭露出的地质条件，并在做好超前地质预报的情况下，除按设计洞口段采用超前大管棚和超前小导管注浆加固外，将原设计的地铁隧道三线大跨段的双侧壁导坑法优化为二台阶法（上台阶临时仰拱＋下台阶横向双排竖向支撑）施工，将临时中隔墙支撑拆除，采用上台阶预留核心土环状开挖一次初支成形支护法，并将大型机械投入洞内进行上台阶施工，以加快施工进度。此方法确保了初支拱架安装精度，成环支护速度快并能及时受力，加快了各工序之间的衔接，特别是由于施工空间增大，可采用大型机械进行快速掘进。通过上述施工措施，极大地提高了地铁隧道三线大跨洞口段的施工速度，并将原设计的 7d/m 提高至 1.8d/m。同时根据数值模拟结果，并经过施工实践证明，地表及拱顶沉降均在预期范围之内，隧道结构是安全的，形成了一套位于软弱地层的洞口三线大跨段的合理的施工方法及工艺。

工程于 2007 年 2 月开工，通过对三线大跨段原有设计施工方案进行不断优化，采用先进的地表加固手段，保证了隧道结构安全及地表安全，加快了地铁隧道三线大跨段施工进度。确定了在软弱地层情况下复杂结构三线大跨度断面地铁隧道施工工序和方法，验证了软弱地层条件下软质围岩衬砌支护、结构设计断面，并对结构运营安全、可靠度作出评价，达到了在复杂应力条件下控制围岩变形的目的，取得了较好的经济社会效益，并于 2010 年 3 月 30 日安全顺利竣工。

11.5　大准铁路专用线点南段南坪隧道工程

大准铁路点岱沟至南坪工业广场铁路专用线，主要功能是将哈尔乌素露天煤矿的煤炭通过点岱沟站经该专用线外运。起自大准线点岱沟站（支 K5＋370），向南经李家阳坡、黑岱沟、酸刺沟至南坪站（DK18＋050），线路全长 16.187km。其中南坪隧道进口里程为改 DK16＋575，出口里程为改 DK17＋120，长 545m，净宽 12.4m，净高 9.05m。位于南坪车站范围内，隧道内包括正线和牵出线，为大跨度隧道。隧道穿越地层为沙漠化地区的泥岩与砂岩互层，全风化—强风化，局部为弱风化，节理裂隙较发育，呈块石、碎石状结构，洞顶基岩较薄，上覆第四系新黄土，呈松散状。隧道洞身有较丰富的第四系岩隙潜水和基岩裂隙水。隧道具有明显的软弱围岩浅埋、偏压隧道，全隧设计为 V 级围岩，隧道暗洞段采用新奥法设计施工，复合式衬砌，出口端偏压设 30m 明洞。

本隧道采用拱墙全封闭拱架喷锚支护体系，复合衬砌结构。该隧道于 2005 年 12 月开工建设，于 2008 年 12 月竣工，由中交隧道工程局负责施工，采用《铁路车站三线大跨度软弱围岩隧道施工工法》（YJGF13—2002）。隧道施工过程中，成功应用了工法的大跨软岩隧道开挖支护技术、预加固技术，利用监测数据对大跨隧道沉降监测进行分析与控制，取得了良好的效果，有效地控制了大跨软弱隧道大变形的出现，保证了施工安全，确保了施工节点工期。

隧道水平旋喷预支护施工工法

YJGF11—2002（2009～2010 年度升级版- 046）

中铁二十局集团有限公司

杨米柱　张永鸿　仲维玲　程刚　周山虎

1. 前　言

　　水平旋喷预支护技术于 20 世纪 80 年代初在日本、欧美开始应用于隧道施工，当时国内尚无先例。1998 年经铁道部确定，在地处毛乌素沙漠的神延铁路沙哈拉峁隧道采用"水平旋喷预支护加固技术"。中铁二十局通过试验确定双浆液配比参数，对水平钻孔旋喷精度控制、水平旋喷预支护效果、坑道内表面位移及收敛、浅埋地段地表下沉、初期支护受力、接触应力及土压力进行了大量的量测分析。水平旋喷预支护实践充分证明隧道水平旋喷预支护技术能够显著改善较软围岩物理力学性能，确保进洞和洞内施工安全。该技术达到国内领先水平，技术先进、科学、合理属国内首创。中铁二十局集团有限公司在神延铁路沙哈拉峁隧道、宋家坪隧道施工中，应用隧道水平旋喷预支护技术后，经总结形成本工法。本工法 2001 年被评为中国铁道建筑总公司优秀工法一等奖、2002 年被评为铁道部部级工法、2003 年被评为国家级工法。该工法关键技术成果先后获 2000 年中铁二十局科技进步一等奖、2001 年中国铁道建筑总公司科技进步三等奖、2004 年陕西省科技进步三等奖。

　　近年来，本工法在相继在引洮 6 号洞、引洮 15 号洞、大四铁路张栓沟隧道等也得到成功应用。填补了我国水平旋喷预支护技术的空白，进一步提高了岩土工程加固技术及软弱地层隧道预支护技术。该项技术能够在松散不稳定地层中有效防止坍塌，控制变形，提高地层稳定性，保证施工安全。该技术仍为国内领先水平。

　　工法关键技术在 2010 年 10 月通过中国铁道建筑总公司组织的科技成果评审，专家评审意见为：隧道水平旋喷预支护施工技术达到了国内领先水平。2010 年 10 月经陕西省科技信息所查新，除本工法的关键技术有相关报道外，未见其他类似报道。

2. 工 法 特 点

　　2.1　TGD—50 水平钻孔旋喷机结构紧凑，操作简单，工序单一，工艺先进，既可作水平旋喷，也可用作倾斜、竖直旋喷，改变钻具还可作为锚杆机使用。

　　2.2　采用水平旋喷预支护技术比传统的小导管注浆能够更加有效地控制加固范围，比管棚法所需投入的设备更灵活，费用较低。

　　2.3　监控量测表明水平旋喷预支护施工，地表沉降比常规支护方法小，可更为显著地提高地层的稳定性，确保施工安全。

3. 适 用 范 围

　　3.1　本工法适应于新建铁路、公路隧道及其他地下工程松散软弱不稳定地质。

　　3.2　本工法适应于松散体隧道塌方处理。

　　3.3　本工法适应于既有线铁路路基病害处理。

　　3.4　本工法适应于运营线提速时平交道改建立交桥用顶进法施工时，在顶进前方及两侧的路基加固，可提高限速。

　　3.5　本工法适应于其他一些需加固、补强、防渗工程。

4. 工 艺 原 理

利用 TGD-50 型水平钻孔旋喷机在松散软弱地层水平（或倾斜）方向钻设旋喷孔，从钻头后部侧面细小的喷嘴中喷出 20MPa 以上的高压浆液。喷嘴从孔底部开始边喷射，边旋转，边后退。喷射出的高压浆液与一定范围内切割破坏下来的土石很快凝结形成柱状固结体，其强度比原地层显著提高，使周围地层得到加固，从而减少地表的下沉，隧道坑道的收敛。

5. 施工工艺流程及操作要点

5.1 工艺流程

本工法采用水泥浆和水玻璃双浆液旋喷注浆施工，其工艺流程如图 5.1 所示。

5.2 操作要点

5.2.1 洞外试验及参数确定

为了取得水平旋喷施工的技术参数，一般要在洞外同地层中进行现场试验，以指导进洞施工。洞外试验分 2 组，钻孔向上倾斜 6°，长度 4m，旋喷长度 3m。对比试验采用两种旋喷材料，一种为水灰比为 1：1 的纯水泥浆，另一种采用 1：1 水泥浆和 25°Be′ 的水玻璃双浆液。对比试验发现，同等条件下，双浆液注浆渗入沙层密度高，固结范围大，其固结直径普遍在 60cm 左右。决定采用双浆液进行旋喷，有关参数见表 5.2.1。

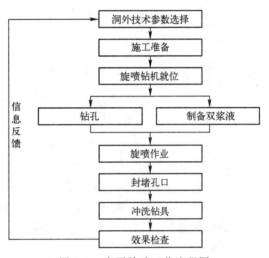

图 5.1　水平旋喷工艺流程图

水平旋喷桩技术参数   表 5.2.1

双浆液水灰比	W/C＝1：1	水玻璃模数	3.8
固结体直径	ϕ60cm	浆液压力	20MPa
钻孔深度	13.5m	旋喷深度	11.5m
旋喷速度范围	低档 0～56r/min	旋喷速度范围	高档 0～112r/min
给进速度	0～6.3m/min	后退速度	0～4.7 m/min
最大给进力	22.8kN	最大拉拔力	31.2kN
高档转速时输出扭矩	476N·m	低档转速时输出扭矩	952N·m
钻杆直径	ϕ42mm 或 ϕ50mm	钻孔直径	＞ϕ70mm
钻塔左右偏转范围	3.7°	钻塔倾斜度范围	0～105°

5.2.2 施工准备

施工准备包括平整场地、量测放样，风、水、电、喷浆材料准备，设止浆墙。

1. 设止浆墙：旋喷前要对掌子面进行加网喷混凝土封闭加固，以防掌子面在旋喷过程中受压滑塌。采用 ϕ20 锚杆，长 50cm，间距 100cm×120cm 梅花形布置。挂 ϕ6mm 钢筋网片，间距 20cm×20cm，喷混凝土厚度 10cm。

2. 铺设钻机导轨，导轨可用型钢或废钢轨铺设，枕木用 25cm×25cm 方木制作，要求轨道内沿离掌子面 65cm，与隧道中心垂直，顶面要保持水平。

3. 钻孔放样，放样方法同隧道周边眼方法相同。铁路单线隧道断面一般钻旋喷孔 31 个，具体布置见图 5.2.2。其他断面隧道根据断面大小确定旋喷孔数量。

5.2.3 钻孔旋喷机就位

1. 旋喷钻孔机安装在轨道上后，沿轨道左右两次移动，将轨道压实。压实过程中用水平仪校正轨

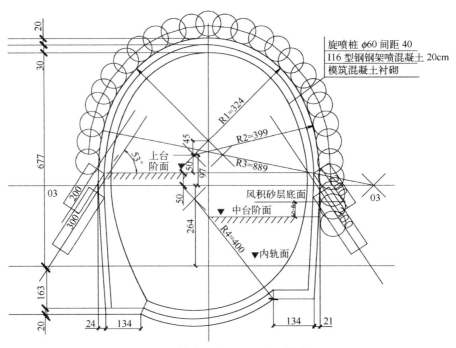

图 5.2.2　旋喷桩布置正面图　单位：cm

顶高程，及时处理基底，使左右轨道面保持水平。

2. 按各孔位坐标要求，用锤球钢尺测量，调整钻塔高度、倾角及摆角，使钻杆轴线方向符合外扩角的要求。角度偏差应控制在 ±1° 以内。顶部 0 号孔需用经纬仪控制钻杆的方向。

3. 旋喷钻孔机定位后，要将机座与轨道用卡轨器卡紧，立杆顶部与坑道顶部顶紧，其他撑杆及拉杆均要旋紧。

5.2.4　钻孔

钻孔施工时先钻拱顶 0 号孔，然后每次间隔一个孔位从上到下左右交替钻孔。

1. 钻进的速度和顶推力应依据地层的性质选择，一般选用钻进速度不低于 180cm/min，顶推力控制在 3kN 左右。

2. 钻进过程中可用低压、低流量清水从喷嘴浇出，防止砂粒进入喷嘴，同时可冷却钻头。

3. 接钻杆时要检查接头孔是否有杂物，并装好接头密封圈，旋转钻杆，使接口联结紧密后再开始钻进。

4. 钻进过程中测量钻进深度，当达到设计深度时，即完成钻孔。

5.2.5　制备双浆液

严格按照试验确定浆液配合比配制双浆液，浆液拌合均匀后方可使用，在旋喷前不停地搅拌防止沉淀。两种浆液用双管与设于旋喷管尾部的三通相连接。

5.2.6　旋喷作业

1. 当钻进到设计深度时开始旋喷。为了保证端头旋喷质量，先旋喷半分钟后再开始后退，后退时旋转速度调整到 20r/min。

2. 旋喷前 5m 时，后退速度保持在 15～18cm/min，以后可升到 20cm/min，回抽速度要经常测量校正。

3. 需卸管时动作要快，并要先停止回抽，旋转 5 圈停止送浆后再进行操作，卸管后要尽快将进管与前端连接，恢复给浆后先旋转 5 圈后再回抽。

若采用加速凝剂双浆液旋喷，换杆前，应喷纯水泥浆液一定时间，将管内双浆液排净，防止堵管。

5.2.7　封堵孔口

每孔旋喷到距孔口 1.5m 时即停止旋喷，退出钻头后立即用木塞堵住孔口，以防止浆液外流。

5.2.8　冲洗钻具管路

待旋喷完一孔后，用清水清洗高压泵及输浆管路，等喷嘴喷出清水后停止。

5.2.9 旋喷桩效果的检查

1. 旋喷桩的外观

一个旋喷循环完成后开挖拱部断面时预留 1.2m 长的旋喷桩和下一个旋喷循环搭接。通过拱部断面开挖，可以看到旋喷桩的长度都在 11.5m 以上，且整齐地连接在一起，旋喷桩无空洞和断桩，完全搭接，形成一个共同受力的拱圈，旋喷直径最大 70cm，最小 52cm，大部分在 60cm 左右。若个别旋喷桩因操作出现空洞现象，及时采取补强措施。

2. 旋喷桩的强度

为了检测旋喷桩的强度，取出旋喷桩一段进行强度试验，采取圆柱体试件，直径 d＝50mm，跨径比 h/d＝2.0，参照低强度等级混凝土试件强度试验方法，其 28d 强度最小为 14.0MPa，最大为 22.1MPa，平均为 15.9MPa。固结体的重度为 15.01kN/m³。固结体的强度比原土体提高了近百倍，加固效果显著。

3. 水平旋喷固结体周围土体的物理力学性质在旋喷前后的变化

水平旋喷固结体周围土体的物理力学性质在旋喷前后的变化见表 5.2.9，由表 5.2.9 中数据分析，旋喷后固结体周围砂土压缩模量提高 1.9%，相对密度增加 35.9%，对固结体周围的砂土有一定的加固效果。

旋喷前后土体的物理力学参数　　　　　　　　　　表 5.2.9

物理力学指标	天然含水量 %	天然密度 （kN/m³）	干密度 （kN/m³）	天然空隙	相对密度	压缩模量 MPa
旋喷前	3.4	13.7	13.2	1.023	0.34	7.87
旋喷后	10.0	14.9	13.5	0.979	0.36	8.02
提高值	6.6	1.2	0.3	−0.044	0.02	0.15

4. 监控量测及稳定性分析

为了检测旋喷桩预支护的效果，判别洞室稳定性状态，及时修正变更设计或采取其他措施，开挖过程中，根据围岩性质、隧道埋深和开挖方式等实际情况确定监控量测项目。隧道水平旋喷预支护监控量测的项目有洞室外观察、净空收敛量测、地表下沉量测、围岩压力量测、型钢架受力量测等。

旋喷预支护段测量位置，根据实际情况确定。每个地表沉降量测断面设置 11 个测点，总间距为 23m，具体布置见图 5.2.9-1。每一净空收敛量测断面布置 5 个测点、设置 6 条测线，即测点分别位于拱顶、两侧拱腰、两侧拱脚，见图 5.2.9-2。围岩压力量测测点布置如图 5.2.9-3 所示。旋喷预支护段格栅内力测点分别布置于型钢架的拱顶、11.25°、45°、60°、拱脚、墙顶、墙中和墙脚断面处的型钢上、下内翼缘和腹板中部表面粘贴电阻量测元件，具体布置如图 5.2.9-4 所示。

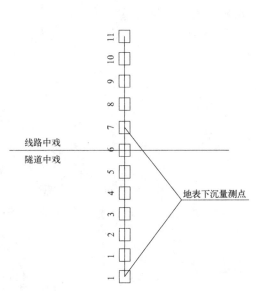

图 5.2.9-1　地表沉降监控量测平面布置示意图

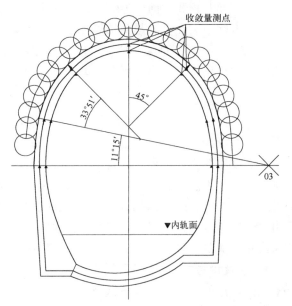

图 5.2.9-2　喷层表面位移量测示意图

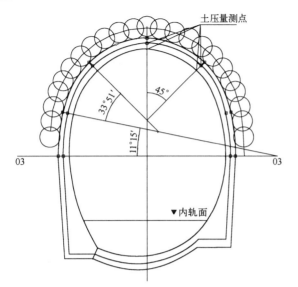

图 5.2.9-3　岩压力量测测点布置图　　　图 5.2.9-4　型钢架受力量测测点布置示意图

地表沉降量采用水准尺和精密水准仪测试；净空收敛测量采用机械测力环式收敛计量测；围岩压力量测采用钢弦式压力盒和频率接收仪；格栅内力量测采用电阻应变片量测，用 7V－14（日本）静态电阻应变仪和便携式计算机采集和处理量测数据。

上述各项量测开始时间均在开挖支护 12h 内进行的，其开始量测频率为每天一次，直到变形稳定后停止量测。

根据监控量测报表（略），对地表沉降、净空收敛、洞室变形近景摄影、围岩压力和型钢架受力进行数据整理分析。查阅《铁路隧道设计规范》单线隧道初期支护极限相对位移，埋深小于 50m 的 Ⅴ 级土质隧道，拱脚水平极限相对收敛值 U_0 为 0.30%～1.00%，拱顶极限相对下沉值 U_0 为 0.06%～0.12%。实际收敛监控量测拱脚最大水平相对收敛值 U 为 0.084%，拱顶最大相对下沉值 U_0 为 0.089%。$U < U_0$。可见隧道实测位移小于隧道极限位移，隧道稳定。

根据地表沉降规则观测结果，地表沉降随隧道开挖进尺的关系稳定，无明显加速，最大沉降值为 11mm，沉降槽形状基本为正态型。根据围岩实测压力显示，该段浅埋松散地质条件下，围岩压力基本为覆盖土体重量。在隧道上部开挖过程中，各部位围岩压力均较小，是由于旋喷预支护拱的有效承载作用，仅随着下部开挖和时间的推移，围岩压力逐步增大，但此时初期支护已封闭，二次模筑混凝土支护已起作用。型钢架表面应力量测结果显示，型钢架应力开始时随时间（开挖进尺）增大而增大，最大压应力值为 15MPa，且型钢架的应力、内力分布较均匀。随着隧道中部挖槽和下部开挖时应力减小，二次模筑混凝土后压应力减小。可见，型钢架受力合理，初期支护系统安全、稳定。

6. 材料与设备

6.1　工程材料

本工法使用的主要工程材料有 P.O 42.5 水泥、25°Be′水玻璃和水、速凝剂等。进洞前必须进行旋喷材料试验，本工法在洞外采用两种旋喷材料进行对比试验，一种为水灰比为 1:1 的纯水泥浆，另一种采用 1:1 水泥浆和 25°Be′的水玻璃双浆液。试验发现，在这种地层中用纯水泥浆进行旋喷漏浆严重，而采用双浆液基本可控制漏浆，因此在正洞施工过程中选用水泥、水玻璃双浆液进行旋喷。确定的技术参数为：双浆液灰水比 $W/C = 1:1$，水玻璃模数 3.8，浆液压力 20MPa。

6.2　机具设备

本工法使用的主要机械设备为中国铁道建筑总公司徐州机械厂研制的 TGD－50 多功能旋喷机，配合廊坊勘探技术研究所生产的 YZB－32 型高压注浆泵，再加上浆液搅拌机和储浆桶形成配套设备。本工法所用主要机械设备见表 6.2。

表 6.2

主要机械设备表

序　号	机械名称	规格型号	单　位	数　量	生产厂家
1	水平旋喷机	TGD－50/ XL－50	台	1	中铁建徐州机械厂
2	高压泵	YZB－32	台	1	廊坊勘探技术研究所
3	空压机	内燃　9m³/min	台	1	
4	搅拌桶	2m³	台	2	
5	储浆桶	2m³	台	2	
6	轨道	型钢	台	8	
7	轨枕	木枕	台	8	
8	计算机	586	套	1	
9	数码照相机		套	1	
10	经纬仪、水平仪等		套	1	

本工法使用的主要机械设备为 TGD－50 型多功能旋喷机（或 XL－50 型旋喷钻机），其主要技术性能指标及旋喷体固结指标为：动力头行程 ＞2m，给进速度：0～0.017m/s，后退速度：0.017～0.005m/s，钻塔升降高度范围：750～5300mm，钻塔左右偏转范围：左右各 3.7°，转动机身可达 10°，钻塔倾斜角度范围：0～105°，最大起拔力 30.6kN，最大输出扭矩：高档转速时 476N·m，低档转速时 952N·m，旋转速度范围：低档 0～56r/min，高档 0～112r/min，注浆管外孔：φ42～75mm，经受浆液压力：＞20MPa，旋喷深度：13.5m，固结体直经：60mm，固结体抗压强度：砂土 4.0～7.0MPa。

TGD－50 型旋喷机既可作水平旋喷，还可作倾斜及竖直旋喷和打土锚杆等工作，其性能价格远高于国外产品。本机采用爬杆机构转动和升降钻塔，能大范围调整钻塔高度及角度，不能精确定位，结构新颖，系国内首创，获国家实用新型专利（ZL 96220509.9）。本机主机部分有足够的钻进力和扭矩储备，无级调速，可适应不同工程条件。

7. 质量控制

由于本工法在工程实践中使用，现场必须建立以旋喷领导小组为核心，班组长、各工序操作人员责任明确的质量保证体系，确保水平旋喷应用成功。

7.1 施工前认真检查 TGD－50 型水平钻孔旋喷机及 SZB－32 型高压泵等主要设备的性能，确保其良好运转，并确保钻机就位精确。

7.2 旋喷桩的关键是控制各种技术参数，特别是钻进压力、速度，旋喷压力、速度，浆液水灰比和外加剂等，一定要完善检测措施，以确保万无一失。

7.3 配制好的双浆液在旋喷前 1h 搅拌均匀，并随时搅动，防止离析，及时清出杂物，防止堵管；在施工过程中及时清除废液，不让废液聚积工作面和拱脚；旋喷完后及时用清水清洗高压泵及输浆管路，直至喷嘴喷出清水。

7.4 严格按照旋喷次序施工，精确定位钻孔角度，每孔旋喷到距孔口 1.5m 左右，停止旋喷，退出钻头后插入 4m 长钢管立即用木塞堵住孔口，以免浆液外泄，确保旋喷拱固结，以便开挖安全。

8. 安全措施

8.1 进行全员安全教育，各岗位工作人员必须坚守工作岗位，集中精力，听从指挥，遵守安全操作规程。

8.2 现场必须建立明确的岗位操作责任制，严格执行统一指挥原则，按照领班口令或手势操作钻机各种动作。

8.3 进入施工现场人员必须佩戴安全帽，穿工作鞋。

8.4 冬季施工必须确保油管、水管畅通，不发生冻结现象。

9. 环保措施

9.1 建立完善的环境保护体系，制订健全环境保护措施及制度。

9.2 成立与本工程对应的施工环境保护管理机构，在施工过程中严格遵守国家和地方政府下发的有关环境保护的法律、法规和规章；加强对施工机械燃料、工程材料、废水、生活垃圾、废弃浆液的控制和治理，设置专用排放渠道和集中处理场地。

9.3 杜绝废浆液随意外流，废浆液必须经过沉淀处理。为了保护周边环境不受废浆液污染，旋喷时外流的废浆液不能任意外流，必须在掌子面工作平台前端及中央开挖一排水沟，使浆液流到下台阶，再流到沉淀池，沉淀后将废碴外运，杜绝将未沉淀的废浆液直接随意排放，防止污染环境。

9.4 优先选用先进环保的水平旋喷机，降低施工噪声和环境污染。

9.5 杜绝水平旋喷机的液压油、机油等油液跑、冒、滴、漏，防止污染环境。

10. 效 益 分 析

2006 年 9 月至 2010 年 6 月，本工法先后成功应用于甘肃引洮 6 号洞（4890m）、甘肃引洮 15 号洞（4704.64m）、大四铁路张双沟隧道（3002m）等隧道工程。引洮 6 号隧洞、引洮 15 号隧洞和张双沟隧道围岩基本以砂岩、砂砾岩、泥质粉砂岩和泥岩、粉砂、细砂风化软弱砂岩为主，属极不稳定的 V 级以上围岩，极易发生坍塌，成洞条件差，通过采用水平旋喷预支护施工工法，加固了软弱围岩，防止了坍塌，控制了变形，确保了隧道安全施工，取得了良好的效果。

引洮 6 号隧洞、引洮 15 号隧洞和张双沟隧道三座隧道采用水平旋喷预支护技术取代了大管棚或小导管的钢材投入，节约了人工费用，减少了其他安全措施费用，通过财务部门的核算，在三隧道工程应用中产生了显著经济效益，主要有以下几点：工期缩短及节约人工费 31.3 万元，节约大管棚或小导管的钢材投入 52.6 万元，减少安全措施费 12.6 万元，累计减少成本 96.5 万元。

11. 应 用 实 例

11.1 甘肃省引洮供水一期工程总干渠 6 号隧洞

2006 年 9 月至 2006 年 10 月，本工法应用于甘肃省引洮供水一期工程总干渠 6 号隧洞部分软弱围岩处理。该隧洞主洞全长 4890m，隧洞围岩主要由白垩系及上第三系砂岩、砂砾岩、泥质粉砂岩和泥岩等组成，软硬互层状、砾岩、砂砾岩和砂岩透水性相对较好，泥岩类岩石透水性微弱，地下水分布不均。为确保隧道施工安全，采用了水平旋喷预支护施工工法。

在引洮 6 号洞施工过程中，应用水平钻孔旋喷预支护施工工法，操作简单，工序单一，工艺先进。应用水平旋喷预支护工法比传统的小导管注浆能有效地控制加固范围，与管棚法相比设备简单，节省材料。水平旋喷预支护施工后，经监控量测表明，初期支护受力、变形甚小，地表沉降比常规支护方法显著降低。

水平旋喷预支护工法能够在松散软弱不稳定地层中有效防止坍塌，控制变形，提高地层稳定性，保证施工安全。本工法的成功应用，不但缩短了施工工期，也降低了施工成本。本工法在本项目的成功应用取得了良好的社会效益和经济效益。

11.2 甘肃省引洮供水一期工程总干渠 15 号隧洞

2009 年 9 月至 2009 年 10 月，该工法应用于甘肃省引洮供水一期工程总干渠 15 号隧洞部分软弱围岩处理。甘肃省引洮 15 号隧洞全长 4704.64m，引水隧洞地层主要为第四系松散堆积物，其中黄土类土广泛分布，具有中高压缩性、中强湿陷性和弱透水性，隧道围岩属极不稳定的 V 级围岩，成洞条件差。因此确定采用水平旋喷预支护加固围岩，确保了隧道施工中安全顺利进行。

本工法在引洮 15 号隧洞成功应用，不但在松散软弱不稳定地层中有效防止坍塌，控制变形，提高地层稳定性，保证施工安全。缩短了施工工期，也降低了施工成本，同时取得了良好的社会、经济效益。

11.3 大四线张双沟隧道

2010 年 5 月至 2010 年 6 月，本工法应用于大四线张双沟隧道部分软弱围岩处理。该隧道全长 3002m，地处属沙漠区，围岩以粉砂、细砂风化软弱砂岩为主，受地下水的影响大，易发生坍塌。隧道埋置浅，最深埋深 56.6m，施工中存在冒顶的风险。为了确保沙漠地区浅埋隧道施工安全，采用了水平旋喷预支护施工工法。

本工法在张双沟隧道的成功应用，不但缩短了工期，也降低了施工成本，验交后变形甚小，也得到业主、监理等单位的多次表扬，取得了良好的社会效益和经济效益。

悬索桥主缆索股架设工法

YJGF52—2004（2009~2010 年度升级版-047）

路桥华南工程有限公司

王崇旭　王嗣江　黄小鹏　李勇　刘洋

1. 前　言

随着世界经济的快速发展，桥梁将不断向着更长、更大方向发展，在结构体系和施工方法上都具有大跨越能力的悬索桥将成为桥梁发展的引导潮流。

主缆是悬索桥的主要组成部分，它承担着桥梁上部结构的全部恒载和活载，被称为悬索桥的"生命线"。主缆索股架设质量的好坏直接影响悬索桥的成桥精度及使用寿命，是悬索桥施工的关键工序。

《提高悬索桥主缆架设质量》获得 2004 年交通行业优秀质量管理小组的荣誉。

2. 工 法 特 点

形成一套完整的、科学合理的主缆索股架设施工方法，有效指导主缆索股架设施工，保证悬索桥主缆索股架设的质量、安全和进度。

3. 适 用 范 围

本工法适用于单跨和多跨悬索桥的主缆索股架设施工。

4. 工 艺 原 理

单根主缆由几十或上百根索股组成，单根索股又由几十或上百根高强钢丝组成；主缆的线形由每根索股的线形来确保，索股的线形由每根钢丝的线形来保证。

索股架设既要保证单根索股中的钢丝排列正确、相互平行；又要保证单根索股在主缆排列中的位置正确，索股之间相互平行。

5. 施工工艺流程及操作要点

5.1　施工准备

1. 索鞍安装就位，猫道架设完毕、牵引系统形成后，便可以正式开始进行主缆索股架设。

2. 测量塔柱偏位，主、散索鞍理论顶点的里程、高程，并结合主缆索股的弹性模量、温度等进行空缆状态下主缆线形的计算，并据此指导主缆索股架设施工。

5.2　主缆索股架设顺序及流程

主缆索股架设分为基准索股架设和一般索股架设两种。对于跨径小于 1000m 的悬索桥每根主缆可以各有一根基准索股（一根基准索示意见图 5.2-1），对于跨径大于 1000m 的悬索桥，一般会设立 3~5 根基准索股（多根基准索示意见图 5.2-2）。先进行首根基准索股的架设，基准索股调整完成后再进行一般索股的架设，两根主缆对称进行索股架设施工。

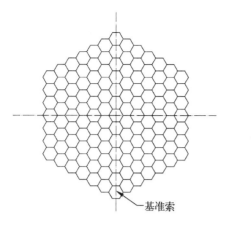

图 5.2-1　一根基准索示意图

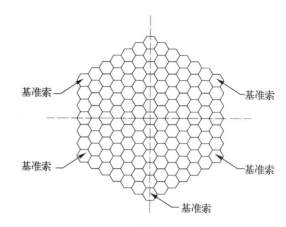

图 5.2-2　多根基准索示意图

索股架设流程如下：

吊装索股索盘到放索机构上→牵出索股前锚头→把索股前锚头连接到拽拉器上→索股牵引→索股前锚头到达对岸锚碇→检查校正索股的断带、扭转→从拽拉器上卸下索股前锚头→索股前、后锚头分别安装到锚跨牵引系统上并牵入锚室内→索股两端锚头临时锚固→索股横移至索鞍上方对应位置→索股整形入鞍→索股边跨、中跨垂度调整→索股锚跨张力调整。

5.3　基准索股的架设

5.3.1　基准索股的牵引

利用存索区龙门吊机将基准索股索盘安装在放索机构上，牵出索股前锚头吊挂在小跑马上，到达散索鞍门架处将前锚头改吊在拽拉器上，这时检查拽拉器的倾斜状况，如有必要可用平衡重进行调整；启动两岸主、副牵引卷扬机进行索股牵拉作业，通常主牵引索采用直径约为 36mm 的钢绳，副牵引索采用直径约为 28mm 的钢绳，索股牵引速度一般约为 24m/min，过猫道门架导轮组时的速度减至约 16m/min，过塔顶大导轮组时的速度减至约 8m/min。索股牵引过程中从上猫道起，每隔 100m 使用鱼雷夹夹住索股，安排专人握紧鱼雷夹手柄，随索股移动，以免索股发生扭转。沿线派人负责看护主缆索股是否在滚轮中移动，若发现索股有扭转（通过索股的着色基准丝观察）、磨损、缠包带断裂、鼓丝等现象，及时进行纠正或处理。

当索股前锚头到达对岸散索鞍门架处时与拽拉器解除连接，利用锚洞内的简易牵引系统将前锚头牵拉入洞至前锚面处；后锚头采用和前锚头同样的方法牵引至存索区岸锚洞口，利用转向轮提升后缓慢放入锚洞内，利用锚洞内牵引系统牵拉入洞至前锚面处。至此完成了基准索股的牵拉作业。

当索股两端均放入锚洞内前锚面处，利用手拉葫芦配合，将索股两端的锚头通过拉杆与索股对应位置的锚固系统临时进行锚固，临时锚固时索股锚头引入的长度不要过量，不然会使散索鞍部位的索股拉力加大，增加索股整形难度。

5.3.2　基准索股横移、整形入鞍

当索股牵引到位后，利用散索鞍门架上的卷扬机和塔顶门架上的卷扬机进行基准索股的提升横移、整形入鞍作业。

1. 基准索股的提升横移

将握索器安装在主缆索股上，并分别拧紧握索器上的紧固螺栓，确保主缆索股与握索器不产生相对滑移；塔顶门架、散索鞍门架上的卷扬机的钢丝绳将动、定滑车绕成滑车组后与握索器相连，组成提升系统；待全部提升系统安装完毕后，启动各提升卷扬机，将整条索股提离猫道面滚筒。通常牵引系统位于主缆内侧 1m 处，门架上的卷扬机位于主缆上方，在提升系统将索股缓慢提离猫道面滚筒的过程中，索股亦自动横移至主缆上方（索股的提升横移见图 5.3.2-1）。

2. 基准索股的整形入鞍

基准索股被提升横移之后，索鞍处两握索器之间的索股成为无应力状态，在距离索鞍前后约 3m 处的索股上分别安装六边形夹具，解除两夹具间索股的缠包带，然后在距离六边形夹具 1m 的地方开始整形；

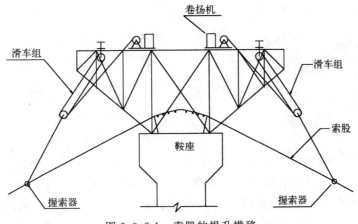

图 5.3.2-1　索股的提升横移

由于索鞍的鞍槽为矩形，主缆索股是六边形，故索股在放进鞍槽之前必须整方，即将六边形断面整形为矩形断面（索股六边形断面与矩形断面示意见图 5.3.2-2）。

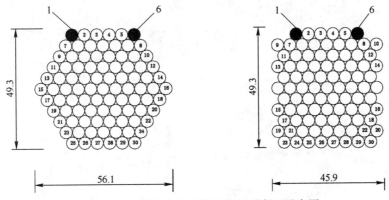

图 5.3.2-2　索股六边形断面与矩形断面示意图

索股整形在主索鞍处从边跨向中跨方向进行，在散索鞍处由锚跨向边跨方向进行。整形利用钢片梳进行梳理，用专用矩形工具整理成规则矩形断面后，用专用四边形夹具夹紧（索股由六边形断面整形为矩形断面示意见图 5.3.2-3）；整形过程中用木锤敲打索股，并边整形边入槽，入槽段立即用木楔打紧。

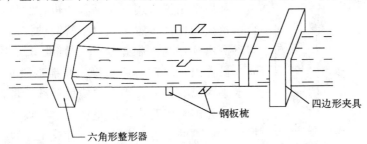

图 5.3.2-3　索股由六边形断面整形为矩形断面示意图

为将边跨鼓丝和散丝消化在中跨，索股整形入鞍时把标志点往跨中方向偏移 40cm～50cm，索股入鞍后再往两边跨方向牵拉，利用索股与鞍槽的摩擦力来消除边跨索股的鼓丝和散丝，有个别鼓丝和散丝严重者辅以木锤击打和多次来回牵拉的办法。

3. 基准索股的垂度调整

为了便于索股的调整，在制缆时即在索股上对应于散索鞍处、边跨跨中、主索鞍处、中跨跨中设置了相应的标志点，作为索股垂度调整的参考值，并用特定标记标好。通常主缆设置 9 个标志点，分别在北散索鞍圆弧顶点 M_1、北边跨跨中点 M_2、北塔顶主索鞍圆弧点 M_3、中跨跨中 M_4、南塔顶主索鞍圆弧顶点 M_5、南边跨跨中 M_6、南散索鞍顶 M_7，以及两锚头附近的 M_0 和 M_8（主缆标志点位置示意见图 5.3.2-4）。

图 5.3.2-4　主缆标志点位置示意图

基准索股的垂度测定与调整应在夜间气温稳定且风速较小时进行，温度稳定的基本条件是：长度方向索股的温差 $\triangle T \leqslant 2℃$，横截面索股的温差 $\triangle T \leqslant 1℃$。主缆基准索股垂度调整的基本方法是：先将索股的 M_5 标志点与南塔主索鞍圆弧顶点精确对位并用木楔打紧固定，接着调整索股在北塔主索鞍中的位置直至中跨垂度符合要求后固定，再调整两边跨索股的垂度，达到要求后在散索鞍中固定，最后调整两边锚跨，锚跨索股采用穿心式千斤顶调整其张力至符合监控单位的要求（索股调整顺序示意见图 5.3.2-5）。

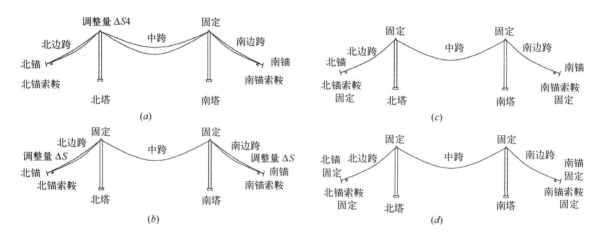

图 5.3.2-5　索股调整顺序示意图

（a）中跨索股调整；（b）边跨索股调整；（c）锚跨索股调整；（d）索股调整完毕

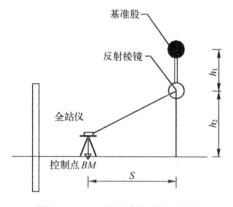

图 5.3.2-6　基准索股垂度测量

1）中跨索股调整

利用全站仪采用三角高程法进行测量：在主缆中跨跨中悬挂全站仪反光棱镜，置全站仪于观测站控制点上，利用已知水准控制点测出仪器高，根据竖直角测量出跨中点水平距离和垂直距离，反算出主缆跨中点高程（基准索股垂度测量见图 5.3.2-6）。若水平距离有偏差，则在主缆前后移动棱镜，直至符合设计要求后，计算出索股跨中点的垂度，并与设计垂度进行比较，依据监控单位提供的垂度调整图表，计算出索股需移动调整的长度，并进行温度修正后得出待调索股在各索鞍处收紧或放松的长度，通过控制索股在鞍槽内的移动量来达到垂度调整的目的。索股在主索鞍鞍槽内的移动利用手拉葫芦牵拉，同时用木榔头敲打索鞍附近的索股，直至中跨的跨中点垂度符合设计要求后，在北塔主索鞍处将索股锚固在鞍槽内。在垂度测定时，除了基准索股的标高以外，还应测定主塔的偏移量，索股的表面温度等数据。

2）边跨索股调整

中跨跨中点垂度符合要求后，开始调整两边跨跨中垂度，两边跨跨中垂度调整方法同中跨，也采用三角高程法调整，并用悬挂钢尺法测量复核，依据事先计算好的索股垂度与索股放松量的关系图表，并考虑温度修正，计算出最终放松或收紧量，然后进行垂度调整，并通过调整前锚面处锚固拉杆螺母的位置来进行垂度控制，满足设计要求后，在散索鞍鞍槽处将索股固定。

3）锚跨索股调整

经过中、边跨垂度调整后，最后调整锚跨张力。锚跨张力通过松紧索股锚固拉杆的螺母来进行调整，为了确保索股锚跨张力的精确，利用监控单位的测力装置进行测控，使得锚跨索股张力值符合设计要求。

基准索股的垂度调整好后，应连续观测3个晚上，确认线形符合设计要求后，才能进行一般索股的架设。

5.4 一般索股架设

基准索股以外的索股均为一般索股。一般索股的架设方法同基准索股，其垂度调整采用相对垂度调整法，方法是在各跨垂度调整点以相对垂度测量卡尺测出待调整索与基准索的垂度差，如设置多根基准索，则按照就近原则，选择靠近的一根基准索股作为基准（一般索股垂度测量见图5.4-1）。根据垂度差，计算索股在索鞍处的放松和收紧调整量，并经温度修正后，通过移动索股在鞍槽内的位置来达到垂度调整的目的，直至相对垂度差小于设计要求为止。

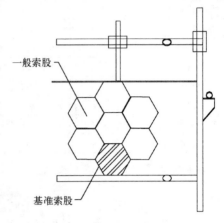

图5.4-1　一般索股垂度测量

为了垂度调整的方便和精度保证，一般索股入鞍时，应将索股跨中垂度预提高200～300mm，使该待调索股不至于压在基准索股或已调好的索股上，影响索股的调整精度。一般索股垂度调整顺序及松紧方法与基准索股相同，已调整好的索股在各鞍槽内必须锚固好，防止其在各鞍槽内发生移动，一旦发生此类事故，应立即查明原因，并采取相应的措施处理好后，才能进行后续索股的架设。

已调整索股之间保持若即若离状态，必须避免索股相互叠压的情况发生，一旦有此类事情发生，须立即查明原因，并进行适当处理。

对于跨径较大的悬索桥，索股根数较多，由于内外温差等原因造成的索股线性比较难控制，对此，要对已经架好的索股每隔100～150m左右加主缆索股保形器（主缆保形器示意见图5.4-2）。在调整索股前对主缆保形器进行检查，看是否会对调整的索股造成影响，如有影响，要先对其进行处理。调整完索股后，在保形器前后用1t～2t的葫芦把索股捆绑住，等到下次调整索股前再松开。以此，直到索股调整完成。

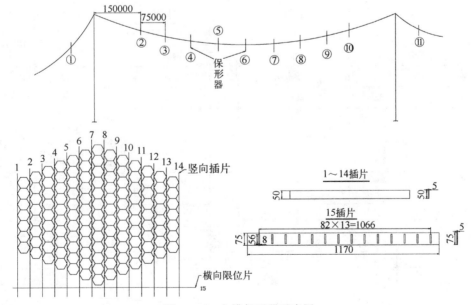

图5.4-2　主缆保型器示意图

5.5 劳动力组织

5.5.1 索股牵引劳动组织（表5.5.1）。

5.5.2 索股调整劳动组织（表5.5.2）。

索股牵引劳动组织表　　表 5.5.1

位　置	技术人员	操作人员	工作内容
放索区		3	索盘吊运、放索
北锚	1	8	握索器安装，索股横移、整形入鞍
北岸边跨		2	观察
北塔	1	8	握索器安装，索股横移、整形入鞍
中跨		4	观察
南塔	1	8	握索器安装，索股横移、整形入鞍
南边跨	1	2	观察
南锚		8	握索器安装，索股横移、整形入鞍
指挥人员	1	2	指挥拽拉器行走
主、副卷扬机		4	操作卷扬机

索股调整劳动组织表　　表 5.5.2

位置	技术人员	操作人员	工作内容
北锚洞	1	5	操作千斤顶
北锚		2	敲打索股
北岸边跨	2（测量）	2	垂度调整
北塔	1	5	安装、拆卸葫芦，敲打索股
中跨	2（测量）	2	垂度调整
南塔	1	5	安装、拆卸葫芦，敲打索股
南边跨	2（测量）	2	垂度调整
南锚	1	2	敲打索股
南锚洞		5	操作千斤顶

6. 材料与设备

本工法采用的主要机具设备见表 6。

主要机具设备表　　　　　　　　　　　　　　　　　表 6

序号	机具、设备名称	型号	数量	用途	序号	机具、设备名称	型号	数量	用途
1	卷扬机	18t	4 台	牵引索股	23	单门滑车	5t	20 只	索股张力调整、锚固
2	卷扬机	10t	4 台	牵引索股	24	单门滑车	3t	10 只	索股张力调整、锚固
3	卷扬机	5t	24 台	牵引索股、提升、起重	25	放索机构		2 套	索股牵引
4	吊机	25t	1 台	材料设备转运	26	龙门吊机	40t	1 架	索股索盘吊装
5	吊机	16t	1 台	材料设备转运	27	握索器	20t	12 个	索股提升横移
6	平板车	8t	1 台	材料设备转运	28	整形夹钳		32 个	索股整形、入鞍
7	塔吊	60t	2 台	材料设备转运	29	六边形整形器		32 个	索股整形、入鞍
8	电梯		2 台	人员上下索塔	30	四边形整形器		48 只	索股整形、入鞍
9	工程驳船		1 艘	水中材料运输	31	专用尼龙带		30 条	索股整形、入鞍
10	专用穿心千斤顶	60t	8 台	索股张力调整、锚固	32	梳形器		40 只	索股整形
11	张拉千斤顶	350t	8 台	主索鞍顶推	33	钢丝绳	φ36	14t	主牵引绳
12	猫道门架		32 套	索股牵引	34	钢丝绳	φ26	10t	起重绳、承重绳
	猫道导轮组		32 套	索股牵引	35	钢丝绳	φ21.5	30t	起重绳
13	猫道滚筒		300 个	索股牵引	36	钢丝绳	φ17.5	10t	起重绳
14	猫道滚筒架		300 个	索股牵引	37	型钢	I56a	8t	顶推反力架
15	侧向限位轮		300 套	索股牵引	38	型钢	I36a	15t	顶推反力架、支撑卷扬机
16	手拉葫芦	10t	20 只	索股垂度调整	39	型钢	[36a	10t	顶推反力架、支撑卷扬机
17	手拉葫芦	5t	30 只	索股垂度调整	40	型钢	[14a	6t	门架平台
18	手拉葫芦	3t	50 只	索股垂度调整	41	全站仪	尼康	2	基准索测量
19	手拉葫芦	2t	20 只	索股整形、入鞍	42	专用卡尺	定做	6	一般索股测量
20	手拉葫芦	1t	20～30 只	索股整形、入鞍	43	点温计		10	测索股内外温度
21	双门滑车组	20t	12 只	索股提升横移	44	记号笔		20	在索股上做记号
22	6 门滑车组	50t	24 只	材料设备吊装	45	鱼雷夹		20～30	

7. 质量控制

7.1 主缆索股架设质量标准及质量控制依据《公路桥涵施工技术规范》JTJ 041—2000。

7.2 主缆索股架设质量检验依据《公路工程质量检验评定标准》JTGF 80/1—2004。

7.3 主缆索股牵引过程中沿线布置观察人员，在索鞍及跨中点配备对讲机，一旦出现索股断带、散丝、挂伤等问题，立即停止牵拉，待处理完善后方可继续进行索股牵拉。

7.4 出现鼓丝，则尽量将锚跨的鼓丝处理到边跨，将边跨的鼓丝处理到中跨。

7.5 要特别注意索股在索鞍鞍槽内按正确位置排列，将索股在中、边跨跨中位置用油笔标明编号，以便随时和索鞍鞍槽内的正确位置进行对应检查。

7.6 每根索股调整完毕后，及时将缠包带间隔割除，以利主缆紧缆的施工。

7.7 索股丝束必须顺畅，杜绝跳丝现象发生。

8. 安 全 措 施

8.1 主缆索股架设属高空作业，有关安全保证措施严格执行经理部下发的《高空作业安全操作技术规范》，完善安全管理制度，正确配戴安全防护用品，完善安全操作设施。

8.2 重视天气变化情况，及时与气象部门取得联系，遇有五级以上大风则停止主缆架设一切操作。

8.3 牵引系统作为主缆索股架设的牵拉装置，定期进行各部位检查，包括主、副牵引绳的磨损程度，拽拉器、门架导轮组等，确保各部件都处于安全工作状态。

8.4 主缆索股架设期间，经常对猫道承重索的锚固、猫道面网、扶手绳等进行检查，发现问题及时处理。

8.5 主缆索股架设期间，在猫道上布置杂物筐，将杂物置入筐内，以防坠落。

8.6 索股提升时，握索器紧固螺栓必须逐个拧紧，确保索股和握索器不发生相对滑移。

9. 环 保 措 施

9.1 成立对应的施工环境卫生管理机构，在施工过程中严格遵守国家和地方政府下发的有关环境保护的法律、法规和规章，随时接受相关单位的监督检查。

9.2 对施工中可能影响到的各种设施制定可靠的防止损坏措施，加强实施过程中的监测，同时将相关方案和要求向全体施工人员详细交底。

9.3 主缆架设所采用设备为电动卷扬机，不会对环境造成污染，且主缆架设利用猫道平台，不会产生空气、水源、土壤、噪声等污染，非常环保。

10. 效 益 分 析

采用本工法，万州长江二桥共架设主缆索股 182 根，使用 28 个有效工作日，除去基准索的 3d 时间，平均每天架设 7.2 根，比计划提前 17d 完工，节省人工和机械设备租赁费近 80 万元。

11. 应 用 实 例

工程实例见表 11。

工程实例表 表 11

工程名称	地 点	开竣工日期	工法应用时间	实物工程量	应用效果
厦门海沧大桥	福建厦门	1997 年 5 月～1999 年 11 月	1998 年 11 月～1999 年 1 月	架设主缆 220 根	良好
鹅公岩大桥	重庆	1997 年 10 月～2001 年 7 月	1999 年 5 月～1999 年 7 月	架设主缆 220 根	良好
忠县长江大桥	重庆忠县	1998 年 12 月～2001 年 9 月	2000 年 8 月～2000 年 10 月	架设主缆 148 根	良好
万州长江二桥	重庆万州	2001 年 12 月～2004 年 9 月	2003 年 7 月～2003 年 9 月	架设主缆 182 根	良好
四渡河特大桥	湖北恩施	2004 年 5 月～2009 年 10 月	2007 年 6 月～2007 年 10 月	架设主缆 254 根	良好

悬索桥复合式隧道锚碇施工工法

YJGF23—2004（2009～2010 年度升级版-048）

路桥华南工程有限公司

王崇旭　王嗣江　李勇　黄小鹏　胡亚锋

1. 前　　言

悬索桥是特大跨径桥梁中最主要的桥梁形式，一般来说其经济跨径为 500m 以上，适用于宽阔的海湾、水深流急的江河和大跨度的山区山谷、峡谷等。

锚碇是悬索桥的主要承重结构，要抵抗来自主缆的拉力，并传递给地基基础。锚碇按结构形式可分为重力式锚碇和隧道式锚碇。重力式锚碇依靠其巨大自重来抵抗主缆的垂直拉力，一般要求地基具有较大的承载力，水平分力则由锚碇与地基间的摩擦力或嵌固力来抵抗；隧道式锚碇则是将主缆中的拉力直接传递给周围的基岩，只适合在基岩坚实完整的地区。为了在地质条件较差的桥位处也能采用隧道式锚碇，近年来在我国悬索桥设计中，出现了一种在隧道式锚碇的锚体后方增加一定数量岩锚的隧道式锚碇，这些附加的岩锚进一步将主缆的拉力传递给更深层的基岩，分担了主缆部分拉力，从而提高了在地质条件较差的桥位处隧道式锚碇的锚固能力，扩大了隧道式锚碇的应用范围。这种在锚体后方增加岩锚的隧道式锚碇，称之为复合式隧道锚碇。复合式隧道锚碇是一种新型的悬索桥锚固方式，由于其结构形式的变化，使这种锚碇的施工过程更加复杂化，出现了许多新的施工工艺、技术和方法。

《一种隧道式锚碇洞室的开挖爆破方法》获国家发明专利、《悬索桥复合式隧道锚碇施工技术》获 2004 年度广东省中山市科学技术进步二等奖及广东省科技三等奖、中国路桥集团科技进步二等奖、2005 年第三届西安丝绸之路国际科技论坛优秀论文，《减少斜式隧道锚超挖》获 2003 年全国"金圣杯" QC 成果发表赛二等奖，《确保锚塞体混凝土不产生裂缝》获 2004 年全国"玉柴杯" QC 成果发表赛一等奖及 2004 年"全国优秀质量管理小组"奖，《提高悬索桥预应力锚固系统形成精度》获 2004 年"全国工程建设优秀质量管理小组"奖、万州二桥获 2008 年度国家优质工程银质奖。

2. 工 法 特 点

2.1　工法使用功能简介

隧道式锚碇相对于重力式锚碇有巨大的经济效益，主要适用于地质情况良好的地方。复合式隧道锚由于岩锚存在分担了主缆部分拉力，能适用于基岩情况较差的地方，能克服不良地质的影响。

2.2　施工方法上的特点

2.2.1　地质条件较差的隧道锚开挖选用微台阶开挖法，整个开挖均采用光面爆破，非电毫秒差控制爆破技术，能够很好地控制开挖断面尺寸。

2.2.2　洞口软弱围岩地段及洞身岩溶强发育地段，采用超前锚杆加固拱部软弱岩体，能确保围岩稳定和施工安全。

2.2.3　初期支护伴随着锚碇开挖的进度进行，开挖一段支护一段。

2.2.4　洞室二衬施工在初衬完工后进行，采用支架法施工。

2.2.5　岩锚采用拉压分散型锚索，能有效提高抗拔力。

2.2.6　预应力系统安装是隧道式锚碇施工中精度要求最高的一项工作，大体积混凝土施工是其中难度较大的一道工序。

3. 适 用 范 围

本工法适用于岩体整体稳定性好的山区悬索桥隧道式锚碇，尤其是地质条件较差的复合式隧道锚碇的施工。

4. 工 艺 原 理

4.1 复合式隧道锚碇的工作原理

悬索桥复合式隧道锚碇的锚体嵌入基岩内，锚体后方增加一定数量的岩锚，将主缆中的拉力传递给锚体周边围岩和锚后更深层岩体，从而提高了在地质情况较差的桥位处隧道式锚碇的锚固能力。

复合式隧道锚的传力途径为：

主缆索股→调节拉杆→锚固连接→锚体 → 周边围岩
→ 岩锚→更深层岩体

4.2 预应力锚固系统的构造

预应力锚固系统包括岩锚、定位钢支架、锚塞体预应力锚固体系。锚塞体预应力锚固系统由拉杆、索股锚固连接器和 P 形预应力锚等组成，锚塞体预应力锚固体系通过连接器和岩锚连接，如图 4.2 所示。

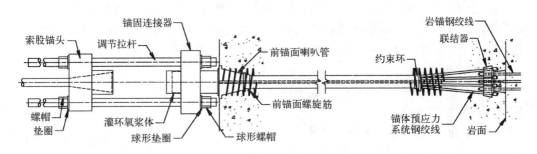

图 4.2　锚固系统示意图

4.2.1 岩锚施工

1. 岩锚概念

岩锚，即岩土锚固，是一种将受拉锚杆埋入地层，利用锚杆周边岩体强度，进而加固岩面或者使结构物在岩面上牢固生根的技术。将岩锚应用于隧道式锚碇中是一种创新。

2. 岩锚的分类

预应力岩锚的锚固方式按锚杆周边灌浆体和岩体的传力形式可分为：受拉型、受压型、拉压分散型，如图 4.2.1 所示。

1) 受拉型岩锚锚索周围灌浆体处于受拉状态，整个锚固段的应力分布很不均匀，锚固段顶部应力最大，其峰值剪应力可达到平均剪应力的 4～8 倍，向下逐步减小，因而拉伸裂缝和剥离现象首先出现在顶端。

2) 在受压型岩锚中，荷载通过承载板传递

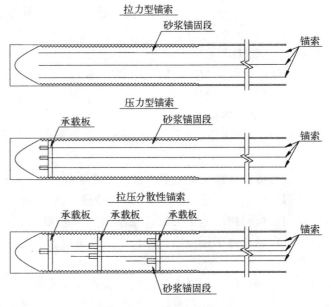

图 4.2.1　岩锚的锚固方式

压应力，在这种情况下，水泥砂浆体处在受压状态，但锚固段内的应力分布仍不均匀，承载板处压应力

最大，向上逐步减小。

3）将以上两种锚固型式的缺点进行改进，发展成拉压分散型锚索，或称为复合型岩锚锚索。在这种岩锚锚索结构中，锚固段受力最为均匀，当锚索承受荷载后，在锚固段拉应力依靠锚索和水泥砂浆体之间的粘结分段传递，压应力由承载板分段向水泥砂浆体传递，并将荷载传递给周围的岩体。复合型岩锚使荷载分散作用于整个锚固段长度上，而不是集中作用于其上部或下部，因此改善了锚固段的受力状态，使应力分布趋向均匀，并使最大应力值显著减小。这样在使用荷载条件下，可以防止岩锚中水泥砂浆体和周围岩体内产生裂缝或发生剥离现象。研究表明，就岩锚发生塑性滑移前的抗拔能力而言，采用压力型岩锚比拉力型岩锚可提高 21.5%，而采用拉压分散型岩锚，则可使抗拔能力提高 57.0%。

4.2.2 锚塞体定位钢支架安装

锚塞体定位钢支架主要用于准确定位各根预应力管道的空间位置，同时又作为劲性骨架加固锚体。为保证预应力管道空间位置的精确性，其安装精度要求也较高。

4.2.3 锚塞体预应力锚固体系施工

锚塞体预应力体系是整个悬索桥的生命线，精度要求十分严格，必须采用三维空间坐标精确逐个定位，并进行认真的检查核对。

4.3 锚塞体混凝土浇筑

4.3.1 锚塞体大体积混凝土需采取温控措施

一般单个锚塞体的混凝土方量都比较大，故应采取严格的温控措施以防止混凝土温度裂缝的产生。

4.3.2 需对混凝土收缩进行补偿

隧道锚的锚塞体要求与周围基岩紧密结合，以便将悬索桥主缆的巨大拉力传递到基岩，为了防止混凝土收缩使锚体与基岩产生分离，在隧道锚碇内锚体混凝土施工时，应在混凝土中掺入适量的膨胀剂，对混凝土收缩进行补偿，增强锚体混凝土与周围基岩的紧密联系。

4.3.3 混凝土抗渗要求高

为防止预应力体系受到腐蚀，锚塞体混凝土对抗渗有特殊要求。

4.4 隧道锚碇中的防水

为减少洞内积水和空气湿度，使索股及锚具在大桥使用周期内不发生锈蚀、锚体周边围岩不被软化，对洞身内地质条件较差、岩层裂隙发育部位进行围岩压浆施工。

5. 施工工艺流程及操作要点

5.1 施工工序

隧道锚碇开挖→初期支护→围岩压浆→二衬支护→岩锚施工→锚塞体预应力体系安装→锚塞体混凝土施工→锚固体系成型。

5.2 隧道锚碇的开挖

5.2.1 开挖方案

1. 洞口段开挖

在进行隧道锚施工时，洞口段施工是一项很关键的工作；因为岩体的表面岩层存在着不同程度的风化，使洞口段的围岩很不稳定，大断面的开挖容易出现冒顶或塌方。通常锚碇洞口段采用短段掘进、紧随支撑和尽快衬砌的施工方法。在洞口段开挖前，首先要做好洞口上方露天边坡和洞口周围的排水工程；如果在雨季施工还应搭设遮雨棚，以免地表水进入锚碇，影响洞身的掘进；同时还应做好洞内排水的准备工作。

短段挖掘衬砌法的优点是在地表围岩条件差的情况下，能够安全地进行开挖作业。这种方法就是把洞口段分成若干短段先掘后砌，每个短段的长度根据表面围岩的稳定情况定为 2～4m。每开挖一个短段后，应及时进行初期支护；随着掘进工作向前推进，最靠近洞口处的几个短段，应尽快进行永久支护施工。通常情况下，洞口段的支护应进入稳定围岩中 5m 以上，具体长度视围岩情况而定。

2. 洞身开挖

锚碇洞身开挖施工程序：测量放线→超前锚杆施工→炮眼布置→钻孔爆破→出碴→钻孔安装锚杆→架设钢拱架→安装钢筋网→喷射混凝土→下一轮爆破施工。

隧道锚洞身开挖施工在地质条件较好位置采用上拱部全断面超前掘进，下部 10°～20° 斜面分层掘进方案；在地质条件较差位置采用微台阶开挖法，根据地质情况分 3 个或多个台阶进行，前一台阶超前后一台阶 3～4.5m。锚碇开挖如图 5.2.1-1、图 5.2.1-2 所示。

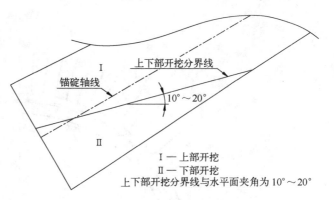

图 5.2.1-1　锚碇分层掘进开挖示意图

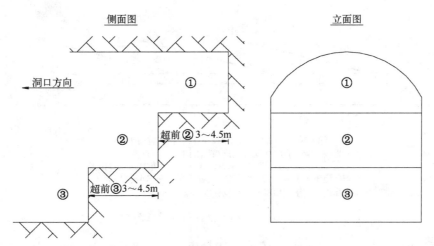

图 5.2.1-2　锚碇分台阶开挖示意图

在洞口软弱围岩地段及洞身岩溶强发育地段，在开挖前施工超前锚杆用于加固拱部软弱岩体，确保围岩稳定和施工安全。超前锚杆布置如图 5.2.1-3 所示。在局部地质条件极易坍塌处先布设压浆小导管，压浆待岩体稍稳固后再开挖，开挖一段、支护一段、封闭一段；开挖施工程序采用"管超前、严注浆、短开挖、强支护、快封闭、勤量测"的基本工艺。

5.2.2　钻爆施工

锚碇开挖爆破均采用光面爆破法，非电毫秒差控制爆破技术。根据断面大小、围岩性质和施工条件等确定掏槽眼、辅助眼和周边眼的布置形式和间距、总炮孔数目和装药量。为取得良好的掏槽爆破效果，在装药掏槽眼间设置空眼，空眼和装药眼间隔布置，眼距为（1～2）d（d 为空眼直径），以 3～7 个炮眼为一组，按药眼与空眼距离，由近及远依次起爆，结合雷管段别时间间隔，确定依次起爆延期时间：孔深 2m 时，取 50～75ms，孔深 4～5m 时，取 75～110ms；第一次起爆炮孔线装药密度为 0.55～0.8kg/m，而后依次起爆的炮孔，线装药密度逐渐增加，但不超过 1.2kg/m，；根据岩性和裂隙发育程度，辅助眼间距取 0.4～0.8m，周边眼间距取 0.4～0.8m；为在地质条件较差位置取得良好的爆破效果，保证开挖断面尺寸，在开挖轮廓线布置一排不装药的周边眼，间距取 0.4～0.7m。

5.2.3　出碴

出碴采用无轨运输，采用卷扬机拖拉轮式翻斗车出碴，装碴采用人工。

5.2.4　通风排烟

起爆后，采用压入式通风排烟 15min，作业人员方可进入工作面。

5.3　锚碇的初期支护

锚碇每开挖完成一段后，首先进行锚杆的布孔、钻孔、压浆和杆体安装，接着架设钢支架，然后进行钢支架后部的钢筋网安装，最后进行喷射混凝土施工。钢支架通常为钢拱架，锚杆孔垂直于围岩面，

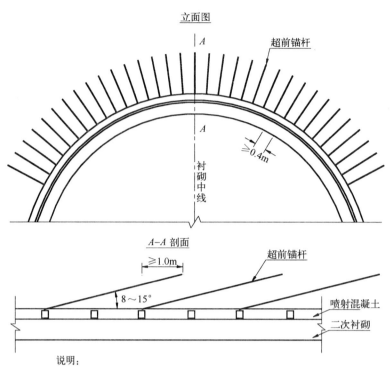

说明：
　　1. 超前锚杆一般用于Ⅲ类围岩地段，特别适用于洞口软弱围岩地段及洞身岩溶强发育地段拱部加固。
　　2. 超前锚杆与衬砌中线平行以 8°～15° 仰角打入拱部围岩，环向间距不小于 0.4m，前后两排锚杆搭接长度不小于 1.0m，锚杆尾端焊接于钢拱架或系统锚杆的尾端。

图 5.2.1-3　超前锚杆布置示意图

喷射混凝土通常采用干喷法，一般进行数次喷射才能完成。由于锚碇的开挖顺序为先上拱、后侧墙、最后为仰拱，因此初期支护的施工顺序也与开挖顺序一样。

5.3.1　锚杆施工

锚杆孔垂直于围岩面，锚杆和钢支架焊接牢固，锚杆后端的垫板紧贴围岩并焊接在锚杆上，钻好锚杆孔后，应及时进行注浆，防止局部围岩因地质较差与地下渗水较多，从而导致岩层坍落，堵塞锚杆孔，每一个锚杆孔的注浆必须饱满，这样才能达到设计要求，才能保证锚杆与围岩之间的粘结力。对于注浆作业必须注意以下几点：注浆开始或中途停止超过 30min 时，应用水或水泥浆润滑注浆管及其管路；往锚杆孔中注浆时，注浆管插至距孔底 50～100mm 处，随着砂浆的注入，将注浆管缓慢匀速拔出；锚杆孔注浆饱满后，随即迅速将锚杆插入，锚杆杆体插入孔内的长度不得短于设计长度的 95%；锚杆杆体插入后，若锚杆孔内无砂浆流出，则应将锚杆拔出重新注浆。

5.3.2　钢支架安装

隧道锚碇内的钢支架的安装分 3 次进行，第一次安装上拱部的钢支架，第二次安装侧墙部的钢支架，最后安装仰拱的钢支架。

钢支架的测量定位，应利用前面已架立好的钢支架起拱线来控制。在钢支架的架立过程中，一定要注意连接钢板的紧贴性，固定螺帽与螺栓之间的连接一定要紧密，以便保证钢支架在同一断面内。

5.3.3　喷射混凝土的施工

1. 锚碇初期支护的喷射混凝土施工通常采用干喷法。喷射混凝土施工对于整个锚碇初期支护的施工质量有很大的影响，因此必须重视这一工序的施工要求：首先在进行拌料时，必须严格按实验室提供的配合比进行材料的称量与配合，水泥与速凝剂称量的误差均为 ±2%；砂与碎石称量的误差均为 ±3%；砂的含水率控制在 5%～7%；干混合料每次的存放时间不应超过 20min。

2. 在喷射混凝土时，一定要保证喷头处的水压为 0.15～0.20MPa；喷头与受喷岩面要保持垂直，并要注意保持 0.60～1.00m 的喷射距离。喷射作业开始时，应先送风，后开机，再给料；结束时，应待料喷完后，再关风。向喷射机供料时应连续均匀，机器正常运转时，料斗内应保持足够的存料；喷射机的工作风压，应满足喷头处的压力在 0.1MPa 左右。

3. 施工时要注意减少喷射混凝土的回弹率，节约成本，侧墙段的回弹率不应大于 15％，拱部不应大于 25％。

5.4 围岩压浆

锚碇开挖至设计洞底断面后，对锚碇内渗水情况进行量化的记录，以确定是否需要进行围岩压浆处理。

围岩压浆前首先进行试压。试压时在锚碇中选择几个典型部位进行。试压前，确定试压各项参数，具体设计参数包括：压浆孔深、压浆孔径、压浆孔距、压浆压力、压浆稳压时间、压浆材料和水灰比等。

压浆孔方向应垂直于岩面，为防止粉尘堵塞岩石的缝隙，造成压浆时浆液不畅，应采用真空倒吸法或高压水冲洗法进行清孔。成孔后进行压浆，注浆时压力值通常为 1～4MPa，压浆压力值达 4MPa 后稳压几分钟（具体数据要根据试验结果来确定）直至注满为止。

压浆后应检查压浆效果，具体检查方法可以采用取芯法或压水试验法，对局部存在压浆效果不好的部位再进行补压，直到洞室渗水降到最低限度且不再出现明水为止。

5.5 岩锚施工

5.5.1 施工准备

在隧道锚中锚体后端围岩的掌子面开挖完成后，将岩锚面采用喷射混凝土进行封闭。在岩锚孔开钻施工前，先搭设好钻机工作平台，同时应设置一定数量的固定点，作为岩锚施工定位网使用，以便精确地控制岩锚孔的成孔。

5.5.2 岩锚孔放样

将岩锚前端面上的上拱部圆心定为三维坐标系的基点，计算出每个岩锚孔分别在岩锚前端、岩锚面处、岩锚后端的三维坐标以及相应的竖向、水平倾角等数据，列出各岩锚孔的相对三维坐标及角度参数表。采用全站仪用三维坐标法对各岩锚孔进行放样，在开钻前将各个岩锚孔的准确位置标记在岩锚面上。为了便于岩锚孔的放样与监测，将隧道锚岩锚前端面的每个岩锚孔，从上游至下游、从仰拱至顶拱依次进行编号。

5.5.3 岩锚孔成孔

1. 钻机的定位

采用适合在隧道锚中施工的钻机，将钻机就位至工作平台上，然后调整钻机纵、横向位置。让钻杆对准岩锚孔位，使用全站仪确定钻杆的倾角，精确定位后，将钻机固定。为了控制岩锚钻孔的角度，可根据钻孔的角度用木条制成带有垂球的三角板，将三角板靠在钻杆上，调整钻杆角度，当垂球的吊线与三角尺直角边重合时，即可开始钻孔作业。也可将钻机安放在或靠在按照岩锚孔设计角度制作的样架上施工，使得钻孔施工有较高的精度。

2. 钻孔

钻孔位置确定以后，则可进行钻孔施工，岩锚孔钻得是否顺直，角度是否正确，是岩锚施工的关键。

3. 清孔

当钻孔达到设计深度后，应及时用洁净高压水冲洗孔道，并用掏碴筒将钻碴彻底掏取干净。在锚索安装前应再次清孔，用软管伸入孔底，将孔内积水抽除干净，并检测钻孔深度。

5.5.4 锚索的制作及安放

1. 锚索的制作

岩锚锚索的制作按锚索结构图在专门的制索平台上进行。钢绞线下料时宜用砂轮切割，以免损伤钢材降低抗拉强度；锚索自由段应进行防腐处理，并套上塑料管等，使其与灌浆体隔离开。锚固段要保证锚索本身与灌浆体（砂浆或净浆）紧密地锚固在一起，如采用无粘结钢绞线，在锚固段内要将外包 PE 套按设计要求长度将其剥去。

2. 锚索的安放

锚索安放时应能保证进浆和回浆管路畅通，避免锚索扭转；保证锚索在孔中位于对中位置，锚索较长时应设置对中支架。穿索时注意保护好各截面承载体、内支撑环和钢绞线未剥离的 PE 外套。钢绞线锚索应与灌浆管同时插入。穿索完成后，利用定位钢筋，将锚垫板、螺旋筋、灌浆管和排气管等全部就位并固定。

5.5.5 岩锚的压浆与张拉

1. 岩锚的压浆

锚索应位于锚孔中央，岩锚锚索放置就位后应及时进行压浆施工。在压浆过程中采用一次压浆法，停止压浆的标准是排气管出浓浆并稳压 5min。水泥浆中掺入减水剂以减小泌水率，同时掺入膨胀剂以抵制水泥浆体的干缩，确保水泥浆体与孔道紧密形成一个整体。

2. 岩锚张拉

当岩锚孔中压浆浆体的强度达设计张拉强度后，即可进行岩锚的张拉施工。复合型岩锚的张拉通常分级进行，每级持荷时间 5min 以上，中间过程不卸载。

5.6 锚塞体大体积混凝土施工

5.6.1 锚塞体内预应力锚固体系安装

1. 定位钢支架安装

锚碇定位钢支架是正确锚固悬索桥主缆的重要构件，锚塞体定位钢支架主要用于准确定位各根预应力管道的空间位置，同时又作为劲性骨架加固锚体。为保证预应力管道空间位置的精确性，其安装精度要求也较高。

为保证预应力管道空间位置的精确性，利用全站仪采用三维坐标法测控每根预应力管道的空间坐标。

由于锚塞体混凝土体积庞大需进行分层浇筑，因此，为了施工的方便，定位钢支架亦分层进行施工，待下一层混凝土浇筑结束后，再进行上一层的定位钢支架的施工，依次循环进行。

2. 预应力锚固体系安装（图 5.6.1-1、图 5.6.1-2）

通常锚塞体内要设置与主缆索股相同根数的预应力锚束。在专门的制索平台上进行预应力束制作。

利用全站仪采用三维坐标法测控每根预应力管道的空间坐标，并以前锚面作为控制面，通过精确计算各根管道中心坐标位置，设置精度测量网点，确保每根预应力管道中心位置在允许的误差范围内。

为实现桥梁运行过程中的锚固体系单根钢绞线可换，锚塞体预应力管道采用蜂窝管，钢绞线张拉锚固后进行孔道防腐施工。

图 5.6.1-1　预应力管道加工

图 5.6.1-2　预应力管道安装

5.6.2 锚塞体大体积混凝土施工

1. 合理选材、优化混凝土配合比设计

为了防止水化热温度过高使锚体混凝土内外温度差应力过大，造成危害性开裂，施工中采用水化热、水泥细度及 C3S 含量、含碱量低的水泥，水泥使用温度不超过 50℃，对于普通硅酸盐水泥需经水化热试验比较后才选用；采用"双高掺"技术，即在混凝土中掺加粉煤灰和减水剂，使用粉煤灰作为外掺剂代替部分水泥可将水泥用量减少到一个较低的水平，降低水化热，又提高了混凝土的和易性、可泵性；掺加缓凝减水剂可延长混凝土的缓凝时间，延缓水化热峰值出现的时间，有利于减小混凝土的最高温升；混凝土骨料级配也是影响混凝土强度和可泵性的关键因素，应适当加大骨料直径，采用1～3cm的碎石和中砂，含砂率可采用43%～45%；为了保证锚体与围岩紧密结合在一起，减少锚体混凝土因收缩等因素影响其与围岩的紧密结合，掺加膨胀剂补偿混凝土收缩，并可提高混凝土的强度和抗渗能力。

2. 分层混凝土浇筑

由于锚体混凝土的方量较大，属大体积混凝土施工，为解决好大体积混凝土由于温度应力引起的开裂，保证锚体混凝土的施工质量，单个锚体的混凝土浇筑采用水平分层进行施工。分层厚度根据混凝土生产能力、温度和应力控制要求计算决定。每层混凝土的施工周期根据现场温度测控数据确定，一般不超过7d。

混凝土浇筑之前，对模板、钢筋及预埋件进行检查。模板内的杂物、积水和钢筋上的污垢应清理干净；模板的缝隙应填塞密实，模板内部应涂刷脱模剂；必须埋好冷却管。混凝土按斜向分层布料捣固成形，有序振捣，避免欠振，分层厚度小于50cm。为保证下层混凝土初凝前覆盖上层混凝土，混凝土初凝时间应为18～22h。

混凝土振捣的密实标志为混凝土停止下沉，不再冒气泡，表面呈现平坦、泛浆。

混凝土浇筑完成后，即在混凝土面层插入钢筋，以加强上下层混凝土的连接。

3. 降低混凝土入仓温度

降低混凝土入仓温度使之符合温控要求。对混凝土原材料采取预冷措施：骨料设置遮阳棚，对碎石进行淋水降温；不使用新出厂的水泥，通常使用出厂14d后的常温水泥；拌合水采用冷却水，冷却水可通过冷却塔制作，也可在施工现场设置化冰池，采用冰屑制冷却水的方法获得。

4. 通过冷却水散热

由于锚塞体是在岩洞中施工，施工时受四周基岩的约束，使锚体向四周的散热条件很差，已浇筑混凝土在锚体中产生的水化热量大部分只能由底部向洞口方向传递。为了降低大体积混凝土施工时每层混凝土中心温度，防止混凝土因中心温度过高，内表温差过大等而造成温度裂缝，在每层混凝土中设置冷却水管。冷却水管常用直径25～40mm、壁厚1.2～2.0mm的电焊钢管，按蛇形布置，水平间距1.0m，竖向间距0.8～1.2m，冷却管距混凝土边缘为0.5～1.0m，距混凝土下表面0.5m，距混凝土顶面不大于1.0m，每根冷却水管长度不超过150m。冷却水管进出水口应集中布置，以利于统一管理。冷却管安装前对水管质量进行检查，使用设计要求的接头类型接长水管，安装完毕后通水检查。

冷却管在被混凝土铺盖之后即进行微小流量通水，以免管道被堵塞，在混凝土初凝之后加大流量，每一管圈通水流量0.9～2.0m³/h，冷却水与混凝土内部温差限制在20℃以内。为了使冷却水温度均衡，使管道中流出的水和返回的水温差不超过10℃，利用转换装置，每天更换一次通水方向，力求均匀冷却。通水冷却过程分二期进行，混凝土浇筑后即通水进行一期冷却，使混凝土内部最高温度和内外温差均在允许范围之内；上一层混凝土浇筑时对下层已浇混凝土进行二期通水冷却，以降低层间温差。冷却完毕后冷却管内压入水泥砂浆封堵。

5. 加强混凝土养护

为防止锚塞体混凝土内外温差过大，混凝土浇筑完成，终凝后即要覆盖麻袋、草垫等物进行保温，并将冷却水管出口置于表面养生。针对不同的气温条件，采取不同的温控措施。夏季炎热时以降温散热为主，冬季气温较低时注意混凝土的保温措施，可用草袋将洞口封闭，减少洞内气温与混凝土内部的温差，混凝土表面覆盖土工布等保温材料，同时加强通冷水，通过这种内散外保的方法使混凝土整体上均匀降温。

6. 大体积混凝土监测

锚碇大体积混凝土施工时，对混凝土内部最高温度、相邻两层及相邻两块之间的温差，必须进行监测。为了能及时掌握混凝土内部温度变化，在混凝土内部埋设测温计、测缝计和应变计等测温元件，从而掌握温度场变化，正确指导施工。

1）温度监测

温控线布设：在每层混凝土中间及两边各埋设一根温控线，用以观测混凝土内部温度变化值，每隔两层在混凝土表面下 20cm 处埋设一根温控线，以便随时掌握混凝土表面温度变化情况，温控线埋设后立即检查其工作状态是否正常，并在温控线埋设位设置明显标志以免被碰损坏。

温度监测要求：温度监测包括气温、混凝土原材料温度、混凝土拌合物温度、混凝土内部温度、冷却水温度等。混凝土温度监测频率见表 5.6.2 所示。

混凝土监测频率表 表 5.6.2

施 工 状 况	监 测 次 数	施 工 状 况	监 测 次 数
混凝土浇筑前埋设仪器时	1 次	混凝土浇筑后第二周	1d1 次
混凝土浇筑后 1～2d	2h1 次	混凝土浇筑后第三周	7d1 次
混凝土浇筑后 3～7d	4h1 次	混凝土浇筑后一月	10d1 次

2）应力应变监测

在锚塞体混凝土层中部布置一组五向应变计及无应力计，用以监测在温度和化学作用下发生的混凝土应变，并通过应变计附近的无应力计观测混凝土的非应力应变，从而求得混凝土的应力应变。

7. 冬期施工的安排

冬期施工是指根据当地多年气温资料，室外日平均气温连续 5d 稳定低于 5℃时混凝土、钢筋混凝土、预应力混凝土及砌体工程的施工。在这种情况下进行大体积混凝土施工，制订冬季施工措施如下：混凝土在抗压强度达不到 40% 前不可受冻，施工中将对新浇混凝土搭设保温棚，进行蒸汽养护，直到混凝土达到抗冻强度为止。混凝土的运输时间应尽量缩短，运输工具应有保温措施。用于拌制混凝土的各项材料的温度，均应满足混凝土拌合后所需温度。

5.7 锚固体系形成

5.7.1 预应力束张拉

锚下混凝土强度达到设计要求张拉强度和龄期时可进行锚体预应力钢束张拉。

1. 张拉设备安装

1）安装限位板和千斤顶，使千斤顶止口对准限位板。

2）安装工具锚，与前端工作锚具对正，使孔位排列一致，防止钢绞线在千斤顶内发生交叉。

2. 预应力束张拉

1）为方便施工，取后锚面一端进行张拉。

2）张拉过程分级进行，张拉程序为 $0 \rightarrow 15\% \sigma_{con} \rightarrow 100\% \sigma_{con} \rightarrow$ 持荷 2min 锚固，持荷 2min 后压力表读数下降的，需要补充张力，使压力表读数回到 $100\% \sigma_{con}$ 后再进行锚固。

3）记录每一级张拉应力和对应的伸长量。

4）按双控原则张拉，引伸量允许误差不超过 ±6% 且无断丝。

5.7.2 预应力管道防腐

可换式锚固体系预应力管道一般采用压注油脂防腐，对于预应力管道长度较长、压注油脂困难的，可采用压注石蜡方案代替。

1. 压注油脂防腐

1）注油前准备工作

对前锚端多余钢绞线用砂轮机进行切除，然后装上夹片防松装置及保护罩，在保护罩安装前用丙酮将装铜垫圈的沟槽及铜垫圈擦拭干净，再在沟槽内均匀涂上密封胶，放置约 10min 后将铜垫圈装入沟槽并压平，然后在铜垫圈外端面及内侧再涂上一些密封胶，装上保护罩，注意保护罩上的观测管应处于高位。对后锚面保护罩的安装相同于前锚面的保护罩安装，但注意应使注油口位置处于低位。

在连接器与锚垫板的缝隙间用环氧树脂涂抹填塞，灌油前检查保护罩、密封垫圈、锚垫板之间贴合密实性。用注油泵进行灌油。

2）注油操作工艺

待环氧树脂固结后，即可进行灌注油脂施工，注油在后锚端进行，此时前锚保护罩的观测端盖需打开排气，连接好注油泵、注油管、贮油桶、出油孔透明管。注油前先将注油泵内的空气排空，待注油管管口出油后再将其接到后锚端保护罩的进油口球阀上，注油泵从下到上灌注油脂，直到油脂从上锚头保护罩的出油孔透明管可见到油脂完全盖过钢绞线头。油脂灌注到离保护罩透明管出口时即停，防止油脂溢出污染环境。关掉注油截止阀，关闭保护罩上进油球阀，拆除注油管，并拧上前锚端观测管的端盖，用螺堵将出油口堵上，完成该束注油施工。

2. 压注石蜡防腐

1）压注前准备工作

拆除后锚室防护罩，用带油水分离器的空压机从前锚面注入压缩空气，对管道进行吹干和清理。

2）注蜡操作工艺

加热防护蜡到可灌注的液态，并控制温度不超过100℃。

把螺杆泵出浆管连接到后锚面保护罩注浆连接管上，打开保护罩的阀门。前后锚面管路连接见图5.7.2-1。

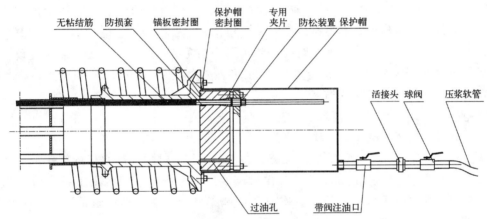

图5.7.2-1　后锚面注蜡连接示意图

通过活接头，把压浆软管连接到后锚面保护罩的带阀注蜡口，启动螺杆泵，开始压注，调整变频器控制压注压力不超过1.5MPa。压注需连续进行、不得间断，直到前锚面通知出浆口冒出防护蜡后停机。取下前锚面球阀部件，装上M27带密封件螺钉，扭紧密封后，后锚面继续缓慢加压至规定的压力值（建议0.6MPa以内）持荷2min后停机，关闭后锚面进浆口阀门见图5.7.2-2。

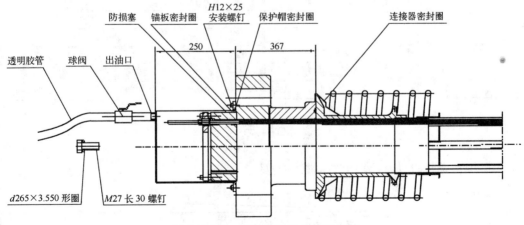

图5.7.2-2　前锚面注蜡连接示意图

检查前后锚面各密封位置是否有泄漏，并连续观察3d。

5.8 锚碇洞室的二次衬砌施工

锚碇所处地段围岩地质条件较差时，设计通常在锚碇洞室的初期支护与二次衬砌之间加设 EVA 复合型防水板。二次衬砌施工的工序为：搭设支架→初期支护基面处理→铺设 EVA 复合型防水板→绑扎钢筋→立模板→二次衬砌混凝土浇筑。

5.8.1 搭设施工支架

初期支护施工完毕后，搭设二次衬砌施工支架的作为模板支撑系统和施工平台，施工支架留出一条施工便道方便人员、材料进出。

5.8.2 初期支护基面处理

初期支护通常采用锚网喷射混凝土结合钢支架的结构，其表面粗糙、凹凸不平。为保证防水层质量，铺设防水层前必须对锚网喷射混凝土表面进行严格的检查处理，使之符合防水层铺装要求，处理后的基面应达到支护稳定、平整、圆顺、牢固、无混凝土松动现象。对于锚网喷射混凝土的基面，其平整度按照规范要求为 $D/L \leqslant 1/6 \sim 1/10$，不符合要求的局部应采用水泥砂浆进行抹平处理（L—锚喷混凝土相邻两凸面间的距离；D—相邻两凸面间凹进去的深度）。

5.8.3 EVA 复合式防水板铺设

EVA 复合式防水板的铺设方法：在锚碇内拱顶部位正确标出纵向中心线，从拱顶中轴线开始依次向两边侧墙及底板延伸下垂铺设，铺设时力求平整，根据该复合型防水层铺设固定工艺要求，需在初期支护表面布设水泥钉或射钉。为防止铺设时损坏防水层，水泥钉或射钉布设部位需对应设置凹槽；防水板预留绳一般按每平方米 4 个设置，固定点布置间距应按拱顶及两侧边墙分别设置；防水板之间的焊接，可采用自动爬行塑料热合机进行施工。

5.8.4 洞室二次衬砌的混凝土浇筑

洞室二次衬砌采用抗渗混凝土，混凝土浇筑顺序为：仰拱、侧墙、顶拱。

洞室二次衬砌混凝土浇筑应尽量减少施工缝；各混凝土施工缝应与防水层的接头部分错开；混凝土施工缝处应设有橡胶止水带，止水带埋设于二次衬砌混凝土中部，新旧混凝土各一半；在某些特殊地段，如渗水比较多、孔隙较发育的地段，二次衬砌的施工缝应该错开；浇筑混凝土过程中尽量对称浇筑，以便使模板、支架受力均匀。

初期支护与二次衬砌之间的空隙采用压浆填实。

5.9 劳动力组织（表 5.9）

劳动力组织情况表　　　　　　　　　　　　　　　　　表 5.9

序号	工　种	人　数	备　注	序号	工　种	人　数	备　注
1	土木技术员	2	技术交底、现场管理	7	电焊工	9	钢支架安装
2	测量	3	测量	8	电工	2	
3	试验	3	试验	9	钢筋工	10	钢筋支座安装
4	安全员	2	安全管理	10	混凝土工	18	混凝土浇筑
5	木工	8	模板作业	11	普工	50	
6	张拉工	10	预应力张力	12	爆破工	10	爆破作业

6. 材料与设备

本工法无需特别说明的材料，采用的机具设备见表 6。

机具设备表　　　　　　　　　　　　　　　　　表 6

序　号	名　称	型　号	数　量	性　能	用　途
1	钻机	YQZ—1	4 台	液压干法成孔	岩锚钻孔
2	挤压机	GJ—40	2 台	液压	P 锚制作
3	压浆机	BW150 型活塞式	2 台	最大压力 7.5	压浆

序　号	名　称	型　号	数　量	性　能	用　途
4	油泵	BZ500	4台	最大压力 50MPa	预应力张拉
5	千斤顶	穿心式	4台	根据设计而定	预应力张拉
6	空压机	25m³	2台		开挖
7	拌合站	HZS120	2套	120m³/h	混凝土拌合
8	混凝土输送泵	HBT60	4台	60m³/h	混凝土浇筑
9	配料机		2台		混凝土材料计量
10	电焊机	交流 15kW	4台		钢支架安装
11	装载机	ZL—50	2		转运
12	吊车	QY—25	1		吊装
13	绞车	JD35	4		开挖出碴
14	压风机	0.6m³	2台		洞内空气流通
15	矿车	V—0.6	4台		开挖出碴
16	挖掘机	CAT320L	2台		明洞开挖
17	凿岩机	YC—25	6台		开挖
18	锚杆钻机	YSP45	4台		锚杆钻眼
19	潜水泵		2台	根据孔深确定扬程	洞内排水
20	砂轮机		2台		切割钢绞线
21	喷射机	ZP—5	4台		初衬
22	全站仪	徕卡 TCA1201	1台		测量
23	带油水分离器的空压机		1套		干燥孔道，清除杂物
24	带变频调速的螺杆式灌浆泵	SQ45—3	1套		微晶蜡灌注
25	U形加热棒	4kW	3套		微晶蜡加热融化
26	直燃热风机		1台		对管道进行预热
27	注油泵	UBL3R	1台	输送量 45L/min	压注油脂

7. 质 量 控 制

7.1　质量检验标准

7.1.1　《公路隧道施工技术规范》JTG F60—2009。

7.1.2　《公路工程质量检验评定标准》JTG F80/1—2004。

7.1.3　《公路桥涵施工技术规范》JTJ 041—2000。

7.1.4　《锚杆喷射混凝土支护技术规范》GB 50086—2001。

7.2　质量保证措施

7.2.1　锚碇爆破施工必须严格检查和控制炮眼布置及炸药用量，记录围岩地质情况和爆破效果，作为下一轮爆破施工中调整爆破设计参数的依据，使锚碇开挖断面尺寸与设计断面尺寸误差满足规范要求。

7.2.2　喷射作业要分段分片进行，每段高度不超过 2m，同一分段内，喷射顺序自下而上成环进行。混凝土喷射时，喷头与受喷面应保持垂直，距离 0.6～1.0m 为宜。喷射混凝土终凝 2h 后，即喷水养护，养护时间不少于 7d，气温低于 5℃时，不得喷水养护。

7.2.3　锚塞体大体积混凝土施工必须严格按照设计的温控方案执行，浇筑混凝土时注意对各种监测元件的保护，防止损坏，以便后期各种监测数据的获取，指导施工。

7.2.4　预应力管道内灌注防腐油脂时，为保证管道内油脂的密实性，对同一管道灌油连续灌注，灌油时缓慢均匀地进行，中途不间断，以使管道内排气通顺，无气泡残留。

8. 安 全 措 施

8.1 锚碇爆破施工安全技术措施

8.1.1 爆破设计前，对周围环境进行认真仔细调查，选择优化合理的钻爆参数，确保地表及地下建筑物的安全，并相对固定爆破作业时间，爆破施工前向居民宣传有关事宜，让居民有一定的思想准备。

8.1.2 爆破作业必须严格遵守爆破安全规程，做到有组织、有领导、有明确分工，爆破工程技术人员、爆破员、爆破安全员等爆破作业人员持证上岗。

8.1.3 爆破作业必须有爆破工程技术人员在场指导，验收炮孔参数，进行装药量计算，做到爆破原始资料的收集、整理和技术总结。

8.2 出碴施工安全技术措施

8.2.1 每班开工前检查卷扬机、闸刀、配电箱、漏电开关、电源线破损和其他缺陷，钢丝绳断丝不超过断面的 1/10，钢丝绳麻蕊不能露出。

8.2.2 轮式翻斗挂钩磨损不超过截面的 1/3，门闸开关无明显锈蚀缺陷。

8.2.3 装碴不超过斗车顶线下 10cm。斗车碴面要拍紧、无松碴，以免上坡滚落伤人。

8.3 预应力张拉施工安全技术措施

8.3.1 千斤顶安装完毕，张拉前，检查张拉设备安装情况。千斤顶轴线不垂直锚垫板，须调整垂直，否则不得进行张拉作业。锚板要完全落臼于锚垫板，否则不得张拉。工作锚工作夹片已塞紧，并保持同一平面，否则不得张拉。

8.3.2 油泵操作人员、伸长值测量人员须经过安全培训合格，方可参与张拉作业，否则不能进行张拉作业。

8.3.3 张拉控制技术人员在现场指挥，否则不能进行张拉作业。

9. 环 保 措 施

9.1 施工现场、场地、汽车便道要硬化处理，并指定专人定期洒水清扫，形成制度，防止道路、场所扬尘。

9.2 对锚碇弃渣场、按设计实施工程防护，并尽量平整造田，不得向河流和用地范围外的场地弃碴。

9.3 施工废水、生活污水按有关规定进行处理，不得直接排入农田、河流和渠道。

9.4 施工机械排放的废油废水，采用隔油池等有效措施加以处理，不得超标排放。

9.5 报废材料运出现场并进行掩埋处理。对施工中废弃的零配件、边角料、水泥袋、包装箱等及时清理，以保护自然环境与景观不受破坏。

10. 效 益 分 析

本工法效益分析见表 10。

效益分析表 表 10

项 目 名 称	复合式隧道锚	重力式锚碇
选用条件	地质条件要求较低，适用范围广	地基承载力要求高，适用范围窄
开挖方量	是重力式锚碇的 1/6～1/3	开挖方量大
混凝土方量	是重力式锚碇的 1/5～1/3	混凝土方量大
经济效益分析	造价低，经济	造价高，不经济
社会效益分析	扩大了悬索桥应用范围	
	工期短	工期长

11. 应 用 实 例

11.1　重庆市忠县长江大桥

忠县长江大桥主桥是跨径为 560m 的单跨悬索桥，两岸锚锭均采用复合式隧道锚结构，锚碇锚塞体前端宽 9.2m，高 8.5m，尾端宽 13.0m，高 12.0m，单个锚塞体的混凝土方量为 1466.2m³。该工程于 1998 年 11 月开工，2001 年 8 月竣工交付使用。本工法应用时间为 1998 年 11 月～2000 年 11 月。

11.2　重庆市万州长江二桥

万州长江二桥主桥是跨径为 580m 的单跨悬索桥，两岸锚碇均采用复合式隧道锚结构，单个锚碇长度为 59m，锚碇的最大开挖断面尺寸为 14.20m×15.333m。北岸锚碇开挖总方量为 12931.9 m³，锚塞体混凝土的总方量达 5774.5 m³。该工程于 2001 年 12 月开工，2004 年 9 月竣工交付使用。本工法应用时间为 2001 年 12 月～2003 年 10 月。

11.3　湖北沪蓉西四渡河特大桥

四渡河特大桥是跨径为 900m 的单跨悬索桥，恩施岸采用重力式锚碇，宜昌岸采用隧道式锚碇，隧道锚斜向长度左锚为 71.14m，右锚为 66.2m，锚塞体长均为 40m，最大开挖断面尺寸为 14m×14m。整个锚碇开挖方量约为 28338.34m³，混凝土方量约为 20619.88m³。该工程于 2004 年 8 月开工，2009 年 9 月竣工交付使用。本工法应用时间为 2004 年 12 月～2007 年 4 月。

11.4　贵州坝陵河特大桥

坝陵河大桥是主跨为 1088m 的单跨悬索桥，东锚碇采用重力式锚碇，西锚碇采用隧道式锚碇，隧道锚总轴向深度约为 87m，锚塞体长为 40m，最大开挖断面尺寸为 21m×25m。整个锚碇开挖方量约为 63363m³，混凝土方量约为 32546m³。该工程于 2004 年 4 月开工，2009 年 12 月竣工交付使用。本工法应用时间为 2005 年 11 月～2007 年 9 月。

11.5　湖南吉茶高速矮寨大桥

目前在建的矮寨大桥是主跨为 1176m 的单跨悬索桥，吉首岸采用重力式锚碇，茶洞岸采用隧道式锚碇，隧道锚锚塞体长为 43m。整个隧道锚开挖方量为 36387.4m³，混凝土方量 20920.7m³。该工程于 2007 年 9 月开工，本工法目前尚在运用中。

11.6　四川宜泸渝高速南溪长江大桥

目前在建的南溪长江大桥是主跨为 820m 的单跨悬索桥，两岸均采用复合式隧道锚碇，锚塞体长为 27m，最大开挖断面尺寸为 18m×19.5m。该工程于 2008 年 11 月开工，本工法目前尚在运用中。

旧桥改造之桥梁同步顶升施工工法

YJGF63—2004（2009～2010年度升级版-049）

天津城建集团有限公司

杨勇　宋成国　汪济堂　卢士鹏　李义

1. 前　　言

随着海河两岸改造工程的启动，位于市内跨海河的桥梁的改造开始提上议事日程，这些桥梁具有结构完整、功能完好等特点，部分桥梁更是见证了天津市的历史，但是这些桥梁由于建造时间比较长，已经显得不能满足城市进一步发展的需要，特别是通航高度的不足更是如此。而采用同步顶升桥梁上部结构是解决通航净空不足的一个很好的方法。一方面能够不损坏现有桥梁结构，另一方面对交通的影响范围和影响时间也比较小，可以大大舒缓对交通带来的压力。

且目前国内第一批建设的高速公路，大部分已经进入维护阶段了，桥梁支座的更换在所难免（桥梁支座的设计年限一般为20～50年，而桥梁的设计年限一般都在100年左右）。这就产生了相应的支座更换技术——桥梁顶升技术的衍生体。

桥梁顶升施工技术经过这几年的高速发展，也日趋完善和多样化了，目前国内已完成的大小各项工程数十项。

本工法在原有桥梁同步顶升技术的基础上，结合这几年桥梁顶升的工程特点，发展衍生出线性同步顶升、单点顶升、水平顶升、带载下降（落梁），可实现桥梁顶升后线性变位的效果，改变桥梁纵坡等技术加以概括总结，编制而成。

本工法的核心技术是建筑物同步顶升平移技术，该技术在国内处于领先位置。其中的《建筑物抬升与平移新工艺研究》获得天津市科技进步三等奖。

2. 工 法 特 点

2.1　运用位移闭环控制理论结合液压控制系统，以位移量作为控制对象，实现力位控制。

2.2　顶升位移控制准确，控制精度高，避免桥梁在顶升过程中产生形变，从而影响桥梁结构的应力变化，不影响使用寿命。

2.3　细分位移同步控制量的分类，可分为角度、长度两种。其中角度控制同步也就是常说的线性同步，即以某控制点为转动轴，实现竖向转动同步、达到调坡的目的。长度控制就是普通的同步顶升或同步下降。

2.4　液压同步系统可以24h连续工作，因此桥梁同步顶升可以连续作业，施工工期短，有利于减轻由于断交而带来的交通压力。

2.5　可以利用桥梁自身允许的挠度变形，进行单点顶升，以实现更换桥梁支座的目的。工程综合造价低。

3. 适 用 范 围

3.1　桥梁同步顶升技术适用范围广：旧桥改造顶升，桥梁调坡改造，桥梁支座更换，新建桥梁施工过程中预制梁的落梁或顶升梁。

3.2　运用液压技术，顶升荷载较大，适用于跨河、跨铁路、跨公路桥梁，现浇箱梁，预制板梁、预制箱梁，钢箱梁。

4. 工 艺 原 理

液压同步提升是一项成熟的建筑构件提升安装施工技术，但是在同步性要求更高、顶推力要求更大的桥梁顶升移位施工中，应用还是非常少见的。基于液压同步顶升技术应用于大吨位物体的提升和下放的现状，结合桥梁顶升施工技术特点，引入闭环控制理论，将桥梁的顶升位移作为受控参数，形成位移闭环控制，再通过压力闭环控制，调节液压系统的出缸或收缸，从而达到对桥梁的同步顶升、下放的目的。其顶升过程可保持桥梁结构的完整性、顶升过程的同步性。工艺原理图见图4。

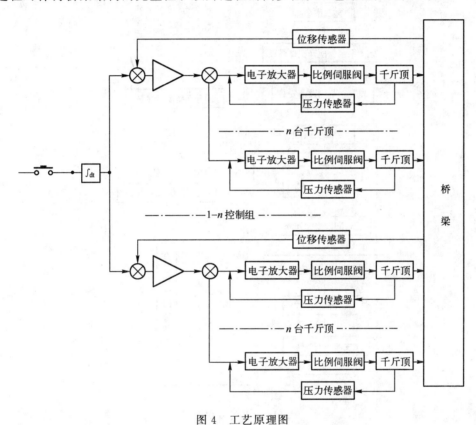

图 4　工艺原理图

5. 施工工艺流程及操作要点

5.1　工艺流程（图5.1）

5.2　现场勘察，明确设计要求

5.2.1　明确桥梁顶升的目的、顶升高度及顶升要求。

5.2.2　根据桥梁原图纸计算桥梁菏载分布。

5.2.3　分析桥梁结构，计算桥梁破坏极限，确定顶升控制精度。

5.2.4　根据桥梁结构形式，确定千斤顶分布。

5.2.5　合理划分控制区域。

5.3　编制施工方案

5.3.1　顶升基础处理。

5.3.2　顶升支撑的形式、布置方式。

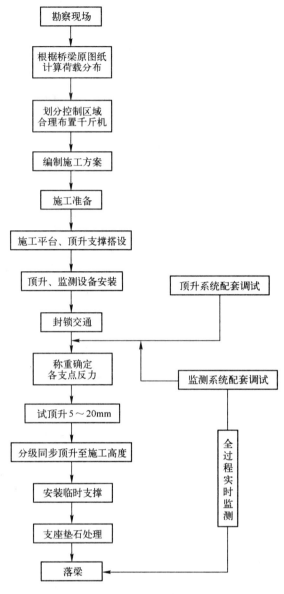

图 5.1　工艺流程图

5.3.3　千斤顶安装方法。

5.3.4　临时支撑的形式及安装方法。

5.3.5　限位的形式、布置方式。

5.3.6　在桥梁顶升时，制订安全应急措施。

5.3.7　保证工程质量措施。

5.4　施工准备

5.4.1　支撑基础处理，满足顶升荷载要求。

5.4.2　千斤顶及临时支撑位置处理。

5.4.3　横纵向限位的制作、安装。

5.5　设备安装

5.5.1　根据支点反力大小，千斤顶的上下应设置钢垫板以分散集中力。

5.5.2　根据顶升高度及操作的难易程度，千斤顶可倒置安装。

5.5.3　千斤顶安装时应保证千斤顶的轴线垂直，以免因千斤顶安装倾斜，在顶升过程中产生水平分力。

5.5.4　在每个支撑点位置，千斤顶或垫块与梁体及顶升支撑的接触面面积必须经过计算确定，不得超出原结构物混凝土强度范围，保证结构完整。

5.5.5　在桥梁调坡工程中，千斤顶应选用带万向头的（图5.5.5），且可旋转角度应大于调坡角度。

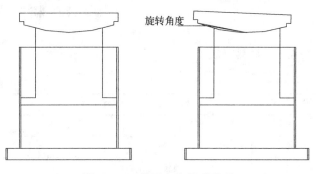

图5.5.5　带万向头的千斤顶

5.6　桥梁顶升

5.6.1　称重

1. 称重是为了保证顶升过程的同步进行，在顶升前应测定每个顶升点处的实际荷载。

2. 称重时依据计算顶升荷载，采用逐级加载的方式进行，在一定的顶升高度内（5～10mm），通过反复调整各组的油压，设定一组顶升油压值，使每个顶点的顶升压力与其上部荷载基本平衡。

3. 在顶升点附近位置（50cm以内）使用百分表配合称重，对位移传感器测得的位移量进行校验。

4. 将各点的称重实测值与理论计算值比较，计算其差异量并分析其原因，确定顶升的基准值。

5. 如果采用全自动设备，位移传感器与千斤顶一对一配置，可忽略称重过程。

5.6.2　试顶升

1. 主要用于检验顶升系统的可靠性及桥梁整体顶升的安全性，同时检验称重结果的真实性、可靠性。

2. 试顶升过程中要加强监测，以便为正式顶升提供可靠的依据。

3. 试顶升的高度为5～20mm。

4. 以角度为控制量时，以最远端高度为准不超过20mm。

5.6.3　顶升

1. 各千斤顶在力位闭环控制系统作用下，分级将桥梁顶升至满足支座垫石施工所需的空间高度。

2. 顶升过程由同步控制系统控制，保持各个测量点的位置同步误差小于桥梁破坏极限，且同步精度＜1cm。

3. 以角度为控制量时，应分别计算各个墩的顶升量，一边现场进行符合。

5.6.4　倒撑

用临时支撑代替千斤顶（顶升点）作用，以便千斤顶收缸后，增加千斤顶下部的支撑垫块。

5.7　支座垫石处理

5.7.1　根据设计要求进行支座垫石的施工。

5.7.2　支座垫石处理分为：墩柱、支座垫石、支座等的加高、改造、更换。

5.8　落梁

5.8.1　支座垫石处理完成、支座安装后，收缸落梁。

5.8.2　落梁过程由同步控制系统的控制，保持各个测量点的位置同步误差小于桥梁破坏极限，且同步精度＜1cm。

5.8.3　梁体荷载全部转移到支座上，千斤顶不再承托梁体荷载时，落梁结束。

5.9　劳动力组织

5.9.1　现场总指挥1名，全面负责现场指挥作业。

5.9.2　结构工程师1名，协助总指挥工作，总指挥不在时，代行总指挥职责。

5.9.3　监测人员3名，负责监测桥梁的姿态位移、顶升位移、结构的变形等，实时将监测结果汇总，报现场总指挥。

5.9.4　同步系统控制人员1名，根据总指挥的命令对液压系统发出启动、顶升或停止等操作指令。

5.9.5　液压工程师2名，负责整个液压系统的安装与调试，维护与保养，检查与维修等。并根据总指挥的指令调整液压元件的设置。

5.9.6　壮工若干名，负责顶升过程中的劳务作业。其工作内容包括施工准备时的场地清理、顶升时的垫铁安装等。

6. 材料与设备

6.1 材料（表 6.1）

主要材料表 表 6.1

序　号	材料名称	单　位	数　量	备　注
1	千斤顶垫块	套	n	高度与千斤顶行程一致
2	临时支撑	套	n	根据荷载大小设置相适应的支撑
3	钢垫板	块	若干	
4	木楔块	套	n	与临时支撑相对应
5	螺栓	套	若干	用于垫块间的连接
6	高强灌浆料		若干	梁底找平（可用砂浆代替）
7	楔形垫块	套	N	桥梁调坡时使用，与桥梁调坡角度相适应

6.2 机具设备（表 6.2）

机具设备表 表 6.2

序　号	设备名称	单　位	数　量	备　注
1	同步操作顶升系统	套	1	可实现力位控制
2	泵站	台	n	根据荷载要求设定
3	千斤顶	台	m×n	每台泵站设定 m 台千斤顶
4	位移传感器	个	x	x=控制区域数量
5	百分表	套	若干	配合称重（调坡工程不需要）
6	水平仪	台	1	顶升位移常规监测
7	经纬仪	台	2	横纵向水平位移姿态监测
8	静力式水准仪	套	1	对整体位移及姿态进行全自动实时监测

7. 质 量 控 制

7.1 桥梁顶升过程：同步顶升精度控制在桥梁设计允许挠度范围内，且同步精度<1cm。

7.2 顶升后高程：设计标高±3cm。

7.3 桥梁线性调坡，相邻跨的控制精度控制在桥梁设计允许挠度范围内，且相邻跨控制偏差值<1cm。

7.4 顶升姿态：顶升姿态水平方向<1cm。

7.5 桥梁支座更换过程中：梁体横向高差不超过 0.5cm，纵向高差不超过桥梁设计允许挠度范围，支座更换顶升施工一般顶升高度不超过 2cm。

8. 安 全 措 施

8.1 建立健全的管理组织系统，从项目经理部下至生产班组设立专职安全员，负责安全生产工作。从组织上保证施工安全顺利进行。

8.2 进入现场的施工人员必须遵守国家颁布的《建筑安装工程安全技术规程》，正确使用好各种劳动保护用品，机电设备一定要有专人负责，定期检查，以确保电器、机具设备的正常运转。

8.3 各工序在施工前，技术人员必须向各班组施工人员进行安全技术交底，使全体施工人员对施工的全过程及每一细节的安全注意事项了如指掌，否则不得上岗。

8.4 各工种施工人员，必须严格按照本工种的施工技术规范和操作规程执行，在施工中如发现有违章作业、违章指挥、安全员有权停止作业。

8.5 各技术工种上岗作业必须持证上岗。

8.6 对进场的液压设备进行检查验收。要求压力管无老化、无裂纹，保证接头的连接牢固，并满足液压设备的压力要求。

8.7 液压泵站相关的压力检测设备应有专业检测部门的检验并有出厂合格证。

8.8 千斤顶应具有压力自锁功能，防止在出现故障的情况下，千斤顶不受力。

8.9 液压泵的电动机应有绝缘电阻遥测，确保完好有效。

8.10 设备的电气部分安装应符合临时用电安全管理标准。

8.11 现场配备备用电源，防止突然断电。

8.12 配合桥梁顶升所搭设的施工平台，应符合安全管理标准及脚手架（碗扣支架）搭设规范。施工平台及所有临边按临边防护规定搭设防护设施。

8.13 顶升平台和限位平台施工应符合模板施工安全技术要求和规范。

8.14 桥梁抬升工程中设置相应的横、纵向限位装置，以防止桥梁抬升过程中发生水平位移。

8.15 千斤顶安装就位，应保证顶升方向与千斤顶出缸方向一致，避免在顶升过程中产生水平分力。

8.16 顶升设备安装后应进行调试，确保各顶升点的千斤顶出缸自由、可控。

8.17 桥梁顶升前应对施工区域进行封闭，并设警卫人员看守，以防止非工作人员和车辆进入。

8.18 应联系河道（道路）管理、监管部门，批准停航和绕航（断交或导行），并设置夜间警示标志。

8.19 制订应急措施预案，组织配备救援人员和器材、设备等。应急预案应符合施工现场应急预案技术管理标准。

9. 环保措施

认真贯彻"控制扬尘污染"等有关规定，制订缜密措施并严格落实，确保环保工作做到位。

9.1 严格控制噪声、振动、大气污染、水污染、固体废弃物等污染源，从源头上进行防护治理。

9.2 对可固定的顶升机械备用发电机设置等在施工场地建临时房屋内，房屋内设隔声板，使其与外界隔离，最大限度地降低其噪声。对噪声超标造成环境污染的机械施工，其作业时间限制在 7 时至 12 时和 14 时至 22 时之内。

9.3 根据施工实际，考虑降雨特征，制订雨季、特别是汛期，避免废水无组织排放、外溢、堵塞城市下水道等污染事故发生的排水应急相应工作方案，并在需要时实施。

10. 效益分析

结合城市跨越式发展的步伐，顶升后的旧有桥梁既经济又合理，为今后的桥梁改造维修开辟了新的途径；同步顶升技术在旧有桥梁顶升工程中应用，填补我国桥梁顶升施工领域的空白；同时采用桥梁顶升技术可以改变桥梁线性，达到桥梁调坡的目的。尤其是主桥同步顶升后，引桥部分可进行调坡，最大限度地减小桥梁顶升后对附属道路造成的影响。

从经济效益来看，桥梁顶升费用通常是桥梁本身造价的 10%～30%，这其中未包含节省时间所产生的效益。

从施工工期来看，拆除旧有桥梁、新建桥梁的建设工期需约 1 年的时间，而桥梁的顶升施工，包括前期准备仅需 3～6 个月。桥梁支座更换工程在高速公路维修中，时间短，大大缩短了施工对交通的影响。按投入产出计算的话，投资小，见效快。

从社会效益来看，我国古建筑及具有历史价值及人文价值的桥梁众多，这在市政建设中难免与现实规划产生冲突，通过桥梁的顶升移位可以弥补城市规划的缺憾，无疑会最大程度地减少对它的破坏，因此产生的不仅是经济价值，其中还包含了很高的社会价值。

从环保角度来看，既保护了环境，又节约了资源，同时还减小了对周边居民的影响。且目前桥梁设计年限大部分在 50～100 年，而桥梁支座的设计年限一般在 20 年左右，同步桥梁顶升技术也就为桥梁维修、支座更换提供了新的途径。

时在城市改造中，一些有历史纪念价值或者还有使用价值的桥梁影响了城市规划的总体需要，通过桥梁整体同步顶升技术的研究推广，可以采用桥梁整体同步顶升来满足城市规划的要求。

11. 应 用 实 例

2003 年 7 月～2003 年 10 月狮子林桥抬升工程——国内首例整体同步顶升桥梁。桥梁结构为简支单悬臂形式，桥梁同步顶升 1.271m。

2004 年 3 月～2004 年 5 月北安桥抬升工程，桥梁同步顶升 1.555m。

2005 年 4 月：天津慈海桥支座更换工程。

2005 年 5 月：天津临港立交（板梁结构）调坡工程，⑥至⑧轴整体顶升高度 40cm。

2005 年 6 月：天津轻轨钢混梁纠偏工程。

2005 年 8 月～9 月：天津宾水西道立交桥更换支座工程。

2005 年 10 月：天津津文公路桥顶升工程。

2006 年 4 月：天津志成道桥梁更换支座工程，I10 轴支座更换。

2006 年 5 月：天津志成道快速路调坡工程，H8—H14 轴匝道调坡。该工程 H8—H14 轴为现浇混凝土连续箱梁，H8 轴保持高程不变，H14 轴要求顶升 50cm，其中 H9、H10、H11、H12、H13 均相应顶升。

2006 年 12 月：北京国贸桥顶升工程，地铁 3 号线下穿该桥，同步顶升实时弥补盾构施工过程中造成的桥墩沉降。

2008 年 4 月～8 月：杭州城西 16 座桥梁顶升改造工程。

2009 年 11 月：天津西站主站楼整体迁移工程平移到位。

以上均采用桥梁同步顶升施工工艺，桥梁顶升后经有关检测单位检验，桥梁整体结构保持完好，仍具有较高的使用价值。

长线台座先张桥梁板和重级制吊车梁施工工法

YJGF34—2002（2009～2010 年度升级版-050）

山西建筑工程（集团）总公司

赵斌　王宏业　安瑞平　孟启基　郭谦

1. 前　　言

　　目前国内 30M 以上跨径预应力混凝土连续梁一般采用后张法施工，尽管这种施工技术应用广泛，但是后张法施工中经常出现的堵孔、压浆不实、预应力不足等现象对结构承载力与耐久性均产生不同程度的影响。许多预应力混凝土连续梁发生裂缝、下挠等现象，成为质量通病，造成安全隐患。先张法工艺因预应力明确、无需留孔、灌浆等工序。既可以避免后张法压浆不密实、预应力值不足带来的工程质量缺陷，还可提高结构耐久性，同时节省锚具、留孔波纹管、减少施工工序、降低工程造价；且具有便于工厂化预制、提高产品质量等优点。

　　我单位在长线台座先张法的施工方面做了长期、大量、深入的研究，总结后形成本工法，2003 年度被评为国家级工法，此后进行升级，2010 年 12 月 5 日，其关键技术通过了山西省科技鉴定评审，评审意见：该关键技术达到了国内领先水平。

2. 工 法 特 点

　　本工法采用了精轧螺纹钢拉杆、大吨位千斤顶整体张拉、放张系统，实现了预应力筋的整体张拉和整体放张，使得张拉时每根预应力筋受力均匀，千斤顶、油泵使用频率下降，故障减少，使用寿命延长；小型预应力构件采用单根张拉，砂箱整体放松，放张速度均匀，保证了梁端质量。

3. 适 用 范 围

　　本工法适用于长线台座生产先张法预应力构件，预应力主筋采用直线型布置钢绞线，尤其适用于先张桥梁板和先张重级制吊车梁。既适用于工厂化预制，也可在施工现场制作承力槽生产。

4. 工 艺 原 理

　　本工法的原理是先张法预制构件的预应力筋张拉放张，采用成套的大吨位千斤顶和精轧螺纹钢拉杆系统工具，利用精轧螺纹钢的高强度及其配套的专用螺母和连接器锚具，与钢绞线连接，形成一套完备的张拉放张系统，实现钢绞线的整体张拉和整体放张的先张构件施工工艺。

5. 施工工艺流程及操作要点

5.1　施工工艺流程

施工工艺流程如图 5.1 所示。

5.2　操作要点

5.2.1　台座基础施工

根据现场实际情况选择适宜的长线台座预制场地，场地大小应满足台座长度和构件并联宽度以及部分构件的堆放场地，同时要满足构件的运输条件等，综合以上因素，选出场地，基底用三合土夯实，压

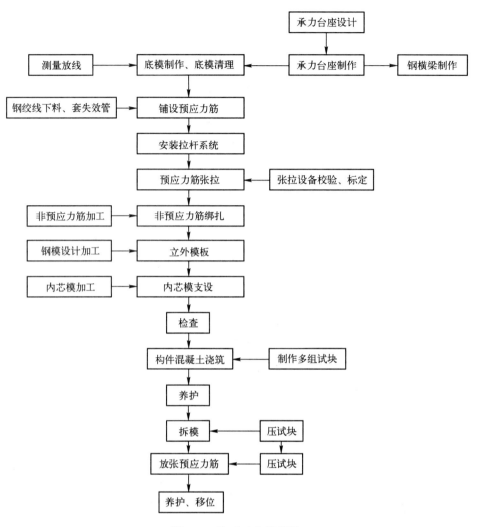

图 5.1　施工工艺流程图

实系数达到 0.94 以上，基础用 C30 混凝土浇灌，浇灌过程中，确保拼装节点处的预埋铁件水平、位置准确，为台座的安装创造条件。台座采用框架式受力，传立柱采用不低于 C30 的钢筋混凝土结构。首先对场地进行平整处理，根据实际情况填筑 100mm 厚 4% 水泥稳定石硝层，经压实处理后在其上浇筑混凝土硬化底层。

5.2.2　承力台座的设计、制作、安装

1. 设计、制作

生产桥梁板、吊车梁等大型构件的承力台座一般采用槽形台座，它既可以作为承力结构，同时方便构件蒸汽养护棚搭设。槽形台座（图 5.2.2-1）由传力柱及横梁组成，以承受构件的张拉力和张拉力矩。传立柱的长度及其截面确定需要综合考虑构件长度、加工数量、施工进度、钢筋运输、安装方便以及稳定性等因素来确定，一般以 45～80m 为宜。槽宽的确定要根据构件宽度及模板支拆的形式，以不影响工序操作为宜。

场地压实后，按台墩基础尺寸进行反开挖，安装基础模板钢筋，并绑扎好基础部分的钢筋，先浇筑基础部分。完成基础浇筑后，进行回填压实，继续施工台座面板、传立柱及其他部分。

传力柱可以整体现浇，成槽的两传力柱之间每隔 10～12m 增设拉接连系梁，以提高台座的刚度、稳定性。此类台座一次投资大，不可回收再利用，适合工厂化制作。施工现场制作的台座采用组装式，传力柱可由张拉端柱、锚固端柱及中间传力柱几部分组成，结构形式可为钢筋混凝土或者钢结构，每段长 5～6m，如图 5.2.2-2 所示，端部传力柱需要进行抗倾覆验算及配筋计算，中间传力柱只需做配筋计算。

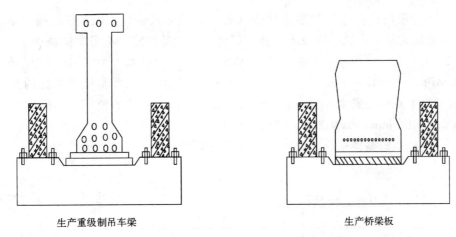

生产重级制吊车梁　　　　　　　　生产桥梁板

图 5.2.2-1　槽形台座构造示意图

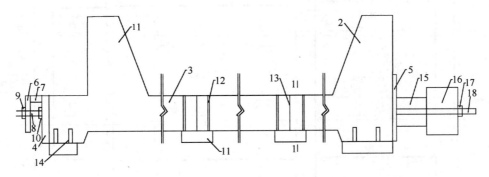

图 5.2.2-2　长线台座承力柱示意图

1—张拉端柱 ；2—锚固端柱；3—传立柱；4—张拉端横梁；5—疏筋板；6—活动横梁；7—千斤顶；8—精轧螺纹钢拉杆；9—JL25 螺母 1；
10—JL25 螺母 2；11—连梁；12—卡环；13—砂浆嵌缝；14—螺栓；15—砂箱；16—钢横梁；17—单控锚具；18—钢绞线

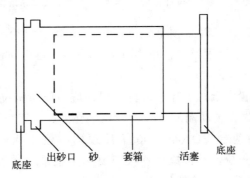

底座　　出砂口　砂　　套箱　　活塞　　底座

图 5.2.2-3　砂箱示意图

2. 台座安装允许偏差

1）传力柱轴向安装允许偏差 15mm。

2）每节柱连接断面凸凹不平允许偏差≤3mm。

3）底模与压柱之间缝隙≤10mm。

5.2.3　张拉钢横梁设计、制作

张拉钢横梁制作应根据张拉力的大小及两传力柱之间的宽度，按简支梁的形式进行计算，钢横梁允许挠度≤2mm，横梁分为张拉端横梁、被动端横梁及活动横梁 3 部分。一般采用 16～20mm 厚的钢板拼装焊接成封闭箱形横梁，中部加肋板。加肋时考虑预应力筋的布筋形式，避免穿筋时形成障碍。同时为方便穿筋，箱式横梁前后两板的同一预留孔间用钢管连接。

5.2.4　精轧螺纹钢拉杆整体张拉、整体放张及砂箱整体放张

1. 本工法的核心是采用了大吨位千斤顶以及 JL25 精轧螺纹钢拉杆和与其配套的专用螺母、连接器等工具，实现了预应力筋的整体张拉和整体放张（或砂箱整体放张）。JL25 精轧螺纹钢为我国国产钢材，在 $\phi25$ 的基圆上轧有梯形螺纹，统身无肋筋，钢材本身就是丝杆，不需要机械加工，可根据需要任意截取长度。JL25 精轧螺纹钢的 $\delta_b = 1035MPa$，$As = 490mm^2$，承载力 $f \approx 500kN$，而 $\phi15.24$ 钢绞线，强度级别为 $1860MPa$，$As = 139.98mm^2$，其承载力 $\approx 260kN$，所以二者承载力之比约为 2：1，所以用 JL25 精轧螺纹钢作为工具拉杆安全可靠，重复使用寿命长，而且操作方便，使用螺母锚固，安全可靠，回缩值小，只有 $0.9 \sim 1.1mm$，缩短工期，降低了成本。

2. 张拉程序（拉杆系统整体张拉、整体放张系统图见图 5.2.4-1）：

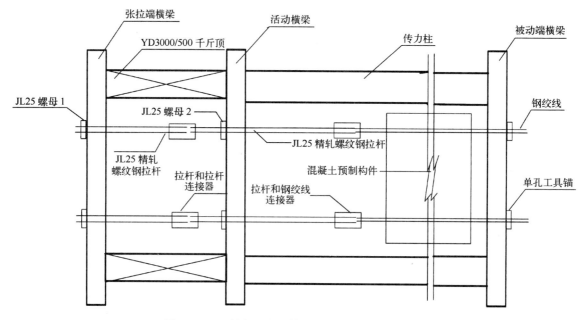

图 5.2.4-1　拉杆系统整体张拉、整体放张系统图

1）张拉机具和压力油表在新开工时必须事先进行配套的标定校验，并出据有效的校验报告单。正常使用不宜超过半年。在张拉设备修理或更换压力油表时必须进行重新校验。

2）系统安装，确保三心一线，以使受力均匀。

3）在被动端用 YCK270 前置内卡式千斤顶进行单根预应力筋初张拉，张拉力为 $10\% \sim 20\% \delta_{con}$。

4）采用砂箱放张系统时，先在被动端放置砂箱，钢梁在外，从张拉端单根张拉预应力筋。

5）整体张拉时在张拉端用两台 YD3000/500 千斤顶同时按 $10\% \rightarrow 20\% \rightarrow 40\% \rightarrow 80\% \rightarrow 100\% \rightarrow 103\%$ 的张拉应力控制程序进行张拉，每张拉完一次都要测量记录一次砂箱的回缩量，最后在张拉伸长值中扣除，砂箱回缩量不得计入预应力筋伸长量中。缓慢均匀张拉，张拉至 $103\%\delta_{con}$，或至设计要求。

6）旋紧 JL25 螺母 2，进行锚固。

7）YD3000/500 千斤顶回程，完成张拉。

8）松开 JLL25 连接器，将活动横梁连同工具拉杆、JL25 螺母 1、JLL25 连接器、YD3000/500 千斤顶依次吊装到其他台座继续张拉（或吊装回原台座放张）。

9）当混凝土强度达到设计要求的放张强度时，施行放张。当采用拉杆系统整体放张时，按照张拉时的状态将系统安装好，并将 YD3000/500 千斤顶缸体伸出 $150 \sim 200mm$，然后旋紧 JL25 螺母 1，缓慢开动张拉机，待张拉至 JL25 螺母 2 稍有松动时，利用专用工具将 JL25 螺母 2 旋松 $150 \sim 200mm$（或根据放张回缩量确定），YD3000/500 千斤顶回程，至钢绞线松弛，放张完成。

3. 砂箱放张（图 5.2.4-2）

1）砂箱选用厚度 $\geq 16mm$ 以上的钢板做底座，活塞、套箱均采用无缝钢管，一般选用外径 $325mm$、壁厚 $20mm$ 的无缝钢管做套箱，活塞采用厚度 $20mm$ 的与砂箱配套无缝钢管制作，箱体长度根据张拉承槽的长度确定，一般张拉承力槽为 $70 \sim 80m$ 时，砂箱长度为 $500mm$ 长，内装一定级配的石英砂或铁砂，砂的细度应将通过 50 号及 30 号标准筛的砂按 6∶4 的级配配置，保证砂子不宜压碎，避免放张时砂子不易流出现象，又可减少砂的空隙率，减少使用时砂的压缩值，减少预应力损失。装砂量为箱体长度的 2/5～1/2。当张拉钢筋时，箱内砂被压实，承担横梁的反力；放张时砂慢慢流出。采用砂箱放张可以控制放张速度，工作可靠，施工方便。

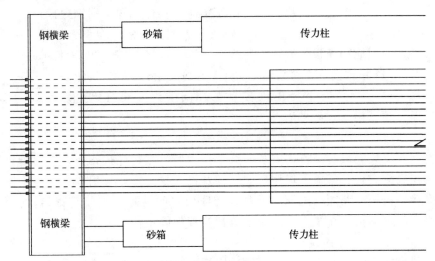

图 5.2.4-2　砂箱放张示意图

2）砂箱整体放张时，由 4 个人同时打开两个砂箱的 4 个出砂口，都用专用的小勺从各自的出口往外掏砂，每个出口处各接 1 个量杯，流出的砂直接接入量杯，观察杯体上的刻度线来控制砂箱的均匀回缩，从而使整批预应力筋徐徐放松。每次完成放张后的砂筒须检查是否完好，再投入下次使用。为避免被压碎的砂在下次使用时，影响施工质量，故每次张拉需使用新砂进行。

放张操作应注意：两砂箱的长度尺寸必须一致，装砂量相同，每次放张后，重新过筛，烤干后方可装入砂箱中。放张时两侧对称进行，以免造成横梁倾斜发生危险。放张后，检测起拱度超出规范要求时，必须查清原因定出对策后再施工。

5.2.5　钢绞线的下料及张拉控制

1. 钢绞线下料

采用拉杆系统，仅需要在被动端预留穿越横梁的长度以及 300mm 长的前卡式千斤顶初张拉预留长度，在张拉端由于采用连接器将钢绞线与拉杆连接，所以钢绞线只须超出端部构件 300mm 即可，大大节约了钢绞线；采用砂箱放松时，下料长度需考虑穿过梳筋板、端横梁及锚固所需要的长度。

下料采用砂轮切割机，穿筋时为防止油污钢绞线并确保保护层的厚度，需在台面上每两个构件之间铺放和保护层同一厚度的方木或钢筋。穿设的失效管要超出端模 10～30mm。

2. 预应力钢绞线的张拉

张拉前必须根据设计图纸给定的张拉力控制值及规定的张拉程序、张拉机具校验报告单等，准确计算各控制应力点时相对应的油表读数及钢绞线的理论伸长值。理论伸长值 ΔL 计算如下：

$$\Delta L = (N \times L)/(As \times ES) \tag{5.2.5}$$

式中　ΔL——预应力筋张拉理论伸长值；

　　　N——预应力筋张拉力值；

　　　As——预应力筋公称截面面积；

　　　ES——预应力筋实测弹性模量；

　　　L——预应力筋张拉受力有效长度。

拉力值的控制：张拉采用应力、延伸双控制，张拉过程中实际伸长值与计算伸长值之间的误差超出 ±6% 时，应暂停张拉，待查明原因并采取措施予以调整后，方可继续张拉。预应力筋的实际伸长值宜在施加为张拉控制应力 10% 的初应力以后开始量测，但伸长值必须加上初应力 10% 时推算伸长值。

5.2.6 模板施工

1. 底模制作

底模采用 C15 混凝土制作成 150mm 厚长条台座或用 M5 水泥砂浆砌砖、M10 水泥砂浆抹面。要求台模具有足够的强度，每隔 1～1.5m 预留支模用的对拉螺栓孔洞。为保证构件底部平整光洁，在胎膜表层铺设薄钢板或塑胶片。生产底模面积较小的吊车梁时，构件底模采用钢底模。

2. 梁体的侧模、端模均采用具有钢模板加工资质的大型厂家制作定型钢模板。为了节约模板成本，可依据梁的尺寸种类，使用通用模板，底模台座高为 150mm，由调整模板高度来适合梁高要求。

模板面板采用 5mm 厚冷轧板，背楞采用 L50×5 角钢及 [8 槽钢。折角处采用挤压成型，以确保外形圆顺，模板长度每节以 4m 为宜。模板的周转期按 1d 计算。安装前和拆除后要彻底清理模板，除锈并涂刷脱模剂，以保证预制梁的表面光洁。

3. 模板的安装

安装模板需在钢筋安装完成后进行，安装时严禁在台座上施行焊接作业，以保护钢绞线。梁体的模板安装均采用侧模包底模方式。模板下口用对拉螺杆及钢支架支撑，且用木楔加撑牢固，上口用螺杆拉接，拉通线用斜撑将模板调直调顺。侧模间及侧模与底模之间缝隙用橡胶条密封，模板间用螺栓连接。模板内部支撑采用钢筋定形架，在施工中有专人负责检查加固定位。

4. 芯模施工（吊车梁不存在芯模）

如果设计采用圆形或椭圆形芯模，施工一般采用橡胶胶囊作芯模，为保证芯模的顺利拆除，芯模每次使用前必须清理并刷脱模剂。浇筑完空心板底板后，穿入气囊，充气达要求气压后，继续浇筑。待混凝土浇筑完成后，根据气候条件约 4h 左右拆除气囊，拆除时，要缓慢放气。且采取切实可行的措施保证胶囊不上浮。

如果采用异形钢芯模或木芯模，芯模分块组合，立模时，先在梁外将内模拼成 4.5m 左右的小段，再分段吊入模内组拼（或在外面拼装成型，整体就位后绑扎面层钢筋）。用与混凝土同强度等级的预制垫块支垫芯模，待底板混凝土浇筑一段以后，再封闭已浇筑段的芯模下口，以防浇筑腹板混凝土时翻浆。为防止内模上浮，每隔 2m 在芯模上部设一道横梁，以此横梁作为支点用可调丝杠将内模向下顶紧。

5. 拆模

混凝土强度达到设计强度的 40% 即可拆模，对蒸汽养护的构件应确保构件降温后才可拆模，防止温差过大，使梁体出现温差裂纹。

5.2.7 普通钢筋的制作与安装

钢筋的进场应分批验收及复检，每批（同品种、同等级、同炉号、同厂家生产的 60t 为一批），按规范要求进行检验，经检验合格后方可使用。钢筋应妥善地放置于钢筋堆放场内，保证不锈蚀，不腐蚀。对于不合格的产品立即清理出现场。钢筋堆放场地用 100mm 厚 C15 混凝土做地面；存放钢筋必须下面垫方木，上盖防雨布，钢筋必须挂牌，编号堆放。普通钢筋由专职作业组在工作棚内下料、制作，堆放时下垫枕木。按设计图纸及规范要求绑扎钢筋，安设预埋件。

桥梁板的钢筋绑扎工作应张拉完成 4h 进行，以策安全。钢筋绑扎须按图纸和规范要求进行，经检查合格后才进行模板安装。安装钢筋时需保护好钢绞线，焊接钢筋须在台座以外进行，严禁在台座上焊接或烧割钢筋，以免焊接钢筋时焊渣或焊枪烧伤钢绞线。

5.2.8 混凝土的浇筑及养护

1. 浇筑

先张法构件一般为高强度等级混凝土，因此在施工中应严格控制水灰比，保证混凝土坍落度符合设计要求，一般坍落度控制在 45mm 左右。为了增加混凝土和易性，减少混凝土单方用水量，并达到提高混凝土强度的目的，施工时宜掺加适量高效减水剂。减水剂应先溶于水，然后加入搅拌机与其他材料拌合均匀，原材料的计量要准确、搅拌时间应足够。

由于吊车梁高度比较大，所以混凝土浇筑时宜采用分层浇筑法，对于截面高度大的桥梁板，宜采用顶板、底板为分段浇筑，腹板为斜向水平分层浇筑。先从一端开始浇筑底板混凝土，浇筑完一段后将此段底模封闭，再开始浇筑腹板及顶板混凝土，当腹板混凝土的分层坡浇捣达上次浇筑的底板位置后，再向前浇筑底板混凝土；再浇筑腹板和顶板混凝土，以此类推直至浇筑完毕。底板混凝土分段长度由施工进度确定，一般要求间隔时间不大于混凝土初凝时间，杜绝在构件表面形成混凝土的冷缝。腹板采用斜向分段水平分层的厚度不大于300mm，斜向坡度不大于1:3。浇筑混凝土尽量在白天进行，顶板灌注完毕开始初凝时，用木抹子及时进行收面、撮毛，有利于封闭干缩裂纹。振捣采用附着式振捣器和插入式振捣器相结合的方式，腹板1/2以上及表面混凝土采用插入式振捣器振捣，腹板1/2以下由附着式振动器振动，使混凝土表面泛浆、无气泡为适度，保证振捣密实。

施工用混凝土为C40及C50混凝土，由混凝土运输车从附近的搅拌站运至现场。运输过程中需连续转动搅拌仓，保证混凝土的和易性。运至现场后，由龙门吊吊移入模。自由倾落高度不大于2m，确保不出现离析现象。

浇筑空心板时应注意预埋伸缩缝、防撞栏等的预埋钢筋及预埋泄水孔。施工时振捣混凝土采用交频插入式振捣棒，必须从两侧同时振捣以防止芯模左右移动，并避免因振捣棒接触芯模而出现穿孔漏气现象。顶板混凝土振实后，用木槎板找平，平整度控制在5mm以内，在初凝前用竹扫把顺横桥向进行拉毛处理。

为防止混凝土裂缝和边缘破损，空心板混凝土强度达到1.2MPa后方可拆模（拆模时间由试验结果确定）。拆模后立即对梁板进行编号，以便架梁时对号入座。拆模后及时将绞缝处混凝土表面凿毛。

混凝土养生采用自来水人工养生。高温季节，应覆盖梁体并增加养生次数和洒水量。养护时间不少于7d。

内模拆除后，按设计要求，对桥梁板端部梁洞用70mm厚C15混凝土板进行封端处理，封端一定要严密。浇筑封端混凝土之前对封端位置的混凝土表面凿毛，并冲洗干净。

2. 养护

对先张法构件的养护宜优先采用蒸汽养护。蒸养可提高混凝土的早期强度，加快承力台座的周转率。蒸汽养护的关键是必须控制好升温、降温速度，一般控制在每小时20～30℃之间，升温速度不宜过快，否则会引起混凝土构件表面裂纹产生。当采用普通硅酸盐水泥拌制混凝土时应采取低温养护，最高温度应控制在60～75℃之间，并适当延长养护时间。若无条件采用蒸养，应采取在构件表面覆盖薄膜、草袋，洒水养护，保持构件表面湿润。

5.2.9 移梁和存梁

所有桥梁板采用龙门吊吊装移到存梁场存放。

1. 吊梁

桥梁板在制梁台上利用板端的吊环进行起吊，穿钢丝绳时注意钢丝绳要顺直，排列整齐，不得出现挤压、弯死现象，以免钢丝绳受力不均而挤绳。起吊钢丝绳的保险系数应达到10倍并经常检查。

2. 存梁

按编号有序存放，以方便架梁时取梁。在梁的两头设置牢固的存放支座，使梁处在简支状态下保存，不得将梁直接放在地面上，以免因地面不平引起梁上部受拉而使梁顶部产生裂纹甚至断裂。做好存梁场的排水工作，防止地表水冲刷导致存梁场地面下沉。梁板存放最多只能叠放3层，存放时间不超过60d。

5.2.10 吊装

桥梁板安装采用平板车把梁运至施工现场，采用履带吊吊装。吊装场地需要提前整平、压实，保证吊装工作的顺利进行。

桥梁板运输通道采用红线内的辅道，运输之前需要对进场及运输道路进行平整处理，并回填碎石以防止运输时因道路颠簸造成梁体损伤。

桥梁板在吊装起吊时需加设扁担，保证吊环在垂直方向上受力。

在施工中采取先吊装每个桥位的中墩梁，再吊装边墩梁。在吊装梁时，应将履带吊的支撑点放置在4m×4m钢板或枕木上，以扩大支撑范围。预制场装梁后，由平板车运至桥位，吊车卸梁，由专人指挥架设至梁位。在起吊和安装时，必须随时保持梁体的横向稳定，架设后应及时加设横向临时支撑，并尽快浇筑绞缝。

5.2.11　注意事项

1. 预应力有效长度以板跨中心线对称布置，使板梁两端的失效长度相等。失效范围采用硬塑料管将钢绞线套裹并封堵两端，以保证预应力筋与混凝土不产生握裹作用。

2. 放张后注意观测板梁的反拱度发展速度与计算的差异，板梁的上缘、端部及其他部位是否有裂缝。如有产生立即分析原因，彻底解决后方可继续施工。

3. 钢绞线严禁油污污染，严禁在涂有机油、脱模剂的台座上拖拉，防止因油污污染而使有效预应力不足。

4. 放张时确保混凝土的强度不低于设计强度的 80%。

5. 钢绞线堆放场地必须用枕木支垫，其上覆盖帆布，以防锈蚀。

6. 钢绞线布设前必须要待台面除锈、刷脱模剂及脱模剂晾干后方可进行。

7. 预应力张拉过程中应对纵梁和横梁等变形情况进行观测。

6. 材料与设备

6.1　材料

采用本工法施工的先张法预应力构件，其预应力筋为钢绞线。

6.1.1　原材料的选用，必须符合《混凝土结构工程施工质量验收规范》GB 50204—2002 中的各项要求。

6.1.2　预应力筋所用的钢绞线，其性能应符合国家标准《预应力混凝土用钢绞线》GB/T 5224—2003 的规定。常用钢绞线规格为 $d=15.2\text{mm}$、$d=12.7\text{mm}$，强度等级为 1570MPa 和 1860MPa 的低松弛钢绞线。

6.1.3　锚具、连接器、螺母

张拉预应力钢绞线时采用单孔夹片式锚具，锚具宜选用Ⅰ类锚具，对锚夹具的检验应按国家标准《预应力筋用锚具、夹具和连接器》GB/T 14370—2000 和行业标准《预应力筋用锚具、夹具和连接器应用技术规程》JGJ 85—2002 的规定执行。如果使用数量少时，要求在购买前，必须让供货厂家提供国家颁发的生产许可资质证书和产品合格证，以确保锚具的使用安全性。

6.1.4　混凝土

构件混凝土强度一般设计采用 C40 及其以上的混凝土，混凝土的施工坍落度宜控制在 45mm 左右，水泥、砂、石必须具有出厂合格证，进场时严格按规范进行复试检验。混凝土配合比事先由试验室试配，确保满足施工要求，施工时应准确计量。

6.1.5　钢筋

必须有出厂合格证，经复试合格后方可使用。

6.2　机具

所用的主要机具设备如表 6.2 所示。

主要机具设备表

表 6.2

序　号	名　称	规　格	数　量	备　注
1	龙门吊	100kN	1 台	台座安装及构件施工
2	汽车吊	20T、50T	各一台	构件起吊
3	电焊机	BX—500—2	2 台	台座制作
4	锅炉	2T	1 套	蒸汽养护
5	混凝土搅拌机	JS500L	1 台	或采用商品混凝土
6	配料机	H12	1 台	自拌混凝土用
7	装载机	/	1 台	自拌混凝土用砂石喂料
8	张拉机	YD3000/500	2 台	钢绞线张拉
9	张拉机	YCK270	1 台	被动端初张拉
10	油泵		2 套	与 YD3000/500 千斤顶配套

续表

序　号	名　　称	规　格	数　量	备　　注
11	油泵		1套	与YCK270千斤顶配套
12	精轧螺纹钢拉杆	JL25	1套	
13	JL25螺母	JL25	1套	
14	活动横梁		1套	张拉端使用
15	连接器			钢绞线与精轧螺纹钢连接拉杆与拉杆连接
16	单孔锚	LM		被动端
17	砂轮切割机	M3030	1	钢绞线下料
18	钢筋切断机	GJ5—40	1	钢筋加工制作
19	钢筋弯曲机	WJ40—1	1	钢筋加工制作
20	钢筋调制机	/	1	钢筋加工制作
21	卷扬机	/	2	拉钢绞线
22	振捣器	插入式	4	振捣
23	振捣器	附着式	20	振捣
24	发电机	120kW	1	备用电源
25	钢板尺	1m	2	延伸记录
26	钢尺	30m	2	下料
27	砂箱	500mm	2	放张

7. 质 量 控 制

7.1　质量标准

7.1.1　检验标准及检验方法

1. 钢绞线必须符合国家标准《预应力混凝土用钢绞线》GB/T 5224—2003 的规定。

检验方法：检查出厂质量证明书和复试报告单。

2. 预应力筋使用的锚具必须符合国家标准《预应力筋用锚具、夹具和连接器》GB/T 14370—2000、行业标准《预应力筋用锚具、夹具和连接器应用技术规程》JGJ 85—2002 的有关规定。

检验方法：检查锚具出厂质量证明书、外观检查、硬度检查、静载试验、静载锚固性能检验报告。

3. 混凝土原材和混凝土强度必须符合设计要求和施工规范的规定。

检验方法：检查混凝土原材出厂合格证和复试报告，检查同条件和标准养护混凝土试块的强度试验报告及混凝土浇灌记录。

4. 钢筋的规格、形状、尺寸、数量、间距必须符合设计要求和施工规范的规定。

检验方法：现场抽检及检查施工记录。

5. 预应力筋锚固后实际预应力值与设计规定值的相对允许偏差为±5%。

检验方法：检查检测记录。

6. 预应力筋张拉时实际伸长值与计算伸长值相比允许偏差应控制在±6%之间。

检验方法：检查张拉记录。

7. 张拉过程中应避免预应力筋断裂或滑脱，当发生时，在构件浇筑混凝土之前发生断裂或滑脱的预应力筋必须予以更换。

检验方法：观察、检查张拉记录。

7.1.2　施工中应注意的问题

1. 梁体模板制作安装

模板板面要平整，其局部不平整度不大于2mm，接缝严密，确保模板不漏浆，外模与底模之间的接触面必须粘贴海绵条，并用对拉螺栓拉紧，严防漏浆，浇灌混凝土时要设专人监控模板，防止跑模和漏浆。及时清理模板，涂刷干净的隔离剂，保证构件外观颜色美观。

2. 混凝土灌筑

选定配合比前，对原材料进行抽检试验，符合规范要求后方可使用，配合比应进行多组试配比较，保证混凝土的强度、和易性和工作性。搅拌站如采用自动配料系统，确保配合比的计量准确，原材料的允许误差控制在以下范围：水泥±2％，粗细骨料±3％，水、外加剂±0.5％。

7.2 质量保证措施

7.2.1 建立可靠的质量保证体系，开展全面质量管理活动，各工序指派专人负责，做到技术质量人员跟班作业。

7.2.2 搞好"三检制"工作，严把工序质量关，按质量标准施工，不达标准坚决返工。

7.2.3 对进场的钢材、水泥、砂、石等原材料严格按规定程序进行二次检验，杜绝不合格的材料进场使用。

7.2.4 定期进行质量的检查和评定，及时予以纠正改进。

8. 安 全 措 施

8.1 为防止张拉时预应力筋发生跑筋和高压油管崩裂伤人现象，操作现场周围 10m 范围内不应有闲杂人员，操作人员应站在安全位置。

8.2 在张拉承台两端搭设防护挡板，操作人员站立其后。

8.3 张拉过程中，端横梁须设防护网，两端设专人警戒，同时操作人员不得正对丝杆。

8.4 张拉时，千斤顶与承力板垂直，高压油管不能出现死弯。张拉时应由专人统一指挥。

8.5 吊模、立模时，必须设专人指挥，龙门吊下严禁站人。

8.6 起梁时要有专人指挥，两端同步起吊，构件下严禁站人。

9. 环 保 措 施

9.1 养护用水集中排放，不污染环境。

9.2 钢筋加工采用钢筋加工防护棚，避免产生噪声，模板安装拆除严禁敲击产生噪声。

9.3 张拉机严禁油类泄露污染土地。

9.4 垃圾分类堆放，集中处理。

10. 效 益 分 析

10.1 本工法由于采用了精轧螺纹钢拉杆系统，其重复使用次数多，可大量节约钢绞线。

10.2 整体张拉放张系统保证了梁端质量，放张速度可控，降低了工人劳动强度，加快了施工速度，缩短了工期。

10.3 整体张拉放张使得每根钢绞线受力均匀，千斤顶和油泵使用频率下降，减少故障，延长寿命。而且该工艺经多次实践证明，工效高，业主和监理对施工工艺和构件质量都很满意，取得了良好的经济效益。

11. 应 用 实 例

使用本工法我单位完成了如下工程：

11.1 1996 年用本工法生产太旧高速公路 16m 先张桥梁板 80 片。

11.2 2001 年 6～7 月生产了太原东方铝业有限公司阳曲铝厂电解车间重级制吊车梁 366 根。

11.3 2004 年～2005 年应用本工法生产太原西外环高速公路 16m 先张法预应力桥板 200 片。

11.4 2009 年应用本工法生产太古高速公路 13m、20m 先张法预应力桥板 80 片。

11.5 2010 年应用本工法生产太原环城公路 10m 先张法预应力桥板 24 片。

高速铁路预应力混凝土连续箱梁多点顶推架设工法

YJGF12—94（2009～2010 年度升级版-051）

中铁十三局集团有限公司

李庆丰　肖新华　牛宏伟　黄海　张林

1. 前　　言

随着我国桥梁建设的发展，中等跨度预应力混凝土连续箱梁的顶推架设法以其施工安全、劳动强度小，能实行工厂化施工及施工环境好、造型美观等优点越来越受设计、施工单位的欢迎，已成为桥梁建设的一个重要发展方向。中铁十三局集团有限公司承担的石太铁路客运专线石咀大桥，左线 4×40m、右线 5×40m 预应力混凝土连续箱梁采用多点顶推法施工，对传统的顶推方法加以改进和提高，尤其在制梁台座做到进一步简化，在保证预制梁段的质量的前提下，有效地降低了施工成本。在施工设计上，吸纳以前工法采取的防开裂措施，有效地减轻了施工过程中防开裂措施工作量。在支反力测定、调整和支座安装工序，得到了进一步的简化等方面有了进一步创新，形成了分段制梁，分段张拉；多点顶推，集中控制隔墩布顶，同步运行；分墩起落，高差限定；实测梁重，全联调整的多点顶推架设工艺。经总结形成本工法。

这项技术于 2008 年 7 月 21 日通过中国铁建股份有限公司专家技术评审，评定该项技术达到国内领先水平，可推广应用。

2. 工 法 特 点

2.1　占地少，不需大量的支架，不需大型的运架设备和大吨位的反力设施，施工过程中不影响桥下通航和交通。

2.2　现场制梁，工厂化施工，质量容易控制，施工不受场地、地形和水流的影响。

2.3　顶推设备自动化程度高，循环周期短，施工进度快，梁体在顶推过程中运行平稳、安全可靠。

2.4　操作简便，便于掌握，一般工人经过短时间培训即可达到熟练程度。

2.5　防开裂措施可靠有效，能保证梁体在顶推过程中不出现开裂。

3. 适 用 范 围

3.1　适用于公路、铁路中等跨度的等高度预应力混凝土箱形连续梁。

3.2　适用于有水桥、跨谷桥、跨线桥及城市立交桥。当要求施工不影响桥下通航和交通时，本工法更能显出其优越性。

3.3　适用于工期紧张、场地狭小的桥梁施工。

4. 工 艺 原 理

沿桥轴纵轴方向的台后设置预制场，分阶段预制梁体，纵向预应力筋张拉、孔道压浆后，利用设置在部分墩顶上的水平千斤顶及其自动牵引装置牵引顶推传力索，通过主控台的集中控制，将制梁台座上制好的梁段，在滑道上一节一节地不断向前顶进，直至全联梁顶推到位（图 4-1），再起梁，拆除滑道，安装支座，落梁，调整支座反力，完成整联梁的架设。

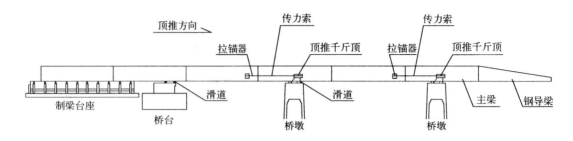

图 4-1　顶推原理图

箱梁在顶推过程中的受力情况如图 4-2 所示。

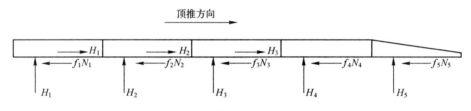

图 4-2　箱梁顶推受力图

梁体向前移动的条件见式（4），

$$\sum H_i > K \sum f_i N_i \pm G \cdot I \qquad (4)$$

式中　$\sum H_i$——各顶推千斤顶的总顶推力；

K——安全系数，一般取 $K=1.5$；

N_i——各支点的支反力；

f_i——各支点顶推静摩擦系数，一般取 $f_i=0.1$；

G——顶推箱梁总重；

I——顶推箱梁的纵向设计坡度，上坡取"＋"号，下坡取"－"号。

5. 施工工艺流程及操作要点

5.1　施工工艺流程
施工工艺流程见图 5.1。

5.2　关键技术

5.2.1　滑动系统
滑动系统是实现箱梁顺利顶推的关键，也是施工设计的重难点部分。滑动系统分为制梁台座滑动系统和墩台滑动系统。制梁台座滑动系统主要由滑板、滑块和盖板组成；墩台滑动系统主要由滑道、滑板、滑块和楔块组成。

1. 制梁台座滑动系统

为便于梁体预制和顶推，将制梁台座预制系统和顶推系统部分融合在一起，制梁台座采用连续滑道，在制梁台座连续滑道墙上满铺滑板、滑块、盖板，形成顶推滑道和部分底模的联合体。

1）滑板

滑板由 Q235 钢板通过沉头螺栓外包厚 2mm 的不锈钢板组成，滑板两端均设过渡坡段以防滑块移动受阻。顶推时在不锈钢板面上涂抹一层硅脂润滑，起到降低摩阻力的效果。滑板上下底面平整度必须控制在±1mm 内。滑板构造见图 5.2.1-1。

滑板按顺序直接铺装在制梁台座滑道墙顶，铺滑板时必须注意滑板端部 100mm 渐变段端放置在顶推方向后端，以利于滑块在滑板之间滑动。

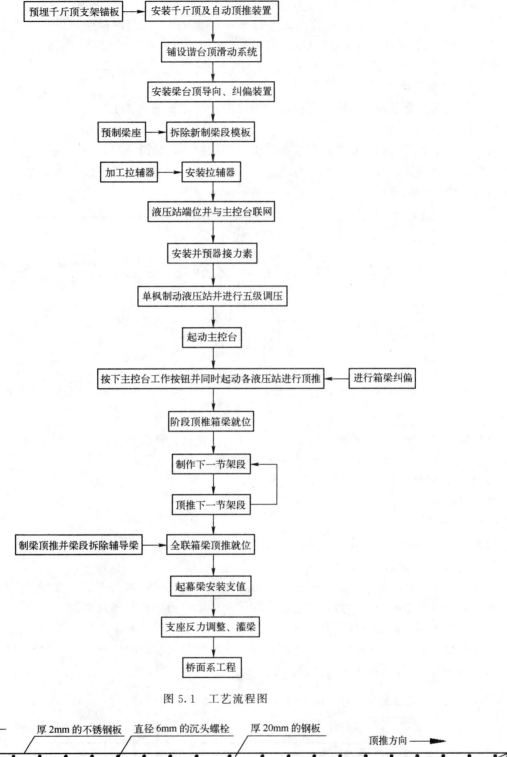

图 5.1 工艺流程图

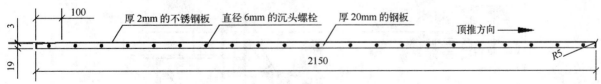

图 5.2.1-1 滑板构造图（单位：mm）

2）滑块

滑块采用钢板夹层热压橡胶与聚四氟乙烯板在工厂以特殊工艺压制而成，结构尺寸为 13mm×400mm×500mm，其抗压标准值不低于 30MPa，抗压设计值 10MPa。滑块按顺序满铺在滑板上，滑块方向必须是带坡口一侧和顶推方向一致，两滑块之间间距不得大于 10mm。

3）盖板

盖板由 Q235 钢板焊接而成，作为底模的一部分，为防止浇筑混凝土时漏浆，盖板上下板前后错位 10mm，与底模连接处错口 10mm，以子母口形式连接。盖板按照子母口衔接的顺序满铺在滑块上，且涂刷脱模剂，作为底模的一部分。

2. 墩台滑动系统

墩台滑动系统是预制箱梁沿桥跨前进的重要滑动系统见图 5.2.1-2。

1）滑道

为保证滑道的稳定和防止滑道钢盒在顶推过程中损坏，将滑道设计为马鞍形，紧夹支承垫石，中置支座，内布钢筋网片；滑道与支承垫石通过 3 根 φ20mm 的拉杆连接，在滑道钢盒混凝土与垫石、墩台顶接触面上铺设一层塑料薄膜隔离。滑道构造见图 5.2.1-3。

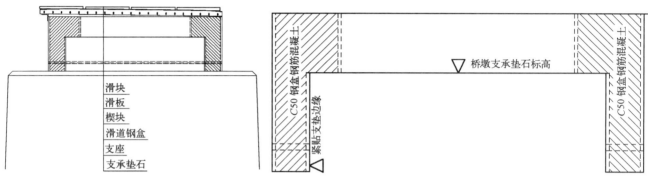

图 5.2.1-2　墩台滑动系统　　　　　图 5.2.1-3　滑道构造图（单位：mm）

2）楔块

考虑到该桥处于 6‰ 的下坡，故梁底位于 6‰ 斜坡上，墩台顶用调坡楔块来调整顶推时滑道坡度。楔块长 2000mm、宽 500mm、高 3～15mm，楔块置于滑道和支座上。

3）滑板、滑块

与制梁台座所用相同。

5.2.2　顶推系统

顶推设备包括：水平千斤顶及其配套的牵引装置、千斤顶支架、集中控制装置等。

1. 顶推千斤顶数量和布置

梁体每顶推 2m 计算一次墩台顶支座反力至全联顶推到位，取所有墩台支座反力和最大时的反力计算出连续梁顶推所需要的顶推力，并根据各墩的允许水平力和位移确定顶推千斤顶的数量和型号，将各千斤顶布置在各主桥墩上（以下简称布顶墩），每个布顶墩上、下游各设 1 台，安装在该墩墩顶的顶推千斤顶支架上。本工法采用 ZLD－100 型水平千斤顶及与其配套的自动夹索式顶推牵引装置。顶推系统侧面见图 5.2.2-1，顶推系统正面见图 5.2.2-2。

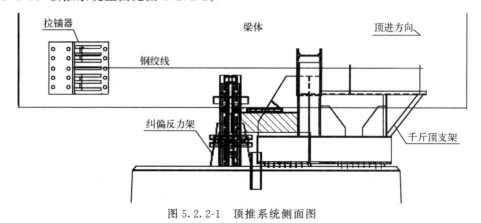

图 5.2.2-1　顶推系统侧面图

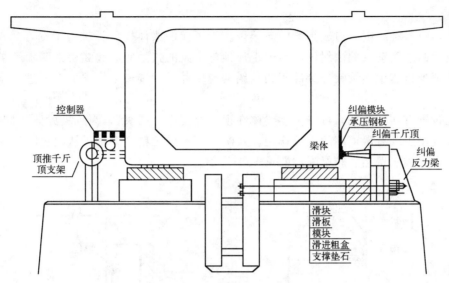

图 5.2.2-2 顶推系统正面图

2. 顶推千斤顶

根据所需总顶推力分别布置于布墩顶上下游各 1 台 ZLD—100 型连续千斤顶。

3. 多点顶推的集中控制与同步运行

每个布顶墩上设 1 台可分级调压的 HNW—1 型液压站，控制该墩顶上的上、下游 2 台水平千斤顶。其中一桥墩设 1 台 ZK—JsS—H 型主控台，与所有液压站联网，统一控制各

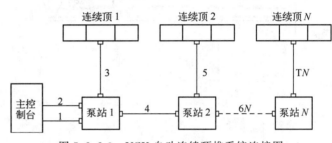

图 5.2.2-3 YCK 自动连续顶推系统连接图

液压站。各水平千斤顶通过液压站在主控台的控制下，同时启动，同时停止，达到同步，实现多点顶推的集中控制和同步运行。YCK 自动连续顶推系统连接见图 5.2.2-3。

4. 牵引钢束

顶推前，安装千斤顶液压和电气系统，然后调试，待千斤顶调试完成，随即穿钢绞线束，根据计算牵引钢束采用 8 根 7φ5 钢绞线，4 根左旋钢绞线，4 根右旋钢绞线，间隔布置，以防止千斤顶油缸发生旋转。然后预紧钢绞线使钢绞线受力均匀，钢绞线调整完毕后，首先采用手动顶推，观察梁体、导梁和滑道系统是否正常，如若一切正常即可自动顶推，如若不正常则分析原因，待问题解决才能继续顶推，当梁体距阶段顶推约 1m 左右就位时，采用手动顶推，以控制梁体的精确就位。

5. 拉锚器

拉锚器是箱梁传递顶推力的主要装置，主要由座板、承压板、支撑板、锚环、隔板 5 部分组成，拉锚器对称等高度布置在箱梁两侧，这种拖拉腹板的方法俗称"拉耳朵"。

拉锚器由钢板焊接而成，结构如图 5.2.2-4 所示。

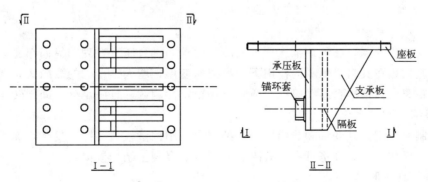

图 5.2.2-4 拉锚器

6. 纠偏装置

顶推过程中，由多种原因可造成箱梁横向偏位。为了保证梁体按设计轴线滑动，采用 32t 螺旋千斤顶于主梁纵向前后两端主动纠偏法纠偏，纠偏千斤顶与主梁的接触面放置 2 块聚四氟乙烯滑块和 1 块承压钢板，在梁体顶推过程中连续喂送涂硅脂的送纠偏滑块并手动调整千斤顶加力杆进行动态纠偏。纠偏示意见图 5.2.2-5。

由于墩台均设置有纠偏支架，可以控制梁体在顶推过程中"摇头"，为解决梁体"摆尾"，设计了箱梁限位器，充分利用了既有滑道墙的限位作用，且满足顶推施工精度要求。从而也减少了梁体横向纠偏设备的设置，减少了施工费用。箱梁限位器见图 5.2.2-6。

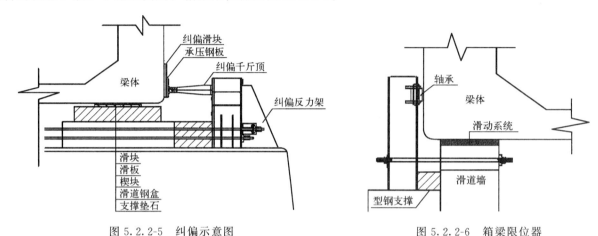

图 5.2.2-5　纠偏示意图　　　　　　　　图 5.2.2-6　箱梁限位器

7. 导梁

为改善箱梁在顶推施工中受力状态及增大顶推跨度，在箱梁前端安装 27m 长钢导梁，相当于 0.7L（L 为桥跨度）。钢导梁采用变截面工字形实腹钢板梁，两片主梁中心距为 3.2m，主梁与箱梁腹板对齐，主梁前端高 3.0m，后端高 0.68m，总重约 41.2t。为运输吊装方便，将导梁分为 2 片主梁，每片主梁分为 4 段，工地采用精制螺栓连接，由于导梁下翼缘需在滑道上行走，故其连接采用沉头精制螺栓。为增强导梁横向刚度及抗扭性能，两片主梁间上下设置平纵联，竖向设置横联，为增大主梁连接处的刚度将主梁上翼缘的连接板设置于上翼缘上方。由于导梁前端较矮，为减少顶推时前端重量，导梁前端仅设下平联。导梁前端设置 0.9m 长的圆弧引导段，做成"象鼻嘴"形式，"象鼻嘴"与主梁采用对焊连接。

钢导梁按设计图在工厂制造、预拼后，运到工地安装。导梁在箱梁端跨节段灌注前就位，两者之间用精扎螺纹钢连接，以减少箱梁端跨在顶推悬臂时的梁体内力。导梁见图 5.2.2-7。

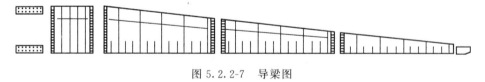

图 5.2.2-7　导梁图

5.2.3　预制系统

1. 制梁台座

顶推箱梁采用逐段预制，逐段顶推。顶推法施工要求制梁台座有合理的纵向布置，目的是为了防止在梁体顶推出台座后，在其自身恒载的作用下产生挠曲变形，增大顶推时的摩阻力，同时，制梁台座前缘与台后的最小距离受顶推出台座梁段抗倾覆安全和稳定性制约，且满足梁段间无转角要求的控制。

1）制梁台座结构形式比选

由于钢结构制梁台座弹性变形和非弹性变形都较大，用钢量较大和操作复杂，而钢筋混凝土结构制梁台座结构简单，操作易行，经济可靠。故决定采用钢筋混凝土结构制梁台座。

2）制梁台座的具体形式

制梁台座采用钢筋混凝土框架结构，制梁台座由扩大基础、连续滑道墙、底模支柱、侧模支柱及相关预埋钢板组成。制梁台座剖面见图 5.2.3-1，制梁台座纵断面见图 5.2.3-2。

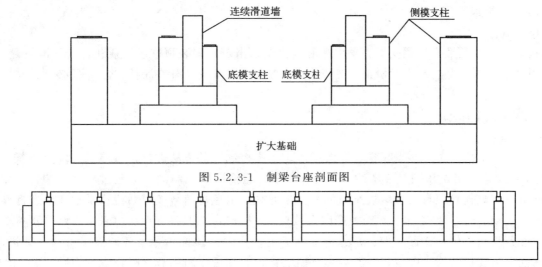

图 5.2.3-1　制梁台座剖面图

图 5.2.3-2　制梁台座纵断面图

2. 模板系统

为满足箱梁施工质量的要求，外模着重考虑模板表面平整度和整体刚度，并利于装模和脱模。箱梁侧模采用推拉式，底模采用升降式，内模采用组合式。钢筋采用箱外绑扎，然后整体吊装入模。实行梁体顶推、钢筋绑扎、内模组拼同步进行。模板总图见图 5.2.3-3。

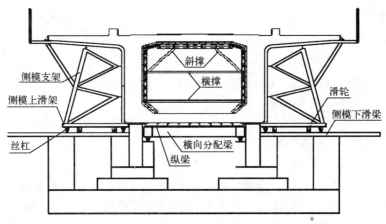

图 5.2.3-3　模板总图

5.3　施工过程

5.3.1　预制箱梁

1. 组装钢导梁并吊装就位固定。

2. 侧模、底模安装就位，并调整其他紧固件，检查整体模板的长、宽、高尺寸及平整度等，并做好记录。不符合规定者，及时调整。侧模与底模接缝密贴且不漏浆。

3. 梁段钢筋分底腹板 U 形骨架和顶板钢筋网片两部分，分别在特设的钢筋绑扎台座上绑扎成形，通过龙门吊吊装入模。

4. 内模在制梁台座下预先拼好，并涂刷脱模剂，使用时，内模均通过龙门吊吊装就位。

5. 梁段混凝土按照先底板、再腹板、后顶板的顺序分层灌注，采用"慢速强振"灌注工艺灌注底、腹板混凝土、"快速强振"工艺灌注顶板混凝土。底、腹板混凝土均通过特制的小串筒入模，其中底板小串筒采取在顶板开天窗的办法，伸入箱内。

6. 梁体采用蒸汽养护。当混凝土强度达到 60% 以后关闭蒸汽，拆除内模，待混凝土强度达到 80%，弹性模量达到 100% 以后进行张拉。

7. 张拉时，根据设计要求进行单端或两端同时左右对称张拉，夏季张拉体外明筋时，需搭设遮阳蓬全程覆盖，且采取有效的防绷措施进行张拉。

5.3.2 顶推施工前准备

1. 设置观测站。

2. 在墩顶设置顶推千斤顶支架、导向架和铺设墩顶滑道，安装顶推千斤顶和自动顶推装置。

3. 顶推前，在各墩台和临时滑道墙处准备 1～2 块备用滑块，滑块涂抹硅脂，且必须保持滑块四氟板面干净。

4. 调试顶推千斤顶。

5.3.3 顶推施工

我们在施工中采用了"多点顶推，分级调压，集中控制"的方法进行顶推施工。多点顶推，共设置 6 台水平千斤顶；分级调压则是液压站上安装有 3 个电磁换向阀控制油压不超过容许范围；集中控制是通过顶推指挥室电气总控台与各墩液压站的分控制并联，由色灯信号或对话机联系指挥来进行操作。

顶推前起动静阻系数按 10%，动力摩阻系数按 5% 根据每工况各支点反力来预计水平顶推的出力吨位。各墩准备就绪将信号送回主控台，总指挥通过主控台发出顶推指令，各墩连续千斤顶即同时工作，然后根据推力需要加大施力吨位，直到梁体开始前移，起动后摩阻系数下降，摩擦力减小，此时适当降低各墩千斤顶的出力等级来适应摩擦力的变化，使梁体平衡地向前推进，实现各墩同步顶推。每节段开始顶推时，先推进 5cm，立即停止，回油，再推进 5cm，再停止，回油，为此反复两三次，以松动各滑动面并检查各部分设施，然后正式顶推。

顶推时，派专人进行顶推过程观察，如果导梁杆件有变形、螺丝松动，导梁与箱梁联结处有变形或混凝土开裂等情况发生时，应立即停止顶推，进行处理。

5.3.4 顶推施工观测

1. 观测梁体和钢导梁轴线偏位和挠度。

2. 制梁台座、墩台受垂直荷载和水平推力所产生的变位、沉降量。

3. 桥梁顶推过程中和营运阶段，主梁最不利截面的变形及应力。

4. 梁体与导梁的连接部位是否异常。

5. 梁体在顶推过程中，四氟滑板与不锈钢滑道的启动静摩擦系数和动摩擦系数变化的观测，滑板与滑道间添加润滑剂时两种摩擦系数的观测。

5.3.5 箱梁起落和支反力调整

起落梁采取分墩起落、高差限位、实测梁重、全联调整的方法。起顶设备采用 YCW400－B 型千斤顶。为降低造价，确保安全并考虑运输和安装方便，采用钢管混凝土块作安全支撑。拆除顶推滑道、调整正式支座精确就位后，利用设在各布顶墩上的起落千斤顶将箱梁顶起（各墩起顶高度相同），则箱梁的全部重量由千斤顶支承。根据各千斤顶的油压值，计算出各千斤顶的起顶力，即可得到各墩的实测支反力 R_i，然后计算出梁的重量 $G = \sum R_i$，再根据计算梁重 G、设计支反力 R_i、实测梁重 G，计算出各支点的理想支反力（即在实测梁重情况下各支点应该承受的支反力）R_i'，$R_i' = R_i G'/G$。由实测支反力 R_i 与理想支反力 R_i' 比较，找出支反力偏小的支点，然后采取在这些支点的支座下面加垫钢板的方法，调整支座标高，从而调整其支反力。

由于调整部分支座的标高后，所有支点的反力值都将产生变化，所以，经过一次调整不一定能达到目的，需要重复进行多次的实测和调整，直到各支点反力均达到或接近理想支反力为止。

5.4 注意事项

5.4.1 安装导向纠偏装置、拉锚器和顶推传力拉索，使每根钢绞线松紧一致。

5.4.2 检查滑道标高，检查新制梁段与模板及制梁台座的连接是否已全部解除。

5.4.3 工作人员各就各位，准备好顶推所用的滑块、硅脂和纠偏千斤顶。各液压站司机起动液压站，检查设备运行情况，对液压站按设计要求进行五级调压，然后通知主控台该机准备就绪。

5.4.4 按下主控台顶推按钮，各液压站同时起动，各液压站按五级调压的最低一级向千斤顶供油，做法是：按从小到大的顺序依次按下主控台控制各液压站等级的按纽，各液压站向各千斤顶的供油压力逐级增大，最后达到设计值。此时，各千斤顶推力也达到设计值，梁体开始向前移动。

5.4.5 在梁体前进的同时，各墩顶喂接滑块人员不断地将滑块从滑道后端喂入，并将随梁体前移从滑道前端滑出的滑块接住备用。

5.4.6 在顶推的过程中，不断观测梁体的中线，如偏差大于2cm，应进行纠偏。

5.4.7 做好顶推记录和应力监测，每顶推4m测试一次梁段内力，发现异常，及时处理。

5.4.8 阶段顶推结束后，将箱梁纵、横向准确对位，准备灌注下一节梁段。

5.4.9 全联梁顶推就位时，逐节拆除钢导梁，然后将箱梁纵、横向准确就位。

5.4.10 张拉后期预应力束，拆除顶推临时束，起顶箱梁，拆除顶推滑道，调整正式支座精确就位，然后落梁，调整支反力，复核梁底标高，锁定支座。整联梁顶推完毕。

6. 材料与设备

6.1 本工法所用的主要周转材料见表6.1。

主要施工周转材料表 表6.1

名　　称	规　　格	计量单位	数　量	备　　注
滑板	2150mm×400mm×22mm	块	34	20mm钢板包2mm厚不锈钢板
滑板	2150mm×400mm×32mm	块	16	30mm钢板包2mm厚不锈钢板
滑块	500mm×400mm×13mm	块	220	热压橡胶及聚四氟乙烯板
楔形板	2000mm×400mm×（3，15）mm	块	10	墩顶滑道调坡度钢板
楔形板	平面同支座，立面同顶推坡度	块	22	支座预埋钢板底调水平钢板
钢盖板	1075mm×400mm×10mm	块	40	钢板
滑道钢盒	2000mm×800mm×625mm	个	10	每墩2个
纠偏支架		个	14	每墩2个
钢管	φ40mm	m	800	钢筋绑扎胎具用及蒸养管道
角钢	L50×50×5	m	500	内模支架
角钢	L75×75×8	m	660	外侧模
工字钢	I12a	m	200	内模支撑及纠偏架
工字钢	I32a	m	70	底模
钢板	30mm	m²	22	拉锚器
钢板	δ=8mm	m²	280	底模及侧模
钢绞线	7φ5	t	2.6	牵引钢索
帆布		m²	300	保温棚
木板	δ=40mm	m²	360	内模

6.2 本工法所用的主要机械设备见表6.2。

主要机具设备配置表 表6.2

工　序	名　称	规格、型号	单位	数量	备　注
制梁	门式起重机	20t/16.5m	台	2	自制
	混凝土拌合机	HZS120	台	2	
	混凝土输送泵	HBT60C-1816Ⅲ	台	1	备用一台
	混凝土运输车	8m³	台	4	
	悬架式整平机	GTZ	台	1	
	钢筋加工机具		套	1	
	插入式振捣棒	30/50	台	7/16	
	附着式震动器	1.5kW	台	30	
	布料机	HGY-18	台	1	手动
	发电机	V-220GF	台	1	备用
	汽车吊	25t		1	
	螺旋千斤顶	LQ30	台	20	底模
	锅炉	2t	台	1	蒸汽养护

工序	名称	规格、型号	单位	数量	备注
张拉	张拉千斤顶	YCW400B	台	4	张拉
	张拉千斤顶	YCW250B	台	4	张拉
	拆除千斤顶	YCQ24	台	2	放张
	张拉油泵	ZB4－500	台	4	
压浆	灰浆搅拌机	JW－180	台	1	
	真空泵	SZ－2	台	1	
	混凝土灌浆泵	UBL3A	台	1	
顶推	主控台		台	1	
	液压站		台	3	每墩一台
	千斤顶	YCK－200	台	6	每墩2台
	千斤顶	QL32	台	6	纠偏，每墩2台
起落梁	千斤顶	YCW400B	台	12	每墩3台
	千斤顶	YCW250B	台	4	每桥台2台
	电动油泵	ZB4－500	台	10～14	每墩2～3台
	节流阀	50MPa	个	20	每墩2～4个
	压力表	50MPa，0.4级	块	14	每墩2～3块
	百分表	GB1219－85	块	12	每墩2块
	无线对讲机		部	7	每墩一部、指挥一部
	传感器	ZC50000	台	1	标定千斤顶用
	活塞压力计		台	1	检校油表用

本工法采用的 YCK－100 型连续千斤顶由 2 台行程为 200mm 穿心式千斤顶串联而成，前后顶均设有自动工具锚及行程开关，并设有双油路的自动连续顶推油泵。

传力拉索采用 8 束 7φ5 钢绞线。随着千斤顶活塞杆的顶出和回程，顶推锁定锚具和回程锁定锚具对传力拉索交替锁定和松脱，锚具的退锚等均由设备自动实现，自动化程度高。回程时，拉索仍处于紧张状态，千斤顶行程损失小。使用这套装置，施工进度快，梁体运行平稳，安全可靠。

7. 质量控制

7.1 质量标准

根据《客运专线铁路桥涵工程施工质量验收暂行标准》（铁建设［2005］160 号）、《铁路混凝土工程施工质量验收补充标准》（铁建设［2005］160 号）及其他有关规定，制订质量标准如下：

7.1.1 混凝土原材料的检验符合铁道部现行《铁路混凝土工程施工质量验收补充标准》（铁建设［2005］160 号）第 6.2.1－6.2.7 条。混凝土配合比设计检验符合铁道部现行《铁路混凝土工程施工质量验收补充标准》（铁建设［2005］160 号）第 6.3.1－6.3.4 条和第 6.4.1－6.4.15 条。预制梁段浇筑成形后允许偏差和检验方法见表 7.1.1。

预制梁段浇筑成型后允许偏差和检验方法表　　　　　　　　　　表 7.1.1

序　号	项　目	允许偏差（mm）	检验方法
1	梁段长	±5	
2	梁高	+5，0	
3	梁体宽	+15，0	
4	顶板厚	+10，0	
5	腹板厚	+10，0	尺量
6	底板厚	+10，0	
7	腹板间距	±10	
8	孔道位置	2	
9	梁段纵向中线相对旁弯最大偏离值	5	
10	垂直度	每米不大于 3	吊线尺量不少于 5 处
11	平整度	每米不大于 3	1m 靠尺测量不少于 5 处

7.1.2 顶推架设

顶推过程中墩、台纵向位移不得大于设计要求。顶升桥梁的起顶反力值不得大于计算反力值的 1.1 倍，顶升高度不得大于设计允许值，设计无要求时不得大于 5mm。顶推法架设预应力混凝土连续梁允许偏差和检验方法见表 7.1.2。

顶推法架设预应力混凝土连续梁允许偏差和检验方法表　　　　　　　　表 7.1.2

序　号	项　　　目		允许偏差（mm）	检　验　方　法
1	桥梁中线		2	测量
2	导梁中线		2	
3	相邻两跨支承点同侧滑移装置纵向顶面高程		±1	
4	同一支承点滑移装置横向顶面高程		±1	
5	制梁台座或拼装线（包括滑移装置）和底模高程		±1	
6	导梁底面纵向高程		±2	
7	导梁底面横向高差		±1	
8	顶推梁端面垂直度		梁高的 1/1000	
9	桥梁底面平整度		2	1m 靠尺检查不少于 5 处
10	桥梁底面高程		±2	测量
11	梁全长		±30	尺量检查中心及两侧
12	边孔梁长		±20	
13	各变高度梁段长度及位置		±10	
14	边孔跨度		±20	尺量检查支座中心对中心
15	梁底宽度		+10，−5	尺量检查每孔 1/4 截面、跨中及 3/4 截面
16	桥面中心位置		10	由梁体中心拉线检查 1/4 截面、跨中和 3/4 截面及最大偏差处
17	梁高		+15，−5	尺量检查梁端、跨中及梁体变截面处
18	挡碴墙厚度		+10，−5	尺量检查不少于 5 处
19	表面垂直度		每米不大于 3	吊线尺量检查梁两端
20	梁上拱度与设计偏差		±10	测量检查跨中
21	底板厚度		+10，0	测量检查跨中及梁端
22	腹板厚度		+10，0	
23	顶板厚度		+10，−5	
24	桥面高程		±20	
25	桥面宽度		±10	
26	平整度		每米不大于 5	测量检查每 10m 一处
27	腹板间距		±10	测量检查跨中及梁端
28	支座板	四角高度差	1	水平尺靠量检查四角
29		螺栓中心位置	2	尺量检查（包括对角线）
30		平整度	2	尺量

7.1.3 预应力

1. 预应力束张拉实行张拉力和伸长值双控，实际伸长值同理论伸长值比较，误差不得超过 ±6%。

2. 张拉时，预应力筋两端回缩量之和不得大于 8mm，滑丝断丝总数不得超过梁段钢丝总数的 5‰，且一束内断丝不得超过 1 丝。

3. 在灌注梁段混凝土的过程中，可在波纹管内插入直径相当的胶管防止波纹管漏浆、上浮等现象发生，以保证预应力管道质量。

7.2 质量控制措施

7.2.1 建立可靠的质量保证体系；开展全面质量管理活动，各工序指派专人负责，技术人员跟班作业。

7.2.2 搞好"三检"工作，严格按照质量标准施工，达不到标准，坚决返工。

7.2.3 顶推精度的控制

1. 箱梁中线的控制。在每段梁的顶板上作 3 个中线标记点，顶推时，观测塔上架设全站仪对梁体中线进行观测，当出现较大偏斜时，进行纠偏。阶段顶推箱梁差 2m 就要就位时，开始不间断地观测和精确地纠偏，使箱梁首尾中线偏差控制在 4mm 范围内。最后就位时箱梁首尾中线偏差控制在 2mm 之内。

每次顶推结束时，画出箱梁的中线状态图，将箱梁的实际中线与箱梁的设计中线相比较，分析箱梁中线的偏差情况，确定下一步施工箱梁中线的控制方案，使箱梁的实际中线绕设计中线左右摆动，避免出现大弧形，以免影响顶推施工的正常进行。

2. 箱梁截面位置的控制。阶段顶推就位前，在箱梁的顶板及模板上作明显标记，并设专人观察，控制箱梁纵向准确就位。每制一段梁，测量一次梁长和跨度，必要时进行调整，以保证箱梁截面位置正确和梁底支座预埋件位置正确。

3. 防开裂措施

针对铁路客运专线不允许梁体带裂缝工作的高标准，为防止梁体在顶推过程中发生开裂，采取了如下措施：

1）提高滑道的制作精度，严格控制滑道标高，每次顶推施工前，均检查各墩顶滑道标高。如有沉降则在滑道顶面采用自流平砂浆找平，以便随时调整滑道标高。

2）在箱梁前端设置重量轻、刚度大的板式钢导梁，用无粘结预应力筋加强钢导梁与箱梁的连接，改善箱梁前部的受力状态。在部分梁段（拉应力控制截面）也加设无粘结预应力筋并埋设应力应变计，进行应力、应变监测。

3）严格按铁路客运专线桥梁采用耐久性混凝土标准控制梁段施工质量，确保混凝土的各项指标（特别是强度和弹性模量）和施工质量。

4）提高模板制作精度，提高梁底平整度。新制梁段顶离制梁台座后，设专人负责箱梁底板的修整、打平。

8. 安 全 措 施

8.1 保证安全的组织措施

成立"安全生产管理小组"，负责施工过程中的安全检查，并成立安全管理组织机构。

成立"安全领导管理小组"，设安全环保部，配备专职安检人员，施工队设专职安全员，班组设兼职安全员，施工现场设流动安全员，全员参与安全管理。

8.2 保证安全的管理措施

严格遵守国家有关安全生产的法律法规和《铁路工程施工安全技术规程》TB 10401.1—2003 等有关安全生产的规定，认真执行工程承包合同中的有关安全要求。工程施工过程中严格贯彻执行《中华人民共和国安全生产法》、《建设工程安全管理条例》，建立健全各级安全管理制度，包括"安全生产责任制度"、"安全教育培训制度"、"安全技术制度"、"施工方案逐级审批制度"、"安全协议制度"和"干部包保责任制"等。做到以制度强化施工安全管理，以措施保障施工安全。

8.3 保证安全的制度措施

8.3.1 重点工程、危险性较大工程的安全技术方案申请制度。

8.3.2 安全教育培训制度。

8.3.3 安全生产责任制度。

8.3.4 安全奖罚制度。

8.3.5 炸药库设置及危险品管理办法。

8.3.6 施工用电管理制度。

8.3.7 各种机械的操作、运行规则及安全作业制度。

8.3.8 工区防洪、防火、防风措施。

8.3.9 安全生产劳动保护措施。

8.3.10 安全事故申报制度。

8.3.11 高空作业安全防护措施。

8.3.12 突发事故应急救援预案。

8.4 保证安全的技术措施

8.4.1 桩基施工时孔口设置明显的警示标志，且设置防护栏杆。

8.4.2 起重机行驶道路必须坚实可靠，如在基坑边作业必须对基坑稳定性进行检算，严禁超载吊装。施工前对吊装用机械设备、吊具等进行检查，凡不符合安全规定的，则禁止使用。

8.4.3 墩身施工平台实行全封闭安全防护措施，平台顶四周的栏杆高度不小于 1.2m，栏杆间用多道钢筋连起。栏杆及整个平台吊架外侧满挂密目安全网。

8.4.4 张拉作业前，高压油管必须进行耐压试验。

8.4.5 张拉时发现张拉设备运转声音异常，必须及时停机检查维修。待故障解除后方可继续张拉作业。

8.4.6 要控制好底、腹板混凝土灌注的间隔时间，以防底板盖板上浮、爆模或前后灌注的混凝土接触面有明显的痕迹。

8.4.7 顶推过程中，注意观测导梁和临时支墩的变形、变位情况，发现异常及时加固。

8.4.8 起落梁时，要注意箱梁变形的"滞后"现象，绝不可操之过急。

8.4.9 在制梁台座前 30m 的范围内设安全网，在各墩顶设栏杆。

8.4.10 配齐安全防护用品，高空作业人员要系好安全带，夜晚灯光暗淡处不得进行高空作业。

8.4.11 施工现场设专人站岗，严禁非施工人员入内。

8.4.12 工地 24h 设安全员，负责检查、督促工人按安全规则施工，严禁违章作业。

9. 环 保 措 施

施工中的环境保护和水土保持工作至关重要，我单位施工时严格按照《中华人民共和国环境保护法》和《中华人民共和国水土保持法》的要求，积极维护当地自然环境居民清洁适宜的生活、劳动环境，最大限度地减少施工对自然生态的破坏，保护环境，防止水土流失，争创文明施工标准化工地。

9.1 制定严格的奖惩条例，各级管理人员和施工作业人员责任明确，奖罚分明，使加强环境保护的有关措施得到有效的实施。

9.2 认真学习环境保护法，执行当地环保部门的有关规定，并接受业主和环保部门的监督指导。

9.3 所有临时房屋统一规划，保持与自然景观的协调，施工场地上的材料与机械按规划摆放和停放。

9.4 在生活区和现场认真进行绿化，在道路两旁，闲散的边角地处，全部植草种树。利用施工空闲时间，在施工区附近进行义务种树。

9.5 施工场地和运输道路要经常用洒水车进行洒水，防止扬尘。

9.6 靠近居民区及其他敏感单位施工时，要合理安排施工工序及作业时间，采取相应措施，最大限度降低和消除噪声污染。

9.7 采取"永临结合"的原则，修建好施工中的各项排水设施，防止水土流失。

9.8 材料堆放场所：设备机具整洁；材料分类摆放；危险品按安全要求存放并有专人管理登记。

9.9 对使用的工程机械和运输车辆安装消声器并加强维修保养，降低噪声。夜间施工避免安排噪声很大的机械，以免影响附近居民的休息。

9.10 施工现场的生活垃圾和工程废弃物应集中堆放，结合环保部门的意见及建议进行处理。

9.11 现场用油料使用临时小型贮藏罐，不使用不合格油罐，以免发生污染。

9.12 施工机械防止严重漏油，禁止机械在运转中产生的油污水未经处理就直接排放，或维修施工机械时油污水直接排放。

9.13 施工中积极加强宣传教育，通过挂警示牌、标志牌、贴宣传标语等方式提高全体员工对水土保持重要性的认识。

9.14 工程完工后，按环保要求对所有生活区、生产区临时设施所占用地进行恢复。

10. 效 益 分 析

10.1 经济效益

10.1.1 采用本工法施工较其他传统支架现浇和预制架设等施工方便快捷，且占地少，不需大量的支架，不需大型的运架设备和大吨位的反力设施，施工过程中不影响桥下通航和交通。既保证了工期又节省了大型设备和周转材料资金投入 75 万元。

10.1.2 由于该桥跨越一条省道，昼夜车流量均较大；同时跨越一条深沟，旱季沟内无水。采用本工法施工较其他传统施工方法节省了大量的防护材料费用和安装费用 20 多万元。

10.1.3 本工法顶推设备自动化程度高，循环周期短，施工进度快，缩短了工期，减少了工程管理费用，部分设备还可用于其他工点使用。

10.1.4 施工进度快。以石太铁路客运专线石咀大桥为例，平均每段梁循环周期为 10d，并创造了连续 5 段梁平均循环周期为 8d 及单段循环周期为 6d 的好成绩。仅用 7 个月的时间就完成了 1 联 5×40m 及 1 联 4×40m 连续箱梁的顶推架设。另外，用顶推法架梁，在合理安排下部主体工程施工后，顶推施工可与墩台施工同时进行，从而缩短了整个大桥的施工工期。

10.2 技术经济分析

通过对防开裂措施的优化，采用本工法施工打破了顶推桥施工"十顶九裂"的说法，通过对制梁台座和纠偏系统的改进，全桥施工精度满足规范标准要求，很好地保证了梁体施工的质量；与客运专线大吨位箱梁的制运架和移动模架施工相较大大降低了安全风险，减少了施工中存在的安全隐患，实现了安全生产零事故的目标。

10.3 社会效益

该桥的施工填补了铁路客运专线桥梁顶推施工的空白，为今后客运专线类似工程的施工提供了可参考依据，具有较高的推广应用价值。顶推施工工艺赢得了山西省有关部门领导和业主、监理单位的一致好评；在施工过程中中央电视台、人民铁道报、山西电视台等多家媒体对石太客专石咀大桥梁部工程采用的顶推架设工法进行了报道，取得了广泛良好的社会效益。

10.4 环境效益

由于该桥跨越一条省道，昼夜车流量均较大；同时跨越一条深沟，旱季沟内无水。采用顶推法施工无需大量的临时支撑和临时征地，对桥下公路未造成破坏与占用，对深沟沟底未进行开挖或填筑，保持了原地貌。梁段预制在台后路基所建预制场生产，故无需临时征地，减少了对耕地的破坏与恢复。

11. 应 用 实 例

11.1 应用实例 1

石太铁路客运专线石咀大桥，左线 4×40m、右线 5×40m 预应力混凝土连续箱梁，为全线唯一一座采用顶推法施工的桥梁。该桥也是目前我国铁路客运专线采用顶推法施工的第一座桥梁，同以往施工的同类型桥梁相比也是单位梁长最重（188kN/m）、单联顶推重量最大（37845kN）的连续梁桥。根据现场的实际情况，应用本工法，制订了分段制梁，分段张拉；多点顶推的施工方案，将左、右线二联箱梁分成 9 个和 11 个节段，现场制梁、多点顶推。在工期紧、任务重的情况下，合理组织、精心施工，箱梁顶推施工于 2007 年 10 月开工，2008 年 7 月结束（冬休 3 个月），经过 7 个月的艰苦奋战，保质保量按期地完成了两联箱梁的顶推架设，受到甲方和地方政府的好评，创造了显著的经济效益和社会效益。

该桥的顺利建成，创造了我国铁路客运专线桥梁顶推架设的新纪录，同时也表明，本工法在技术上已达到国内领先水平。

11.2 应用实例 2

宝中铁路中卫黄河特大桥，主跨为 2 联 7×48m 预应力混凝土连续箱梁，设计要求用顶推法施工。该桥是我国目前用顶推法施工的铁路桥梁中跨度最大、孔联最长、单联顶推重量最大的连续梁桥。

铁道部第十三工程局，应用本工法，根据现场的实际情况，制订了双向对顶、中间合拢的施工方案，将每联梁分成 22 个节段，现场制梁、多点顶推。在工期紧、任务重的情况下，合理组织、精心施工，经过 8 个月零 11 天的艰苦奋战，保质保量地完成了两联箱梁的顶推架设，工期比预计提前 47d，保证了宝中铁路北段提前铺轨，受到甲方和地方政府的好评，创造了显著的经济效益和社会效益。

该桥的顺利建成，创造了我国铁路桥梁顶推架设的新纪录，填补了我国铁路桥梁建设史上的一项空白，同时也表明，本工法在技术上已达到国内领先水平。形成工法《48m 铁路预应力混凝土连续箱梁多点顶推架设工法》获 1993－1994 年度国家级工法（YJGF12－94）。

大跨度刚构—连续组合弯梁桥施工工法

YJGF20—2002（2009～2010 年度升级版－052）

中铁十一局集团有限公司

余先江　何志勇　游国平

1. 前　言

长联大跨度的刚构—连续组合梁桥采用"弯梁"形式布置（曲线梁），不但具有刚构—连续组合梁桥的优点，而且充分体现曲线梁在桥梁设计和选线上的灵活性，能更好地适应道路线形。中铁十一局集团有限公司于1998年承建的宣大高速公路党家沟大桥成功地完成了这一课题，并取得了成果，2000年通过铁道部科技成果鉴定，鉴定结果达到国内领先水平，先后获中铁十一局科技进步特等奖、中国铁道建筑总公司科技进步一等奖、河北省科技进步三等奖，并在京张高速祁家庄大桥上推广应用，2001年总结两桥施工经验总结形成工法，2003年获国家级工法。

长联大跨度刚构—连续组合弯梁施工技术目前仍是曲线桥中的代表结构形式，具有先进性，后又在西汉高速公路金水河特大桥、岳潜高速公路严家1号特大桥、温福客运专线铁路鳌江特大桥等曲线桥上推广运用，技术更加成熟，经过对工艺的不断提炼总结形成本工法。

2. 工 法 特 点

2.1　合理布设控制网以精确计算和严格控制线形，确保长联大跨度的刚构—连续组合弯梁悬臂灌注施工线形理想。

2.2　0号段采用预埋构件安装悬臂三角形托架施工技术，具有操作简易、重量轻、受力简单可靠、节约钢材等优点。

2.3　1号～1′号段采用联体挂篮无托架施工技术，节约了大量的器材和安装费用，加快了工程进度。

2.4　研制运用了适应于大跨度预应力混凝土弯梁悬灌施工的新型挂篮。

2.5　研究解决了0号段大体积高强度等级混凝土的防裂措施。

3. 适 用 范 围

适用于铁路、公路长联大跨预应力混凝土刚构—连续组合箱形变截面弯梁桥的悬臂灌筑法施工，适用于曲线半径≥200m的弯梁。

4. 工 艺 原 理

在0号梁段上将两个三角形挂篮主构架联体拼装，利用一只挂篮的起步长度进行两个1号梁段的对称悬臂灌筑施工，施工完毕两个挂篮解体，分别移至2号梁段继续对称悬臂灌注施工，直至梁段悬灌完工。线形控制原理是一方面利用设计院提供的控制点坐标计算每个节段（节段按弦线布置）控制点坐标，用"偏角法"测量放样和"坐标法"测量校核来控制大桥每一节段轴线；另一方面利用电算程序，将全桥离散成若干个单位、运算阶段，将各阶段的挠度变化及受力特性计算出来，并根据实际施工荷载情况作相应调整，将计算结果与现场实测结果及设计院提供预拱度相比较，来控制节段标高，指导现场施工。

5. 施工工艺流程及操作要点

5.1 工艺流程（图 5.1）

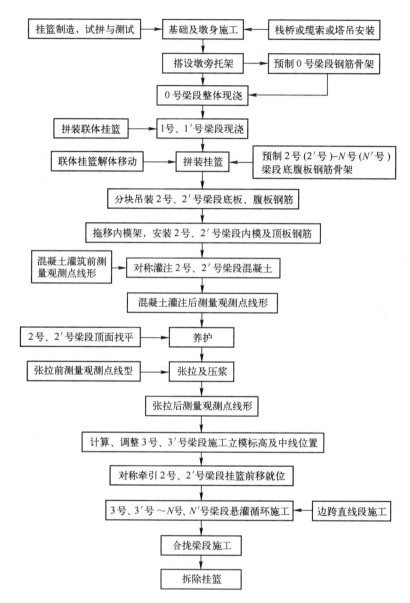

图 5.1 悬臂梁段施工流程

5.2 施工挂篮

5.2.1 挂篮构造（图 5.2.1）

适于弯梁施工的三角形挂篮，由主构架、行走系统（轨道、支座）、锚固系统、模板平台、吊带组成。挂篮的适应梁重、梁长、梁宽、梁高等技术指标，应根据具体的箱梁结构设计情况进行设计和确定。

5.2.2 挂篮的工作原理

底模、外模与行走梁随主构架一起向前移动就位后，分块吊装梁段底板和腹板钢筋，并安装预应力筋和管道。将内模架从已灌梁段箱体内拖出，待内模及端模安装完毕，再绑扎安装顶板内钢筋、预应力筋与管道，然后灌注梁段混凝土。当新筑梁段预应力张拉和压浆作业结束后，挂篮再向前移动，进行下一梁段的施工。如此循环，直至梁段悬灌完工。

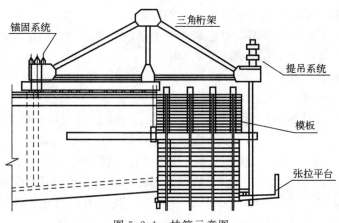

图 5.2.1　挂篮示意图

5.2.3　挂篮试验

三角形挂篮由工厂制造，为方便悬灌施工，挂篮加工完成后，选择场地，进行试拼，并做超载试验，检验挂篮受力状况，测取挂篮自身的弹性变形和非弹性变形值，供悬灌梁段立模时参考。

5.3　施工线形控制

大跨度弯梁悬臂灌注施工时，线形控制极为重要。而影响线形的因素较多，主要有挂篮的变形、梁段自重、预应力大小、施工荷载、结构体系转换、混凝土收缩与徐变、日照和温度变化等。线形控制将影响到合拢精度及成功与否，故必须对线形进行精确的计算和严格控制，在实际操作中采用计算机程序化控制。

5.3.1　施工高程控制要点

1. 为了保证箱梁理论轴线高程施工精度，及时准确地控制和调整施工中发生的偏差值，高程控制以Ⅱ等水准高程控制测量标准为控制网。将水准点建立在墩顶 0 号段中央，并在施工过程中进行联测，防止各墩墩顶不均匀沉降导致合拢精度偏差。箱梁悬浇以Ⅲ等水准高程精度控制联测，选用高精度水准仪，其偶然误差不大于 1mm/km。

2. 线形监测的方法是：在梁顶面的同一方向截面上预埋 3 个测点，为便于分析计算，其中 1 个测点应较为准确地埋设于梁的中线上，另外 2 个测点应对称于中测点设于两边，按照一定的时间间隔和每种工况交界时刻对每一截面上 3 个测点进行监测。通过对监控数据的整理后，便得知在每一种工况下梁体随着时间推移的变形规律和变形量大小，据此推算下一步施工梁段应该预留的变形量，同时与设计值进行对照，若发现异常现象应及时分析处理，否则便定出一个合理的预留变形值进行施工放样。

5.3.2　平曲线控制要点

与梁段的标高值一样，"弯梁"梁段的中心线位置也同样因受到各种因素的影响而发生变化。在实际操作中应重点控制以下要点：

1. 布设大桥Ⅱ等精度三角网。测角中误差为 $\pm 1.0''$，桥轴线相对中误差 $\leqslant 1/13000$，基线相对中误差 $\leqslant 1/250000$，三角形角度闭合差为 $\pm 3.5''$。

2. 建立正确的计算模型。计算出每个梁段中心线的起点、终点平面坐标值，输入电脑待用。根据模拟线形计算结果，进行设计参数的调整，使各参数尽量接近实际，并严格监控，以保证全桥 T 构曲线梁的线形理想。

3. 弯梁平面线形控制。关键在于控制挂篮及模板的平面位置，由于温度和施工荷载的不确定性而导致绝对平面位置的不稳定，T 构弯梁分段灌注的平面线形用绝对平面位置和相对平面位置进行控制，在实际运用中采取施工测量（相对平面位置）与控制测量（绝对平面位置）相结合的方法，控制平面曲线位置。

施工测量就是预先在施工完的梁段埋设中心基点，运用偏角法测量定出下一梁段的中心位置。由于中心基点和所要测设的下个中心点受各种因素的影响均处于不稳定的状态中，所以要用大桥三角测量控制网进行梁段中心线的控制测量复核（绝对平面位置），当复核误差大于 5mm 时应分析原因，及时调整。

4. 对已完成的各梁段的中心线按规定每天测量一次，以掌握其线形的总体变化，输入电脑指导下步梁段的曲线定测量工作。测量时间以在日出前完成为宜。

在挂篮的行进、安装过程中的平面线形控制实际上是控制每节段前后的平面偏移量，每节段施加预应力后，平面线形控制以控制该段绝对平面位置为主。

5.4 0 号段施工要点及防裂措施

5.4.1 0 号梁段施工要点

1. 以混凝土的强度和弹性模量作为控制指标，试验选出合适的梁体混凝土配合比。

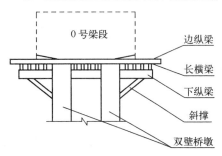

图 5.4.1 0 号梁段三角形托架

2. 在墩身上预埋钢构件、安装三角形托架，并进行预压，然后铺设 0 号梁段底模。详见三角形托架示意图（图 5.4.1）。

3. 将预制而成的 0 号梁段钢筋骨架整体吊装就位后，交错安装外模、内模、纵向预应力束制孔管道、横向及竖向预应力筋与制孔管、顶板钢筋及有关预埋件。

4. 搭设混凝土作业平台，在腹板和顶板上预留天窗，布置灌注混凝土用的漏斗和串筒，从底板开始前后左右对称整体分层一次性灌注 0 号梁段混凝土。

5. 混凝土灌注结束后，加强对梁段尤其是箱体内侧与外侧的洒水养护。当混凝土强度达到设计强度的 90% 时，穿束、张拉纵向预应力束。张拉顺序为先腹板、后顶板，先上后下，左右对称。纵向预应力束张拉结束后，分别张拉横向和竖向预应力筋。预应力张拉全部结束后，按纵向、竖向、横向的顺序压浆。

5.4.2 0 号梁段大体积高强度等级混凝土施工的防裂措施

由于 0 号梁段结构复杂、体积大，如何控制混凝土变形作用产生的裂缝，是 0 号段混凝土施工的关键，应着重抓好以下几点：

1. 消除托架的非弹性变形

托架安装完成后，要进行加载试验。按照 0 号段施工时产生的竖向等效荷载的 1.1～1.3 倍进行预压，消除地基和托架结构的非弹性变形，检验托架的安全度。这样可以避免因地基和托架变形使箱梁混凝土开裂。加载时可以用水箱注水或用砂袋堆码。

2. 过人洞防裂

多数 0 号段施工的端隔墙出现过明显裂纹，在设计允许的前提下，在过人洞横隔墙上设预应力束，在过人洞的两侧各 1m 范围内加设钢筋网，可以基本消除端隔墙上的裂纹。

3. 构造钢筋的控制

全预应力箱梁纵向构造钢筋，建议采用螺纹钢筋施工，这样可以有效克服内应力产生的裂纹。

4. 在高温天气灌注 0 号段混凝土时，为克服混凝土的温度应力过大，可以采取以下措施：1）在不改变混凝土强度的前提下，降低水灰比，采用高效减水剂，减少水的用量，降低水化热；2）用冷水喷洒碎石降温；3）在波纹管内灌注循环水散热；4）加强草袋覆盖，凉水养护。

5. 低温天气施工防裂。低温天气进行 0 号段混凝土施工时，为减少混凝土的温度应力，避免产生裂纹，要严格按照混凝土冬季施工规范办理，加强温度监控，确保混凝土内外温差不大于 20℃，并推迟拆模时间。

6. 有利于整体变形的一次性混凝土灌注工艺

0 号块采用二次或三次成型工艺易产生腹板竖向裂纹，其原因是：底板混凝土达到一定强度后，变形量相对很小，腹板混凝土在底板上灌注时形成上端自由、下端受约束的变形状态，从而产生腹板竖向裂纹。若 0 号段混凝土采用一次灌注成型，拌合、运输、入模、灌注全过程快速完成，使混凝土迅速形成结构整体，从而使 0 号段混凝土在变形上整体化，避免产生竖向裂纹。

5.5 1 号～1′号梁段无托架施工

当箱梁 0 号段的悬出长度不能满足挂篮安装所需的作业空间时，则先进行 1 号～1′号梁段的施工。本工法采用三角形挂篮的主构件联体和模板安装成 1 号～1′号梁段施工结构（图 5.5），在吊架上完成1号~1'号梁段的施工作业。

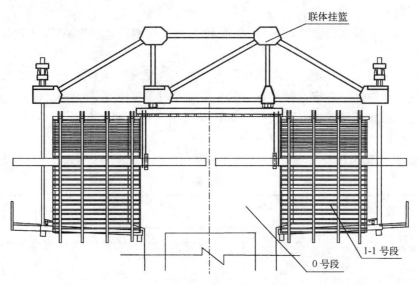

图5.5　1号、1'号梁段联体挂篮的吊架施工结构

5.6　2号、2'号~N号、N'号梁段的挂篮悬臂施工

5.6.1　安装挂篮

在1号、1'号梁段完成后，联体挂篮解体，先将其中1只挂篮模板平台固定在已浇筑完成的混凝土上，再将另只挂篮移至2号梁段，安装其剩余主构架，同时将前面固定的挂篮移动到2'号梁段，然后安装2号、2'号模板。

5.6.2　2号、2'号~N号、N'号梁段悬臂灌注

1. 挂篮检查合格后，将预制好的2号、2'号梁段的底板、腹板钢筋骨架依次吊入挂篮内，一边与1号、1'号梁段预留钢筋相连，一边安装底板、腹板中的纵向与竖向预应力筋制孔管道。顶板钢筋及横向预应力筋管道，待梁段内模架从1号、1'号梁段箱体内拖移出并装上模板后，进行绑扎安装。

2. 同时对称灌注2号、2'号梁段混凝土。安排专人清孔，混凝土达到一定强度后拆除梁段端部模板，将端部混凝土凿毛，调直预留连接钢筋。

3. 当2号与2'号梁段混凝土强度均达到设计强度的90%时，两个梁段同时同步双向张拉纵向预应力束。

4. 为避开挂篮轨道的影响，2号、2'号梁段的竖向和横向预应力筋的张拉与压浆安排在3号、3'号梁段施工结束、挂篮移到4号、4'号梁段位置后进行，以此类推。

5.6.3　现浇边跨直线段

边跨直线段在膺架上立模灌注，边跨等截面直线段箱梁施工可因地制宜采用贝雷支架、万能杆件支架、军用梁、军用墩支架等多种形式的支架，不论哪种支架均需做静载预压，以检查支架的承载能力，测试支架的变形值。最大加载按施工荷载的1.2倍计。

支架施工时应注意：为适应直线段箱梁体温度纵向变形及混凝土的收缩变形，施工中除支架顶部应有一定的位移装置外，箱梁的底板与支架间也应留有微量的水平位移装置。

5.7　合拢与体系转换

5.7.1　合拢段的施工步骤按照设计给定的顺序进行。

5.7.2　合拢段的锁定措施。为了保持结构按设计要求合拢，避免在合拢过程中产生不利因素，用临时劲性型钢锁定将合拢段两侧连成整体，目的是在合拢段混凝土施工过程中可以传递内力，并保持合拢段两侧梁体的连续性。

5.7.3　合拢段的施工要点

1. 合拢段的混凝土应选用早强、高强、微膨胀的混凝土，这样可以加速提高混凝土的强度，及早实施预应力，完成合拢段的施工。

2. 合拢段混凝土应选在一天中最低温度时施工，使混凝土早期结硬过程中处于升温的受压状态，减少温度变化对合拢段混凝土的影响。

3. 支承梁体的施工支架（指直线段），应具有较大的竖向刚度，同时在纵向要有利于梁体的变形，以减少对合拢段的约束力。

4. 加强对合拢段混凝土的养护，使之保持潮湿状态，并尽量减少日照引起的温度变化影响。

5. 合拢段劲性骨架锁定是关键，劲性骨架的锁定在某种意义上来说就是合拢。

6. 模板定位前，需在悬臂端进行配重，并保证在混凝土浇筑过程中同步等荷卸载，防止合拢段两侧悬臂端标高发生变化导致混凝土开裂。

5.8 劳动力组织（表 5.8）

劳动力组织　　　　　　　　　　　　　　　　　　　表 5.8

序　号	作 业 组	主要工作内容	人　数		
			技术人员	技工	普工
1	技术组	技术指导及线形监控、施工测量	4	4	2
2	试验组	施工中的各项试验检测，质量控制	5	7	2
3	挂篮组	挂篮试拼、安装、移位、拆除及维修	1	8	14
4	钢筋组	钢筋加工与绑扎、制作与安装预应力筋及管道	1	8	20
5	模板组	悬灌梁段、边跨直线段及合拢段模板安装与拆除	2	12	10
6	混凝土组	梁体混凝土拌制、运输、灌注、捣固与养护	1	6	30
7	张拉组	张拉与压浆	1	12	4

注：按单个 T 构施工作业计划

6. 材料与设备

材料与设备见表 6。

单个 T 构施工主要机具设备　　　　　　　　　　　　　　表 6

序号	名　称	规　格	单　位	数量	序号	名　称	规　格	单　位	数量
1	挂篮	三角形	套	2	13	塔式起重机	QTZ315.5t	台	1
2	电脑		台	1	14	起重机	YQ35，YQ20	台	各 1 台
3	弹性模量测定仪		台	1	15	混凝土泵	HBT60	台	1
4	全站仪	GTS700	台	1	16	千斤顶	YDC240Q	台	4
5	水准仪	WILD NA2	台	1	17	千斤顶	YDC400Q	台	2
6	千分表		块	10	18	千斤顶	YC60A	台	2
7	电阻应变仪	YJ－5	台	1	19	油泵	ZB4－500	台	8
8	干湿温度计	203	支	2	20	真空压浆机	ZKB120	台	1
9	电焊机	BX3－500－2	台	4	21	灰浆搅拌机	JW180	台	1
10	插入式震动器	ZN－50	台	10	22	水泵	8J35×3	台	3
11	附着式震动器	BL－11	台	10	23	穿束机	YCS3.65	台	2
12	卷扬机	JK5	台	2					

注：共用机具不列入表内。

7. 质 量 控 制

7.1 质量标准

执行现行的公路、铁路施工技术规范和质量验收评定标准。

7.2 质量控制要点

7.2.1 选定梁体混凝土的配合比时，除混凝土的强度必须达到设计强度外，其弹性模量及密度还应分别满足桥梁设计规范第 5.2.2 条和设计图纸的要求。

7.2.2 钢筋、模板、水泥、粗细骨料、预应力筋、张拉千斤顶、油泵、压力表、锚具等原材料和机具设备的验收、试验与检验均按现行规范及有关规定进行。

7.2.3 为确保挂篮轨道位置的准确性，安装竖向预应力筋时，横向与纵向偏差不得大于 3mm；挂篮拼装、前移就位后，其中线与桥梁中线的偏差不得大于 5mm。

8. 安 全 措 施

本工法除遵循《铁路桥涵工程施工安全技术规程》TB 10303—2009、《公路工程施工安全技术规程》JTJ 076—95 等规定要求外，还在安全管理、技术及现场应急处理等方面采取如下措施：

8.1 安全管理措施

8.1.1 桥梁施工前，对施工安全进行专项调查研究，并制订相应的安全技术措施。桥梁开工之前，按安全技术规程要求制订出安全操作细则，并向施工人员进行安全技术交底。

8.1.2 施工人员要熟知并遵守本工种各项安全技术操作规程，进入施工现场必须使用劳动安全保护用品，严防高处坠落，异物打击，触电，淹溺或其他各类机械的、人为的伤害事故。

8.1.3 施工前要对施工现场、机具设备及安全防护设施等进行全面检查，确认符合安全要求后方可施工。

8.2 安全技术措施

8.2.1 位于同一 T 构上的 2 只挂篮的移位必须同步对称进行，位移差不得大于 40cm；移动时，挂篮后部应设置保险倒链，移动速度不超过 10cm/min。

8.2.2 各悬灌梁段的底板与腹板钢筋分块吊装、灌注混凝土以及拆除挂篮必须均衡作业，确保 T 构两侧的不平衡重不大于 5000kg。

8.2.3 每套挂篮应配备消防器材，以防止电焊作业等原因可能引燃防雨遮晒篷布、安全网等易燃物而出现的火灾。

8.2.4 悬灌施工过程中，必须安排专人经常检查挂篮锚固螺杆、前后吊带杆等关键受力杆件的使用情况，加强起重用千斤顶、倒链、钢丝绳等机具设备的维修养护，发现问题，及时处理。

8.2.5 挂篮构件在施工过程中严禁随意开孔或者对其部件进行随意更换。

8.2.6 施工过程中要严格检查前支点、后锚系统及其吊带系统。

8.2.7 挂篮最好采用封闭式施工，以防高空坠物。同时，在装拆过程中必须有人统一指挥。

8.3 对突发事件的应急措施

8.3.1 加强施工管理，严格按标准化、规范化作业。施工中要经常分析假设过程中出现的各种问题。

8.3.2 根据潜在的事故性质和后果分析，配备应急资源。组建抢险队，对队员及其他人员进行针对性的应急知识培训。

8.3.3 工地和附近医院建立密切联系，工地设医务室，配齐必要的医疗器械。一旦出现意外的工伤事故，可立即进行抢救。

8.3.4 需要紧急处理的危险时，要迅速逐级上报。现场要做好警戒和疏散工作，保护现场，及时抢救伤员和财产。

9. 环 保 措 施

为确保工程所在地区的环境得到有效的保护，严格执行国家和工程所在政府的环保政策、法律和法规，为了保持施工地区环境的清洁卫生，本工法采取以下环境保护措施：

9.1 临时用地的使用

临时施工场地的选择与布置，尽量少占用绿地面积，保护好周围环境，减少对植被生态的破坏。重视临时施工用地的复垦，施工结束后，及时恢复绿化或整理复耕。

9.2 水土保持措施

9.2.1 施工废水、生活污水按有关要求进行处理，不得直接排入农田、河流和渠道。施工机械的废油废水采取隔油池等有效措施加以处理，不得超标排放。

9.2.2 大型工程的施工便道，力求少占良田耕地，尽量保护用地范围之外的既有林、草植被。

10. 效益分析

10.1 经济效益

10.1.1 墩顶 0 号梁段采用悬臂式三角形托架，比常用的万能杆件托架或贝雷桁架托架等节约材料，而且安装简便，受力可靠，降低了工程成本。

10.1.2 1 号～1′号梁段采用联体挂篮无托架施工，节约了大量的材料费用，加快了工程进度，降低了成本。

10.1.3 采用"悬灌弯梁线形控制程序"，节省了大量的手工繁琐计算时间，确保了现场控制测量的精度，提高了工作效益。

10.2 社会效益

本工法的开发运用，总结提炼了国内大跨度钢筋混凝土预应力刚构—连续组合变截面箱形弯梁施工技术，社会效益良好。

11. 应用实例

11.1 西汉高速公路金水河特大桥大桥全长 431m，大桥结构为 58＋3×105＋58m 五孔预应力混凝土连续—刚构曲线梁桥。该桥 4 个主墩为薄壁空心墩身，2 号、3 号墩顶与箱梁固结，在 1 号、4 号墩安装支座，形成刚构—连续组合体系结构。上部结构采用单箱单室三向预应力箱梁，箱梁顶面宽 12m。底板宽 6.0m，该桥位于半径 R＝2000m 的曲线上，及位于一条竖曲线与其相切的一条直线上，桥面设有超高，横坡 2%，箱梁支点梁高 5.3m，跨中梁高 2.2m。顺桥向箱梁底面按二次抛物线设置。主桥悬臂施工梁段长度分为 4m 和 5m 两种、主梁梁段长度为路线中心线处的长度，施工缝沿曲线径向设置、中跨合拢段长度为 2.5m，边跨合拢段长度为 2.01m。

该桥于 2003 年 10 月开工，2006 年 10 月中跨合拢。工程中标造价 3000 万元。

该桥所跨金水河河谷为 U 形河谷，中间较开阔，两岸山坡陡峭，高差达 70m。大桥采用三角挂篮施工，加快了工程的施工进度，保证了大桥的质量。

11.2 严家 1 号特大桥是安徽省岳西（黄尾）至潜山高速公路上一座大桥，按左右线分离式设计。该桥右线全长 473.65m，跨径组合为（25＋30＋30）＋（45＋80＋45）＋7×30m；左线桥全长 448.65m，跨径组合为 2×30＋（45＋80＋45）＋7×30m。严家村 1 号大桥主桥为主跨 80m 的预应力混凝土变截面刚构梁。右线桥平面位于半径 R＝700m 的右偏平曲线和 A1＝401.248、A3＝401.248m 的缓和曲线上，左线桥平面位于于半径 R＝700m 的右偏平曲线和 A1＝401.248、A3＝402.113m 的缓和曲线上，箱梁支点梁高 4.6m，跨中梁高 2m。顺桥向箱梁底面按半立方次抛物线设置。

该桥主跨采用三角挂篮施工，于 2005 年 9 月开工，2006 年 11 月大桥顺利合拢，创造了良好的经济社会效益。

11.3 温福高铁福建段鳌江特大桥位于福建省连江县城南江南桥下游 4400 余米处，大桥介于两山之间横跨鳌江，鳌江为福建省第六大河流，为闽东独立水系。大桥为双线铁路桥，曲线半径为 7000m，设计行车速度 250km/h，全桥长 502.88m，跨径组合为 32＋（40＋64＋40）＋5×32＋2×24＋2×32m，其中 40＋64＋40m 三跨跨江预应力连续梁采用三角挂篮施工。

预应力连续梁桥面宽 13.4m，中支点梁高为 5.2m，跨中梁高为 2.8m，悬臂段共 8 节，3 个合拢段，2 个直线段。悬臂段采用三角挂篮形成两个 T 构对称悬臂灌注施工，合拢段利用挂篮底模平台和内外模板拼组吊架施工，两个直线段则采用钢管桩作基础搭设平台和满堂支架施工。

该桥于 2007 年 8 月开工，2008 年 4 月初大桥顺利合拢，创造了良好的经济、社会效益。

顶杆外置式液压提升平台爬模施工工法

YJGF42—2002（2009～2010 年度升级版-053）

中铁十一局集团有限公司

邱砚秀　明艳华　熊强艳　李正鸿　宁煜泽

1. 前　　言

近年来，随着我国国民经济的高速发展，我国铁路和高等级公路建设呈现出突飞猛进的势态，特别是高速铁路客运专线的大规模建设使得高桥墩大量出现，伴随着高桥墩的大量涌现，特别是为了适应现今高速铁路客运专线高标准的形式，我单位在顶杆外置式液压提升平台爬模施工工法（2001－2002 国家级工法）的基础上，通过最近几年的实践应用，对原有工法加以整理和改进，研制了顶杆外置式液压提升平台爬模系统，并应用于禹阎高速公路金水沟特大桥、归连铁路大新田大桥、西铜高速公路浊峪河特大桥、铜黄高速公路孙家河特大桥等工程中，通过上述工程的实践检验，使用单位一致认为：该顶杆外置式液压提升平台爬模施工工法自动化程度高，操作简单，施工工艺容易掌握，劳动强度低，施工质量易于控制。经专家鉴定，该项顶杆外置式液压提升平台爬模施工工法居于国内领先水平。顶杆外置式液压提升平台爬模施工工法，获中国铁道建筑总公司 2001 年度优秀工法一等奖，获铁道部 2001～2002 年度铁路部级工法，2003 年度被评为国家级工法，并在随后几年的实践应用中取得了良好的经济效益和社会效益。

2. 工法特点

2.1　本工法采用的顶杆外置式液压提升平台爬模系统，爬架刚度大，工作平台稳定、可靠，不易发生扭转，墩身线形易于控制，能有效保证施工质量。

2.2　该系统液压提升平台自动化程度高，操作简便，施工工艺容易掌握；结构简单，加工方便。

2.3　采用本工法，施工速度快，劳动强度低。

2.4　与内爬式翻升钢模板系统相比，本工法无须在墩身内预埋支承杆件或套管，解决了套管或顶杆与混凝土粘连的施工难题，简化了施工工艺，省工、省料，提高了经济效益。

3. 适用范围

3.1　本工法适用于铁路和公路桥梁不同形式高墩施工。经改装后也可用于水塔、烟囱等高耸构筑物的施工。高层建筑全剪力墙整体现浇结构爬模施工亦可参照本工法实施。

3.2　本工法不受天气影响，可 24h 不间断施工。当受条件限制时，亦可随时停止爬升。

4. 工艺原理

顶杆外置式液压提升爬模系统由工作平台、爬架装置、吊架、模板系统、中线控制系统、液压提升设备及附属设置等部分组成，见图 4。

其工艺原理是：将工作平台经爬架装置支承于墩身模板上，并用穿心式千斤顶将其提升至一定高度（一般为一节模板高度）。平台上悬挂吊架，在吊架上进行模板的拆卸、提升、安装及钢筋绑扎等作业。

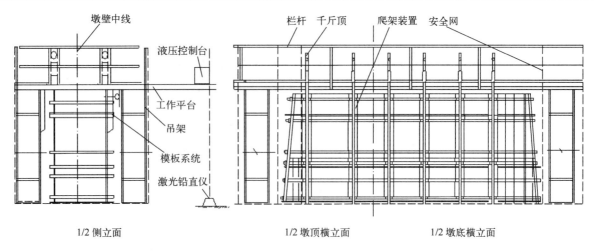

图 4 顶杆外置式液压提升平台爬模系统

混凝土的灌注、捣固、吊架位移及中线控制等作业则在工作平台上进行。模板设 3 层，循环交替爬升。在施工中，当第三层混凝土灌注完毕后，全部释放爬杆受力螺栓。装好爬杆，工作平台全部由垫梁受力，提升工作平台到位后，将爬杆受力螺栓拧紧，工作平台由爬杆受力。拆除第一层模板顶杆，将垫梁移至第二节模板顶部，拆除并提升第一层模板至第三层模板上方，进行安装、校正，然后绑扎钢筋，灌注混凝土，如此循环上升，直至完成整个墩身的施工。

4.1 工作平台由纵横梁（圆形墩则为辐射梁）、步板、栏杆、扶手及连接平台（在双壁墩施工中使用）等组成。工作平台随千斤顶的爬升而提升，它既是作业及堆放小型料品的主要场所，又是提升架、吊架、千斤顶的支承体系。工作平台与模板连为一体，增强了平台的稳定性。

4.2 爬架装置由顶杆、爬杆及垫梁组成。用于支承平台重量及施工荷载，并通过爬架模板将该荷载转承于已施工的墩身上，是受力转换体系的中介装置。不收坡、单面收坡的矩形墩的爬架装置较易设置，收坡墩则需通过收坡丝杆带动该装置进行墩身收坡，施工中控制稍难。

4.3 吊架用于提供组装模板及混凝土养生所需的操作面。根据墩身情况可分为固定式和活动式两种。活动式吊架在人力作用下可沿纵横梁移动。其上安装活动或固定栏杆与扶手，随吊架移动，减少平台的工作面积，增加平台的稳定性，减少施工安全隐患。

4.4 模板系统是顶杆外置式爬模的重要组成部分，分外模、内模（空心墩设置）及围带 3 部分组成。外模分固定和抽动（大、中、小 3 种规格）2 种类型。矩形墩及圆形墩模板配置较为方便。对于异形墩，为保证桥墩施工质量，圆端部分宜采用曲率可调模板，视墩身外形采用型钢围带（直段）或扁钢柔性围带（圆端段）。内模则分固定、抽动及错动模板 3 种类型，采用型钢围带。围带是模板加固，保证墩身外形尺寸必不可少的组成部分。模板间用螺栓连接，内外模板采用圆钢作为拉筋并加内撑使之成为整体。模板拆装翻升由人力借助捯链、塔吊等起重设备完成。

4.5 液压提升设备由穿心式千斤顶、液压控制台、高压输油管、分油阀及限位器等组成，是平台提升的动力设备。

4.6 辅助设备包括激光铅直仪、经纬仪、水准仪、配电盘、混凝土养生水管、雨蓬及安全网等。

5. 施工工艺流程及操作要点

5.1 工艺流程见图 5.1

实施作业时，模板翻升、竖向钢筋采取螺栓连接、其余钢筋均采用绑扎、灌注混凝土及工作平台的提升等项工作是相互联系，循环进行，直至墩帽下端为止。其间穿插平台对中调平、接长顶杆、混凝土养生及预埋件埋设等项工作。

5.2 操作要点

5.2.1 爬模组装

1. 组装顺序见图 5.2.1。

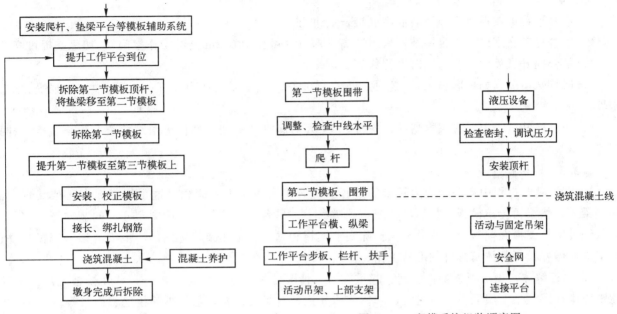

图 5.1 工艺流程图　　　　　　　图 5.2.1 爬模系统组装顺序图

说明：1. 组装顺序从上至下。

　　　2. 固定与活动吊架竖杆、横杆与步板在组装第三节模板时进行。

　　　3. 连接平台在墩的两壁之间，将工作平台连到同一水平高度时安装。

2. 组装注意事项及技术要求

1）平台必须对中调平，平台上机具、材料应均布放置。

2）第一节模板组装时，必须保证控制中线、水平精度等质量指标，模板间连接缝保证密贴。

3）所有螺栓在安装前应涂油，安装时必须加垫圈拧紧，拆除后再浸油除锈。

4）电气安装必须做好接地保护，接头应牢固，绝缘应可靠。

5）液压设备安装时必须严格按产品技术要求进行。

6）第三节模板组装时，安装吊架并绑扎好安全网。

7）两侧模板间必须按设计要求加拉筋和撑木。

8）爬模组装完并在施工过程中，必须经常不定时检查模板情况，查出隐患及时更改，保证施工质量和安全。

5.2.2 钢筋绑扎及模板调整、加固

1. 钢筋安装可在爬模组装过程中同时进行，根据墩身外形及钢筋布置等具体情况，亦可在组装后进行钢筋绑扎，墩身内布置有连系筋时，则应在翻模调整完毕后拉设连系筋，避免各工序相互影响。

2. 组装完毕的爬模系统需按规范要求进行调整，并用拉筋进行加固，确保在混凝土灌注过程中，模板不致变形而影响工程质量。

5.2.3 灌注混凝土

1. 高桥墩混凝土，宜采用高压混凝土输送泵施工，输送泵管不得直接与工作平台相连，可与塔吊或专用竖向井架固定，需采用钢管简易架与工作平台相隔离。

2. 混凝土分层均匀对称灌注，防止模板因混凝土侧压力而发生变形位移等；分层厚度宜为 30cm。

3. 捣固须密实，捣固棒不得插入过深，不得漏捣、过振和碰击模板、钢筋。

4. 振捣过程中，应防止钢筋及预埋件在混凝土初凝前移位，浇筑混凝土时加强检查，发现问题及

时处理。

5. 混凝土终凝后进行表面凿毛，并用高压水枪冲洗，加强混凝土养生，下次混凝土浇筑前表面必须清除干净。

5.2.4 平台提升

1. 提升平台可在混凝土灌注后或主筋接长后进行。

2. 平台提升高度以能满足一节模板组装高度即可（可预留 0.2m 高的操作空间），切忌空提过高。

3. 平台提升过程中应注意随时进行纠偏、调平。

4. 遇特殊情况（如横联施工），必须空提 3～4m 高时，则需增加内撑杆（内爬杆），加强平台的稳定性。

5. 平台提升过程中，应根据情况，安排 3～4 人对爬杆、吊架、螺栓等跟踪检查，防止脱空、挂挡等安全事故发生。

5.2.5 模板爬升

1. 模板爬升过程中有一个受力转换的过程。提升平台时，平台荷载经过顶杆支撑在爬架装置底部的垫梁上，垫梁再传给模板，最后经拉筋传到墩身上。平台提升到位后，旋紧爬杆上的竖向螺栓将平台荷载经过爬杆支撑在模板上。然后分组拆除底节模板和顶杆，把爬架装置底部的垫梁上移一节模板并连接牢固，做好模板解体及翻升的准备工作。

2. 模板解体：模板可视操作空间、起重能力等情况分为若干大块整体翻升，并在模板上焊上吊环。此工作应在灌注最上层混凝土前进行。解体前应先用挂钩吊住模板，然后拆除拉筋、围带等。

3. 爬升：待平台提升到位后，用捯链将最下层模板吊升至安装位置并组装好，然后旋紧爬杆的竖向螺栓将平台经三节模板爬杆支撑在模板上。

4. 模板抽动（变截面墩）：模板先完成三节组装后，从第四节开始每翻升一节抽出一组抽动模板。抽动模板时，先抽出小抽动模板，抽完后再抽出中抽动模板时以组装小抽动模板代替之。按此方法最后抽出大抽动模板，至此完成墩身施工。圆端模及其围带视墩身情况而随之调整并加固完成。

5. 检查模板组装质量：应满足桥墩设计及规范要求，经质检员、监理工程师等检查合格后方可安放撑木，拧紧拉筋。做好混凝土灌注的准备工作。

5.2.6 爬模拆除

1. 拆除爬模系统按照与组装的相反顺序进行。

2. 拆除注意事项：

1）拆除工作应在停止爬升后进行。

2）拆除前须在纵、横梁或垫梁下各均布垫放混凝土垫块或木块，并用木楔楔紧。并将下道工序施工所需的托架等安装完毕后进行。

3）平台上堆放的材料、机具、配电盘及雨蓬等应清除干净。

4）拆除工作必须对称进行，边拆边运，暂时运不完的应整齐对称放置在平台中部，并及时进行清除。

5）拆除工作系高空作业，应注意安全。施工人员身体状况要符合要求，作业时必须系安全带，吊运杆件要捆扎牢固。

6）拆除作业完成后，应将各部件清理干净，并加以保养，然后分类存放并补充损耗零件。

6. 材料与设备

采用本工法施工的桥墩为异形墩，其所使用的材料中钢模板系统是爬模的重要组成部分。其中外模分为固定、抽动（大、中、小 3 种）2 种类型；内模分为固定、抽动、错动 3 种类型。其规格、主要技术指标、外观要求等见表 6-1。

规格、主要技术指标、外观要求 表 6-1

序 号	图 号	名 称	数 量	材料与规格	单件重量（kg）	外 观
1	WJPM—01—01	角模板	60/36	组焊件	13.36	
2	WJPM—01—02	内模板一、二、三	24	组焊件	26.41/26.14	
3	WJPM—01—03	端模板	12	组焊件	162.9	应有足够的强度、刚度和稳定性，外观整洁。使用前涂刷长效型脱模剂。
4	WJPM—01—04	小抽动模板	72	组焊件	25.37	
5	WJPM—01—05	固定模板	36	组焊件	213.56	
6	WJPM—01—06	爬架模板	96	组焊件	32.43	
7	WJPM—01—07	大抽动模板一	12+12	组焊件		
8	WJPM—01—08	大抽动模板二	24	组焊件	99.74	

单个高墩施工主要机具设备见表 6-2。

单个高墩施工主要机具设备 表 6-2

序 号	名 称	规 格	单 位	数 量	说 明
1	液压控制台	HY—60	台		
2	高压输油管	$\phi8×2m$、$\phi8×6m$	根		根据设计及工程具体情况确定具体数量及其配套附件和备用件
3	分油阀	$\phi16$进、$\phi8$出	个		
4	限位器		个		
5	液压千斤顶	GYD—60	台		
6	捯链	2t，3t，5t			数量具体情况需要而定
7	经纬仪	DJ2	台	1	
8	水准仪	DJ6	台	1	
9	铅直仪		台	1	
10	翻升钢模		套	1	
11	配电盘		套	1	
12	配料机	GQ40	台	2	
13	弯曲机	GW40	台	2	
14	插入式震动器	2N—50，2N—30	台	10	
15	电焊机	BX3—500—2	台	8	
16	卷扬机	JR—1.5T	台	2	
17	塔吊	F0/2313	台	1	
18	混凝土搅拌站		座	1	
19	混凝土输送泵	JDY500	台	1	
20	施工电梯	SCD200/200K	台	1	
21	翻斗车	FCIA	辆	10	
22	调直机	TQ4—14	台	2	
23	高压水枪		台	2	

7. 质量控制

7.1 依据（铁路、公路或其他工程）工程性质对应选择所使用的（铁路、公路或其他工程相应的）规范、标准。

7.2 根据墩身的具体外形，掌握翻模收坡情况，做好模板的收分工作，确保墩身的几何尺寸。

7.3 在工作平台提升过程中，随时检查平台的偏移情况，发现偏移，及时纠偏，防止因工作平台的偏移而影响模板的正常支立。

7.4 在模板的组装及浇混凝土前后随时掌握墩身的中线偏移情况，使用激光铅直仪加强对墩身的线形控制。

7.5 在整体墩身的施工过程中，应有专人对工作平台的稳定性加以监测，避免各种事故发生。

7.6 模板组装精度要符合工程适应的相应质检标准。

8. 安 全 措 施

8.1 对于横向收坡的高桥墩，当施工到墩身上部时，工作平台横梁外悬部分太长，因此将采用活动栏杆，栏杆随吊架内移，以减小平台的工作面积。为增强平台的稳定性，栏杆外严禁堆放料具。

8.2 平台的中线、水平应勤观测，勤纠偏。

8.3 加强试验和施工控制，确保混凝土的质量。

8.4 液压设备因故漏油至混凝土上时，应及时清理干净。

8.5 起重设备的绳索及滑轮等零件应经常检查并涂油保养。

8.6 经常检查电路，防止发生事故。

8.7 爬模结构各部件应连接牢固，螺栓、螺帽应涂油，以防影响使用。纵、横辐射梁顶面应保持清洁。

8.8 爬模结构拆除应严格按拆除顺序和注意事项进行，确保人员和设备安全。

8.9 划定危险区，埋设标志；起重设备顶部应设置信号灯。

8.10 进出场地人员均须戴安全帽，禁止无关人员出入。

8.11 因各种原因停工时，注意切断电源，保护设备。

8.12 严禁从高空向下抛掷杂物。

8.13 要设专人负责起重指挥和安全检查，加强通讯联络。

8.14 加强岗位责任制，建立健全各项规章制度。

9. 环 保 措 施

通过工程实例，现场的环境保护能够完全符合要求：

9.1 杜绝了多余混凝土、废弃油料乱丢乱撒现象，现场干净整洁。

9.2 施工过程中减少了大型机械设备的运转，降低了施工噪声。

9.3 在施工现场倡导文明施工，材料堆放整齐。

10. 效 益 分 析

10.1 用此套系统施工的墩身线条顺直、表面平整光滑，保证了墩身质量。

10.2 施工速度快，施工合降低成本 50 万元/墩。

10.3 在墩身施工过程中，多家单位、团体前来观摩、学习。其施工质量多次受到各个业主、行业内的好评。

11. 应 用 实 例

11.1 内昆铁路"四桥一隧"重点工程之一的乌家坪 1 号大桥，主墩设计为钢筋混凝土双壁薄墩，壁厚 1.8m，中间设 2 道横联，主墩高 77m，是当时国内同类型铁路桥梁中建成的最高墩，桥高 92m。

墩壁单面（横向）按 30∶1 坡率收坡，顺桥向不收坡。主墩采用顶杆外置式液压提升平台爬模施工，质量良好，提高了施工速度，安全可靠。主墩于 1999 年 5 月 12 日开工，1999 年 10 月 30 日完成，比原计划提前 30d 完成施工任务，为全桥顺利竣工打下了良好的基础。根据该桥结构特点采用的施工新技术，产生了较好的经济和社会效益，其成套施工技术居国内领先水平，可推广使用。

11.2 禹阎高速公路金水沟特大桥是陕西禹阎高速公路三大控制性工程之一，为了加快施工进度，控制施工质量，经过比选，最后确定采用顶杆外置式液压提升平台爬模施工，于 2002 年 10 月开工，2005 年 10 月完工，为全线顺利通车创造了有利条件。根据该桥采用的顶杆外置式液压提升平台爬模施工技术，产生了很好的经济效益和社会效益。

11.3 四川归连铁路大新田大桥全长 507m，其中 7 号～ 11 号墩为矩形薄壁空心墩，其中最高的 8 号，9 号，10 号空心墩高分别为 52m、55m、50m，是归连铁路全线重难点工程之一。墩身顺桥向收坡为 47∶1，横向收坡为 42∶1。其中，7 号～ 11 号墩空心墩采用顶杆外置式液压提升平台爬模施工，于 2007 年 12 月开工，2009 年 4 月完工，本桥完工后，受到业主和监理单位的一致好评，在施工过程中，业主还组织沿线各施工单位到本工地现场观摩，内江电视台等新闻媒体也多次进行新闻报道，提高了企业的知名度，取得了较好的社会效益。

11.4 西铜高速公路浊峪河特大桥全长 1387.5m，其中 18～30 号墩为空心薄壁墩，其中最高墩 21 号墩高为 104m，其余墩为 50～58m，是全线控制性工程之一，自 2009 年开工建设以来，采用了公司成熟的顶杆外置式液压提升平台爬模施工工艺，成为全线同类墩最先完成的实例，为在陕西交通厅在建项目的信誉评价中屡次名列前茅。

11.5 铜黄高速公路孙家河特大桥是铜黄高速公路 8 个控制性桥梁之一，在高墩施工中，通过采用顶杆外置式液压提升平台爬模施工工艺，是全线第一个实现了空心墩完成的桥梁，为后续的上部施工提供了足够的时间，也为项目取得了良好的经济效益和社会效益。

缆索吊架设大跨度大吨位多节段拱桥工法

YJGF21—1998（2009～2010 年度升级版-054）

中铁十七局集团有限公司

席红星　景改萍

1. 前　　言

在大跨度拱桥架设施工中，通常采用满堂支架法、龙门吊法、轮式起重机和缆索吊等方法施工。支架法、龙门吊法及轮式起重机由于受地形和河流等条件限制，适应能力差，应用不广泛。而缆索吊机由于具有跨越能力大、水平和垂直运输灵活准确、不受气候和地形等多种条件限制而被广泛采用。中铁十七局集团有限公司 1996 年在安徽省合肥市当涂路南淝河大桥施工中，根据该桥大跨度、多肋、桥面宽、桥下通航等特点，自行研究设计了最大吊重 96t、最大横移距离 27.5m 的移动塔架缆索吊，制定了大吨位长距离移动塔架缆索吊架设拱桥施工方案，成功地解决了（30＋50＋70＋50＋30）m 五孔不等跨连续中承式钢筋混凝土拱桥架设，并取得了显著的技术经济效益。该项技术成果 1998 年通过铁道部技术鉴定，同年获铁道部科技进步三等奖；《大吨位移动塔架缆索吊架设拱桥工法》被评为国家级工法（YJGF21—1998）。

之后 10 余年来，本工法在我单位承建的重庆市丰都泥巴溪大桥、漳龙高速溪柄大桥、重庆丰都沿江公路老洞岩大桥、汶溪大桥、石板溪大桥及贵州省六圭河特大桥等施工中多次被应用，并在塔架不动索鞍移动、吊装重量、吊装跨度、多节段（20 段）拼装等多方面进行了技术创新，对原工法进行了有效地修订与补充，继续保持了工法的先进性和适用性。

2. 工 法 特 点

2.1 缆索吊具有工作范围大，水平运距长，兼有起重和水平运输双重功能。

2.2 承重索高悬于空中，不受地形限制，也不影响作业范围内的其他工作和交通运输。

2.3 缆索吊机的小车运行速度、吊钩起升速度、支架移动速度都较其他起重机快许多倍，生产效率高。

2.4 缆索吊机塔架可以在长距离范围内整体横移，解决了一套缆索设备可以吊装多轴线、多榀拱肋的技术难题，减少和避免了缆索吊重复拆卸转移和安装工作；移动索鞍缆索吊具塔架不动，塔顶索鞍移动，由一套缆索设备完成多条拱肋吊装任务。

2.5 缆索吊使用设备简单、费用低廉、操作简便、安全可靠。所用器材和材料除混凝土地锚和塔架基础外，均可回收重复使用，节能环保，经济效益好。

3. 适 用 范 围

本工法适用于跨越深山、峡谷、通航河道、桥下有繁忙交通运输的跨线工程和施工中要求不能中断航运的桥梁施工以及必须在汛期进行上部构造施工的桥梁工程。

4. 工 艺 原 理

缆索吊工作原理：利用缆索吊能在较长距离内运送构件、吊装就位的特点，在大桥两端处设置一塔架，在两塔架之间悬挂钢索作为承重结构，利用载重小车在承重索上往返移动完成起重作业。

塔架整体横移原理：在两端塔架基础上各修筑一条平行滑道，组成一组能够沿滑道在适当范围内整体横移的缆索吊机，承担大桥多轴线、多榀拱肋和预制构件的吊装任务。

索鞍横移原理：塔架不动，在塔架顶部铺设轨道，用捯链滑车牵引索鞍移动至各拱轴位置，完成多拱轴拱肋、构件吊装。

多节段拱肋拼装原理：采用缆索吊机将预制好的拱肋节段吊运至设计位置，调整线形，符合要求后固结，然后进行体系转换，将缆索吊受力转换给斜拉索，并参照悬拼斜拉桥的方法进行施工控制。

5. 施工工艺流程及操作要点

5.1 施工工艺流程（图5.1）

5.2 操作要点

5.2.1 施工准备

1. 缆索吊装系统总体设计、加工及拼装。

2. 拱肋、横梁等大型构件预制。

3. 移运梁系统设计及加工配置。

4. 编制拱肋合理拼装程序。

5. 建立空间测控网。

6. 建立电视监控和指挥系统。

5.2.2 缆索吊装系统设计

缆索吊设计是整个拱桥吊装的关键工序，直接关系到拱桥施工的安全、质量和工期。大跨度大吨位缆索吊目前在我国还没有定型设计和专门生产厂家，需根据桥梁的跨度、结构形式、桥址的地形、地质等情况进行自行设计。

移动塔架缆索吊除了塔架可以移动外，其他与一般缆索吊设计相同；移动索鞍缆索吊是塔架不动，除了索鞍可以移动之外，其他与一般缆索吊设计相同。

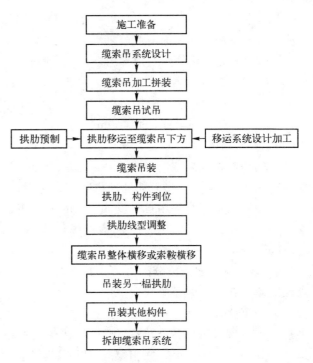

图5.1 缆索吊吊装施工工艺流程图

缆索吊装系统主要包括：塔架、主索、起重索、牵引索、扣索、工作索、索鞍、起重小车、吊环、夹具、缆风绳、牵引索和起重索及扣索绞车等。缆索吊装系统示意图见图5.2.2-1。

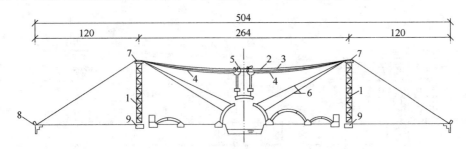

图5.2.2-1 移动塔架缆索吊示意图

1—塔架；2—主索；3—牵引索；4—起重索；5—起重跑车；6—扣索；7—索鞍；8—主地锚；9—塔架基础

1. 缆索吊跨径：根据缆索吊车运输范围，同时要满足塔架基础、塔架拼装与桥台同步施工而互不干扰两方面因素。

$$L_{min} = L + 2a \tag{5.2.2-1}$$

式中　L_{min}——最小跨径；

　　　L——缆索吊车服务范围；

　　　a——防磨段，取 $a=20m$。

2. 主索矢跨比：根据规范要求设置矢跨比，当两侧吊装重量不大或桥形特别时可适当增大矢跨比，降低塔高。

3. 塔架：采用 N 形万能杆件拼装，基础采用混凝土灌注。

1）基础：根据受力、塔架结构及吊装范围等综合因素确定。移动塔架缆索吊基础顶面预埋两道通长的 [12 槽钢作为塔架横向移动的滑移轨道，两轨道间距 2m，内轨较外轨高 10mm，两滑道顶面高出混凝土面 6cm；拱肋主索位置左右各 5m 范围内基础加深。

2）塔身：采用"歪吊正扣"法拼装，运输时构件在已拼装好的拱肋的一侧，对塔架高度不限制，由构件拼装高度控制塔架高度。

塔顶标高：
$$H=D+h_1+h_2+h_3+h_4+f_{max} \tag{5.2.2-2}$$

式中　D——最高拱顶标高；

　　　h_1——起吊构件到拱顶部净空，取 2.0m；

　　　h_2——起吊构件到吊钩间的最大高度，取 2.0m；

　　　h_3——吊钩到承载索的最小距离，取 2.5m；

　　　h_4——预留安全度，取 4.0m；

　　　f_{max}——缆索工作垂度。

两端塔高按重载方向形成 2.0m 高差。

3）塔脚：采用 N 形万能杆件拼装，为 4 根，6 柱，尺寸为 2m×4m。

移动塔架缆索吊采用自行设计加工的平行四边形 260×500×20 的滑板置于滑道上，每一柱下放一块，共计 6 块。滑板上用 [10 的槽钢焊作连系杆，在连系杆上拼 N21 支承靴，N7、N6 支承杆件，构成塔脚部分。

4）塔顶：设置纵横分配梁，分配梁之间加方木，并用螺杆连成整体。分配梁上安装索鞍。索鞍与索鞍座满焊连接，索鞍座与横梁焊接。

大距离移动索鞍与普通索鞍的区别在于除了考虑其垂直受力外，还要使其能够沿塔顶轨道大距离水平移动。索鞍采用由多个转轮组成的转达轮式索鞍，在塔架顶部设置 4 根 43kg/m 钢轨作为索鞍横移轨道，将其固定在垫梁上，并用螺栓固定。为防止索鞍在缆索方向移动，保证安全，索鞍底板做成抱轨式，在索鞍底板和轨枕处留 ϕ36 的孔洞，以便使索鞍横移到吊装拱轴位置时，用定位螺栓固定。同时还要在索鞍左右两侧采取捯链、钢丝绳等固定措施，防止索鞍在吊装过程中发生滑移，危及已拼装成拱的拱肋。索鞍的结构和移动方法见图 5.2.2-2。

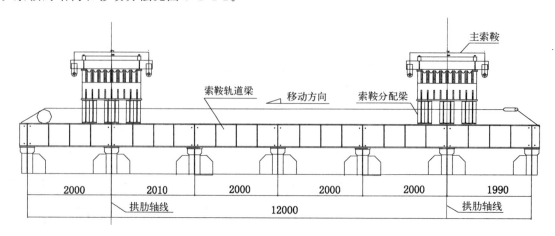

图 5.2.2-2　索鞍结构与移动方法示意图

4. 主索：根据吊装重量选择主索钢丝绳、直径及根数。通过主索所受最大张力、拉应力等检验主索安全性。

5. 起重索：根据吊装构件重量，选择钢丝绳型号、直径及根数，通过其所受最大拉力检验安全性。

6. 牵引索：跑车在主索上运行是依靠牵引索的牵引，跑车靠近塔架时，升角最大，牵引力最大。牵引力必须克服跑车运动阻力、起重索的运行阻力和后牵引索的自然张力。根据桥梁孔跨分布情况，确定牵引力最大位置处，计算牵引力最大拉力，设计牵引索钢丝绳、直径及线数。

7. 扣索：根据各段拱肋扣挂受力，计算扣索钢丝绳、直径及线数。

8. 地锚：分为主塔主地锚、缆风地锚和临时地锚、扣索地锚。其中主地锚可采用桩式钢筋混凝土地锚，承受吊装时的主索拉力和扣索拉力，缆风地锚是锚固缆风以保证塔架的横向稳定，扣索地锚是在墩台上预埋扣环，通过扣环，用卷扬机调整扣索长度，临时地锚是临时固定卷扬机等，缆风地锚、临时地锚均采用卧式地锚。

由于桩式地锚只是外侧受拉，因此只在外侧配筋，配外半圈钢筋。桩基伸出地面部分为向后倾的斜桩，保证主锚绳受力后与斜桩部分桩轴线垂直，确保受力后主锚绳没有向上滑脱的分力。

5.2.3 缆索吊机拼装

1. 塔架：主塔架采用 N 形万能杆件拼装，其中底部尺寸为 2m×4m，顶部尺寸为 2m×8m。底部采用特殊加工的柱脚，支撑于基础已铺设好的滑道上，4 根 6 柱，进行第一层拼装。在拼装层的一角上设一个独脚拔杆，独脚拔杆可用 ϕ200 的钢管，扒杆顶设一个定滑轮，利用 10kN 卷扬机将上一层的杆件吊上去，每上 2 层独脚杆上移一次，这样逐次向上拼装，塔架拼装到 20m 时，塔架前后各设一道临时缆风绳，临时缆风绳用 ϕ15 的钢丝绳走 2 线。拼到标高后，再设一道前后临时缆风绳和左右侧缆风绳，拉紧定位。待塔顶分配梁和索鞍都安装好后，再拉正式缆风绳。

塔顶分配梁一般在地面上加工好后整体吊装，在塔顶上纵梁用螺栓与支座连接，横梁不仅要用螺栓与纵梁连接还要穿过纵梁与支座连接。

2. 主索：塔架拼装结束，缆风绳张挂完成，并且适当收紧后开始张挂主索。先拉一条 ϕ21.5 钢丝绳做张挂"临时工作牵引索"，由本岸穿索卷扬机拉出，牵引上塔架穿入索鞍，过河后再上彼岸塔架穿索鞍，下塔引入对岸穿索卷扬机，完成"临时工作牵引索"的安装；主索穿索时先将一头穿过平衡轮固定于地锚上，另一头与"工作索"并在一起，用索夹固定，然后开动两岸穿索卷扬机，本岸松，对岸拉，将主索牵引上塔穿索鞍，过河后上塔过索鞍，将主索与工作索分开，将主索绕入平衡轮后再与导索并联，与上述过程相反，对岸松，本岸拉，将主索按设计路线返回，再穿入本岸平衡轮。接长主索（本例主索选用 8 ϕ47.5、L=1000m，接点可根据缆索跨距和钢丝绳长度确定），再按上述程序牵引主索上塔，随着"工作索"来回穿梭于两岸主地锚之间，完成主索的穿索工作后，并将主索拉紧，调整到设计安装垂度。

主索安装完后在本岸塔顶设工作平台，安装起重小车、牵引索和起重索。

3. 起重索、牵引索：起重跑车由跑车轮、起重滑轮组和牵引系统 3 部分组成。起重滑轮组又分为上、下两组。上滑轮组（定滑轮组）与跑车连系在一起，下滑轮组（动滑轮组）与吊点连系在一起，均由单片组合而成。起重索安装时，利用工作吊篮将定滑轮组提升到塔顶工作平台上，分片套在承重索（主索）上，并用螺栓组合在一起；动滑轮组放在地面上，与上吊点对中。将起重索由岸上起重卷扬机拉出，经导向轮牵引上塔顶，过索鞍，穿入定滑轮，然后利用工作吊篮将起重索绳头带下，穿入地面动滑轮组，如此反复、上下穿行，完成起重小车的穿索工作。另一起重小车驱动卷扬机设在对岸，穿索方法与第一台小车相同。

牵引索是为牵引起重跑车沿主索前后移动而设。穿索方式为：在两岸各设一台牵引绞车，一台前进用，一台后退用。牵引索一端固定于天车上，另一端与绞车相连。穿索时利用"临时工作索"和工作吊篮牵引到位，牵引索安装方法同主索安装。

4. 工作索、工作吊篮：工作索和工作吊篮是为缆索吊机工作时运送人员和工具及在吊装拱肋时运送绳头或扣索到位。工作索为双线，穿索方法同主索。工作吊篮为 2 门 4 线矩形简易起重小车。工作索、牵引索和升降索由一台50kN双筒卷扬机牵引，完成吊篮的起吊和运行工作。

5. 扣索：扣索分为墩扣、塔扣等几种形式。本工法采用塔扣。即一头与分段拱肋吊点连接，另一头通过塔架顶部索鞍后，扣固在地锚上。扣索的收紧使用绞车或捯链滑车，用拉紧器微调。

5.2.4 缆索吊吊装系统调整与试吊

1. 系统调整

缆索吊车全部安装完成后，马上进入调整阶段以期达到吊装要求。

1) 前后及两侧浪风绳初调：用50kN捯链调整前后两侧浪风绳达到初始张力状态，用张力仪和观察方法检查钢丝绳的垂度。

2) 塔顶位置调整：安装塔架时，塔架的轴线位置已按设计要求进行过调整，此时只用仪器检查扣索鞍中心，不满足时调整两侧缆风绳从而调整塔架顶部位置。

3) 主索安装垂度：在安装起重小车系统前已调整好，此时只是检查，不符合要求再松、紧主索进行调整，同时在钢丝绳接头处用油漆做标记，以便施工时检验。主塔向后仰30cm，通过仪器观察检查，若不能满足，则调整前后浪风绳来达到要求。

4) 检查：塔架、地锚、起重、牵引各系统，通过空载运行来观察。地锚处设观测点，用经纬仪和水平仪观察，塔架基础沉降用水平仪观察。

2. 试吊

缆索吊系统调整完成后，进行空载试运转、静载起吊试验和动载行走试验。

1) 试吊前检查内容

(1) 主索、起重索、牵引索、扣索、风缆等受力是否均匀。

(2) 主索连接接头是否稳固、索夹是否上到位等，并用油漆做上标记。

(3) 塔架连接螺栓是否上紧上足。

(4) 各缆索与地锚连接是否牢固。

(5) 各卷扬机空载性能、各滑车的运行状况是否良好。

(6) 各关键点位的通信联系情况。

检查中发现问题及时调整、处理，直至全部满足要求为止。

2) 试吊

(1) 试吊检查内容

① 主索垂度观测：通过实测垂度与计算垂度比较，准确确定主索的安全度，以及主索连接接头的安全度。

② 索鞍、滑车、平衡轮、卷扬机转动情况和承载能力。

③ 主地锚、索塔风缆地锚等安全程度和缆索连接牢固程度。

④ 观测索塔的稳定、压缩量、塔顶各项位移，塔顶结构受力构件的连接和索塔基础下沉情况。用经纬仪两个方向观测两个塔顶位移和扭转，同计算允许塔顶位移和扭转比较，不符合要求时及时调整各风缆受力，使之符合要求为止。

试吊过程中，对各项检查内容派专人观测并记录。

(2) 空载试运转：吊装设备配重为100kN，缆索吊机牵引跑车在主索上往返运行1～2次，检查各项内容，主要对各项机具设备运转性能进行观测。

(3) 静载起吊试验：按设计吊重的80%、100%和125%三个荷载级别进行试吊。试吊中，构件离开地面，停留10min，观察观测各项内容，并做好记录，没有问题再进行下一级荷载试验，发现问题及时更换、调整，并再次试验。第三级荷载试验提起后，观测各项内容，并做记录，确认没有问题后，进行行走试验。

(4) 起吊行走试验：行走试吊同静载试验一样，荷载也分3级，重量相同。每行走一段距离后，观测各项内容，并做好记录，与计算数据对照，没有问题继续行走，有问题将吊重物退回原处，调整后继续起吊行走，每级荷载往返运行一次。经过各项试验和调整后，确认缆索吊设计和安装符合要求，吊装安全得到保证，可以进行拱肋拼装。

5.2.5 拱肋吊装

1. 拱肋运移

所有大型预制构件均通过纵横向轨道运移至缆索吊吊点下。对于卧式预制的拱肋：

1）拱肋横移：每段拱肋在支点位置处铺两根横轨，采用两台特制龙门架移至主轨，用捯链拉起，将纵向轨道运输平板车推至梁下，松捯链将梁放在平板车上。

2）拱肋的纵移：用 50kN 慢速卷扬机沿主轨将载重平板车拉到南岸 50m 跨纵轨与横轨交叉处，再用另两台特制的门式龙门架吊起，退出运输平板车。

3）拱肋的再次横移：采用两台龙门吊横移，即可将拱肋运至同桥轴线平行，也可以使拱肋同轴线斜交成 0~45°，运至缆索吊吊点下。

4）拱肋翻身：由于拱肋采用卧式预制，在吊装前必须将拱肋翻身正立，使用"L"形翻身架，结合移梁小龙门吊翻身，速度快，工效高，约 40min 就能完成拱肋翻身。

翻身时将拱肋的两个翻身架按要求放置于翻身架基础上，将拱肋放置在翻身架上，通过龙门架上的捯链，垂直提起拱肋一端，使之沿圆弧慢速、均匀转动，转动时拱肋重心和平面位置前移，引起捯链倾斜，带动龙门吊前移，翻身架转动 90°时，翻身即完成。

2. 拱肋吊装

确定拱肋吊装顺序。

塔架移动缆索吊五节段拱肋吊装（塔架位于南北两岸）：

1）吊北边段：将北边段运至吊点→翻身→起吊吊至拱位→歪拉拱肋就位并搁在拱脚钢板上→准确调整垂度→系好扣索并收紧，使上端抬高 10~15cm，用扣索扣在北边塔架上→收紧两边侧缆风使拱肋居中→拆除主吊钩。

2）吊北边次边段：将北边次边段运至吊点→翻身→起吊吊至拱位→歪拉拱肋就位→挂上爬梯和挂篮，上紧连接钢板底排螺栓→上好上排螺栓但不上紧→系好扣索扣在北岸塔架上，并使上端抬高 20cm 左右→拉好两侧缆风使上端居中→拆除主吊钩。

3）吊南边段：方法同①，循环上述步骤吊装南边段并扣在南岸塔架上。

4）吊南边次边段：方法同②，将南边次边段扣在南岸塔架上。

5）吊中段拱肋：将中段运至吊点下→翻身→运至拱位（此时塔架、各地锚基础等受力最大）→歪拉就位，慢慢松起重索，使中段与两次边段接触→挂挂篮，套连接钢板的螺栓→由边向中分步放松各扣索、吊点使拱肋各段调至设计标高→调整缆风使拱肋居中→用钢锲锲紧各接头钢板四周缝隙→同时焊接连接面钢板和接头钢筋→拆除主吊点→拆除次边段扣索→拆除边段扣索（保留缆风绳防止失稳）→立各现浇段模板，现浇混凝土→立拱肋立柱模板、灌注混凝土。

本榀拱肋吊装完成后，将塔架连同主索等一起横移到中片拱肋起吊位置，横移完成并固定即可起吊。

3. 塔架整体横移

1）移动准备

在横移前清理干净滑道，并在滑道上涂黄油，安装横移滑轮组。滑轮组一端固定于塔架脚部，一端固定于滑道基础外端，用卷扬机收紧。缆风的收紧与放松用捯链滑车。将前后缆风分别用千斤绳和 50kN 捯链与缆风的锚碇连在一起，同时适当放松承重主索。

2）横移方法

（1）适当放松一个塔架后方（背离移动方向）的缆风，同时收紧移动前方的缆风，使塔架向前轻微倾斜（≤1°），每次移动距离≤30cm；

（2）开动位移卷扬机拖曳塔架向前微倾（<1°），如此反复操作，使塔架移至所需位置，并重新校正；

（3）两塔移动应交叉进行。即一塔移动 1/2 距离停下来，将另一塔移动到位，然后再将前一塔架移动到位。两塔架横移到位后，全面检查各承重索、地锚及缆风，是否恢复到位，进行新轴线的吊装。

塔架横移完成按上述吊装方法吊装下一榀拱肋。

4. 索鞍横移密肋拱吊装

对于采用索鞍横移方法进行第二榀拱肋吊装前，将进行索鞍横移。横移方法为：将主索索鞍固定件松开，并适当放松主索用捯链滑车将两岸塔架顶上的主索鞍同时缓慢地牵引至另一条拱肋中线位置，用销栓将索鞍固定。并用捯链从索鞍运行的前后方向做临时防护措施，然后进行第二条拱肋的吊装。第二条拱肋的吊装顺序和方法与第一条拱肋基本相同。对于小间距密肋拱，因两肋之间间距较小（仅为4cm），应特别注意做好缆风绳的设置和夹具的设计，以确保拱肋的横向稳定，防止发生碰撞，保证施工安全。单基肋合拢的横向稳定，主要靠位于各拱段左右两侧的风缆及其顶面上的扣索来稳定。风缆、扣索始终是保证拱肋施工中横向稳定的主要措施，如两拱肋间距较小，而且拱箱预制场设在桥下时，第二条拱吊装时，第一条拱上的缆风绳会对其有干扰，必须在第一条拱的边段和次边段适当位置增设两对副缆风，将对吊装干扰的一条主缆风绳暂时松掉，待第二条拱段就位后，重新收紧主缆风，保持两条拱肋始终处于稳定状态。当两条拱肋合拢调整好后，将其横向连接螺栓上紧，焊接缀板和钢筋，将两肋缆风改为共用缆风，上紧接头螺栓，用钢板填塞缝隙，松掉两肋扣索，从两侧分层、对称、均匀地浇筑肋间和拱背混凝土，形成第一组拱肋。

5. 多节段拱肋拼装

1）拱肋移运至设计位置，使用缆索吊机两组天车4个吊钩，逐步将拱箱吊装到位。考虑预制和安装误差的修正及温度场的影响，采用动态控制的方法精确定位拱箱空间位置。

2）把初步调好线形的拱箱节段同已安装好的拱箱对接，用水平仪及经纬仪精确定位，无误后穿定位螺栓，并上紧。

3）拉拱箱横向缆风绳，收紧时保证主拱箱中线准确。

4）安装扣挂钢绞线，后端锚于主地锚上，过塔顶鞍座后，同梁上预埋的钢绞线用连接器逐根锚固好，并初步收紧（此步可以和焊接钢板同步进行）。

5）将已调整对位好的拱箱节段同已安装好的拱箱节段间用连接钢板焊接成整体。其要求是：先每块钢板点焊定位后，再对称焊接完成每块连接板，否则将会造成中线偏位。

6）节段受力体系转换：即张拉本段拱箱扣挂斜拉索（钢绞线）、前一段拱箱扣挂斜拉索（以及根据计算必须进行调索的其他斜拉索），并逐渐松放四个起重滑轮组钢丝绳，要求张拉钢绞线和松起重绳协调一致，每一工作循环线形标高以1～2cm变化为控制，经多级循环转换，使缆索吊机吊重完全释放到斜拉索上，至此，体系转换完毕。

7）拆除拱箱前后吊点系统，用同样方法安装其他各段拱箱。

8）合拢段施工、解除扣索形成单肋。

现浇合拢段施工。选择合拢时间以夜间温度较低后焊接钢支撑较为适宜，焊接完全部钢支撑，随即绑扎钢筋，浇筑合拢段混凝土，时间宜控制在第二天早6点钟之前完成。

单肋主拱圈全桥合拢后，按照计算得出的松索程序，逐步对称松掉全部斜拉扣索钢绞线，形成单肋。

横移缆索吊装系统，吊装另一条拱肋。

5.2.6 拆除缆索吊

上部结构全部吊装完成后，经检查合格后即可拆除缆索吊系统。拆除顺序：拆除跑车→拆除起重索→拆除扣索→拆除牵引索→拆除主索→拆除工作索→拉临时缆风绳（保证塔架稳定）→拆除前后、左右缆风绳→拆除塔顶结构→拆除塔身→各种周转材料、机械设备分类、上油入库。

拆除过程中要特别注意塔架的临时稳定。

6. 材料与设备

6.1 移动塔架缆索吊架设（30＋50＋70＋50＋30）m 三榀拱桥主要材料设备见表6.1。

移动塔架缆索吊架设（30＋50＋70＋50＋30）m 三榀拱桥主要材料设备表　　　　表 6.1

序号	名　称	规　格	单位	数量	备　注	序号	名　称	规　格	单位	数量	备　注
1	卷扬机	5T—双	台	2	牵引起吊	16	钢丝绳	ϕ47.5	kg	3000	起吊
2	卷扬机	8T—单	台	2		17	钢丝绳	ϕ28	kg	5536	起吊
3	卷扬机	3T—单	台	2	牵　引	18	钢丝绳	ϕ24	kg	2040	起吊
4	调度绞车	1T	台	4	拼塔架、工作吊篮	19	钢丝绳	ϕ21.5	kg	5697	牵引绳
5	索鞍	8门	只	4	主索	20	钢丝绳	ϕ19.5	kg	530	缆风等
6	索鞍	4门	只	2	扣索	21	钢丝绳	ϕ17.5	kg	524	缆风等
7	索鞍	2门	只	2	扣索	22	卸扣	80T	只	4	起吊
8	索鞍	简易	只	4	扣索	23	卸扣	50T	只	20	起吊
9	天车	9门	台	2	起吊及主索牵引	24	卸扣	30T	只	21	起吊
10	天车	2门	台	2	吊篮起吊及跑马	25	钢丝绳	ϕ47.5	根	13	天线每根1000m
11	天车	三角	只	2	备用	26	全站仪	索佳	台	1	
12	滑车	特—80T	只	20	转　向	27	经纬仪	J2	台	2	
13	滑车	6线50T	只	10	起吊	28	水平仪		台	2	
14	滑车	4线32T	只	2	缆风	29	钢尺	30m	把	2	
15	滑车	3线20T	只	8	缆风						

6.2　索鞍移动单肋合拢缆索吊架设 130m 拱肋主要材料设备见表 6.2。

索鞍移动单肋合拢缆索吊架设 130m 拱肋主要材料设备表　　　　表 6.2

序　号	设备名称	规　格	单　位	数　量	备　注
1	万能杆件	M式	t	190	索塔架
2	索鞍	6门	个	2	主索鞍
		2门	个	4	扣索鞍等
3	钢轨	43kg/m	m	48	索鞍移动
4	钢丝绳	ϕ47.5	kg	38060/4800m	主索、扣索
		ϕ43	kg	13106/2000m	主索、扣索
		ϕ32.5	kg	737/200m	起重、扣梁千斤索
		ϕ21.5	kg	19329/11800m	牵引、起重、风缆等
		ϕ13	kg	1770/3000m	卸吊架绳
5	吊架	［20	根	48	吊（夹）具部分
6	吊杆	ϕ50	根	48	吊（夹）具部分
7	螺母	ϕ50	个	144	吊（夹）具部分
8	撑木	200×200×400	根	24	吊（夹）具部分
9	卸夹	ϕ50（铸钢）	个	20	吊（夹）具部分
10	绳卡	ϕ47.5	个	84	吊（夹）具部分
		ϕ43	个	40	吊（夹）具部分
		ϕ21.5	个	350	吊（夹）具部分
11	卷扬机	8t	台	8	机械设备部分
		3t	台	2	机械设备部分
		1t	台	3	机械设备部分
12	卷扬机	10t	台	2	机械设备部分
		5t	台	4	机械设备部分

序　号	设备名称	规　格	单　位	数　量	备　注
13	卷扬机	15t	台	4	索吊部分
14	平衡轮	φ550	个	5	索吊部分
		φ440	个	10	索吊部分
15	跑车	φ400	台	2	索吊部分
16	滑轮组	6轮φ400	组	2	索吊部分
		7轮φ300	组	8	索吊部分
17	滑轮	2轮φ280	个	20	索吊部分
		1轮φ280	个	24	索吊部分
18	捯链滑车	SH1 30kN	个	8	紧扣索
		SH5 50kN	个	18	索移动
18	运梁车	45t	台	4	运梁
19	对讲机	5km	台	10	指挥、联系
20	望远镜		个	2	

7. 质量控制

7.1 执行的标准规范

本工法执行交通部《公路桥涵设计通用规范》JTG D60—2004、《公路钢筋混凝土及预应力混凝土桥涵设计规范》JTGD 62—2004、《公路工程质量检验评定标准》JTJ 071—98、《公路桥涵施工技术规范》JTJ 041—2000、《公路工程技术标准》JTJ 001—97等相关设计及施工规范，并制订如下质量标准：

7.1.1 拱肋、横梁等大型预制构件外形尺寸控制（表7.1.1-1、表7.1.1-2）

拱肋预制允许误差表　　　　　　　　　　　　　　　　表 7.1.1-1

序　号	检查项目	允许误差	说　明
1	每段拱肋内弦长（mm）	+5	每肋用尺量
2	拱肋宽度和高度（mm）	+10，−5	每肋用尺量
3	接头尺寸（mm）	5	用尺量
4	预埋件位置（mm）	10	每肋用尺量
5	轴线偏位（mm）	5	经纬仪定出轴线，每拱肋检查3处

横梁允许误差表　　　　　　　　　　　　　　　　表 7.1.1-2

序　号	检查项目	允许误差	说　明
1	长度（mm）	−10，+5	每梁用尺量
2	宽度（mm）	+10	每梁用尺量两端及中间
3	高度（mm）	+5	每梁用尺量两端
4	梁肋厚度（mm）	0，−10	每梁用尺量两端及跨中各一点

7.1.2 拱肋线形控制（表7.1.2）

拱肋拼装线形控制允许误差表　　　　　　　　　　表 7.1.2

序　号	检查项目		允许误差	说　明
1	轴线偏位（mm）		10	经纬仪测量
2	纵轴线高程	拱脚（mm）	10	水平仪测量
		其他点（mm）	20	
3	同跨各肋间距（mm）		5	用尺量

7.2 质量控制措施

7.2.1 质量管理控制措施

1. 建立质量管理保证体系，全面开展质量管理活动，各工序指派专人负责，技术人员跟班作业。

2. 做好操作工人岗前技术培训，特种作业人员持证上岗。

3. 建立质量记录制度，制订出各工序施工质量评比办法，使施工质量与工资收入紧密挂钩，充分调动和提高全员质量意识，发挥每一员工主观能动性。

7.2.2 特殊工序控制措施

1. 大型拱肋、横梁等预制构件外形外观几何尺寸控制。严格按照设计施工规范允许误差标准控制构件外形尺寸，严格按照施工规范检查频度检查测量控制构件几何尺寸。

2. 预制构件预埋件几何尺寸及施工质量控制。严格按照设计施工规范控制预埋件几何尺寸及施工质量，严格按照检查频度要求检查控制。

3. 构件吊装中严格拱肋轴线、标高、预留拱度测量控制；拱肋接头电焊作业应在调整轴线偏差、嵌塞并压紧接头缝钢板之后和全部松索成拱之前进行。

4. 塔架移动缆索吊移动滑道基础施工中严格控制其平顺度，相对高差小于10mm，两轨道中心间距误差小于10mm。

5. 严格加强塔架拼装精度控制。塔顶标高偏差小于50mm；塔顶平面相对高差小于10mm；立柱侧向弯曲小于H/1500（H为塔架高）；立柱倾斜小于H/2000（H为塔架高）；塔架的平面扭转小于1°。

6. 所有构件拼装完成后，严格按规定程序进行缆索吊拆除。

8. 安 全 措 施

8.1 安全管理措施

1. 缆索吊装是一项组织纪律性严密、操作技术要求高的工作，必须严格遵守安全操作规则。

2. 缆索吊机为特种起重机械，操作人员必须持证上岗，必须严格执行"起重作业"有关规定。

3. 缆索吊装为高空作业，必须严格按照高空作业有关安全技术要求进行操作。

4. 所有架梁作业人员必须戴安全帽，高空作业人员必须系安全带、穿防滑鞋。

8.2 安全技术措施

1. 缆索吊系统的设计加工必须采用试验、检测手段进行验证。

2. 高空作业所用吊篮、吊笼等设备均须通过计算检验合格后方可使用。

3. 塔架拼装过程中，及时拉设缆风绳，以防塔架失稳。

4. 塔顶工作面狭窄，不得堆放杂物。

5. 塔架顶部设置避雷装置，大雨天或六级以上大风停止架梁作业。

6. 缆索系统必须经过试吊成功后方可正式使用。

7. 缆索系统在移动过程中，先松一侧缆风后收另一侧缆风，横移时各部位一定协调一致，始终保持塔顶倾斜不超过30cm，塔柱柱脚无悬空。

8. 凡受力重要部位必须有专人负责观察，一旦发现问题立即停止吊装，待妥善处理好后方可继续操作。

9. 对缆索吊设施定期检查，发现问题及时整改，处理结果要有记录。

10. 吊装过程中塔架受力较大的杆件应力测试及塔顶位移要随时监控，发现异常情况，及时采取相应措施，处理后方可继续施工。

11. 缆索吊机工作跨度大，视线远，必须制订统一的指挥系统，配备相应通讯工具，确保操作安全。

8.3 对突发事件的应急措施

8.3.1 成立突发事件应急救援管理组织机构

成立以项目经理为组长，项目总工程师为副组长，安全质量部部长、各施工队队长为组员的突发事件应急救援管理领导小组，组建突发事件应急救援队伍，在项目形成纵横网络的应急救援管理组织机构。

8.3.2 制订突发事件应急救援培训制度、日常检查制度和演习制度等

制订突发事件下的自救方法及减少伤亡的措施；简易条件下救护伤员的急救措施；在塔架失稳、拱肋吊装过程中坠落或失稳、火灾、爆炸等突发事件下人员疏散、灭火设备使用等急救措施；对突发事件的自救及救援方法，要经常性地进行日常演练。

针对本工程特点，对操作人员定期进行培训和演练，培养自救及救援必备的基本知识和技能。

8.3.3 建立应急方案响应程序，发现问题及时上报，及时启动应急预案，减少事故的损失。

9. 环 保 措 施

为保证工程所在地区的环境，要求严格执行国家和地方政府的环保政策、法律法规。

9.1 采用"四新"技术，精心组织，科学施工，减少对周边环境的影响。

9.2 执行《建筑施工场地噪声限值》和《城市区域环境震动标准》要求，控制和降低施工机械和运输车辆造成的噪声污染。

9.3 进入现场的机械、车辆必须做到不鸣笛，不急刹车；汽车在等候装土时开启小油门或停车，加强设备维修，定时保养润滑，以避免或减少噪声。

9.4 优化施工设计，减少对周边环境的破坏。总体布置尽可能地利用两岸地形条件，尽可能利用永久性设施，地锚的设计尽可能和周边环境相协调，如采用的地锚集中设置、采用锚索式地锚等均可以最大限度地减少对周边环境的破坏。

9.5 施工中的建筑垃圾、开挖中的废碴、施工中的废水、施工中的废油等的排放、废弃物的堆积必须统一规划，不能随处排放堆积，必要时采用修筑挡碴墙集中堆放废碴、利用废碴修筑田地、废水沉淀净化后再排放等措施以减少对环境的影响。

9.6 在桥头植树造林，美化环境，做到"建一桥，添一景"。

10. 效 益 分 析

10.1 经济效益

10.1.1 使用移动塔架缆索吊或索鞍移动缆索吊架设拱桥，只使用一组主索和起吊设备，可完成多条拱肋的吊装任务，节省了一组或数组主索等起吊设备，大大降低了工程造价，提高了工效。

1. 使用移动塔架缆索吊架设（30＋50＋70＋50＋30）m 三肋五孔连续不等跨钢筋混凝土箱形拱桥，较采用满膛支架现浇节约钢支架 227.1t，方木 757m³，节约钢筋、混凝土提升所需机械台班 524 个，周转模板 80t，合计节约资金 370 万元。

2. 使用移动塔架缆索吊架设（30＋50＋70＋50＋30）m 三肋五孔连续不等跨钢筋混凝土箱形拱桥，较三塔门架式缆索吊架设节约万能杆件 225t、钢丝绳 338.5t，合计节约资金 333.1 万元。

3. 使用索鞍移动法架设大跨度小间距拱肋，不仅可以架设分组式拱肋，还可架设密肋式拱肋，适用性强。与固定索鞍缆索吊相比，节约钢索 50%，节约钢丝绳 73t，起吊设备一套，合计节约资金约 21.9 万元。

10.1.2 多节段拱肋缆索吊拼装，主扣塔合用，大大减少了临时工程施工，缩短了工期。节约费用：①节约塔架钢筋混凝土基础两处 183m³，节约费用 183m³×600 元/m³＝10.8 万元；②节约塔架杆件约 200t，节约费用 200t×5500 元/t＝110 万元；③缩短工期 2 个月，节约工费 2 月×30 天/月×20 人×45＝5.4 万元。共计 126.2 万元。

10.1.3 多节段拱肋缆索吊拼装，缆索吊装系统的牵引系统设计采用闭合回路牵引。①节约 28t 卷扬机 4 台，节约费用 4×8 万元/台＝32 万元；②节约牵引钢丝绳 3 根及相应材料，节约费用 15 万元；③节约卷扬机操作工 3 个：3 个×5×30×50 元/天＝2.3 万元。共计 49.3 万元。

10.2 社会效益

1. 缆索吊设计、安装可与拱肋预制同步进行，大大加快了工程进度，缩短了工期，减少了工程管

理费用开支。

2. 缆索吊设备简单，安全可靠，拆、装方便，运行平稳，移位灵活，工作效率高。

3. 缆索吊架设拱桥不中断通航及桥下有繁忙交通运输的跨线工程施工，不影响当地人民群众正常生活，社会效益好。

10.3 环保效益

1. 使用移动塔架缆索吊或索鞍移动缆索吊架设拱桥，只使用一组主索和起吊设备，可完成多条拱肋的吊装任务，节省了一组或数组主索等起吊设备，节能效果好。

2. 缆索吊所用器材和材料除混凝土地锚和塔架基础外，均可回收重复使用，节能环保，经济效益好。

11. 应 用 实 例

11.1 合肥市南淝河当涂路大桥全长 252.8m，宽 43m，为三肋五孔连续不等跨钢筋混凝土箱形拱桥，孔跨形式为：30m＋50m＋70m＋50m＋30m，其中 50m，70m 跨为敞开型中承式拱，30m 跨为上承式拱。

该桥 1996 年 1 月份由第十七工程局第一工程处中标承建，上部结构采用预制拼装技术，不等跨拱肋分别采用五段、三段、二段卧式预制拼装。根据工程特点和地形条件，施工中采用大吨位移动塔架缆索吊架设拱桥技术，成功架设了三榀相距 13.5m 的三条拱肋共 15 片 45 段。缆索吊最大吊重 96t，最大横移距离 27.5m。使用一套缆索系统，吊装上、中、下游三榀拱肋，减少了塔架多次拼装，减少了 2/3 吊装设备，节约了大量资金，该桥于 1997 年 8 月正式建成通车，同年被铁道部评为优质工程。

近年多次回访，使用正常，没有发现质量问题。

11.2 泥巴溪大桥位于丰（都）—高（镇）公路 K13＋718～K13＋915.9 处，桥梁全长 197.9m，宽 12.5m，主跨为 130m 双箱双肋上承式钢筋混凝土薄壁箱形拱桥。拱箱高 2.1m，宽 1.28m，拱上立柱最高为 17.868m，重 38t。该桥于 2001 年由中铁十七局集团第一工程有限公司中标承建。

该桥施工关键技术：

1. 拱肋跨度大，横向稳定性差。

2. 拱肋设计分五段预制，先预制内腹板、横隔板，然后再现浇顶、底板、外腹板，而内腹板、横隔板的厚度仅为 5cm。

3. 根据设计要求，该桥应采用双基肋合拢方法施工。

4. 该桥宽 12.5m，两组拱肋中心间距为 6m，每组两片拱肋间距仅为 4cm，桥两头地形狭窄，不方便施工。

5. 该桥为长江三峡移民工程，造价低。

为减少施工投入，中铁十七局集团第一工程有限公司丰都工程指挥部积极开展科技攻关活动，科学合理地制订了"大距离索鞍移动缆索吊吊装拱桥"方案，使用一套主索，二套扣索，同时增加缆风等措施解决了 130m 跨拱桥所有构件拼装工作，取得了较好的经济和社会效益。

该桥 2001 年 12 月通过竣工验收，单位工程质量达到优良。2007 年、2009 年用户回访，营运正常。

11.3 贵州六圭河特大桥全长 255.76m，主跨为 195m 上承式钢筋混凝土单箱三室箱形拱桥，箱高 3.2m，单肋分 20 节段预制，全桥共 40 段，采用缆索吊装，是国内目前吊装节段最多的钢筋混凝土箱形拱桥。该桥于 2004 年由中铁十七局集团有限公司中标承建，2006 年通车运营。

该桥在施工难度特别大，地形异常复杂、气候条件恶劣的情况下，主跨采用"分节段预制、缆索吊多节段吊装、逐段固结扣挂、合拢后松索成拱"的施工技术，圆满地完成了施工任务。该桥上下游两片单肋拱箱吊装节段为 20 段，全桥拱箱吊装节段为 40 段（最重节段 95t），跨中设置 60cm 的合拢调整段，在吊装完成后成拱状态下，主拱拱底标高实测值与理论值吻合良好，绝对误差远远小于规范的规定值（L/3000＝65mm），主拱轴线实测值与理论值吻合良好，绝对误差远远小于规范规定值（L/6000＝32.5mm），在整个施工过程以及成拱状态下，主拱线形流畅，扣索、扣吊塔受力合理，拱体结构安全可靠。

该桥的成功建成，为箱形拱桥的发展积累了宝贵的经验，将会促进箱形拱桥的发展。

大跨度结合梁跨越电气化铁路编组场施工工法

YJGF26—2000（2009~2010 年度升级版-055）

中铁十七局集团有限公司

田朝霞　陈金元　王道斌　袁俊青

1. 前　　言

1999 年，中铁十七局集团有限公司完成了石家庄南环大桥 B 标段的两联钢箱—混凝土结合梁施工，跨度分别为 62m＋95m＋62m 和 56m＋86m＋56m，是国内同类型桥梁中跨度最大的，被列为中国铁道建筑总公司科技计划项目（G99－7A）。该工程地处闹市区，跨越京广正线及铁路编组场，施工难度非常大。经过科技人员攻关，研制了一系列钢箱梁提升、架设的工装、设备和机具，形成一套切实可行、安全快速的施工方法，施工质量优良，并解决对环境的干扰难题。该研究成果"大跨度钢箱—混凝土结合梁跨越电气化铁路编组场施工技术"于 2000 年 5 月通过铁道部鉴定，技术水平达到国内领先，并获得 2000 年度中国铁道学会科学技术奖二等奖，获得了良好的经济、社会和环保效益，总结后形成了国家级工法。之后，又有大量的钢箱—混凝土结合梁在新建铁路和公路中应用很多，本工法的核心技术也得到了广泛推广应用。

2. 工 法 特 点

2.1 技术先进、工艺合理。

高低支腿龙门吊解决了城市狭窄空间箱梁提升，六四式军用梁设计拼装的跨墩 28m 宽幅式双导梁架桥机将所有箱梁节段吊装到位，施工工艺合理。

2.2 工序衔接紧，工效高。

吊运架桥机具形成的工艺先进，工序衔接紧，工效高，经济实用，操作方便，易于掌握，对周围及地面影响小。

2.3 钢箱梁可一次到位，安全质量有保证。

钢箱梁高位吊装、一次安装到位，减小了对铁路编组场的安全风险，拼装质量有保证。

2.4 跨墩设置双导梁架桥机，干扰小。

设计的跨墩、宽幅、多支点拼装式双导梁架桥机，完全排除了对跨越的铁路和桥位下市政道路的干扰。

3. 适 用 范 围

1. 复杂环境、困难地形条件下大吨位桥梁架设施工。

2. 本工法核心技术，如走行设备及高低腿龙门吊可应用于城市、山区等不良或复杂地形条件下的桥梁上部施工。

3. 需要快速施作的铁路、公路桥梁的战备抢修。

4. 工 艺 原 理

采用自行设计拼装的高低支腿龙门吊提升钢箱梁节段上桥，高低支腿龙门吊负重爬坡前行将钢箱梁喂到双导梁架桥机桁车作业范围内；架桥机为跨墩、宽幅、双导梁式架桥机，高位架设钢箱梁到安装位置，一次到位；桥梁墩台之间合理设置临时支墩，墩台和临时支墩上布置了三向精调装置和落梁装置；桥面钢筋混凝土现浇施工采用预制钢筋混凝土薄壁模板，翼缘板模板采用悬臂斜拉控制，泵送混凝土施工桥面板。

5. 施工工艺流程及操作要点

5.1 工艺流程图（图5.1）

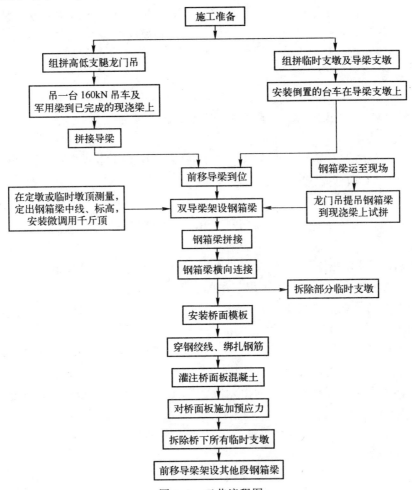

图5.1 工艺流程图

工艺流程图中的关键工序有：

1. 利用制式器材组拼高低支腿龙门吊，高支腿支撑在已现浇的钢筋混凝土箱梁上，低支腿支撑在原地面，解决了狭小场地情况下双导梁的拼装和钢箱梁的起吊难题。

2. 低高度大吨位走行台车，用于龙门吊、桁车梁和起重小车的走行系统和导梁的驱动，保证了双导梁架桥机的横向稳定性。

3. 台车固定倒装在支墩上，原位驱动双导梁前移，解决了电气化铁路不中断行车难题。

4. 钢箱梁定位、拼接技术。

5. 桥面混凝土施工技术。

5.2 操作要点

5.2.1 钢箱梁临时支墩及双导梁支墩的设计与拼装

1. 临时支墩设计原则

钢箱梁设计为开口箱梁，裸梁不能承受自身荷载，必须加设临时支墩。临时支墩跨度22～32m不等，其位置选定要根据现场地貌和铁路股道情况，应考虑以下因素：

1）最大跨度≤32m；

2）临时支墩优先设置在钢箱梁拼缝处，最大限度减少悬拼；

3）少占用铁路股道，减小对站场运营的影响；

4）条件许可时，架桥机导梁和钢箱梁支墩采用同位连体布置。

2. 临时支墩设计

1）临时支墩用六五式军用墩拼组而成，支墩基础用C15混凝土灌注，预埋螺杆与钢垫梁连为一体，对导梁支墩要进行稳定性计算，稳定系数取1.5。

2）支墩标高可以通过混凝土基础厚度进行调整，还可利用其顶上的落梁装置调整。

3）支墩置于铁路桥涵上方时，对桥涵进行受力检算，必要时予以加固。

5.2.2 高低腿龙门吊机的设计与拼装

1. 龙门吊技术参数

1）最大吊重

钢箱梁单元段最大自重910kN，加上吊索具等重量，最大吊重按1200kN计算。

2）单台龙门吊技术参数

起重能力700kN；龙门大车、起重小车纵走、横移速度为6m/min；用80kN慢速卷扬机提升，起重绳速10m/min；800kN6门滑车组，走13绳。

2. 龙门吊结构

1）形式、跨度：由于现场条件限制，龙门吊采用高、低支腿结构形式，跨度30m，其高支腿置于已完成的现浇梁上。

2）高度：龙门吊高度为桥面距吊机横梁底7.0m，保证吊运4.5m最高钢箱梁梁段时能上跨通过双导梁顶面，把钢箱梁送到双导梁中间桁车可以起吊的位置。

3）轨距：为确保龙门吊能上坡负重走行，设4台走行台车。龙门吊低支腿走行轨轨距2.0m，高支腿走行轨轨距1.5m；起重台车走行轨轨距2.25m。

4）扁担梁：起重钢箱梁的扁担梁采用天平横梁结构，用高强螺栓与钢箱梁连接；吊耳用活动轴式结构。龙门吊结构及提升钢箱梁情形见图5.2.2-1。

3. 安装龙门吊。龙门吊支腿和横梁分别由六五式军用墩和六四式加强型军用梁组拼而成。龙门吊安装步骤见图5.2.2-2龙门吊安装流程图。

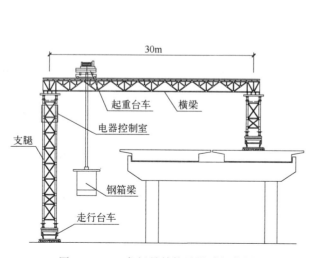

图5.2.2-1 龙门吊结构及提升钢箱梁

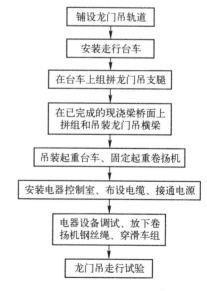

图5.2.2-2 龙门吊安装流程图

5.2.3 双导梁设计与拼装

1. 设计原则。根据一结合梁设计长度,双导梁长度定为264m。导梁支墩间最大跨距32m;双幅导梁中心距28m;单幅导梁用2片双层六四式军用梁组拼,两片中心距1.5m,设剪刀撑加固。导梁前端加弧形靴脚,以减小导梁前移时悬臂端的下挠度和爬上前方支墩时的冲击力。

2. 组拼导梁。在已完成的现浇梁桥面上搭设导梁拼装平台,拼装按下轨排、三角架、上轨排的顺序进行,每16m一个单元,每组拼32m开动台车前移一次导梁,开始时单幅导梁分别自行前移,待总前移量达160m时,拼装起重桁车于双幅导梁上,之后双幅导梁同步前移。在导梁前移过程中,每支墩上设专人观察,如靴头将要爬上台车轮缘时偏位,则暂停导梁前行,拨正后再前移。导梁走行到位后,在导梁支墩支点处,用型钢加固。

3. 组拼起重桁车。起重桁车设计起重量700kN,横梁用六四式加强型军用梁拼组;选用800kN6门滑车组走13绳和80kN慢速卷扬机,起重绳速10m/min;走行桁车、起重小车的走行速度为6m/min;采用天平横梁结构扁担梁,通过高强螺栓连接钢箱梁,吊耳为活动轴式,以实现钢箱梁吊装的平衡上升、下降和微小转动对孔。80kN慢速起重卷扬机,安装电器控制室,布设电缆线,接通电源进行电机空载调试,放下卷扬机钢丝绳,穿滑车组,吊起扁担梁,进行走行试验。

4. 双导梁的前移(略)。

5.2.4 钢箱梁的架设

双导梁架设钢箱梁图示见图5.2.4。

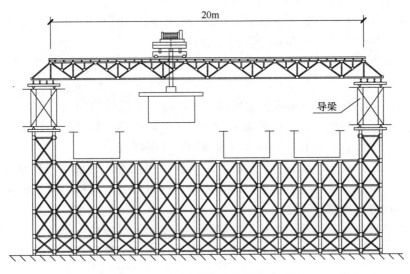

图5.2.4 双导梁架设钢箱梁示意图

1. 钢箱梁出厂和进场检验

1)钢箱梁在工厂制造。出厂前应对相邻的三段梁进行预拼,检查其拱度、中线、过孔率是否符合规范要求。

2)钢箱梁进场后放置在垫木上,避免损伤和变形,重点检查钢箱梁质量和外形尺寸,清除有孔部位和拼接板的毛刺、飞边、焊接飞溅物、油污、异物等。

3)钢箱梁栓接所用高强螺栓进场后要轻装、轻卸、分批、分类存放,防止损伤螺纹,注意防雨、防潮,由专人负责保管和发放。

4)高强螺栓进场后须进行性能、扭矩系数和栓接面抗滑移系数复验测试,以复验报告提供的数据为施工依据。

2. 吊运钢箱梁

1)架梁前复测。架梁前,先复测各墩顶支座和临时支墩位置、标高,在支点处划出钢箱梁梁段的横、纵向位置线,调整支点高度使其与梁底标高相适应。

2）吊梁上桥。龙门吊将钢箱梁提升运至双导梁桁车起吊范围后落梁，将翼缘、腹板、底板的部分拼接板提前用安装螺栓连于架设段的前端（尾端不连），注意该部分螺栓要安装在远离接缝的边孔上，不拧紧，在拼接板上标明冲钉、安装螺栓和高强螺栓的使用位置，剩余的拼接板连同足够的冲钉、安装螺栓和高强螺栓放在箱内暂不连接。

3）起吊钢箱梁，调整钢梁顶面水平和左右位置，使其接近水平并处于桁车梁跨中。

4）吊运至梁段拼接位置。

3. 拼接钢箱梁。钢箱梁的拼接有两种方法。预拼的钢箱梁梁段的一端有支墩或两端均有支墩时，用"插入法"；钢箱梁梁段两端均无支墩时，用"落位法"。

1）插入法

（1）梁的后端插入已就位梁段预装的拼接板内，2 台桁车交替移动，使梁体实现纵向小位移，避免梁体之间产生过大的碰撞，此时梁段基本完成纵向就位，微量横向轻摆梁体前端，迅速打入销钉。

（2）准确进行梁体前端横向就位，检查梁体前端中线或轮廓线，对正即可。也可使用三作用千斤顶，利用事先在梁段两侧（所在支墩位置处）焊接的千斤耳，对梁段进行纵向、横向、竖向微调，实现梁体三向就位。

（3）打入冲钉，穿上安装螺栓，将未装的拼接板拼装就位。冲钉数为总孔数的 2/9，安装螺栓数为总孔数的 1/9，冲钉和安装螺栓的布置应在连接面上均匀分布。

（4）桁车松钩，穿入高强螺栓，初拧、复拧、终拧。

2）落位法。在两个已架梁段之间落入待架梁段。

（1）已就位的后梁段的前端上好底板底部拼接板和腹板内、外侧拼接板，顶部盖板及翼板上盖板暂不连接，以使准备架设的梁段和已就位的梁段能顺利对接。

（2）前方梁段的两端均带上拼接板，梁体往前移位 7～10cm，落于三作用千斤顶上，使落梁段有足够的空隙。

（3）待架梁段则两端均不安置拼接板。梁段落下时，将梁段后端腹板与已就位梁段腹板拼接板缝隙对正插入，暂穿入小撬棍适当固定，使梁体前端相应摆正，检查高程控制是否正确，之后用三作用千斤顶使架设梁段的前方梁段后移，使其和架设梁段实现对接并暂时固定。

（4）由于前后两段梁的顶部盖板未上，此时桁车仍呈工作状态，顶部盖板用事先悬挂的 10kN 捯链进行提升安放，此时再检查一次中线、拱度，符合要求，便可以打入冲钉，穿上螺栓。落位法精度要求高，操作费工费时，在特殊困难地段使用。

无论是插入法还是落位法，吊装钢箱梁为悬拼时，桁车在高强螺栓完全初拧前不得松钩。钢箱梁在架设过程中应对预拱度、旁弯和盖梁位置处的横、纵向位移进行测量控制，须满足设计和规范要求。

4. 高强螺栓施工

1）高强螺栓采用扭矩法施拧，分为初拧、复拧、终拧 3 个步骤，初拧、复拧采用手动扳手，终拧采用定扭矩电动扳手。

2）配置检查扭矩扳手对手动扳手和电动扳手进行标定和检查螺栓终拧质量。

3）施拧顺序由拼接板中央向四周辐射进行，初拧扭矩取终拧扭矩的 50%，初拧完成后，用相同扭矩复拧，并做上标记，防止漏拧。终拧扭矩由螺栓复验报告中的试验数据计算而得，施加扭矩时必须连续、平稳，完成后用不同记号标识。

4）螺栓施拧结束后用松扣、回扣法检查，不满足要求的进行更换，保证高强螺栓不欠拧、不超拧、不漏拧。高强螺栓的初拧、复拧、终拧应在同一工作日内完成，在雨天不得进行高强螺栓施工。

5）高强螺栓的施拧用吊篮配合进行，在电气化铁路接触网之上作业时要做好绝缘防护。

5. 箱间横联施工。钢箱梁架通检查合格后，在箱间横联位置搭设施工平台，进行横联施工。

5.2.5 桥面混凝土施工

在架设完成的钢梁上现浇 C50 级膨胀混凝土，厚度 10～39cm，使钢箱和混凝土板通过剪力钉连成整体组合截面，并在混凝土板内施加预应力。

1. 桥面模板：采用预制混凝土模板作底模。混凝土模板分为 3 种，分别安装于钢箱梁上方、梁体间和梁外侧悬臂处，前两种模板利用自制长臂架子车直接行走于已装好的混凝土模板上往前逐块安装。箱体上方千斤顶入口处，待张拉完后再补装。悬臂模板用四轮车改装的液压简易吊车吊装，利用预先在钢梁翼板上焊好的角钢做立柱，用钢筋做斜拉索调整模板外端，其水平标高用设于斜拉索上的紧线器进行调整。悬臂模板安装完成后要勾缝，防止漏浆。桥面混凝土模板安装见图 5.2.5。

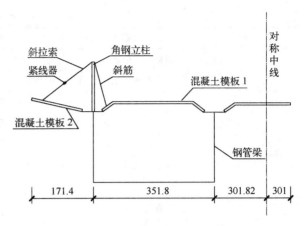

图 5.2.5　桥面混凝土模板安装（单位：m）

2. 钢筋、钢绞线制作加工：在桥位附近进行，现场绑扎、安装。

3. 灌注混凝土：灌注桥面板用商品混凝土由桥梁一端由低向高用 1 台 100m³/h 混凝土输送泵灌注，以插入式振捣器为主、平板式振捣器辅助进行振捣。

4. 养护：由于桥面板的厚度大部分为 30～39cm，并掺有膨胀剂，混凝土水化热较大，特别是在暑期，初凝前失水较快，在施工中用塑料薄膜覆盖后再加盖草袋保温、保湿，防止收缩裂缝的产生。

5. 张拉：当混凝土达到设计强度后进行张拉，钢束张拉采取先长束，后短束，双箱对称的办法进行。

6. 落梁和拆除支架：桥面板混凝土张拉结束，进行落梁和支架拆除。落梁时以半幅桥为单位，每箱设 2 台大吨位千斤顶，双箱同步徐落；先边跨，后中跨。落梁完成，量取钢梁预拱度下落量，与设计相比较。钢梁回落后，再进行预应力孔道压浆、封锚。

5.3　劳动力组织（表5.3）

劳动力组织情况表　　　　　　　　　　　　　　　　　　　　　表 5.3

序　号	单项工程	人　数	备　注
1	管理人员	3	总指挥 1 人、分项指挥 2 人
2	技术人员	5	土木 2 人、电气 1 人、机械 2 人
3	龙门吊制安	30	分 2 组
4	临时支墩组立	48	同时开 3 个墩
5	钢梁试吊、试拼	26	龙门吊工作、在混凝土梁上进行
6	双导梁拼装	32	拼装、台车安装、走行试验
7	钢箱梁架设	42	吊篮安、拆，钢箱梁拼接，高强螺栓初拧、终拧
8	钢箱梁横联	12	单幅一跨
9	桥面板施工	60	钢筋绑扎、膨胀混凝土施工、预应力张拉
合　计		258 人	

6. 材料与设备

6.1　材料

钢箱梁按设计图纸要求在有资质的工厂加工，全面混凝土为 C50 微膨胀混凝土，其他无特别说明的材料。

6.2　采用的机具设备见表 6.2

机具设备

表 6.2

序 号	名 称	规 格	数 量	备 注
1	高低腿龙门吊	跨度30m，吊重120t	2台	起吊钢箱梁
2	双导梁架桥机	长264m，跨度28m，吊重120t	1台	架设钢箱梁
3	低高度台车	自行研制、双轮缘	20台	驱动双导梁前移
4	滑车	自行研制、双轮缘	8台	配合卷扬机起重
5	三坐标液压千斤顶	80t	8台	调整钢箱梁就位
6	音响手动扳手	80t	10把	
7	定扭矩电动扳手		8把	
8	检查扭矩扳手		1台	
9	汽车起重机	8t	1台	
10	汽车起重机	16t	2台	
11	混凝土拌合站	25t	1台	
12	汽车输送泵	100m³/h	1台	
13	发电机	120kW	2台	
14	张拉千斤顶	YCW—150A，150t	2台	
15	张拉千斤顶	YCW—250A，250t	4台	
16	张拉千斤顶	YCW—400A，400t	2台	
17	高压油泵	ZB3—63	4台	
18	油压千斤顶	50t	2台	
19	可伸缩吊篮	自制	2个	

7. 质 量 控 制

7.1 质量标准

本工法除执行《公路桥涵施工技术规范》JTJ 041—2000 和《公路工程质量检验评定标准》JTGF 80/1—2004 外，还应做到以下几点：

1. 钢箱梁所有对接接头均为1级焊缝，所有焊缝均为连续焊缝。

2. 底板、腹板对接不得在同一断面，即不容许形成环形对接焊缝。

3. 导梁中心距误差允值：+6mm、－4mm，导梁轨顶标高误差允值：±4mm。

4. 龙门吊高低支腿顶面标高误差不超过 10mm。

5. 台车走行轨距允许误差±4mm。

7.2 质量控制措施

1. 严格检查钢箱梁质量，并安全放置，附件要分类存放和管理。

2. 所有钢箱梁的焊缝都应严格检查，并做记录。

3. 高强螺栓施工前，先标定检查扭矩扳手，其误差不得大于使用扭矩值的±3%。

4. 每班工作前用检查扭矩扳手对所有定扭矩扳手进行校正。

5. 每班操作后，必须对施工扳手进行校正，校正结果填入记录表，由校正人签字。

6. 每拧紧一个螺栓后，用白色油漆画线标记。全部拧紧后，应自行检查一遍，如有漏拧者予以补拧。

7. 螺栓终拧1h后、24h内完成扭矩的检查工作。

8. 安 全 措 施

除严格遵守安全操作规程外,还应采取以下措施:

8.1 按照铁路运输部门的规定,对铁路进行细致周密的防护,确保正线运营和编组场作业安全。

8.2 架桥机吊梁作业必须用钢丝绳兜底,以防落梁事故。

8.3 工作人员必须在封闭式吊篮内进行接触网上钢箱接头板拼接作业。

8.4 架桥机双导梁必须用木板封闭并挂安全网,以防作业工具掉下砸坏接触网造成恶性事故。

8.5 作业人员的扳手、锤头、撬棍等,必须用绳栓在吊篮内,防止失落。

8.6 在站场中股道间施工,必须设立专职防护人员,瞭望来往车辆。

8.7 搬运各种器材时,不得横放在钢轨上,以防造成电气信号断路事故。

8.8 寒冷天气施工,不得在股道中点火取暖,以防列车误认信号,造成行车事故。

8.9 安排专人维护桥下行人、行车通行秩序,防止拥挤造成混乱引起安全事故。

9. 环 保 措 施

9.1 成立环保管理机构、文明施工

在施工过程中,成立环保管理机构,严格遵守国家和地方政府的有关环境保护的法律、法规和规章制度,加强文明施工管理,做到对废水、废料和生活垃圾的封闭堆放和处理。

9.2 加强与周围居民的沟通交流

在城市施工中,加强了与周围居民的沟通交流,了解居民需求、满足便民要求,做好交通疏导和便道维护,使居民的生活环境保持良好影响。

9.3 防止噪声扰民

施工中注意噪声控制,合理安排施工顺序,噪声大的工序避开中午和夜间施工。

9.4 做好防排水

对施工场地和施工便道的防排水进行充分设置和日常维护,保证排水畅通,做到雨天和晴天一样整洁卫生。

10. 效 益 分 析

10.1 经济效益

采用本架设方法,能加快施工进度。以石家庄南环大桥 B 标段钢箱—混凝土结合梁施工为例,合理工期为 2 年,合同工期为 1 年。实际用 102d 完成了 72 片钢箱梁及 56 片 T 梁的架设,为全面展开桥面施工创造了条件,确保了总工期目标的实现。与膺架法施工相比,节约资金 260 余万元,取得了良好的经济效益。

以漳河特大桥的箱梁架设为例,采用高低支腿龙门吊减少了场地平整的设备投入 65 万元,人员 12 万元,复耕及垃圾清运费 23 万元,共计节约资金 100 万元。

在清江源特大桥采用自行设计的双导梁架桥机一项节约了架桥机的运输、拆装费 350 万元,场地清理平整费 234 万元,节约工期 6 个月。

总计该项技术在实际生产中产生的经济效益为 884 万元。

10.2 社会效益

本工法在时间紧、条件恶劣、任务重的情况下,安全、快速、优质地完成了工程任务,得到业主、监理、铁路运营和设计单位的肯定和赞扬,在国内同行业中产生了良好影响,取得了良好的社会效益。

10.3　环保效益

本工法在复杂环境条件下施工，环保措施得当，没有和周围居民发生冲突，采用的核心技术和工艺和工程材料对环境没用不利影响，环保效益突出。

11. 应 用 实 例

11.1　石家庄南环大桥跨铁路编组三场和五场的钢箱—混凝土结合梁于 1998 年 10 月开工，1999 年 9 月 25 日竣工，其中仅历时 102d 就完成了跨铁路三场、五场 72 片钢箱梁及两联之间的 72 片 35mT 梁的架设，工程质量优良。与其他方案相比，它施工速度快，对铁路运营影响小，安全系数高，减小了人力和机械设备的投入，得到了各方认可，经济实用。

11.2　大广高速公路衡大段 LQ25 合同段漳河特大桥跨公路及防洪堤，净空最低处只有 2.5m，跨越总宽度为 26m，防洪堤出地势起伏，两边高差达 4.5m，施工中采用公司自行设计拼装的高低支腿龙门吊来提升架设该段的预制箱梁上桥。该桥于 2008 年 9 月开工，2010 年 3 月 15 日竣工，该桥的 40mT 梁均采用自制的高低腿龙门吊。与其他方案相比，它因地制宜，有效利用了现有地形，减小了人力和机械设备的投入，施工速度快，对公路运营影响小，安全系数高。采用本工法施工，在时间紧、条件恶劣、任务重的情况下，优质高效地完成了施工任务，有效地从技术角度防止了各类事故的发生，得到了公路管理部门和建设单位肯定和赞扬。

11.3　湖北恩利高速公路恩施至利川段 14 合同段清江源大桥长 1098m，该桥跨清江源河，主跨为连续梁，其余为简支梁，桥梁架设时采用自行设计的双导梁架桥机为跨墩、宽幅（28m）、双导梁式架桥机，架桥机高位架设钢箱梁到任何需要的位置，双导梁支墩材料为"六四式"军用墩，导梁材料为"六四式"军用梁，采用"插入法"或"落梁法"安装钢箱梁。清江源大桥于 2006 年 12 月开工建设，2009 年 9 月竣工。该架梁技术的使用为该工程的顺利进展带来了极大的便利，大大节约了机械设备的投入。该桥采用自行设计的双导梁架桥机节约了机械设备的投入，导梁材料采用现有的军用梁拼装，节约了工期。清江源大桥地处齐岳山深处，地势起伏大，交通不便，大型的架桥机进出困难，拆装场地受限，无法按时施工，采用该架桥机可以有效地解决这个问题，经济效益可观。从其他架桥机架梁的情况来看，架桥机的运输成本高，拆装需要的场地平整占用时间并且需耗费大量的人力、物力、财力；而采用自行设计的双导梁架桥机则可以就地阶段式拼装上桥，运输过程中可拆装成小组件进行，节约了资金。

特大跨连续刚构悬灌梁施工工法

YJGF19—2002（2009～2010 年度升级版-056）

中铁十七局集团第三工程有限公司
邱瑞　杜嘉俊　吕建明　袁俊青　靳江海

1. 前　言

悬灌梁施工技术现在已趋于成熟，但从有关资料查知，像渔洞长江大桥这样用后锚式挂篮施工的重达 510t 悬浇梁段的特大跨悬灌梁来说，还是第一次，我公司结合 2009 年 6 月被山西省科学技术厅鉴定为国际先进、国内领先的渔洞长江大桥的施工方法，编制了以下施工工法，以供参考。

2. 工 法 特 点

2.1 能满足特大跨连续刚构梁大吨位悬浇节段要求。

2.2 有较好的社会效益和经济效益。

2.3 能保证安全、质量，施工速度快。

2.4 便于施工，易于施工人员掌握。

2.5 需较完整的配套机械设备，机械化程度高。

3. 适 用 范 围

3.1 适用于高墩、特大跨度刚构连续梁的悬灌施工。

3.2 适用于风力在 10 级以下的悬灌梁施工。

3.3 适用于工期紧，而且安全因素复杂的悬灌梁施工。

4. 工 艺 原 理

针对特大跨度刚构连续梁的特点，采用悬臂梁对称灌注法进行施工。主要做法为：用塔吊进行材料提升，拼装、拆卸挂篮，混凝土采用泵送，操作人员采用工业电梯垂直运送至作业面。0 号段采用在大刚度托架按水平分层 3 次浇筑施工，循环段及合拢段使用三角挂篮施工，合拢顺序为先中跨后边跨，中跨合拢采用水平体外支撑，边跨合拢增设剪刀撑，施工边跨不平衡段时在中跨进行压重以保持受力平衡，灌注中跨合拢段前先在中跨两端压重，灌注时进行均匀卸载。施工方案以平衡作业为基本原则，贯穿于各工序中。

5. 施工工艺流程及操作要点

5.1 施工准备

梁部悬灌梁施工前要做好如下的准备工作：

5.1.1 设计挂篮并加工（图 5.1.1）。

5.1.2 加工各梁段的波纹管、各种弹簧垫圈、预应力筋垫板。

5.1.3 委托有资质的单位检校各种仪器设备。

5.1.4 做施工计划，并按计划准备施工材料。

5.1.5 确定混凝土的运送方案，根据设计强度选配混凝土。

5.1.6 建立气象观测站，注意对每天的温度和风力进行观测统计。

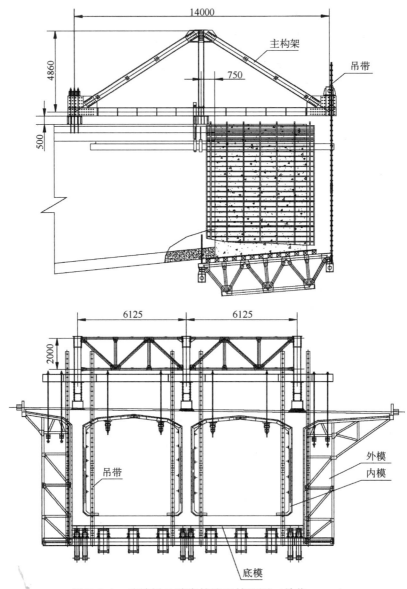

图 5.1.1　连续梁悬臂浇筑施工挂蓝图（单位：mm）

5.2　0 号段施工

5.2.1　工艺流程

工艺流程见图 5.2.1。

5.2.2　托架施工

0 号段采用了刚度较大的型钢组焊件托架（图 5.2.2）作为模板支撑。

5.2.3　安装底模板

在托架上用 ϕ60 钢管立柱作为调整模板标高和卸落模板工具，在立柱上用 2 [20 的槽钢做底板垫梁。

5.2.4　安装外侧模

选择风力较弱时，用塔吊逐片吊装外模，到位后立即用四台 10t 的捯链临时固定，用 32t 的螺旋千斤顶调整外模标高，所有的模板均到位后，在底部和顶部 2 [20 槽钢加固模板，使之成为一个整体环框结构，增加稳定性，增强模板抗风能力。

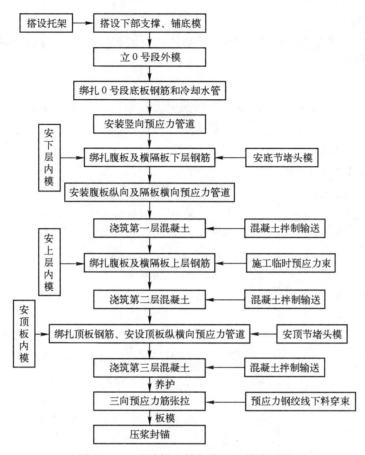

图 5.2.1 连续梁 0 号段施工工艺流程图

5.2.5 第一浇筑层钢筋绑扎，内模安装

绑扎底板钢筋、安装底板冷却水管，绑扎横隔板和腹板下层钢筋、安装固定竖向预应力筋，钢筋及预应力管道也按浇筑高度分层绑扎和安装。立内模、安装第一节堵头模。

5.2.6 第一层浇筑混凝土

用混凝土输送泵将混凝土运送到 0 号段，分部、分层对称浇筑第一层混凝土。施工时注意混凝土的振捣和波纹管的保护。

5.2.7 第二层浇筑混凝土

第一次浇筑的混凝土终凝后，对混凝土表面进行凿毛；绑扎腹板和横隔板上层钢筋；安装上层横隔板和腹板内模及第二节堵头模；浇筑第二层混凝土。

5.2.8 第三层浇筑混凝土

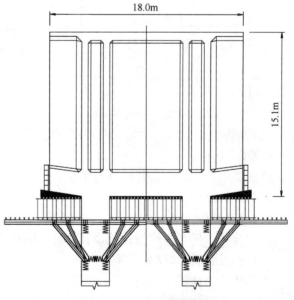

图 5.2.2 型钢组焊件托架

第二次浇筑的混凝土终凝后，对混凝土表面进行凿毛。安装顶板内模，绑扎顶板钢筋；安装顶板纵向预应力孔道和横向预应力筋；安装顶板堵头模；浇筑第三层混凝土。

5.2.9 混凝土养生

每层混凝土浇筑完成后，严格按施工规范浇水养护，底板利用冷却水管进行温控，保证混凝土不开裂。

5.2.10 纵向预应力筋穿束

纵向预应力钢绞线分别按腹板、顶板束下料编束，待浇筑完的混凝土终凝后人工进行穿束。

5.2.11 预应力张拉

混凝土龄期达到 5d 且强度和弹模达到设计的 90% 后，进行纵向预应力筋的张拉，张拉完毕的预应力筋用干塑水泥浆及时封锚。

5.2.12 压浆

等封锚的水泥浆凝固后开始用活塞式压浆泵向预应力管道内压注水泥浆。

5.3 循环段施工

5.3.1 循环段工艺流程图

循环段工艺流程图见图 5.3.1。

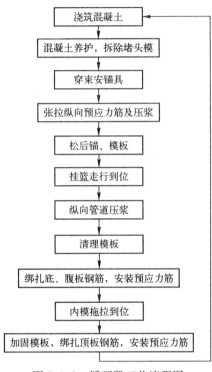

图 5.3.1 循环段工艺流程图

5.3.2 挂篮的拼装

本工法选用三角挂篮，在 0 号段梁顶安装滚轮箱，用塔吊拼装主构件以及后锚系统，用 4 个 5t 的捯链在四角做临时加固，拼装主构件横向联接系、前上横梁、安装底模横梁以及后吊带，悬放前吊带，吊放前横梁，再安放底模桁架、底模板，插放内外滑行梁，最后将 0 号段处的挂篮内外模拉出就位。

5.3.3 模板加固

为了减小拉筋的伸长量，增加模板的整体刚度，本工法选用 φ25 精轧螺纹钢做拉筋，每 100cm 一道。另外，为减小混凝土接缝的尺寸，在混凝土接缝处的旧混凝土内预留拉筋孔，间隔 80cm。

5.3.4 钢筋的安装

先绑扎底板、腹板和横隔板钢筋，安设预应力管道；然后拖拉并调整内模到位，绑扎顶板钢筋，安设预应力管道。

5.3.5 混凝土浇筑、养护

混凝土通过混凝土输送泵输送至灌注平台，注意保持两侧混凝土浇筑基本平衡。混凝土灌注完毕后，及时在混凝土表面盖土工布，浇水保持梁体湿润。

5.3.6 张拉。张拉方法同 0 号段（略）

5.3.7 挂篮行走

待两梁段纵向预应力施工完毕后，松开挂篮的后锚，用 2 台 5t 的捯链拖拉挂篮向前行走，在挂篮主桁架的后端设 5t 的保险捯链，配合挂篮的行走，松紧保险捯链。

5.3.8 压浆。

待挂篮走行到位后，开始进行压浆，压浆方法同 0 号段。

5.4 合拢段施工

5.4.1 模板

拆除合拢段任意一侧的挂篮，利用另一端挂篮内、外及底模作为合拢段施工模板。

5.4.2 钢筋及波纹管安装

为了防止合拢段预加应力后，钢筋受力，合拢段处的钢筋采用一侧绑扎，另一侧焊接的形式，并且交叉布置。纵向波纹管安装时，中间用一长 50cm 的接头，波纹管分为两段连接安装。

5.4.3 混凝土浇灌

根据连续气温观测，找出一天中最低气温点。然后在最低气温点时锁定体外支撑，预张一定时间的顶板和底板预应力筋。最后浇灌混凝土。

5.4.4 张拉、压浆

等混凝土龄期达到 5d 且强度和弹模达到设计的 90% 后，张拉所有的预应力筋，完成合拢段的施工。

5.4.5 卸落挂篮模板

先在合拢段的前一梁段预留 4 个孔洞，用 20t 的卷扬机将外模和底模系统分块吊落到船上，最后拖拉挂篮主构件后退到 0 号段，用塔吊拆除。

5.5 线形控制

在每侧箱梁的顶板各设 3 个观测点，底板各设 2 个观测点。施工中严格控制立模中线和标高，同时还对各工序完成前后的各梁段变化及时测量，将测量结果与理论计算值相比较，发现误差及时进行调整。

5.6 劳动力组织

每个 T 构需配备以下的人员：工班长 2 人，技术人员 1 人，试验工 1 人，钢筋加工人员 5 人，电梯司机 2 人，塔吊司机 2 人，张拉压浆人员 5 人，电焊工 10 人，普工 20 人。

6. 材料与设备

为了满足本工法施工要求，每个 T 构须配备的机械设备见表 6。

机械设备表　　　　　　　　　　　　　　　　　　　表 6

序　号	名　　称	单　位	型　　号	数　　量
1	塔吊	台	80t·m	1
2	挂篮	套	三角形	2
3	工业电梯	套		1
4	混凝土拌合站	套	自动	1
5	混凝土输送车	辆	6m³	5
6	混凝土输送泵	套		1
7	汽车	辆	3t	1
8	砂浆拌合机	台		1
9	压浆泵	台	活塞式	1
10	千斤顶	个	YCW—400	5
11	千斤顶	个	YC20Q	2
12	千斤顶	个	YC60	2
13	挤压机	个		1
14	波纹管加工机	台		1
15	钢筋弯曲机	台		1
16	捯链	个	5t	8
17	捯链	个	10t	4
18	卷扬机	个	20t	1
19	电焊机	台	50kW	10
20	砂轮切割机	个		2
21	水泵	台		1

7. 质量控制

7.1 控制标准

本工法执行《公路桥涵施工技术规范》JTJ041—2000 和《公路桥涵质量检验评定标准》JTGF 80/

1—2004。

7.2 质量控制措施

在施工中贯彻 GB/T 19002—ISO19002 标准，使施工全过程在有效的控制状态下操作。制订质量计划，落实"以人为本，遵规守纪，信守合同，以优良的工程质量、周到的服务赢得用户信任"的质量方针。

7.2.1 制订质量创优目标，确保工程质量检验合格率100％，优良率90％以上。

7.2.2 积极开展全员质量管理活动，层层签署质量责任状。

7.2.3 质检工程师由富有施工经验并具有专业技术职称、熟悉规范和图纸，工程严谨的技术人员担任。各施工队及工班设质检员，负责工序质量自检。

7.2.4 认真做好施工技术交底，加强施工技术培训，持证上岗。

7.2.5 认真贯彻执行技术规范，听从监理工程师的工作指令，做到令监理工程师满意。

7.2.6 经常教育全体员工，强化质量意识，并建立质量创优激励机制，奖优罚劣，奖罚分明。

7.2.7 严格三检制度，加强测量和试验工作。

7.2.8 对工程中的质量通病，积极开展 QC 活动。

8. 安全措施

为了确保施工的安全，除严格按有关的安全规定外，还必须严格按本工法中的施工工艺施工。

8.1 对施工中的辅助结构如脚手架、地笼等，进行安全检算，采取相应的安全措施。

8.2 施工中的特种作业人员，通过安全技术培训，并经考试取得合格证后，方可上岗工作，其他人员也要求进行安全技术培训和考核。

8.3 钢筋、模板安装前，搭设脚手架平台、栏杆及上下扶梯；人工搬运和绑扎钢筋时，互相配合，同步操作。在已安装的钢筋上不得行走，并架设交通跳板或搭脚手架。

8.4 模板就位后，立即用撑木等固定位置，以防倾倒伤人。当借助吊机吊模板合缝时，模板底端用撬棍等工具拨移。每节模板立好后，上好连接器和上下两道箍筋，打好内撑，方可暂停作业，以保持稳定。

8.5 在竖立模板过程中，上模板工作人员的安全带拴于牢固地点，穿拉杆时，内外呼应。

8.6 模板吊装前，使模板连接牢固，内撑、拉杆、箍筋上紧，吊点正确牢固。起吊时，拴好溜绳，并听从信号指挥，不得超载。

8.7 使用混凝土振捣器时，须检查振捣器的外壳接地装置及胶皮线情况；电线的端部与振捣器的连接情况；振捣器的搬移地点及在间断工作时检查电源开关关闭情况。检查合格方准使用。

8.8 拆除模板之前，设立禁区，并按规定程序进行拆模。

8.9 各工种进行上下立体交叉作业时，不得在同一垂直方向操作。

8.10 在预应力作业中，必须特别注意安全。因为预应力有很大的能量，如果预应力筋被拉断或锚具与张拉千斤顶失效，巨大能量急剧释放，有可能造成极大危害。因此，在任何情况下作业人员不得站在预应力筋的两端，同时在张拉千斤顶的后面应设立防护装置。

8.11 操作千斤顶和测量伸长值的人员，应站在千斤顶侧面操作，严格遵守操作规程。油泵开动过程中，不得擅自离开岗位。如需离开，必须把油阀门全部松开或切断电路。

8.12 安全网保持完好，使用宽度不小于 3m，长度不小于 6m，网眼不大于 100mm 的维纶、锦纶、尼龙等材料编织的标准安全网。每块网能承受不小于 1600 N 的冲击荷载。

8.13 高空作业时应使用统一规定的信号、旗语、手势、哨等与地面联系。

8.14 雨天和冬天进行高处作业时，采取可靠的防滑、防寒和防冻措施。高耸建筑物、构筑物或钢井架设置避雷设施，接地电阻≤4Q。强风、浓雾恶劣气候不得从事高处作业。强风暴雨后，对高处作业设施逐一进行检查，发现有松动、变形、损坏等现象，立即修理完善。

9. 环 保 措 施

环境保护、水土保持"三同时"制度，即环境保护、水土保持设施与主体工程同时设计、同时实施、同时施工的制度。施工时根据环保设施设计及施工方案，做好设计环保设施及临时工程的环保设施，保护好施工现场及驻地周围环境。

9.1 合理安排噪声较大的机械作业时间，距居民较近地段，严格控制噪声，不得在夜间进行产生环境噪声污染的施工作业。

9.2 机械存放点、维修点、车辆停放点以及油品存放点做好隔离沟，将其产生的废油、废水或漏油等通过隔离沟集中到隔油池，经处理后进行排放。

9.3 施工完成后，应及时进行场地恢复工作，做好绿化、复耕等收尾工作，保证当地生态环境。

悬臂施工过程中和完工后，要采取措施，保护河道和场地周围环境，及时清理废料，回收施工材料，做到工完料清，恢复工地环境的自然状态。

1. 对周边建（构）筑物引起的沉降不得超过规定的要求。

2. 不得影响周边管线的正常使用。

10. 效 益 分 析

使用本工法与其他相比，可有以下的直接效益：

10.1 0号块混凝土分3次浇筑。在第一次浇筑的混凝土内增加临时预应力束，使其能承受后期浇筑混凝土的荷载，极大地减少了托架用钢量。

10.2 挂篮采用滚轮箱和反扣轮走行，取消了传统的比较笨重的走行轨道，减少了大量的加工件和预埋件。

更重要的是本工法避免了出现类似国内其他大跨度连续刚构桥普遍存在的混凝土开裂和跨中下挠等病害，并且操作简单，易于掌握。

11. 应 用 实 例

鱼洞长江大桥为公、轨两用桥，主桥上部结构为4跨（145＋2×260＋145m）预应力混凝土连续刚构桥，为单箱双室箱梁。梁顶板宽20.3m，底板宽12.9m，中支点梁高15.1m，跨中梁高4.6m。全桥3个T构各划分为对称的29对梁段，其0号段混凝土数量达到1637m³，最大悬灌节段重量达510t，是同类桥梁中罕见的。该桥科技含量高，工期紧，施工难度大。在施工中我们成功地开发出本工法，结果施工中未出现一例安全、质量事故，为我们在确保质量和安全的前提下，顺利完成施工任务，打下坚实的基础，受到业主、监理及各级领导的多次好评。

大吨位箱梁提运架施工工法

YJGF27—2002（2009～2010 年度升级版- 057）

中铁十七局集团有限公司

范琦山　郭淑云　董琪

1. 前　　言

　　既秦沈客专成功研制 SPJ450/32 架桥机开发出大吨位箱梁提运架工法之后，根据铁道部科技司高速铁路 900t 级箱梁运架课题的要求，中铁十七局与石家庄铁道学院联合研制 SPJ900/32 型架桥机于 2003 年通过铁道部审核并批准生产，第一台架桥机于 2005 年 4 月经郑州国电结构研究所检验，各项性能参数均满足设计使用要求，一次通过型式试验验收，并因其结构简单架梁作业工序简捷，安全性能好的特点受到各位到场专家的一致好评。2007 年 10 月 22 日经铁道部科技司组织国内有关专家在北京进行鉴定，《SPJ900/32 箱梁架桥机》技术水平达到国际先进水平。本成果获 2008 年度中国铁道学会科学技术奖二等奖，2009 年度山西省科技进步奖三等奖和中国铁道建筑股份有限公司科技进步一等奖。该架桥机配套石家庄铁道学院研制的 GM500 型龙门吊及德国 KIROW 公司生产的 KSC900 运梁车等运架设备，先后在京津城际、武广、郑西、京沪高铁、石武、津秦、成绵乐、海南东环等高铁项目中投入使用，在运距 10km 时最多一天可架设 5 孔 32m 箱梁，为后续工程的提前开展保证工期创造了必要条件，取得了很好的社会效益和经济效益。

2. 工 法 特 点

　　2.1　架桥机采用双导梁三点支撑受力体系及一跨架设技术，受力明确，工序简捷，安全可靠，可连续完成喂梁、落梁、前移、横移等动作，并实现了整机悬臂过孔一次到位，使架梁作业程序得到进一步优化。

　　2.2　整机构造以铁路既有器材"八七型铁路抢修钢梁"为主梁，拼组方便，结构变化灵活，抗风能力强，生产周期短，器材利用率高。

　　2.3　中车及前车两侧均配备以可伸缩液压支腿，使整机 3 个支撑点能够按照架设线路坡度进行调节，轻松实现结构受力平衡。

　　2.4　架桥机所采用的结构形式使其变跨极为方便。如由 32m 跨变 24m 跨时，将中车前移 8m 即可，前支腿也可根据梁高差进行调整。

　　2.5　SPJ900/32 型架桥机所具备的运架工况、运行能力及控制精度均符合高速铁路运架设备技术条件和其他相关技术规范要求，满足 32m、24m、20m 双线整孔箱梁的架设跨度与吨位要求，其在控制理念、运行性能及各项技术指标上已达到国际先进水平。

3. 适 用 范 围

　　本工法适用于高速铁路 32.6m、24.6m、20.6m 双线整孔预制箱梁的提运架。

4. 工 艺 原 理

　　该架桥机采用双导梁三点支撑受力体系，整机无配重悬臂过孔一步到位，前后吊具采用四点支撑三点平衡技术保证梁体在运架过程中的结构安全。

5. 施工工艺流程及操作要点

5.1 工艺流程图（图 5.1）

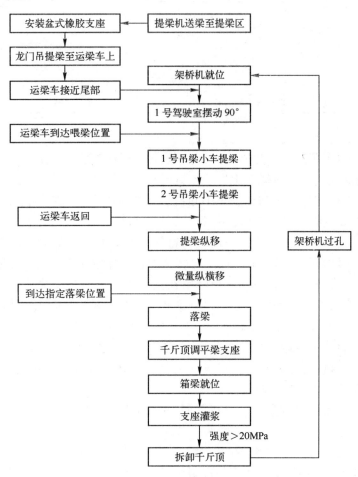

图 5.1 运架梁工艺流程图

5.2 操作要点

5.2.1 支座安装

预制箱梁由制梁场运送到提梁区存梁台座上后，检查箱梁底部支座安装预埋板是否平整，位置是否正确，清理预埋钢板，检查锚栓孔位置是否正确，锚栓孔与底座板是否垂直。然后按照图纸要求，利用手动液压叉车将支座安装在梁底预埋钢板上，支座上顶板与梁底预埋钢板之间要密贴不得留有间隙。

1. 盆式橡胶支座安装工艺要求：

1）盆式橡胶支座在工厂组装时，应仔细调平，对中上、下支座板，并预压 50kN 荷载后用上下支座连接角钢将支座连接成整体；

2）在支座安装前，应检查支座连接情况是否正常，但不得任意松动上下支座连接螺栓；

3）上支座板与梁底预埋钢板之间不得留有间隙。

2. 盆式橡胶支座安装允许误差值见表 5.2.1：

盆式橡胶支座安装允许误差值　　　　　　　　　　表 5.2.1

序　号	项　目	允许误差（mm）
1	支座中心线与墩台十字线的纵向错动量	≤15
2	支座中心线与墩台十字线的横向错动量	≤10

续表

序 号	项 目		允许误差（mm）
3	支座板每块板边缘高差		≤1
4	支座螺栓中心位置偏差		≤2
5	同一端两支座横向中心线间的相对错位		≤5
6	螺栓		垂直梁底板
7	4 个支座顶面相对高差		1
8	同一端两支座纵向中线间的距离	误差与桥梁设计中心线对称	+30，－10
		误差与桥梁设计中心线不对称	+15，－10

5.2.2 龙门吊提梁

1. 支座安装完毕，两台龙门吊的起重小车同步起升，吊至合适高度后，关掉驾驶室电源，指挥员用遥控器操作起重小车向前走行至运梁车上方，箱梁同步下落至距运梁车支座顶面 2cm～3cm 时停止下落，开始箱梁对位落梁，箱梁中心线与运梁车中间牵引钢丝绳对齐，预制梁前支座后端超过运梁车前支座 5cm 左右，预制梁后支座前端与运梁车驮梁小车支座之间距离 5cm 左右。

2. 对位完毕后，运梁车起升走行轮伸缩油缸将箱梁顶起，并根据驾驶室内控制显示屏上油缸组压力数据（△p 不大于 5%）调节梁体居中放置，装梁完毕后，拆除并移走龙门吊吊具。

3. 龙门吊吊具与梁连接安装时，吊具不得降落在梁面上，避免钢丝绳松弛导致卷扬机排绳混乱或钢丝绳掉槽。上吊具时，每个吊具螺帽必须与吊杆平齐，严禁吊具出现高低不平现象。

5.2.3 运梁车运梁、喂梁

1. 龙门吊吊具拆掉后，启动运梁车导航系统，使运梁车沿梁中心线前进。

2. 运梁车载梁进入架桥机腹部，距离中车 5m 时停止，将 1 号驾驶室旋转 90°；用遥控器操作运梁车前进至距架桥机中车 30cm 时自动停止。

3. 运梁车将前后 4 个支撑油缸升起支撑在梁面上，起升转向架起升油缸，使运梁车与中车高度基本相同。

4. 利用架桥机 2 号天车电动葫芦将架桥机吊具螺母从已架梁内移至待架梁内，然后 2 号天车迅速就位，安装吊具，将梁前端吊起并使支座底面超过架桥机中车顶面 5～10cm。

5. 连接同步信号线，运梁车和架桥机彼此发送并接收信号，将运梁车操作手柄拨到自动档位。

6. 架桥机指挥检查核实后，指挥架桥机司机 2 号天车前进。

7. 预制梁后吊点运行至距中车 8m 位置后，2 号天车停止，解除架桥机与运梁车同步信号，安装 1 号天车吊具。

8. 1 号天车起升使梁后端支座底面超过中车顶面。

9. 运梁车收回液压支腿，将同步信号线收起，退出架桥机回到提梁区。

5.2.4 架桥机落梁

1. 1 号、2 号天车联动前进，当接近前支腿时，改为 1 档点动前进。前支腿及中车人员观察箱梁走行位置，确保落梁时不与前支腿及已架梁发生碰撞。

2. 1 号、2 号天车联动下降，落梁过程中时刻注意吊具是否保持水平，发现不平时须单动调节。

3. 当落梁至梁底距支撑垫石顶面 100cm 时停止下降，墩顶作业人员安装支座套筒螺栓，并略微调松支座上下底板连接螺栓。

4. 继续落梁至梁体底面距支座顶 30cm 时停止，进行梁体水平及前后左右位置初调，使套筒能够落在锚栓孔内。（架梁前应复核垫石的标高、位置、尺寸，锚栓孔位置、深度、十字线、跨度等是否满足设计要求）

5. 低速档落梁至离支座顶 3～5cm 时停止，墩台工作人员利用吊垂及钢尺根据支座板中心线与垫石中心线的位置，进行精确对位。

6. 箱梁精确对位后，架桥机吊具点动下降至设计高程。开启 500t 临时支撑千斤顶，千斤顶顶住箱梁底板后再同步施加 10t 压力，使千斤顶与梁底板接触密贴，同时观察液压泵压力表，4 个千斤顶压力差不能超过 5%。

5.2.5 灌浆

灌浆材料选用早强高强支座灌浆砂浆。

1. 清除预留锚栓孔中的杂物，安装灌浆用模板，并用水将支撑垫石表面浸湿。为防止在重力灌浆时发生漏浆，灌浆用模板可采用预制钢模，底面设一层 4mm 厚橡胶防漏条。

2. 根据预先计算所需的浆体体积及配合比，将砂浆在强制式搅拌机中进行搅拌。（拌浆时应严格把握水温及搅拌时间）

3. 砂浆搅拌完毕后，采用重力灌浆方式灌注支座下部及锚栓孔处空隙。灌浆过程应从支座中心部位向四周注浆，直至从钢模与支座底板周边间隙观察到砂浆全部灌满为止（座压浆厚度应介于 20～30mm 之间）。重力注浆方法如图 5.2.5 所示：

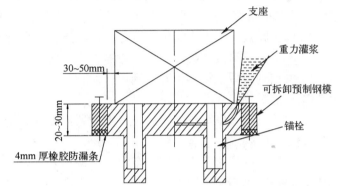

图 5.2.5　重力注浆方法示意图

4. 灌浆材料达到规定强度后，拆除钢模板，检查是否有漏浆处，对漏浆处进行补浆。

5. 拧紧下支座板锚栓，并拆除各支座的上、下支座连接角钢、螺栓及吊装部件，拆除临时支撑千斤顶，安装支座围板。

6. 清洗整理桥面灌浆设备，利用手拉葫芦及自制移顶小车将千斤顶移至前支腿处，准备过孔。

注：冬季低温情况下将采用冬季专用灌浆砂浆及烘烤、覆盖等一系列保温措施，以保证灌浆后的浆体强度。

5.2.6 铺设架桥机轨道

本架桥机轨道结构型式由 8.9m、8.0m、4m、3.8m 标准轨节、3.8m 的支垫轨道节组成。轨道采用轨节整体铺设，中心距允许最大偏差±1cm，线间允许最大高差±2cm。灌浆工作完成后便可以根据桥面中心线及中后车轨距（中车轨距 6200mm，后车轨距 7600mm）要求进行轨道铺设。

1. 卸吊具螺母，收吊具，并同时检查两天车卷扬机钢丝绳排列情况。

2. 拆除轨节连接螺栓，根据轨道轨节形式和轨道中心线，将走行轨道用自制移轨小车运至指定位置，并用螺栓进行连接。

3. 铺设完成后，再根据桥面中心线对轨道轨距进行微调；轨距误差和轨道中心误差应控制在 10mm 以内。

4. 事先应根据架梁路线的曲线半径计算出轨道偏移量，以保证过孔后前支腿能准确落在支撑垫石指定位置。

5.2.7 架桥机过孔（图 5.2.7）

1. 轨道调整完毕，将 1 号、2 号天车开至架桥机尾部，安装卡轨器。

2. 将前支腿收起使柱底离开垫石 200mm 以上。两端各插入一个钢销，并插入销卡；检查后，前支腿泵站断电，工作人员撤离墩顶。

3. 起动中车液压系统，将中车顶起，撤出支撑垫块；落顶，使走行台车车轮槽落入轨道上。

4. 检查后拆除中、后车卡轨器；安放走行轨道前端限位卡轨器，误差不大于 2cm。

5. 各项工作就绪后，开启主机走行电源，架桥机大车走行前进，并指定专人在架桥机走行过程中看护轨道和电缆，如发现走行轨道偏移超过允许值，则立即令大车退回，待调整完毕后方可继续前行。

6. 走行即将到位时及时降速，提前停车，然后点动前行至规定位置。

7. 走行到位后迅速拧紧卡轨器，保证其与车架密贴。

8. 将主机纵走电路的低压断路器断开，以防误操作造成事故。

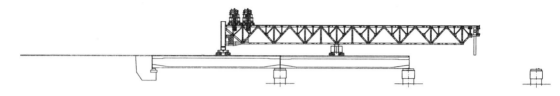

图 5.2.7　架桥机过孔示意图

5.2.8　架桥机就位

1. 过孔完毕后，起动中车液压系统，将中车梁顶起调平；放上支撑垫板，使走行轮悬空；落下液压顶，并调平所有支点，使各点均匀受力；认真检查支撑是否牢靠。

2. 前支腿处，找出支座中心位置，根据垫石顶面标高情况安放好垫板。

3. 起动前支腿液压缸，顶出可伸缩支腿，落在支墩上，前支腿垂直度≤4％。

4. 伸缩到位后，将钢销安装到位，回顶使钢销受力，完成支撑作业；前支腿泵站断电，避免有人误操作。

5. 在前支腿及中车支撑好后，需重新紧固中车、后车卡轨器，确认架桥机支撑工作完成后，卸掉天车夹轨器。

6. 利用水准仪测量中车、前车相对标高值，根据标高值调整中车、前车左右两端高差及中车与前车纵向高差在允许范围之内（10mm）。

7. 架桥机就位后，在恢复其架梁状态的同时移除中车走行轨道，除中车轨下的一节轨道外，其余的中车轨道必须全部移开，以保证运梁车走行到位。拆除的中车走行轨道拨至后车走行线路上并连接好即可。

5.3　冬季架梁施工技术

5.3.1　进入冬季施工前要对所有运架设备进行全面检查，及时更换冬季用油并将水箱水更换为防冻液。

5.3.2　架梁作业前，各运架设备应提前预热。

5.3.3　灌浆选用冬季用砂浆，灌浆前要将锚栓孔内的杂物清理干净，并用电热管将锚栓孔预热2h，使锚栓孔温度不低于 5℃。

5.3.4　灌浆料使用前应放在保温棚内，使其温度不低于 5℃。灌浆用水应加热到 20℃。灌浆前应先用热水将灌浆管冲洗一下，以防砂浆在灌注时凝结在管子上。

5.3.5　灌浆完毕后，用加热袋置于支座上面，并用专用围板围挡确保灌浆部位温度在规定值以上。

5.4　架桥机变跨作业

一座桥中同时有 32.6m、24.6m、20.6m 不同跨度的梁，这样架桥机就需要变跨作业，下面以32.6m 变 20.6m 为例介绍架桥机变跨工法。

5.4.1　架设完最后一孔 32.6m 梁后，铺设 12m 中车轨道，使架桥机中车可以一次走行到位。

5.4.2　架桥机 1 号、2 号天车开到过孔时位置。

开启中车与前支腿液压站电源，交替顶升前门柱与中车，使前门柱要比正常架梁时高约 60cm，中车车轮底面与轨面距离约 30cm。

5.4.3　在顶到要求高度，前支腿穿好钢销后。2 号天车开至前门柱处上好卡轨器。用捯链（5t）配合拆掉中车斜撑。

5.4.4　缓慢降落中车高度，使中车限位板与导梁完全脱离。降落时与顶起时一样分 3 次降落。

5.4.5　中车车轮完全落在轨道上以后，检查中车上的布线是否不影响中车前进，轨道铺设是否正确（架设 20m 梁变跨时 8m 轨道与中车支撑轨道之间要增加 20cm 轨道）。确认无误后启动中车前进 12m至指定位置，如发现一侧位置正确一侧有偏差时，可以一侧用卡轨器固定，一侧单动。

5.4.6　顶升中车液压缸使中车与导梁限位板正确连接，连接中车斜撑。2 号天车开至距中车 8m 处用卡轨器固定。

5.4.7 前门柱与中车交替下落，注意事项与顶起时相同。

5.4.8 架桥机过孔时2号天车位于中车后8m的位置，并用卡轨器固定。

5.5 架桥机跨连续梁作业

本架桥机过连续梁只需将前支腿下半截可伸缩支腿向前折叠翻起固定即可，具体操作步骤如下：

5.5.1 将1号、2号天车开到过孔位置。

5.5.2 将前支腿液压泵站检修平台拆掉，同时拆除前支腿下半截连接螺栓及伸缩油缸液压管。

5.5.3 前支腿下横梁缓慢向前翻动前支腿下半截，使其与上部尽量合拢，并用5t捯链及钢丝绳将翻起的前支腿捆绑好。

5.5.4 架桥机过孔后前支腿搭在连续梁端头上，垫高60cm～65cm。检查架桥机中车及前支腿支撑情况，确认无误后即可架梁。

5.6 劳动力组织（表5.6）

人员配置表   表5.6

序 号	岗位名称	人 数	职 责
1	龙门吊指挥	2人	按章指挥龙门吊并督促相关人员工作
2	龙门吊司机	4人	按章操作龙门吊，并进行日常保养
3	起重工	4人	安装龙门吊吊具，并检查安装情况
4	发电机司机	2人	维护保养发电机，保证其正常供电
5	支座安装人员	6人	安装支座，协助做好提梁准备工作
6	运梁车司机	2人	按章操作运梁车并进行日常保养
7	运梁车随车人员	4人	随车清理路障、监护运梁车运行情况
8	架桥机指挥	1人	按章指挥架桥机架梁
9	架桥机司机	2人	按章操作架桥机并对其进行日常保养
10	铺轨人员	10人	按照技术及安全要求进行铺轨、安装架桥机吊具
11	落梁人员	10人	箱梁精确对位，灌浆，拆除架桥机吊具
12	测量人员	3人	测量梁面高程及中车与前车相对高差
13	电工	2人	设备电器维护保养
14	修理工	2人	设备机械维护保养
15	安全员	2人	龙门吊及架桥机施工现场安全监察
	合计	56人	

6. 材料与设备

6.1 主要运架设备及机具（表6.1）

主要运架设备及机具表   表6.1

序 号	设备名称	规格型号	数 量	备 注
1	架桥机	SPJ900/32	1	架梁
2	龙门吊	GM500	2	提梁
3	运梁车	KSC900	1	运梁
4	发电机	300kW	2	架桥机、龙门吊电源
5	叉车	3t	1	装运支座
6	液压手动叉车	2t	1	安装支座
7	移轨小车	2t	2	铺轨用
8	砂浆搅拌机	60L	2	搅拌砂浆

序　号	设 备 名 称	规 格 型 号	数　量	备　注
9	灌浆管	ϕ80－3m	2根	灌浆用
10	捯链	5t	4	移动千斤顶
11	液压千斤顶	500t	4台	临时支撑千斤顶
12	液压泵站	100MPa	2台	
13	水准仪	莱卡	1套	测量梁面高程及架桥机
14	台秤	100kg	1台	制浆秤水和砂浆
15	扳手		8把	安装支座及锚栓
16	对讲机		12部	

6.2　GM500 龙门吊主要性能参数（表 6.2）

GM500 龙门吊主要性能参数表　　　　　　　　　　　　　　表 6.2

序　号	项　目	单　位	数　量	备　注
1	额定起重量	t	450	不含吊具重量
2	自重	t	300	
3	跨度	m	35	
4	净跨	m	32.96	
5	大车运行速度	m/min	1～10	变频
6	小车运行速度	m/min	0.5～5	变频
7	起升速度	m/min	0.5	
8	轮压	kN	≤460	
9	起升高度	m	15	
10	整机自重	t	300	
11	工作环境温度	℃	－20～50	
12	工作海拔高度	m	≤1000	
13	地震强度	级	7	
14	工作风压	N/m²	250	
15	非工作风压	N/m²	1000	
16	电源	V	380（±10%）	50HZ
17	噪声标准	分贝	≤65	

6.3　KSC900 运梁车主要性能参数表（表 6.3）

KSC900 运梁车主要性能参数表　　　　　　　　　　　　　　表 6.3

序　号	项　目	单　位	数　量	备　注
1	额定运载量	t	900	
2	空载运行速度	km/h	0～10	
3	重载运行速度	km/h	0～3	
4	最小时速	km/h	0～0.3	
5	适应最大坡道		5.12%	
6	最大转角	m	±30º	
7	最小转弯内径	m	26.5	
8	最小转弯外径	m	39	
9	空载高度	mm	3600	

序 号	项 目	单 位	数 量	备 注
10	重载高度	mm	3500	
11	充气压力	bar	6	
12	接地比压	MPa	<0.55	
13	轴间距	mm	2100	
14	轮距	mm	4900/900	
15	轮胎		26.5R25	
16	燃油箱容量	L	2×800	
17	整机功率	kW	2×381	
18	外形尺寸	mm	39400×7050×3600	空载,不含司机室
19	整机自重	t	246	
20	工作环境温度	℃	−20～50	
21	工作海拔高度	m	≤2000	
22	最大轴补偿位移	mm	±300	
23	工作状态	级	6	
24	工作状态	级	11	

6.4 SPJ900/32 型架桥机主要参数表(表 6.4)

SPJ900/32 型架桥机主要参数表 表 6.4

序 号	项 目	设计性能指标	备 注
1	额定起重量	900t	
2	适应跨度	32m、24m、20m	
3	架桥机总重	520t	A 型
4	外轮廓尺寸	67.5×18.2×12.2m	长×宽×高
5	内部净宽	14.1m	
6	架梁最小曲线半径	5000m	
7	允许最大作业纵坡	18‰	
8	吊梁升降速度	0.5m/min	
9	最大升降高度	7m	
10	主机最大走行速度	过孔时 3m/min 转场时 10m/min	无级变速
11	桁车重载最大走行速度	3m/min	无级变速
12	桁车空载最大走行速度	10m/min	无级变速
13	起重小车横移速度	0.4m/min	
14	最大输入功率	148kW	
15	综合作业速度	每孔 3.5h	运距 10km 以内计
16	允许作业最大风力	6 级	
17	非作业风力	11 级	
18	环境温度	−20～50℃	

7. 质 量 控 制

7.1 运架梁施工执行《客运专线铁路桥涵施工质量验收暂行标准》(铁道建设 2005－160 号)

7.2 梁体及支座安装标准,见表 7.2。

梁体及支座安装标准 表7.2

序　号	项　目		允许误差（mm）	检测方法
1	支座中心线与墩台十字线的纵向错动量		≤15	钢板尺量
2	支座中心线与墩台十字线的横向错动量		≤10	钢板尺量
3	支座板每块板边缘高差		≤1	游标卡尺
4	支座螺栓中心位置偏差		≤2	钢板尺
5	同一端两支座横向中心线间的相对错位		≤5	钢卷尺
6	螺栓		垂直梁底板	角尺
7	4个支座顶面相对高差		1	
8	同一端两支座纵向中线间的距离	误差与桥梁设计中心线对称	+30，—10	钢板尺
		误差与桥梁设计中心线不对称	+15，—10	钢板尺
9	梁顶高程（支座中心位置顶部）		0，—20	水准仪
10	相邻两孔梁端高差		±10	水准仪

7.3 4个临时支撑千斤顶支反力差值不能超过平均值的5％。

7.4 砂浆层厚度在20～30mm范围内。

7.5 拆除临时支撑千斤顶时砂浆强度不得低于20MPa。

7.6 质量保证措施：

7.6.1 梁体精确对位时，采取单边调整双边测量的方法进行落梁对位。

7.6.2 为保证架梁高程符合设计要求，架梁前要提前复核5～10个桥墩垫石高程，检查锚栓孔预留情况、支座中心线放样情况。同时还要检测5～10孔梁的梁端厚度并与桥墩垫石高程进行匹配计算，使相邻两孔梁端高差达到最小值。

7.6.3 为保证梁体在运架过程中的结构安全，架梁时前后吊具高差不超过100mm，同一端左右高差不超过2mm。

8. 安 全 措 施

8.1 建立健全安全保障体系，明确各自岗位职责。

8.2 提运架梁各岗位工作人员，在上岗之前，都必须经过针对性的培训，全部人员都必须熟知架桥的整个作业过程，同时要熟练掌握自己所承担的工作内容和操作规程。不符合条件者不得上岗。

8.3 坚持"安全第一，预防为主"的方针，定期和不定期组织人员进行安全学习和安全教育。

8.4 运架设备组装完成后，必须根据国家有关规定，经有关部门的技术检查和验收，取得安全生产许可证及型式试验合格证后方可作业。

8.5 架桥机作业时设主机指挥1名，在作业过程中，架桥机各环节操作人员必须严格执行主机指挥的指令，严禁擅自动作。

8.6 运架现场设专职安全员1名，架桥机、龙门吊、运梁车各醒目部位要张贴各种安全提示标志，时刻提醒操作人员安全操作。

8.7 严格设备交接班制度，认真做好交接记录。

8.8 要做好运架设备的日常保养和定期保养和检修，并做好记录。

8.9 加强劳动保护，现场作业人员要配齐各种防护用品，并安排合理作息，严禁疲劳作业。

8.10 六级以上大风禁止架梁作业，环境温度低于—20℃禁止架梁作业。

8.11 所有电气设备必须有可靠的接地装置和防漏电保护装置。

9. 环 保 措 施

9.1 成立专门的环保机构，在工程施工过程中严格遵照执行国家和地方的有关环境保护的法律法规中所要求的环保指标。

9.2 加强对施工燃油、工程材料、废水、废油、生活垃圾的控制和治理。遵守有关防火和废弃物处理的规章制度。

9.3 对施工中可能影响到的公共设施，制订可靠的防止损坏的施工措施，并将相关的方案向施工人员进行技术交底。实施时加强监测。

9.4 在靠近居民区施工时，采取设置隔声罩等有效措施降低噪声，同时尽可能避免夜间施工。

10. 效 益 分 析

在客运专线 900t 级箱梁的提运架施工中，只有在确保安全的前提下才有效益可谈。架梁前期效益除龙门吊提梁、运梁车运梁、架桥机架梁等工序之间的衔接外，主要取决于架桥机的施工效率。运距超过 5km 时，架梁效益主要取决于运梁车供梁效率和架桥机架梁效率。下面就我们的运架设备进行分析：

10.1 技术经济效益

10.1.1 该架桥机采用连续导梁三点支撑的结构形式，无其他附属结构，结构简单，受力明确，这样可使运梁车直接驶入架桥机腹部，实现喂梁一次到位，可连续完成吊梁、前移、落梁和横移就位等动作，起升机构和走行机构均采用成熟的技术，而且没有繁琐的运动要求。整个架梁作业过程工序简洁明了，这样不仅大大提高了架梁效率，而且提高了架梁作业的安全性。

10.1.2 整机采用后车与中车走行轮驱动，前支腿收起的悬臂过孔方式，整个主机走行过程只需要 7、8min 就能完成，效率非常高。这种过孔方式不但提高了作业速度，特别重要的是，由于操作程序简单，为保证作业安全提供了重要的条件。

10.1.3 由于主机走行轨道采用轨节连接而成，这样可通过拨动轨道节轻松实现曲线架梁时的整机方向调整。

10.1.4 架桥机所采用的结构形式使其变跨极为方便。如由 32m 跨变 24m 跨时，将中车前移 8m 即可，前支腿也可根据梁高差进行调整。

10.1.5 架桥机采用两跨式主梁，整机稳定性好，结构简单，操作简便，工序简捷；能方便进行变跨及首末孔跨架设；能适应桥梁纵坡及曲线架梁。

10.1.6 整机采用机电液一体化的控制形式。电气控制系统采用计算机、PLC、走行变频调速、配置 UPS 电源等技术，具有故障诊断和安全保护功能，走行系统均采用了变频器变频调速控制，实现了架桥机运、架梁无级变速功能，基本达到了起动、制动无冲击，提高了作业安全可靠性；起重小车横移机构采用液压比例控制技术，便于梁体准确对位。

10.1.7 起升机构设置双制动装置，在传动机构的高速轴设块式制动器，在低速端（卷筒）设盘式制动器。并在每次制动器动作时，低速端比高速端延迟 2s，以减少对高速端的机械冲击，这增加了起升系统的稳定性及安全性。

10.1.8 在架桥机控制室内设 1 台工业控制计算机，屏幕显示各类故障及运行动态性能。室内还配备 6 台监控显示屏，可通过中车、前车与小车上的监视仪清楚地观察到各部分的运行情况。

10.1.9 起升机构中，在 1 台起重小车设置钢丝绳卷绕平衡机构，用 1 根钢丝绳卷绕 2 套钢丝绳卷绕系统和平衡滑轮，使吊梁状态下箱梁该端 2 个吊点受力相等，与另一端 2 个吊点形成三点平衡起吊系统。这样保证了梁体在运架过程中的结构安全。

10.1.10 我们选用的运梁车重载时速最高可达 5～6km/h，空载 10km/h，这样即使在运距 10km 范围内也可保证 3h 供一孔梁的效率，为架梁施工高效率提供了必要保障。

10.1.11 该运架设备作业效率非常高。若排出外部因素影响，平均每天可架设3～4片，在10km运距的情况下最高单日可架设5片，在各条高铁项目上均创架梁最快的速度，确保了工程进度要求，产生良好的经济效益和社会效益。

10.2 社会效益

SPJ900/32拼装式架桥机新颖独特的设计理念，不仅有效地解决了客运专线大跨度双线铁路箱梁架设的现实问题，更为我国客运专线架梁施工机械的发展开辟了另一条道路，使900t级架桥机研究制造呈现多元化发展趋势，为以后架梁机具的进一步改进奠定了基础，其结构的可变性为以后可能出现的其他类型箱梁架设机具的研制提供了更广阔的发展空间。

同时，由于其主体结构导梁部分采用既有器材八七型铁路抢修钢梁拼作导梁，该器材可采用租赁方式，因此可降低造价。特别是高速铁路工程完工后，本机可随即分解，器材设备可移作他用，无设备搁置所造成的浪费，为社会节约了材料。另外，采用铁路既有器材"八七型铁路抢修钢梁"做主梁，抗风能力强、拼组方便、结构变化灵活，这为在多风区域进行架梁施工降低了难度。

综上所述，本工法社会效益、经济效益堪称显著。

11. 应 用 实 例

本工法成功运用于京津城际轨道交通工程永定新河特大桥、郑西客专灞河特大桥、京沪高铁北京特大桥、武广客专、石武客专、津秦客专、成绵乐客专、海南东环客专等项目的预制梁架设。

11.1 京津城际铁路于2005年7月开工建设，2007年12月全线铺通。作为我国第一条最高时速350km/h的客运专线，既是铁路跨越式发展的标志性和示范性工程，也是2008年北京奥运会交通配套工程。本工法在京津城际铁路建设中得到广泛应用，取得显著的经济效益，中铁十七局集团有限公司采用该技术在京津城际铁路共建造高品质的简支箱梁602孔，创造产值4.99亿元，实现利润2380万元。

11.2 京沪高速铁路设计时速为250km/h，设计标准新、质量要求高、科技含量高。由中铁十七局集团承建的京沪高铁架梁施工，共承担标段内5821榀箱梁的运架施工。自2009年4月至2010年5月成功完成了箱梁的施工任务，工程合格率达100%，优良率96%，质量评定为优良。

11.3 武广高铁是当时兴建的新建高速铁路工程中里程最长、技术标准最高的高铁，2005年6月于长沙动工，于2009年建成，现已全线开通运营。由中铁十七局建设的云岭和樟市梁场，在快速经济建场之后，成功预制627孔高品质箱梁，并创造了每天架5孔梁的国内最高架设记录，取得了显著的环境、社会和经济效益。

11.4 成绵乐客专CMLZQ-1标于2009年7月开工建设，线路全长35.332km，其中桥梁15座共20.39km。900t箱梁的运、制、架技术，是该项目技术攻关课题之一。由中铁十七局承建的江油制梁场，成功预制312孔高品质箱梁，并成功地完成了架设任务，确保了成绵乐客专的顺利施工。

大跨度可调式无支墩钢拱架施工混凝土拱桥工法

YJGF21—2002（2009～2010 年度升级版- 058）

中铁十七局集团有限公司

田学林　唐文喜

1. 前　　言

山西省运城至三门峡高速公路吴家嘴大桥为 1～140m 的双幅分离式钢筋混凝土箱形拱桥，跨越高差达 80m 的 V 形深谷，山势陡峭，围岩破碎，施工场地狭窄，材料运输困难，因此施工难度极大。中铁十七局集团有限公司通过方案论证比选，选用六四式军用梁拼装钢拱架进行拱桥施工，制定的"大跨度可调式无支墩钢拱架施工混凝土拱桥技术"科技课题被列入山西省科委 1999 年科研项目。在吴家嘴大桥施工中，我们通过六四式军用梁拱架支撑、砂袋卸架和拱架整体横移等技术的成功开发和应用，顺利完成了吴家嘴大桥的施工，取得了显著的经济和社会效益。该技术成果于 2000 年 12 月通过了山西省科学技术厅组织的技术鉴定，获得整体技术国内先进、砂袋卸架和钢拱架横移技术国内领先的评价。2006 年又将其中的"砂袋卸架技术"进行改进，成功应用于内蒙呼市—武川公路马家店大桥施工，取得良好效果。我们通过对其施工实践总结，形成本工法。

2. 工 法 特 点

2.1　施工简便，工艺程序清晰、易懂，可操作性强。

2.2　工期缩短，拱架拼装迅速，通过拱架整体横移可实现一幅拱架施工多幅拱桥的目的。

2.3　成本降低、保护环境，拱架支撑不设支墩，对地形破坏程度小，有效地降低了支撑成本，保护了当地环境。

3. 适 用 范 围

本工法适用于跨度 50～140m 的钢筋混凝土拱桥施工。

4. 工 艺 原 理

采用无支墩六四式军用梁组拼可调曲率桁式拱架，施工拱桥主拱圈；借鉴砂筒卸架的成功技术，经试验选定砂袋卸载落架，通过分层分环放砂控制卸落高度，实现拱架与拱圈的安全分离；待一幅拱圈施工完毕后，采用油压千斤顶横向顶推拱架，进行另一幅拱桥施工，减少拱架拆卸、拼装工序，实现拱架的多次利用；拱圈混凝土采用分环分段法现浇，第一环为底板，第二环为腹板，第三环为顶板，底板、腹板分 5 段浇筑，顶板分 9 段浇筑，底板、腹板先合拢，使其与拱架共同受力，共同承受顶板混凝土重量和施工荷载。

5. 施工工艺流程及操作要点

5.1　工艺流程

拱桥施工工艺流程见图 5.1。

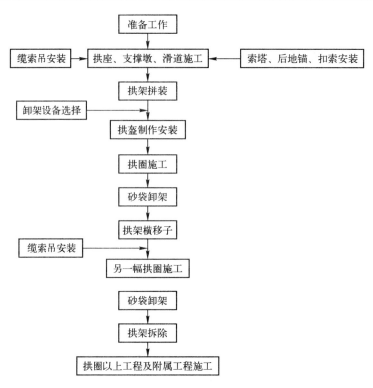

图 5.1　施工工艺流程图

5.2　拱架设计

大桥施工拱架主要由拱架、水平滑道、侧向滑道、支承墩组成，另外还有供拼装拱架用的索塔、扣索、后锚等。根据大桥拱轴线参数，设定拱架拱轴线为悬链线。拱架基本结构为由六四式军用梁、L形调节杆和端三角拼装的桁式双铰无系杆拱。

5.2.1　拱架

拱架由六四式军用梁的标准三角、加强三角、钢销钢枕、连系槽钢等和加工件L形调节杆、端三角组拼而成。拱架总体布置图见图 5.2.1。

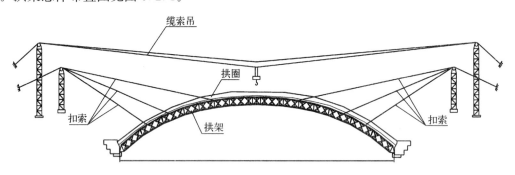

图 5.2.1　拱架总体布置图

5.2.2　拱架计算

根据有限元原理，采用计算机模拟，应用 SAP90 程序对大桥施工拱架全部杆件进行计算，并且应用 PCSAP 程序对此进行验算，结果两者吻合。

5.2.3　水平滑道、侧向滑道、支承墩

水平滑道由预埋在支承墩顶面的 16mm 钢板（高出支承墩 5mm）及焊接在其表面的 15mm 不锈钢复合板（即固定滑道）、拱架支承垫梁（即活动滑道）和两者之间的聚四氟乙烯滑板组成。

侧向滑道由预埋在拱座前墙内的 16mm 钢板（突出前墙面 5mm）及焊接在其表面的 15mm 不锈钢复合板（即固定滑道）、支座下支顶垫梁背面的钢板（即活动滑道）和两者之间的聚四氟乙烯滑板组成。

滑道及支座布置图见图5.2.3。

支承墩，即由拱座前墙伸出1.5m面和拱座基础后侧面缩进2m面部分构成，其两面分别作支承墩的底、后面，混凝土等级为C30。

5.2.4 索塔、扣索、后锚

在桥头两岸设置平面尺寸为2m×4m由万能杆件组拼而成的柱式索塔各一座，中心线与大桥左幅中心线重合，基础尺寸采用10m×3m×1m（长×宽×深），C30混凝土；在每座索塔上设置5组索鞍。对于扣索，采用φ21.5钢丝绳，设置10组，每组走六滑轮组（即32t的3轮滑车）；扣索一端固定在后锚的地锚环上，另一端通过索鞍后悬吊未合拢的拱架片；松紧程度由5t慢速卷扬机调整。对于后锚，

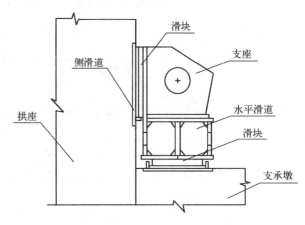

图5.2.3 滑道及支座布置图

尺寸采用10m×5m×2.5m（长×宽×深），C30混凝土，前侧设置每组5根φ32的钢筋锚环16组。

5.3 操作要点

5.3.1 缆索吊安装

缆索吊是运输施工材料和拼装、拆除拱架的必要设备，设计起重荷载3t，行车速度30m/min，起重速度9m/min。缆索吊安装包括塔架安装、地锚浇筑、穿索等一系列工作。塔架采用万能杆件拼装，下设混凝土基础，基础平面尺寸2m×16m，在塔架顶部设置纵、横梁以安装索鞍；为减小塔顶吊重时向跨中偏移量，设置后缆风绳并适当加大后缆的拉力，使塔架顶向后锚方向产生位移量，以抵消缆索吊重时的跨中偏移量，减小塔顶本身的悬臂受力。

1. 缆索系统安装

1）主索：用2φ32.5钢丝绳组成一组，主索经过塔顶索鞍后，锚固于两岸钢筋混凝土地锚上；为使2根主索松紧度一致，将2根主索通过地锚滑轮绕组接成1根，这样保证了两主索垂度一致；主索架设时，先将牵引索φ21.5架设于塔顶并经滑轮组及卷扬机绕成循环索，再用循环索将主索拖至塔顶到地锚间，完成主索架设。

2）牵引索：用φ21.5钢丝绳，牵引索采用循环式单台卷扬机进行牵引作业，牵引索经卷扬机后到一桥头塔顶索鞍、跑车至另一桥头塔顶，经滑轮绕回，再到一桥头塔顶回到卷扬机；如此以达到牵引索进退统一，减少人为操作失误。

3）起重索：用φ21.5钢丝绳，起重索进、出口在同一直线上，相对于跑车纵、横对称，使其受力均匀，起重索两头均进卷扬机，起重索通过塔顶到塔底滑轮转向，进入3t卷扬机。

4）地锚采用钢筋混凝土。

2. 缆索吊试运行

缆索吊架设完成后，对其系统和各种设备进行全面检查和观测塔架地锚的受力情况，以便对设备的整体运行情况进行分析和鉴定。设计吊装3t的缆索吊试运行时，先吊1t，逐次增加到3t；为验证吊装安全，试吊重量采用设计重量的1.5倍，并往返运行2次。试车正常运行后，缆索吊即可投入到拱桥施工中；在使用过程中需设专人对缆索吊进行检修、保养。

5.3.2 拱架拼装

1. 准备工作

拱架拼装准备工作包括材料、机械、设备和人员等准备工作。

1）滑道安装：在浇筑拱座和支承墩混凝土时，预先分别在拱座前墙面和支承墩顶面预埋钢板，然后在预埋钢板上焊上不锈钢复合板，铺设聚四氟乙烯滑板和安装支承垫梁。

2）在滑道安装的同时，安装索塔、索鞍、滑轮组和卷扬机，在拱架两侧设置缆风绳地锚。

2. 拼装拱架

拱架拼装采用差接绑贴法，先拼装 5 个拱片，后拼装剩余拱片，其具体方法及程序如图 5.3.2－1 所示。

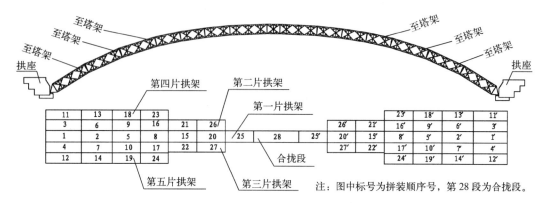

图 5.3.2-1　差接绑贴法示意图

1）在预拼场内预拼拱片单元。每拱片单元由 4 个或 6 个军用梁三角，1 个 L 形调节杆（合拢拱片单元为 2 个 L 形调节杆）或 1 个端三角组成（图 5.3.2-2）。

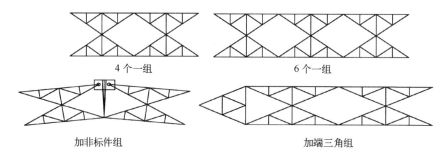

图 5.3.2-2　拱片单元

2）安装第一支座拱片，吊装其第一拱片单元，调整高度，拉紧扣索 1；吊装其第二单元，调整高度，拉紧扣索 2，并微松扣索 1。

3）安装第二、三支座拱片，分别吊装其第一单元，调整高度，拉紧扣索 3、5；上好与第一拱片间的套管螺栓，调整已拼拱片的拱轴线和标高，在第二单元两侧拉好第一道缆风绳。

4）吊装第一拱片的第三单元，调整高度，将扣索 1 移到该单元并拉紧，稍微放松扣索 2；吊装第二、三拱片的第二单元，调整高度，拉紧扣索 4、6，上好与第一拱片间的套管螺栓，微松扣索 3、5。

5）安装第四、五拱片支座，吊装其第一单元，调整高度，拉紧扣索 7、9，并上好与第二、三拱片间的套管螺栓。

6）吊装第一拱片的第四单元，调整好高度，将扣索 2 移至该单元并拉紧，在其两侧拉上第二道缆风绳。吊装第二、三拱片的第三单元，调整好高度，将扣索 3、5 移至该单元并拉紧，上好与第一拱片间的套管螺栓，稍微放松扣索 4、6。吊装第四、五拱片的第二单元，调整高度，拉紧扣索 8、10，并上好与第二、三拱片间的套管螺栓。

7）分别安装第一拱片的五、六、七单元，第二、三拱片的四、五、六单元和第四、五拱片的三、四、五单元，用 1～10 号扣索倒换调整高度并拉紧。在第一拱片第六单元两侧拉上第三道缆风。各拱片在距第六单元末端 16m 前的套管螺栓均应上好。

以上工序两岸都应同时进行。

8）吊装第一拱片合拢单元，利用扣索调整两岸拱架高度，用捯链滑车调整距离，合拢第一拱片，在其两侧拉上中间道缆风绳。合拢第二～五拱片，上好剩余套管螺栓。利用 2、4、6、8、10 号扣索调整已拼 5 个拱片标高，利用缆风绳调整拱片中线。

9）从第六拱片开始，以已拼好的 5 个拱片为基础，用扣索 7、8、9、10 拉紧，在两岸对称拼装，直至全部拱片合拢。

10）利用扣索调整拱架标高（两岸标高差值不超过1cm），利用缆风绳调整拱架中线（中线偏差不超过3cm且为同方向），在拱架上安装钢枕和连系槽钢，对拱架进行全面检查。

5.3.3 拱圈施工

1. 拱盔制作

拱盔由垫木、砂袋、拱形木、横木、底模等组成，详细结构见图5.3.3-1。

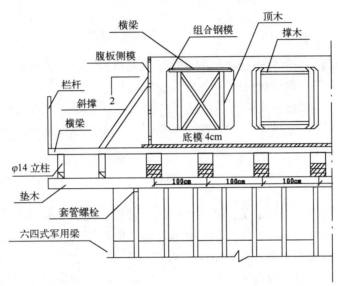

图5.3.3-1 拱盔结构图

1）拱盔高程控制

拱盔高程控制为底模施工时其顶面的高程控制，它直接影响到拱圈高程控制。底模施工高程由拱圈底板底面设计高程和拱架、拱盔、拱圈的预拱度决定。

2）拱架、拱盔、拱圈预拱度

拱架受拱盔、拱圈的荷载产生变形（△拱架）；拱盔受拱圈的荷载产生变形（△拱盔），包括砂袋变形与连接处变形；拱圈受自重、混凝土收缩与徐变、墩台位移影响产生变形（△拱圈）。如果条件许可，宜对拱架、拱盔进行预压，以消除拱架、拱盔的非弹性变形。根据以上变形，设置拱架、拱盔和拱圈的预拱度（如果预压，则需扣除相应的非弹性变形）。

3）拱圈底板底模顶面施工高程（式5.3.3）

$$H 施＝H 设＋△ 拱架＋△ 拱盔＋△ 拱圈 \tag{5.3.3}$$

2. 浇筑工艺

拱圈混凝土浇筑采用分环分段法，即分为底板、腹板、顶板3环，先浇筑第一环底板，再浇筑第二环腹板，最后浇筑第三环顶板；底板、腹板可分5段浇筑，顶板分9段浇筑。分环分段法示意见图5.3.3-2、图5.3.3-3。

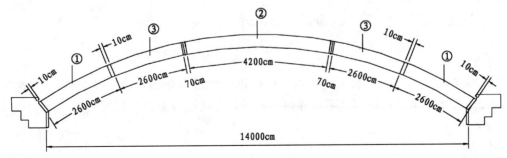

图5.3.3-2 拱圈分段施工工序图

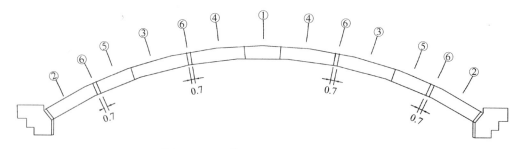

图 5.3.3-3　拱圈顶板分段施工工序图

拱圈混凝土浇筑时，两岸须对称进行。拱圈合拢采用开口箱合拢，即在底板、腹板的所有分段混凝土和段间 10cm 缝混凝土强度达到设计强度 70％时，浇筑底板、腹板合拢段（70cm）混凝土；在顶板的所有分段混凝土和段间 10cm 缝混凝土强度达到设计强度 70％时，浇筑顶板合拢段（70cm）混凝土。由此底板、腹板形成拱，承受部分荷载，减少拱架承受荷载，利于拱圈安全施工。另外，拱圈合拢时，宜在较低温度进行，合拢温度宜为 15℃。

5.3.4　砂袋卸架

1. 方案选定

目前，国内支架施工卸架设备有木楔、螺旋千斤顶、砂箱、硫黄砂浆垫块等，这些设备在使用中存在某些局限性，且造价较高，如螺旋千斤顶落架时易控制，但较笨重；砂箱不能承受过大的水平力；硫磺砂浆块强度低，多加水泥和砂子则不易熔化，且熔化时易引发火灾；木楔不能使其高度全部用于卸架。在拱桥施工时，受砂箱卸架原理启示，我们成功开发和应用了砂袋卸载落架技术。

2. 砂袋试验

1）砂袋制作材料

砂袋用伸缩量小的丁纶帆布制作，并多圈缝制，以防漏砂。袋内砂选用中粗砂，装入砂袋前洗净、烘干。

2）砂袋尺寸选定

根据施工中主拱圈分环分段会产生不同应力情况，对不同压力作用下、不同尺寸砂袋的压缩量进行模拟实测和回归分析，然后根据钢拱架的实测高程和弹性挠度、拱圈预拱度及砂袋和支垫方木的压缩量确定砂袋尺寸；通过大量试验，选定砂袋尺寸为 22cm×22cm×11cm（长×宽×高），在朝上一面的中部留口，装入洗净烘干的中粗砂，装满为止，密实程度以人工捣实即可。

3）压力试验

通过压力试验，确定砂袋的极限承载力及压缩量。根据砂袋实际需要受力情况，把砂袋试验分为 3 组：第一组，单个砂袋受压试验；第二组，2 个砂袋叠放受压试验；第三组，3 个砂袋叠放受压试验。把每组砂袋放置于压力机承压板上，逐渐加载至砂袋破裂，并记录砂袋在每个压力下的压缩值。经过多次试验，得出以下数据：1 个砂袋的承载力在 50t 以上；2 个砂袋叠放的承载力在 20t 以上，在砂袋间垫铁皮时在 30t 以上；3 个砂袋叠放的承载力在 15t 以上，在砂袋间垫铁皮时在 20t 以上。

为验证以上动载试验，需对砂袋做静载试验，即在每组砂袋上放置相应荷载的重物，直至砂袋的压缩基本停止，结果与动载试验一致。

通过计算砂袋点位处实际所受压力，证明砂袋满足受力要求，可作为拱架卸架设备。

3. 卸架工艺

1）砂袋放置

根据拱架卸落空间，确定砂袋的竖向个数；根据拱形木横向排数，设置砂袋在一排垫木上的点位数。把砂袋放置于垫木之上、拱形木之下，外包塑料袋，在两层以上的砂袋间垫铁皮。

2）砂袋卸架

（1）准备工作

在卸架前，成立砂袋卸架小组，对工人进行卸架技术培训，备足联络器材、割袋放砂工具、监测仪器等，拆除侧模、拱盔中的斜撑等。

（2）操作过程

当拱圈顶板合拢段混凝土强度达到设计强度 90% 时，方能卸架。砂袋卸架原则：对于卸落量，开始小，后渐大，纵向从拱顶到拱脚逐渐减小，横向一致；对于卸架顺序，纵向从拱顶到拱脚，两岸对称，横向同时。卸架时，分成若干循环，每一循环即从拱顶到拱脚放砂一次。

在卸架前、过程中和卸架后都必须进行卸架监控。卸架监控包括 4 个方面：一是通过应力检测仪检测应力变化；二是通过悬挂的线垂测量挠度变化；三是通过全站仪测量轴线偏位；四是通过值班技术人员检查拱圈、拱架异常现象。如果在卸架中出现异常如拱圈偏位较大、拱圈混凝土出现拉应力等，必须立即停止卸架，待对出现的问题分析解决后，方能恢复。

5.3.5 拱架横移

1. 备好油泵、千斤顶（千斤顶的规格选定是根据滑道的摩擦力 $F = \mu N$ 大小决定）、千斤顶后背垫铁垫块、各种尺寸顶杆及配套的设备和配件，严格检查其性能和质量，按要求进行安装。

安排顶推作业人员 24 人，其中 8 人操作油压千斤顶和安放顶铁，12 人（左、右各 6 名）控制缆风绳，2 人观察拱脚处的水平横移距离，2 人用测量仪器观察拱架纵轴线就位情况。

2. 铺设滑移方向前方的支座滑道及支座后背滑道，检查支座滑道高差及支座后背的垂直度、平行度和滑板表面的粗糙度是否符合要求，并在两滑板上涂润滑油。

3. 自活动滑道支顶垫梁前端某一位置开始，每隔 10cm 在支座后背滑道的固定钢板上方拱座前墙面上，用油漆做好标记，以便横移时控制拱架两端的滑移距离。

4. 拱架顶进时，两岸用对讲机联系，统一横移。顶进过程中，随时相互通报顶进距离，力争做到同时起顶，同一速度行进，同时停止顶进。两端顶进距离差值超过 5cm 时，必须停止顶进，待调整好后方可重新顶进。

5. 在拱架滑移过程中，根据每次滑移长度对拱架两侧缆风绳进行收放，使其始终保持适当松弛状态，但不得全部放松。拱架滑移侧的缆风绳用 5t 链拉紧。

6. 在滑移过程中，根据千斤顶的行程，按时增加或更换垫块及顶件，检查顶铁顶杆安装质量是否符合要求。

7. 拱架横移就位后，用仪器检测其位置是否正确，确认无误后，用捯链拉紧缆风绳。

5.3.6 拱架拆除

拱架拆除时，先将拱架横移出拱圈适当数量拱片，拆除上面的钢枕和联系槽钢等，后按拱架拼装的相反顺序，逐片拆除。对于最后 3 个拱片的拆除，预先在拱圈顶板上顺拱圈方向等间距预埋 U 形螺栓，穿入工字钢枕并横向悬出拱圈适当长度，吊住拱片，然后拆除。

5.3.7 应力监测

在拱圈施工中，需对拱圈应力及拱架应力、挠度进行不间断监测。

1. 监测方法

拱架挠度监测采用垂吊垂球法；应力监测采用 1G120 电阻应变片作探头，牢固粘贴在被测构件上，利用 UCAM—70A—10 型数据采集仪（探头与仪器间采用 3 芯屏蔽电缆线传输信号）采集输出应力或应变值，并由此计算出杆件内力增量的方法。

2. 监测内容

1）测试各施工阶段拱架典型截面的挠度，分析、验证挠度数据；

2）测试各施工阶段拱架典型截面的应力，分析、验证结构应力数据；

3）测试拱圈混凝土典型截面的应力，提供施工参考数据；

4）通过数据分析，对各施工阶段进行数值监控，保证施工安全。

3. 监测工况

监测工况包括 8 个工况：①浇筑拱脚段底板混凝土，②浇筑剩余底板混凝土，③浇筑拱脚段腹板混凝土，④浇筑剩余腹板混凝土，⑤浇筑拱顶段顶板混凝土，⑥浇筑拱脚段顶板混凝土，⑦浇筑剩余顶板混凝土，⑧拱架落架完毕。

4. 监测分析

1）拱架挠度监测结果分析

（1）绘制各工况下拱架挠度理论值与实测值曲线图，对此进行比较，各测点实测值与理论值十分接近，证明各施工过程合理、安全。

（2）实测挠度值出现两边不对称及个别点差值较大现象，可能是由于估读误差和温度影响造成的。

（3）采用垂球法监测拱架挠度，有简单易行、经济、方便等优点，但受温度影响较大。

温度上升时，拱架和垂吊钢丝将上拱和伸长；反之，拱架和钢丝将下挠和缩短，两者影响相互抵消一部分，其差值即为温度影响值。经估算，跨中温度变化 1℃，温度影响可达 1.2mm。另外，肉眼测读误差较大。

2）拱架应力监测结果分析

（1）绘制各工况下拱架应力理论值与实测值曲线图，在各工况下拱架应力各测点实测值与理论值非常接近，证明各施工过程合理、安全。

（2）对各测点的原始数据进行分析，各工况下拱片受力不均匀系数除个别测点偏大外，其余均小于1.2，说明在拱架计算中采用不均匀系数 1.2 合理。

3）拱圈混凝土应力监测结果分析

在落架过程中，拱圈混凝土应力监测对于控制落架程序、保证拱圈混凝土不产生裂缝起了关键作用。

然而，拱圈各测点混凝土应力值并不代表其测点的实际混凝土应力，因为它包含着大量的混凝土收缩、徐变所产生的应力。试验表明，在长期荷载作用下，加载初期徐变、应变增长较快，后期增长较慢，一般在 3 年以后就基本停止增长。

为此，监测点混凝土应力因所包含的收缩、徐变应变换算的应力，数值大是显而易见的，而混凝土的收缩、徐变应变不通过其他监测手段是无法从测点监测的总应变中分离出来的。

6. 材料与设备

6.1 主要材料（表6.1）

主要材料一览表 表6.1

名　称	数　量	名　称	数　量
加强军用梁三角	368 个	端三角	32 个
标准军用梁三角	912 个	加工钢销	670 套
钢枕	420 根	L11—L17 杆件	224 件
槽钢	420 根	钢丝绳	34t
1 号 U 形螺栓	4480 套	30t 滑轮	60 套
2 号 U 形螺栓	2240 套	钢销	4864 套
3 号 U 形螺栓	2240 套	横联套管螺栓	4200 套
丁纶帆布	240m²	木材	180m³
复层厚 3mm 不锈钢板	3496.3kg	聚四氟乙烯滑板	40 块

6.2 主要机具设备（表6.2）

主要机具设备一览表 表6.2

名　称	规　格	数　量	名　称	规　格	数　量
发电机	250kW	1 台	氧焊设备		1 台
发电机	120kW	2 台	吊车	20T	1 台

名　称	规　格	数　量	名　称	规　格	数　量
缆索吊	3T	5道	强制式拌合机	500L	2台
卷扬机	5T	8台	插入式振捣棒		6台
卷扬机	3T	4台	捯链	3T	6个
电焊机	75kW	3台	捯链	5T	4个
挖掘机	100kW	2台	油压千斤顶	ZLD—150	2台
推土机	165kW	2台	钢筋切断机		1台
载重汽车	5T	2台	钢筋弯曲机		1台
全站仪	拓普康	1台	经纬仪	TDJ2E	2台
水准仪	DS3	2台	数据采集仪	UCAM—70A—10	1台

7. 质 量 控 制

7.1　执行标准和规范

施工中质量控制严格按照《公路工程质量检验评定标准》TJGF 80/1、《公路桥涵施工技术规范》TJT 41、《公路桥涵通用设计规范》TJGD 60、《公路桥涵钢结构及木结构设计规范》TJT 025等执行。

7.2　质量控制措施

7.2.1　严格按设计图纸要求和标准规范进行施工，严格实施技术交底制度。

7.2.2　在拱架拼装、拆卸，拱盔安装，拱圈混凝土浇筑等各工序施工时，必须按照前后、左右对称原则进行。

7.2.3　对拱架、拱圈的挠度、应力进行全过程监测。

7.2.4　拱架拼装时，利用扣索调整拱架标，高两岸标高差值不超过1cm，利用缆风绳调整拱架中线偏差不超过3cm且为同方向。拱架横移时，两支座顶进距离相差不超过5cm。

7.3　质量管理措施

加强施工管理，成立质检小组，严肃质检程序，实施奖罚制度。

7.4　关键部位质量控制点、方法

滑道预埋钢板控制要求

1. 对于拱座前墙面预埋钢板，全长喇叭口偏差不大于3mm，短边垂直偏斜不大于1mm；

2. 对于支承墩顶面预埋钢板，全长高差不大于3mm，短边倾斜度不大于1mm；

3. 上述钢板任何1m长范围内的高差不得大于1mm。

8. 安 全 措 施

8.1　安全管理措施

制订安全方针与目标，坚持"安全第一，预防为主"综合治理和"管生产必须管安全"的安全原则。

8.1.1　建立健全安全保证体系及组织机构

建立健全安全组织机构和安全保证体系，成立安全生产领导小组，项目经理为安全生产第一责任人。

8.1.2　建立健全安全管理制度

安全管理制度包括安全生产责任制、安全教育培训制度、特殊工种持证上岗作业制度、安全检查制度、安全防护制度、安全评比制度、机械设备安全管理制度和安全事故申报制度等。

8.2 安全技术措施

8.2.1 缆索吊作业安全技术措施

1. 缆索吊安装时，安装塔架用的手拉葫芦悬挂支承点必须牢固，严禁斜拉重物，发生卡链时应在重物下方支垫后进行检查修理，不得硬拉。塔架拼装时，作业平台四周挂好安全网。

2. 卷扬机应安置在平整坚实处，与下部浇筑的混凝土底座连系在一起。

3. 紧索时，钢丝绳下部四周 20m 范围内不得有人员逗留。

4. 缆风绳不得绑扎在电杆或其他不稳定的物件上。

5. 各种起重机具不得超负荷使用，作业中遇有停电或其他特殊情况，应将重物落至地面，不得悬在空中。

8.2.2 拱架作业安全技术措施

1. 对下落、提升、运输军用梁必须有明确的色旗和哨声等指挥设备，设有专职信号员负责指挥索吊的运行。

2. 采用差接绑贴法悬臂拼装拱架时，根据悬臂长度，随时拉好扣索和缆风绳，以确保拱架稳定、拼装安全。

3. 扣索必须扣在拱架的大节点处，绝不可扣在小节点处。

4. 拼装过程中，及时上足、拧紧套管螺栓并进行全面检查。

5. 提升用的钢丝绳必须与吊钩连接牢固，保证在升降时不脱钩，钢丝绳安全系数必须大于 6，且安排专人经常检查，发现有断丝或伤口必须更换。

6. 拱上拼装人员必须佩戴安全带，并且将安全带挂在牢固处。

8.2.3 拱圈卸架安全技术措施

1. 成立拱圈卸架小组，对小组成员进行安全培训。

2. 拱圈卸架在其顶板合拢段混凝土强度达到设计强度的 90％时进行。

3. 拱圈卸架按照开始小、后渐增大和纵向对称、横向同时的原则进行。

4. 对拱圈卸架前、过程中和完成后都应进行监控，包括拱架挠度、拱架应力和拱圈应力等监控。

5. 拱圈卸架时，卸架人员须戴安全帽、穿防滑鞋等。

8.2.4 拱架横移安全技术措施

1. 拱架横移前，对参加拱架横移人员进行技术交底和技术培训及安全教育。

2. 指挥员要严格按照预定程序及技术措施下达指挥令。操作人员必须听从指挥、服从命令，真正做到统一指挥、统一信号、统一行动。除指挥员外，任何人员不得随意下达指挥令。

3. 拱架两端必须同步滑移，两端滑移距离差不得超过 5cm。否则，应立即停止横移，待两端调整一致后方可继续横移。

4. 控制缆风绳人员要坚守岗位，不得擅离职守。横移前进侧拉紧缆风绳人员必须控制好拉力，不能过大，也不能过小。拉力大小以克服因拱架滑移产生的惯性为准，做到使拱架中间部分与两端支座同步前进，防止某一部分拱架滞后或冒进量过大，使拱架扭坏。横移前进反侧控制缆风绳人员，要使缆风绳起溜绳作用，同时要防止拱架前倾，不能将缆风绳全部松掉。

5. 拱架滑移过程中，要随时检查拱架中心线是否一致，否则应用缆风绳调整好，以防止拱架被扭坏。

6. 每次安装垫铁、垫块、顶杆和千斤顶时，要使其在同一直线上。同时要检查顶杆连接头的牢固性及垫块之间的密贴程度，以防在顶推过程中因安装质量不符合要求造成顶杆失稳，酿成重大事故。

8.2.5 拱圈施工安全技术措施

1. 拱圈浇筑前，对机具设备及防护设施等进行检查。

2. 拱圈浇筑时，随时检查拱架和模板，发现异常状况及时采取措施。

3. 拱架经过验算，具有足够的强度、刚度和稳定性。

4. 拱圈浇筑时，侧模外预留人行道并且安装栏杆。

5. 拱圈浇筑时，严格按照浇筑顺序进行浇筑。

6. 拱圈浇筑时，应进行挠度、应力监控。

7. 夜间施工，必须有充足的照明设施。

8.3 突发事件应急预案

建立突发事件应急机制，制订相应的应急救援预案，成立应对突发事件领导小组，对突发事件及时采取各种措施，将造成的损失降到最低。

8.3.1 突发火灾应急救援预案

按消防要求，每施工班组配备足够的通讯器材和消防工具。经过工前培训，所有施工人员都能熟练掌握消防器材的性能和使用方法。

施工现场、生活区及各类仓库、加工厂配备足够的消防桶、灭火器等消防安全器材，当出现火灾，立即组织人员进行扑灭。

8.3.2 汛期及洪水的处理

项目部成立防汛抗洪领导小组，由副经理兼职负责。在汛期，组成抗洪防汛抢险突击队，明确责任，落实到人，做好防汛抗洪工作。

加强组织领导，有针对性地进行抗洪防汛安全教育，提高广大职工的抗洪防汛意识和警觉性。汛期到来前，开展抗洪防汛大检查，重点检查抗洪防汛方案是否可行，职工住房环境、设备停放地点、材料储存场所等是否安全可靠，排水、防水设施是否齐备等。并认真执行雨季、雨后两检查制度。

施工现场合理布置，制订防汛、防洪预案，确保人员安全。

汛期到来前，防汛器材、防雨材料、防护用品、抽排水设备等材料备足，配备发电机确保供电，以防汛期交通受阻，影响工程正常施工。与当地气象部门保持联系，掌握气象动态，及时了解汛情，以便做好整体工作安排和防洪防汛工作。

8.3.3 停电事故的处理

在桥涵施工现场配备一定数量的发电机，一旦出现突发停电事故，立即启动备用电源提供临时电力。

加强施工用电线路的检查与维修，对老化及损伤线路及时更换，确保线路正常，安全输电。

8.3.4 不可抗力自然灾害应急措施

由项目部下达发出警报令，进行抢险救灾状态，抢险队及全体人员投入抢险工作；在项目经理的统一指挥下，由项目副经理及时、有序地将人员疏散到安全区，由安全监察部长负责重要物资撤离危险区；由施工队长负责危险区隔离，标出警示；根据分析判断的结果，项目部组织技术人员定出抢险的方案，调动必要的机具、设备、材料等资源；各抢险组长根据抢险方案，将具体任务下达给各小组成员，各小组成员按要求完成；由调度负责接收媒体或气象部门有关事态后续发展的预测报告，密切跟踪灾害变化，以采取相应的措施。

9. 环 保 措 施

9.1 生态环境保护主要技术措施

对施工人员进行环保有关法律、法规教育，使施工人员牢固树立"环境保护"意识，自觉遵守《环境保护法》、《建筑法》及地方政府有关法规、条例。

1. 做好取土场、弃土场的环境保护，尽量恢复植被，取土或弃土前先将表土集中清运至一边，施工完成后将弃土场和取土场推平、压实，再将表土回填覆盖，恢复耕种。并做好防排水设置，取（弃）土场用地严格控制在设计范围之内，尽量少占农田。

2. 施工中按照上级要求做好防汛排水工作，防止洪水淹没、毁坏农田、建筑物及施工临时设施。

3. 施工期间不随意占用道路施工、堆放物料、搭设建筑物。施工期间的废水、泥浆须澄清达标后排放，不随意排入河中，建筑垃圾及时清运。

4. 在施工范围内，特别是居民区附近施工，特别做好人身安全工作。离居民区较近的工点避免噪声污染，噪声超标的工序安排在白天施工，并采取切实可行的降低噪声措施。

5. 对施工机械和运输车辆造成的噪声，进行消除减轻，合理安排工作人员轮流操作时间，穿插安排低噪声工作，同时注意机械保养和正常操作，降低噪声的声级水平，对距离民区 150m 以内的工程，施工时间应考虑适当作业，以减少噪声对居民的影响。

6. 浇灌混凝土，尽量安排在白天。

7. 当施工、生活用水取于当地村民生活水源时，用清洁水具运水，保持地方水源不受污染。

8. 生活垃圾定点堆放，掩埋覆盖，严禁四处乱扔。生活污水处理设化粪池，不直接排放。

9. 对当地丰富水资源进行保护，注意收集并循环使用润滑油，对施工含油废水及机械废水、废油采取有效措施，设隔油池进行集中处理，不使废水乱流或排入河流。

10. 施工期间加强降尘排烟措施，使用先进设备，对道路经常洒水，防止尘土飞扬，污染空气，对车辆和施工机械定期进行保养。

9.2 水土保持主要技术措施

9.2.1 完工后，对被破坏的环境及时整治，防止水土流失和适时进行线路两侧的植被恢复，按设计要求进行线路区间绿化整治，严格执行环保设施的规定。

9.2.2 做好保护生态、水土保持工作，加强对施工人员水土保持的教育和管理。严格遵守《中华人民共和国水土保持法》、《中华人民共和国水土保持法实施条例》及地方政府有关法规、条例。严格按设计施工，编制水土保持方案，严禁随意取土、弃土以及对非施工用地范围的地表植被造成破坏。

9.2.3 水土保持工作由安全质量部负责，设专职环保员，建立健全水保体系，坚持"预防为主，综合防治，全面规划"原则，抓住本工程水土保持工作重点，有针对性地采取措施，确保水源、植被不被污染和破坏。

9.2.4 施工前邀请地方政府环保主管部门共同对沿线水文、地质、植被情况进行调查，符合设计水土保持方案；并制订出详细水土保持施工措施。

9.2.5 严格按设计施工，尽量减少植被破坏，废弃的砂、石、土运至规定的地点堆放。工程竣工后，取土场、生活、生产用地等进行复耕或植树种草，同时修好排水系统，防止水土流失。

9.2.6 桥涵工程：桥涵挖基土方及桩基废碴及时清运，远离河道，防止雨淋水冲，淤塞河道。钻孔桩泥浆设沉淀池，避免泥浆四处流淌，施工完毕后，立即清除。只要不是设计范围内容，任何情况下，严禁挤压和占用河道。

10. 效 益 分 析

10.1 经济效益

采用大跨度可调式无支墩军用梁钢拱架比采用万能杆件拼装满堂支架施工 140m 跨度内的拱桥，降低成本 100 万元以上。

10.2 社会效益

采用大跨度可调式无支墩军用梁钢拱架施工 140m 跨度内的拱桥，在拱桥施工领域探索出了一套新的施工工法，可为今后同类型桥梁施工时借鉴。

10.3 环境效益

采用大跨度可调式无支墩军用梁钢拱架施工 140m 跨度内的拱桥，由于没有支墩，对原地面破坏很小，减少了水土的流失，保护了环境，具有良好的环境效益。

10.4 节约效益

采用大跨度可调式无支墩军用梁钢拱架施工 140m 跨度内的拱桥，由于没有支墩，并左右幅循环利用，节约了钢材数百吨，缩短工期 2～3 个月。

11. 应 用 实 例

11.1 运城至三门峡高速公路吴家嘴大桥跨越高差达 80m 的 V 形深谷，山势陡峭，围岩破碎，施工场地狭窄，材料运输困难。大桥全长 188.98m，桥宽 20.5m，设计为 1～140m 的双幅分离式钢筋混凝土箱形拱桥。运用本工法施工，比采用万能杆件搭设满堂支架施工本桥，节约材料约 1200t，缩短工期 3 个多月，节省投资 130 多万元，且对地形破坏程度较小，防止了水土流失，有利于当地环境保护。该大桥于 1999 年 5 月开工，2000 年 8 月顺利建成，工程质量优良，取得了较好的经济和社会效益。

11.2 内蒙 104 省道呼市—武川公路马家店大桥全长 269m，共 9 个墩台，为钢筋混凝土箱形梁桥，桥址处高差最大为 29m。大桥于 2006 年 12 开工，在该桥施工中，我们通过试验来实测砂袋在荷载作用下的压缩变形量，从而控制施工，使砂袋卸架技术得到进一步改进，大桥于 2007 年 12 月顺利完工，提前工期 2 个多月，节约投资 23 万元，施工中未发生任何安全事故，工程质量合格。

基于 GPS 实时监控水下抛石施工工法

YJGF35—2004（2009～2010 年度升级版-059）

中建八局第三建设有限公司　中建筑港集团有限公司

程建军　招庆洲　李国　李清超　沈兴东

1. 前　言

河道堤防是我国防洪工程体系的重要组成部分。在长江中下游地区，堤防是防御洪水的最后屏障。水下抛石护岸加固是治理江河崩岸的一种易操作且行之有效的措施。1999～2001 年，我公司先后承建了长江重要堤防隐蔽工程枞阳江堤加固老洲头险段护岸工程，马鞍山河段一期整治小黄洲及电厂段护岸工程，枞阳江堤加固殷家沟段护岸工程。为使堤防加固工程施工规范化、标准化，我们对堤脚防护水下抛石施工工艺进行总结，并不断创新，形成《基于 GPS 实时监控水下抛石施工工法》（YJGF35—2004），该工法被评为 2003～2004 年度国家级工法。

近 5 年来，通过不断地技术创新和提炼总结，对原工法进行了有效的修订与补充，保持工法的先进性和适用性，本工法的关键技术于 2011 年 4 月 6 日通过专家鉴定，鉴定结论为"达到国内领先水平"。升级后的工法在承建的安庆河段崩岸整治峨眉洲左缘上段护岸工程、铜陵河段崩岸整治灰河口下段护岸工程及安庆河段崩岸整治广成圩工程中应用效果良好。

2. 工 法 特 点

本工法在控制抛石质量、保证安全施工、加快施工进度及降低工程成本等方面取得了显著的效果，其主要特点如下：

2.1 采用全站仪布设施工平面控制，测量速度快、精度高，解决了经纬仪结合钢尺量距导致的导线控制测量速度慢、精度低的问题。

2.2 采用 GPS 全球定位系统结合回声测深仪测量水下地形，点位坐标和高程同时传输给计算机处理，测量速度快、精度高，及时有效监测抛石效果，抛石质量得到有效控制。解决了测绳或声呐测量，点位坐标和高程不能够同时反映、测量速度慢、精度低，且不能及时准确反映水下地形的问题。

2.3 通过建立理论模型、结合现场实测确定块石漂距，运用 GPS 导航定位系统确保定位船定位准确，从而保证块石抛投位置准确。

2.4 通过采用不同的定位方法，加快施工进度，保证施工质量和安全，也解决了复杂水流状态下定位船的抛锚定位和抛石船的挂挡难度大的问题。

2.5 针对不同的设计抛石厚度，抛石船采用不同的挂挡方法，保证了抛石均匀度。

3. 适 用 范 围

本工法适用于长江中下游、内河及湖泊堤脚防护工程施工。适用的水流速度不宜大于 3m/s。

4. 工 艺 原 理

通过理论模型、结合现场实测确定块石漂距，从而保证抛投断面准确。利用 GPS 导航定位系统确定定位船位置，并根据水流的状态，选择合理的定位方法进行抛锚定位。抛石船根据定位船的位置和抛石厚度选择合理的挂挡方法进行抛石。通过采用GPS卫星定位系统结合回声测深仪监测抛投效果，及时修正抛投方案，最终按设计要求在水下河床上均匀覆盖一层块石，以防止岸坡在水流冲刷下坍塌，确保大堤稳定与安全。

5. 施工工艺流程及操作要点

5.1 施工工艺流程（图5.1）

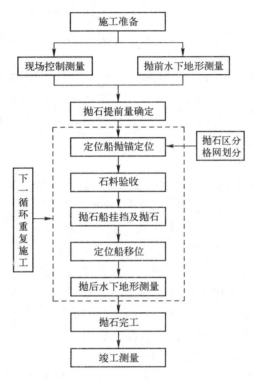

图5.1 施工工艺流程图

5.2 操作要点

5.2.1 施工准备

1. 在港监部门办理水上作业施工许可证；

2. 做好供料、车辆及船舶运输、劳动力等组织计划安排；

3. 设置水面浮标，以便于船舶通航；

4. 施工前应对各料场的块石取样试验，确保块石各项检测指标满足要求后方可使用。

5.2.2 现场控制测量

1. 施工平面控制网分两级建立，采用四等闭合导线建立首级控制网，然后依据首次控制网建立供施工放样使用的加密控制网，施工平面控制网建立如图5.2.2所示。四等闭合导线技术要求见表5.2.2。

光电测距闭合导线技术要求 　　　　　　　　　　　　　　　　　　表5.2.2

等级	闭合导线总长（km）	平均边长（m）	测角中误差（"）	测距中误差（"）	全长相对闭合差	方位角闭合差（"）	测距要求	
							测距仪等级	测回数
四	1.8	300		7	1：35000		3	2
	3.0	500	2.5	5	1：45000	±5 n	2	2
	3.5	700		5	1：50000		2	2

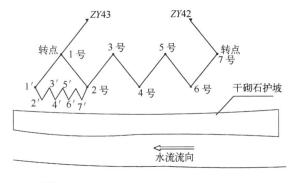

备注：
    1. ZY43、ZY42 为业主提供的起始控制点；
    2. 1 号、2 号、…7 号为导线点；
    3. 1′、2′、…7′为加密控制点。
图 5.2.2 施工平面控制网建立示意图

2. 控制网布设

导线网布设包括选点、埋标、测角及量边等工作。导线选点应遵循以下原则：相邻点之间应通视良好，地势较平坦，便于观测，导线点应选在土质坚实的地方，以便于导线点保存和架设仪器；导线边长应大致相等。埋标采用钢筋插入泥土中，周边采用混凝土围护，待混凝土凝固后，采用红油漆进行编号。每支导线，采用全站仪往返观测 2 个测回，记录每个测点坐标及方位角。坐标增量闭合差在满足规范要求的前提下，进行分配。

3. 施工平面加密控制网的布设

首级控制网布设完成后，建立供施工放样使用的加密控制网，加密控制网沿施工区每隔 80m 布设一个导线点。

5.2.3 抛石区水下地形测量

对抛石区施工前、后进行水下地形测量，是控制抛石施工质量的重要手段之一，也是作为施工质量评定的重要依据。包括：抛前水下地形测量、抛后水下地形测量及竣工测量。具体操作要点如下：

1. 通过采用 GPS 全球定位系统、回声测深仪、多功能采集器、计算机、绘图仪和打印机组成一套自动测量系统，利用 GPS 实时动态差分技术进行水下地形测量。

2. 由专业测量人员利用 GPS 全球定位系统，结合回声测深仪进行测量，GPS 发射天线架设在起始控制点上，接收天线安装在测量船测深仪探杆上。

3. 沿河道断面方向间隔 20m 为一施测断面，测量船按此作为行进路线，沿断面间隔 5m 为一测点。测点坐标由 GPS 全球定位系统测得，同时该点水深由测深仪测得，由多功能采集器采集点位坐标和水深，传输给计算机，最后经成图软件绘制水下地形图。

4. 水位观测应安设一支牢固的固定水尺，水尺应设置在水流平静的河段。进行水深测量时，应考虑水位变化潮汐的影响，除水深测量的开始和结束外，在水深测量过程中，若水位变化每小时大于 5cm 或变化幅度大于 10cm，应增测水位一次，水尺刻度应读至厘米。

5. 水下地形出图用的坐标系统和高程系统应与设计图纸一致。水下地形出图应符合规范和设计要求。一般要求平面图的比例不得大于 1：2000，断面图不得大于 1：300，测点密度为沿河道间隔 20m，横断面方向间隔 5m。

5.2.4 抛石提前量确定

抛石提前量由抛石漂距加上装石船头空当距离，抛石漂距是指块石落入水中后在水流作用下漂移的距离，施工中控制抛石漂距是施工质量控制的关键。抛石漂距测定方法如图 5.2.4 所示。具体测定步骤如下：

1. 抛投前测量抛区内的流速，将流速仪由定位船上舷侧中部放入水中，至水深 2/3 处测出流速。同时用测深仪测量出断面处水深。

2. 对不同粒径、重量的块石量取尺寸及称取重量。

3. 对单个块石进行漂距值的测定。

4. 点绘 $L \sim \nu h / W^{\frac{1}{6}}$ 的关系图，确定漂距参数 k 值。

5. 根据经验公式计算抛石漂距，经验公式见式 5.2.4：

$$L = k\nu h / W^{\frac{1}{6}} \tag{5.2.4}$$

式中 L——块石水平漂距（m）；

        ν——水流流速（m/s）；

h——水深（m）；

W——块石重量（kg）；

k——调整系数，一般可取 0.8～0.9。

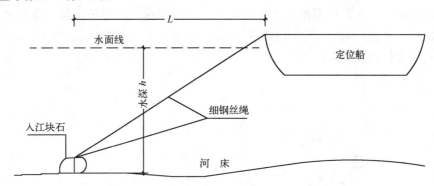

图 5.2.4　试抛石漂距的测定方法

5.2.5　抛石区网格划分

根据测量的断面图和设计要求进行网格划分。合理划分抛石网格是确保水下抛石厚度、平顺衔接的关键。不同的抛石方法和抛石船只网格划分也不相同，一般人工抛投网格宽度为 1～2m，机械抛投网格宽度为 2～3m。施工控制网格划分后，根据设计厚度及网格面积计算每个网格的抛投量。

5.2.6　定位船定位

1. 定位船定位工作原理

利用"GPS 导航定位系统"进行定位船的定位，即在定位船船顶固定 2 台 GPS 天线，并测量出天线和定位船的相对位置。GPS 接收机与计算机连接，定位软件读取 GPS 天线坐标数据，并根据天线与定位船的相对关系将定位船显示出来，软件调取抢险施工区域的施工设计图和水下地形图，并将施工图划分成单元格。施工过程中根据定位船与施工单元格的偏差数据和直观位置关系来指挥定位船移位，当偏差小于临界值时便可进行抛石施工。抛石过程中实时对定位船位置进行监控，并实时记录偏移数据，当偏差较大时发出警告进行移位。GPS 导航定位工作原理如图 5.2.6-1 所示。

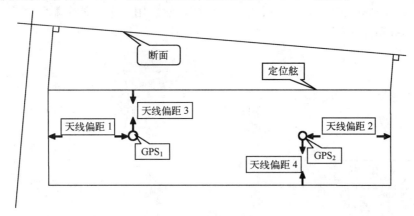

图 5.2.6-1　GPS 导航定位工作原理示意图

2. 抛锚

定位船抛锚顺序：外上游锚→里上游锚→里下游锚→外下游锚。抛锚时，上、下游锚缆应抛成八字形，以便于定位船里外移动，定位船定位及抛锚如图 5.2.6-2 所示。

3. 定位方式的选择

定位船的抛锚定位是水下抛石作业中最重要的环节，定位船定位是否准确与稳定，直接关系到抛石作业的施工质量及安全。影响定位船的定位方式主要因素是江水的流态，江水的流态主要有平顺水流、紊乱水流、回流 3 种，不同的流态将决定定位船的定位方法及投入的数量。

1）平顺水流状态下定位船定位方式

平顺水流状态下江水的流态平顺、稳定。这种流态下，抛石船不易发生侧向摆动，因此抛投作业比较顺利。平顺流状态下主要采用以下两种定位方法：

第一种，定位前在岸边定位断面挖好地锚坑，然后定位船顺水流抛锚定位，接着从定位船绞关上牵引钢丝绳与岸上的地锚相连，调整定位船的锚缆，使钢丝绳位于定位断面上，用卡环在钢丝绳上做好挂档标识，用于抛石船挂档抛投，如图 5.2.6-3 所示。

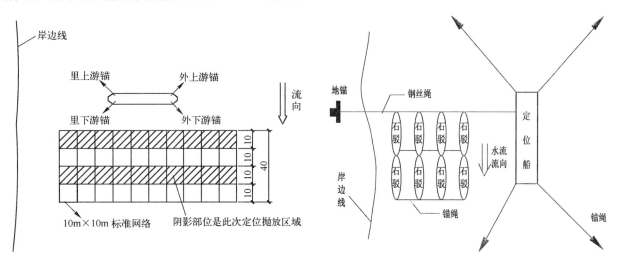

图 5.2.6-2 定位船定位及抛锚示意图 　　　　　　图 5.2.6-3 平顺水流拉钢丝绳定位

第二种，定位船垂直水流定位，抛石船挂靠定位船下弦进行抛石，如图 5.2.6-4 所示。

2）紊乱水流状态下定位船定位方式

紊乱水流是指受到几个方向水流的作用，流态复杂、紊乱。在这种流态下，定位船定位比较困难，抛石船挂档后在水流作用下很不稳定，容易发生侧向摆动，通常采用以下两种定位方式。

第一种，定位船垂直水流抛锚定位，完成后抛石船陆续挂靠，通常定位船挂靠四排抛石船，每排 4 艘，抛石船之间要用绳索相互串联起来，成为一个整体，然后用绳索将整个船队固定在锚缆上，方可进行抛投，如图 5.2.6-5 所示。

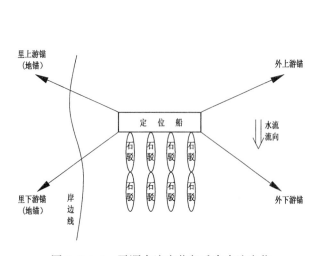 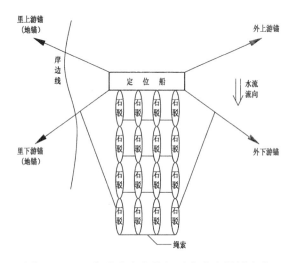

图 5.2.6-4 平顺水流定位船垂直水流定位 　　　图 5.2.6-5 紊乱水流定位船垂直水流抛锚定位

第二种，采用两艘定位船定位，即第一艘定位船（主定位船）垂直水流定位完成后，抛石船陆续挂档，共 4 排，每排 4 艘，第二艘定位船（次定位船）垂直水流抛锚定位，抛石船队尾部采用绳索与其连接，如图 5.2.6-6 所示。

3）回流状态下定位船定位方式

回流是指近岸区水流与主流方向相反。这种情况一般发生在河道突然变化的凹岸，主流受到阻挡后，致使近岸水流方向与其相反。这种情况下，我们采取以下的定位方式：定位船垂直水流定位，抛石船反向挂靠在定位船的上游船舷进行抛石，其抛投方法与通常采用的抛石船顺向挂靠在定位船的下游船舷进行抛石不同，如图 5.2.6-7 所示。

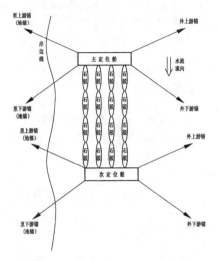 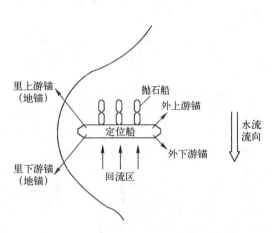

图 5.2.6-6 紊乱水流两艘定位船垂直水流定位 　　　图 5.2.6-7 回流定位船垂直水流定位

回流情况下，不能采用顺流区的定位方式。因为顺流区抛石船挂靠在定位船的下游船舷进行抛石，若回流区抛石船挂靠在下游船舷抛石，水流将使抛石船冲向定位船，不仅无法挂靠抛投，而且会导致安全事故。

4）各种流态定位方式的选择，如表 5.2.6 所示。

各种流态定位方式选择　　　　　　　　　　　　　　　　　　表 5.2.6

流态	序号	定位方法	优点	缺点	宜选择
平顺水流	1	定位船顺水流拉钢丝绳定位	操作简便，抛区较宽的情况下水平方向无需移位	施工指挥管理不便，钢丝绳存在安全隐患	2
	2	定位船垂直水流定位	定位稳定，挂档抛投安全可靠，施工指挥管理便捷	水平移位次数增加，抛投效率降低	
紊乱水流	3	定位船垂直水流抛石船串联定位	抛石船挂档抛投稳定，安全得到保证	操作不便，施工效率降低	3
	4	两艘定位船前后定位	定位、抛投稳定，施工安全得到保证	定位时间长，操作非常不便，施工效率降低	
回流	5	定位船定位后，抛石船反向挂靠	有效解决抛石船挂档，施工安全得到保证		5

5.2.7 量方验收

在施工段上游统一量方码头进行石料质量验收、量方及调度。对符合标准的石料现场丈量收方，长度量 2 次，宽度量 3 次，高度量 8 次取平均值，确保达到设计方量，对不符合质量要求的石料应拒收。

5.2.8 抛石船挂档抛石

1. 定位船定位结束后，装石船挂靠定位船下舷进行抛投施工，根据抛护须均匀的原则，各装石船位应相互错开，以保证抛石均匀。正常装石船上的块石由船侧抛出的距离约为 1.0～2m，因而各装石船船位应相互错开 1.0～2m，从而保证抛投均匀且无空档（图 5.2.8-1）。

2. 当抛石厚度较厚，超过 1.0m 时，可将抛石标准网格的半区 10m×10m 网格分为 6 个长 10m 条形区域（即 3 个船位）进行抛布，每个船位依次错开 1.65m（图 5.2.8-2）。

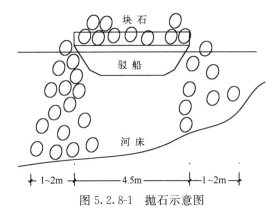

图 5.2.8-1　抛石示意图

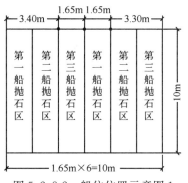

图 5.2.8-2　船位位置示意图 1

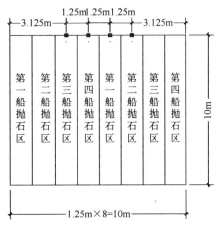

图 5.2.8-3　船位位置示意图 2

3. 当抛石厚度较薄不足 1.0m 时，可将抛石标准网格的半区 10m×10m 网格分为 8 个长 10m 条形区域（即 4 个船位）进行抛布，每个船位依次错开 1.25m（图 5.2.8-3）。

5.2.9　定位船移位

每一段（演长度方向每一序）抛投完成后，定位船应进行移位，重复上一循环施工。

5.2.10　抛后水下地形测量

抛石完成后，立即进行抛后水下地形测量。将抛石前、后断面进行对比，检查抛投效果，若未达到设计要求，应分析原因并及时采取补救措施，达到对水下抛石的实时监控。分析断面对比图，常见的情况有以下几种：

1. 抛石区抛石增厚不明显或没有增厚，原因是抛石提前量不合理，多数抛石落到抛投区域之外。采取的修正措施是：重新测定抛石漂距，调整抛石提前量，对该区域进行补抛。

2. 抛石区抛石增厚不均匀，部分区域增厚远超出设计要求，而部分区域增厚很少，分析原因是抛石船挂档抛石时，未按照指定档位进行抛投，个别档位挂靠次数过多或抛投时抛石船偏位而造成的。采取的修正措施是：对增厚较薄的区域进行补抛。下一断面抛石施工时，施工员应指挥抛石船严格按照指定档位进行抛投，抛石船船尾系绳索与定位船连接，防止抛石船抛投时左右摆动幅度过大。

6. 材料与设备

6.1　材料

水下抛石使用的原材料为块石，施工前应对各料场的块石取样试验，块石各项检测指标：密度大于 2.65t/m³，湿抗压强度大于 50MPa，软化系数大于 0.7。块石形状不允许是薄片、尖角状，块石石质不允许是风化石，块石粒径 0.15～0.5m，单块重量不得小于 10kg。

6.2　设备

6.2.1　施工机具、设备一览表（表 6.2.1）

施工机具、设备一览表　　　　　　　　　　　　表 6.2.1

序　　号	机具设备名称	型　　号	数　　量
1	定位船	300T	1
2	抛锚船	35kW	1
3	交通船	12kW	1
4	测量船	480HP	1
5	抛石船	50T	80

注：指一个大抛区所需机具、设备数量。

6.2.2　检测器具一览表（表 6.2.2）

检测器具一览表

表 6.2.2

序　号	机具设备名称	型　号	数　量
1	全站仪	SOKKIA—SET—2C	1
2	GPS 卫星定位系统	NGD—60LS	1
3	测深仪	SDH—13D	1
4	流速仪	LS—A2	1

7. 质 量 控 制

7.1　水下抛石质量标准

水下抛石质量标准遵循水利部《堤防工程施工质量评定与验收规程》SL 239—1999。具体要求见表 7.1-1、表 7.1-2：

堤脚防护质量检查项目与标准

表 7.1-1

序　号	检查项目	质量标准
1	抗冲体结构、数量、强度	符合设计要求
2	抛投程序	符合设计要求
3	抛投位置与数量	符合设计要求

堤脚防护质量检测项目与标准

表 7.1-2

序　号	检查项目	质量标准
1	各种抗冲体体积	允许偏差 0～+10%
2	护脚坡面相应位置高程	允许偏差 ±0.3m

7.2　水下抛石质量控制要点

7.2.1　建立健全质量保证体系

建立以项目经理为第一责任人的质量保证体系，质量保证体系如图 7.2.1 所示。

7.2.2　严格控制原材料质量

1. 施工过程中块石应定期抽样送检。

2. 计量过程中，若发现石料材质不符合规范要求，应予以拒收。

7.2.3　严格遵循施工工艺

1. 测量定位严格按照测量方案实施。

2. 定位船定位要根据水流状态选择合理的定位方式，抛石船要根据抛石厚度选择合理的挂档方法。

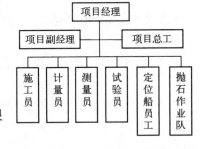

图 7.2.1　质量保证体系

3. 采用 GPS 全球定位系统结合回声测深仪对水下抛石实时监控，当完成一次抛投后，必须进行水下地形测量，评价抛投效果。

4. 抛石施工顺序按从上游向下游，先深泓后浅滩，由远岸及近岸。对于近岸崩窝，抛投施工应由近到远，先坡后脚，突击完成。

7.2.4　严格计量管理

1. 石料船到达现场应由登记员统一指挥按先后顺序停泊，发放收方顺序卡，并在登记表上登记。在监理员旁站监督下，计量员按收方顺序卡进行收方。

2. 加强对计量工作的复核工作，定期或不定期进行块石过磅称重复核。

3. 收方时应注意以下问题：

1）所有抛石船由项目部统一编号，施工期间不得更改，直至工程完工。

2）核验收方顺序卡号及船号是否与登记表相符。

3）检查石料材质是否符合规范要求，查看是否存在故意码空现象，一经发现处以惩罚性扣方，屡犯者取消供应资格。

4）检查块石堆码是否规范，按照长度、宽度及高度方向进行测量，每个方向测点不得少于 3 个，同时测算出块石空隙率、不合格石料占总量的百分比，以此计算出载石方量。

5）施工期间应定时或不定时进行过磅复核，检查近期的量方尺度是否准确，对于收方过程中提出异议的船只也要及时过磅复核。

8. 安 全 措 施

8.1 水上作业人员必须穿救生衣，抛石工人作业时必须穿戴防滑胶靴和防水服。

8.2 块石量方码头尽量选择在水流平顺的河段或港湾，要与抛石区分开，保证抛石施工井然有序进行，避免造成混乱。

8.3 抛石船量方完成后向抛石区发船时，每次发船数量不得超过 8 艘，避免船只过多后哄抢船位，酿成安全隐患。

8.4 抛石船进入抛投区域，要在施工员统一指挥下，由内向外依次挂靠定位船。

8.5 当定位船顺水流抛锚，定位船牵引钢丝绳与地锚连接时，应保证锚坑开挖深度，防止钢丝绳滑脱而酿成大的安全事故，钢丝绳要定期检查和更换。

8.6 抛石施工时，抛石工人必须两边同时抛投，严禁单边抛投而造成船只倾覆。

8.7 定位船必须严格按《规定》显示信号，应配备救生衣、救生圈、消防栓等器材设施，施工中安排安全监督艇维持现场秩序和实施救生。

8.8 机电设备必须专人管理，非机舱人员严禁下舱。

8.9 危险处要设安全警示牌，夜间要挂警示灯。

8.10 大雨、雾天及大风等恶劣气候条件下，一律停止水上作业。

9. 环 保 措 施

9.1 严格贯彻国家有关环境保护的法律、法规和规章及本合同的有关规定，做好施工区域的环境保护工作。

9.2 工程开工前，编制详细的施工区和生活区的环境保护措施计划。尽可能减少对环境的不利影响。

9.3 对船舶上的机械设备加强维修和保养，防止汽油、柴油、机油的泄露。

10. 效 益 分 析

10.1 经济效益

通过研究水流在各种流态下水下抛石施工工法，采用技术可行、安全可靠、经济合理的定位方法，减少了定位船的投入，提高了抛投效率，符合国家节能和环保的要求。在承建的 3 个护岸工程施工中应用后，施工成本降低额达 90.5 万元。

10.1.1 安庆河段崩岸整治峨眉洲左缘上段护岸工程

投标方案计划投入定位船 9 艘，实际投入 7 艘，每艘定位船租赁费 3 万元/月，施工工期 2 个月，节约船舶租赁费：$2 \times 2 \times 30000 = 12$ 万元。

抛石定额人工费单价 6.16 元/m³，实际人工费单价 4.5 元/m³，设计抛石总量 18.5 万 m³，节约人工费：18.5 万 m³×1.66＝30.71 万。

10.1.2 铜陵河段崩岸整治灰河口下段护岸工程

投标方案计划投入定位船 5 艘，实际投入 3 艘，每艘定位船租赁费 3 万元/月，施工工期 2 个月，节约船舶租赁费：2×2×30000＝12 万元。

抛石定额人工费单价 6.16 元/m³，实际人工费单价 4.5 元/m³，设计抛石总量 12.2 万 m³，节约人工费：12.2 万 m³×1.66＝20.2 万元。

10.1.3 安庆河段崩岸整治广成圩工程

投标方案计划投入定位船 3 艘，实际投入 2 艘，每艘定位船租赁费 3 万元/月，施工工期 2 个月，节约船舶租赁费：1×2×30000＝6 万元。

抛石定额人工费单价 6.16 元/m³，实际人工费单价 5 元/m³，设计抛石总量 8.3 万 m³，节约人工费：8.3 万 m³×1.16＝9.6 万元。

10.2 社会效益

从 2006～2010 年度，长江重要堤防隐蔽工程实施 5 个年度以来，由于我们采用先进的施工技术方案，科学的管理手段，先后承建了安庆河段崩岸整治峨眉洲左缘上段护岸工程、铜陵河段崩岸整治灰河口下段护岸工程及安庆河段崩岸整治广成圩工程。在施工过程中，我们不断创新总结，优质高效地完成了施工任务。长江水利委员会各级领导多次到现场视察，给予高度赞扬。

水利工程是造福于民的工程，通过采用先进合理的施工技术，达到优质高效并使施工成本降到最低，从而保证了堤防的坚固，使百姓受益。

11. 应 用 实 例

11.1 安庆河段崩岸整治峨眉洲左缘上段护岸工程

安庆河段位于长江下游安徽省境内，上与东流河段分界于吉阳矶，下至前江口与太子矶河段相连。安庆河段江心洲汊道（又称峨眉洲汊道）为微弯分汊河形，峨眉洲水域宽达 4km 多。峨眉洲左缘上段护岸工程长度为 1500m，工程于 2010 年 11 月 9 日开工，2011 年 2 月 10 日竣工。施工过程中，工租赁 7 艘定位船，采用全站仪进行导线控制测量，利用 GPS 导航定位系统进行导航定位，并根据水流的状态，定位船选择合理的定位方法抛锚定位，抛石船根据不同抛石厚度选择不同挂档方法进行抛石。通过采用 GPS 卫星定位系统结合回声测深仪监测抛投效果，及时修正抛投方案，最终按设计要求在水下河床上均匀覆盖一层块石。工程质量评定为优良，未发生一起质量安全事故，得到业主监理的一致好评。

11.2 铜陵河段崩岸整治灰河口下段护岸工程

铜陵河段位于长江下游安徽省境内。灰河口下段护岸工程长度为 1100m，工程于 2010 年 2 月 6 日开工，2010 年 5 月 10 日竣工。施工过程中，工租赁 3 艘定位船，采用全站仪进行导线控制测量，利用 GPS 导航定位系统进行导航定位等措施，在合同工期内完成了所有工程，未发生一起质量安全事故，得到业主监理的一致好评。

11.3 安庆河段崩岸整治广成圩工程

安庆河段位于长江下游安徽省境内，上与东流河段分界于吉阳矶，下至前江口与太子矶河段相连。安庆河段崩岸整治广成圩工程长度为 700m，工程于 2006 年 1 月 15 日开工，2006 年 4 月 10 日竣工。施工过程中，共租用 2 艘定位船，采用全站仪进行导线控制测量，利用 GPS 导航定位系统进行导航定位等措施，在合同工期内完成了所有工程，未发生一起质量安全事故，得到业主监理的一致好评。

核电站安全壳预应力施工工法

YJGF73—2004（2009～2010 年度升级版- 060）

中国核工业华兴建设有限公司　南京凯盛建设集团有限公司

张卫兵　赵月州　王德桂　郝发领　宋建义

1. 前　言

核反应堆安全壳作为核电站的最后一道屏障，其安全性是首要的。素有安全壳"筋脉"之称的预应力钢束是其安全运行的重要保障。反应堆厂房安全壳为筒状结构，上部为双曲面形状的顶盖，即穹顶，穹顶标高达 66m。沿筒体墙的水平环向、竖向以及穹顶内均布置有后张拉预应力钢束，一座安全壳共有预应力钢束 400～700 束，钢束采用 19、37 或 55 根直径为 15.7mm 的钢绞线，采取整体分级张拉的方式，每束张拉吨位都在 550t 以上，最大达到 1280t，在国内和国际都是少有的。每一安全壳用钢绞线 1200t 左右，安全壳筒体和穹顶之间（标高约 60m）是筒体竖向钢束和穹顶钢束锚固连接的环梁，安全壳钢束布置示意图见图 1。筒体水平环向预应力钢束包角最大达到 370°；竖向垂直段和穹顶段钢束最长超过 175m。由于安全壳筒体上众多贯穿件的设计，安全壳筒体竖向、水平环向预应力孔道布置形状、包角几乎无一相同，且变幅较大，均为三维空间曲线形，这对预应力孔道的布置、钢绞线穿束、张拉力的控制及孔道的灌浆密实度控制均带来很大的难度，作为核电站土建工程关键技术的预应力工程，其施工质量要求严格，工期长，施工工序连续性强且高空作业多，因此，一套严密、安全、质量可靠、适用的施工技术工艺是此类预应力工程施工的必要条件。

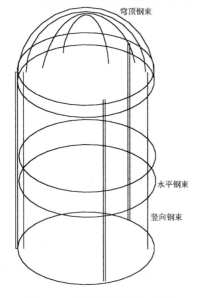

图 1　安全壳钢束布置示意图

本工法在工程实践中不断完善，形成了一些新的关键技术，如：预应力孔道灌浆方法；减少预应力孔道灌浆浆体泌水制浆搅拌方法；采用专用的等应力张拉千斤顶对钢绞线束的各根钢绞线进行等应力张拉；自己设计的专用施工平台的应用；触变浆体＋真空辅助灌浆的方法，并取得了两项发明专利：预应力孔道密实灌浆方法，（ZL 200810235566.7）；减少预应力孔道灌浆浆体泌水制浆搅拌方法（ZL 200810235565.2）。

2011 年 3 月 22 日经江苏省住房和城乡建设厅组织专家重新进行了鉴定，确定本工法的关键技术为国内领先水平。在材料使用、设备配置、人员配置、施工方案、操作程序等方面并实现了标准化和集约化配置。

本工法在今后的工程实践中将会不断创新、完善，保持其先进水平。

2. 工 法 特 点

2.1　根据水平环向钢束 360°以上包角大、三维空间曲线形特点，先用专用等应力张拉千斤顶先对钢绞线束进行等应力张拉预拉，然后使用张拉千斤顶张拉，从而保证了钢束内各钢绞线受力的基本均匀性。

2.2　采用预应力张拉值正确建立的控制技术。

2.3　预应力钢束的穿束、张拉和灌浆采用运转灵活的专用操作平台，减少工序交接时间，合理安排不同孔道的交叉施工，提高施工安全性和功效；为后续的环形区预留洞口的封闭及工艺安装施工提供了条件，对于缩短核电站的建设周期有很大的作用。

2.4 专用穿束机穿束技术，水平环向、竖向穿顶等钢束张拉技术。

2.5 对延迟灌浆钢束用特殊的设备喷涂水可溶性油临时保护的施工技术。

2.6 按照严密的选择程序，经过不同环节的充分试验，选择最合适的浆体配合比，采用成套灌浆设备和针对不同走向的孔道选择不同的灌浆工艺如：不同浆体、二次灌浆法、灌浆持压与释放泌水等，保证灌浆密实度。

2.7 采用触变浆体＋真空辅助的灌浆方法，使孔道灌浆密实度大大提高。

2.8 根据成形难易程度，同时选用薄壁钢管和波纹管成形孔道技术。

2.9 选用结构更为合理、先进的"C"形锚具。

2.10 监测钢束灌注石蜡技术。

3. 适 用 范 围

本工法适用于压水堆和重水堆核电站安全壳土建预应力工程和类似筒体结构（如：液化天然气罐等）预应力工程的施工。

4. 工 艺 原 理

本工法的工艺原理是：使用双速滚轮穿束机将钢绞线逐根推入孔道或使用卷扬机将预制的钢绞线束整体拉入孔道；使用群锚穿芯千斤顶在可以上下或左右移动的张拉操作平台上对钢绞线束进行整体分级张拉，达到对混凝土的预压，从而使混凝土获得预压应力；并对张拉后的钢束孔道灌注水泥浆体对钢绞线进行保护束，确保钢绞线在核电站运行期间不被腐蚀，以保证核电站安全壳的密封性，满足核电站安全运行的需要。针对不同形式的钢束孔道，采取不同的灌浆方法，从而保证钢束孔道的灌浆质量。

5. 施工工艺流程及操作要点

5.1 施工工艺流程（图5.1）

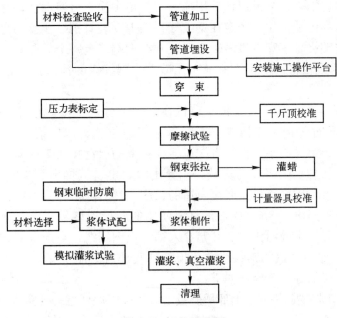

图 5.1 工艺流程图

5.2 操作要点

5.2.1 材料检查验收

进场的钢带、钢管、钢绞线和锚具及其他预应力部件等必须由材料采购部门组织，质保、技术、使用单位等部门参加，严格按采购技术规格书和验收程序对型号、规格、数量、复检项目、质量跟踪记录文件等要求进行验收合格后方可使用，按照材料采购、包装、运输和保管的规定程序进行操作。

对于由本单位按设计图纸加工的预应力系统构件也应由质检部门按图纸和设计文件进行验收，合格者方可安装使用。

5.2.2 管道加工

预应力钢绞线预留孔道根据其成形难易程度，采用薄壁钢管和波纹管成形孔道技术：竖直束及穹顶束采用钢管，水平环向束采用波纹管。

管道的类型有两种：钢管和镀锌波纹管，都在车间内准备。钢管的加工包括切割、弯曲、扩口和打磨等。波纹管的加工包括卷制、切割、弯曲、扩口。卷制过程又分为：带材导入、波纹冷压成型、折卷、咬口连接、滚花压紧等。所有运往工地的管道及其组合件须按要求在其内部表面适当刷涂上乳化油水溶液。为降低波纹管的摩擦系数，可对波纹管的原料钢带进行磷化皂化处理。

5.2.3 管道埋设

根据图纸上的位置要求，用测量仪定位放线，按照图纸上的位置先固定承压板的支撑梯架，经校准后，确定锚固件的位置方向后，将承压板固定牢固。

在管道安装前，先定位放线，安装管支架，逐节安装管道，用热收缩胶套密封。调整管道位置使之与轴线重合，用绑扎铁丝将钢管绑扎固定，最后通孔检查。

5.2.4 安装施工操作平台

在水平钢束和穹顶钢束穿束前，应先安装操作平台。水平平台的安装包括：安装导轨→动力提升装置→操作平台→变向装置→安全防坠装置→控制系统→调试→试验验收→投入使用。穹顶束施工操作平台的安装：平衡装置和行走机构拼装→安装悬挂机构→张拉设备固定安装装置→控制系统→调试→试验验收→投入使用。

5.2.5 穿束施工

1. 在钢绞线穿入孔道前，先检查清理孔道是否畅通，清理承压板、喇叭管表面的混凝土砂浆和锈蚀，并将孔道内的杂物清理出来；管道清理后用拖布在管道中涂上可溶性油；穿束前需将钢绞线置于钢绞线托架内，并将钢绞线的内端头拉出固定在钢绞线托架上。装有钢绞线盘的解线架应放置在管道口附近的建筑物上，钢绞线末端夹置于穿束机滚轴之间，并在束端装上一个导向头，以利穿束。

2. 采用穿束机内部的滚轮将钢绞线逐根推入孔道内，钢绞线的预留长度根据具体使用的千斤顶而定，进行穿束前应确认。

3. 水平、穹顶管道的穿束：在穿入端将穿束机在工作平台上就位，并且在管道入口处需备有足够数量的导向头（球形），同时将钢束托架放置于附近适当的位置；拉出钢束将其引入穿束机和导向管（如果需要的话），并套上穿束导向头；操作者按压遥控器上的启动按钮来启动穿束机慢速运行，待运行平稳后，再将其转入高速状态；当钢绞线从另一端穿出时，出口端伸出至少 0.80m 时，助手用步话机通知停机，伸出过长的钢束可用穿束机拉回至合适的长度，然后除下导头；操作者用聚酯砂轮切割机把已穿入的钢绞线在离承压板至少 0.8m（或根据将要使用的千斤顶型号而定）处切断，然后，在穿束机中伸出的钢绞线端头上放置一个导向头，并开始穿入第二根钢绞线，直至全部穿入。

4. 竖直管道的穿束：竖直孔道的钢绞线，从顶部到底部自上而下穿入，已穿入的钢绞线用锚夹片锚于顶部，以便后继钢绞线的穿入。操作如下：

准备阶段同水平钢束；将锚固块置于上部承压板上，从锚固块任意一孔穿入钢绞线；当第一根钢绞线从管道底部穿出至少 30cm 时，助手通过步话机通知停机（如钢束需在下部进行再次张拉，钢绞线从管道中要伸出 1.1m 或根据将要使用的千斤顶型号而定）；然后，用锚具夹住已穿入的钢绞线，并放置于上部锚固块的孔中，操作者从距承压板至少 1.1m 处切割断钢绞线；穿入第二根直至该束全部钢绞线穿束完成。

5.2.6 压力表标定

根据设计文件和标准的要求，现场使用压力表应进行标定，压力表标定应送到由资质的计量单位进行。压力表的精度和误差应满足设计文件和标准规范的要求。

5.2.7 千斤顶校准

在现场正式张拉前，应将现场要使用的张拉千斤顶校准，现场的校准方法采用卧式对顶校准法，用精密压力表测量。校准的结果与设计采用的进行对比，用以计算张拉施加力。

5.2.8 摩擦试验

由于安全壳贯穿件的影响，安全壳每一束钢束的形状、包角都不完全一样，钢束进行张拉前，应进行摩擦试验，通过摩擦试验验证孔道摩擦系数与设计采用摩擦系数是否吻合，由设计单位确定是否调整控制张拉力和伸长值。

摩擦试验钢束包括竖向钢束、水平环向和穿顶钢束，水平和竖向各选至少2根钢束，穿顶选1根钢束。摩擦试验采用精密压力表法。

5.2.9 张拉施工

1. 张拉采用两端同时张拉工艺，采用三夹片式锚具进行锚固。钢束整体分级张拉，采用应力和应变双向控制，用实际拉伸量进行校核。

水平环向钢束先用等张拉千斤顶对钢束施加均等初应力后再进行正常张拉。

2. 张拉的分级：由于必须对张拉伸长值进行时时监控，兼有千斤顶的行程有限等的情况，因此在张拉施工时根据张拉力及计算张拉伸长值和千斤顶行程大小等情况进行分级张拉。

3. 张拉的分阶段：由于每个安全壳的预应力钢束的数量和形状都不同，在张拉时应按对结构进行均匀施压的原则将每一部分的钢束分成3~5个张拉施工施工阶段，并按照一定的顺序进行张拉施工。

4. 竖向和水平钢束均采用两端同时进行张拉。张拉力通过调节千斤顶油泵压力来进行控制并用实际的拉伸量进行调节。张拉时控制应力和应变，分级进行，在95%的张拉控制力时引入一个警戒压力，此时将实测伸长值与理论伸长值进行校核。在张拉完最后一级压力顶锚后，卸压到50bar时，记录拉伸长度，确定工作锚具的内缩量；压力降到零后移去千斤顶，检查钢绞线表面。

5. 水平环向钢束的张拉

水平环向钢线束张拉的顺序一般按照从下往上的顺序，以扶壁柱对称受力分布为原则进行。由于水平束采用360°包角，因此，可以在一根扶壁柱上连续进行张拉，一般一次连续张拉4~6束，再移至对称扶壁柱上进行。其张拉顺序为由低到高；同一标高处仍按对称形式从中心向两边交替进行。经过闸门洞口的钢束张拉顺序按设计规定作调整。张拉方式为两端张拉。水平环向束的张拉在水平提升平台上进行。

水平环形钢束（370°包角，半径近23m），管口处外侧钢绞线的长度要明显长于内侧钢绞线。对于160mm直径的预应力管道中整根环形钢束最长和最短钢绞线的长度理论上有500mm的差异。在钢绞线束张拉中，因为这些钢绞线的弹性延伸率约为800mm，导致不同钢绞线上的受力有很大的差异，当最长的钢绞线达到设计值时，最短的钢绞线受力已超过极限值。等张力千斤顶在主张拉千斤顶对多股钢绞线张拉之前，在所有钢绞线上单独施加相同的较低拉力50bar，从而解决上述问题。此方法可以有效消除每根钢绞线中的松弛现象。这样可以保证每根钢绞线的延伸率和多钢绞线千斤顶作用在每根钢绞线上张拉力的均匀性。

6. 竖向钢束的张拉

竖向钢束根据钢束的曲直可分为竖向直线型钢束（简称竖向常规束）和竖向绕行孔洞的曲线钢束（简称竖向曲线束）2种。竖向钢束分4个作业组对称地进行张拉，竖向常规束采用上端一端张拉；竖向曲线束除在上端张拉外，还应在钢束下端进行补张拉。张拉方式采用两端张拉。竖向束上端的千斤顶用可移动式门形张拉架和捯链进行安装定位，下端千斤顶在预应力廊道内用液压升降推车和捯链配合安装。

7. 穿顶钢束的张拉

由于穿顶的特殊形状，穿顶的钢束在设计时大都按标高分设计为互成120°角度的3层，张拉时从低到高进行，同一标高处仍按对称形式从中心向两边交替进行，张拉方式是采用两端同时张拉。穿顶束的千斤顶的安装在可移动式悬挂张拉操作平台上用捯链或吊车进行安装。

8. 张拉工艺

1）张拉前的准备：混凝土强度应达到张拉设计强度，包括筒身及其上的临时孔洞均已浇筑混凝土并达到允许张拉的设计强度；将准备就绪且处于正常工作状态的张拉机具设备、测量仪表和器具、切割磨削工具、通讯设备和其他有关材料机具置于张拉现场。

2）锚固块及锚夹片的安装：安装工作锚前，应先清除承压板、钢绞线表面以及锚固块锥孔内的杂物。将钢绞线引导管套在钢绞线上依次穿入锚固块的锚固孔中，该项操作一般是从中心锚固孔向四周进行。然后将锚固块推向承压板，并加上锚夹片。

3）安装千斤顶：千斤顶安装前必须将钢绞线的端部切齐并打磨各根钢绞线的端部，同时千斤顶应处于完全闭合的状态；将千斤顶的承压圈穿在钢绞线上并推紧，使其在锚固块周围与承压板贴合；用与穿锚固块同样的方法将锚固板穿在钢绞线上，推入并使其与锚夹片贴合；穿入定位板，并使其位于钢绞线的端部且与锚固板处于同样的标记孔位；将千斤顶套在钢绞线上，对齐相关的标记并使钢绞线对应穿入千斤顶内置的工具锚具中，平稳地将千斤顶推入，使其头部接触至承压圈。

4）钢束的张拉程序

排出高压管内空气；

将高压油管子连接到在千斤顶上的相应接口上；

启动油泵向千斤顶泵油；

千斤顶压力达到50bar时，保证下部锚固件（针对竖向钢束）的夹片牢固；

（1）在2根相向的钢绞线上装上刻度计，用于测量施力端拉伸长度和受力端夹片的缩进长度。

（2）加压至100bar，记录测量装置初始读数。

（3）压力增大至180bar。

（4）如下所述，再次张拉：

① 逐渐降低千斤顶压力，将荷载传至锚固件上；

② 关闭千斤顶；

③ 推进后锚板，并将上面的夹片打紧；

④ 第二阶段加压（200bar）。

（5）增压至300bar，测量相应拉伸值。

（6）增压至400bar，测量相应拉伸值。

（7）再一次张拉（如上所述）。

（8）继续进行各步骤，直到达到规定的压力和拉伸值。

（9）缓缓将压力降至50bar，将荷载传递到锚固件上。

（10）测量由于夹片缩进和钢绞线受力端弹性回缩造成的拉伸值缩减，计算整体拉伸值。

（11）将压力降至零。

（12）关闭千斤顶，取掉夹片。

（13）检查夹片上的标记，防止夹片滑落。

5）水平钢束从两端进行张拉。要控制两千斤顶同步进行操作。只有两端拉伸值记录完后，才能进行下一步操作。张拉的每根钢束均需按要求填写张拉记录表及出现的任何非正常现象。张拉时，作用于钢束上的最终力不得超过80%的极限抗拉强度保证值。伸长值应为各次张拉伸长值之和。锚固阶段预应力钢束的内缩量取最后一次锚固中心锚具的数据。

6）根据已测数据和初应力以下的推算伸长值，计算出该钢束张拉时的实际伸长值和预应力钢绞线在锚固阶段的内缩量，将计算结果与设计规定相比较是否相符，宏观检查锚具有否裂缝、破碎现象；若有不符时，按施工规定办法处理纠正。当各项均符合设计规定则认为该束张拉合格。

7）钢束张拉经签字验收后，采用聚酯砂轮切割机切除多余钢绞线，外露长度不得小于30mm，一般为40～50mm。并立即安装灌浆保护罩，至此钢束张拉结束。

8）在张拉和灌浆之间，钢束在张拉后必须尽快进行防水处理，使锈蚀的危险最小。钢束灌浆不得超过张拉后 15d。

5.2.10 灌蜡

设计要求在安全壳筒体墙上的监测安全壳应力的试验用无粘结钢束灌注石蜡永久保护钢束，针对石蜡熔点高灌注难的特点，采取了负压加温灌蜡的技术措施，成功地灌注了石蜡。此工艺属国内首创，极具推广应用价值。

5.2.11 钢束临时防腐

由于现场施工条件的变化，某些钢束在张拉后不能及时灌浆，钢绞线在高应力状态下极易发生腐蚀，经过反复试验，采用了用特殊的设备对钢绞线喷涂无害的水溶性油临时保护钢绞线的方案，得到了加拿大方的认可。这样改变了遇到天气恶化、灌浆材料短缺情况下延误工期的影响，保证了工期和质量，是首创的一项新技术。

5.2.12 计量器具校准

浆体搅拌站的计量设备在使用前必须委托有资质的单位进行校准或检定，精度等级和误差应满足设计文件和标准规范的要求。

5.2.13 材料选择

核电站预应力浆体材料的选择比较关键，根据设计文件和标准规范的要求，对生产厂家的生产能力、质保体系、供货经历、信誉等进行调研，对产品质量进行试验检验，确定合适的材料用于核电预应力施工。

5.2.14 浆体试配

由于核电站预应力施工工期相对比较长，经历的气候变化、材料变化比较多，选择一个稳定的浆体配合比非常关键。核电站建立了严谨的浆体配合比选择工艺，浆体配合比经过实验室试配试验、试验室鉴定试验、现场工业验收试验和模拟灌浆切割检验密实度试验等过程后确定。

5.2.15 模拟灌浆试验

模拟灌浆试验即现场 1：1 模拟灌浆试验，在工地进行该试验的目的主要有：

检查已成功地通过接收试验的浆体是否可完全充满孔道的所有空隙；验证灌浆程序的可行性与适用性；通过试验，熟悉掌握设备性能，为施工打下良好基础。摸索经验，积累数据，以便更好地指导施工。

每种钢束类型的钢束至少选两束进行灌浆试验，按照工程实体的孔道形状搭设试验模型，穿入钢绞线，并安装锚具。灌浆结束后，待浆体硬化后，在预先设定的部位进行切割或开窗口，检查验证灌浆的效果，判定工艺等是否满足施工要求。

5.2.16 浆体制作

通过浆体的实验室试配、浆体实验室鉴定试验、浆体现场验收试验和 1：1 模拟灌浆试验等试验选定浆体配合比。浆体的种类有：2 次搅拌缓凝浆、1 次搅拌缓凝浆、膨胀浆和触变浆。浆体采用高速涡轮式浆体搅拌机搅拌制作。

1. 2 次搅拌缓凝浆的制作

水泥使用罐装，通过螺旋输送机送入水泥计量器内称量。将计量好的水、外加剂和水泥依次加入制浆机内进行搅拌，搅拌均匀后，用量杯取出浆体，测定其流动度、温度，满足要求后排入到储浆罐内等待二次搅拌，二次搅拌后即可以灌浆。特殊情况下，部分浆体可以使用一次搅拌缓凝浆。

2. 膨胀浆的制作

与 2 次搅拌缓凝浆制作基本类似，只是不进行二次搅拌，但是膨胀浆体搅拌后 30min 内必须灌入孔道内。

3. 触变浆的制作

触变浆是在已制作好的缓凝浆内加入触变剂搅拌制成，触变剂的重量不得超过水泥重量的 2.5%，触变浆具有搅拌变稀、静置变稠、流淌性低的特点。

5.2.17 灌浆施工

缓凝浆由浆体搅拌站搅拌，运至现场后向孔道内灌注；膨胀浆在灌浆现场搅拌，随搅随灌；触变浆体则在缓凝浆内加入触变剂形成。水泥浆通过管道由灌浆泵直接压入孔道，竖向孔道采用重力灌浆法，竖管灌浆的输浆管是通过施工环廊入口，在施工廊道内，供各个竖管灌浆。环向和穹顶孔道灌浆的输浆管路沿着扶壁向上布置。穹顶孔道采用 2 次灌注的方法，即：首次灌注缓凝浆，二次灌注膨胀浆，特殊孔道采用真空灌浆法或三次灌浆法，保证灌浆密实。对于灌浆密实度要求极高的孔道，水平及穹顶孔道则采用触变浆体＋真空辅助灌浆法灌注。

1. 竖直类孔道的灌浆

采用重力灌浆，灌浆是从钢束底部的灌浆孔向上灌注。当浆体达到孔道顶端时，测定顶端浆体的流动度，并且待浆体灌满顶部重力罐后，停止。浆体终凝后，将重力灌浆罐移去。

2. 水平类孔道的灌浆

从孔道的一端向孔道的另一端灌浆，如两锚固端标高不同，则从较低的一端向较高的一端灌浆。在浆体灌入孔道前，先测定孔道入口处浆体的流动度和温度。

3. 穹顶类孔道灌浆

此种类型的孔道比较特殊，为保证施工质量，必须采用 2 次灌浆，首次灌浆使用缓凝型二次搅拌浆体，2 个排气管之间部分二次灌注膨胀浆。

4. 浆体密实度要求极高的孔道灌浆

对于浆体密实度要求极高的孔道灌浆，水平类及穹顶类孔道可采用触变浆＋真空辅助灌浆法灌注，首先将孔道抽至一定真空度，再从一端向另一端灌入触变浆。

5.2.18 清理

所有工序完工后都应保持工完场清。

5.3 特殊工艺

5.3.1 预应力张拉值正确建立的控制技术

由于孔道的形状、包角、长度均不同，为确保实际施加的预应力与设计相符，必须进行摩擦试验并根据实测的摩擦系数对钢束的整体张拉力和每一束的理论伸长值进行复核、调整。通过系列摩擦试验测定摩擦系数值以及多股钢绞线群锚整体张拉前的调整预紧技术，确保了预应力张拉值的正确建立。

5.3.2 专用千斤顶对水平环向钢束进行等应力张拉工艺

对于水平环形钢束（370°包角，半径近 23m），管口处外侧钢绞线的长度要明显长于内侧钢绞线。对于 160mm 直径的预应力管道中整根环形钢束最长和最短钢绞线的长度理论上有 500mm 的差异。在钢绞线束张拉中，因为这些钢绞线的弹性延伸率为约 800mm，导致不同钢绞线上的受力有很大的差异，当最长的钢绞线达到设计值时，最短的钢绞线受力已超过极限值。

等张力千斤顶可在主张拉千斤顶对多股钢绞线张拉之前，在所有钢绞线上单独施加相同的较低拉力，从而解决上述问题。此方法可以有效消除每根钢绞线中的松弛现象。这样可以保证每根钢绞线的延伸率和多钢绞线千斤顶作用在每根钢绞线上张拉力的均匀性。

5.3.3 选用结构更为合理、先进的"C"形锚具

国内已建核电站大都选用"K"形锚具，在对供货商提供的两种都能满足设计要求的方案进行反复比较研究后，决定采用"C"形锚具，节约了材料，减少了资金和人工的投入。此类型的喇叭口上都带有 2～3 个承载环，便于承受和传递荷载，不需要配置螺旋钢筋和大量的网片筋，避免了混凝土浇筑困难，方便了施工，保证质量。是国内首次采用。

5.3.4 对延迟灌浆的钢束用特殊的设备喷涂水可溶性油临时保护的施工技术

由于现场施工条件的变化，某些钢束在张拉后不能及时灌浆，钢绞线在高应力状态下极易发生腐蚀，经过试验，采用了用特殊设备喷涂对钢绞线无害的水溶性油临时保护钢绞线的方案，得到了加拿大方的认可。这样改变了遇到天气恶化、灌浆材料短缺情况下延误工期的影响，保证了工期和质量，是首创的一项新技术。

5.3.5 配合比试配验证工艺

由于核电站预应力施工工期相对比较长，经历的气候变化、材料变化比较多，选择一个稳定的浆体配合比非常关键。核电站建立了严谨的浆体配合比选择工艺，浆体配合比经过实验室试配试验、试验室

鉴定试验、现场工业验收试验和模拟灌浆切割检验密实度试验等过程后确定。

5.3.6 触变浆体＋真空辅助灌浆技术

随着预应力技术的发展，对于预应力浆体密实度的要求越来越高，传统的缓凝浆流淌性高，灌浆过程中孔道内空气未能排尽，导致孔道的密实度不甚理想。而采用触变浆体＋真空辅助灌浆技术则能有效解决该问题，触变浆的流淌性小于缓凝浆，在灌浆过程中能有效地排出空气，而使用真空辅助效果则更为明显，使孔道的密实度得到保证。

5.3.7 监测钢束灌注石蜡技术

设计要求在安全壳筒体墙上的试验用无粘结钢束灌注石蜡永久保护钢束，针对石蜡熔点高灌注难的特点，采取了负压加温灌蜡的技术措施，成功地灌注了石蜡。此工艺属国内首创，极具推广应用价值。

实践证明，本工法在今后的核电站和类似的壳体项目施工中具有使用和推广应用价值。

6. 材料与设备

6.1 主要材料

6.1.1 锚具

锚具包括：喇叭口、锚固块、锚夹片，用来锚固张拉过的钢绞线，并将钢绞线的张拉力传递给混凝土结构，属于预应力的核心部件。规格、型号和数量将根据不同项目的设计而不相同，CPR 核电站有两种规格，为 19 和 37 根钢绞线的，VVER 和 EPR 核电站为 55 根钢绞线的。

6.1.2 钢绞线

核电用钢绞线为低松弛七丝裸线型，直径 15.7mm，截面积 150mm²，质量 1.17kg/m，极限抗拉强度 1860（1770）MPa，延伸率＞3.5%，1000h 松弛＜2.5%，斜偏拉系数＜28%，同样是预应力的核心部件，主要是给混凝土结构施加预应力，保证结构的性能；除了常规的性能要求外，对于核电站有特殊要求的温度 40℃状态下的松弛试验。

6.1.3 管道

钢管：直径 90～160mm，壁厚 2～2.5mm，波纹管：直径 90～160mm×0.6mm，将根据不同的项目而变化，主要是形成用以穿钢绞线的孔道，在钢绞线张拉后灌入浆体对钢绞线进行永久性保护。

6.1.4 水泥、缓凝型和膨胀型外加剂、水

42.5 级硅酸盐水泥、缓凝型和膨胀型外加剂、水等。用于制作预应力浆体，灌入孔道，对钢绞线进行永久性保护，这些材料的有害化学成分必须进行控制。

6.1.5 钢绞线保护蜡

用于对安全壳进行应力监测的监测钢束的保护，常温状态下是固态的，灌入前加温融化灌入孔道，凝固后在孔道内保护应力监测钢绞线束。

6.2 主要设备

6.2.1 管道加工设备

扩口千斤顶：用于使钢管的一段扩大，与另一根没有扩大的一段进行承插连接，扩口范围 φ100～165mm；

液压油泵：用于驱动扩口千斤顶进行工作，公称压力 70MPa，流量 2L/s；

切管机：切割钢管和波纹管；

弯管机：使钢管完成成工程需要直径的弯曲管道；

卷管机：用于卷制波纹管，将钢带进行带材导入、波纹冷压成型、折卷、咬口连接、滚花压紧等成型为波纹管。

6.2.2 穿束设备

穿束机：用于将钢绞线推入孔道内的设备，穿束速度 5m/s，最大穿束长度 300m；

钢绞线解线盘：在进行穿束的时候用于放置钢绞线；

20T 卷扬机：在整体穿束的时候用于拖拉钢绞线束。

6.2.3 张拉设备

液压泵：用于启动张拉千斤顶，公称压力 70MPa，流量 6L/s；

张拉千斤顶：用于张拉钢绞线束，给钢绞线束施加应力，采用整体分级张拉，最大吨位 1500t，实际张拉最大 1280t，千斤顶行程最大 500mm；

等应力张拉千斤顶：对于大孔径的水平预应力钢束，由于钢绞线在孔道内的松弛程度不同，用该设备可以调整钢绞线束内部各根钢绞线之间的松弛程度，保证钢绞线束受力均匀。

6.2.4 灌浆设备

制浆机：生产往预应力孔道内灌注的浆体；

贮浆罐：暂时储存生产的预应力浆体；

浆体二次搅拌器：用于对浆体进行深加工，满足特殊的浆体的一下要求；

灌浆泵：向预应力孔道内灌注浆体的设备，公称压力 35MPa，流量 240L/min。

6.2.5 灌蜡设备

是一整套的用于监测钢束保护蜡灌注的设备，包括灌注泵，加热搅拌设备和真空设备。

6.2.6 专用施工操作平台

水平束提升施工操作平台：安全壳 4 个扶壁柱预应力张拉区域工作空间狭小，工艺管道多，为了满足预应力施工和核电站后期安装施工的要求，专门设计了此套系统。包括操作平台、动力提升装置、变向装置、安全防坠装置、控制系统、导轨等部分。用于水平预应力钢束的张拉。承载能力 3t，提升速度 0.5～3m/s；

穿顶束施工操作平台：穿顶钢束在环梁部位，没有工作面，为了满足穿顶预应力钢束的施工要求，专门设计了此工作平台，用于张拉穿顶预应力钢束。包括：行走机构、悬挂机构、平衡装置、控制系统、张拉设备固定安装装置等。承载能力 3.5t，行走速度 0.5～1m/s。

7. 质量控制

7.1 执行的标准

7.1.1 设计文件

《安全壳预应力系统　预应力系统材料》B.T.S—6.01；

《安全壳预应力系统后张拉和灌浆》B.T.S.—6.02；

《安全壳预应力系统灌浆试验、鉴定、验收的控制试验》B.T.S.—6.03；

《安全壳预应力系统钢束摩擦试验》B.T.S.—6.04；

施工图纸。

7.1.2 国内标准

《核安全法规》HAF0400（91）1991 年国家核安全局令第 1 号发布；

《预应力混凝土用钢绞线》GB/T 5224—2003；

《预应力混凝土用钢材试验方法》GB/T 21839—2008；

《金属材料室温拉伸试验方法》GB/T 228—2002；

《金属材料弯曲试验方法》GB/T 232—1999；

《金属材料线材反复弯曲试验方法》GB/T 238—2002；

《金属线材扭转试验方法》GB/T 239—1999；

《钢筋混凝土用钢第 1 部分：热轧光圆钢筋》GB 1499.1—2008；

《金属应力松弛试验方法》GB/T 10120—1996；

《预应力筋用锚具、夹具和连接器》GB/T 14370—2007；

《热轧盘条尺寸、外形、重量及允许偏差》GB/T 14981—2004；

《预应力钢丝及钢绞线用热轧盘条》YB/T 146—1998；

《高强度低松弛预应力热镀锌钢绞线》YB/T 152—1999；

《预应力混凝土用金属螺旋管》JG 225—2007；

《预应力混凝土结构抗震设计规程》JGJ 1402004；

《通用硅酸盐水泥》GB 1752007；

《预应力筋用锚具、夹具和连接器应用技术规程》JGJ 85—2010；

《混凝土外加剂应用技术规范》GB 501192003。

7.1.3 国外标准

《法国压水堆核电站土建设计和建造规则》RCCG—86/88 版；

《法国核电站预应力钢绞线技术规范》N507 EX SPA 013 B 版；

《反应堆厂房预应力钢的供货与安装》98—21206—TS—701；

《坎杜核电站混凝土安全壳结构设计要求》加拿大标准协会 CSA N287.3—93；

《核电安全壳材料要求》CAN/CSA—N287.2—M91；

Pr EN 10138—1：预应力钢材—第一部分：常规要求—2005.4；

Pr EN 10138—3：预应力钢材—第三部分：钢绞线—2005.4；

ISO 15630—3：2002（E）：预应力钢筋混凝土钢材—测试方法—预应力钢材；

ISO 6892：1998—金属材料—常温下拉力试验；

ISO 9513：1999—金属材料—轴向拉伸试验中伸长计的校准；

ISO 75001：1999—静态单轴向试验机的检验—张拉/加压试验机的检验—荷载测量仪的检验与校准；

英标 BS5896—1980 预应力混凝土用高强度钢丝及钢绞线。

7.1.4 参考书

Post-Tensioning Manual——Post-Tensioning Institute；

Presterssed Concrete Structures——Department of Civil Engineering University Of Toronto/ Department of Civil Engineering and Applied Mechanics Megill University；

《建筑施工手册》（第四版），中国建筑工业出版社。

7.1.5 标准的执行

由于核电的特殊性，核安全一直是人们关注的话题，在执行标准的过程中，设计文件和施工验收都采取了从严的标准，无论是国家标准、国际标准，在执行规程中进行相互比较，都按照最严格的指标进行控制，从而保证实体的质量满足设计要求和安全要求。

7.2 过程控制

为确保安全壳预应力钢束施工质量符合设计要求，必须对该项施工严格按核电站建筑施工质量保证大纲和有关具体的管理程序、工作程序进行管理、控制和检查。

7.2.1 原材料的质量控制

不同堆型的核电站可能选用不同技术指标的材料，原材料质量控制指标详见相关技术规格书的要求。

钢绞线和锚具及其他预应力材料在采购材料之前必须严格按设计规定的型号、规格、质量指标、包装运输、验收方法等项要求编制材料计划、采购技术规格书、入场验收和储存程序，重要材料要驻厂监造，进场后按照技术规格书和验收程序的要求进行复检和检查。

锚具领用出库时应复核验收资料是否齐全，并清理表面防锈油脂，外观检查有无损伤及锈蚀，将不符合验收标准的锚具剔出另作处理。合格的锚具，按锚具的贮存和倒运要求运往施工现场安装使用或暂存库棚。

1. 钢绞线的储存和倒运：

钢绞线应采用木盘内套塑料密封包装，每盘钢绞线净重 2～3t。

钢绞线进入现场时，按设计规定的钢绞线型号、规格、质量指标产品标牌、质量证明书等项进行验收。

经验收合格的钢绞线储存于仓库，事先在车间的混凝土地面上用 200×150 的木方。钢绞线采用立放 2 层储存，最多可以放 3 层储存，储存期间检查屋面是否漏雨，避免与一切会使钢绞线受到机械或化学损伤的物体接触。

经过开筋验收的钢绞线应集中存放，每隔 10d 检查一次，并且，每隔 10d 浇一次乳化油液，对其进行防腐蚀保护。

钢绞线现场倒运时，采用专用车辆和吊具，运输车箱内应清洗干净，垫放木方和隔离木板，备有防水帆布，当遇到突然下雨时立即覆盖。钢绞线在运输时，应做必要绑扎固定，防止相互碰撞；起重吊车应备有起重钢绞线筋的专用索具或夹具，使钢绞线在运输或装卸中不受污染、损伤和弯曲变形，钢绞线的表面状态不能达到 RCC－G 中所述的等级"良"的要求时，应予拒收。

钢绞线倒运至施工现场，当不能立即安装使用时，应储存于能防雨库棚内的平台上，平台用道木及木板铺好，离地高应 25cm，平台下部油毡纸一层，平台四周排水良好。

钢绞线的原始技术资料及验收记录应妥善保管，并随同钢绞线的使用移交传递，直至工程交工。

2. 当锚具进场时，应详细核对以下几项并做记录：

检查包装箱上是否有进场验收合格印记；

检查包装箱上的箱体及验收铅封是否完整无损；

开箱检查锚具是否具有制造厂质量证明书；

检查各类验收记录表格是否齐全（包括填写齐全），核对验收单的编号、产品批号、箱号、数量及评定意见是否全部相符。

锚具进场验收合格并经复核相符后入库储存，锚具应成箱堆放在货架及平台上，锚具在库保质期间必须定期检查，加强管理，防止遗失及腐蚀。

锚具储存及现场倒运中的其他安排和要求，应按照钢绞线的储存和倒运要求进行。

3. 锚具的外观检查：

承压板：每个部件应有浇铸批号，批号应标记在钢板外表面。

锚固块：锥形镗应无锈，每个部件都有生产批号的印记。

锚夹片：夹片须没有任何污物和氧化现象，要经过刮擦，清除腐蚀介质，然后浸入钝化槽形成一层保护膜。

喇叭管：保证对混凝土起挡隔作用。能够和承压板面贴合紧密。

4. 管道包装、运输及储存：

在运往工地之前，须进行外观检查，以退回次品。包括：过于扁平、椭圆形或生锈。

若用 180 号金刚砂或金属丝刷 10 次能除去锈斑，并暴露本体的轻微锈斑是许可的。

若所保证最小内径分别大于 120mm、90mm，且无穿孔的一些凹陷是许可的。

波纹管在现场制作，制作过程中抽样进行渗水试验，试验不合格者予以剔除，并不得用于工程施工。试验合格的波纹管，必须在仓库内储存，并加垫木，严禁露天存放，孔道内壁润滑剂的涂抹在仓库内进行。然后运到现场安装。

预应力导管的水平或垂直运输必须采用专用吊具，严格管理，防止损伤。

5. 水泥：使用 PII 型硅酸盐水泥；氯化物最大含氯量：0.02％；无硫或硫酸盐；无假凝现象。

6. 水：拌合用的冰与水须饮用水，氯离子含量满足浆体总氯离子含量控制指标。

7. 外加剂：水泥浆使用外加剂应在验证试验中已被证实适于可能的各类温度环境；要求不含氯化物的氯离子与硫化物的硫离子。

7.2.2 机具的质量控制与检查校验

张拉机具和所有的计量器具，必须满足设计规定的精度等级，定期校验和检查，操作使用应符合有关规定，校验记录和合格证必须妥善保管。

高压油泵在张拉施工前，应进行加油，试运转和排除故障后，按照设计规定的检验方法和精度等级，到当地政府法定的计量校验单位进行配套校验，得出被校配套设备的油压表读数与张拉力的对应关系，张拉设备校验记录单必须经校验人员签字和校验单位盖章后方可生效，经过校验过的张拉设备尚须定期复验，油压表的校核至少要：

每两周一次；

每张拉 75 次后检查一次；

当操作遇到困难时。最近一次检查的日期要记在校准表上。如在使用中出现反常现象，应重新校验。

7.2.3 操作人员的培训与考核

安全壳预应力钢束施工属特殊工程，应由一个专业队伍来承担。操作人员要经过技术培训，了解预应力施工的基本知识，熟悉本人所在岗位的各项要求，经考核合格方可上岗操作。预应力钢束施工必须定人定岗，明确岗位职责。

进行竖向束、水平环向束、穹顶束施工前和改变施工方式时，均应由该项施工技术负责人进行详尽的技术交底；在每班工作之前，也应由工长或作业组长将该作业项目的主要技术要求、施工安全事项作简要交待。

7.2.4 施工过程中的质量控制与检查

施工记录表必须在施工过程中及时、如实地填写清楚；每次施工完毕，记录表经复核填写无误后，交施工检查员和项目公司监督人员签字验收。

施工预应力的设备、机具及仪表，应由专人使用和管理。

预应力钢束的施工，应严格按各单项施工的程序和规定进行。

预应力钢束施工过程中，应严格按照质保文件和检查与试验计划中规定的关键控制点和停工待检点进行控制和验证。

1. 管道埋设中的质控

在浇筑混凝土前要对管道进行一次全面性检查、检测。尤其是：

通过控制定位环、调距杆、梯架、定位钢筋来保证管道位置；

管上无孔洞、扁平及破损；

热缩胶套的位置和加热后的状况；

保护管两端不让混凝土及其他物质进入；

排气孔及排水孔（灌浆孔）的定位及标记；

管道的编号；

填写跟踪文件及测量报告；

浇筑混凝土完毕后外露部分应进行外观检查，以确认浇筑过程中管道无损坏；

要绝对保证管道内部清洁无杂物，发现异常必须立即采取措施予以清除。

水平管在浇混凝土前后及浇筑过程中要用通规进行疏通检查，确保孔道通畅，若不通畅，则按有关程序规定替换缺损部分。并且对水平管上的混凝土覆盖进行检查（波纹钢管严禁外露）。找出所有管道的排气孔、排水口（灌浆孔）、清理，打开并标上号码。

穹顶钢管需提前加工弧形，因弧长不等加工时必须编号，安装时对号安装。

2. 穿束、张拉中的质控

同一根孔道中的钢绞线必须出自同一厂家，最多可以用 5 个盘的钢绞线。

钢绞线盘上的标签须在穿束卡上登记。

每次穿束时，必须保证各个孔道内钢绞线的数量。

钢束张拉采用应力控制，伸长值校核。当实际伸长值超出设计规定的范围时，应停止张拉，查明原因，并采取措施予以调整后方可继续张拉。为了调整伸长值，最大张拉应力应控制在 $1.03\sigma_K$ 以内。

穿束、张拉的总施工次序必须遵照设计规定执行。

孔道内穿入钢束后，应尽快张拉，钢束张拉完毕后应尽快灌浆，一般限定在 7d 之内。在受到客观条件的限制时，允许适当推迟，但自钢束穿束之日起不得超过 1 个月。

3 灌浆中的质控

各类孔道的灌浆，必须严格按照灌浆程序进行，压力、速度以及温度要严格控制在规定范围以内。

灌浆程序的各个环节必须由专职检查员进行监督，并进行验收。

当混凝土的温度低于5℃，或者环境温度低于0℃时，灌浆就要推迟，直至气候条件好转。同样，假如混凝土的温度高于25℃或环境温度高于30℃时，也要停止灌浆。测定方法：用置于混凝土内的测量仪表或置于各孔道内的温度计来测定混凝土的温度，取读数的平均值；环境温度由工地化验室测定。

在灌浆中，当设备及管路发生故障时，应尽快开动备用设备或修复管路继续灌浆；若不能继续灌浆，则停泵的时间不宜超过40min，当超过限时不能压灌浆或压浆困难时，应用清水或压缩空气吹掉已灌入的水泥浆（在水泥浆凝固前进行此过程操作）。

7.3 验收

7.3.1 管道的定位偏差

1. 竖直参考管道的误差范围：

径向：按照图纸规定的理论位置，自衬里测量≤±15mm；

切向：根据衬里四周相隔90°精确定位的基准线，按照图纸规定的理论位置相对于基准线≤±5mm。

2. 其他管道的位置以这些参考为起点，它们的允许误差为：

径向：按照图纸规定的理论位置≤±15mm；

切向：相邻两管理论位置≤±25mm。

3. 水平管道的允许误差范围：

径向：按照图纸规定的理论位置自衬里测量≤±15mm；

竖向：按照图纸规定的理论位置≤±25mm。任何一层的相邻两根水平管的轴心位置误差将局限在50mm范围内，各水平波纹管的两个端头连接点到相关锚固板的距离要大于4.00m。

4. 穹顶管道（球面部分）的允许误差范围：

球面上三组导管至衬里的距离应保持在340mm和680mm之间；

间距：按照图纸规定的理论位置±30mm；

层差：按照图纸规定的理论位置±15mm。

7.3.2 钢束张拉控制偏差

实际张拉伸长值应该控制在理论伸长值的-5％～8％之间。张拉时，作用于钢束上的最终力不得超过80％的极限抗拉强度保证值。

8. 安 全 措 施

8.1 执行标准

本工法执行的标准规范包括但不限于以下：

《中华人民共和国安全生产法》中华人民共和国主席令第七十号；

《中华人民共和国国家安全法实施细则》（国务院）[1994]；

《中央企业安全生产禁令》国资委令24号；

《安全生产事故隐患排查治理暂行规定》安全监管总局令第16号；

《中央企业安全生产监督管理暂行办法》国务院国有资产监督管理委员会令第21号；

《劳动防护用品管理规定》劳动部19960423；

《建设工程安全生产管理条例》中华人民共和国国务院令第393号；

《安全生产许可证条例》国务院令第397号；

《企业安全生产标准化基本规范 AQ/T》国家安全生产监督管理总局9006—2010；

《建筑安全生产监督管理规定》建设部19910709；

《江苏省安全生产监督管理规定》江苏省人民政府令第181号；

《核安全法规》HAF0400（91）1991年国家核安全局令第1号发布；

及相关的法律标准。

8.2 过程中的安全措施

8.2.1 建立安全生产机构，编制安全专项控制方案，配置专职安全员和班组兼职安全员，做好上岗安全教育培训和安全早班会，作业前认真做好安全交底工作。

8.2.2 所有现场施工人员必须戴好安全帽、安全带、安全鞋和相应的劳保用品。

8.2.3 在环梁、吊笼及脚手架上严禁向下抛物，小型工具和零件一律入专用箱，不得乱放。环梁上设专人警戒，划出禁区，无关人员禁止上穹顶。

8.2.4 在各工序施工前或者同一施工阶段改变施工方式时，均应进行施工安全措施交底。在每天进行作业之前，应进行安全施工方面的检查，排除隐患。

8.2.5 参加预应力施工的人员，应该进行身体健康检查和定期复查，对高血压、心脏病等不适合高空作业者应安排其他工作。必须进行该项施工安全知识的学习，熟悉和掌握本岗位安全施工知识和技能。

8.2.6 水平提升操作平台的每一构件，都必须经检查验收合格才能安装使用，连接螺栓的拧紧扭矩必须符合规定。操作平台安装完成后必须经过试验验收合格后方可投入使用，环形平台外围设置安全网。在水平提升平台上进行施工时，人员集中数、物品堆放位置和数量以及起重机具的起重重量等均不能超过设计规定的能力和荷载。断绳保护器等安全装置要定期检查。

8.2.7 穿束、张拉机具必须定期检查、维护，保证机具良好的性能。吊篮的使用、维护，必须严格按照机具安全操作规定执行。

8.2.8 竖向钢束穿束时，在孔道下端廊道内工作的人员，严禁进入没有安装临时锚固的孔道口区域；另外，在安装临时定位锚固时，孔道上方应有专人看管，防止意外。

8.2.9 张拉时，应设置警戒区域，无关人员严禁进入，严禁在千斤顶后（包括锚具后）及其他的危险区内站人；在千斤顶尾部必须设置安全防护挡板。最后的张拉数据测量记录工作，应在持荷结束后进行。在应力状态下进行锚固的人员，应集中精力，密切注意随时发生的情况。

8.2.10 用手提式砂轮切割钢绞线时，操作者必须严肃认真，掌握平稳，用力均匀，砂轮旋转平面内严禁站人。严禁使用明火切割钢绞线。

8.2.11 下班时所有设备应切断电源，拉下电闸，关闭配电箱并上锁。

8.2.12 六级以上大风或气候条件恶劣时，不得高空作业。

8.2.13 施工时必须考虑文明施工问题，当日施工完成后产生的垃圾要及时清理，不得遗留到第二天，工具必须按照要求放入工具箱内，不得随地摆放。穿束完成后，切割下的钢绞线头必须及时清理并按照要求统一放在指定位置。

8.2.14 灌浆完成后，必须清理灌浆点的水泥浆体，清洗管道和机器的泥浆不得随便排放，要按照规定排放到现场的沉浆池内。施工结束后，要把施工用具摆放整齐，保持施工场所整洁。

8.2.15 在预应力张拉廊道内作业时，应安装排风换气装置，并保持其有效工作。

9. 环保措施

9.1 执行标准

《中华人民共和国环境保护法》中华人民共和国主席令第二十二号；

《建设工程施工现场管理规定》建设部 1991 第 15 号令；

《建设项目环境保护管理办法》国务院环保委员会/国家计委/国家经委 198602326；

《污水综合排放标准》GB 8978—96；

《工业企业厂界噪声标准》GB 12348—90；

及相关的法律标准。

9.2 过程中的控制措施

9.2.1 编制专项环境保护方案，建立组织机构，进行培训教育，提高环保意识，明确各级人员的职责。

9.2.2 预应力管道安装及穿束施工时，剩余材料应及时分类回收，做到工完场清，由专业人员监控检查。

9.2.3 穿束前，应尽量将钢绞线盘在储存场地沥干保护油，运输和穿束时，钢绞线盘应放置在彩条布上面，防止钢绞线保护油污染车辆和场地。

9.2.4 张拉时应对液压油泵进行防护，在油管安装时如有漏油，应及时用抹布清理干净。

9.2.5 灌浆施工时在进浆口和出浆口应分别设置废浆桶，及时收集废浆，倒运到指定地点进行处理。

9.2.6 灌浆点和浆体搅拌站，设置沉淀池，清水池，沉淀池应定期清理，并保证场地整洁。

9.2.7 浆体运输过程中，容器应安装盖子，防止浆体外溢污染车辆和道路。

9.2.8 灌浆完成后，清洗管道和机器的泥浆不得随便排放，要按照规定排放到现场的沉浆池内。

10. 效 益 分 析

以广东岭澳二期核电站为例：

预应力施工是核电站厂房土建施工的关键工序，造价为其 1/6 左右，施工组织和资源调配非常重要。本工法工序多，工艺连贯性强、系统、难度大，采用成套设备和材料，技术含量高。在广东岭澳二期核电站工程的实施过程中，我们采用了本工法，与相同类型的岭澳一期和大亚湾核电站相比较，广东岭澳二期核反应堆安全壳预应力后张拉单项工程工期提前了 1.5 个月，特别是采用了专用施工操作平台后，减少了工序的交接和穿插时间，能够尽早地实现环形区域的房间移交，为安装单位提供了更多的尽早介入施工的时间。施工质量优良，核电站提前投入商业运行，取得了良好的经济和社会效益。得到了中广核的一致好评。

目前，国内正在进行能源多元化改革，在 2020 年，我国核电装机容量将达到 3000 万 kW，液化天然气（LNG）项目发电也刚刚起步，因此，在加强对此技术的引进、消化和吸收的基础上，并以此为契机，带动国内预应力技术和相关产业的发展，进行资产的优化并进行适当的投入，加大材料、设备、设计、施工等方面国产化的开发力度，本工法将会拥有比较广阔的应用前景。

11. 应 用 实 例

11.1 广东岭澳二期核电站

11.1.1 工程概况

广东岭澳二期核电站规划建设 2 台百万千瓦级压水堆核电机组，该项目是中国广东核电集团继大亚湾、岭澳一期核电后，承建的第三座大型商用核电站，也是我国第一次自主设计、自主制造、自主建设、自主运营百万千瓦级压水堆核电站。

核反应堆安全壳为圆桶形带有球壳状穹顶的预应力混凝土结构，由基础底板、筒体墙、环梁和穹顶 4 部分组成，沿筒体墙外侧均匀分布 4 个扶壁柱，用来锚固筒体墙水平钢束。安全壳预应力钢束主要分布在筒体墙和穹顶内。预应力体系采用法国 Freyssinet 的"K"系统材料。每个安全壳有垂直钢束 144 束；水平钢束 223 束；穹顶钢束 174 束，分三族互成 120°分布。

筒体墙水平向、穹顶 19T16 锚具，每束包含 19 根钢绞线，筒体墙采用 37T16 锚具，每束包含 36 根钢绞线。钢绞线采用强度等级为 1770MPa，直径 15.7mm，公称面积 150mm²，极限负荷 265kN 的七丝低松弛钢绞线。

2 台机组钢束 1082 束，钢绞线共 2350t。

11.1.2 应用情况

广东岭澳二期核电站核岛安全壳为后张拉预应力混凝土结构，2004 年 1 月开工，2007 年 12 月竣工。根据该工程预应力施工周期长、质量要求高、钢束空间形状复杂、张拉吨位大、操作空间狭小等特点，经采用《核电站安全壳预应力施工工法》进行施工后，各项指标满足设计要求，取得了良好的效果。

11.1.3 应用效果

本工法对保证核岛安全壳预应力施工质量与进度都起到了重要作用，经过检验，施工后预应力系统各项技术指标均满足设计要求，同时提高了工程施工水平，节约了工期、资源消耗，缩短了核电站的建造工期。

11.2 大连红沿河核电站1号核岛工程

11.2.1 工程概况

大连红沿河核电站位于辽宁省大连市瓦房店红沿河镇，地处瓦房店市西端渤海辽东湾东海岸。厂址东距瓦房店市火车站50km，南距大连港110km，北距海城160km。厂区三面环海，一面与陆地接壤。大连红沿河核电一期工程是国家"十一五"期间首个批准开工建设的核电项目，是中国首次一次同意4台百万千瓦级核电机组标准化、规模化建设的项目，是东北地区第一个核电站。大连红沿河核电项目规划建设台百万千瓦级核电机组，采用中国广东核电集团经过渐进式改进和自主创新形成的中国改进型压水堆核电技术路线——CPR1000。

核反应堆安全壳为圆桶形带有球壳状穹顶的预应力混凝土结构，由基础底板、筒体墙、环梁和穹顶4部分组成，沿筒体墙外侧均匀分布4个扶壁柱，用来锚固筒体墙水平钢束。安全壳预应力钢束主要分布在筒体墙和穹顶内。预应力体系采用法国Freyssinet的"K"系统材料。每个安全壳有垂直钢束144束；水平钢束223束；穹顶钢束174束，分三族互成120°分布。

筒体墙水平向、穹顶19T16锚具，每束包含19根钢绞线，筒体墙采用37T16锚具，每束包含36根钢绞线。钢绞线采用强度等级为1770MPa，直径15.7mm，公称面积150mm²，极限负荷265kN的七丝低松弛钢绞线。

一台机组541束钢束，钢绞线1175t。

11.2.2 应用情况

大连红沿河核电站1号核岛工程于2007年8月18日正式开工。根据该工程预应力施工周期长、质量要求高、钢束空间形状复杂、张拉吨位大、操作空间狭小等特点，经采用《核电站安全壳预应力施工工法》进行施工后，各项指标满足设计要求，取得了良好的效果。

11.2.3 应用效果

本工法对保证核岛安全壳预应力施工质量与进度都起到了重要作用，经过检验，施工后预应力系统各项技术指标均满足设计要求，同时提高了工程施工水平，节约了工期、资源消耗，缩短了核电站的建造工期。

11.3 福建宁德核电站1号核岛工程

11.3.1 工程概况

福建宁德核电站位于福建省宁德市辖福鼎市秦屿镇的备湾村，距福鼎市区南约32km，东临东海，北临晴川湾。规划建设6台百万千瓦级压水堆核电机组，一次规划，分期建设，一期工程采用中广核集团具有自主品牌的CPR1000技术，建设4台百万千瓦级压水堆核电机组。

核反应堆安全壳为圆桶形带有球壳状穹顶的预应力砼结构，由基础底板、筒体墙、环梁和穹顶4部分组成，沿筒体墙外侧均匀分布4个扶壁柱，用来锚固筒体墙水平钢束。安全壳预应力钢束主要分布在筒体墙和穹顶内。预应力体系采用法国Freyssinet的"K"系统材料。每个安全壳有垂直钢束144束；水平钢束223束；穹顶钢束174束，分三族互成120°分布。

筒体墙水平向、穹顶19T16锚具，每束包含19根钢绞线，筒体墙采用37T16锚具，每束包含36根钢绞线。钢绞线采用强度等级为1770MPa，直径15.7mm，公称面积150mm²，极限负荷265kN的七丝低松弛钢绞线。

一台机组541束钢束，钢绞线1175t。

11.3.2 应用情况

福建宁德核电站1号核岛于2008年2月18日开工。根据该工程预应力施工周期长、质量要求高、钢束空间形状复杂、张拉吨位大、操作空间狭小等特点，经采用《核电站安全壳预应力施工工法》进行施工后，各项指标满足设计要求，取得了良好的效果。

11.3.3 应用效果

本工法对保证核岛安全壳预应力施工质量与进度都起到了重要作用，经过检验，施工后预应力系统各项技术指标均满足设计要求，同时提高了工程施工水平，节约了工期、资源消耗，缩短了核电站的建造工期。

本工法成套施工技术工艺工序多，工序连贯性强、系统、难度大，采用进口成套材料，技术含量高，经过广东岭澳二期核电、大连红沿河核电站 1 号核岛、福建宁德核电站 1 号核岛等工程的应用实践，在原国家级工法的基础上不断完善，形成了本工法的一些新的关键技术，如：预应力孔道灌浆方法；减少预应力孔道灌浆浆体泌水制浆搅拌方法；采用专用的等应力张拉千斤顶对钢绞线束的各根钢绞线进行等应力张拉；自己设计的专用施工平台的应用；触变浆体＋真空辅助灌浆的方法。并取得了两项发明专利：预应力孔道密实灌浆方法（ZL 200810235566.7）；减少预应力孔道灌浆浆体泌水制浆搅拌方法（ZL 200810235565.2）。经过专家重新鉴定，确定本工法的关键技术为国内领先水平。

本工法在今后的工程实践中将会不断创新、完善，保持其先进水平，技术先进工艺成熟，质量能得到可靠保证，是我公司核电站土建工程成套施工技术中的一项重要的核心施工技术，其经济社会效益显著，我公司已掌握该成熟工艺。在材料使用、设备配置、人员配置、施工方案、操作程序等方面并实现了标准化和集约化配置。

目前在建的项目有：大连红沿河核电站、广东阳江核电站、福建宁德核电站、广东台山核电站、广西防城港核电站等项目。

真空预压加固软土地基技术施工工法

YJGF01—94（2009～2010 年度升级版- 061）

中交第一航务工程局有限公司

杨京方　刘爱民　梁萌　喻志发　诸葛爱军

1. 前　言

真空预压法是在地基表面铺设密封膜，通过特制的真空设备抽真空，使密封膜下砂垫层内和土体中垂直排水通道内形成负压，加速孔隙水排出，从而使土体固结、强度提高的软土地基加固法。

真空预压法适用于加固淤泥、淤泥质土和其他能够排水固结而且能形成负压边界条件的软黏土。该法早在 20 世纪 50 年代初就已由瑞典的杰尔曼（W. kJELLMAN）提出，但直至 20 世纪 70 年代末期一直末能得到广泛应用。1980 年，中交第一航务工程局有限公司（原交通部第一航务工程局）在天津新港开展现场试验研究，解决了实用密封薄膜、抽真空装置及关键施工工艺，使该法达到实用阶段，并于 1982 年末成功地应用于天津新港软基加固工程中。1983 年该法的研究列入"六五"国家科技攻关项目，1985 年通过国家技术鉴定，并获"六五"国家科技攻关奖；1987 年 2 月取得国家专利权（ZL 85108820），并于 1989 年被评为中国专利优秀奖；"七五"期间，该法被列为国家计委重点推广新技术的第 28 项，同时被列为"七五"期间交通部《通达计划》推广新技术项目之一。1995 年，真空预压加固软土地基工法被评为国家级工法。

目前，真空预压法已在水运工程、石油、化工、建筑、公用事业和机场等工程中得到广泛应用。在港口建设行业，真空预压法使用最为广泛。以天津港为例，真空预压已成为该地区首选的地基处理方法，加固软土地基面积加固面积已超过 100km²，取得了巨大的社会效益和经济效益。

2. 工 法 特 点

2.1 真空预压加固区范围内，由于真空度分布是均匀的，所以真空预压法的加固效果比同等条件下堆载预压法要好。

2.2 加固过程中土体除产生竖向压缩外，还伴随侧向收缩，不会造成土体侧向挤出，特别适于超软土地基加固。

2.3 真空预压法在施工时荷载无须分级施加，可以一次性快速施加到 80kPa 以上而不会引起地基的失稳破坏，与堆载预压相比加载较快，可明显缩短工期。同时在卸载时只要停止抽气就可以了，因而施工起来简单、容易。

2.4 不需要大量堆载材料，可避免堆载材料运入、运出的施工通道建设和对周边道路造成的运输紧张，减少施工干扰；施工中无噪声，无振动，不污染环境。

2.5 施工机具和设备简单，便于操作；施工方便，作业效率高，加固费用低，适于大规模地基加固，易于推广应用。

2.6 适于狭窄地段、边坡附近的地基加固。

3. 适 用 范 围

真空预压法目前水运工程、石油、化工、建筑、公用事业和机场等工程中得到广泛应用。其适用范围如下：

3.1 堆载材料缺乏或堆载材料价格较高，且电力供应充足的地区。

3.2 新吹填的超软土地基。

3.3 码头岸坡或者临近危险边坡的区域。

4. 工 艺 原 理

真空作用下土体的固结过程，是在总应力不变的情况下，孔隙水压力降低、有效应力增长的过程。

真空预压法如图 4-1 所示。首先，需要在加固的地基上铺设中粗砂水平排水垫层和打设塑料排水板垂直排水通道。在砂垫层上铺设塑料密封膜并使其四周埋设于不透气层顶面以下 50cm，使之与大气隔离。然后采用抽真空装置（射流泵）降低被加固地基内的孔隙水压力，使其有效应力增加，从而使土体得到加固。

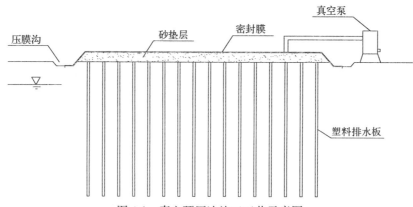

图 4-1　真空预压法施工工艺示意图

由于塑料密封膜使被加固土体得到密封并与大气压隔离，当采用抽真空设备抽真空时，砂垫层和垂直排水通道内的孔隙水压力迅速降低，与土体中的孔隙水压力形成压力差，在该压力差的作用下，土体中的孔隙水压力逐渐降低。根据太沙基有效应力原理，当总应力不变时，孔隙水压力的降低值全部转化为有效应力增加值。如图 4-2 所示，孔隙水压力从图中原孔隙水压力线变为抽真空后降低的孔隙水压力线，其孔隙水压力的降低量全部转化为有效应力的增加值。所以，地基土体在新增加的有效应力作用下，促使土体排水固结，从而达到加固地基的目的。因抽真空设备理论上最大只能降低一个大气压（绝对压力零点），所以真空预压工程上的等效预压荷载理论极限值为 $Pa＝100kPa$，现在的工艺水平一般能达到 80～90kPa。

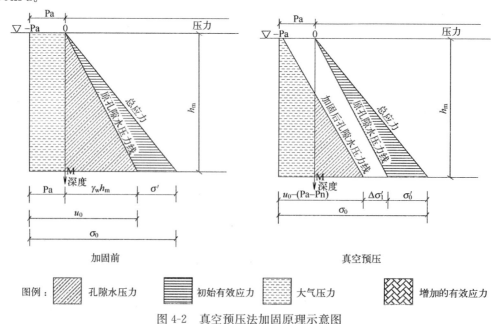

图 4-2　真空预压法加固原理示意图

5. 施工工艺流程及操作要点

5.1 真空预压施工流程

真空预压的施工流程见图 5.1。

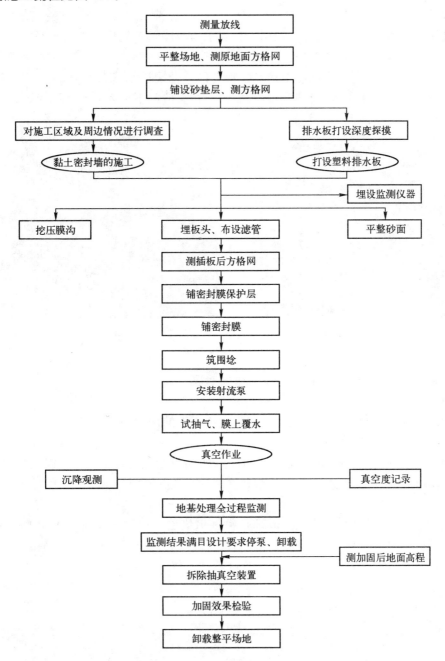

图 5.1 真空预压施工流程图

5.2 操作要点

5.2.1 场地整平

施工前对预加固场地先进行场地整平，并对原地面进行方格网测量，准确确定场地标高。

5.2.2 铺设砂垫层

砂垫层采用透水性好的中粗砂，可采用机械施工或人力铺设，在一些地基强度极低的地基上进行砂垫层的铺设施工，应采用人工作业，并采取相应的施工措施。如铺设荆芭或土工织物，提高原地基的承载力。

砂料进场前，须根据规范要求抽取砂样送至具备质量检测资格的检测单位检验。只有经检验合格的砂料才允许使用。

5.2.3　打设塑料排水板

塑料排水板可采用常用的门架式打板机进行打设，见图 5.2.3。

5.2.4　抽真空前准备

1. 布设滤管

加固区全部塑料排水板打设完成后，根据设计要求布设滤管，先将滤管摆设好并连接好，接头处用铁丝绑扎牢固，然后在滤管旁边开挖滤管沟，够深 20～25cm，然后一边挖沟一边埋管入沟，入沟深度约 20cm，并用中粗砂填平。管间连接应用骨架胶管套接，套接长度不小于 10cm，并用铅丝绑扎以确保牢固，为防止铅丝接头刺破密封膜，在铺设过程中铅丝接头应朝下埋入砂层。同时，在埋设滤管时要确保滤管上滤膜不被破损。见图 5.2.4-1。

图 5.2.3　塑料排水板打设

图 5.2.4-1　滤管铺设

2. 场地整平、清理

将场地中的杂物、碎石等清理干净，以免刺破密封膜。

3. 开挖压膜沟

压膜沟可根据需要，选择机械挖沟或人工挖沟。压膜沟的深度必须超过加固区边线的透水土层，深度不小于 50cm。见图 5.2.4-2。

当加固区四周有透水透气土层时，应该在加固区四周打设粘土密封墙，黏土密封墙厚度不宜小于 1.2m，拌合后墙体的黏粒含量应大于 15%，渗透系数应小于 1×10^{-5} cm/s。

4. 密封膜的铺设

密封膜一般为 2～3 层，铺膜前应认真清理平整排水垫层，拣除贝壳及带尖角的石子，填平打设塑料排水板时留下的孔洞，每层密封膜铺好后应认真检查及时补洞，待其符合要求后再铺下一层。密封膜的铺设应在白天进行，按顺风向铺设，且风力不宜超过 5 级。密封膜的长和宽应超过加固区两侧边长 4m。密封膜应埋入到压膜沟内的不透水黏土层中。压膜沟的回填料应采用不含杂物的黏性土。见图 5.2.4-3、图 5.2.4-4。

图 5.2.4-2　开挖压膜沟

图 5.2.4-3　铺设密封膜

5. 填筑覆水围埝、安装抽真空设备、试抽气

抽真空设备安装时应进行试运转，安装时要保持平稳，且与滤管连接牢固后才可接通电源。见图 5.2.4-5。

图 5.2.4-4　铺设密封膜

图 5.2.4-5　射流泵安装

6. 覆水

密封膜埋入压膜沟后，基本确认密封膜没有孔洞时，可在密封膜上覆水。

5.2.5　抽真空

经过几天试抽气，在真空度满足设计要求后，应及时上报，请监理检验后开始抽真空计时。

5.2.6　停泵卸载

对地基加固过程中监测数据进行分析计算，满足设计要求后停泵卸载。

6. 材料与设备

6.1　材料

6.1.1　作为砂垫层使用的砂一般选用中砂或粗砂，其含泥量应不大于 5%，渗透系数不宜小于 5×10^{-3} cm/s。

6.1.2　塑料排水板的芯板材料宜选用原生料，其主要指标应满足表 6.1.2 的要求。

常用塑料排水板型号及性能指标表　　　　　表 6.1.2

项目　　　型号		A 型	B 型	C 型	D 型	条　件
打设深度（m）		≤15	≤25	≤35	≤50	—
纵向通水量（cm³/s）		≥15	≥25	≥40	≥55	侧压力 350kPa
滤膜渗透系数（cm/s）		≥5×10⁻⁴				试件在水中浸泡 24h
滤膜等效孔径（mm）		<0.075				以 0_{95} 计
塑料排水板抗拉强度（kN/10cm）		≥1.0	≥1.3	≥1.5	≥1.8	延伸率 10% 时
滤膜抗拉强度（N/cm）	干态	≥15	≥25	≥30	≥37	延伸率 10% 时
	湿态	≥10	≥20	≥25	≥32	延伸率 15% 时，试件在水中浸泡 24h

6.1.3　滤管可采用直径为 63mm 的打孔 PVC 硬式滤管或软式滤管，滤管外包裹滤布。当采用软式滤管时应满足表 6.1.3 的要求。

软式滤管性能指标要求表　　　　　表 6.1.3

项　目	性　能	单　位	标　准	备　注
管体	管径	mm	63±1	—
	重量	g/m	≥200	—
	环刚度	kN/m²	≥6	GB/T 9647
	透水面积	mm²/m	2500	—
	扁平试验	压至管径 1/2 不破裂		均匀分布

项　目	性　能	单　位	标　准	备　注
滤布	单位面积质量	g/m²	≥40	—
	渗透系数	cm/s	≥0.1	—
	等效孔径 O_{95}	mm	0.07～0.2	—

6.1.4 密封膜宜采用2～3层聚乙烯或聚氯乙烯薄膜，单层密封膜的技术要求应符合表6.1.4的规定。

密封膜的技术要求　　　　　　表6.1.4

最小抗拉强度（MPa）		最小断裂伸长率（%）	最小直角撕裂强度（kN/m）	厚度（mm）
纵向	横向			
18.5	16.5	220	40	0.12～0.14

6.2　主要施工机械

6.2.1 塑料排水板打设机一般采用常用的门架式打板机，行走靠铺设的轨道，也有单管和双管之分。天津、江苏、浙江等地都有制造生产单位，最大打设深度在30m左右。

6.2.2 抽真空设备主要由潜水泵、射流器和射流箱组成，潜水泵的功率为7.5kW。射流箱平卧在密封膜上，水泵在泵箱内采用直放自稳式安装方式。抽真空设备具有结构更简单合理，安装更方便，稳定性更强，维修更简单方便，运输更便利等优点。

6.2.3 抽真空设备在安装时操作简单，射流泵放置好后，其余的装置可由一个工人单独完成，在人工使用上大大地减少了人力投入，而且安装效率高，铺完膜后可以在最短的时间内进行试抽气，使密封膜在最短的时间内得到吸附，避免了铺膜后大风对密封膜造成破坏。

7. 质 量 控 制

7.1　铺设砂垫层质量控制

7.1.1 严格把好砂料材料关，每批材料必须抽样检验，不合格材料不得使用。

7.1.2 砂垫层厚度要满足设计要求，可采用针探法、挖坑法检测砂垫层厚度。

7.1.3 砂垫层中无淤泥包和泥砂混合现象，无尖石、铁器等有棱角的或尖锐的硬物。

7.2　打设塑料排水板质量控制

7.2.1 塑料排水板按照规定进行抽检，检验不合格不得使用。

7.2.2 塑料排水板在打设过程中严禁出现扭结、断裂和滤膜破损等现象。

7.2.3 每根塑料排水板不得多于1个接头，且有接头的塑料排水板根数不应超过总打设根数的10%，相邻的塑料排水板不得同时出现接头。

7.2.4 塑料排水板打设时回带长度不得超过500mm，且回带的根数不宜超过总根数的5%。

7.2.5 塑料排水板在砂垫层表面的外露长度不应小于200mm。

7.2.6 塑料排水板实际打设位置与设计位置的偏差不应大于80mm。

7.2.7 塑料排水板打设过程中套管的垂直度偏差不应大于1.5%。

7.2.8 塑料排水板打设后及时用砂垫层材料填满打设时在板周围形成的孔洞，避免孔洞位置回淤淤泥。

7.2.9 塑料排水板打设过程中应逐根自检，不符合要求时应在临近板位处补打。

7.3　开挖压膜沟、铺设密封膜质量控制

7.3.1 压膜沟处的塑料排水板不能剪断，应将这些塑料排水板沿沟边向上插入到砂垫层中，插入长度不少于20cm。

7.3.2 密封膜按照规定进行抽检，检验不合格不得使用。

7.3.3 压膜沟处密封膜进入泥面0.5m以上，确保压膜沟四周不透气。

7.4 安装抽真空设备、试抽气、检查、正式抽气

7.4.1 抽真空设备在进气孔封闭状态下，其真空压力应不小于96kPa。

7.4.2 每台抽真空设备的控制面积宜为900～1100m²，抽真空设备宜均匀布置在加固区四周，没有膜上堆载时也可适量布置在加固区中部。

7.4.3 抽气期间应经常检查密封膜，有破损时应及时修补。

7.4.4 抽真空设备的开启量应超过总数的80%。

7.5 施工控制及验收标准

施工控制及验收标准可参照《水运工程质量检验标准》JTS 257—2008、《真空预压加固软土地基技术规程》JTS 147—2—2009和《水运工程塑料排水板应用技术规程》JTS 206—1—2009的有关规定执行，具体的施工控制及验收标准见表7.5。

质量控制和验收标准表　　　　　　　　　　　　　表7.5

序　号	项　　目		允许偏差（mm）	检验数量	单元测点	检验方法
1	砂垫层顶标高		500 −200	每100m²一处	1	水准仪测量
2	塑料排水板	平面位置	±100	抽查10%	1	用经纬仪、拉线和钢尺测量纵横两个方向，取大值
		垂直度（每米）	15		1	用经纬仪或吊线测量套量
		外露长度	150 −50		1	钢尺测量
3	真空度		不允许负偏差	同真空表布设数量	1	检查记录

8. 安 全 措 施

8.1 建立完善的施工安全保证体系，加强施工过程中的安全检查，确保作业标准化、规范化。

8.2 编制专项安全施工组织设计，并在施工过程中认真执行。

8.3 对参加施工的全体人员进行安全教育，贯彻安全第一的思想，不盲目追求施工进度。

8.4 专职安全员定期对安全设施进行检查、维护。

8.5 对各种施工机具定期进行检查和维修保养，以保证使用的安全。

8.6 组织夜间施工时，现场的灯光布置一定要清晰明亮，要能达到一定的能见度方可施工。在施工过程中要相互配合、相互照应。

9. 环 保 措 施

9.1 对施工人员进行环保教育，不得随意乱扔生产和生活垃圾，以保护自然与景观不受破坏。

9.2 施工现场和运输道路要经常洒水，减少灰尘对人的危害和环境的污染。

9.3 施工中产生的塑料排水板废料和包装袋等杂物及时清理出现场，运到指定的区域。

9.4 保持施工现场整洁。

10. 效 益 分 析

目前，真空预压法已在水运工程、石油、化工、建筑、公用事业和机场等工程中得到广泛应用。在港口建设行业，真空预压法使用最为广泛。以天津港为例，真空预压已成为该地区首选的地基处理方法，加固软土地基面积加固面积已超过100km² 以上，取得了巨大的社会效益和经济效益，与同等堆载预压相比，一般可降低造价1/3、缩短工期1/3。

11. 应 用 实 例

目前真空预压加固地基技术已在大量的工程项目中得以应用，取得了较好的社会效益和经济效益，本文介绍的3个应用实例分别为：天津港东疆港区东海岸一期软基加固工程、天津东疆保税港区（二期）用地地基加固工程和天津港东疆港区中部主要道路工程。

11.1 天津港东疆港区东海岸一期软基加固工程

该工程位于天津港东疆港区。该工程2007年7月10日开工，2008年4月30日竣工，共加固地基面积约140万 m²，工程验收合格。

11.2 天津东疆保税港区（二期）用地地基加固工程

该工程位于天津港东疆港区，该工程2009年10月22日开工，2010年7月31日竣工，共加固地基面积约200万 m²。工程验收合格。

11.3 天津港东疆港区中部主要道路工程

该工程位于天津港东疆港区，该工程2010年5月26日开工，2010年12月20日竣工，共加固地基面积约200万 m²。工程验收合格。

滩海油田大型平台整体浮装法就位施工工法

YJGF98—2004（2009~2010年度升级版-062）

胜利油田胜利石油化工建设有限责任公司

桑运水　贾芳民　姜俊荣　郭刚　王允

1. 前　言

随着渤海湾地区滩海油气资源开发力度的进一步加大，国外一些大型石油开发商也开始在渤海湾地区投资产能项目，海上的大型海洋油气平台和构件越来越多。由于浮吊起重能力及当地水深的限制，有些大型平台或构件在某些区域不能进行浮吊就位；此外，由于海上安装的巨额成本和风险，迫使国内外各公司寻找经济的平台安装就位方法。因此，整体浮装就位技术应运而生。

"整体浮装就位技术"起源于美国，它主要是针对于海上体积较大，吨位较重的平台和大型构件的一种海上安装工艺，特别是受到海上浮吊起重能力的限制或当地海水深度的影响而不能进行海上吊装就位时，多用此方法来进行安装。此方法在墨西哥湾的某些海上石油平台就位时曾经运用，但在亚洲尚未有应用记载。

在埕岛西区块EDC项目DPA中心平台建造工程、赵东平台工程以及南堡35-2平台工程中成功应用了此项技术。由于受当地施工码头、设备和海域等环境条件的限制，我们在运用该技术时与国外有较大差异，有很多问题需要我们根据自己的实力来自行设计研究，尤其是大型平台如何进行陆地装船和如何海上就位等方面难点技术，需要综合考虑各方面因素，如驳船重心和平台重心的横向、纵向相对变化，受到各种风、潮汐、涌浪等自然因素的影响，以及施工过程中各种误差积累等客观因素的影响等。我们在运用结构力学、材料力学、力学动态平衡和海洋工程等多方面知识的基础上，还运用计算机建立数学模型和仿真环境模拟等高新技术，顺利地完成了大型平台装船和海上就位施工，探索出独特的浮装就位技术。

2. 工法特点

2.1　通过滑道、卷扬机、以及调载系统的协同工作来完成装船作业，解决了大型平台和构件装船的难题。

2.2　用驳船运输陆地整体预制的平台至就位海域，通过驳船调载实现平台就位，打破了就位受海上浮吊起重能力的限制或当地海水深度的影响这一施工技术瓶颈。

2.3　提高了平台的陆地预制深度，施工速度快，减少了海上施工作业时间，使海上施工的安全风险降到最低。

2.4　采用了先进的施工工艺和方法，如计算机辅助施工等，为大型平台实现海上自动化安装作业奠定了基础。

3. 适用范围

3.1　适用海域：本工法适用于水深在6~50m，日潮差小于2.0m，年潮差小于2.5m，浪高小于1.5m（1/3）的海区。

3.2　适用规模：本工法适用安装1000~10000t级的整体大型结构。

4. 工 艺 原 理

平台结构采用陆上整体组装方案，通过专用滑道、卷扬机、以及驳船调载系统的协同工作来完成平台装船。根据半潜式驳船具有大幅度的吃水调节功能和较大的载运能力等特点，在海面上通过调载使驳船产生大的升降动力，将被安装的平台整体结构安放到已有的基础桩上。

5. 施工工艺流程及操作要点

5.1 工艺流程（图5.1）

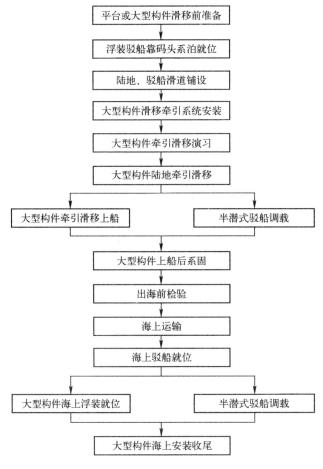

图 5.1 施工工艺流程图

5.2 操作要点

5.2.1 施工准备

1. 装船码头建造：根据平台或大型构件的重量对地基承受能力进行计算，对施工码头场地进行改造，使地基满足相应大型构件的承载能力。同时根据驳船承重平台后的吃水深度对码头进行改造，承载驳船停靠码头泊位处一定范围内的水深应符合图5.2.1的要求。

2. 平台或大型构件陆地建造、检验验收。

3. 海洋潮汐观察分析报告，气象分析报告汇总。

4. 半潜式浮装驳船的选择、甲板强度及结构校核，拖航稳性计算。

5. 平台或大型构件滑移牵引系统设计、计算校核。

6. 平台或大型构件滑移上船驳船调载设计、计算校核。

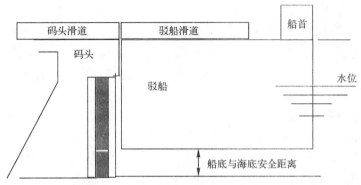

图 5.2.1　靠岸驳船与码头水深关系示意图

7. 平台或大型构件的海上基础检验验收。

8. 航道及码头附近清障。

5.2.2　滑道设计与制造

为满足滑移装船的需要，在场地改造同时，需要进行陆地及驳船的滑道设计及铺设。在埕岛西区块 EDC 项目 3200t 的 DPA 中心平台建造工程中，我们为平台滑移设计了陆上水泥滑道（滑道为角钢矩形构架，用强度等级为 C30 的混凝土浇筑而成，上铺 10mm 的钢板）和船上钢质滑道（用双层 500×500 工字钢焊接而成）如图 5.2.2-1、图 5.2.2-2 所示。

图 5.2.2-1　水泥滑道

图 5.2.2-2　钢制滑道

在总结以往施工的基础上，我们又自主开发了轮式轨道滑道（图 5.2.2-3），变滑动为滚动，大大减少了平台陆地装船时的摩擦力，降低了对拖拉设备的要求。

5.2.3　临时支撑系统设计制造

为保证平台或大型构件陆上整体组装和滑移装船，需要设计一套临时支撑系统，该系统既要承受构件重量，又必须保证在滑移装船过程中受拉不致结构失稳。我们设计了如下结构形式的临时支撑系统，关键部位增加斜拉撑及加固如图 5.2.3 所示：

图 5.2.2-3　滑车轨道

图 5.2.3　滑车支撑系统

5.2.4 平台称重系统设计制造

为了准确测得平台在下水前的实际重量，采集平台滑移装船和浮装就位过程中所需的精确数据，需要设计制造平台称重系统并经有限元分析系统校核满足要求。该系统原理是利用液压千斤顶将平台顶离地面，然后通过压力传感器采集信号，将信号输入计算机中处理，从而得出平台的实际重量。每组结构形式如图5.2.4所示。

5.2.5 浮装驳船靠码头系泊就位及船体结构校核

在平台装船期间，驳船要稳定牢靠，始终保持驳船上滑道和陆上滑道对中，不能有较大的相对位移。驳船采用首部抛八字锚，尾部利用4条缆绳系固在码头的系缆桩上，如图5.2.5所示。

为了保证半潜式驳船的使用安全，需要对驳船进行结构校核，经计算校核驳船甲板强度符合要求后才允许使用，否则需要进行加固改造。

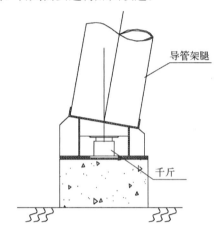

图5.2.4 平台称重系统示意图

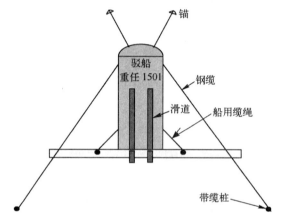

图5.2.5 驳船停靠系泊图

5.2.6 滑移装船牵引系统设计、制造和安装

滑移装船牵引系统包括滑轮组、钢丝绳、前后拖点、液压千斤顶和卷扬机等，所用设备和材料的规格、型号应经计算确定，系统组成后应进行校核。

1. 相关数据计算

平台及临时支撑的总重量为 G；

系统静摩擦系数：μ_{max}；

系统动摩擦系数：μ'_{max}；

平台与滑道间最大静摩擦力：$G \cdot \mu_{max}$；

平台与滑道间最大滑动摩擦力：$G \cdot \mu'_{max}$；

m 组 n 轮滑轮组中单股钢丝绳受力：

所受静摩擦力：$G \cdot \mu_{max}/m/n$；所受动摩擦力：$G \cdot \mu'_{max}/m/n$。

通过计算选择可以满足平台拖拉要求的卷扬机型号。

平台拖拉刚刚启动时可以利用较大吨位的千斤顶助推。

2. 平台滑移牵引系统示意图见图5.2.6-1，施工图见图5.2.6-2。

5.2.7 平台滑移装船

1. 平台装船准备

1）码头滑道安装及其表面处理、检查。清除所有可能阻挡平台上船的障碍物，包括建造过程中的临时支撑、脚手架、设备等。

2）安装千斤顶及码头部分的索具准备。

3）安装及调试水平仪。

4）码头供电系统检查。

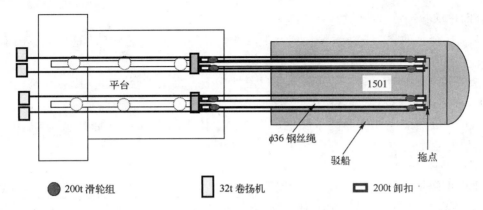

● 200t 滑轮组　　□ 32t 卷扬机　　■ 200t 卸扣

图 5.2.6-1　平台牵引系统示意图

5）平台结构及工艺系统完工确认和检查。

6）驳船上滑道安装、固定焊接及表面处理。

7）驳船就位固定、系泊系统连接。

8）牵引系统安装、固定、焊接及调试。

9）在牵引前，应进行一次调载试验，将驳船吃水及纵倾值调整到预定位置，以检验调载系统的可靠性，同时使作业人员熟悉各自的职责。

10）驳船上应急电站安装及调试，经检查合格。

11）驳船内水位测量仪调试，经检查合格。

12）通讯系统调试，经检查合格。

13）卷扬机的同步检查及纠偏（卷桶直径 、钢丝绳的圈数）。

图 5.2.6-2　平台牵引系统图

14）通报港监。

2. 平台装船期间环境条件

在装船作业之前定期接收作业期间的天气预报，气象和港内潮水情况应符合装船条件，根据气象预报及时调节作业计划。通常作业期间应选择在潮高不低于 3.6m（码头顶标高为±0.00），拖拉起始时间应选在低平潮时。

3. 平台装船步骤

准备工作完成后，平台将在指定时间根据事先计算好的压载数据开始牵引装船。在牵引过程中，原则上不能停，但在调载速率与牵引速率不协调时，可以考虑暂停。平台滑移装船及牵引系统示意图、照片见图 5.2.7-1、图 5.2.7-2。

装船作业可分为如下步骤：

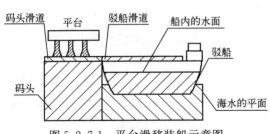

图 5.2.7-1　平台滑移装船示意图

图 5.2.7-2　平台滑移装船及拖拉系统

1）通过调载，将驳船滑道上顶面与码头滑道上顶面相平，并将平台拖至码头前沿；

2）平台开始牵引上船，当平台行走到其临时支撑前一侧轴线滑靴前半部分上船时，开始调载，直至使驳船达到即将承载轴重量的临界高度；

3）继续牵引平台，使临时支撑系统前另一侧轴线滑靴一半上到驳船上，这期间不断调载，使驳船的高度始终处于临界状态；

4）继续牵引平台，平台的重心逐渐从陆地过渡到船上，直至平台临时支撑后一侧轴线滑靴前半部分上到驳船上，此期间驳船不断调载；

5）调载驳船，使驳船尾部逐渐高于陆地，使平台整体重量全部由驳船承重，然后继续牵引平台，直至平台到达预定位置。

4. 装船调载

1）根据平台上船步骤所需压载水量和驳船调载能力，经过计算制订详细的驳船调载计划。

2）以 EDC 平台为例，半潜式驳船重任 1501 上设置有 6000m³/h 的压载系统，EDC 平台上船所需压载水量约为 8000t 左右。其压载舱序号分别为 NO2S、NO3S、NO4S、NO5S、NO8S，NO2P、NO3P、NO4P、NO5P、NO8P，其压载舱序号图见图 5.2.7-3。

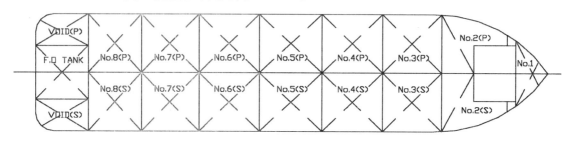

图 5.2.7-3 压载舱序号图

3）在装船过程中，应不停地调节压载水以补偿潮汐变化和平台在上船时重心位移变化，同时还应考虑到平台横向重心的影响。通常调载时应遵循以下原则：

（1）保持陆地与船上的滑道面标高相同；

（2）组块即将上船时，应有设在码头的水平仪监控测量平台横向水平度，保证平台上船时船体艏艉吃水一致；

（3）在平台上船的过程中，应随时监控驳船的状态，根据拖拉的速度及时调载，调载速度应略快于平台拖拉上船的速度；

（4）在距平台还剩下最后 3.9m 时，应调高船艉，尽可能使平台滑靴底面离开码头滑块，以防平台上船时引起船体上下振动。

5.2.8 平台上船后加固

1. 为提高驳船在海上拖运过程中的抗击风浪能力，平台上船后需要进行加固。平台加固方案应经计算校核满足要求，并进行报验得到业主的认可。平台加固包括刚性加固和挠性加固。

2. 刚性加固：采用钢管将临时支撑的主立管和甲板连接起来。同时将临时支撑的滑靴用厚铁板固定在驳船甲板上。

3. 挠性加固：采用钢丝绳和起重机将平台及临时支撑和驳船连接固定。

5.2.9 平台海上运输

1. 平台向海域拖运前必须掌握拖运及就位安装期间天气（风力、潮涌）的情况，必须达到以下条件：需有连续 3～4d 以上的好天气，航行时涌浪小于 1m，平台就位时涌浪小于 0.4m。

2. 首先用一艘 3000HP 浅吃水拖轮和二艘 300HP 拖轮和两艘 500t 驳船联合将重任 1501 驳船从内港池拖至港外深水区，然后由 6000HP 拖轮接拖，300HP 拖轮领航，一艘 3000HP 拖轮护航，另一艘 3000HP 拖轮前往就位海域负责抛锚，航行速度约为 6 节/h，直至距离预定海域 1 海里处，由长拖改为绑拖，准备实施抛锚就位。

5.2.10 驳船抛锚、就位

1. 在重任 1501 拖航到达预定海域之前，负责把驳船绞进导管架中间的浮吊"芝罘岛"号提前按照抛锚图的标识，GPS定位，在方案确定的海域位置抛下6个带锚漂的定位锚，抛锚就位，等待平台的到来。

2. 驳船在到达预定海域后，根据海流潮向的不同，做好抛锚准备，通常驳船均采用顶流就位的方法，如果在涨潮期间，驳船从导管架一侧北面绕出来300m的地方抛下艏锚，船艉冲向导管架。如果在落潮期间，驳船距离导管架以南300m处，将一个艏锚抛下，然后在一艘6000HP拖轮和一艘3000HP拖轮协助下，使驳船艉顺向导管架。

3. 利用"芝罘岛"浮吊工作艇将驳船的艉部的2根漂浮缆，穿过导管架中间连接到浮吊中间部位的2台绞车上，并收紧缆绳，稳住驳船方位。

4. 由6000HP拖轮和3000HP拖轮，将预留的4只定位锚用钢缆挂到驳船的4台卷扬机上，连同驳船首锚，5只锚同时作用将驳船拖住，对正。

5. 当就位准备工作就绪以后，拆除掉平台的临时固定装置，等待合适海流的到来。

6. 选择涨潮时，启动浮吊的绞车，同时松动驳船的首锚及其他辅助锚，将驳船缓慢拖入导管架内。此时平台的横向方向由4只锚共同控制。图5.2.10为平台进入导管架时的照片。

7. 待驳船艉部超过井口后，将定位锚挂在驳船尾部相对应的绞车上，此时作用在驳船上的锚共计7只，加上浮吊的2台绞车，可以控制平台，将驳船就位到预定位置。

5.2.11 平台海上调载就位（以EDC平台为例）

1. 海上就位的环境条件允许值为

风速：需考虑风速在8.0～10.0m/s（5级）以下；

潮高：海面标高不低于+0.30m（相对54坐标的标高为±0.00）；

涌浪：涌浪大于0.4m时不能进行浮装作业，可以航行。

2. 就位步骤

1）位置找正：通过绞车调整，使平台立柱和导管架桩管一一对中。

2）初步压载：对正后，驳船启动调载系统，向舱内压水，压水约2000t时，驳船下沉约0.67m，此时平台桩腿与导管架桩管1.13m左右，需要派检查人员检查对接情况，尤其是平台腿和桩管能否实现准确对接。图5.2.11-1为平台立柱与导管架桩管的对接图。

图5.2.10 平台进入导管架

图5.2.11-1 立柱与桩管对接图

3）精确压载：继续压水，驳船下沉，当再压水3400t时，驳船再下沉1.13m，桩管开始承受平台的重量。再向舱内加载3200t，平台的重量全部由桩管承受。

4）驳船撤出：平台就位后，切除倒桩靴，平台临时支撑系统完全脱离生产平台底梁。驳船继续加载600t，驳船继续下沉0.2m，此时承重支腿顶部离开平台0.2m，驳船再由原路撤出，平台海上浮装就位工作完成。图5.2.11-2为平台浮装就位时的示意图。

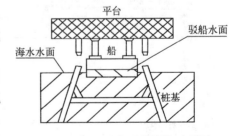

图5.2.11-2 平台浮装就位示意图

5.3 劳动组织

本工法所采用的劳动组织见表5.3（以EDC平台为例）。

劳动组织表

表5.3

岗　位	人　数	岗　位	人　数
浮装就位总指挥	1名	浮装就位副总指挥	2名
施工技术人员	4名	海上安全监督	2名
调载系统指挥	1名	卷扬机牵引系统	18名
现场调度	1名	调载设计工程师	1名
调载操作	1名	压载量及吃水测量	2名
潮汐监控测量	1名	驳船水平度测量	2名
铆工	12名	电焊工	24名
火焊工	24名	其他配合人员	10名
机械手	2名	电气工程师及电工	1+2名

6. 材料与设备

本工法所采用的材料与设备见表6（以EDC平台为例）。

主要材料与设备表

表6

序　号	名　称	规　格	单　位	数　量
1	半潜式驳船	非自航、承载万吨	艘	1
2	拖轮	6000HP	艘	1
3	拖轮	3000HP	艘	2
4	拖轮	300HP	艘	2
5	驳船	500t	艘	4
6	机船	100HP	艘	2
7	卷扬机	32t	台	4
8	卷扬机	20t	台	6
9	卷扬机	10t	台	8
10	液压千斤顶	200t	台	2
11	卸扣	200t	个	8
12	五轮滑轮组	200t	套	8
13	锚	7t	口	6
14	钢丝绳	$\phi36.5$（6×37）	m	6000
15	钢丝绳	$\phi26$（6×37）	m	800
16	发电机	600kW	台	1

7. 质 量 控 制

7.1 相关标准

7.1.1 海上固定平台入级与建造规范（中国船级社）。

7.1.2 海上移动平台入级与建造规范（中国船级社）。

7.1.3 钢质海船入级与建造规范（中国船级社）。

7.1.4 海船法定检验技术规则。

7.1.5 SY6431－1999 滩海石油作业船舶安全基本要求

7.2　质量保证措施

7.2.1 陆地预制采用先进的激光测距仪测量外形尺寸，严格控制平台的预制偏差，确保平台支腿和导管架桩管实现准确对接，进海施工前对导管架总体尺寸进行复核，与平台尺寸进行对比，为海上就位提供技术数据。

7.2.2 严格落实施工过程质量自检、互检、专检制度的实施，并做好原始的记录。

7.2.3 检验计划确定的停检点和隐蔽工程必须取得业主、船检的认可后再进行下道工序施工。

7.2.4 熟悉掌握设计蓝图、规范及本工程施工所用标准的内容。

7.2.5 严格按照图纸、技术标准和施工规范施工，切实把技术标准、施工规范、设计蓝图的要求贯彻到施工作业层，并做好可追溯性记录。

7.2.6 施工原材料进场前必须根据规范的要求进行验收、检验或复验，并取得业主的认可。

8. 安 全 措 施

8.1 所有吊具、索具要经过计算使用，其安全系数一般不小于2，特殊使用要达到5。

8.2 停送电源要按操作规程进行，不得进行带负荷送电，防止事故发生。

8.3 随时检查驳船状态和锚系情况，确认船体稳定。

8.4 通讯系统要保持频道的独立性，不能有任何干扰，保证各岗位的通讯连续性，各岗位与总指挥联系时要有顺序性和指定性汇报。

8.5 浮吊拖带系统、微调系统和锚泊系统各岗位，密切注意压载系统的运行状态，保持与总指挥的联系，将平台和驳船控制在要求范围之内。

8.6 驳船的吃水检查员、驳船水平检查员和压载水计量员，必须集中精力注意观察，及时与调载指挥员和总指挥保持密切的联系，保证驳船有控制性的进行压载。

8.7 在压载之前，首先对锚机系统进行吃力试验，确认锚机刹车系统工作正常，定位锚没有走锚现象，方可进行压载。

8.8 当平台重量全部移到桩管后，不要急于将倒桩靴与临时支撑脱离，注意观察平台和桩管的情况，检查平台立柱与桩管的对接情况，方可进行下一步工作。

8.9 测量人员要注意驳船与导管架的相对位置，不要以海平面作为基准面。

9. 环 保 措 施

9.1 海上施工应符合国家相关海洋环境保护法律法规的要求。

9.2 海上施工时，所有船舶、甲板施工设备等均不应向海洋中排放污油、污水、工业废料等污染物。

9.3 海上施工时，人员生活产生的生活垃圾均应有专用的垃圾箱存放，通过值班船舶运至码头进行集中无害化处理。

9.4 海上施工时如果发生污染事故，应立即根据防污染应急预案进行处置，并上报上级单位。

10. 效 益 分 析

该项技术在亚洲由胜利油建公司首次应用成功，不仅带来了可观的直接经济效益，也带来了巨大的社会效益。

直接经济效益方面：与常规的浮吊吊装技术安装同类平台相比，平台整体浮装而不需使用浮吊，节省浮吊租用费用108万元；提前工期20d，节约人工费：20d×80人×180元/d＝28.8万元，节约船舶费：20d×8000元/d×2台＝32万元。

社会效益方面：掌握了此项国际领先的技术，大大加强了国际市场竞争力，从而在平台建造行业树立了良好的国际形象和声誉，由此可以打开更加广阔的国际及国内市场。同时，通过技术的推广和应用，造就和培养了一大批工程技术人才，在滩海大型油气平台建造、安装就位方面积累了丰富的施工技术及管理经验。

11. 应 用 实 例

应用本工法，我公司成功完成了多项平台工程浮装就位施工：

EDC埕岛西DPA平台建造工程2001年6月26日正式开工，经过近15个月的努力，于2002年9月顺利完成陆上组装、调试和海上就位安装。

赵东区块开发项目ODA和OPA平台建造工程于2001年10月30日正式开工，经过20个月的努力，ODA平台和OPA平台分别于2002年10月和2003年5月顺利完成陆上组装、调试和海上就位安装。

南堡35－2 CEP平台建造工程，平台重量8000t，于2005年05月应用此方法成功完成陆地预制、装船和海上安装。

赵东区块二期开发项目ODB和OPB平台建造工程，ODB平台重3200t，OPB平台重1700t，分别于2008年10月和2009年05月应用此方法成功完成陆地预制、装船和海上安装。

体育场环向超长钢筋混凝土结构施工工法

YJGF69—2004（2009~2010年度升级版-063）

中国建筑第八工程局有限公司　中建新疆建工集团有限公司

赵亚军　李栋　马荣全　李锋　陈俊杰

1. 前　言

我单位在体育场馆施工领域积累了较为丰富的经验，近年来先后完成了武汉体育中心一场两馆（体育场、体育馆和游泳馆）、南京奥林匹克中心主体育场、苏州新区体育中心、济南奥林匹克中心体育场、深圳大运中心主体育场、深圳宝安体育场等一系列体育场馆项目。为解决这些体育场馆环向超长钢筋混凝土结构无缝施工技术难题，保证施工质量，经过多个工程的实践，并提炼、总结，形成了本工法。

《体育场馆环向超长钢筋混凝土结构施工工法》获得国家级工法（YJGF69—2004）；《超薄超长钢筋混凝土结构无缝施工方法》（ZL 03 1 18419.7）获得发明专利，《现代化体育场施工技术的研究》获得国家科学技术进步奖二等奖（证书号：2006-J-221-2-05-D01）。

2004年至今，本工法先后在多项体育场馆工程进行了推广应用，在"抗放结合"的无缝施工技术、优化混凝土配合比等方面有突破。本工法关键技术于2011年4月8日通过专家鉴定，成果达到国内领先水平。

2. 工 法 特 点

2.1 实现了环形超长楼面结构及环梁无缝施工，缩短施工工期。

2.2 解决了超长环向混凝土结构收缩的技术难题。

2.3 钢纤维混凝土的应用，达到了大面积看台"不起壳、不开裂、不起砂，尺寸准确，表面平整美观"的质量目标，与传统看台面层做法相比，降低了施工成本。

2.4 解决了环向超长结构由于施工顺序、结构厚度不同，膨胀系数不同，容易产生裂缝的质量通病，保证了工程质量。

3. 适 用 范 围

本工法适用于各大中型体育场馆环向超长现浇钢筋混凝土结构无缝施工，大面积看台施工。

4. 工 艺 原 理

4.1 通过合理选用混凝土原材料、优化配合比设计，通过控制膨胀剂的膨胀率，优化微膨胀混凝土配合比，并根据不同施工部位确定膨胀剂的掺量，解决了超长环向混凝土结构收缩难题。

4.2 环形超长楼面结构采用"跳仓法"施工，采取综合防裂控制措施，保证了环形超长楼面结构施工质量。

4.3 通过在超长环向楼面结构设置环向、径向预应力筋，超长环梁设置预应力筋，分区分段张拉以抵消混凝土在施工过程和使用阶段的收缩应力，解决了环形超长楼面结构及环梁无缝技术难题。

4.4 看台面层掺加钢纤维，有效阻止了结构中微裂缝的开展和传播，达到抗渗的目的，解决了大面积露天看台结构面层容易产生裂缝、空鼓、起皮等难题。

5. 施工工艺流程及操作要点

5.1 工艺流程

体育场馆环向超长钢筋混凝土结构施工工艺流程见图5.1。

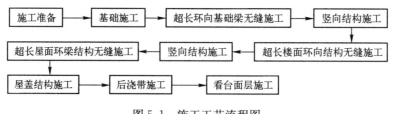

图5.1 施工工艺流程图

5.2 操作要点

5.2.1 测量放线

建立外控、内控轴线控制网，按圆心放射出的多条径向轴线和若干条不同半径、曲率的环向轴线封闭组合，将建设单位提供的场区水准点标高引测至梁模板顶面。

5.2.2 混凝土施工

1. 混凝土的试配

配合比设计时，除进行常规的设计、试验外，还增加对混凝土的限制膨胀率的设计、测试内容。

1）限制膨胀率检测

通过检测的数据确定其掺量。经检测，所选用的CSA膨胀剂具有良好的微膨胀性。

2）膨胀剂的掺量

根据工程实际情况，环向超长基础，其基础梁断面尺寸较大，梁内配制钢筋直径较大，梁底具有较大的约束力，易产生收缩裂缝，确定了限制膨胀率，经试配，膨胀剂的掺量为水泥重量的12%～13%。

环向看台结构，与基础比较，板厚度较薄，板内配筋为小直径、小间距的配筋形式，设计有无粘结预应力等措施，裂缝相对较易控制，但看台处于露天状态，受环境影响较大，混凝土中微膨胀剂掺量相应减少，为水泥用量的7%～10%。

3）混凝土坍落度

经试验得出：混凝土的坍落度越大，在同一膨胀剂掺量下，混凝土的限制膨胀率越小。故采用泵送混凝土时，要配制抗裂性好的微膨胀混凝土，在膨胀剂掺量确定的条件下，控制好混凝土坍落度。根据泵送要求，经试验，确定坍落度控制在180～200mm之间。

4）混凝土凝结时间

混凝土的凝结时间太短，水泥的水化反应较快，混凝土的早期收缩现象较大；混凝土的凝结时间太长，膨胀剂的膨胀能大部分消耗在塑性阶段。因此，根据工程结构情况，确定掺膨胀剂的混凝土的凝结时间控制在8～10h范围内。

2. 混凝土搅拌：混凝土搅拌采用强制式搅拌机搅拌，搅拌时间控制在2～3min，严格控制搅拌时间，确保混凝土拌合物均匀。及时测定砂、石的含水量、以便及时调整混凝土级配，严禁随便增减用水量。

3. 混凝土的输送

混凝土搅拌完成后，采用固定泵泵送工艺直接输送到作业面，以确保将混凝土最短时间运至浇筑面上。

4. 混凝土的浇筑

1）混凝土浇灌前准备：钢筋模板按设计图纸施工，模板表面涂刷脱模剂。模板缝用海绵垫补严密，模板内的所有杂物必须清理干净并浇水湿润。

2）混凝土浇筑分区段采用循序推进的连续浇筑方法，为避免混凝土出现冷缝，每个浇筑带的宽度均控制在2m以内为宜。同时严格控制混凝土的浇筑速度，分层浇捣，逐步推进。

3）微膨胀混凝土振捣密实，不漏振、欠振、不过振。在施工缝、预埋件处，加强振捣。振捣时不触及模板、钢筋，以防止其移位、变形。

4）先后浇筑的混凝土接槎时间严格控制在初凝时间内。

5）混凝土成形后，等表面收干后采用木抹子搓压混凝土表面，以防止混凝土表面出现裂缝，抹压2～3遍，最后一遍要掌握好时间。混凝土表面搓压完毕后，应立即进行养护。

6）冬季施工，采取防冻措施，除掺加防冻剂外，尚需保证混凝土入模温度不得低于5℃。雨季施工，采取有效防雨措施，严格按事先编制好的冬雨季施工措施执行。

5. 混凝土养护

混凝土的养护需安排专人负责。混凝土浇筑后，在其表面覆盖塑料薄膜或加麻袋片，浇水养护，养护时间不应少于14d。

5.2.3 预应力筋张拉

1. 张拉条件及方法

在混凝土强度达到设计强度75%，即可进行预应力张拉，先张拉环向无粘结预应力筋，再张拉径向有粘结预应力筋。预应力筋均采用高强低松弛钢绞线，最终控制张拉应力 $\sigma_{con} = 0.7f_{PtK}$。对于超长束预应力筋的张拉，采用超张拉回松技术的张拉工艺，消除由于超长而产生的松弛对预应力的损失。

2. 预应力筋连接器及接头

为了便于施工，预应力筋采用50%连接器，作为无粘结预应力筋的连接接头，另外50%预应力筋采用交叉搭接。其接头形式如图5.2.3-1所示。

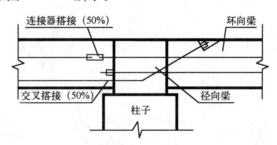

图 5.2.3-1 预应力筋连接接头示意图

环向无粘结预应力和径向有粘结预应力筋的张拉端和固定端和连接器如图5.2.3-2所示。有粘结预应力筋固定端、张拉端示意见图5.2.3-3所示。

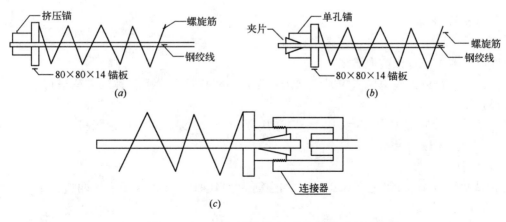

图 5.2.3-2 环向无粘结预应力筋接头示意图

(a) 固定端示意图　(b) 张接端示意图　(c) 连接器示意图

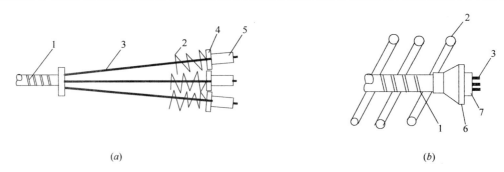

(a)   (b)

图 5.2.3-3　有粘结预应力筋节点大样

（a）有粘结预应力筋固定端节点大样；（b）有粘结预应力筋张拉端节点大样

1—波纹管；2—螺旋筋；3—钢绞线；4—钢垫板；5—挤压锚具；6—喇叭管；7—锚具

3. 预应力筋张拉

1）预应力筋分段施工、布置、张拉

根据环梁所在平面位置和空间条件不同的特点，合理分段施工，预应力筋分段布置，实施分段张拉。对环梁中预应力筋束进行了合理的分段布置，准确留置预应力张拉端位置。

环梁混凝土的分段施工，预应力筋的分段布置如图5.2.3-4所示。

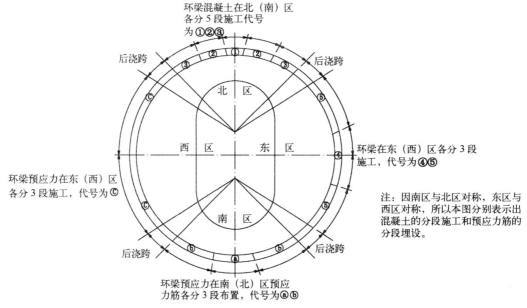

图 5.2.3-4　环梁混凝土分段施工、预应力筋分段布置示意图

2）预应力筋张拉要求

（1）采用分段、分束、逐根进行两端张拉施工。

（2）根据设计要求布置预应力筋束。

（3）对称张拉：每束预应力筋张拉时必须采用左、右对称，上、下对称的方法进行。

（4）逐根张拉

单根预应力张拉控制应力为 $\sigma_{con}=0.7f_{PtK}$，采用 YCW－23 穿心式千斤顶张拉。

5.2.4　后浇带施工

1. 后浇带设计构造

后浇带构造见图 5.2.4-1，宽度 800mm，加强筋为 $\phi14@100$ 伸入混凝土内两边各 1000mm。

2. 后浇带施工工艺

1）后浇带的封堵时间根据设计要求，在结构混凝土浇筑 60d 后进行。

2）清除后浇带内杂物和松散混凝土，充分浇水但不留明水。

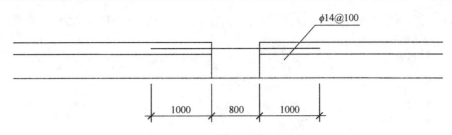

图 5.2.4-1 后浇带构造图（单位：mm）

3）后浇带侧模用密孔钢丝网封堵。

4）后浇带处微膨胀混凝土配置，其强度等级较结构混凝土提高一个等级，并在混凝土中掺加膨胀剂，可使其产生微膨胀压力抵消混凝土的干缩、温差等产生的拉应力，使混凝土结构不出现裂缝。

5）后浇带混凝土浇筑前，先浇一薄层与膨胀混凝土相同配合比的砂浆，接着浇筑比原浇筑混凝土高一级的膨胀混凝土，并仔细振捣密实，浇筑 12h 后，及时进行养护，时间不少于 14d。

3. 后浇带（跨）混凝土浇筑

在后浇带（跨）两侧楼面混凝土施工后，环向、径向预应力全部张拉完毕，再进行后浇带（跨）的混凝土施工，防止出现有害裂缝。

后浇带（跨）楼板内的预应力筋张拉端和锚固端相互对称错开，如图 5.2.4-2 所示。

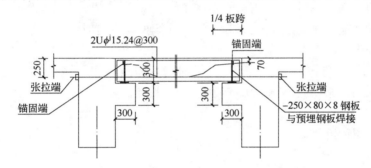

图 5.2.4-2 两侧对称示意图（单位：mm）

后浇带（跨）预应力值为 $\sigma_{con}=0.75f_{PtK}$，比楼面结构大 5‰，并且在张拉时再超张拉 5‰，使后浇带（跨）楼板混凝土抵抗后期变形能力得到提高，有利于防止后期产生有害温度裂缝。

5.2.5 大面积看台钢纤维混凝土面层施工

1. 钢纤维混凝土配合比配置

按粗骨料粒径为钢纤维长度一半对粗骨料进行严格的进料控制和筛选（控制在 15～20mm 左右）。为防止纤维拌合中易互相架立现象，较同强度等级普通混凝土提高砂率和水泥用量。试配配合比确定后，进行拌合物性能试验，检查其稠度、黏聚性、保水性是否满足施工要求。若不满足，则在保持水灰比和钢纤维体积率不变的条件下，调整单位体积用水量或砂率直到满足为止，并据此确定混凝土强度试验的基准配合比。

2. 看台基层处理

1）看台上人踏步施工

按图纸设计踏步阶数，踏步留 20mm 装修面层支模浇 C30 素混凝土，待看台面层施工完毕后带通线嵌阳角条抹上人踏步面。

2）看台基层施工

（1）看台面层施工前先根据控制线处理好结构层规矩，再立面凿毛，同时刷 108 胶的水泥浆一遍，108 胶的掺量为水泥用量的 10％～15％。

（2）刷素水泥浆，看台立面第一遍刮糙厚约 15mm，如局部立面抹灰总厚度大于 40mm 时，先用 C20 混凝土找至立面抹灰厚度小于 30mm。

（3）第二遍抹灰完成后，根据图纸设计看台踏步高度，引测看台每阶高度水平控制线，根据高度控制线和弧度控制线做看台面层灰饼。

（4）镶嵌阳角条和分区的分格条，派专人负责检查看台阳角条线条的顺直，分格条的垂直度和平整度。

（5）分区清理看台平面落地灰，绑扎φ6@150钢筋网片，分格缝处钢筋断开，钢筋隐蔽验收后，按先远后近、先高后低的分段浇筑C30混凝土。

3. 钢纤维混凝土拌制

1）钢纤维混凝土现场机械拌制，其搅拌程序和方法以搅拌过程中钢纤维不结团并可保证一定的生产效率为原则；采用将钢纤维、水泥、粗细骨料先干拌而后加水湿拌的方法，钢纤维用人工播撒。干拌时间大于2min，干拌完成后加水湿拌时间大于3min，视搅拌情况，可适当延时以保证搅拌均匀。

2）搅拌钢纤维混凝土由专人负责，确保混凝土坍落度和计量准确。

3）混凝土搅拌过程中，注意控制出料时实测混凝土坍落度，做好相应记录，并根据现场混凝土浇筑情况作出相应调整。严禁雨天施工。

4. 钢纤维混凝土运输

搅拌好的钢纤维混凝土放入架子车内，通过人工转运至看台各部位进行浇筑。

5. 钢纤维混凝土浇筑

1）浇筑施工连续不得随意中断，不得随意留施工缝。

2）混凝土用手提式平板式振动振捣。每一位置上连续振动一定时间，正常情况下为25～40s，但以混凝土面均出现浮浆为准，防止漏振。

3）混凝土初凝前分4次抹平、原浆压光，并及时清理阳角条和分格条上混凝土浆。混凝土分区完成后再抹立面第三遍灰，原浆压光，抹灰流向同混凝土浇筑流向。

6. 钢纤维混凝土养护

面层采用麻袋覆盖保湿养护。

6. 材料与设备

6.1 材料

6.1.1 微膨胀混凝土材料要求

1. 水泥：采用42.5级普通硅酸盐水泥。

2. 砂：采用清洁中砂，含泥量不大于3%。冬期不得含有冰块及雪团。

3. 石子：采用清洁碎石，含泥量不大于1%。冬期不得含有冰块及雪团。

4. 膨胀剂：采用CSA膨胀剂，水中7d限制膨胀率不小于2.5/万，初凝时间不早于45min，终凝时间不迟于10h。

5. 水：自来水。

6. 粉煤灰：达到二级品以上。

6.1.2 钢纤维混凝土材料要求

1. 水泥：选用P.O42.5水泥，且细度筛余物少、抗折抗强度高、性能稳定。

2. 细骨料：采用天然中砂，含泥量小于1%，空隙率小，细度模数2.7～3.1之间。

3. 粗骨料：采用坚硬高强、密实的优质碎石、粒径分布范围10～15mm。

4. 外加剂：UEA－HZ（缓凝型）生产复合型高效膨胀剂。

5. 钢纤维：弓形（剪切型）钢纤维（SF25），材料规格为0.5mm×0.5mm×25～32mm，抗拉强度为390～510MPa（设计要求≥380MPa），R=1，90°弯折次数为2～4次。（弯折试验要求≥1次）。

6.1.3 模板

模板要求强度高，平整度好，具有足够刚度。

6.1.4 钢筋及预应力钢筋束

钢筋及预应力钢筋束规格按图纸选用，其质量标准满足国家规范及相关行业标准的要求。

6.1.5 锚具

锚具进场质量必须满足《预应力筋用锚具、夹具和连接器应用技术规程》JGJ 85—2002 中的 I 类锚具要求，锚具进场应检验合格证书、出厂检验报告，出厂证明文件应核对其锚固性能类别、型号、规格、数量及硬度。进场后应按要求进行外观检查并取样，进行硬度检验和静载锚固试验。

6.2 主要机械设备

主要机械设备见表6.2。

主要机械设备表 表 6.2

序 号	设备名称	单 位	数 量	用 途
1	钢筋切断机	台	若干	钢筋加工
2	钢筋调直机	台	若干	钢筋加工
3	钢筋弯曲机	台	若干	钢筋加工
4	砂轮切割机	台	若干	钢筋加工
5	圆盘电锯	台	若干	模板加工
6	电刨	台	若干	模板加工
7	压刨	台	若干	模板加工
8	电钻	台	若干	模板加工
9	混凝土输送泵	台	若干	混凝土浇筑
10	布料机	台	若干	混凝土浇筑
11	振捣器	台	若干	混凝土浇筑
12	塔吊	台	若干	材料运输
13	全站仪	台	2	测量
14	水准仪	台	4	测量
15	千斤顶	台	6	预应力张拉
16	卷扬机	台	2	预应力钢筋安装
17	对讲机	台	若干	施工联络

7. 质 量 控 制

7.1 应满足的国家和地方有关标准、规范

《建筑工程施工质量验收统一标准》GB 50300

《混凝土结构工程施工质量验收规范》GB 50204

《钢绞线、钢丝束无粘结预应力筋》JG 3006

《无粘结预应力混凝土结构技术规程》JGJ 92

《预应力筋用锚具、夹具和连接器应用技术规程》JGJ 85

《钢纤维混凝土结构设计与施工规程》CECS 38

7.2 预应力质量控制项目见表7.2

预应力质量控制项目 表 7.2

序 号	检查项目	允许偏差值	备 注
1	模板观测点复合偏差	<6mm	每块板面有代表性的选择500个以上的坐标点复合
2	预应力拉杆伸长值	±6%	取 K＝0.005 计算张拉伸长值与拉杆张拉实际伸长值比较

续表

序　号	检查项目	允许偏差值	备　注
3	无粘结预应力筋张拉伸长点合格率	100%	
4	无粘结预应力筋张拉伸长偏差	±3%	
5	预应力筋的竖向位置偏差	±5mm	
6	混凝土表面观感	无裂缝；混凝土密实、整洁，面层平整；无油迹、锈斑；无漏浆、跑模涨模，无冷缝、夹杂物，无蜂窝麻面、孔洞	
7	混凝土保护层	无露筋；预留孔洞洞口整齐	

7.3　质量控制措施

1. 模板有足够的强度、刚度和稳定性。

2. 模板的接缝严密，在浇筑混凝土前，模板表面浇水湿润；模板与混凝土的接触面应清理干净并涂刷隔离剂，浇筑混凝土前，模板内的杂物应清理干净。

3. 钢筋品种和质量符合设计要求和有关标准的规定，钢筋表面应保持清洁。

4. 钢筋焊接或机械连接接头符合钢筋焊接及机械连接的相关规定。

5. 严格控制混凝土坍落度和浇筑时间。

6. 确保钢纤维混凝土搅拌均匀，搅拌时间为 5min。

7. 后浇带浇筑前必须剔除松动石子，清理干净模板内的杂物，调整好钢筋。

8. 安 全 措 施

8.1 张拉过程中，严禁锚具、机具高空坠落。

油管接头处、张拉油缸端头严禁站人，操作人员必须站在油缸两侧。测量伸长值时，严禁用手触摸缸体，以免油缸崩裂伤人。张拉用工具及夹片应经常检查，避免张拉中滑脱飞出伤人。

8.2 油泵操作时应精力集中，给油、回油平稳，以防超张拉过大拉断钢筋造成事故。

8.3 配电箱内必须配置防漏电装置，避免造成触电事故。

9. 环 保 措 施

9.1 施工过程中应严格遵守国家和地方政府下发的有关环境保护的法律法规和规章，加强对施工现场废弃物的处理，减少噪声污染。

9.2 施工中，制订切实可行的模板周转方案以及木方二次接长措施，提高利用率。

9.3 千斤顶设备及油泵确保处于正常使用状态；施工过程中，经常对千斤顶及油泵系统进行检查，防止漏油污染环境。

9.4 在现场设置沉淀池，对施工废水进行沉淀处理，不达标的废水不得排入市政污水管网。现场存放油料，必须对库房进行防渗漏处理，储存和使用都要采取措施，防止油料跑、冒、滴、漏污染环境和水体。

9.5 搞好场内及周边环境，每天派专人清扫，现场施工垃圾采用层层清理、集中堆放、专人管理、统一搬运的方式。

9.6 现场材料按平面布置定点堆放，码放整齐保持现场整洁。

10. 效 益 分 析

10.1　经济效益

本工法通过对混凝土配合比进行优化，进行合理分段施工，合理安排预应力筋张拉工序，面层混凝土掺加钢纤维等措施，提高了施工工效，可缩短施工工期，降低工程成本。

武汉体育中心体育馆工程环向超长混凝土结构掺加 CSA 膨胀剂及粉煤灰，降低了水泥用量，节约了成本，每立方米混凝土用粉煤灰 45kg，CSA 膨胀剂 40kg，节约水泥 85kg，共产生直接经济效益 69.6 万元。

看台采用钢纤维混凝土面层，既解决了看台面层耐磨、裂缝问题，同时也解决了面层防水问题。看台面层做防水 35 元/m²，掺钢纤维 12.9 元/m²，经对比测算，采用的钢纤维混凝土，较外防水方案比较，节约 22.1 元/m²，经济效益非常可观。

10.2 社会效益

本工法的成功开发与应用，解决了工程实际难题，成为我单位体育场馆成套施工技术之一，对以后体育场馆和类似工程具有极大的借鉴意义。本工法社会效益显著，提升了我单位核心技术竞争力，奠定了我单位体育场馆建设的技术优势，对我单位市场开拓和发展具有重要意义。

11. 应 用 实 例

11.1 武汉体育中心体育馆、游泳馆工程

武汉体育中心体育馆建筑面积 5 万余平方米，该工程屋面环梁 446m 长，2005 年 5 月开工，2007 年 4 月竣工。武汉体育中心游泳馆建筑面积 3 万余平方米，该工程屋面环梁 400 余米长，2006 年 1 月开工，2007 年 7 月竣工。体育馆、游泳馆均设置 8 个膨胀加强带，无变形缝和沉降缝，至今结构稳定，未发现任何有害裂缝。

11.2 南京奥林匹克中心主体育场

该工程位于南京河西新城区，总建筑面积 14 万 m²，工程于 2003 年 1 月开工，2005 年 4 月竣工。工程由 7 层框架结构和 3 层看台组合而成，直径为 285.6m，周长 900m，没有设置变形缝。全长达 900m 的楼面结构和看台均采用高效预应力混凝土无缝结构，全长达 812m 预应力环梁，都是国内和世界独一无二的混凝土结构。

通过环向和径向预应力的作用以及设置后浇跨的做法，控制了超长楼面结构的裂缝出现。通过施工过程的合理分区、分段施工和预应力筋的分段、分束逐根张拉的措施，从而防止了超长环梁混凝土的裂缝出现。

11.3 济南奥林匹克中心体育场

该工程位于济南市济南市龙洞经济开发区，总建筑面积 15 万 m²，可容纳观众坐席 60000 座，工程于 2006 年 6 月开工，2009 年 4 月竣工。该工程平面近似椭圆形，南北轴长 365m，东西轴长约 310m。采用本工法确保了环向超长混凝土结构无缝设计、施工的质量和安全。

建基物基底水平预裂爆破施工工法

YJGF29－2004 （2009～2010 年度升级版-064）

中国核工业华兴建设有限公司

张卫兵 李新建 沈勤明 郭雪珍 陆正

1. 前　　言

建基物基底水平预裂爆破施工技术，2004 年通过了工程院院士参加的专家组鉴定，同时获得了中国核工业建设集团公司科技进步三等奖和江苏省省级工法。自从 2006 年被评为国家级工法后，经过几年的推广应用，本工法已广泛用于核电站负挖施工、水利水电基础开挖以及大型基础建设等方面，在对保护层爆破中有良好的效果，能够很好地避免爆破对建基物基底造成破坏，在确保高质量要求的同时，又能减少后续混凝土的找平工程量，取得良好的经济效益和社会效益。

近几年来，在台山核电站一期工程 1 号、2 号机组核岛负挖工程、宁德核电站一期工程 3 号 &4 号机组核岛负挖工程和辽宁红沿河核电厂 3 号 &4 号机组负挖工程施工中应用本工法。随着钻孔设备的更新改进、施工工艺的日趋完善以及工法的多次应用后，我公司通过实践总结，对本工法的原理、上部台阶爆破参数、水平预裂孔和垂直炮孔布孔、操作要点、爆破震动监测对比以及环保措施进行一系列的改进和创新，以便工法更好地适应工程的需要、取得更好的效果。

2011 年 3 月，经过江苏省住房和城乡建设厅组织的专家评审组，对本工法改进和创新后的关键技术进行鉴定，认为本工法关键技术达到国内领先水平，对保证施工进度、控制预裂爆破效果、控制振动速度以及节能环保方面效果显著，具有很好的推广应用价值。

2. 工 法 特 点

2.1 按照设计要求一次爆破至基底设计标高，减少了爆破次数。

2.2 爆破后的基底平整度质量高，减少了坑坑洼洼高低不平的现象。

2.3 对基岩底板造成的裂纹和松动少，保证了基础的完整性和整体性。

2.4 爆破后底板岩石超挖量比常规找平爆破减少 45%～50%，减少了底板后期注浆处理或混凝土填补量，大大降低了后期工程造价。

2.5 与常规找平爆破相比，应用本工法可减少爆破次数和炮锤破碎量、人工清理底板工作量，底板爆破清理单位立方施工成本约减少 50%～70%。

2.6 与原工法相比，采用导向孔控制，可防止保护层爆破裂隙延伸至建基面。

2.7 采用改进后的工法，上部台阶爆破振动比常规找平爆破振动降低 60%～65%，可有效保护建基面不受振动破坏，能够适用于对建基面有振动速度控制要求的基岩底板爆破施工。

2.8 与原工法相比，采用性能较高的水平钻孔设备，每循环进尺深可达 7～10m，提高施工效率 20%。

2.9 与原工法相比，单位立方基岩施工成本约减少 2%，后期修补混凝土量减少 8%。

3. 适 用 范 围

本工法适用于核电站的负挖、民用工程的土石方场地平整、水利大坝基础、基坑开挖等所有对基础底板质量要求高的岩石爆破，特别是大区域的基底爆破施工，采用此法更为突出。经过改进后的工法，

5150

能够适合于对建基面有振动速度控制要求的基岩底板，在节理裂隙较发育、脆性较大的岩体底板开挖也有良好的效果。

4. 工 艺 原 理

参照边坡预裂爆破施工的基本原理，将临近边坡的缓冲层替换成预留水平保护层，将竖向预裂孔替换成水平预裂孔，在保护层与基底岩石之间成缝以隔断垂直爆破应力波对建基面的破坏，垂直孔采用松动爆破，同时在每次循环之间增设一较浅的工作导坑以便钻机施工。为阻止预裂缝延伸至预裂范围以外的保留岩体内，对本工法进行改进，在水平预裂孔两端各预留一孔不装药，作为导向孔。水平预裂爆破成缝可减小上部台阶爆破地震效应对建基面的振动作用，并有效阻止台阶爆破在岩体中产生的爆破裂隙面、层面的破坏延伸到建基面，从而提高建基面的成型质量，减少建基面的整修清理工作量。

4.1 保护层的预留

在基坑爆破开挖时，为保证建基面岩石完好性，满足建基面高质量的要求，避免超爆对基底产生破坏性裂纹和松动，基底最后一层设置为预留保护层，即基坑上部梯段的钻孔工作面应比基坑设计标高高出的厚度。根据梯段爆破经验，预留保护层的厚度按上部梯段竖向孔药卷直径的 30～40 倍留设（图 4.1），且不小于 2.5m。

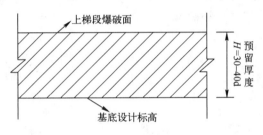

图 4.1 基底保护层预留示意图

4.2 保护层水平预裂

预留垂直保护层采用浅孔小台阶垂直孔加水平预裂孔一次爆除法。水平预裂保护层一次爆除法沿用了边坡爆破基本原理，爆破时水平预裂孔先爆破在建基面上形成一条水平裂缝，然后有序地起爆建基面上部预留保护层上的垂直孔。水平预裂孔与垂直爆破孔的起爆时间不小于 100ms，垂直面与水平面均有预裂孔时，水平预裂孔先爆破，从而形成平整的底板面。这样主要是使上部台阶爆破的应力波传到预裂缝时被反射掉一部分，透射到底部岩体中的应力波强度减少，从而达到减震的目的；另一方面预裂缝切断爆区传来的裂缝，避免其伸入底部岩体，达到保护岩体不被破坏。

基底常规找平爆破和水平预裂后上部台阶爆破振动监测结果对比表								表 4.2	
爆破类型	爆源距 (m)	台阶高度 (m)	垂直向		水平向		总装药量 (kg)	最大单孔药量 (kg)	最大段药量 (kg)
			峰值 (cm/s)	频率 (Hz)	峰值 (cm/s)	频率 (Hz)			
基底常规找平爆破	30	2.5	1.04	41.01	0.71	40.56	765.7	3	3
水平预裂后上部台阶爆破	30	2.5	0.37	34.42	0.28	42.24	691.5	3	3

从表 4.2 可以明显看出，在相同台阶高度和爆源距的情况下，采用水平预裂爆破后，上部台阶爆破振动比常规找平爆破振动减少 60%～65%，减震效果相当明显。

4.3 上部台阶爆破

经过几年的实践总结，上部台阶爆破参数在原工法上有较大改进。上部台阶垂直炮孔底部距水平预裂孔距离应在 0.8～1.0m，但必须不少于炸药的殉爆距 25Q$^{1/2}$。当保护层厚度为 2.5m 时，钻孔深度一般为 1.7～1.5m；当保护层厚度为 3.0m 时，钻孔深度为 2.2～2.0m。孔距一般为 1.5～1.8m，排距 1.0～1.2m。采用 φ76 孔径进行一次性爆除。见图 4.3-1～图 4.3-6。

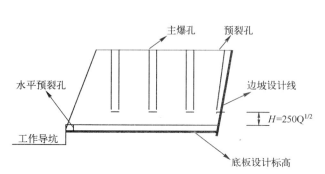

图 4.3-1　主爆孔、预裂孔、水平预裂孔三者关系图

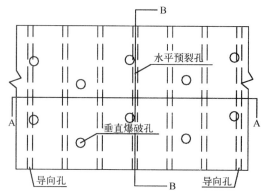

图 4.3-2　水平预裂孔、垂直炮孔布孔示意图

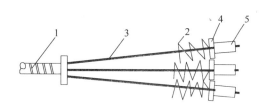

1—波纹管；2—螺旋筋；3—钢绞线；
4—钢垫板；5—挤压锚具

(a)

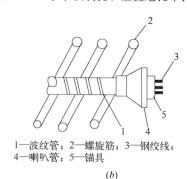

1—波纹管；2—螺旋筋；3—钢绞线；
4—喇叭管；5—锚具

(b)

图 4.3-3　布孔示意图 A—A 剖面

（a）有粘结预应力筋固定端节点大样　　（b）有粘结预应力筋张接端节点大样

图 4.3-4　布孔示意图 B—B 剖面

图 4.3-5　基底常规找平爆破效果图

图 4.3-6　基底水平预裂爆破效果图

5. 施工工艺流程及操作要点

5.1 工艺流程图（图5.1）

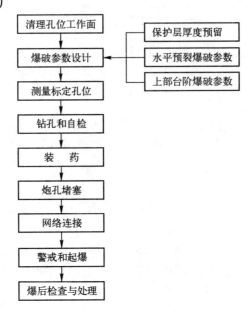

图 5.1 工艺流程图

5.2 操作要点

5.2.1 清理孔位工作面

1. 根据施工顺序和工作面布置，确定水平预裂爆破和上部台阶爆破的作业范围。

2. 用挖掘机清除爆破作业范围内的浮碴和土层，尽可能露出新鲜岩石面，以便于实施钻孔，确保钻孔的实际深度、同时避免钻机滑移。

5.2.2 爆破参数设计

1. 保护层厚度预留

1）预留保护层的厚度按上部梯段孔药卷直径的 30～40 倍留设，且不小于 2.5m。

2）预留保护层厚度根据岩性调整，当岩性坚硬时，应取较小值，一般为 2.5m；当岩性松软时，应取较大值，一般为 3.0m。

2. 水平预裂爆破参数

水平预裂爆破参数应按岩性情况取值，表 5.2.2-1 给出坚硬岩石和松软岩石的爆破参数，介于坚硬和松软的岩石，在两者参数范围之间选择。

水平预裂爆破技术参数表　　　　　　　　　　　　　　　　　　表 5.2.2-1

水平预裂孔					
岩性	孔径（mm）	孔距（m）	孔深（m）	q线（kg/m）	药卷直径（mm）
坚硬岩石	76	0.5	≤10	0.35	32
松软岩石	76	0.7	≤7	0.3	32

3. 上部台阶爆破参数

上部台阶垂直孔爆破参数按岩性情况取值，表 5.2.2-2 给出坚硬岩石和松软岩石的爆破参数，介于坚硬和松软的岩石，在两者参数范围之间选择。

上部台阶垂直辅助孔爆破技术参数表　　　　　　表 5.2.2-2

上部台阶垂直辅助孔					
岩性	孔径（mm）	孔距（m）	排距（m）	单耗（kg/m³）	药卷直径（mm）
坚硬岩石	76	2.0	2.0	0.3～0.4	60
松软岩石	76	2.5	2.0	0.25～0.35	60

5.2.3　测量标定孔位

1. 测量放样

1) 确定爆破作业范围后，根据清理工作面的范围，用全站仪进行测量放样。

2) 测量放样目的是测出水平预裂孔的开孔高程线，并用红油漆标明。水平预裂开孔高程线以上 0.8～1.0m 处为上部台阶爆破孔的孔底高程。

2. 布设孔位

1) 布设孔位分为水平预裂孔和上部台阶垂直辅助孔布置。一般先布置水平预裂孔，然后布置上部台阶垂直辅助孔。

2) 为减小台阶爆破地震效应对水平建基面的破坏，阻止上部台阶爆破在岩体中产生的裂隙和层面破坏延伸到建基面岩体中，要求水平预裂范围两侧要超出上部台阶垂直孔爆破范围 1.0～2.0m。

3) 根据测量放样标出的开孔高程线，按照爆破设计的水平预裂孔孔距，用卷尺布设水平预裂孔孔位，孔位用油漆标出。

4) 根据水平预裂孔布设范围，按照爆破设计的上部台阶垂直孔孔距和排距，用卷尺布设上部台阶垂直孔孔位，孔位用油漆标出。

3. 测量记录孔深和角度

1) 布设水平预裂孔位后，根据水平预裂爆破边线，用卷尺量出孔深并做记录。

2) 为防止钻杆末端的翘尾效应造成的钻孔偏差而导致底板欠挖，水平预裂钻孔角度应往下斜，坚硬岩石中角度下斜 5⁰，松软岩石中角度下斜 3⁰。水平钻孔角度和相应孔位、孔深一并做记录。

3) 布设上部台阶垂直孔后，根据台阶爆破底高程，用水准仪逐孔测量计算孔深，并做好相关记录。上部台阶辅助孔采用垂直钻孔。

4) 孔位、孔深和角度等记录交给钻机手一份，要求钻机手按记录钻孔和自检。

5.2.4　钻孔和自检

1. 钻孔

1) 钻孔前，首先将孔口周围碎石、杂物等清除干净，对孔口岩石破碎不稳固段用泥土进行维护，避免孔口形成喇叭状。

2) 水平预裂爆破孔和上部台阶爆破孔可同时钻孔作业。水平预裂孔利用导坑或相邻较低的台阶作为施工作业面。

3) 严格按照布设孔位开孔，钻孔时遵循先慢后快的原则，避免孔位偏移。

4) 严格控制水平预裂孔的深度和角度，在软岩中下斜倾角可偏小些，在硬岩中下斜倾角可偏大些。

5) 严格控制上部台阶垂直炮孔的底高程，确保炮孔底部距水平预裂孔距离不得小于炸药殉爆距离。

2. 自检

1) 钻孔完毕后，钻机手要对钻孔的孔位、孔深和角度进行认真检查，对未满足设计要求的钻孔，必须进行处理。

2) 处理方式主要有：当孔位深度不够时，采取加长钻杆继续钻孔，直到钻至设计孔深；当孔位超出设计深度时，采用石碴堵塞至设计孔深；当孔位角度、孔距和排距偏差不符合要求时，在原孔位 10cm 范围内重新开口钻孔。

3) 自检合格后，用柔性材料（麻袋）将孔口堵住，避免石碴掉落堵塞炮孔。

5.2.5 装药

1. 装药前炮孔检查和处理

1）装药前，质检员要检查孔内有无积水，孔位、孔深和角度是否符合设计要求。当不符合要求时，安排钻机进行处理。

2）孔内积水较深时，用空压机吹出孔内积水，以保证炸药爆炸效果。

2. 炸药的选择和加工

1）水平预裂孔采用低爆速炸药，一般采用φ32mm乳化炸药；上部台阶垂直孔采用φ60mm乳化炸药。

2）为确保水平预裂爆破效果，水平预裂孔装药采用不耦合间隔装药：

（1）根据水平预裂孔孔深，剪取比孔深长约1.0m的导爆索，先用胶布或者麻绳将导爆索粗略固定在竹片上；

（2）根据该孔设计装药量，用胶布或者麻绳将炸药分隔捆绑在竹片上，绑扎时将炸药与导爆索相黏；

（3）将绑扎在竹片上的药卷和导爆索插入孔中，竹片置于孔的底侧，示意图见图5.2.5水平预裂孔装药图。

图5.2.5 水平预裂孔装药图

3）上部台阶垂直孔采用连续装药。

3. 装药控制措施

1）装药过程中如发现堵孔时，应立即停止装药并及时处理。可用竹竿处理，严禁用钻具处理已装过药的孔。

2）水平预裂孔装药时，应一手将导爆索紧贴炮孔孔壁，另一手将绑扎炸药的竹片缓缓送入孔底。

3）水平预裂孔装药后，将多余导爆索留在孔外，以便于网络连接。孔内应立即用柔性材料（麻袋、泡沫）堵塞固定。

4）装药时不得用炮杆直接挤压起爆药包和雷管。

5.2.6 炮孔堵塞

1. 水平预裂孔装药后，孔内首先用柔性材料（麻袋、泡沫）堵塞固定，然后再用黏土堵塞压实。

2. 上部台阶垂直孔直接采用黏土堵塞。堵塞时需要2人配合操作，一人一手将导爆管紧贴炮孔孔壁，另一手持炮棍压实堵塞材料，另一人将堵塞材料送入炮孔，直到压实填满。

3. 堵塞长度要严格按照爆破设计要求执行，保证堵塞长度，严禁不堵塞爆破。

5.2.7 网络连接

1. 水平预裂孔网络连接

1）为达到良好的预裂效果，水平预裂孔应连接4～6孔为一起爆段。

2）每个起爆段内各孔之间采用导爆索相连，相邻两个起爆段之间采用非电雷管相连。

3）水平预裂孔作为单独的爆破网络。

2. 上部台阶垂直孔网络连接

1）上部台阶垂直孔采用并联方式连接。当基岩面没有振动速度限制时，可采取每8～10孔为一起爆段。当有振动速度限制时，应根据振动速度推算出的最大段允许起爆药量连接每个起爆段孔数。

2）上部台阶垂直孔全部采用非电雷管连接。网络连接后作为单独的爆破网络。

3. 网络连接控制措施

1）网路敷设应按设计要求进行。同一工作面的导爆索、非电雷管、导爆管应采用同厂同批号产品。

导爆管网路不得有死结，孔内不得有接头。

2）爆破网络的连接必须在工作面的全部炮孔堵塞完毕，无关联网人员全部撤离至安全地点后，由起爆末端向起爆端依此连接。

3）导爆索起爆网络应采用搭接或水手结方法连接。搭接时两根导爆索的搭接长度不得小于15cm，中间不得夹有异物和炸药卷，捆绑应牢固。支线与主线的传爆方向的夹角不得大于90°。

4）导爆索网络除连接时的水手结外，禁止打结或打圈。交错敷设导爆索时，应在两根导爆索之间放一厚度不小于10cm的垫块。

5）连接导爆索的雷管应绑紧在距离导爆索端部15cm处，雷管的集中穴应朝向导爆索的传爆方向。

6）用雷管起爆导爆管网络时，雷管的集中穴应反向导爆管的传爆方向，避免雷管引爆时将导爆管炸断。导爆管应均匀地敷设在雷管周围，并用胶布捆扎牢固。

7）爆破网络连接时应特别小心，保证网络不挤压、拉断等破坏。

5.2.8　警戒和起爆

1. 警戒

1）成立专门的爆破安全警戒组，该组由爆破队长、1名专职安全员、1名起爆员和5名警戒员组成。其中，爆破队长担任爆破指挥长。

2）爆破安全警戒时，分3次信号进行警示：

（1）预警信号。该信号发出后爆破警戒范围内开始清场工作。利用大功率的警笛警报作为警戒信号，爆破警戒人员从警戒区内由里向外疏散人员和机械设备撤离至安全区域，并用对话机随时向爆破指挥长汇报安全警戒情况。

（2）起爆信号。指挥长在确认各警戒点汇报安全后，通知警报员发警报信号并通知起爆人员开始进行起爆器充电，再次询问各警戒点确认安全后，进行倒记数准时起爆。

（3）解除信号。安全等待时间过后，检查人员进入爆破区域检查、确认安全后，方可发出解除爆破警戒信号。在此之前，岗哨不得撤离，不得允许非检查人员进行爆破警戒范围。

2. 起爆

1）起爆时，首先引爆水平预裂孔爆破网络，然后引爆上部台阶垂直孔起爆网络。上部台阶垂直孔网络至少比水平预裂孔网络晚100ms。

2）上部台阶垂直孔起爆顺序沿抵抗线最小的方向依次分段起爆。

3）起爆人员距离炮区不得少于100m，且必须躲在可靠掩体内，避免飞石砸伤。

4）起爆后5min，检查人员方可进入爆区检查。

5.2.9　爆后检查和处理

1. 爆后检查

1）爆后检查内容主要有：第一，确认有无盲炮；第二，检查有无残余爆破器材。

2）检查人员发现盲炮及其他险情，应立即上报爆破队长，由爆破队长指挥处理。处理前应在现场设立危险标志，并采取相应的安全措施，无关人员不得接近。

2. 爆后处理

1）盲炮处理

（1）若爆破网路未破坏，且最小抵抗线无变化，可采用重新连线起爆的方法。

（2）若爆破网路未破坏，但最小抵抗线有变化，应验算安全距离，确定采用加大警戒范围后再连线起爆的方法。

（3）若爆破网路破坏，采取打平行孔装药爆破的方法处理。浅孔时，平行孔距盲炮不小于0.3m，爆破参数由爆破队长组织技术员、安全员研究确定。

（4）浅孔爆破可用木、竹工具，轻轻地将炮孔内填塞物掏出，用药包诱爆；也可在安全地点外用远距离操纵的风水喷管吹出盲炮填塞物及炸药，但应回收雷管。

2）残余爆破器材处理

（1）发现残余爆破器材应收集上缴，集中销毁。

（2）残余雷管采用引爆销毁，残余炸药较多时可回收退库作为下次爆破使用，残余炸药少量时采取水冲释销毁。

6. 材料与设备

6.1 主要材料（表 6.1）

主要材料 表 6.1

材料名称	规格型号	作 用	数 量
乳化炸药	φ32mm	提供爆炸能量	根据爆破设计确定
非电雷管	1、3、5、7段	引爆导爆索	根据爆破设计确定
导爆管	普通	连接起爆器和雷管	根据爆破设计确定
导爆索	普通	孔内孔外网络连接	根据爆破设计确定
竹片	3cm宽×1cm厚	固定炸药	根据孔数和孔深确定
柔性材料	泡沫、麻袋	堵塞炮孔	根据孔数和孔深确定
油漆	红色	标识孔位	1桶

6.2 机具设备（表 6.2）

机具设备 表 6.2

设备名称	规格型号	作 用	数 量
全站仪	2′、2+2ppm	测量孔位位置	1台
水准仪	3mm	测量孔口高程	1台
起爆器	K75−CZJFQ−I＊c	引爆导爆索	1台
挖掘机	CAT300	清理浮土和松碴	1台
空压机	10m³	提供风压	1台
钻机	DCR900	炮孔成孔	1台
钻头	φ70mm	钻孔	1个
卷尺	50m	测放孔位	1卷

7. 质量控制

7.1 执行标准

施工质量标准应符合国家标准《土方与爆破工程施工及验收规范》GBJ 201—83、《爆破安全规程》GB 6722—2003中有关条文的规定。目前尚无爆破钻孔、装药验收标准，我公司根据多年实践经验总结制订相关验收标准。如对于建筑物基底有设计要求，必须满足设计要求。

7.2 过程控制措施

7.2.1 清理孔位工作面

清理孔位工作面时，应将爆破作业范围内的浮碴和土层清理干净，尽可能露出新鲜岩石面。

7.2.2 爆破参数设计

1. 爆破参数设计时，必须做好爆区的岩性判断，按岩性种类设计参数，确保爆破效果。

2. 预留保护层的厚度不小于2.5m，且设置预留层保护厚度时，要结合基坑开挖分层合理确定，以便加快施工进度。

7.2.3 测量标定孔位

1. 水平预裂开孔高程线以上0.8~1.0m处为上部台阶爆破孔的孔底高程，钻孔时严格控制上部台阶爆破孔孔底高程，不得超钻。

2. 水平预裂范围两侧要超出梯段爆破范围 1.0～2.0m，水平预裂孔两端各留一孔不装药，作为导向孔。

3. 测量仪器必须按规范要求定期检定，测量放样要严格控制孔位误差。

7.2.4 钻孔和自检

1. 水平预裂钻孔严格控制下斜角度，坚硬岩石中角度下斜 5^0，松软岩石中角度下斜 3^0。

2. 严格按照标定孔位钻孔，按照设计孔深和角度钻孔，钻孔孔位、孔深和角度偏差必须在允许误差范围内。

3. 钻孔完毕后，钻机手必须进行自检，对未满足设计要求的钻孔，必须按要求进行处理。

7.2.5 装药

1. 严格按照爆破设计装药，装药误差必须在允许范围内。

2. 水平预裂孔必须严格按照不耦合间隔装药，炸药必须牢固绑扎在竹片上，并与导爆索相黏。

7.2.6 炮孔堵塞

1. 水平预裂孔装药后，应立即用柔性材料（麻袋、泡沫）堵塞固定，然后用黏土堵塞。

2. 堵塞时导爆管、导爆索要紧贴孔壁，避免堵塞时挤压损坏。

3. 堵塞质量必须密实，避免冲孔。

7.2.7 网络连接

1. 两根导爆索搭接时搭接长度不得小于 15cm，中间不得夹有异物和炸药卷，捆绑应牢固。支线与主线的传爆方向的夹角不得大于 90°。

2. 交错敷设导爆索时，应在两根导爆索之间放一厚度不小于 10cm 的垫块。

3. 连接导爆索的雷管应绑紧在距离导爆索端部 15cm 处，雷管的集中穴应朝向导爆索的传爆方向。

4. 用雷管起爆导爆管网络时，雷管的集中穴应反向导爆管的传爆方向，避免雷管引爆时将导爆管炸断。

7.3 验收标准

7.3.1 钻孔验收标准（表 7.3.1）

钻孔验收标准   表 7.3.1

项　目	允许偏差	检验方法
孔　距	−5cm，+5cm	钢卷尺检查
排　距	−5cm，+5cm	钢卷尺检查
孔　深	−10cm，0cm	测绳检查
角　度	−0.5°，0°	量角仪检查

7.3.2 装药验收标准（表 7.3.2）

装药验收标准   表 7.3.2

项　目	允许偏差	检验方法
单孔装药 Q	±0.05Q	记录

7.3.3 场地平整爆破工程验收标准（表 7.3.3）

场地平整爆破工程验收标准   表 7.3.3

项　目	允许偏差	检验方法
标　高	+100mm，−300mm	水准仪检查
长　度	−100mm，+400mm	钢卷尺检查
宽　度	−100mm，+400mm	钢卷尺检查

7.3.4 基坑或管沟爆破工程验收标准（表 7.3.4）

基坑或管沟爆破工程验收标准

表 7.3.4

项　目	允许偏差	检验方法
标　高	0～－200mm	水准仪检查
长　度	0～200mm	钢卷尺检查
宽　度	0～200mm	钢卷尺检查

8. 安 全 措 施

8.1　执行标准

施工安全标准应符合国家标准《爆破安全规程》GB 6722—2003、《民用爆炸物品安全管理条例》以及国家安全规范规章中有关条文的规定。

8.2　过程中安全措施

8.2.1　管理措施

1. 人员管理

1) 参于现场爆破施工作业的人员必须持有公安机关颁发的相关操作证，持证人员的名单报当地公安局审核批准备案。

2) 所有操作人员上岗前必须经过爆破安全技术教育培训，培训合格后方可上岗。

3) 配备专职爆破安全员，监督爆破作业过程，履行安全检查的权利责任，发现问题及时解决，建立施工现场安全巡查日志和检查制度。

2. 制度管理

1) 贯彻落实"安全第一，预防为主"的方针，以现代管理为手段，落实各级安全生产责任制，实行全员参加的全方位、全过程控制，强化安全教育，提高安全意识，加大监督力度，确保安全生产。

2) 爆破施工前，在该爆区的安全警戒范围附近的交通要道路口和单位张贴爆破通告。说明爆破时间、警戒点、警戒信号、起爆信号等信息。

3) 参与警戒的所有人员都必须佩戴安全警戒红袖章、安全帽和警戒标志以及对话机作联络。

4) 在爆炸器材进入爆破施工现场后，在作业区周边建立警戒区域，并在爆破施工现场插设红旗作为警戒标志，禁止一切无关人员进入爆破施工现场，专职安全员专门负责巡视现场。

8.2.2　技术措施

1. 爆破器材申请

1) 申请使用爆破器材时，按规定填写相应的申请单。申请单由爆破员填写，爆破队长复核，项目经理批准。

2) 爆破器材的申请数量应根据批准的爆破设计方案申请配送。

2. 爆破器材运输

1) 爆破器材由民爆公司使用专用的防爆车辆运输至施工现场。

2) 运输车辆应设明显的标志；非押运人员不得乘坐爆破器材运输车辆。

3) 装载爆破器材应做到不超高、不超宽、不超载。

3. 爆破器材装卸

1) 爆破器材装卸时，必须设立警戒区域，禁止无关人员进入现场。

2) 遇暴风雨或雷雨等恶劣天气时，不得装卸爆破器材。

3) 装卸爆破器材的地点应远离人员稠密区，并设明显的标志。

4) 装卸搬运应轻拿轻放，不得摩擦、撞击、抛掷和翻滚爆破器材。

5) 雷管应装在专用的雷管箱内，炸药箱不应放在装雷管的雷管箱上。

6）装卸爆破器材时，不得携带烟火和发火物品。

7）爆破器材运至施工现场后，爆破员对爆破器材的包装、数量、规格和质量情况进行检查，检查合格后同送货单位办理相关交接手续。遇到不合格品时，拒绝接收并当场退货。

4. 爆破器材现场临时存放

1）临时存放场应安全可靠，并设立警戒范围，竖立醒目的警戒标志。

2）爆破器材临时存放必须设立专人看管。

3）存放爆破器材的场地不应堆放任何杂物。

4）炸药堆与雷管不应混放，间隔距离应不小于 25m。

5）距存放场周边 50m 范围内严禁烟火。

6）当班剩余爆破器材必须做退库处理，严禁爆破器材现场存放过夜。

5. 警戒和起爆

1）爆破必须有专人指挥，事先设立警戒范围、信号标志，警戒人员提前半小时到警戒点并保持和爆破指挥长的联系。

2）起爆前要进行检查，必须待施工人员、过往行人、车辆全部避入安全地点后方准起爆。

3）一般情况下，爆破警戒距离为 300m；当爆区采取覆盖防护时，可适当减少警戒距离，但不得少于 200m。

4）起爆人员距离炮区不得少于 100m，且必须躲在可靠掩体内，避免飞石和冲击波影响。

6. 爆后检查和处理

1）爆破后 5min 后方可进入爆区进行爆破效果检查，确认无哑炮后才撤除警戒命令。如发现哑炮要继续警戒，等待爆破队长确定处理措施后，听从爆破队长指挥。

2）盲炮处理时，爆区周边建立警戒区域，严禁无关人员进入现场。

3）残余爆破器材必须做销毁处理，严禁私藏挪用。

9. 环 保 措 施

9.1 执行标准

施工环境保护标准应符合《大气污染物综合排放标准》GB 16297—1996、《污水综合排放标准》GB 8978—1996、《建筑施工场界噪声限制》GB 12523—1990 特定施工阶段标准要求。周边居民区符合《声环境质量标准》GB 3096—2008 第三类功能区环境噪声限制。

9.2 过程中环保措施

9.2.1 粉尘、有毒气体控制

1. 施工中粉尘主要来自钻孔，有毒气体主要来自爆破。

2. 为控制钻孔粉尘，应使用液压钻机，并定期维护清理吸尘装置，减少粉尘产生。

3. 为减少爆破有毒气体，应遵循以下原则：

1）不要使用过期变质的炸药；

2）保证堵塞质量，以防止高压气体从炮孔中冲出。

9.2.2 噪声控制

1. 施工中噪声主要来自钻孔和爆破时产生的噪声；

2. 为控制钻孔时产生的噪声，应选择使用低噪声的钻孔设备；

3. 为减少爆破时产生的噪声，应遵循以下原则：

1）提高炸药的爆炸能量利用率，减少形成空气冲击波的能量，从而最大限度地降低空气冲击波的强度；

2）合理确定爆破参数，选择合理的微差网络和微差间隔时间，保证岩石能充分松动，消除夹制爆破。

3）保证堵塞长度和质量，避免因采用堵塞质量不好而产生冲天炮，造成巨大噪声。

4）孔外雷管用沙包压住，可减少雷管爆炸时产生的噪声。

9.2.3 废油废弃物控制

1. 施工现场使用或维修机械时，应有防滴漏油措施，严禁将机油漏于地表，造成土体污染。检修机械时，废弃棉丝（布）等应集中回收，严禁随意丢弃或燃烧处理。

2. 爆破作业过程中使用过的导爆管、产生的纸箱应集中处理，不得随地丢弃。

9.2.4 人员保护措施

1. 钻孔时，操作人员应佩戴耳塞和防尘口罩。

2. 爆破作业时，应注意风向，避免人员处在下风方向。

10. 效 益 分 析

10.1 经济效益分析

经济效益分析主要是将常规底板找平爆破方法（简称常规方法）、原工法和升级后工法在直接成本和间接成本方面进行比较分析。

10.1.1 人工比较

人工投入主要是在钻孔、装药、联网、警戒起爆以及底板清理所花费人工。为便于比较，以爆破处理 2.5m 厚、50m 宽、8m 长的坚硬岩石保护层基底为基准计算。

1. 常规方法

1）钻孔个数

（50m×8m）÷（2m×2m）＝100 个

说明：常规方法采取一次性爆除到底的方式，只需钻垂直孔。

2）钻孔进尺

100 个×2.7m/个＝270m

说明：常规方法底板需超深 20cm。

3）钻孔花费人工

270m÷150m/每台班×3 人工/每台班＝5.4 人工

4）装药、联网、警戒、起爆花费人工

16 人×0.5 天＝8 人工

说明：常规方法装药速度较快，无需绑扎预裂孔炸药。

5）底板清理花费人工

400m²÷5m²/人/d＝80 人工

说明：采用常规方法，底板坑洼不平，清理、冲洗难度大，投入人工多。

因此，采用常规方法合计需要花费人工 5.4＋8＋80＝93.4 人工。

2. 原工法

1）钻孔个数

水平预裂孔：50m÷0.5m×（8÷4）＝200 个

上部垂直孔：（50m×8m）÷（2m×2m）＝100 个

说明：原工法水平预裂孔每次钻孔深度为 4m。

2）钻孔进尺

水平预裂孔：200 个×4m/个＝800m

上部垂直孔：100 个×1.7m/个＝170m

3）钻孔花费人工

水平预裂孔：800m÷100m/每台班×3 人工/每台班＝24 人工

上部垂直孔：170m÷150m/每台班×3 人工/每台班＝3.4 人工

4）装药、联网、警戒、起爆花费人工

16 人×1d＝16 人工

5）底板清理花费人工

$400m^2 \div 50m^2/人/d＝8$ 人工

说明：采用水平预裂爆破基本上无需人工反复清底，只需清扫底板即可。

因此，采用原工法合计需要花费人工 24＋3.4＋16＋8＝51.4 人工。

3．升级后工法

1）钻孔个数

水平预裂孔：50m÷0.5m＝100 个

上部垂直孔：（50m×8m）÷（2m×2m）＝100 个

2）钻孔进尺

水平预裂孔：100 个×8m/个＝800m

上部垂直孔：100 个×1.7m/个＝170m

3）钻孔花费人工

水平预裂孔：800m÷120m/每台班×3 人工/每台班＝20.1 人工

上部垂直孔：170m÷150m/每台班×3 人工/每台班＝3.4 人工

4）装药、联网、警戒、起爆花费人工

16 人×1d＝16 人工

5）底板清理花费人工

$400m^2 \div 50m^2/人/d＝8$ 人工

说明：采用水平预裂爆破基本上无需人工反复清底，只需清扫底板即可。

因此，采用升级后工法合计需要花费人工 20.1＋3.4＋16＋8＝47.5 人工。

10.1.2　材料比较

材料投入主要是炸药、雷管、导爆索和导爆管等材料。为便于比较，以爆破处理 2.5m 厚、50m 宽、8m 长的坚硬岩石保护层基底为基准计算。

1．常规方法

1）炸药

（50m×8m×2.5m）×0.45kg/m³＝450kg

2）雷管

100 个孔×1 发/孔＋30 发＝130 发

说明：30 发雷管为网络连接用。

3）导爆管

130 发×5m/发＝650m

说明：每发导爆管按 5m 长脚线计算。

4）导爆索

常规方法无需导爆索。

2．原工法

1）炸药

水平预裂孔：200 个孔×4m/孔×0.35kg/m＝280kg

上部垂直孔：（50m×8m×1.7m）×0.4kg/m³＝272kg

2）雷管

水平预裂孔：40 发

上部垂直孔：100 个孔×1 发/孔＋30 发＝130 发

说明：水平预裂孔 40 发为网络连接用；上部垂直孔 30 发雷管为网络连接用。

合计使用雷管 170 发。

3）导爆管

170 发×5m/发＝850m

说明：每发导爆管按 5m 长脚线计算。

4）导爆索

水平预裂孔：200 个孔×5m/孔＋100m＝1100m

说明：100m 为网络连接用。

3. 升级后工法

1）炸药

水平预裂孔：100 个孔×8m/孔×0.35kg/m＝280kg

上部垂直孔：(50m×8m×1.7m)×0.4kg/m³＝272kg

2）雷管

水平预裂孔：20 发

上部垂直孔：100 个孔×1 发/孔＋30 发＝130 发

说明：水平预裂孔 20 发为网络连接用；上部垂直孔 30 发雷管为网络连接用。

合计使用雷管 150 发。

3）导爆管

150×5m/发＝750m

说明：每发导爆管按 5m 长脚线计算。

4）导爆索

水平预裂孔：100 个孔×9m/孔＋50m＝950m

说明：50m 为网络连接用。

10.1.3 机械投入

机械设备投入主要为钻机和炮锤。为便于比较，以爆破处理 2.5m 厚、50m 宽、8m 长的坚硬岩石保护层基底为基准计算。

1. 常规方法

1）钻孔进尺 270m

2）炮锤

(50m×8m)÷50m³/每台班＝8 台班

说明：为保护底板不被破坏，采用常规方法时有较多欠挖，需要采用炮锤反复处理。

2. 原工法

1）钻孔进尺 800m＋170m ＝970m

2）炮锤

原工法无需炮锤处理。

3. 升级后工法

1）钻孔进尺 800m＋170m＝970m

2）炮锤

升级后工法无需炮锤处理。

10.1.4 工期比较

常规方法钻孔和爆破所需时间较短、但底板清理时间较长，原工法、升级后工法钻孔和爆破所需时间较长、但底板清理时间较短，三者相比较工期相差不大。

10.1.5 超挖量

1. 常规方法

采用常规方法，底板坑洼不平、超挖难以控制，超挖量较大。平均超挖深度达 25cm，按 400m² 保护层面积计算，超挖量为 100m³，超挖量均需要采用混凝土填补。

2. 原工法

采用原工法，爆后底板平整度良好，超挖量少。平均超挖深度 15cm，按 400m² 保护层面积计算，超挖量为 60m³，超挖量均需要采用混凝土填补。

3. 升级后工法

采用升级后工法，爆后底板平整度良好，超挖量少。平均超挖深度 12cm，按 400m² 保护层面积计算，超挖量为 60m³，超挖量均需要采用混凝土填补。

10.1.6　成本计算

综合以上各方面，总结常规方法、原工法、升级后工法在人工、材料、机械、工期、超挖量等方面数据，以爆破处理 2.5m 厚、50m 宽、8m 长的坚硬岩石保护层基底计算成本见表 10.1.6-1～10.1.6-4：

人工投入成本对比表　　　　　　　　　　　　　　表 10.1.6-1

方　　法	人工（工日）	单价（元）	成本（元）
常规方法	93.4	120	11208
原 工 法	51.4	120	6168
升级后工法	47.5	120	5700

材料投入成本对比表　　　　　　　　　　　　　　表 10.1.6-2

方　　法	材料								合计成本（元）
	炸药		雷管		导爆管		导爆索		
	数量（kg）	单价（元）	数量（发）	单价（元）	数量（m）	单价（元）	数量（m）	单价（元）	
常规方法	450	9	130	1.9	650	0.3	0	2.8	4492
原 工 法	552	9	170	1.9	850	0.3	1100	2.8	8626
升级后工法	552	9	150	1.9	750	0.3	950	2.8	8138

机械投入成本对比表　　　　　　　　　　　　　　表 10.1.6-3

方　　法	机械投入				合计成本（元）
	钻孔		炮锤		
	进尺（m）	单价（元）	数量（台班）	单价（元）	
常规方法	270	35	8	5000	49450
原 工 法	970	35	0	5000	33950
升级后工法	970	35	0	5000	33950

超挖量对比表　　　　　　　　　　　　　　表 10.1.6-4

方　　法	超挖量（m³）	填补混凝土单价（元）	合计成本（元）
常规方法	100	500	50000
原 工 法	60	500	30000
升级后工法	48	500	24000

1. 直接成本分析

综合以上分析，常规方法在人工和机械投入成本较大；原工法比常规方法在人工上节省约 45%、机械设备上节省 31%，虽然材料多投入 48%，但总成本上还是节省 25%；升级后工法在人工和材料投入上均比原工法略有节省，总成本上节省 2%。

2. 间接成本分析

虽然与常规方法相比，原工法和升级后工法在工期上差别不大。但是与常规方法相比较，原工法和升级后工法减少了基坑底板的超挖，保证了建筑物基底的平整度，使得后期土建填补混凝土量节约许多，其中原工法比常规方法节约 40%，升级后工法比原工法节约 8%，大大减少了底板混凝土的填补量，降低了工程总体造价。

我公司在台山核电站一期工程 1 号、2 号机组核岛负挖工程、宁德核电站一期工程 3 号 &4 号机组核岛负挖工程和辽宁红沿河核电厂 3 号 &4 号机组负挖工程施工中应用升级后工法，未出现任何安全事故，质量和进度均满足业主的要求，对提高企业形象、展现企业核心竞争力起到良好的宣传，间接地取得较好的经济效益。

10.2 社会效益分析

1. 采用基底水平预裂爆破工法，可以最大限度地减少爆破对基岩底板造成的裂纹和松动破坏，防止保护层爆破产生的裂隙延伸至建基面，还可以减少爆破震动对底板造成的隐性破坏，提高核电站地基的安全可靠性，增强大型建筑物基础安全的可靠性。

2. 基底水平预裂爆破推广应用后，可以大大减少建基物底板超挖现象，同时在所有爆破技术中对建筑物的底板破坏最小。既节约了工程的投资，又提高了工程质量。

11. 应 用 实 例

11.1 台山核电站一期工程 1 号、2 号机组核岛负挖工程

11.1.1 工程概况

台山核电站一期工程 1 号、2 号机组核岛负挖工程位于广东省台山市赤溪镇的腰古村核电站厂区内，地基由微风化至新鲜花岗岩组成。土石方爆破开挖量为 54.32 万 m^3，开挖面积为 4.548 万 m^2。爆破开挖要求较高，建基面开挖允许误差为 0～40cm；振动速度控制要求较严，最后一层爆破时，距离爆源 30m 处基岩面质点振动峰值不大于 1.5cm/s。

11.1.2 工程应用

该工程于 2008 年 8 月开工，2009 年 2 月完工。工程施工过程，部分台阶预留保护层爆破时，采用基底水平预裂爆破施工工法。水平预裂孔钻孔数约为 3500 个、钻孔最长长度为 10m、平均长度为 8m、钻孔孔距为 0.5m，水平预裂爆破面积约为 1.2 万 m^2。每次爆破过程均由业主委托第三监测单位进行振动监测，没有发生一起基岩面质点振动速度超标现象。底板爆后完整性好，超挖量少，半孔率达 95% 以上，经测量验收，最大超挖深度为 22.3cm，计算平均超挖深度为 10.7cm。

11.1.3 效益分析

1. 按 10.1 经济效益分析计算，原工法每平方米投入人工约为 15.42 元，材料投入每平方米约为 21.57 元，机械投入约为 84.88 元，平均超挖深度为 15cm；升级后工法每平方米投入人工约为 14.25 元，材料投入每平方米约为 20.35 元，机械投入约为 84.88 元，平均超挖深度为 10.7cm。

2. 本工程水平预裂爆破面积约为 1.2 万 m^2，升级后工法比原工法节约成本如下：

人工费用：（14.25－15.42）×1.2 万 m^2＝－14040 元

材料费用：（20.35－21.57）×1.2 万 m^2＝－14640 元

机械设备投入费用没有变化。

混凝土填补费用：（10.7－15）÷100×1.2 万 m^2×500 元/m^3＝－258000 元

3. 该工程采用升级后基底水平预裂爆破施工工法，直接和间接地降低工程总体造价大约为 286680 元。

11.2 宁德核电站一期工程 3 号 &4 号机组核岛负挖工程

11.2.1 工程概况

宁德核电站一期工程 3 号 &4 号机组核岛负挖工程位于福建省福鼎市秦屿镇备湾村，经过前期场平爆破后，场地微风化基岩直接出露、无覆盖层，基坑岩石由微风化熔结凝灰岩、微风化流纹岩和微风化花岗岩组成，石方爆破开挖量为 14.8 万 m^3，开挖面积为 1.47 万 m^2，开挖标高有 5 个，最大开挖深度为 13.38m。爆破开挖要求高，建基面开挖允许误差为 0～40cm；振动速度控制要求严，最后一层爆破时，距离爆源 30m 处基岩面质点振动峰值不大于 1.5cm/s。

11.2.2　工程应用

该工程自 2009 年 2 月开工，2009 年 7 月完工。工程施工过程中，－7.65m、－10.15m 和－10.23m 标高预留保护层爆破时，大部分采用基底水平预裂爆破施工工法。水平预裂孔钻孔数约为 2400 个、钻孔最长长度为 10m、平均长度为 8.5m、钻孔孔距为 0.5m，水平预裂爆破面积约为 1 万 m²。每次爆破过程均由业主委托第三监测单位进行振动监测，没有发生一起基岩面质点振动速度超标现象。底板爆后完整性好，超挖量少，半孔率达 95％以上，经测量验收，最大超挖深度为 19cm，计算平均超挖深度为 8.1cm。爆后由业主委托第三监测单位采用声波探测法检测，结果显示爆破对底板没有造成破坏。

11.2.3　效益分析

1. 按 10.1 经济效益分析计算，原工法每平方米投入人工约为 15.42 元，材料投入每平方米约为 21.57 元，机械投入约为 84.88 元，平均超挖深度为 15cm；升级后工法每平方米投入人工约为 14.25 元，材料投入每平方米约为 20.35 元，机械投入约为 84.88 元，平均超挖量为 8.1cm。

2. 本工程水平预裂爆破面积约为 1 万 m²，升级后工法比原工法节约成本如下：

人工费用：（14.25－15.42）×1 万 m²＝－11700 元

材料费用：（20.35－21.57）×1 万 m²＝－12200 元

机械设备投入费用没有变化。

混凝土填补费用：（8.1－15）÷100×1 万 m²×500 元/m³＝－345000 元

3. 该工程采用升级后基底水平预裂爆破施工工法，直接和间接地降低工程总体造价大约为 368900 元。

11.3　辽宁红沿河核电厂 3 号 &4 号机组 NI/CI/PX 负挖工程

11.3.1　工程概况

辽宁红沿河核电厂 3 号 &4 号机组 NI/CI/PX 负挖工程位于辽宁省瓦房店市东岗镇核电站厂区内，负挖区域分核岛、常规岛、泵房 3 部分。负挖区地段主要分布片麻岩、变质岩，地质情况较差，风化节理裂隙广泛发育，多呈不规则状。该工程土石方爆破开挖量为 72.02 万 m³，开挖标高多，开挖底板面积为 4.1 万 m²。爆破开挖要求高，建基面开挖允许误差为 0～40cm。其中核岛振动速度控制要求严，最后一层爆破时，距离爆源 30m 处基岩面质点振动峰值不大于 1.5cm/s。

11.3.2　工程应用

该工程自 2007 年 8 月开工，2009 年 5 月完工。工程施工过程中，核岛、常规岛大部分预留保护层以及泵房边坡马道，采用基底水平预裂爆破施工工法。水平预裂孔钻孔数约为 4520 个、钻孔最长长度为 8m、平均长度为 7m、钻孔孔距为 0.5m，水平预裂爆破面积约为 1.58 万 m²。每次爆破过程均由业主委托第三监测单位进行振动监测，没有发生一起基岩面质点振动速度超标现象。底板爆后完整性好，超挖量较少，半孔率达 90％以上，经测量验收，最大超挖深度为 25.2cm，计算平均超挖深度为 11.8cm。爆后核岛底板由业主委托第三监测单位采用声波探测法检测，结果显示爆破对底板没有造成破坏。

11.3.3　效益分析

1. 按 10.1 经济效益分析计算，原工法每平方米投入人工约为 15.42 元，材料投入每平方米约为 21.57 元，机械投入约为 84.88 元，平均超挖深度为 15cm；升级后工法每平方米投入人工约为 14.25 元，材料投入每平方米约为 20.35 元，机械投入约为 84.88 元，平均超挖量为 11.8cm。

2. 本工程水平预裂爆破面积约为 1.58 万 m²，升级后工法比原工法节约成本如下：

人工费用：（14.25－15.42）×1.58 万 m²＝－18486 元

材料费用：（20.35－21.57）×1.58 万 m²＝－19276 元

机械设备投入费用没有变化。

混凝土填补费用：（11.8－15）÷100×1.58 万 m²×500＝－252800 元

3. 该工程采用升级后基底水平预裂爆破施工工法，直接和间接地降低工程总体造价大约为 290562 元。

无钢架火炬（细高塔）多独立吊点整体吊装工法

YJGF48—92（2009～2010年度升级版-065）

河北省安装工程公司

张国友　贺广利　牛义宾　蒲社安　郝国荣

1. 前　　言

对于细高塔、无钢架火炬塔和烟囱等高柔设备的吊装，一直属于大型设备吊装技术研究的课题。由于设备高、柔度大，吊装难度不仅受高度影响，而且吊装过程设备的弯曲变形，成为影响吊装的最重要因素。国内外均曾发生过由于高柔结构失稳，而导致吊装失败的事例。

高柔设备吊装有正装、分段正装、分段倒装、整体扳转、整体扳吊等方法。经过多年发展，现在多采用设备本身加固的整体扳转法和多吊点整体扳吊法。无钢架火炬多独立吊点整体吊装工法是在上述基础上发展而成的多独立吊点整体扳吊法，1993年被批准为国家级工法，工法号为YJGF48—92。2002年对原工法中一些工艺进行了改进，提高了科技含量。本工法的关键技术被河北省建设厅专家鉴定委员会鉴定为国内领先水平。

2002年在石家庄炼油厂火炬塔大修工程中，应用本工法，仅用13d时间就完成了100m无钢架火炬塔的组焊和吊装工作。

2. 工法特点

2.1　本工法具有以下特点：

2.1.1　不使用大型吊车和大型抱杆，减少了高空作业和场地占用。

2.1.2　采用多独立吊点技术，可有效控制设备变形，不必对高柔设备进行加固，减少加固费用和吊装重量。

2.1.3　采用人字抱杆，稳定性强，减少场地占用和缆风绳数量。

2.1.4　采用激光测距技术，利用激光测距传感器监控设备变形，数据及时、准确、直观，确保吊装安全。

2.1.5　采用计算机程序进行计算，提高了计算精度和运算速度。

2.1.6　利用设备起升角度的变化，通过变频调速控制各卷扬机的速度，使吊装控制便捷、安全。

2.1.7　采用仿真吊装技术，模拟吊装过程，保证吊装可靠性。

2.1.8　采用测力计对绳索进行受力监测，及时掌握绳索受力情况，便于控制吊装过程，确保吊装安全。

2.2　集以上特点，本工法具有安全可靠、经济适用、简便易行、节约场地等优点。

3. 适用范围

本工法适用于细高塔、无钢架火炬塔和烟囱等高柔设备的吊装。尤其适用现场场地狭窄，大型吊车无法使用的情况。

有设备框架的细高塔，可利用设备框架代替抱杆。

4. 工 艺 原 理

4.1 高柔设备吊装，首先要克服"柔"，其方法不用设备加固而采用独立多吊点，使各独立吊点之间距离变短，各部位受力均小于允许值，从而解决了因设备高柔带来的吊装困难。

4.2 设备独立多吊点吊装，使整个结构形成了一个超静定体系，又使设备受力不明确。由于高柔设备柔度大，使得设备变形对于吊点受力极为敏感，而柔度大又允许设备产生较大的弯曲变形，而变形与受力是一致的，这就可以通过各独立吊点控制设备弯曲变形来控制各吊点的受力情况。

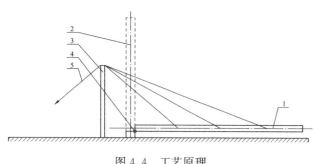

图 4.4　工艺原理

1—待立设备；2—立起设备；
3—人字抱杆；4—铰链；5—缆风绳

4.3 吊点位置和数量、设备弯曲变形允许值通过受力计算确定。

4.4 将不低于设备高度一半的"人字抱杆"立于设备一侧，设备底部安装铰链，通过设备上设置的多独立吊点用"人字抱杆"扳吊设备，设备则由水平位置绕铰链旋转 90°立起；由于设备的吊点由各自独立的卷扬机控制，采用激光测距技术实现对设备变形的监测，在吊装过程中通过变频调速控制各卷扬机的速度，来达到调整各吊点的受力大小，保证吊装过程中高柔设备不发生弯曲变形和失稳现象。如图 4.4 所示。

5. 施工工艺流程及操作要点

5.1　工艺流程

基础检验→安装底节→安装底部铰链→埋设地锚→立人字抱杆→绑索具→设备组装→装管线及平台→设监测装置→检验→试吊→吊装就位→找正焊接→拆除吊装工具。

5.2　操作要点

设备安装前确定设备各种参数，对设备制作质量进行检查确认，根据设备重量、高度、直径计算设备的长细比和本体强度，确定吊点的数量；利用吊装软件对各吊点进行受力分析，通过强度计算确定抱杆的尺寸、主要吊装设备的性能参数等，根据计算结果编制吊装方案；利用计算机仿真软件进行吊装现实模拟，组织专家进行论证，通过后进行实施。

5.2.1　吊装工艺要点

1. 设备及其附属装置（爬梯、平台、管线、防腐保温等），在地面全部安装、调试完毕。

2. 不做任何减小设备柔度（增加刚度）的加固处理。

3. 采用小抱杆（抱杆高度约为设备一半）多独立吊点，各吊点独立控制。

4. 设备底节先安装在基础上，底节底部设底铰，底铰轴上加止推装置，以抵抗水平推力。

5. 以设备变形和拉力计数值作为依据，用以控制各吊点受力情况。

6. 通过设备起升角度的变化，控制各卷扬机的速度。

7. 利用 3DMAX 软件建模和动画制作，对吊装全过程进行模拟施工。

5.2.2　机具、监测装置设置

1. 设置底部铰链。为使设备顺利立起、复位，必须装好底铰，其设置方法为：

1) 在检查验收和处理好基础后，安装留有预留焊口的已点焊好的设备底节，找正拧紧地脚螺栓。

2) 在确认设备底节安装合格后，按设备组装方向组装、焊接底部铰链，且在预留焊口上下各增加径向加固环板。如图 5.2.2-1 所示。

3) 切开预留焊口之点焊点，沿铰链轴放倒底节上部，再立起。反复数次，检查底铰转动灵活性与预留焊口在复位时的吻合性。

2. 设备组装：把设备上所有装置全部在地面上完成。

1）将设备底节上部放倒，下垫道木，使其轴线处于水平位置。

2）以找平垫牢的设备底节为基础，逐节进行设备的组对、焊接、探伤和质量检查，合格后涂漆，直到设备全部完成，质量合格。

3）安装平台，梯子、吊耳、支架等设备上零部件。

4）安装工艺管线，试压合格后刷油、保温。

5）安装电气、仪表，并进行调试。

6）设备纤绳安装，并临时绑在设备上。

7）全面检查安全、质量，并经建设单位验收合格，待吊。

3. 抱杆设置：抱杆结构尺寸，在现有抱杆中经计算选用。

1）抱杆高度不应低于设备高度的一半。

2）抱杆与设备基础间距可为设备高度的 1/10。

3）抱杆、拖拉绳布置如图 5.2.2-2 所示，主受力方

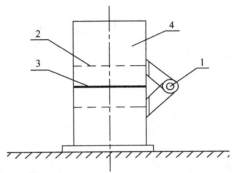

图 5.2.2-1 铰链安装图
1—铰链；2—加强板；3—预留焊口；4—设备底节

向应设 2～3 根拖拉绳，并加拉力计，相对方向应设 2 根拖拉绳，其余拖拉绳均布在两侧，拖拉绳与地面夹角不应大于 30°，拖拉绳数量、规格据地形并经计算选用。

4）地锚按受力情况选用。

5）抱杆竖立可用吊车，或用吊车吊起小抱杆，再用小抱杆把大抱杆吊起。

4. 主要索具设置：抱杆通过索具吊起设备，索具规格、数量及位置经计算和需要确定。

1）吊装绳 1：承担设备吊装，一端设于各吊点，通过抱杆顶部之滑轮组，底部滑轮，与各自变频调速卷扬机相连，通过拉力计与地锚固定。如图 5.2.2-3 所示。

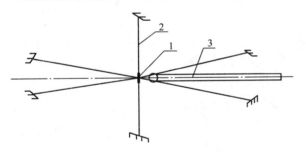

图 5.2.2-2 拖拉绳布置图
1—人字抱杆；2—拖拉绳；3—设备

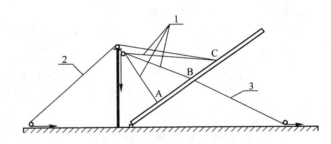

图 5.2.2-3 索具设置
1—吊装绳；2—扶正绳；3—溜放绳

2）扶正绳 2：由于抱杆选用比设备低，吊到后期时，不能再用上吊点吊装，则由扶正绳 2，使设备顺利就位。扶正绳一端设于上部吊点 C 处，一端通过与设备位置相对应之地锚与卷扬机相连，地锚与卷扬机之间加装拉力计。

3）溜放绳 3：为防止设备吊装到位前突然前倾之用。溜放绳一端设于中吊点 B 处，另一端通过设备侧地锚与拖拉绳相连。如图 5.2.2-3 所示。

4）侧拉绳：为防止吊装过程中设备左右摇摆在吊点 A、B、C 处左右各设一侧拉绳。侧拉绳一端与吊点相连，另一端通过相应的锚与绞磨相连。

5）止推绳：由于扳吊对基础推力较大，为减少对基础推力设止推绳 2 根，止推绳一端连于底铰轴一侧地锚上，另一端通过捯链连于设备底铰轴上，绳上设拉力计，使二止推绳受力之和为吊装推力的一半。止推绳设置如图 5.2.2-4 所示。

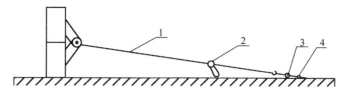

图 5.2.2-4　止推绳设置图

1—钢丝绳；2—捯链；3—拉力计；4—地锚

5. 设备变形监测装置的设置（图 5.2.2-5）

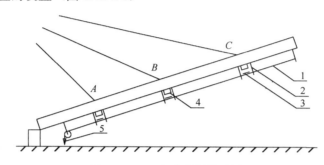

图 5.2.2-5　变形监测装置图

1—细钢丝；2—限位导向装置；3—薄铝板；4—激光测距传感器；5—重锤

为了通过设备变形对吊装过程进行控制，监测装置的设置至关重要，主要采用拉线—激光测距传感器测距法测量设备弯曲变形量。传感器和连接导线的安装位置和固定方式应便于拆卸。

1）在设备的顶部和底部下方拉两条与设备平行的细钢丝，两细钢丝间距 100mm、与设备顶部固定，穿过设备底部滑轮后用重锤把细钢丝拉紧。

2）在设备各吊点位置，钢丝上方各设置一块 200mm×200mm 薄铝板，钢丝拉紧后将铝板固定在钢丝上（一根固定、一根可相对移动）。将激光测距传感器固定在设备上，使其垂直于铝板中心，且与铝板距离保持一致（初始值相同）。

3）传感器两侧（沿设备轴线方向）设钢丝限位导向装置，限位导向装置与铝板距离为 150mm 左右，保证吊装过程中传感器与铝板处于垂直状态，且导向装置不与铝板相碰。

4）将传感器连接导线沿设备本体向下敷设，在地面与现场显示器连接。

5）接通电源，模拟吊装过程，手动钢丝移近和远离传感器，观察显示器数值变动情况是否与实际相吻合。

6. 设备侧向偏移监测仪器的设置

起吊前，沿设备轴线在地面投影延长线方向、距设备顶部 10～20m 设置经纬仪 1 台，设备正下方外表面做好标记线（设备轴线在设备下表面投影线），随着设备的升起，用经纬仪观测设备（标记线）侧向偏移情况。

7. 设备起升角度测量装置的设置

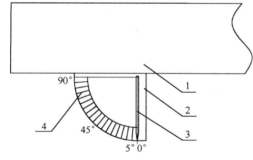

图 5.2.2-6　角度测量装置

1—设备；2—刻度板；3—指针；4—刻度

设备下方距铰链 1000mm 处设置自制角度指示器，角度指示器由刻度板和指针组成（图 5.2.2-6）。

5.2.3　吊装卷扬机速度的确定

吊装绳的起升速度是保证吊装顺利进行的关键。由于 3 个吊点的位置不同，当设备升起一定角度时，各吊装绳的起升长度不同，因此吊装卷扬机速度不同。如何计算和控制卷扬机的速度，是吊装的一个难点。

由于随设备升起的角度变化，各卷扬机的速度不是恒定不变的。为了便于计算和实际操作，可将角度按 0°、5°、

10°、15°、…、90°划分，每5°为一角度区间，计算这一区间的平均速度，作为各卷扬机的速度，采用变频调速卷扬机实现对速度的初步控制。

每一角度区间各卷扬机的速度，通过计算程序由计算机计算出结果。

5.2.4 设备扳吊中变形的观测

准确的反映变形实际，是有效进行控制的前提。

1. 首先是变形允许值，该值由计算求得。方法是以各吊点不在一直线上的情况组合而成多种沉降支座连续梁作为力学模型，用三弯矩方程求解，得到了不同沉降情况下各支点处的力矩、反力和轴力，从而选定允许变形情况和变形值，以此作为控制变形的依据。

2. 纵向变形的观测，采用拉线—激光测距传感器测距法。

1) 吊装前，调整激光测距传感器，使显示器上 A、B、C 三点显示的数值相等（初始值相同）。

2) 吊装过程中，观察显示器上 A、B、C 三点数值变化，以此确定设备变形情况。

3) 指挥者通过显示器上 A、B、C 三点数值变化对吊装中设备变形情况一目了然，以此下达某吊点升或停的指令，从而对设备进行及时有效的控制。

5.2.5 吊装指挥要点

多吊点吊装，指挥尤为重要，特别是塔体弯曲度，在吊装过程中必须控制在允许范围之内。

1. 设指挥 1 人，负责整个吊装过程中的全面指挥，指令由扩音器发出，指挥与副指挥、观察员通过步话机传递信号。

2. 吊装卷扬机速度的控制

1) 根据各吊点卷扬机在每一角度区间的速度计算值，由指挥确定卷扬机的速度，通知卷扬机操作人员，调整变频调速卷扬机的速度；

2) 结合设备起升角度情况，由指挥确定卷扬机的启动和停止。

3. 设备弯曲度和侧向偏移的控制是吊装控制的重点。

1) 设备纵向弯曲变形，通过调整各吊点卷扬机进行控制，当设备吊点处纵向位移接近允许值时，由指挥发信号指挥相应吊点升或停进行控制。

2) 设备侧向偏移，通过侧拉绳进行控制，当设备侧向位移达到接近允许值时，由副指挥发信号，指挥相应侧拉绳松或紧进行控制。

4. 溜放绳的指挥

1) 由吊装开始到设备与地面夹角成70°之前，溜放绳一直处于松弛状态，一旦发现溜放绳受力，观测员立即发信号，由指挥下令松绳。

2) 当设备吊装与地面夹角达到70°时，指挥下令溜放绳带一点劲，随吊装设备不断上升，指挥溜放绳不断松绳，但一直带一点劲。

5. 扶正绳的指挥

1) 由吊装开始到设备上吊点受力线接近抱杆主拖拉绳受力线之前，扶正绳应处于松弛状态，一旦发现有劲，观测员立即发信号，由指挥下令松绳。

2) 当设备上升到上吊点受力线接近抱杆主拖拉绳受力线时，指挥下令收紧扶正绳，然后指挥上吊点放松到有一点劲为止，以防设备弯曲，中吊点受力线接近抱杆主拖拉绳受力时，亦同样处理。

3) 自此以后，由扶正绳配合下部几个吊点进行吊装到就位为止。

6. 纤绳的指挥

1) 由设备吊装开始到80°之前，所有纤绳均应处于松弛状态。

2) 当设备吊装到80°时，指挥下令所有纤绳均与纤绳地锚连接，拉紧到有一点劲，当发现松或紧时，观测员及时发信号，由指挥下令调整。

3) 当设备升到90°时，则通过纤绳对设备进行找正。

6. 材料与设备

设备吊装所用机具设备和劳动力，因被吊设备结构尺寸和重量不同而不同。现将吊装百米无刚架火炬塔所用机具设备列表。

6.1 主要起重机具表（表 6.1）

主要起重机具一览表

表 6.1

序　号	名　称	型号及规格	数量（台）
1	人字抱杆	120t/55m	1
2	汽车吊	16t	1
3	变频调速卷扬机	8t	3
4	卷扬机	5t	2
5	滑轮组	H32×4D	8
6	绞磨		6
7	导向滑轮	10t	7
8	地锚	30t	5
9	地锚	20t	10
10	捯链	10t	2
11	钢丝绳		若干

6.2 主要测量仪器（表 6.2）

主要测量仪器一览表

表 6.2

序　号	名　称	型号及规格	数量（台）
1	经纬仪	J2—J6	2
2	水准仪	0.1mm/m	1
3	拉力计	LK—30	5
4	拉力计	LK—10	10
5	激光测距传感器	ZCCJ—70	3
6	数字显示器		1

7. 质 量 控 制

7.1 设备施工和质量验收应按《烟囱工程施工及验收规范》GB 50078、《钢结构工程施工质量验收规范》GB 50205、《建筑钢结构焊接技术规程》JGJ 81 进行。

7.2 筒体焊缝应无损探伤合格，超声波探伤执行《钢焊缝手工超声波探伤方法和探伤结果分级》GB 11345、射线探伤执行《钢熔化焊对接接头射线照相和质量分级》GB 3323 的有关规定。

7.3 所有筒体环缝，必须躲开纤绳节点拖箍位置。

7.4 基础必须经验收合格，地角螺栓应检查加油，配合合适。

7.5 设备底座与基础间选用平垫铁。总高 60mm，每堆不超过 3 块。

7.6 设备方位应符合图纸要求。

7.7 设备安装就位后，要在早晨或傍晚，或阴天无风时进行垂直校正，垂直度应小于 1/1000，且不得超过图纸规定值。

7.8 安完后应在无风天气下用测力计测量纤绳初拉力，使其符合图纸规定。

7.9 纤绳紧绳顺序应先中间后两端，每层纤绳应同时均匀拉张，分几次逐步达到要求值。

7.10 设备安装调整完毕，应把调节螺旋用铁丝固定，以防转动。

7.11 设备本身的配管、电气、仪表、保温等安装工程，应按各专业标准进行。

7.12 起重吊装作业应严格遵守吊装方案、《大型设备吊装工程施工工艺标准》SH/T 3515 和《石油化工工程起重施工规范》SH/T 3536 的规定。

8. 安 全 措 施

8.1 设备基础应验收合格，并有交接记录，地脚螺栓应锚固可靠。

8.2 设备底节已安好、找正，底铰应灵活，复位准确。

8.3 设备本体工程（包括本体、管道、仪表、电气、保温和防腐试验等）均已结束，并经检验合格，设备上所有杂物均已清除。

8.4 吊装计算数据，均经验算复核无误，并邀请专家组织进行论证。

8.5 吊装机具、设备，均已备齐装好，并经专人检查合格，卷扬机经检查清洗加油，试车合格，安全装置灵敏。

8.6 监测设备，经鉴定合格且在有效期内。

8.7 高空作业人员已经过医生检查，体检合格。

8.8 气象已落实，风力在三级以内，无雨雪和能见度达不到要求的雾霾天气。

8.9 吊装区域设警戒线，有警卫人员值勤，无关人员不能进入吊装现场。

8.10 进入现场人员，必须戴安全帽，高空作业人员带安全带。

8.11 吊装现场设医务人员和救护车。

8.12 吊装中统一信号，操作人员必须服从指挥。

8.13 吊装前必须对全体吊装人员进行培训交底，使每个人都了解吊装全过程，对本岗位操作清楚。

8.14 吊装前必须经过试吊，设备吊离临时支架 200mm，检查各部位受力情况，无异常情况方可正式吊装。

8.15 夜间不得进行吊装作业。

8.16 卷扬机卷筒上至少保留 4 圈以上钢丝绳，钢丝绳使用时不得有死弯和扭劲现象。

8.17 吊装前应清理现场的杂物和余料。

9. 环 保 措 施

9.1 认真执行《中华人民共和国建筑施工临界噪声限制》、《中华人民共和国环境保护法》。

9.2 设立专门的废弃物临时储存场地，废弃物应分类存放，对有可能造成二次污染的废弃物必须单独储存，设置安全防范措施且有醒目标识。

9.3 焊条头应及时回收，不允许随意丢弃。

9.4 射线探伤时，应设置警戒线，防止射线伤人。

9.5 所有设备在使用前应进行检修，不得存在漏油现象。

10. 效 益 分 析

吊装高柔设备，采用本工法减少了高空作业，保证了安全，降低了劳动强度，提高了产品质量，节约了成本。

10.1 因设备及其附属设施、管道、电气、仪表、梯子、平台、无损探伤、防腐保温工作，均在地面进行，避免了大量高空作业，降低了工人劳动强度，保证了工程质量，仅是地面作业与高空作业相比，就节约了人工费 40%，机械费 80%。

10.2 与整体加固板转法相比，可节约全部加固用钢材，并节约了相应的人工、机械费。

10.3 与正装法相比，节约了大吨位吊车全部费用。

10.4 与原工法相比，采用人字抱杆，减少了地锚和缆风绳数量；采用激光测距技术测量设备变形，提高了测量精度和速度；利用设备起升角度的变化，通过变频调速控制各卷扬机的速度，使吊装控制便捷、安全；采用程序计算，提高了计算准确性和计算速度，加快了施工进度，节约了人工费。

11. 应 用 实 例

1998 年，在石家庄炼油厂火炬塔制作安装工程中，曾应用原工法——无钢架火炬多独立吊点整体板吊工法，使用一根 55m 格构式抱杆，仅用 18d 时间，就成功地完成了高 100m，直径 $\phi630 \times 14mm$ 的无钢架火炬塔的组焊和安装工作，一次吊装成功。

2002 年，在石家庄炼油厂火炬塔大修工程中，应用本工法，使用 55m 人字抱杆，仅用 13d 时间就完成了 100m 无钢架火炬塔的组焊和吊装工作。

本工法保证了工程质量，减少了高空作业，实现了安全生产，缩短了工期，节省了人力、物力和机械费用。实践证明，本工法具有先进性、科学性和适用性，弥补了吊车整体吊装高柔设备的缺陷和不足，宜在高柔设备安装中推广应用。

300kA 预焙阳极电解槽
槽壳及金属结构制作安装施工工法

YJGF69—2002（2009～2010 年度升级版-066）

山西省工业设备安装公司

雷平飞　孙志坚　葛守文　曹海洋　要明明

1. 前　　言

　　近年来，铝工业的技术发生了根本性的变化，由于原材料、能源价格的不断上涨及环境保护标准的不断提高，迫使电解铝主要生产设备不断向大容量、高效能铝电解槽方向发展。300kA 预焙阳极电解槽是目前国内较大规格的电解槽槽型，其工艺原理先进，从设计、施工到生产都形成了一整套成熟的经验和技术。近年来我单位参与了山西华泽 28 万 t、关铝 20 万 t、山西兆丰铝业 20 万 t 电解铝工程的建设，其中山西华泽 28 万 t 电解铝工程荣获山西省太行杯优质工程奖、有色部优质工程奖、国家优质工程银质奖。我公司通过施工中加强施工管理、坚持技术开发等手段，经过有关工程技术人员的总结与整理，形成了一套科学、先进、成熟的施工工法，该工法已成功地应用于多项电解槽安装工程项目，在实施中起到了指导和借鉴作用。

　　电解槽槽壳及金属结构制作安装工程量比较大，摇篮架筋板、散热板直接焊接在槽壳上，生产工艺上满足了整体性好、散热效果好等性能，但制作工艺比较复杂，焊接变形难以控制，安装精度高等因素对其上部结构的安装质量有重大的影响；电解槽内衬砌筑的质量要求也很高，投产后如产生内衬脱落或漏槽等问题，将会严重影响电解槽的正常生产，造成巨大的损失。针对电解槽的制作安装的质量控制重点，编制此工法进行指导施工，一定程度上避免了施工中的各种负面影响。

　　工法的关键技术于 2010 年 1 月 7 日经山西省住房和城乡建设厅组织的专家委员会鉴定，结论为该关键技术达到国内领先水平。2011 年 3 月 31 日山西省科学技术情报研究所的科技查新报告（报告编号 201114B1923050）显示，本工法关键技术的应用在国内尚无先例。

2. 工 法 特 点

　　2.1　槽体与摇篮架之间采用全焊接结构。即 24 个摇篮架与电解槽槽体全部焊接在一起，大修时全部起吊，有利于控制槽体的吊装变形。而其他电解铝厂仍然采用槽体与摇篮架分离的结构，两者之间加垫块，24 个摇篮架只有 2 个与槽体固定。

　　2.2　摇篮架结构进行了改进。由原来的多块钢板焊接成型改为"整块板"一次下料成型的整体受力结构形式，保证了工程质量，加大了对电解槽长侧外涨的固定力度。由于槽形与传统槽形有变化，在长侧板、短侧板、底板、上部结构大梁等关键部件的下料由以前多块钢板组对焊接成型改变为整块板一次下料成型，即双定尺板，这样既节省材料又易于控制槽壳焊接变形。

　　2.3　根据以上 300kA 预焙阳极电解槽槽壳的结构特点，决定了在电解槽各部件制作过程中主要采取的措施是通过合理下料、依靠多种胎具及合理的焊接顺序进行"控制焊接变形"。根据各自特点制作专用胎具，主要包括端头胎具、长侧胎具等，胎具的制作要考虑工件的脱胎顺利方便，还要考虑脱胎后的自然回收，在胎具的制作过程中提前采取预变形，利用反变形法将变形收缩量抵消。

　　2.4　采用何种焊接工艺在槽壳制作过程中非常关键。针对 300kA 新型电解槽特点，根据焊接工艺要求，尽可能考虑焊缝能自由收缩，先焊收缩量大的焊缝，减少封闭焊缝。在底板的焊接中采用埋弧自动焊，在端头、长侧及电解槽的安装中采用 CO_2 气体保护焊，很好地利用了焊接能耗小、生产率高、抗锈性能好、焊接变性小、易于操作的优点。

3. 适 用 范 围

本工法适用于 300kA 中间下料预焙阳极铝电解槽制作安装工程的施工，运用和推行本工法对同类工程有一定的指导作用与参考价值。

4. 工 艺 原 理

4.1 电解槽槽壳用钢板制成，呈长方形，外壁和槽底用型钢加固，全部为焊接结构。槽底和侧壁铺以炭块和耐火及保温材料，槽底为阴极，它由阴极炭块和埋设在炭块内的钢质导电棒构成。

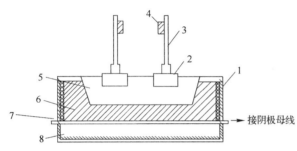

图 4.2　预焙阳极电解槽示意图

1—槽壳；2—炭阳极；3—铝导杆；4—阳极母线；
5—槽膛；6—阴极炭块组；7—阴极棒；8—底部耐火保温层

4.2 在电解槽的上方悬挂阳极炭块组，它包括阳极导杆、钢爪和炭块，导杆由方形铝棒制成，用夹具夹紧在阳极母线上，见图 4.2。上部机构由升降机构控制，能上下移动。

4.3 电解槽的母线是导电构件，由阳极母线、阴极母线和立柱母线组成。当由整流车间出来的直流电流通过母线通入电解槽时，冰晶石和氧化铝熔盐在 950℃ 温度下电解，阴极产物是铝液，阳极产物是废气，经净化后排出。

5. 施工工艺流程及操作要点

5.1　工艺流程

根据电解槽的结构特点可以把电解槽制作安装工程分为电解槽槽壳及金属结构制作、槽体安装、槽内衬砌筑、铝母线制作安装 4 个分项工程进行施工。各分项工程的工艺流程图见图 5.1-1～图 5.1-4。

5.2　操作要点

5.2.1　电解槽槽壳及金属结构制作

1. 槽壳制作

槽壳的制作包括槽底板的拼接、侧面壁板制作、端面壁板制作、附件的制作及整体的组焊。

1）下料

（1）材料使用必须符合设计图纸或技术条件规定的牌号、性能和质量应符合国家相应标准。自检合格后，定期到监理公司进行报验，得到批复后方能使用。

（2）材料在使用前要进行外观检查，有裂缝、缩孔、气泡、重皮、夹渣等缺陷的材料不得投入使用。

（3）所有型钢采用氧气乙炔切割，厚度小于 20mm，长度小于 2400mm 的板材用剪板机剪切，其余切割均用数控或半自动切割机切割。所有切割边缘必须清除飞溅物、毛刺和熔渣等。

（4）材料的平整工作应尽量采用机械进行。变形较大的可采用加热矫正自然时效（$T \leqslant 320$℃）或翼缘矫正机矫正，严禁直接锤击或急淬处理。平整后型材局部波状起伏不应大于 1mm/m，全长不应大于 1/1000，板带每米凹凸不平度应小于 1mm。

（5）制作零部件要用样板进行检验，样板尺寸不小于零件曲面的 1/2，二者间隙不大于 1mm。

2）槽底板的制作

由于此槽底板较大，最多允许拼接 4 块，尽可能采用定尺板拼接，拼接时，不允许出现十字焊缝，B、C 焊缝必须错开 500mm 以上，以减少应力集中，同时 B、C 缝应避开摇篮架安装位置。为确保焊缝的质量，下料采用半自动或多头切割机下料，每米不直度小于 0.5mm，外缘留有焊接收缩余量。

底板的焊接应该在平台上进行。施焊时，为了防止焊接变形，底板可采用埋弧自动焊（焊接顺序如图 5.2.1-1 所示），应先同时焊接 B、C 缝，然后再焊接 A 缝。为了保证埋弧焊的焊接质量，焊接要增加引弧板（规格为 100mm×150mm×12mm）。底板的焊接采用埋弧焊，焊接时先在纵向焊缝下垫一块条形板，使其提前沿焊接收缩相反方向预留出变形量，利用焊后收缩即可抵消预留变形量，使底板平整。对局部或少量未抵消的变形可用火焰加热进行矫正。

底板焊接应在平台上进行。施焊时，底板周围应用夹具夹紧，夹具间距 0.8m，待焊完自然冷却后，方可拆除夹具。

底板的焊接采用双面焊接，逐面进行施焊。由于底板外形尺寸过大，为防止在翻转过程中的变形，应制作专用的底板翻转胎进行翻转。

由于底板外形尺寸过大，为防止在吊装过程中的变形，应制作专用的吊梁（Ⅰ40 号工字钢）进行多点吊装（图 5.2.1-2）。

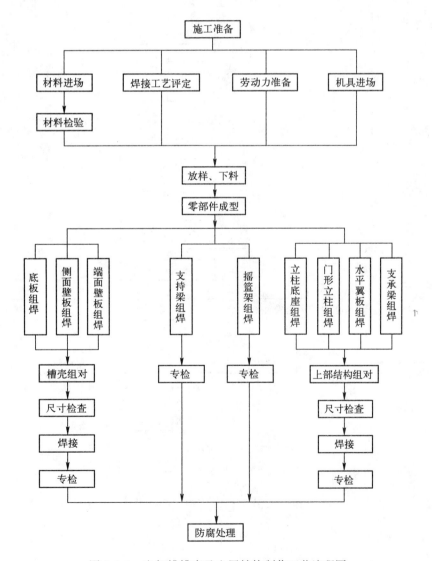

图 5.1-1　电解槽槽壳及金属结构制作工艺流程图

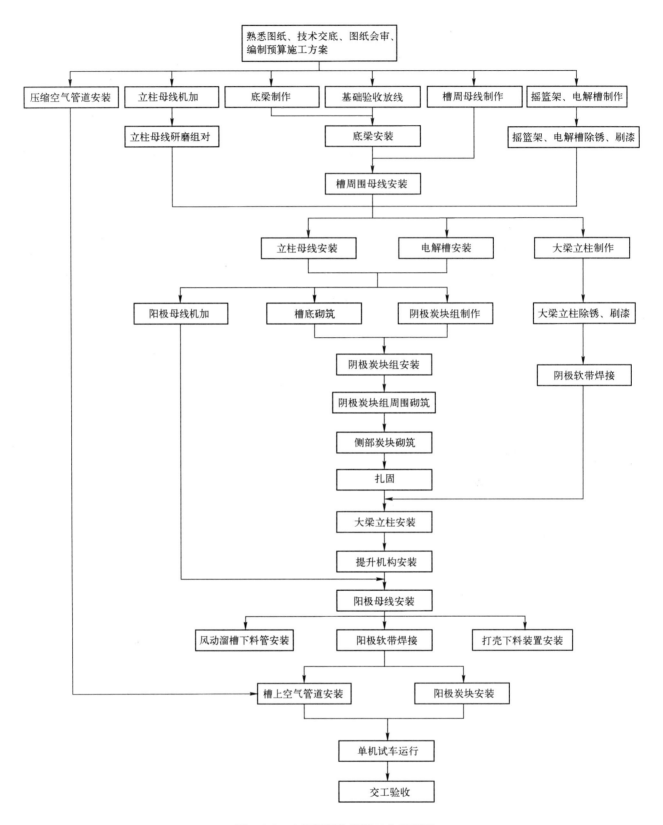

图 5.1-2 电解槽制作安装工艺流程图

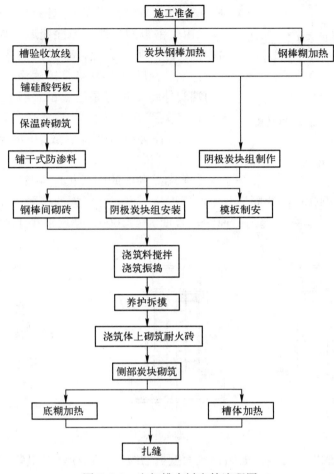

图 5.1-3　电解槽内衬砌筑流程图

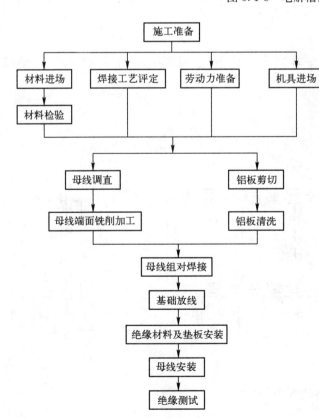

图 5.1-4　铝母线制作安装流程图

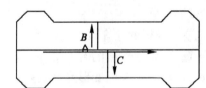

图 5.2.1-1　底板拼接组装图

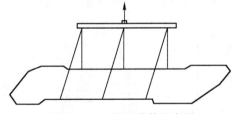

图 5.2.1-2　底板吊装示意图

3）端面壁板制作

（1）准确计算各弧板的弧线长度，精确放样。下料要严格准确。在下料时，应在端面壁板的立板中心线与圆弧中心线上打好钢印并用鲜艳的油漆标出，以免误差积累而致使尺寸超标。

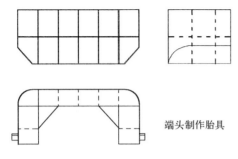

图 5.2.1-3　端头制作胎具

（2）胎具的加工准备，以图纸尺寸确定端头胎具弧度的大小，（由于钢板的塑性、弹性变形、焊接收缩等，致使胎具的曲率比实际要大，为此，胎具的曲率半径要比实际的曲率半径小，端头在胎具上组装焊接后由于焊接变形收缩造成脱胎后的端头外弧线正好是端头的设计尺寸）切记：胎具弧度的大小直接关系到端头的成品质量，为满足槽内壁尺寸误差－10～0mm，必须确保胎具成型的外弧线为－12～0mm。（图5.2.1-3、图5.2.1-4）

（3）端面壁板的圆弧板应在300t液压顶镐上进行上下模具的压制。压制时，应将圆弧中心线同模具中心线保持一致，在样板的检测下保证弧度的准确性。其左右两端的平行度要求为2mm，两端部与端面的垂直度为1/1000。端面壁板上的阴极钢棒孔必须在槽体组焊完成后进行钻孔。

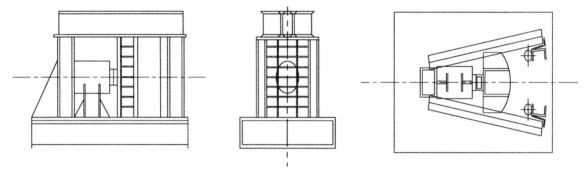

图 5.2.1-4　端头围板煨制胎具

（4）端头围板煨制完成后进行制作上胎，端面壁板的组对应在特制的组装胎上进行，将弧板用锲铁卡具采用强制固定法将其固定在组装胎具上，间隔不大于200mm，以减小在焊接过程中的变形，保证其外外形尺寸。

（5）端头壁板的允许误差：

端头壁板纵向变形的允许误差≤±4mm，内壁垂直度1/1000，内壁宽B＋0－10mm，内壁高H＋50mm，焊缝街头的变形允许误差≤±2.5mm。

4）长侧壁板制作

（1）长侧胎具的制作

根据图纸实际尺寸进行胎具的制作，如图5.2.1-5、5.2.1-6、5.2.1-7、5.2.1-8所示。

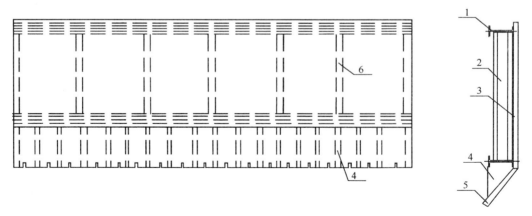

图 5.2.1-5　长侧组对胎具图

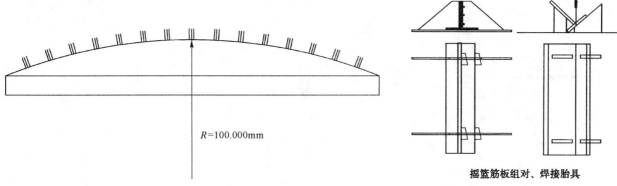

$R=100.000\text{mm}$

图 5.2.1-6 翼缘板与散热片的焊接专用胎具

摇篮筋板组对、焊接胎具

图 5.2.1-7 摇篮筋板的组焊胎具

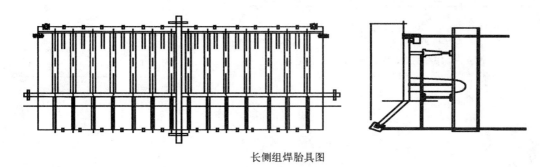

长侧组焊胎具图

图 5.2.1-8 长侧壁板组焊胎具

（2）翼缘板与散热片的组装

翼缘板与散热片的焊接在专用胎具上进行，由于焊接量比较大而且焊缝集中，为防止焊缝变形，特制作反变形胎具，进行应力消除，由于焊接密度较大，造成收缩量过大，为此在放线时必须从中间开始依次往两边累加收缩量。

（3）摇篮筋板的组焊

摇篮筋板在批量下料后进行部件的组合，组合在专用胎具上进行，组对完毕后放置到焊接胎具上进行，采用埋弧焊进行焊接。

（4）长侧壁板的组对

长侧板外形尺寸较长可采用钢板拼接，拼接长度不得小于500mm，拼接处打X形破口，双面焊接，其位置应远离角部300mm以上。下料时长度方向上应长出设计尺寸100mm，留有足够的收缩余量，还利于卡具的固定。

长侧组对在专用胎具上进行，用卡具卡死，按照放线尺寸进行组对，必须保证与放线尺寸的吻合，垂直对接的要用角尺检验，确保焊缝平直。

（5）长侧焊接

组对完成后进行焊接，焊接之前必须进行刚性固定，由于部件比较长，焊缝密集，变形不易控制，为更好地控制变形，必须采取合理的安装和焊接顺序，采取不同的焊接方向和顺序，如图5.2.1-9所示。

（6）长侧的检验调直

由于焊缝的单面集中，造成单面收缩，所以脱胎后的长侧，是呈由内向外的弯曲，利用氧气—乙炔火焰进行局部加热来矫正残余变形，加热到600～800℃钢板呈褐红色至樱红色之间，然后让其自然冷却。

长侧角变形采用机械矫正法进行矫直（图5.2.1-10）。

侧面壁板上的阴极钢棒孔应在侧面壁板拼焊完成后进行，以侧面壁板中心线为基准向两边画线。阴极棒孔中心距误差≤2mm，中心高误差≤±2mm。

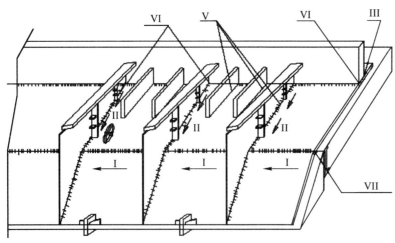

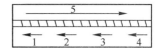

注：1. 整个长侧分4-6为段进行平行施焊。

2. 每一段施焊的顺序为Ⅰ→Ⅱ→Ⅲ→Ⅳ→Ⅴ→Ⅵ→Ⅶ。

3. 在每一条焊缝的施焊中采用分段退焊法进行。

4. 焊接完毕后，脱胎翻转清根进行施焊。

图 5.2.1-9　长侧焊接顺序图

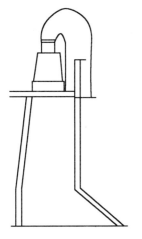

图 5.2.1-10　长侧角
变形矫直

（7）长侧部件的允许误差：

长侧板纵向变形的允差≤±3mm，内壁垂直度1/1000，内壁长±5mm，内壁高H+50mm，焊缝街头的变形允差≤±2.5mm。

5）槽壳的组焊

（1）槽壳的组对应在安装现场进行，在垫梁、底梁、底板安装完成后进行组对。在组对前，应先对侧面壁板、端面壁板及底板的平直度进行检测、矫正，方可进行组对。先把侧面壁板、端面壁板同底板点焊成一个整体，再对槽壳内壁尺寸（长、宽、高），对角线尺寸、壁板同底板的垂直度、底板水平度及槽壳上口水平弯曲度进行检测合格后，进行焊接。

（2）端头壁板与长侧壁板的组对是槽壳制造过程中最关键的连接，必须保证其焊接质量，为减小焊接变形保证几何尺寸，应根据焊接指导书的焊接顺序和反变形措施的焊接方法施焊。焊前检查所有焊接部位，并彻底清除焊接区内的铁锈、水及其他污物。端头与长侧的4条焊缝由4名焊工同时采用对称分段退焊法进行焊接，先焊外侧焊缝，让后背面清根，再焊内侧焊缝，然后焊接翼缘板对接缝和斜侧板与底板的角缝，接下来再焊短侧板结构的立筋板与底板的角焊缝，最后焊接底梁与底板，焊100mm隔200mm。为了防止焊接变形，焊斜侧板与底板的角缝时，焊前在地板上压一定的重物，底板与长侧壁板、端头壁板的焊接宜采用CO_2保护焊。

（3）焊完后，再对槽体各项尺寸进行检验、矫正，槽底板平整度的矫正采用加热矫正时效法，严禁锤击和急淬处理。

6）槽壳检验标准

（1）槽壳主要允许误差：

① 槽壳内壁尺寸允许误差：长±5.0mm，宽$^{+0}_{-10}$，高±3mm；

② 槽壳对角线允许误差$^{+2}_{-5}$mm；

③ 四立柱基座位置的尺寸允许误差：纵向中心距±2mm，横向中心距±2.0mm 对角线±2.0mm，相对平面高差2.0mm；

④ 阴极钢棒孔以槽中心线为基准向两侧定位检查，允许误差为：长度±2mm，高度以槽底为准±2mm，两纵侧阴极棒孔中心相对偏差<2mm；

⑤ 槽壳内壁垂直度 1/1000；

⑥ 槽壳上口水平弯曲度纵侧±3.0mm，端侧±2.0mm；

⑦ 槽壳底板不平度 1m 内＜1.0mm；

⑧ 槽壳所用型钢及钢板的拼接宽度或长度不得小于 1000mm，拼接面必须双面焊接，型钢的拼接应采用 45°斜接并加护板。

（2）槽壳制造允许误差：

短侧壁板纵向变形≤±4mm，同时符合 $B:^{+0}_{-10}$mm；

长侧壁板纵向变形≤±3mm，同时符合 L±5mm；

壁板竖向变形≤±3mm，同时符合 H＋50mm；

底板凹凸：槽壳底板不平度 1m 内＜1.0mm；

焊接头变形允差：≤±2.5mm；

槽壳端面不平度≤4mm；

槽顶高差≤5mm ；横向≤5mm ；纵向≤5mm。

7）焊缝检查

所有焊缝外观经目测检查，不得有咬肉、弧坑、表面气孔、表面裂纹和尺寸不符等缺陷。

2. 上部结构制作

1）支承梁制作

支承梁由对称的 2 个单梁组成。各单梁分体制作前，首先应将所用板材用平板机进行矫正；再根据放大样板采用多头切割进行下料；对梁的组对、焊接采用埋弧自动焊焊接。

支承梁各部位的允许偏差为：跨距允许偏差±2.0mm；总长旁弯＜5mm，否则，应予以矫正；也不允许出现下挠，允许从两端向中部均匀上拱 6~8mm。用翼缘矫正机对支承梁进行矫正。

2）水平罩板必须保持平整，不平度≤2/1000，下料时，应在纵横中心线上用洋冲做出标记。与支承梁连接的螺栓孔在与支承梁组装时同时打孔，罩板中的钢板可先下料、折弯，在支承梁与水平罩板连接好后，进行组对焊接。

3）在打壳下料系统的制作中，加工件较多，各加工件应提前制作。在料箱的制作过程中，上下口的同心度要严格控制，以保证下料器的顺利安装。料箱中的沸腾盘要用 0.6MPa 压缩空气进行试压，不得有漏气现象发生，并要有压力试验记录。

4）水平罩板与支承梁的组对在专用胎具上进行，以保证其与支承梁的垂直度及两支梁的平行度。两支承梁间距允许偏差±2.0mm，平行度＜2.5mm。水平罩板与支承梁组对完后，再组对焊接打壳矩形管及下料管，对打壳矩形管垂直度及 4 个矩形管中心的直线度应予以重视。焊接完并作出检查记录后，再组对其他钢板及筋板。

5）门形立柱制作要保证两立柱的间距（允许偏差±2.0mm）、高度（允许偏差±2.0mm），立柱与横梁垂直度及两立柱的平面度。

6）门形立柱与支承梁组对，要保证门形立柱与支承梁面的垂直度（≤1/1000）及两端立柱平行度、底部柱脚连接点水平误差（≤2.0mm）。

3. 焊接工艺

1）焊接材料

主要焊接材料见表 5.2.1-1。焊接材料必须要有出厂合格证。

2）焊工资格

所有焊工须经考试合格，取得相应的合格证书才能上岗操作。

3）焊接工艺参数

手工电弧焊、埋弧自动焊和 CO_2 气体保护焊的焊接工艺参数分别见表 5.2.1-2、表 5.2.1-3、表 5.2.1-4。

焊接材料表　　　　　　　　　　　　　　　　　　表 5.2.1-1

名　称	牌　号	规　格
手工焊焊条	E4303	$\phi 3.2$、$\phi 4.0$、$\phi 5.0$
CO_2 气体保护焊丝	$H08Mn_2Si$	$\phi 1.6$
埋弧自动焊焊丝	H08A	$\phi 4$
埋弧自动焊焊剂	J431	

手工焊焊接工艺参数　　　　　　　　　　　　　　表 5.2.1-2

焊条直径（mm）	焊接电流（A）			
	平　焊	横　焊	立　焊	仰　焊
$\phi 3.2$	100～140	100～130	85～120	90～130
$\phi 4$	160～180	150～180	140～170	140～170
$\phi 5$	190～240	170～220		

埋弧焊焊接工艺参数　　　　　　　　　　　　　　表 5.2.1-3

焊条直径（mm）	焊接电流（A）	焊接电压（V）	焊接速度（cm/min）
$\phi 4$	620～700	32～38	25～40

CO_2 气体保护焊焊接工艺参数　　　　　　　　　表 5.2.1-4

焊丝直径（mm）	焊接电流（A）	焊接电压（V）	焊接速度（cm/min）	气体流量（L/min）
$\phi 1.6$	170～240	34～36	34～45	18～20

5.2.2　电解槽安装

在电解槽各部件安装之前，应先在车间内安装 20t 双梁桥式起重机 1 台和 5t 单梁桥式起重机 2 台，以供安装电解槽时使用。并应预先做好基础验收工作，基础检查验收按《混凝土结构工程及验收规范》GB 50204—2001 验收，内容包括标高、位置、强度等。其中电解槽混凝土支承墩的标高应保持在 H^{+0}_{-5} mm 范围内。

预焙阳极电解槽安装主要部件有：底梁、槽壳、上部结构、阴极母线、阳极母线、打壳下料装置等。

1. 基础找平

1）基础顶面必须保证水平和平整光滑，无裂纹，检查凹凸度时，直尺应交叉测量。

2）支墩中心部位 350mm×350mm 范围以内必须平整，无空鼓，标高误差－5mm～0，如有不平或倾斜必须凿平保证绝缘块受力均匀。

2. 底梁安装

底梁工字钢在安装前必须逐根调直，工字钢不允许出现严重扭曲、旁弯、侧弯的现象，底梁安装应符合以下要求：

1）工字钢旁弯全长弯曲小于 2mm。

2）工字钢安装在绝缘块上后检查工字钢纵向、横向中心线应与测量中心相吻合，允许偏差≤2mm。

3）安装标高允许偏差 3mm，两根工字钢标高允许误差≤2mm，其中心与基础中心线偏差≤2mm。

4）检查底梁工字钢与绝缘块是否全部接触，受力是否均匀。如果绝缘块与工字钢有间隙，必须用薄钢板垫实，检查底梁是否有掉角失稳现象。

3. 槽壳组装及安装

1）施工顺序：基础验收放线→支撑梁安装→底梁、端部底梁安装→底板铺设→端头、长侧安装→槽壳焊接→槽壳修复检验→验收。

2）基础验收放线

基础验收时，按《混凝土结构工程及验收规范》GB 50204—2001 验收，依照土建单位所提供的车间纵、横中心线及相应标高，对电解槽各基础支敦的标高应保持在 H0～3mm 范围内。

两槽体中心线纵向距离为 6400mm，以土建基准确定第一台槽体中心线，为避免出现累计误差，以第一台槽体中心线为基准，向另一侧逐台确定中心线位置，在水泥平台外沿标出中心线位置，以红漆箭头标识，并用粉线拉出整个槽体横向中心线。

3）支撑梁的安装

（1）在基础上面安装绝缘物：高分子绝缘板 2 层，规格 230mm×230mm×65mm；石棉板 1 层，规格 230mm×230mm×10mm；钢板 1 层，规格 230mm×230mm×18mm；环氧酚醛层压玻璃 1 层，规格 230mm×230mm×2mm。

（2）由于基础标高高低不一，为了满足电解槽的标高要求，可采用厚 0.8mm、1.6mm、2.3mm 3 种不同厚度的钢板作为调整垫片。为了保证支敦标高 H+0－2mm，3 种厚度的调整垫片按实际情况任意组合。标高调整完毕后利用水准仪进行检测，确保各垫块上平面标高 H+0－2mm。

（3）为了不损伤绝缘垫层，应将支持梁缓慢地吊放在绝缘垫上，并使支持梁中心与基础中心线相重合。

（4）在绝缘支墩上安装长为 15200mm 的 25b 号工字梁，标出工字梁的中心线，且使工字梁中心线与槽体纵向中心线对齐。架设 3340mm 的 20b 号工字梁，用螺栓固定好，标出 20b 号工字梁的中心线，用铅垂线缀吊支撑梁的横向中心线，使 20b 号工字梁中心与槽体横向中心线对齐，支撑梁中心线与槽体中心线允许偏差±1mm，支持梁中心线支撑梁上表面标高允许偏差 H±0－2mm。支撑梁跨度值 3340±10mm，对角线允许偏差 7mm。

4）按图纸要求进行各底梁、端部底梁安装，安装前按各底梁中心线、端头底梁中心线，以槽壳横向中心线为基准依次安装。

5）底板铺设

（1）在放置槽底板时主要注意槽底板的纵横中心线要和槽体的纵横中心线对齐，槽体的纵横中心线都要反映在底梁上。

（2）用底板专用吊装胎具进行吊装就位，保证其纵向中心线与摇篮架中心线重合。

（3）在槽底板上放线，放出端头和长侧位置线，以底板纵向中心线向两边放线，放线距中线 7340mm，即为端头位置线。

6）端头、长侧安装允许偏差

（1）端头中心对齐槽底板中心线，允许偏差±2mm。

（2）端头壁板的垂直度偏差≤1/1000，即不大于 1.5mm。

（3）端头壁板的内侧线压在已放好的两端端头线上。

（4）使斜侧舌头板板外侧线压在两端长侧线上。

7）槽壳焊接

（1）由于焊缝集中且焊接量较大，必须采用合理的施焊顺序为防止槽壳变形采用机械固定法进行强制固定（图 5.2.2-1）。

（2）在底板上用提前预制的阴极钢棒进行机械压制，防止变形。

（3）焊接工艺

① 在槽子调整完毕后，进行焊接加固，如图 5.2.2-2 所示。

② 加固完成后先焊槽子四道立缝处的横焊缝，如图 5.2.2-3 所示。

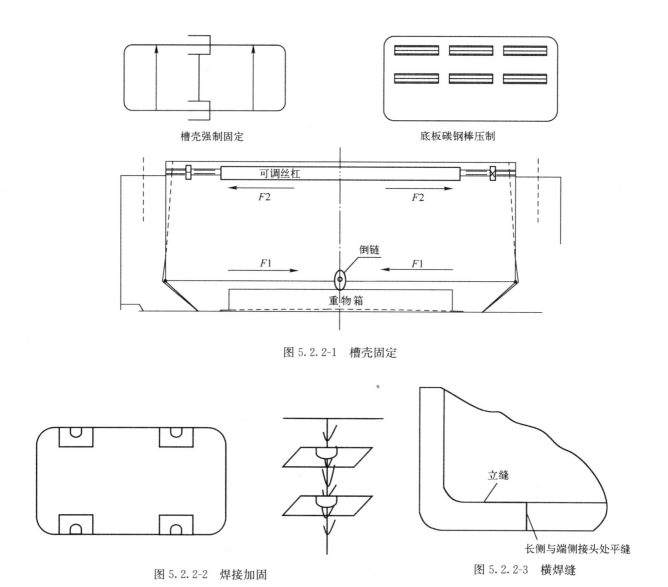

图 5.2.2-1　槽壳固定

图 5.2.2-2　焊接加固

图 5.2.2-3　横焊缝

③ 横缝焊完后，先焊四立缝的外侧，外侧焊完后利用碳弧气刨在内侧进行清根，清根完毕后利用砂轮片进行碳化层的处理，处理完毕后进行内侧的焊接。

④ 四立缝内侧焊接完毕后，焊接长侧与端头的焊缝，先外后里。

⑤ 焊接长侧、端头与底板的船形焊缝，先外后里。由于焊缝较长采用对称焊接法，在各自的每一端区域内进行逐步退焊法、跳焊法等，减小局部加热的不均匀性，从而控制和减小焊接的变形。

⑥ 船形缝焊接完毕后进行摇篮筋板与工字钢的焊接。

⑦ 焊接完毕后进行底板与底梁焊接。

⑧ 焊接完毕后进行槽壳的修复调整。

4. 上部结构安装

1）上部金属结构安装应在槽壳内衬砌筑完毕，并验收合格后，母线焊接之前进行。上部结构安装应符合以下要求：

（1）在组装场地，将门形立柱、板梁及水平罩板组合成一体经复核无误后进行安装。

（2）根据槽壳纵横中心线，划定立柱底板中心，放置绝缘板。

（3）板梁中心与槽中心的允许偏差，纵向±5.0mm，横向±2.0mm，板梁保持水平，倾斜度<1/1000，高度偏差±5.0mm。通过调整钢垫板来安设立柱基座。

2）提升机构的安装

提升机构的安装应符合下列要求：

(1) 安装减速器时应以电解槽中心为基准，允许偏差±2mm。

(2) 提升机构连杆必须保持在同一轴线上。

(3) 安装电动机底部的绝缘件时，必须清除污染物和金属毛刺，防止绝缘件破损。

(4) 各传动部件在组装前必须进行检查，必要时进行清洗，重新组装，以保持其运转的灵活性。

(5) 传动机构安装后，应检查其传动的灵活性。气缸同步性应保持一致，行程应为 550mm。

(6) 组装后应连续进行无负荷试运转，升降 3～4 次，检验其传动件的啮合情况。

(7) 无负荷试运转后，进行负载试运转，连续升降运行 10 次，检验其传动件的啮合磨损情况及上部板梁的承载情况。

3）风动溜槽下料管的安装

风动溜槽下料管的安装应符合下列要求：

(1) 检查连接部位的平整度。

(2) 保证各连接部位的密封性能，不得有漏气和漏料现象。

(3) 风动溜槽中心线与槽壳中心线平行度允许偏差为±3.0mm，下料管的允许偏差为±2.0mm。

4）阳极母线安装

阳极母线安装应符合下列要求：

(1) 悬挂阳极母线，注意各部位的绝缘件的安装，阳极母线水平及垂直允许偏差为：水平度 ＜2.5mm，垂直度＜0.5mm。保证加工面光洁度不受损坏，不准有油污或其他污染物。

(2) 借助临时支承把阳极母线架起，阳极母线中心线必须与板梁中心线吻合，偏差为±1.0mm。

5）阳极炭块组安装

利用车间内的天车进行阳极炭块组的安装，安装时要注意炭块的保护。

6）打壳气缸及锤头的安装

检查气缸的灵活性和气密性，气缸中心线与槽中心线间的允许偏差为±2.0mm；以板梁上表面为基准，高度偏差为±5.0mm。

5. 空气配管的安装

1）电解槽槽上空气配管严格按设计院提供的《电解槽气控原理图》进行配管连接，车间空气配管中的绝缘节不得随意减少，管道的安装必须牢固、整齐、美观。

2）软管的衔接长度应尽可能缩短，但必须保证软管弯曲半径大于 10D（D 为风胶管直径）。

3）车间及槽上压缩空气管路试验压力 1.0MPa，试压 30min，压力下降不大于 5% 为合格。

4）电解槽槽上空气配管，应预安装 1 台，检查合格后再成批下料制作安装。

6. 槽间盖板安装

槽间盖板安装要求平稳，并与带电体有良好的绝缘。

7. 槽罩安装

槽罩框的焊接用氩弧焊工艺，焊缝光滑饱满。板面与框的连接，采用抽芯铆接，要求平整紧密，注意绝缘部件的保护。

8. 电解槽的绝缘

电解槽的绝缘至关重要，它一旦被破坏带来的后果是非常严重的，所以应给以足够重视，每台电解槽槽壳均应有对地绝缘电阻值的测量记录。各部分的绝缘电阻值应符合以下要求：

1）电解槽上部结构各部件间及上部结构与阴极装置间的绝缘电阻不小于 2.0MΩ。

2）单台电解槽槽壳对地绝缘电阻值不小于 1MΩ。

3）系统电解槽对地绝缘电阻值不小于 0.1MΩ。

5.2.3 电解槽内衬砌筑

电解槽内衬砌筑应在电解槽槽壳安装完毕，经检查合格、签发工序交接证明书后进行。砌筑所用各种材料必须符合相应技术文件要求，且有产品合格证、材质书，严格按有关规定进行检查验收。施工环境温度应高于 5℃，所有材料温度保持 0℃以上。

电解槽内衬主要包括槽底砌筑、防渗料振捣、阴极炭块组制作、阴极炭块组安装、阴极炭块周围浇筑、侧部炭块砌筑、扎缝等。

1. 基础放线

槽壳清理干净后，根据电解槽内衬施工图进行基础放线工作。找出窗口中心的水平线，在四周弹出墨线。槽底的标高与水平，以窗口水平中心线为准。

2. 槽底砌筑

1）铺硅酸钙板应符合下列要求：

（1）硅酸钙板的接缝小于 2mm，所有缝间用氧化铝粉填满，硅酸钙板与槽壳间隙填充耐火颗粒，粒度小于 5mm。硅酸钙板的加工应用钢锯切割。

（2）根据槽底变形情况允许局部加工硅酸钙板，但加工厚度不大于 10mm。

2）轻质保温砖砌筑（干砌）应符合下列要求：

（1）第一层保温砖在绝热板上进行作业，立缝要求小于 2mm，并用氧化铝粉填满，不准有缝隙，保温砖与侧部绝热板间用耐火颗粒填实，粒度小于 5mm。

（2）第二层保温砖与第一层保温砖应错缝砌筑；所有砖缝用氧化铝粉填满。保温砖与侧部硅酸钙板间填充耐火颗粒，粒度小于 5mm。

（3）保温砖加工采用机械加工。

3）铺干式防渗料，在保温砖上面要求铺平夯实。

（1）防渗料为松散的干料，施工时直接倒入槽底，摊平分 4 层铺料，分层用振动器振密实。槽底四周砌砖一定要认真操作，水平度一定要符合要求，要分段拉线砌筑，随时用 2m 靠尺和水平尺检查，最上一层防渗料施工时要拉线与四周的砌砖找平。

（2）夯实完毕后按预先划好的基准线测量 9 点，槽底水平误差要求≤±2mm。槽底砌筑总高度允许误差为±1.5mm，局部超出标准可进行修理，以保证阴极炭块安装尺寸。

3. 砌筑保温砖

1）砌筑保温砖按预先划好的基准线进行作业，以便调整砌筑偏差。第一层保温砖为干砌，由中央向两端进行，立缝小于 2mm，并用氧化铝粉填满填实。第二层保温砖用耐火泥湿砌，由中央向两端进行，立缝小于 2mm，并与第一层砖错缝砌筑，两层间水平缝小于 3mm。

2）第二层砖 5m 范围内 3mm 的立缝不准超过 10 处。

3）砌筑操作应用木锤或橡皮锤操作。槽底砌筑完毕后将砖面上的泥浆清理干净，四周用耐火颗粒填平填实。

4. 阴极炭块组制作

1）组装前，要对阴极炭块加热，组装时用压缩空气将炭块槽内杂物及灰尘吹净。阴极钢棒采用喷砂除锈，除锈后表面应露出金属光泽，然后进行加热，组装时表面不准有灰尘。

2）阴极钢棒轴向中心线必须与炭块钢棒槽轴向中心线吻合，偏差不准超过长度的 1‰，即不大于 5mm，钢棒组装后总长度偏差不大于 15mm，弯曲度不大于 3mm。

3）糊粉分 8 次加完，每次加糊后用刮板刮平再捣固，要求捣固两个往返，捣固后与炭块表面呈水平，表面整洁，不准有麻面。捣固压缩比（1.55～1.6）：1。捣固时风压不低于 0.6MPa。组装后测量炭块与钢棒表面，平行度公差值为 3mm。

5. 阴极炭块组安装

1）将砌筑完毕的槽底干式防渗料表面清扫干净，按预先划好的作业基准线进行安装作业，以槽中心为准，由中央向两端进行。

2）炭块组周围和底面浮粉及杂物用钢丝刷清理干净，炭块组两端钢棒预先安装好挡板，钢棒与窗口间隙不小于 5mm。

3）调整炭块组时阴极钢棒不得受力。严禁损伤炭块、钢棒及挡板，安装要平稳，不平处可用粉料垫平。

4）用钢丝绳吊运炭块时，受力部位必须采取措施垫好，以防损伤炭块。

5）相邻炭块间距 40mm，相邻炭块就位，用样板控制，测定 3 点，一般控制在 40±2mm，然后取下样板用木楔临时固定。

6）就位时，钢棒应放在窗口中央，阴极钢棒中心线与槽壳窗口中心线偏差为 ±3mm，阴极钢棒挡板紧贴在槽壳钢板上，间隙用水玻璃石棉腻子塞满。腻塞棒孔后，炭块组不移动，如需移动，窗孔间隙重新腻塞。

7）水玻璃石棉腻子密封料的配比，按重量比，水玻璃：石棉腻子（石棉粉 70％＋石棉绒 30％）＝1：1.5，混合均匀后再使用。

6. 阴极炭块周围砌筑

1）四周紧靠槽壳立砌 65mm 两层黏土质隔热耐火砖，采用湿砌，砖缝 3mm。靠槽壳侧用泥浆找平，砌筑高度同轻质浇筑料高度。

2）浇筑轻质浇筑料

（1）浇筑轻质浇筑料应支模板，保证轻质浇筑料至阴极炭块的距离为 50mm。轻质浇筑料与水配比为 1：0.55～0.6。

（2）轻质浇筑料用插入式振动器振动，振至表面露出浮水为止，振动器提起时应避免留空洞。

（3）浇筑完毕，水平倾斜不大于 5mm，其表面不平度不大于 2mm。用草袋覆盖养护，时间不少于 24h。

3）砌筑黏土质隔热耐火砖

待浇筑体干燥后，浇筑体上用耐火泥浆找平。砌筑一层 65mm 隔热耐火砖，砖缝 3mm，泥浆饱满，为砌筑侧部炭块做好准备。

7. 侧部炭块砌筑

1）砌筑前将槽壳上的污垢和周围砖表面上的泥浆清理干净，准备砌筑的炭块也要预先磨平。

2）侧部炭块砌筑为干砌，必须从角部开始作业，立缝小于 0.5mm，水平缝小于 5mm，错台小于 5mm，侧块背部紧贴槽壳钢板。

3）侧部炭块砌筑时，两个长向方向的填加条块长度不应短于侧块宽度的 2/3 宽度，且应布置于槽壳长向的 1/3 位置，两边应互相错开。

4）砌筑和调整侧部炭块应使用木锤或橡皮锤敲打，严禁使用金属锤，以防止损伤炭块。

5）侧部炭块与槽壳间缝隙用耐火颗粒填塞，顶部用炭胶抹平。

8. 扎缝

1）扎立缝应按以下要点进行操作：

（1）阴极块加热前应用压缩空气将槽内清理干净，然后进行加热作业。

（2）立缝加热用电加热，冬季加热时间不少于 12h，夏季加热时间不少于 10h，加热温度 100±10℃（具体温度根据产品说明书）见表 5.2.3-1。扎固铺糊前再次进行吹风清扫。测量阴极炭块加热温度，每个炭块各测 3 点。

（3）阴极炭块立缝均涂一层稀释煤焦油，厚度 0.5mm 左右。

（4）按量加糊，应用样板刮平，再进行扎固作业，每层扎固次数不少于两个往复，立缝分 8 次扎完，每次厚度见表 5.2.3-2，操作点的风压不低于 0.6MPa，压缩比不低于 1.6：1。

（5）扎固炭帽要在模板内进行，以防损坏炭块。炭帽应高出阴极炭块上表面 5mm。宽度 40mm，铲去炭帽两侧毛边并用手锤压光使之表面平整、光滑。

立缝与糊的预热温度（℃）   表 5.2.3-1

项　　目	阴极炭块温度	宽缝糊温度
预热温度	85～110	90～115
最适宜温度	100	100

立缝捣固厚度（mm）　　　　　　　　　　　　　　　　　表5.2.3-2

层次	一次	二次	三次	四次	五次	六次	七次	八次
捣固厚度	60	60	60	60	60	50	50	50

2）扎固环缝按以下要点进行操作：

（1）环缝加热应用火焰加热器烘烤，加热前应进行吹风清扫，加热温度为90～110℃。

（2）凡与糊接触部位均涂一层稀释煤焦油，厚度为0.5mm左右。

（3）扎固之前首先将阴极钢棒底塞实。环缝分8次扎完，每次厚度见表5.2.3-3。先扎立缝，扎两层后开始扎环缝，以后扎一层立缝，再扎一层环缝。环缝第七次开始捣固斜坡，斜坡高度200mm，工作点风压不低于0.6MPa，压缩比不低于1.6：1。注意不要把耐火砖与浇筑料棱角砸坏。

（4）扎固坡面时，为使层间衔接牢固，用爪形捣锤把表面打成麻面，然后再铺糊扎固。周围糊接头处用火焰加热烘烤，不准将糊烧成炭化物。

（5）槽体扎缝应连续扎固完成。因特殊情况不能连续完成时，应重新将槽体加热至100±10℃，再按顺序进行扎固。

（6）捣固后表面光滑、平整。

捣固厚度（mm）　　　　　　　　　　　　　　　　　表5.2.3-3

层次	一次	二次	三次	四次	五次	六次	七次	八次
捣固厚度	75	75	75	75	60	55	55	55

5.2.4 铝母线的制作安装

1. 铝母线调直加工

1）铸铝母线表观应平整，不得有气孔、夹渣、横向裂纹等缺陷，内部应密实，质体均匀，不加工表面水液纹高度不得超过1mm，横向裂纹长度不得超过10mm。

2）铸铝母线尺寸公差见表5.2.4-1。

3）铝板表面应光滑、平整，不得有气孔、夹渣、重皮和折裂等缺陷，尺寸公差为±1mm。

4）母线调直前，必须检验其外观尺寸，合格后方可调直、加工。

5）母线调直除死弯外，其余弯曲必须矫正，使其每米内弯曲度小于1mm。

6）母线加工铣端面，必须先放线，并确认无误后，方可锯切或铣端头，加工后写清加工误差。

7）母线调直必须在胎具上进行，对于较薄的可以垫上木头用大锤调直。

8）调直后的母线，必须按规格摆放整齐。

9）铝板剪切，必须进行编号，分类堆放。

10）阳极母线加工，采用龙门铣进行加工，而且必须是一次对刀，一次铣完整根母线，其粗糙度≤3.2μm，钻孔中心线应垂直，中心线的倾斜度不得大于0.5mm，孔中心距的误差不大于0.5mm。加工后的阳极母线应保护加工面，摆放要防止变形。

11）立柱母线加工，钻孔必须有胎具，钻孔一定要垂直，必须保证钩头和丁字头全部接触，之间的间隙要保证一致，把误差留到焊口处处理；短路口母线加工，钻孔必须以与母线支墩就位的一端为准加工，把误差和不平度留到焊口处处理。

12）立柱母线加工铣平面，必须时常调整铣床的精度，避免给研磨增加难度。锯切时，一定要控制好铣面的余量，并且一定要有胎具或时常测量，避免锯切错误，造成材料浪费。

2. 软带制作

1）软带检查：表面应光滑、平整，不得有气孔、夹渣、重皮和折裂等缺陷，依据图纸给定尺寸剪切，尺寸公差为±1mm。

铸铝母线尺寸公差（mm） 表 5.2.4-1

规　　格	厚	宽	平面	侧面	端面宽方向	垂直度	长度	扭曲	铸造圆角
550×200	+20	±3	±3	±2	±2	±2	±2 0	±3	R10
550×190	+20	±3	±3	±2	±2	±2	±2 0	±3	R10
460×220	+20	±3	±3	±2	±2	±2	±2 0	±3	R10
400×40	+20	±3	±3	±2	±2	±2	±2 0	±3	R5
400×100	+20	±3	±3	±2	±2	±2	±2 0	±3	R5
400×400	+20	±3	±3	±2	±2	±2	±2 0	±3	R5
190×190	+20	±3	±3	±2	±2	±2	±2 0	±3	R5
380×270	+20	±3	±3	±2	±2	±2	±2 0	±3	R5
200×200	+20	±3	±3	±2	±2	±2	±2 0	±3	R10

注：1. 平面弯曲和侧面弯曲系数每米的值。

2. 扭曲系数指任一米。

3. 长度系数指用于切割后的长度不大于 10m 的母线。

4. 阳极母线采用 550×180 规格母线，按施工要求加工制作。

2）软带剪切，必须在钢板和槽钢上甩平整，并点焊整齐，且只能点焊一头，避免影响软带焊接成型。

3）短路口软带不需要上胎具成型，在焊接时进行成型处理。阴极软带和阳极软带需在胎具成型，弧度必须符合设计要求。

4）软带对焊，封头焊长度应统一，一般为 40mm。

5）软带成型后，必须按规格种类打包。

3. 立柱母线研磨

1）研磨必须用研磨平台进行，研磨平台必须稍大于研磨面积。

2）研磨好后，用丙酮或四氯化碳擦洗，然后用抛光机抛光，最后用白布擦干净，拧紧母线螺栓，并测量接触面电压降。

3）研磨时，应先用三角刮刀把螺栓孔上的加工铝屑刮掉，再开始刮研。

4）紧固研磨面的同时，应在研磨件上垫钢板斜敲和正击，确保研磨面的紧密，以减小电阻造成的电压降。

5）研磨件电压降在通 2000A 电流时，丁字头应控制在 0.03mV 以下，短路口应控制在 0.05mV 以下。

4. 母线安装

1）母线的安装，主要是焊接变形的控制和焊接质量，由于母线的变形几乎是不可调整的，所以在焊前的反变形和强制变形就显得相当重要。强制变形主要用 200～300mm 的短丝杠和 U 形钢板夹加楔子为主；反变形主要以 10～40mm 之间的值选取。

2）焊接时，首先将铝板与母线连接两侧加工出 45°坡口，与铝板连接的母线，必须用角向磨光机清除氧化物后方可施焊，并且铝板边必须用钢丝刷刷去氧化层，而且每焊一遍必须用钢丝刷清除黑点及飞溅物，焊完把焊缝清理干净。（图 5.2.4-1）

3）在胎具上组对的母线，也应有相应的反变形，胎具所用钢板，最好用 δ＝20mm 以上的，槽钢用Ⅰ16 号以上的，并且在焊口处要特别加固。以下分别为：端头母线组装示意图、槽侧母线示意图（图5.2.4-2）。

4）母线组对也可以利用电解槽的边缘进行，焊接时在上面压上两根母线并采取适当的反变形即可。

5）安装前应检查母线支墩，相连接母线支墩的标高应一致，相差不应超过2mm。这样可以保证安装质量。

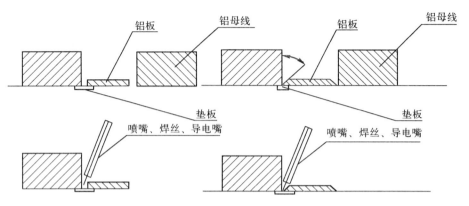

铝板开破口前后与铝母线焊接前后对比

图5.2.4-1　铝板开坡口前后与铝母线焊接前后对比

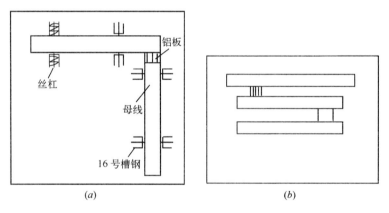

图5.2.4-2　端头母线组装示意图、槽侧母线示意图
（a）端头母线组装示意图　（b）槽侧母线组装示意图

6）由于母线设计为逐层安装，所以在安装时必须理清施工顺序，在后一道工序施工时，前一道工序必须安装完毕。

7）阳极母线待上部结构安装合格方可进行，其绝缘检查必须在未焊前进行，其反变形量在1mm以内。

8）焊缝必须焊透、熔合，其表面必须饱满、均匀，不允许有裂纹、夹渣、气泡、咬边等缺陷，焊缝咬边深度≤0.5mm，长度不应超过总长的10%。

9）焊缝用直流电焊机检查，通1000A电流，测距250mm，母线本体也同为250mm，焊缝的电阻与同等截面母线相比，相差在5%～6%以内。

10）爆炸块要进行外观检查，厚度公差为52±1mm，其中铝板12±1mm，常温下通300A电流，电压降不得高于2mV。

11）焊接时，先组对点焊，检查合格后再进行焊接，在焊接过程中要不断检查质量、调整焊接条件。

12）焊接分两次焊完，第一次时主要是熔透铝板，同时也必须熔透母材，然后再焊第二遍。

13）焊口封焊必须一致，宽度应为12～14mm之间。

14）焊接前，要调整焊接条件，试焊合格后方可在母材上施焊。

15）爆炸焊块同软带焊接时，不能同时连续施焊，至少以 6 组为一个单位（可以更多），来回进行焊接。

16）焊接时，遇见软带和铝板质量无法达到焊接质量时，必须停止施焊，等解决后方可施焊。

17）焊工焊接前，必须经组对人员认可，组对合格后，方可施焊。

18）焊接时工艺参数

板厚 10mm：焊丝直径 ϕ1.6mm；焊接电流 270～390A；焊接电压 24～30V；氩气流量 26～30L/min。

19）母线安装允许偏差：槽纵侧母线安装长度 ±6mm，槽端侧母线安装长度 ±10mm。

20）斜立柱母线安装长度允许偏差 ±10mm。

21）槽周母线的侧面与水平面垂直度不得大于 0.5%。

22）母线安装高度允许偏差 0～－10mm。

23）母线安装间隙允许偏差 ±3mm。

24）阳极母线必须保证母线平行误差在 ±2mm 范围内，母线和阳极导杆把接处之间垂直度为 0.5mm，阳极母线中心线必须与板梁中心线吻合，偏差为 ±1mm。

6. 材料与设备

6.1 主要施工机具设备见表 6.1
6.2 主要检测设备见表 6.2

主要施工机具设备 表 6.1

序 号	机械或设备名称	型号规格	数 量	产 地	额定功率	备 注
1	双梁桥式起重机	20t/5t	2 台	河南		
2	汽车吊	8t	2 台	安徽	31 马力	
3	汽车吊	25t	1 台	日本	100 马力	
4	龙门吊	Q=5t	2 台			自制
5	顶镐	300t	2 台	河南		
6	气保焊机	NB－500	28 台	北京	45kW	
7	埋弧焊机	N2A－1000	4 台	成都	22kW	
8	剪床	12×2000	1 台	甘肃		
9	剪床	6×1500	1 台	甘肃	11kW	
10	平板机		2 台	太原		
11	卷板机	22×2500	2 台	太原	14kW	
12	半自动切割机	SAC－B	6 台	成都		
13	多头切割机		1 台	成都		
14	喷砂除锈机	HXP－YIA	1 台	北京		
15	摇臂钻床	ϕ50	2 台	沈阳	7kW	
16	翼缘矫正机	HYJ－40	1 台	成都		
17	混捏锅	2000L	1 台	西安		自制
18	混捏锅	500L	2 台	西安		
19	槽体加热器		4 台			自制

续表

序　号	机械或设备名称	型号规格	数　量	产　地	额定功率	备　注
20	捣固机		30 台		5.5kW	
21	净扫器		6 台			
22	切砖机		2 台	河南	7.5kW	
23	磨砖机		1 台	河南		
24	搅拌机	2m3	6 台		18kW	
25	振动器		8 台			
26	碳块切割机		2 台			
27	摇表	500MΩ	1 台			
28	万用表	DT9503	1 块			
29	桥式起重机	20t	2 台			
30	角向磨光机		6 台			

主要检测设备　表6.2

序　号	名　称	规　格	单　位	数　量
1	水准仪	DSC280	台	2
2	经纬仪	J6—2	台	1
3	直流电焊机	2000A	台	2
4	钢卷尺	50m	把	3
5	钢卷尺	5m 以内	把	30
6	宽座角尺	315×200	把	5
7	钢直尺	2m 以内	把	20
8	游标卡尺	300mm	把	5
9	塞尺	0.02～1.00mm	把	5
10	超声测厚仪		台	2
11	焊接检验尺	40mm	把	5
12	压力表	Y—100，1MPa	块	6
13	红外线测温仪	MX	台	1
14	兆欧表	0—500V	块	4
15	接地电阻测试仪	VC4105B	块	2
16	钳形电流表	MT201C	块	2
17	数字万用表	SC1213	块	3
18	X射线探伤机	XXQ—2005	台	2
19	超声波探伤机	UT900	台	2

7. 质量控制

7.1 质量保证措施

7.1.1 工程开工前，由项目技术负责人组织技术质检部门编制施工组织设计和质量计划、专项技术措施、方案，以更好地指导施工，控制施工质量。

7.1.2 工程施工必须严格按国家现行的有关施工验收规范，认真贯彻执行国家质量检验评定标准，对分项工程应制订专项施工措施。

7.1.3 对精密、易损设备的吊装应根据现场情况制订专项吊装方案。

7.1.4 认真执行公司《检验、试验和测量设备管理制度》及质量保证体系中《检验、试验和测量设备》控制程序，未检定的计量器具一律不准用于工程。

7.1.5 根据工程进程，质检部门依据"QG/JA 04.02 质量检查点标准"规定的工艺控制点及"QG/JA 04.01 质量检查方法标准"及时检查，做好检查记录，对质量缺陷查明原因及时反馈给有关人员、部门采取纠正和预防措施。

7.1.6 施工中严格按编制的"施工工艺质量控制网络"设置的控制点，配置相应规格、数量、精度的计量检测工具进行检测，并按要求填写施工记录表。

7.2 执行标准

7.2.1 《钢结构制作施工规程》YB 925—93。

7.2.2 《钢结构工程施工质量验收规范》GB 50205—2001。

7.2.3 《现场设备、工业管道焊接工程施工及验收规范》GB 50236—98。

7.2.4 《机械设备安装工程施工及验收通用规范》GB 50231—2009。

7.2.5 《工业安装工程质量检验评定统一标准》GB 50252—94。

8. 安 全 措 施

8.1 现场安全管理

8.1.1 全部施工过程必须贯彻"安全促进生产、生产必须安全"的原则和"安全第一、预防为主"的方针，提高全员安全意识和自我保护能力。

8.1.2 所有职工都必须严格执行和遵守规程、规范、规定，做到"不违章指挥，不违章操作，不违反劳动纪律"，必须严格执行先培训、后上岗的制度。

8.1.3 特殊工种作业人员必须持证上岗。

8.1.4 遵守《施工现场十项安全技术措施》和集团公司《施工现场基础管理试行标准》，坚持正确使用"三宝"。

8.1.5 施工现场吊装作业必须严格遵守"十不吊"规定，吊装作业中应设禁区，并设明显标志。与施工无关人员不得进入施工区域。

8.1.6 按照《建筑施工高处作业安全技术规范》要求，做好"四口"、"五邻边"的防护，做到防护牢固可靠。

8.1.7 安全通道必须有路标指示，进、出口处应有防护设施。

8.1.8 施工机械进场，必须经检查合格，方可使用。实现专人管理并操作，操作人员应持证上岗。

8.1.9 施工现场临时用电必须按《施工现场临时用电规范》JG 46—2005 执行。

8.1.10 在有限空间（容器内、地下室、坑、井内等）及潮湿的地方施工，必须设置符合规程要求的低压照明，并设专人监护。

8.2 安全技术措施

8.2.1 施工中必须按施工组织设计要求，实行分部、分项工程安全技术交底制度，并做到交接人签字。无安全技术交底的一律不得施工。

8.2.2 坚持每周一安全生产、文明施工活动；坚持项目部例会，班组每天 10min 交底会。加强规范、规程和特殊性作业教育，提高全员遵章守纪的自觉性。

8.2.3 采用新工艺、新技术前必须先进行培训，并做针对性交底，经审核批准方可进行。

8.2.4 所有职工都必须严格执行和遵守规程、规范、规定，做到"不违章指挥，不违章操作，不违反劳动纪律"，必须严格执行先培训、后上岗的制度。

8.2.5 特殊工种作业人员必须持证上岗。

8.2.6 遵守《施工现场十项安全技术措施》和集团公司《施工现场基础管理试行标准》，坚持正确使用"三宝"。各施工人员进入施工现场，必须穿绝缘鞋、戴安全帽、着工作服；机加工操作人员必须佩戴防护镜以防金属屑伤人；筑炉施工人员、焊工在操作时必须戴防尘口罩。

8.2.7 施工现场吊装作业必须严格遵守"十不吊"规定，吊装作业中应设禁区，并设明显标志。起重作业必须专人指挥，信号统一，起重机吊物行走时，必须启动警示铃。

8.2.8 按照《建筑施工高处作业安全技术规范》要求，做好"四口"、"五邻边"的防护，做到防护牢固可靠。

8.2.9 安全通道必须有路标指示，进、出口处应有防护设施。

8.2.10 施工机械进场，必须经检查合格，方可使用。实现专人管理并操作，操作人员应持证上岗。

8.2.11 焊接阳极软带时，脚手架应搭设牢固，不得有探头板，架上施工人员必须穿防滑鞋。

8.2.12 扎槽人员应穿防烫的保护靴，干砌人员应穿软底绝缘鞋。

8.2.13 吊装铝母线和阴极炭块应采用专用软吊带吊装，严禁使用钢丝绳。

8.2.14 检查槽温时，必须断电操作。

8.2.15 下班后除照明外，所有用电设备必须断电，特殊情况下不能断电的设备必须有专人值守。

9. 环 保 措 施

9.1 电解槽制作

9.1.1 根据国家和地方（行业）相关环境保护法规标准和我公司管理手册，建立环境管理体系，制订环境目标，确保达到环境管理标准的要求。

9.1.2 主要管理措施每星期召开一次"施工现场环境保护"工作例会，总结前一阶段的施工现场环境保护管理情况，布置下一阶段的施工现场环境保护管理工作。针对检查中所发现的问题，根据具体情况，定时间、定人、定措施予以解决。

9.1.3 由于制作现场一般都是露天作业，考虑到室外作业大风扬尘较多，施工现场应配备专用喷洒水管，设专人及时洒水、清扫、减少扬尘，定时清扫现场道路，减少道路扬尘。

9.1.4 可回收的无毒无害废弃物、可回收的有毒有害废弃物应按照公司程序文件规定进行回收处理。如：对施工中发放的 CO_2 焊丝、电焊条等回收在施工中都得到了良好的控制，CO_2 焊丝：材料部门对 CO_2 焊丝空盘进行领用兑换以旧换新；手工电焊条：通过培养焊工良好习惯，使其在作业过程中通过随身携带的 2 桶（一桶用于放成品，另一桶回收焊条头），在每用完一根电焊条便随手将焊条头放入携带回收小桶。项目通过分类回收后统一处理，这样既节约能源，又利于施工现场的环境保护。油漆等化工产品要求：要防止泄露，各种气瓶：氧气、乙炔、有毒有害、易燃易爆气体要有防振圈、瓶帽，乙炔按规定存放丙酮等。设备及时进行检修，更换密封垫，避免漏油，对更换的废油统一回收处理。

9.1.5 施工现场应遵照《中华人民共和国建筑施工场界噪声限值》GB 12523—90 制订降噪制度，对人为的施工噪声应有降噪措施和管理，并进行严格控制，最大限度地减少噪声扰民。

9.1.6 节能方面：在长侧板、短侧板、底板、上部结构大梁等关键部件的下料采用定尺板，这样既节省材料又易于控制槽壳焊接变形。从材料使用方面尽可能利用废弃边角料，加工零星小件、垫铁、法兰等进行能源二次利用，直到无法利用当废料处理。

9.1.7 制作场地及安装场地主要从节约用电，减少施工生产噪声，控制粉尘、废气排放及施工废弃物的收集，并建立预防和治理措施。维修电工每日进行巡查，对施工用电不合理的地方及时进行纠正处理，各施工班组安全员下班时能对各自的用电设备进行检查，做到人走机停，达到了节约用电的目的。

9.1.8 在进行 X 光射线探伤时，射线作业人员要求携带射线报警仪，防止受到射线损伤。同时，对探伤区域要隔离，设置好警戒线、警戒灯并专人看守。

9.2 内衬施工

9.2.1 干式防渗料为粉尘性物质，运输过程中必须遮盖包裹严密，防止造成运输过程中的粉尘污染，保证装卸过程的轻拿轻放，保管时采取措施进行遮盖，领料过程轻拿轻放等。

9.2.2 电解车间的钢棒喷砂采用了低污染的先进设备，喷砂作业场地远离施工现场并进行了围挡，减少了噪声及粉尘的排放。

9.2.3 通过施工机具的变革，将扎糊所用的粗笨风镐变为轻巧的捣固机，既方便操作，又易于保证质量，既降低了施工操作人员的劳动强度，又有效地控制了噪声。

9.2.4 筑炉作业大部分都是在高温环境下进行的，在糊料、炭块加热过程中挥发的大都是刺激性气体，为此保证施工现场的通风，使作业人员戴上防护口罩，提倡短时间作业频繁进行交替作业，尽最大限度消除有害气体及高温作业环境带来的影响。

9.3　铝母线制作

9.3.1 为了有效控制建筑施工垃圾及焊接过程中产生的烟尘，作业人员要求佩戴口罩保证现场的通风，尽可能采用了较为先进的焊接设备有效地减少了烟气的排放。

9.3.2 为了防止铝母线焊接过程中的弧光辐射，作业人员要穿上白色的焊接防护服，同时为了防止焊接过程中有害气体有可能对焊工造成的"尘肺"影响，要求焊工佩戴口罩，尽可能降低有害气体及弧光辐射对人体的伤害，焊接场所采取了彩条布围挡的办法控制了强光对周围环境的辐射。

9.3.3 为了减少机械设备噪声污染，要定时对设备进行维护保养，保证设备的良好运转，禁止带病作业。

9.3.4 针对焊接所剩焊丝头、空盘、切割铝板及磨制坡口所产生的铝屑粉末等要分类存放定期回收。

9.3.5 在铝母线吊装过程中，为了避免吊装过程中钢丝绳对铝母线的划伤，特意使用了软带对母线进行。

10.　效 益 分 析

我公司施工的山西华泽铝电有限公司28万t电解铝工程，通过对工法的实施，依照对工程进行整体控制、指导施工，取得了良好的经济效益。各方面收益如下：

10.1　经济效益

10.1.1　工艺改进

本工法是根据我公司多年来在电解槽制作安装工程施工过程中不断吸取经验教训的基础上，结合我单位《预焙阳极电解槽施工工法》（YJGF69—2002）总结编制而成。本工法施工方法明确，施工组织合理，采用本工法施工，在保证工程质量的基础上，缩短了施工工期，特别是新型机械的使用大大减少了机械费用，降低了施工成本。

本工法针对电解槽制安过程中每一道制安工序以及单机试运转等都进行了比较详细的说明，严格按本工法进行指导施工，可以减少因工艺采取不当而造成的不必要浪费，提高工程的验收合格率。

10.1.2　经济收益

经实际核算，在山西华泽铝电有限公司28万t电解铝工程中采用本工法指导施工，按本工法的施工工序及工艺进行施工，取得了以下经济效果：

1. 合理的施工工艺，缩短了施工工期。

2. 工程投产后，各项性能都达到了设计指标，有的已超过设计指标投产至今未发生质量事故。

3. 采用合理的施工顺序和施工措施，在保证施工质量和作业人员安全的前提下，既缩短安装工期，又降低工程成本，取得了良好了经济效益：节约人工费用：$87 \times 600 = 52200$元；节约材料费用：$87 \times 500 = 43500$元；节约机械费用：$87 \times 900 = 78300$元。各种制作胎具的利用，使焊接变形这一质量通病在施工中得到了良好的控制。与以往工程施工相对比，由于变形返工一项就可节省资金86000元。

10.2　社会效益

采用本施工工法，技术措施科学合理，安全措施切实可行。既保证了施工质量，又缩短了施工工期，且投产后运行正常，环保指标达到要求，取得了较高的经济效益和良好的社会效益。

11. 应 用 实 例

已完成的工程：

2005 年山西华泽 28 万 t 电解铝（300kA）工程

2006 年关铝 20 万 t 电解铝（300kA）工程

2007 年登电集团 7 万 t 电解铝（300kA）工程

2008 年阳煤集团 12.5 万 t 电解铝工程（300kA）工程

其中山西华泽 28 万 t 电解铝工程荣获山西省太行杯优质工程奖、有色部优质工程奖、国家优质工程银质奖。

实践证明，本工法科学、经济、实用，对缩短工期，保证质量，起到了良好的作用，同时受到了业主的好评。

超大型龙门起重机整体提升安装施工工法

YJGF91—2004（2009～2010 年度升级版-067）

江苏天目建设集团有限公司　江苏华能建设工程集团有限公司

史胜海　史红卫　周天喜　宋健　孙保兴

1. 前　　言

本工法是江苏华能建设工程集团有限公司在推广应用《超大型龙门起重机整体提升施工工法》YJGF91—2004（600t 门式起重机）的基础上，通过不断地创新和发展，总结数十台 800～1600t 门式起重机整体提升的成功经验，重新编写了升级版的《超大型龙门起重机整体提升施工工法》，较原工法更完善、更先进、更合理、更安全、更科学。

升级版工法，是在国家批准的四项《实用新型专利》和四项《发明专利》的应用基础上，重新开发并革新了新颖施工工艺和安装方法，同时关键技术科技查新和中国安装行业专家鉴定。在工法推广应用的基础上，900t 门式起重机整体提升施工技术被评为中国安装协会科技进步一等奖，扬州大洋造船厂 2台 900t 门式起重机整体提升工程被评为中国安装行业优质工程—中国安装之星。2010 年 11 月，应用本工法，成功整体提升国内最大起重量的南通熔重重工 1600t 门式起重机。

本工法先进技术已走出国门，并成功应用于韩国三星、大宇和巴西多台 600～1500t 门式起重机整体提升施工。

2. 工 法 特 点

2.1　超大型门式起重机整体提升施工工法确定了门式起重机双塔架计算机控制液压同步整体提升的油缸集群柔性钢绞线的承重量；规定了门式起重机整体提升的施工工艺、安装步骤、操作方法及安全措施；提出了门式起重机安装过程中应采取的各项技术措施和安装各环节中关键工序应该注意的问题；解决了门式起重机整体提升实现计算机远程控制，实景监控的全过程程序控制；实现了门式起重机整体提升施工的自动化操作；提高了门式起重机整体提升操作的准确性和安全性。

2.2　本工法所应用的提升技术，完全改变以往从下至上先安支腿，后装大梁等积木式的组装施工方法，取消了高空组装作业和塔设群体脚手架，既加快了安装速度，又保证安装质量，同时确保了施工安全。

2.3　采用"跟携法"提升新技术，实现了门式起重机两侧刚性和柔性支腿随大梁的提升同步上升并同步自然就位，解决了刚性支腿高空组装和起重体空间滑移行走的难题。

2.4　采用"柔性铰链"的连接技术，实现了"跟携法"整体提升技术完整实施，促使刚性支腿随大梁提升而随时自动调整接口连接，避免了连接卡塞和错位，保证了安装就位精度。

2.5　采用量化液压技术，预拉预紧塔架缆风绳。即是通过液压传动将紧固缆风受力转为数据量化，实现所有缆风受力均匀，保证塔架提升受力均匀，使提升更安全。

2.6　应用聚四氟乙烯薄膜并涂上润滑剂，使柔性支腿在"跟携法"提升中随梁移动的摩擦力极小，降低了塔架提升安装附加载荷。

2.7　应用本工法整体提升门式起重机实现了施工平稳、同步、安全、灵活、快速等。

3. 适 用 范 围

本工法适用于 1600t 及其以上各类门式起重整体提升安装施工。此外还可以用于大型炼钢高炉、大型化工塔、器和大型桥梁的整体提升安装施工。

4. 工 艺 原 理

4.1 计算机液压同步提升工艺原理

计算机控制液压同步提升的工艺原理是利用钢绞线与夹持器装置把重物、千斤顶连接起来；利用千斤顶、夹持器交替动作和千斤顶活塞与油缸、钢绞线的相对运动，使重物达到上升或下降的目的。控制系统按相应的液压提升工法控制液压泵站驱动千斤顶的油缸、夹持器动作，形成一个闭合循环。经过一个闭合循环，重物升高或降低一定高度，周而复始，直至重物提升到预定高度。系统组成装置见图 4.1-1 和图 4.1-2。

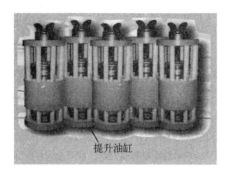

图 4.1-1　提升油缸

图 4.1-2　计算机操作台

4.2 液压同步提升控制原理

主控计算机除了控制所有提升油缸的统一动作外，还必须保证各提升吊点的位置同步。在提升体系中，设定主令提升吊点，其他提升吊点均以主令吊点的位置作为参考来进行调节，它们都是跟随提升吊点的主令提升吊点决定整个提升系统的提升速度，通过液压泵站的流量分配实现提升速度的均衡，从而保持各吊点的同步提升。在提升控制系统中，主控计算机依据跟随提升吊点当时的高度差，依照一定的控制算法，选择相应比例来控制流量的大小，保持相同提升速度，从而实现每一个跟随提升吊点与主令提升吊点的位置同步，见图 4.2。

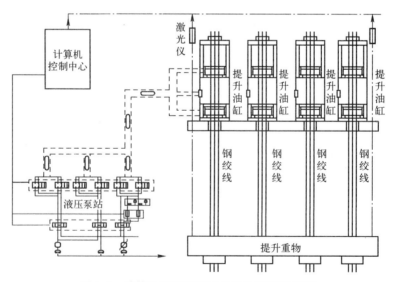

图 4.2　计算机控制液压同步提升原理示意图

4.3 提升动作原理

在提升油缸数量确定之后，每台提升油缸上安装一套位置传感器，传感器可以反映主油缸的位置情况，上下锚具的松紧情况。通过现场实时网络，主控计算机可以获取所有提升油缸的当前状态。根据提升油缸的当前状态以及主控计算机综合用户的控制要求（如手动、顺控、自动）可以决定提升油缸的下一步动作。提升油缸的动作工艺原理见图4.3。

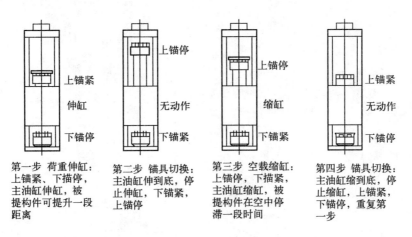

| 第一步 荷重伸缸：上锚紧、下描停，主油缸伸缸，被提构件可提升一段距离 | 第二步 锚具切换：主油缸伸到底，停止伸缸，下锚紧，上锚停 | 第三步 空载缩缸：上锚停，下描紧，主油缸缩缸，被提构件在空中停滞一段时间 | 第四步 锚具切换：主油缸缩到底，停止缩缸，上锚紧，下锚停，重复第一步 |

图4.3 提升动作原理

4.4 "跟携法"提升工艺原理

在门式起重机整体提升钢结构大梁的过程中，门式起重机两侧的刚性腿和柔性腿跟随着大梁的提升一起自然到位，实现整台门式起重机整体一次提升。施工中，将两侧支腿跟随大梁提升自然到位的提升称之为"跟携法"。

4.5 柔性铰链工艺原理

由于门式起重机两侧支腿安装最后高度将近100m左右，实现"跟携法"整体同步提升，则需要将支腿分段组装后，通过柔性铰链实现自然到位。柔性铰链的工艺原理就是将钢制销轴将两段支腿进行柔性连接，支腿随大梁同步提升时，下部支腿通过销轴旋转自然垂直到位，见图4.5-1和图4.5-2。

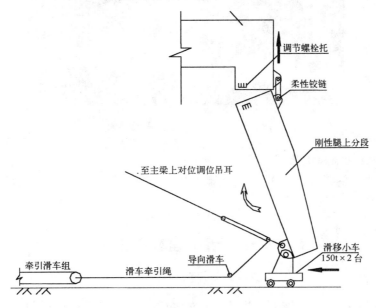

图4.5-1 刚性腿上分段对位示意图

4.6 塔架缆风绳预紧工艺原理

缆风绳预紧是通过液压油缸（千斤顶）、夹持器等动作拉紧缆风钢绞线，达到缆风预紧缩，而通过油压压力表读数量化的统一数据，达到各组缆风受力一致，从而保证塔架受力均匀的目的。预紧见图4.6。

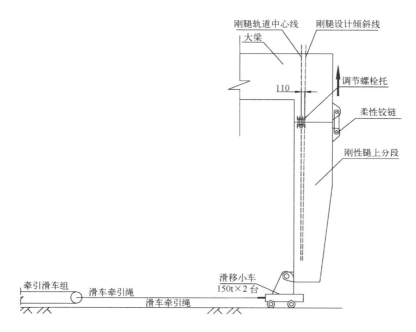

图 4.5-2　刚性腿上分段滑移吊装示意图

图 4.6　液压油缸预紧塔架缆风

4.7　门式起重机支腿滑移工艺原理

将支腿底部粘上摩擦系数只有 0.01 的聚四氟乙烯板，使其摩擦力极小，从而降低整体提升过程中横向受力，保证提升安全，见图 4.7。

5. 施工工艺流程及操作要点

5.1　施工工艺流程

超大型门式起重机整体提升的施工工艺是一种技术比较复杂的，工程质量要求极高，施工安全特别重要的工艺过程，因此，选择先进合理的施工工艺流程，是保证工程质量，施工安全及提高工程进度的关键，本工法的施工工艺见图 5.1。

5.2　操作要点

超大型 900t 及以上门式起重机，一般跨度在 208～230m 左右，宽度 63～70m 左右；高度 98～110m 左右，整体提升重量为 6500～12000t 左右（不含索具和辅助吊具重量）。

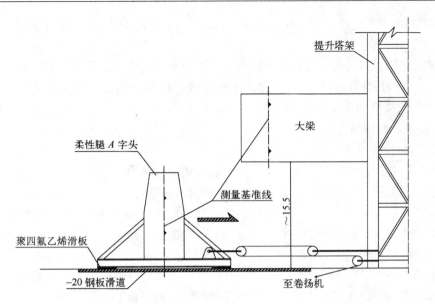

图 4.7 柔性支腿移动工艺原理

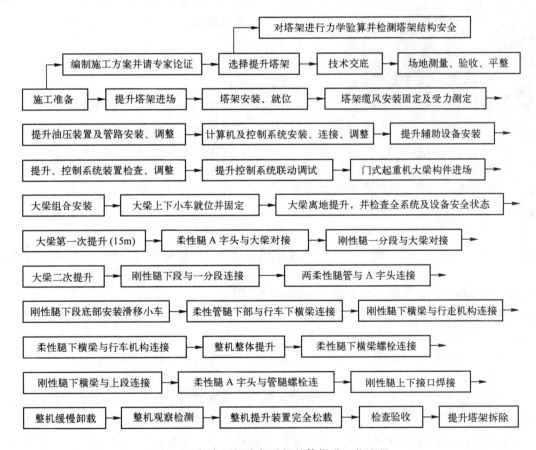

图 5.1 超大型门式起重机整体提升工艺流程

5.2.1 提升塔架选择确定和安装

1. 塔架性能指标确定

1）依据特大型门式起重机的整体提升的总重量（包括起重机总重和吊具索具及辅助材料重量），和安装高度及宽度选择 2 副，即 4 个塔架组成 2 副提升门式架，整体提升门式起重机。起重机提升总重量为 6500～12000t 左右。

2）塔架断面为 5m×5m 和 6m×6m，高度为 120m，4 组塔架组成 2 副门式塔架，总提升能力为 9000～18000t 左右。

3）塔架及缆风绳构成的结构体系在整体提升时可承受 6 级大风（即风速为 13.8m/s）作用。因该工程在沿海沿江地区多，需对大梁进行加固等，故该体系可承受 10 年一遇的强风（即风速为 25.3m/s）。

4）在确定门式起重机的起重量为 900～1600t，宽度 220m，高度为 120m 后，应对塔架进行强度、断面系数等力学验算，最终确定之。

2. 提升装置选择

计算机控制液压同步提升系统由钢绞线及提升油缸集群（承重部件），液压泵站（驱动部件）、传感检测及计算机控制（控制部件）和远程监视系统等几个部分组成。

1）升级版的工法按总重为 6500～12000t 时选用 16～22 套，每套提升能力为 800t 的液压提升油缸，而 22 台提升油缸的提升总能力为 17600t，因此安全系数为 1.47，提升油缸的提升能力利用系数为 0.67。按其工况配液压泵站如图 4.1-1 和图 5.2.1-1 所示。

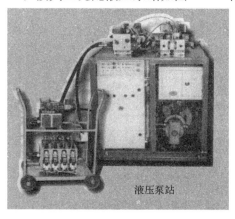

图 5.2.1-1 液压泵站

2）按 800t 液压提升油缸配相应承拉能力的钢绞线。

3）配置并安装计算机及操作台和相关的检测传感器。

3. 辅助设备和机具选择

辅助设备和施工机具选用，按照现场条件和适用等原则选用，如卷扬机、轮胎吊、履带吊、电焊机等。

4. 塔架安装

1）塔架基础确定及基础施工

（1）基础布置：

本工法确定整体提升基础布置按工程现场情况灵活确定，但必须保证安全生产和流水作业方便，基础及地锚平面布置见图 5.2.1-2（按 900t 门式起重机布置）；

（2）塔架基础施工：

依据门式起重机总重量、提升高度及跨度等进行力学计算，设计塔架基础和缆风地锚基础，进行钢筋混凝土浇筑；塔架基础第 1 节安装平面图见图 5.2.1-3；塔架基础第 1 节安装主面图见图 5.2.1-4。

2）塔架安装

整体提升总重近 6500t 左右的 12000t 门式起重机需用 2 副 4 组塔架组合成 2 套门式架完成，塔架安装方法：

（1）测定锚栓水平，竖向偏移是否符合设计规定；

（2）检查地锚封建的质量是否满足吊装要求；

（3）首先将各构件在地面拼接成 6m 一段的标准组合件，同时将地面脚手架拼成两个整体；

（4）在 4 个基础上分别安装底节、4 个标准节、顶节、外套架（顶升用）及短梁，以形成 2 组四边形门式塔架；

（5）在 2 个吊装架顶（按 1 组叙之）的短梁之间先安装两榀脚手架，并将其间支撑连梁托梁固定；

（6）分 6 段吊装提升大梁，大梁中间搁置在托梁上，并逐段测定位置后用法兰连接螺栓紧固，箱形梁内侧法兰螺栓则由梁端平台进入箱梁内侧紧固；紧固短梁与大梁底面之连接螺栓中间有橡胶垫板；与此同时，在塔架顶部分别安装 2 台 50t 小吊车，以配合塔架自身安装和施工用；

（7）固定两大梁两端上表面的连接板，固定大梁外侧与脚手架之横向连接板，固定大梁与上脚手板之间的压缝板；

（8）连接大梁两端下表面中心之"T"形风绳连接板；

（9）提升外套架，每次 3m，两次安装 1 个塔架标准节，2 个塔架同时提升。标准节装入后及时用高强度螺栓固定；

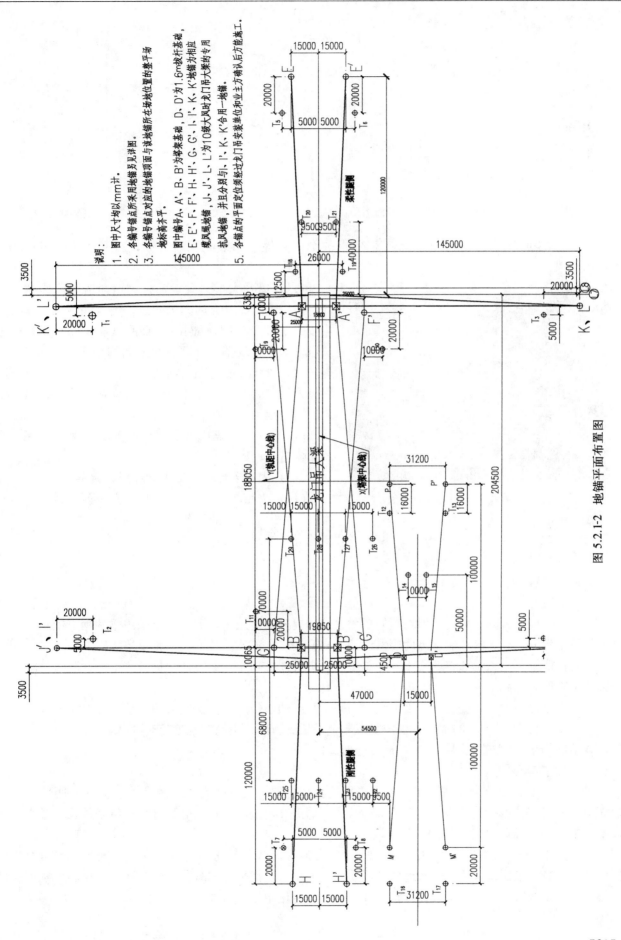

说明：
1. 图中尺寸均以mm计。
2. 各编号锚点所采用地锚另见详图。
3. 各编号锚点对应的地锚顶面与该地锚所在场地位置的整平场地标高齐平。

图中锚号A、A'、B、B'为塔架基础，D、D'为1.6m拔杆基础，E、E'、F、F'、H、H'、G、G'、I、I'、K、K'地锚为相应缆风绳地锚，J、J'、L、L'为10级大风时龙门吊大梁的专用抗风地锚，I'、K、K'合用一地锚。

4. 各锚点的平面定位须经过龙门吊安装单位和业主主方确认后方能施工。

图 5.2.1-2 地锚平面布置图

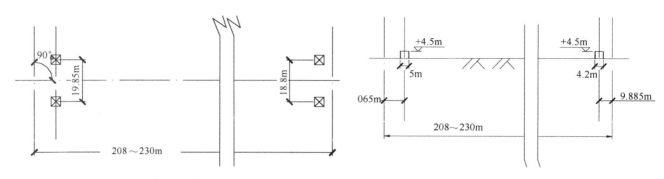

图 5.2.1-3　塔架基础第一节安装平面图　　　　图 5.2.1-4　塔架基础第一节安装立面图

（10）继续提升外套架，插入标准节，要求一个门式桅杆吊装架同时升高；提升塔架安装过程见图 5.2.1-5；

图 5.2.1-5　自提升塔架安装过程图

（11）提升大梁达到设计标高后，按照工作状态连接，张拉缆风绳（方向、锚固点、缆风绳截面、初拉力均按照系统设计图）；同时调整两座塔架的垂直度，使两座塔的垂直度偏差在 X、Y 方向均小于 30mm；缆风绳采用钢绞线，使用穿心式液压千斤顶施加预拉力，其预应力值应分 2～3 次逐步对称调节到设计值，最终误差控制在设计值的 ±10％ 之内；

（12）按高强螺栓《规程》检查所有螺栓连接质量及安全措施；

（13）固定千斤顶于支承梁和提升大梁上；

（14）按照（1）～（13）步骤安装另一组吊装架和大梁，并形成完整的吊装结构体系；

（15）试吊门式起重机大梁 100mm 高，并做综合检查；

（16）确认情况正常可正式提升；

（17）吊装用提升塔架安装见图 5.2.1-6 和图 5.2.1-7。

3）提升油缸安装

由于液压同步提升技术是一项新颖的超大型结构提升安装施工技术，它是采用柔性钢绞线承重，提升油缸群集提升，计算机控制，因此要保证整体提升同步，液压系统安装非常重要。

（1）按照施工组织设计将 8～11 套（单组边）提升油缸均布安装在塔架提升梁上，并测量油缸与提升梁的垂直度和标高；

（2）在确保各油缸与提升梁垂直度和标高完全一致的条件下，依次安装相同直径的钢绞线；

（3）将 6 台 160t/min 的油泵分别安装在 4 个塔架的顶部（距油缸越近越对称越好），保持相同的流速，并控制 16～22 个油缸同步提升，而提升速度均衡保持在 10m/h 左右；

（4）传感器安装：

① 激光测距仪：在每个提升吊点处，选择适当的位置，安装 1 台激光测距仪；激光测距仪放置在地面上，激光打在被提升结构上，随着被提升结构的提升，激光测距仪的测量距离越来越长；激光传感器量程为 300m，测量精度可达 1.5mm；

② 压力传感器：在提升过程中，为了监视每台油缸的载荷变化，在每台油缸上安装 1 个压力传感器，这样计算机控制系统可以实时地感知油缸载荷大小，根据采集的载荷数据，计算机控制系统可准确地协调整个提升系统工作，并对提升系统载荷的异常变化做出及时处理；

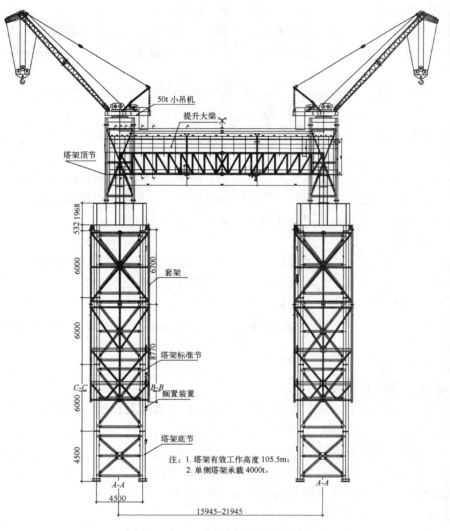

图 5.2.1-6 单组提升塔架示意图

③ 锚具及油缸位置传感器：在每台提升油缸的上下锚具油缸上各安装 1 只锚具传感器，在主缸上安装 1 只油缸位置传感器；通过这些传感器，计算机控制系统可以实时地知道当前提升油缸的工作状态，根据当前状态来决定下一步动作。这是提升系统动作同步的基础；

（5）设备仪器安装后，应将油管路系统安装，系统应进行试压调试，达到要求后，进行泵油检查等。

4）钢绞线安装

（1）根据各点的提升高度，考虑提升结构的状况，切割相应长度的钢绞线；

（2）钢绞线左、右旋各一半，要求钢绞线两头倒角、不松股，将其间隔平放地面，理顺；

（3）将钢绞线穿在油缸中，上下锚一致，不能交错或缠绕，每个油缸中的钢绞线左右旋相间；

（4）钢绞线露出油缸上端 0.3m；

（5）压紧油缸的上下锚；

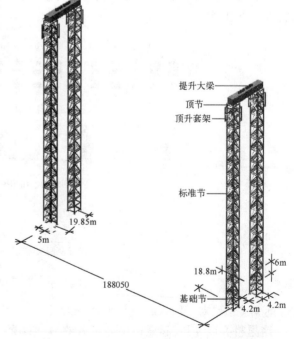

图 5.2.1-7 提升 900t 门式起重机双组提升塔架示意图

（6）将钢绞线的下端根据油缸的锚孔位置捆扎做好标记；

（7）用起重机将穿好钢绞线的油缸安装在支承梁上，把支承梁和油缸一起安装在两支大梁上；

（8）按照钢绞线下端的标记，安装钢绞线地锚，确保从油缸下端到地锚之间的钢绞线不交叉、不扭转、不缠绕；

（9）安装地锚时各锚孔中的 3 片锚片应能均匀夹紧钢绞线；其高差不得大于 0.5mm，周向间隙误差小于 0.3mm；

（10）地锚压板与锚片之间应有软材料垫片，以补偿锚片压紧力的不均匀变形。

5）梳导板和安全锚就位

（1）为了保证钢绞线在油缸中的位置正确，在安装钢绞线之前，每台油缸应使用一块梳导板；

（2）安装安全锚的目的是油缸出现故障需要更换时使用，另外它也可以起安全保护作用；

（3）梳导板和安全锚在安装时，应保证与油缸轴线一致、孔对齐。

6）油缸与钢绞线梳导

（1）所有油缸正式使用前，应经过负载试验，并检查锚具动作及锚片的工作情况；

（2）油缸就位后的安装位置应达到设计要求，否则要进行必要的调整；

（3）油缸自由端的钢绞线应进行正确的导向；

（4）钢绞线预紧，在地锚和油缸钢绞线穿好之后，应对钢绞线进行预紧；每根钢绞线的预紧力为 15kN。

7）计算机控制系统连接

现场实时网络控制系统的连接

（1）地面布置 1 台计算机控制柜，从计算机控制柜引出泵站通讯线、油压通讯线、油缸信号通讯线、激光信号通讯线、工作电源线；

（2）通过泵站通讯线将所有泵站联网；

（3）通过油缸信号通讯线将所有油缸信号盒通讯模块联网；

（4）通过激光信号通讯线将所有激光信号通讯模块联网；

（5）通过油压通讯线将所有油压传感器联网；

（6）通过电源线给所有网络供电；

（7）当完成传感器的安装和现场实时网络控制系统的连接后，计算机控制系统的布置就完成。计算机控制系统见图 5.2.1-8。

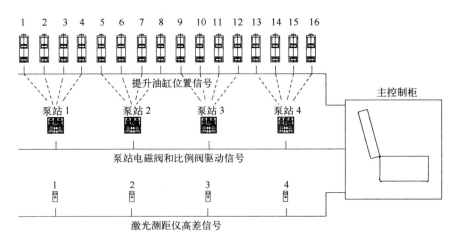

图 5.2.1-8　计算机控制系统示意图

5.2.2　超大型门式起重机整体提升

这里将 900t 门式起重机整体提升的力学计算举例如下（以下均为 900t）：

1. 门式起重机整体提升系统力学计算

门式起重机整体提升系统的力学计算包括：地锚锚点力学分析，锚点基础受力分析，提升塔架横梁结构验算及辅助脚手架结构计算等。

经验算，900t门式起重机整体提升时，缆风绳基础受力（方向）计算汇总见表5.2.2，其结构等均安全。

900t门式起重机整体提升时缆风绳基础受力（方向）计算汇总一览表　　　　表5.2.2

地锚编号	设计荷载（kN）	初始张力（kN）	备注
I	1527	150	与地面夹角34.4°（Sa）
I′	1527	150	与地面夹角34.4°（Sa）
K	1527	150	与地面夹角34.4°（Sa）
K′	1527	150	与地面夹角34.4°（Sa）
H	1081	100	与地面夹角35.55°（Sb）
H′	1081	100	与地面夹角35.55°（Sb）
E	1081	100	与地面夹角35.55°（Sb）
E′	1081	100	与地面夹角35.55°（Sb）
G	760	80	与地面夹角25.8°（Sc）
G′	760	80	与地面夹角25.8°（Sc）
F	760	80	与地面夹角25.8°（Sc）
F′	760	80	与地面夹角25.8°（Sc）
J	4106	大梁抗风缆风绳	与地面夹角30.27°（S′）
J′	4106	大梁抗风缆风绳	与地面夹角30.27°（Sa′）
L	4106	大梁抗风缆风绳	与地面夹角30.27°（Sa′）
L′	4106	大梁抗风缆风绳	与地面夹角30.27°（Sa′）

注：1. 此表为扬州大洋造船厂900t门式起重机整体提升汇总值。

2. 小地锚为卷扬机地锚、滑移地锚、桅杆地锚。

3. 卷扬机地锚T1～T21受力为12t。

4. 滑移地锚T22、T23、T24受力为40t，滑移地锚T25、T26、T27受力为50t。

5. 桅杆变幅缆风用地锚M、M′、P、P′的受力为56t。

6. 桅杆基础D、D′设计承载力50t/m²。

2. 门式起重机大梁第一次提升

900t门式起重机整体提升步骤见图5.2.2-1。

1）先按设计要求，将大梁进行地面组合安装。

2）选用大吨位履带吊车或变幅桅杆将大梁上的2个小车分别吊装到大梁的轨道上面，并在计算好的配置平衡位置固定在大梁上面，封车并把小车的夹带器扎紧在轨道上。

3）大梁第一次提升，即采取分级加载的方法，直至大梁提升离开组装胎架，待大梁离地后观察和检查2副塔架及缆风等受力和变形状态。此时，既是整体提升前的提升塔架状态检验，又是整体提升的开始。该过程保持大梁离地200mm，持续12h。此阶段应详细检查观测塔架垂直状态及各受力点，各梁、各构件、各开孔部位等是否出现异常，检查塔架基础，地锚基础是否出现异常，待全部检查无异常后，进行第一次大梁整体提升，并检查各提升点同步状态，以保证整体提升时结构安全和施工安全。

4）当全部检测无误后，大梁开始缓慢提升至8～15m左右（大梁底部距地面距离），然后停车，锁住油缸，准备刚性支腿上分段和柔性支腿A字头的连接安装。

3. 门式起重机支腿安装

900t门式起重机支腿分为刚性支腿（左侧）和柔性支腿（右侧），刚性支腿采取方形钢结构，柔性支腿采取钢管柱形结构。

步骤	工作过程	塔架功能	部件安装步骤展示			说明
			左部展示	正面展示	右部展示	
步骤1	提升大梁	提升	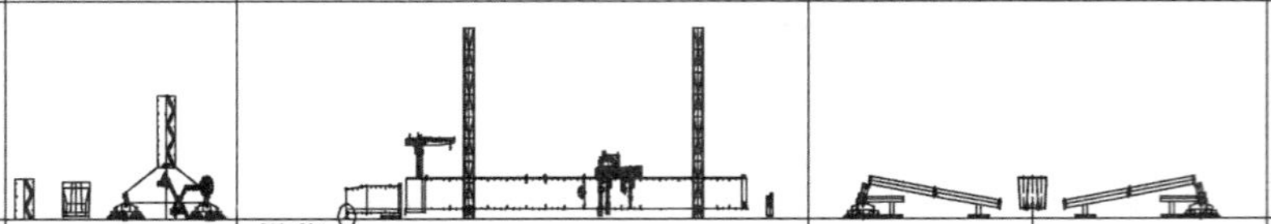			安装维修吊，扒杆吊装上下小车，呈可提升状态。
步骤2	扒杆把刚腿下分段翻身，在轨道一侧就位。	提升	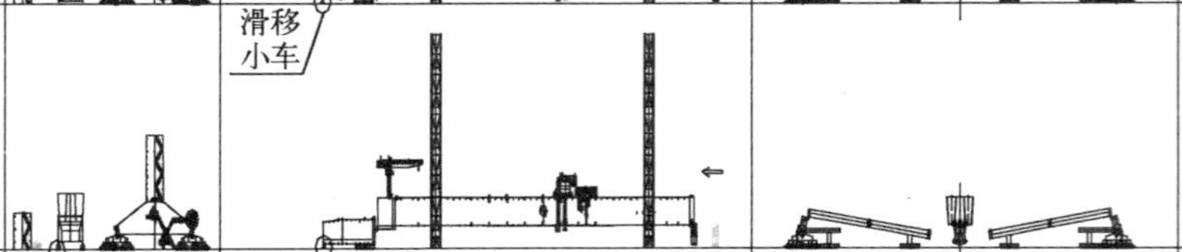 滑移小车	滑移小车		第一次提升，柔腿与大梁铰接，连接固定腿的各个部件及支撑的架设、行走机构等。
步骤3	安装下滑移小车、行走机构腿的铰接	提升	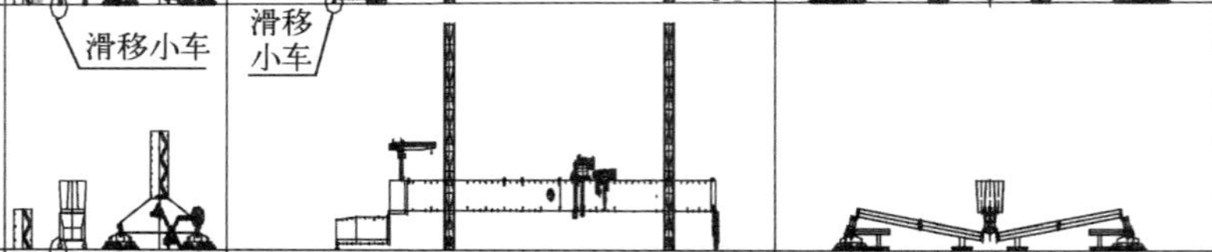 滑移小车	滑移小车		固定腿、焊接支架
步骤4A	提升大梁	提升	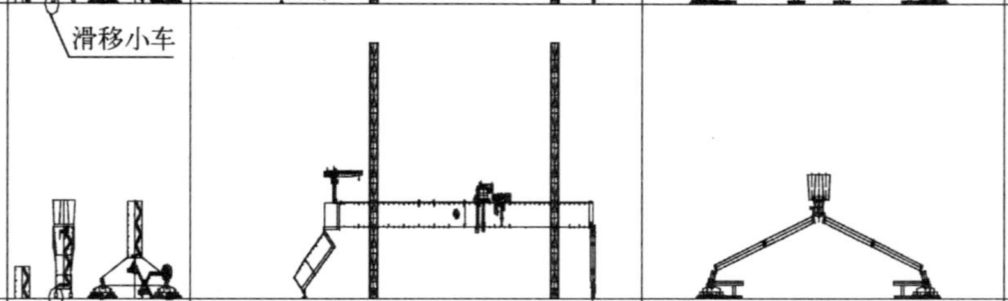 滑移小车			固定腿及行走机构随提升合拢
步骤4B	提升大梁	提升	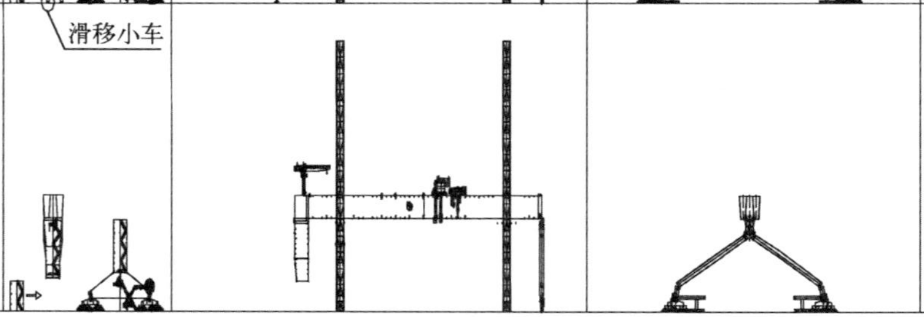 滑移小车			柔腿随提升缓慢合拢将刚腿三分段滑移至刚腿四分段下面

图 5.2.2-1 门式起重机整体提升步骤（一）

步骤	工作过程	塔架功能	部件安装步骤展示			说明
			左部展示	正面展示	右部展示	
步骤5	下腿的焊接和螺栓连接 推行走机构到位	提升 下降				柔腿随提升合拢，刚腿三分段与四分段焊接
步骤5A	固定腿，提升大梁	提升				随提升合拢
步骤6	行走机构到位	—				随提升合拢
步骤7	下放大梁，与腿连接	下降				最终合拢对位
步骤7A	腿与行走机构的焊接	下降				

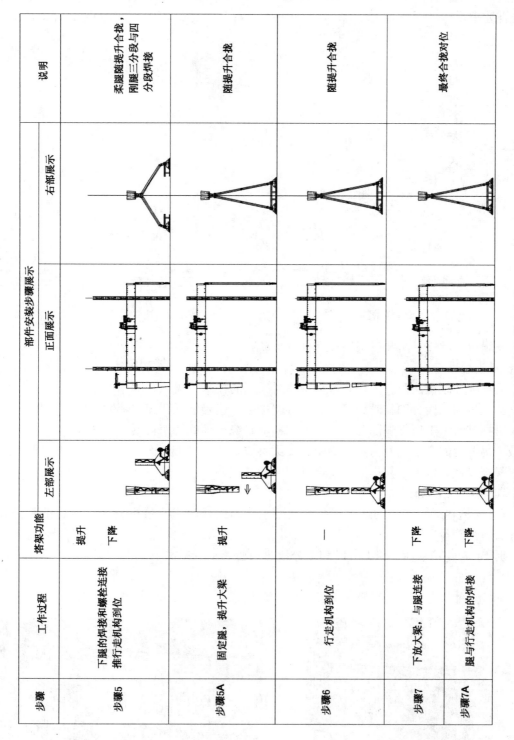

图 5.2.2-1 900t 门式起重机整体提升步骤（二）

1）"跟携法"提升

（1）所谓"跟携法"提升技术，即是门式起重机两支腿随大梁的整体提升而自动提升自然到位；

（2）按门式起重机设计的要求，支腿分 4～5 段组装提升，即分 5 次提升才能完成整体提升安装；

（3）按设计要求，待 5 段组装完成后，逐一"跟携"提升，见图 5.2.2-2 和图 5.2.2-3；

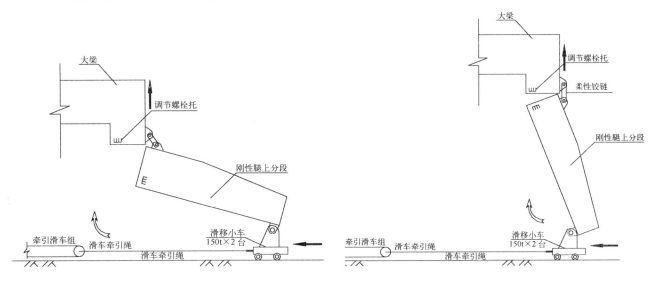

图 5.2.2-2　刚性腿上分段滑移吊装示意图　　　图 5.2.2-3　刚性腿上分段滑移吊装示意图

（4）柔性支腿也依此逐一组装后跟携提升自然自动到位。

2）柔性铰链安装

柔性铰链是支腿"跟携法"整体提升过程中临时采用的技术手段，它的作用是：

（1）在支腿上段和下段分别临时焊接 4 组铰链连接板，连接板开孔穿上锁轴，见图 5.2.2-4；

（2）当大梁提升时，下段支腿随着小车向内侧移动并绕锁轴旋转而自然自动到位；

（3）为减少提升时的牵引提升力和滑移阻力，柔性支腿在"跟携法"提升时，采用"聚四氟乙烯"将滑移摩擦力降至最低，以保证其提升安全，见图 4.7。

4. 门式起重机第二次整体提升

1）随着刚性支腿和柔性支腿的逐段安装高度要求，因此，门式起重机大梁也随之不断提升高度，双侧支腿也随着自然到位升高。

2）当达到预定高度，刚性支腿上分段和下分段进行连接焊接，焊接合格后，再进行下一段的连接提升。

3）提升到 35m 时，进行柔性支腿的安装，其方法如上所述。提升安装过程见图 5.2.2-5。

图 5.2.2-4　柔性铰链调整连接

图 5.2.2-5　900t 门式起重机整体提升过程安装

5. 继续提升大梁直至到设计高度，而刚性支腿和柔性支腿随大梁的提升而自然到位达到设计规定位置。

6. 此后，门式起重机行走机构拉入安装好的支腿下面，先进行刚性支腿安装、焊接、固定见图 5.2.2-6，再进行管状柔性支腿与行走机构的连接安装。

7. 因为柔性支腿由 2 组管状结构组成 A 字形钢结构与行走机构连接时柔性支腿管上口用法兰与 A 字头连接，同时下口与柔性腿下横梁也用法兰连接，柔性腿下横梁断口处焊接连接，至此，柔性腿与大梁提升同时完成安装，见图 5.2.2-7。

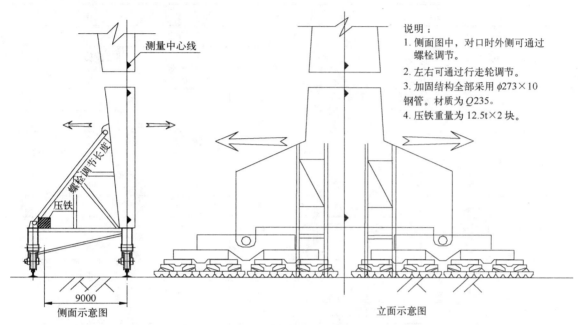

图 5.2.2-6　刚性腿上横梁滑移、对接、调整示意图

8. 全部完成提升后，将连接固定点，焊的全焊好，螺栓连接或高强螺栓连接的全部紧固，并观测安装质量或变形情况，经监理、业主等各方代表共同检测验收签字认可后，进行下道工序。

5.2.3　门式起重机卸载

所谓卸载，是指提升塔架的负载卸载和 900t 门式起重机因安装、焊接、紧固等产生应力的结构卸载 2 种。即是将提升塔架分别采取分级卸载的方式使门式起重机的结构分别分级承受自身结构重量，最终达到起重机上、下小车、维修吊、大梁等全部重量的承载，直至达到设计要求。在整个卸载过程中要观测大梁等受力部件等结构状态变化。提升装置卸载注意事项是：

图 5.2.2-7　柔性支腿安装

1. 在单点下降过程中，严格控制下降操作程序，防止油缸偏载而造成塔架瞬间不对称超载。

2. 在单点卸载过程中，还要严格控制和检测各点的负载增减状况，防止某点不均匀过载。两组塔架的提升点要同步卸载。

3. 观察油顶的压力，通过计算机读数监视两点的平衡。

4. 如果出现两点高差不同时，应由计算机操作人员及时调整两点的平衡值，使其两点基本等值，最终达到同时卸载的目的。

5. 待门式起重机全部落地并能行走自如后，观察一段时间后将提升塔架全部依序拆卸，至此，门式起重机整体提升全部完成。

6. 材料与设备

本工法需用大量的厚钢板和圆钢等作为安装的手段用料和技术措施用料，还需要相当数量的结构型钢和基础、锚点混凝土等材料，此文不一一叙之。

900t 门式起重机整体提升的施工机械与设备见表 6。

900t 门式起重机整体提升施工机具汇总表　　　　　　　　　　　　　　　表 6

序　号	名　称	型　号	单　位	数　量	备　注
1	提升塔架	4.2m×4.2m×87.5m	副	1	不对称整体提升时用
2	提升塔架	5m×5m×87.5m	副	1	用 2 副做对称整体提升
3	200t 履带吊	QUY200	辆	1	
4	50t 吊车	H180	辆	1	
5	6t 叉车		台	1	
6	提升油缸	450t	只	16	
7	150t 滑移小车	150t	台	2	
8	140t 铁滑车	H140×8D	只	8	
9	50t 铁滑车	H50×6D	只	8	
10	20t 铁滑车	H20×4D	只	16	
11	20t 卷扬机	JM	台	4	
12	5t 卷扬机	JM	台	8	
13	3t 卷扬机	JM	台	4	
14	四氟板	外加工	块	8	
15	卡环	150t	只	12	
16	卡环	100t	只	16	
17	卡环	80t	只	16	
18	卡环	50t	只	16	
19	卡环	32t	只	24	
20	卡环	20t	只	30	
21	卡环	16t	只	30	
22	卡环	10t	只	80	
23	卡环	6.8t	只	80	
24	卡环	4.8t	只	150	
25	卡扣	各种 Y15～Y56	只	400	
26	开口滑车	H16×1D	只	10	
27	开口滑车	H10×1D	只	20	
28	开口滑车	H8×1D	只	20	
29	开口滑车	H5×1D	只	20	
30	钢丝绳	$\phi15.5～\phi65$	t	60	
31	切割工具		套	2	
32	道木	2.5×0.25×0.15	根	20	
33	白棕绳 $\phi16$	旗鱼牌	筒	4	
34	电缆线	25mm²×4×120	根	4	
35	电缆线	16mm²×4×100	根	4	

序　号	名　　称	型　　号	单　位	数　量	备　　注
36	电缆线	$10^2 \times 4 \times 100$	根	8	
37	电缆线	$3.5^2 \times 4 \times 100$	根	4	
38	手拉葫芦 10t	QH—12	只	14	
39	手拉葫芦 5t	QH—8	只	12	
40	手拉葫芦 3t	QH—6	只	12	
41	千斤顶 100t	QL—50	只	8	
42	千斤顶 50t	QL	只	4	
43	千斤顶 32t	QL	只	8	
44	千斤顶 16t	QL	只	8	
45	手提磨光机	100 型	只	2	
46	手提磨光机	140 型	只	2	
47	铁楔块	加工	只	50	
48	测量经纬仪		台	2	
49	测量水平仪	瑞士 NA_2	台	1	
50	对讲机		只	18	
51	直流电焊机	BX—500	只	2	炭弧气刨
52	电焊机	EX5—500W	台	6	
53	自控焊条烘箱	EYHC—60 型	台	1	
54	钢绞线	$\phi 18$	t	75	

7. 质 量 控 制

7.1　遵照执行的国家、行业标准

《钢结构工程施工及验收规范》GB 50205

《起重机械安全规范》GB 6067

《起重机械试验验收规范和程序》GB 5905

《港口门座起重机技术条件》IT 5017

《起重机设计规范》GB 3811

《桥式和门座式起重机制造及轨道安装公差》GB 10183

《通用门式起重机》GB/T 14406

《通用桥式起重机》GB/T 14405

《钢结构高强度螺栓连接的设计、施工及验收规程》JGJ 82

《钢结构制作安装施工规程》YB 9254

《钢焊缝手工超声波探伤方法和探伤结果质量分级》GB 11345

7.2　本公司自行制订并遵守的标准

钢结构安装工程质量保证优良。

钢结构分项工程质量一次验收合格率100％。

钢绞线使用限度暂无标准，使用按它破断拉力50％标准使用。

钢绞线使用次数暂无标准，暂定 5 次标准使用。

8. 安 全 措 施

8.1 在职工中牢牢树立安全生产第一的思想，认识到安全生产，文明施工的重要性，做到每天班前教育、班前检查、班后总结，所有施工人员，必须严格遵守现场条令及集团公司有关场外作业安全规章制度。

8.2 所有施工人员要严格培训，合格后方可上岗（焊工、起重工、操作工等），进入施工现场遵守要"现场六大纪律"。

8.3 所用起重吊索具要有 6 倍以上的安全系数，捆绑钢丝要有 10 倍以上安全系数。

8.4 在施工区域拉好红白带。专人看管，严禁非施工人员进入。吊装时，施工人员不得在构件、起重臂下或受力索具附近停留。

8.5 严禁在风速五级以上进行安装工作。

8.6 起重人员要遵守"十不吊"原则，指挥人员要口令清晰，指挥正确，操作人员要集中精力认真操作，听从指挥。

8.7 任何人不得随构件升降，构件起升要平稳，速度要慢，避免振动和摆动。

8.8 施工前所有施工人员要对施工方案及工艺进行了解，熟悉操作过程和具体步骤。在施工过程中，任何人不得随意改变施工方案的作业要求，如有特殊情况进行调整，必须通过一定的程序以保证整个施工过程安全。

8.9 钢绞线在安装时，地面应划好安全区，以避免重物附落，造成人员伤亡；在正式提升时，也应划出安全区，未经许可不得擅自进入施工现场；主梁提升空间内不得有障碍物；在提升过程中，应指定挂牌制一人一锚观察地锚、安全锚、油缸、钢绞线、缆风的工作情况，若有异常，直接通知控制中心。

8.10 施工前对所有的链条葫芦、钢丝绳、滑车、卸卡、卷扬机等工器具要仔细检查记录，合格后方可使用。

8.11 卷扬机的第一个滑轮中心应与卷扬筒中心线垂直，并与卷筒间距大于卷筒宽度的 20 倍。卷扬机操作人员持证上岗，并定期检查。卷扬机固定采用和埋件焊接方法，如采用坑锚等方式，要经过计算。

8.12 非电气人员不得私自动电，现场要配备标准配电箱、盘。现场用电要设专职电工，电缆的敷设要符合有关标准规定。

8.13 指挥吊机使用时，信号要做到统一清楚。吊机工作时，除操作人员外，其他无关人员不得进入操作室。吊机行走区域道路，要采取加固措施，吊机停止工作后，应将吊钩固定在牢固的物体上。

8.14 现场指挥系统必须统一，高空、地面等一切操作施工单位必须配置统一频率的对讲机通信工具。

8.15 计算机控制读数，认真负责操作，有专业知识的人方能胜任。

8.16 本工法提倡用油缸钢绞线拉风缆绳，能反映提升过程中缆风的受力变化提高了整体的安全性。

9. 环 保 措 施

建筑施工活动是人类对自然资源、环境影响最大的活动之一，不但会对周边的环境造成较大影响，超大型门式起重机安装工程是一个耗资大、占地广、涉及系统复杂的庞大工程，如何做到资源有效利用、节能环保的施工呢？我们提出了"绿色环保施工"的概念。所谓绿色施工，就是针对影响工程施工的"人、机、料、环、法"进行优化，对节能减耗进行强制性要求，尽量减小施工过程对环境的影响，做到环保施工。

9.1 在人员管理方面，加强了施工现场的自身建设，使管理水平不断提高，不断趋于科学合理，并加强企业管理人员的培训，提高他们的综合素质和环境保护意识。制订有效的现场管理措施，如在施工机械及工地办公室的电器等闲置时关掉电源；安装适当小流量的设备和器具，采用节水型器具等措施以降低用电用水量。有效利用基础施工阶段的地下水，设置废水重复沉淀净化循环使用系统，达到节能减排目的。

9.2 在施工机具方面，重视了设备的选择和选用耗电量小的和废气排放少的设备，既节能，又减排。比如电焊机一律用逆变交流，卷扬机用低速低噪声，油泵设减振，钢绞线和转机涂润滑剂等，这些措施均达到了节能降耗，减排减噪，实现环保文明施工。由于使用双塔油缸提升设备，基本上不用大排量的柴油起重机，既节油，又减排，还消除了发动机的噪声，无噪声污染。

9.3 在施工材料的选择上，本公司都尽量采用节能环保的材料。比如用聚四氟乙烯降摩擦力，无噪声滑移，既环保，又节能。

9.4 在施工现场，每天进行清扫，生活生产垃圾运至指定位置，保持现场清洁。

9.4.1 在控制施工噪声方面，除了从机具和施工方法上考虑外，我们还适当的使用隔声屏障、使用机械隔声罩等，确保外界噪声等效声级达到环保相关要求；所有施工机械、车辆必须定期保养维修，并于闲置时关机以免发出噪声。

9.4.2 施工现场产生的污水主要包括雨水、生活污水和生产污水3种。现场采取分三级排放到指定管路中，生活污水设置了隔油池除油装置，除油后再排放，生产污水沉淀净化再排。

1. 工地厕所的污水配置了三级无害化化粪池，驳接市政或工厂厂区污水处理设施。

2. 建筑工程污水包括地下水、钻探水等污水，含有大量泥沙和悬浮物。一般的可采用三级沉降池进行自然沉降，污水自然排放，大量淤泥由人工清除。

9.5 对于建筑垃圾的处理，尽可能防止和减少垃圾的产生；对产生的垃圾尽可能通过回收和资源化利用，减少垃圾处置；对垃圾的流向进行有效控制，严禁垃圾无序倾倒，防止二次污染。这样，实现了建筑垃圾的减量化、资源化和无害化目标。

9.6 在施工方法的选择上，合理安排进度，尽量排除深夜连续施工；将产生噪声的设备和活动远离人群，避免干扰他人正常工作、学习、生活。在技术措施方面，多采用环保节能的新工艺、新技术，以提高劳动生产率，降低资源消耗，同时减小施工过程对周边环境的影响。

10. 效 益 分 析

10.1 超大型起重机整体提升新施工工法的成功实施，大大地缩短了超大型设备的施工周期，国内单塔架施工法以南通中远、葫芦岛渤海造船厂、外高桥造船厂和沪东造船厂等共5台吊车的安装周期为例，因塔架不能自顶自卸，需用大型吊机配合。我公司自主研究的设备仅这两项约节省总工程款的40%，另外，工艺的改变，索具的使用，如原本以钢丝绳拉缆风，现使用钢绞线，钢丝绳的价格高于钢绞线20%。由此降低成本，直接经济节约45%左右。

10.2 安全性高。双塔架本身能承受门式起重机的自重，塔架底部与基础采用螺栓连接，风绳采用钢绞线通过油缸收紧，使用液压垂直提升的油缸施工是成熟的技术，就不会出现安全事故，从而节省了一半的施工时间和设备器具的周转，提高了经济和社会效益。

10.3 双塔架、大吨位、超高门式吊的实施后，对超高、大吨位的设备安装开创了先例。去年在内蒙古成功一次性整体吊装了直径8m×100m高×1800t重的化工塔，开创了我国化工行业大型塔类整体吊装的先例。现在我公司正在开发冶金行业的炼高炉的快速安装方法。

10.4 节能、减排、环保贡献率大

10.4.1 由于采用双塔油缸同步提升，因此节省了大型吊车的昂贵台班费和进出厂费用，既可节约安装成本40%左右，又节油和减少CO_2排放，业主受益极大。

10.4.2 节省数吨钢脚手架和钢平台，节约大量钢材，节省了建设成本。

10.4.3 由于采用聚四氟乙烯加水，减少支腿位置摩擦系数，取消润滑油，因此节能消除油污染，保护了环境。

10.4.4 不用大型和少用小型起车吊，既节省油料，又减少了二氧化碳排放，还消除发动机的噪声污染。

10.4.5 上述经济效果，主要是为业主节省了投资，因此社会经济效益极好，深受业主欢迎。

10.4.6 正是由于采用双塔提升，使国内门式起重机安装费用比最初降低了数倍，这也是我们目前任务干不完的主要原因。

10.5 社会效益贡献

中国神华集团内蒙古煤化工 C3 分离塔总吊装 1800t，外资吊装索要 3000 万美元，而我们只要了不足 3000 万人民币，为国家节省 2500 多万美元的外汇。

11. 应用实例

11.1 江苏东方重工 900t×230m，单台总重 8863t。

11.2 江苏东方重工 900t×240m，单台总重 12000t。

11.3 江苏熔盛重工 1 台 1600t×202m，单台总重 4900t。

11.4 江苏扬州大洋造船厂 1 台 900t×208m，单台总重 5500t。
　　　　　　　　　　　　　　　1 台 900t×220.85m，单台总重 6500t。

11.5 青岛北海造船厂 3 台 800t×230m，单台总重 7000t。

11.6 江苏熔盛重工 2 台 900t×203m，单台总重近 5500t。

11.7 韩国三星造船厂 3 台 1500t×240m，单台总重近 10000t。

11.8 浙江金海湾造船厂 1 台 1200t×230m，单台总重 8000t。

汽轮发电机组地脚螺栓直埋与锚固板定位施工工法

YJGF58—2002（2009～2010 年度升级版-068）

湖南省第四工程有限公司　湖南省建筑施工技术研究所

朱林　匡达　江晓峰　刘运武　张天祥

1. 前　言

火电厂汽轮发电机组的安装、定位、紧固是由地脚螺栓和锚固板与钢筋混凝土基础连接，限制汽轮发电机组的 6 个自由度。由于汽轮发电机组转速高、振动大，且须定期维修，故对地脚螺栓和锚固板的埋设质量及汽轮发电机基座混凝土的质量提出了很高的要求，以保证地脚螺栓的垂直度、中心距、顶点标高的高精确度和锚固板的中心线、标高、水平度的高精确度及汽轮发电机基座混凝土的浇筑质量。在湖南石门电厂和湖南益阳电厂共 4 台 2×300MW 汽轮发电机组的基础施工中，工程技术人员开展了"汽轮发电机组地脚螺栓直埋与锚固板定位技术"科研课题的研究及应用，已于 2001 年 1 月 16 日通过省级技术鉴定，达到国内领先水平，经济、社会效益显著，在此基础上编写的《汽轮发电机组地脚螺栓直埋与锚固板定位施工工法》被评为 2001～2002 年度国家级工法。

随着电力建设事业的发展，近年来设备生产厂家对 300MW 火电厂汽轮发电机组进行了设计优化，同时火电厂单台机组发电量超过 600MW 达到 1000MW，并在不断增大。湖南省第四工程有限公司在相继承建了 8 台 300MW、6 台 600MW、2 台 1000MW 火电厂汽轮发电机组的基础施工后，在原有施工工艺基础上继续提高、改进施工技术，取得了显著效果。其中，耒阳电厂二期（2×300MW）工程获 2005 年度湖南省建筑工程"芙蓉奖"和 2006 年"中国电力优质奖"；华能岳阳电厂二期（2×300MW）工程获 2007 年度"中国电力优质奖"和 2007 年度"国家优质工程银质奖"，并被评为第五批全国建筑业新技术应用银牌示范工程；华电长沙电厂（2×600MW）工程、邵阳宝庆电厂（2×600MW）、江苏常熟电厂 5 号机（1000MW）工程，质量优良、安全可靠。《汽轮发电机组地脚螺栓直埋与锚固板定位技术》于 2007 年荣获中国施工企业管理协会科学技术奖"技术创新成果一等奖"。

为促进技术积累，提高技术素质和管理水平，加速该科技成果向现实生产力的转化，特编写升级版工法。

2. 工 法 特 点

汽轮发电机组地脚螺栓直埋与锚固板定位技术的特点是：

2.1　设置几何尺寸精度高、可调节式样板钢架，并在样板钢架下部设置下沉式平行弦钢桁架，以加强样板钢架的刚度及稳定性，从而将地脚螺栓准确定位、埋设，确保了地脚螺栓埋设的中心距、垂直度、顶点标高的高精确度（图 2.1-1、图 2.1-2 和图 2.1-3）。

2.2　锚固板的埋设：以样板钢架为模具，设置油压千斤顶或顶杆螺栓微调，确保了锚固板中心线、标高和水平度的高精确度。

2.3　钢筋采用 4 次安装工艺，以避免钢筋与螺栓和锚固板触碰。

2.4　采用流态混凝土，只需适度振捣，避免了振捣器与螺栓、锚固板相碰。汽轮发电机基座混凝土按大体积混凝土工艺施工。

2.5　通过技术改进，比传统工艺成本低。

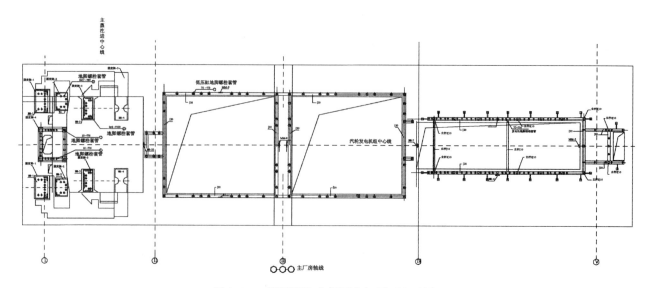

图 2.1-1　预埋螺栓套管固定架平面布置图

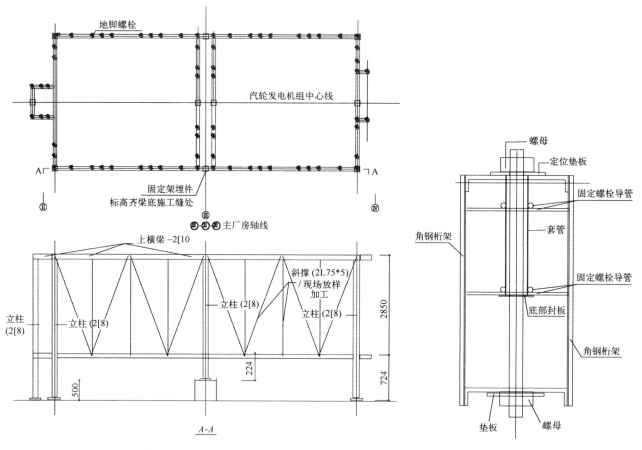

图 2.1-2　样板钢架及下沉式钢桁架示意图

图 2.1-3　螺栓安装示意图

3. 适 用 范 围

适用于火电厂汽轮发电机组安装基础的施工，可推广应用于其他大型工业设备，特别是高速运转下产生动荷载的设备安装基础的施工。

4. 工 艺 原 理

汽轮发电机组的地脚螺栓通过可调节式样板钢架定位，并在样板钢架下部设置下沉式平行弦钢桁架，以加强样板钢架的刚度及稳定性，从而将地脚螺栓准确定位、埋设。锚固板通过样板钢架和支承架配用油压千斤顶或顶杆微调螺栓调整定位。地脚螺栓和锚固板定位准确并固定牢固后，浇筑流态混凝土，将地脚螺栓和锚固板最终埋固。

5. 施工工艺流程及操作要点

5.1 工艺流程（图5.1）

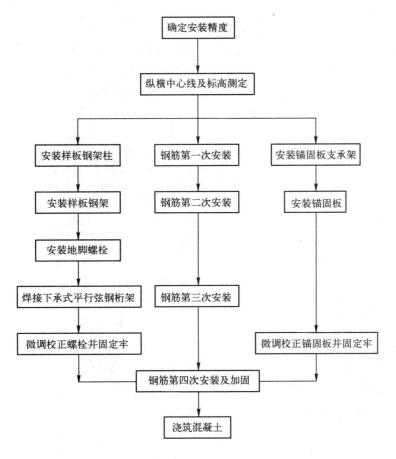

图5.1 工艺流程图

5.2 操作要点

5.2.1 确定安装精度

参照《电力建设施工质量验收及评定规程》（第1部分：土建工程）DL/T 5210.1—2005，地脚螺栓与锚固板安装精度应符合表5.2.1要求。

地脚螺栓与锚固板安装精度表 表5.2.1

序 号	检查项目名称		允许偏差（单位 mm）	
			浇灌混凝土前	浇灌混凝土后
1	预埋管	中心	不大于 0.1d_1，且不大于 3mm	不大于 0.1d_1，且不大于 8mm
2		垂直度/孔壁垂直度	不大于 L_6/200，且不大于 5mm	不大于 L_6/200，且不大于 8mm

序　号	检查项目名称			允许偏差（单位 mm）	
				浇灌混凝土前	浇灌混凝土后
3	直埋式	中心		≤1	±2
4		垂直度		≤L_6/400	≤L_6/400
5		顶标高		+5～+8	0～+8
6	活动锚板	中心		<3	<5
7		标高		0～+10	0～+8
8		水平	带槽的	≤3	≤5
			带螺孔的	≤1	≤2

注：d_1 为螺栓直径；L_6 为螺栓长度。

5.2.2　汽轮发电机组纵、横中心线及安装标高测定

以主厂房相关纵横轴线为基准将发电机中心线、凝汽器中心线、高压缸中心线（均为横轴线）及汽轮发电机组的纵向中心线引测到运行层平面周围已浇混凝土构筑物预埋铁上，并刻画十字线，作为中心线的测量基准点。同时利用主厂房方格控制网和高程控制网作为汽轮发电机组的测量基准，定期复核，以此确定汽轮发电机组的纵横中心线与标高。

5.2.3　锚固板施工步骤

1. 锚固板支承架加工：大型锚固板用支承架按照设计图在车间加工杆件，现场拼装（大型锚固板安装见图 5.2.3-1）；小型锚固板用支承架在车间一次加工好，然后在现场直接安装（小型锚固板安装见图 5.2.3-2）。

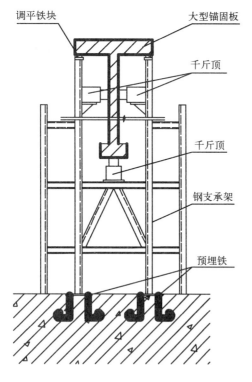

图 5.2.3-1　大型锚固板安装示意图

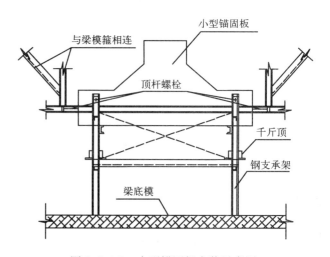

图 5.2.3-2　小型锚固板安装示意图

2. 支模架搭设：有锚固板处的支模架，其立杆、纵横杆间距严格按支模架方案进行搭设。

3. 锚固板支承架安装：在模板上弹出其纵横中心线，然后安装（或拼装）支承架，并使已弹在支

承架上的锚固板的中心线与模板上中心线的投影重合。对大型锚固板，因一部分埋在混凝土内一部分为悬挑结构，悬挑段安装时，在悬挑段下铺枕木并在其上垫钢板，再安装支承架；混凝土内预埋部分安装时，在大梁底框架柱顶混凝土水平施工缝面上预埋铁件，在其上安装支承架，并与悬挑部分连成整体，再用水准仪检查支承架标高，要求其标高允差值控制在 0～10mm 以内，用水平尺检查支承架表面平整度，偏差≤1mm，然后将支承架固定牢，并在支承架上安装油压千斤顶。

4. 安装锚固板：用塔吊将锚固板吊至支承架上，并以汽轮发电机组纵横中心线及标高为基准进行粗调平、粗对中。

5.2.4 地脚螺栓直埋施工

1. 样板钢架加工：用槽钢拼焊而成。先按汽轮发电机组底座安装尺寸设计样板钢架图，样板钢架系统由钢架柱、梁、桁架、样板件组成。按照设计图，将钢架各构件送机械加工车间精加工。严格检查各构件尺寸，合格后在铆焊车间平台上试拼装，拼装好后按表5.2.1精度值检验，合格后，再运往汽轮发电机组的基础上安装使用。

2. 样板钢架及螺栓安装步骤：利用主厂房已有塔吊对样板钢架进行垂直吊装。以汽轮发电机组的纵横中心线与水平标高为基准，按照"先钢架柱、下梁、样板钢梁、桁架腹杆、螺栓安装"的顺序进行。

1) 钢架柱安装：钢架柱焊接在预先焊好的大梁底框架柱顶的预埋铁上。预埋铁施工时，一定要保证中心线、标高正确。在钢架柱焊接前，先在预埋铁上画出安装位置，再将钢架柱与该位置重合，校正钢架柱垂直度后，焊接固定。

2) 下梁、样板钢梁、钢桁架安装：下梁与样板钢梁与钢柱相连，安装好并检查各纵横中心线与标高准确无误后，焊接牢固。同时按设计要求安装好柱间支撑及钢桁架，保证样板梁在施工过程中不发生变形。

3) 螺栓安装（图5.2.4）：

样板梁及钢桁架安装好以后，进一步复核其中心线，无误后，方能安装螺栓。样板梁上的螺栓穿孔比螺栓外径大 10mm，同时在车间加工长×宽×厚＝200mm×200mm×20mm 的铁板并划纵横对称中心线，以中心点为圆心，钻直径为螺栓外径 d＋1mm 的孔；将此铁板贴在螺栓样板梁的顶平面，使 d＋1mm 孔与 d＋10mm 孔的纵横中心线重合，用以微调螺栓的中心位置。将此铁板点焊后复核各孔间距在允许误差范围内时，再焊牢。安装螺栓时用经纬仪、线锤配合测定螺栓垂直度，同时用水平仪、直尺测定螺栓顶标高，误差在规定范围内时，将螺栓下端与钢桁架下弦梁用螺帽紧固。螺栓套管上下端用短钢筋与桁架或钢筋焊牢。样板钢架下安装的螺栓套管，它的作用是在汽轮发电机组安装时可微调螺栓，以补偿汽轮发电机组底座安装孔可能出现的偏差。螺栓套管要保证与螺栓中心线的同心度，同时底部要用钢板封好，防止漏进水泥浆；上部与螺栓之间的空隙要用棉纱塞好，防止杂物进入。最后再复核一次整个螺栓安装尺寸偏差，在平面图上标注，并加焊牢固。

图 5.2.4 样板钢架及直埋螺栓

3. 为加强样板钢架的刚度及稳定性，防止样板钢架产生局部下沉，同时保证直埋螺栓的安装精确度，在样板钢架下部设下沉式平行弦钢桁架。样板钢架作为桁架上平行弦，下平行弦固定直埋螺栓底部，桁架上部腹杆与样板钢架底部焊接，下部腹杆与下梁焊接。桁架应做到横平竖直斜到位，焊接牢固。

5.2.5 精调锚固板（图5.2.5）：

以样板钢架对锚固板及埋设螺栓精确定位，利用安装在底部的油压千斤顶来调整标高和水平度，利用安装在两侧面的油压千斤顶来调整中心位置。其他小型锚固板用油压千斤顶调整标高和水平度，在侧向用顶杆螺栓调整中心位置。用水准仪测控标高，用全站仪及经纬仪测控中心线，用水准仪配合塞尺测控水平度。在整个安装过程中重复"测量→调整→测量→调整"程序，直至符合要求为止。

图 5.2.5　锚固板及其螺栓安装

5.2.6　钢筋安装

运行层钢筋安装时，由于螺栓、锚固板多，而且精度要求高，加之钢筋设计也非常复杂，在安装钢筋过程中分 4 次安装：①螺栓样板钢架、锚固板支承架定位后、安装梁底板钢筋；②螺栓套上样板钢架、锚固板初步定位后，安装一部分腹筋；③螺栓安装好、锚固板基本安装好后，腹筋安装完，并安装部分面部筋；④螺栓检查无误、锚固板全部安装完并检查无误后，钢筋全部安装完。在钢筋安装过程中，必须避免碰撞螺栓和锚固板。

5.2.7　混凝土浇筑

汽轮发电机基础运行层纵、横梁混凝土浇筑：浇筑时，采用流态性泵送混凝土，坍落度控制在 10～14cm，避免在螺栓、锚固板周围剧烈振捣，严禁振动棒碰撞螺栓、锚固板。另外由于该层结构属于大体积混凝土结构，施工时按大体积混凝土工艺进行施工，以保证混凝土的施工质量。

6. 材料与设备

6.1　主要材料

主要材料有槽钢、角钢等型钢及钢筋、水泥、钢丝等材料，质量必须达到国家相应的规程规范要求。

6.2　主要设备（表6.2）

机具与设备表　　　　　　　　　　　　表6.2

序　号	名　称	型号规格	精度等级	单　位	数　量	备　注
1	塔式起重机	QT80EA		台	1	
2	全站仪			台	1	
3	经纬仪	JGJ2 型	水平±2″ 垂直±4″	台	2	
4	水准仪	DSZ3 型	±3mm	台	2	
5	铅直测定器	QS－450		件	4	磁性线锤
6	线锤	0.1～0.5kg		件	12	钢质
7	弹簧秤	100N/150N		件	2/2	
8	铁水平尺	L＝500mm	±0.1mm	件	6	
9	钢直尺	L＝500mm	±0.2mm	件	10	
10	钢卷尺	50m/20m	±0.5mm	件	4/4	摇卷架式
11	小钢卷尺	5m/2m	±0.2mm	件	10/10	制动式
12	塞尺	B 型，20 片	±0.02mm	件	4	
13	油压千斤顶	QYL5G		台	8	
14	游标卡尺	I 型		条	4	
15	切割机			套	2	
16	手拉葫芦	5t、10t		套	10	

7. 质 量 控 制

7.1 执行的质量标准

《电力建设施工质量验收及评定规程》（第 1 部分：土建工程）DL/T 5210.1—2005

《火电发电厂土建结构设计技术规定》DL 5022—2008

《钢结构设计规范》GB 50017—2003

《建筑钢结构焊接规程》JGJ 81—2002

《钢结构工程施工质量验收规范》GB 50205—2002

《建筑工程施工质量验收统一标准》GB 50300—2001

《混凝土质量控制标准》GB 50164—92

《混凝土强度检验评定标准》GB/T 50107—2010

7.2 在遵守规范和标准的前提下，还要采取如下质量控制措施：

7.2.1 对进场的地脚螺栓、锚固板逐件进行验收，发现有规格不符合有质量缺陷的，应进行退货。

7.2.2 绘制安装平面图，对螺栓及锚固板进行编号，安装和验收时对号入座。

7.2.3 样板钢架（包括锚固板支承架）的尺寸、螺孔位置的精度，要严格按设计图的要求进行制作和安装，同时要确保样板钢架的整体稳定性。

7.2.4 分 4 个阶段对质量进行验收，第一阶段为样板钢架（包括锚固板支承架）安装完后的验收，第二阶段为地脚螺栓和锚固板安装后的验收，第三阶段为混凝土浇灌前的整体验收，第四阶段为混凝土浇灌完后整体验。

7.2.5 采用流态混凝土进行浇灌，避免振动器振偏地脚螺栓和锚固板，同时在浇灌过程中应采取保护措施防止混凝土进入螺栓导管之内。

8. 安 全 措 施

8.1 建立健全安全生产保证体系，严格遵循以下规程、规范：

《电力建设安全施工管理规定》 1995—11—06 发布，1996—01—01 实施

《电力建设安全生产工作规程》 DL 5009·1—92

《建筑施工安全检查标准》JGJ 59—99

《施工现场临时用电技术规程》JGJ 46—2005

《建筑施工高处作业安全技术规范》JGJ 80—91

《建筑机械使用安全技术规程》JGJ 33—2001

《建筑施工扣件式钢管脚手架安全技术规范》JGJ 130—2001

8.2 主要安全措施

8.2.1 编制完整的施工组织设计，有详细的安全施工措施和样板钢架系统的计算书，进行详细的技术和安全交底。

8.2.2 施工现场设置警戒区，进行封闭式施工。

8.2.3 锚固板及样板钢架吊装及安装时，吊点要可靠，起吊过程要平稳；安装定位时要防止重心偏移，脚手架支撑系统要多检查和观察。

8.2.4 切实做好施工用电的接地、接零保护，防止漏电伤人。

8.2.5 由于汽机基础属于岛型基础，要认真做好临边和孔洞周围的安全防护工作。

9. 环 保 措 施

9.1 严格执行下列规定和标准，同时遵守国家和行业相关的环保政策及法规等规定。

《建设项目环境保护管理条例》（国务院 253 令）

《建筑施工现场环境和卫生标准》JGJ 146—2004

《建设工程扬尘污染防治规范》DGJ 08—121—2006

9.2 被机油污染的钢筋、模板及各种工具及时清理，确保现场清洁。

9.3 在钢梁切割、安装过程中严格控制噪声大小和频率，必要时应采取隔声装置。

9.4 在混凝土浇筑、螺栓和锚固板的安拆过程中，控制扬尘过大而造成空气污染，必要时采取喷雾措施。

10. 效 益 分 析

10.1 经济效益

汽轮发电机组地脚螺栓埋设与锚固板定位技术采用下沉式平行钢桁架加固形式，减少了样板钢架的立柱尺寸；另外，地脚螺栓大量应用套管，节省了为加固直埋螺栓而采用的角钢数量。因此，升级版工法与原工法相比，节省样板费 2 万元，节省设备安装调整工时费 3.2 万元，合计经济效益 5.2 万元。

10.2 社会效益

应用本技术提高了汽轮发电机组地脚螺栓与锚固板的安装精度，确保了后续汽轮发电机组设备安装的顺利进行，为汽轮发电机组设备今后的正常运行打下了良好的基础。同时，本技术可推广应用于其他大型、高速运转产生动载荷的设备安装。

11. 应 用 实 例

本工法已经应用于多个火电厂汽机基础施工项目，有代表性的工程见表 11。

工程应用实例一览表 表 11

项 目 名 称	华能电厂二期 1 号、2 号汽轮发电机组基础	华电长沙电厂 1 号、2 号汽轮发电机组基础	宝庆电厂 1 号汽轮发电机组基础	常熟电厂 5 号汽轮 发电机组基础
地 点	湖南岳阳	湖南长沙	湖南邵阳	江苏常熟
施工时间	2004 年 10 月～2005 年 6 月	2006 年 4 月～2006 年 11 月	2010 年 3 月～2010 年 10 月	2010 年 8 月～2011 年 4 月
装机容量	300MW	600MW	600MW	1000MW
质量情况	2007 年获国家优质工程银奖和中国电力优质工程奖 通过第五批全国建筑业新技术应用示范工程验收	优良	优良	优良
安全文明	好	好	好	好

细长圆形金属储罐气吹倒装施工工法

YJGF59—2002（2009～2010 年度升级版-069）

湖南省工业设备安装有限公司

闵泽鹏　李桂芳　田成勇

1. 前　　言

圆形储罐是石油、化工行业储存原料、半成品及成品的常见设备。对于扁平形的大型圆形金属储罐，现场制安一般采用气吹倒装法或者是机械化吊装法施工，其工艺成熟，安全可靠。对于细长形金属储罐的现场制安，许多企业一般采用机械化吊装，正装法施工。在许多老厂区的改扩建工程中，由于现场条件的限制，往往不能使用机械化吊装或吊装费用太高，此时，气顶法吊装是一种很好的选择。与扁平罐气顶法不同的是：随着储罐长细比的增大，罐体顶升所需的气压显著升高，施工中有许多新的问题需要解决。

本工法由多台细长圆形金属储罐的现场制安总结而成。该罐尺寸ϕ10m×H23m，承台高度9m，四周均有较高的障碍物，如采用机械化吊装，必须选用100t以上的吊车，费用极高，本工法较好地解决了其吊装问题。

2. 工 法 特 点

2.1　简单易行，成本低廉。只需常规的施工机具，无需添置大型或专用的起重设备。

2.2　无高空作业，便于控制施工质量。壁板组对与焊接均在同一低位操作平面上进行，操作安全，控制管理方便，可节省大量的脚手架费用。

2.3　顶升安全可靠。齿条式安全保护装置可在因顶升装置意外失效时发生作用，防止罐体下坠。

2.4　密封可靠。采用鳞片式密封装置，消除了顶升气压升高后，3mm厚橡皮密封垫容易吹出的问题。

2.5　无需开阔的施工空间和场地。

3. 适 用 范 围

适用于长细比不大于 2.5∶1 的圆形大型金属容器的现场制作安装。

4. 工 艺 原 理

利用罐体自身结构及其可密封性，按倒装顺序，先组装底板、拱顶和最上一圈壁板，形成相对密封的空间，安装密封装置，然后在罐外围板、充气，当罐内空气顶升力大于已组焊完成的罐体部分重量（不含底板与外部围板重量）和圈板间的摩擦阻力时，罐体被顶起，到达预定高度时，调整顶升气压及外圈板的位置，组对和找正，然后施焊。如此反复交替组焊圈板和充气顶升两大工序，直到完成全部罐体的安装。

5. 施工工艺流程及操作要点

5.1　施工工艺流程（图5.1）

5.2　操作要点

5.2.1　基础检查与放线

1. 基础中心位置偏差不大于±10mm；基础各平面标高偏差不大于±10mm。

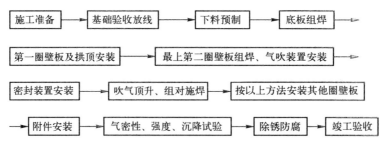

图 5.1　施工工艺流程图

2. 环形承重梁基础内径偏差不大于±10mm，其表面沿罐壁圆周方向的平面度高差不大于10mm，外径圆周椭圆度偏差不大于20mm。

3. 均布设置永久性基础沉降观测点4个。

5.2.2　下料与预制

1. 根据施工图及板料对底板、壁板及拱顶进行排板，选择最佳下料方案，使之既能减少废料又能满足错缝之要求。

2. 下料预制时应根据安装顺序进行，并分类堆码和标识。

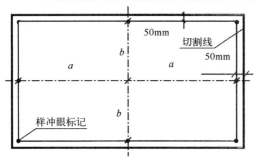

图 5.2.2　基准线法下料示意图

3. 下料采用基准线法进行下料，如图5.2.2所示，

4. 板材下料采用半自动气割及手工气割相结合的方法进行，型材下料尽量采用砂轮机切割，切割后除去熔渣及毛刺等。

5. 下料误差：坡口≤±2°，长度≤±1mm，对角线长≤±2mm。

6. 弧形板经卷弧合格后应堆放在胎具上，并做好标识。

5.2.3　罐底安装

1. 根据罐底的结构形式进行组对安装。

2. 当罐底为锥底时，基础环预制成形后与锥底定位并施焊，但应注意在定位时使之与锥底之间的焊缝错位。

3. 当罐底为平底无边缘板时，罐底铺板定位点焊后暂不施焊，待罐壁与罐底的角焊缝施焊完后再施焊底板。

4. 当罐底为平底有边缘板时，罐底铺板定位点焊后施焊完中幅板，待罐壁与罐底的角焊缝施焊完后再施焊边缘板与中幅板之间的焊缝。

5.2.4　罐体的组对安装

1. 罐顶与第一圈壁板安装：在基础环上按储罐的内径放大2～3mm划出一圆周线，打上样冲眼，并在内侧圆周处均布一定数量的小挡铁。将卷制好的最上一圈壁板按排板图尺寸进行围板组对。

2. 壁板纵缝组对与施焊：施焊纵缝时下端应暂留80～100mm长不焊，等下一圈壁板组对定位和环缝施焊完后再施焊这部分焊缝。

3. 拱顶临时支撑、拱顶中心环、骨架安装。在拱顶临时支撑标高定位时，其相对标高应比设计的要低40～50mm，以使拱顶安装焊接完后拆除拱顶临时支撑时，因焊接应力收缩其拱顶上弹后标高正好与设计符合。

4. 顶板铺设与焊接：顶板下料后由锥底至锥顶对称铺设，然后按先施焊纵缝、再施焊环缝、并按对称分段退焊法进行施焊。施焊完毕后进行煤油渗透试验。

5. 顶部栏杆、气升限位装置、防倾覆装置安装完毕，拆除中心支撑。

5.2.5　充气风机的确定与选型

1. 气升原理：利用鼓风机向罐内充气，使罐体内空气压强产生的顶升力大于被顶升部分和附加重量以及壁板之间的摩擦力时，则罐体上部被顶升。反之，则罐体下降，如果两力平衡时，则罐体在空中稳住。

2. 风机的选择：风机的选择是根据需顶升罐体的最大重量计算出所需风机能提供的最大风压和风量。使用经验公式进行计算。

1）最大风压计算

$$P_{max}=(g_1+g_2+g_3+g_4)/F \qquad (N) \qquad (5.2.5-1)$$

式中　$F=\pi R^2$——顶升罐体的截面积，m^2；

　　　P_{max}——顶升罐体所需最大风压力，N；

　　　g_1——被顶升部分罐体重量，N；

　　　g_2——壁板间的摩擦力，N；

　　　g_3——附件的重量，N；

　　　g_4——缆风绳附加力，N。

2）最大风量计算

$$Q_{max}=60K(Vn+P_{max}V_总)/T \qquad (5.2.5-2)$$

式中　Vn——最下一圈壁板的容积，m^3；

　　$V_总$——罐体总容积，m^3；

　　T——顶升一圈壁板所需时间，一般取 $10\sim15$，min；

　　K——泄漏系数，一般取 $4\sim6$；

　　Q_{max}——所需最大风量，m^3/h。

3）风机选择：根据以上数值，选择与最大风压和风量匹配的风机，一般选择2台。

5.2.6　气吹顶升装置准备

1. 装置制安，包括离心式鼓风机2台安装、减振帆布接口风管、风量调节闸板、阀门、进出罐体人孔、U形压力计等。

2. 2台离心式鼓风机与储罐连接的风管采用并联形式，以便相互连通和调节。

5.2.7　密封装置设置

1. 用 δ2~3mm 厚的橡胶皮和用 [14 号～ [16 号槽钢胀圈等组成。在胀圈上下位置及和罐底与壁板的结合处布置橡胶皮，用密封胶带封住待焊接的焊缝。罐体内的气压使橡胶皮紧贴在密封部位，控制气体外泄。

2. 在密封橡胶皮与罐壁之间加衬一圈 0.3~0.5mm 厚的镀锌铁皮，镀锌铁皮剪成小块，呈鳞片状布置（图 5.2.7-1、图 5.2.7-2）。

3. 底板部位的密封装置：利用本公司的专利技术实施（ZL 2010 2 0187584.5），见图 5.2.7-3。

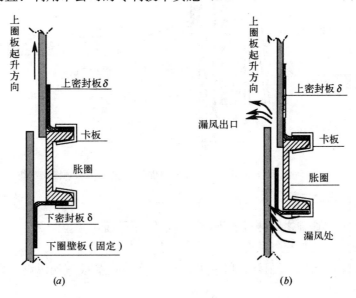

图 5.2.7-1　气顶时壁板处正常与失效状态示意图
(a) 橡皮密封板正常工作状态；(b) 橡皮密封板失效状态

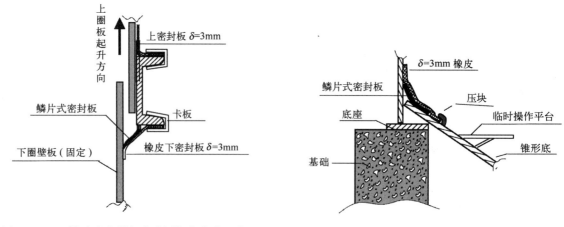

图 5.2.7-2　鳞片式密封板在胀圈部位安装示意图　　　　图 5.2.7-3　锥底部位密封示意图

5.2.8　防坠落装置安装

气吹作业过程中，可能出现密封装置意外严重漏风、胀圈异常卡住、鼓风机系统出现机械故障或电气故障被迫停机、突然停电等故障。一旦出现上述故障，气吹作业将被迫中断，罐体在重力作用下自然下降，压坏密封装置，严重时导致罐体变形。安装齿条式安全保护装置，在风压下降或停风机的情况下，利用齿条式安全装置可使筒体稳定在起升高度的任一位置阻止筒体下降。齿条式安全装置结构见图 5.2.8。

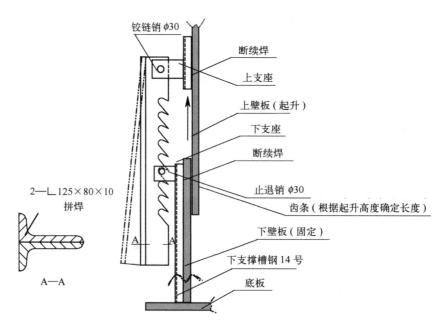

图 5.2.8　齿条式安全保护装置结构示意图

5.2.9　顶升平衡装置安装

在起升部分与地板或基础之间挂设若干个捯链，保证平衡，防止倾覆。

5.2.10　下圈壁板安装与充气顶升

1. 将下圈壁板紧贴上圈壁板围好，留一处活口，将该圈壁板其他纵缝外侧施焊完毕，在活口两端安装锁紧捯链。

2. 适当拉紧活口锁紧捯链，开启鼓风机，充气顶升罐体，升到预定高度时，调节风量，使升起的罐体处于悬浮状态，调整、组对上下圈壁板。

3. 壁板焊接，按规范进行无损检测。

4. 按上述步骤将壁板安装完毕，然后进行其他部件的安装。

5.2.11 焊接工艺

与一般工程相同。

5.3 劳动力组织（表5.3）

劳动力组织情况表　　　　　　　　　　　　　　表5.3

序　号	工　种	人　数
1	铆工	8
2	钳工	2
3	电焊工	8
4	起重工	2
5	测量工	1
6	辅工	8
7	气焊工	4
8	电工	2
	合计	35

6. 材料与设备

本工法所用材料与设备见表6。

主要设备表　　　　　　　　　　　　　　表6

序　号	名　称	规格型号	单　位	数　量	备　注
1	鼓风机	Q=4600m³/min P=1000－1200mmH₂O	台	2	
2	捯链	3～5t	台	14	
3	捯链	2t	台	4	
4	槽钢胀圈胎具		套	1	
5	道木		根	30	
6	行灯变压器	220/24V	台	2	
7	温度计	0～100℃	个	4	
8	U形压力计		套	2	

7. 质 量 控 制

执行《钢熔化焊对接接头射线照相和质量分级》GB 3323—87 及《立式圆筒型钢制焊接油罐施工及验收规范》GBJ 128—90。

8. 安 全 措 施

8.1 金属罐体内照明用电电压不得超过24V；电动工具用电源线必须使用橡套软蕊电缆线。

8.2 顶升过程中，罐内作业人员应佩戴耳罩。

8.3 统一信号，统一指挥。

9. 环 保 措 施

9.1 尽可能地减少光污染（夜间施工照明灯光、电焊弧光、等离子切割机、碳弧气刨等）。

9.2 不锈钢设备、管道酸洗须集中在专门场所进行，酸洗池内垫设塑料薄膜，以便废水回收处理。同样，管道酸洗时不能集中作业的也须采取有效措施回收。

10. 效 益 分 析

现拟 2006 年 3 月至 5 月在广东中成化工有限公司二期扩建工程 2 台纯碱金属储罐的现场制造为例进行效益数据分析如下：

10.1 直接成本：工程结算造价 158 万元（不含主材），实际发生成本 95 万元，盈利 63 万元。

10.2 施工技术措施费用：由于设备四周均有障碍物，如采用机械化吊装法，必须使用 120t 左右的吊车方可完成吊装工作，费用极高，本工程采用气顶倒装法施工，为业主节省吊装费 40 余万元。

10.3 社会效益分析：整体装置被评为省优质工程，获得业主高度评价。本工程为装置的标志性项目。

11. 应 用 实 例

2001 年 7 月至 10 月，本公司在广东中成化工有限公司用本工法完成了 2 台纯碱金属储罐的现场制造安装；2006 年 3 月至 5 月在广东中成化工有限公司二期扩建工程用本工法完成了 2 台纯碱金属储罐的现场制造安装；2005 年 3 月至 2005 年 12 月，在厦门腾龙特种树脂厂安装工程用本工法完成了 4 台塑料粒子金属储罐的现场制造安装。

板坯连铸机安装工法

YJGF57—98（2009~2010 年度升级版- 070）

中冶天工上海十三冶建设有限公司 中国华冶科工集团有限公司

杨晓斌 张银峰 张书会 孙兴利 陈爱坤

1. 前 言

连铸技术具有大幅提高金属收得率和铸坯质量，节能降耗等显著优势，已被钢铁企业广泛采用。板坯连铸机由浇铸系统及铸流系统两部分构成，浇铸系统设备主要包括大包回转台、中间包车、中间罐预热装置；铸流系统设备主要包括结晶器及振动装置、扇形段及其基础框架和底座、扇形段驱动装置、扇形段拔出导轨、引锭杆车、引锭杆提升及防脱落装置。

随着科学的进步和发展，我国的连铸设备（尤其是板坯连铸机）采用了很多世界先进新技术，诸如：钢包下渣检测、漏钢预报、中间包连续测温、结晶器在线调宽、气雾平衡二次冷却、结晶器液压振动、铸坯导向段连续弯曲矫直或多点弯曲矫直技术、电磁搅拌及轻压下等。相应的对板坯连铸设备的安装也提出了更高的要求，为了保证设备安装质量和进度，我们在板坯连铸机安装过程中逐步建立起一套成熟的安装工艺与方法，较快、较好地完成了多个现代化板坯连铸设备安装工作。

本工法是在《大型板坯连铸机安装工法》（YJGF57—98）的基础上，结合近期施工的宝钢一钢不锈钢连铸机工程、宝钢 4 号板坯连铸机工程、浦钢搬迁罗泾 2 号板坯连铸机工程的安装实践和经验总结编制的。

2. 工 法 特 点

2.1 采用"空中接力双机抬吊法"将大包回转台吊装就位，降低了大型机械费用的支出，降低施工人员的劳动强度。

2.2 合理进行地面分块组装，确保大包回转台吊装"模块化"，减少高空作业，既加快了施工进度，又能显著减少人工、机械及安全等费用投入。

2.3 采用"分层施工法"，安装一层设备就完善相应的钢梯、平台，充分利用设备自带设施，一次性做好安全防护措施，极大地增强了作业的可靠性、安全性。

2.4 合理安排工序进行扇形段离线对弧、试验，提高试验台的使用效率；采用同步顶升液压千斤顶取代分体千斤顶，提高辊缝测量、调节速度。

2.5 采用"专用测量工装"，解决了连铸机弧形段基础框架安装后的精确测量问题，提高了扇形段在线对弧的准确性。

2.6 采用"三维坐标测量法"，克服常规经纬仪、水准仪由于安装场地狭小和高差大引起的设站困难和累积误差，大幅提高质量、进度、安全等综合效率。

3. 适 用 范 围

适用于垂直弯曲形、全弧形板坯连铸机设备的安装，对其他不同形式的板坯连铸机安装也具有参考价值。

4. 工 艺 原 理

浇铸设备安装关键是大包回转台，由于其单件重量大且位于厂房钢水接收跨和浇铸跨柱列吊车梁双肩柱梁下方，是天车吊装的死角，无法单独用一跨天车将设备吊装就位。本工法采用"空中接力双机抬吊法"，设计制作专用吊具解决了这一问题；安装时合理进行地面分块组装，充分利用设备自带安全设施，提高作业效率和安全性；找正时采用交叉测量方法重点保证回转台底座的水平度偏差。

铸流设备安装关键是扇形段，必须经过基础框架找正、离线对中、试验、拔出导轨安装、在线对中等众多工序。本工法重点控制扇形段框架固定侧支撑座的中心，并据此找正滑动侧支撑座；基础框架的调整，水平段直接选择扇形段定位销的基座作测量点，矫直段、弧形段的定位销基座不是一个水平面，可采用"三维坐标测量法"结合"专用测量工装"解决其精确测量与调整；采用专用测量棒调整"0"号段框架支座；通过优化工序和专用设备加快离线对中、测试；扇形段上线后利用专用样板、塞尺进行检验，偏差超标时通过科学的计算方法调整基础框架定位基座处的垫板组，确保各扇形段接口满足设计弧度。

"三维坐标测量法"，用极坐标法测定点的平面坐标（X、Y），用三角高程法测定点的高程（Z）。利用空间后方交汇，通过获取角度和距离信息得到测站点、目标点的空间三维坐标。

5. 施工工艺流程及操作要点

5.1 工艺流程

浇铸设备安装工艺流程见图 5.1-1，铸流设备安装工艺流程见图 5.1-2。

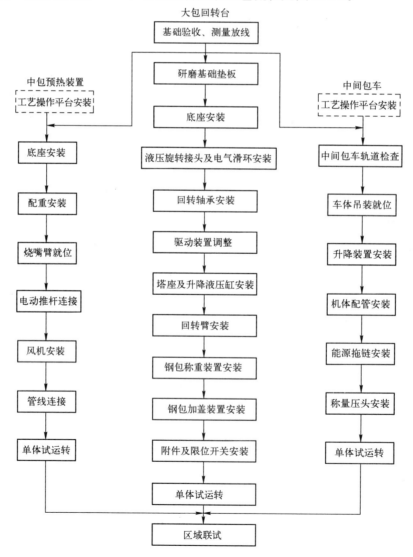

图 5.1-1　浇铸设备安装工艺流程

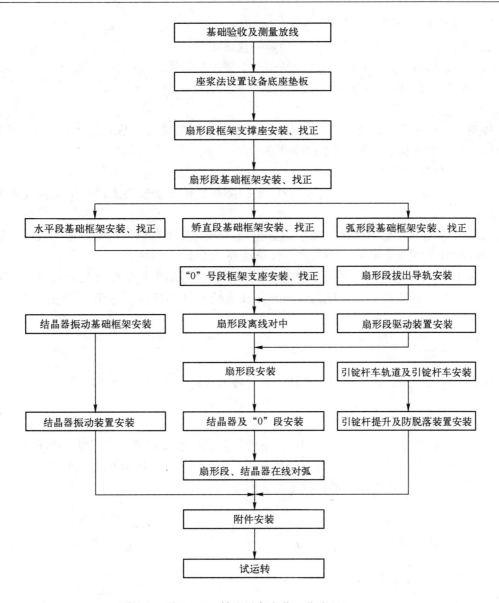

图 5.1-2　铸流设备安装工艺流程

5.2　操作要点

5.2.1　基础检查及验收

设备基础、地脚螺栓、预留螺栓孔、锚板的位置、几何尺寸和质量要求，应符合现行国家标准《机械设备安装工程施工及验收通用规范》GB 50231 的规定，工序交接资料应齐全。

5.2.2　基准线和基准点的设置

连铸机安装之前首先要设置纵、横基准线和永久性基准点，并定期复测。永久中心标板和基准点采用不锈钢或铜材制作，设置依据是厂区控制网。基准线和基准点的施工测量应符合现行标准《冶金建筑安装工程施工测量规范》YBJ 212 和《工程测量规范》GB 50026 的有关规定。

1. 基准线主要设置以下几条，其他的辅助中心线由此测设：

1）连铸机中心线（纵向基准线）；

2）正切线（即铸流外弧面与铅垂面的相切线，与纵向中心线垂直）；

3）矫直辊轴线（与纵向中心线垂直）；

4）扇形段最终辊轴线（与纵向中心线垂直）；

5）大包回转台纵、横中心线。

2. 基准点主要设置以下几个，其他位置由此测设：

1）振动装置、正切线附近（振动装置及结晶器找正用）；

2）基础框架底座、正切线附近（扇形段基础框架底座找正用）；

3）大包回转台附近（回转台及平台上设备找正用）。

3. 注意事项

铸流立体空间内应多留设辅助基准点，用来调整不同位置的设备。基准点及中心标板的设置应充分考虑生产维修，尽量能够从二冷密闭室的窗洞贯穿。

5.2.3 垫铁的选择和设置

1. 垫铁的选择、设置及注意事项可按现行国家标准《机械设备安装工程施工及验收通用规范》GB 50231 执行。

2. 对于常规的混凝土基础，采用座浆法设置垫板，施工方法参见《机械设备安装工程施工及验收通用规范》GB 50231 附录七，其纵、横向水平度应达到 0.1/1000 以内。

3. 对于以预埋钢板作基础的，必须用研磨法设置垫板，可用平垫板配合红丹粉着色，对预埋钢板进行磨光机研磨，研磨范围大于垫板四周 10mm，以垫板与基础接触面达 70％以上，水平度达 0.05/1000 以内为合格。

5.2.4 浇筑设备安装

1. 钢包回转台安装

钢包回转台主要由底座及回转轴承、回转体、升降液压缸、塔座、回转臂、称量装置及钢包托座等组成。

1）底座及回转轴承安装

（1）由于大包台底座重量大且位置特殊，既不能单独用钢水接受跨行车，也不能单独用浇铸跨行车将其吊装就位。因此底座的吊装可采用以下 2 种方法：①从钢水接收跨侧采用汽车吊吊装。②设计制作专用吊具，采用"空中接力法"将其吊装就位。如图 5.2.4-1 所示。

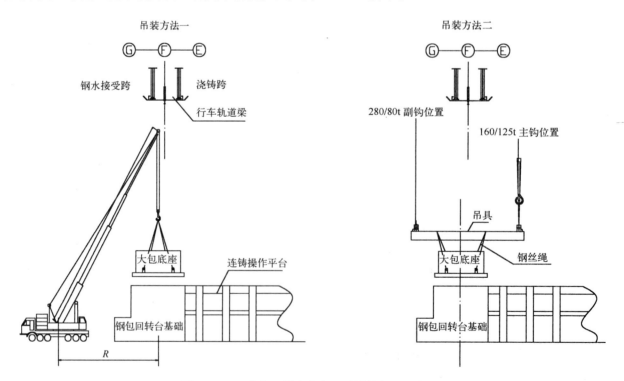

图 5.2.4-1 大包回转台底座 2 种吊装方法示意图

（2）底座安装时，必须使其上的"S"点（制造厂预组装基准点）在垂直于铸流方向的回转台中心线。底座找正主要控制中心和水平度。水平度的测量有 2 种方法。

① 大跨度平尺＋框式水平仪测量法，在回转轴承上表面进行。见图5.2.4-2。

② 精密水准仪测量法，即通过测量回转轴承上表面对角四点的标高，然后配合钢板尺计算水平度。

（3）地脚螺栓的紧固，利用液压扳手分两次进行，按照一定的顺序对称紧固，并做好标记，谨防遗漏。第一次达到设计值的70％，然后进行上部设备的安装，待设备安装完成之后再按设计值最终紧固地脚螺栓。

2）回转体安装

（1）采用"空中接力吊装法"吊装。第一步在钢水接受跨将回转体与吊具结合，先用钢水接受跨铸造起重机的主钩，将回转体吊起；第二步用钢水接受跨起重机的副钩和浇铸跨起重机的主钩，分别在吊具两端挂钩的吊耳接过回转台，在空中将回转体吊住，此时，钢水接受跨主钩松开；第三步2台起重机抬吊就位。见图5.2.4-3。

（2）安装时要同时保证回转体"S"点、内圈"S"点、外圈"S"点、底座"S"点重合。就位时底座内应设专人监控，防止旋转接头和电气滑环及其支架受压。

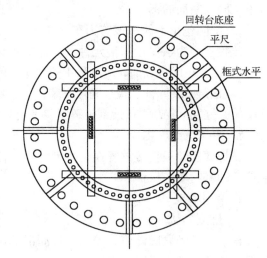

图5.2.4-2　平尺＋框式水平仪测量法

3）升降液压缸安装

利用钢水接受跨起重机与手拉葫芦配合将两升降液压缸先行装在塔座内，并制作焊接临时支撑，防止吊运过程中缸体摆动和下坠。

4）塔座安装

将影响吊装高度的顶部构件暂时拆下，吊装方法同回转体。为防止塔座在吊具上滑动，应用手拉葫芦将两者锁紧。

5）回转臂及托座安装

利用浇铸跨起重机与手拉葫芦配合安装。液压缸连接后，及时割除临时支撑、挡板等。托座安装前其倾翻连杆提前就位，称量压头待试车前安装。

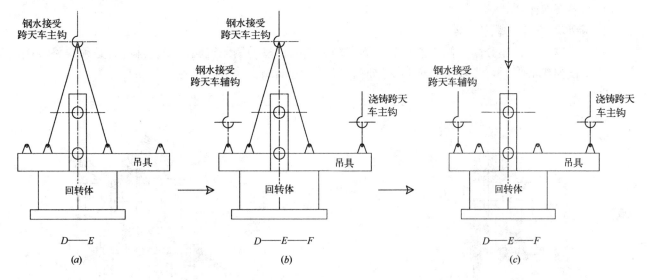

图5.2.4-3　"空中接力吊装法"吊装回转体示意图

（a）第一步吊装图　（b）第二步空中接力吊装图　（c）第三步吊装就位图

2. 中间包车安装

中间包车由车架主体、升降机构、横向微调装置、称量装置、管路和电缆拖链等组成，结构形式有门形和半门形2种。

1）在车体安装之前，应对其走行轨道的安装精度进行检查确认，主要检查两轨道的标高、中心线、轨距及同一断面的标高差。

2）中间包车本体用该跨天车整体吊装，确认方向正确后就位。然后将升降装置安装到中间包车架上，并找正。为了保护测量元件，在称量压头安装前，中间包车上的焊接工作应结束。

3）放置中间包之前，应测量中间包车上的鞍座标高，使其相对标高控制在设备说明书要求的范围内。

4）拖链安装。首先检查确认安装拖链的结构精度，将拖链上的液压软管、氩气管、空气管以及电缆按设计的位置组装好，吊到拖链安装平台。两边分别与操作平台、中间包车的端子箱固定连接起来。

3. 中间包预热装置

先将底座垫板直接放置在钢构平台上，待设备调整好后再焊接固定。注意设备管道的封口保护，管道接口的密封垫圈保护。

4. 单体试运转

1）检查确认

首先检查各紧固件应无松动，各润滑部位润滑良好，液压系统工作正常，减速器、液压缸等部位无泄露；轨道全长上无影响走行的异物；各种管线已试通并连接良好；工艺上有相互连锁的设备处于非干涉位置。

2）钢包回转台

先后进行回转电机和油马达间的离合器测试，回转电机单体试运转，回转体正常旋转，事故紧急回转，钢包升降，钢包盖升降及旋转，旋转锁紧等测试。合格后对回转臂进行静载、动载试验。

3）中间包车

先后进行行走电机单体试运转，中间包车正常行走，中间包车紧急行走，横向液压对中，液压升降，长水口装置旋转、倾动、升降及压紧等测试。合格后使用中间包及砝码对车体进行满负荷测试。

4）中间包预热装置

先对风机控制系统调试，然后进行风机、电动缸测试并调整配重。

5.2.5 铸流设备安装

主要由结晶器及振动装置、弯曲段/扇形段及其框架和底座、扇形段驱动装置、扇形段拔出导轨、引锭杆车系统等组成。

1. 扇形段框架支撑座安装

扇形段框架支撑座分固定侧和滑动侧，固定侧有挡圈，滑动侧无挡圈，安装就位时必须严格按图施工。调整横向中心线时，先找正固定侧支撑座，再找正滑动侧支撑座。见图 5.2.5-1。

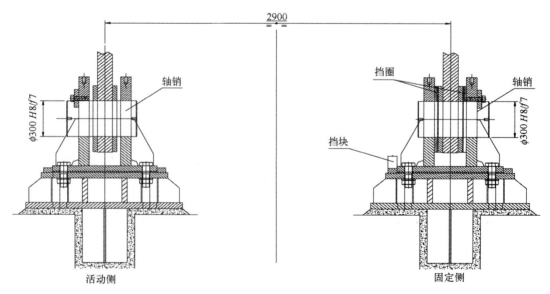

图 5.2.5-1　扇形段框架支撑座示意图

2. 扇形段基础框架安装

1）扇形段基础框架分弧形段、矫直段和水平段 3 类。最难吊装和调整的是弧形段，可采用该跨行车主、副钩同时吊装。见图 5.2.5-2。

2）扇形段基础框架调整

（1）调整水平段的标高和水平度时，直接选择扇形段定位销的基座作测量点；

（2）矫直段、弧形段的定位销基座不是一个水平面，可采用"特殊工装法"检查基座定位销标高和水平度，见图 5.2.5-3、图 5.2.5-4。测量时将铟钢尺、框式水平仪放置在特殊工装上面即可。

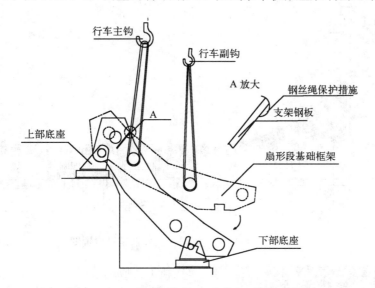

图 5.2.5-2　基础框架（大香蕉座）吊装示意图

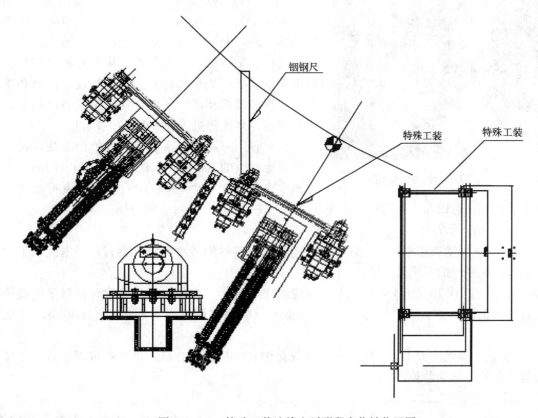

图 5.2.5-3　特殊工装法检查弧形段定位销位置图

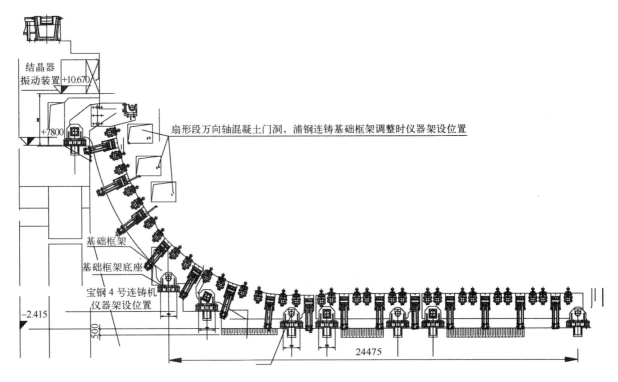

图 5.2.5-4　特殊工装测量标高仪器架设位置图

图 5.2.5-5　三维坐标测量法应用

3）新工艺应用情况

（1）目前我公司已开始试用三维坐标测量法（图 5.2.5-5）。利用高精度全站仪配合专用棱镜，用极坐标法测定点的平面坐标（X、Y），用三角高程法测定点的高程（Z），利用空间后方交会，使全站仪设站灵活并快速获得测站数据和起算数据，从而克服经纬仪、水准仪由于安装场地狭小和高差大引起的设站困难和累积误差。在江苏沙钢和江西新钢工程使用后效果很好，目前正在浦钢 3 号连铸机工程中做进一步验证。

（2）利用三维坐标系统下单人单台全站仪优势，连铸机最难调整的扇形段弧形段框可节省 6d 时间，节免精密水准仪 1 套、2″级经纬仪 1 台、测量人员 2 人。借助或设计适用工装系统还可以在除连铸机设备安装以外的其他设备安装过程中应用。

3．振动装置及结晶器安装

1）首先用行车将振动底座横梁吊装就位，使用经纬仪或挂钢线法并结合钢直尺、框式水平进行找正，重点控制其与正切线的距离及水平度。

2）振动装置一端安装在横梁上，一端安装在混凝土基础上，在横梁安装验收合格后吊装就位并找正。由于设备出厂前已调到振动"0"点位置，找正时只能增减调整点上的垫片，不得松动其他部位零件。

3）结晶器安装于振动装置上，上线前必须离线对中及水压试验合格。吊装就位固定后，连接调锥马达并安装其他附件及结晶器盖。

4．"0"号段框架支座安装

1）"0"号段框架支座分为两部分，见图 5.2.5-6、图 5.2.5-7。上半部分安装在混凝土基础侧面，下半部分组装在弧形段基础框架上侧。调整横向中心时必须使用同一条基准线（平行于正切线）。

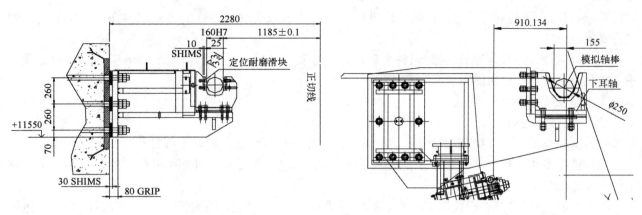

图 5.2.5-6 "0"号段上耳轴示意图　　　　图 5.2.5-7 "0"号段下耳轴示意图

2）调整上耳轴中心时，不宜增减定位耐磨滑块内侧的调整垫片，避免"0"号段就位时卡阻。

3）调整下耳轴中心和标高时，一般借助模拟轴棒测量。检查中心线位置正确的同时，可使用0.05mm塞尺检查模拟轴棒与下耳轴的间隙，保证左右两侧耳轴的平行度。

5. 扇形段拔出导轨安装

1）粗调分三步进行，第一步安装导轨底座；第二步安装每根导轨；第三步安装制作连体的导轨入口。每根导轨的纵向中心至少分上中下3点分别测量，横向中心可使用基础框架的水口板定位。全部调整完毕后，再焊接每个接口的定位块。

2）精调主要通过增减耐磨板内的调整垫片控制扇形段吊具导向轮与耐磨板之间的间隙，精度控制在1～2mm。

6. 扇形段离线对中、测试

1）扇形段离线对中及测试工序，见图5.2.5-8。

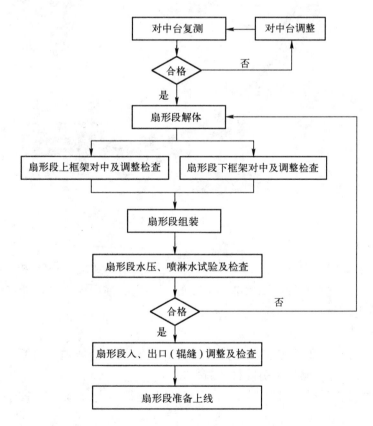

图 5.2.5-8 扇形段离线对中、测试流程图

2）离线对中需对解体的上下框架分别进行，通过增减辊子轴承座处的垫片调整样规与辊子的间隙符合要求。

3）扇形段解体时，必须及时封包各个管口，防止灰尘杂物入内。增减辊子轴承座处垫片时必须注意通水孔放置方向，密封圈不能漏装和压损。

7. 结晶器离线对中、测试

1）结晶器离线对中

（1）首先按照图纸正确装配足辊，装配时需注意冷却水管喷嘴位置，不可对准辊子。

（2）使用专用样规对结晶器铜板、足辊进行校对；宽边可调整足辊外侧可调固定螺栓，窄边可调整辊子底座处的垫片。

2）结晶器宽边打开、窄边调宽：在结晶器测试台上进行，检查宽边能否正常打开、闭合，窄边调宽是否满足设计要求。注意窄边调宽前，宽边必须打开以防拉伤宽边铜板。

3）结晶器通水保压试验：按设计的试验压力保压2h，无漏水点合格；然后进行雾化喷淋水测试。

8. 扇形段在线对中

对中时扇形段辊缝需打开到最大位置，使用麻绳将样规缓缓吊入扇形段内，按图纸要求对驱动侧和非驱动侧样板和辊面的间隙分别测量，然后根据检查结果调整基础框架定位基座处的垫板组直至合格。见图5.2.5-9。

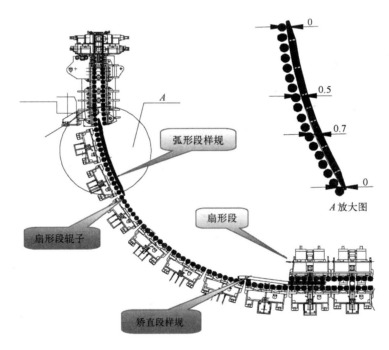

图 5.2.5-9　扇形段在线对中示意图

9. 扇形段驱动装置安装

调整驱动装置，上下两层分别进行。纵向中心找正可在拔出导轨和二冷密闭室安装前设置一条与铸流线相平行的辅助线，距离驱动装置联轴器200～500mm为宜；横向中心找正就近使用正切线、矫直辊轴线和扇形段最终辊轴线。

10. 引锭杆车系统安装

1）轨道安装前，先对活动盖板定位，可在其四周焊接定位块。轨道调好后，应起吊放盖板数次，检查中心和标高数据是否变化，然后将引锭杆车就位。

2）引锭杆提升装置安装时标高和中心测量位置可选钢丝绳卷筒外缘，试车时测量吊钩两侧平衡架的标高，必要时调整。

3）防滑落装置可先粗调，等试车时根据提升引锭杆进行精调。

11. 单体试运转

1）检查确认：首先检查各紧固件应无松动，各润滑部位润滑良好，液压系统工作正常，减速器、液压缸等部位无泄露；轨道全长上无影响走行的异物；各种管线已试通并连接良好；工艺上有相互连锁的设备处于非干涉位置。

2）结晶器及振动装置：应先后进行以下运转：调宽电机单试，结晶器松开/夹紧，对中测试，调宽测试，调锥测试，振动测试。

3）扇形段及驱动装置：应先后进行以下运转：驱动马达单转，夹送辊抱闸确认，夹送辊开闭调节，辊缝调节，动态轻压下等测试。

4）引锭杆回收装置：应先后进行以下运转：行走电机单转，引锭杆车往返行走，运输链启停及运转，引锭杆卷扬升降，引锭杆对中装置及定位升降挡板调整，防滑落装置等测试。并据此调整各限位装置。

6. 材料与设备

6.1 材料要求

板坯连铸机设备安装主要使用材料，见表 6.1。

主要施工材料配置　　　　　　　　　　　　　　　　　表 6.1

序　号	名　　称	形式或规格	单　位	数　量
1	垫板组	各种	t	15
2	座浆料	—	t	12
3	安全网	—	m²	100

6.2 机具设备

板坯连铸机设备安装主要使用机具，见表 6.2。

主要施工机具设备配置　　　　　　　　　　　　　　　表 6.2

序　号	名　　称	型号或规格	单　位	数　量
1	框式水平仪	150×150（0.02mm）	块	4
2	扭力扳手	75～200N·m	套	2
3	扭力扳手	280～760N·m	套	2
4	电焊机	BX3-500	台	4
5	精密水准仪	NA2	台	2
6	经纬仪	THE010B	台	2
7	全站仪	SET-200	台	1
8	卷扬机	JYM-5T	台	2
9	百分表	精度0.01 量程10mm	块	4
10	游标卡尺	0～200mm 分度/直0.02	把	2
11	外径千分尺	0～200mm / 0.01	把	2
12	量块	0 级（42块）	套	2
13	油压千斤顶	100t	台	2
14	平尺	1～2m	把	2
15	平尺	3.5～5m	把	2
16	手动增力扳手	—	套	2
17	液压力矩扳手	0～1500N·m	套	2
18	转速表	LE-66	块	2
19	表面温度计	0～120℃	个	2
20	振动仪	—	台	2

7. 质量控制

7.1 现行施工及验收规范

《机械设备安装工程施工及验收通用规范》GB 50231

《炼钢机械设备工程安装验收规范》GB 50403 中连铸设备安装部分

7.2 板坯连铸机主要部件安装精度（表 7.2）

板坯连铸机主要设备安装标准   表 7.2

名　称	项　目			极限偏查 或公差（mm）	备　注
钢包回转台	纵、横中心线			±1.5	挂线尺量
	标高			±1.0	精密水准仪
	底座水平度			0.05/1000	平尺、水平仪
中间包车	轨道	纵向中心线		±1.0	挂线尺量或经纬仪
		轨距	单轮缘车轮	0～2	尺量
			双轮缘车轮	±1.0	尺量
		标高		±1.0	水准仪
		接头间隙		0～1	尺量
		纵向水平度		0.7/1000	水平仪
		同一截面轨道高低差		≤1.0	水准仪
		接头错位		≤0.5	尺量
	车体	跨度		±2.0	尺量
		车轮对角线之差		3.0	尺量
		同一侧梁下车轮同位差		2.0	尺量
	拖链托架	中心线		±2.0	挂线尺量
		标高		±5.0	水准仪
		水平度		0.3/1000	水平仪
引锭杆车	防滑装置	纵向中心线		±1.0	挂线尺量或经纬仪
		横向中心线		±2.0	挂线尺量
		标高		±2.0	水准仪
		水平度		0.5/1000	水平仪
	提升装置	纵、横中心线		±3.0	挂线尺量
		标高		±2.0	水准仪
		水平度		0.3/1000	水平仪
结晶器及振动装置	振动台架	纵向中心线		±1.0	挂线尺量
		横向中心线		±0.5	挂线尺量
		标高		±0.5	水准仪
		水平度		0.2/1000	水平仪
	振动传动装置	中心线		±1.5	挂线尺量
		标高		±1.0	水准仪
		水平度		0.1/1000	水平仪
	结晶器	纵向中心线		±1.0	挂线尺量
		横向中心线		±0.5	挂线尺量
		与过渡段对弧		≤0.5	对弧样板、塞尺

续表

名 称		项 目	极限偏查 或公差（mm）	备 注
扇形段	框架 支撑座	纵、横中心线	±1.0	挂线尺量
		标高	±0.5	水准仪
		水平度	0.1/1000	水平仪
	基础 框架	基座纵向中心线	±0.5	经纬仪 内径千分尺
		基座横向中心线	±0.5，且两座相对差≤0.2	
		标高	±0.5	水准仪
		基座高低差	≤0.2	水准仪
	传动 装置	纵、横中心线	±1.0	挂线尺量
		标高	±1.0	水准仪
		水平度	0.10/1000	水平仪
		扇形段、过渡段对弧	0.3	对弧样板、塞尺
拔出 导轨	支架	纵、横中心线	±2.0	挂线尺量或经纬仪
		标高	±1.0	水准仪
		垂直度	0.5/1000	线坠尺量
	弧形 轨道	纵向中心线	±1.5	挂线尺量或经纬仪
		同一横截面两轨面的高低差	≤2.0	挂线尺量或经纬仪
		接头错位	≤1.0	尺量

8. 安 全 措 施

8.1 连铸设备安装现场较为复杂，空间立体交叉作业多，作业环境差，垂直作业上下应设置隔离防护措施，作业面孔洞及临边应采取防护措施。高空作业人员必须经过身体检查，经检查合格后才能登高作业，认真使用安全帽、安全带、安全网，现场危险地段设立明显标志、围栏和夜间施工信号。

8.2 对大型设备的运输道路必须达到有关要求，并做好验道工作，防止发生倾翻事故，施工现场的道路要畅通。

8.3 设备吊装要有统一信号，由专人指挥；各类起重机必须严格按操作规程作业，不得违章，大型设备吊装方案要经有关部门批准后执行，吊装时必须进行试吊后方可起吊。

8.4 吊装大包底座和大包回转台用2台起重设备的抬吊时，施工人员要了解被吊物结构、重心、重量。所有起重用吊索具严禁超负荷。起重工指挥时，指挥人站立位置必须能使每台起重机司机方便目击；先发信号示意下一个动作，以音响、手势信号达到统一行动。在吊装区域，事先要挂设安全警示绳，由安全员加以监护，阻止无关人员进入吊装区域。

8.5 施工用电应符合《施工现场临时用电安全技术规范》JGJ 46 的规定。

8.6 扇形段辊缝调节及精度测试中，若需要在上下辊间测量时必须在邻近区域采取临时支撑，防止液压缸故障发生。

8.7 单试首先要试紧急停止按钮的功能，为后面的试车打好基础。

8.8 大包旋转前应确认液压缸检修葫芦、中包车等相关设备是否妨碍试车，周围人员应撤离到安全距离。

8.9 中间包车走行前应首先确认大包、中间包预热站、引锭杆车及溢流罐等相关设备是否妨碍试车，走行方向上无人站立。

9. 环 保 措 施

9.1 严禁使用有损员工健康和环境的有毒、有害产品作为清洗液、稀释液；对设备清洗后的废液、油污及其他酸碱类废液，要经无害化处理达标后排入指定地点。

9.2 施工中油漆要在专用存放库存放，并有专人看管。

9.3 现场包装箱拆除后，垃圾分类堆放，及时倒运至指定地点。

9.4 有毒、有害垃圾收集至专用垃圾箱，交由有资质的消纳单位进行无害化处理。

10. 效 益 分 析

10.1 一钢不锈钢连铸机工程中大包回转台采用"空中接力双机抬吊法"就位，节省制作临时平台钢材9t，节省材料费34200元、制作费11700元。由于做好的吊具可重复使用，在随后的宝钢4号连铸和浦钢2号连铸工程施工中，又可相应节省制作费49200元。随着后续类似工程使用次数越多，经济效益越明显。

10.2 宝钢4号连铸工程和浦钢2号连铸工程扇形段基础框架定心采用"特殊工装"法，分别节约工期9d和11d。通过工装的精确测量控制，还使扇形段在线对弧的操作时间减少了8d。从而直接节省人工达92工日。

10.3 浦钢2号连铸机大包台安装中采用"合理地面分块组装"和"分层施工法"，安一层设备就完善相应的钢梯、平台，减少脚手架搭拆费用35200元，共节省高空组装人工工效约40工日。

11. 应 用 实 例

11.1 上海宝钢集团一钢不锈钢连铸机工程，共有4条一机一流板坯连铸机生产线，2002年5月25日开工，2004年10月28日竣工，主要设备技术由德国德马克公司引进，该工程被评为2007年度"鲁班奖"工程。

11.2 宝钢4号连铸工程，设1台二机二流垂直弯曲型板坯连铸机，主要工艺由意大利达涅利公司设计，板坯厚度：230mm，宽度：900～1750mm，长度：9000～11000mm（少量4500～5300mm），年生产合格板坯280万t。2005年4月25日开工，2006年12月16日热负荷试车一次成功，该工程荣获上海市2007年度用户满意工程、2007年度申安杯、冶金优质工程。

11.3 浦钢搬迁2号连铸机工程，为一机一流垂直弯曲型板坯连铸机，主要工艺由意大利达涅利公司设计，板坯厚度为200mm、250mm、宽度为1500～2300mm，最大单重为53.82t/块，年产合格板坯152.5万t。2005年11月15日开工，2007年10月30日竣工，荣获2008年度上海市《申安杯》优质安装工程，2009年度中国安装工程优质奖（中国安装之星）。

大型阳极预焙电解槽制作工法

YJGF68—2002（2009～2010 年度升级版-071）

九冶建设有限公司

张全来　王伟　李万庆

1. 前　　言

随着我国铝工业的飞速发展，电解槽设计及制作的技术水平和工艺参数已达到了国际先进水平。由于国家不断加大对高能耗、高污染产业的限制和淘汰力度，国内铝工业的电解槽只有顺应国家的产业政策，不断采用新技术、新工艺、新装备和新材料的技术开发和创新，向节能、高效、大型和环保的槽形方向发展，才能从整体上提高我国电解铝生产技术水平，实现电解铝工业的可持续发展。

九冶建设有限公司是由原中国第九冶金建设公司于 2009 年改制后的股份制企业，其下属企业河南九冶建设有限公司为独立法人子公司。公司依托在冶金、有色行业长期从事钢铁、水泥、氧化铝、电解铝等工程施工，积累了丰富的理论知识和实践经验，其中在大型阳极预焙电解槽制作中通过技术攻关，采用先进的技术和工艺，形成了一整套成熟的施工方法，并于 2003 年荣获国家级工法（YJGF68—2002）。

近几年本公司承揽了多个项目的 300－400kA 电解铝工程施工，并通过不断的技术创新和工艺改进，对原国家级工法进行升级更新，使其更加成熟和完善。

本工法升级版已成功应用于豫港龙泉铝业有限公司二期和三期 300kA—40 万 t 电解铝（图 1-1）、河南中孚实业 320kA—50 万 t 电解铝、郑州发祥铝业 200kA—7 万 t 电解铝、陕县恒康铝业 400kA—24 万 t 电解铝（图 1-2）及林丰铝业 400kA－50 万 t 电解铝工程施工，并荣获多项大奖。豫港龙泉铝业 300kA 电解槽制作安装工程获 2004 年度冶金工程优质工程奖；河南中孚实业 320kA 电解铝工程获 2004 年度有色工业优质工程；发祥铝业 7 万 t 电解铝工程获 2005 年度有色工业优质工程等。

实践证明，本工法在国内处于领先水平，达到了国际先进水平。

图 1-1　安装后的豫港龙泉铝业 300kA 电解槽

图 1-2　生产中的陕县恒康铝业 400kA 电解槽

2. 工 法 特 点

2.1　大型预焙阳极电解槽具有槽壳结构合理、母线配置合理、磁流体稳定性高、良好的热平稳、简单的传动系统和智能多模式电解槽控制系统等特点。

2.2 采用电解厂房通风和电解槽整体热平衡相结合、摇篮架与槽壳整体焊接、槽壳外部焊接散热片、电解槽小面采用摇篮架与槽壳焊接、电解槽槽壳和内衬整体位于操作面下等技术，保证了大型电解槽的热稳定性，改善了劳动环境。

2.3 采用阴极炭块与阳极炭块投影相对应的技术，有利于阳极和阴极的电流分布均匀。

2.4 该槽形具有设计新颖、结构合理和大型、节能、高效、环保的优点，处于国内领先水平，达到了国际先进水平。

2.5 本工法编制思想新颖、方法独特、技术工艺先进，操作简便、易于掌握、实用性强、安全性高。在国内同行业中处于领先水平。

3. 适 用 范 围

本工法适用于200～400kA大型阳极预焙铝电解槽制作工程，并对有色等其他行业的类似槽形制作工程具有良好的推广和借鉴价值。

4. 工 艺 原 理

4.1 工法关键技术应用的基本原理

4.1.1 电解铝主要原料为氧化铝，采用"冰晶石—氧化铝熔盐"电解法。其基本原理：通过电解的方法，通入直流电后，粉末状氧化铝熔解在熔融冰晶石熔体中，在阴、阳两极上发生电化学反应得到液态铝。

4.1.2 电解槽是电解铝生产的核心设备，由槽壳、上部结构等零部件组成。槽壳主要包括端头壁板、侧面壁板和槽底板；上部结构主要包括大梁、门形立柱和水平罩板等部件。

4.1.3 本工法重点阐述槽壳及上部结构主要部件的制作方法。

4.2 工法关键技术应用的理论基础

4.2.1 应用本工法制作的大型预焙电解槽是以热电磁力特性及磁流体数学模型研究为核心，利用流体力学、热力学、电磁力学等理论，应用电解槽物理场（电、磁、热、流、力）的综合仿真系统并结合现场实测数据，采用"多场"耦合仿真与瞬态仿真技术，实现电场、磁场、热力场的"三场平衡"。在制作工艺、材料、过程控制及配套技术等方面展开了广泛深入的研究和应用。

4.2.2 本工法针对大型电解槽的特性，重点研究电解槽高效、稳定运行的新型工艺技术条件，及保证电解槽高效、稳定运行条件下，槽壳及上部结构先进的制作方法。

4.2.3 本工法能有效解决槽壳的应力变形及侧部散热问题。设计及生产工艺要求槽壳有足够的强度和刚度，以减少蠕变和永久变形，并抵御由于阴极炭块热膨胀和渗钠所产生的强大外推力；同时有利于侧部散热，促进炉帮的形成并保证炉膛形状的规整。应用本工法制作的电解槽壳既合理地解决了应力变形问题，又有利于槽侧壁的空气对流，加速侧部散热，并有效延长了电解槽壳寿命。

4.2.4 应用本工法制作的SY系列电解槽上部结构采用腹板梁结构，料箱与板梁焊接在一起，既节约钢材，又加强了板梁强度、刚度、稳定性和可靠性，延长了上部结构的使用寿命。

4.3 工法关键技术施工主要工艺

4.3.1 本工法重点阐述槽壳部件的端头壁板、侧面壁板、槽底板制作工艺及上部结构部件的大梁、门形立柱、水平罩板的制作工艺。制作工艺的核心是确保其下料、组装及焊接质量、严格控制其焊接变形。

4.3.2 为确保焊接质量，在公司选拔技术水平高、业务能力强的中高级以上有证焊工持证上岗。对槽壳四道立缝、大梁腹、翼板拼接缝及主角缝等重要焊缝，由4名焊工技师施焊把关，焊后采用超声波或射线探伤检测，确保每道焊口无缺陷。

4.3.3 为控制焊接变形，本工法研制了端头壁板制作胎具、侧面壁板制作翻转胎具、槽底板组焊切割胎具，大梁组焊胎具、门形立柱、水平罩板压型组焊胎具。利用专用胎具对端头壁板、侧面壁板、槽底板、大梁、门形立柱、水平罩板的尺寸精度和焊接变形进行有效控制，充分保证了制作质量。

4.3.4 采用反变形法和分段跳焊及对称焊接法相结合的制作工艺有效控制焊接变形。

4.3.5 采用 CO_2 气体保护焊保证焊接质量、提高焊接速度、减少焊接变形。

4.3.6 由专业技术人员编制详细、周密、操作性强的作业指导书，每一道工序严格按程序施工，确保零部件下料质量、组装质量、焊接质量都处于受控状态。

5. 施工工艺流程及操作要点

5.1 施工工艺流程

5.1.1 槽壳制作工艺流程见图 5.1.1。

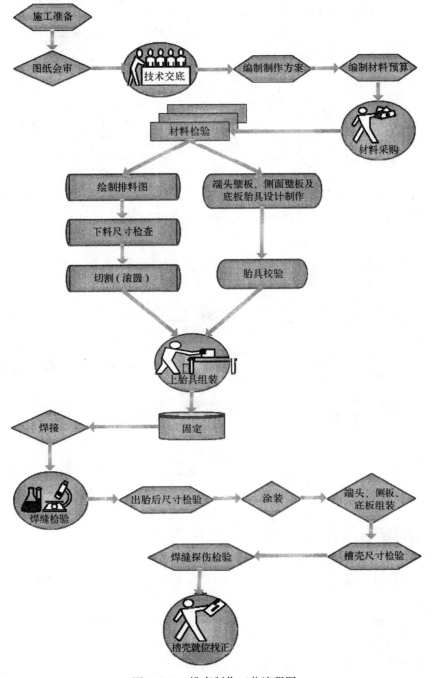

图 5.1.1 槽壳制作工艺流程图

5.1.2 上部结构制作工艺流程见图 5.1.2。

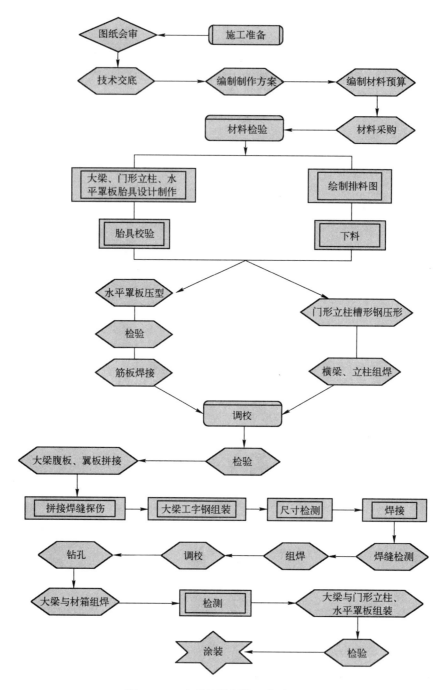

图 5.1.2 上部结构制作工艺流程图

5.2 槽壳制作要点（以 SY400kA 电解槽为例）

5.2.1 槽壳制作尺寸及公差要求

1. 槽壳内壁尺寸允许误差（图 5.2.1-1）长 $L = 17540 \pm 10$mm，宽 $B = 4100_{-10}$mm，高 $H = 1484^{+5}$mm。

2. 槽壳对角线交叉测量允许误差 ± 7.0mm。

3. 槽壳内壁垂直度 $1/1000$。

4. 槽壳上口水平弯曲度纵侧 ± 3mm，端侧 ± 2.0mm（图 5.2.1-2）。

5. 槽壳底部钢板不平度 1m 内 <1.0mm。在对角线长度及全底板范围内，不平度 <18mm。

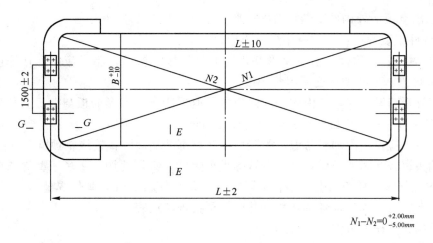

$$N_1-N_2=0^{+2.00mm}_{-5.00mm}$$

图 5.2.1-1　槽壳内壁尺寸允许误差示意图

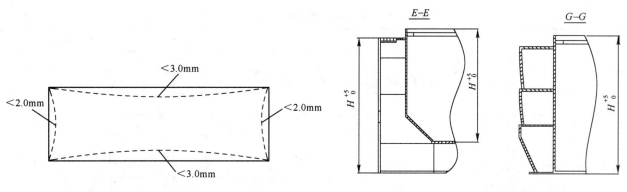

图 5.2.1-2　槽壳上口水平弯曲度示意图　　　图 5.2.1-3　槽壳高尺寸公差示意图

5.2.2　槽壳零部件下料技术要求

1. 槽壳上的壁板、侧板、翼板及其他异形板等槽上所有零部件在下料前，施工人员必须熟悉图纸，对各个零部件进行合理的排版，并且制作准确的零部件样板，下料时下料人员必须严格按照排版图进行施工。

2. 钢板和型钢允许拼接，钢板拼接宽度或长度不得少于 500mm，拼接处应双面焊接，拼接位置应远离弯曲半径处 300mm 以上；型钢的拼接应采用 45°斜接或采用加强板（长度 L≥300mm）对接形式。

3. 钢板拼接时，δ8mm 以下采用手工电弧焊焊接，δ12mm 以上须用埋弧自动焊焊接，且 δ16mm 以上应开双面坡口后再焊接。

4. 凡机械剪切或者焊接拼接的零部件均要进行二次调校，并释放钢板的残余应力。

5. 端头壁板、侧板等重要部件在长度方向号料时均要号成毛料，待合装时根据实际装配尺寸下净料后装焊接。

5.2.3　端头壁板制作工艺要点

1. 端板结构所用的钢板应用半自动切割机下料。

2. 壁板长度放出 15mm 切割余量，两端加工坡口壁板对角线允许偏差≤1.5mm。

3. 按图纸尺寸画出壁板中心线，两端弯曲切点垂直线和曲面垂直中心线，在相应的位置上，打上洋冲眼作标记。见图 5.2.3-1。

4. 壁板在卷板机上卷制成形，成形后用卡样板检查其圆弧度，间隙≤1mm。

5. 加强筋板共用 3 层，下料后，先组装数组丁字形筋板，角焊缝焊完后，才能进行整体组装。

6. 端板结构组装焊接时，为保证制作精度，减少焊接变形，应在专用胎具上进行。

7. 壁板扣装时，壁板中心线应对准胎具中心线，调整完毕后用丝杠压紧或楔条卡紧，使壁板与胎具紧缩密接触，画出壁板上外构件组装位置线。胎具示意图见图5.2.3-2。

8. 壁板的外构件组装程序：上层→中层→下层。

9. 先组装上端翼板、上角板、上丁字形筋板、上竖围板合格后，胎具应侧立，焊接丁字形筋板与上竖围板内侧隐蔽焊缝，依此类推逐层组装焊接。

10. 焊接上端翼板与壁板时，应由中心向两边分段退焊所有丁字形筋板与壁板直角处为切角应力释放点不焊接，在焊接过程中，应翻转胎具来提高焊接质量。

11. 构件焊完后，应自然冷却至常温，脱胎后画线切割两端椭圆相贯线，预留5mm组装余量。

12. 角板与端头翼板之间的六道焊缝为电解槽重点焊缝，必须使用E50××型焊条或CO_2气体保护焊施焊。同时要求确保端头翼板与上、中、下翼间焊缝焊角高▲12mm，其他焊缝▲8mm。

13. 端头壁板卸胎后必须自检各主要数据并做记录报告，见表5.2.3。

14. 各主要数据允许误差范围：

1）内壁净距允许误差为：0～−10mm；高度允许误差为：±3.0mm。

2）上口水平弯曲度：±2.0mm；端头内壁平直度：≤1.0mm/m。

400kA电解槽端头臂板制作工程质量自检表　　　　　　　　表5.2.3

保证项目	内　容									质量情况			
	1	钢材、焊材型号及质量符合设计要求及施工规范											
	2	焊缝不得有夹渣、裂纹及表面缺陷，气孔、咬边符合规范											
	3	焊工须持证上岗											

基本项目	内　容	质量情况										等级
		1	2	3	4	5	6	7	8	9	10	
	1 在胎具上组焊											
	2 焊缝质量											
	3 除锈后涂漆											

允许偏差项目	内　容	允差（mm）	实侧值（mm）									
			1	2	3	4	5	6	7	8	9	10
	1 端头壁板内口上宽4100	0～10										
	2 端头壁板内口下宽4100	0～10										
	3 对角线	＜3										
	4 端头壁板高度1484	+5										

检查结果	保证项目				
	基本项目	检查　项，其中优良　项，　优良率　%			
	允许偏差项目	实测　点，其中合格　点，　合格率　%			

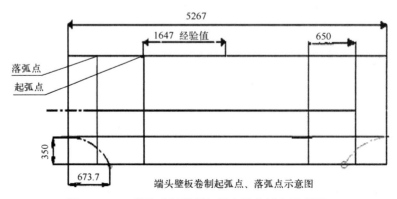

图5.2.3-1　端头壁板卷制起弧点及落弧点示意图

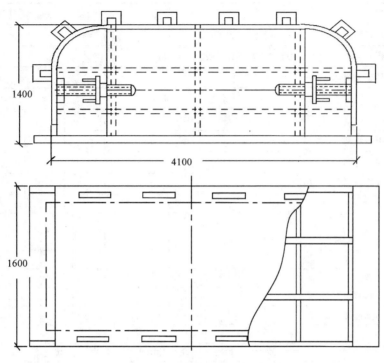

图 5.2.3-2　端头壁板组焊胎具

5.2.4　侧面壁板制作工艺要点

1. 侧面壁板属长壁部件，零部件较多，焊接量大，焊接变形较大，为保证制作质量和施工进度，须制作 2 个专用胎具，见图 5.2.4。

2. 长侧壁板在上胎前，利用半自动切割机将阴极钢棒孔切割到设计尺寸。阴极钢棒孔以槽中心线为基线向两侧画线定位开孔，L＝±2.0mm，高度以槽底为准，H＝±2.0mm，两纵侧阴极钢棒孔中心线相对偏移 ＜2.0mm，高差＜2.0mm，开孔尺寸±1.5mm。焊接前在开孔处可用门架和钢楔将侧面壁板固定，以减小焊接变形。

3. 将长侧板用钢楔固定在胎具上，在长侧板上划出侧翼板和散热片的定位线，然后进行点固。

4. 在长侧壁板和斜侧壁板上画好中心线，按照中心线想两边进行点固。用钢楔进行刚性固定，并加配重。

图 5.2.4　侧面壁板组装焊接胎具

5. 3 名焊工用 CO_2 气体保护焊从中心向两边分段跳焊进行焊接，焊角高▲8mm。焊完冷却后，将提前预制好的摇篮牛腿点固于长侧板和斜侧板上，同样 3 名焊工用 CO_2 气体保护焊从中心向两边分段跳焊进行焊接。为减小和控制焊接应力应变，所有侧板焊接中都应控制层间温度，并保持分段距离 500～600mm。

6. 焊接完毕待完全冷却后，去掉配重及钢楔，用专用吊具四点平稳吊离胎具并使侧翼板面向下平稳置于平地，然后由 2 名焊工采用 CO_2 气体保护焊同时从中央向端分段跳焊内腰焊缝，分段距离 500～600mm，焊接夹角 135°。

7. 出胎后的侧面壁板须进行调校，直至各尺寸在允许偏差范围内，并做好自检记录。见表 5.2.4。

	400kA 电解槽侧面壁板制作工程质量自检表												表 5.2.4

		内　　容									质量情况		
保证项目	1	钢材、焊材型号及质量符合设计要求及施工规范											
	2	焊缝不得有夹渣、裂纹等表面缺陷，气孔、咬边符合规范											
	3	焊工须持证上岗											

		内　　容	质量情况										等级
			1	2	3	4	5	6	7	8	9	10	
基本项目	1	在胎具上组焊											
	2	焊缝质量											
	3	除锈后涂漆											

		内　　容	允差(mm)	实侧值（mm）									
				1	2	3	4	5	6	7	8	9	10
允许偏差项目	1	长侧壁板长 15985	±60										
	2	长侧壁板高 1484	±5										
	3	钢棒孔距 695	±2										
	4	长侧板与斜侧板夹角 135°	0, 2°										
	5	摇篮架与摇篮架间距 695	±2										

检查结果	保证项目									
	基本项目	检查　　项，其中优良　　项，　　优良率　　　%								
	允许偏差项目	实测　　点，其中合格　　点，　　合格率　　　%								

5.2.5　槽底板制作工艺要点

1. 槽底板尺寸：18100mm×4340mm（3465mm），几何尺寸大，运输不便。本工法创新点是利用电解槽基础，在电解车间中间位置将底梁等距离铺设在电解槽基础支墩上并找正固定。然后铺设18500mm×4400mm×20mm 钢板为制作平台。

2. 槽底板由 2 块 12mm×2200mm×12000mm 和 2 块 12mm×2200mm×6500mm 钢板组成。见图 5.2.5-1。

3. 件 1 与件 2 钢板及件 3 与件 4 钢板分别拼接后一次下料。

4. 将 2 个拼接的组件再在底板平台上组对为一体。调好焊接参数用埋弧自动焊焊接，焊缝不得高于母材 2mm。

5. 焊完后快速用专用吊装扁担四点吊于底板一侧，缓慢平稳吊起底板，将底板背面向上平稳落于平台上。

6. 快速将背面焊口用碳弧气刨清根，并用磨光机将焊口打磨光亮。调好焊接参数用埋弧自动焊焊完背面。焊接完自然冷却后，检查底板各部几何尺寸，并做好自检记录。见表 5.2.5。

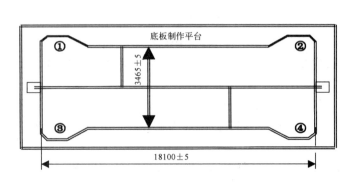

图 5.2.5-1　槽底板制作示意图

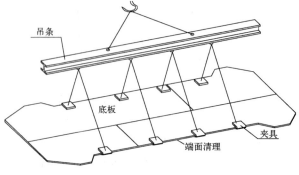

图 5.2.5-2　槽底板吊装示意图

400kA 电解槽槽底板制作工程质量自检表　　　　　　表 5.2.5

		内　容							质　量　情　况					
保证项目	1	钢材、焊材型号及质量符合设计要求及施工规范												
	2	焊缝不得有夹渣、裂纹等表面缺陷，气孔、咬边符合规范												
	3	焊工须持证上岗												

		内　容	质　量　情　况										等　级
			1	2	3	4	5	6	7	8	9	10	
基本项目	1	在胎具上组焊											
	2	焊缝质量											
	3	除锈后涂漆											

		内　容	允差 (mm)	实测值（mm）									
				1	2	3	4	5	6	7	8	9	10
允许偏差项目	1	槽底板宽度 3465	5										
	2	槽底板宽度 4340	0～5										
	3	槽底板长度 18100	0～5										
	4	对角线差	≤5										

检查结果	保证项目					
	基本项目	检查　　　项，其中优良　　　项，　优良率　　　%				
	允许偏差项目	实测　　　点，其中合格　　　点，　合格率　　　%				

7. 各项尺寸检查合格后打钢印并编号后吊放至指定位置堆放整齐。底板吊装堆放时，应采用专用吊装扁担和专用制作夹具八点水平吊起。见图 5.2.5-2。

5.3　上部结构制作要点（以 SY400kA 电解槽为例）

5.3.1　上部结构制作尺寸及公差要求

1. 跨距 17940±5.0mm，柱距 1500±2.0mm，两端高度 1500±3.0mm，中间上拱 1/1000。

2. 板梁的二主梁总旁弯度≤9mm，梁距 900±2.0mm，两梁平行度±2.0mm，两梁水平高差≤2.0mm。

3. 板梁与端部立柱的连接必须保持垂直、平行，垂直偏斜≤1/1000，底部柱角连接点水平误差≤2.0mm。

4. 水平罩板必须保持平整，不平度每米≤2mm。

5.3.2　大梁制作工艺要点

1. 大梁上所有板材下料前必须进行外观检查，有裂纹、缩孔、气泡、重皮、夹渣等缺陷的材料不得使用。

2. 所有板材均要求采用切割机下料，偏差小于 1mm。

3. 拼接上下翼板和腹板时必须严格按排料图进行下料和拼接，上下翼板和腹板开坡口对接，对接焊缝距集中载荷处应≥200mm，翼板对接缝与腹板对接缝间距离应>100mm，对接时加引弧板，采用埋弧自动焊全焊透焊接。

4. 腹板上拱度下料自然切割成拱形，要求中心拱度为≤18mm，起拱时分 6 段画线切割，切割完毕及时清理氧化铁和熔渣。见图 5.3.2-1。

5. 大梁工字钢单片制作

1）根据排料图尺寸，对大梁腹板、翼板拼接后的板材在胎具进行组对和点固。见图 5.3.2-2。

2）单片梁组装前应对组装件尺寸进行检测，认真打磨上下翼板相接触面的氧化铁和其他污物，保证焊接部位清洁、光亮。

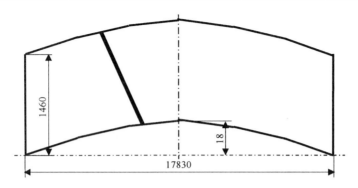

图 5.3.2-1　大梁腹板下料示意图（单位：mm）

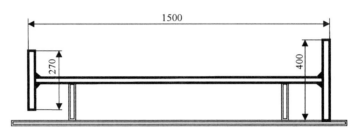

图 5.2.2-2　大梁工字钢组对示意图（单位：mm）

3）在胎具上采用水平组对方式。立板水平放置并固定，上下翼板均按事先划出的中心线与立板贴紧并点焊牢固。

4）组对完毕后在上翼板端部用钢印打上杆件号并按顺序编号，以便合装时配对组装。

5）组装后的大梁工字钢经检查合格后吊放于焊接支架上使翼板的角焊缝成船形放置，采用埋弧自动焊焊接。焊接时先焊接工字钢的下翼板，再焊接工字钢的上翼板，以保证有足够的起拱。焊接顺序见图 5.3.2-3。

6）焊后检测焊缝的外观及内在质量，合格后清理和修磨焊缝，并进行相关尺寸检测，符合图纸及规范要求为合格。

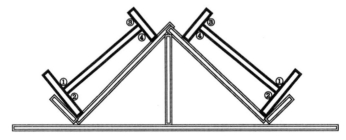

图 5.3.2-3　大梁工字钢焊接示意图

6. 大梁合装

1）单片板梁工字钢组焊后，用翼缘调直机调校工字钢上、下翼板，使其与腹板垂直，同时用火焰或机械调校腹板平直，旁弯全长≤9mm。大梁工字钢各部尺寸检查见表 5.3.2。

2）调校合格后，将单片工字钢置于平台上，划出窗口线，切割后二次调校腹板，使其不平度≤1/1000。

3）单片板梁工字钢报验合格后，在平台上放样确定梁总装的中心线和外形尺寸，先固定梁两端，然后装焊筋板和连接角钢及料箱板，装配完毕经过加固后进行焊接，焊后应保证两工字钢间距为 900±5mm。

4）焊后调校完毕经检查合格后画线钻孔，设备孔要求与装配件配钻。

5）大梁合装完毕并对焊缝及各相关尺寸自检合格后，报请监理验收。

400kA电解槽大梁立柱制作工程质量自检表　　表5.3.2

	内　容		质量情况										
保证项目	1	焊缝质量Ⅱ级											
	2	各处焊缝高度达标											
	3	焊工必须持证上岗											

	内　容	质量情况										等　级
		1	2	3	4	5	6	7	8	9	10	
基本项目	1 在胎具上组焊											
	2 焊波纹均匀清除											
	3 除锈后涂漆											

	内　容	允差（mm）	实测值（mm）									
			1	2	3	4	5	6	7	8	9	10
允许偏差项目	1 跨距17940	±5										
	2 柱距1500	±2										
	3 高度1500	±3										
	4 梁全长上拱度	≤18										
	5 梁全长旁弯	≤5										
	6 梁距900	±5										
	7 前立柱高度1580	±2										
	8 后立柱高度1330	±2										

	保证项目	
检查结果	基本项目	检查　　　项，其中优良　　　项，　　优良率　　　　%
	允许偏差项目	实测　　　点，其中合格　　　点，　　合格率　　　　%

5.3.3 门形立柱制作工艺

1. 立柱、横梁槽形制作

1）采用500t油压机冷压成槽。见图5.3.3-1。

2）为保证工件顺利出胎，在下胎的下方设置起模装置，压形完毕可方便起模。

3）压制后槽形调平、调直，并在龙门刨床上加工对接坡口位置，保证对接口平直。

4）组对立柱与横梁方钢，槽梁隔板应在组对前焊接完毕，对接后外焊缝修磨平整。立柱和横梁的焊接必须用埋弧自动焊焊接。

2. 组装（图5.3.3-2）

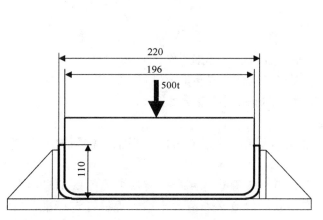

图5.3.3-1　门形立柱C形钢压形示意图

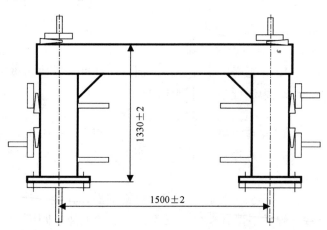

图5.3.3-2　门形立柱组装示意图

1）在平台上放样组对门型立柱，立柱的直角连接板应紧密配合；组对完毕，下口应在焊前固定牢固，保证连接后立柱间距尺寸 1500±2mm。

2）焊后及时调校焊接变形，整体检验合格后，报检后码好堆放。

5.3.4 水平罩板制作工艺

1. 按供料尺寸画出水平罩板排版图，拼接焊缝应避开接管孔位和阳极导杆挂位。

2. 拼接时应平整钢板，在平台上进行焊接，焊后按图纸要求画出罩板中心线，管口方位，孔距尺寸，烟罩板组装线，边缘折边线，打洋冲眼做标记，进行钻孔和切割管口、边缘方孔，切割后利用胎具分段折边。成形后的罩板，板面不平度用 1m 钢直尺检查≤2mm。

3. 内外收尘烟道按图纸尺寸对称制作，根据供料尺寸可分为 2～3 片拼接，拼接焊缝应避开出烟孔位，利用胎具分片压制成形。

4. 内外收尘烟道单片压制成形后，按图纸尺寸画线开孔。

5. 将水平罩板反扣在大梁上（大梁倒放，拱直线呈凹形），按图 5.3.4 示意方法进行组装。

1）先将罩板（件 1）反扣吊于大梁上，并小 U 形卡将罩板与平台卡紧。

2）将打壳桶（件 3）与罩板组对并焊接。

3）将 V 形烟道（件 2）与打壳桶及罩板装配。

4）将筋板（件 4）与罩板组对点焊。

6. 组对完毕经检查各部尺寸无误后即可进行焊接。

7. 为减小和控制水平罩板焊接变形，由 2 名焊工采用 CO_2 对称焊和分段跳焊相结合。

8. 焊后调校局部变形，并检查各相关尺寸及焊接质量，合格后报验入库。

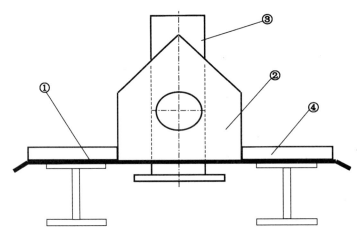

图 5.3.4　水平罩板组装示意图

5.4　焊接要点

5.4.1　焊接原则

1. 焊工必须事先经过培训，并经过考核达四级工水平者方可进行焊接工作。

2. 为保证结构件制作的正确性，焊接工作应在专用焊接工作台上或胎具上进行。

3. 焊接工地环境温度不得低于 5℃，否则必须采取相应措施保证焊接质量。

4. 底板对接焊中，应先焊横对接缝，后焊纵对接缝。

5. 对于较长焊缝，如主角焊缝以及中心对称结构角缝，焊接时应采取由偶数焊工对称同向施焊的方法。

6. 焊接工艺制度应保证焊缝饱满，完全焊透，表面光滑，焊缝边缘到母体金属要有平缓的过渡衔接。焊缝不得有裂纹、咬肉、气泡、夹渣、间断等缺陷，熔剂焊渣必须清除干净。焊缝评定标准，按 GB/T 3323—2005 中规定的 Ⅱ 级焊缝质量进行检查、评定、验收。

7. 重要焊接，如槽壳的四条立缝，须进行 100% 射线探伤检查，焊后用钢印打上焊工代号。

5.4.2 焊接方法

1. 埋弧自动焊，用于板材的拼接及大梁工字钢焊接。

2. CO_2气体保护焊，用于主角缝焊接及其他角缝的焊接。

3. 手工电弧焊，用于部分板材对接焊、立缝、仰缝及其背角缝的焊接。

5.4.3 组对焊接公差要求

1. 对接（图5.4.3-1）

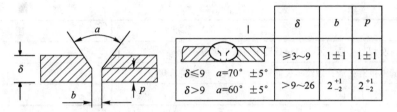

	δ	b	p
$\geqslant 3\sim 9$	1 ± 1	1 ± 1
$>9\sim 26$	2^{+1}_{-2}	2^{+1}_{-2}

$\delta \leqslant 9$ $a=70°$ $\pm 5°$

$\delta >9$ $a=60°$ $\pm 5°$

图5.4.3-1 对接示意图

2. I形焊接（图5.4.3-2）

3. T形焊接（图5.4.3-3）

4. H形焊接（图5.4.3-4）

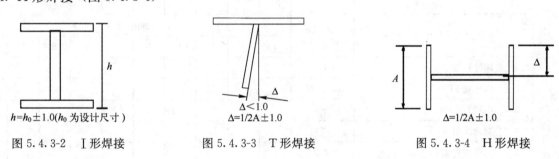

$h=h_0\pm 1.0(h_0$ 为设计尺寸）

$\Delta <1.0$
$\Delta =1/2A\pm 1.0$

$\Delta =1/2A\pm 1.0$

图5.4.3-2 I形焊接　　　　图5.4.3-3 T形焊接　　　　图5.4.3-4 H形焊接

5.5 部件组装要点

5.5.1 槽壳

1. 将二次下料的底板置于平台上，待与其他部件组装。

2. 分别将两端头壁板与其外侧的所有筋板（加筋板、异形筋板）、翼板和围板按照自下而上的顺序装配、焊接，并在专用胎具上完成。

3. 分别将两侧面壁板与两侧面翼板在胎具上组对、焊接，焊后调校焊接变形。

4. 分别将两斜侧壁板和对应的侧面壁板在胎具上组焊完成，焊后调校合格。

5. 将已组焊调校并经验收合格的端头壁板、侧面壁板与槽底板组装固定后焊接四道立缝和主角缝。四道立缝由4名焊工同时施焊，主角缝焊接顺序由长度中心向两端分段退焊，分段长度为500～600mm，内外角缝的焊接要求相同，焊后校正焊接变形。

6. 焊接调校合格后对四道立缝射线或超声波探伤。

7. 所有工序完成经自检合格后报请监理验收。见表5.5.1。

5.5.2 上部结构

上部结构组装是在制作现场将大梁、水平罩板、烟道等部件组装后运至车间与门形立柱进行合装。

1. 在组装平台上将大梁整体倒置与水平罩板组对、点焊后固定。

2. 水平罩板与大梁下翼板角焊缝从中央向两端进行间隔焊，焊接50mm间隔100mm。

3. 焊接完毕待冷却后调校水平罩板平直度至设计及规范要求范围内。

4. 将烟道、打壳下料等零部件与大梁组装、焊接。检测合格后大梁整体运至电解车间。

5. 将2个门形立柱吊至放好线的预制平台上，将立柱临时固定。用水平仪找正立柱的上平面标高，柱梁保持水平，倾斜度小于1/1000，标高误差不大于±5.0mm，倾斜小于1mm/m。

6. 用经纬仪找正立柱垂直度，找正后，立柱垂直度误差不大于 2mm。同时两立柱间距误差不大于 ±2mm。

7. 立柱的中心线、标高、垂直度及其间距均找正后符合设计及规范要求。

8. 立柱找正合格后，将大梁水平吊至立柱上，用经纬仪和水平仪找正后进行焊接。

9. 大梁、立柱、水平罩板等零部件组装并经自检合格后报请监理验收。见表 5.5.2。

400kA 电解槽壳制作工程质量验评表　　表 5.5.1

监理单位：　　　　　　　　　　　　　　　　　　　　　　　槽 号：

		内　容	质 量 情 况
保证项目	1	钢材及焊材型号、及质量设计要求及施工规范	
	2	焊缝不得有夹渣、裂纹等表面缺陷，气孔、咬边符合规范	
	3	焊工须持上岗证	

		内　容	质 量 情 况										等　级
			1	2	3	4	5	6	7	8	9	10	
基本内容	1	焊缝外观											
	2	除锈											
	3	涂漆											

		内　容	允差 (mm)	实测值（mm）									
				1	2	3	4	5	6	7	8	9	10
允许偏差项目	1	内壁长 17540	±5										
	2	内壁宽 4100	0，−10										
	3	内壁高 1484	+5										
	4	对角线差	≤7										
	5	内壁垂直偏差	≤3										
	6	槽壳上口纵向变形	≤3										
	7	槽壳上口端侧变形	≤2										
	8	底板总体不平度	≤15										
	9	槽壳顶面高差	≤5										
	10	棒孔纵、横中心线偏差	±2										
	11	槽壳纵、横中心线偏差	±5										
	12	摇篮架与摇篮架间距 695	±2										

	保 证 项 目				
检查结果	基 本 项 目	检查　　项，其中优良　　项，优良率			％
	允许偏差项目	实测　　点，其中合格　　点，合格率			％

参评单位 签字	甲　方：	施工单位：
	监理工程师：	监理总工程师：

400kA 大梁立柱制作工程质量验评表　　表 5.5.2

监理单位：　　　　　　　　　　　　　　　　　　　　　　　编　号：

		内　容	质 量 情 况
保证项目	1	焊缝质量 Ⅱ 级	
	2	各处焊缝高度达标	
	3	焊工必须持证上岗	

内 容			质量情况											等 级
			1	2	3	4	5	6	7	8	9	10		
基本项目	1	在胎具上组焊												
	2	焊波纹均匀清除												
	3	除锈后涂漆												

内 容		允差（mm）	实测值（mm）									
			1	2	3	4	5	6	7	8	9	10
允许偏差项目	1	跨距 17940	±5										
	2	柱距 1500	±2										
	3	高度 1500	±3										
	4	梁全长上拱度	≤18										
	5	梁全长旁弯	≤5										
	6	梁距 900	±5										
	7	前立柱高度 1580	±2										
	8	后立柱高度 1330	±2										

检查结果	保 证 项 目	
	基 本 项 目	检查　　项，其中优良　　项，　　优良率　　　%
	允许偏差项目	实测　　点，其中合格　　点，　　合格率　　　%

参评单位签字	甲　方：	施工单位：
	监理工程师：	总监理工程师：

6. 材料与设备

6.1 工程主要材料（表6.1）

工程主要材料　　　　　　　　　　　　　　　　　表 6.1

序 号	名 称	规 格	材 质	性能/标准	用 途
1	钢板	δ5	Q345B	GB/T 3274—2007	电解槽上部结构制作
2	钢板	δ6	Q345B	GB/T 3274—2007	电解槽上部结构制作
3	钢板	δ10	Q345B	GB/T 3274—2007	电解槽槽壳及上部结构制作
4	钢板	δ12	Q345B	GB/T 3274—2007	电解槽槽壳及上部结构制作
5	钢板	δ16	Q345B	GB/T 3274—2007	电解槽槽壳制作
6	钢板	δ20	Q345B	GB/T 3274—2007	电解槽上部结构制作
7	钢板	δ22	Q345B	GB/T 3274—2007	电解槽槽壳制作
8	钢板	δ24	Q345B	GB/T 3274—2007	电解槽槽壳制作
9	钢板	δ30	Q345B	GB/T 3274—2007	电解槽上部结构制作
10	角钢	∠100×80×8	Q345B	GB/T 706—2008	电解槽上部结构制作
11	角钢	∠75×75×8	Q345B	GB/T 706—2008	电解槽上部结构制作
12	槽钢	[10	Q345B	GB/T 706—2008	电解槽上部结构制作
13	槽钢	[20	Q345B	GB/T 706—2008	电解槽上部结构制作
14	工字钢	I25b	Q345B	GB/T 706—2008	电解槽槽壳制作
15	工字钢	I40a	Q345B	GB/T 706—2008	电解槽槽壳制作

6.1.1 施工所使用的材料必须遵守设计图纸或本技术规程所规定的牌号、材质，性能和质量应符合其相应的要求。

6.1.2 材料使用前进行外观检查，存在裂缝、缩孔、气泡、重皮、夹渣等材料不得投入使用。

6.1.3 材料的平整工作应尽量用机器进行。变形较大的，可采用加热矫正自然时效，严禁直接用锤锤击或急淬处理。平整后的型材局部波状起伏每米不大于 1mm，全长不大于 1/1000，板带材 1m 凸凹不平度＜1mm。

6.1.4 槽壳焊缝带"※"号采用 E50XX－X 型焊条，钛钙型（药皮）。其余焊缝采用 E43XX－X 型焊条。焊条推荐如下：

1. H08MnA/ϕ4.0　用于埋弧自动焊。

2. H08Mn2SiA/ϕ1.2　用于 CO_2 气体保护焊。

3. E4303/ϕ3.2、ϕ4.0　用于手工电弧焊。

4. E5015/ϕ3.2、ϕ4.0　用于图中注明带"＊"焊缝的手工电弧焊。

6.2　主要设备仪器（表 6.2）

主要设备仪器　　　　　　　　　　　　　　　　　　　　　表 6.2

序　号	名　　称	规 格 型 号	单　位	数　量	备　注
1	汽车吊	16t	辆	1	
2	客货车	1.5t	辆	2	
3	运输汽车	10t	辆	2	
4	拖车	40t	辆	1	
5	龙门吊	20t/10t	台	4	
6	摇臂钻床	ϕ50	台	2	
7	摇臂钻床	ϕ32	台	2	
8	剪板机	QZY－20－2500	台	2	
9	卷板机	W11－19－2000	台	1	
10	H 形钢翼缘调直机	JXJ－80	台	1	
11	交流电焊机	BX4－500	台	20	
12	直流电焊机	ZX1－500	台	10	
13	CO_2 保护焊机	KRⅡ－500	台	30	
14	埋弧自动焊机	MZDV－1000	台	2	
15	碳弧气刨	B506	台	4	
16	焊条烘干箱	ZYH－60	台	4	
17	半自动切割机	CC1－30	台	10	
18	仿型切割机	CG2－150A	台	2	
19	电动砂轮切割机	ϕ400	台	4	
20	压力机	500t	台	2	
21	空压机	YV－4/36m/9m	台	2	
22	磨光机	ϕ150	台	30	
23	水平仪	DSZ2	台	2	
24	经纬仪	DJD2A	台	2	
25	X 射线探伤机	XXQ－2505	台	1	
26	超声波探伤机	CTS－22	台	1	

7. 质 量 控 制

7.1 本工法执行的标准、规范

7.1.1 《低合金高强度结构钢》GB/T 1591—1994。

7.1.2 《热轧钢板和钢带的尺寸、外形、重量及允许偏差》GB/T 709—2006。

7.1.3 《热轧工字钢、角钢和槽钢的尺寸、外形、重量及允许偏差》GB/T 706—2008。

7.1.4 《热切割 气割质量和尺寸偏差》JBT 10045.3—1999。

7.1.5 《气焊、手工电弧焊及气体保护焊焊缝坡口基本形式与尺寸》GB/T 985.2—2008。

7.1.6 《公差与配合－未注公差尺寸的极限偏差》GB 1804—2000。

7.1.7 《埋弧焊焊缝坡口的基本形式和尺寸》GB/T 985.2—2008。

7.1.8 《钢焊缝手工超声波探伤方法和探伤结果分级》GB/T 11345—1989。

7.1.9 《金属熔化焊焊接接头射线照相》GB/T 3323—2005。

7.1.10 《焊接件通用技术要求》JB/ZQ 4000.3—1986。

7.1.11 《涂装通用技术条件》JB/ZQ 4000.10—1986。

7.1.12 《钢结构工程施工及验收规范》GB 50205—2001。

7.1.13 《现场设备、工业管道焊接工程施工验收规范》GB 50236—1998。

7.1.14 《工业设备、管道防腐蚀工程施工及验收规范》HGJ 229—1991。

7.1.15 《建筑施工安全检查标准》JGJ 59—19。

7.1.16 《电解槽槽壳及金属构件制作技术条件》SG 0829（沈阳院）。

7.2 质量控制措施

7.2.1 特殊工种施工人员、工序检验和试验人员必须持证上岗，并保证关键工序的施工人员素质和专业技术水平满足工程需要。

7.2.2 施工机具的配备满足工程施工的需要，并保证机械设备的完好率达到公司标准，实行人机固定和定机、定人、定岗位的"三定制度"。

7.2.3 对提供的原材料、半成品、成品、备品、备件等进行有效控制，对合同要求复验的材料、检验人员认为可疑的材料和规范要求进行复验的材料按规程要求进行复验，确保工程产品质量满足工程需要。

7.2.4 检验和试验设备、仪器必须满足工程需要，并制订相应的检验和试验指导书，明确检验和试验的程序和方法。计量器具确保100%合格。

7.2.5 严格按照施工及验收规范的要求对生产设备进行开箱检查，并做好各项记录。

7.2.6 严格实行工序交接制度。上道工序对下道工序负责，下道工序严格验收上道工序质量。

7.2.7 严格按程序、按规范、按规程、按技术交底施工。切实做好隐蔽工程检查，坚持自检、互检、交接检的"三级"制度，把好施工质量关。

7.3 技术管理措施

7.3.1 做好图纸会审，参加设计交底，了解设计意图、工程结构特点、施工及工艺要求、技术措施有关注意事项和关键问题，澄清图纸中的问题、疑点和遗漏。

7.3.2 编制各专业的施工方案、作业指导书和技术交底，认真做好施工作业的质量交底工作。明确划分各工序、分项工程和分部工程，对各工序检查、检验的保证项目，基本项目，允许偏差项目进行分解，做到对质量指标的有效控制。

7.3.3 强化质量预控观念，制订质量预控对策表，对施工过程中的关键工序、部位和环节，在施工前应事先分析施工中可能出现的质量问题和隐患，并提出相应对策，消除一般质量通病。

7.3.4 制订工序检测控制点，做到普通工序有监管，关键工序三方验证，以质量控制点作为质量控制的重点，明确区分质量见证点和停止点，未经监理单位确认，不得擅自超越质量停止点。

7.3.5 在施工中，认真执行自检、互检和专检工作，严格三级检查制度。加强施工过程中的施工预检、工序间的交接检查和隐蔽工程检查。

7.3.6 加强施工过程中的成品保护，合理安排施工顺序，并制订相应的成品保护措施，避免由此产生的成品损伤、污染和影响工程整体质量。

7.3.7 加强施工过程中有关质量、技术文件、资料和施工图纸的管理，确保施工用标准、规范和各种文件资料为有效版本并满足工程要求。

8. 安 全 措 施

8.1 安全保证措施

8.1.1 严格执行《建筑施工安全检查标准》JG 159—99。做到安全管理到位、安全措施到位、安全责任到位、安全检查到位、安全奖罚到位的"五到位"工作。

8.1.2 临时用电采用"三相五线制"和"一机一闸一保护"；落实各种洞口及临边防护；脚手架、安全网搭设符合规定。

8.1.3 加强吊装、运输等施工机械设备的检测和检验。落实安全生产责任制，特殊工种执证上岗，做好安全教育工作。

8.1.4 坚持安全生产确认制，施工现场重点危险部位，临护监督人员必须有岗位确认。

8.1.5 坚持安全标志制，要害位置如深坑设标志牌、警示灯及防护围栏。

8.1.6 实行安全指令书制，坚持安全例会及安全活动日制。

8.1.7 坚持安全生产奖惩制。同时，针对工程特点抓好"三项安全教育"，坚持"三不放过"，充分发挥公司安全保证体系职能作用，将安全生产方针落到实处。

8.1.8 现场配置经过培训的急救人员，制订急救措施，并配置保健医药箱和急救器材。

8.2 安全规定

8.2.1 所有进入现场的施工人员，必须遵守各工种安全操作规程及公司有关安全的有关规定。

8.2.2 施工现场必须设立安全管理机构，对施工现场进行安全检查和监督，做到文明施工。

8.2.3 施工现场文明整洁、材料、设备、机具放置有序，道路畅通。

8.2.4 进入施工现场的人员必须佩戴好劳动防护用品。

8.2.5 集体操作的工作，应分工明确，在操作时应有专人统一指挥，步调一致。

8.2.6 所有工器具在使用前应进行仔细检查，方可使用。

8.2.7 施工机具设备应按指定位置停放，其安装、使用应符合技术规范和安全操作规程。

8.2.8 夜间施工应有足够的照明设施。

8.3 吊装作业规定

8.3.1 吊装设备必须有专人负责指挥，吊装前要组织召开安全技术交底会。

8.3.2 起吊前，对起吊的重物量一定要查清，严禁计算选择吊点，严禁吊装机具超负荷工作。

8.3.3 吊装前一定要进行试吊，起吊后重物下面严禁站人，大型设备吊装应设警界线。

8.3.4 设备就位时，严禁把手和脚塞入起吊物和垫木、垫铁之间，以免压伤。

8.3.5 所有钢丝卡扣务必卡牢，钢丝绳和卡扣须符合规定要求。

8.4 防火、防爆规定

8.4.1 氧气、乙炔等易燃易爆物品，严禁碰撞和在太阳下暴晒，两气瓶间距大于5m，气瓶跟明火距离不小于10m。

8.4.2 在进行焊（割）工作的周围10m内，应将易燃易爆物品清理干净，并防止上、下层之间由于焊（割）火花溅落引起燃烧和爆炸。

8.4.3 施工现场严禁吸烟，严禁乱倒废油，并设消防器材或消防水栓，以防万一。

9. 环 保 措 施

9.1 在施工现场严格按照省级文明工地要求执行，并逐项落实，争创省级文明工地。

9.2 制订施工现场文明施工规章制度，现场设立安全、文明施工检查监督员。五牌一图齐全，挂牌要整齐。

9.3 施工现场实行封闭型管理，并设立门卫制度，委派专人管理，出入现场必须佩戴出入证。现场围挡必须完整安全，围挡高度不低于1.8m。

9.4 按照施工总平面图规划和设置各项临时设施，材料成品、半成品、施工机具设备要有指定堆放点。周转材料、废弃材料、废弃物（料）不得有乱抛（铺）地现象。

9.5 施工现场道路、通道口、安全通道保持畅通，车辆和人员通行处的沟、坑、孔、洞、井等要及时堵塞、加围栏或加覆盖板。其危险处要设置日夜安全、警示标志。

9.6 架子搭（拆）设要符合技术规范和安全操作规程，危险场所应增设护棚、防护栏、临时脚手架及其他架子、过路钢绳等，并设置日夜安全警示标志或遮挡围栏等。

9.7 施工机具设备应按指定位置停放，其安装、使用应符合技术规范和安全操作规程，出入现场的机具设备不得有抛洒泥浆、砂石、杂物以及沿途遗撒等现象。

9.8 制订施工现场消防措施，要有经过培训的消防人员，并配备足够的消防器材，消防水源要满足现场消防需要，易燃、易爆区域应按国家防火、防爆的要求布置。

9.9 施工现场的粉尘、废气、废水、废弃物以及噪声应控制在规定范围内，以免污染环境和对人体健康造成危害。

9.10 施工现场保持整洁、卫生，垃圾、杂物应集中堆放，及时清理，污水按规定及时排放。

10. 效 益 分 析

10.1 经济效益

九冶建设有限公司近几年在大型阳极预焙电解槽制作安装中利用自主研发的工法用于以下3个工程，为企业创造经济效益2697万元。见表10.1。

应用本工法创造的经济效益 表10.1

工 程 名 称	开竣工日 期	合同额（万元）	实际量（万元）	经济效益（万元）
豫港龙泉铝业三期年产20万t电解铝工程	2006年12月15日～2007年6月5日	4988	4108	880
陕县恒康铝业年产24万t电解铝工程	2007年12月15日～2008年6月5日	4998	4036	962
林丰铝电责任有限公司高性能铝合金项目	2008年3月26日～2008年12月10日	4365	3510	855

10.2 社会效益

10.2.1 实践证明，九冶建设有限公司采用本工法制作安装的大型阳极预焙电解槽，施工质量优良，未发生重大安全事故，工程投产至今，设备运行平衡、良好，产品质量优良，达到了设计的各项性能指标要求，社会效益显著，得到了业主好评。

10.2.2 采用本工法施工的3个工程比普通方法提前工期分别为60d、90d和75d，为业主创造经济效益分别为3483万元、3861万元和2182万元。

10.3 技术效益

10.3.1 本工法与同类工程的施工方法相比，具有理念新颖、方法独特、技术工艺先进，操作简便、易于掌握、实用性强、安全性高的优点，在国内同行业中处于领先水平。

10.3.2 利用专用胎具对槽壳及上部结构零部件进行制作的方法和检测手段，确保了电解槽制作质量和设备安装精度，大大提高了工效，加快了施工进度。

10.3.3 本工法在槽底板焊接中，通过大量研究试验，采用先进可靠的焊接方法和焊接工艺参数，取消了压配重焊接的方法，既保证了焊接质量，又大幅提高了效率。

10.3.4 本工法关键技术的成功应用，处于国内同行业领先水平，达到国际先进水平。

10.4 节能环保效益

10.4.1 本工法按照省级文明工地要求合理规划办公区、生活区和现场制作区，并对三大区域铺设碎石和机砖进行硬化，大大降低了粉尘及泥土污染。

10.4.2 本工法对各种资源能较好地利用，材料成品、半成品、施工机具设备均按指定堆放、排列整齐。

10.4.3 施工现场保持整洁和卫生，垃圾、杂物均集中堆放，及时清理；废气、废水、废弃物以及噪声应控制在规定范围内；施工噪声、粉尘等公害明显低于其他施工方法。

10.4.4 采用本工法制作安装的大型阳极预焙电解槽与其他施工方法相比，在生产中产出的废气及固体废弃物大为减少，极大地降低了环境污染，带来了不可忽视的环境效益。

10.4.5 采用本工法对节能降耗和技术创新等工作提供了可靠的技术保障，为构建资源节约型、环境友好型和谐社会贡献一份力量。

11. 应 用 实 例

11.1 本工法升级版已成功应用于豫港龙泉铝业有限公司二期和三期300kA－40万t电解铝、河南中孚实业320kA－50万t电解铝、郑州发祥铝业200kA－7万t电解铝、陕县恒康铝业400kA－24万t电解铝及林丰铝业400kA－50万t电解铝工程施工，并荣获多项大奖。

11.2 本工法应用于工程实例的部分工程见表11.2。

工程应用实例　　　　　　　　　　　　　　　　表11.2

建 设 单 位	工 程 名 称	工 程 地 点	开竣工日期	实物工程量	应 用 效 果
豫港龙泉铝业有限公司	豫港龙泉铝业20万t电解铝工程	河南省伊川县白沙乡	2006年12月15日～2007年6月5日	300kA电解槽制作安装172台	工艺先进，方法独特，使用效果显著，工程质量优良，在国内同行业中处于领先地位
陕县恒康铝业有限公司	陕县恒康铝业24万t电解铝工程	河南省陕县大营村	2007年12月15日～2008年6月5日	400kA电解槽制作安装143台	
林丰铝电责任有限公司	林丰铝电50万t电解铝工程	河南省林州市	2008年3月26日～2008年12月10日	400kA电解槽制作安装97台	

DBQ4000tm 门座塔式起重机安装（拆除）工法

YJGF92—2004 (2009~2010 年度升级版- 072)

中国一冶集团有限公司　大连金广建设集团有限公司

黄树琦　李前国　余宗奎　王拥鹏　所玉敏

1. 前　言

　　DBQ4000tm 门座塔式起重机是一种安装在两条轨道上可自由行走的下旋式重型塔式起重机，主要用于大型冶金建筑工程、电力建设工程等的吊装。DBQ4000tm 门座塔式起重机属该种类设备的最大机型，自重约 700t，最大起重量为 200t，安装后全工况高度可达 130m。安装（拆除）时按原厂设计，需要不小于 150×40m² 的坚实平整的安装（拆卸）场地。塔式起重机安拆施工作业时大部分为高空作业，且参与人员较多，特别是在塔式工况整体扳起时很容易发生安全事故。在冶金施工中经常会遇到安装（拆除）地形复杂、场地狭窄、安装（拆卸）工期要求短等情况，按原厂设计的安装工艺往往难以适应上述条件下的起重机安装（拆卸）。通过对安装（拆除）工艺的创新和优化，才能满足上述条件下的施工工期，保证设备和人员的安全。

　　中国一冶集团有限公司是集工程施工总承包、装备制造等为一体的现代化大型综合企业，拥有各类起重机械 170 台套，设备原值达 4 亿元，位列全国建筑施工机械租赁 50 强第 5 名，具有丰富的起重机安装、拆除经验，取得国家技术监督局颁发的"特种设备安装改造维修许可证（A 级）"资质。中国一冶集团有限公司已对 DBQ3000 型和 DBQ4000 型塔式起重机进行过 50 多次安装（拆除）工作，已经掌握一整套较成熟的安装（拆除）工艺方法，特别是龙门、机台无脚手架安装、副臂立式接（拆）杆等工艺，安全适用，能有效地提高工效，降低成本，并很好地解决了狭窄场地的安装（拆除）问题。该工艺在国内同行业中技术领先，工期最短。

　　中国一冶集团有限公司此前编制的《DBQ3000 型塔式起重机安装（拆除）工法》被评为 2003～2004 年度国家级工法。获得国家级工法以来，中国一冶集团有限公司和大连金广建设集团有限公司不断摸索和创新安装工艺，根据现场辅助安装起重机的资源，灵活运用，对安装（拆除）工艺不断优化，安装（拆除）效率提高，安拆人员更加精简，经完善后升级为"DBQ4000tm 塔式起重机安装（拆除）工法"。创新的安装（拆除）工艺有：1. 采用小吨位履带式起重机拆卸机台，拆卸尾部时，利用塔式起重机本身门架的平面作为作业面，拆卸机台尾部后，有针对性拆除左右回转滚子，增大了机台后部与机台前部拆除空间。2. 利用塔吊龙门行走整体安装机台：在龙门近距离处轨道中央拼装机台，利用小吨位吊机双机抬吊机台，利用龙门行走整体安装机台。3. 利用主钩卷扬牵引引绳的方法穿绕主臂变幅钢丝绳：将扳起架朝机台前部，用钢丝绳作为牵引绳，牵引绳按主臂变幅钢丝绳的穿绕顺序穿入主臂变幅动滑轮与定滑轮之间，牵引绳的一端与变幅钢丝绳对接，另一端直接缠绕于主钩卷筒上，通过操作塔吊主钩卷扬，将主臂变幅钢丝绳穿绕完毕。

　　2011 年 3 月经湖北省科技信息研究院查新，上述 3 项工艺国内未见相关报道，"小吨位履带吊拆卸 DBQ 型塔式起重机机台的方法"已获发明专利受理，申请号：ZL 200910272181.2。

　　经过多年来的应用，证明了本工法的可操作性和使用价值，可广泛推广。

2. 工 法 特 点

2.1 安装程序的编制充分考虑了塔式起重机的整体平衡，保证了安装（拆除）的稳定性和安全性。

2.2 塔机副臂安装采用空中立式接杆法，减少塔机安装占地长度 25～55m，在安装（拆除）场地受限制的情况下，优势尤为突出；且有效地解决了高塔身、长副臂整体扳起时整机稳定性较差的安全隐患。

2.3 塔机副臂安装采用立式接杆法，减少供副臂头部在扳起过程中滑移时应该铺垫钢板的程序。节省了购买钢板和运输钢板的费用。

2.4 塔机主臂"双机抬吊"具有施工便捷、安全性高等特点。主臂的"双机抬吊"是将要使用的每节主臂在地面拼装完毕后，使用2台辅助安装起重机抬吊。通过该2台起重机可以很方便地调节在地面拼接好的主臂的平衡性，确保抬吊后的主臂根部耳座与机台上凸耳的准确就位，使主杆与机台可快捷地就位。同时主臂的地面拼装避免了施工人员的高空作业；减少安全事故的发生。

2.5 龙门、机台采用无脚手架安装，缩短了工期，节约搭设和使用脚手架的成本，解决了以往搭设脚手架时与其他施工单位相互干扰的矛盾。同时机台的前、中、后段在地面拼装，减少高空拼装的施工程序，避免高坠等安全事故的发生；拼好后的机台整体吊装，机台下部的中心枢轴与龙门上的中心孔容易就位，节约施工时间。

2.6 在安装（拆除）配合施工起重机的选型上，充分考虑了施工的方便性、起重机调遣的灵活性及费用，从而达到安装速度快，效率高，成本低。

2.7 2006年以来，经改进安装工艺，主安装起重机的可选范围扩大，由起重能力为120～150t扩大为80～150t，充分地利用了起重机资源，节省起重机调遣费和机械费。安拆人员由原来28人精简为22人。

2.8 传统的安装方法需30d，运用本工法安装可控制在18d之内。

3. 适 用 范 围

适用于DBQ3000tm及DBQ4000tm门座塔式起重机的安装（拆除）。

4. 工 艺 原 理

DBQ4000tm门座塔式起重机的安装（拆除）工作的关键工序是主臂、副臂的组装和扳起。以往的工艺方法是将主臂和副臂一字按顺序摆开，组装好后再扳起，见图4-1。由塔身搬起带动副臂的一端，副臂的另一端压在滚轮上着地，扳起时前部滚轮的拖行路线A—B段必须垫上钢板以利于滑行。当滚轮滑至A点处时，控制副臂变幅角度，副臂头部离开滚轮与主臂同时搬起。

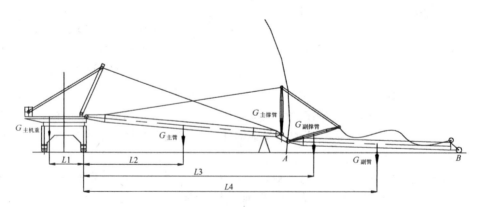

图4-1 原主臂、副臂组装后扳起前示意图

本工法扳起的工艺原理是将机台、主臂和主副撑臂组装好后，先将主臂扳到一定的角度后，再在空中对接副臂。随着主臂一步步地扳起，副臂一节节地接上，直到副臂全部接好后见图4-2，再整体扳起。

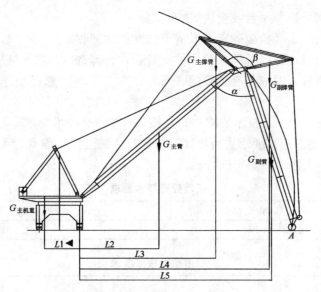

图 4-2　本工法主臂、副臂组装后扳起前示意图

5. 施工工艺流程及操作要点

5.1　施工工艺流程（图 5.1）

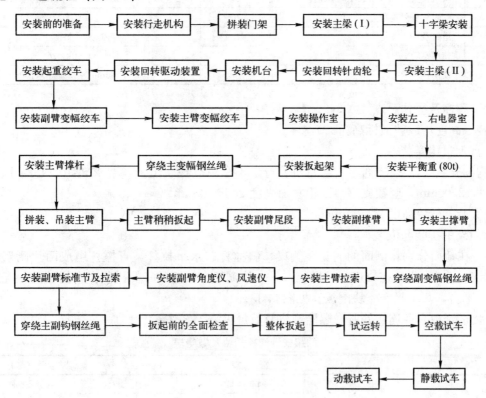

图 5.1　施工工艺流程图

5.2　安装前期准备

5.2.1　编制安装（拆除）方案、安全措施方案及应急预案，确定安装（拆除）持证人员，组织施工所需工机具。

5.2.2　清理塔机的零、部件，对设备进行全车安全检查及维护保养。

5.2.3　清理安装场地，塔机组装及工作场地要求坚实平整，保证地基耐压 0.2MPa，主机站位 45m ×36m，沿轨道铺设方向长度要求 80～100m，宽为 18m。清除所有地面及空中障碍物。

5.2.4 准备好塔机构件拼装平台或垫块等物。

5.2.5 所有工具、材料、螺栓要确定专人清点、发放和回收。

5.2.6 所有绳扣、吊具的选择必须参照构件重量表，合理选择，按保证安全系数 8 倍以上准备。

5.2.7 塔机安装（拆除）时应与有关部门联系好，来往车辆注意行驶速度，大件安装时，要在时间上协调。

5.2.8 基础处理按表 5.2.8-1 技术要求进行，按表 5.2.8-2 技术要求进行轨道敷设，铺设过程中必须使用水平仪进行测量，基石应按要求进行捣实，塔机投入施工后仍需有专人负责对轨道进行检查和维护。轨道中心线应严格按照规定进行施工。

基础处理技术要求　　　　　　　　　　　　　　　　　　　　表 5.2.8-1

道路标准：抗压强度 120MPa	粒度：3～4mm
地基要求：土质耐压 0.2MPa	密实度：95%

轨道敷设技术要求　　　　　　　　　　　　　　　　　　　　表 5.2.8-2

序　号	项　　目	技术要求
1	轨距偏差	1505：≤2mm　12000：≤5mm
2	轨道同一截面轨顶偏差	≤25mm
3	钢轨直线度（任意 2m 内）	≤1mm
4	轨道每 10m 长的标高差	≤30mm
5	轨道接头间隙（轨长 12.5m 时）	20℃　2mm
6	钢轨接头处高度差	≤1mm
7	道钉及连接螺栓	全装
8	使用钢轨	60kg/m
9	使用枕木	2500mm×220mm×160mm

5.3　安装程序及操作要点

构件安装（高度均以轨面标高为±0）

5.3.1 行走机构安装

行走机构的安装：用 150t 履带式起重机将行走小车吊放在轨道上，要求轨距中心距 12000±3mm，基距方向尺寸 12000mm，竖铰支座顶面距轨面高度 2435±2mm。

重量：18.4t，吊装高度：2500mm。

5.3.2 门架的拼装与安装

1. 拼装：在地面分别将侧面的门腿、侧梁、斜撑杆、水平拉杆、直撑杆组成两片侧架。为了吊装方便，在拼装时，一片侧架在轨道中间拼装，另一片侧架在轨道的一侧拼装。在拼装前，先用方形配重搭设 2 个拼装平台，每个平台 4 块配重，见图 5.3.2。

2. 在安装过程中，各连接处所需螺栓规格及数量见表 5.3.2。

门架安装螺栓规格及数量表　　　　　　　　　　　　　　　　表 5.3.2

接　口	螺栓规格	数量（套）
1、4、14、15	M30×110	48×2×4
	M24×80	48×4
2、3、13、16	M24×80	24×2×4
	M22×70	28×4
5、6、7、17、18、19	M24×80	24×2×6
	M22×70	30×6
8、9、10、20、21、22	M24×80	24×2×6
	M22×70	24×6
11、12、23、24	M24×130	16×4

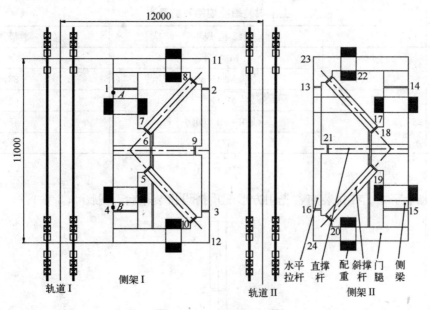

图 5.3.2　门架拼装及螺栓分布示意图

3. 安装：单片 31t，外形尺寸：14910mm×2400mm×6775mm，吊装高度 9800mm，图中 A 点和 B 点为吊点，150t 履带式起重机站位在轨道中间，侧架Ⅰ与轨道Ⅰ上的小车连固后，使用 3 根钢丝绳配合手拉葫芦两边拉固，轨道中间拉一根地锚，选另一条轨道Ⅱ，轨道外侧拉两根地锚，在预先设置的机台尾部或主卷扬拉上地锚，吊装侧架Ⅱ时，150t 履带式起重机移位至轨道Ⅱ的外侧。吊装落位并与轨道Ⅱ上的小车连接后，150t 履带式起重机不松钩。

4. 技术要求：注意各连接板及相同件的编号和方向，全部精制螺栓均应按设计要求长度进行组装，保证螺栓光杆部分受剪，各型号拧紧螺栓的拧紧力矩达到规定值。门腿与台车竖铰支座间的装配间隙在螺栓中心附近应≤1mm。

5.3.3　安装主梁Ⅰ

1. 50t 履带式起重机站在轨道中间吊装一片主梁，重量 12.1t，吊装高度：9800mm，外形尺寸：9295mm×2924mm× 2540mm、吊点如图 5.3.3-1 中的 A、B、C 所示。

2. 各接口螺栓分布见图 5.3.3-2，螺栓规格及数量见表 5.3.3。

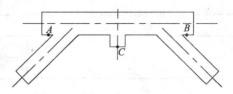

图 5.3.3-1　主梁Ⅰ吊点示意图

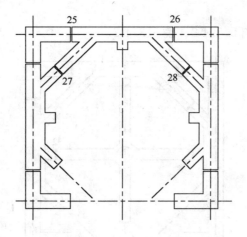

图 5.3.3-2　主梁Ⅰ螺栓分布示意图

主梁安装螺栓规格及数量表　　　　　　　　　　　　　　　**表 5.3.3**

接　　口	螺 栓 规 格	数量（套）
25、26	M30×110	48×2×2
	M24×80	88×2
27、28	M24×95	68×2
	M24×110 沉头	48×2
	M22×70	48×2

5.3.4　拼装及安装十字梁

1. 在地面拼装十字梁。在拼装前，先用方形配重搭设拼装平台，见图 5.3.4-1。

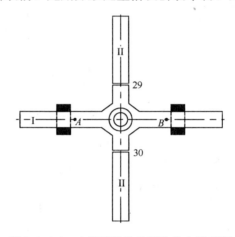

图 5.3.4-1　十字梁拼装及螺栓分布示意图

2. 接口螺栓规格及数量见表 5.3.4-1。

十字梁安装螺栓规格及数量表　　　　　　　　　　　　　　**表 5.3.4-1**

接　　口	螺 栓 规 格	数量（套）
29、30	M30×110	24×2×2
	M22×70	40×2

3. 安装十字梁

吊点见图 5.3.4-1 中 A 点和 B 点。十字梁外形尺寸：9000mm×9000mm×2000mm，重量 10t。吊起离地后将中心滑环装好。

4. 接口螺栓规格及数量见图 5.3.4-2、表 5.3.4-2。

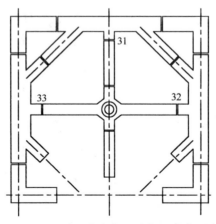

图 5.3.4-2　十字梁与门架连接螺栓分布示意图

十字梁与门架连接螺栓规格及数量表　　　　　　　　表 5.3.4-2

接　口	螺栓规格	数量（套）
31、32、33	M30×110	24×2×3
	M22×70	40×3

5.3.5　安装主梁Ⅱ

重量 12.1t，外形尺寸：9295mm×2924mm×2540mm，安装高度 9800mm，吊点同主梁Ⅰ。

螺栓分布见图 5.3.5，螺栓规格及数量见表 5.3.5。

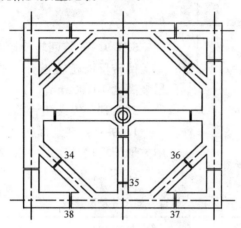

图 5.3.5　主梁Ⅱ螺栓分布示意图

主梁Ⅱ螺栓规格及数量表　　　　　　　　表 5.3.5

接　口	螺栓规格	数量（套）
34、36	M24×95	48×2
	M24×110 沉头	48×2
	M22×70	48
35	M30×110	24×2
	M22×70	40
37、38	M30×110	48×2×2
	M24×80	88×2

5.3.6　安装门架四周及十字梁部位的走台、扶梯及水平拉杆，注意按各部分编号进行安装。

5.3.7　组装及安装回转针齿轮

1. 在地面将 8 段回转针齿轮拼装，边拼装边用配重搭设拼装平台，共 8 个接口，见图 5.3.7。

2. 回转针齿轮的吊装。

吊点见图 5.3.7 中 A、B、C、D 4 点，外形尺寸φ12320mm ×324mm。

吊装高度 10100mm，重量：12.4t。

3. 接口螺栓规格见表 5.3.7。

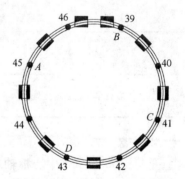

图 5.3.7　回转针齿轮吊点及螺栓分布示意图

回转针齿轮螺栓规格及数量表　　　　　　　　表 5.3.7

接　口	螺栓规格	数量（套）
39、40、41、42、43、44、45、46	M24×95	24×8
	M24×80	9×8
	M16×45	6×8

4. 注意事项

拼装时要按照编号顺序拼装，不得换位，吊装就位时要注意方向。

5.3.8 安装回转滚轮

回转滚轮共有 6 段，分段吊装，每段重量 2.18t，吊装高度 10100mm，按编号顺序拼装，不得换位。

接口螺栓规格和数量：

共 6 个接口，每个接口螺栓规格：M20×55

数量：192 套，

M16×25

数量：64 套。

5.3.9 安装回转反滚轮轨道及滚轮

回转反滚轮轨道分 4 段，分段吊装，每段重量 2.48t，吊装高度 10100mm。

5.3.10 安装机台前、中、后段

1. 拼装：在地面拼装机台前、中、后 3 段，拼装前先用方形配重按规定尺寸搭设拼装平台，见图 5.3.10-1。

2. 各部位尺寸及重量见表 5.3.10-1。

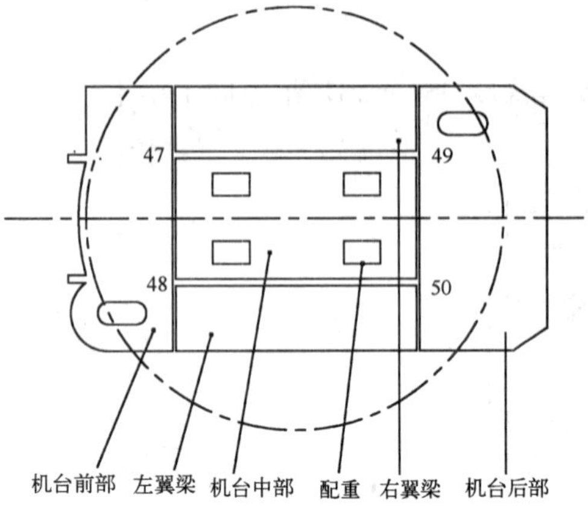

图 5.3.10-1 机台拼装示意图

机台各部尺寸及重量表 表 5.3.10-1

机 台 部 位	外形尺寸（mm）	重量（t）
中部	3500×7000×1400	17.7
前部	7100×2250×3110	11.4
后部	7000×4275×2700	13.8
左翼梁	7745×1980×1364	2.95
右翼梁	7745×1980×1364	2.95

3. 接口螺栓和数量见表 5.3.10-2。

机台螺栓规格及数量表 表 5.3.10-2

接 口	螺 栓 规 格	数量（套）
47、48	M24×95	78×2×2
	M24×70	52×2×2
49、50	M24×95	78×2×2
	M24×70	52×2×2
左右翼梁与机台连接处	M24×80	60×2
	M22×70	16×2

4. 安装

重量：55.5t（带中心枢轴），外形尺寸：13895mm×7100mm×3500mm。

吊点：机台采用四点吊装，前面两个吊点为扳起架底座（穿销轴），后两个吊点为机台后部的两个导向滑轮轴。

吊装高度：11400mm。

用 1 台主安装履带吊起吊，安装就位后，用 24 套 M36×140 螺栓将中心枢轴与十字梁连接，拧紧螺栓的拧紧力矩达到规定值。

5. 当主安装起重机起重量偏小时，可采用 2 台吊机配合塔吊龙门行走的方法整体安装机台前、中、后段，具体工艺如下：

1）将塔吊的行走马达电机电源接入专用的配电箱，使用专用的空开控制。通过试车保证马达的旋转方向一致。

2）在两条轨道中间搭设机台拼装平台，将机台的前中后段垂直于轨道方向拼装。见图 5.3.10-2。

3）80t 履带吊站位于机台后部一端的轨道外侧，50t 汽车吊站位于机台前部一端的轨道外侧，两车同时水平吊起机台，当起升高度到达龙门上部最高位置时停止。

4）通过控制配电箱内空开将龙门沿轨道方向行走至吊起的机台下方。

5）2 台吊机将机台缓慢下落至机台与龙门就位。

5.3.11 安装机台尾部

重量：12.4t，外形尺寸：4275mm×3400mm×2700mm。吊点：采用四点吊装，后面两点为扳起定滑轮组的下横梁，前面两点为人孔，选用合适的手拉葫芦配合钢丝绳调平。

机台尾部螺栓分布见图 5.3.11，各接口螺栓规格及数量见表 5.3.11。

机台尾部螺栓规格及数量表　　　　　　　　　　　　　　　　　表 5.3.11

接　　口	螺 栓 规 格	数量（套）
51、52	M24×95	78×2×2
	M24×70	52×2×2

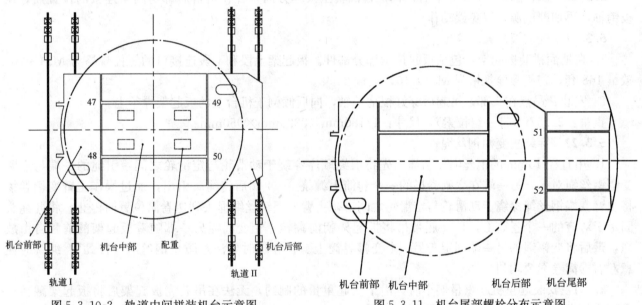

图 5.3.10-2　轨道中间拼装机台示意图　　　　图 5.3.11　机台尾部螺栓分布示意图

5.3.12 安装回转驱动装置

两组回转驱动装置分别吊装，在轴壳偏心向内时插入，插入后再转动使之与机座相吻合。每组重 4.2t，为了便于安装，在吊装时采用四点吊装（有吊点），并配合手拉葫芦调平。

调整与检验：

摆线齿轮上下端面与针轮板之间的间隙应分布均匀，上下相互差≤5mm，高度方向可通过调整垫板来达到。

5.3.13 安装起重绞车

重量：28.8t（带钢丝绳），外形尺寸：4897mm×2880mm×1915mm。

四点吊装（有吊点），吊装就位后，用 20 套 M24×130 螺栓拧紧，拧紧力矩达到规定值。

5.3.14 安装副变副绞车

重量：12.6t（带钢丝绳），外形尺寸：2700mm×2400mm×1530mm。

安装就位后，用 20 套 M24×130 螺栓拧紧，拧紧力矩达到规定值。

5.3.15 安装主变副绞车

重量：21.2t，外形尺寸：3658mm×3355mm×1630mm。

安装就位后，用 20 套 M24×130 螺栓拧紧，拧紧力矩达到规定值。

5.3.16　安装扳起架撑杆

连接螺栓：M22×70，数量：12 套。

5.3.17　安装操作室

重量：每件 2.37t，外形尺寸：3320mm×3010mm×2663mm。

5.3.18　安装电器室（左、右）

重量：每件 5t，外形尺寸：7920mm×2000mm×3484mm。

螺栓：M16×55，数量：20 套。

将左右电器室吊装就位后，电器安装人员开始敷设电缆卷盘至中心滑环、中心滑环至电气室以及从电气室至各个卷扬机构电机的电缆，并同时按线号连接好操作室至电气室的控制线。接线工作完成，经检查确认无误后逐一对主钩卷扬、副钩卷扬、副臂变幅卷扬、主臂变幅卷扬进行试运转。

5.3.19　安装平衡重

在主臂安装之前先按顺序装上 80t 平衡重，左右平衡重应分布均匀，后面有连接杆连接的 3 块配重应拧紧螺栓，防止松动。

5.3.20　80t 平衡重安装完毕后，将机台回转至板起方向，并在机台后部与门架连接的位置插好拉板销轴，再切断电源，以免误动作。

5.3.21　安装扳起架

1. 在地面拼装扳起架，包括扳起拉索部分部件。扳起架上段和下段连接口的螺栓规格为 M24×75，数量 168 套。盖板螺栓规格为 M16×40，数量 24 套。

2. 安装：吊点在头部，吊起后穿好根部销轴，向后倾倒于机台上的扳起架撑竿上。

重量：22.57t（带一组拉索），尺寸：17180mm×3390mm×950mm。

5.3.22　穿绕主变幅钢丝绳

1. 用直径 13mm 的钢丝绳作引绳，先将引绳顺序穿绕于动滑轮与定滑轮之间，引绳的一端与主臂变幅钢丝绳对接，另一端在变幅卷扬的一个卷筒上缠绕 3～4 圈后将绳头引出，通过操作主臂变幅卷扬将主臂变幅钢丝绳穿绕于动滑轮与定滑轮之间，待主臂变幅钢丝绳绳头到达卷筒位置时停止，将此绳头固定于对应的一个卷筒上，150t 履带吊将扳起架朝前翻转，让变幅绳另一端随着扳起架的前翻自由放绳，最后将变幅绳的另一端固定于另一个变幅卷筒上。在穿绕时要注意防止钢丝绳"拧劲"，缠绕时注意左右卷筒卷绳要均匀。

2. 当主安装起重机起重量偏小时，由于受起重量的制约，无法在吊装完扳起架后将扳起架翻转至主臂变幅卷扬上方穿绕主臂变幅钢丝绳，同时在穿绕完主臂变幅钢丝绳后，也无法将扳起架翻转到塔吊的前方，因此只有采用扳起架朝机台前部的方法穿绕主臂变幅钢丝绳。在本工法中采用直径为 13mm 的钢丝绳作为牵引绳，利用主钩卷扬牵引引绳的方法穿绕主臂变幅钢丝绳。先将牵引绳按主臂变幅钢丝绳的穿绕顺序穿入主臂变幅动滑轮与定滑轮之间，牵引绳的一端与变幅钢丝绳对接，另一端直接缠绕于主钩卷筒上，通过操作塔吊主钩卷扬，将主臂变幅钢丝绳穿绕完毕。最后将主臂变幅钢丝绳的 2 个绳头分别固定于 2 个变幅卷筒上。

5.3.23　安装主臂撑杆

当扳起架摆动时，主臂撑杆应靠于支承滚轮上。

重量：1.09t，尺寸：4795mm×φ250mm。

5.3.24　安装主臂（69.2m）

1. 在地面拼装主臂，在轨道中间沿轨道方向拼装。拼装过程中，用垫木至少垫 3 个支承点，支承位置应在每节臂的头部，以防止损坏主弦杆。拼装时应按顺序拼装（每节杆都有编号）。同时装好扳起拉索支架，主臂销轴应从外向里装，然后装上弹簧卡销。

2. 安装

安装时采用双机抬吊。吊车站位及吊点见图 5.3.24。重量：54.8t。

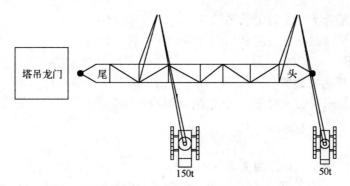

图 5.3.24　主臂双机抬吊示意图

在吊装过程中，始终保持主臂头部稍微离开地面。装根部销轴时，可以通过点动控制 4000t·m 的行走和回转来调整销轴孔位。

5.3.25　安装扳起拉索

先将同搬起拉索支架连接的拉索与搬起拉索支架一起装好，再将前段与头部连接，然后搬起拉索支架向前倾倒，用手拉葫芦配合与预先装在板起架上的拉索连接。可以用吊车将主臂头部适量提高。注意拉索销轴从内向外装，然后装好弹簧卡销。

不同的主臂组合时板起拉索的组合不同，具体组合方式按说明书要求。

安装平衡重：扳起拉索连接好后，抬起板起架，张紧扳起拉索，安装所有剩余平衡重。

5.3.26　对于主臂工作状态，平衡重安装好后，将主臂头部抬起 1m 左右，穿绕主钩钢丝绳。检查电缆及电气线路，合格后即可扳起。

5.3.27　塔式工况安装（使用塔式工况主臂头）

1. 将副臂根段与主臂头部连接，然后将主臂适当扳起，直至副臂根段垂直支撑于地面的路基板上，见图 5.3.27-1。

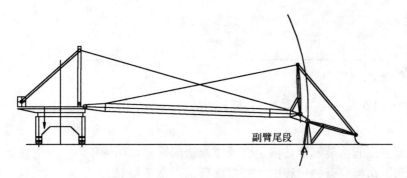

图 5.3.27-1　副臂根段安装示意图

2. 安装副撑臂

重量：6.2t，尺寸：14000mm×2450mm×914mm。

安装各配合轴孔均应清洗干净，按润滑要求加足润滑油。装好的副撑臂倒向副臂方向。

3. 安装主撑臂

重量：6.2t（带一组主臂拉索），尺寸：13000mm×2300mm×914mm。

吊点在主撑臂头部，装好底座销轴后，在吊车的配合下，主撑臂向前倾，同时 150t 履带式起重机不松钩。

4. 穿绕副变幅钢丝绳

开动副变幅卷扬，用麻绳将副变幅绳引至主撑臂位置，50t 履带式起重机将副撑臂吊起与主撑臂保持一定的夹角（便于穿绕钢丝绳）。用麻绳作引绳穿绕副变幅钢丝绳，并打好绳卡（6 个）。

5. 安装主臂拉索

150t 履带式起重机拉起主撑臂向后倾倒，依次从主撑臂上的主臂拉索向后连接好所有的主臂拉索，最后一段在辅助吊机的配合下与主臂上的销轴连接。

注意：销轴上应涂抹润滑脂，且应从里向外装，并上好弹簧卡销。

6. 安装主撑臂撑杆

150t履带式起重机拉起主撑臂向前倾倒，用50t吊车吊装主撑臂撑杆，对于蝶簧式主撑臂撑杆，可以先通过调节螺杆的长短来安装，对于卡弧式主撑臂撑杆，要配合手拉葫芦来安装。

7. 安装副臂撑杆组（2件）

单重：0.84t。

安装前铰轴孔应清洗干净，按润滑要求加足润滑脂，装上轴端挡板。

8. 安装副臂角度仪，连接各限位开关及力矩限制器的电气线路，并全面检查。

9. 安装副臂及副臂拉索

塔吊稍稍扳起，使副臂头部离地2m左右，50t履带式起重机水平吊起一节副臂，将其上面的2个销轴与副臂底座连接好，见图5.3.27-2。

将A，B两点的销轴穿好后，主臂边扳起，50t履带式起重机边落钩，将接好的副臂垂直于路基板，然后50t履带式起重机在另一边将刚接好的副臂向后拉至接好C，D点。若C，D点的销轴难以就位，则50t履带式起重机可以松钩，使副臂垂直支于路基板，再通过主臂稍稍扳起或者拔杆来调整，直至穿好C，D点的销轴，见图5.3.27-3，同时接好副臂拉索。

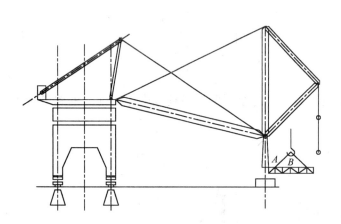 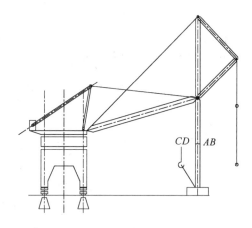

图5.3.27-2　副臂中间节A、B点与副臂根段连接示意图　　图5.3.27-3　副臂中间节C、D点与副臂根段连接示意图

依此方法，主臂边扳起边装副臂，将副臂及拉索全部接完，如图4-2所示位置。

注意：在边扳起、边接副臂的过程中，所接副臂的端部不应超过A点；主、副臂的夹角"α"不应小于规定角度；在变幅钢丝绳受力后，主、副撑臂的最大夹角"β"绝不允许小于规定角度。见图5.3.27-4。

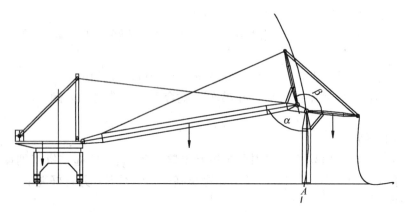

图5.3.27-4　副臂安装时，各部夹角示意图

12m 副臂重：3.7t，9m 副臂重：2.9t，6m 副臂重：2.2t。

10. 穿绕主钩钢丝绳

用 φ20mm 麻绳将主钩钢丝绳引至副臂头部第一个滑轮处，再用麻绳按工况滑轮组倍率穿好滑轮。然后起重绞车放绳，将起重钢丝绳穿好。安装好拉力传感器，打好绳卡（6 个）。

11. 穿绕副钩钢丝绳（同 10）

5.4　进行扳起前的全面检查

5.4.1　主臂、副臂是否按规定的方式组合好。

5.4.2　有拉索支架的组合，支架所装位置和支架长度是否正确。

5.4.3　所有销轴、弹簧卡销是否连接正确可靠。

5.4.4　所有钢丝绳的穿绕是否正确，绳头固定是否正确可靠。

5.4.5　检查各限位开关、幅度检测装置、拉力传感器等电气元件及其线路是否连接正确、可靠。

5.5　扳起

5.5.1　将操作开关扳至扳起位置。

5.5.2　开动主变幅绞车扳起主臂，要保持副臂的滚轮始终在地面滚动，同时，副变幅绳要随主变幅绞车的动作放出，如不能协调动作，可停止扳起，与副变幅绞车交替动作。注意，每次主变幅绞车操作手柄应直接拉到四挡，中间不要停留。整个过程要专人指挥，直至副臂头部到达离回转中心规定的位置停止。

5.5.3　先将副臂拉索张紧，记录副变幅卷筒上的留绳圈数，保持主、副臂相对位置，开动扳起绞车，直至主臂到达塔式工作位置，应注意观察主臂撑杆是否正确就位。

5.5.4　停止扳起绞车，可靠制动，开动副变幅绞车，扳起副臂至工作位置。注意观察副臂工作限位的动作和他们的正确性，注意副臂撑杆是否正确就位和工作。

5.5.5　检查各部件就位情况，拆除机台和门架的连接拉扳，把电气操作开关转至塔式工况位置。即可进入试运转阶段。

5.6　试车

5.6.1　试运转条件：风速 8.3m/s 以下。

5.6.2　试车前一般性技术检查项目

1. 各机构、电器设备、安全装置、制动器、控制器、照明及信号系统。

2. 金属结构及其连接件、梯子、通道、司机室及走台。

3. 吊钩及其连接件。

4. 卷筒钢丝绳、拉索及其固定、连接件。

5. 轮组、滑轮组的轴及紧固件，挡绳装置。

6. 平衡重的固定及连接。

7. 各润滑点的润滑情况。

8. 运行轨道和供电电缆。

9. 所有的防护装置。

5.6.3　空负荷试验

1. 空负荷试验的目的是检验电气设备控制动作的正确性，各机构动作的准确性，并调整各安全限位指示装置。

2. 空负荷试验的内容是在不悬挂重物的状态下，试验各机构的操作系统。

1）起重机构在不同幅度位置以额定速度全程提升、下降空钩各 3 次。

2）副变幅机构在全幅度范围内起落臂架各 1 次；当副臂进入小幅度工况时，要严格遵守各有关规定。

3）回转机构：使臂架处于最大幅度状态，左右回转 360° 各 1 次。

4）行走机构：在行走范围以内，前后行走各 1 次。

5）在不同时起动、制动的条件下，做起升和回转或行走机构的任两种机构的联合动作 10min，不允许回转与行走同时动作。

5.6.4 静负荷试验

1. 在空负荷试验及调整完成后进行静负荷试验，以检验各部钢结构的强度、刚度及制动的可靠性、起重机静态的稳定性。

2. 试验时，起重力矩限制器不投入工作。

3. 先起吊较小载荷，然后以相应于各幅度时（一般取最大、最小和中间 3 个幅度位置）的额定负荷和 125% 的负荷进行静负荷试验。试验必须保证在"静止"状态下进行，即先由吊钩把额定负荷提升离地面 100～200mm，然后缓慢无冲击地加上超载部分载荷。此时各机构均不得做任何动作。

4. 试验载荷在空中停留 10min 后卸载。检查各部结构不得有永久变形，回转部分与支承滚子间不应有脱开现象。

5.6.5 动负荷试验

1. 在静负荷试验合格后进行动负荷试验，以检验各部运转情况及起重机动态稳定性。

2. 以相应于各幅度（一般取最大、最小和中间 3 个幅度位置）额定负荷的 110% 的试验负荷进行动负荷试验，使机构轮流单独运转，并按工作级别规定的循环时间重复起动、制动。延续时间不少于 1h。

3. 完成上述各单项试验后，按 110% 的额定起重量做起重和回转或起重和行走的联合动作 10min。此时不允许同时起动或制动。带载行走时，副臂要处于行走方向位置。

4. 试验中可调大力矩限制器的动作值，试验结束后应调回到规定值。

5. 试验中各机构应灵活可靠，工作平稳，安全指示装置动作准确，回转部分和整机有足够稳定性。上述各项试验合格并经有关部门验收后方可正式投入运行。

5.7 拆除

5.7.1 在主吊机为起重量大于 100t 的履带式起重机时，按上述 5.3—5.5 节相反程序进行。

5.7.2 拆除时按上述 5.5.3 关于主、副撑臂夹角的控制，在放倒过程中，可按扳起时（不同组合留绳圈数不同）所纪录的副变幅卷筒上的钢丝绳留绳圈数，进行副臂变幅的操作，放下副臂。在副臂与主臂逐渐接近地面时，副臂防后倾撑竿应能顺利脱出支承座。注意当副臂头部接触地面时，要使副臂顺利向前滑移。

5.7.3 在无法组织大吨位吊机拆除塔吊的情况下，也可采用小吨位履带吊拆卸机台（发明专利申请号：ZL 200910272181.2），将上述 5.3.10 和 5.3.9 步骤工艺进行改进，具体工艺如下：

1. 机台尾部的拆除：辅助吊机将机台尾部通过吊索可靠连接承力后，拆除机台尾部与机台后部的的一半连接螺栓，保留与机台尾部的连接螺栓不拆；指挥辅助吊机的起钩和落钩、涨杆和拔杆等复合动作，使机台尾部完全脱离机台后部。

2. 将机台左右两侧各一截回转滚子拆除，留下其他压在机台下面的前后各两截回转滚子不拆。

3. 机台后部的拆除：在机台后部与机台中部连接板处近机台中部一侧，安放一个 15t 的螺旋机械千斤顶；将机台后部与机台中部的连接螺栓拧松，拆除近机台后部的一半连接螺栓。辅助吊机起吊机台后部，使其脱离其下部的回转滚子同时调节机台中部的已经安防好的千斤顶的高度，推出其下的两截回转滚子至机台侧面空置处，反复起落辅助吊机，直至机台后部与机台中部的重合部位完全脱开，完成机台后部的拆除。

4. 同理第 3 项拆除机台前部。

5. 机台中部的拆除：拆除机台中部与中心枢轴的连接螺栓，辅助吊机吊下机台中部。

6. 材料与设备

6.1 材料见表 6.1

材料一览表 表 6.1

序 号	名 称	主要用途	规格型号	数 量	备 注
1	枕木	垫木		60 根	
2	铁丝		8 号、4 号	各 100kg	
3	麻绳		直径 16mm，长 40m	3 根	
4	细麻绳			2kg	
5	螺栓			备足	根据计划

6.2 设备及机具见表 6.2

设备及机具表 表 6.2

序 号	名 称	主要用途	规格要求	数 量	备 注
1	150t 履带式起重机	主安装吊机		1 台	可根据现场资源调配（80～150t）
2	50t 履带式起重机	辅吊机		1 台	
3	25t 汽车式起重机	辅吊机		1 台	
4	钢丝绳扣		φ40mm 长 16m	4 根	
5	钢丝绳扣		φ30mm 长 10m	4 根	
6	钢丝绳扣		φ26mm 长 10m	8 根	
7	钢丝绳扣		φ20mm 长 8～10m	4 根	
8	钢丝绳扣		φ16mm 长 6～7m	8 根	
9	钢丝绳扣		φ14mm 长 6～7m	4 根	
10	短绳扣			若干	
11	路基板	主吊机站位	6000mm×3000mm×200mm	10 块	
12	手拉葫芦		5t	6 个	
13	手拉葫芦		3t	4 个	
14	手拉葫芦		1～2t	4 个	
15	千斤顶		10t 以上	6 个	
16	电动扳手			4 个	
17	活动扳手		各类尺寸	若干	
18	眼镜扳手		各类尺寸	若干	
19	过眼冲子		各类尺寸	若干	
20	卡环、手锤		各类尺寸	若干	
21	气焊设备		带 50m 气带	1 套	
22	水平仪			1 台	

7. 质量控制

7.1 安装前，基础处理技术要求执行表 5.2.8-1，轨道敷设技术要求执行表 5.2.8-2。

7.2 安装过程中，门架、机台、起重绞车、副变副绞车、主变副绞车等部构件的连接螺栓拧紧力矩分别达到规定值。

7.3 按使用说明书要求，门腿与台车竖绞支座安装平面的装配间隙在螺栓中心附近应≤1mm。

7.4 按使用说明书要求，装配回转支承，针齿轮节圆对中心枢轴轴心的径向跳动不大于1.2mm。

7.5 按使用说明书要求，中心枢轴轴心线对轨道上平面的垂直度误差≤1.0/1000。

7.6 按使用说明书要求，摆线齿轮上下端面与针轮板之间的间隙应分布均匀，上下相互差≤5mm，高度方向可通过调整垫板来达到。

7.7 接副臂时，所接副臂的端部不应超过图5.3.26－4中A点；主、副臂的夹角"α"不应小于规定角度；在变幅钢丝绳受力后，主副撑臂的最大夹角"β"绝不允许小于规定角度。

7.8 按《起重机械监督检验规程》，塔机安装后，在空载、无风的状态下，塔身轴心线对支承面的侧向垂直度≤4/1000。

7.9 电气系统的电机及电气元件的对地绝缘电阻≤0.5MΩ。

7.10 各制动器的制动性能应灵活可靠。

8. 安全措施

8.1 认真贯彻"安全第一，预防为主"的方针，根据国家有关特种设备作业的有关规定、条例，确保所安装起重机安全检验合格证在有效期内。指定项目负责人为安全生产责任人，明确每个安装人员的职责，抓好安装过程安全管理。

8.2 每天工作前必须召开全体施工人员大会，进行安全、技术交底，特别交代清楚当天的任务、工作特点、危险源及强调注意事项。

8.3 依据工程概况，编制安装（拆除）方案，安全措施方案，报部门负责人审核，相关部门备案。

8.4 严格按照安装（拆除）方案施工，根据现场实际情况，如有变动，需编制相应的变更方案，经部门负责人审核后，方可实施。

8.5 参加施工作业的人员必须经过培训且具有相应的特种作业上岗证。起重吊装的指挥人员必须持证上岗，执行规定的指挥信号。

8.6 进入施工现场的施工人员按规定穿戴好劳动保护用品，作业高度超过2m以上的，作业人员必须正确佩戴合格的安全带。

8.7 作业区域设立警戒线，关键位置设专人看守，严禁无关人员在组装、拆卸危险区域内行走、逗留。

8.8 施工中所用的机索具应按《起重工操作规程》、《实用起重吊装手册》的有关规定执行。严禁使用有断丝、断股、裂纹、腐蚀和变形的绳索、机具进行吊装作业，钢丝绳安全系数不得小于8～10倍。

8.9 建立完善的施工安全保证体系，加强施工作业中的安全检查，确保作业标准化、规范化。

9. 环保措施

9.1 在安装过程中严格遵守国家和地方政府下发的有关环境保护的法律、法规，施工过程中废弃的手套、棉纱等集中处理。

9.2 施工噪声排放符合国家标准《建筑施工场地噪声限值》GB 12523—1990要求，尽可能避免夜间施工。

9.3 施工粉尘排放符合国家标准《环境空气质量标准》GB 3095—1996。

9.4 施工过程中产生的固体废弃物分类收集，统一回收，减少环境污染。

9.5 塔吊上的红色障碍指示灯采用节能灯具太阳能灯。

9.6 塔吊拆除时，对螺栓进行分类收集，减少损耗，降低材料消耗

9.7 坚持节能降耗，考虑可持续发展。

10. 效益分析

本工法采用的安装工艺，同传统安装方法（水平地面接杆法）相比，其经济效益、社会效益、节能降耗显而易见：

10.1 减少占地长度 25～55m（与副臂接装长度相同），节省供副臂头部在扳起过程中滑移时应该铺垫的钢板（厚度 0.014m，宽度 2.4m，长度 20～45m），节约购置钢板费用 8 万元，同时为用户解决了施工场地问题。

10.2 龙门、机台、主副臂等采用无脚手架安装，节约脚手架购买或租用成本近 2 万元，也节约每次转场时的运输费用和安、拆人工费。

10.3 减少了扳起力矩，使扳起工作更加顺利安全。

10.4 节省钢板、脚手架等材料，达到节能降耗的目的。

10.5 主安装起重机的可选范围扩大，可利用当地资源，节省调遣费和机械费。安拆人员更加精简，节约人工费。

10.6 缩短了安装工期，降低了施工成本，得到使用方和监理的一致好评。由于工艺先进，工期短，在行业的知名度提高，其他单位慕名前来委托安装（拆除），为公司拓宽了经营市场。

11. 应用实例

11.1 2008 年 9 月 16 日至 9 月 28 日，在贵州纳雍电厂为武汉鹏兴伟业起重设备租赁有限公司拆除 1 台 DBQ3000tm 塔式起重机，工况为：主臂长度 66.32m，副臂长度 48m。由于现场及周边无法找到较大吨位的吊车，利用自有的 1 台 80t 履带式起重机完成了整台塔吊的拆除工作，在保证工期的前提下，节约了近 7.5 万元的机械费。此拆除方法已申请发明专利，专利名称：小吨位履带吊拆卸 DBQ 型塔式起重机机台的方法，申请号：ZL 200910272181.2。

11.2 2009 年 8 月 26 日至 9 月 8 日，在山东济钢新东区 4 号大高炉建造工地，安装 1 台 DBQ4000tm 塔式起重机，工况为：主臂长度 69m，副臂长度 42m。现场使用 1 台 100t 履带式起重机作主吊机和 1 台 50t 履带式起重机作辅助吊机配合安装，采用龙门、机台无脚手架施工、主臂双机抬吊、副臂立式接杆法、利用塔吊龙门行走整体安装机台、利用主钩卷扬牵引引绳穿绕主臂变幅钢丝绳等先进工艺，仅用 13d 完成安装，比预定工期提前 4d。此次安装节约机械台班费近 7.6 万元。

11.3 2010 年 6 月 13 日至 6 月 24 日，在武钢 2 号高炉大修工程中，安装 1 台 DBQ3000tm 塔式起重机，工况为：主臂长度 66.32m，副臂长度 48m。现场使用 1 台 150t 履带式起重机作主吊机和 1 台 50t 履带式起重机作辅助吊机配合安装，采用龙门、机台无脚手架施工、主臂双机抬吊、副臂立式接杆法等先进工艺，仅用 12d 完成安装，比预定工期提前 4d。此次安装节约机械台班费近 4 万元。

桅杆扳吊设备工法

YJGF29—91（2009～2010 年度升级版-073）

中国化学工程第四建设有限公司

孙韵　阳正源　毛广周　张俊　蒋翔

1. 前　言

目前，大型设备通常均采用大型吊车吊装就位，但是对于空间狭窄、情况复杂的施工场地，大型吊车无法进行吊装时，必须采用桅杆吊装。桅杆吊装通常采用的吊装工艺为滑移提升法和扳起吊装法，由于滑移提升法吊装时要将整个设备全部吊离地面，因此需要一套起吊能力大于设备重量的机索具，而桅杆扳起法不需要将设备全部吊离地面，吊装力可比滑移提升法减少 35％ 左右，使吊装用的机索具规格减小、数量减少，从而减少了吊装工作量，减轻了工作强度，有效地缩短施工周期，加快安装进度。

自 1966 年开始采用桅杆扳吊法，至今已有四十多年，施工技术已非常成熟，曾在 1976 年吊装 318t 氨合成塔；1985 年吊装 487t 的环氧乙烷反应器；1986 年吊装重 150t、高 120m 火炬。并分别获得 1978 年全国科学大会奖和 1987 年化学工业部科学技术进步二等奖。1992 年获得建设部颁发的国家级工法证书。

通过多年的工程实践，由单桅杆扳吊发展到双桅杆扳吊，然后再发展到单桅杆扳双塔、桅杆异步双转扳吊火炬等成套技术。

本工法在国内的化工、石油化工、冶金等行业已经得到广泛的应用。

2. 工法特点

2.1　桅杆扳吊法对施工场地无特殊要求，能在大型吊车无法进行设备吊装的场地进行设备吊装。

2.2　与桅杆滑移提升法相比，可以减小机索具规格、减少机索具数量、减轻吊装工作强度、缩短施工周期、加快施工进度。

2.3　桅杆扳吊法从设备头部刚刚离地时整套机索具受力最大，这就可在设备吊装之初对吊装机索具进行最大负荷的检验，从而能确保整个吊装过程的安全。

2.4　能达到矮杆吊高塔的目的。

2.5　与其他吊装方法相比，能产生较好的经济效益。

3. 适用范围

适用于空间狭窄、情况复杂的场地吊装大型的直立设备、钢制烟囱、火炬等钢结构的安装工程。

4. 工艺原理

扳起吊装法，是一种充分利用设备自身强度和基础承载能力，分担设备吊装的负荷，从而节省机索具的吊装方法。扳起吊装时．它以设备裙座为支点，在设备头部施加扳起力，使设备绕着支撑点从平卧状态回转至直立状态，桅杆在吊装过程中始终保持直立，见图4。

为便于就位找正，通常对设备基础做预留螺栓孔处理，待找正后进行二次灌浆。

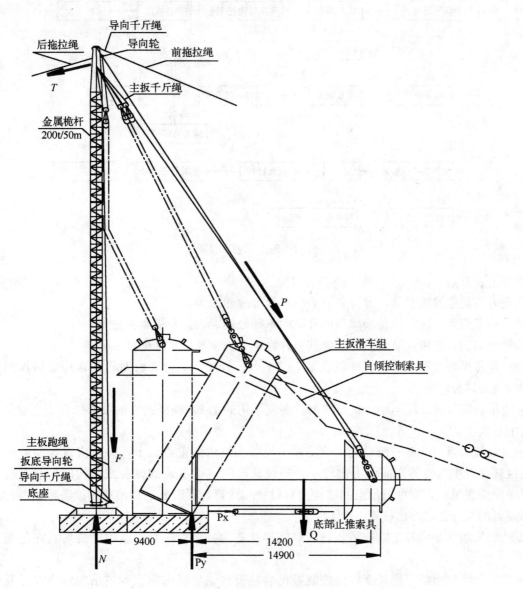

图4　大型设备扳吊示意图

Q——设备吊装计算重量；P——扳吊力；T——主拖拉力；P_x——设备水平控制力；
P_y——设备基础垂直反力；N——桅杆基础垂直反力；F——主跑绳牵引力。

扳起吊装法操作简便，可适用各类不同直立式设备的吊装，并可以根据待吊设备、吊装机具和施工现场的实际情况，适当选择单杆扳吊、双杆扳吊或单桅杆同时扳吊双塔的吊装方法。

扳起吊装法当施工场地狭窄时更能显示其独特的长处，但不适用于设备基础过高设备吊装。

5. 施工工艺流程及操作要点

5.1　施工工艺流程（图5.1）

5.2　操作要点

5.2.1　吊装准备

吊装准备是极其重要的一个环节，集中了 $80\%\sim90\%$ 的吊装工作量。主要有下列内容：

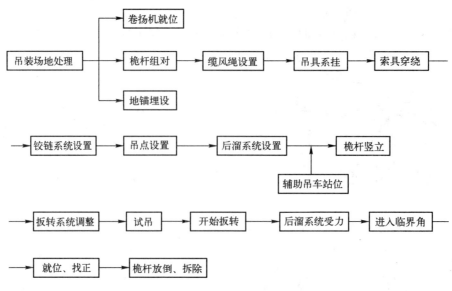

图 5.1　施工工艺流程图

1. 编制吊装方案。

2. 选配方案规定的机索具，进行必要的机索具检验和保养。

3. 铺设施工道路，进行设备基础和桅杆临时基础处理，设备和机索具进场。

4. 设置地锚和卷扬机，组对桅杆，拴挂桅杆稳定系统索具，竖立桅杆。

5. 找好设备平卧位置及方位，拼装设备上的平台、管线等，必要时对设备裙座临时加固，穿挂扳起索具和设备回转控制索具。

6. 扳转吊装桅杆的高度不小于被吊装的设备或结构的 1/2，桅杆站立的中心位置应在被吊装的设备或结构的中心线上。

7. 吊点一般设置：吊点一般设置在被吊装的设备或结构的重心以上，并且应选择使被吊装的设备或结构在扳转过程中本身的弯曲应力比较小。当设计部门对被吊装的设备或结构的吊点没有规定设计时，施工单位应在吊装方案中对吊点的结构进行设计和计算，同时要对被吊装的设备或结构的整体弯曲应力和吊点处的局部强度作出核算。

8. 扳转滑轮组的穿绕长度以被吊装物扳到临界状态为宜。扳转滑轮组的穿绕形式在吊装方案中应画出。

9. 后溜制动滑轮组的穿绕长度以能控制被吊装物扳到临界状态前直到被吊装物竖立，其长度要在吊装前核实。

10. 扳转滑轮组的组合对称中心应该与被吊装物的纵向中心以及后溜制动滑轮组中心在同一中心线上。

11. 桅杆竖立：一般采用辅助吊车抬头，主背绳及滑轮组、主地锚扳起竖立。

5.2.2　试吊和检查

当全部吊装准备工作完毕，经检查确认合格后，即可进行试吊。步骤如下：

1. 无关人员退离吊装区域，各指挥岗、操作岗、检查观察岗人员就位。

2. 分次交叉收紧设备底部止推索具→扳起索具→主拖拉索具，注意保持设备支撑点位置和桅杆直立状态，特别要调整好设备回转平面两侧对称机索具受力的均衡度。

3. 继续收紧扳起索具，使设备头部缓慢离地 500～800mm 左右，停机检查。检查吊装系统各部受力情况，如无异常则可正式起吊。

4. 主要检查项目包括：

1) 桅杆直立情况及桅杆上各测点的应力值；

2）各地锚受力后有否异常；

3）裙座受力状况，设备头部有否偏摆；

4）全部机索具有否异常；

5）卷扬机工作情况及电流、电压等；

6）设备及桅杆基础承压情况。

由于此时是吊装各系统受力最大的时刻，因此，抬头后的停置时间不宜超过15min。待一切必须解决的问题处理后，方可进行正式吊装。

5.2.3 正式吊装

1. 同时启动扳起卷扬机，使设备回转上升，应密切注视设备回转运动情况，若扳起索具为2套以上滑车组时，要特别注意控制调整各扳起滑车组的受力均衡。

2. 随设备起升，吊装力逐步减少，要适时地分次松放底部止推索具和主拖拉绳，以保持桅杆的直立和避免设备支撑点移位。

3. 当设备回转至其重心，到达支撑正上方时，设备将自行向回转方向倾倒，故应提前使自倾控制索具受力，并随设备上升逐渐放松，在到达自倾时，停止扳起卷扬机，只需由自倾控制索具控制自倾速度至设备直立。

5.2.4 设备找正就位

1. 用扳起索具和自倾控制索具使设备前倾或后仰，在设备裙座下放入滚杠；

2. 对裙座施加平面力矩，使之产生少量挪动，逐次找正方位；

3. 仍使设备前倾后仰，抽出滚杠，找好标高，穿上地脚螺栓并灌浆固定；

4. 为确保高耸设备安全，在灌浆未达到设计强度时，可用3～4根临时拖拉绳加以固定。

5.3 劳动力组织（表5.3）

劳动力组织情况表 表5.3

序　号	人员名称	所需人数	备　　注
1	管理人员	4～6	
2	技术人员	1～2	
3	起重工	10～30	持证上岗
4	卷扬机操作工	8～10	持证上岗
5	维修工	1	持证上岗
6	吊车司机	2	持证上岗
7	钳工	2～6	持证上岗
8	电工	2～4	持证上岗
9	焊工	1～2	持证上岗
10	壮工	10～20	
	合计	41～85	

6. 材料与设备

6.1 本工法无需特别说明的材料。

6.2 扳吊用的机索具，包括桅杆、卷扬机、滑车组、钢丝绳、缆风绳、卸扣、导向滑车、地锚等，按吊装受力计算选定，还要包括绳卡、卡环、绑绳、千斤顶、排子、滚杠等的准备。配合作业的工程机械，如自行起重机、载重汽车、叉车、推土机、挖掘机等视条件许可配置，以提高工效，减轻劳动强度。施工测量和计量器具除常规使用的卷尺、盘尺等计量工具外，根据需要配备拉力器、应力应变测试仪，一般使用经纬仪作为设备（结构）和桅杆垂直度测量的仪器，所采用的测量和计量仪器和工具必须经过检验并取得计量合格证。

7. 质 量 控 制

7.1 吊装平面布置

7.1.1 扳吊法的吊装平面布置采用轴对称形式，对称轴即设备回转平面在地面上的投影线。

7.1.2 如采用单杆扳吊，桅杆应坐落在对称轴线上，如采用双杆扳吊，两杆则等距离分立于对称轴两侧。

7.1.3 每根桅杆的拖拉绳可设 6～9 根，其中，主拖拉绳 2～3 根，互相夹角 15°～30°；前拖拉绳 2 根，互相夹角 30°；侧拖拉绳 2～4 根，均匀分设于前后拖拉绳之间。

7.2 桅杆直立要求

7.2.1 桅杆直立程度对吊装能力的发挥关系极大，对被吊设备的运动轨迹和整套吊装设施的受力均衡度均有直接影响，通常结构的桅杆，组对中心偏差不得超过 20mm，竖立后的垂直偏差不允许超过杆长的 1/1000，尤其要严格控制左右两侧的偏摆量。

7.2.2 如果用单杆同时扳吊双塔，桅杆应站立于两设备基础中心连线的中间位置上，并始终保持直立。

7.2.3 两设备上的吊装滑车组，卷扬机应选同规格和大小的，吊装的拴挂点应在相应同一位置，相差不宜大于 50mm。

7.3 设备回转轨迹控制

设备回转上升的轨迹应控制在垂直于地面的回转平面内，头部左右偏摆不应超过 100mm。尤其当设备具有固定的回转铰链，或扳起索具仅为一套滑车组时，更应注意左右偏摆控制，必要情况下可设置设备侧面控制索具。

7.4 机索具受力控制及调整

吊装中应充分重视所有对称索具收紧或松放的均衡，受力一致。为此可串入拉力表等测力装置加以监视，发现不均衡时及时加以调整。桅杆的铅垂度和设备回转轨迹可用经纬仪等测量装置加以监视。

7.5 高柔钢结构吊装控制

如采用单杆扳吊高柔钢结构时，必须合理选择吊装时的拴挂点的数量和位置，控制好吊点起吊滑车的走绳速度和受力，使钢结构在吊装的各个不同位置有保证强度和刚度的条件。

7.6 双桅杆扳吊的不均衡控制

7.6.1 严格找正设备起吊前的方位，使其中心与回转平面重合。

7.6.2 两根桅杆及其索具以回转平面中心面保持对称。

7.6.3 事先测定主吊卷扬机的转速，两组扳起滑车组的主吊卷扬机要求型号规格一致、转速一致。

7.6.4 用经纬仪测量桅杆纵横两个方向的垂直度，超差时需调整桅杆的缆风绳。

7.6.5 卷扬机操作人员须持证上岗，主吊卷扬机要求同步操作。

7.6.6 建立良好的通讯指挥系统，保证卷扬机运转人员及时准确地执行指挥命令。

7.7 质量检验标准及方法

7.7.1 起重机按照国家的有关规定，经具有专业资质的检测、检验机构进行检验。施工前进行各部动作、性能试验，并做记录。

7.7.2 卷扬机按照《化工建设安装工程起重施工规范》和《建筑卷扬机安全规程》进行检验、试运转试验，并做记录。

7.7.3 滑轮组、手动葫芦、绳卡、卡环、跑绳、索具等工具、材料按照《化工建设安装工程起重施工规范》进行检验，做外观检查，并做强度性能试验。

7.8 质量控制点（表7.8）

质量控制点

表7.8

序　号	质量控制点	控制等级	控制措施
1	吊装技术方案	BR	1. 大型设备吊装技术方案，在吊装前要组织召开专家论证会，方案经论证通过后方可组织实施。 2. 吊装技术方案应安全、可靠、经济、合理。 3. 方案须报经有关单位、部门审核批准
2	吊装技术交底	CR	1. 吊装前要向所有参加吊装作业的人员进行技术交底，使所有参加施工的人员都熟悉吊装作业的内容和方法。 2. 参加吊装作业的人员要职责明确。 3. 对特种作业岗位人员进行资格认可
3	吊装作业场地	C	1. 吊车作业场地按照吊装方案的要求进行障碍物的拆除、地面的加固处理。 2. 核实地面承载能力是否能满足作业要求
4	吊装桅杆	C	桅杆的选型是否与方案一致，有否损伤或变形
5	地锚埋设	C	1. 按吊装方案要求埋设地锚。 2. 做隐蔽工程记录
6	跑绳	C	跑绳的选型和长度是否与方案规定一致
7	缆风绳	C	缆风绳的选型和长度是否与方案规定一致
8	绑绳	C	绑绳的股数、长度、选型是否与方案规定的一致
9	卷扬机安装	C	1. 卷扬机有出厂合格证书。 2. 卷扬机的安装应符合规范要求。 3. 安装完成后要进行运转试验。 3. 要有安全的防漏电保护措施
10	滑轮组安装	C	1. 滑轮组有出厂合格证书。 2. 滑轮组滑轮的数量符合方案要求
11	牵引溜尾系统设置	C	尾排运行轨迹地面按方案要求进行处理，满足尾排对地面最大压力的要求
12	吊具	CR	1. 专用机具制作完成后须报经有关部门检验。 2. 做强度试验并记录
13	机索具	C	1. 机索具的采购应对供应商进行资格及质量信誉的审查，确保所购商品的质量符合设计及规范要求。 2. 对质量证明书、合格证进行确认。 3. 做外观质量检查

7.9 质量记录

7.9.1 吊装专用机具的检验试验报告、吊装机索具的合格证及质量证明书。

7.9.2 施工记录：

1. 技术交底记录；

2. 技术交底签证表；

3. 起重机运转检查记录表；

4. 卷扬机运转检查记录表；

5. 特种作业人员登记表；

6. 安全教育记录；

7. 竣工报告。

8. 安 全 措 施

8.1 做好技术交底和安全教育工作

8.1.1 吊装前，必须逐级仔细地进行技术交底工作，使所有作业人员充分了解吊装各个环节，以及本岗位操作要领、技术要求。

8.1.2 提前举办有针对性的技术培训，对施工方案的技术要点及计算进行培训上课，施工作业的骨干人员应及早集中，参与方案的审定，认真吃透方案，并仔细探讨施工中的细节，寻找不安全因素，制订对策和措施。

8.1.3 由安全部门有组织、有计划地进行安全教育，重新学习安全作业的有关规定。所有民工在进入施工现场前，一律要进行安全教育。

8.1.4 施工现场要竖立明显的安全标牌，造成人人讲安全的气氛。

8.2 加强施工安全管理

8.2.1 设立专门的安全监督机构，随时在吊装现场进行巡回检查。

8.2.2 严格执行安全管理制度，安全人员有权制止违反安全作业的施工作业，提出处理意见。

8.2.3 所有机具、索具的设置和操作使用，均应符合《起重施工技术规范》的规定。

8.2.4 起重作业人员，事先要进行一次体格检查，不合格者不得参加高空作业。

8.2.5 为保证灵活指挥，密切配合，步调一致，应事先规定统一的指挥信号，除了旗示和哨声作为正式指挥信号外，还可通过扩音机、步话机等通讯器材进行联络，以保证吊装顺利进行。

8.3 作业条件

8.3.1 根据施工方案确定的桅杆原始摆放位置，设备（结构）和桅杆安装竖立位置，桅杆拆除放倒，设备运输位置，缆风绳布置，地锚布置等空间是否足够，如果方案中有需要拆除的障碍物是否已经拆除。

8.3.2 施工现场的地面是否按施工方案的要求进行平整和地耐力加固处理。必要的道路是否已经畅通。

8.3.3 必要时周围作业区范围应布置醒目的红色隔离带，并配有警示标志。无关人员不得穿越红色隔离带，并有专人监护保持一定的安全距离。

8.3.4 地下部分需要处理地方已经处理完毕。

8.3.5 对卷扬机等机具应搭棚、垫木保护。

8.3.6 各种设备、材料和废弃物都要堆放在指定地点，施工现场的道路要畅通，根据工程规模的大小、运输工具和施工机械的类型和吨位合理确定道路的宽度，并按指定的路线行驶。

8.3.7 施工现场用电应符合《施工现场临时用电安全技术规范》JGJ 46。施工用电，应符合"一机一闸一漏一箱"，漏电保护器灵敏有效，定期定人检查。照明灯具安装高度应满足规定要求；应使用符合规定的安全电压。手提式安全灯电压不得超过 36V，在潮湿场所，钢架结构物等危险处不得超过 12V 或采用以电池为电源的手提式防爆安全灯。

8.3.8 桅杆竖立后应设避雷接地设施。

9. 环 保 措 施

9.1 在工程施工过程中严格遵守国家和地方政府下发的有关环境保护的法律、法规和规章，加强对工程材料、设备、废水、废油、生产生活垃圾、弃渣的控制和治理，遵守有防火及废弃物处理的规章制度，做好交通环境疏导，充分满足便民要求，随时接受相关单位的监督检查。

9.2 将施工场地和作业限制在工程建设允许的范围内，合理布置，做到标牌清楚、齐全，各种标识醒目，施工场地整洁文明。

9.3 对施工中可能影响到的各种公共设施制订可靠的防止损坏和移位的实施措施，加强实施中的监测、应对和验证。同时，将相关方案和要求向全体施工人员详细交底。

9.4 在设置地锚前，技术人员应对地下设施进行了解。地锚开挖要尽量避开地下设施，若不能避免，则须采取措施保护。

9.5 对施工场地道路进行硬化，并在晴天经常对施工通行道路进行洒水，防止尘土飞扬，污染周围环境。

9.6 危险源辨识及控制措施（表9.6）

危险源辨识及控制措施　　　　　　　　　　　　　　　　　表9.6

序　号	作业活动	危　险　源	主要控制措施
1	施工前准备	无吊装方案或方案针对性不强	专业工程技术人员编制方案前应了解安装及吊装场地的环境、气温、风力等，编制方案中必须包含安装、吊装、拆卸方法及计算书，并按规定上报审批
2	施工全过程	无用电方案	现场用电必须符合《施工现场临时用电安全技术规范》JGJ 46有关要求，用电线路布置要合理
3	桅杆地基	地耐力不符合设计要求	按设计要求铺垫，使其达到地耐力要求
4	组装起重桅杆	桅杆组装不符合设计要求	必须严格按桅杆设计计算书要求组装
5	使用起重桅杆吊装前	桅杆使用前未进行试验	使用前必须按额定负荷进行负荷试验
6	钢丝绳使用	钢丝绳磨损、断丝超标	及时更换钢丝绳
7	地锚埋设	不符合规定位置	及时更正，按规定位置埋设
8	吊装吊点	不符合规定位置，索具使用不合理、绳径倍数不够	严格按设计规定位置，合理使用索具，按要求增加绳径倍数
9	起重指挥、捆绑、卷扬机操作及电气作业	违章作业	起重指挥、捆绑、卷扬机操作及电气作业人员应身体健康，并经专业培训，持证上岗
10	吊装过程	吊物长时间空中停留	应采取措施，严禁有人在重物下方停留或行走
11	吊装过程	气候影响	当风速大于10.8m/s时或气温低于−20℃时，禁止室外起吊作业
12	吊装过程	无警戒标志和专人警戒	应设置吊装区，用警示绳围拦，挂好安全标志，派专人警戒
13	施工全过程	违章作业、个体防护不符合要求	进入施工现场戴好安全帽，高处作业拴好安全带，工作服必须做到"三紧"，严禁穿硬底鞋

9.7 环境管理主要控制措施（表9.7）

环境因素辨识及控制措施　　　　　　　　　　　　　　　　　表9.7

序　号	作业活动	环境因素	主要控制措施
1	作业场地	扬尘	作业地面应采取硬化处理，施工道路应有专人洒水清扫
2	滑轮清洗	废油排放	清洗后的废液，应有专人回收，不得任意随地排放，防止对水土污染。对收集的废油作出标识
3	施工过程	固废弃物排放	各种施工垃圾必须分类堆放，倾倒在指定地点

10. 效 益 分 析

10.1 对于同一台设备，扳吊法比滑移法的吊装力小得多，综合各类不同设备，吊装力减少35%左右，因此机索具用量也可减少30%左右。

10.2 当可以用单杆扳吊方法来代替双杆滑移提升吊装时，节省工作量40%，有很可观的经济效益。

10.3 如有条件采用单杆同时扳吊双塔时，桅杆只增加20%～30%的受力，而吊装负荷增加了一倍，既提高工效又加快了安装进度。

10.4 能替代大型吊车无法进行设备吊装的复杂狭窄场地进行设备吊装。

11. 应 用 实 例

11.1 1995年，在扬子乙烯乙二醇装置中采用双桅杆扳吊的方法。以2根200t/50m格构式带内腔吊轴桅杆，先后成功地扳吊了2台φ5370×17500mm，重量各为487t的环氧乙烷反应器。

11.2 1996年，在广西柳州化肥厂施工中采用单桅杆同时扳吊双塔方法，以1根50t/32m格构式桅杆，成功地扳起了规格为φ2500×26500mm，重量为65t的2台水洗塔。充分体现了本工法的先进性、科学性和合理性。它对提高起重机索具的起重能力，降低工程成本，提高工效，加快安装进度是行之有效的。

11.3 2006年，在中石化长岭分公司常减压装置减压塔吊装中运用双桅杆扳吊工艺，将外形尺寸φ6200×48000mm，设备净重量272t，吊装重量330t的减压塔吊装就位。

11.4 2006年，在柳州化工股份有限公司进行合成氨扩建工程采用双桅杆扳吊工艺将重量为368t的合成塔吊装就位。

11.5 2007年，在湖南省智成化工有限公司技改工程中成功运用50t/32m格构式桅杆扳吊规格为φ3200×38000mm，重量为110t的CO_2吸收塔。由于场地限制，周边有电缆沟、阀门井、混凝土框架等物、桅杆竖立的位置几乎是唯一的选择，主缆风绳的设置也存在问题。通过采用单桅杆扳吊的方法，合理利用再生塔框架、设置柔索导向支点，主缆风绳空中变角等措施，较好地解决了吊装难题，吊装受力大大改善，使吊装顺利完成。

11.6 2008年2月，在中石化长岭炼油厂制硫装置施工中，采用单杆扳吊的方法，以1根200t/65m的金属格构式桅杆，在一个长200m，宽20m，三面环山、狭长的山谷中，成功扳吊1个重150t、高120m的火炬。

大型低温常压 LPG 储罐现场安装工法

YJGF48—98（2009~2010 年度升级版-074）

中国南海工程有限公司

彭清　康克诚　郭家松　温晓峰　邹德新

1. 前　言

石油液化气（简称 LPG）、石油天然气（简称 LNG）、液氨以及乙烯等，在低温时能以液态存在，低温是安全和大容量储存这些介质的先进方法。其特点是低温下的这类介质可以在常压下储存，由此大大降低了储存的压力等级，且液态储存比气态储存容易、容积大量减少，可大幅降低土地的使用量。中国南海工程有限公司（原中国化学工程深圳公司）1996 年在国内首次 2 台 80000m³ 大型低温双壁 LPG 储罐（即双壁、双顶、双底）施工时，通过对施工工艺的总结编写了《大型低温常压 LPG 储罐现场安装工法》。该工法获国家级工法，工法编号：YJGF48—98；此项安装技术同时获得中国安装协会 1999 年度"中国安装之星"的称号。中国南海工程有限公司在其后的大型钢制低温双壁储罐施工中，经过对现场安装工艺不断地创新、改进、提高，形成了新的安装施工工艺。2010 年 12 月经广东省科学技术情报研究所查新检索（报告编号：20106423），改进后的施工技术在国内同类施工中仍保持领先水平。

中国南海工程有限公司在以上改进技术的基础上编写了升级版的《大型低温常压 LPG 储罐现场安装工法》，并在天津孚宝 1 台容量为 15000m³ 乙烯低温储罐施工、广东东莞九丰能源有限公司 2 台容量各 40000m³ LPG 储罐施工、天津大沽化工股份有限公司 1 台容量为 30000m³ 乙烯储罐施工等项目中得到成功的运用。

2. 工 法 特 点

2.1 本工法编写严谨，施工工序清晰，工艺流程划分合理，容易操作和掌握。

2.2 本工法是在原工法基础上（原工法为国家级工法《大型低温常压 LPG 储罐现场安装工法》（YJGF48—98）。罐壁采用正装法，罐壁板的纵焊缝使用手工焊、环焊缝使用埋弧自动焊焊接），经过几年来的创新提高，日益完善，增加了纵焊缝埋弧自动焊焊接工艺，降低了劳动强度，提高了工作效率，提高了低温钢的焊接质量，有利于全面质量控制；同时增加了对 LNG、乙烯储罐先安装外罐壁板，罐顶安装完毕后在外罐内进行内罐的保冷施工及内罐壁板的安装，保证了罐底保冷和内罐焊缝的焊接质量，拓展了原工法的应用范围。近年来采用本工法安装完成的主要有：40000 LPG m³ 储罐 4 台、30000m³ 液氨储罐 2 台、15000m³、30000m³ 乙烯储罐各 1 台。

2.3 本工法采用工厂化、机械化深度加工预制，壁板采用正装法，储罐双壁同时交替施工的工艺；对罐壁板的纵焊缝、环焊缝都采用自动焊接技术，有效地缩短了工程的工期，增强了质量的可靠性。

2.4 仅单独对大型双罐顶一体采用气顶升法顶升一项，大面积降低了罐顶高空作业，增强了施工的安全性。

2.5 施工作业面大，设备、机具利用率高，人工效率也得到显著提高。

3. 适 用 范 围

适用于大型低温以 LPG、液氨、乙烯、LNG 等作为介质的钢制双壁储罐的安装施工。

4. 工 艺 原 理

4.1 采用工厂化机械化深度加工预制。

4.2 壁板采用正装法，罐壁板的纵焊缝、环焊缝使用自动焊接技术。

4.3 对 LPG 和液氨储罐，储罐双壁同时交替施工，罐壁板安装至第三带时，开始在罐内底板上将罐顶组装成一体（外罐顶板、顶结构、内罐吊顶）；再用气顶法单独将罐顶整体沿着内罐壁顶升到罐顶部，再与罐壁在高空连接。

4.4 对 LNG、乙烯储罐先安装外罐壁板，罐顶气顶安装完毕后在外罐内进行内罐的保冷施工，再进行内罐壁板的安装。

5. 施工工艺流程及操作要点

5.1 常见的储罐结构图见图 5.1

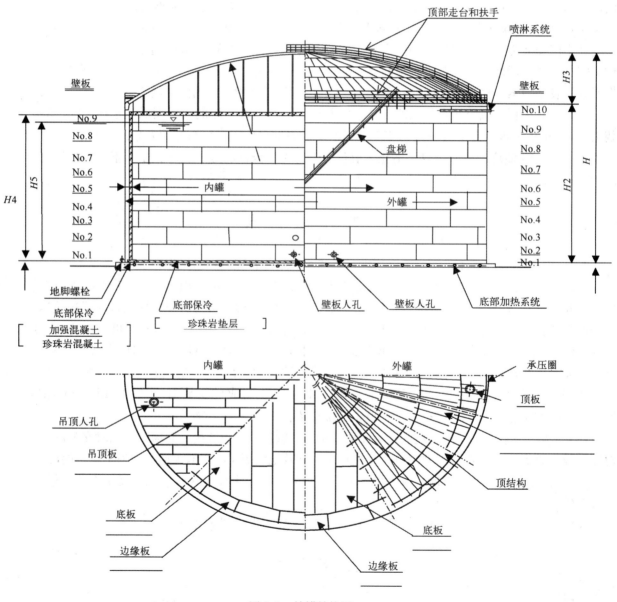

图 5.1 储罐结构图

5.2 储罐安装工序图

对于 LPG 及液氨罐采用同时安装内罐壁板和外罐壁板（即内罐壁板和外罐壁板相互交错安装，施工工序见图 5.2-1）；对于乙烯及 LNG 罐采用先安装外罐壁板，然后在外罐内进行内罐的保冷施工及内罐壁板的安装（施工工序见图 5.2-2）。

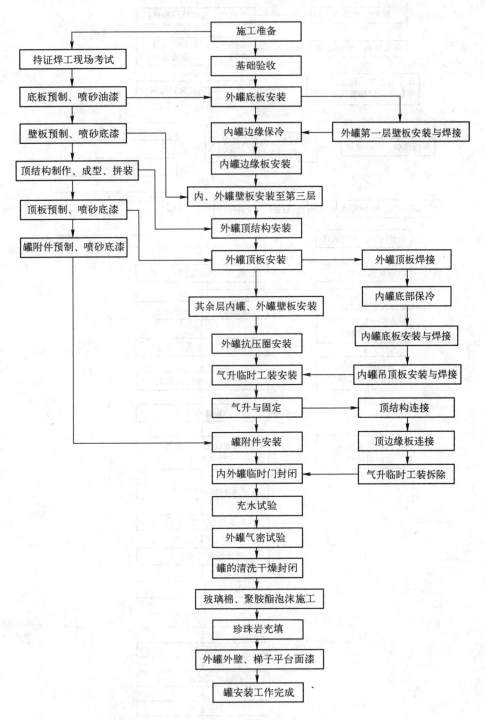

图 5.2-1 内、外罐交替安装工序图

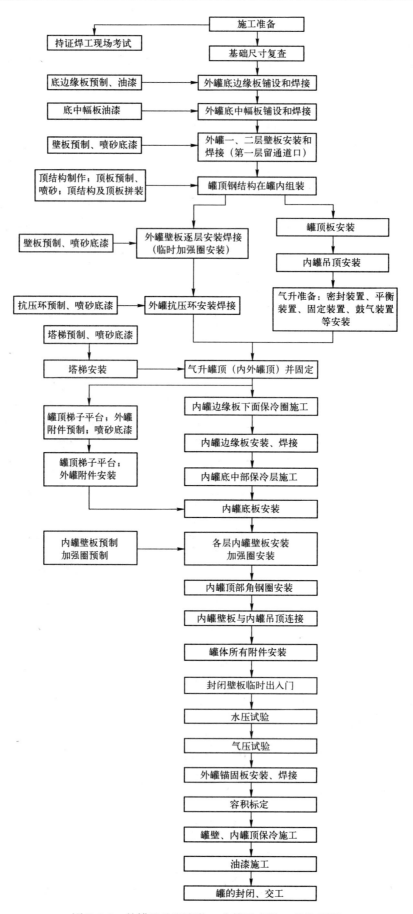

图 5.2-2　外罐壁及顶安装，内罐壁安装工艺流程图

注：以上施工程序可根据实际情况作适当的变更。

5.3 焊接工艺评定

根据设计要求对所焊板材的焊接工艺（WPS）进行焊接工艺评定（PQR），评定程序及标准按《承压设备焊接工艺评定》JB 4708 规定进行。

5.3.1 材料的认定

根据设计罐体钢板的使用参数，按《立式圆形钢制焊接储罐施工及验收规范》GB 50128 要求，及钢厂的钢材质量证明书对钢材进行验收，必要应进行复验。

焊接材料需符合《立式圆形钢制焊接储罐施工及验收规范》GB 50128 中 2.0.2 条的要求。

5.3.2 焊接方法及焊接材料的确定

选用焊接方法应根据罐体结构、尺寸、材质、组装方法及利于保证质量提高效益等因素确定，再根据设计图纸要求、主体材质和焊接方法确定焊接材料。

5.3.3 焊接工艺评定的标准及项目

按《承压设备焊接工艺评定》JB 4708，施焊试件，检验和测定试样性能，内容包括重要参数、附加重要参数和非重要参数。根据所使用的钢材、接头和坡口形式、焊接方法、焊接材料、焊接位置、焊接设备、焊接线能量和层间温度、焊后热处理、环境条件等，由技术熟练的焊工，按预先制订的焊接工艺规程焊接试件，并按标准进行各项检测，直至评定合格，从而确定所拟定的焊接工艺能否保证焊接接头具有所要求的使用性能。

在纵焊缝、环焊缝采用自保自动焊时，根据施工图设计的壁板材料，应做相适应的焊接工艺评定，评定项目见表 5.3.3-1、表 5.3.3-2。

纵焊缝工艺评定参照表　　　　　　　　　　　　　　　　　　　　　　表 5.3.3-1

焊接方法	WPQ 号	母材	试板厚（mm）	填充金属	焊接位置	适用厚度范围（mm）	评定的主要焊接接头
FCAW	QZFCAW-8	16MnR	14	E71T-1	3G		外罐第一至三层纵缝
	QZFCAW-9	Q235-B	14	E71T-1	3G		外罐第四至十二层纵缝
	DGFCAW-1	A537 Cl. 2	15	SFC-81Ni1H	3G		内罐第一至四层纵缝
	DGFCAW-2	A537 Cl. 2	10	SFC-81Ni1H	3G		内罐第五至九层纵缝
	DGFCAW-3	A516 Gr. 60	10	SFC-81Ni1H	3G		内罐第十至十一层纵缝

环焊缝工艺评定参照表　　　　　　　　　　　　　　　　　　　　　　表 5.3.3-2

焊接方法	WPQ 号	母材	试板厚（mm）	填充金属	焊接位置	适用厚度范围（mm）	评定的主要焊接接头
SMAW	PQR02A-9	A516 Gr. 60 A537 Cl. 2	8.0	MF-33H/US49A	2G	8.0～16.0	内罐第九至十层环缝
	PQR02A-10	A537 Cl. 2	22.0	MF-33H/US49A	2G	15.9～44.0	内罐第一至八层环缝
	QZSA-1	16MnR	14	H10Mn2/SJ101	2G		外罐第一、二层环缝
	QZSA-2	16MnR Q235-B	14	H08MnA/SJ101	2G	5.0～28.0	外罐第三层环缝
	QZSA-3	Q235-B	14	H08A/SJ101	2G	1.6～16.0	外罐第四至十一层环缝

5.4 焊工资格考试

所有被选作手工焊的焊工和选作自动焊的焊接操作工，都要按《锅炉压力容器压力管道焊工考试与管理规则》进行现场考试，对考试合格的焊工或焊接操作工，统一号码、字母或符号以资识别。考试合格的焊工和焊接操作工，在现场焊接中所焊接项目必须符合其考试合格项目。

5.5 主要施工工序

5.5.1 罐体的预制

为了保证安装质量，要求罐体在工厂车间预制，建立质量控制体系、编制生产工艺和检验纲要，部件经检验合格才能运往现场安装。

钢板的切割和焊缝的坡口，宜采用机械加工或半自动火焰切割加工，板的圆弧边缘，可采用手工火焰切割加工，剪切加工只限于 9mm 以下厚度钢板。焊接坡口表面应平整光滑，不得有夹渣、分层、裂纹、溶渣表面硬化层等缺陷。必要时对板材的焊接坡口表面进行磁粉或着色探伤。

热煨成型的构件，不得有过烧、变质现象，其厚度减薄量不应超过 1mm，具体预制加工程序见图 5.5.1。

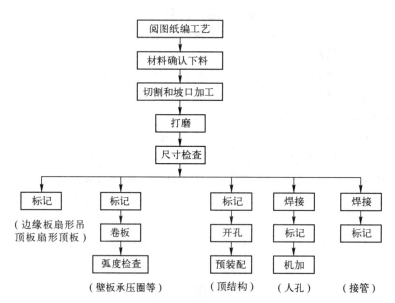

图 5.5.1　预制加工程序图

材料在预制时，要认真做好材料标记移植，对于低温钢材料，不宜采用打钢印方法进行材料标记移植。所有部件按编制的标记方案做明显标记方便现场取用。

预制加工完成按图纸要求进行喷砂除锈，喷涂防锈底漆。

运输时采取措施以防止变形和磨损。

5.5.2　罐体的安装

1. 底边缘板铺设及焊接

1）基础尺寸和地脚螺栓间距检查以及确定定位用中心线（0°、90°、180°、270°和中心点）。

2）将每块边缘板安放在预先划有的基准线上，焊接前测量边缘板半径、检查坡口和防变形工装安装情况，见图 5.5.2-1。

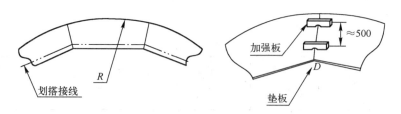

图 5.5.2-1　边缘板安装

3）先固定点焊，然后完成边缘板对接焊缝从外边缘往内 150mm 长焊缝的焊接，剩余部分焊缝待焊完壁板和边缘板角焊缝且在边缘板和底板角焊缝焊接前完成。边缘板对接焊缝宜采用焊工均匀分布，对称施焊方法，焊接顺序见图 5.5.2-2。

2. 中心底板铺设和焊接

沿参考线从中心向四周铺设底板，用定位块保持搭接间距，然后用点焊临时固定底板见图 5.5.2-3。

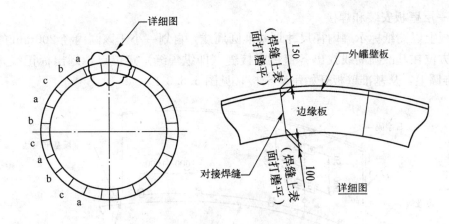

图 5.5.2-2　边缘板对接缝焊接顺序

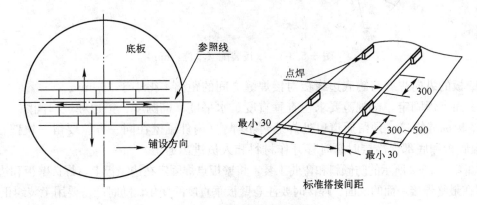

图 5.5.2-3　中心底板的铺设（单位：mm）

中心底板焊接顺序见图 5.5.2-4。在完成壁板和边缘板焊接后，再进行底板和边缘板之间的点焊和焊接。用锤击使三层钢板重叠部分的配合平滑圆整，见图 5.5.2-5。使用工装定位，固定点焊的长度最小 50mm，固定点焊的间距在 500mm 左右，见图 5.5.2-6。

图 5.5.2-4　中心底板焊接顺序　　　　图 5.5.2-5　中心底板三层重叠部分装配

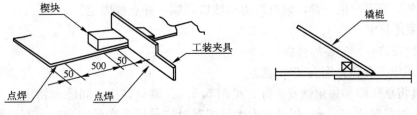

图 5.5.2-6　定位工装

在正式焊接前，采取一些必要的防焊接变形措施。焊接工作完成后，按规范标准进行外观检、抽真空检查及无损检测。

5.5.3 第一层壁板安装和焊接

1. 在边缘板上以图纸标示罐内径尺寸划基准圆周线，再划一小于该圆内径 200mm 的检查圆周线。

2. 按图纸方位在基准圆周线找出各壁板对接缝（即纵焊缝）定位点，划出标记线，使壁板的纵缝均匀分布在基准圆上，从基准壁板开始吊装壁板，见图 5.5.3-1。

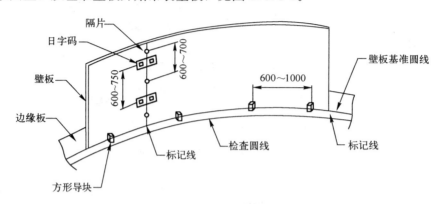

图 5.5.3-1　壁板装配（单位：mm）

3. 底圈壁板的纵向焊缝与罐底边缘板对接焊缝之间的距离不得小于 200mm。

4. 在内表面点焊固定，按规范要求检查垂直度、水平度、椭圆度、错边和坡口间隙。

5. 完成壁板纵缝焊接，预留通道口处焊缝暂不焊。（内外罐壁在同一方位要留一块壁板不焊，待安装罐顶、内罐底板和底部保冷层时暂时移开作材料和人员进出通道）

6. 采用如图 5.5.3-2 所示的防倾斜和弯曲工装，将壁板点焊固定在边缘板上，焊接壁板和边缘板角焊缝，点焊固定应焊在最终焊接一面的反面。焊接时要注意壁板垂直度的变化，随时准备要用工装纠正变形。

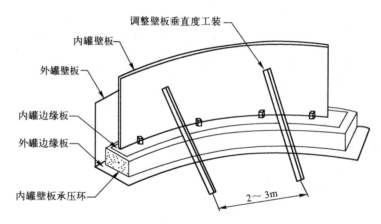

图 5.5.3-2　罐底圈壁板防倾斜和弯曲工装

5.5.4 内外罐其余壁板及加强圈的安装、焊接：

1. 各圈壁板的纵向焊缝向同一方面逐圈错开，其间距为板长的 1/3。

2. 采用工装夹具固定壁板位置，调节错边和坡口间隙，并点焊固定。

3. 壁板焊接顺序见图 5.5.4。

4. 在完成壁板安装后，安装加强圈。

5.5.5 顶部承压圈和顶角钢安装和焊接

采用工装夹具将承压圈和顶角钢安装好，见图 5.5.5。调整好接口间隙和错边，点焊固定，按焊接程序焊接。因承压圈厚度达 57mm，焊接应力大，组对时应采用反变形法进行角度调整，焊接时，要检查点焊处是否开裂，彻底清除已开裂的点焊，焊接完成后，按 API 620 进行外观和无损探伤。

5.5.6 顶结构和吊顶板安装和焊接

1. 在外罐底板上进行顶结构的组装和焊接，如图 5.5.6-1 所示。

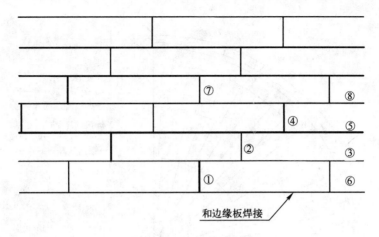

图 5.5.4　壁板焊接顺序

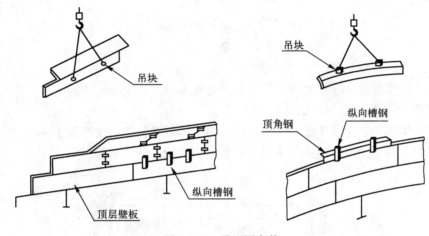

图 5.5.5　承压圈安装

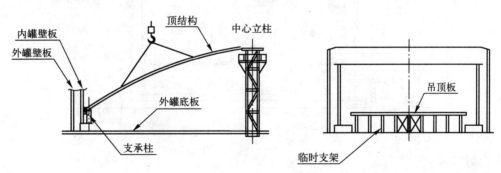

图 5.5.6-1　顶结构安装

2. 顶结构上所有永久螺栓与螺母都用点焊固定，以防松动。

3. 顶板铺设和焊接。顶板的焊接顺序按图 5.5.6-2 进行。

4. 通过预留通道口运进内罐吊顶板，在临时支架上铺设内罐吊顶板，焊接完成后，用吊带将吊顶和顶部结构连接起来。

5.5.7　大型双罐顶一体气顶升

气升示意图见图 5.5.7-1，向罐内鼓气，达一定气压时，顶板、顶结构连同吊顶板将沿着内罐壁被托起并随着不断鼓进空气体积增大而开始上升，直到被气升到顶部。大型双罐顶一体气顶升气压见式 5.5.7：

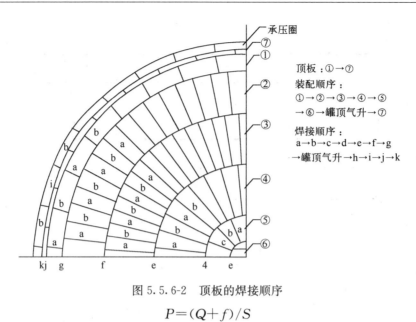

图 5.5.6-2 顶板的焊接顺序

$$P=(Q+f)/S \qquad\qquad (5.5.7)$$

式中　P——气体压力，单位 kPa；

　　　　Q——气顶部件总重量（罐顶整体及工装组件重量），单位 t；

　　　　S——气顶部件横截面积，单位 m^2；

　　　　f——气升时存在的摩擦力（密封件与壁板、钢丝绳与滑轮等产生摩擦力），f 值是经验数值，与气升结构有关，f 值与 Q 值相比很小，一般取 Q 值 1%～3%，单位 t。

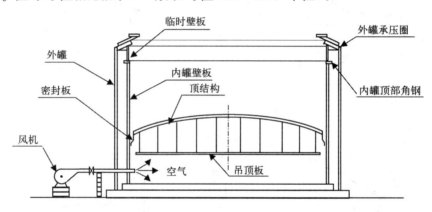

图 5.5.7-1　罐顶气升示意图

1. 气升密封装置

气升密封简图见图 5.5.7-2。

采用复合橡胶板进行密封。当罐内气压上升后，复合橡胶板紧贴罐内壁，起密封作用。

由于外罐顶高过内罐，需在内罐顶角钢上临时加一圈壁板（壁板厚度 t8～t10，高度距外罐承压圈约 100mm），当罐顶气升脱离内罐壁时，可以沿临时壁板继续上升，气升完成后去除临时壁板。

2. 平衡装置

气升平衡装置主要采用预紧钢丝绳来控制顶部在上升时的旋转位移和倾斜，钢丝绳的拉紧状况可通过钢丝绳下垂的挠度来判断和钢丝绳端头的花篮螺栓（固定在底板上）调节，见图 5.5.7-3。在四个方向（0°、90°、180°、270°）设置标尺观察上升高度及平衡状况。

3. 动力装置

风机 2 套（额定风压 350mm 水柱，500m^3/min），发电机 2 台，控制柜、仪表等。正常使用 1 台风机 1 台发电机，另一台备用。

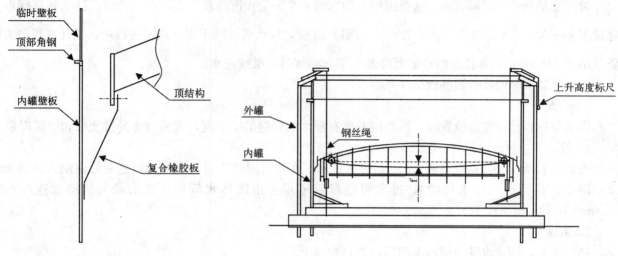

图 5.5.7-2 气升密封简图 　　　　　　图 5.5.7-3 罐顶气升平衡装置

内罐壁预留通道口临时用钢板封上，在封板上开进风口，用风管与风机出口连接。风管应安装闸阀和旁通阀，用以调节进入罐内风压。用 U 形玻璃管与罐内连通，测量罐内风压。

4. 气升简要程序

气升前动员会→气升开始，接通鼓风机电源→进入罐内检查密封情况（气压升至 80mm H_2O 后保持气压）→密封检查人员出罐→气压升高，继续气升→气升至 18m 时，装配工开始上罐→罐顶升到离承压圈 1.5m 处时，气升减速。检查员随时观察罐顶升离承压圈距离，风量控制→装配工插栓固定、关风机。

（注：在接通鼓风机电源前，人员先进入罐内等待检查，等罐内风压为气升风压约一半时停留风压量，罐内人员检查密封情况，检查合格后从罐内出来继续升压。）

5.5.8 珍珠岩混凝土环梁施工

1. 按照施工图纸浇筑内罐底层珍珠岩混凝土。模板内表面需涂刷油质脱模剂采用连续浇筑，第一层用木抹抹平；第二层用铁抹抹平，模板在浇筑后 3d 才可撤去，珍珠岩混凝土的表面应用塑膜覆盖以防快干。在珍珠岩混凝土圈完工 2d 后，开始浇筑加固混凝土承压环，并在中间加入径向和环向钢筋。

2. 在浇筑内罐底层珍珠岩混凝土时，必须做好防水措施。

5.5.9 罐体水压试验

1. 试验前准备工作：

临时水管的铺设：试验用淡水进行，铺设从消防水管至储罐的临时管线，临时管线直径为 ϕ159mm，平面布置见图 5.5.9。

确定内罐底、罐壁上所有的机械安装、焊接工作全部结束，所有的检验项目（如 RT、MT 等）均已完成并检验合格。

封闭内罐人孔及罐壁管口，沿盘梯扶手安装好观测液位的透明管。

2. 进水

注水时，测量注水的速度。最大的注水速度：350m^3/h（0.3m/h）。

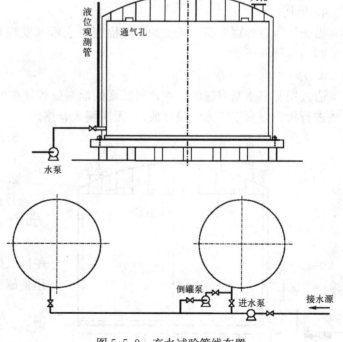

图 5.5.9 充水试验管线布置

对内罐基础进行沉降观测，选择罐壁上均布的 8 个方位作沉降观测点，在注水前，注水到储罐设计容量 V 的 $\frac{1}{2}$V、$\frac{3}{4}$V、以及 V（满水）时，沉降 1d 后，放水后各测 1 次，充水过程中，当任意点最大沉降量小于 348mm，相邻任意两点的沉降差小于 60mm 时，继续进水。

配合土建及时做好外罐基础沉降观测。

3. 检查

当水位达到设计要求位置时，检查罐壁所有浸水的焊缝的密实度，观测有无异常变形和泄漏现象。

4. 放水

充满水且所有焊缝检查完成，24h 后方可放水（在多台罐施工时，水可通过临时管道倒入其他未试水的罐中，达到节约用水目的），排水可通过管道排至市政污水管网，要求最大的排水速度小于 2300m³/h（2.0m/h）。

5. 清洗

排完水后，用清水洗净罐内沉积污物并自然风干。

5.5.10　罐体气密试验

1. 气密试验前的准备工作：

1）确认外罐壁、罐顶及附件上所有焊接工作已完成，外罐地脚螺栓已经紧固；

2）安装压缩机并连接到临时管道上；

3）自制 2 个 U 形液位计，罐顶上和压缩机上各安装 1 个；

4）封闭外罐顶及罐壁所有管口、人孔，并在罐顶上安装一个 DN150 排气阀；

5）在罐顶上安装好经锅检所检测合格的安全阀，并将安全阀的控制阀门关闭。

气密试验见图 5.5.10。

2. 充气加压

准备工作完成后，开始逐步加压，当压力达到试验压力，保压 0.5h，并检查外罐及地脚处的紧密性。

3. 检查

减压至设计压力，用肥皂水对所有外罐表面、接管的焊缝进行检查，无泄漏为合格。

4. 泄压

当确认所有外罐表面、接管的焊缝检查完成后（发现有泄漏处时，对泄漏处做好标识），通过罐顶处的阀门进行泄压。

5. 修补

通过用肥皂水对焊缝的检查，对发现的泄漏处焊缝按原焊接规范进行返修，然后用真空箱抽真空的方法进行检查（真空压力为设计值），无泄漏为合格。

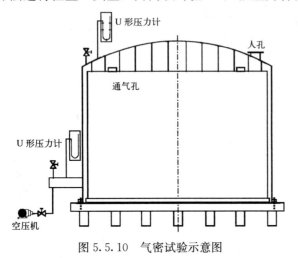

图 5.5.10　气密试验示意图

5.5.11　水压气密试验的安全注意事项

1. 充水试验时，应让罐顶保持敞开状态。

2. 气密试验充气过程中，随时观察压力上升情况，并检查罐的外观变形情况，当压力达到试验压力时，关闭压缩机，停止进气。

3. 要严密注意气温对罐内气压的影响，防止中午因太阳暴晒使罐内超压，晚上气温低罐内形成负压使罐吸变形的现象。

4. 气压试验中严禁外向锤击罐体，罐四周设警戒线，与气压试验无关人员禁止进入危险区域，若时间长需过夜时，应派人值班。

5. 在水压试验和气密试验的焊缝检查过程中，

检查人员必须按规定戴好安全带、安全帽，穿好工作鞋。

5.5.12 内外罐壁夹层中保冷材料的填充

1. 在内罐壁板涂抹胶粘剂，挂贴玻璃棉毡（图 5.5.12），并用不锈钢带箍紧。

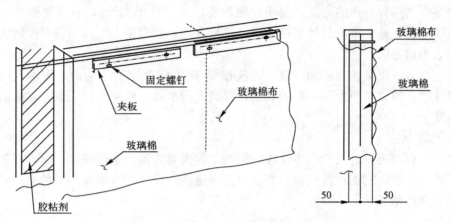

图 5.5.12 内罐壁板保冷

2. 从罐顶预留进料口向内外罐壁夹层中填充膨胀珍珠岩粒，并振动填实。

3. 完成内罐顶玻璃棉毡的铺设。

5.5.13 防腐

按图纸技术要求，内罐不作防腐，外罐仅外侧作防腐。罐体在预制厂车间加工后应完成底漆工作，现场安装完成面漆工作。采用喷砂法除锈，喷涂法上漆。按如下要求施工：

表面除锈： SSPC SP－10（SIS SA－2.1/2）

外罐底板： 846 环氧沥青底漆　　　　　　　　　　　200μm

其他部件：

　　　　　底漆：704 无机硅酸锌底漆　　　　　25μm

　　　　　面漆：第一层　842M10 环氧底漆　　　75μm

　　　　　　　　中间层　841 环氧中间漆　　　　60μm

　　　　　　　　面　层　1009 白色聚氨脂漆　　25μm

5.5.14 氮气置换

1. 储罐安装完成应进行置换工作，用惰性气体氮气（N_2）置换罐内空气，减少助燃气体氧气含量达到要求标准。为了使保冷材料免于受潮，在保冷工作完成后尽快进行 N_2 置换工作。

内罐底部和二罐壁保冷层底部设置有带喷嘴环形管，N_2 由此输入，空气由罐顶放空口排出。

2. 所使用 N_2 的露点应低于－60℃，N_2 气的温度应保持在 0℃ 以上，充 N_2 气的速度至少应保持 1500Nm³/Hr，12h 后增加至 3000Nm³/Hr，内外罐壁之间 N_2 的充气速度不大于 150Nm³/Hr。

3. 所使用充氮的 N_2 体积约为罐体体积的 2.5 倍。

4. 充入 N_2 的体积等于罐体的体积 2 倍时，从罐顶开始取样检验。当罐内氧的含量低于 8%、排出气体的露点达到－15℃ 时，N_2 置换工作结束。

7. 质 量 控 制

7.1 质量标准

《立式圆形钢制焊接储罐施工及验收规范》GB 50128

《承压设备焊接工艺评定》JB 4708

《锅炉压力容器压力管道焊工考试与管理规则》

《钢制压力容器》GB 150

ISO9000 质量管理体系

7.2 质量控制原则

7.2.1 坚持"质量第一，用户至上"

建筑安装产品作为一种特殊的商品，使用年限较长，是"百年大计"，直接关系到人民生命财产的安全。所以，工程项目在施工中应自始至终地把"质量第一，用户至上"作为质量控制的基本原则。

7.2.2 "以人为核心"

人是质量的创造者，质量控制必须"以人为核心"，把人作为控制的动力，调动人的积极性、创造性；增强人的责任感，树立"质量第一"的观念；提高人的素质，避免人的失误；以人的工作质量确保工序质量和工程质量。

7.2.3 "以预防为主"

"以预防为主"，就是要从对质量的事后检查把关，转向对质量的事前控制、事中控制（过程控制）；从对产品质量的检查，转向对工作质量的检查、对工序质量的检查、对中间产品的质量检查，这是确保施工项目质量的有效措施。

7.3 质量计划

质量计划的主要内容有：工程概况；基础目标及其分解；项目质量管理组织机构的设置；项目各级施工人员的质量职责；项目质量控制依据的规范、规程、标准和文件；项目质量控制程序；奖罚及其他。

7.3.1 质量计划的编制

1. 依据施工图要求，收集有关资料

质量计划的编制应依据项目组成、项目质量总目标、施工方案、施工工艺等内容。收集的资料主要有施工规范、规程、质量评定标准和类似的工程经验等资料。

2. 确定项目质量目标，绘制项目质量管理组织机构图

首先按项目质量总目标和项目的组成，依据《工程施工质量等级评定规程》，逐级分解，建立目标树。其次，根据项目特点、施工组织、工程总进度计划和已建立的项目质量目标树，配备各级质量管理人员、设备和器具，确定各级人员的质量责任，建立项目的质量管理机构，绘制项目质量管理组织机构图。

3. 制订项目质量控制程序

项目的质量控制程序主要有：原材料及安装设备的检查试验和标识程序、施工过程的质量检查程序、不合格产品的控制程序、计量器具的控制程序、施工质量记录的控制程序和交工验收程序等。

7.4 质量因素的控制

影响施工项目质量的因素主要有五大方面，即 4M1E，指：人（Man）、材料（Material）、机械（Machine）、方法（Method）和环境（Environment）。事前对这五方面的因素严加控制，是保证施工项目质量的关键。

7.4.1 人的控制

人，是指直接参与施工的组织者、指挥者和操作者。人，作为控制的对象，是要避免产生失误；作为控制的动力，是要充分调动人的积极性，发挥人的主导作用。储罐安装施工需用的人力资源见表 7.4.1。为此，除了加强政治思想教育、劳动纪律教育、职业道德教育、专业技术培训，健全岗位责任制，改善劳动条件，公平合理地激励劳动热情以外，还需根据工程特点，从确保质量出发，在人的技术水平、人的生理缺陷、人的心理行为、人的错误行为等方面来控制人的使用。如对技术复杂、难度大；精度高的工序或操作，应由技术熟练、经验丰富的工人来完成。

储罐施工人力资源表 表 7.4.1

序 号	工 种	人 数	备 注
1	自动焊工	8	须持有专业操作资格证书、经过上岗考试合格
2	手工焊工	18	须持有专业操作资格证书

序　号	工　种	人　数	备　注
3	氩弧焊工	2	须持有专业操作资格证书
4	铆工	14	须持有专业操作资格证书
5	起重工	6	须持有专业操作资格证书
6	吊车司机	3	须持有专业操作资格证书
7	电工	2	须持有专业操作资格证书
8	探伤工	6	须持有专业操作资格证书
9	油漆工	16	
10	辅助工	10	
11	工程技术人员：		
	工艺工程师	1	
	焊接工程师	1	
	QA/QC 工程师	1	
	材料设备工程师	1	
	安全工程师	1	
	防腐绝热工程师	1	
12	其他管理人员	4	
13	项目领导：		
	项目经理	1	
	施工经理	1	
	主任工程师	1	

注：现场劳动力结构可根据工程进度作适当的调整。

7.4.2　材料的控制

材料控制包括原材料、成品、半成品、构配件等的控制，主要是严格检查验收，正确合理地使用，建立管理台账，进行收、发、储、运等各环节的技术管理，避免混料和将不合格的原材料使用到工程上。

7.4.3　机械设备控制

机械控制包括施工机械设备、工具等控制。要根据不同工艺特点和技术要求，选用合适的机械设备；储罐安装过程主要施工设备见表 7.4.3。正确使用、管理和保养好机械设备。为此要健全"人机固定"制度、"操作证"制度、岗位责任制度、交接班制度、"技术保养"制度、"安全使用"制度、机械设备检查制度等，确保机械设备处于最佳使用状态。

储罐现场安装主要施工设备一览表　　　　表 7.4.3

序　号	设备名称	型号规格	单　位	数　量	备　注
1	自动横焊机	AGW—I、CZH—I	台	4	
2	自动立焊机	YSEGW—Ⅱ	台	4	
3	手工电弧焊机	ZX3—400A	台	20	
4	吊车	50T、25T	台	各1	
5	焊条、焊剂烘干箱	ZYHC—100、NZHG—100	只	各2	
6	半自动切割机	CG—30	台	4	
7	剪板机	QC12Y—16X2500	台	1	
8	真空泵	2X—15	台	1	

续表

序　号	设备名称	型号规格	单　位	数　量	备　注
9	自动气刨机	AreairN6000	台	1	
10	鼓风机	风压 360mmAq　风量 30000m³/Hr	台	2	
11	X 射线探伤机	CFD306	台	3	
12	磁粉探伤机	CY－1000	台	4	
13	发电机	200kW 220kW	台	2	视供电情况

7.4.4　方法（工艺）控制

这里所指的方法（工艺）控制，包含施工方案、施工工艺、施工技术措施等的控制，主要应切合工程实际、能解决施工难题、技术可行、经济合理，有利于保证质量、加快进度、降低成本。

7.4.5　环境因素控制

影响工程质量的环境因素较多，有工程技术环境，如工程地质、水文、气象等；工程管理环境，如质量保证体系、质量管理制度等；劳动环境，如劳动组合、作业场所、工作面等。环境因素对工程质量的影响，具有复杂而多变的特点，如气象条件就变化万千，温度、湿度、大风、暴雨、酷暑、严寒都直接影响工程质量。又如前一工序往往就是后一工序的环境，前一分项、分部工程也就是后一分项、分部工程的环境。因此，根据工程特点和具体条件，应对影响质量的环境因素，采取有效的措施严加控制。尤其是施工现场，应建立文明施工和文明生产的环境，保持材料工件堆放有序，道路畅通，工作场所清洁整齐，施工程序井井有条，为确保质量、安全创造良好条件。

7.5　质量控制阶段

为了加强质量控制，明确各施工阶段质量控制的重点，可分为事前控制、事中控制（过程控制）和事后控制 3 个阶段。

7.5.1　事前质量控制

指在正式施工前进行的质量控制，其控制重点是做好施工准备工作，且施工准备工作要贯穿于施工全过程中。

施工准备的内容：

1. 技术准备

包括：熟悉施工图纸、施工现场的自然条件、编制施工组织设计、编制质量计划等。

2. 物资准备

包括：材料准备、构配件和制品加工准备、施工机具准备、生产工艺设备的准备等。

3. 组织准备

包括：建立项目组织机构、集结施工队伍、对施工队伍进行入场教育。

4. 施工现场准备

包括：控制网、水准点、标桩的测量；"三通一平"；生产、生活临时设施等的准备；组织机具、材料进场；拟定有关试验、试制和技术进步项目计划；编制季节性施工措施；制订施工现场管理制度等。

7.5.2　事中（过程控制）质量控制

指在施工过程中进行的质量控制。事中质量控制的策略是，全面控制施工过程，重点控制工序质量，储罐安装的质量检查控制点见附表一（略）。其具体措施是：工序交接有检查；质量预控有对策；施工项目有方案、技术措施有交底，图纸会审有记录；配制材料有试验；隐蔽工程有验收；计量器具校正有复核；设计变更有手续；质量处理有复查；成品保护有措施；行使质控有否决（如发现质量异常、隐蔽未经验收、质量问题未处理、擅自变更设计图纸、擅自代换或使用不合格材料、无证上岗未经资质审查的操作人员等，均应对质量予以否决）；质量文件有档案（凡是与质量有关的技术文件，如水准、坐标位置，测量、放线记录，沉降、变形观测记录，图纸会审记录，材料合格证明、试验报告，施工记录，隐蔽工程记录，设计变更记录，调试、试压运行记录，试车运转记录，竣工图等都要编目建档）。

7.5.3 事后质量控制

指在完成施工过程形成产品的质量控制，其具体工作内容有：

1. 施工过程的各项记录，通过严格检查，评价每道工序质量，最终使产品符合质量标准。

2. 准备竣工验收资料，组织自检和初步验收。

3. 按规定的质量评定标准和办法，对完成的分项、分部工程，单位工程进行质量评定。

4. 施工过程中的检验、试验、测量、验证要求见附表二（略）。

8. 安 全 措 施

8.1 安全生产法律、法规

《中华人民共和国安全生产法》

《中华人民共和国劳动法》

《中华人民共和国消防法》

《中华人民共和国职业病防治法》

《中华人民共和国传染病防治法》

《中华人民共和国食品卫生法》

《中华人民共和国保障措施条例》

《建设工程安全生产管理条例》

《施工现场临时用电安全技术规范》

8.2 主要安全措施

在施工过程中，严格遵守国家颁发的安全法律、法规及有关制度，建立安全责任制，由专职安全工程师负责贯彻执行，主要安全措施如下：

8.2.1 所有进入现场的施工人员必须经过三级安全教育，上安全课，统一着装，戴安全帽，穿工作鞋，施工前，必须进行安全技术交底。

8.2.2 高处作业安全措施

1. 高处作业的支架、设施要牢固、平稳、防滑，使用前必须经安全工程师检查认可。

2. 脚手架必须有达到安全高度的护栏绳。

3. 高处作业人员必须系好安全带。高处作业时所使用的工具、工装、螺栓、螺母等必须装入袋或桶中，防止下落。不得空中抛掷物件、材料。

4. 四级以上风力的天气应停止吊装作业。

8.2.3 用电安全措施

1. 罐体应良好接地，焊机必须有可靠保护性接地或接零装置。

2. 照明用电应为 12V 或符合有关规定。

3. 定期检查一切电缆、灯具、焊钳等，发现破损及时更换和修理。

8.2.4 夹层中作业安全措施

1. 工人在夹层中作业，必须有两人或两人以上一组，同时佩戴对讲机以便及时和罐外联络。

2. 夹层中作业要注意防火，焊、割完成后，要检查脚手架，清除火灾隐患。

3. 保证夹层通道照明符合要求。

9. 环 保 措 施

9.1 环境保护法律、法规

《中华人民共和国环境保护法》

《中华人民共和国污染防治法》

《中华人民共和国大气污染防治法》
《中华人民共和国消防法》
《中华人民共和国环境噪声防治法》
《中华人民共和国污染防治法》
《建筑施工现场环境与卫生标准》
《生活垃圾焚烧污染控制标准》
《建设工程施工现场管理规定》
《辐射防护规定》

9.2 环境管理方案见表 9.2

环境管理方案　　　　　　　　　　　　　　　　　　　　表 9.2

序号	活动场所或施工工序	环境因素（重要环境因素）	管理目标、指标	主要控制措施	实施部门
1	项目部	工程使用材料无控 *	执行材料计划	按需采购使用材料，回收能再生利用的废料	项目部
2	焊割工程　探伤	X光射线探伤 *	100%执行标准	a）设置警戒区，专人守护；b）通知相关方探伤时间及防护要求；c）要求探伤供方探伤作业人员装备防护用品	项目部
3	焊割工程　气瓶储存	氧气、乙炔气瓶火灾、爆炸的发生	火灾爆炸事故为零	a）氧气、乙炔瓶使用间距保持 10m 以上；b）乙炔瓶直立存放使用；c）氧气、乙快瓶不得靠近 40℃热源和在阳光下暴晒	项目部
4	焊割工程　砂轮机打磨焊缝	金属粉尘的排放	100%做好防护	提供所需的防护用品	项目部
5	焊割工程　砂轮机打磨焊缝	砂轮机打磨噪声的排放	100%做好防护	提供所需的防护用品	项目部
6	焊割工程　砂轮机打磨焊缝	废弃砂轮片	100%回收处理	集中送有资质公司处理	项目部
7	管道安装　化学清洗	化学清洗液排放 *	100%执行标准	对废酸洗液进行中和，满足标准后排放	项目部
8	管道安装　阀门试压	阀门试漏废水排放	PH≤9；悬浮物（SS）≤400	按当地政府或业主要求排放到指定的方向和位置，排入污水管网	项目部
9	压力试验	管道液压试验废水排放	PH≤9；悬浮物（SS）≤400	按当地政府或业主要求排放到指定的方向和位置，排入污水管网	项目部
10	管道涂漆	漆的漏洒	100%控制	刷漆时避免洒落地面	项目部
11	管道涂漆	火灾	火灾事故为零	专用库房保存，注意检查防护泄漏，并挂设安全防火标识	项目部
12	管道涂漆	漆桶抛弃 废漆刷丢弃 *	100%集中回收处理	集中回收，送交有资质公司处理	项目部
13	管道绝热　包玻璃棉布	玻璃棉粉尘排放	100%做好防护	提供所需的防护用品	项目部
14	管道绝热　保温棉	保温层拆卸 *	100%做好防护	提供所需的防护用品	项目部
15	不可降解的固体废弃物、有毒物肆意乱丢	不可降解的固体废弃物（保温棉、编织袋、塑料包装物）、有毒物肆意乱丢	100%集中回收处理	集中回收，送交有资质公司处理	项目部
16	现场清扫	粉尘排放	100%降尘	清扫前洒水，为员工提供防护用品	项目部
17	现场夜间施工　照明强光	光的污染	100%控制	灯光配置灯罩，搭设防护挡板	项目部
18	食堂　未设隔油池或未按时清理	油污、残杂排放	100%回收处理	设置隔油池，送交有资质公司处理	项目部
19	食堂　炊事员健康	传播疾病	疾病传播为零	a）厨师必须有体检合格证；b）食堂必须有卫生许可证；c）饭菜食物留样	项目部

序号	活动场所或 施工工序	环境因素 （重要环境因素）	管理目标、指标	主要控制措施	实施部门
20	食堂 生熟食物未分开加工或罩盖措施	传播疾病	疾病传播为零	生食、熟食分开加工，存放饭菜加罩盖	项目部
21	厕所 未设化粪池	污染环境	100%设置化粪池	设置化粪池，保持清洁卫生	项目部
22	现场车辆使用 车辆运输	运输尘土	100%冲洗	车辆出施工场地前进行冲洗	项目部

10. 效 益 分 析

10.1 经济效益

大型钢制低温双壁储罐采取此工艺方法施工，即内、外罐壁板正装（同时交替安装），纵、环焊缝采用自动焊，内、外罐顶在罐内地面上组装后，整体用气顶升方法将罐顶升至罐顶部与罐壁连接，可以做到大大提高工作效率，减少施工现场的劳动用工，提高焊缝一次合格率和整体质量，同时解决了大型钢制低温双壁储罐罐顶高空组对的施工难题，施工更安全，而这些都有效地减少了项目成本。

在环焊缝采用自动焊的基础上纵焊缝也采用自保护气体自动焊接工艺。只需 4 台纵焊缝自动焊机，4 名焊接操作工 1d 就能完成。采用自动焊的工作效率是手工焊的 12 倍，缩短工期 40d（每层板 2d，内外罐各 10 层板）。另外采取工厂化预制技术，既节约了成本又缩短了工期，保证了质量。以东莞九丰能源有限公司 2 台 $40000m^3$ 双壁低温 LPG 储罐工程为例，经核算节约成本 83 万元。以天津大沽化工股份有限公司的 1 台 $30000m^3$ 乙烯储罐工程为例，经核算节约成本 63 万元。所以，采用本工法完成大型钢制低温双壁储罐工程项目施工有着显著的经济效益。

10.2 社会效益

$80000m^3$（40000t）LPG 低温常压储罐是我国该类型储罐当时最大的，它的建成填补了当时国内低温常压大容量储存 LPG 的空白，使我国低温储存技术和钢制双壁罐安装技术达到国际水平，也给我国 LPG 低温常压储罐的安装提供了成熟经验。当时深圳华安液化石油气有限公司 2 台 LPG 储罐建成，缓解了深圳市特区乃至珠江三角洲的能源紧缺的状况。为深圳经济特区和珠江三角洲未来的生产和社会生活的发展提供了一定的条件。

《大型低温常压 LPG 储罐现场安装工法》获得了建设部"2000"年度国家级工法，工法编号：YJGF48—98；

获得中国安装协会 1999 年度"中国安装之星"的称号；

获化工优质工程奖以及中国企业联合会、中国企业家协会的 1999 年度"中国企业创新纪录"奖。这一切提高了企业在社会的知名度，也为承揽大型钢制低温双壁储罐安装工程项目提供了强有力的技术支持和保证。

张家港优尼科能源有限公司 LPG 中转站 2 台容量各 $31000m^3$ LPG 储罐，该项目获化工工程建设质量奖审定委员会、中国化工施工企业协会 2002 年度化学工业"优质工程奖"。

在广西（钦州）天盛港务有限公司液化气码头 2 台容量各 $40000m^3$ LPG 储罐过程，获中国工程建设焊接协会 2006 年度"全国优秀焊接工程一等奖"。

随着经济发展和民众生活需要，对 LPG、LNG、液氨以及乙烯等的需求、用量也在不断提高。急需解决常温下这类气体存储方式其运行压力等级高、单罐存储量少、库区占地面积大、存储安全运行难度大的问题。采用低温气体存储方式可降低运行压力等级、增加单罐存储量、大量减少库区占地面积、存储运行安全可靠。目前国内外大多数都采用低温方式存储 LPG、LNG、液氨以及乙烯等介质。所以，本工法有着广泛的运用前景。

11. 应 用 实 例

深圳华安液化石油气有限公司2台80000m³LPG低温常压储罐采用原工法施工，每台储罐施工工期为10个月，施工全过程严格按ISO 9001质量管理体系运行，学习国际施工管理方法，结合国内有关规定，实行多层次全方位质量控制，每一工序每一试验都经过自检、项目部检查、总包商检查、监理和业主检查，同时还接受市劳动局锅检所监督检查。储罐焊接质量优良，施工中经常开展技术攻关活动，获得部级和市级共3个优秀QC小组称号。1998年经建设部批示，深圳市建设局组织有关专家成立专项验收小组进行检查验收，该2台储罐安装工程被评定为优良工程。

中国南海工程有限公司运用《大型低温常压LPG储罐现场安装工法》国家级工法（YJGF48—98）成功完成了：

张家港优尼科能源有限公司LPG中转站2台容量各31000m³LPG储罐的施工；

在广东湛江米克化能有限公司2台容量各30000m³液氨储罐的施工中，工程技术人员在YJGF48—98（国家级工法）基础上不断创新，按新标准、新工艺、新设备的条件新编写了升级版的《大型低温常压LPG储罐现场安装工法》。

近年来中国南海工程有限公司运用升级版的《大型低温常压LPG储罐现场安装工法》再次成功完成了：

天津孚宝1台容量为15000m³乙烯低温储罐的施工；

广东东莞九丰能源有限公司2台容量各40000m³LPG储罐的施工；

天津大沽化工股份有限公司1台容量30000m³乙烯储罐的施工。

乙烯装置大型裂解炉安装施工工法

YJGF97—2004（2009～2010年度升级版-075）

中国石化集团第十建设公司　中国石化集团第四建设公司

杜宗岚　焦富刚　郭胜

1. 前　言

裂解炉作为乙烯装置的关键设备，在装置施工中历来受到人们的重视。其结构布局紧凑，安装工程量大，施工工序复杂，钢结构、设备、衬里、配管和仪表电气等各专业交叉作业等特点。尤其是对流段的施工，组对精度高、单位体积大，给施工带来一定的难度。本工法就是根据历年来多项乙烯装置裂解炉施工经验，总结出的乙烯裂解炉安装施工工法。

2. 工法特点

2.1　炉本体结构、管线施工采用预制、安装分离的原则，加大预制深度。施工中预制工程量增大，有利于提高施工质量和加快施工进度，减少施工投入。

2.2　施工过程中充分考虑裂解炉结构、布置特性，采用分片预制、分片安装、整体调整，可以准确地控制施工几何尺寸、保证施工安全。

2.3　辐射段炉管成片预制，对流室模块化预制，现场整体吊装。

2.4　各专业施工深度交叉，合理安排安装工序，缩短了安装工期。

3. 适用范围

3.1　乙烯装置裂解炉的制造和安装。

3.2　对于石油工业装置中大型结构布置的转化炉、加热炉等有参考价值。

4. 工艺原理

本工法为石油化工乙烯装置大型裂解炉施工工法，其裂解炉的结构布置见图4。裂解炉结构紧凑，布置严整，炉体下部为辐射段，内装辐射段炉管，悬挂在辐射段上部的吊架上。每台炉底部设有燃烧器组，侧墙上设有燃烧器组和窥视孔，端墙上设有窥视孔和人孔。炉体上部为对流段，对流段内部均由模块组成，模块由管束、墙板、弯头箱、锚固件、衬里等组成。对流段端墙由弯头箱封闭，侧墙设有吹灰器，顶部有烟气收集器，烟气经烟道、引风机、烟囱排入大气中。每台炉顶部有1台汽包，辐射段正上方有6台TLE型急冷换热器，每台急冷换热器由1根上升管和1根下降管与汽包相连，用于废热回收，产生超高压饱和蒸汽。主要工艺原理如下：

4.1　根据经济、合理、工厂化预制的原则，考虑到裂解炉结构、管束、墙板及衬里等施工特点，本着加大裂解炉的预制深度、减少高处作业的原则，施工采用辐射段墙板分片预制、分片安装、对流段模块提前衬里整体模块化安装的施工工艺。

4.2　看以大型吊机（400t履带吊）运行、炉本体施工为主线，工艺管道安装为重点，衬里、电仪、油漆、保温等专业衔接展开且分阶段实施的总体思路，合理安排各工序，克服施工场地狭小，实现深度交叉施工，缩短安装工期。

4.3 墙柱脚采用座浆法施工，减少施工措施用料，提高安装质量。

4.4 保温钉采用螺柱焊机，与传统的电焊作业相比，提供功效 15～20 倍。

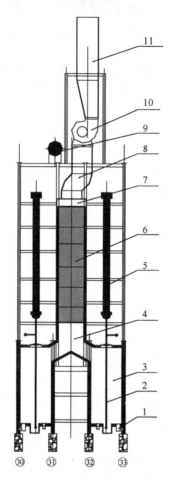

图 4　裂解炉结构布置示意图

1—燃烧器；2—辐射炉管；3—辐射室；4—横跨段；5—TLE 急冷锅炉；
6—对流段模块；7—集烟罩；8—烟道；9—汽包；10—引风机；11—烟囱

5. 施工工艺流程及操作要点

5.1　施工工艺流程

裂解炉施工工艺流程见图 5.1-1，施工工序流程见图 5.1-2～图 5.1-5。

5.2　施工技术要点及要求

5.2.1　设备、材料的检验

裂解炉材料、配件及设备的检验，大部分按常规进行，检验中应重点进行炉管的验收、汽包和急冷锅炉及合金材料的检验。

1. 炉管的验收

1）炉管到货后，按设计图样和装箱单核对设备及零部件的尺寸、数量，检查其质量证明文件是否齐全、是否符合设计图样规定，检查其外观是否碰撞、变形及损坏，炉管内外表面应平整不得有裂纹、折叠、轧折、离层、结疤等缺陷，并不应有严重锈蚀现象。

2）辐射段炉管、对流段炉管、废锅和横跨管的合金钢管道组成件进行 10% 的光谱分析抽检，复验其化学成分；焊口进行 1% 的射线抽检。

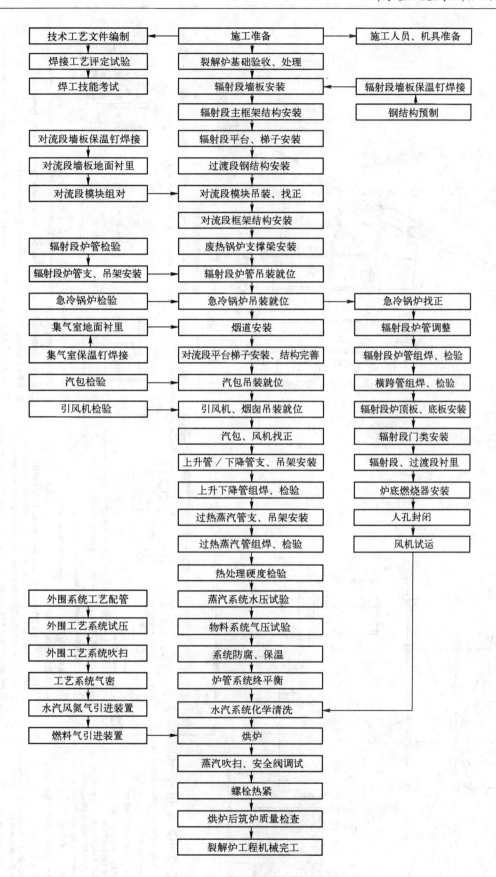

图 5.1-1　裂解炉施工工艺流程

3) 上升、下降管进行测厚检查，热弯处的壁厚减薄量不得大于 10%。

4) 对流段管束复测管板的位置，相邻管板的间距偏差不大于 2mm，总间距偏差不大于 3mm。

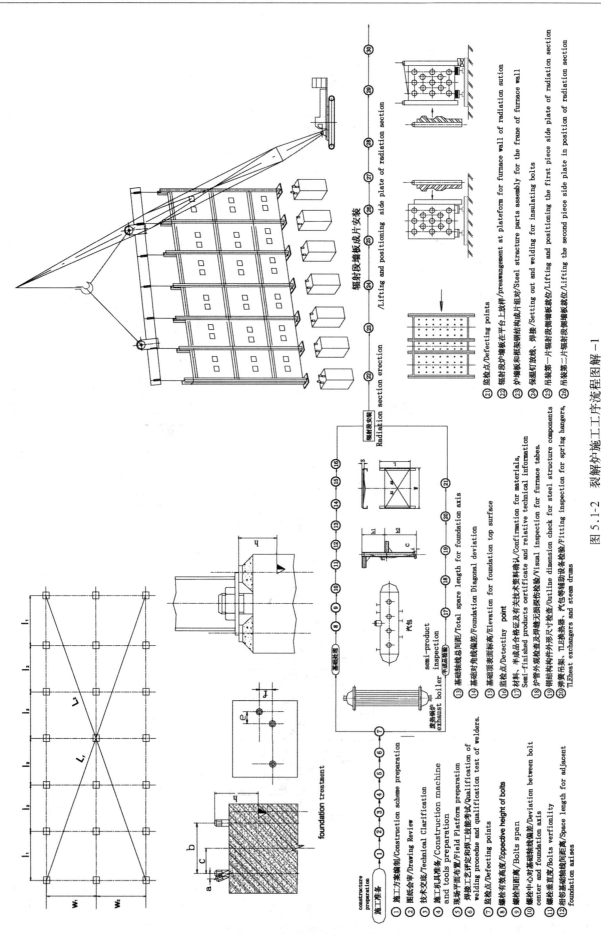

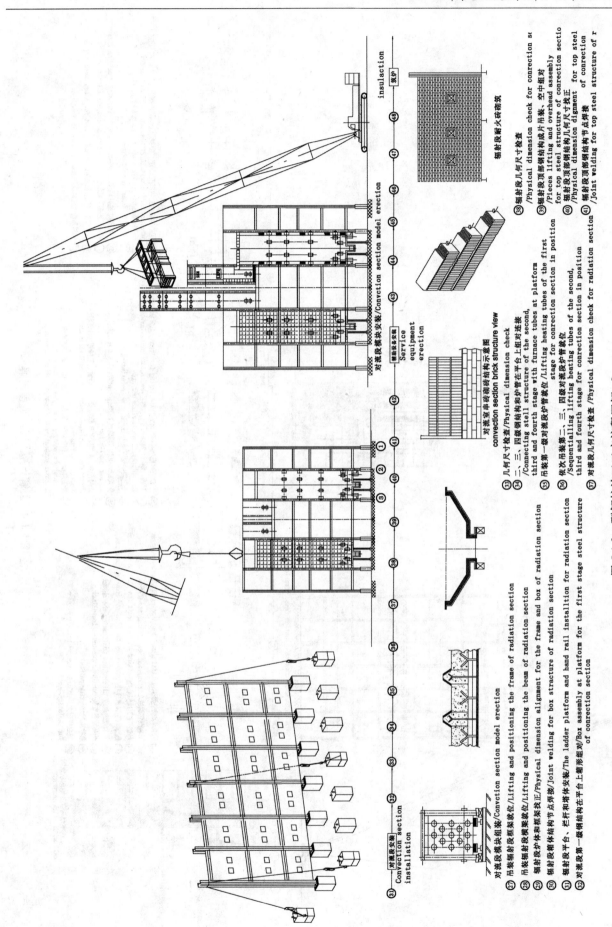

图 5.1-3 裂解炉施工工序流程图解 -2

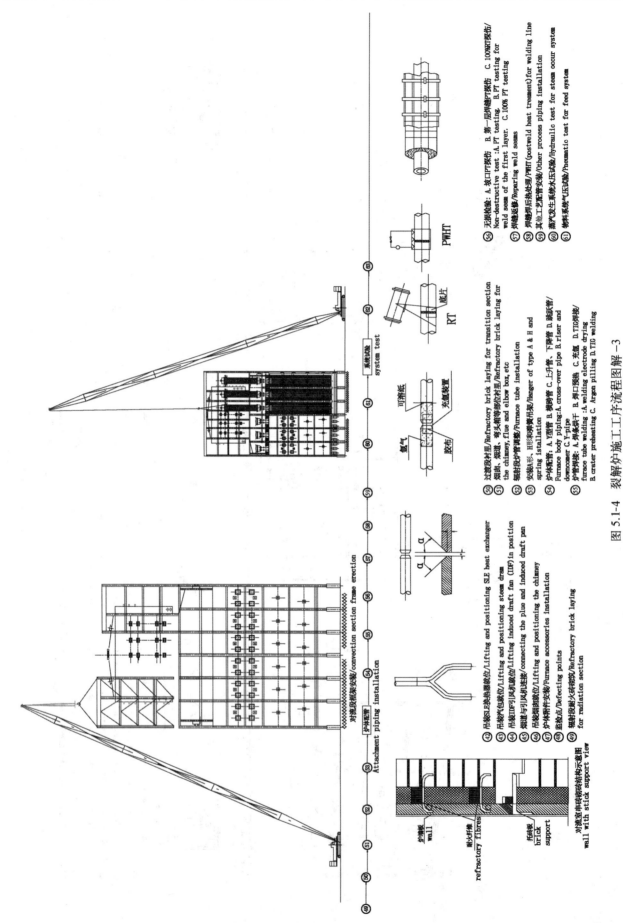

图5.1-4 裂解炉施工工序流程图解－3

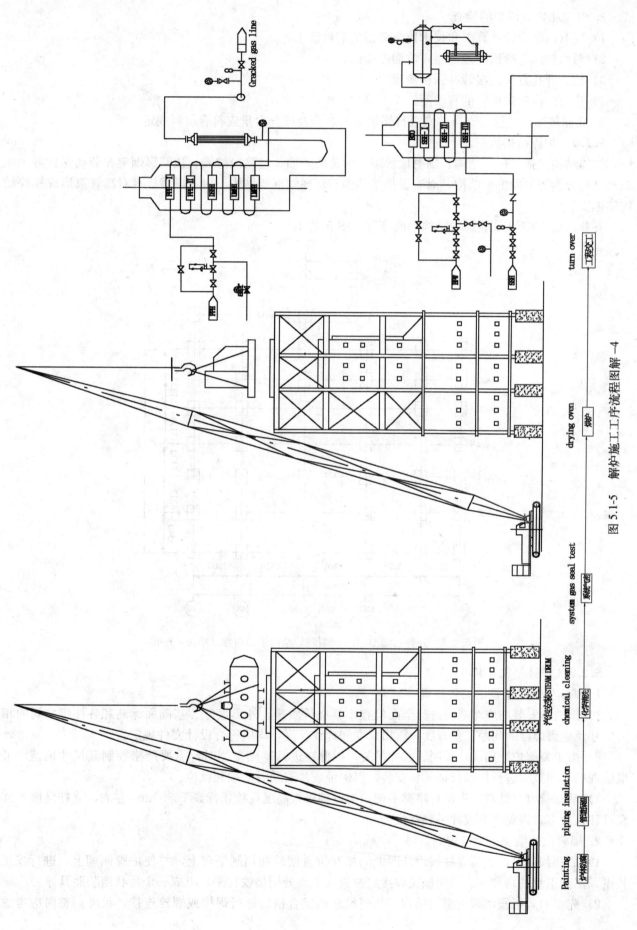

图 5.1-5 解炉施工工序流程图解 —4

2. 汽包和急冷锅炉的检查

1）应有强度设计计算书和技术监督部门的监检证书。

2）对汽包和急冷锅炉进行超声波测厚检测。

3）检查开孔方位及接管补强板质量。

4）检查急冷锅炉炉管的直线度。

3. 高温锚固件、管板支撑件应进行光谱分析，合金成分含量应符合材料规定要求。

5.2.2 炉体结构预制

炉体结构包括主框架结构、辐射段炉墙、对流段炉墙、过渡段炉墙、顶部集烟室和劳动保护等。主框架结构分为辐射段框架结构、对流段框架结构和楼梯间框架结构。对流段墙板与对流管束形成模块结构整体安装。

齐鲁乙烯 10 万 t/a 裂解炉结构平面布置见图 5.2.2。

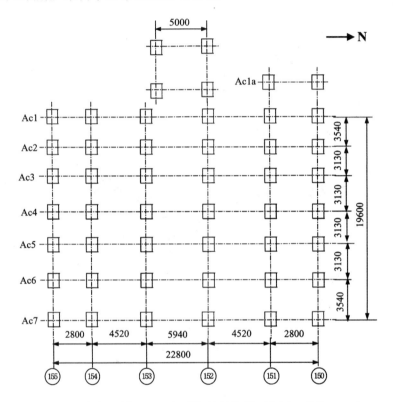

图 5.2.2 齐鲁乙烯 10 万 t/a 裂解炉结构平面布置（单位：mm）

5.2.3 炉体结构安装

1. 基础处理及垫铁的安装放置

1）钢结构安装前应对基础进行全面检查，其浇筑质量、外形尺寸、基础面标高和各柱脚之间的相关尺寸及地脚螺栓的间距、垂直度、露出长度和螺纹长度，均应符合设计文件规定。

2）由于裂解炉采用成片预制、成片吊装，因此在进行基础复测时，需要严格控制其尺寸偏差，可根据现场实测数据进行柱脚板钻孔和安装，以保证成片安装时能顺利就位。

3）基础验收及处理需搭设合格脚手架，架设铺跳板高度在柱顶标高下 800mm 左右，立杆高度不宜高过柱顶太多，以免影响成片吊装就位。

2. 辐射段炉墙和框架结构的组对

1）成片预制时，先将立柱按设计图纸的相互位置摆放在预制平台上，并使炉膛侧朝上，进行找正找平，然后组对柱顶和柱底部的横梁焊接定位板，节点处用垫铁找平，组成一个片状组装胎具。

2）先组对辐射段墙板的框架结构，几何尺寸调整合格后进行焊接或螺栓连接，尺寸调整时应考虑焊接收缩量。然后组焊墙板和加强筋，墙板焊接时，应采取对称焊、分段焊、加设防变形板、焊接采用小电流等方法防止焊接变形。保温钉、托砖板等衬里锚固件的焊接待炉壳安装找正后进行，也可以在焊完炉墙板后焊接。

3）炉墙看火孔的开孔在炉墙吊装前开好，以减小墙板吊装和就位受到的风载荷。

4）墙板几何尺寸偏差应符合表5.2.3-1的要求，框架钢结构组对几何尺寸允许偏差见表5.2.3-2。

辐射段和对流段墙板外形尺寸允许偏差　　　　　　　　　表 5.2.3-1

序　号	检查项目	项目代号	允许偏差（mm）	备　注
1	立柱间距	D	3	
2	框架总宽度	W	5	
3	立柱高度	H	3	
4	对角线差	L1－L2	5	
5	立柱直线度	H/1000	5	
6	横梁平行度		5	
7	承重梁位置		3	

框架结构组对几何尺寸允许偏差　　　　　　　　　表 5.2.3-2

序　号	检查项目	允许偏差（mm）
1	相邻立柱间距	±3
2	任意立柱间距	±5
3	立柱间平行度	$H/1000$，且≤5（H：柱高度）
4	梁间平行度	$L/1000$，且≤5（L：梁长度）
5	墙板水平面对角线差	≤5
6	总宽度	±5
7	墙板平直度	5/1000

3. 辐射段炉体框架结构安装

1）用吊车将在组装平台上的每片框架结构和辐射段墙板缓慢吊起，依次将每片框架钢结构和辐射段侧墙板吊装就位（图5.2.3-1），拧紧地脚螺栓。然后，侧墙板的立柱用拖拉绳临时固定。

2）横梁就位，把紧高强度螺栓，然后进行找正。找正合格后，将横梁节点进行点固焊。

3）调整好相对侧墙板之间的距离，吊装端墙板就位，进行点固焊。

4）对辐射段壳体和框架钢结构进行找正，安装几何尺寸允许偏差见表5.2.3-3。找正合格后，进行墙板密封焊接。

5）安装辐射段炉底梁和炉底板。炉底和炉顶板的安装均以炉膛中心线为基准，尤其注意炉顶板安装的水平度和焊接密封性，炉顶板的焊缝需进行煤油试漏，以确认焊接质量。炉底溜槽可随炉底板安装时完善，炉顶盖板需等炉管找正后方可安装。

6）从下往上依次安装框架与炉体之间的横梁。然后，进行高强螺栓的紧固或焊接。

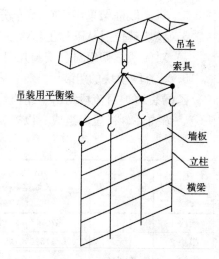

图 5.2.3-1　辐射段侧墙板吊装示意图

7）将辐射段炉顶板的保温钉在地面上焊接，然后吊装就位，找正合格后，进行节点间焊接。

8）辐射段墙板安装焊接完毕后，安装观察孔及检修门。

9）辐射段框架找正后及时安装楼梯间、平台、栏杆、梯子等结构，并完成焊接工作。

墙板和框架钢结构的安装几何尺寸允许偏差　　　　　　　　　　　表 5.2.3-3

序　号	检查项目	允许偏差（mm）	备　注
1	立柱与基础中心偏移	3	
2	立柱底板标高	2	
3	辐射室立柱垂直度	8	
4	侧墙板间距	3	
5	辐射室平面对角线差	10	在顶部和底部两个位置测量
6	辐射室空间对角线差	10	
7	辐射段高度	15	
8	炉底板水平度	3	
9	承重梁位置	3	
10	承重梁水平度	L/1000，且≤3	
11	过渡段上口水平度	2	
12	对流段墙板宽度	3	
13	对流段立柱垂直度	5	
14	对流段平面对角线	10	在顶部和底部两个位置测量
15	对流段高度	10	
16	炉体总高度	25	
17	框架立柱垂直度	H/1000，且≤15	

4. 对流段框架结构的组对及安装

1）对流段 150 号和 151 号轴线、154 号和 155 号轴线分别在地面组对成框架结构，在对流段模块吊装前，安装找正完毕。

2）对流段两端 Ac1、Ac7 轴线组对楣，在对流段模块安装找正后进行安装。

3）150 号和 151 号轴线、154 号和 155 号轴线组成的框架，分别分两段进行组对（下段 EL＋18462～EL＋27000，上段 EL＋27000～EL＋39700）。上、下段分别按 Ac2、Ac3、Ac4、Ac5、Ac6 轴线方向预制成楣后，运至现场立式组对成框架。

4）对流段框架组对后，进行几何尺寸调整，然后连接螺栓和焊接。

5）对流段框架采用 280t 吊车分段吊装就位，框架最大质量约 35t，吊车工作半径为 22m。

6）模块就位后从下往上依次安装各层横梁。

7）对流段框架组对、安装几何尺寸应符合表 5.2.3-3 的要求。

5. 对流段模块的组装

乙烯裂解炉对流段均由 7 组模块组成，由下往上，依次为模块 1 到模块 7，模块由管束、墙板、弯头箱、锚固件、衬里等组成。以齐鲁乙烯装置 10 万 t/a 裂解炉为例，模块分组情况见表 5.2.3-4。

裂解炉对流段模块分组参数表　　　　　　　　　　　　　表 5.2.3-4

模块编号	包含管束	几何尺寸（长×宽×高）（单位：mm）	重　量（单位：t）				起点标高（mm）
			总　重	管　束	弯头箱（含衬里）	墙板（加衬里）	
模块 1	LMP	20670×1952×2069	63	30	6	27	18462
模块 2	无	20670/11520×1952×1520	11	无	无	11	20531
模块 3	LSSH USSH	11770×1952×2660	56	32	7	17	22051
模块 4	UMP LFP	11770×1952×3100	95	47	8	40	24711
模块 5	BFW	11770×1952×1420	50	26	3	21	27811
模块 6	UFP	11770×1952×1980	48	25	2	27	29231
模块 7	无	11770×1952×1120	7	无	无	4	31211

1）用 2 根 H250×200 的型钢在对流段墙板外侧进行临时加固。然后，放置在平台上，并找平合格，进行保温钉的焊接和管板托架、滑动支架的安装，再进行衬里施工。

2）衬里养护合格后，进行模块的组装，对流段模块在现场组装。按照安装图纸确认分组炉管管口方位，用 0.6MPa 的压缩空气对盘管进行吹扫，重新用管帽将管口进行封闭。

3）将模块组对架沿管束长度方向放置在组对平台上，组对架的高度应大于模块管束底标高减去模块底标高，组对架的宽度应小于两侧墙板的净间距，组对架可使用 H250×200 制作的小型门形架，如图 5.2.3-2 所示。每组模块组对使用 5～7 个组对架，组对架的位置应避开管板且均布，并点焊于组对平台上。组对架的上表面应处于同一平面内，标高偏差不应大于 3mm。

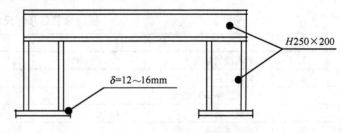

图 5.2.3-2　模块组对架示意图

4）根据管束的实际位置，在组对平台上焊接定位板，以保证墙板相对盘管的位置符合图样要求。用 50t 轮胎吊配合 150t 吊车，利用平衡梁索具缓慢将已施衬完毕且已达到衬里养护期的墙板吊起，进行盘管和墙板的组对。

5）组对时，墙板上的管板支座上表面标高要低于管束的管板下表面标高 5～10mm（图 5.2.3-3），以保证墙板顺利组装到位。调整墙板使其角钢滑道与管板正确对中，缓慢平移墙板至图样要求（即限位板）的位置。然后用斜钢楔塞紧墙板与平台间的间隙进行调整墙板的标高，并进行临时加固。

6）组装另一侧墙板，并调整模块的整体外形尺寸。合格后在模块顶部用临时钢结构框架对模块两侧墙进行定位和固定。临时结构与模块之间采用螺栓连接。

7）安装两端弯头箱盖板。

8）对流段模块 2、7 内无管束，墙板组装完后焊接衬里锚固件，在地面进行衬里施工，衬里养护合格后进行吊装就位。

6. 对流段模块的安装

1）模块安装前，主框架结构、辐射段和过渡段结构应安装、螺栓连接、焊接、找正完毕，影响吊装作业的部分横梁暂时不安装。

2）模块采用 500t 吊车依次进行吊装就位。每组模块就位找正合格后，将横梁与主框架连接，然后再进行下组模块的吊装。

3）对流模块吊装由于单体重量大、炉管和衬里已安装完毕，就位时需调整好位置，避免就位后模块调整时受到外力作用，破坏衬里结构。由于模块吊装需进行几天，所以在每天吊装结束时要将模块上用三防布遮盖，以防止雨水淋湿衬里。模块就位后要及时将弯头箱内炉管的临时限位木块取出，将模块上的临时支撑拆除。

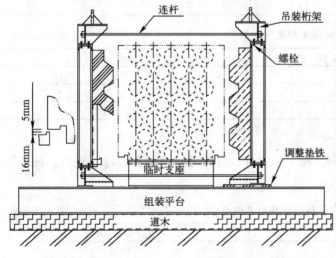

图 5.2.3-3　对流段模块组装示意图

4）对流段模块安装时，模块间应铺设密封陶纤毡。找正后，其几何尺寸应符合表 5.2.3-5 的要求。

7. 烟气收集器、烟道的安装

1）在地面上焊接烟器收集器、烟囱，焊接烟道的保温钉，进行衬里浇筑和养护，养护合格后，方能安装。

2）检查烟气收集器底面标高，然后吊装烟气收集器就位，找正合格后，进行烟气收集器与对流段炉壳的密封焊。

3）烟气收集器安装过程中，应防止碰撞、强力冲击，以免损坏隔热衬里。烟囱吊装就位后，应进行找正，垂直度允许偏差为5mm。

4）对流段模块和烟道安装后，应及时将上部敞口封闭，以防衬里淋坏。

模块组装后几何尺寸允许偏差 表 5.2.3-5

序　号	检 查 项 目	允许偏差（mm）
1	对流段墙板宽度	3
2	对流段立柱垂直度	5
3	对流段平面对角线	10
4	对流段高度	10
5	炉体总高度	25

8. 锚固件的安装

1）锚固件数量多、材质多，安装时不得混用。合金钢和不锈钢部分应进行10%光谱分析。

2）锚固件安装位置尺寸允许偏差见表5.2.3-6。锚固件的焊材选用见表5.2.3-7。

3）锚固件采用螺柱焊机，自动拉弧成型。焊接时应严格按照焊接工艺卡要求进行，电流不宜过大，防止咬肉或焊漏墙板。

4）锚固件焊接完毕，应逐个进行检查。保温钉应与墙板垂直，焊肉饱满，用0.5kg的小锤轻击，不得有脱落或焊缝开裂现象。

锚固件安装位置尺寸允许偏差 表 5.2.3-6

序　号	项 目 名 称	允许偏差（mm）	备　　　注
1	对流段保温钉间距	15	
2	托砖板角钢标高	2	
3	管板托架标高	3	
4	管板滑动支架间距	3	

锚固件焊接电焊条选用表 表 5.2.3-7

序　号	项 目 名 称	焊接材料	备　　　注
1	碳钢之间焊接	E4303	CS＋CS
2	碳钢与不锈钢焊接	E309	CS＋SUS304、310S
3	碳钢与高镍合金焊接	ENiCr－3	CS＋Inconel 601

9. 劳动保护的安装

炉体框架结构找正合格后，应及时安装平台、梯子和栏杆，进行螺栓紧固和焊接。平台、梯子和栏杆安装允许偏差见表5.2.3-8。

平台、钢梯及栏杆安装允许偏差 表 5.2.3-8

序　号	项　　　目	允许偏差（mm）
1	平台标高	±10
2	平台梁水平度	≤$L/1000$且≤20
3	平台支柱垂直度	≤$H/1000$且≤15
4	承重平台梁侧向弯曲	≤$L/1000$且≤10
5	垂直平台架垂直度	≤$h/250$且≤15
6	栏杆高度	±10
7	栏杆立柱间距	±10
8	直梯垂直度	≤$L/1000$且≤15

10. 辐射段炉管的安装

1）炉管安装前，用压缩空气吹扫每组炉管，直至将管内污物吹净为止，每组辐射段炉管吊装前用

0.6MPa 的压缩空气逐组炉管进行吹扫。然后，重新将管口用管帽进行封闭。

2）炉管吊装前，先安装炉管入口弹簧吊架，弹簧吊架应处于冷态锁紧状态。

3）炉管吊装时，应使用抬尾吊车配合，防止炉管在吊装过程中产生塑性变形；钢丝绳不得直接与炉管接触，应用橡胶板隔离或使用呢绒吊带等专用锁具。

4）炉管从辐射室顶部开孔处进入炉膛，放置在炉底临时梁上，其入口悬挂在弹簧吊架上，出口临时固定在钢结构上。

5）炉管按顺序吊装，全部就位后进行初找正，其中心距不得大于 10mm，每根炉管的垂直度（直线度）不大于 25mm。

6）炉管的组对必须在废锅找正后进行，同组炉管全部组对后方可焊接。

7）炉管出口焊接完毕后方可进行其入口焊口的组对。组对其入口焊口时不得调整炉管入口的中心标高，如有偏差调整入口集箱的标高来消除。

8）辐射段炉管焊接时，焊接电流不宜过大，线能量不得超过 10kJ/cm，层间温度不得超过 150℃，以免产生热裂纹；焊接过程中每层焊道进行着色检查，合格后方可进行后续焊道的施焊。

9）炉管焊缝应进行 100% 的射线检测，其缺陷等级评定不得低于二级。

11. 辅助设备和附件安装

2 台裂解炉有 12 台 TLE 急冷换热器、2 台汽包、2 台风机、72 台底部燃烧器 96 台侧壁燃烧器。急冷换热器安装在辐射室顶部 EL+22700 标高上，汽包安装在对流段顶部 EL+39700 标高上；36 台炉底部燃烧器分两排布置，每排 18 台；侧壁燃烧器分别布置在辐射段两侧墙上，每侧 24 个，分两排布置，每排 12 个。

1）检查设备支承梁的安装质量，其位置允许偏差应符合表 5.2.3-9 的规定。

支承梁安装几何尺寸允许偏差表

表 5.2.3-9

序　号	检查项目	允许偏差（mm）	备　注
1	支承梁标高	±3	
2	支承梁水平度	≤L/1000，且不大于 5	
3	支承梁间距	±3	
4	螺栓孔中心距	±2	

2）TLE 急冷换热器应在辐射段炉管、对流段模块吊装完毕后进行安装。安装允许偏差见表 5.2.3-10。

急冷换热器安装位置允许偏差表

表 5.2.3-10

序　号	检查项目	允许偏差（mm）	备　注
1	设备标高	±3	
2	设备水平度	L/1000，且不大于 5	
3	设备垂直度	H/1000，且不大于 5	
4	设备中心偏移	±5	
5	滑动端膨胀间隙		满足膨胀要求

3）汽包的安装。首先清理汽包内部异物，安装汽包内件。在支承梁上划出汽包安装基准线，在汽包上划出安装基准点，确定安装方位和吊点。用 500t 吊车吊装汽包就位，其安装质量应符合表 5.2.3-11 的规定。

汽包安装位置允许偏差表

表 5.2.3-11

序　号	检查项目	允许偏差（mm）	备　注
1	标高	±5	
2	设备水平度	轴向：L/1000，且不大于 5； 径向：φ/1000	L：设备长度 φ：设备外径
3	设备中心偏移	±5	
4	滑动端膨胀间隙		满足膨胀要求

4）引风机的安装。引风机安装前，应检查转子面无变形、锈蚀及碰损等情况，清洗轴承和轴承箱，

清洗进风调节挡板，检查转子是否灵活。安装中心线应以炉体中心为基准线，其位置偏差不得超过5mm。

5）燃烧器的安装

（1）底部燃烧器安装应在炉底衬里前进行，侧壁燃烧器应在筑炉时配合土建安装。并注意燃烧器安装方位和管口位置。

（2）安装侧壁燃烧器时，应先安装燃烧器的异形砖，然后将燃烧器组合件插入预留孔内，用螺栓将其与炉底板固定。

（3）燃烧器的异形砖外侧与炉底耐火衬里之间的膨胀间隙应符合图样规定。

（4）燃烧器安装后应及时将喷头采取保护措施，以防止污物进入导管及喷头。

12. 炉体配管

炉体外配管在制造厂按设计要求进行预制，并按配管单线图绘制预制件编号图。预制件到货后，进行开箱检验。

1）Y形管安装

（1）出口管Y形管与废热锅炉之间采用法兰连接，用厚度相同的临时垫片代替正式垫片，把紧连接法兰。进行Y形管坡口组对、焊接。

（2）文丘里管安装时应注意介质流向。

（3）底部导向管调整时，导向管应在固定套管中上下活动灵活，导向管与固定套管之间的缝隙用硅酸铝耐火纤维毡塞填，每根炉管在自由状态下，垂直度不大于20mm，且两根炉管不得靠拢接触。两侧炉管外壁不得与筑炉衬里接触。

（4）测量每根炉管底部至炉底之间的距离，并进行记录。

2）横跨管安装

（1）辐射段炉管焊接、调整完毕后，进行横跨管的安装。

（2）横跨管应从对流段和辐射段炉管两端向中间配管，最后封闭焊口应留在横跨管中间。

（3）横跨管与分气缸之间的三通接头在预制厂加工焊接完毕。

（4）安装前应检查内部焊缝成型质量。用0.6MPa压缩风将横跨管预制管段吹扫干净。

（5）按单线图将横跨管吊装就位，进行组对、焊接。

（6）横跨管封闭段留有调节量，现场按实际尺寸进行测量后，进行组对焊接。

（7）对流段弯头箱处横跨管的滑动支架安装时，T字形管托和横跨管之间应加垫板，垫板应与横跨管母材同材质，并应加工φ8mm的透气孔。

（8）安装H形、A形支架和弹簧吊架，并进行预调整。

3）上升管、下降管安装

（1）汽包和废热锅炉找正合格后，方可进行上升管、下降管安装。

（2）上升管、下降管的安装顺序为先安装下降管后安装上升管。

（3）上升管、下降管吊装就位后，应随时搭设脚手架。

（4）将汽包和废热锅炉设备管口的临时封闭盲板用气割切除，用手动砂轮将气割热影响区（约3mm）磨削切除，进行坡口加工。

（5）在地面上，用拖布将上升管、下降管预制件内侧油污、灰尘清理干净。

（6）按单线图将预制件吊装就位，进行组对找正、焊接。

（7）从汽包和废热锅炉两侧开始向中间进行配管，上升管、下降管的预拉段应留在中间直线管段上，最后封闭管段按实际尺寸进行测量，切除调整管段多余部分。

（8）预拉伸焊口夹具应在其焊缝焊接热处理后拆除。

（9）上升管、下降管安装完毕，安装支、吊架并进行调整。

4）跳跃管安装

（1）模块间钢结构节点找正焊接后，方可进行对流段跳跃管安装。

（2）对流段炉管弯头处空间狭小，焊接操作不方便，采用微型柔性氩弧焊把焊接。焊口采用氩弧焊焊接。焊接完毕后，焊缝采用γ射线探伤检验。

（3）在地面上，用0.6MPa压缩风将跳跃管预制管段吹扫干净。然后，按单线图将跳跃管吊装就位，进行组对、焊接。

（4）跳跃管封闭段留有调节量，现场按实际尺寸进行测量后，用等离子切割机将多余的管段切掉，用手动砂轮进行坡口加工。进行组对、焊接。

（5）跳跃管的预拉段应留在中间直线管段上。

（6）跳跃管在对流段弯头箱处的支架应先安装，再进行预拉段管安装，预拉伸焊口夹具应在其焊缝焊接完成后拆除。跳跃管安装完毕，安装弹簧吊架并进行预调整。

6. 材料与设备

6.1 模块预制组装及安装过程中拟投入的主要施工机具见表6.1。

主要施工机具一览表

表6.1

序　　号	机具名称	规格、型号	单　　位	数　　量	备　　注
1	汽车吊	500t	辆	1	安装
2	汽车吊	280t	辆	1	
3	汽车吊	150t	辆	1	
4	拖车	40t	辆	1	
5	大板	20t	辆	1	
6	光谱仪		台	1	
7	水平仪		台	1	
8	超声波测厚仪		台	1	
9	空气压缩机	0.8MPa6m³/min	台	2	
10	氩弧焊机	NSA4－300	台	4	
11	逆变直流弧焊机	ZX7－400S	台	20	
12	螺柱焊机	E1002　kW12	台	4	
13	CO_2气体保护自动焊机	YD400GE	台	6	
14	剪板机	QC12Y－16×2500	台	16	
	等离子切割机		台	1	
	高温干燥箱	0～500℃	台	2	

6.2 裂解炉施工安装过程中拟投入的主要措施用料见表6.2。

主要措施用料一览表

表6.2

序　　号	材料名称	规格、型号	单　　位	数　　量	备　　注
1	平衡吊梁		件	2	模块吊装
2	平衡吊梁		件	3	结构及框架吊装
3	卡环	100t级	个	8	
4	卡环	50～80t级	个	10	
5	道木	标准道木	块	600	
6	工字钢	I20a	m	60	
7	槽钢	[30a	m	30	

续表

序　号	材料名称	规格、型号	单　位	数　量	备　注
8	角钢	∠75×8	m	80	
9	H形钢	H200×200×8×12	m	120	
10	钢板	δ＝40mm	m²	80	
11	钢板	δ＝20mm	m²	10	
12	钢板	δ＝10mm	m²	20	
13	钢绳扣	φ85mm L＝20m	根	2	
14	钢绳扣	φ30.5～φ65.0mm	根	10	
15	碎石	回填料	m³	200	道路及场地处理
16	架杆	φ48×3.5	t	5	
17	石棉布		kg	200	
18	跳板	L＝2000～3000	块	300	
19	防火蓬布	6m×8m	块	12	

7. 质 量 控 制

7.1　采用本工法应执行的主要技术标准、施工验收规范及操作规程

《石油化工乙烯裂解炉和制氢转化炉施工技术规程》SH/T 3511—2007

《钢结构工程施工及验收规范》GB 50205—2001

《石油化工钢结构工程施工验收规范》SH 3507—1999

7.2　质量保证措施及管理方法

7.2.1　建立健全质量保证体系，明确质量责任。制订详细的质量控制点计划，实行 ABC 控制法，保证不合格的设备、材料不进入安装现场，不合格的工序过程不进行验收，不得转入下道工序。采用样板工序引路，首道工序施工完毕，必须经过共检，达到优良品后，方可进行下道工序施工。

1. A 级控制点是指影响工程质量的重要施工工序或重要检查项目，由监理工程师组织施工单位、承包商、业主、当地劳动部门，联合进行检查确认。

2. B 级控制点是指影响工程质量的较重要的施工工序和较重要的检查项目，由监理工程师、施工单位双方检查确认。

3. C 级控制点是指一般应进行的检查项目，由施工单位自行检查确认，监理工程师视现场情况巡检。

7.2.2　各级质量控制点均应在施工班组自检合格后进行。对 A、B 级控制点，应经施工单位质量检查部门检查合格后进行，并按共检管理制度进行。

7.2.3　每道工序施工前，裂解炉施工各专业工程师应向作业人员进行技术交底，明确施工方法、施工工序、质量要求、缺陷预防措施。

7.2.4　加强工序之间的成品保护，严禁下道工序对上道工序造成损坏和污染。

8. 安 全 措 施

8.1　作业现场按规定设置足够的安全警示标志。安全标志做到醒目、清楚，并得到妥善保护。施工现场按要求配备灭火器材及安全设施，并保持干净、整洁。

8.2　现场危险作业区域，如结构吊装等作业，采取有效的隔离措施，设置明显的警告牌，防止无关人员进入作业区。

8.3 电线、电缆凡进开关箱、铁棚子、过道路处及可能有机械伤害的地方，均加套管保护。电焊机的地线禁止用角钢、扁钢、圆钢代替，电焊机一次线长度应小于 5m。

8.4 对吊装作业的要求

8.4.1 为满足吊装要求，地基耐压力测试不得低于 $20t/m^2$。吊钩的起吊钢丝绳应处于垂直状态，防止意外侧向受力引起吊车折杆。

8.4.2 正式吊装前应进行共检，将杂物清理干净，同时检查所有索具是否捆绑结实，并进行试吊。试吊以模块离开拖车 100mm 为宜。

8.4.3 吊装作业应有专人统一指挥，并使用对讲机传递信号，加强劳动保护用品的使用。

8.4.4 所有索具使用前进行检查，自制索具进行试吊，焊缝进行 100% 着色检查，购置索具应有合格证。

8.4.5 设专人监护汽车吊，并设定警戒区，防止无关闲杂人员进入。

8.5 模块施工过程中所潜在的 HSE 危害和相应的对策措施见表 8.5。

危害分析和相应的对策措施 表 8.5

序 号	工作内容	危害性分析	对策措施
1	铺设平台	平台塌陷	做好地基处理，检验地基耐力符合 $4t/m^2$。
2	组装模块	管束倒塌	每组模块地管束层做好加固措施。
		吊车倾覆	吊车不超负荷工作，吊车支腿下按规定使用配对走道板。
		衬里开裂	使用平衡梁吊装墙板；使用平衡架（见裂解炉大件吊装方案）吊装模块；模块组装运输时一定垫实、垫平，不得强行组对。
3	运输	吊车、拖车陷入软土中	提前熟悉运输路线，对危险路段尤其是拐弯处进行必要加固。
		拖车倾覆	装车时，保证模块重心和拖车中心一致，并用 2 台 5t 手拉葫芦将模块和拖车紧紧相连。
4	吊装	管束或墙板与吊车臂杆相碰	吊装时在吊件两端设置 2 根拖拉绳。
5	预制、运输、存放	下雨淋坏衬里层	恰逢雨季进行衬里施工和组装，每次完工后都必须对模块或衬里完毕的墙板做好防雨措施，甚至防台风措施。
6	组装、运输模块或墙板	挤手、砸脚	加强个人劳动保护品的利用。

9. 环保措施

9.1 在工程施工过程中严格遵守国家和地方政府下发的有关环境保护的法律、法规和规章，加强对施工用材料、设备、废水、弃渣的处理，遵守相关处理的规章。

9.2 制订环境目标责任制，根据项目部管理人员配备情况，明确相关人员的环境保护职责与权限，将环境目标进行纵、横向分解到人。

9.3 将施工场地和作业限制在允许的范围内，合理布置、规范围挡，做到标牌清楚、齐全，各种标识醒目，施工场地整洁文明。

9.4 注意焊条头、保温、衬里等施工费料的回收，设置专门放置容器。

9.5 施工的空间环境、时间延续、噪声控制要与业主沟通协调。

10. 效益分析

乙烯裂解炉技术已经走向成熟，本工法总结了历年来裂解炉施工的成功经验，利用本工法技术可以节省施工投入、提供施工质量；施工机具可多次重复使用，机具投入费用低；预制工程量增大，组装精度高，可有效保证施工质量。

2009年镇海炼化100万t/年乙烯装置4台10万t/年乙烯裂解炉安装工程中，单台裂解炉节约工期21d，提高工效17.5%；直接经济效益：50t吊车台班节约42个，节约人工1260个工日，节约脚手架搭设费用50万元，共节约费用61.34万元。为项目部赢得了良好的经济效益和社会效益。

应用本工法，上海赛科新增2台15万t/年裂解炉从2009年3月2日开工到2009年9月16日投料生产，创造了裂解炉施工新的纪录，比公司原裂解炉施工纪录减少了半个月，节省人工费约67.5万元。大型吊机台班费40万元。

11. 应 用 实 例

2009年镇海炼化100万t/年乙烯装置4台10万t/年乙烯裂解炉安装工程按照本工法于2009年8月顺利完工。

2009年福建乙烯炼油一体化工程100万t/年乙烯装置8台10万t/年乙烯裂解炉安装工程按照本工法于2009年5月顺利完工。

2009年上海赛科新增2台15万t/年裂解炉应用本工法，从2009年3月2日开工到2009年9月16日顺利完工。

液压、润滑管道在线酸洗、油冲洗施工工法

YJGF80—2002 (2009～2010年度升级版-076)

中冶天工集团有限公司　中国华冶科工集团有限公司

刘巨才　林会明　庞健　张溪波　郭英昌

1. 前　言

现代冶金设备液压系统的清洁度要求越来越高，清洁度等级要求一般为NAS4——NAS7级。因此，液压、润滑管道（以下简称液压管道）安装完毕后，为保证快速高效地达到系统清洁度的要求等级，必须对液压管道进行酸洗和油冲洗。液压管道酸洗和油冲洗已成为液压管道安装工程的重要组成部分，是保证液压管道清洁度的关键技术和工艺。

在液压管道安装施工中，如何优质高效完成施工，如何确保液压管道酸洗和油冲洗的效果和质量一直是困扰施工单位的技术难题。中冶天工集团有限公司、中国华冶科工集团有限公司经过多年的技术研发、施工实践和技术总结、提炼，开发了《液压、润滑管道在线酸洗、油冲洗施工工法》，于2003年获得国家级工法（YJGF80-2002），至今已取得多项专利技术，并成功应用于多项工程，取得了良好的社会效益和经济效益。

2. 工法特点

2.1 在线酸洗与传统的槽式酸洗相比，酸洗速度快，酸洗效果好。

2.2 避免了液压管道再次受污染及重新锈蚀的可能性，油冲洗质量高，冲洗效果好。

2.3 使用机具少，易于操作，更加安全、环保。

2.4 在线酸洗和油冲洗工艺工期短、效率高，降低了工程造价。

3. 适用范围

本工法适用于液压管道在线酸洗和油冲洗。特别适用于管线量大、相对集中且清洁度要求高的液压管道安装工程。

4. 工艺原理

4.1 液压管道在线酸洗和油冲洗的原理是：液压管道安装完毕后，将液压管道与液压站、液压控制元件、液压执行机构等连接处拆开，采用钢管或软管连接临时形成回路，并与酸洗装置或油冲洗装置连接，进行管路的在线酸洗和油冲洗，以达到液压系统清洁度的等级要求。

4.2 液压管道酸洗是以若干种化学材料配制成各种冲洗液体，通过碱洗、酸洗、中和、钝化一系列的化学过程，去除液压管道内壁上的油脂、铁锈、焊缝区的氧化物等杂质，使管道内壁清洁；钝化处理后，在管道内壁形成一层保护膜，确保液压管道在一定的时间内不再生锈。在线酸洗后须立即进行油冲洗。

4.3 油冲洗的工艺原理是：当冲洗液体处于紊流状态时，其基本特征是流体微团运动的随机性。由于这种随机运动而引起的动量、热量和质量的传递。流体的紊流能强化传递和反应效果，更好地将吸附在管道内壁的污染物悬浮并最终通过循环流动带走。判断冲洗流速能否达到要求的具体指标就是流体

的实际雷诺数能否大于临界雷诺数。在工程中，只用下临界雷诺数 Re_c 来判别流动状态。对于满管流动时，下临界雷诺数约为 2300。对于循环冲洗，雷诺数一般应在 4000 以上。

5. 施工工艺流程及操作要点

5.1 工艺流程

液压管道安装→分流器的制作→液压设备的保护性拆除→临时回路连接→通水试漏→碱洗→水冲洗→酸洗→水冲洗→中和→水冲洗→钝化→水冲洗→气体吹干→油冲洗→清洁度检测→排尽冲洗介质→管路恢复→工作油填充→系统管路试压。

5.2 操作要点

5.2.1 施工技术准备

1. 在线酸洗和油冲洗时，将液压控制元件用预先制作好的管路分流器代替，液压执行机构（液压缸、马达等）与待冲洗管路的连接处拆开，用软管或钢管连接（钢管材质须与待冲洗管路材质相同），液压站拆开处与酸洗装置或油冲洗装置连接，构成临时在线酸洗和油冲洗回路。

2. 拆出后的液压站、液压控制元件、执行机构等各接口处，用管帽或胶带封堵，以防止二次污染。

3. 临时回路连接的最高点设排气阀，最低点设排泄阀。

4. 在每一待冲洗回路中设置阀门，以控制流量，便于流量的均匀分配，确保各回路冲洗的效果。

5. 酸洗开始前，先用一定压力的清水试漏，确保临时回路无渗漏现象。

6. 准备好酸洗及油冲洗的各种材料和器具。

7. 根据管径、管路长度、压力损失、雷诺数等参数相互之间的关系，进行各回路冲洗流量及冲洗压力的快速计算，并列表。

8. 利用列表，绘制路径图，确定系统所需的冲洗流量、冲洗压力，合理选择不同压力和流量参数的酸洗或油冲洗装置，管路直径的径差、单支回路长度的差别不易过大。根据液压系统要求的冲洗精度等级，选择冲洗装置过滤器滤芯的过滤精度。

5.2.2 管道酸洗

1. 碱洗液用氢氧化钠与磷酸三钠配制，温度控制在 50～60℃，脱脂时间为 3～4h。

2. 酸洗液采用盐酸（硫酸、磷酸）、氟化氢铵及缓蚀剂（若丁或乌洛托品）配制，温度在 50～60℃左右。酸洗时间、酸液浓度可视锈蚀程度确定，应注意的是：当采用盐酸酸洗时温度不宜过高，盐酸受热后极易挥发而减弱酸性同时给环境造成污染。

3. 缓蚀剂的添加在酸洗进行 1～2h 之后进行，用来减弱金属在酸洗介质中的腐蚀，收到好的酸洗效果。

4. 中和采用氢氧化钠溶液，pH 值为 5～7，在管道内循环 30min。

5. 钝化液采用柠檬酸、氨水、六次甲基四胺、亚硝酸钠配制，使用软化水或蒸馏水效果最佳，钝化开始前，先用柠檬酸、六次甲基四胺、适量氨水、pH 值为 3～4，循环冲洗 1～2h，之后加入亚硝酸钠，通过适量添加氨水来调整 pH 值为 9～10，循环 2～3h。钝化时温度宜控制在 60～65℃之间。

6. 钝化结束后排空液体，用无油无水压缩空气或氮气将管路吹干。

7. 液压管道酸洗后，管道内壁的锈蚀、油污要全部除尽，管道内壁应无附着物。

8. 为了保证液压管道的清洁效果，在线酸洗后应立即进行油冲洗。

5.2.3 管道油冲洗

1. 为防止残留酸液对液压油造成乳化、稀释，油冲洗前须用氮气或无油无水压缩空气吹干管道，吹扫完毕后，方可开始油冲洗工序。

2. 油冲洗前，将冲洗装置的油箱清理干净，然后通过滤油小车将冲洗油注入油箱内。

3. 冲洗油（液）采用与系统工作油相同型号的冲洗油品。

4. 油冲洗时，油温要控制在油品使用要求的范围内。

5. 根据液压系统的冲洗精度等级要求，合理选用过滤器的滤芯，冲洗时应先用粗滤芯，再用精滤芯。但精滤芯的过滤精度要高于液压系统的要求精度。

6. 定时检查过滤器前后的压差，当压差超过规定值时，要对滤芯进行清洗或更换。如果压差长期不变，必须检查滤芯安装是否正确或被击穿。

7. 冲洗期间，要定时用木制锤或木棒敲打管道焊缝、弯头等部位，以确保冲洗效果。

8. 在保证冲洗压力和流量的前提下，一般要连续冲洗 24h 以上，才能开始第一次取样。取样检测不符合质量要求时，要继续冲洗，以后每隔 6h 再取样一次，直到符合质量要求为止。

9. 样品检验取样点须设置在临时回路的回油过滤器之前。取样由专人负责，取样后立即送往专业的检测机构检验，经检验达合格后，方可停止油冲洗。

10. 油冲洗结束后，用氮气排尽系统中的油液，拆除临时接管，更换接口处密封，恢复原来的液压系统，加入正式运转的液压油。

5.3 劳动力组织（表5.3）

劳动力组织 　　　　　　　　　　　　　　　　　　　　表 5.3

序　号	岗　位	数　量
1	项目负责人	1
2	技术员	1
3	质量员	1
4	安全员	1
5	取样员	1
6	管工	视工程量确定
7	焊工	视工程量确定
8	电工	视工程量确定
9	辅助工种	视工程量确定

6. 材料与设备

本工法实施过程中，除采用自行研制的专用酸洗装置和油冲洗装置外，使用的主要材料和设备见表 6-1、表 6-2。

主要材料 　　　　　　　　　　　　　　　　　　　　　表 6-1

序　号	品　名	备　注
1	氢氧化钠	碱洗用
2	磷酸三钠	碱洗用
3	盐酸（硫酸、磷酸）	酸洗可根据需要选用酸类
4	氟化氢铵	酸洗用
5	若丁（乌洛托品）	缓蚀剂
6	柠檬酸	钝化用
7	氨水	钝化用
8	亚硝酸钠	钝化用
9	六次甲基四胺	钝化用
10	酚酞指示剂	酸洗定量分析用
11	pH 试纸	酸洗过程测试 pH 值用

续表

序　号	品　　名	备　　注
12	铝粉	酸洗定量分析用
13	氢氧化钠标准液	酸洗定量分析用
14	重铬酸钾标准液	酸洗定量分析用
15	二苯胺磺酸钠指示剂	酸洗定量分析用

主要设备　　　　　　　　　　表 6-2

序　号	品　　名	规格及型号	备　　注
1	自制油冲洗机	$Q=2200\text{L/m}$　$P=3\text{MPa}$	可根据系统选用
		$Q=1300\text{L/m}$　$P=2\text{MPa}$	可根据系统选用
		$Q=900\text{L/m}$　$P=2\text{MPa}$	可根据系统选用
2	自制酸洗机	IHF-100-80-125	可根据系统选用
3	油样检测仪	HNDF5-6	
4	酸碱度分析仪	TP340	
5	滤油小车	YZLU-40	
6	取样器具		一套
7	氩弧焊机	WS-400C	
8	电焊机	BX1-500	
9	液压弯管机	$\phi42$	
10	坡口机	$\phi89$	
11	锯床	$\phi168$	

7. 质 量 控 制

液压管道在线酸洗、油冲洗是一个中间工艺，属于隐蔽性工程，是液压管道安装施工中消除污染的关键环节，也是质量控制的重点。

7.1 质量控制标准

7.1.1 酸洗的质量控制标准

1. 定量分析法

1）通过能完成对剩余酸度、三价铁离子、二价铁离子分析的实验设备来定量分析。

2）当其中二价铁、三价铁的含量及剩余酸度的两组平行试验结果数值对应相等或呈下降趋势且数值相差不大时，即可认为稳定。

2. 目测法

酸洗结束后目视管道内壁，采用盐酸、硝酸和硫酸酸洗，管内壁应呈灰白色；采用磷酸酸洗，管内壁应呈灰黑色。

7.1.2 油样的清洁度检测标准

1. 油样清洁度目前普遍采用颗粒污染度表示方法。即每 100mL 油样中 5～15、15～25、25～50、50～100 和 >100μm 的 5 个尺寸区间内最大允许颗粒数划分为 14 个污染等级。

2. 执行标准：ISO 4406　　NAS 1638。

7.2 质量保证措施

7.2.1 建立健全的质量保证体系，严格执行自检、互检、专检的三检制度，对每一道工序都要进行严格检查。

7.2.2 严格按照图纸设计要求及国家现行的有关施工质量验收规范的要求进行施工，并做好施工记录。

7.2.3 必须编制详尽的施工作业方案，做好做细技术交底工作。严把工序质量关，不合格的工序，严禁进入下道工序。

7.2.4 临时拆除的液压设备与管道要及时进行封堵，防止污染物进入。

7.2.5 酸洗、油冲洗所用材料质量证明资料齐全，经验收合格后方可使用。

7.2.6 酸洗配料严格按照配比要求进行，要严格执行酸洗工艺流程和各种技术操作规程，防止过酸洗和欠酸洗。

7.2.7 为保证管口螺纹及不耐酸密封件不受侵蚀，酸洗前应在螺纹处涂抹润滑油脂，不耐酸的密封件应暂时以耐酸密封件代替。

7.2.8 油冲洗时要严格控制冲洗压力、确保冲洗流量，油温要控制在油品使用要求的范围内。

8. 安 全 措 施

8.1 在线酸洗、油冲洗前必须进行安全技术交底，根据施工环境，进行危险源识别，并采取有效的防护措施。

8.2 特殊工种必须持证上岗，并严格执行各工种安全技术操作规程。

8.3 酸洗时，生产设备要用塑料布盖好，防止因酸液飞溅腐蚀设备。

8.4 使用氮气吹扫管道时要采取有效的措施，防止发生人员窒息的安全事故。使用过的棉纱、布头、油纸等应收集在金属容器内。

8.5 施工现场的临时用电按《施工现场临时用电安全技术规程》执行。

8.6 发生异常情况时，须立即停泵检查，排除安全隐患后，方可重新启动。

8.7 作业区域应设置防护隔离带，禁止非施工人员进入现场。

8.8 严格遵守国家或行业的有关安全生产的技术标准和企业的各项安全生产管理制度。

8.9 健全安全生产保证体系，现场安全标识醒目，强化现场安全巡视、检查，及时整改安全隐患，确保安全生产。

9. 环 保 措 施

9.1 临时回路通水试漏时，如发生渗漏，必须进行系统、全面地检查，及时消除隐患，防止因安装缺陷等原因引起酸或油液渗漏。

9.2 酸洗完毕后，酸洗废液 pH 值应控制在 6～8.5 之间，并运送到环保部门指定的地点，集中统一进行处理。

9.3 冲洗后的废油要运送到油品处理厂进行专业处理。对油冲洗过程中残留在地面上的油液，派专人用锯屑进行清扫。

9.4 管道电焊时要采取合理的防护措施，控制焊接烟气的影响范围，并采取遮挡措施，防止弧光和热辐射。

9.5 遵照和执行《建筑施工场界噪声限值》GB 12523—90，《建筑施工场界噪声限值测量方法》GB 12524—90，施工现场要制定降噪的技术措施，以防治施工噪声污染。

10. 效 益 分 析

10.1 与传统的槽式酸洗和油冲洗施工方法相比，应用本工法提高了工效，加快了施工进度，工期缩短近三分之一，保证和提高了施工质量，减少了费用消耗，提高了安装工程的经济效益。同时由于在线酸洗和油冲洗的良好效果，延长了液压系统的使用寿命，受到业主的广泛好评，社会效益显著。

10.2　本工法与同类工程的工法相比，研发并应用了"液压管道在线酸洗装置"、"一种液压管道油冲洗装置"、"一种液压管道在线油冲洗工艺"和"一种液压管道的在线酸洗工艺"四项国家专利技术，为同类工程提供了可借鉴的施工工艺技术，推动了企业的技术创新和技术进步，提高了企业的施工技术水平。

11. 应用实例

本工法经过多项工程的应用并在工程实践中不断创新持续改进，取得了良好的技术经济效果，受到业主广泛的好评。

11.1　在天津钢铁有限公司双棒材生产线轧机液压系统施工中，液压系统清洁度设计要求为 NAS6级，在线酸洗、油冲洗管路总长度为 1800 余米。该工程 2004 年 5 月施工，施工工期为 15d。

11.2　在河北普阳钢铁有限公司 3500mm 宽厚板轧机 AGC 液压系统施工中，在线酸洗、油冲洗管路总长度为 2400 余米，设计要求清洁度为 NAS5 级。该工程 2005 年 9 月施工，施工工期为 24d。从投产至今使用良好，得到了业主的称赞。

11.3　在天津钢管集团股份有限公司 ϕ258 轧管穿孔机、定径机液压系统施工中，液压系统设计清洁度要求为 NAS5 级，在线酸洗、油冲洗管路总长度约 5000 余米。该工程 2008 年 4 月施工，采用在线酸洗、油冲洗施工工法，施工工期仅用了 17d，经济和社会效益显著。

11.4　在河北普阳钢铁有限公司 3500mm 双机架宽厚板轧机 AGC 液压系统施工中，液压系统设计清洁度要求为 NAS5 级，在线酸洗、油冲洗管路总长度约 2800 余米。该工程 2010 年 7 月施工，采用在线酸洗、油冲洗施工技术，施工工期为 20d，经济和社会效益显著。

11.5　在天津太钢天管不锈钢有限公司拉矫线拉矫机及其辅机液压系统施工中，液压系统清洁度设计要求为 NAS6 级，在线酸洗、油冲洗管路总长度约 2800 余米。该工程 2010 年 7 月施工，采用在线酸洗、油冲洗施工工法，施工工期为 9d，实际清洁度标准达到 NAS5 级，经济效益和社会效益显著。

长输管道全位置自动焊接工法

YJGF75—2002（2009～2010年度升级版-077）

中国石油天然气管道局第三工程分公司　中国石油天然气管道第二工程公司

王纪　张英奎　武志乐　魏国昌　刘金岭

1. 前　　言

　　随着油气管道向大口径、厚壁、高钢级方向发展，为了适应特殊施工环境温度、不同地形地貌的施工要求，提高施工效率和焊接质量，中国石油天然气管道第二工程公司（以下简称管道二公司）针对管道施工市场要求，不断创新管道自动焊接技术。2001年采用内焊加外焊（单焊炬）自动焊工艺对西气东输一线X70钢进行管道全位置自动焊接后，2005年在西气东输一线管道工程冀宁支线X80级管线钢首次应用工程中采用内焊加外焊（单焊炬）焊接工艺。2006年～2010年在俄罗斯远东原油管道工程、中乌天然气管道工程、西气东输二线管道等国内外重点工程施工中大量应用内焊加外焊（双焊炬）新工艺。"管道全位置焊车偏心式自动锁紧行走机构"和"双焊炬管道全位置自动焊机对称弧摆机构"分别于2005年、2007年获得国家专利，"PAW3000双焊炬管道全位置自动焊机"于2008年获得"国家重点新产品证书"。中石油集团公司科研课题"高钢级大口径管道施工及配套技术研究"（含"西气东输二线管道现场焊接施工技术优化研究"）已于2009年11月通过省部级验收鉴定。在国内管道施工行业中，管道二公司首次将双焊炬全位置自动焊接技术应用于高寒（平均气温-35℃）、高纬度（北纬50°以上）、永冻土地带管道施工，突破了国内长久以来冬季施工温度瓶颈，拓展了中国长输管道施工环境空间温度。

　　与原有的管道全位置自动焊技术相比，双焊炬全位置自动焊接技术实现焊接智能化、施工速度更快、质量更好，适用范围更广，在工程中起到了至关重要的作用。该项技术在推广应用的过程中获得多项国家级、省部级QC成果奖，《提高西气东输管道全自动焊焊接一次合格率》2002年度获"集团公司QC成果一等奖"、"国家级QC成果优秀奖"；《西气东输冀宁支线X80钢工业性应用工程自动焊施工的质量控制》2006年获"集团公司QC成果优秀奖"；《提高中俄原油管道全自动焊焊接一次合格率》获2008年度"集团公司QC成果一等奖"、"国家QC成果优秀奖"；《提高中乌天然气管道工程CRC全自动焊焊接速度》获2010年度"石油建协优秀质量成果一等奖"、"中国施工企协全国工程建设优秀质量管理小组二等奖"。

2. 工 法 特 点

　　2.1　全位置自动焊接技术应用环境和空间温度范围大大扩展，突破原有自动焊接工艺往往只能用于冬季环境温度高于-20℃的平坦地段、最高X70钢的焊接瓶颈，广泛应用于钢材等级高达X80的常温、高寒、酷热条件下平原、戈壁、沙漠、丘陵地带长输管道工程施工。

　　2.2　管道全位置自动焊接技术与传统的手工焊、半自动焊技术相比，具有焊缝成型美观、无损检测合格率高、力学性能好、焊接效率高和焊接劳动强度低等优点。

　　2.3　管道双焊炬全位置自动焊与单焊炬焊接工艺相比，由于双层一次焊接成型，减少了层间的预热工序，效率更高。

　　2.4　管道双焊炬全位置自动内焊机与内对口器一体，组对速度快，减少了预热后的热损失。采用多机头施焊，焊接熔敷率高，焊接效率高，是手工焊的3～5倍；外焊机采用专用的"储存器"，可同时输入多组焊接工艺参数，既能实行单机作业，也能实行流水作业，可满足不同规格钢管的焊接需要。焊接工艺参数由焊接工程师设定，焊工不能随意更改，保证了焊接工艺参数的准确性。

2.5 双焊炬全位置自动焊接技术之电弧垂直和水平自动跟踪能力，实现了焊接过程智能监控，减少了未熔合等缺陷的发生机率。且焊接效率更高，对人员健康和环境干扰小，且操作方法简单易掌握。

2.6 自动焊复合坡口机械性能好，间隙窄，有利于进一步节省焊接填充材料和提高焊接速度。采用坡口机现场加工坡口，坡口的质量和尺寸能够得到有效控制和保证。传统坡口与自动焊复合坡口的对比图如图2.6所示。

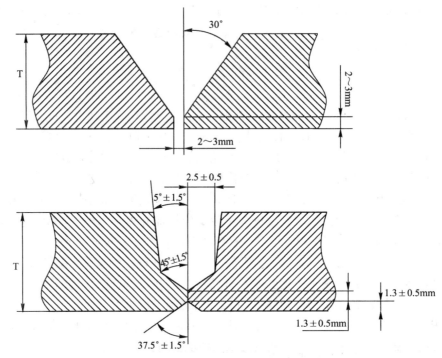

图2.6 传统坡口与西气东输二线管道工程 X80 钢自动焊复合坡口对比图

3. 适 用 范 围

3.1 管径 DN600 以上、壁厚 8mm 以上各类级别管线钢。

3.2 平原、戈壁、沙漠、丘陵地带长输管道工程施工。

3.3 常温、高寒（平均气温−35℃）、酷热（48℃）环境中焊接。

3.4 其他管径、壁厚和材质的钢质管道焊接可参照本工法执行。

4. 工 艺 原 理

4.1 管道全位置自动焊内焊机工作原理

管道全位置自动焊内焊机是根焊道焊接的自动焊设备和对口器的组合体。内焊机的根焊枪头数量根据管径的大小来决定，枪头均匀分布在一个圆周上。如焊接 DN711mm 管道用 4 个枪头、DN914mm 和 DN1016mm 用 6 个枪头、DN1219mm 用 8 个枪头。以 DN1016mm 内焊机（6 个枪头）为例，其焊接方向为下向焊，3 个枪头先顺时针焊接（各 60°），另外 3 个枪头再逆时针焊接（各 60°），完成整个根焊道的焊接；焊接时焊枪在管内对图2.6中 37.5°的内坡口进行焊接；使用材料为实芯焊丝（$\phi0.9$mm），保护气体为混合气体（$CO_2＋Ar$）。送丝速度、焊接速度等参数焊前根据焊接工艺规程调试设定好，焊接过程中不能修改。通过远程控制可自动实现管内对口、多个焊接枪头进行根焊。

4.2 管道全位置自动焊外焊机工作原理

管道全位置自动焊外焊机是专门用于管道焊接的自动焊设备。它使用实芯焊丝（$\phi0.8～1.0$mm），保护气体为 CO_2 或混合气体（$CO_2＋Ar$）。送丝速度、焊接速度和摆动频率等焊接工艺参数由计算机控制系统或焊接工艺参数输入器输入，焊工可根据对某种参数的设定范围进行一定的调节，确保了每台焊机和每道焊口焊接工艺参数的一致性，从而保证了各道焊口的焊接质量。

4.3 双焊炬自动外焊机的电弧水平和垂直自动跟踪功能

双焊炬外焊机具有水平和纵向垂直的自动跟踪系统，可根据感应电压和感应电流来调节焊枪的上下和左右，以保证焊接过程中焊枪的居中和电弧燃烧稳定，确保焊接质量。

水平跟踪靠感应电流来实现。由于焊接电压、送丝速度是事先设定的，电弧稳定燃烧时，电流相对稳定。当焊炬没有完全对中时，电弧电压会发生变化，焊接电流也要相应变化，感应器感应到电流的变化，双焊炬外焊机自身的反馈系统及时进行调节，使得焊炬居中，不出现焊偏的现象。

纵向垂直跟踪靠感应电压来实现。焊接过程中当电弧电压大于目标值的上限或小于目标值下限时，焊接电弧会相应拉长或缩短，与此同时双焊炬外焊机自身的反馈系统也会进行及时调节，使电弧电压处于正常范围之内。合理设置目标值的范围非常重要，一般来讲，范围值越小，电弧越稳。

5. 施工工艺流程及操作要点

5.1 工艺流程图（图5.1）

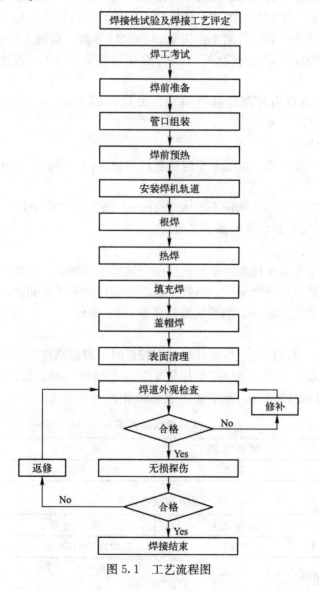

图 5.1　工艺流程图

5.2 操作要点

5.2.1 焊接性试验及焊接工艺评定

1. 施工单位对首次采用的管材、焊材和焊接方法应进行焊接性试验。

2. 当钢管的材质、规格、坡口形式、焊丝的牌号、焊丝的规格和保护气体种类等要素发生变化时，均应进行焊接工艺评定，评定合格的工艺才能用于工程的焊接。

5.2.2 焊工考试

焊工在从事新的焊接项目前应进行考试。考试项目包括焊接基础理论知识和操作技能。技能考试的试件应进行外观检查、无损检测和力学性能试验，且各项指标均合格后发给焊工合格证。

5.2.3 焊前准备

管道全位置自动焊焊前准备包括如下几个方面：

1. 焊接设备的调试及各项工艺参数的设定

焊接前应对焊接设备进行调试，确保设备各部分运转正常，并按焊接工艺规程的要求输入各项焊接工艺参数。

2. 坡口加工及检查

严格按坡口加工作业指导书的要求加工坡口。加工时应确保坡口的轴心与管中心重合，通过坡口机的涨力靴实现对管口的矫正，使加工好的内、外坡口、钝边均匀且符合焊接工艺规程的要求。在加工之初进刀量可以略大一些，待坡口成型后减小进刀量，使坡口光滑、均匀。对加工完成的坡口按照规范、标准要求对坡口角度、钝边厚度等进行检查。如果不合格需要重新加工，直至达到要求。

3. 管口清理

焊接前必须对坡口及坡口内外两侧进行清理。坡口两侧 100mm 范围内应无污物，坡口及两侧 10mm 范围内应见金属光泽。

4. 焊机地线与管道的连接

焊机地线与焊机的连接要牢固，地线卡子应放在焊道坡口内或焊道上，确保接触良好。

5. 防风准备

作为气体保护焊，自动焊时环境风速不得大于 2m/s。施工中主要采用由焊接工程车起吊专用防风棚（兼防雨），既确保了焊接质量，又提高了工效。

5.2.4 管口组装

组对时应使内焊机 3 个组对定位器的端面紧贴固定管的管端面后，再涨紧内焊机的后排涨力靴进行固定。活动管接近内焊机后，移动要平稳，当管口靠近后尽可能实现零间隙组对。管口组装应符合焊接工艺规程的要求，如错边量≤2.0mm，制管焊缝错开量≥100mm。

5.2.5 焊前预热

当焊接钢管强度较高、壁厚较大、焊接环境温度较低时，焊接前应对钢管进行预热。预热可采用环形火焰加热器或中频加热器。预热参数应按照焊接工艺评定确定。表 5.2.5-1 和表 5.2.5-2 为西气东输管道工程中使用的 X70 钢和西气东输二线管道工程 X80 钢的预热温度。

X70 钢预热要求　　　　　　　　　　　　　　　　　　　　　　　表 5.2.5-1

预热温度	预热温差	预热宽度	加热速度
100～150℃	≤20℃	焊缝两侧各≥75mm	≤50℃/min

X80 钢预热要求　　　　　　　　　　　　　　　　　　　　　　　表 5.2.5-2

预热温度	预热温差	预热宽度	加热速度
120～150℃	≤10℃	焊缝两侧各≥75mm	≤50℃/min

5.2.6 安装焊机轨道

轨道安装时，确定轨道边缘与钢管坡口之间的距离，调整轨道的松紧度，安装好的轨道与管表面的距离差≤3mm，轨道与管口端面的距离差≤2mm。

5.2.7 根焊

采用管道全位置自动焊内焊机焊接根焊焊道，焊接时焊机枪头不摆动。对管子两端采取防风措施，即在管道焊接起始管的管端安装不易脱落的临时盲板，在正在焊接的管端罩上用帆布制作的防风罩。焊接工艺参数见表5.2.7-1和表5.2.7-2。

西气东输管道工程 X70 ϕ1016mm 内焊机根焊参数　　　　表 5.2.7-1

序　号	参 数 名 称	参　　数	序　号	参 数 名 称	参　数
1	焊材型号	ER70S	6	电弧电压（V）	18～23
2	焊材规格（mm）	ϕ0.9	7	焊接速度（cm/min）	70～75
3	保护气体	(75～80)%CO$_2$＋(25～20)%Ar	8	送丝速度（m/min）	7～11
4	气体流量（L/min）	50～80	9	干伸长度（mm）	8～10
5	焊接电流（A）	180～230	10	电源极性	DC＋

西气东输二线管道工程 X80 ϕ1219mm 内焊机根焊参数　　　　表 5.2.7-2

序　号	参 数 名 称	参　　数	序　号	参 数 名 称	参　数
1	焊材型号	ER70S 伯乐 TS－6	6	电弧电压（V）	18～26
2	焊材规格（mm）	ϕ0.9	7	焊接速度（cm/min）	70～75
3	保护气体	(75～80)%CO$_2$＋(25～20)%Ar	8	送丝速度（m/min）	8～11
4	气体流量（L/min）	70～100	9	干伸长度（mm）	8～10
5	焊接电流（A）	200～210	10	电源极性	DC＋

根焊焊道完成后，应对其进行外观检查。没有焊好的应进行修补，错边量偏大处用砂轮机进行适当的修磨，以保证热焊时能够焊透。

5.2.8 热焊

焊前采用计算机控制系统安装和调节外焊机，即可进行热焊道的焊接。焊接工艺参数见表5.2.8-1和表5.2.8-2。

西气东输管道工程 X70 ϕ1016mm 单焊炬外焊机热焊参数　　　　表 5.2.8-1

序　号	参 数 名 称	参　　数	序　号	参 数 名 称	参　数
1	焊接方向	下　向	7	电弧电压（V）	20～28
2	焊材型号	ER80S	8	焊接速度（cm/min）	80～140
3	焊材规格（mm）	ϕ0.9	9	送丝速度（m/min）	9～15
4	保护气体	CO$_2$	10	摆动频率（次/min）	0
5	气体流量（L/min）	28～35	11	干伸长度（mm）	7～12
6	焊接电流（A）	200～280	12	电源极性	DC＋

西气东输二线管道工程 X80 ϕ1219mm 单焊炬外焊机热焊参数　　　　表 5.2.8-2

序　号	参 数 名 称	参　　数	序　号	参 数 名 称	参　数
1	焊接方向	下　向	7	电弧电压（V）	25～28
2	焊材型号	ER70S	8	焊接速度（cm/min）	110～140
3	焊材规格（mm）	ϕ0.9	9	送丝速度（m/min）	12～15
4	保护气体	CO$_2$	10	摆动频率（次/min）	0
5	气体流量（L/min）	40～55	11	干伸长度（mm）	7～12
6	焊接电流（A）	260～280	12	电源极性	DC＋

热焊道的接头应与根焊道的接头错开 30mm 以上。热焊完成后对接头处进行打磨，层间应采用电动钢丝刷清除氧化层，同时对整个焊道进行检查，确定合格后进入下道工序。

5.2.9 填充焊

热焊焊道外观合格后，即可进行填充焊道的焊接。根据钢管壁厚确定填充焊道的层数和道数。填充焊道每层的厚度一般为 2～3mm。焊接工艺参数见表 5.2.9-1 和表 5.2.9-2。

西气东输管道工程 X70 φ1016mm 单焊炬外焊机填充焊参数　　表 5.2.9-1

序　号	参数名称	参　数	序　号	参数名称	参　数
1	焊接方向	下向	7	电弧电压（V）	18～28
2	焊材型号	ER80S	8	焊接速度（cm/min）	22～40
3	焊材规格（mm）	φ0.9	9	送丝速度（m/min）	7～12
4	保护气体	（75～90)%CO_2＋（25～10)%Ar	10	摆动频率（次/min）	120～140
5	气体流量（L/min）	20～30	11	干伸长度（mm）	10～12
6	焊接电流（A）	160～240	12	电源极性	DC＋

西气东输二线管道工程 X80 φ1219mm 双焊炬焊机填充焊参数　　表 5.2.9-2

序　号	参数名称	参　数	序　号	参数名称	参　数
1	焊接方向	下向	7	电弧电压（V）	18～25
2	焊材型号	ER80S－Nil	8	焊接速度（cm/min）	35～45
3	焊材规格（mm）	φ1.0	9	送丝速度（m/min）	8～12
4	保护气体	（75～90)%CO_2＋（25～10)%Ar	10	摆动频率（次/min）	120～140
5	气体流量（L/min）	40～55	11	干伸长度（mm）	10～12
6	焊接电流（A）	170～240	12	电源极性	DC＋

填充焊道的各层接头应错开 30mm 以上。盖帽前的最后一层填充焊道，应填至低于管表面 1mm 左右，以保证盖帽焊道的外观成型。层间应用电动钢丝刷清除氧化层，并用砂轮机打磨热焊道成型不好处及坡口边缘的飞溅，以避免出现未熔合。

采用双焊炬焊机焊接，除最后一遍填充焊前的所有填充焊需要启动电弧水平和垂直跟踪功能，此时无需对焊机进行调节。特别注意：在接头打磨时一定要圆滑过度且不能伤及坡口，否则容易产生未熔合的缺陷。最后一遍填充则根据情况及时调节焊接参数确保盖面焊接工序的正常进行。

5.2.10 盖帽焊

进行盖帽焊接工序前要对填充焊道进行检查，如果有填充不饱满的地方需要补焊，填充太满的地方则适当打磨。盖帽焊道的宽度以每侧比坡口增宽 1～2mm 为宜。焊接工艺参数见表 5.2.10-1 和表 5.2.10-2。

西气东输管道工程 X70 φ1016mm 单焊炬外焊机盖面焊参数　　表 5.2.10-1

序　号	参数名称	参　数	序　号	参数名称	参　数
1	焊接方向	下向	7	电弧电压（V）	18～27
2	焊材型号	ER80S	8	焊接速度（cm/min）	18～25
3	焊材规格（mm）	φ0.9	9	送丝速度（m/min）	6.0～10.0
4	保护气体	（75～90)%CO_2＋（25～10)%Ar	10	摆动频率（次/min）	90～110
5	气体流量（L/min）	20～30	11	干伸长度（mm）	8.0～10.0
6	焊接电流（A）	150～230	12	电源极性	DC＋

西气东输二线管道工程 X80 φ1219mm 双焊炬焊机盖面焊参数　　　表 5.2.10-2

序 号	参数名称	参 数	序 号	参数名称	参 数
1	焊接方向	下 向	7	电弧电压（V）	20～23
2	焊材型号	Union K－Nova－NiER80S－Nil	8	焊接速度（cm/min）	40～45
3	焊材规格（mm）	φ1.0	9	送丝速度（m/min）	5～8
4	保护气体	(75～90)%CO_2＋(25～10)%Ar	10	摆动频率（次/min）	100～120
5	气体流量（L/min）	40～55	11	干伸长度（mm）	10～12
6	焊接电流（A）	150～190	12	电源极性	DC＋

运用双焊炬焊机盖面焊时采用排焊，"6点"处焊道的余高容易超标，应根据情况及时调节参数。

焊接完成后撤卸轨道，并清理飞溅；然后进行焊道外观检查，如有超标的地方应进行修补；最后交第三方质检单位进行无损检测。

5.2.11 返修

对于无损检测不合格的焊口，需要对其进行返修。采用砂轮机或碳弧气刨清除焊接缺陷，缺陷清除后进行焊前预热并高于 100℃，然后再进行焊条电弧焊返修。焊接工艺参数见表 5.2.11-1 和表 5.2.11-2。

西气东输管道工程 X70 φ1016mm 返修焊参数　　　表 5.2.11-1

焊 层	焊材牌号	直径（mm）	极 性	焊接方向	电流（A）	电压（V）	焊接速度（cm/min）
根焊	Fleetweld 5p＋	3.2	DC＋	上向	55～100	24～37	7～15
填充	CHE 507GX	3.2	DC＋	上向	90～50	18～30	8～20
盖面	CHE 507GX	3.2	DC＋	上向	90～140	18～30	8～20

西气东输二线管道工程 X80 φ1219mm 返修焊参数　　　表 5.2.11-2

焊 层	焊材牌号	直径（mm）	极 性	焊接方向	电流（A）	电压（V）	焊接速度（cm/min）
根焊	E7016 Kobe LB52U	3.2	DC－	上向	90～120	18～24	6～12
填充	E10018－G Lincoln Pipeliner 19P	4.0	DC＋	上向	100～150	20～27	8～15
盖面	E10018－G Lincoln Pipeliner 19P	4.0	DC＋	上向	90～140	20～27	8～15

5.3 双焊炬全位置自动焊接设备运行保障技术

在正常温度条件下，采用双焊炬全位置自动焊接设备在平原、戈壁、沙漠、丘陵地带进行 X70、X80 钢焊接时，设备保养按常规要求进行即可。但在高寒地区冬季采用双焊炬全自动焊设备进行施工中，使用和保养不当，会导致设备的故障率极高，严重情况下造成设备的重大损坏，影响施工。因此在高寒地区采用双焊炬全位置自动焊设备进行长输管道施工时，应采取以下行之有效的设备使用和保养措施，减少设备故障发生机率：

5.3.1 根据环境温度及时更换燃油、机油、液压油、齿轮油、防冻液以及其他润滑油脂，避免因油料强度等级达不到要求，损坏设备。

5.3.2 施工过程中，更换寒带地区专用发动机机油和液压油。

5.3.3 为设备的发动机、液压系统加装预热保温装置，既保证设备在低温条件下能启动运转，又可缩短启动预热时间，为现场施工节省大量时间。

5.3.4 对气瓶加装加热保温装置，增加气体压力，防止保护气不足影响焊接质量。对于焊接电源设备采用保温毯或保温被进行保温，保护电源内的电子元件不受低温影响，确保输出电源稳定。

5.3.5 为空压机加装电伴热装置，防止间歇时间空压机冻住，同时在空压机出气口加装空气干燥装置，减少压缩空气中的水含量。每天对整个气路用酒精或煤油进行冲洗，除掉气路中的水分，确保对口器使用的空气为干燥的压缩空气。

5.3.6 定期对柴油发动机的油水分离器进行清洗，清除分离水，避免水结冰堵塞油路。

5.3.7 定期对燃油箱进行清洗，去除因温度低所结的蜡。发动机油箱内的进油管采用非金属管，防止结蜡堵塞。

6. 材料与设备

以西气东输二线管道工程 X80 钢自动焊工艺为例，使用的设备、材料见表6-1、表6-2和表6-3。

设备配置表 表6-1

序　号	设备名称	单　位	数　量	备　注
1	吊管机	辆	4	对口2辆，布管、加工坡口各1辆
2	内焊机	台	1	根焊
3	焊接车（不带吊臂）	辆	1	提供根焊电源和压缩空气
4	焊接车（带吊臂）	辆	5	提供外焊电源和吊运防风蓬
5	坡口整形机	套	2	加工坡口
6	自动外焊机	套	12	包括送丝机和焊接轨道；2套备用
7	防风棚	个	5	焊接时防风
8	挖掘机	台	2	打卸管、组对土堆
9	大客车	台	2	接送职工上下班
10	客货车	台	1	拉运材料
合　计			35	

消耗材料表 表6-2

序　号	材料名称	型号规格	用　途
1	二氧化碳气	瓶	热焊接保护熔池
2	混合气	瓶	内焊和填充、盖面焊接保护熔池
3	内焊丝	TS－6 0.9mm	内焊机焊接用
4	外焊丝	Union K－Nova－Ni 1.0mm	外焊机焊接用
5	砂轮片	ϕ150mm，ϕ100mm	清理管口、焊道
6	钢丝刷	ϕ150mm	清理管口、焊道

手段用料表 表6-3

序　号	材料名称	型号规格	用　途
1	防风棚	3200×3000×2700mm	外焊接保护熔池
2	梯子	2000×400mm	管口组对
3	木凳	500×600mm	外焊接用
4	托盘	1500×800×100mm	接坡口加工铁屑
5	吊管横撑杆	12000mm	外焊机焊接用
6	铁爬犁	2200×500×5000mm	储运气瓶

7. 质量控制

7.1 质量标准

7.1.1 《管道及相关设施的焊接》API 1104－2005。

7.1.2 《油气长输管道工程施工及验收规范》GB 50369—2006。

7.1.3 《石油天然气钢质管道无损检测》SY/T 4109—2005。

7.1.4 《石油天然气钢质管道对接环焊缝全自动超声波检测》SY/T 0327—2003。

7.1.5 《钢质管道焊接及验收》SY/T 4103—2006。

7.1.6 《石油天然气金属管道焊接工艺评定》SY/T 0452—2002。

7.2 质量保证措施

7.2.1 自动焊焊接接头应 100%进行质量检查，质量检查应包括外观检查、无损检测。

7.2.2 所有用于焊接施工的设备、材料必须符合标准、规范和焊接工艺规程的要求。

7.2.3 焊接施工必须按照标准、规范和焊接作业指导书的要求进行。

7.2.4 加强焊工的质量培训，增强质量意识，自觉严格按照规范施焊。

7.2.5 加强"三检制"，即自检、互检、专检，对施工工程进行全过程监控，确保不留质量隐患。

8. 安 全 措 施

8.1 安全标准

8.1.1 《中华人民共和国安全生产法》2002 年 6 月 29 日全国人民代表大会通过，2002 年 11 月 1 日实施。

8.1.2 《中华人民共和国职业病防治法》2002 年 5 月 1 日实施。

8.1.3 《健康、安全与环境管理体系》Q/SY 1002.1—2007。

8.1.4 《安全帽生产与使用管理规范》Q/SY 1129—2007。

8.2 安全保证措施

8.2.1 坚决贯彻"安全第一，预防为主"的方针，并制订具体、可行、科学的制度及措施。

8.2.2 建立健全安全管理制度和保证体系，定期检查。

8.2.3 经常组织员工进行焊接施工的安全风险识别并制订切实可行的风险消减措施，同时组织相应的应急演练。

8.2.4 参加施工的电焊工、气焊工、起重工、起重机操作手和电工必须持有地方安监部门颁发的特殊工种安全上岗证。

8.2.5 焊接前，焊工应检查焊接设备及工具是否安全、完好、干燥。

8.2.6 转移工作地点及焊接设备发生故障检修时，必须切断电源后方可进行作业。

8.2.7 焊接或更换焊丝时，必须戴干燥的手套。

8.2.8 设备与设备之间应保持一定的距离，要避免车辆或其他物体碰撞带电体。

8.2.9 加强个人防护，穿戴完好的护目镜、工作服、绝缘良好的手套和工作鞋，防止弧光对眼睛和皮肤的灼伤。

8.2.10 各种气瓶必须符合《气瓶安全监察规程》的规定，并应定期检查。禁止剧烈振动与撞击，搬运时要轻装轻卸，不得放在阳光下暴晒。

8.2.11 防风棚应采用铁皮或阻燃布等防火材料制造，并设有通风口或排烟装置。

9. 环 保 措 施

9.1 环保标准

9.1.1 《中华人民共和国环境保护法》1989 年 12 月 26 日。

9.1.2 《中华人民共和国水土保持法》1991 年 6 月 29 日。

9.1.3 《中华人民共和国大气污染防治法》2000 年 4 月 29 日。

9.1.4 《建设工程安全生产管理条例》国务院令第 393 号，2003 年 11 月 24 日颁布。

9.1.5 《水土保持综合治理》GB/T 16453—1996。

9.1.6 《环境空气质量标准》GB 3095—2001。

9.1.7 《建筑施工场界噪声限值》GB 12523—90。

9.1.8 《健康、安全与环境管理体系》Q/SY 1002.1—2007。

9.2 环境保证措施

9.2.1 建立健全环境保护的管理体系，制订相应的控制措施、应急措施。

9.2.2 工程施工过程中加强对施工燃油、工程材料、设备、废水、生产生活垃圾、弃渣的控制和治理，遵守有关防火及废弃物处理的规章制度。

9.2.3 将施工场地和作业限制在允许的范围内，合理布置、规范围挡。做到标牌清楚、齐全、各种标识醒目、施工场地整洁文明。

9.2.4 晴天经常对施工通行道路进行洒水，防止尘土飞扬，污染周围环境。

10. 效 益 分 析

10.1 社会效益分析

随着油气输送产业的不断发展，管道工程向高钢级、大管径、大壁厚和高输送压力发展，全位置自动焊技术的创新应用可扩大该技术的应用环境，大大提高管道施工自动化、智能化程度和施工效率，降低劳动强度、并减少环境污染，降低能源消耗，对提高国内大口径管道施工技术水平起到了很好的示范和推动作用。

10.2 经济效益分析

10.2.1 管道全位置自动焊焊接与焊条电弧焊或药芯半自动焊对比

1. 管道全位置自动焊设备投入费用高，但总体来说焊接效率高、焊缝质量好、焊接材料用量省。单焊炬全自动焊和半自动焊相比，完成直径 1016 的管线焊接每公里可节省费用 3.2 万元，西气东输管道工程中管道一、二、三公司采用全自动焊技术共完成 312.2km 管道焊接，合计节省费用 999.04 万元。

2. 西气东输管道工程冀宁支线 X80 级管线钢工业性应用工程施工中使用单焊炬全自动焊接技术完成 7.71km 管道焊接，与半自动焊施工相比合计节省费用 24.67 万元。

3. 阿联酋阿布扎比管道原油工程施工中使用内焊机加单焊炬外焊机自动焊接技术完成 243.4km 的 φ1219 管道焊接，由于管径及壁厚比西气东输（一线）管道工程略大，焊接每公里可节省费用 3.8 万元，与半自动焊施工相比合计节省费用 924.9 万元。

小计降低施工成本：1948.61 万元。

10.2.2 双焊炬自动焊接技术与单焊炬自动焊接技术对比

双焊炬自动焊接技术自动化和智能化水平更高，焊接效率更高，焊接材料费用更省。

采用双焊炬全自动焊工艺完成 X70（X80）、φ1067、WT18.4mm 管道焊接 1km 平均需 2.4d，而采用单焊炬完成以上焊接任务需 4d，相应的人工费、材料费、燃料费、设备折旧费对比见表 10.2.2-1。

单焊炬与双焊炬全自动焊接效益分析对比　　　单位：元　　　表 10.2.2-1

工艺方法 \ 比较项目	完成任务的工期	人工费用	焊接材料费用	燃油费用	设备折旧费用	总费用
双焊炬自动焊	2.4d	36070	29616	15770	51082	132538
单焊炬自动焊	4d	60095	36360	26340	34004	156799

经上述计算，采用双焊炬全位置自动焊技术与单焊炬自动焊相比，焊接速度更快、工效更高，焊材用量更少，能源消耗更省。完成 φ1067、WT18.4mm 管道焊接施工 1km 可节省费用 24261 元。

管道一、二、三、四公司采用双焊炬全自动焊接施工工程量如表 10.2.2-2 所示。

双焊炬全自动焊接施工工程量　　　　　　　　　　　表 10.2.2-2

序　号	工程名称	工　程　量	完成单位	焊接工艺	年　度
1	印度东气西送工程	66.68km（X70，φ1219）	管道一、四公司	双焊炬	2005～2006
2	俄罗斯远东管道工程	105.7km（X70，φ1219）	管道二、三、四公司	双焊炬	2008
3	中乌天然气管道工程	128.3km（X70，φ1067）	管道二公司	双焊炬	2009
4	西气东输二线管道工程	200km（X80，φ1219）	管道一、二、三、四公司	双焊炬	2010

在不考虑φ1219管线施工节省施工成本更多的情况下，按上述管材（φ1016、WT18.4mm）计算，常规壁厚的长输管道焊接降低的施工成本计算如下：

1. 2005～2006 年印度东气西送工程，中国石油天然气管道一、四公司采用双焊炬全自动焊接技术完成 X70、φ1219 管道焊接 66.68km，合计降低施工成本 2.426 万元/km ×66.68km＝161.76 万元。

2. 2008 年：俄罗斯远东管道工程中，中国石油天然气管道二、四公司采用双焊炬全自动焊接技术完成 X70、φ1219 管道焊接 105.7km，与单焊炬全自动焊技术相比降低施工成本 2.426 万元/km ×105.7km＝256.43 万元。

3. 2009 年：在中乌天然气管道工程中，管道二公司采用双焊炬自动焊工艺完成 X70、φ1067 管线焊接 128.3km，比普通单焊炬自动焊工艺降低施工成本 2.426 万元/km×128.3km＝311.26 万元。

4. 2010 年：西气东输二线管道工程，中国石油天然气管道一、二、三、四公司采用双焊炬管道自动焊完成 X80、φ1067 管道焊接约 200km，共降低施工成本 2.426 万元/km×200km＝485.2 万元。

小计降低施工成本：1214.65 万元（其中管道二公司采用双焊炬完成俄罗斯远东管道工程 49.7km、中乌天然气管道工程 128.3km、西气东输二线管道工程 20.1km，累计降低施工成本 480.59 万元，详见工法经济效益证明）。

11. 应 用 实 例

长输管道全位置自动焊焊接施工工法已使用了 9 年，中国石油天然气管道局先后在承建的国内外管道工程中，不断创新工法焊接技术，施工的管道长度超过 1000km。承建的典型工程有：

11.1 西气东输（一线）管道工程

2001 年至 2003 年在西气东输（一线）管道工程中，中国石油天然气管道局采用内焊机根焊加外焊机（单焊炬）填充、盖面焊焊接工艺，共焊接 φ1016×14.6mm、X70 管道 312.2 km，26428 道焊口，焊接一次合格率为 96.3%。期间曾创造日焊接 140 道焊口的记录。按照当时的设备、人员配置，已经达到国际先进水平。

管道局全自动焊机组的施工业绩充分体现了管道全位置自动焊工艺焊接质量好、焊接效率高的优点。2003 年中国石油天然气管道第二工程公司的自动焊机组 QC 小组通过对施工过程中焊接质量控制情况进行总结，形成的 QC 成果《提高西气东输管道全自动焊焊接一次合格率》获得了管道局一等奖、中石油集团公司一等奖、国家优秀奖，QC 小组被国家工程建设质量奖审定委员会命名为"全国工程建设优秀质量管理小组"。全位置自动焊接技术的成功运用，填补了我国在长输管线焊接上的空白，为提高我国长输管线焊接的进度和质量打下了基础，起到了示范作用。

11.2 俄罗斯远东原油管道工程

2007～2008 年中国石油天然气管道局承揽了俄罗斯远东原油管道工程约 170 km 的 φ1219、X70 管线，其中管道二、四公司采用内焊机根焊加外焊机（双焊炬）填充、盖面焊的全位置自动焊工艺，在平均焊接环境−35 ℃的条件下完成管线焊接 105.7km，焊接一次合格率 86%。结合当时的施工情况总结的 QC 成果《提高中俄原油管道全自动焊焊接一次合格率》获 2008 年度"管道局 QC 成果一等奖"、"集团公司 QC 成果一等奖"、"国家 QC 成果优秀奖"。

11.3 中乌天然气管道工程

2008～2009 年，中国石油天然气管道二公司自动焊机组在中亚天然气管道工程（乌兹别克段，也称中乌天然气管道工程）采用内焊机根焊加双焊炬外焊机填充、盖面焊自动焊工艺完成 X70、ϕ1067mm 管线焊接 128.3km/11136 道，焊接一次合格率 94.1%。在施工中，全自动焊机组克服材料供应困难、社会依托差等困难，创下日焊接 181 道焊口，周焊接 11.22 km/1013 道的管道施工新纪录。总结的 QC 成果《提高中乌天然气管道工程 CRC 全自动焊焊接速度》获 2010 年度"管道局 QC 成果一等奖"、"石油建协优秀质量成果一等奖"、"中国施工企协全国工程建设优秀质量管理小组二等奖"。

11.4 西气东输二线管道工程

2009～2010 年在西气东输二线管道工程施工中，中国石油天然气管道局所属的第一、二、三、四公司采用内焊机根焊加双焊炬外焊机填充、盖面焊的自动焊焊接工艺完成 X80、ϕ1219mm 管线焊接约 200km，焊接一次合格率 98.21%，为西气东输二线管道工程西段的顺利投产和东段的加速推进发挥了较大的作用。

11.5 其他工程

长输管道全位置自动焊焊接工法应用的工程较多，见表 11.5。

长输管道全位置自动焊接工法其他应用工程详细列表　　　　　　　　　　表 11.5

序　号	应用工程名称	焊 接 工 艺	完成工程量	应用效果说明
1	涩宁兰输气管道工程 X70 钢试验段（2000 年）	手工焊根焊＋单焊炬外焊机填充、盖面焊	完成 X70，ϕ610 管线焊接 7.8km，焊接一次合格率 98.2%	工程经业主及监理认定，符合工程施工及设计相关要求。为西气东输工程提供了真实可靠的试验数据
2	西气东输（一线）管道工程冀宁支线 X80 钢工业性应用工程（2005 年）	内焊机根焊＋单焊炬外焊机填充、盖面焊	完成 X80，ϕ1016 管线焊接 7.71km，最高日焊接 44 道口，焊接一次合格率 97.7%	《西气东输冀宁支线 X80 钢工业性应用工程自动焊施工的质量控制》2006 年获"管道局 QC 成果一等奖"、"集团公司 QC 成果优秀奖"
3	印度东气西送工程（2005～2006 年）	内焊机根焊＋双焊炬外焊机填充、盖面焊	完成 X70，ϕ1219mm 管线焊接 66.68km，焊接一次合格率 97.7%	工程经业主及监理认定，符合工程施工及设计相关要求
4	阿联酋阿布扎比原油管道工程（2008～2010 年）	内焊机根焊＋单焊炬外焊机填充、盖面焊	完成 X70，ϕ1219mm 管线焊接 243.4km，焊接一次合格率 96.9%	工程经业主及监理认定，符合工程施工及设计相关要求。同时阿联酋夏季的白天气温高达 50℃

通过所有应用工程可以看出：内焊机根焊加外焊机（双焊炬）填充、盖面焊的自动焊工艺在长输管道中的成功运用，大大加快了长输管道焊接技术的智能化，提高了 X70、X80 高强度管线钢施工进度和焊接综合效率，降低了焊接劳动强度。而且突破了国内长久以来冬季施工温度瓶颈，拓展了中国长输管道施工环境（平原、戈壁、丘陵地带）和空间温度（—55℃），为国内外各项大型工程按时完工提高了有力保障。另一方面研发、总结应用的一整套平原、沙漠、戈壁、丘陵地带 X70、X80 钢双焊炬全位置自动焊技术及设备运行保障技术，为提高中国管道施工企业在国外大口径长输管道施工领域的竞争力、建设国家能源通道奠定了坚实的基础。

随着兰成、中贵原油管道工程、中缅油气管道工程、伊拉克管道工程、中亚二线、西气东输三线、四线等国内外长输管道工程的开工建设，双焊炬全位置自动焊技术必将以其智能化、工效高、劳动强度低、能源消耗小和环境污染小等优点在管道工程建设中发挥更大的作用。

管道环焊缝相控阵全自动超声波检测工法

YJGF73—2002（2009~2010年度升级版-078）

中国石油天然气管道局第一工程分公司

张宏亮　李健　韩国军　王成强　贾世民

1. 前　言

随着我国长输管道焊接技术不断发展，现已采用全自动焊焊接技术，该技术完全实现自动化，工作效率高，但产生的缺欠主要是面积型缺欠；为了更好地控制工程质量，提高工作效率，及时跟踪自动焊检测，纠正焊接参数，控制焊接过程，采用国际上先进的全自动超声波检测技术。所谓全自动超声波检测就是指将焊缝沿厚度方向分成若干个分区，每个分区用两个通道检测，因此要求系统是多通道。每个分区用一对或两对聚焦探头检测熔合线上的缺欠，体积型缺欠用非聚焦探头检测。检测结果以图像形式显示，分为A扫描、B扫描及TOFD等3种显示方式。扫查器在管道环向自动声耦合、自动扫查，即可对整个焊缝厚度方向的分区进行全面检测，自动将检测结果和声耦合显示在图像上。

全自动超声波检测技术在西气东输工程上成功应用，取得良好的效果。其所用的长输管道对接环焊缝全自动相控阵超声波检测装置曾经被认定为2002年度国家重点新产品，具有一定的先进性。为使全自动超声波检测成功经验得到推广应用，特编写全自动超声波检测工法。

2. 工法特点

全自动超声波检测与手动超声波检测方法的最大区别是：用一组探头取代单个探头、自动化取代人工的操作、电脑采集数据，实现了自动化检测、检测速度快，在现场即可出检测结果，自动记录、自动存档，用几张光盘即可实现对缺欠的记录，对危险性大的面积型缺欠敏感如裂纹、未熔合等，能够测定缺欠的自身高度；而射线检测对面积型缺欠不敏感，易漏检。全自动超声波与射线检测相比具有更低的返修率，通过断裂力学"工程临界分析法"（ECA）的评判标准进行评判可以减少不必要的返修。全自动超声检测可以紧跟自动焊焊接机组，这避免了传统方式的"死后验尸"式的检测方式，可实时控制焊接过程，及时避免类似缺欠的多次发生。同时因自动化程度高，提高了工作效率，减少了人工探伤所带来的误操作。

3. 适用范围

3.1　本工法适用于利用多通道、声聚焦、分区扫查的全自动超声波检测系统，对壁厚为7~50mm的钢质石油和天然气长输、集输及其他油气管道对接环焊缝电弧焊的全自动焊焊缝的检测。

3.2　本工法不适用于管径小于150mm的钢质管道环焊缝的检测。

3.3　本工法不适用于壁厚不一致的管道对接环焊缝。

4. 工艺原理

4.1　系统结构

全自动超声检测系统由计算机系统、超声系统和机械系统3部分组成，见图4.1。

其中：

计算机系统主要包括显示器、主机、光驱、打印机等部件。

超声系统主要包括同步脉冲发生器、相控阵探头等部件。

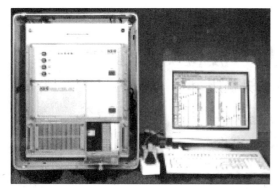

图 4.1 全自动相控阵超声检测系统简图

机械系统主要包括电机、水泵、行走机构等部件。

4.2 检测原理

利用超声波能在钢材中传播，并且超声波遇到缺欠会产生反射回波的声学原理而实现超声波检测的。它采用区域分割法，将焊缝沿厚度方向分成若干个分区，每个分区用一对或两对聚焦探头检测熔合线上的缺欠，体积型缺欠用非聚焦探头检测，检测结果以图像形式显示，分为 A 扫描、B 扫描及 TOFD 等 3 种显示方式（图 4.2）。扫查器在管道环向自动声耦合、自动扫查，即可对整个焊缝厚度方向的分区进行全面检测，自动将检测结果和声耦合显示在图像上，然后再对检测结果综合分析、评定。

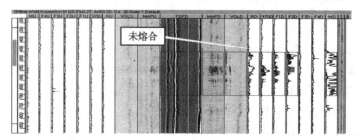

图 4.2 图像显示

4.3 相控阵列

相控阵列是换能器晶片的组合，它为确定不连续性的形状，大小和方向提供出此单个或多个换能器系统更大的能力。有 3 种主要阵列类型：直线形、面状（或镶嵌式）和环形。在一个相控阵列中，规定的相位转换是用电子系统控制并为超声发射通向每个换能器。相控阵列除有效地控制发射的超声束的形状和方向外，还实现和完善了复杂的无损检测应用要求的 2 个条件：动态聚焦和实时扫描，见图 4.3。

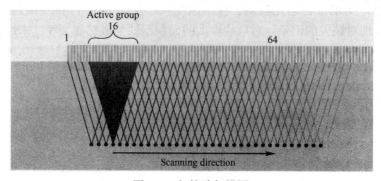

图 4.3 相控阵扫描图

5. 施工工艺流程及操作要点

5.1 工艺流程（图 5.1）

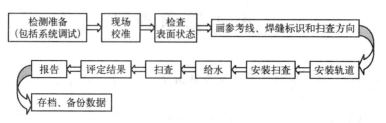

图 5.1 操作流程图

5.2 操作要点

全自动超声波工法中操作要点是很关键的一步，是整个工艺流程的重点，必须按步骤进行。

5.2.1 准备工作

1. 开机前检查各处电源电缆及信号电缆接头是否有松动。

2. 无论使用何种电源，启动系统之前都应先启动 UPS，然后将转换开关扳到 UPS 侧，以防止突然断电或电压突变对系统的冲击。

3. 开水泵前，检查水箱的水量和节流阀的位置。

5.2.2 启动系统

首先启动计算机系统，然后启动超声系统和机械系统，最后进入设置模式，再进入系统调试。

5.2.3 系统调试

系统调试在试块上进行。系统调试分为分区调试和总体调试，在校准试块上按如下顺序进行调试：

1. 分区调试

1）参数设置

将受检焊缝坡口参数，输入到全自动超声波系统模拟焊缝坡口示意图中，理论计算出选择正确的探头配置参数；然后将扫查器放在校准试块轨道上，确定探头距试块上模拟焊缝中心线的位置，最后将探头位置锁紧，将其位置固定。注意探头距焊缝中心线的距离必须准确测量，必须保证上下游端探头距焊缝中心线距离相等，这是非常关键一步。

2）带状图的调试（A 扫描的调试）

探头位置固定后，移动扫查器从根焊区开始对每个分区人工反射体（即槽或$\phi2$平底孔）分别调试，直到最后一个填充区为止。每个分区的灵敏度确定为人工反射体的最大波高达到满幅度的 80%，即为该区的基准灵敏度；每个区闸门起点在坡口前至少 3mm，闸门的终点至少超过焊缝中心线 1mm。注意钝边区设置模式要采用自收自发模式而不能采用串列扫查模式。

3）体积通道的调试（B 扫描的调试）

移动扫查器，用试块上根部槽和$\phi1.5×45°$的平底孔来调节 B 扫描，B 扫描灵敏度确定为在人工反射体基准波高（80%）的基础上再提高 6dB；B 扫描的范围要能满足该通道所负责的区域，根据具体检测对象可计算该范围。

4）TOFD 的调试

将扫查器移动到试块上完好部位来调节 TOFD，将 TOFD 水平横向纵波的幅度调节到满幅度的 50%，即为该通道灵敏度。TOFD 的范围不要过大，刚好能覆盖水平横向波和底面反射波为好，且不得将底面变形波包括在内。

5）验证带状图闸门

将扫查器移动到通孔处，看带状图闸门是否能将通孔覆盖，若能，则闸门长度符合要求；若不能，则将闸门长度加长，使其覆盖通孔。

6）耦合通道的调试

将扫查器移动到试块上完好部位，采用"一收一发"模式进行调节，将最大波调节到满幅度 80%，再提高 6dB，即为耦合通道的灵敏度；但现场检测时必须在管道上重新调试耦合通道，以管道上调试为准，这样做符合实际。注意耦合通道调试时不得使声束的反射点处于焊缝上下表面上。要注意使探头充水排空。

7）温控探头校准

设置温度控制探头，随时监测检测温度。

8）编码器校准

按仪器规定的顺序进行校准编码器。

9）圆周扫查速度的设置

圆周扫查速度应按式 5.2.3 计算：

$$Vc \leqslant Wc \cdot PRF/3 \qquad (5.2.3)$$

式中　Vc——圆周扫查速度，（mm/s）；

　　　Wc——探头在检测有效距离处的最窄声束宽度（用半波高度法测量），（mm）；

　　　PRF——探头的有效脉冲重复频率，（Hz）。

10）记录的设置（生成视图）

按一定顺序确定通道生成视图。每个通道的输出信号均应在显示器上显示，对于每个主反射体，应在焊缝中心线两侧对称显示，也可用图像（B 扫描、TOFD）显示。

2. 总体调试

1）系统参数选定后，用与现场扫查相同的速度对试块上每个反射体进行扫查。

2）将扫查器移到零点，开始扫查校准试块，分析扫查记录的试块校准图，看主反射体波幅是否在 70%～99% 之间，相邻反射体之间覆盖是否在 6～24dB 之间，若是，则可进行检测；若不是，则重新调试，直到满足要求为止。

3）显示器上显示的编码位置精度：记录反射体间的显示编码位置相对于实际圆周位置的误差是否为 ±2mm；若不是，则对编码器重新校准。

4）耦合监视通道的调试

记录系统的耦合监视通道显示不良区域超过缺欠的最小允许长度时，应重新调试。

5.2.4　现场检测

1. 现场布置

现场校准：检测前，将扫查器放在试块上进行系统校准，看试块校准图是否满足标准要求，若满足，则进行检测；若不满足，则重新进行调试，直到满足要求为止。

2. 受检表面状态

检测开始前，检测人员必须检查焊缝表面状态必须满足本工法对受检材料的外观要求，方可进行检测。

1）探头移动区的宽度一般为焊缝两侧各 150mm 范围。

2）焊缝两侧探头移动区内，管子制管内外焊缝（如螺旋焊缝、直焊缝）应用机械方法打磨至与母材齐平，打磨后焊缝余高应不大于 0.5mm，且应与母材圆滑过渡。

3）探头移动区内不得有防腐涂层（如环氧粉末）、飞溅、锈蚀、油垢及其他外部杂质。

3. 画参考线及焊缝检测标识

1）参考线是保证检测结果的主要标识。焊接对口前，必须有专人划参考线，参考线用于安装扫查器轨道。在检测之前，应在管表面画一个参考线，参考线在检测区一侧距两坡口中心线的距离一般不应小于 40mm，参考线位置误差为 ±0.5mm。

2）每道焊缝应有检测标识，在平焊位置还应有起始标记和扫查方向标记。起始标记应用"0"表示，扫查方向标记用箭头表示，通常沿介质流动方向顺时针用记号笔划定，所有标记应对扫查无影响。注意扫查起点必须与标识原点重合。

4. 轨道安装

1）每天应当清洗轨道的接头，去除轨道卷边（包括试块上的）。

2）安装轨道必须由 2 人进行，分别位于管子两侧。

3）安装轨道时，调整轨道位置必须用铜锤敲击轨道边缘。

4）必须将轨道安装于距参考线 130mm 处，能保证轨道边缘距焊缝中心线距离满足 170±0.5mm。

5. 安装扫查器

1）注意保护好扫查器主电缆线，避免检测过程中行车时将其压坏。

2）安装扫查器应由 2 人进行，分别位于管子两侧。

3）扫查器安装完，看扫查器能否在轨道上自由移动，若能方可扫查。

4）扫查器在轨道上运行时，若出现卡的现象，应立即按下急停钮。

5）扫查时，在管线两侧的操作者应当确保扫查器的安全；扫查器运动到仰脸处的时候操作者应当采取相应措施防止扫查器跌落。

6）扫查器扫查一周后，移回到原点，由一人从一侧仰脸部位推到另一侧，另一个人要握住扫查器上的把手，将其移到原点。注意不得用手拽主电缆，将其移动到原点。

6. 扫查

1）由超声Ⅱ级以上并取得专业考试的扫查员操作，由考试合格的人员承担分析扫查数据及评定结果。

2）扫查之前，必须先打开水泵，待水流量正常后方可以扫查。扫查前应预先润湿受检表面，特别是焊缝仰脸处。

3）检测过程每隔2h或扫查完10道焊口后（以时间短者为准）以及检测工作结束后，利用试块进行校准，每个主反射的波幅应在满幅度的70%～99%之间，若满足，则符合要求；若低于满幅度的70%，应对其检查的焊缝重新检测；若高于满幅度的99%，应对其检测结果重新评定。

4）圆周位置精确度的校验

扫查器上编码器的零点与管子上零位置重合，扫查至1/4、1/2和3/4圆周位置时，显示器上显示的编码位置应与管道上的位置相对应，其误差为±10mm，否则应重新校准。

5）耦合监视的校验

在检测过程中，记录系统的耦合监视通道显示不良区域超过缺欠的最小允许长度时，应对耦合不良区域及时处理重新检测。

6）温差的校验

温度变化影响声速变化。当探头楔块温差变化超过10℃时，整个系统应重新调试，并对其检测过的焊缝重新检测。

7. 评定结果

1）评定由取得AUT考试资格的人员进行评定，由相应资格人员审核；对评定人员评定的结果必须重新复评一遍。评定审核后可发出检测报告。

2）每条焊缝扫查完后，立即评定结果。

3）评定工艺卡。

检测人员要根据具体的检测对象制订评定工艺卡。

5.2.5 报告和存档

1. 报告

1）报告作为检测结果的永久性记录，至少包括：工程名称、管口编号、坡口形式、材质、规格、验收标准、检测人员（级别）、审核人员（级别）、检测日期、评定结果、监理及检测单位盖章等，报告所要求的事项必须填写完全、准确，必须是完全合格的报告，才能进入存档程序。

2）报告一式两份，一份交给监理公司，一份检测公司存档。

3）审核人员对检测报告必须认真审核，做到准确无误。

2. 存档

1）超声波数据的存储由各全自动超声波机组的机组长负责。接到监理的指令完成一天的检测任务后，应当将硬盘内当天的检测数据备份到可擦写的光盘上。

2）每一桩号的焊缝数据在该部分检测工作完成后，统一记录到只读光盘上，一式两份保存。

3）返修口的数据单独备份并存储。

4）存储光盘的标识，在光盘的背面写明盘内所存数据的起止焊口编号，在光盘内应有记事本文件记录盘内所有焊口编号的信息。

5）所有存储的光盘均应填写超声数据存储记录，该记录应与光盘一起存储备查。

6）扫查记录和报告由检测公司存档，保存期应不少于5年。

7）全自动超声波机组人员必须记录操作日志，将检测过程中遇到的问题、校准后的灵敏度及温差等都应记录在操作日志中。

5.3　劳动组织

5.3.1　全自动超声波检测人员满足下面要求

1. 检测人员必须取得超声波无损检测人员的资格证书，获得Ⅱ级以上资格证书人员进行检测，Ⅰ级人员仅做检测的辅助工作。

2. 从事全自动超声波检测人员还应进行设备性能、调试、评定等培训，并经理论和实际考试合格，方可从事检测工作。

5.3.2　人员配置

数据判读/操作员2名（各1名），扫查员2名，力工2名，司机1名，共计7人。

6. 材料与设备

6.1　检测材料

6.1.1　试块

试块的材料应取自现场管道，业主还应向检测公司提供焊接工艺及附加要求，试块的设计图样，必须经业主认可，方可制作。试块制作后，经国家指定计量机构标定，并调试合格，方可使用。按 Q/SY XQ7—2002 西气东输管道工程管道对接环焊缝全自动超声波检测标准要求制作的典型试块，见图 6.1.1。

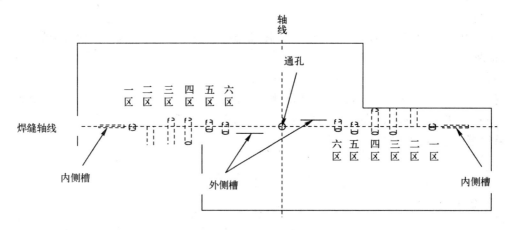

图 6.1.1　试块上人工反射体布置示意图

6.1.2　轨道

轨道长度应为管道外径（管子外径加上两倍的防腐层厚度）的周长。

6.1.3　其他材料

耦合剂：一般使用普通自来水即可，不能有杂质，硬度适中。冬季使用乙醇与水以适当比例混合，具体比例可以根据当地的温度情况调整。

打印墨盒：根据打印机具体型号采用。建议使用佳能 S400SP 彩色喷墨打印机，该打印机具有两种接口（USB、并行口），使用1个黑色墨盒和3个彩色墨盒，具有容量大，墨盒不带记忆芯片，可以注墨使用的特点，日后可以节省一笔可观的耗材费用。

打印纸：一般使用 A4 纸 70g 复印纸。

劳动保护材料可根据检测公司和业主要求配备。

6.2　机具设备

6.2.1　主要设备 Pipe WIZARD 系统 1 套。

包括：工业计算机1台，数据采集器1台，电机驱动控制器1台，扫查器及主电缆1套，水泵1台，其他输入输出设备1套。

6.2.2 工程检测车 1 辆

要求可装载整套设备和工具，装载一定数量的耦合剂，且有独立的供电系统（电瓶或发电机）。

6.2.3 主要工具：现场维修维护工具包 1 套，轨道装卸工具 1 套。

7. 质 量 控 制

本工法适用于 Q/SY XQ7—2002 西气东输管道工程管道对接环焊缝全自动超声波检测标准。

8. 安 全 措 施

8.1 需装备通用个人防护用品，工作服、帽靴眼镜及防水手套和围裙（扫查员用）。

8.2 行车安全：用电安全及在现场对人员设备的保护为重点，关键要保护好主电缆。

9. 环 保 措 施

10. 效 益 分 析

西气东输工程 1、2、15、23 四个标段自 2001 年 9 月 20 日到 2003 年 3 月 30 日期间实际完成的工作量和工期如下：

实际工作量：14614 道焊口，实际工期约 12 个月。

使用的设备：全自动超声波设备 4 台，专用工程检测车 4 辆，共投资（24.5×8.3＋35）×4＝953.4 万元人民币。

现将使用全自动超声波检测和射线检测费用比较，以西气东输工程投标价计算，全自动超声波检测单口价为 325 元，射线检测单口价为 415 元。

全自动超声波检测费用：14614 道×325 元＝474.955 万元；

射线检测费用：14614 道×415 元＝606.481 万元；

可见使用全自动超声波检测费用比射线检测费用节约 131.526 万元。

11. 应 用 实 例

本工法应用实例见表 11。

应用实例 表 11

工程项目名称	地点	开竣工日期	工 程 量	应用效果	备 注
西气东输 1 标段	新疆	2001 年 9 月 20 日～2002 年 8 月 31 日	约 82km，共 6862 道焊口	很好	国内首次使用沙漠地段
西气东输 2 标段	新疆	2002 年 7 月 4 日～2003 年 7 月 31 日	约 61km，共 5071 道焊口	很好	沙漠地段
西气东输 15 标段	陕西	2002 年 4 月 1 日～2003 年 3 月 30 日	约 13km，共 1055 道焊口	很好	山区地段
西气东输 23 标段	安徽	2002 年 4 月 1 日～2003 年 3 月 30 日	约 20km，共 1626 道焊口	很好	水网地段

钢质管道固定/撬装 3PE 外防腐作业工法

YJGF78－2002（2009～2010 年度升级版-079）

中油管道防腐工程有限责任公司

穆铎　于洪波　刘月芳　谢武岗　全鹏

1. 前　言

长距离输油气管道建设中钢质管道的外防腐是其中重要环节之一，为延长油气管道的使用寿命，钢质管道外防腐层通常采用沥青、煤焦油磁漆、环氧粉末、3PE（三层结构聚乙烯外防腐涂层）等外防腐形式。目前国际上公认较好的用于钢质管道外防腐涂层为 3PE，该防腐层适用于防腐等级要求较高的地区，3PE 钢管外防腐技术在国内也处于领先水平。为了保证长距离油气管道建设顺利进行，通常在管道沿线选择社会依托较好的城镇，距离钢管生产厂较近的地域建立固定式防腐作业线。在管道建设中由于一些钢管由国外进口，卸管场地一般在港口或码头，为了便于钢管防腐生产，减小钢管二次倒运，降低防腐成本，根据防腐技术的需求，在这些地域建立撬装式防腐作业线。中国石油天然气管道局防腐工程有限责任公司（以下简称防腐公司）经过多年使用固定/撬装 3PE 防腐技术的基础上，总结、梳理、完善了 3PE 防腐工艺及施工要点，编制了《钢质管道固定/撬装 3PE 外防腐作业工法》。

20 世纪 70 年代为满足油气管道建设，中国石油引进了一条 3PE 外防腐作业线，随着我国油气管道建设的发展，1999 年中国石油天然气管道局防腐工程有限责任公司研制了国内第一条 3PE 外防腐作业线，实现了该类作业线的国产化。该作业线研制成功后应用于陕京三线、轮南、库鄯等多项工程，通过对防腐钢管的质量检验，表面清洁度、涂层外观质量、涂层厚度、防腐层粘结力、阴极剥离等关键技术指标经现场监理检验均达到《埋地钢制管道聚乙烯防腐层技术标准》GB/T 23257—2009 标准要求，该技术的成功应用，填补了国内空白，目前防腐公司已拥有该类固定式防腐作业线 16 条。2002 年随着西气东输管道的建设，由于在二、三类地区需要采用 X70 钢级直缝钢管，当时国内不具备该钢级直缝管生产能力，需要从国外进口，这批钢管主要卸载在港口，为了满足工程急需，防腐公司在自行研制固定防腐作业线的基础上开发研制了撬装式多功能外防腐作业线，该撬装由除锈模块、涂覆模块、传输模块、移动电站等形成的作业线达到了固定防腐作业线的技术水平，该撬装作业线研制成功后应用于西气东输一线，通过对防腐钢管的质量检验，表面清洁度、涂层外观质量、涂层厚度、防腐层粘结力、阴极剥离等关键技术指标经现场监理检验均达到《埋地钢制管道聚乙烯防腐层技术标准》GB/T 23257—2009 标准要求，为西气东输一线工程的顺利实施打下了技术基础，目前防腐公司已拥有该类撬装式防腐作业线 4 条。

钢质管道固定/撬装 3PE 外防腐作业工法，先后在中石油建设与参建的国内外管道建设项目中应用，主要应用工程有：巴基斯坦输油管道工程、陕京二线输气管道工程、西部原油成品油管道工程、印度瑞莱斯输气管线、苏丹 3/7 区输油管道工程、广东 LNG 管线、中俄管线一期工程、兰郑长成品油管道、阿尔及利亚管线、川气东送管道、中亚天然气管道项目、西气东输二线工程等。

2003 年编制的《钢质管道固定/撬装 3PE 外防腐作业工法》获国家级工法，工法的有效期为 6年，在此期间没有比 3PE 更好的钢管防腐涂层的应用，因此很有必要对 3PE 防腐作业工法重新申报，继续保持国家级工法。本工法在 2003 年国家级工法的基础上进行修改，鉴于近几年国内外各项油气管道工程的防腐技术规范的新要求，现工法对所有章节的内容进行了重新修订和完善。2002 年防腐公司研制的大口径撬装式多功能外防腐作业线，荣获 2003 年度"中国石油天然气管道局技术创新奖"二等奖。

2. 工 法 特 点

2.1 功能特点

2.1.1 3PE 涂层结构，底层为环氧涂料，中间层为胶粘剂，面层为聚乙烯，这种防腐层结构底层环氧粉末主要起防腐作用，中间胶粘剂层主要起粘结作用，面层聚乙烯主要起保护防腐层作用。

2.1.2 3PE 防腐结构形式与单层环氧粉末、双层环氧粉末相比，抗机械损伤性能高，解决了防腐管运输破损的问题，保证了防腐钢管在运输及施工过程中的防腐质量。

2.1.3 旋风除尘加离线式布袋除尘装置的采用，减少了粉尘排放量，达到大气污染物综合排放标准《大气污染物综合排放标准》GB 16297—1996 的要求。

2.2 施工特点

2.2.1 固定/撬装 3PE 外防腐作业线自动化程度高，改变了以往防腐施工中人工滚管、人工除锈、对钢管明火加热、手工涂敷等方法，提高了施工效率，减小了劳动强度。

2.2.2 固定/撬装 3PE 外防腐作业线装载运输性能好，作业线各模块长度和高度设计满足汽车、火车装运。

2.2.3 固定/撬装 3PE 外防腐作业线模块化的设计安装方便，各模块不需调整，只需用螺栓连接固定即可形成一条防腐作业线（图 2.2.3）。

2.2.4 固定/撬装 3PE 外防腐作业线结构布局基本一致，3PE 撬装外防腐作业线，整体以模块化布局，从设计角度、安装都非常快捷，容易方便，充分说明撬装的优越性。固定和撬装 3PE 外防腐作业线的布置图见图 2.2.4-1、图 2.2.4-2。

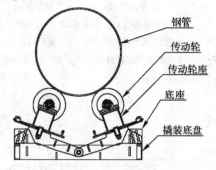

图 2.2.3　传动线模块示意图

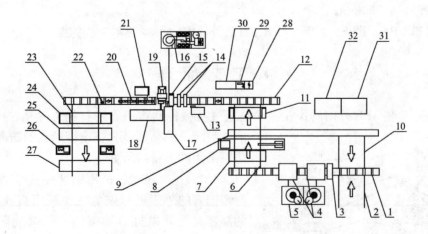

图 2.2.4-1　固定 3PE 外防腐作业线布置图

1—除锈传动线；2—进管平台；3—预热中频；4—除锈机；5—除锈除尘装置；6—中间钢管平台；7—除锈检测工位；8—内吹扫；
9—不合格钢管返回线；10—钢管反馈平台；11—机身贴纸工位；12—涂覆传动线；13—微尘处理系统；14—中频加热系统；
15—粉末喷涂系统；16—粉末回收及除尘系统；17—胶粘剂挤出机；18—聚乙烯挤出机；19—滚压装置；20—钢管冷却系统；
21—冷却水循环系统；22—在线式电火花检漏仪；23—钢管出管平台；24—钢管内积水清除工位；25—涂层质量检测工位；
26—管端预留段处理工位；27—成品管喷标及吊运工位；28—配电室；29—空压机房；30—试验室；31—库房；32—维修间

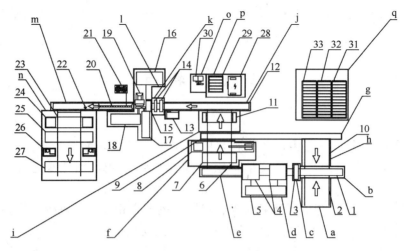

图 2.2.4-2　撬装 3PE 外防腐作业线布置图

a—进管模块；b—除锈前传动模块；c—预热模块；d—除锈模块；e—除锈后传动模块；f—除锈检测模块；g—反馈模块；
h—反馈平台模块；i—涂覆前准备模块；j—涂敷前传动模块；k—加热模块；l—涂覆模块；m—冷却模块；n—出管模块；
o—压缩空气模块；p—配电模块；q—生产辅助模块

1—除锈传动线；2—进管平台；3—预热中频；4—除锈机；5—移动式除锈除尘装置；6—中间钢管平台；7—除锈检测工位；8—内吹扫；
9—不合格钢管返回线；10—钢管反馈平台；11—除锈检测机贴纸工位；12—涂覆传动线；13—微尘处理系统；14—中频加热系统；
15—粉末喷涂系统；16—粉末回收及除尘系统；17—胶粘剂挤出机；18—聚乙烯挤出机；19—滚压装置；20—钢管冷却系统；
21—集成式水循环装置；22—在线式电火花检漏仪；23—钢管出管平台；24—钢管内积水清除工位；25—涂层质量检测工位；
26—管端预留段处理工位；27—成品管喷标及吊运工位；28—移动式配电站；29—移动式发电站；30—移动式压缩空气站；
31—备件集装箱；32—试验检测集装箱；33—维修设备集装箱

3. 适 用 范 围

3.1　适用管径：φ114～1500mm。

3.2　适用管长：8～13m。

3.3　适用壁厚：6～30mm。

3.4　钢质管道 FBE、DPS、2PE、3PP、2PP 外防腐也可参照本工法施工。

4. 工 艺 原 理

钢质管道固定/撬装 3PE 外防腐作业工法是通过机械传动将钢管进行抛丸除锈、中频感应电加热、静电喷涂、胶粘剂/PE 挤出等形成的防腐工艺流程，3PE 防腐采用的关键技术如下：

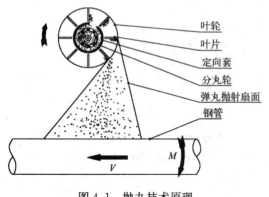

图 4.1　抛丸技术原理

4.1　抛丸技术：是用钢管外壁除锈机，通过抛丸来清理钢管的外表面。该机主要利用高效强力抛丸器抛出的高速丸流，抛打位于室体内的螺旋前进的钢管表面，去掉其表面的黏砂、锈层、焊渣、氧化皮及其杂物，使钢管获得具有一定粗糙度的露出金属本色的表面，以增大钢管表面的接触面积，提高 3PE 底层的环氧粉末与钢管表面的附着力，并提高钢材的抗疲劳强度和抗腐蚀能力，改善钢材的内在质量，延长其使用寿命。抛丸技术原理见图 4.1。

4.2　中频加热技术：是利用中频电流的电磁感应加热原理对钢管进行加热，主要是电磁感应定律和焦耳—楞次定律原理的应用，通过对感应线圈通入交变电流，线圈内产生一个相应的交变磁场，即大小和方向都随时间改变的交变磁通量。在作业线上螺旋前进的钢管通过感应线圈时，根据电磁感应定律，钢管内就有阻止线圈内的磁通量发生变化的感应电流产生，根据焦耳—楞次定律，感应电流在具有一定电阻的钢管内流动就会产生热量，从而使钢管被加热。螺旋运动的钢管是分段连续加热的。加热时有一套1000kW 中频电源和一套 1250kW 中频电源配两组加热感应线圈组成，保证钢管均匀加热，用远红外测温仪，对钢管的加热温度进行监测，并把信号反馈到中频电源的控制系统，自动调节中频电源的输出功率，组成闭环控制系统，从而调整钢管加热温度，使之控制在允许的温度范围内。中频加热技术原理见图4.2。

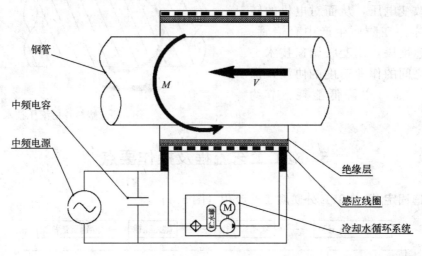

图 4.2　中频加热技术原理

4.3　静电喷涂技术：是有效利用了静电学的原理，螺旋前进的钢管进入喷粉室，静电发生器通过喷枪枪口的电极针向钢管方向的空间释放高压静电（负极），该高压静电使从喷枪口喷出的粉末和压缩空气的混合物以及电极周围空气电离（带负电荷），钢管通过传动线接地（接地极），这样就在喷枪和钢管之间形成一个电场，粉末在电场力和压缩空气压力的双重推动下到达钢管表面，依靠静电吸引在钢管表面形成一层均匀的涂层。粉末在熔融的状态下开始胶化，在钢管表面形成环氧涂层。此涂层固化完全，不含溶剂，涂层表面封闭完好，同时与基体粘结强度高，与钢管的热变形系数接近，防腐性能极佳。静电喷涂技术原理见图4.3。

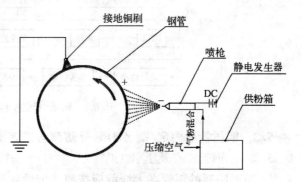

图 4.3　静电喷涂技术原理

4.4　塑料片材挤出、缠绕技术：是指利用塑料挤出设备将颗粒状的聚乙烯和胶粘剂原材料通过外部动力传递和外部加热元件的传热进行固体输送、压实、熔融、剪切混炼挤出成型。挤出的熔融态片材具有一定宽度和厚度，利用钢管的螺旋线运动，将聚乙烯片材和胶粘剂片材均匀地缠绕在钢管外表面。塑料片材挤出、缠绕技术原理见图4.4。

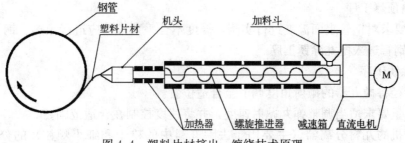

图 4.4　塑料片材挤出、缠绕技术原理

4.5 塑料片材滚压技术：是指利用专用橡胶滚压设备，对缠绕在钢管上的熔融态塑料片材进行滚压的技术。通过滚压压力的控制，提高防腐层各层之间的粘结力，并使防腐层厚度均匀。塑料片材滚压技术原理见图4.5。

4.6 变频调速技术：是指利用变频器改变电机频率和改变电压，从而对电机的转速进行调节的技术。在防腐生产中有追管、匀速、脱管三个速度段，用变频调速技术一方面保证各设备之间的作业速度的协调，保证防腐质量，另一面可以降低能耗、节约能源。

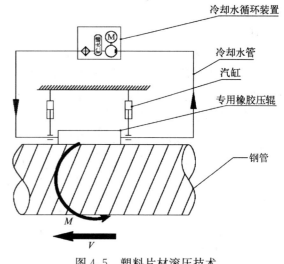

图4.5　塑料片材滚压技术

5. 施工工艺流程及操作要点

5.1　钢质管道固定/撬装3PE外防腐工艺流程（图5.1）

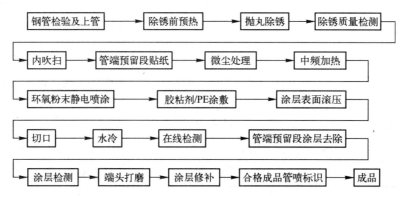

图5.1　钢质管道固定/撬装3PE外防腐工艺流程

5.2　钢质管道固定/撬装3PE外防腐各工序操作要点

5.2.1　钢管检查及上管工序

1. 需要防腐的钢管在上线前应按照《埋地钢制管道聚乙烯防腐层技术标准》GB/T 23257—2009标准要求对钢管逐根进行外观检查；

2. 将检查合格的钢管放置于进管平台上，放置时，应保证钢管中心与平台中心在一条直线上；

3. 去除钢管管端坡口保护器；

4. 安装与钢管内径匹配的防止抛丸除锈时钢砂和钢丸溅入钢管内的专用封堵器；

5. 用专用扳管器滚动钢管至防腐作业线上，进入预热工序。

5.2.2　除锈前预热工序

除锈前按标准要求对钢管表面温度进行实测，温度不合乎要求的应进行预热。钢管预热一般采用中频预热，预热后的钢管进入抛丸除锈工序。

5.2.3　抛丸除锈工序

1. 根据钢管管径将抛丸器的抛射角度调节至合适位置。

2. 根据除锈质量要求适当调整弹丸抛射速度，并将速度控制在合适范围。

3. 定时对除锈机的丸料分离器（主要用于去除丸料中的粉尘和细小颗粒）的分离效果进行巡检，保证丸料的清洁。

抛丸除锈设备见图 5.2.3-1、图 5.2.3-2。

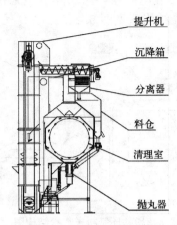

提升机
沉降箱
分离器
料仓
清理室
抛丸器

图 5.2.3-1　抛丸除锈设备结构图

图 5.2.3-2　抛丸除锈设备照片

5.2.4　除锈质量检测工序

对除锈后的钢管按《埋地钢制管道聚乙烯防腐层技术标准》GB/T 23257—2009 中规定的内容逐根进行除锈质量检测，并应达到如下要求：

1. 钢管表面的清洁度应达到《涂装前钢材表面锈蚀等级和除锈等级》GB/T 8923 中规定的 Sa2.5 级的要求。

2. 锚纹深度应达到 $50\sim90\mu m$；可采用锚纹深度测试仪或锚纹拓印膜测定。

3. 将钢管表面附着的灰尘及磨料清扫干净。钢管表面的灰尘度应不低于《涂覆涂料前钢材表面处理表面清洁度的评定试验第 3 部分：涂覆涂料前钢材表面的灰尘评定（压敏粘带法）》GB/T 18570.3 规定的 2 级。

4. 按照《涂覆涂料前钢材表面处理表面清洁度的评定试验第 9 部分：水溶性盐的现场电导率测定法》GB/T 18570.9 规定的方法或其他适宜的方法检测钢管表面的盐份含量，钢管表面盐份含量应小于 $20mg/m^2$。

5. 钢管除锈后，如果检测发现钢管表面有严重点蚀、夹层、缺陷等严重损伤时，应与甲方监理商议处理。

6. 表面处理后的钢管应在 4h 内进行涂覆，超过 4h 或当出现返锈或表面污染时，应重新进行表面处理。如发现钢管表面除锈不合格或除锈后又返锈，均应返回到除锈线始端重新进行除锈处理。

5.2.5　内吹扫工序

除锈质量检验合格的钢管进行内吹扫，内吹扫工序由吹扫小车、转管装置、回收小车组成。采用一头吹，一头吸的方式将管内的污垢与除锈后的残余钢砂吹扫干净。吹扫小车一侧选用高压风机，与转管装置配合之后，将压缩空气喷嘴伸入钢管内对钢管内部的灰尘进行吹扫，回收小车上的除尘装置为 1 台 6 芯滤芯除尘器，将钢管内的灰尘进行过滤，该除尘器除尘效率高，有效保证了车间的环境质量。

5.2.6　管端预留段贴纸工序

吹扫后的钢管根据技术标准要求，管体两端要留一定的预留段，因此涂覆前须按预留段宽度贴纸或涂刷可去除性涂料，贴纸宽度为 $100\sim150mm$。

5.2.7　微尘处理工序

贴纸后的钢管，为了提高涂层的附着力，需对钢管进行微尘处理，微尘处理采用吸尘和滚轮毛刷清扫结合的方式，清除钢管表面附着的微小粉尘。

5.2.8　中频加热工序

经过微尘处理后的钢管进行加热，加热采用非接触中频感应电加热方式，快速均匀地将管体加热到涂覆所要求的温度，并记录钢管管体加热前后的温度（图 5.2.8）。

5.2.9　环氧粉末静电喷涂工序

加热后的钢管进行底层喷涂，底层采用具有良好附着力、抗阴极剥离等优良防腐性能和机械性能的环氧粉末涂料。该涂料在钢管加热至涂覆所要求的温度后采用静电喷涂，涂层厚度达到技术标准要求。应在环氧粉末胶化过程中进行胶粘剂/PE涂敷。环氧粉末喷涂结构图见图5.2.9。

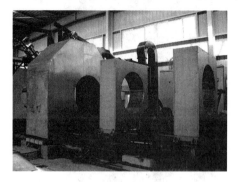

图5.2.8 中频加热装置施工照片

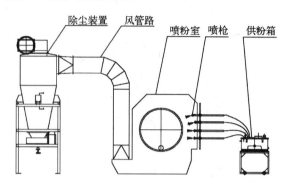

图5.2.9 环氧粉末喷涂结构图

5.2.10 胶粘剂/PE涂覆工序

1. 3PE结构涂层的胶粘剂层和PE层是通过缠绕的方式涂覆在钢管表面。

2. 由胶粘剂挤出机和PE挤出机分别挤出胶粘剂片材和PE片材。

3. 将胶粘剂片材和PE片材采用人工方式贴敷在模具下螺旋前进的钢管外表面，两种片材在钢管螺旋运动中，均匀缠绕在钢管上（图5.2.10）。

4. 调节挤出机模具的相对位置，保证涂层的搭接宽度均匀。

5.2.11 涂层表面滚压工序

在胶粘剂/PE涂覆过程中，应对涂层进行滚压，涂层表面滚压工序是依靠滚压装置完成的。滚压装置由一对气缸驱动，非工作状态下，气缸收回，轧辊不接触钢管；工作状态下，气缸顶出，使轧辊与钢管贴合，在钢管的螺旋转动的驱动下，对钢管外表面进行滚压。同时，滚压的装置上带有位置调节机构，通过电控不仅可以完成钢管轴向和垂直钢管的水平方向的位置调节，还可以完成竖直高度上的调整。

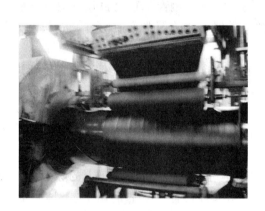

图5.2.10 胶粘剂/PE挤出缠绕施工照片

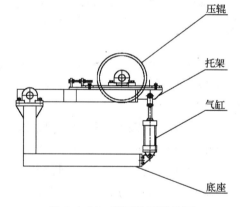

图5.2.11 滚压装置结构图

根据挤出机挤出模具位置的不同，滚压方式分为上压和下托两种方式，这两种方式对应的滚压装置结构有所区别，但工作原理基本相同。上压方式，压辊处于钢管上方，压辊对钢管表面施加向下的力，对涂层表面进行滚压；下托方式，压辊辊处于钢管下方，托辊对钢管表面施加向上的力，对涂层表面进行滚压。通过调节气缸的进气压力，可以控制滚压力的大小。

涂覆前，通过操作手柄，使轧辊处于合适的位置。涂覆时，操作人员将胶粘剂片材缠到钢管上，此时按动轧辊气缸顶升按钮，使轧辊压住片材。根据生产工艺要求调整气缸的工作压力，使之适合生产。生产中应随时根据涂层检测微调气缸工作压力。

5.2.12 切口工序

由于胶粘剂/PE挤出缠绕工序是一道连续性工序，在缠绕过程中，钢管首尾相接通过挤出模具下方，两根钢管之间的接缝也被聚乙烯和胶粘剂包覆。为了使两根钢管进入水冷段后能够相互脱开，需要在进入水冷前将两根钢管从接缝处用人工切断或机械自动切断方式将接缝处的涂层切开。本作业工法采用人工切断方式。

人工切断采用专业刀具，刀具通常有 3 个切片，中间的切片与钢管接缝对应，主要是为了方便钢管脱开；两侧的切片对称于中间的切片，与中间切片的距离均为 130mm 左右，主要是为了方便管端预留段涂层的切除。

5.2.13 水冷工序（图 5.2.13）

钢管涂敷后，涂层在管体上还处于熔融状态，不能与作业线传动轮相接触，用水将钢管冷却至 60℃以下，确保熔结环氧粉末涂层完全固化，不但保护了 3PE 涂层，而且能增加生产能力。为了防止水击对防腐层造成缺陷，在水冷进口段设有喷水箱，即可以增大冷却水量，又避免对涂层造成缺陷。

图 5.2.13 水冷却施工照片

图 5.2.14 在线检测施工照片

5.2.14 在线检测工序（图 5.2.14）

钢管涂覆时，由于各种因素的影响，有时个别位置的涂层会产生漏点。为便于检测，不影响生产速度，在作业线上安装有电火花检漏仪（一般是将电火花检漏仪安装在靠近出管处的传动线上）进行连续检测，检漏电压为 25kV，无漏点为合格。钢管在运动状态下可测出漏点，并在漏点位置喷打标记，以便钢管下线后人工检测修补。按规定定期对电火花检漏仪进行校核，保证监测数据的准确性。

5.2.15 管端预留段涂层去除工序

防腐层涂覆完成后，用专用铲刀将管端预留长度贴纸段铲去，除去管端部位的防腐层。

5.2.16 涂层检测工序

按《埋地钢制管道聚乙烯防腐层技术标准》GB/T 23257—2009 中规定的内容对防腐涂层的外观、漏点、厚度、粘结力、阴极剥离、拉伸强度和断裂伸长率等进行检测。

5.2.17 端头打磨工序（图 5.2.17-1）

管端预留长度按技术规范要求，聚乙烯层端面形成不大于 300°的倒角，聚乙烯层端部外可保留不超过 20mm 的环氧粉末涂层，便于补口时与补口涂层更好结合。端头打磨由转管装置、打磨小车（图 5.2.17-2）、回收装置等组成。

图 5.2.17-1 端头打磨施工照片

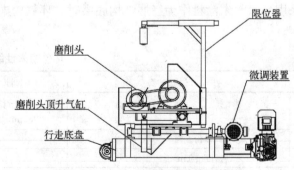
图 5.2.17-2 端头打磨小车机构图

限位器
磨削头
微调装置
磨削头顶升气缸
行走底盘

5.2.18　涂层修补工序

防腐层的漏点采用在线电火花检漏仪进行连续检查，检漏电压为 25kV，无漏点为合格。单根有 2 个或 2 个以下漏点时，按《埋地钢制管道聚乙烯防腐层技术标准》GB/T 23257—2009 标准规定进行修补；单根有 2 个以上漏点或单个漏点沿轴向尺寸大于 300mm 时，该防腐管为不合格。

5.2.19　合格成品管喷标识工序

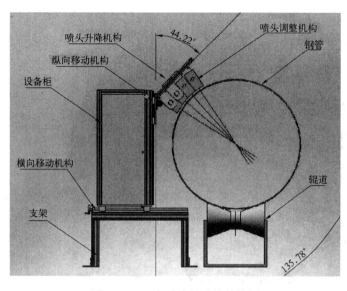

图 5.2.19　自动喷码系统结构图

检验合格的防腐管在距管端约 400mm 处标有产品标志，并随带产品合格证。产品标志包括：钢管规格、钢管编号、防腐层结构、防腐层类型、防腐等级、执行标准、制造厂名、生产日期等。产品合格证包括：生产厂及厂址、产品名称、产品规格、防腐层结构、防腐层类型、防腐层等级、防腐层厚度及检验员编号等。

防腐公司以往采用人工贴标识或喷标识，现采用自动喷码系统（图 5.2.19）喷标识，钢管移动到喷码工位后，感应器把钢管到位信号传给喷头升降机构，喷头下降，下降到喷码位置，同时发出喷头到位信号给喷码机，喷码机根据预先设定好的延时后，喷印预设的喷码内容，喷码结束，喷头升降机构升起，钢管离开喷码工位，一个喷码过程结束。

该设备由喷码系统、外标机构组成。具有结构简单，标识速度快，标记字体清晰、明显，稳定性好等特点，使用 WINDOWS 界面的输入系统，输入信息直观便捷，防止人为错误。在生产线上安装有弹性接触的编码器，用于采集钢管的速度信号，保证在不同的速度下喷印的效果一致。喷码系统采用模块化设计，在局部部件故障时，能通过简单的更换模块排除故障，避免故障影响生产，同时可以在一些部件故障时手动运行，最大减少故障时间，保证正常生产。

5.2.20　成品

将生产出的合格成品管堆放到专用的成品管垛，防腐成品管堆放的层数及要求按《埋地钢制管道聚乙烯防腐层技术标准》GB/T 23257—2009 标准执行，3PE 防腐成品管露天存放时间不宜超过 6 个月，若需存放 6 个月以上，用不透明的遮盖物对防腐管加以保护，等待发运。

6. 材料与设备

6.1　材料

6.1.1　环氧涂料

采用环氧粉末涂料作为三层结构底层时，环氧粉末的质量及熔结环氧涂层的性能应符合表 6.1.1 中的规定。

环氧粉末性能指标　　　　　　　　　　　　　　　　　　　　表 6.1.1

项　　目	性能指标	试验方法
粒度分布/ %	150μm 筛上粉末≤3.0 250μm 筛上粉末≤0.2	GB/T6554
挥发份/ %	≤0.6	GB/T6554
密度 g/cm³	1.3～1.5	GB/T4472

续表

项　　目		性能指标	试验方法
胶化时间（200℃）/s		≥12 且符合厂家给定值的±20%	GB/T6554
固化时间（200℃）/min		≤3	GB/T23257—2009 附录 A
热特性	反应热△H J/g	≥45	GB/T23257—2009 附录 B
	玻璃化转变温度 Tg₂/ ℃	≥95	

6.1.2　胶粘剂

两层结构和三层结构的聚乙烯防腐层所用胶粘剂的性能必须符合表 6.1.2 中的规定。

胶粘剂性能指标　　　　表 6.1.2

项　　目	性能指标	试验方法
密度 g/cm³	0.920～0.950	GB/T4472
熔体流动速率（190℃，2.16kg）g/10min	≥0.7	GB/T3682
维卡软化点 ℃	≥90	GB/T1633
脆化温度 ℃	≤−50	GB/T5470
氧化诱导期（200℃）/min	≥10	GB/T23257—2009 附录 F
含水率 %	≤0.1	HG/T2751—1996
拉伸强度/MPa	≥17	GB/T1040.2
断裂伸长率/ %	≥600	GB/T1040.2

6.1.3　聚乙烯

聚乙烯防腐层涂覆采用的聚乙烯混合料的压制片材的性能应符合表 6.1.3 中的规定。

聚乙烯性能指标　　　　表 6.1.3

项　目	性能指标	试验方法
密度 g/cm³	0.940～0.960	GB/T4472
熔体流动速率（190℃，2.16kg）/（g/10min）	≥0.15	GB/T3682
碳黑含量 %	≥2.0	GB/T13021
含水率 %	≤0.1	HG/T2751
氧化诱导期（220℃）min	≥30	GB/T23257—2009 附录 F
耐热老化（100℃，2400h 或 100℃，4800h）/%①	≤35	GB/T3682

① 耐热老化指标为试验前与试验后的熔体流动速率偏差；常温型，试验温度为 100℃、2400h；高温型，试验时间为 100℃、4800h。

6.2　设备（表 6.2）

钢质管道固定/撬装 3PE 外防腐施工及检测设备　　　　表 6.2

序　号	设备名称	型　号	性　能	能　耗	数　量
一	主要施工机具				
1	外除锈线	自制	φ114～φ1500mm	40kW	1 条
2	中频预热系统	KGPS 350		350kW	1 套
3	抛丸除锈系统		抛丸量 2t/min	160kW	2 套
4	内吹扫系统	自制	φ114～φ1500mm	10kW	1 套
5	反馈线	自制	φ114～φ1500mm	2.2kW	1 套
6	外涂覆线	自制	φ114～φ1500mm	60kW	1 条

续表

序　号	设备名称	型　号	性　能	能　耗	数　量
7	中频加热系统	KGPS 1250	φ114～φ1500mm	1250kW	2 套
8	粉末喷涂系统	2078 型 自动喷涂机	φ114～φ1500mm		1 套
9	PE 挤出机	φ220	2.5t/h	800kW	1 台
10	胶粘剂挤出机	φ90	0.5t/h	250kW	1 台
11	冷却系统	自制		70kW	1 套
12	端头打磨系统	自制		25kW	2 套
二	主要辅助设备				
1	吊车	QY25K5－I	25t	206kW	2 台
2	抓管机	CLG888	8t	231kW	1 台
3	拖车	EQ4153AE	30t	260ps	2 台
三	主要检验设备				
1	差式扫描量热仪	DSC1 型	－150～700℃	200W	1 台
2	剥离强度试验机	MTT1500			1 台
3	粗糙度测试仪（数显）	SP－201	0－100μm		1 台
4	粗糙度测试仪（指针）	214	0－100μm		2 台
5	露点测定仪	319	相对湿度（0%～100%）； Ta（－20～80℃）； Ts（－30～60℃）		2 台
6	盐分测定仪	SCM400	$0.1～20μg \cdot cm^{-2}$		1 台
7	数显磁性涂层测厚仪	456	0～5000μm		3 台
8	远红外测温仪	ST20	0～360℃		2 台
9	液晶电子拉力试验机	LDS－5	10kN		1 台
10	电火花检漏仪	HJ－3/HJ－4	5～30kV		2 台
11	弯曲试验机	GG2.5/3	5～18mm		1 台
12	冲击试验机	CP－25	8J/mm		1 台

7. 质 量 控 制

7.1　质量标准

7.1.1　《涂装前钢材表面锈蚀和除锈等级处理规范》GB 8923—1988。

7.1.2　《清洁表面氯化物的实验确定》ISO 8505—2。

7.1.3　《埋地钢质管道聚乙烯防腐层技术标准》GB/T 23257—2009。

7.1.4　《钢质管道单层熔结环氧粉末外涂层技术规范》SY/T 0315—2005。

7.1.5　《工业企业噪声控制设计规范》GBJ 87。

7.2　质量保证措施

7.2.1　钢管批量防腐前应先进行试生产，试生产出的防腐管根据相关标准对其进行质量检测，待防腐钢管质量合格并报业主批准后，按照试生产所确定的工艺参数进行正式生产。当防腐材料生产厂家或牌（型）号及钢管规格改变时，应重新进行试生产。

7.2.2　在进行防腐作业时，各工序按本工序的质量要求填写检验记录，各工序之间按质量检验记录为交接依据。

7.2.3　批量生产应保证设备性能稳定、工艺参数准确、工艺参数不得随意调整，确保产品质量合格。

7.2.4 在喷砂除锈和涂覆过程中，防腐操作人员应定期对环境条件进行监测，并做好对温度、湿度和露点的监测记录。

8. 安 全 措 施

8.1 安全标准

8.1.1 《重大危险源辨识》GB 18218—2000。

8.1.2 《职业安全健康管理体系》GB/T 28001—2001。

8.1.3 《安全标志》GB 2894—1996。

8.1.4 《消防安全标志设置要求》GB 15630—1995。

8.1.5 《生产过程安全卫生要求总则》GB 12801—91。

8.1.6 《常用化学危险品储存通则》GB 15603—1995。

8.1.7 《起重设备安全规程》GB 6067—85。

8.1.8 《粉尘防爆安全规程》GB 15577—1995。

8.1.9 《涂装前处理工艺安全极其通风净化》GB 7692—1999。

8.2 安全保障措施

8.2.1 安全体系建设

1. 坚决贯彻"安全第一，预防为主"的方针，并制订具体、可行、科学的制度及措施；

2. 建立、健全安全管理制度和保证体系，定期检查；

3. 对员工定期进行安全教育，定期举行消防和逃生演练；

4. 强化安全监管人员的责任意识。

8.2.2 钢质管道固定/撬装 3PE 外防腐作业安全生产措施

1. 厂区内必须用护栏或其他隔离设施划分出生产区域和非生产区域，并将生产时禁止靠近的设备用护栏或其他隔离设施隔离；

2. 厂区内的操作平台、架高平台、护栏和隔离设施的规格应符合相关要求规定；

3. 生产时，未经安全管理人员允许，非作业人员不得进入生产区域；

4. 配置电气和机械保护措施，防止钢管意外脱线；

5. 当因质量检测、补伤作业等原因必须通过有管的钢管平台时，必须使用楔木使钢管停止；为保证安全，楔木必须成对使用；

6. 所有操作台均应设置急停按钮；

7. 所有电气设备均应配置触电保护装置；

8. 应按火灾风险明确在厂区内划分风险识别区，并配置相关的警告标识；

9. 应按扑救对象的不同，在各区域内配置合适且足够的火灾报警器和灭火器材；

10. 灭火器材应由消防部门定期年检；

11. 火灾风险高的区域，电气设备应符合国家有关爆炸危险场所电气设备的安全规定，电气设施应整体防爆；

12. 厂区内的动火作业（包括：电、气含作业、补伤作业及其他动火作业），应由取得相关资质人员进行，且作业前从厂区的安全管理人处取得动火作业许可证；

13. 厂区内的吊装设备（龙门吊、桁车、吊车）的操作人员和参与吊装人员必须是取得相关资质的；

14. 新吊具（吊钩、钢丝绳、锁扣等）使用前，必须对产品的检验报告进行核实，如没有检验报告，不得使用；

15. 吊具必须定期更换，更换下来的就吊具必须废弃，不得再次使用；

16. 吊装作业时，应遵守相关的吊装安全作业规定；

17. 应定期对所有设备地脚螺栓和连接螺栓进行紧固。

9. 环 保 措 施

9.1 环保标准

9.1.1 《工业企业厂界环境噪声排放标准》GB 12348—2008。

9.1.2 《大气污染物综合排放标准》GB 16297—1996。

9.1.3 《工业企业设计卫生标准》GBZI—2002。

9.2 环境保证措施

3PE 防腐生产过程中影响环境的因素主要有：粉尘、噪声、固体废弃物。

9.2.1 粉尘控制

使用旋风除尘与布袋/滤筒式除尘相结合的除尘方式，使粉尘排放量和排放速率低于《大气污染物综合排放标准》GB 16297—1996 中规定的二级标准。

9.2.2 噪声控制

固定防腐厂厂界噪声控制标准：昼间为 65dB（A），夜间 55dB（A）；撬装移动防腐厂厂界噪声控制标准，根据不同的厂址，按《工业企业厂界噪声》标准执行。一般操作岗位环境噪声控制标准为 85dB。

1. 厂房外的噪音源，如风机、除尘器、空压机等均采用隔声墙进行噪声屏蔽；

2. 厂房内噪声源（如：中频等），采取加盖隔声房的方式降噪；

3. 为所有操作人员配置耳塞等噪声防护用品；

4. 夜间生产采用降低除尘器反吹频率、减少车辆使用频率等方法降低室外噪声。

9.2.3 固体废弃物控制

1. 防腐厂产生的废弃物必须按废弃物类别投入指定箱（桶）或在指定的场地放置，禁止乱投乱放。放置废弃物的地点要有明显标识；

2. 防腐厂与生产过程中产生的废弃物按《废弃物清单及处理要求》中规定的处置要求执行；

3. 生产中产生的铁粉、环氧粉末、聚乙烯废料由专业回收机构回收。

9.3 HSE 组织机构（图 9.3）

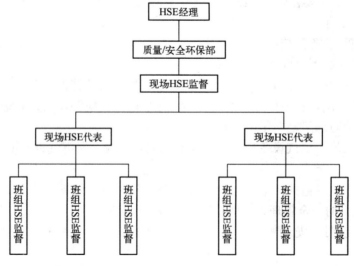

图 9.3 HSE 机构图

10. 效 益 分 析

本工法是在自行研制大口径、撬装外涂层涂覆作业线基础上编制的，不仅可以填补国内空白，解决当前管道工程建设遇到的实际问题，而且从设备引进上，也节约大量资金，使设备国产化。面对国内外管道施工的大市场，编制修改本工法是非常必要的。管道涂覆可以形成高技术附加值的产业，带来较高的经济效益，拓宽了中国石油天然气管道局企业生存和发展的空间，不仅使管道局从技术配套上更加完整而且为占领国内市场、开拓国外市场打下了良好的基础。

本工法在很多管道工程施工中得到充分应用，并且产生了很大的经济效益和社会效益，工程质量受到业主的高度评价。

11. 应 用 实 例

钢质管道固定/撬装 3PE 外防腐作业施工工法已使用了 8 年，先后参加建设的国内外管道工程 15000 多公里，防腐钢管直径从 φ114～φ1500mm 不等，有力支持了我国油气管道的建设。参加建设的典型工程有：

11.1 阿尔及利亚管线工程

该工程为天津中油飞鸽分公司承揽的国际工程，施工日期 2006 年 6 月至 2008 年 6 月，总工程量为 2634km，管径分别为 φ323.9、φ219、φ114 防腐为三层 PE 结构。业主为天津天橡工业进出口有限公司。该工程为固定 3PE 防腐作业线所生产。

11.2 西气东输二线管道工程

该工程为辽阳分公司承揽的"十一五"国家重点工程，施工日期为 2008 年 1 月至 2009 年 6 月，总工程量为 200km，管径为 φ1016、φ1219 防腐为三层 PE 结构。业主为中国石油天然气股份有限公司。该工程为固定 3PE 防腐作业线所生产。

11.3 中亚天然气管道工程

该工程由阿拉山口分公司和霍尔果斯分公司共同承揽，属于"十一五"国家重点工程之一，施工日期为 2008 年 6 月至 2009 年 6 月，总工程量为 500km，管径为 φ1067，防腐为三层 PE 结构。业主为中国石油技术开发公司。该工程为撬装 3PE 防腐作业线所生产。

11.4 广东 LNG 管道工程

该工程为深圳分公司承揽的国内工程，施工日期 2005 年 1 月至 2006 年 3 月，总工程量为 430.4km，管径分别为 φ323.9、φ457、φ610、φ762、φ914，防腐为三层 PE 结构。业主为广东大鹏 LNG 有限责任公司。该工程为撬装 3PE 防腐作业线所生产。

11.5 西部原油成品油管道工程

该工程为玉门分公司和兰州分公司共同承揽的国内工程，施工日期 2004 年 10 月至 2005 年 12 月，总工程量为 1382.7km，管径分别为 φ219.1、φ323.9、φ508、φ559、φ711、φ813，防腐为三层 PE 结构。中油管道物资装备总公司。该工程为撬装 3PE 防腐作业线。

管道爬行器 X 射线检测工法

YJGF74—2002（2009~2010 年度升级版- 080）

中国石油天然气第一建设公司

龚华　李鹏　胡述超　华金德　马彦涛

1. 前　言

目前，国际及国内长输管道施工基本采用流水焊接作业，施工速度大大提高，从而对无损检测施工的效率提出了新的要求。采用传统的源在外定向射线检测的方法，不但速度慢，效率低，而且人力和物力投入也较大，不能满足长输管道施工要求。随着形势的发展，利用管道爬行器进行射线检测已广泛应用到长输管道检测施工中。与传统检测方法相比，此种检测设备能够在管道外部进行控制，利用机电驱动装置在管道内部行走和曝光，达到对焊道快速检测的目的。

国内采用管道爬行器进行射线检测的技术已日臻成熟，并在φ325~φ1016mm 规格长输管道焊缝射线检测中成功应用，取得了显著的经济效益和社会效益。2000 年以来，我单位在涩—宁—兰输气管道工程、兰—成—渝输油管道工程以及京—石输气管道、广东 LNG 管道等多个长输管道工程中采用本工法透照，完成二万余道焊口的射线检测施工任务，并在施工生产中总结经验，逐步完善了各个施工工序，编写了本工法。

2. 工 法 特 点

2.1 爬行器能够在管道内部根据指令完成前进、曝光、后退等动作。

2.2 使用磁定位系统在管道外部控制爬行器的动作。

2.3 爬行器在管道内部对环焊缝进行中心周向曝光，一次曝光即可完成一道焊口的射线检测。

2.4 使用整张底片完成整道焊口的检测，避免了漏检现象的产生。

2.5 射线场分布均匀，所拍摄底片黑度均匀，检测灵敏度高。

2.6 检测速度快，施工效率高，劳动强度低，便于组织施工。

2.7 爬行器以自备蓄电池供电，无须外接水源、电源。

2.8 X 射线管道爬行器体积较大，重量较重，携带不方便。

2.9 X 射线管道爬行器爬坡能力较强，可完成坡度不大于 38°的焊口检测。

3. 适 用 范 围

3.1 本工法适用于以磁定位系统在管道外部对爬行器进行控制的 X 射线管道检测爬行器。

3.2 检测范围：采用中心法周向曝光透照φ325~φ1200mm，透照厚度（TA）小于 30mm 的管道环焊缝。透照厚度计算公式见式 3.2：

$$TA = T + H \tag{3.2}$$

式中　TA——实际透照厚度；

　　　T——母材厚度；

　　　H——焊缝余高。

4. 工 艺 原 理

管道爬行器由 X 射线机、爬行驱动系统、磁定位控制系统、指令接收及分析系统等组成。X 射线机在一个具有机电组合结构的小车上，利用机械和微电脑控制装置，在管道内部完成前进、曝光、后退等动作，从而完成对管道环焊缝的周向曝光检测。

中心法周向曝光是将 X 射线源近似看作一个点源，置于环焊缝中心对焊缝进行周向曝光。这种方法透照厚度比约为 1，有利于横向裂纹的检出，拍摄的底片黑度均匀，底片灵敏度较高。其透照方式示意如图 4 所示：

工作中，在焊道外表面用单张底片绕环焊缝一周固定，打开爬行器电源开关，将爬行器送入管道内部。爬行器在机电系统驱动下在管道内部前进，在外部磁定位系统的控制下，前进到指定位置停止，爬行器根据预定参数进行曝光操作。完成对焊缝的曝光后，爬行器继续前进到下一焊口位置，重复工作。全部焊口检测完成后，爬行器按照指令退出管道。

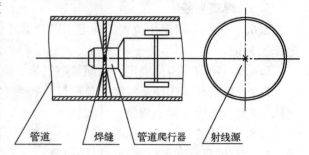

图 4　X 射线管道爬行器透照方式示意图

5. 施工工艺流程及操作要点

5.1　施工前准备工作

5.1.1　检查蓄电池电量。

5.1.2　检查各部件连接螺栓是否紧固、可靠。

5.1.3　检查驱动系统以及刹车系统现状并使其保持良好工作状态。

5.1.4　准备标记尺、象质计、铅字号、铅板、磁力贴片夹、胶布等。

1. 胶片长度应大于管道周长，一般片头和片尾重叠部位以 100mm 为宜。胶片规格应与暗盒规格配套。

2. 增感屏一般应选择纸基较厚的铅箔增感屏。其规格应与胶片规格配套。前后增感屏厚度宜相同，推荐采用厚度为 0.1mm 的铅箔增感屏。

3. 标记尺的准备。按照 10cm 间隔把 10，20，30…铅字符固定在标记带上，具体标记尺长度视施工的管道周长而定。

4. 散射线屏蔽材料的准备。铅板是对散射线屏蔽的有效手段，但因体积大，重量较大，现场施工工较少采用。根据实验，我单位采用相同规格的废旧增感屏与报废暗袋作为散射线屏蔽材料。通过现场的实际使用，屏蔽效果良好，且轻便耐用。

5. 计算器和计时器。用于计算转弯半径以及在不同透照厚度时修改爬行器的曝光时间。

5.2　接收检测指令或委托单

5.2.1　对指令或委托单的审核。

5.2.2　根据指令或委托单测算工作量，准备相应数量的胶片及相关器材。

5.3　进入施工现场注意事项

5.3.1　观察施工现场是否存在塌方、滚管、坠落等危险因素，并安排专人负责警戒。

5.3.2　巡回检查管道爬行器需要运行的路线及附近地形地貌，对管道内部可能存在积水部位以及管道的转弯半径、爬坡度应仔细核查，避免可能因积水、过大的爬坡角度等原因导致的爬行器意外损坏。

5.4　爬行器的组装及现场调试

5.4.1　管道爬行器进入现场后先进行分段组装。组装过程中应注意各个连接部位应牢固连接，电源及信号连接部位插头、插座应连接良好，无松动及接触不良现象。

5.4.2　管道爬行器组装中应注意射线源中心标高的调节及轮距的调整。

5.4.3　管道爬行器组装完成后应进行性能调试。调试中应注意驱动系统、刹车系统、指令接收器运行是否正常以及反应是否灵敏。

5.4.4　管道爬行器定位精度的控制。根据管道爬行器的额定参数，通过试验确定其最佳定位精度。

5.4.5　管道爬行器转弯半径的确定。根据实验结合现场管道情况确定转弯半径，测算值应小于爬行器标称值，否则应更换爬行器或采取其他方法进行检测。

5.5 安全警戒区的设立。根据计算值和实测距离，划定安全警戒区。在警戒范围设置有"射线危险"标志的警示灯、警示牌及警绳等标志，防止非射线检测人员进入。

5.6 焊缝划线

5.6.1 "0"点定位位置的确定。以管道环焊缝上部最高点作为底片"0"点定位位置，并用记号笔作出标记。

5.6.2 定位方向的确定。按照"逆气流、顺时针"方法确定定位方向。

5.7 象质计的选择及放置。象质计应按照《线型象质计》GB 5618 标准要求选择，现场使用时应每隔 90°放置 1 个，每道焊缝共计放置 4 个。

5.8 胶片的布置及工作时机的选择。按照焊口顺序依次将胶片顺序贴布于环焊缝上，一般贴布 10 道焊口左右即可启动爬行器进行射线检测。

5.9 按照顺序将已经透照完成的底片收回，并将配套器材（标记尺、字号带、象质计等）向下一批焊口移动，循环使用。

5.10 爬行器完成检测任务退出管道后，应检查各紧固部件连接是否良好，各连接电缆插头、插座是否有松动现象，否则应进行检修。

6. 材料与设备

6.1 管道爬行器：满足所检测管道要求的射线机头，爬行器主车，爬行器电池，磁定位系统，指令接收盒等。

6.2 直读式 γ 射线剂量仪：1 台。

6.3 个人射线报警器：4 个。

6.4 洗片机：1 台。

6.5 射线检测评片尺：2 只。

6.6 铅防护屏：1 套。

6.7 观片灯：2 台。

6.8 黑白密度计：1 台。

6.9 配套显定影药液：根据检测量而定。

6.10 增感屏、暗袋、象质计、铅字号、胶布、标记尺、标记带、记号笔、磁力贴片夹等根据检测量需求而定。

6.11 安全灯、安全绳、警报灯、射线危险标志牌根据需求而定。

7. 质量控制

底片质量必须满足相关标准的有关要求：

7.1 《石油天然气钢质管道无损检测》SY/T 4109—2005 射线部分。

7.2 图纸、合同规定的标准。

8. 安全措施

8.1 X 射线源使用，应按照国家有关放射管理条例程序要求进行。

8.2 凡从事射线操作的人员，必须进行定期健康检查。

8.3 凡从事 X 射线操作人员，必须持有国家环保部门颁发的 X 射线操作资格证，方可上岗操作。

8.4 管道爬行器使用前，必须对主车、电池、射线机头进行严格检查。

8.5 施工前需精确计算安全防护数据，并实测其安全防护距离，设立控制区和管理区，在施工中要严格遵守，保障人员安全。

8.6 应在安全管理区域四周设警示绳、警示灯及警示牌，路口设专人防护，防止人员误入。

9. 环 保 措 施

9.1 X 射线使用必须遵守国家有关法规和规定，防止污染环境。

9.2 施工中的废药液、废胶片必须由相关回收处理资质的单位进行回收，并做好回收记录。

9.3 X 射线作业应按照业主同意时间、范围和放射作业安全规程进行作业。

9.4 施工过程中应保护自然环境植被及野生动物的生存环境。接受所在地环境保护部门的监督和指导。

10. 效 益 分 析

10.1 经济效益

以 100km $\phi508×8$ 长输管道焊接检测施工，以每天焊接 80 道口为例，在没有其他因素影响施工进度的情况下，使用管道爬行器检测与传统的源在外射线机检测比较，效益分析见表 10.1：

效益分析表 表 10.1

项目 \ 方法	管道爬行器检测	X 射线机检测
焊缝总数	9350 道	9350 道
拍片数量	9350 张	56100 张
设备数量	2 台管道爬行器	5 台 250kV X 射线机
	——	5 台 5kW 发电机
	工程车 2 台	工程车 5 台
设备资金	80 万元	160 万元
劳动强度	小	大
设备损耗	16 万元	32 万元
劳动组织	容易	较难
劳动力	10 人	20
工期	120d	120d
射线防护	容易	困难

10.2 社会效益

10.2.1 劳动条件好，工人劳动强度低，防护可靠，保证了职工身体健康。

10.2.2 不受外接电源限制，操作安全方便。

10.2.3 底片质量易保证，提高了检测质量。

10.2.4 便于施工组织，劳动效率高。

11. 应 用 实 例

11.1 2005 年，我单位在广东 LNG 工程 60km 管道焊接检测施工中，面对沿途山高谷深，作业环境极度恶劣的困难局面下，在近四个月的有效施工工期内，仅用 2 台管道爬行器，克服许多难以想象的困难，完成了大工作量的焊口检测，突破了如转弯、大坡度河流穿越、大角度上下坡等位置焊口射线检测的难点。共计透照底片 9500 余张，一次拍片合格率达 98％以上（管道焊口规格分别为 $\phi811×9.5/$

11.3mm 等），底片质量完全符合《石油天然气钢制管道对接焊缝射线照相及质量分级》SY/T 4109—2005 标准要求。射线探伤技术水平得到监理工程师和业主的好评。此项工程节省费用如下：

1. 与采用定向 X 射线机检测相比，拍片一次合格率提高 8%，每张底片直接费 30 元，节省材料费 9500×0.08×30＝2.28 万元。

2. 节省了 5 台自备发电机（按 5 个定向检测机组设置）。如按一台发电机台班费 100 元/d 计算，节省台班费 5×100×120d＝6 万元。

3. 节省 3 台工程车（按 5 个定向检测机组设置）。如按一台工程车台班费 200 元/d 计算，节省台班费 3×200×120d＝7.2 万元。

4. 节省 X 射线机大修费约 10 万余元。

5. 节省 3 个定向检测机组（按每个定向检测机组 5 人设置）人工费。如按每人月收入 3000 元计算，节省人工费 15×3000×4＝18 万余元。

仅以上几项即可节省检测费用近 43.48 万元。

采用本施工方法施工使施工人员劳动强度和设备损耗大大降低，施工人员数量减少，并且完全符合工程施工进度，保证了工期要求。我单位在此工程的检测施工得到了业主甘肃金隆管道有限公司及朗威监理有限公司的充分肯定和高度评价。

11.2 在西气东输—陕京二线联络管道工程曲阜—济宁支线线路工程，有效工期 10 个月，检测工作量为 3482 道焊口。采用本工艺进行检测，连同一些 X 射线机无法透照的焊口，共计透照 6500 多张底片，均符合《石油天然气钢制管道对接焊缝射线照相及质量分级》SY/T 4109－2005 标准的要求，并顺利通过国家监检机构的审查验收。与采用定向 X 射线机检测对比如下：

1. 拍片一次合格率提高 6%，每张底片直接费 30 元，节省材料费 3482×0.06×30＝0.63 万元。

2. 节省了 3 台自备发电机（按 3 个定向检测机组设置）。如按一台发电机台班费 100 元/d 计算，节省台班费 3×100×180d＝5.4 万元。

3. 节省 2 台工程车（按 3 个定向检测机组设置）。如按一台工程车台班费 200 元/d 计算，节省台班费 2×200×180d＝7.2 万元。

4. 节省 X 射线机大修费约 7 万余元。

5. 节省 2 个定向检测机组（按每个定向检测机组 5 人设置）人工费。如按每人月收入 3000 元计算，节省人工费 10×3000×6＝18 万余元。

粗略计算，上述几项可节省检测费用近 38.23 万元。

11.3 在 2005 年 4 月～2006 年 8 月西部原油成品油管道施工中，有效工期 10 个月，采用本工艺进行检测管道焊口 3300 余道，拍片一次合格率达 98% 以上，底片质量符合《石油天然气钢制管道对接焊缝射线照相及质量分级》SY/T 4109－2005 标准的要求。施工高潮期间，仅使用 1 台 X 射线管道爬行器，平均每天检测一百多道口，每天爬行距离超过 2km，圆满完成了全部工作量。与采用定向 X 射线机检测对比如下：

1. 与采用定向 X 射线机检测相比，拍片一次合格率提高 8%，每张底片直接费 30 元，节省材料费 3300×0.08×30＝0.79 万元。

2. 节省了 4 台自备发电机（按 4 个定向检测机组设置）。如按一台发电机台班费 100 元/d 计算，节省台班费 4×100×100d＝2.4 万元。

3. 节省 2 台工程车（按 4 个定向检测机组设置）。如按一台工程车台班费 200 元/d 计算，节省台班费 2×200×100d＝4 万元。

4. 节省 X 射线机大修费约 8 万余元。

5. 节省 3 个定向检测机组（按每个定向检测机组 5 人设置）人工费。如按每人月收入 3000 元计算，节省人工费 15×3000×3＝13.5 万余元。

仅以上几项即可节省检测费用近 28.69 万元。

由此可见，采用管道爬行器完成长输管道的检测施工，其费效比相当可观。管道爬行器成为长输管道射线检测的主流设备已经成为必然。

钢质弯管环氧粉末机械化连续外防腐作业工法

YJGF79—2002（2009～2010 年度升级版-081）

中国石油天然气管道科学研究院

焦如义　张瑛　袁春　姚士洪　王玮

1. 前　言

在长距离输油气管道建设中，钢质管道的外防腐是必不可少的环节之一。一直以来，直管外防腐技术已经十分成熟并应用广泛。近年来，随着西气东输等多条国家重点油气管道工程及跨国管线的依次展开，新建管线的路径愈来愈长，所经地形错综复杂，对钢质热煨弯管的需求也急剧增多。因此，热煨弯管的防腐也成为一项直接影响管线运行寿命的关键环节之一。由于钢质弯管形状的特殊性，热煨弯管防腐施工一直以手工作业为主，难以实现机械化生产线连续作业。而手工作业受人为因素的影响，使防腐质量难以保证，为此，弯管的防腐已成为整条管线防腐的薄弱环节，而其与整条管线的防腐等级和寿命的矛盾也越来越突出。鉴于热煨弯管防腐的特殊性，中国石油天然气管道科学研究院（以下简称管道研究院）在大量应用弯管防腐技术的基础上，组织编写了《钢质弯管环氧粉末机械化连续外防腐作业工法》。

1999 年，根据管道施工技术状况，管道研究院结合"涩北—西宁—兰州输气管道工程"的实际需要，成功研制出了国内首条热煨弯管熔结环氧粉末外防腐作业线。2000 年，针对"西气东输天然气管道工程"，进一步开发出双层环氧粉末喷涂技术，并研制出相应的施工装备，该项技术于 2001 年 6 月通过了中石油集团公司组织的验收。该作业线从表面抛丸除锈处理到涂层环氧粉末涂敷均采用机械化作业，施工质量易于控制，保证了防腐层质量的稳定性和可靠性，提高了生产效率，从根本上解决了弯管防腐这一困扰多年的技术难题。

从 2000 年至 2010 年，使用"钢质弯管环氧粉末机械化连续外防腐作业工法"，已连续为国家重点工程"西气东输天然气管道工程"、"忠县—武汉输气管道工程（简称忠—武线）"、"西南成品油管道工程"、"陕京二线输气管道工程"、"冀宁联络线"、"西气东输二线天然气管道工程"等二十多条管道工程防腐各种管径、壁厚弯管 30000 余根，几乎包揽了近年来大部分国家重点工程的弯管防腐施工任务。防腐层质量完全符合各工程相关技术标准的要求。双层环氧粉末涂层已成为目前弯管防腐的首选涂层。

国家知识产权局于 2002 年 5 月授予钢质弯头传输线技术实用新型专利（ZL 01 2 31298.3），2004 年 6 月授予钢质弯头熔结环氧粉末外防腐层涂敷装置发明专利（ZL 01120196.7）。2003 年 10 月，大口径热煨弯管外防腐作业线获中国石油天然气管道局"科技进步一等奖"，2003 年 11 月，获中石油集团公司"科技进步二等奖"。2002 年编制的《钢质弯管环氧粉末机械化连续外防腐作业工法》获国家级工法（YJGF79—2002）。管道研究院 2008 年主编了《西气东输二线管道工程热煨弯管双层熔结环氧粉末外防腐层技术规范》（Q/SY GJX 0105—2008）；2010 年主编了《中缅油气管道工程（缅甸段）热煨弯管双层熔结环氧粉末外防腐层技术规范》（Q/SY DYG 0344—2010）。

2002 年管道研究院编制的《钢质弯管环氧粉末机械化连续外防腐作业工法》获国家级工法，工法的有效期为 6 年，在此期间热煨弯管机械化防腐技术没有发生根本性变化，因此，很有必要对弯管机械化防腐作业工法重新申报，继续保持国家级工法。

本工法在 2002 年国家级工法的基础上进行了相关内容的修订、补充和完善。主要修改内容如下：

（1）对第 1 章工法的形成原因、过程及参与的工程实践、受到的表彰以及参编的标准进行了补充和完善。

（2）对第 2 章工法特点从功能和施工方法两方面做了更详细而全面的叙述。

（3）对第 4 章工艺原理中的关键技术和第 5 章施工工艺流程及操作要点进行了补充和修订。

（4）对第 6 章中材料的名称、规格和主要技术指标以及设备的主要性能参数做了补充和规定。

2. 工 法 特 点

2.1 功能特点

2.1.1 钢质弯管环氧粉末机械化连续外防腐作业工法是采用机械化作业方式代替手工作业，对不同角度和管径的热煨弯管实施外防腐。弯管防腐实现了从抛丸除锈到环氧粉末涂敷的全过程自动化作业，使防腐作业过程易于控制，保证了防腐质量的稳定性和可靠性。

2.1.2 环形弯管传输作业线可以根据不同的弯管直径和角度进行调节，保证了弯管在作业过程中的平稳运行，提高了对工程需求的适应性。

2.1.3 除锈工位采用了多抛头的抛丸除锈方式，安装在抛丸除锈清理室上的多个抛丸器沿弯管圆周方向均匀分布，符合弯管的结构特点，保证了表面的整体除锈质量；并可根据弯管表面锈蚀情况调节行进速度和磨料喷射量，保证了较高的运行效率。

2.1.4 随动式弯管加热装置，使弯管在圆周方向的加热温度均匀，有效保证了喷涂前的预热效果。

2.1.5 喷涂系统采用了先进的双层环氧粉末喷涂技术（也可根据工程需要实施单层粉末涂敷作业），两层环氧粉末一次喷涂成膜，不需增加额外的设备和时间即可同时完成涂层的防腐和防护，极大提高了防腐层的机械性能。

2.1.6 粉末喷涂系统的喷粉机构可以随弯管的行走作径向摆动，以适应不同弯曲角度弯管的防腐作业。粉末喷涂枪沿弯管圆周方向均匀分布，并由电机驱动，沿管体圆周方向匀速摆动，无运行死点，保证了涂层的连续性和厚度的均匀性。涂层厚度可根据需要在 $300\sim1200\mu m$ 范围内任意调节。

2.1.7 连续可调节涂层冷却系统保证了涂层的冷却固化效果。

2.2 施工特点

2.2.1 采用本工法进行弯管防腐作业，保证了防腐层质量的稳定性和可靠性。连续的机械化生产线作业避免了手工防腐作业方式中加热温度和涂层厚度不均匀的问题，减少了人为因素对防腐质量的影响，也大大降低了操作人员的劳动强度，使弯管防腐施工效率和质量有了质的突破，从根本上解决了弯管防腐这一困扰多年的技术难题，使弯管防腐质量达到了与直管相同的技术水平。

2.2.2 涂敷工位采用了三维随动结构的中频加热系统和粉末喷涂系统，保证了弯管加热温度的精确性和涂层厚度的均匀性。由于具有较高的生产效率，完全能够满足大规模管线施工对防腐弯管数量的需求。

2.2.3 工位之间通过行吊或吊车接续，保证了较高的运行效率和施工过程的安全性。

2.2.4 在除锈和粉末涂敷工位均采用了多级粉尘回收净化装置，有效降低了环境污染，保证了施工人员的身体健康，满足了施工的安全、健康和环保要求。

3. 适 用 范 围

3.1 适用管径：DN100～1500mm。

3.2 适用热煨弯管角度：10°～90°。

3.3 适用防腐层结构：钢质热煨弯管单、双层熔结环氧粉末外防腐。

3.4 适用施工场地：钢质弯管环氧粉末机械化连续外防腐作业线采用模块化结构，可根据工程需要现场施工，也可在防腐厂进行预制生产。

4. 工 艺 原 理

钢质弯管熔结环氧粉末机械化连续外防腐作业工法是通过机械化作业线传动对弯管依次进行抛丸除

锈、中频感应电加热、静电喷涂等形成的防腐工艺流程，弯管防腐采用的关键技术如下：

4.1 钢质弯管熔结环氧粉末机械化连续外防腐作业线结构简图见图4.1：

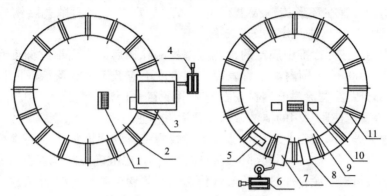

图4.1 钢质弯管熔结环氧粉末机械化连续外防腐作业线结构简图
1—除锈控制系统；2—传动系统；3—除锈系统；4—除锈回收系统；5—水冷系统；6—粉尘回收系统；
7—喷涂系统；8—加热系统；9—喷涂控制系统；10—供粉系统；11—喷涂传动系统

4.2 弯管传输线技术。采用环形弯管传输线，传动速度可根据需要进行调节，传动轮和内侧靠轮同时作用，不同角度的弯管在传输线上均能平稳运行。

4.3 弯管抛丸除锈技术。抛丸除锈技术的原理是利用机械方法把丸料（钢丸或砂丸）以适当的速度和角度抛射到钢管表面上，让丸料冲击钢管表面，来去除钢管表面的锈蚀和氧化皮，使其达到一定的粗糙度和锚纹深度，提高了涂层的附着力。弯管机械化除锈作业采用多个抛丸器沿弯管圆周方向均匀分布的结构方式，有效保证了表面处理质量的均匀性。

4.4 弯管中频加热技术。中频加热技术是指一种非接触式的加热技术。该技术主要是利用电磁感应原理，在钢管管壁内部产生涡流效应，将钢管均匀加热到工艺要求的温度。弯管的加热装置，可以随弯管的行走作径向和轴向移动，保证了弯管的弯曲段和直管段的连续、均匀加热。

4.5 弯管静电喷涂技术。弯管环氧粉末喷涂是指利用高压静电电位差原理使喷出的涂料介质带电，并进一步雾化。按照"同性相斥，异性相吸"的原理，已带电的涂料介质受电场力的作用，沿电力线定向地流向带正电的钢管表面，沉积成一层均匀、附着牢固的薄膜喷涂方法。在弯管连续机械作业生产线中，粉末喷涂系统的喷枪沿弯管圆周方向均匀分布，并可以随弯管的行走作径向摆动，适合于不同弯曲角度弯管的防腐作业。涂层厚度可根据需要进行调节。

5. 施工工艺流程及操作要点

5.1 钢质弯管环氧粉末机械化连续外防腐作业工艺流程
本作业线的涂敷工艺流程见图5.1：

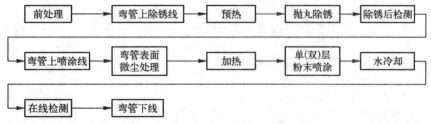

图5.1 本作业线的涂敷工艺流程图

5.2 主要工序简要说明如下：

5.2.1 前处理。钢管外表面涂敷之前，应采用适当的方法将附着在钢管外表面的油、油脂及任何其他杂质清除干净。然后将弯管吊运至除锈传输线。

5.2.2 预热。弯管进入除锈传输线除锈前，对钢管进行表面温度检测，当温度低于露点温度以上3℃时，应将弯管表面加热至50～60℃以驱除管表面潮气。预热后弯管传送至除锈工位。

5.2.3 抛丸除锈。弯管在环形传输线上行走进入清理室进行表面抛丸除锈处理。钢管外表面喷（抛）射除锈应达到GB/T 8923中规定的Sa2.5级。

5.2.4 除锈后检测。按照标准中规定的检测频率检测除锈后的表面锚纹深度和除锈等级。钢管表面的锚纹深度应在40～100μm范围内，钢管表面的灰尘度不应低于《涂覆涂料前钢材表面处理表面清洁度的评定试验第3部分：涂覆涂料前钢材表面的灰尘评定（压敏粘带法）》GB/T 18570.3规定的2级质量要求。除锈后的弯管应使用专用的清洁带吊装至涂敷作业线。

5.2.5 加热。弯管进入涂敷作业线后，通过中频线圈将弯管表面加热至环氧粉末涂料所要求的温度范围。使用测温仪对弯管圆周方向不同部位进行连续测量，以准确控制弯管表面加热温度。

5.2.6 单（双）层粉末喷涂。加热后的弯管传送至环氧粉末喷涂室进行涂敷作业。应根据不同工程的要求调节涂层厚度。

5.2.7 水冷却。涂敷后的弯管进入水冷却室，进行冷却。

5.2.8 在线检测。在弯管表面温度降至100℃以下后，用电火花检漏仪对全部防腐层做漏点检测，并在漏点部位作出标记。

6. 材料与设备

6.1 材料

主要材料包括钢质弯管、熔结环氧粉末（性能指标见表6.1）涂料（包括配套的修补材料）、表面清理用磨料、预留段覆盖纸带及弯管堆放及运输使用的草绳、草垫等。

熔结环氧粉末性能指标　　　　　　　　　　　　　　　表 6.1

序　号	试 验 项 目		性 能 指 标	试 验 方 法
1	外观		色泽均匀，无结块	目测
2	固化时间（230℃±3℃）min		≤2 且符合粉末生产商给定特性±20%	CSA Z245.20－06 附录12.1
3	胶化时间（205℃±3℃）s		≥15 且符合粉末生产商给定特性±20%	CSA Z245.20－06 附录12.2
4	挥发份含量%		≤0.6	CSA Z245.20－06 附录12.4
5	粒度分布%	150μm 筛上粉末	≤3.0	CSA Z245.20－06 附录12.5
		250μm 筛上粉末	≤0.2	
6	密度 g/cm³		1.3～1.5 且符合粉末生产商给定值±0.05	CSA Z245.20－06 附录12.6
7	热特性 ΔHJ/g		≥45 且符合粉末生产商给定特性	CSA Z245.20－06 附录12.7

6.2 设备

该作业线施工需要配备的机具和检测设备见表6.2。

钢质弯管环氧粉末机械化连续外防腐作业机具设备　　　　　表 6.2

	设备名称	用　途	备　注
作业设备	行吊	倒管	16～20t
	汽车	运管	吨位约为10t，可选
	抛丸除锈作业线	除去管壁锈层	必选设备
	中频加热器	对钢质弯管进行加热	环氧粉末涂敷必选设备
	FBE喷粉室	在钢管表面涂敷FBE	环氧粉末涂敷必选设备
	冷却水系统	对涂敷完成后的防腐管进行冷却及中频电源冷却	环氧粉末涂敷必选设备
	空气压缩机	给喷涂设备提供气源	环氧粉末喷涂必选设备

设 备 名 称		用　　途	备　　注
检 测 设 备	电火花检漏仪	防腐覆盖层漏点检测	必选设备（2500～10000V）
	测温笔	测试加热温度	必选设备（210～240C°）
	涂层测厚仪	涂层厚度检测	必选设备（100～1500μm）
	锚纹仪	除锈后锚纹深度检测	必选设备（40～100μm）

7. 质 量 控 制

7.1 质量标准

7.1.1 石油行业标准《钢质管道熔结环氧粉末外涂层技术标准》SY/T 0315—2004。

7.1.2 石油行业标准《埋地钢质管道双层熔结环氧粉末外防腐层技术规范》SY/T 1038—2007。

7.1.3 《工业企业噪声控制设计规范》GBJ 87。

7.2 质量保证措施

7.2.1 钢管批量防腐前应先进行工艺性试验，并根据相关标准对试验弯管进行质量检测，待质量合格并报业主批准后，按照工艺性试验所确定的工艺参数进行正式生产。当防腐材料生产厂家或牌（型）号及钢管规格改变时，应重新进行工艺性试验。

7.2.2 在线质量控制：包括钢管表面预处理后的除锈等级、钢管表面的灰尘度、锚纹深度、涂敷加热温度、涂层厚度及涂层漏点的检测等。

7.2.3 出厂检验：包括涂层外观、涂层厚度及漏点的检验。经检验合格的弯管应按标准中的要求作出完整、清晰的标记。

7.2.4 型式检验：按标准中规定的抽检频率及检验项目抽取弯管或同一生产工艺条件下的弯管试验段作试件，按标准中规定的检测项目送权威检测机构进行检测。

7.2.5 不合格品的处理：检验不合格的弯管在允许修补范围内的，按照相关标准中的规定进行修补；超过允许修补范围的则应彻底清除旧涂层后重新进行涂敷。

8. 安 全 措 施

8.1 安全标准

8.1.1 《重大危险源辨识》GB 18218—2000。

8.1.2 《职业安全健康管理体系》GB/T 28001—2001。

8.1.3 《安全标志》GB 2894—1996。

8.1.4 《消防安全标志设置要求》GB 15630—1995。

8.1.5 《生产过程安全卫生要求总则》GB 12801—91。

8.1.6 《常用化学危险品贮存通则》GB 15603—1995。

8.1.7 《起重设备安全规程》GB 6067—85。

8.1.8 《粉尘防爆安全规程》GB 15577—1995。

8.1.9 《涂装前处理工艺安全及其通风净化》GB 7692—1999。

8.2 安全保障措施

8.2.1 所有岗位人员都必须持有上岗证，并经过安全技术培训，工作时严格遵守安全操作规程。

8.2.2 施工现场工作人员必须严格按照安全生产、文明施工的要求，积极推行施工现场的标准化管理，按施工组织设计，科学组织施工。

8.2.3 施工现场全体人员必须严格执行《涂装作业安全规程 劳动安全和劳动卫生管理》及其他有

关安全规程。

8.2.4 施工人员应正确使用劳动保护用品，进入施工现场必须戴安全帽，高处作业必须系安全带。严格执行操作规程和施工现场的规章制度，禁止违章指挥和违章作业。

8.2.5 现场临时用电设施的安装和使用必须按照建设部颁发的《施工临时用电安全技术防范》JGJ 46—88 规定操作，严禁私自拉电或带电作业。

8.2.6 电气设备、电动工具应有可靠保护接地，随身携带和使用的工具应置于方便、稳妥的地方，以防发生事故伤人。

8.2.7 高处作业必须设置防护措施，并符合《建筑施工高处作业安全技术规范》JGJ 80—91 的要求。

8.2.8 吊装作业时，机具、吊索必须先经严格检查，不合格的禁用，防止发生事故。

8.2.9 当发生安全事故时，由安全生产领导小组负责查原因，提出改进措施，上报项目经理，由项目经理与有关方面协商处理；发生重大安全事故时，公司应立即报告有关部门和业主，按政府有关规定处理，做到"四不放过"，即事故原因不明不放过，事故不查清责任不放过，事故不吸取教训不放过，事故不采取措施不放过。

8.2.10 严格执行中华人民共和国石油天然气行业标准《石油天然气工业健康、安全与环境管理体系》SY/T 6276—1997。

8.3 HSE 管理体系

8.3.1 HSE 方针

安全第一，预防为主；全员动手，综合治理。

改善环境，保护健康；科学管理，持续发展。

8.3.2 HSE 目标

1. 对职工进行 HSE 宣传和培训，不断增强职工的意识，提高自救和互助能力，培训次数每年不少于 2 次。

2. 查找隐患，控制风险减少事故，确保职工健康与安全，安全自查每年不少于 4 次，无严重事故发生。

3. 强化劳动保护，劳动保护用品按时、足额发放。防止工伤和职业病的发生。

4. 减少生产过程对环境造成的污染，不对环境造成永久性的伤害，无严重污染事故的发生。

5. 创造"安全、健康"的工作环境，培养"安全、健康"的工作习惯，不断提高企业的 HSE 管理水平，职工满意率大于 90%。

8.3.3 HSE 组织机构（图 8.3.3）

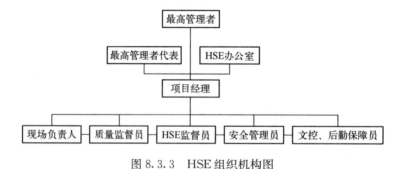

图 8.3.3 HSE 组织机构图

9. 环 保 措 施

9.1 环保标准

9.1.1 《工业企业厂界环境噪声排放标准》GB 12348—2008。

9.1.2 《大气污染物综合排放标准》GB 16297—1996。

9.1.3 《工业企业设计卫生标准》GBZI—2002。

9.2 环境保证措施

9.2.1 改善工艺、适当远离声源、佩戴专业耳塞，通过措施实施，噪声对人体的危害已得到改善。

9.2.2 装设除尘设施、佩戴劳保用品、适当远离，除尘装置正确使用，让烟尘排放得到明显控制。

9.2.3 加大除尘功率、佩戴防护用品、适当远离、加强自我保护，使粉尘排放量得到改善。

9.2.4 施工过程及完工处理、集中堆放、按地方环境保护管理规定处置，使废弃物得到处理，未出现污染环境现象。

10. 效 益 分 析

随着防腐技术的不断发展和人们对防腐重要性认识的提高，弯管外防腐涂敷作业线在"涩北－西宁－兰州输气管道工程"、"兰州－成都－重庆成品油管道工程（简称兰成渝管道工程)"、"忠县－武汉输气管道工程（简称忠－武线)"、"西南成品油"、"陕京二线输气管道工程"、"西气东输天然气管道工程"及"西气东输二线"等多项管道工程施工中得到了成功的应用，有力保证了国家重点工程，同时也取得了显著的经济效益，从2000年开始运行至今，共防腐弯管30000余根，完成产值约4000万元，创造利润约1000万元。

由于该作业线融合了多项新技术和新工艺，同时建立了一整套符合ISO 9000要求的质量管理体系，在保证高效率的同时使得产品质量稳定、可靠。产品经权威检测部门检测完全符合石油行业标准及西气东输有关技术标准的要求。由于是机械化连续作业，工艺参数设定具有稳定性，从而保证了产品质量的连续性和可靠性。

在西气东输弯管防腐施工中，采用本作业工法进行施工，其效率是同种防腐涂层手工作业方式的8倍以上，是液体涂料防腐的6～8倍，有效保证了施工工期要求。施工成本中单位造价虽较手工作业方式略高，但其高效率保证了管线施工一线的流水作业不间断、减少误工所带来的效益是巨大的，同时，粉末的损耗率降低，涂层的性能指标显著提高，涂层质量更具可靠性和稳定性，从而延长了管线的运行寿命，这对确保管线长期安全运行延长维修周期更会带来巨大的效益。2003年11月，国家西气东输工程建设领导小组及中石油集团公司授予中油管道科学研究院弯管防腐"国家西气东输工程建设先进班组"称号。2005年1月，中石化西南成品油项目经理部授予中油管道科学研究院"突出贡献单位"称号。2005年9月，河北省质量协会、省总工会、省团委、省科协联合授予"河北省用户满意服务明星班组"称号。

综上所述，采用机械化生产线对弯管进行单（双）层环氧粉末防腐施工，是一种技术先进、生产效率高、涂层质量稳定、可靠的弯管防腐方法，其所涂敷弯管的涂层质量完全满足相关标准的要求。这一技术的应用填补了国内弯管防腐施工领域的空白，极大地提高了弯管的防腐层质量，具有明显的社会效益和经济效益。可以预见，随着今后国内长输管线和跨国管线的相继建设，这项技术将在施工中发挥更大的作用，必将取得更大的经济效益和社会效益。同时，该作业线的应用，使管线的防腐质量上了一个新台阶，提高了管线的整体防腐水平和运行寿命，施工作业更符合安全、环保要求，其社会效益十分巨大。

11. 应 用 实 例

钢质弯管环氧粉末机械化连续外防腐作业施工工法已使用了10年，包揽近年来大部分国家重点工程弯管防腐施工任务，成为行业的"龙头"，防腐热煨弯管30000余根。有力地支持了我国的油气管道建设，参加建设的典型工程有：

2000年3月～12月在青海省西宁市为"涩北－西宁－兰州"管线的全部1600个弯管进行了环氧粉末外防腐，合格率达到100%；

2002年～2003年利用研制的φ720～φ1200mm大口径弯管外防腐生产线在河北省廊坊市完成"西气东输"干线及支线弯管双层环氧粉末外防腐施工3000根，防腐层质量完全符合西气东输标准《钢质管道熔结环氧粉末外防腐层技术标准》Q/SY XQ 9—2001的要求；

2003年～2005年在贵州省都匀市完成"西南成品油"管道工程弯管单、双层环氧粉末外防腐施工7500根，合格率达到100%；

2007年～2008年在河北省廊坊市完成"兰州－郑州－长沙"成品油管道工程双层环氧粉末外防腐施工约770根，合格率达到100%。

从2000年到2009年12月，本工法成功应用于二十多项管道工程中，采用本工法的钢质弯管环氧粉末机械化连续外防腐作业线共防腐弯管30000余根（表11）。

热煨弯管外防腐施工主要业绩　　　　　　　　　　　　　　　　　表11

序号	工程项目	供货时间	防腐形式	规格型号	完成数量
1	"涩宁兰"输气管道工程	2000年2月～2000年12月	单层FBE＋PE	φ660	1600根
2	"兰成渝"成品油管道工程	2001年3月～2001年12月	单层环氧底漆＋PE	φ508、φ457、φ323.9	2700根
3	"西气东输"天然气管道工程（含支线）	2002年6月～2003年12月	双层FBE（加强级）	φ1016、φ813、φ508、φ406	3000根
4	"杭一湖"输气管道工程	2003年3月～2003年8月	双层FBE（加强级）	φ813	200根
5	"忠一武"天然气管道工程	2003年7月～2004年5月	双层FBE（加强级）	φ711、φ610、φ508、φ406	3500根
6	"西南成品油"管道工程	2003年11月～2005年6月	单、双层FBE（加强级）	φ457、φ406、φ323.9	7500根
7	"克拉二"输气管道工程	2004年3月～2004年5月	双层FBE（加强级）	φ1016	100根
8	"陕京二线"输气管道工程	2004年4月～2004年11月	单层FBE＋PP（加强级）	φ1016	1240根
9	"冀宁联络线"输气管道工程（含支线）	2004年10月～2006年8月	双层FBE（加强级）	φ1016、φ711、φ610、φ406	750根
10	"西部原油成品油"管道工程	2005年4月～2005年12月	双层FBE（加强级）	φ813、φ711、φ610、φ559	1620根
11	"广东LNG"管道工程	2005年3月～2006年3月	双层FBE（加强级）	φ914、φ762、φ610、φ508	2250根
12	深圳天然气利用工程	2006年1月～2006年5月	双层FBE（加强级）	φ508、φ406、φ323.9	500根
13	"大港一枣庄"成品油管道工程	2006年3月～2007年4月	双层FBE（加强级）	φ355、φ273、φ219	690根
14	"兰州一银川"输气管道工程	2006年12月～2007年6月	双层FBE（加强级）	φ610、φ508、φ273	480根
15	"川气东送"输气管道工程	2007年6月～2008年6月	无溶剂环氧漆＋PE	φ1016	410根
16	"兰一郑一长"成品油管道工程	2007年11月～2008年2月	双层FBE（加强级）	φ610、φ508、φ273	770根
17	"永一唐一秦"管道工程	2008年2月～2008年9月	单层FBE＋PP（加强级）	φ1016	300根
18	"西气东输二线"天然气管道工程（含支线）	2008年2月～至今	双层FBE（加强级）	φ1219	3000根

大型水平定向钻穿越施工工法

YJGF71—2002（2009～2010 年度升级版-082）

中国石油天然气管道局穿越分公司

吴益泉　石忠　尹刚乾　刘艳辉

1. 前　言

在长输油气管道建设中，由于管道线路长，在路由选择时不可避免地要经过大中小型江河、湖泊、公路、铁路以及不可拆迁建筑物，为避免在这些地区进行开挖作业造成地貌与环境的破坏，采用非开挖形式进行作业施工是非常必要的，大型水平定向钻所具备的穿越功能能很好地完成此项工作。中国石油天然气管道局穿越分公司（以下简称穿越公司）在多年应用水平定向钻穿越技术的基础上，总结、梳理、完善了定向钻穿越工艺及施工要点，编制了《大型水平定向钻穿越施工工法》。

早在 20 世纪 80 年代中国石油天然气管道局引进了国内第一台水平定向钻机成功实施黄河穿越后，30 年来中国石油天然气管道局穿越分公司自主开发了夯套管与定向钻联合施工技术、对接穿越技术、泥浆对注技术、泥浆处理技术、岩石钻具国产化等，由原来仅在普通土层施工扩展到坚硬岩石、卵砾石等多个地层，先后穿越了黄河、长江、淮河、松花江、黄浦江、钱塘江、磨刀门水道、珠江、尼罗河、伊犁河、杭州湾、仁寿山等 600 多条大中型穿越工程，并完全达到设计及规范要求，其中钱塘江创造了单次穿越最长距离的吉尼斯纪录，磨刀门水道穿越创造了世界最长距离的穿越纪录。

2002 年编制的《大型水平定向钻穿越施工工法》获国家级工法，工法的有效期为 6 年，在此期间大型水平定向钻穿越工艺、施工设备等没有发生根本变化，因此很有必要对大型水平定向钻穿越施工工法重新申报，继续保持国家级工法。本工法在原国家级工法的基础上进行修订，现工法加入了近几年水平定向钻穿越发展的新技术，特别在第五章施工工艺流程及操作要点部分增加了对接穿越、扩孔级差、钻具选配、泥浆配置、相关参数计算、特殊处理措施等内容，并且对各工序介绍及注意事项进行完善，对特点、范围、工艺原理、质量控制、安全措施、环保措施等内容进行修订，现工法更加详实细致，能更好地指导现场施工。

穿越公司承担的科研项目《突破水平定向钻禁区—穿越"山体、卵砾石和坚硬岩石"技术研究》获得 2006 年中石油集团公司科技创新二等奖。《磨刀门水道对接穿越工程》获得 2008 年省部级 QC 成果二等奖。《水平定向钻对接穿越》获得 2008 年管道局科技创新二等奖。钻具国产化、泥浆增稠剂的研究等获得 2009 年管道局革新奖。参与编写了国家标准《油气输送管道穿越工程施工规范》GB 50424—2007。《气动夯管锤穿越施工工法》被评为国家级工法。穿越公司也获得多个"用户七满意工程"、"用户满意机组"等国家级称号。

2. 工 法 特 点

2.1 功能特点

2.1.1 控向精度高：目前应用的单向穿越控向仪器和控向软件比 20 世纪 90 年代应用控向仪器和控向软件精度提高近 1 倍。

2.1.2 双向对接偏差小：人工磁场和目标磁铁加强了发射磁场的强度，两磁场的联合应用，大大屏蔽外界磁场的干扰，提高了对接精度。

2.1.3 泥浆过滤：采用泥浆过滤系统，对穿越泥浆进行多级筛分过滤，泥浆可循环利用，减少废弃泥浆排放。

2.2 施工特点

2.2.1 施工占地少、利于环保：与大开挖施工相比，定向钻穿越在地下进行，无需开挖，所以施工占地少，不破坏环境，不破坏河道及地面植被，不影响河内正常航运和路面运输，利于环保。

2.2.2 施工工期短：水平定向钻穿越仅用约大开挖施工和盾构施工的 1/3 周期。

2.2.3 施工费用少：与盾构穿越河流施工相比费用少、经济性好。

2.2.4 管道安全免维护：按照设计和施工标准完成的穿越工程，管道埋于冲刷线以下稳定地层，运行安全，微生物少，对管道有天然防腐和保温作用，管道使用寿命长。

3. 适 用 范 围

3.1 一般情况下穿越管道直径小于 φ1500mm，最大穿越长度小于 4000m。

3.2 适用水平定向钻穿越的地质为黏性土、砂土、粉土、岩石等。在入土点侧或出土点地表 50m 范围内含有卵、砾石等的地层，经采取措施后也可进行水平定向钻穿越施工。

3.3 适用于输送石油、天然气、成品油、水、化工原料等钢质管道，以及光缆、电缆等穿越河流、公路、铁路、大堤、建筑物、湖泊、海湾、渔塘不宜进行大开挖的地段。

4. 工 艺 原 理

水平定向钻穿越工艺原理是通过计算机控制，先钻出一个与设计曲线相同的导向孔，然后再将导向孔扩大，把产品管线回拖到扩大后的导向孔中，从而完成管线穿越的施工，大型水平定向钻穿越采用的关键技术如下：

4.1 导向孔钻进技术：应用重力场和磁力场变化原理，通过三维磁力计和三维重力计测量钻头倾斜角、方位角、工具面，由计算机软件计算出钻头的三维坐标，即得出穿越的长度、深度、左右偏差。

4.2 扩孔技术：利用钻机通过钻杆带动扩孔器切屑地层，碎屑由泥浆带出孔外，逐级将孔扩大，扩孔级差根据地质、钻机、钻杆、泥浆设备等因素综合考虑确定。

4.3 管道回拖技术：利用钻机带动钻杆、扩孔器、万向节等钻具拉动管道进入孔道，打入泥浆起到润滑和固孔作用，直至将管道全部牵引到孔内。

4.4 泥浆技术：膨润土配比一定比例的添加剂与水均匀搅拌后，形成专用泥浆，该泥浆具有悬浮、携砂、固孔、冷却、润滑等作用。

4.5 泥浆回收技术：通过泥浆固控装置把从入出土点返出的泥浆进行固液分离，去掉泥浆中的泥沙后重复再利用。

4.6 对接技术：应用磁场变化原理，一侧钻机的探头捕捉到另一侧钻机钻头上磁铁的信号，经过对接软件的处理，显示两钻头的相对位置（前后距离、左右偏差、上下偏差）。人为调整钻头，使相对位置逐步减小，两钻头碰撞上，完成地下对接作业。

5. 施工工艺流程及操作要点

5.1 工艺流程（图 5.1）

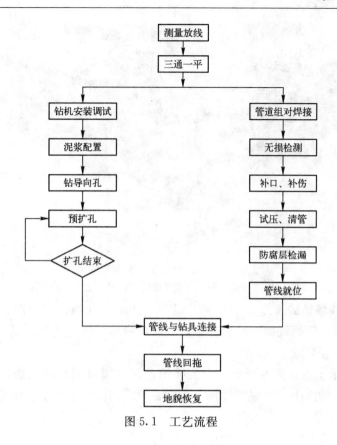

图 5.1 工艺流程

5.2 操作要点

5.2.1 测量放线

1. 一般情况下，管线中心线、出土点、入土点、钻机应为一条直线，管线组装场地如果遇到障碍物，距离出土点 100m 后可适当弹性铺设，曲率半径不小于 1000 倍管线外径。

2. 放出入土点、出土点、钻机场地、出土点场地、管线场地、泥浆池的边界线。

3. 钻机场地占地面积一般中型钻机为 50m×50m，大型钻机为 60m×60m，用于摆放钻机、泥浆设备、钻杆钻具等。入土点应位于规定的区域内距离场地边缘至少 3m 处。

4. 出土点场地占地面积一般为 30m×30m，用于摆放泥浆设备、钻杆钻具等。出土点应位于规定的区域内距离场地边缘至少 3m 处。对接穿越施工入土点场地和出土点场地均按照钻机场地大小进行布置，见图 5.2.1-1、图 5.2.1-2。

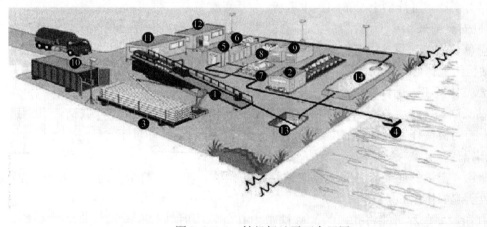

图 5.2.1-1 钻机场地平面布置图

1—钻机；2—控向室；3—钻杆；4—水泵；5—泥浆罐；6—泥浆回收设备；
7—泥浆泵；8—膨润土；9—动力源；10—工具房；11—现场办公室；
12—现场办公室；13—入土点泥浆坑；14—泥浆池

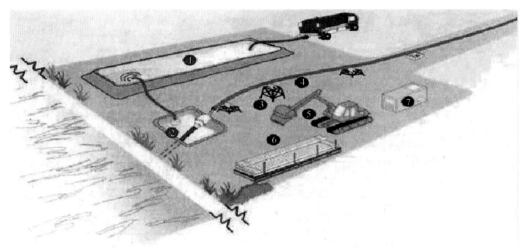

图 5.2.1-2　出土点场地平面布置图

1—泥浆池；2—泥浆坑；3—滚轮架；4—成品管线；5—施工设备；6—钻杆；7—工具房

5. 在一般情况下管线场地的长度大于穿越管线长度 10m。如遇特殊情况，可作特殊处理，例如把管线分成两段或多段焊接，管线场地可减少一半以上，但应尽量避免这种情况，以免由于焊接时间长孔洞塌方卡钻，造成穿越工程失败。

6. 在入土点一侧和出土点一侧各开挖一个泥浆池，泥浆通过泥浆池收集，再经过泥浆回收系统处理后回收再利用。泥浆池的大小，视穿越管径、长度、地质、泥浆回收率等而定。一般大型穿越工程泥浆池为 30m×30m×2m。

5.2.2　三通一平

1. 施工进场道路

1) 通往钻机工地的道路要能满足 60t 拖车行走。

2) 通往管线工地的道路要能满足 25t 平板车行走。

3) 施工道路宽 4～6m，道路转弯半径一般为 30m。

2. 施工用水

1) 施工用水为清洁淡水，硬度低于 2000mg/L。

2) 施工用水量为 1.5～3m³/min。

3. 场地修垫

施工场地必须能够承载钻机等设备正常运转，一般根据场地承载力条件来具体确定修垫方案，为减少毁坏良田，便于恢复，可铺垫土工布和钢木道板。

5.2.3　钻机安装调试

1. 场地平整修垫完毕，设备进场，将钻机就位在穿越中心线位置上，钻机的倾角一般大于或等于设计入土角。钻机的地锚必须安装牢固，必要时采用水泥加固或采取其他加固方法。

2. 开钻前要整体试机，确保钻机系统、泥浆系统、控向系统等正常工作。

3. 钻杆和钻头吹扫完毕并连接后，严格按照设计图纸和施工验收规范进行试钻，当钻进 20m 左右时（即钻头入土约两根钻杆）检查各部位运行情况，如各种参数正常即可正常钻进。

5.2.4　泥浆配置

开钻前，配置一定量的泥浆。泥浆是定向钻穿越的血液，应用于整个导向孔、扩孔、回拖全过程。泥浆在各个阶段所起的作用如下：

1. 钻导向孔阶段要求尽可能将孔内的泥砂携带出孔外，同时维持孔壁的稳定，减少推进阻力，降低钻头的温度；

2. 预扩孔阶段要求泥浆具有很好的携带能力，护壁效果，防止地层坍塌；

3. 扩孔回拖阶段要求泥浆具有很好的润滑、护壁、携砂能力，减少摩阻和扭矩。

5.2.5 钻导向孔

泥浆准备完毕，试钻参数正常，即可进行导向孔作业。

1. 钻导向孔主要钻具结构

钻杆前部结构如图 5.2.5-1 所示，钻头后面由二节蒙乃尔（无磁钻铤）造斜短节和一根蒙乃尔管组成，探棒在蒙乃尔管内，二节短节构成一个 1.5° 左右的弯，弯的中心有一条线叫工具面，在不旋转推进的情况下，工具面朝上，钻杆向上走；工具面朝下，钻杆往下走；工具面朝左，钻杆往左走；工具面朝右，钻杆往右走。如果旋转推进，钻杆往下走。

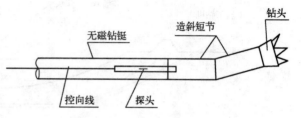

图 5.2.5-1 钻杆的前部结构

探棒主要由三维磁力计和三维重力计构成，它放在蒙乃尔管内，测量出钻杆的倾斜角、方位角、工具面等。经信号线传输到地面，由计算机计算出钻头的三维坐标位置以供控向和司钻调整方位。

2. 钻导向孔可以分为单次穿越和对接穿越两种方式

1）单次穿越

就是用一台钻机在入土点侧就位，从入土点侧钻进，从出土点侧出土。如图 5.2.5-2 所示。

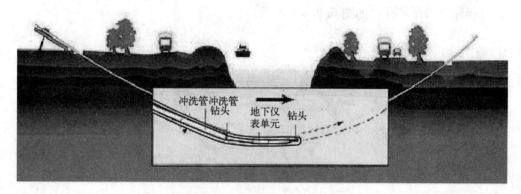

图 5.2.5-2 单向穿越钻导向孔示意图

2）对接穿越

就是用两台钻机在入土点侧、出土点侧就位，钻头分别从入土点、出土点相向钻进，钻头在地下完成对接后，入土点侧的钻头进入出头点侧钻杆的孔中，入土点侧的钻头前进，出头点侧的钻头后退，入土点侧的钻头从出土点出土，从而完成导向孔。

对接穿越分为初控和精控两个步骤：

（1）初控：两台钻机分别就位于设计入土点和出土点场地，相向进行导向孔穿越施工，两钻头在拟定区域相交时，两钻头的距离要求在 5m 范围以内。见图 5.2.5-3 初控示意图。

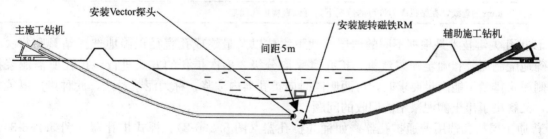

图 5.2.5-3 初控示意图

（2）精控：当主钻机的探头和辅助钻机的轴向磁铁（或旋转磁铁）相交后，主钻机的探头捕捉到装在辅助钻机钻头后的磁铁的信号，经过对接软件的处理，在计算机上显示出主钻机的探头和辅助钻机的钻头的相对位置。司钻和控向根据计算机上显示，调整钻头方向，使主钻机钻头进入辅助钻机钻头的孔洞内，辅助钻机回抽钻杆，主钻机钻头跟进，并跟随辅助施工钻头出土，完成导向孔施工。见图5.2.5-4精控示意图。

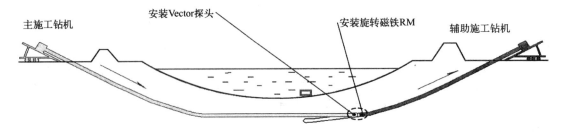

图5.2.5-4 精控示意图

3. 钻导向孔是关键工序之一，操作人员应经过控向培训合格方能上岗。

4. 一般情况下，每钻进一根钻杆宜采集一次控向数据。根据采集的控向数据，需及时调整，使穿越曲线符合设计要求。

5.2.6 预扩孔

导向孔完成后，拆卸钻导向孔仪器，钻机带动钻杆、扩孔器逐级将孔扩大到合适的直径以方便安装成品管道，此过程称之为预扩孔，如图5.2.6-1所示。

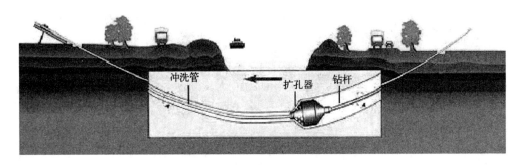

图5.2.6-1 预扩孔示意图

1. 最终扩孔直径应根据不同的管径、穿越长度、地质条件和钻机能力确定。一般情况下，最小扩孔直径与穿越管径的关系见表5.2.6。

最小扩孔直径与穿越管径关系表（mm） 表5.2.6

穿越管段的直径	最小扩孔直径
＜219	管径＋100
219～610	1.5倍管径
＞610	管径＋300

注：管径小于400mm的管线，在钻机能力许可的情况下，可以直接扩孔回拖

2. 预扩孔关键技术是根据不同的地层、地下水位以及最终成孔直径正确地选择钻具和每次的切削量，正确地配制泥浆和确定泥浆流量。扩孔宜采取分级、多次扩孔的方式进行。扩孔所需泥浆排量较大，单侧泥浆排量不能满足要求时，可两侧同时向扩孔器内注浆，称为泥浆对注，此种措施既能加大泥浆排量，又解决了出土侧泥浆不能回收的问题。

3. 普通土层扩孔选用普通扩孔器，如桶式扩孔器（图5.2.6-2）、板式扩孔器（图5.2.6-3）、飞旋式扩孔器（图5.2.6-4）。

4. 岩石地层扩孔选用岩石扩孔器，扩孔器形式有铣齿牙轮岩石扩孔器（图5.2.6-5）和镶齿牙轮岩石扩孔器（图5.2.6-6）。

图 5.2.6-2 桶式扩孔器

图 5.2.6-3 板式扩孔器

图 5.2.6-4 飞旋式扩孔器

图 5.2.6-5 铣齿牙轮岩石扩孔器

5. 扩孔过程中，如果发现扭矩、拉力异常增大，可退出扩孔器，检查扩孔器是否失效；扩孔结束后，如果发现扭矩、拉力较大，可进行洗孔作业，直至扭矩、拉力参数正常。

5.2.7 管线就位

在回拖前，将管道放入发送沟内或托管架上就位。

1. 采用发送沟发送管道时应满足以下要求：

1）发送沟应根据地形、出土角确定开挖深度和宽度。一般情况下，发送沟的下底宽度宜比穿越管径大 500mm。沟内不得有石头、砖块等硬质物以免刮坏防腐层。

图 5.2.6-6 镶齿牙轮岩石扩孔器

2）管道发送沟内注水。一般情况下，管沟内最小注水深度宜超过穿越管径的 1/3。如果管线场地不平，可在发送沟内筑截水坝。

2. 采用托管架发送管道时应满足以下要求：

1）根据穿越管段的长度和重量确定托管架的跨度和数量。

2）托管架的高度设计应满足预制管段弯曲曲率的要求。

3）托管架的强度和稳定性应满足设计要求。

5.2.8 管线与钻具连接

1. 扩孔结束后，将管线与钻具进行连接，连接顺序为：钻机→钻杆→扩孔器→旋转接头→U 形环→拖拉头→管线。

2. 连接前用泥浆冲洗钻杆，以确保钻杆内无异物。

3. 连接后要进行试喷泥浆，确保泥浆水嘴畅通，否则卸掉水嘴取出异物。

4. 检查旋转接头是否注满润滑油，旋转是否良好。

5.2.9　管线回拖

管线与钻具连接完毕，钻机带动扩孔器、旋转接头、U 形环，将管线从出土点一侧，沿着地下孔拖到钻机的一侧，完成管线敷设，此过程称之为管线回拖。如图 5.2.9 所示。

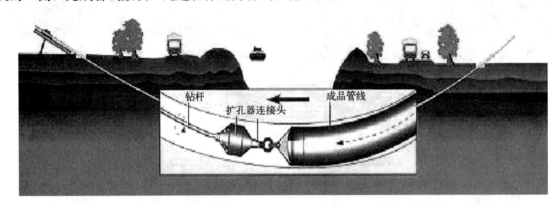

图 5.2.9　管线回拖示意图

1. 回拖作业时，需使用吊管机或其他吊装设备将管段入土端一侧吊起，使管道入土端和孔洞的角度一致。

2. 回拖时宜连续作业。特殊情况下，停止回拖时间不宜超过 4h，防止由于孔洞塌方造成管道被卡。极特殊情况下，可以采取"二接一"、"三接一"等方式回拖。

5.2.10　地貌恢复

管道回拖结束后，设备撤场，剩余泥浆进行水土分离处理。泥浆固体废料拉运到地方环保部门指定地点处理，泥浆液体经处理合格后排放。进行地貌恢复。

5.2.11　相关计算

1. 钻孔曲线计算如图 5.2.11 所示。

$$a_2 = R \times \sin\theta_入 \tag{5.2.11-1}$$
$$b_2 = R \times (1 - \cos\theta_入) \tag{5.2.11-2}$$
$$b_1 = h_1 - b_2 \tag{5.2.11-3}$$
$$a_1 = b_1 \div \mathrm{tg}\theta_入 \tag{5.2.11-4}$$
$$c_1 = R \times \sin\theta_出 \tag{5.2.11-5}$$
$$d_2 = R \times (1 - \cos\theta_出) \tag{5.2.11-6}$$
$$d_1 = h_2 - d_2 \tag{5.2.11-7}$$
$$c_2 = d_1 \div \mathrm{tg}\theta_出 \tag{5.2.11-8}$$
$$L_1 = L - a_1 - a_2 - c_1 - c_2 \tag{5.2.11-9}$$

式中　a_2——入土端曲线的水平长度（m）；

　　　R——曲率半径（m）；

　　　$\theta_入$——入土角（°）；

　　　b_2——入土端曲线的高度（m）；

　　　h_1——入土端地面与底部直线段的高度（m）；

　　　b_1——入土端直线段的高度（m）；

　　　a_1——入土端直线段的水平长度（m）；

　　　c_1——出土端曲线的水平长度（m）；

　　　$\theta_出$——出土角（°）；

d_2——出土端曲线的高度（m）；

h_2——出土端地面与底部直线段的高度（m）；

d_1——出土端直线段的高度（m）；

c_2——出土端直线段的高度（m）；

L_1——底部直线段的长度（m）；

L——穿越长度（m）。

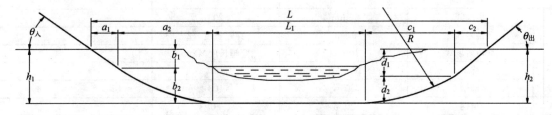

图 5.2.11　穿越曲线示意图

2. 拖拉力的计算

$$F_{拉}=\pi L_2 f\left[\frac{D^2}{4}\gamma_{泥}-7.85\delta_1(D-\delta_1)\right]+k_{黏}\pi DL_2 \tag{5.2.11-10}$$

式中　$F_{拉}$——计算的拉力（t）；

L_2——穿越管段的长度（m）；

f——摩擦系数，0.1～0.3；

D——管子的直径（m）；

$\gamma_{泥}$——泥浆的密度（t/m³）；

δ_1——管子的壁厚（m）；

$k_{黏}$——黏滞系数，0.01～0.03。

水平定向钻机宜根据式 5.2.11-10 计算值的 1.5～3 倍来选择。

3. 泥浆喷射孔个数的计算

泥浆喷射孔的个数（个）：
$$N=\frac{Q}{\pi r^2 V} \tag{5.2.11-11}$$

式中　V——要求泥浆的喷射速度（m/min）；

Q——泥浆泵的正常排量（m³/min）；

r——喷射孔的半径（m）。

5.2.12　特殊处理措施

1. 在出土点或入土点侧地表以下不超过 50m 范围内含有卵、砾石等的地层，采用夯管技术或顶管技术安装大直径的钢套管，将卵砾石地层隔离后可实施定向钻穿越。

2. 回拖管道时遇卡，及时安装动滑轮组，将其与回拖管道的尾部连接，将管道及时从孔洞中拽出，避免管道存留在孔洞内时间过长而导致更大的解卡阻力。

6. 材料与设备

6.1　材料（表 6.1）

主要材料表　　　　　　　　　　　　　　　　　　　　　　　　　表 6.1

序　号	名　称	规格型号	数　量	技术指标
1	膨润土		—	一级钠搬土
2	羧甲基纤维素钠	CMC	—	

序　号	名　　称	规格型号	数　量	技术指标
3	纯碱		—	
4	烧碱		—	
5	泥浆润滑剂		—	要求符合 Q/KHXN004—2000KHJ《定向钻液用表面活性剂》
6	水龙带	4″	200	
7	电源线	95mm²	200	
8	信号线	6mm²	穿越长度×2	
9	交流磁场线	10mm²	穿越长度×2.5	
10	枕木	200×180×2000mm	40	
11	槽钢	20号	100	
12	角钢	20号	60	
13	焊条		根据管径规格确定	
14	焊丝		根据管径规格确定	

6.2　机具设备（表6.2-1、表6.2-2）

钻机场地主要设备机具表　　　　　　　　　　　　表6.2-1

序　号	设备名称	规格型号	单次穿越数量	对接穿越数量
1	水平定向钻机		1台	2台
2	泥浆泵	3m³/min	2台	4台
3	泥浆回收装置	90m³/min	1套	2套
4	发电机	220kW	1台	2台
5	泥浆压滤机		1套	
6	泥浆罐		4个	8个
7	快速水化装置		1个	2个
8	钻杆	5—1/2″	穿越长度+300m	
9	钻头	9—1/2″	1套	2套
10	探头		1套	2套
11	目标磁铁			1套
12	控向软件		1套	2套
13	普通地层扩孔器		每间隔100～150mm一级	
14	岩石地层扩孔器		每间隔100～150mm一级	
15	万向节	3倍回拖力	1个	
16	全站仪		1台	2台
17	吊车	16T	1辆	2辆
18	挖掘机	PC—220	1台	2台

管线场地主要设备表　　　　　　　　　　　　表6.2-2

序　号	设备名称	规格型号	数　量
1	电焊机		6台
2	内对口器		1台
3	挖掘机	PC—220	1台
4	吊管机		2台（可选）
5	试压设备		1台
6	空压机		1台
7	喷砂、除锈设备		1套

7. 质 量 控 制

7.1 质量标准

7.1.1 《油气输送管道穿越工程施工规范》GB 50424—2007。

7.1.2 《油气长输管道工程施工及验收规范》GB 50369—2006。

7.2 质量保证措施

7.2.1 根据设计交底（桩）与施工图纸放出钻机场地控制线及设备摆放位置线，确保钻机中心线与入土点、出土点成一条直线。

7.2.2 导向孔的钻进是整个定向钻施工的关键，导向孔施工严格按照穿越设计曲线进行钻进，为保证穿越精度达到设计、技术要求，开钻前沿穿越中心线方向尽可能多的布置人工磁场，导向孔钻进过程中采用大地磁场与人工磁场相结合的办法，对穿越方向和穿越深度进行校验，保证穿越曲线满足要求。

7.2.3 大口径穿越时，采用分级扩孔，每次预扩孔都将进行钻杆和钻具的倒运及钻具连接。扩孔时应时刻注意扭矩、拉力和泥浆压力的变化，定期测量返出泥浆的含砂量，调整泥浆配合比，使泥浆达到良好的携带泥砂效果。

7.2.4 严格执行三检制度，及时进行隐蔽验收，上道工序合格后进行下道工序。

7.2.5 严格执行质量体系文件程序，做好各项质量记录。

7.2.6 随时与建设单位、监理单位联系、请示及解决问题。

7.2.7 焊接及特殊工种人员必须持证上岗。

7.2.8 管道焊接质量要求：

1. 应在外观检查合格后进行无损检测。无损检测应符合《石油天然气钢质管道无损检测》SY/T 4109—2005 的规定。

2. 穿越管段焊缝无损检测应符合下列规定：

1) 100％超声波检测、100％射线检测。

2) 穿越管段焊缝无损检测合格级别为Ⅱ级。

3) 从事无损检测人员必须持有国家有关部门颁发的并与其工作相适应的资格证书。

4) 回拖前防腐层要 100％电火花检漏。

8. 安 全 措 施

8.1 安全标准

8.1.1 《中华人民共和国安全生产法》2002 年 6 月 29 日颁布，2002 年 11 月 1 日起施行。

8.1.2 《石油企业工业动火安全规程》SY 5858—93。

8.1.3 《健康、安全与环境管理体系》Q/SY 1002.1—2007。

8.2 安全保障措施

8.2.1 严格执行安全操作规程，设专人负责安全监督，坚决杜绝违章操作，上岗人员必须按规定使用劳保用品。

8.2.2 各种油品、易燃物品要妥善存放，并做好防火标志。

8.2.3 配齐各种消防器材并保证完好，确保能随时投入使用。

8.2.4 严禁乱倒废旧油料，以消除火灾隐患，妥善处理废弃泥浆，防止污染环境。

8.2.5 钻机及用电设备要有可靠的接地线，防止触电事故。

8.2.6 扩孔、回拖作业时，两岸要加强联系，协调配合，密切注意地下变化情况，及时处理异常情况。

8.2.7 吊车作业时，要有专人指挥，吊具下不得站人。

8.2.8 控向、司钻要严格按照设备操作要求作业，设备运输过程中必须绑扎牢固。

9. 环 保 措 施

9.1 环保标准

9.1.1 《中华人民共和国环境保护法》1989 年 12 月 26 日颁布施行。

9.1.2 《环境管理体系规范及使用指南》GB/T 24001—1996。

9.2 环境保护措施

9.2.1 配制泥浆所需原材料必须符合环保要求，具有环保合格证。

9.2.2 钻机场地与管线场地的泥浆处理

1. 在钻机场地和管线场地各挖一个泥浆池，收集、储存返回的泥浆，入土点和出土点各配置一套泥浆回收装置，泥浆经处理后重复使用，既节省施工成本，又保护环境。

2. 定向穿越施工完成后，进行场地恢复，剩余泥浆进行水土分离处理。泥浆固体废料拉运到地方环保部门指定地点处理，泥浆液体经处理合格后排放。

10. 效 益 分 析

10.1 经济效益

与同等质量，同等水平的其他穿越方法相比，它的工程造价是其他方法的 1/2~1/4。

例 1：上海某项目的乙烯管道穿越工程，穿越长度为 1068m，使用水平定向钻穿越，工程预算为 450 万元，工期为一个月。如果顶管，工程预算为 1 千多万元，工期半年。

例 2：兰、成、渝管线某工程穿越，穿越长度为 800m，管径为 ϕ323.5mm，地质为砂岩、泥岩。使用水平定向钻穿越，工程预算为 400 万元，工期为一个月。如果跨越，工程预算为 1 千多万元，工期为半年。

例 3：在宁波—杭州天然气管道工程钱塘江穿越中，应用盾构工艺施工需要费用约为 9310 万元，而应用对接穿越工艺施工费用为 2800 万，并且比盾构工艺提前了 8 个月完成施工。在磨刀门水道工程和福建 LNG 项目的东西溪穿越工程中与顶管法和盾构法相比更是显示出对接穿越法的优势，表 10.1 为三个工程在施工费用及工期的比较。

对接穿越法、顶管法和盾构法比较

表 10.1

序 号	项目名称	管道规格/穿越长度	可比内容	穿 越 法	顶 管 法	盾 构 法
1	钱塘江穿越工程	ϕ813mm/2453m	施工费用	2800 万	3924 万	9310 万
			施工工期	6 个月	10 个月	14 个月
2	磨刀门水道穿越工程	ϕ660mm/2630m	施工费用	4200 万	4024 万	10257 万
			施工工期	2 个月	12 个月	14 个月
3	东西溪穿越工程	ϕ406mm/1690m	施工费用	900 万	无法施工	无法施工
			施工工期	3 个月		

10.2 社会效益

2006 年施工的西部管道仁寿山山体穿越工程，由于采用定向钻穿越技术，最大限度地保护了当地 20 多年人工精心培育的植被，为生态保护作出了突出贡献。

采用本工法可以少占用土地，对原有农、渔业等影响较小，河流穿越不影响正常航运，有利于环保等。

11. 应 用 实 例

大型水平定向钻穿越施工工法已使用了 8 年，先后在国内外穿越 600 多条大中型工程 400 多公里，有力地支持了我国的油气管道的建设。参加建设的典型工程有：

11.1 中原油田—开封输气管线黄河穿越工程（国内第一穿）

该工程为国内第一条定向钻穿越工程，穿越地点位于山东省东明县，施工日期 1986 年 4 月，穿越长度为 1300m，深 21m，管径为 ϕ406.4×10mm，防腐为环氧粉末喷涂。业主为中原油田勘探局，该穿越管线还在运行中。

11.2 黑格里—苏丹港输油管线尼罗河穿越工程

穿越地点位于苏丹，施工日期为 1999 年，穿越长度为 870m，管径为 ϕ711.2×12mm，地质为砂岩、泥岩。穿越完成后苏丹项目部授予穿越公司"特殊贡献奖"。

11.3 西气东输淮河穿越工程—西气东输第一穿

位于安徽省蚌埠市，穿越长度为 1085m，管径为 ϕ1016×26.2mm，材质为 X70。被称为西气东输第一穿，授予穿越公司为"功勋穿越公司"，RB—5 型钻机为"功勋钻机"。

11.4 镇海炼化—杭州康桥输油管线钱塘江穿越工程（世界吉尼斯纪录）

2002 年施工，位于浙江省萧山市，穿越长度为 2308m，管径为 ϕ273×8mm，创造了一项世界吉尼斯纪录——世界最长的穿越管道，2002 年吉尼斯发给我公司证书和奖牌。

11.5 平湖滩海穿越

2004 年，浙江省甬沪宁管网工程杭州湾滩海管线穿越工程，直径 ϕ762、ϕ711 和 ϕ273 三条管线平行穿越，穿越长度达 1999m，创造了滩海管线定向钻穿越长度的世界纪录。

11.6 塔里木河穿越

2004 年 5 月 27 日，西气东输塔里木吉拉克—桑南凝析气田天然气集输管道成功穿越我国最大的内陆河——塔里木河。这是有史以来人类在这条世界第二大内陆河上实施的第一次定向钻穿越，也是塔里木盆地输油气管道建设史上的首次定向钻河流穿越。尤其令人欣喜的是，塔里木河两岸现存目前世界上最大的一片天然胡杨林没有一棵因这次施工而受损。

11.7 松花江穿越

2004 年 11 月～2005 年 5 约期间在长春—吉林输油管道工程吉林地区，应用定向钻技术成功穿越松花江工程。该工程穿越长度约 881m，穿越管道规格为 ϕ508×8.7mm，穿越埋深 23m，主要经过地层为卵砾石、强风化花岗岩、中风化花岗岩、微风化花岗岩，岩石最大抗压强度 108MPa。

11.8 东西溪对接穿越工程

2008 年 6 月开钻的福建 LNG 项目的东西溪穿越工程，穿越长度 1690m，管径为 ϕ406mm，两端地层为卵砾石，其余地层为坚硬花岗岩，业主组织专家经过多次论证，其他施工方法均不能保证施工质量和施工工期，最终选用对接穿越施工方法，并于 8 月 18 日成功完成该工程，得到了业主的好评和认可。

11.9 惠银线黄河穿越工程

2010 年 8 月施工的惠银线黄河定向钻穿越位于宁夏灵武市。管道设计压力 6.3MPa，管径 ϕ457×7.1mm，硅管套管为 ϕ114×6.0mm，穿越段水平长约 1910m。主要穿越地层为粉砂，其次为细砂，局部含不规则的砾砂、圆砾透镜体，透镜体中砾含量最大约占 50%～60%，粒径一般为 5～30mm，大者30～50mm，个别 80mm 左右。在此工程中，加入了新的泥浆添加剂，发挥泥浆的支护性能，成功实施该工程。

11.10 西气东输二线穿越工程

2010 年西气东输二线东段开工的穿越工程，管道设计压力 10MPa，管径 ϕ1219mm，是目前国内定向钻施工过的最大直径穿越工程。

锆及锆合金管道焊接工法

YJGF59—98（2009～2010年度升级版-083）

中国化学工程第六建设有限公司　陕西化建工程有限责任公司

李柏年　潘兰兰　曹满英　袁黎民　龚固

1. 前　　言

公司于1994年承建的江苏镇江索普集团10万t/年醋酸工程。其主装置中工艺管道材料选用了锆材Zr702（ASTMR60702）。经过反复研究试验，研制出了采用特殊的工装、在大气中采用手工钨极惰性气体保护焊（GTAW）焊接锆及锆合金管道的方法。1997年，锆材焊接保护工装获得了国家级实用新型专利（ZL 97251556.9）；锆及锆合金材料焊接技术获得了部级科技进步二等奖（证书编号：97Ⅱ－2－011－1）；《锆及锆合金管道焊接工法》获得了部级工法和国家级工法（YJGF59—98）。

多年来，通过多项工程的实践，对原技术进行了创新，改进氩气保护工装，优化焊接工艺，解决了过去不能在室外进行焊接的难题。本工艺于2009年9月18日经陕西省石油化工科技开发协会组织的专家鉴定为国内同行业中领先水平。2011年3月25日通过了中国化工施工企业协会组织的专家鉴定，认为该技术仍处于国内领先水平，具有广泛的推广应用前景，同时被评为2009－2010年度（部级）工法。

2. 工 法 特 点

与原工法相比，本工法具有以下特点：

2.1　解决了室外固定口焊接难题：不仅可以进行室内活动口的焊接，对于室外固定口的焊接，同样可以保证焊接质量。

2.2　对原来的保护工装进行了改进，既提高了保护效果，也提高了焊接效率，同时节约了氩气。

2.3　使用非熔化极脉冲氩弧焊机，利用焊机脉冲的可调性及参数宽范围的调节性，能够有效地控制熔池温度，降低焊接区域的温度，实现控制熔池焊接区域温度的目的。

2.4　研究开发出适合锆材焊接施工验收的企业标准《特种材料管道焊接施工验收规定》，可以确保焊接质量，焊缝一次合格率可达98.8%以上。

2.5　为减少焊工在室内焊接时吸收大量的氩气及其他有害气体，研制出一套焊接工位环境保护装置，改善了焊工作业条件。

3. 适 用 范 围

本工法不仅适用于化学工程、有色金属工程、核工程锆及锆合金工艺管道的室内活动焊口的焊接，同样适用于室外固定焊口的焊接。

4. 工 艺 原 理

4.1　锆材焊接特点

4.1.1　锆属于稀贵金属材料，物理、化学性能独特，焊接时应根据其特性，制订工艺措施，以满足获得优良焊接接头的要求。

4.1.2　工业纯锆是银白色金属，密度6.5g/cm³、熔点1852℃、比热容290J/（kg·K）、电阻率

$45\mu\Omega \cdot cm$、线膨胀系数 $5.9 \times 10^{-6} K$，由于锆的熔点高，比热容和导热率小，焊接宜采用大规范、快焊速。

4.1.3 锆材化学活性大，当被加热到焊接温度时，很容易熔解材料表面的氧化物，还与大多数元素和化合物发生反应，引起材料机械性能和耐蚀性能恶化。焊前应对材料表面进行机械清理和化学清洗。

4.1.4 锆材化学活性大，高温下会与氢、氧、氮等气体发生反应。氢、氧、氮与锆形成脆性化合物，使锆的塑性、韧性和耐蚀性能急剧降低。因此，在焊接过程中，采用改进的特殊工装，使锆管焊接区域温度可能超过200℃部位全部处于充足的惰性气体的有效保护之中，不仅室内活动口，室外固定焊口的质量同样能达到锆管焊接质量标准。

4.2 工艺原理

采用手工钨极惰性气体保护焊（GTAW）焊接方法。焊前对锆管坡口及热影响区进行机械清理和化学清洗，除去母材表面的氧化膜和油污；焊接过程中，通过控制热输入降低焊接区域高温停留时间，利用脉冲焊机脉冲的可调性及参数宽范围的调节性，能够有效地控制熔池温度，降低焊接区域的温度，实现控制熔池焊接区域温度的目的，同时，采用特殊的保护工装，使锆管焊接区域温度可能超过200℃部位的局部或全部处于惰性气体的有效保护之中，管道内部进行大流量充气直至全部焊道完成冷却至室温后撤掉保护，达到锆管焊接之目的。

5. 施工工艺流程及操作要点

5.1 工艺流程

施工准备→材料验收→划线检验→下料及坡口加工→坡口周边处理→焊件组对→焊接→焊缝外观检查→焊缝 PT、RT 探伤→管道水压试验→排水、干燥

5.2 操作要点

5.2.1 施工准备

1. 焊接工艺评定及焊工考试

施工前，按照 ASME 第Ⅸ卷的有关规定进行焊接工艺评定；根据焊接工艺评定编制焊接工艺指导书，指导焊工培训；参照 ASME 第Ⅸ卷要求进行焊工考试，取得作业人员证的焊工，方可参加焊接施工。

2. 场地准备

为了避免雨、雪、风、霜等干扰，需要搭设一个活动暖棚。棚架采用$\phi 48 \times 3$脚手架管，棚壁用一层加厚阻燃蓬布蒙着，留一人、物进出口。棚内采用 36V 安全电压照明。环境温度不得低于 15℃，相对湿度不得大于 90%。

5.2.2 材料验收

管子、管件、螺栓、垫片、阀门、焊材等必须有制造厂出厂合格证和质量证明书。管子应逐根检查其外径、壁厚；表面应光滑、清洁、不得有裂纹、折叠、过腐蚀和划伤等缺陷；管件、螺栓应符合设计要求，无超标缺陷。

5.2.3 划线检验

操作人员应认真熟悉图纸，因材料价格昂贵，划线后应认真进行自检、互检和技术人员复查，并做好标记移植。

5.2.4 下料及坡口加工

锆管的切割和坡口的加工应尽可能采用机械方法，如锯、车、铣、钻、刨等，并配合水或冷却液降温，避免温升造成材料损害。大件必须采用热切割方法加工时，应留有足够余量，并采取措施保护管子内外表面，防止灼伤，切割后应采用机械方法除去污染层。

坡口周边 25mm 范围内外表面较厚的氧化膜，可使用砂轮机、电磨、锉刀、刮刀进行清理，坡口表

面应光洁、无毛刺、凹坑和残存砂粒等缺陷，最后还应使用不锈钢丝刷仔细清理，加工使用的工具应为专用，并保持清洁。加工完成的坡口应经 PT 探伤检查合格。

5.2.5 坡口周边处理

加工完成的坡口周边 75mm 范围内外表面，使用合适的溶剂（丙酮、酒精）清洗，除去材料表面的油脂、水分、灰尘。

清理完成的焊件应立即进行焊接或对焊接区域采取防尘措施，放置时间不宜超过 8h，否则应再次清理。填充焊丝焊前必须用溶剂清除其表面的油脂、残留润滑剂和灰尘等污物。

5.2.6 焊件组对

管子、管件对接焊口的组对应做到内壁齐平，内壁错边量不宜超过壁厚的 10％且不大于 1mm。采用木锤或铜锤敲打，不允许强力组装。点固焊的工艺措施及焊接材料应与正式焊接一致，点焊高度不得超过管壁厚度 2/3，点固焊缝不得有裂纹、气孔及不允许存在的氧化变色等缺陷。

5.2.7 焊接

1. 保护工装的改进

由于锆材的焊接作业是在室外进行，为了进一步提高氩气的保护效果，使焊接质量达到要求，在原来的氩气保护工装上进行了一些改进。

1）为了使管内充气堵板与管内径严密贴合，以提高保护效果，减少氩气耗费，把原来刚性的充气堵板改为用柔性材料制作。

2）外部保护拖罩由原来的与被焊管间的刚性接触改为柔性接触，使焊接运动过程中拖罩与被焊管间的间隙始终处于柔性封闭，弥补可能产生的封闭不紧密，防止空气卷入焊接高温区域。这一措施大大提高了保护效果，又减少了氩气的耗费。

3）外部保护拖罩内的保护网材料由刚性材料改为更为耐用的柔性材料，既能较好地保证流出的保护气体呈层流状态，又节约成本提高效率。

2. 焊接工艺

1）采用氩弧焊焊接工艺，利用脉冲焊机脉冲的可调性及参数宽范围的调节性，控制热输入降低焊接区域高温停留时间，有效地控制熔池温度，降低焊接区域的温度，实现控制熔池焊接区域温度的目的。

2）由独立的气路提供各区域保护气流，且互不干扰。

3）焊接过程中，焊丝加热端应始终处于氩气保护区内，送丝应均匀并防止带入空气。灭弧后，焊丝可暂不拿出熔池，如果焊丝发生污染变色，则应至少切除 25mm。焊接采用大规范、快焊速，避免焊枪横向摆动，当单道焊不能满足焊缝宽度要求时，可采用压道焊。

4）层间温度应控制在 100℃以下，层间清理可使用锉刀或扁铲除去弧坑、飞溅及不利于下道焊接的焊瘤、凸起等缺陷，并使用不锈钢丝刷除去轻微的表面变色，必要时应使用溶剂清洗焊道及热影响区表面，除去工具、手套造成的污染。

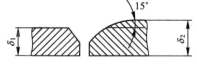

图 5.2.7 管道对接示意图

5）不同壁厚管道对接时，当壁厚差小于或等于 2mm 时可以直接焊接；当壁厚差大于或等于 3mm 时，则应按图 5.2.7 进行加工。

6）焊接定位焊缝时，应采用与正式焊接相同的焊丝和焊接工艺，并应由合格焊工施焊。定位焊缝表面的氧化膜应清理干净，并应将其两端修整缓坡形。定位焊缝尺寸应符合表 5.2.7-1 的规定。

管道定位焊缝尺寸 表 5.2.7-1

公称直径（mm）	位置与数量	焊缝高度	长度（mm）
≤50	对称 2 点	根据焊件厚度确定	3～5
>50～150	均布 2～3 点		3～10
>150～200	均布 3～4 点		5～10

7) 焊接工艺参数

焊接工艺参数见表 5.2.7-2。

焊接工艺参数　　　　　　　　　　　　表 5.2.7-2

厚 度	层 数	焊丝直径（mm）	钨极直径（mm）	喷嘴直径（mm）	氩气流量（L/min）	焊接电流（A）	电压（V）
1～3	1～2	1.5～2	2.5	15～18	12～15	120～140	10～12
4～8	4～6	2.5	3	18～20	15～20	140～180	10～12
8～12	5～8	2.5	3	20	20	180～220	12～15

3. 焊接操作

1) 焊接采用三人组合焊方式，即一人焊接，一人持正面托罩，一人监控气体配送的相互配合，对焊接区域进行充分的保护，以达到必须的保护要求。

2) 焊接时钨极端部与工件的距离为 2mm，焊枪、焊丝和焊工三者的位置既要便于操作，又要保护好焊接熔池；焊丝与焊缝之间的倾角为 10° 左右，如倾角太大，容易扰乱电弧及焊接保护气流的稳定性；焊枪与工件表面夹角宜在 80°～90° 之间。

3) 当钨极与工件接触时，应立即停止焊接，将钨极、焊丝和接头处处理干净后方可继续焊接。

4) 焊接过程中，如发现焊缝及热影响区出现不允许的污染变色时，应立即停止焊接，查明原因，采取措施，并经验证确实有效后，方可继续焊接。对污染严重的焊缝，必须铲除干净，并进行必要的修复后方可进行下步焊接工作。

5) 多层多道焊时，每层焊道接头应错开，每焊完一遍即应将焊缝表面氧化膜清理掉。为保证焊接质量，焊接时层间温度不应超过 100℃。当班未完成重新焊接前应当对前层焊道使用无硫乙醇或无硫丙酮擦拭脱脂清理。

6) 当钨极氩弧焊的钨极前端出现污染或形状不规则时，应进行修磨或更换，当焊缝出现触钨现象时，应将钨极、焊丝、熔池处理干净后方可继续进行施焊。

7) 焊接过程中，如出现点固焊开裂，造成错口时应立即停止施焊，并应立即进行修复，然后继续焊接。

5.2.8　焊缝外观检查

焊后必须进行外观检查，焊缝及热影响区不得存在夹渣、气孔、裂纹、咬边、熔合性飞溅和超过规定的颜色变化。

5.2.9　焊缝 PT、RT 探伤

1. 焊后对焊缝正反两面必须进行 100%PT 探伤检查，如果背面不能接近，则打底焊道表面必须进行 100%PT 探伤检查。

2. 对接焊缝焊后进行 100%RT 探伤检查，其线性象质计金属丝的材料应与管材相一致。

5.2.10　水压试验

管道安装完毕后，按设计要求进行水压试验，试验合格后用压缩空气将管内积水吹干。

5.3　劳动力组织（表 5.3）

劳动力组织　　　　　　　　　　　　表 5.3

序 号	工 种	人 数	职 责
1	焊接工程师	1	焊接技术管理
2	管道工艺工程师	1	管道工艺技术管理
3	焊工	3	必须持有相应项目作业人员证
4	管工	3	2 人下料清理组对、1 人现场组装
5	车工	1	下料、加工
6	钳工	1	阀门、管道试压

序　号	工　　种	人　数	职　　责
7	材料员	1	领料及现场运输联络
8	焊接检查员	1	监督检查
9	无损检测人员	1	焊缝无损检测
合计		13	

6. 材料与设备

6.1　焊接设备

焊接设备应能满足使用要求。为了保持电弧电压的稳定和能方便地调节电流，焊机选用直流氩弧脉冲焊机，焊机具有多调节性，参数连续可调。为了消除钨极和大气对焊缝的污染，焊机应有自动引弧、熄弧、电流衰减、提前送气和滞后断气程序控制。焊枪的结构尺寸，应能保证接近焊缝和从喷嘴中流出的保护气体呈层流状态，喷嘴内配有气体梳流透镜。

6.2　焊接材料和电极

锆和锆合金管道焊接应按 AWS 标准选用焊丝，原则是焊丝杂质和气体含量较母材高一个等级，其化学成分、机械性能应符合《锆和锆合金焊丝和填充丝标准》ASME SFA－5.24 的要求。

焊丝须经外观和金相检验，其表面应光滑，无毛刺疤痕、折皱和裂纹，内部无包覆的润滑剂和其他污物。

电极通常采用铈钨极（Ce－2），规格为 2.4～3.2mm。使用前应将电极修磨成平底锥形。

6.3　保护气体

保护气体可选择氩气、氦气或二者混合气体。因氩气密度较空气大，可避免焊接过程中的扰动卷入空气，且价格比氦气便宜，通常采用高纯度的氩气，纯度应≥99.999％。

储存氩气的气瓶必须干燥，没有任何残留气体和液体。气瓶出口处氩气的露点应低于－50℃。当气瓶压力低于 98MPa 时应停止使用。输送氩气的管道应为金属软管或塑料、尼龙管，不允许使用有吸湿性的橡胶管。输送氩气的管道应没有残留水分和泄漏。

6.4　主要工机具

主要焊接工机具见表 6.4。

主要焊接工机具 表 6.4

序　号	名　　称	规格型号	数　量	备　　注
1	电焊机	TETRIX 421	3	
2	锯床	G－72	1	
3	坡口机	NP80－273	1	电动
4	钻床	ZT512－W	1	
5	钻床	ZT－32	1	
6	砂轮切割机	φ400	1	
7	台式砂轮机	φ300	1	
8	角向磨光机	φ125	6	
9	钨极磨尖机	WS－6	1	
10	铜锤	2	1	
11	锉刀		15	板锉、半圆锉、圆锉
12	电磨		3	

续表

序　号	名　　　称	规格型号	数　量	备　　注
13	不锈钢丝刷		6	
14	试压泵	0~60MPa	1	电动
15	氩气流量计		15	

7. 质 量 控 制

7.1　控制措施

7.1.1　上岗焊工选择责任心强、心理稳定性好有三年以上奥氏体材料氩弧焊经验的焊工，进场焊接前须经过不少于3d使用脉冲焊机、锆材焊丝、锆管材的适应性训练达到要求后才能够正式进行焊接作业，焊口各项检验一次合格率100%。

7.1.2　施工安装现场建立临时锆材预制洁净车间，洁净室地面应进行处理。预制车间设原材料堆放、焊前准备、焊口组对、焊接、焊接半成品堆放等几个功能区域，防止相互干扰，影响人员操作技能发挥。

7.1.3　工作平台、组对卡具采用奥氏体材料，敲击工具采用紫铜或橡胶锤减少铁离子的污染。

7.1.4　管道焊接时，检查员应检查每层焊道的表面颜色。焊道表面应为银白色，完工的焊缝表面允许有淡黄色或浅蓝色存在，但必须用不锈钢丝刷去除。如果出现更深的表面颜色变化，则应对受污染的焊缝及附近母材进行修复。

7.1.5　每个焊工每焊20个锆管焊口或10m焊缝长度时，检查人员有权指示焊工按焊接产品的相同工艺焊接一试管，经加工成两根弯曲试样，按工艺评定要求进行面弯和背弯试验。如果弯曲试验不能通过，表明该焊工焊接的产品质量不合格。

7.1.6　焊缝如果存在不允许的缺陷，必须进行返修。缺陷应采用机械方法或其他合适的方法去除，并经PT探伤检查，确认缺陷已全部消除后，方可补焊。焊缝返修的焊前清理、焊接工艺、焊接检验应按原要求进行。

7.1.7　为了检查控制锆焊缝可能的氧化程度，除了目视检查颜色变化外，还采取对每一道口进行硬度测试，严格控制了焊缝的氧化。

7.1.8　焊接过程中对焊口质量形成过程不断总结，对焊接质量有怀疑时就停下来分析问题，改进焊接工艺和操作方法，排除产生缺陷的隐患，确保焊接质量。

7.2　质量控制标准

7.2.1　ASME锅炉及压力容器规范》第Ⅱ、Ⅷ、Ⅸ卷2007版。

7.2.2　《工业金属管道工程施工规范》GB 50235—2010。

7.2.3　《现场设备、工艺管道焊接工程施工及验收规范》GB 50236—1998。

7.2.4　由于锆及锆合金管道施工及验收规范在我国还不完善，我公司参照ASTM标准体系，并结合本企业多年锆及锆合金、镍基合金中的哈氏合金管道施工的实践经验总结并编制了一套《特种材料管道施工及验收规定》Q/LJ 010402.45—2009企业标准。在我公司承建的醋酸装置中，锆及锆合金管道的焊接施工同样应执行此标准。

8. 安 全 措 施

8.1　上岗人员应严格执行公司安全、防火规章制度及本工种安全操作规程，还应执行有关用电、高压气瓶、化学药品等专用管理制度、规程。

8.2　焊接操作区应清除易燃易爆物品。

8.3 所有用电器具均应接地良好，其接线、维护应由专业人员进行。

8.4 焊接操作区应设挡板隔离，防止光辐射危害。

8.5 焊接操作区应有通风措施，钨极磨削宜采用湿式或封闭式砂轮机，防止粉尘污染。

8.6 焊接操作区应配备足够的消防器材，锆切屑、碎末在空气中有自燃性，应集中存放在储水容器中。

8.7 工作结束后，应切断电源，仔细检查，确认无起火危险后方可离开现场。

9. 环 保 措 施

9.1 洁净室的焊接作业区域内制作具有优良通风功能的焊接平台，最大限度地减少高纯氩在空间底层的聚集和高密度电弧作用下产生臭氧的浓度，避免焊工过多的吸入氩气和臭氧产生的头晕恶心等不良生理反应，保证作业人员的身体健康。

9.2 在作业现场配置吸氧装置，降低焊工吸入过多的氩气和臭氧对身体健康的影响。

9.3 加强对酸洗钝化液体的管理，严禁将废液倒入土质地面或水渠，应集中存放交有处理废液资质的单位处置。

9.4 对于锆材的边角料和其他不产生严重化学污染的辅材废料分类集中保管或作为工业垃圾集中处置。

10. 效 益 分 析

10.1 经济效益

10.1.1 采用本工法进行锆化工工艺管道焊接，不仅可以节约成本，同时可以提高效率，为企业承接类似工程提供了技术支持：与原来的氩气保护工装相比较，原来一瓶氩气焊几个达因的焊口，现在由于减少了氩气的消耗，一瓶氩气可以焊更多个达因的焊口。外部保护拖罩内的保护网由刚性材料改为柔性材料更为耐用。一个保护网可以用于焊接更多个达因的焊口，既节约了成本，又提高了效率。

10.1.2 采用本技术进行锆化工工艺管道的现场焊接，可以确保焊接质量，保证装置的安全稳定运行。

10.1.3 由于解决了锆材室外焊接难题，减少了连接法兰的用量，降低了工程造价，为业主节约了成本。

10.2 社会效益

随着我国国民经济的快速发展，锆材在化工行业，特别是在醋酸装置中得到广泛应用。并且我国醋酸装置国产化程度不断提高，醋酸装置的规模不断扩大，及 19 世纪 20 世纪初国内进口醋酸装置的技改与维修，锆及锆合金管道焊接技术必将有巨大的推广应用前景，其经济效益与社会效益都将是巨大的。同时，锆及锆合金管道焊接技术的开发与应用，为锆材在民用化工行业的广泛应用提供了强有力的技术支持。

11. 应 用 实 例

11.1 本工法应用于公司承建的 20 多套醋酸装置，主要包括：

1. 上海焦化厂 2 万 t 醋酐装置；

2. 山东兖矿联工发化工有限公司 20 万 t/年醋酸装置建筑及安装工程；

3. 兖矿国泰 20 万 t/年醋酸改扩建工程；

4. 榆林卓越能源公司 15 万 t/年醋酸项目工程；

5. 云南云维股份有限公司 20 万 t/年醋酸装置工程；

6. 河南驻马店顺达 20 万 t/年醋酸工程；

7. 山东德州华鲁恒升 20 万 t/年醋酸＋2 万 t/年醋酐工程；

8. 河北建滔集团 40 万 t/年醋酸工程；

9. 安徽巢湖皖维集团 5 万 t/年醋酐工程；

10. 河南驻马店 36 万 t/年醋酸技改项目；

11. 南京塞拉尼斯 60 万 t/年醋酸工程主装置；

12. 天津碱厂搬迁改造工程 20 万 t/年醋酸装置；

13. 河南龙宇煤化工 40 万 t 醋酸装置；

14. 延长石油集团榆林 20 万 t 醋酸项目。

11.2 以延长石油集团榆林 20 万 t/年醋酸项目为例，该项目有 1053.4m 锆材管道，焊接量 9340 达因，因为采用室外焊接，节约锆材法兰 150 余对（价值约 150 万元），采用该技术进行锆材管道的焊接，降低人工及辅材费 30％，实际工期比原计划工期缩短 6 个月，试压一次成功。受到业主及监理单位的好评，取得了显著的经济效益和社会效益。

尿素级双相不锈钢焊接工法

YJGF66—92（2009～2010 年度升级版- 084）

中国化学工程第七建设有限公司　中国化学工程第三建设有限公司

孙逊　苏富强　黄俊斌　吴明傲　崔建兴

1. 前　　言

原尿素级双相不锈钢焊接工法于 1992 年获得部级工法，1993 年荣获国家级工法，经过多年的工程实践和应用，在原工法的基础上经过多项技术创新，不断完善总结出《尿素级双相不锈钢焊接工法》，本工法能并使铁素体组织能更好地向奥氏体组织转变，保证获得合理的相比例，能有效地抑制铬的氮化物的生成，提高焊接接头的冲击值，提高抗点蚀能力等。其主要创新如下：

1.1 采用纯 N_2 作为背面保护气体可以保护焊缝内表面不受氧化，有效地抑制铬的氮化物的生成，提高抗点蚀能力。采用 $90\%N_2+10\%H_2$ 混合气体，氢作为脱氧剂可使底层焊道的表面完全避免氧化膜，可进一步改善抗点蚀能力。同时氢的加入可提高焊接熔池的流动性，有利于获得良好成型的底层焊道。

1.2 正面采用 $98\%Ar+2\%N_2$ 作为保护气体。可以防止焊缝金属中氮元素向外发生扩散现象，从而确保高温状态下焊缝金属中的单项铁素体组织在冷却过程中转变成奥氏体组织的相变能够按照需要的数量完成。

1.3 开发的管道背面保护装置可以有效防止焊接过程中合金元素氮的损失，《管道焊接管内保护气体密封装置》获得国家实用新型专利产品（ZL 2009 20142835.5）。

双相不锈钢焊接工法在多项工程中运用情况良好，该技术现已申请了发明专利（专利申请公布号：CN101972878. A）。经中国化工施工协会化工施工技术鉴定委员会鉴定。本工法中的关键技术经科技查新，该工艺具有国内领先水平。为今后推广该施工技术提供了可靠的技术保证。该项技术填补了我国双相不锈钢焊接技术的空白。工法的推广应用，必将取得良好的社会效益和经济效益。

2. 工 法 特 点

2.1 施工简单方便，速度快，施工效率高。

2.2 施工工艺先进、成熟，具有补偿保护焊接过程中氮的损失，确保双相不锈钢的焊接性能，能有效地控制施工质量。新工艺四个特点：

2.2.1 焊接线能量可在较大的范围内（6～60kJ/cm）变化，根据实焊经验，线能量一般为 10～40kJ/cm。焊件较厚者采用较大线能量。线能量的具体选定以获得综合良好的物理—化学性能为主要目的。

2.2.2 不硬性规定层间温度最大控制值。

2.2.3 采用纯氮或 $90\%N_2+10\%H_2$ 作为背面保护气体。

2.2.4 采用 $98\%Ar+2\%N_2$ 作为焊枪保护气体。

2.3 此方法可以节约氩气、减少工时、能耗和原材料。

2.4 产品质量安全可靠。

2.5 缩短工期，降低施工成本。

3. 适 用 范 围

本工法适用于所有双相不锈钢的焊接。

4. 工 艺 原 理

4.1 双相不锈钢的结晶方式与奥氏体不锈钢结晶方式有原则区别，因而对焊接工艺的要求也各不相同。

结晶方式（Solidification mocle）是一种合金从液态向固态凝固和在固态下的相变过程，即一种合金按状态平衡图进行相变的过程。图 4.1 为 Fe－Cr－Ni 三元状态平衡图的一角. 图中一条垂直的虚线典型地代表 25－5－2 型双相不锈钢的近似成分。

双相不锈钢的结晶方式与单相奥氏体不锈钢的结晶方式有原则性的区别。由图 4.1 可看出。双相不锈钢的相析出顺序是：L→L+δ→δ→δ+γ。

因此，在结晶过程中，初生固相的铁素体（δ），奥氏体相是由铁素体相转变出来的。相反地，单相奥氏体不锈钢，例如 25－20 型不锈钢，初生相是奥氏体，其相析出顺序是：L→L+γ→γ。

上述两种不同的结晶方式对不锈钢的焊接工艺影响很大。在焊接尿素级 316L 奥氏体不锈钢时，为了降低焊接金属中的铁素体含量，现倾向于使用 25－22－2 型纯奥氏体焊丝和焊条。因而在工艺上要求采用尽可能小的线能量和严格控制层间温度在较低的温度范围内，其目的是使焊接熔池在较快的冷却速度下结晶和冷却，从而获得尽可能单一的纯奥氏体焊缝金属，以满足规范要求（例如要求铁素体含量少于 0.6%）。相反地，双相不锈钢焊接时，在保证铁素体与奥氏体比例大体相

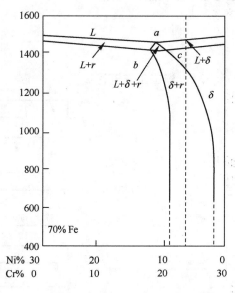

图 4.1 Fe－Cr－Ni 三元状态平衡图

当的前提下，希望从铁素体中转变出更多的奥氏体，以提高焊缝金属的抗点蚀能力，因此，把线能量控制在 15kJ/cm 是不必要的，相反应采用较大的线能量施焊。

4.2 现代双相不锈钢焊接对层间温度的敏感性不大：现代双相不锈钢，例如 Sandvik SAF2304 和 SAF2205、SA312 DP－3、DUPLEX SA790 UNS S31803、SAFUREX A790 UNS S32906 等，由于成分选择良好，铁素体与奥氏体比例合适，因此形成 δ 相的倾向很小，475℃脆化倾向也比老型号的双相不锈钢小很多。举例说，对 Sandvik SAF2205 来说，最危险的温度范围是 850℃附近。在这个温度范围内，有害相的析出需要好几分钟。然而，在正常的焊接条件下，焊缝热循环经历这一危险温度范围的时间典型地为 10s。即使采用焊前预热 300～340℃，焊缝热循环经历 850℃附近的时间也只比未预热的焊缝增加 50%，这是可以忽略不计的。475℃脆化更不可能发生，因为，要使这种脆化能被检测出来也要使焊缝金属在 475℃下停留好几小时。这是不可能的。由此看来，规定层间温度不大于 150℃对双相不锈钢的焊接没有意义。

4.3 双相不锈钢焊接时背面的保护气体成分纯氮比纯氩更好：人们在研究双相不锈钢抗点蚀能力时发现，在铁素体相中铬的氮化物 Cr_2N 的存在降低了双相不锈钢焊缝金属和热影响区的抗点蚀能力。用低线能量施焊得到的焊缝金属和热影响区因铁素体相比较多，因而有相当数量的 Cr_2N 存在。Cr_2N 的析出随着线能量的提高而减少，直至线能量提高至某一数值时而完全消失。这一现象使人联想到：如果有某种背面保护气体既能起保护作用又能减少焊缝内表面中铁素体相的数量，岂不是能进一步提高双相不锈钢焊缝的抗点蚀能力？氮气正好能起这种作用。用纯氮代替纯氩作背面保护气体，除提供保护焊缝

内表面不受氧化的作用外，氮还扩散到焊缝金属和热影响区内，从而增加底层内表面的奥氏体含量，即相对减少铁素体含量，这样，就有效地抑制了铬的氮化物的生成，抗点蚀能力因而得到进一步的提高。此外，用纯氮代替纯氩作背面保护气体，在经济上也是十分合算的。

90％ N_2＋10％ H_2 混合气体作双相不锈钢底层焊接的保护气体比纯 N_2 的作用更好。氢作为脱氧剂可使底层焊道的表面完全避免氧化膜，可进一步改善抗点蚀能力。同时氢的加入可提高焊接熔池的流动性，有利于获得良好成型的底层焊道。

4.4 保护气体采用 98％Ar＋2％ N_2。在双相钢的焊接过程中，如果采用单一氩气进行保护，焊接过程中焊缝金属中氮元素会发生扩散现象。为了控制焊缝中的铁素体的含量，焊接过程中，在保护气氩气中添加适量的氮气，通过保护气氛的富氮化，来防止焊缝金属中氮元素向外发生扩散现象的出现，从而确保高温状态下焊缝金属中的单项铁素体组织在冷却过程中转变成奥氏体组织的相变能够按照需要的数量完成。焊接表明，在保护气体中添加 2％的氮，就可以防止焊缝中金属氮元素扩散现象的发生。这也是本工法创新点之一。

5. 施工工艺流程及操作要点

5.1 施工工艺流程见图 5.1

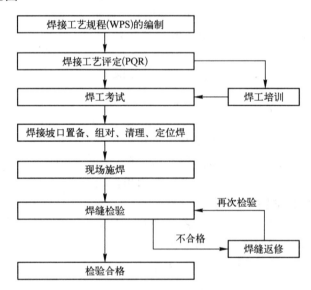

图 5.1 施工工艺流程图

5.2 操作要点

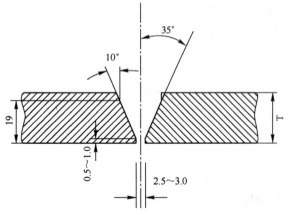

图 5.2.1 双相不锈钢对接接头的坡口形式（单位：mm）

5.2.1 焊接工艺规程（WPS）的编制

1. 坡口设计：对接接头的坡口尺寸如图 5.2.1 所示。

当壁厚 T≤19 时为单 V 坡口，T＞19 时为复合 V 形坡口。

2. 焊接方法：一般为 GTAW＋SMAW。当管径≤57mm 且壁厚≤3mm 时，宜使用全氩弧焊代替氩弧焊打底手工电弧焊填充盖面。

3. 保护气体：保护气体采用 98％Ar＋2％ N_2（防止氮元素扩散）。

背面保护气体：在氩弧焊打底时，纯氩背面保护气体虽然可以满足规范要求，但纯 N_2 或 $90\%N_2+10\%H_2$ 混合气体更为可取，氢的加入要使焊缝内表面更为光亮且成型十分美观。

4. 母材组合与焊接材料选择（表 5.2.1-1）：

尿素级双相不锈钢与奥氏体不锈钢 316L 化学成分的比较　　　　表 5.2.1-1

成分% 钢号	C	Si	Mn	Cr	Ni	Mo	N	铁素体%
SAF2205	≤0.030	≤1.0	≤2.0	22	5.5	3	0.14	45
SA312DP-3	<0.030		0.2~0.8	24~26	5.5~7.5	2.5~3.5		
S31803	0.025	0.32	1.84	22.54	5.41	3.06	0.15	
SAFUREX	0.015	0.27	1.0	28.93	7	2.17	0.329	
316L	≤0.030	≤0.01		16~18	10~14	2.0~3.0		

表 5.2.1-1 列出了四种尿素级双相不锈钢 Sandbik SAF2205（瑞典生产）、A312DP-3（日本生产）、S31803（瑞典 Stamicarbon 生产）、以及 SAFUREX（瑞典 Stamicarbon 生产）的化学成分，并同 316L 奥氏体不锈钢进行了比较。SAF2205 与 316L 的机械性能比较见表 5.2.1-2。

尿素级双相不锈钢与 316L 的机械性能比较　　　　表 5.2.1-2

机械性能 钢号	δsN/mm²	δbN/mm²	δ%
SAF2205	450	680~900	25
316L	220	530	55

尿素级双相不锈钢同种材料焊接时，可选用表 5.2.1-3 中任何一组焊接材料。

焊丝＋焊条分组如下：

1) Sandvik22、8、3L＋Sandvik22、9、3L；
2) DP-3T＋DP-3；
3) WeL-TIG329J2L＋WeL-329J2L；
4) ER2209＋E2209-16；
5) SAFUREX 焊丝＋ SAFUREX 焊条。

尿素级双相不锈钢焊接材料的化学成分　　　　表 5.2.1-3

	焊接材料	C	Si	Mn	P	S	Cr	Ni	N	Mo	生 产 厂
焊丝	22.8.3L	0.020	0.504	1.6	0.03	0.03	22.5	8	0.14	3	SandviK
	DP-3T	0.016	4.45	1.5	0.016	0.003	22.4	7.09	0.14	2.94	SumITOMo
	WeL-TiG329J2L	<0.03	<0.65	<2.0	<0.03	<0.02	121.5/23.5	7.5/8.5		2.5/3.5	NIPPON
	ER2209	0.015	0.29	1.0	0.005	0.005	28.71		0.321	2.16	SandviK
	SAFUREX 焊丝	0.02	0.33	0.92	0.015	0.001	28.78	6.8	0.36	2.18	SAFUREX
焊条	22.9 3L	0.03	1.0	0.8	0.02	0.02	22.5	9.5	0.14	3	SandviK
	DP-3	0.026	0.48	0.8	0.023	0.001	22.97	9	0.15	2.92	SuMITo
	WEI-329J2L	<0.03	<0.65	<2.0	<0.020	0.001	21.5/23.5	7.5/8.5		2.5/3.5	MoNIPPoN
	E2209-16	0.015	0.29	1.0	0.005	0.005	28.71	7.08	0.321	2.16	SandviK
	SAFUREX 焊条	0.042	0.61	1.1	0.021	0.005	29.0	8.3	0.351	2.14	SAFUREX

尿素级双相不锈钢往往要同 316L 组合焊接，此时，有两组焊接材料可供选择：

第一组：Er316L＋E316L；

第二组：25-22-2 型焊丝（如 2RM-69 或 Sandvik 25、22、2LMN 焊丝或）＋25-22-2 型焊条（如 BM310MoL 或 Sandvil25、22、2LMn 焊条）。

进行尿素级双相不锈钢夹套管的焊接时，往往发生尿素级双相不锈钢与碳钢组合的焊接。焊接的方法有两种，一种是先在碳钢一侧用过渡焊条 E309L 堆焊一过渡层，打磨后，按双相钢同种材料焊接工艺施焊。这种方法适用于厚壁对接焊缝。另一种是直接用 25－22－2 型焊接材料施焊，这种方法在焊接夹管时有明显的优越性。

此时，可采用下列组合的焊接材料：25－22－2 型焊丝（如 2RM－69 或 Sandvik25、22、2LMn 焊丝）25－22－2 型焊条（如 BM310MoL 或 Sandvik25、22、2LMn 焊条）。

5. 焊接参数：

以焊接线能量来综合地表示焊接参数。如前所述，线能量可在 6～60kJ/cm 的范围内变化，在现场焊接条件下通常在 10～40kJ/cm 的范围内变化，其铁素体含量都大于 40%，符合规范要求；其金相组织为铁素体＋奥氏体，没有 σ－相析出。线能量的具体确定（通过多次工艺评定）应以获得最佳综合物理－化学性能的焊接接头为主要目标。

焊接线能量与壁厚之间有某种关系：大体可按表 5.2.1-4 选择。

各焊道的平均线能量与壁厚之间的关系　　　　　　　　　　　　　　　表 5.2.1-4

壁厚范围（mm）	焊接线能量（kJ/cm）
≤3	10～20
>3～12	20～30
>12	30～40

以某国外工程双相不锈钢为例，其焊接参数见表 5.2.1-5。

焊接参数一览表　　　　　　　　　　　　　　　表 5.2.1-5

层　数	焊接方法	焊条牌号	规格 mm	电流种类及极性	电流 A	电压 V	焊接速度 cm/min	线能量 kJ/cm
1	GTAW	SAFUREX 焊丝	φ2.4	DCSP	90～110	9～14	5～8	6～19
2	GTAW	SAFUREX 焊丝	φ2.4	DCSP	90～110	9～14	5～8	6～19
3	SMAW	SAFUREX 焊焊条	φ3.25	DCRP	80～115	20～26	9～14	10～23
4～N	SMAW	SAFUREX 焊焊条	φ4.0	DCRP	110～140	25～30	10～14	12～25

6. 预热、层间温度控制和焊后热处理：

尿素级双相不锈钢焊接不要求预热和焊后热处理。如前所述，层间温度控制也是没有必要的。

5.2.2　焊接工艺评定（PQR）的进行

焊接工艺评定试件的坡口尺寸按图 5.2.1 加工。焊接位置与现场焊接施工相适应。试件按编制的 WPS 所规定的焊接条件施焊。试件的试验项目和合格标准由设计所采用的焊接工艺评定标准决定。

鉴于尿素级双相不锈钢常与尿素级 316L 奥氏体不锈钢并列使用且用来构成夹套管道。因此，在管道焊接中应完成三组材料组合的焊接工艺评定，即双相不锈钢＋双相不锈钢；双相不锈钢＋316L 奥氏体不锈钢；双相不锈钢＋碳钢。在设备制作中，除上述组合外，还要做在碳钢基体上堆焊双相不锈钢层的焊接工艺评定。

休氏试验（Huey Test）对尿素级双相不锈钢，如同对尿素级 316L 奥氏体不锈钢一样是必须做的。休氏试验一般按 ASTM A262 标准中的"C"法进行。但是，不同的设计单位和制造厂家可按具体使用条件的特点做必要的变更和补充。对试验结果的评定也是如此，意大利 TECNIMONT 公司对尿素级双相不锈钢 SAF2205 和尿素级奥氏体不锈钢 AISI316L 管材及焊接接头休氏试验的接收标准见表 5.2.2，可作参考：

意大利 TECNIMONT 公司焊接接头休氏试验接收标准　　　　　　表 5.2.2

			SAF2205	AISI316L
最大腐蚀速度	mm/年	（5 个试验循环的平均值）	0.6	0.8
	选择性腐蚀	μm	180	180

焊接工艺评定合格后，原编制的 WPS 即为有效。

5.2.3　焊工培训与考试

焊接工艺评定合格后，即可根据焊工考试规则组织相应项目的焊工培训与考试。采用哪种焊工考试规则由设计决定或由工程标准给出。焊工考试试件的检验项目和合格标准按所采用的焊工考试规则而定。

5.2.4　焊接坡口置备、组对、清理、定位焊

1. 坡口准备

1）焊接施工时焊缝的坡口尺寸按图 5.2.1 加工。

2）应采用机械方法（车床、专用砂轮机、坡口机等）切割和加工坡口；当采用等离子弧方法加工坡口后，应除去坡口表面的氧化皮、熔渣及影响接头质量的表面层，并应将凹凸不平处打磨平整。对于管道上的开孔，应采用台钻或角磨机等机械方法进行开孔和修磨坡口。

3）砂轮打磨应采用不含铁的氧化铝或碳化硅材质的砂轮片。

2. 焊前清理与保护

1）焊前应对坡口及两侧各 100mm 范围内的氧化皮、油脂、灰尘、和其他污染物等，先用不锈钢丝刷或专用砂轮机清理，再用丙酮清洗干净。

2）焊条电弧焊时，坡口两侧各 100mm 范围内，宜在施焊前涂刷防护剂等防止焊接飞溅物沾污焊件表面的措施。

3. 组对

1）焊件地面组对时应用枕木或橡胶板铺垫隔离地面，尽可能避免使用卡具。

2）使用工卡具时，工卡具的材质应为双相钢或奥氏体不锈钢，不得使用碳钢工卡具。工卡具焊接应采用与正式焊缝焊接相同的焊材和焊接工艺。

3）管道组对时，内壁错边量不应大于壁厚的 10％，且不得超过 0.5mm。若内壁错边量超过规定值，应开 1：4 的锥形内坡口。

4. 定位焊

1）焊接定位焊缝的焊接材料和焊接工艺应与正式焊接相同，且应由合格焊工施焊；

2）定位焊缝采用钨极氩弧焊时，背面应进行氮气保护；

3）定位焊缝应均匀分布，定位焊缝的长度宜为 10～15mm，高度宜为 2～4mm，且不应超过壁厚的 2/3；

4）定位焊缝应保证焊透及熔合良好，且不得有气孔、夹钨、裂纹等焊接缺陷；

5）定位焊缝应平缓过渡到母材上，且焊缝两端应磨削成缓坡。

5.2.5　现场施焊与焊缝检验

由考试合格的焊工按生效的 WPS 进行现场焊接。

焊缝检验项目范围和合格标准应遵循设计所采用的标准或工程标准的规定。通常，尿素级双相不锈钢应用于尿素装置中的高压管道，在此情况下，往往要求对底层焊道做 100％着色检验，对最终焊缝做 100％的射线检查，铁素体检查。焊接返修时应采用砂轮打磨的方法消除焊接缺陷，严禁采用碳弧气刨等热加工方法。

5.3　劳动力组织

双相不锈钢焊接劳动力组织一览表见表 5.3（以某国外工程双相钢的焊接为例，总工作量为 1800 D—in）。

双相不锈钢焊接劳动力组织一览表　　　　　　　　　　表5.3

序　号	单项工程	人数（人）	岗位职责	备　注
1	焊接技术人员	2	管理	
2	氩弧焊工	3	清理、焊接	持有效证
3	电焊工	6	清理、焊接	持有效证
4	气焊工	2	配合施工	持有效证
5	电工	1	配合施工	
6	无损检测	2	PT、RT	
7	焊条烘干	1	焊材管理	
8	管工	4	组对	
9	起重工	2	配合施工	

6. 材料与设备

以某国外工程双相钢的焊接为例，总工作量为1800 D—in。

6.1　施工机具

双相不锈钢焊接所需施工机具见表6.1。

双相不锈钢焊接所需施工机具　　　　　　　　　　表6.1

序　号	仪器设备名称	规格型号	单　位	数　量	备　注
1	氩弧焊机	GS—400SS	台	3	
2	逆变焊机	ZX400—7	台	6	
3	氢发生器	0.5～1.00m³/h（容量）	个	2	
4	N_2+H_2配比器	GM100—23型	个	2	（西德）或类似型号
5	等离子弧切割机	LGK—120	台	1	
6	坡口机		台	4	
7	铁素体测定仪	FeritscopeMⅡ	台	1	
8	烘干箱	0～450℃	个	1	
9	恒温箱		个	1	
10	X射线探伤机		台	1～2	
11	角向砂轮机	$\phi180$	台	4	
12	角向砂轮机	$\phi150$	台	4	
13	角向砂轮机	$\phi100$	台	8	
14	氩弧焊把		套	2	
15	砂轮切割机	$\phi400$	台	2	13
16	风速仪		个	1	
17	焊接检验尺		个	2	
18	干粉灭火器	手提式	套	4	
19	气焊工具		套	1	

6.2　施工材料

双相不锈钢焊接所需施工材料见表6.2。

双相不锈钢焊接所需施工材料 表 6.2

序 号	名 称	规格型号	单 位	数 量	备 注
1	丙酮溶液		kg	15	清洗用
2	聚四氟塑料管		m	50	输送氩气
3	流量计		块	4	气体调整
4	胶皮		m²	0.5	堵板
5	钨极	φ2.0	kg	若干	焊接用
6	水溶性纸		kg	若干	焊接用
7	不锈钢丝刷		把	10	清理焊口
8	布		kg	5	清理焊口
9	丝杠		套	若干	管口组对
10	编织布			若干	搭设防风棚
11	架杆				搭设防风棚
12	跳板	300×300	块	40	搭设防风棚
13	铁丝	12 号	kg	50	搭设防风棚
14	清洗剂		瓶	20	着色探伤
15	渗透剂、显影剂		瓶	各 10 瓶	着色探伤

7. 质 量 控 制

7.1 本工法执行的主要规范、标准：

由于目前该材料基本都是进口，所以在遵循国外标准的同时应满足国内焊接标准。

国外标准应执行

1.《工艺管道》ASME B31.3；

2.《动力管道》ASME B31.1；

3.《焊接评定》ASME Sec. Ⅸ；

4.《无损检测》ASME Sec. Ⅴ；

5. 现有设计图纸及施工技术要求；

6. 厂家相关技术要求。

国内标准应执行：

1.《压力管道、压力容器焊工考试规则》；

2.《钢制压力容器焊接工艺评定》GB 4708—2000；

3.《现场设备、工业管道焊接工程施工及验收规范》GB 50236—98。

7.2 质量保证措施

7.2.1 建立一套完整的焊接施工程序，加强质量控制，在进入下道工序前必须报检。做好技术交底，对施工方法、程序、工艺要求、现场关键控制点做详尽的交底。

7.2.2 实行全面质量管理，建立 QC 小组，由质检员对各关键工序进行检查，并做好记录，实行质量一票否决权。

7.2.3 按照施工要求，健全岗位目标责任制，自检与专检相结合，确保工程质量。

7.2.4 编制详细、合理的施工方案。

7.2.5 编制详细的质量检验控制点，如：焊工培训、工艺评定、工艺文件的编审，焊接作业指导书等。

7.2.6 严格工艺纪律，控制错边量、装配质量。

7.2.7 焊接设备及仪表应定期检查，计量仪表应定期校验。

7.2.8 避免材料表面划伤和机械损伤。应使用不锈钢工具铁离子污染的工具组对焊口，并保持清洁。

7.2.9 在焊缝附近做焊工标记及其他规定的标记时，不得使用钢印或者对材料有污染的色印标记。

7.2.10 质量目标：焊接一次合格率达到98%以上。

8. 安 全 措 施

8.1 在施工中全面贯彻执行"安全第一，预防为主"的安全生产方针，建立健全的 HSE 管理体系，加强施工作业中的安全检查上，确保作业标准化、规范化。

8.2 确立上岗职工的身体素质满足其上岗的要求。

8.3 做好安全技术交底。

8.4 参加焊接施工的人员进行焊接时，必须按规定穿戴工作服、绝缘鞋、工作帽、手套及护目镜；酸洗时应穿戴耐酸服、手套、鞋等劳保用品，严格执行操作规程。

8.5 现场施工用电必须采用三相五线制，使用符合标准的配电箱和开关箱，做到"一机、一闸、一保护"。

8.6 电焊机和电动砂轮等电气设备必须进行可靠接地，并装设漏电保护装置。

8.7 高处作业时，必须按照安全规定要求挂安全带，并防止高处物体坠落。

8.8 在焊接作业点火源10m 以内、高空作业下方和焊接火星所及范围内，应彻底清除有机灰尘、木材、棉纱、石油、汽油、油漆等易燃物品。

8.9 焊接工作现场要具备良好的通风环境。

8.10 焊接施工现场应保持消防道路畅通，且备齐相应的消防器材；必要时，应设专人看火。

8.11 无损检测应设置专门警示牌和警戒线。

8.12 暑期现场工作时，应有相应的防暑降温措施。

8.13 在使用氢气发生器时，应特别注意防火、防爆，严格遵守氢气发生器的操作规程。

9. 环 保 措 施

9.1 应遵循国家有关法律、法规、规范；行业的标准、规范、规定。

9.2 施工作业环境内噪声限制值执行《工业企业噪声控制设计规范》GBJ 87—85 中的要求。

9.3 施工作业环境内有毒物质和生产性粉尘最高容许浓度执行《工业企业设计卫生标准》GBZ 1—2002 中的要求。

9.4 施工环境合理布置，做到标牌清楚、齐全；各种标识醒目，施工场地文明整洁。

9.5 优先选用科技含量高的环保材料、施工机具，使用隔声屏障、使用机械隔声罩等，确保外界噪声等达到环保相关要求；尽可能避免夜间施工。

9.6 正确设置排污地点，化学清洗废液应经中和处理，使其达标后向指定地点排放，认真做好无害化处理，防止污染环境。

9.7 对钨棒头、焊丝头、废砂轮片等固体废弃物进行回收，集中存放。不可将回收的上述固体废弃物按垃圾处理要求处置。

9.8 在技术措施方面，多采用环保节能的新工艺、新技术，以提高劳动生产率，降低资源消耗，同时减小施工过程对周边环境的影响。

10. 效 益 分 析

10.1 工期效益

本工法与传统双相钢焊接工艺方法相比较，其劳动生产率可提高约 30％，且在加快焊接速度的同时不降低焊接质量，从而缩短工程施工周期，加快了施工进度。

10.2 质量效益

采用此工艺，焊接合格率高，减少焊缝返修量，节省了大量的返修费用。

10.3 经济效益

10.3.1 本工法与国内外传统的工艺相比，用 90％N_2＋10％H_2 混合气体代替纯氩做背面保护，气体价格可降低 1/3 以上。采用纯 N_2 代替纯氩做背面保护，气体价格可降低约 1/2。

10.3.2 以巴基斯坦项目为例，共节约人工费 6.5 万元；材料费 8 万元；机械费 5 万元；本工法在上述三项工程中共计降低成本 75 万元，经济效益明显。

10.3.3 尿素级双相不锈钢代替奥氏体不锈钢 316L，可节约 50％以上的 Ni 和其他金属材料，使产品达到轻量化，减少钢材使用量，降低成本。这是本工法的间接经济效益。

10.4 社会效益

10.4.1 促进了双相不锈钢的应用，从而降低了设计成本。

10.4.2 由于加快了双相不锈钢焊接的速度，提高了焊接质量，从而加快了化工建设的速度。

10.4.3 焊接质量是关系到工厂的安全运行问题，也是最影响建设、施工单位社会信誉的质量问题，按照该工艺施工，焊接质量可靠，具有长远的社会效益。

10.4.4 该方法的成功，为以后类似的焊接提供了可靠的技术依据。为双相不锈钢的广泛应用充当了先行官，因而有广泛的推广前景。

11. 应 用 实 例

11.1 巴基斯坦联合化肥装置

2008～2009 年，巴基斯坦尿素装置，采用的是 DUPLEX SA790 UNS S31803、SAFUREX A790 UNS S32906 双相不锈钢，规格为管径：21.3～406.4mm，壁厚：3.73～21.44mm。焊接工作量有 1800 DI－in。我公司应用本工法进行双相钢的焊接施工，焊口根层着色 100％合格、射线检查共透视 1600 张胶片，一次合格率 99.5％，施工工期提前 10d，确保了焊接质量，得到了业主和外国专家的好评。施工中采用此工艺，降低了成本，取得较好的效果，取得了较好的经济效益。

11.2 重庆涪陵建峰化工厂 45/80 工程 80 万 t/年尿素装置

2009 年承建该装置的管道工程，材质牌号 SAFUREX，管径 DN15－350，壁厚 3.25～18.7mm，介质主要有氨、甲胺液、尿素溶液等，管道延长米 160m，焊接工程量 1700DB，一次焊接合格率为 99.6％。

11.3 呼伦贝尔金新化工 50/80 工程 80 万 t/年尿素装置

2010 年承建该装置的管道工程，材质牌号 SAFUREX，管径从 1/2″～14″，壁厚 4.55～19.05mm，管道延长米 163m，焊接工程量 1316DB，一次焊接合格率为 98.2％。

X70 钢级大口径弯管制作工法

YJGF56—2002（2009～2010 年度升级版-085）

中油吉林化建工程有限公司　中化二建集团有限公司

许秀丽　何永胜　于俊　邵长云　徐文新

1. 前　言

随着国民经济的发展，对能源的需要日益增加，我国的各种长输管道建设迫在眉睫，继西气东输工程后，我国相继开工了陕京二线以及东部下游支线、城市天然气管网等长输管线。高强钢大口径弯管在这些建设中必不可少，西气东输即是国家的一项重点工程，工程所需管径为 $\phi1016mm$，壁厚为 17～26mm，钢级为 X70 的各种规格弯管数千件，在此工程中要面临的重大难题之一就是大口径弯管的预制问题，当时国内尚无任何厂家可成功煨制出 X70 钢级大口径弯管，国外也少有报道，没有成熟的热弯工艺制度可以应用，为了生产出满足西气东输工程使用要求的热煨弯管，探索热弯弯管工艺制度，解决西气东输工程用热煨弯管生产中存在的一些技术问题，我公司针对西气东输管件和母管的具体情况进行了大量的、有针对性的热煨弯管工艺试验研究，并自行改装研制了梯形感应加热喷水圈与压缩空气圈，确定出最佳的热煨制的加热温度、加热带宽度、冷却速度等工艺参数，最终成功地试制出符合"西气东输工程用感应加热弯管技术条件"各项指标的 X70 钢级，管径为 $\phi1016mm$，壁厚为 21.0mm 的多种角度的感应加热弯管，填补了国内采用中频感应加热煨制大口径弯管的空白。

《感应加热煨制 X70 钢级 $\phi1016$ 大弯管工艺研究》课题通过了中国石油天然气集团公司科技发展部的鉴定，该项成果荣获吉化集团公司科技进步四等奖，并获得 2003 年建设部国家级工法。《西气东输工程感应加热大口径弯管的研制》获 2003 年度中国石油工程建设系统优秀 QC 小组三等奖、2004 年吉林省建筑业企业最佳成果奖、2004 年全国工程建设优秀质量管理小组。

本工法在 2005 年西气东输—陕京二线冀宁联络线站场 X70 级清管弯管得到了成功应用，共制作了 $\phi711\times21$，X70 钢级，46 根；$\phi610\times21$，X70 钢级，30 根；$\phi406.4\times14$，X60 钢级，12 根；$\phi325\times12$，L360NB 钢级，8 根；$\phi1016\times30.4$，X70 钢级，17 根；共 5 种角度的弯管制作。

在此次工程中对原有工法工艺进行了改进：

研制了感应圈三维计算机自动调节系统，根据计算机反馈的工艺参数随时调整感应圈与弯管之间的间距，达到按工艺要求进行温度控制的效果，从而保证了弯管机械性能。降低内弧侧感应加热温度，以确保弯管内弧侧材料有足够的韧性；缩短左过渡区的加热时间，防止晶粒长大；右过渡区终弯处增加强制冷却圈，提高过渡区弯管材料强度；提高冷却速度，尽可能使母管经淬火后得到较多数量的粒状贝氏体组织，使弯管有一定的强度富裕量。

通过对此工法工艺的改进，使工法更代表当前大口径感应加热弯管制作的先进性，本工法同样适用更高级别钢管的煨制工艺。

2. 工 法 特 点

2.1　性能要求高

国内外公认，控轧钢再一次受热时，其控轧冷效应将会受到不同程度的影响，若热弯工艺制度不当，其强度（特别是屈服强度），将会损失近一半，严重时还会开裂。为了达到其性能的要求，工艺参数的选择非常重要。我们采用了自行改装研制的梯形感应加热喷水圈（二合一）与压缩空气圈，同时在收弯处加了一道强冷设施，减少了淬火介质中的气泡，提高了淬火的均匀性，保证了弯管的性能。弯管检验合格率达到 100%。

2.2 外形尺寸要求高

弯管外形尺寸要求高。因为弯管不能二次受热，必须一次成型合格，且外形尺寸如超差，在现场组对焊接时将遇到很大麻烦，为此我们改造了推制机的工装，加固了转臂的强度，改进了滑道的形式，使推制出的弯管满足了技术要求。

2.3 操作简单

各项工艺参数调节好后，在弯管推制过程中只需随时监控加热温度，调整感应圈与管体之间的距离即可，对工人的技术水平要求不高。

2.4 劳动强度低

弯管推制过程中，弯管机自动行走，无须太多的人力。

2.5 成本低

由于西气东输工程为带料加工，在施工过程中无须投入太多的资金。

3. 适 用 范 围

本工法适用于 X70 钢级，规格为 φ1016×21.0mm 感应加热弯管的制作，通过适当调整部分工艺参数，完全可以适用更高级别钢管的煨制。

4. 工 艺 原 理

采用 X70 钢级直缝埋弧焊管作为煨制弯管的母管，采用中频感应加热管子的外表面，同时采用水冷加风冷进行淬火，管子在推制机上以恒定的推进速度前进使弯曲应力集中在感应加热部位以保证连续的变形煨制出理想的弯管。通过淬火提高弯管的强度，通过回火消除淬火过程中产生的内应力，并获得较好的强韧性，从而使弯制出的弯管满足弯管性能的要求。

5. 施工工艺流程及操作要点

5.1 工艺流程（图 5.1）

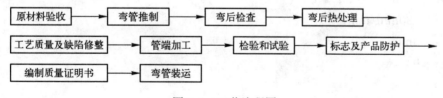

图 5.1 工艺流程图

5.2 操作要点

5.2.1 原材料验收

1. 原材料要求

1）感应加热弯管原材料采用钢级为 X70 的直缝埋弧焊钢管，规格分别为：

φ1016×17.5mm

φ1016×21.0mm

φ1016×26.2mm

φ1016×30.4mm

2）化学成分（表 5.2.1）

化学成分表　　　　　　　　　　　　　　　　　　　表 5.2.1

元素	C	Si	Mn	P	S	Cr	Mo	Ni	Nb	V	Ti	Al	N	Cu	Ceq	晶粒度
Min	0.07	0.10	1.50	/	/	0.08	0.10	0.08	0.04	/	/	/	/	/	/	6 级或更细
Max	0.09	0.30	1.65	0.020	0.005	0.12	0.20	0.12	0.08	0.03	0.025	0.06	0.010	0.30	0.42	

注：Nb＋V＋Ti≤0.16 %；Ni＋Cu＋Cr≤0.50 %，不得随意加入 B 和稀土元素。

3）性能指标

屈服强度 $\sigma s \geq 530$ MPa；

抗拉强度 $\sigma b \geq 610$ MPa；

延伸率 $\delta \geq 19\%$。

2. 钢管原材料进厂应检查钢管制造商证明书，内容包括：

制造商商标；

钢管的规格尺寸；

钢管的炉号及批号；

钢管的热处理批号。

3. 钢管原材料进厂后由检验部门逐根进行外观质量检查，随机抽样进行无损探伤。对不符合《西气东输工程感应加热弯管用直缝埋弧焊管技术条件》的钢管在详细记录后隔离放置，等待供货部门处理。对表面有结疤、拉伤、凹坑等缺陷的钢管采用砂轮进行修磨，修磨处应与管体圆滑过渡，直至用着色或磁粉探伤方法检查，认为缺陷完全消除为止。修磨处钢管的壁厚应符合《西气东输工程热弯制弯管用直缝埋弧焊钢管技术条件》。

5.2.2　弯管推制

根据订货合同的基本参数、《西气东输工程用感应加热弯管技术条件》，经过了严格的工艺试验及工艺评定，在采取相应的工艺保证措施的同时，制定了弯管制造工艺规范。本规范适用于 X70 钢级，规格为 $\phi 1016 \times 21.0$ mm，曲率半径为 6096mm 的弯管批量生产。

在弯管制造过程中将严格遵守此工艺规范。若弯管基本参数（除弯曲角度和直管段长度外）、钢管原材料、制造工艺改变时将重新进行工艺评定。

1. 弯制工艺

通过中频感应加热、外壁采用水冷加风冷的冷却方法推制弯管。基本参数如下：

弯制加热温度：1060±20℃；

推进速度：19～20mm/min；

加热带宽度：30mm；

冷却水温度：20℃；

喷水角度：45°；

喷水压力：0.15～0.22MPa；

出风角度：45°；

出风压力：0.4～0.5MPa；

感应圈与管壁间距：15mm；

风冷圈与管壁间距：20mm；

感应圈与风冷圈间距：80mm。

1）温度控制

控温设备：1000kW 中频电源；

控温范围：外壁温度控制范围为 1060±20℃，内壁最低温度为 1020℃；

检测工具：远红外线测温计（RAYR 312 ML 3U）、光学高温计（WGG2－202）；

检测方法：远红外线测温仪固定在弯管的外弧侧用于监控加热温度波动情况①，光学高温计用于测量各部位的温度。起弯时要用光学高温计连续测量以保证达到弯制工艺要求，待加热温度稳定后则在弯管外弧和内弧部位每隔 300mm 分别测量一次。

2）速度控制

控速设备：变量液压泵；

控速范围：19～20mm/min；

检测工具：板尺、秒表；

检测方法：通过测量弯管机在 1min 内所推进的距离来计算推进速度，测量频次：1 次/300mm。

3）冷却速度控制

冷却系统：感应圈供水系统及风冷圈供气系统；

监测工具：酒精温度计；

监测方法：定期测量冷却后的冷却水温度，测量频次：1 次/300mm。

2. 其他

1）弯管推制前先对钢管原材料进行排版，下料时按排版图进行，直管段长度不小于 500mm（设计图有规定时，按设计图规定），若钢管剩余长度满足不了弯管机所需长度时，需焊接管头后再进行推制。

2）钢管原材料的纵焊缝安置在弯管的内弧侧距壁厚基本不变的中性面母线 10°范围内，如图 5.2.2 所示。

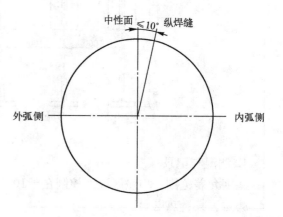

图 5.2.2 纵焊缝布置图

5.2.3 弯后热处理

1. 工艺评定步骤

1）将单根推制评定结果合格的弯管取样数片做不同温度的回火处理；

2）回火试片取样做力学性能评定；

3）根据评定结果定出最佳回火工艺。

2. 回火热处理工艺

回火热处理工艺要根据评定结果确定。400℃以上升温速度不大于 175℃/h。将弯管加热到一定温度之后保温，保温时间到后迅速出炉到通风良好的地方空冷。不同规格的弯管的热处理工艺详见热处理工艺卡。

基本回火热处理参数：

加热温度及温度控制范围：550±10℃；

保温时间：2h；

400℃以上的加热速度：不大于 175℃/h；

400℃以上的冷却速度：空冷。

3. 工件装炉要求

1）热处理设备：箱式煤气回火炉；

2）装料形式：采用连续装料的方法进行热处理；

3）分批装料布置及装料要求

（1）装料布置图

每次装料时弯管不允许叠放，装料的数量根据炉膛大小决定，弯管与炉膛之间的距离不少于 500mm，弯管之间用耐火砖隔开，同时弯管在支架上用楔形耐火砖固定，热处理前每个弯管都应编号，

---

① 远红外线测温仪测量结果不代表实际加热温度，只反映温度波动程度，实际加热温度通过光学高温计测量。

热处理后弯管的编号应及时按装料布置图补充完善。装料布置图如图5.2.3-1所示。

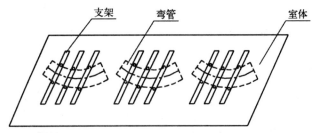

图5.2.3-1 装料布置图

（2）装料支架采用H钢制作，H钢一侧翼板去掉，中间加工若干椭圆形通风孔，有利于出炉冷却。装料支架的形式如图5.2.3-2所示。

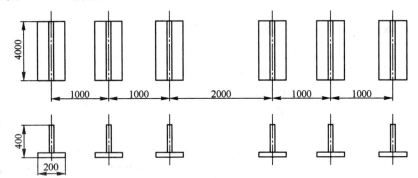

图5.2.3-2 支架的形式图

4. 测温与记录

温度允差范围：均热区温度控制在±10℃范围内。

测量工具：热电偶。

测温方法：采用多个热电偶测量热处理炉中的温度，记录系统应能记录各区的温度的加热曲线。每一炉弯管的温度均有测量记录，以各个热电偶测量读数的平均值定为弯管的回火温度。热电偶位于炉体中部，每隔2750mm布置1个，而且每个热电偶能够准确地测出炉体温度，热电偶使用前需经计量部门鉴定。热电偶布置如图5.2.3-3所示。

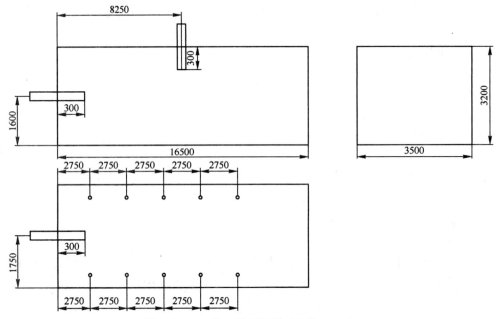

图5.2.3-3 热电偶布置图（单位：mm）

5. 热处理报告

热处理报告内容包括：

热处理工艺卡；

装料布置图；

测温记录。

5.2.4 管端加工

弯管管端距管端面 150mm 范围内的内外焊缝用砂轮磨平，清除后焊道剩余高度为 0～0.5mm，且与相邻管体表面光滑过渡，相邻管体表面磨削后的剩余壁厚不小于规定壁厚的 95%。端头坡口的形式如图 5.2.4 所示（如设计另有规定时按设计规定执行）。

X取值

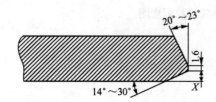

t(mm)	17.5	21.0	26.2	30.4
X(mm)	2.9	3.5	5.2	4.2

图 5.2.4　端口坡口形式

5.2.5 产品标志

1. 标识位置：从管端起 150mm 处开始在每一弯管一端的内外表面沿弯管周向标识。

2. 标识特征：字符使用白色喷漆，底色喷为黑色。

3. 标识项目：

公称直径（DN）弯管外径（OD）直管段厚度（WT）弯管钢级　弯曲半径（R）弯曲角度　购方代号　弯管编号　制造商名称

标志示例如图 5.2.5 所示。

1000mmDN　ϕ1016mmOD　× 21.0mmWT
X70 R6096mm 17°
CNPC 0001 JCC

图 5.2.5　标志示例图

5.2.6 产品防护

端口保护器应采用薄铁皮保护，用楔铁固定保护方法。如图 5.2.6所示。

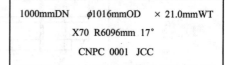

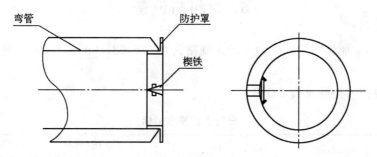

图 5.2.6　管端保护示意图

5.2.7 弯管装运

弯管装运注意事项：

1. 在母管装卸车过程中要采用带胶钢丝绳捆吊，管体与管体及管体与车箱间应用木板垫好，防止划伤。在存放过程中应设固定存放地，不得与硬物及油污接触，下边要用枕木垫好。在弯制过程中要捆吊，不得用吊钩勾吊两端防止造成管体圆度超差。在装夹过程中要防止与设备及其他物体相撞。厂内拖车运输时防滚落摔伤。

2. 弯管的焊道部分不应与隔离块的任何部分相接触，焊缝不能与铁路车厢和卡车或拖车的任何部分相接触。

3. 相邻弯管之间采用非金属物质进行隔离。

4. 卡车或拖车在运输弯管时必须清理干净。

5. 弯管以不涂层即光管的形式交货，弯管上不得涂有外保护层。

6. 成品存放时用枕木垫起，且相互之间间隔一定距离放到干燥通风的仓库。具体见图 5.2.7-1。

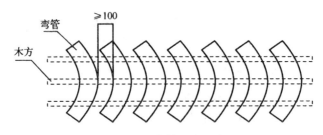

图 5.2.7-1　弯管堆放示意图

7. 成品在运输过程中按下列方法进行运输：

1）成品库运往现场，采用带胶钢丝绳捆吊，铁路、公路相结合的运输方法。

2）管用草绳缠绕以保护外表面。

3）管堆放如图 5.2.7-2 所示。

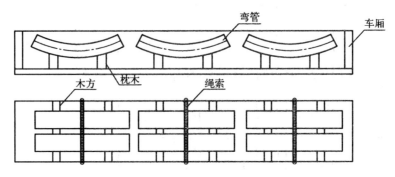

图 5.2.7-2　弯管运输堆放图

6. 材料与设备

西气东输工程用感应加热弯管钢级为 X70，规格为 φ1016×21.0mm，弯曲半径为 6096mm。

6.1　材料

6.1.1　母管主要技术指标见表 6.1.1：

母管主要技术指标　　　　　　　　　　　　　　　　　　　　　　　表 6.1.1

项　　目	屈服强度 σs（MPa）	抗拉强度 σb（MPa）	屈强比 σs/σb	延伸率δ（%）	夏比冲击试样剪切面积 SA%		夏比冲击（−20℃）	
					单个最小值	平均值	单个最小值	平均值
弯管管体	≥485	≥570	≤0.93	≥18	≥75	≥85	≥90	≥120
弯管焊缝		≥570			≥30	≥40	≥60	≥90

6.1.2　硬度要求

弯管弯曲区（包括内弧侧，外弧侧，壁厚基本不变中性区），加热过渡区弧侧管体横截面上靠近内外表面（1.5mm）及壁厚中心处各院校点的维氏硬度不超过 265HV10；

弯管弯曲区及直管段焊缝横截面上各点（1～16）的维氏硬度不超过 265HV10。

6.1.3　金相组织及晶粒度

弯管管体铁素体平均晶粒度为《低碳钢冷轧薄板铁素体晶粒度测定法》GB/T 4335 第二标准级别 NO.8 级或更细。

6.1.4 几何尺寸公差见表 6.1.4:

几何尺寸公差   表 6.1.4

项目	直径与周长	外弧侧壁厚减薄量	圆 度	弯曲角度	曲率半径	弯管平面度
允差	直管段用周长法测量外径允差 + 2mm，−1mm	$(t−t')/t×100\%$ ≤10%	$(D_{max}−D_{min})/D×100\%$ 直管段 100mm 范围内 ≤0.8% 弯曲段 ≤2.5%	±0.5°	±30mm	≤8mm
项目	弯管管端垂直度	弯管管端平面度	弯管管端坡口	表面质量	弯管表面折皱	凹痕
允差	≤2.5mm	≤1.0mm	钝边 1.6±0.8mm 坡口角度 20°～23°	无裂纹，无过热，无过烧	h≤1.32mm f/h≥150	弯管管体 ≤3.15mm 焊缝≤1.5mm

6.2 机具设备

6.2.1 弯管所用设备（表 6.2.1）

弯管所用设备表   表 6.2.1

序 号	名 称	规格、型号	单 位	数 量	完好情况	备 注
1	中频柜	1000kW	台	1	100%	
2	热推机	5m	台	1	100%	
3	带锯机	GZ4032	台	1	100%	
4	坡口机		台	1	100%	
5	水泵	50BJ31	台	2	100%	
6	热处理炉	台车式	台	3	100%	
7	远红外线测温仪	RAYR 312 ML 3U	个	1	100%	
8	高温测温计	WGG−202	个	1	100%	
9	超声波测厚仪	TT100	个	1	100%	
10	温度计		支	1	100%	
11	卡钳	大	个	1	100%	
12	直尺	2m	把	1	100%	
13	卡尺	1.5m	把	1	100%	
14	弯尺	500×1200	把	2	100%	
15	板尺	100mm	把	1	100%	
16	盘尺	50m	个	1	100%	
17	卷尺	5m	个	2	100%	
18	角尺	500×300	个	1	100%	
19	焊缝检验尺		个	1	100%	
20	天车	10t 桥式	台	1	100%	
21	车床	CD6140A	台	1	100%	
22	铣床	F1−250	台	1	100%	
23	刨床	B665	台	1	100%	
24	电脑	联想	台	1	100%	
25	电焊机		台	1	100%	
26	气焊		套	1	100%	
27	试电笔		支	1	100%	

续表

序 号	名 称	规格、型号	单 位	数 量	完好情况	备 注
28	自动焊机	ZPG7－1000	台	1	100%	
29	小车	MZ－1000－2	台	1	100%	
30	拖车		辆	1	100%	

其中弯管机的主要技术参数如下：

外形尺寸（长×宽×高）：19m×1.4m×1.6m

推力：4500kN

最大行程：6m

有效行程：5.6m

工进速度：0～120mm/min

中频功率：1000kW

加工管最大长度：12m

加热温度：700～1200℃

弯曲角度：（φ1016 R＝6D）50°

可弯管子壁厚：6～30mm

可弯管子直径：φ219～φ1016

可弯管子种类：无缝管，直缝管，螺旋管

可弯管子材质：低碳钢，不锈钢，合金钢，X45－X70

6.2.2 热处理炉（表 6.2.2）

设备参数 　　　　　　　　　　　　　　　　　　　　　　　表 6.2.2

序号	设备名称	最高工作温度	炉膛有效尺寸	加热方式	温控形式	单台日处理量（根）
1	锻热车间煤气台车炉	950℃	5.22×2.08×1.35	煤气加热	热电自动记录	3
2	锻铁车间煤气台车炉	800℃	9.5×3.5×3	煤气加热	热电自动记录	6
3	容器车间煤器、柴油两用台车炉	950℃	17×3.5×3.5	煤气或柴油加热	热电自动记录	9

6.2.3 液压机

动力方式：油压

油缸压力：1500t

油缸直径：660mm

7. 质 量 控 制

7.1 质量控制标准

《油气输送用钢制弯管》SY/T 5257－2004

质量控制标准表 　　　　　　　　　　　　　　　　　　　　表 7.1

序 号	检查项目	技 术 要 求
1	圆 度（%）	直管段距管端 100mm 内≤0.8%D
		弯曲段≤2.5%D
2	角度差（°）	±0.5
3	减薄率（%）半径差（mm）	≤9
4	半径差（mm）	±30

序　号	检查项目		技术要求
5	直管段直径（周长法检验 mm）		$2\sim-1$
6	平面度（mm）		$\leqslant10$
7	坡口角度（°）		$27.5°\sim32.5°$
8	钝边宽度（mm）		1.6 ± 0.8
9	管端垂直度（mm）		$\leqslant2.5$
10	管端平面度（mm）		$\leqslant1.5$
11	外观质量	外表	结疤、划痕、重皮、裂纹、过热、过烧
		折皱	皱高 $h\leqslant1.3mm$
			距皱高比 $f/h>150$

7.2　质量控制措施

7.2.1　弯管煨制前准备

原材料必须符合技术条件的要求，并有完整的质量证明书，否则不得应用于生产。

对于特殊作业、工序、检验和试验人员，必须具备相应的资格证书或上岗证明才可进行现场作业。

对工程所需的材料、半成品、设备、器材的控制：这些物品的质量好坏是影响到整个工程产品质量的基础，应对其进行全过程和全面的控制，即从材料、设备的采购、加工制造、运输、装卸、进场和存放进行系统控制。

7.2.2　生产煨制过程

组织体系特别是质量管理体系要健全。

煨制现场的布置要因地制宜，尽量要有利于保证施工正常、顺利地进行，有利于保证质量。

重视煨制现场的环境（尤其是在煨制过程中），以及它们可能在煨制中对质量与安全带来的不利因素。

重视工程弯管的煨制技术组织措施的针对性和有效性。分项热煨弯管煨制的质量保证应有针对性措施及预控方法；对于炎夏、严冬及雨季等特殊条件下，为保证热煨弯管的力学性能质量与安全，应有可靠而有效的技术组织措施。

对煨制各工序的安排要科学合理。方法要可行，符合现场条件及工艺要求，符合国家有关的规范和质量检验评定标准的有关规定；与煨制所选的施工机械设备和施工组织方式相适应；经济合理。

7.2.3　成品检验

根据相关的标准对所有热煨弯管进行检验和试验，并形成文字记录。

7.2.4　监视和测量

通过严格对由采购到交付的全过程进行严密的监视和测量来实现我们的质量目标：产品交付合格率100%，在这个大过程中，技术质量部制定了一系列检验和试验规范，并定期组织检验员和操作工进行培训，对监视和测量设备进行档案化管理，定期校准、标定，确保测量结果的有效性。

7.3　质量控制技术措施

7.3.1　本工法在施工中需执行的规范标准：

《西气东输工程用感应加热弯管技术条件》

《西气东输工程用感应加热弯管制造工艺规程》

《西气东输工程感应加热弯管用直缝埋弧焊管技术条件》及补充技术条件

ISO 9000 质量管理标准

管线管规范（42 版）API SPEC 5L

《金属里氏硬度试验方法》GB/T 17394—1998

美国无损检测协会标准 ASNT

《压力容器质量保证手册》Q/JH 121・20602.03—2006

7.3.2　执行公司质量目标

全面贯彻执行合同、法规、标准、手册的规定，产品达到技术先进、经济合理、性能可靠、质量优良的目标，为用户提供满意的产品和服务。

1. 技术措施和管理措施

施工中要严格遵守本工法所制定的工艺流程，施工前要认真检查机械工装，发现问题及时解决，弯管煨制的全过程按照全面质量管理的要求开展自检、互检、专检和质量分析活动，不合乎要求的工件不得进入下一道工序。

2. 检验项目

1）外形尺寸

检查项目：直径与周长、外弧侧壁厚减薄率、圆度、弯曲角度、曲率半径、弯管平面度、管端垂直度、管端平面度、坡口角度及钝边。上述检验项目必须由专门质检人员检查。

检查位置：见图"弯管质量检验测量点示意图"。

（1）直径与周长

验收标准：周长范围：3189～3198mm（直径允差：－1mm，2mm）；

测量工具：15m 盘尺；

测量方法：在管端加工完成后测量管端周长，若有直径超差情况，使用压力机进行适当修整，但不允许对焊缝部位加压；

测量位置：弯管的两个端口。

（2）壁厚减薄率

验收标准：弯管壁厚最大减薄率不得大于 10％；

测量工具：超声波测厚仪；

测量位置：直管段、外弧侧的左过渡区、弯曲段及右过渡区。

附：外弧侧壁厚减薄率计算公式 7.3.2-1

$$减薄率 = [(t_{min} - t_{1min})/t_{min}] \times 100\% \tag{7.3.2-1}$$

式中　t_{min}——直管段最薄处壁厚；

　　　t_{1min}——外弧侧最薄处壁厚。

（3）圆度

验收标准：直管段距管端 100mm 范围内圆度不大于 0.8％，弯曲段圆度不大于 2.5％；

测量工具：外卡钳、2m 板尺；

测量方法：用外卡钳测量在同一横截面上的最大外径及最小外径；

测量位置：直管段距管端 100mm 范围内及弯曲段。

附：圆度的计算公式 7.3.2-2

$$[(D_{max} - D_{min})/D] \times 100\% \tag{7.3.2-2}$$

式中　D_{max}——弯管横截面上的最大外径，mm；

　　　D_{min}——弯管横截面上的最小外径，mm；

　　　D——外径，mm。

（4）弯曲角度

验收标准：角度允差为±0.5°；

测量工具：1m 直尺、1.2m 角尺；

测量方法：在检测平台上按图 7.3.2-1 所示方法测量角度。

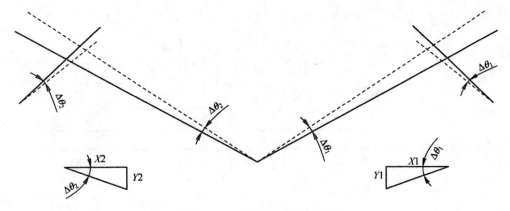

图 7.3.2-1 弯曲角度测量方法

图中：理论弯管的位置＿＿＿＿＿＿＿＿＿＿；实际弯管的位置＿＿＿＿＿＿＿＿＿＿＿＿

测出距离 X1 和 Y1、X2 和 Y2，弯曲的角度可以通过式 7.3.2-3、式 7.3.2-4、式 7.3.2-5 计算出来。

$$\Delta\theta_1 = \tan^{-1}(Y1/X1) \quad 弯管在左过渡区的角度偏差 \quad (7.3.2-3)$$

$$\Delta\theta_2 = \tan^{-1}(Y2/X2) \quad 弯管在右过渡区的角度偏差 \quad (7.3.2-4)$$

$$\Delta\theta(总的角度偏差) = \Delta\theta_2 + \Delta\theta_1 \quad (7.3.2-5)$$

（5）曲率半径

验收标准：曲率半径允差为±30m；

测量工具：弯尺、直尺；

测量方法：在检测平台上画出弯管理论轴线及理论内弧线（图 7.3.2-2），使弯管两端轴线与理论轴线重合，用弯尺与内弧相切（图 7.3.2-3），实际内弧与理论内弧的偏差的最大值即为曲率半径偏差。

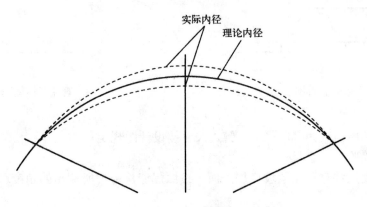

图 7.3.2-2 曲率半径测量原理示意图

图中：理论内径曲线＿＿＿＿＿＿＿＿＿＿；实际内径曲线＿＿＿＿＿＿＿＿＿＿＿＿

（6）弯管平面度

验收标准：弯管平面度允差范围 Δa 不大于 8mm；

测量工具：标准量块、塞尺；

测量方法：如图 7.3.2-4 所示。

（7）管端垂直度 Q

验收标准：不得大于 2.5mm；

测量工具：弯尺、直尺；

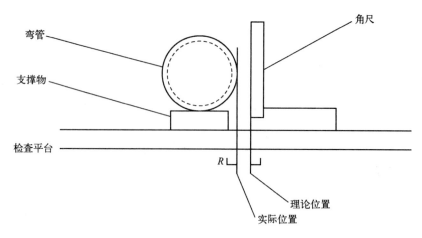

图 7.3.2-3　曲率半径测量图

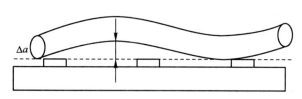

图 7.3.2-4　弯管平面度的测量方法示意图

测量方法：用角度尺贴住坡口端面，角度尺与坡口边缘的最大距离即为垂直度，如图 7.3.2-5 所示。

（8）管端平面度 v

验收标准：不得大于 1.0mm；

测量工具：平板、塞尺。

测量方法：如图 7.3.2-6 所示。

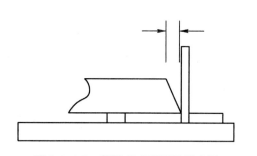

图 7.3.2-5　管端垂直度测量示意图

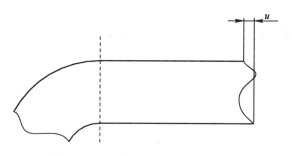

图 7.3.2-6　管端平面度测量示意图

（9）坡口角度及钝边

验收标准：坡口角度范围为 20°～23°，钝边尺寸按设计图规定；

测量工具：焊缝检验尺、直尺；

测量方法：用角度尺和直尺靠紧坡口加工面，按照焊缝检验尺所测出的角度和所伸出的高度作为测量值。

2）力学性能检验（表 7.3.2）

试样取样位置和试验次数　　　　　　　　　　　　　　　　表 7.3.2

取样位置	直　段		过渡端外弧区		弯曲部分					
	母材	焊道	母材	焊道	内弧区		外弧区		焊缝	顶部中心区
					母材	母材	母材	母材	焊道	母材
位置编号	1	2	3	3	4	5	6	7	8	9
取样方向	横向	横向	纵向	纵向	纵向	横向	纵向	横向	横向	横向
强度试验	X	X	X	X	X	X	X	X	X	X
维式硬度试验		X	X	X		X		X	X	X
金向试验		X	X	X		X		X	X	X

续表

取样位置	直 段		过渡端外弧区		弯 曲 部 分					
					内弧区		外弧区		焊缝	顶部中心区
	母材	焊道	母材	焊道	母材	母材	母材	母材	焊道	母材
冲击试验	X（H焊道和热影响区）					X		X	X	X
倒向弯曲试验	X（面弯和背弯）								X	
产品硬度试验									X	

注：1. X——每批弯管取样做一次试验；

2. 弯管弯后直观端经热处理；

3. 式样从弯管上切取下前用便携式硬度计做弯管表面硬度试验。

取样位置见图 7.3.2-7：

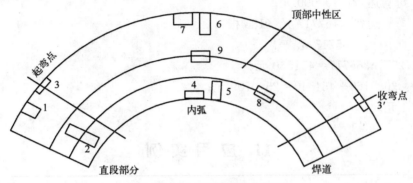

图 7.3.2-7 试样取样位置图

8. 安 全 措 施

8.1 认真贯彻执行"安全第一，预防为主"的方针政策，模范遵守各项法规、法令，依法经营。

8.2 严格按照各项操作规程办事，坚决杜绝"三违"行为发生（三违：违反劳动纪律，违反作业规程、违章指挥）。

8.3 作业场所达到噪声不超标、粉尘不超标、各种防护设施齐全有效。必要的劳动保护用品按时发放。

8.4 现场施工人员必须听从统一指挥，做到分工明确，各把一关。

8.5 建立完善的生产安全保证体系，加强生产作业中的安全检查，确保作业标准化、规范化。

9. 环 保 措 施

9.1 按照国家和地方政府下发的有关环境保护的法律、法规和规章制度，成立健全的生产环境管理组织机构，在工程施工过程中严格遵守加强对工程材料、设备、生产生活垃圾、弃渣的控制和治理，遵守有防火及废弃物处理的规章制度，充分满足职工的要求，随时接受相关单位的监督检查。

9.2 环保工作以主管领导做起，抓好现场的宣传，创办了环保教育宣传栏，使职工生动活泼，直观加深环保印象，提高环保意识，要求操作者强化环保意识，端正环保态度，恪守岗位职责，精通岗位技能，懂得环保法规，掌握操作标准。

10. 效 益 分 析

列举我公司于 2002 年 5 月～10 月为西气东输工程制造感应加热弯管 185 根其实际发生费用如下：
制作费为：6437190 元； 运费为：817257 元。合计：7254447 元。

其中 母管材料费为：2815785 元；

增值税：(6437190－2815785)/1.17×17％＝526187 元；

预算成本：6437190－526187－2815785＝3095218 元；

实际成本：1. 人 工 费：167751 元；

           2. 消耗材料：82958 元；

           3. 水 电 费：154240 元；

           4. 西安检验费：20 万；廊坊检验费：6 万；

           5. 化机热处理费：21 炉×9000＝18.9 万；

           6. 检验所单根检验费为：20 万；

           小计 1012049 元。

预算成本—实际成本＝3095218－1012049＝2083169 元。

实际运费：1. 母管运费：198000 元；

           2. 弯管运费：167717 元（185 根）；

             小计：365717 元。

运费利润：817257－365717＝451540 元；

总体毛利润为：2089169＋451540＝2540709 元；

平均每根 13734 元。

11. 应 用 实 例

11.1 2005 年完成了西气东输—忠武联络线工程感应加热弯管，材质为 X70 钢级，规格为 $\phi1016×21.0mm$，弯曲半径为 R6096mm，48 根。

11.2 2005 年 1 月承揽了西气东输—陕京二线冀宁联络线站场 X70 级清管弯管，规格为 $\phi1016×30.4mm$ X70 17 根，$\phi711×21$ X70 46 根，$\phi610×21$ X70 30 根，$\phi406.4×14$ X60 12 根，$\phi325×12$ L360NB 8 根，我公司在原有工法的基础上，采用科学的施工组织和管理，使各角度弯管一次受检合格率达到 100％。

11.3 2009 年 3 月～2011 年 1 月，承担建设了山东中世天然气有限公司的天然气管道工程，其中宝钢—栖霞天然气管道 $\phi219.1×6$，L360（X52），13km，共用多角度弯管 38 个；莱阳—海阳—乳山段天然气管道 $\phi273×6.3$，L360（X52），17.5km，共用多角度弯管 41 个；蓬莱北沟天然气管道 $\phi406.4×10$，L415（X60），14.7km，共用多角度弯管 43 个；蓬莱北沟天然气管道 $\phi508×8$，L485（X70），20km，共用多角度弯管 67 个；莱州—新河天然气管道 $\phi610×12.5$，L485（X70），24km，共用多角度弯管 58 个；龙口天然气管道 $\phi711×14.2$，L485（X70），28km，共用多角度弯管 73 个。

11.4 2010 年 4 月～2010 年 10 月，承建的山东昌邑石化有限公司的莱州—昌邑液体化工管道施工（第二标段），其中 $\phi406.4×8$，L485（X70），41.74km，共用多角度弯管 130 个；$\phi660×12.5$，L485（X70），41.74km，共用多角度弯管 150 个。

浅海油田海底管道浮拖法施工工法

YJGF70—2002（2009～2010年度升级版-086）

胜利油田胜利石油化工建设有限责任公司
桑运水　姜俊荣　钱孟祥　张军　倪京华

1. 前　　言

目前海底管线铺设采用牵引铺设法、S形铺设法、J形铺设法、卷盘式铺设法等，胜利埕岛油田地处滩海，施工海域水深为1～18m，特别是近岸海域，水深小于2m，胜利石油化工建设有限责任公司根据埕岛油田海域的特点和现有的施工机具，经过多年研究、探索、实践，总结出一整套适合滩海油田海底管道铺设的施工技术—浮拖法。很好解决了拖管时使用卷盘机或铺管船的难题。浮拖法是管道在陆上预制场预制并组装成需要的管段长度，然后封头下水，采用漂浮方式将管段拖运至铺设在海底预定位置，水平口和立管施工完后投产。本工法在胜利埕岛油田滩海海域成功地施工了输油、输气、注水海底管道300余公里，均取得了良好的社会和经济效益。

2. 工 法 特 点

2.1 施工效率高：采用陆地分段预制，浮拖运至铺设地点将其下沉铺设在海底预定位置，受水深限制小，缩减海上作业时间、减轻了海上施工劳动强度。

2.2 施工设备需求降低：减少了对海上作业船舶和设备的需求。

2.3 施工质量高：采用了先进的工艺和方法。如海上接口内防采用内衬保护套结构和立管施工，采用计算机软件辅助施工，提高了施工精度。

2.4 安全性高：将海上的环境条件对施工的影响减轻到最低限度，使海上施工的安全风险降低到最低程度。

3. 适 用 范 围

本工法适用于胜利埕岛油田水深在1～18m，平流时间0.5～2h，距预制现场小于30海里海域的各种单层管结构和双层管结构的海底管道。

4. 工 艺 原 理

浮拖法是管道先在陆地预制、组装成需要的拖运段长度，然后封头、绑扎浮筒发送下水，采用拖轮将漂浮的拖运段拖运至铺设地点，然后解脱浮筒管道利用自身的重力铺设至海底预定位置，最后水平口和立管施工完成后投产。

5. 施工工艺流程及操作要点

5.1 施工工艺流程图（图5.1）

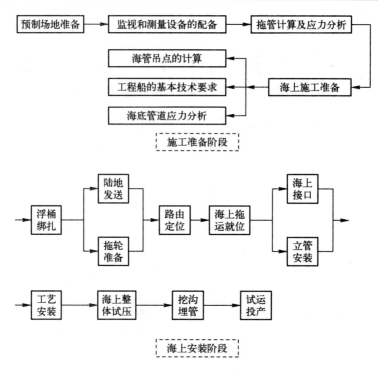

图 5.1　施工工艺流程图

5.2　施工准备

5.2.1　预制场地准备

1. 预制场地宽阔平整，有足够的工作面积，最小作业面为长 700m，宽 60m。

2. 距岸、码头、港池较近，管段能够方便被牵引拖带入水。

3. 距施工现场（海上铺设工区）较近。

4. 确保路通、水通、电通、通讯方便。

5.2.2　监视和测量设备的配备

1. 本着经济合理、技术先进的原则。

2. 监视和测量设备的数量、精度、量程和分辨率应满足施工要求。

5.2.3　拖管施工准备

1. 发送滑道的铺设安装，滑道长约 700m。

2. 拖管计算及应力分析

1）浮桶配置（式 5.2.3-1）

$$漂浮法浮桶配置数量\ N = L \cdot F1/F2 \tag{5.2.3-1}$$

式中　N——浮筒数量个；

　　　　L——拖管长度 m；

　　　　$F1$——单位长度管线在海水中所受浮力 kg；

　　　　$F2$——单个浮桶有效浮力 kg。

2）管段长度确定

确定管段长度首先要考虑使管道前进给予管道的拖力不能超过钢材的许用应力，理论上对于底拖法极限拖管长度可按式 5.2.3-2 计算。

$$LCR = A[\sigma]NBP \cdot \mu \tag{5.2.3-2}$$

式中　LCR——管道的极限拖管长度（m）；

　　　　A——外管截面积 m²；

　　　　$[\sigma]$——管道许用应力 kg·m³/s²；

NBP——管道单位长度负浮力 $kg \cdot m^3/s^2$；

μ——摩擦系数，取1.2。

因管段过长，拖轮无法控制管线的就位轨迹，所以拖管长度以不大于1000m为宜。

3）正常拖航条件下的应力分析

管道拖运时的受力状态可以简化为如图5.2.3所示模型。

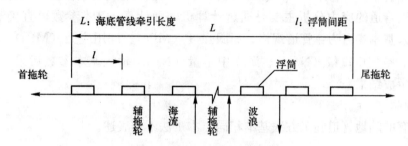

图5.2.3　管道拖运时的受力状态图

根据以上模型采用"PIPELINE"软件计算校核漂浮法和底拖法拖管时管道的最大应力。

拖航牵引力计算：

管道拖航主要受水阻力和海床摩擦力。

海床的摩擦力 $\qquad F_{泥} = NBP \cdot \mu \cdot L, \mu$ 取 0.6 $\qquad$ (5.2.3-3)

海水的阻力 $\qquad F_{水} = C \cdot \rho \cdot S \cdot WR^2/2$ $\qquad$ (5.2.3-4)

式中　摩擦系数 C——0.075/ (logRe−2) 2；

　　　雷诺数 Re——WRD/v；

　　　S——水中拖浮物表面积 m^2；

　　　WR——水与管道间的相对速度，考虑到最不利情况下管道逆流拖运时阻力最大为 WR=1+2=3m/s。

管道拖航牵引力 $\qquad F_{拖} = F_{泥} + F_{水}$ $\qquad$ (5.2.3-5)

管道就位时的最小转弯半径；

管道拖运过程或就位时，拖轮的转向会带动管线产生弯曲，管道允许最小转弯半径按式 5.2.3-6 计算：

$$[Rmin] = ED/(2[\sigma])$$ $\qquad$ (5.2.3-6)

式中　E——钢材弹性模量 GPa；

　　　D——管道外径 m；

　　　$[\sigma]$——管道许用应力 MPa。

5.2.4　海上施工准备

1. 海管吊点的计算

以 $\phi114 \times 10/\phi219.1 \times 11.1$ 海底管道管径为例，输入基本参数后采用"PIPELINE"软件计算，计算结果见表5.2.4。

海管吊点计算结果表 　　　　　　　　　　　　　　　　　　　　　　　　　　　　表 5.2.4

管道规格	预设浮桶	吊点一			吊点二			σmax (MPa)	详细计算结果	
		d_1 (m)	T_1 (t)	H_1 (m)	d_2 (m)	T_2 (t)	H_2 (m)		文件编号	页码
$\phi114 \times 10/\phi219.1 \times 11.1$	无	12	1.23	1.9	20	4.79	0.26	363.09	Lift—2a	

2. 工程船的基本技术要求

1）至少提供满足水平口施工的船长，能自如控制起吊高度，以保证两管段吊起后管端水平，满足对口精度的要求。

2）良好的稳定性，以保证海上接口时易于对口，对口完毕后将管段缓慢下放，不能急吊急放。

3）具有良好的锚泊系统，以防止走锚损伤已铺海底管道和电缆，要求工程船至少抛出 6 个钢缆锚，锚缆长 300～600m。

3. 海底管道应力分析

海底管道应力分析主要有：平管下沉应力分析、水平管接口应力分析、管道的悬空应力分析、挖沟埋管应力分析。海底管道的应力分析主要是通过计算机辅助计算，基本参数可直接输入"PIPELINE"程序进行计算。输入基本参数为：管道规格、屈服强度（MPa）、许用应力（MPa）、截面面积（cm^2）、截面惯性矩（cm^4）、空气中重量（N/m）、海水中重量（N/m）输入基本参数后采用"PIPELINE"软件计算，计算自动生成结果。

5.2.5 陆地预制

陆地预制同固有的陆地管道施工方法基本相同，本工法不作表述。

5.3 海上安装

5.3.1 海底管道拖运前附件安装、浮筒

1. 沿管线测量，标出每个浮桶和绑桶管卡的安装位置。

2. 在每个浮桶绑扎处安装绑桶管卡三套，利用绑桶鼻将浮桶用棕绳绑扎于管体之上，棕绳选用直径φ12mm 规格，能够可靠地固定浮桶。

3. 每相邻 10 个浮桶用一段 4′钢丝绳连成一组，目的是在海上解桶后便于成组回收。

4. 用一根φ4′钢丝绳连续从所有绑桶棕绳与浮桶、管线间穿过，作为解桶绳。解桶绳与棕绳相交处可用细麻绳绑一下，解桶绳两端均设标志漂。标志漂与最近的浮桶间钢丝绳净长应大于 20m。标志漂可涂刷成不一样的颜色以区别于管线上的其他浮漂。

5. 为减少底拖法对海底设施及防腐层的不利影响，管线拖航前，在管线尾部绑扎浮桶，使管线悬浮于水中即可减少与泥面的摩擦，保护防腐层。

6. 浮筒捆绑图，如图 5.3.1 所示。

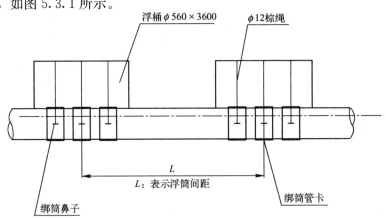

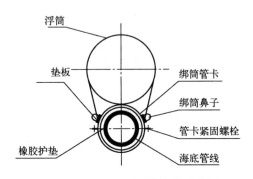

图 5.3.1 浮筒捆绑示意图

5.3.2 附件安装

1. 所有用于管线拖航、捞管的管线附件安装焊接于管体上，主要包括：管道牵引头、管道捞管吊鼻2个、管尾捞管吊鼻2个、管尾牵引鼻1个。

2. 安装、焊接、防腐补伤要求等同于管线外防腐。吊鼻同管线间的角焊缝应开双面坡口，保证全焊透。

3. 选用ϕ28钢丝绳，绳长40m；管尾牵引钢丝绳选用ϕ28钢丝绳，绳长20m；其他捞管、调管吊绳选用ϕ28钢丝绳，绳长15m。以上绳端均设标志漂。

5.3.3 陆地发送

1. 用有轨道牵引法，轨道坡度为1：250，轨道上设滑车，每10m布置一个，管线就位于滑车上部管托之上。

2. 用2台吊管机，管道牵引用一艘浅拖轮，将管线牵引下航道。

3. 管段下水速度，保持拖轮同陆地发送设备的协调一致。

4. 在管线入航道处准备一台35t吊车，当发送至管尾时，尾部会翘起，可用吊车吊起管尾，协助拖轮将管尾送下航道。

5.3.4 拖航前的准备

1. 应巡线，沿计划拖管路线察看有无影响拖管作业的障碍、船只等，及时协调避让，应进行详细勘察，选择海底设施较少的路由进行拖运。

2. 设计路由使用GPS定位系统抛设标志漂4个均匀分布。

3. 尾拖轮、横向调管拖轮、解桶船、浮桶回拖船，用于海上捞漂、挂绳、收缆、捞桶、送饭船等，拖管前一天将上述各船准备好。

4. 收听天气预报和掌握海面上实际浪涌情况，掌握当天就位海域准确的平流时间和潮情。制订出拖航计划，选择南风5级以下，无雨、无雾的气象条件拖管作业，控制出发时间和拖航速度，选择在平潮期就位。

5.3.5 路由定位

拖航前，将管线设计路由的GPS点坐标数据提供给主拖轮，以便协调拖管就位时主拖轮拖航轨迹同设计路由相吻合。坐标选用北京五四坐标。

5.3.6 拖管就位

1. 主拖轮就位于内港，拖缆选用ϕ80丙纶八股缆，长度100m。辅助船捞起管头拖绳标志漂，用30t U形卡环连接管头拖绳和拖缆的一端，然后把拖缆的另一端送至拖轮挂好，小机船离开。

2. 主拖轮起动拖管前进，将管线拖出内港，并沿计划拖管线路继续拖航，拖管速度控制不小于4节（图5.3.6）。

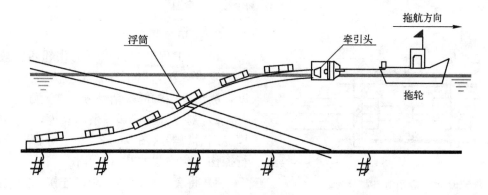

图5.3.6 海底管线拖航示意图

3. 调管拖轮跟随主拖轮护航，其他船舶和尾拖轮可直达就位海域。

4. 拖管过程中随时注意管线情况和海面的水文气象情况，发现异常及时采取相应的保护措施。

5. 主拖轮拖管线到达设计井位时，在 GPS 系统的协助下，控制拖轮沿管线设计路由拖航。

6. 到达就位区域时主拖轮保持进车。尾拖轮到管尾处，辅助船将尾牵引缆交给尾拖轮挂好。

7. 尾拖轮参照路由预设标志漂将管尾调至设计路由，并沿路由方向纵向拉伸管线，同时，尾拖轮收缆，使管道固定于预定位置处。

8. 海管在平流期就位，按以上程序操作，已基本可以控制管线路由，这时观察管线路由，标志漂与管线轨迹一致便可解桶沉管。

5.3.7　管段解筒沉管的方法

在管段拖运到设计位置，首、尾及中部拖轮将管段拉紧的情况下，控制管线路由在设计轨迹上，通过解脱浮桶使管段就位于海底。

1. 解桶锚艇分别就位于管段首、尾，分别捞起解桶绳标志漂，将解桶绳端绕于锚艇上的绞盘上。

2. 两锚艇的绞盘分别收绳，解桶绳拉断绑缚浮桶的棕绳，浮桶同管线分离浮出水面，达到解脱浮桶的目的。

3. 两锚艇由两端向中间逐渐解脱所有浮桶。辅助船沿线收桶，将收到的成组浮桶送至拖桶船上。

4. 浮桶解脱完后，首、尾拖轮摘掉首尾拖缆，辅助船回收，所有船只返航完成拖管就位作业。

5. 就位完利用声纳探测设备对海管进行探测，检测海管路由。

5.3.8　海上水平口的连接

对较长的管线，分段拖管就位后，需进行海上接口安装。由于海底管道海上接口时，工程船捞管、调管、吊放过程的应力状态较复杂，挠度过大会产生严重塑性变形甚至折断，所以必须按应力计算书的计算值控制吊装过程。针对海上现场接口暴露在露天海洋环境下的实际状况，研制了海上可拆卸式工作棚，该工装在海底管道吊出水面后，能够快速地安装到海管连接处，外罩帆布棚，内设照明、加温等设备，待海管水平口连接完毕后能够快速拆除。

1. 海上接口如图 5.3.8-1 所示：

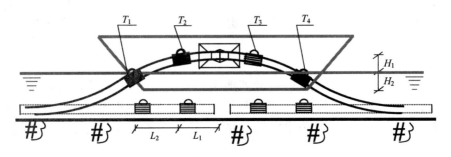

图 5.3.8-1　海上接口示意图

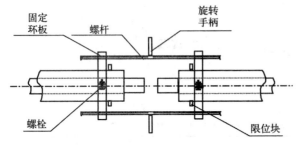

图 5.3.8-2　专用对口器示意图

2. 接口步骤

1）用工程船把待接口的相邻两管段端部吊起、放下至少 3 次，以消除残余应力。然后吊到计算高度，测出管段端部多余部分，并做好记号。

2）割掉管段端部多余的长度，将内管对口，采用专用对口器（图 5.3.8-2）组对后焊接，接口处进行探伤，防腐层的补口、补伤。

3）将套管用两半瓦对口连接，完成接口处的焊接、探伤，最后进行防腐层的补口、补伤。

4）把接好口的管道缓慢侧向放回水中。

5）采用胀口、内衬保护套（图 5.3.8-3）进行内补口，适用于海上现场操作，具体操作步骤如下：先用磨光机进行管端除锈并打磨坡口，将待连接的管端内表面涂上胶粘剂，同时在内衬保护套一端的 2 个 O 形密封圈之间的外表面及端部的外表面均匀地涂上胶粘剂，并把内保护套的该端插入一根钢管的端部。然后用专用工具把内保护套的该端，插入另一端钢管的端部，并使定位销的两侧，正好分别与两根钢管的端面相接触。调节两管的组对间隙、错边等参数至允许范围，将管线组对完毕。

5.3.9 立管安装

海上立管是连接海底管线与海上采油平台上部工艺的"桥梁"，海上立管安装是海底管线施工的关键环节，由于海底管线的立管是一个由立管底部弯管和水平膨胀弯管组成的三维空间结构（以下简称空间立管），其结构模型见图 5.3.9-1，现场预制及吊装较为困难，如何保证空间立管与水平管连接后顺利进入立管卡是立管安装的关键。

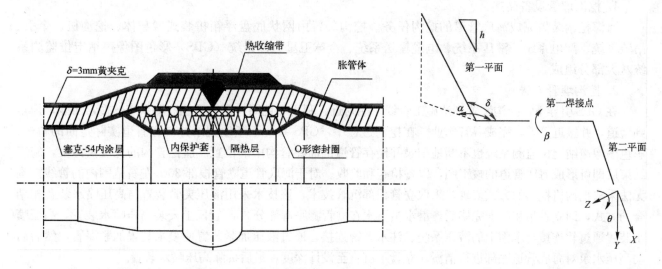

图 5.3.8-3　胀管头、内衬套示意图　　　　　图 5.3.9-1　立管安装结构模型

为使海上预制的立管与实际的立管空间结构（以下简称空间立管）相一致，我们根据海上施工的实际情况，开发出一套利用计算机指导海上立管预制及吊装的软件，操作简便、快捷，大大加快了立管安装的精确性。利用计算机执行"ROT"模块，（ROT 模块即将立管的空间斜度 h，及立管在水平面上的投影与立管底部水平管的夹角 α，输入计算机，计算机通过运行 ROT 文件，自动生成输出 ROT.OUT 文件。计算出第一焊接点处绕立管底部水平管的旋转角度 β。将两平面结构在第一焊接点处，绕立管底部水平管旋转角度 β，焊接成与设计要求相一致的空间立管结构。）两弯管间直管段的长度根据现场实测水平管段与安装立管卡的导管架腿或立管桩的距离来确定。空间立管的内管、外管焊口分别进行超声波探伤检测、外管防腐。

1. 计算机操作步骤

1）利用计算机执行"3DR"模块，"3DR"模块即首先根据实际立管情况，对其进行节点编号，编号时凡是重量不一样的杆件两端、撑杆两端、吊点处均必须设节点。

2）对系统坐标轴进行约定：立管平管段为 X 轴，Y 轴垂直向下，以左手法则确定 Z 轴。系统坐标原点一般设在立管与海管平管对接点处。立管绕 Z 轴旋转角（即立管水平管段与海平面夹角）杆件单元数≤50；立管撑杆数≤5；吊缆数≤5。然后输入立管与平管段海上现场对接时平管与海平面夹角，输入吊钩距管顶高度，结束输入后计算机自动生成"Dr"文件同时输出该空间立管的水平管与吊出海面待连接的水平管段相平时吊缆的长度以及吊缆上的张力。根据计算出的吊缆张力、吊缆长度选用合适的吊缆并控制吊缆长度，将空间立管吊起预放入附于导管架腿上的立管管卡内。

2. 立管安装（图 5.3.9-2）施工步骤与水平口安装相同。

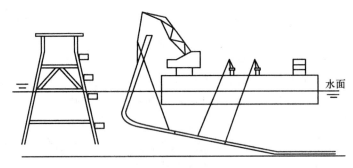

图 5.3.9-2　立管安装示意图

5.3.10　挖沟埋管

1. 挖沟埋管设备简述

滩海挖沟装置完成海底管道的挖沟任务。挖沟装置由网状底盘浮箱拼装式驳载体、挖沟机、牵引、吊装系统、配电系统、液压系统、电缆输送系统、全球卫星定位系统（GPS）彩色图像声纳定位监测系统八大部分组成。

2. 挖沟埋管方法

在 GPS 引导下，挖沟装置到达施工管线一端附近，利用彩色图像声纳定位监测系统的搜索功能，搜索到管道，并接近管道，完成寻管作业。在挖沟过程中，GPS 系统不断地记录并储存管道实际走向的轨迹，彩色图像声纳定位监测系统也不断地记录并储存管道剖面在管沟中的位置、所挖管沟的宽度及深度，施工结束后即可形成海底管道的竣工图，以备检查和验收。对于海底管道立管根部 30m 左右范围内的管线挖沟无法采取挖沟机挖沟的方式实现，采取立管根部沉管技术，该技术采用液压夹紧装置与高压喷水装置相结合的方式，即立管吊装如卡完毕后，潜水员下水在立管膨胀弯部分 30m 管段上安装高压喷水装置，高压喷水装置通过软连接与水面上的液压系统、注水系统连接，通过液压加紧装置使喷水装置加紧海管，然后启动高压水泵对海底管道底部进行清淤，立管下沉直至设计深度，最后拆除高压喷水装置。

3. 挖沟作业

射水泵、绞刀、排泥泵，利用冲、绞、排原理挖出"V"沟。沟宽度 3m、深度 2m，挖沟速度 60～120m/h。

5.3.11　系统调试、试运投产

1. 系统整体试压要求同陆地试压要求相同。

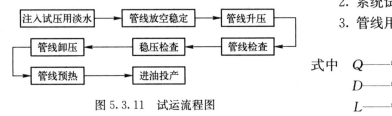

图 5.3.11　试运流程图

2. 系统试压、试运程序见图 5.3.11；

3. 管线用水量计算（式 5.3.11）

$$Q = \pi D^2 \cdot L / 4 \qquad (5.3.11)$$

式中　Q——管线用水量；

D——管线内径；

L——管线总长度。

6. 材料与设备

6.1　材料的检验

6.1.1　钢材到货时应提交具有熔炉号、制造方法、试验结果、鉴定等的试验证明书。

6.1.2　对所到的钢管应进行化学成分分析试验。

6.1.3　钢管表面不得有裂缝、电弧烧痕、刻痕、凿槽以及夹层、皱缩等缺陷。对于不符合要求的焊瘤、毛刺和压入的轧制铁鳞等均应除去。

6.1.4　用打磨法消除缺陷的地方，剩余壁厚不得小于规定的最薄限度。

6.1.5　管体外径应满足限度：外径 $D \leqslant 500\text{mm}$ 时，公差 $\pm 0.75\% D$。

6.1.6 管端内径须在距端点 100mm 的长度内进行测量，并能满足表 6.1.6 限度：

管端内径公差 表 6.1.6

内径（公称）	公　差
内径≤300mm	1.6mm，−0.4mm
内径＞300mm	2.4mm，−0.8mm

6.1.7 管子不圆度在距各管端 100mm 长度以内从管内部进行测量，当内径≤500mm 时，公差最大 3mm。

6.1.8 偏心径向偏心，当壁厚 t≤12.5mm 时，最大偏差 1.5mm；当 t＞12.5mm 时，最大偏差为壁厚的 12.5%，且不大于 3mm。

6.1.9 管子直线度偏差每米管长最大为 2.0mm。

6.2　主要措施料

以 CB1C−CB25C 海底输油管道为例，施工技术措施用料表见表 6.2。

施工技术措施用料表 表 6.2

序号	名称	规格	单位	数量	备注
一、管线施工					
1	手动起重机	5t	个	12	对口
2	千斤顶	3	台	12	
3	白棕绳	φ12	捆	60	绑扎
4	铁丝	12 号	kg	150	绑扎
5	无缝钢管	φ33×3	m	100	防风篷、撬杠
6	无缝钢管	φ26×3	m	60	防风篷、撬杠
7	钢板	δ=26mm	m²	14	牵引鼻
8	钢板	δ=16mm	m²	14	盲板、调管鼻
9	磨光机	DN150	台	48	修口
10	磨光机	DN100	台	36	修口
11	尼龙吊带	10t	条	16	
12	安全网	细网	套	12	
13	黄色反光漆		kg	60	刷标志漂
14	白色反光漆		kg	60	刷标志漂
15	红色反光漆		kg	60	刷标志漂
16	防鲨服		套	36	
17	卡箍阀	DN50，32MPa	套	24	试压
18	针形阀	DN15，16MPa	套	16	试压
19	压力表	0～10MPa	块	24	试压
20	输水胶管	φ64	m	60	试压
21	白棕绳	φ12	捆	60	绑扎
22	铁丝	12 号	kg	150	绑扎
23	钢丝绳夹	M36	个	16	
24	钢丝绳夹	M30	个	16	
25	钢丝绳夹	M27	个	16	
26	钢丝绳夹	M20	个	16	

6.3　主要机具设备

机具设备配备是以 CB1C－CB25C 海底输油管道为例。机械、设备、船舶使用表见表 6.3

机械、设备、船舶使用表　　　　　　　　　　　　　表 6.3

序　号	名　称	规　格	单　位	数　量	备　注
1	吊车	35t	台	1	装卸
2	吊车	16t	台	1	装卸
3	电焊机	YM－500	台	6	焊接
4	电焊机	ZX5－400	台	10	焊接
5	吊管机	20t	台	6	散管、对口
6	发电机	75kW	台	6	焊接
7	压风机	75kW	台	1	吹扫
8	高压注塞泵	75kW	台	1	试压
9	工程船	350t	艘	1	立管安装、水平口安装
10	拖轮	6000马力	艘	1	管线就位、工程船守护、值班、拖管
11	拖轮	3000马力	艘	1	管线发送、就位
12	拖轮	2000马力	艘	1	拖管、运输
13	拖轮	400马力	艘	1	运输
14	驳船	600马力	艘	5	运输
15	小机船	100马力	艘	8	拖管、运输值班
16	GPS定位系统	船宝	台	1	定位

7. 质 量 控 制

7.1　采用标准

中华人民共和国石油天然气行业标准 SY/T 10037—2002

《浅（滩）海钢制固定平台安全规则》

中华人民共和国石油天然气行业标准 SY 5747—2008

《管线钢管规范》API Spec 5L VER44

《海底管道系统规范》（中国船级社 1992）

7.2　质量保证措施

7.2.1　严格原材料管理，实行原材料进厂报验制度，无合格证、证明书的材料、设备严禁入库，严禁使用不合格产品，材料代用应履行代用程序，必须经设计单位和建设单位的同意。

7.2.2　施工前编制质量检验大纲，明确各工序检验项目、接受标准，针对关键工序制订专项质量保证措施。

7.2.3　实行工序报验程序，每道工序完成后，向业主、船检、监理报验，经确认签字后才能进行下道工序。

7.2.4　对所有的计量器具建立使用台账，记录各计量器具的检验有效期，防止计量器具过期使用。

7.2.5　所有特殊工种人员、各工种人员均应符合有关规定，获得上岗资格，持有有关部门颁发的资质证书或上岗证书，并在施工上岗之前提供给监理工程师审查，施工中持证上岗，并佩戴单位岗位证。

7.2.6　施工前编写技术交底记录卡，报项目经理审批后，对班组长及施工人员进行质量技术、安全要求交底。

7.2.7　由项目经理会同质量检查员对工程施工质量进行不定期巡检，及时指出存在的质量隐患，从早从快解决问题。

7.2.8 分部、分项工程完工后，经质检部门自查自检确认符合设计要求、国家标准后，通知监理单位、第三方检验单位、建设单位验收。

8. 安 全 措 施

8.1 参加本项目的全体施工人员都必须进行安全教育，对海上救护、救生、消防进行短期培训，增强安全意识。

8.2 海上施工必须劳保穿戴齐全，并根据作业要求穿防鲨服、救生衣，在船边作业必须系安全带。

8.3 船上动用电气焊要注意防火，应远离可燃物。在甲板上焊接，应避开油舱位置。在靠近平台动火时要防火防爆，必要时要打动火报告，报有关安全部门批准才能动火。

8.4 所有吊具、索具要经过计算使用，其安全系数一般不应小于 2.0 倍，特殊使用要 4.0 倍。

8.5 停送电源要按操作规程进行，不得带负荷停送电源，防止事故发生。

8.6 上下船必须清点人数，所有人员必须有自救意识，提高救生能力。

9. 环 保 措 施

9.1 海上施工应符合国家相关海洋环境保护法律法规的要求。

9.2 材料与油料要集中管理，减少散失或漏失，对被污染的土壤应及时妥善处理。

9.3 所有燃料、油、润滑剂、水泥和水泥添加剂都要放在合适的罐中或包装箱内和材料房内。

9.4 毒性化学剂应当贴有醒目的标记。

9.5 用过的汽油、废油、润滑油等，应存放在合适的容器内，回收再利用。

9.6 化学处理剂和材料，应有专人负责严格管理；有毒化学处理剂除必须设明显标记外，还要建立收、发登记制度。

9.7 储存有毒有害介质容器、管线、阀门的检修、保运作业过程中，经常检查有无漏失而影响环境。

9.8 不用的废机油和清洗用废油，应集中回收储存，严禁就地倾倒。

9.9 施工作业场所应保持无废料和杂物，所有废料、杂物和垃圾应放置在合适的容器中，以便最终作适当的处理。

9.10 所有暂时不用的设备、材料应当存放起来并保持整洁。

9.11 施工现场尘、噪声及废水的排放应符合国家有关标准。

10. 效 益 分 析

10.1 经济效益

本工法与铺管船铺管法相比较成本节约显著，下面以 CB25C－CB1C 海底输油管道为例，两种方法相比较（主要以施工中直接费用作比较见表10.1）。

发生费用比较   表 10.1

拖 管 法		铺管船铺管法	
人工费	36 万元	人工费	20 万元
机械费	280 万元	机械费	336 万元
合计	316 万元	合计	356 万元

10.1.1 本工法充分利用现有的船舶和施工机具设备，不增加铺管船建造的费用及其他费用。减少

了船舶因航行而对海洋造成环境污染。

10.1.2 在铺管船不能进入的滩浅海管道建设中，运用本工法进行组织施工，效果更加明显，解决了铺管船不能施工滩浅海管道的难题。

10.2 社会效益显著。使用本工法共完成各种输油、输气、注水等各类型海底管道 130 余条，长度约 250 余公里，为胜利埕岛油田石油生产持续增长，为完成产能任务起到了重要作用。

11. 应 用 实 例

11.1 1998 年 3 月～8 月，利用本工法成功铺设了 CB1A—中心 2 号海底输油管线（全长 3200m），海管规格为 $\phi480\times14/\phi377\times13$。分为 6 段拖运，海上施工周期为 25d，质量、工期和成本均得到有效控制。

11.2 2002 年 4 月～10 月，利用本工法成功铺设了中心 1 号至海三站海底输油管线复线（全长 9730m），海管规格为 $\phi457\times14.3/\phi559\times12.7$，海上施工周期为 60d，质量、工期和成本均得到有效控制。为埕岛油田油气外输创造了有利条件。

11.3 2007 年 3 月～7 月利用本工法成功铺设了 CB701－CB12B 海底输油管线（全长 2010m），海底输油管线海管规格为 $\phi219\times12/\phi325\times12$，海上施工周期为 40d，质量、工期和成本均得到有效控制。

11.4 2008 年 3 月～8 月利用本工法成功铺设了 KD34C－KD48 海底注水管线（全长 6880m），海底注水管线海管规格为 $\phi219\times16$，海上施工周期为 60d，质量、工期和成本均得到有效控制。

11.5 2008 年 5 月～8 月利用本工法成功铺设了 CB25A～中心 2 号海底输油管线（全长 620m），海底输油管线规格为 $\phi356\times13/\phi457\times14$，海上施工周期为 40d，质量、工期和成本均得到有效控制。

11.6 2009 年 3 月～7 月利用本工法成功铺设了 KD403－KD401 海底输油管线（全长 3770m），海底注水管线海管规格为 $\phi219\times12/\phi325\times12$，海上施工周期为 60d，质量、工期和成本均得到有效控制。

ABB 数字式直流传动装置调试工法

YJGF63－2002（2009～2010 年度升级版-087）

中国十七冶集团有限公司

金仁才　董伟　张赛　蒋永辉

1. 前　言

随着数字技术的飞速发展，全数字直流传动装置在工业生产中的应用已越来越广泛，从发展的眼光看，全数字式变频器有取代全数字直流装置的趋势，但直流传动装置的高稳态精度和优良的动态响应性能使其在传动领域仍占有一定的地位，在冶金连轧系统、水泥回转窑传动系统等至今仍有广泛的使用，因此重新制定直流调速装置的调试工法是有价值的，对节约劳动力资源、提高调试效率、降低工程成本以及确保工程的调试质量等都具有重要的意义。本工法于 2003 年获得十七冶技术进步二等奖、安徽省级工法、安徽省科技成果奖以及国家级工法。

2. 工法特点

2.1　本调试工法是以 ABB 公司的 DCS 系列直流传动设备为对象，详细介绍了调试这类装置的方法和具体步骤，适用性强。

2.2　提出了调试中易出现的问题以及解决这些问题的方法。

2.3　本工法具有较强的通用性。

3. 适用范围

本工法适用范围较广，如 SIEMENS 公司的 6RA70 系列、ANSALDO 公司的 SILOPAC D SPDM 系列、SCHNEIDER 公司的 RTV 系列等产品。由于系统构成原理相同，尽管各产品的参数名称、参数设置方法及其连接方式各有不同，但只要按直流调速系统的原理来设置、连接这些参数并依照本工法进行调试，一般来说是可以满足系统要求的。

4. 工艺原理

本工艺依据双闭环直流调速系统的原理，及全数字控制技术，并在充分理解产品说明书的基础上，详细介绍了装置调试的方法和具体步骤。特别在针对不同工况下，使用手动调节功能设置参数方面有所创新，可获得最佳的电流、速度响应曲线，以满足不同负载和工艺对调试系统的要求，缩短调试时间。

5. 施工工艺流程及操作要点

5.1　工艺流程

断电测试→通电测试→检查应用程序→检查励磁电流→电流调节器的自调整→变流器试运行→系统稳定性调试。

5.2　操作要点

5.2.1　断电测试

1. 安装检查

根据电气安全标准和产品安装说明，检查设备的电气及机械安装情况具体为以下几点：

1）保护地（PE）及拟制干扰地（TE）的连接；

2）电源电缆的连接；

3）急停电路电缆的连接；

4）防止错误启动电缆的连接；

5）电机电缆的连接（电枢回路和励磁回路）；

6）测速发电机或编码器的连接；

7）实际应用中其他可能的连接；

8）检查柜体的清洁状况；

9）清理柜体顶部安装时可能剩下的电缆的碎头。

2. 测量绝缘电阻

绝缘电阻值应为 $R \geqslant (U_N + 1) \times 2M\Omega$

注：R＝绝缘电阻的最小值，U_N＝标称的电源电压（$U_E/1000V$）。

具体测量部位为：

1）＋极电缆——PE（1000V 档）；

2）－极电缆——PE（1000V 档）；

3）电枢电缆——励磁电缆（500V 档）；

4）磁场＋极电缆——PE（500V 档）；

5）磁场－极电缆——PE（500V 档）。

3. 跳线设置

根据不同的装置以及各自不同的应用，其跳线的设置不尽相同，有的区别很大，但通电前必须正确地设置跳线。需要设置的部件主要为：控制板（通常不要改变出厂设置）、功率板、I/O 接口板。

5.2.2　通电测试

首先注意防止意外启动，安全的方法是断闸与主接触器控制电路的连接。

1. 接通电源

测量电源电压和相序，确保电源与装置的额定值相符。接通电源顺序：

1）闭合主接触器的电源；

2）接通控制板的辅助电源；

3）接通励磁部分电源，在励磁变压器的二次侧测量励磁电压；

4）闭合装置（DCS500）的断路器；

5）闭合电机风机的电源。

以上的开关闭合顺序不是必须的，关键是防止电机由于有剩磁而引起飞车。

2. 参数的设定

使用 CMT（DCS500 工具软件）或 DCS500 的控制盘设定参数，装置的运行依靠这些参数值和功能块的输入值，检查并设定参数以及功能块的连接状况。参数和功能块的输入值均被保存在 EPROM 中，当使用 PC 监控软件时，他们亦被保存在 PC 中。根据不同的应用可以设定以下参数和连接点：

1）变流器的标称值。检查以下信号是否与变流器的额定铭牌相符：I（10509），U（10511），QUADR TYPE（10514）。

2）电源的标称值。设定电源的标称电压值（单位为 V），U SUPPLY（507），检查电源的相序（506）应为：2 即 PHASE SEQ CW（506）＝2 为顺相序 R－S－T，如果用 506 改变相序，则需要检查一下风机的相序。

3）电机的标称值。为使装置（DCS500）的控制程序可以正常工作，应设置正确的电机数据，如 U

MOTN V（501），I MOTN A（502）他们的缺省值就是变流器装置的标称值。

4）励磁参数。设定电机的标称励磁电流 I MOT FIELDN A（503）（其单位是 0.01A），FEXC SEL（505）用于励磁单元类型和应答信号的匹配。如果采用弱磁，还需设置以下参数：EMF REF SEL（1005）EMF 给定选择，0＝用参数 LOCAL EMF REF（1006）选择，1＝用信号 EMF REF（1003）选择；EMF 给定值有：1006 及 FIELD WEAK POINT（1012）弱磁起始点。

5）速度反馈。根据应用设置速度换算比例，换算单位为 0.1rpm：

SPEED SCALING（2103）

SPEED SCALING$=V_{max} \times i/（\pi \times d） \times 10$

注：V_{max}＝线速度（m/min），I＝齿轮比，d＝直径（m）。

选择速度反馈模式：SPEED MEAS MODE（2102）

0＝通道 A：速度的上升沿；通道 B：方向（使用 ENCODER）；

1＝通道 A：速度的上升沿和下降沿；通道 B：不使用（使用 ENCODER）；

2＝通道 A：速度的上升沿和下降沿；通道 B：方向（使用 ENCODER）；

3＝使用信号的所有沿（使用 ENCODER）；

4＝使用 AI 通道的 AITAC（使用测速机模拟信号）；

5＝使用 EMF 计算实际速度。

输入信号类型的选择：AITAC CONV MODE（101）

3＝测速机的电压－10V～＋10V（输出为电压型）

速度给定的限幅值设定：正限幅 SPEEDMAX（1715），负限幅 SPEEDMIN（1716）。

6）电流极限。在试运行之前，超速极限和电流极限必须设定得尽可能小，以后可以根据实际应用再调整它们的值。正限幅 ARM CUR LIM P（2307）＝$（I_{dmax}/I_A） \times 4095$，负限幅 ARM CUR LIM N（2308）＝$（I_{dmax}/I_A） \times （-4095）$（对 DCS500 这些值均为其额定的相对值）。

注：I_{dmax}＝电流极限实际值，I_A＝电机的额定电流值（由 502 定义）。

7）跳闸极限

用以下参数设定电枢的过流极限，单位是％（变流器额定值）：

ARM OVERCURR LEV（512）；

用以下参数设定电枢的过压极限，单位是％（电枢电压额定值）：

ARM OVERVOLT LEV（511）；

用以下参数设定电机的超速极限：

OVERSPEED LIMIT（2204）＝（电机允许的最大速度 rpm／电机的标称速度 rpm）$\times 20000$。

注意：如果使用测速机，必须在标称速度和超速极限间为 AITAC 的换算提供足够的裕量，以使超速极限低于 AITAC 的最大值（例如 AITAC 的 8V＝20000）。

设定磁场的过流极限：

F1 OVERCURR L（1306），该参数的表达形式和电枢是相同的。

设定最小励磁电流的跳闸极限：

F1 CURR GT MIN L（1305），该参数的表达形式和电枢是相同的。

8）接地故障监测。当传动装置使用接地故障检测时必须通过参数 EARTH. CUR SEL（514）将其激活，接地故障参数有：跳闸值设定 EARTH. FLT LEV（515）＜A＞，跳闸延时设定 EARTH. FLT DLY（516）＜0.001s＞。

9）电机温度测量。设置电机温度监测（该项并非是必须的，有的系统就没有电机的温度测量），（1）将输入信号 TEMP IN（1401）与功能块相连 AI2：OUT（10107）。（2）将温度传感器的类型和个数设定到参数 AI2：CONV MODE（107）中，3＝1×PT100（℃），6＝PTC（Ω）且使用 SDCS－IOB－3 板。（3）检查 SDCS－IOB－X 板的跳线。另外还有温度报警参数（1402）设定、温度跳闸值参数（1403）设定。

10）电机堵转保护。通过设置堵转保护参数避免电机过热，STALL. SEL（2205）＝1。允许装置低于 STALL. SPEED（2206），而高于 STALL. TORQUE（2207）的时间参数设置如下：

STALL. TIME（2208）＜DEFAULT＝10S＞；

STALL. SPEED（2206）＜DEFAULT＝50［标称速度＝20000］＞；

STALL. TORQUE（2207）＜DEFAULT＝3000［电机标称转矩＝4000］＞。

5.2.3　检查应用程序

根据应用程序检查所有的输入和输出信号即 DI、DO、AI、AO，保证转动装置正常工作，尤其要注意以下信号的检查：（1）急停指令；（2）停机指令；（3）防止错误启动指令；（4）其他可能的重要信号。

5.2.4　检查励磁电流

检查期间应打开主接触器，同时励磁风机和变流器风机都在运行，特别注意风机的转向是否正确。用电流表测量励磁电流，检查它与参数 I MOT1 FIELDDN A（503）是否一致。

5.2.5　电流调节器的自调整

对数字式变流装置我们要充分利用其电枢电流调节器的自调整功能，确保有一个相对较准的"初始参数"。首先断开 DSC500 的主接触器，然后设定参数：DRIVEMODE（1201）＝3（电枢电流自调整功能激活），闭合 DCS500 的主接触器并在 20s 内启动变流器。当参数 DRIVEMODE（1201）的值返回零时自动调节功能完成，变流器自动停止。如果自调节出现错误则 1201 为－1，错误的原因可通过 COMMIS－STAT（11201）查看。断开主接触器，被优化的电枢电流调节器的参数：ARM CURR PI KP（407）、ARM CURR PI KI（408）、ARM CONT CURR LIM（409）、ARM L（410）、ARM R（411）被保存起来。

5.2.6　变流器试运行

1. 当变流器第一次启动时，最好使用经过 EMF 换算的实际速度即设定 SPEED MEAS MODE（2102）＝5〈EMF SPEED ACT〉，设定速度给定为 0，闭合主接触器，启动装置并逐渐增加速度给定。并检查以下状态：

1）运转方向是否正确；

2）测速机输出与给定的极性是否对应；

3）如果使用编码器，检查通过测量输出信号 TACHO PULSES（12104）得出脉冲波形。

2. 确定速度反馈参数使其与所使用的速度反馈类型一致，即 SPEED MEAS MODE（2102）〈DEFAULT＝3〉。

3. 逐渐增加速度给定并检查：

1）用示波表检查实际电流波形；

2）用万用表检查实际电压；

3）检查换相器及电机的轴承是否工作正常。

5.2.7　系统稳定性调试

1. 在设置速度稳定性之前，电机的空载运行必须良好。稳定性是使单个传动部分的工作尽可能地接近理想状态，其目的不是使系统尽可能地快，只要其快速性能满足工艺的要求即可，并且不与其他的控制环相冲突。

2. 过快的控制会导致对机械系统不必要的压力（冲击），像由于齿轮间隙等问题，速度调节器不得不使用较小的比例增益和滤波常数。要使一个传动系统正常运转，稳定度是其先决条件，装置必须在不同的负载条件下和在整个速度调节范围内检验稳定性。通常在初始化阶段，为了查看到在极小的负载和齿轮间隙中出现的问题，需要在非正常工作下整定稳定度，因此当加上实际负载时需要重新调整稳定度的参数值。

3. 速度调节器的调节。在调整系统时，每改变一次参数，都要监视阶跃响应的效果及可能的振荡，每个参数变化的效果必须在宽的范围内检验，而不能仅局限在某一点。速度控制值的获得主要取决于：

一是电机功率和转动惯量的关系，二是机械结构的齿轮间隙（滤波）。

以上的调试步骤及方法对一般的系统如高炉上料转扬系统等的调试是足够的。

5.2.8 操作注意事项

对于不同的负载、工况，如随动系统其主要求是精度即稳态性能指标，例如对轧机压下装置其随动系统的定位精度不低于 0.01mm，因此系统应具有较高的稳态性能；而像连轧机这样的生产机械对抗干扰性能的要求就很高，如果动态速降（n）和扰动恢复时间较大则容易产生堆钢和拉钢现象造成事故，因此要求系统要有较高的快速性。要获得满足系统工艺要求的静、动态响应特性，手动调节各调节器的参数是必要的。

1. 电流调节器的手动调节

1）设定调节参数：DRIVE MODE（1201）＝4（电流调节器手动优化），TEST RELEASE（11208）＝-1（解除封锁），TEST REF SEL（11209）＝1（电动给定器 POT1 值）；

2）将示波表与模拟输出（I/O-BOARD）连接，在不加励磁时启动变流器，通过 POT1 增加电流给定用示波表观察实际电流波形直至电流连续为止，记下此电流的值即信号 CON CURR ACT（10501）的值；

3）断开主接触器，将 10501 的值设定到 ARM CONT CURR LIM（409）中，计算电机回路的 L 和 R 将其设定到参数 ARM L（410）和 ARM R（411）中；

4）将 11209 设为阶跃，启动变流器（无励磁）根据不同系统的具体要求改变 ARM CURR PI KP（407）、ARM CURR PI KI（408）的值以得到最优的电流响应曲线；

5）设定 11208 为 0（手动调节封锁），保存以上参数 BACKUPSTOREMODE＝1。

2. 系统阶跃响应（速度调节器）调试

1）阶跃响应实验应在从最小转速到最大转速的不同的几个点上进行，整个速度范围都必须仔细测试，以便发现可能的振荡点，例如，可以每隔 100rpm 进行一次试验。在具体的传动系统中，不同的速度下响应的时间可能有些不同（由于摩擦力变化），大约在一半速度时可以试验出合适的响应时间（在实际调试中可以首先使用速度控制环的优化功能，这样亦能得到较好的响应效果）。

2）阶跃值可由输入信号 2002〈STEP〉给出，响应的结果可看 STEP RESP（12003）。阶跃响应值 应在速度给定值的 0.5%～5%，给定值太大或不正确的阶跃值可能会损坏机械部分或者引起变流器跳闸。下面给出阶跃响应的几种波形供具体调试时参考，见图 5.2.8。

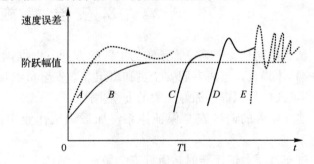

图 5.2.8 系统的阶跃响应波形

说明：
A—欠补偿，积分时间较短且比例增益较低；B—欠补偿，积分时间较长且比例增益过低；C—正常，适宜于不要求有较好的动态特性；D—正常，适宜于要求有较好的动态特性；E—过补偿，积分时间较短且比例增益较高；T1—要求的响应时间。

3. 关于系统的细调，详细说明如下：

1）增加积分时间常数 KI（2018）可以使阶跃影响减小，首先给出上升的阶跃如 1%，当速度稳定时，再给出下降的阶跃。

2）增加比例增益 KP（2014）的值直到速度响应值足够为止。

3）降低 KI（2018）直到可以观察到超调为止，此时可以调整积分时间常数，使其没有超调或只有轻微的超调。因为积分的功能就是使由比例控制造成的给定值和实际值之间的偏差尽快地消除掉。

4）如果要求系统稳定且允许高的比例增益，积分时间可以设置得短一些，此时阶跃响应会过补偿，如曲线 E。当系统在某一阶跃时达到了转矩限幅（TORQUE ACT（10503）＝4000），那么就不能对响应做进一步的补偿了。

总之在系统调试过程中参数的设定没有最佳的方式，重要的是，在以上初选参数的基础上要掌握参数改变对系统动态性能的变化趋势，从而获得调试的主动权，例如当要求系统响应更快些，而超调量大点无关紧要，那么KP就可以设定得更大些。

6. 材料与设备

本工法无需特别说明的材料，采用的主要设备、仪表见表6。

主要设备及仪表   表6

序　号	名　称	规　格	单　位	数　量
1	示波表	FLK－123/668	块	1
2	数字万用表	VC9807	块	2
3	数字兆欧表	PC27－2H	块	1
4	双臂电桥	QJ44	块	1

7. 质量控制

本工法的电气及系统调试符合《调速电气传动系统 第一部分：一般要求 低压直流调速电气传动系统额定值的规定》GB/T 12668.1—2002标准，以及《交流1000V和直流1500V以下低压配电系统 电气安全防护检测的试验、测量或监控设备 第二部分：绝缘电阻》GB/T 18216.1标准和《调速电气传动系统 第3部分：产品的电磁兼容性标准及其特定的试验方法》GB 12668.3—2003；而调速系统的诸如动、稳态性能等指标，目前还没有具体的标准和规范，但有一点是必须的，那就是必须满足具体生产工艺对系统各性能指标的要求，从而为产品质量提供保证。

8. 安全措施

8.1 认真贯彻"安全第一，预防为主"的方针，根据国家有关规定、条例，结合施工单位实际情况和工程的具体特点，组成专职安全员和班组兼职安全员参加的安全生产管理网络，执行安全生产责任制，明确各级人员的职责，抓好工程的安全生产。

8.2 建立完善的调试安全保证体系，加强调试作业中的安全检查，确保系统调试的标准化、规范化。

8.3 试车及空载试运转时，做好安全警戒工作，无关人员禁止进入试车及调试区域，保证设备及人身安全。

8.4 安全事项：首先本工法的"断电测试"部分的项目必须通过。尽管数字式变流器控制是由微处理器控制，故障检测和装置保护具有智能化，但必要的保护参数必须要设定正确以保护变流器和传动系统不被损坏，如过流、过热、超速、堵转、电枢过压等，以及由I/O板接收的必要的应答信号。因此可利用用户手册中的故障信息功能，及时快速地检查和排除故障。

9. 环保措施

9.1 对全体参与调试员工进行环保教育，提高其环保意识，使其自觉遵守相关环境保护法规。

9.2 调试过程中做好文明施工及环境保护，安排专人回收现场垃圾及杂物，保持现场清洁。

10. 效 益 分 析

通过本工法在几个项目上应用，表明其具有一定的先进性和通用性，不仅使调试质量得到保证，而且能大大节省施工时间，减少劳动力的投入，为降低项目成本起到了一定的作用。更重要的是通过我们过硬的技术为企业在激烈竞争的市场上赢得了信誉，社会经济效益显著。

11. 应 用 实 例

莱芜钢铁集团 3 号高炉上料系统就是 ABB 公司的 DCS 传动装置，通过该法调试后完全满足了工艺要求，运行正常。另外在泰钢 60 万 t 不锈钢炼钢工程钢包回转系统配套的是 ANSALDO 公司的 SPDM 系列变流装置，使用该法进行调试，经过几次参数调整，系统的动态响应和静态稳定度均满足了工艺的要求（特别地，该系统对准确停车要求较高）。通过几项工程使用本工法调试的情况来看，效果很好，大大缩短了调试、试车的时间，为工程的如期竣工提供了保障。

110/10kV 变电所调试工法

YJGF62—98（2009~2010 年度升级版- 088）

中国二十冶集团有限公司　中国华冶科工集团有限公司

赵俊杰　郭宏　吴文平　刘民业　沙德敏

1. 前　　言

110/10kV 变电所调试工法是 1998 年度国家级工法（YJGF62—98）的升级版。近十年来，随着高压供配电技术的发展，相关的试验设备及方法也不断更新。为适应这一发展趋势，我公司与时俱进，在保存传统施工工法基础上大力开拓创新，赋予了原工法新的内涵，比如串联谐振技术在绝保试验中的应用，差动保护系统调试方法的改进完善，高压核相技术的引入等，不仅为工程项目施工提供了质量保证，增加工程施工的安全性，同时大大提升了施工效率。

2. 工 法 特 点

2.1　本工法所确定的试验是交接试验。它是严格通过一系列的试验对 110kV/10kV 总降变电所高压电气设备能进行检查，保证变电所正常受电，安全运行。

2.2　工法涉及了从单体设备试验开始到变电所受电及相关测试结束的所有细节内容，流程完整具体，内容翔实丰富。

2.3　以先进的试验设备为基础，采用科学高效的试验方法，保证了试验结果的准确，降低了劳动强度，提高了效率。

2.4　结合现场安装施工条件合理安排调试流程，避免了窝工和重复施工等现象。

2.5　通用性强，可作为其他类似不同电压等级的变电所的调试参考。

3. 适 用 范 围

适用于大中型工矿企业 110kV 变电所的调试。

4. 工 艺 原 理

供电系统一般由主接线系统，保护系统和工艺控制与操作连锁系统组成。本工法对主变压器、110kV 及 10kV 高压设备电气调试的工艺步骤进行了程序化安排，并且采用了串联谐振试验技术，差动系统试验等核心技术。

串联谐振试验基本原理是采用可调节（30~300Hz）串联谐振试验设备与被试品电容谐振产生交流试验电压。

差动系统实验是根据变压器的基本工作原理，利用高精度仪表，测试差动 CT 电流相位关系，并以此为依据，进一步检验差动继电器单体性能。

5. 施工工艺流程及操作要点

5.1　施工工艺流程见图 5.1

5.2 操作要点

5.2.1 记录设备铭牌数据

1. 记录变压器的型号、功率、额定电压、额定电流、短路阻抗、接线组别、变压比、制造厂和出厂日期；

2. 记录电力电缆的型号和规格；

3. 记录真空开关的型号和最大分断电流；

4. 记录互感器的型号、额定电压或电流和变比；

5. 记录电抗器和消弧线圈的型号和额定电压。

5.2.2 油浸变压器试验

1. 测量绕组连同套管的绝缘电阻及吸收比

1）额定电压在 10kV 及以上，用 5000V 或 2500V 兆欧表测量；

2）额定电压在 10kV 以下至 3kV 用 2500V 兆欧表测量；

3）500V 以下至 100V 用 500V 兆欧表测量；

4）记录 60s 时的绝缘电阻值，同时记录绕组温度；

5）当测量时的温度与产品出厂试验时的温度不符合时，换算成同一温度进行比较，不应低于产品出厂试验值的 70%；

6）60s 时的绝缘电阻值与 15s 时的绝缘电阻值比值为吸收比，吸收比在常温下不应小于 1.3。

2. 10kV 变压器不测吸收比。

3. 测量绕组连同套管的直流电阻

1）测量应在各分接头的所有位置上进行；

2）用双电桥测量。

测量前应将电桥放平稳，测量用的导线连接应接触良好；双电桥引出的电流线应比电压线粗些；

测量时，先按下电池按钮使电源接通一定时间后，再按下检流计按钮接通检流计，放开时则相反。

4. 测量所有分接头的变压比

用变比电桥测量所有分接头的变压比。

检查接线组别和极性；用变比电桥检查接线组别和极性。

5. 测量绕组连同套管的介质损失角正切值 $\tan\delta$

用介质损桥进行测量。测量前应将测试仪表放平稳，使用专用导线。

绝缘油试验：进行电气强度试验和简化分析。

检查瓦斯继电器和温度继电器动作特性：

1）瓦斯继电器按动试验按钮检查重瓦斯动作信号。

2）校验温度继电器设定值。将热电偶放入水中，将水加热至略高于设定值，待水温度稳定后，将温度继电器按设定值设定，温度继电器动作。

有载调压切换装置的检查：

检查切换装置在全部切换过程中，应无开路现象，电气和机械限位动作正确且符合产品要求。检查切换开关切换触头的全部动作顺序。

绕组连同套管的交流耐压试验：

选择试验电压和容量适合的变频串联谐振测试仪进行耐压试验。

5.2.3 电力电缆

1. 测量绝缘电阻

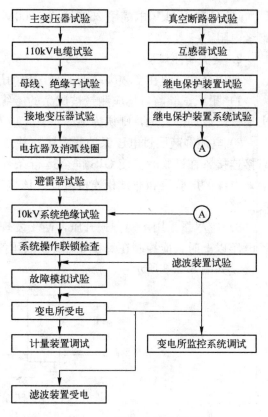

图 5.1 调试工艺流程图

10kV 和 110kV 电缆用 2500V 或 5000V 兆欧表测量电缆线芯对地或对金属屏蔽层间和各线芯间的绝缘电阻。

2. 交流耐压试验

高压交联电缆在变频串联谐振测试仪耐压中的操作要点：

1）耐压试验前后均应测量被试品的绝缘电阻，被试品为有机绝缘材料时，试验后应立即触摸，如出现普遍或局部发热，则认为绝缘不良，应及时处理，然后再做试验。

2）电缆屏蔽层过电压保护器短接，并使这一端电缆金属屏蔽或金属套临时接地；若电缆头是与 GIS 直接连接，在试验时应使 GIS 符合运行条件且 GIS 内部 PT、避雷器需断开；如果电缆头安装在杆塔上，电缆的屏蔽层和非试相连接接地，该接地不可用杆塔架，需要采用铜箔或裸铜线与串联谐振系统连成回路。

3）应尽量采用手动方式升压，便于发现问题及时控制。升压操作应均匀缓慢，升压速度在 40% 试验电压以上时，应控制在每秒 3% 试验电压值左右。试验结束后要均匀降下电压，再切断电源。现场试验接线如图 5.2.3 所示：

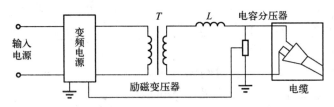

图 5.2.3　现场试验接线图

4）试验电压标准及设备的选择

电缆采用交流耐压已经成为一种必然趋势，目前 35kV 及以上电压等级电缆已经广泛采用交流耐压试验，标准见表 5.2.3-1：

试验电压标准　　　　　　　　　　　　　　　　　　　　表 5.2.3-1

额定电压 U_0/U（kV）	试验电压	时间（min）
10/30 及以下	$2.5U_0$（或 $2U_0$）	5（或 60）
21/35～64/110	$2U_0$	60
127/220	$1.7U_0$（或 $1.4U_0$）	60
190/330	$1.7U_0$（或 $1.3U_0$）	60
290/500	$1.7U_0$（或 $1.1U_0$）	60

目前电缆交流耐压采用交流串联谐振装置，谐振频率为 $f_0 = 1/(2\pi\sqrt{LC})$，L 为实验设备电感量，C 为实验设备电容分压器电容及补偿电容和试品的电容和。

试品（XLPE 电缆）的等效电容见表 5.2.3-2：

等效电容快速查询表　　　　　　　　　　　　　　　　　　表 5.2.3-2

截面（mm²）　　电容量（μF）　　型号	6/10kV XLPE 电缆	8.7/10kV XLPE 电缆	26/35kV XLPE 电缆	64/110kV XLPE 电缆
50	0.24	0.19	0.11	
70	0.27	0.22	0.12	
95	0.30	0.24	0.13	
120	0.33	0.26	0.14	
150	0.36	0.28	0.15	

续表

型号 电容量（μF） 截面（mm²）	6/10kV XLPE 电缆	8.7/10kV XLPE 电缆	26/35kV XLPE 电缆	64/110kV XLPE 电缆
185	0.39	0.31	0.16	0.13
240	0.43	0.34	0.18	0.14
300	0.47	0.37	0.19	0.16
400	0.53	0.42	0.21	0.17
500	0.60	0.44	0.24	0.19
630	0.67	0.47	0.26	0.21
800			0.28	0.23
1000			0.30	0.24
1200				0.26
1400				0.27
1600				0.28
1800				0.30

试验前可以根据表 5.2.3-2，结合谐振频率公式，预先计算出谐振频率，若谐振频率超出仪器范围，在满足试验电压的前提下，可以适当调节补偿电容和改变试验电感量来改变谐振频率，避免盲目试验造成人力物力及试验设备资源的浪费。

5）试验应在清洁、安静的环境中进行，在嘈杂的施工现场试验时，应尽量将试验安排在其他施工人员下班后进行，便于监听观察试品状态。

3. 直流耐压试验及泄漏电流测量

主要应用于 10kV 及以下电压等级高压电缆。试验时，试验电压分 4 段均匀升压，每阶段停留 1min，并读取泄漏电流值。

5.2.4 其他电力元器件试验

1. 10kV 母线检测

1）测量绝缘电阻。用 2500V 或 5000V 兆欧表测量 10kV 母线绝缘电阻。

2）交流耐压试验。用变频串联谐振测试仪。

2. 真空断路器检测与试验

1）测量绝缘电阻。用 2500V 兆欧表测量。

2）测量主触头的接触电阻。用高压开关特性测试仪测量主触头的接触电阻。

3）测量断路器的分合闸时间及同期性。在额定操作电压下，用高压开关特性测试仪测量。

4）测量断路器分、合闸线圈的绝缘电阻值及直流电阻值；

——用 500V 兆欧表测量分、合闸线圈的绝缘电阻值；

——用万用表测量分、合闸线圈的直流电阻值。

操作机构的检查。用可变电阻器调出试验电压进行分、合闸操作试验。

真空度测试。断路器处于分闸状态，在真空灭弧室的断口加交流试验电压，试验电压值按产品技术条件规定，在试验过程中不应发生贯穿性放电。

交流耐压试验。在断路器合闸状态下进行交流耐压试验。

3. 电流互感器

1）测量绝缘电阻

用 2500V 兆欧表测量一次绕组对二次绕组及外壳；

用 500V 兆欧表测量二次绕组间及其对外壳的绝缘电阻值。

2）极性检查

用感应法进行极性检查。

3）伏安特性曲线

用电压、电流表测量伏安特性曲线，应做到饱和点以上，所取点数以得到平滑的曲线为原则。

4）变比测量

在一次侧通大电流，测量二次电流；

对于一次电流在1000A以上的电流互感器，试验电流至少达到额定电流的30％以上。

对于有两个二次线圈的电流互感器，可同时用两个电流表接入测量，否则应短接另一线圈。对于有分接头的电流互感器每次只能接入一个电流表，其余抽头应开路。

5）交流耐压试验

将电流互感器的二次绕组短接后接地，使用交流耐压器，一次绕组对二次及地耐压。

4. 电压互感器

1）外观检查。电压互感器外观不应有明显的损伤。

2）测量绕组的绝缘电阻。用2500V兆欧表测量一次绕组对二次绕组及外壳，用500V兆欧表测量二次绕组间及其对外壳的绝缘电阻值。

3）测量电压互感器一次绕组的直流电阻。用单电桥测量。

4）检查接线组别，单相互感器极性。用感应法检查。

5）检查变比。

从高压侧加380V电压，在低压侧测量。

对于变比较大的电压互感器，用上述方法不易测量准确，可从低压侧加电压，高压侧用标准电压互感器进行测量。

6）交流耐压试验。

将电压互感器的二次绕组短接后接地，使用交流耐压器，一次绕组对二次及地耐压。

对于串级式电压互感器，可进行工频感应耐压试验。在低压侧加工频试验电压，试验电压值为在电压互感器高压侧达到额定电压。

5. 电抗器及消弧线圈

1）测量绝缘电阻。使用相应等级的兆欧表测量绝缘电阻。

2）测量直流电阻值。用电桥测量直流电阻值。

3）交流耐压。用变频串联谐振测试仪进行交流耐压。

6. 避雷器

1）测量绝缘电阻。用2500V兆欧表测量。

2）测直流漏泄1mA时的电压（u1mA）值及0.75 u1mA下的泄漏电流。用直流泄漏试验器测量。

7. 支柱绝缘子

1）测量绝缘电阻。用2500V兆欧表测量。35kV以下的支柱绝缘子的绝缘电阻值，不应低于500MΩ。

2）交流耐压试验。用变频串联谐振测试仪进行。

8. 电容器

1）测量绝缘电阻

测量耦合电容器的绝缘电阻在二极间进行，并联电容器应在电极对外壳之间进行，并采用1000kV兆欧表测量小套管对地绝缘电阻。

2）做并联电容器交流耐压试验

9. 过电流保护继电器

1）参数设定。包含功能参数设定和整定值设定。

2）延时保护动作试验

对于定时限保护，用继电保护试验器按整定值做继电器动作试验。

对于反时限保护，用继电保护试验器做动作特性曲线，应至少测 5 点。

3）瞬时动作试验。按整定值，用继电保护试验器做继电器动作试验。

4）系统试验。

10. 电压保护继电器。做欠电压动作试验。

11. 差动保护继电器

1）保护特性曲线测量

用继电保护试验器作继电器的动作特性曲线，至少应测 5 点，其中要包括曲线的拐点。单体动作测试重点放在比例特性区域的验证，可采用三相电流法和六相电流法测试。

2）系统试验

将变压器二次绕组短接（短接点在二次侧差动 CT 后），在一次绕组通 380V 电压，利用六路差动保护接线测试仪（MG6000B＋）检测高低压侧差动 CT 二次电流的相位和大小关系是否与原理图相吻合。如果差动继电器的检测精度允许，还可查看通入差动继电器差动电流的相位和大小。

3）差动继电器与差动 CT 接线方式是否匹配的验证

不同厂家差动继电器对差流相位角内部补偿的方法不一样，有的继电器把高压侧，低压侧差动 CT 二次电流补偿为同相位，而有的补偿为反相位，相应的计算差动电流的方法也不一样。由于系统实验过程中加入电源电压低，即使差动 CT 接线方式与继电器不匹配产生差流，这个差流也远远小于继电器的门槛值，继电器不会动作。所以，在做完系统实验后，还要根据实际测得的高低压侧差动 CT 二次电流的相位关系，利用六相电流发生器，给继电器加入额定大小且与所测相位一致的试验电流，若继电器不动作则 CT 接线方式与继电器匹配，若动作，则要改变任意一组差动 CT 同名端或者更换继电器类型。

12. 系统操作联锁功能试验

1）10kV 进线柜与上级变电所 110kV 馈出开关操作联锁试验。包括中间继电器柜、转送跳闸装置，检查正常工作状态指示正确。

2）10kV 进线开关与隔离开关及母联开关的操作联锁检查。检查正常工作状态指示。

13. 模拟故障跳闸试验

1）电器柜、转送跳闸装置。检查故障状态指示正确。

2）模拟接地变压器及消弧线圈跳闸故障，试验对应的 10kV 馈出开关跳闸动作。

3）模拟各个馈出回路过流故障，试验 10kV 对应各馈出开关跳闸动作。

5.2.5 系统受电

1. 变电所受电程序见图 5.2.5。

2. 受电操作要点

1）变压器二次进线开关柜接地开关断开，开关小车放在工作位置，且处于分闸状态。合闸电源开关断开。

2）将主变差动保护继电器投入。

3）第一次冲击，合 110kV 开关，主变受电。观察主变应无异常声响；观察三相电流瞬间冲击值，三相电流是否平衡；检查差动继电器是否动作；若有问题，应进行检查。排除故障后准备第二次冲击。

分 110kV 开关，主变停电。

间隔 5min，准备第二次冲击。

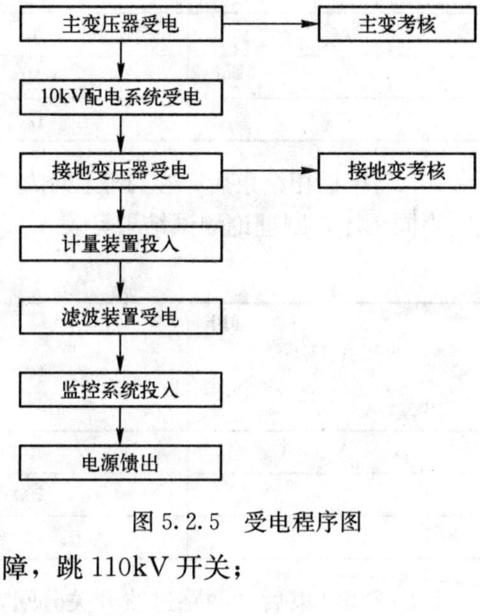

4）第二次冲击

合 110kV 开关，观察差动继电器是否动作；

在变压器顶部，用手按动重瓦斯试验按钮，模拟重瓦斯故障，跳 110kV 开关；

间隔 5min，准备第三次冲击。

图 5.2.5 受电程序图

主变压器受电 → 主变考核

10kV配电系统受电

接地变压器受电 → 接地变考核

计量装置投入

滤波装置受电

监控系统投入

电源馈出

5）第三次冲击。

合 110kV 开关，在进线开关柜，短接差动继电器跳闸输出接点，模拟差动继电器动作，跳 110kV 开关；

间隔 5min，准备第四次冲击。

6）第四次冲击

合 110kV 开关；分 110kV 开关。

间隔 5min，准备第五次冲击。

7）第五次冲击

合 110kV 开关，主变压器受电连续运行，进行 24h 考核，并记录变压器温升，期间继续进行 10kV 配电系统受电。

5.2.6　10kV 配电系统

1. 将母联开关拉出至冷备用位置，Ⅰ段进线推入至工作位置。将Ⅰ段 PT 柜推入至工作位置。10kV 配电系统工作电源投入。Ⅰ段进线开关工作电源投入。

2. 就地操作，合Ⅰ段进线开关，Ⅰ段母线受电。在 PT 二次检查Ⅰ段电压指示应正确，相序为正相序。系统无异常声响。

3. 分Ⅰ段进线开关，Ⅰ段母线断电。

4. 合Ⅰ段进线开关，在中间继电器柜出口端子短接，模拟变压器重瓦斯故障，只跳Ⅰ段进线开关。

5. 合Ⅰ段进线开关，在进线开关柜过流继电器跳闸输出端子上进行短接模拟过流故障，跳Ⅰ段进线开关。

6. 合Ⅰ段进线开关，在差动继电器跳闸出口端子短接，模拟差动继电器动作，跳Ⅰ段进线开关。

7. 对Ⅱ段系统重复上述 1～6 步。

8. 将母联断路器从柜内脱出，触头挡板采用临时措施支起，便于高压核相器接触。

9. 依次将两路 10kV 进线开关合闸，使用高压无线核相器在母联处进行高压核相，若两路进线为同相序，且都为正相序，则理论测试结果见表 5.2.6-1：

理论测试结果表　　　　　　　　　　　　　　　　　　表 5.2.6-1

角度差（°） Ⅰ段 ＼ Ⅱ段	A	B	C
A	0	120	240
B	240	0	120
C	120	240	0

10. 高压核相结束后，在母联控制柜内两段 PT 电压小母线的控制开关处，进行低压核相，若两路进线为同相序，则理论测试结果见表 5.2.6-2：

理论测试结果表　　　　　　　　　　　　　　　　　　表 5.2.6-2

电压值（V） Ⅰ段 ＼ Ⅱ段	A	B	C
A	0	100	100
B	100	0	100
C	100	100	0

11. 核相结束后，两路进线开关分闸，把母联推入柜内置于冷备用状态。

12. 合Ⅰ段进线开关，合 1 号接地变馈线开关，1 号接地变受电。检查差动继电器是否动作，用相位表在差动继电器本体端子板上对变压器一、二次电流进行检查，作出六角图。

13. 对 II 段进线重复上一步骤，受电过程结束。

5.3 劳动力组织（表5.3）

劳动力组织表　　　　表5.3

工　种	工　程　师	调试技术员	安装技术员	安　全　员	质　量　员	其　　他
数量	1	6	1	1	1	2

6. 材料与设备

6.1 绝缘保护试验用仪器仪表及材料（表6.1）

绝缘保护试验用仪器仪表及材料　　　　表6.1

序　号	所需设备/材料名称	数　量	序　号	所需设备/材料名称	数　量
1	交流耐压试验器 200kV/100kVA 和 50kV/5kVA	各1套	8	高压开关特性试验仪	
2	直流泄漏试验器 50kV　1kV	1套	9	避雷器试验器	
3	高阻计 2500V　100000MΩ	1台	10	万用表	
4	高阻计 1000V　1000MΩ	1台	11	高压无线核相器（HDWH—20）	1套
5	高阻计 500V　500MΩ	1台	12	高压试验用线导线 1.0mm^2	100m
6	介损桥	1台	13	25号铁线	50m
7	调压器：0～250V	1台	14	串联谐振试验仪	1套

6.2 继电保护试验用仪器仪表及材料（表6.2）

继电保护试验用仪器仪表及材料　　　　表6.2

序　号	所需设备/材料名称	数　量	序　号	所需设备/材料名称	数　量
1	继电保护试验器 P750	1台	6	电压表	1台
2	继电保护试验器 660C	1台	7	电流发生器：2500A	1台
3	调压器 0～250V	1台	8	标准电流互感器：2500—2000—600—400—250—100/5A	1台
4	万用表	1台	9	各类试验专用线	若干
5	电流表	1台	10	差动电流相位测试仪（MG6000B+）	一套

7. 质量控制

本工法依据国家标准《电气装置安装工程电气设备交接试验标准》GB 50150—2006 对于引进设备所依据的标准，与外方专家、工程监理协商后，统一工作程序、工作内容、试验记录，三方共同确认执行。

7.1 测量绝缘电阻时，采用兆欧表的电压等级，应按下列规定（表7.1）执行。

兆欧表的电压等级表　　　　表7.1

电气设备额定电压	100V 以下	500V 以下至 100V	10kV 以下至 3kV	10kV 以上
兆欧表的电压等级	250V	500V	2500V	2500V 或 5000V

7.2 塑料绝缘电缆直流耐压试验电压标准见表7.2。

塑料绝缘电缆直流耐压试验电压标准 表7.2

电缆额定电压 U（kV）	8.7	12	18	21	26
直流试验电压（kV）	35	48	72	84	104
试验时间（min）	15	15	15	15	15

7.3 高压电气设备绝缘的工频耐压试验电压标准见表7.3。

高压电气设备绝缘的工频耐压试验电压标准表 表7.3

额定电压	最高工作电压	1min工频耐受电压（kV）有效值											
		油浸电力变压器		电压互感器		断路器、电流互感器		干式电抗器		支柱绝缘子、隔离开关		穿墙套管固体有机绝缘	
（kV）	（kV）	出厂	交接	出厂	交接	出厂	交接	出厂	交接	出厂	交接	出厂	交接
10	11.5	35	30	30	27	30	27	30	30	42	42	30	27
110	126.0	200	170	200	180	185	180	185	185	265	265	185	180

7.4 并联电容器交流耐压试验电压标准见表7.4。

并联电容器交流耐压试验电压标准 表7.4

额定电压（kV）	<1	1	3	6	10
出厂试验电压（kV）	3	5	18	25	35
交接试验电压（kV）	2.2	3.8	14	19	26

7.5 还需采用的标准

7.5.1 合同要求采用的其他标准。

7.5.2 设计院的设计资料。

7.5.3 设备制造厂的技术资料，出厂试验报告。

7.6 对参与调试工作人员和检测仪表的要求

7.6.1 所有参加调试人员应持证上岗。

7.6.2 开工前，要做好技术交底工作。

7.6.3 所有检测仪表应合格有效。

8. 安 全 措 施

8.1 所有参加调试的人员必须接受三级安全教育。

8.2 加强安全意识和个人保护意识的教育。

8.3 个人劳防用品应穿戴齐全。

8.4 工作前，班组负责人应做好安全交底，并有具体措施。

8.5 每个调试人员应当严格执行安全操作规程。

8.6 送电前，操作人员应清楚送电设备和送电范围，并且作好安全标识，送电设备周围应设置安全围栏。

8.7 调试人员之间在工作中要及时沟通情况，互相提醒，预防事故发生。

8.8 在处理问题时，不得带电作业。

8.9 要使用电工专业工具，不得使用无绝缘保护的工具工作。

8.10 在工作中，要做到"三不伤害"。

8.11 严禁跨越机械设备，必须走人行过桥。

8.12 要做好安全防火工作。

9. 环 保 措 施

9.1 在施工过程中严格遵守国家和地方政府下发的有关环境保护的法律、法规和规章，加强对施工燃油、工程材料、设备、废弃物的控制和治理，遵守有关防火及废弃物的规章制度，成立对应的施工环境卫生管理机构。

9.2 在施工中应保持现场整洁。无用的废料，应及时清理、堆放妥当，防止绊倒伤人。

9.3 安装前应将所有连接部位擦洗干净。擦洗使用的清洗剂统一收集处理，不得遗撒在现场并做好应急预案。

9.4 所有的包装材料及时清运，做到随拆随清。

9.5 吊装前对吊装设备各储油点进行全方位检查，保证无泄露发生。

9.6 现场垃圾施行分类收集，分类处理，对于有害垃圾进行特殊处理，不得随意丢弃。

9.7 本施工方法充分利用了现场的现有设备及静态专利吊具，没有大型产生噪声的特殊设备，经济环保。

9.8 加强对现场人员的培训与教育，提高现场人员的环保意识，根据环境管理体系运行的要求，结合环境管理方案，对所有可能对环境产生影响的人员进行相应的培训。

10. 经 济 效 益

本工法内提供的工程数据来自于我公司所实施的工程，所提供的参照数据来自国家标准或行业标准规范，标准上没有的为我公司根据现场实际经验所得。

本工法在原工法的基础上增加了我公司近年来所引入和完善的核心调试技术。如采用的串联谐振试验方法替代以往工频交流耐压试验方法，试验数据精度提高，设备体积小，调试过程中安全性高；高压差动调试方法的完善，极大提高调试进度和试验的准确度，整个工法有着较高的社会效益和经济效益。

11. 应 用 实 例

11.1 由我公司于 2008 年至 2010 年施工的宝钢一钢不锈钢冷四标项目，本项目新增一台 80MVA 110/10.5kV 主变压器及相应的配套监控设施。我公司采用本工法调试，特别是采用新的调试技术（串联谐振试验方法和高压差动调试方法），调试进度和质量提高，增强了调试过程中安全性，并精简了调试人员。本次调试工作实际投入 5 人，技术准备工作 10d，剔除其他原因耽误工期，实际调试历时 20 工作日，变电所一次受电成功。为整个项目成功实施节约了时间，受到了甲方和监理方的一致称赞。经济效益和社会效益明显。

11.2 由我公司于 2009 年至 2010 年施工的首钢京唐二期冷轧项目，本项目设计三台 110kV 变压器为本项目设施供电。我公司采用本工法调试，特别是采用新的调试技术（串联谐振试验方法和高压差动调试方法），调试进度和质量提高，增强了调试过程中安全性，并精简了调试人员。本次调试实际投入 8 人，技术准备工作 15d，剔除其他原因耽误工期，实际调试历时 38 工作日，变电所一次受电成功。为整个项目成功实施节约了时间，受到了甲方和监理方的一致称赞。经济效益和社会效益明显。

11.3 由我公司于 2009 年施工的首钢迁钢配套完善项目项目，本项目设计三台 110kV 变压器为本项目设施供电。我公司采用本工法调试，特别是采用新的调试技术（串联谐振试验方法和高压差动调试方法），调试进度和质量提高，增强了调试过程中安全性，并精简了调试人员。本次调试实际投入 9 人，技术准备工作 15d，剔除其他原因耽误工期，实际调试历时 36 工作日，变电所一次受电成功。为整个项目成功实施节约了时间，受到了甲方和监理方的一致称赞。经济效益和社会效益明显。

水底电（光）缆敷设施工工法

YJGF17—2000（2009～2010年度升级版-089）

上海市基础工程有限公司

柳立群　沈光　解泰昌　陈荣凯　朱建国

1. 前　言

为了满足科学技术的发展和国民经济的增长，近年来我国在能源建设、通信信息港建设方面的投资规模不断扩大，水底电缆、光缆（以下简称"电缆"）作为连接城市、大陆、岛屿，乃至国际间的输电、通信干线，是目前最为可靠、安全和有效的手段之一。我司从20世纪60年代即开始在黄浦江、长江及沿海等水域进行水底电缆的敷埋设施工，初步形成了一套独特的施工方法和工艺。

该项技术成果于1998年获得上海市科技进步三等奖，于2001年获得了国家级工法（YJGF17—2000）。已申请发明专利1项：电缆转盘（ZL 201010256565.8）。

2. 工法特点

2.1 施工船吃水浅，可以登滩搁浅，适应浅水施工。

2.2 采用导缆笼技术，大大减少对光电缆的张拉。

2.3 采用了DGPS全球定位系统和水下定位系统（超短基线），实现了光电缆实际敷设位置的精确定位，误差±2m。

2.4 施工船由施工拖轮或舵桨侧推动力定位系统控制航向偏差，误差±10m。

2.5 施工船由钢缆牵引，能保证船舶能沿着设计路由保持匀速前进。

2.6 采用自行设计、开发的水力埋深系统，最大埋深达到5m（视土质情况）。

3. 适用范围

3.1 跨江、河、湖的水底电缆和光缆工程。

3.2 海岛与大陆、海岛与海岛之间的海底通讯光缆和电力电缆工程。

3.3 海上石油平台之间的海底通信光缆和电力电缆工程。

3.4 水深80m以内的泥沙质海域均可进行敷埋施工，埋深3.5m，局部可达5m（视土质情况）。

4. 工艺原理

本工法针对海底光（电）缆的特点，开发出一套采用非自航驳船慢速牵引边敷边埋的海底光（电）缆施工工艺。该工艺是采用无动力的平板驳作为光（电）缆专业施工船，采用绞锚牵引、拖轮侧推或舵桨侧推动力的方法进行海底光电缆的施工。路由偏差是采用DGPS和水下定位系统进行测量和控制，光电缆的埋深是采用水力机械进行边敷边埋。本工法涵盖了整个海缆施工中的所有工序和技术难点，主要包括了海缆的过缆、扫海、始端登陆、中间段敷埋和终端登陆等施工工序。

5. 施工工艺流程及操作要点

5.1 施工工艺流程

5.1.1 主要的工艺流程为：准备工作→过缆作业→扫海→始端登陆→中间海域段敷埋管施工→终端登陆→余缆处理。

5.1.2 具体工艺流程如下：

1. 准备工作。熟悉和了解施工水域的水文、地质、气象资料及电缆有关技术参数；掌握设计要点；施工海域设置浮标、导标；测量浅水滩涂电缆登陆点附近的地形，清除障碍物；抛设和布置系船用的锚和地垅、卷扬机等。

2. 过缆作业。过缆作业即电缆由电缆制造厂在码头，或通过运输船过至敷埋设施工船的一种作业。根据电缆的交货长度，可选择整体吊装、散装过缆、"8"字形盘绕等形式。

3. 扫海。扫海的目的是为了进一步清理水底残存的渔网等障碍物，一般由拖轮拖带扫海锚具，沿设计路由低速航行，遇有障碍物，则由潜水员下水清理。

4. 电缆始端登陆及埋深。在岸滩或退潮后露出水面的部分，用机械或人工方法开挖电缆沟槽；施工船将电缆用布缆机送出，岸上用卷扬机牵引，至设计位置；最后将电缆置于沟槽内，并用水泥盖板或其他材料覆盖保护。

5. 电缆在中间水域敷设、埋深。中间水域的电缆敷设和埋深采用施工船绞牵引钢缆前进，"DGPS"导航，拖轮及其他船只辅助的方法施工。采用边敷边埋的方法对电缆进行敷埋施工时，随着敷埋设施工船的前进铺缆，水力喷射埋设机将电缆同时埋深在海底以下一定深度。如需将已敷设的电缆再进行埋深，只需用埋设施工船及水力喷射埋设机沿着电缆敷设路由，把搁置在海床上的电缆埋深至设计深度。

6. 电缆终端登陆，人工埋深。当敷埋设施工船因水深太浅无法继续进行电缆敷埋设作业时，则可进行电缆的终端登陆施工，施工船锚泊定位，电缆由布缆机送出，卷扬机将电缆牵引至设计位置，然后将电缆置于事先开挖好的沟槽内，其方法同始端登陆。

7. 余缆处理。一般电缆敷埋设施工结束后，都有一定长度的余量。可根据设计和业主要求切割，余下的电缆卸至指定地点。

5.2 操作要点

5.2.1 过缆作业前必须取得建设单位的"电缆装船通知书"。该书中必须明确电缆的具体规格、型号、长度和厂家，以及运缆船的船名、国籍、主要尺度、停靠港口的具体泊位，允许过缆作业时间，缆盘吊点及底部结构。

5.2.2 对施工船装载状态进行验算，诸如排水量、吃水及首尾吃水差、干舷高度和稳定等。

5.2.3 根据缆盘底部结构，计算施工船甲板的受力，必要时可在甲板上铺设道木，使其受力均匀。

5.2.4 散装过缆要注意退扭架的高度和弯曲半径必须满足和大于电缆技术要求。

5.2.5 扫海时，扫海锚具的入水角不得大于30°，航速控制在6节以内。来回沿路由扫海不少于1次。

5.2.6 登陆作业前必须仔细测量、复核船位距电缆终端的距离，计算出电缆登陆所需长度，作业时，应按设计要求放出余量。

5.2.7 电缆在登陆中如遇到裸露在浅滩上的礁石、基岩、珊瑚，应在电缆下部垫以托轮，以防止表皮破损、产生小圈、打扭等现象发生。

5.2.8 中间水域敷设作业必须严格按操作程序进行。各岗位有专人负责，一切听从指挥长指挥，对敷埋时的入水角、张力、埋深、船位等参数必须按"质量计划"严格控制。施工中必须确保各岗位间、船只间的通讯联系畅通。

6. 材料与设备

6.1 材料

本工法中的海缆主要为海底通信光缆和海底输电电力电缆。

6.2 设备（表6.2）

主要设备表 表6.2

序 号	机械设备（船舶）名称	型 号 规 格	单 位	数 量	用 途
1	海缆敷设船	3000T	艘	1	海缆敷设
2	拖轮	1670HP	艘	1	船只拖航
3	锚艇	500HP	艘	1	起、抛锚
4	交通艇	240HP	艘	1	人员、物资运输
5	工作艇	24HP	艘	2	辅助登陆施工
6	埋设犁	$\phi200mm$	台	1	海缆埋深
7	高压水泵	$150m^3/h$	台	2	海底开沟
8	GPS定位仪	HD－8500G	台	2	敷缆船定位
9	电测系统	自主研发	套	1	埋深监测

7. 质 量 控 制

7.1 施工质量控制标准（表7.1）

质量检验标准表 表7.1

序号	检验部位 （where）	检验时间 （when）	检验人 （who）	检验内容 （what）	达标标准 （why）	采用手段、方法 （how）
1	水陆交接段及岸滩段电缆埋深	电缆施工完成后	质量员	电缆的埋设深度	埋设深度不小于设计要求	利用测绳进行检验
2	石质段电缆埋深	电缆施工完成后	质量员	电缆的埋设深度	埋设深度不小于设计要求	利用卷尺进行检验
3	中间水域段电缆埋深	电缆施工完成后	质量员	电缆的埋设深度	埋设深度不小于设计要求	埋深监测系统
4	电缆施工时路由控制	中间水域段电缆敷埋施工	质量员	路由轴线偏差	左右偏差不大于10m	采用DGPS定位系统
5	电缆装船测试	完成接缆后	质量员	电缆的各项指标	按照设计规范	ZGF－30kV/5mA耐压测试仪
6	电缆装船测试	完成接缆后	质量员	电缆的各项指标	按照设计规范	OTDR及绝缘、耐压

7.2 质量保证措施

7.2.1 过缆时主要注意确保电缆的弯曲半径、张力和电缆外护层不被损坏。采用滚轮设置电缆的临时通道。

7.2.2 采用机械计米器计量电缆长度，并与电缆长度标志对照复核。

7.2.3 准确测量登陆路由长度，计算登陆用缆长度。海陆缆接续的预留根据设计要求。

7.2.4 登陆时电缆张力控制在允许范围以内，防止牵引的突然启动和停止。

7.2.5 电缆通道由滚轮组成，表面光滑平整。

7.2.6 埋设机姿态异常时，可采取停止或减慢牵引速度，调整埋设机牵引缆长度，调整牵引缆入水角度等措施，使埋设机姿态恢复正常。

8. 安 全 措 施

8.1 施工前由海事、渔政部门召开施工协调会，明确各方职责，并向海事部门提请专项维护申请，以确保过往船只及施工船的安全。

8.2 施工水域现场配备巡逻警戒用船，施工船前方 500m 处上下游各设置警戒艇一艘，随施工船一同前进，以指示施工船前方 500m 的禁止通航距离，并用 VTS 对过往船只广播指挥。

8.3 施工船的锚泊系统必须经过精密的计算，考虑到施工船和埋设机的水流力；锚机的承载能力，锚的类型、重量，锚缆钢丝的直径等均要满足施工的需要，确保施工船在施工期间不会因为受到风、流的影响而发生走锚现象。

8.4 施工船舶按照规定配备相应的消防器材。重点部位仓库配置相应的消防器材，如机舱、油舱要配置泡沫灭火器和二氧化碳灭火器；一般部位职工宿舍、食堂等处设常规消防器材，如黄沙箱、消防水龙箱等。

8.5 施工期间若遇突发的灾害性天气，且海况极端恶劣，天气难以及时好转，则采取及时撤离施工现场躲避风浪的措施。

8.6 施工单位在进行危险作业时，除执行现有的有关 HSE 方面的规定以外，还须执行作业许可证规定的时间、地点、安全措施等要求。

9. 环 保 措 施

9.1 在施工前制订出环境保护培训计划。培训计划根据光缆沿线环境特点、施工作业内容和风险评价报告书要求制订。

9.2 施工期间专（兼）职 HSE 监督员对工程施工期间进行环境管理，其管理的内容主要是根据上级有关环保管理规定和施工项目特点制订的环境保护措施，并对作业现场实施监督检查。

9.3 施工人员应文明施工，禁止对周围环境造成污染和破坏行为。

9.4 施工过程产生的废弃物随时清理回收，做到工完、料净、场地清：施工作业中的焊条头、废砂轮片、废钢丝绳和包装物等每天进行回收，统一送回营地集中处理。施工期间产生的工业污油，由专用回收装置专人送到营地统一处理，禁止随意倾倒。施工中使用的油漆、化学溶剂及有毒有害物品，要妥善存放、保管，制订出防止泄漏和污染的具体措施。

9.5 施工完毕后恢复地貌，对所有灌溉沟渠以及供牲畜和野生动物用的人造的或天然的水源加以修整恢复到施工以前的状态。及时清理光缆周围各类施工废弃物，做到现场整洁、无杂物。

9.6 减少设备使用、维修过程中产生的燃油、润滑油、液压油等液体的泄漏。

10. 效 益 分 析

10.1 经济效益：在近 3 年中，我司采用本工法已完成各种规格的海底电缆和光缆敷埋施工约 300km，合同金额约 6500 万，实现利润约 500 万。

10.2 由于本工法解决了大容量、大吨位、高电压海缆的敷设和埋深施工技术难题，为我国将来海岛建设和海上风电采用高电压进行高容量的电力输送创造了条件，奠定了基础，能大大促进海上风电产业和海岛建设的发展，具有十分深远的经济和社会效益。同时，对提高我国的海缆施工技术水平，缩小和国际发达国家之间的差距也具有较高的社会效益。

11. 应 用 实 例

11.1 上海崇明—长兴岛 110kV 海缆工程

11.1.1 工程概况

为解决长兴岛造船基地的用电问题，将崇明岛上多余的电力通过海底电缆输送到长兴岛。本项目就是敷设 2 根 110kV 的海底电力电缆，实现对长兴岛的送电。

单根电缆长度为 8.7km，共计 2 根，设计要求埋深 3.0m。电缆为交联电缆，电压等级 110kV，外径为 188mm，电缆每米自重为 77.8kg。挪威耐克森公司生产。

本工程是当时国内单位重量最大的海底电缆。

11.1.2　工程施工情况

工程于 2004 年 12 月开工，在上海港从国外货轮上将电缆通过导缆架盘放到我司自行设计的敷缆船上，然后将敷缆船拖航到施工现场进行海缆的敷埋施工。于 2005 年 2 月竣工。

11.1.3　工程监测和结果评价

海缆施工过程中所有的张力和弯曲半径均在设计允许范围之内，埋深 3m。

11.2　广东珠海海底光缆工程（309 工程）

11.2.1　工程概况

本工程是国防工程，为了加强珠江口的国防通信，将在珠江口的几个岛屿通过海底光缆连接起来，形成国防通信网。本工程共敷设海底光缆 6 根，总长为 112km。设计最大埋深 5m。

11.2.2　施工情况

2009 年 6 月我司施工人员和船队在南通光缆生产厂家完成接缆后调遣到珠江口，克服了台风以及冷空气等恶劣天气的影响，于 2009 年 11 月 31 日完成所有海底光缆的敷埋作业。

11.2.3　工程检测和结果评价

本工程所有 6 根海缆的敷设路由偏差均达到设计要求，埋深最深达到 5m，工程整体质量合格。

11.3　厦门 220kV 海底电缆工程

11.3.1　工程概况

厦门海缆工程是国内第一根 220kV 的海底电缆，海缆采用进口 220kV 自容式充油 PPLP 绝缘复合光纤海缆，铜单芯、截面 $S = 2500mm^2$、铅护套、PE 外护套、聚丙烯外被电力海缆，单粗圆钢丝铠装。直径 178mm，单位重量约 88kg/m，为目前国内单位重量第一，截面面积第一的海缆，设计埋深 2m。

11.3.2　施工情况

施工人员与船队于 2010 年 5 月进场施工，经历了台风季节，于 2010 年 8 月完成了 3 根单芯海缆的敷埋施工。

11.3.3　工程检测及结果评价

海缆的允许张力和弯曲半径均控制在设计允许范围之内，路由偏差满足设计要求。工程质量合格。

球形储罐安装工法

YJGF35—90（2009～2010年度升级版-090）

上海市安装工程有限公司

倪家利　袁旭光　林艳萍　严忠海　朱俊峰

1. 前　言

我公司自1983年开始安装球形储罐以来，经多年的实践及吸收了国外球罐安装技术，形成了球形储罐安装工法，并于1991年被批准为国家级工法（YJGF35—91）。按该工法，截止2008年6月，已安装305台各类球罐，其中容积最大的为5000m³，壁厚最厚的为60mm，整球热处理的最大容积为5000m³，使用温度最低的为-50℃且质量均为优良。其中在上海天然气管网公司安装10台3500m³高强钢天然气球罐时，对其组装、焊接等技术作了系统分析研究，在气压试验时，对焊缝应力状态进行了测试，测试结果符合规范要求。"3500m³高强钢球罐组焊技术研究"整体水平达到国际先进水平，该项技术获得2000年上海市科技进步二等奖。

随着球罐安装技术的进步，我们将原有工法进行修编，保留其中仍具先进性的内容，增添行之有效的新技术，如：不立中心把杆进行球罐整体组装；药芯焊丝自动焊；用国产燃油喷嘴进行大型球罐整体热处理等。形成新的球形储罐安装工法。

2. 工法特点

2.1　采用在基础上直接组装成整球的工艺方法，能正确地控制几何尺寸。组装质量良好。

2.2　组装用工装夹具全部焊在球罐外侧，使接触介质的内侧无临时焊疤，确保了使用安全性。

2.3　球壳板的深坡口均设在外侧，施焊顺序为先外侧、后内侧；先纵缝、后环缝，焊接变形得到有效控制。

2.4　采用单侧全厚度分段退焊法对称同步施焊，减轻了焊工劳动强度，保证了焊接质量。

3. 适用范围

适用于按《钢制球形储罐》GB 12337标准设计、制造、组焊、检验与验收的球罐。

按美国《ASME》secⅧ Div 1及Div2设计制造的球罐可参照执行。

4. 工艺原理

本工法将所有球壳板在基础上组装成整球后，再进行焊接，其工艺原理：组装时可将错边量、棱角值、赤道水平误差、最大最小内径差等数值调整到最佳状态，避免强力组装，减少组装应力。

焊接工艺原理：本工法焊接顺序采用对称、同步施焊，使焊缝收缩均匀，以减少焊接应力。

5. 施工工艺流程及操作要点

5.1　施工工艺流程图（图5.1）

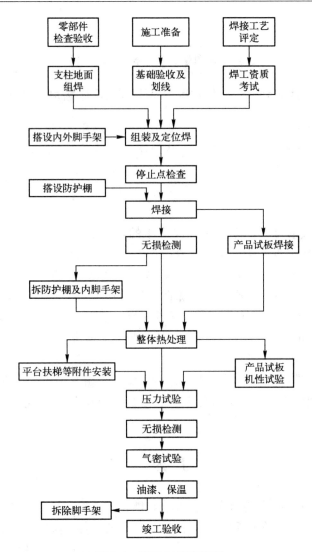

图 5.1　施工工艺流程图

5.2　操作要点

5.2.1　组装（以混合式五带球罐为例）

1. 组装方法

采用整体组装法：即将球壳板依次直接在基础上组装成整球，用"龙门"夹具锁住，然后将几何尺寸调整到允差范围，经停止点检查合格确认后，再开始焊接。

2. 组装顺序

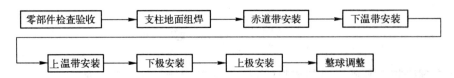

3. 组装要点

1）零部件检查和验收：检查制造厂提供的产品质量证明书。抽查球壳板及组件的几何尺寸。抽查数量：常温球罐不少于 20%，低温球罐不少于 40%。

2）支柱地面组焊（图 5.2.1-1）

在地面钢平台上，将支柱下段与已焊在赤道板上的支柱上段组对、焊接，控制支柱的直线度、支柱的长度偏差以及轴线位置偏移。

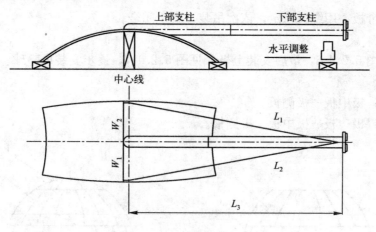

图 5.2.1-1　支柱地面组焊

3）赤道带安装（图 5.2.1-2、图 5.2.1-3）

吊装相邻两块带支柱的赤道板，用缆绳稳定后再插入不带支柱的赤道板，依次吊装，在基础上组装成赤道带。调整好赤道带几何尺寸及赤道线水平度。

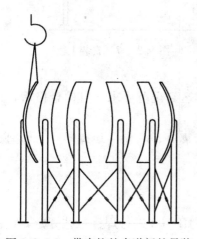

图 5.2.1-2　带支柱的赤道板的吊装

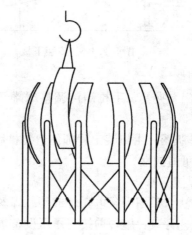

图 5.2.1-3　不带支柱的赤道板插入吊装示意

4）下温带安装（图 5.2.1-4）

吊装下温带板，用手拉葫芦及钢丝绳将下温带板稳定，依次吊装直至闭合。

5）上温带安装（图 5.2.1-5）

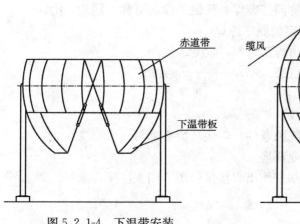

图 5.2.1-4　下温带安装

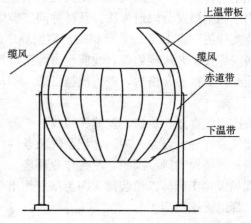

图 5.2.1-5　上温带安装

用吊机吊装上温带板，用缆风稳定，依次吊装，直至闭合。

6）上、下极安装

先安装下极，见图5.2.1-6，最后安装上极，见图5.2.1-7，逐步安装成整球。

极板安装顺序：

（1）桔瓣式球罐：极中板—极侧板。

（2）混合式球罐：极边板—极中板—极侧板。

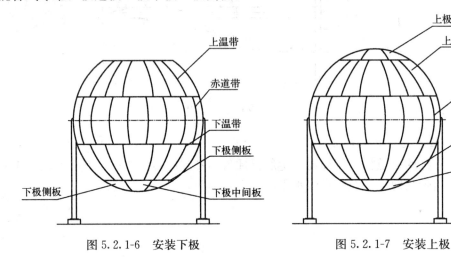

图 5.2.1-6　安装下极　　　　　　图 5.2.1-7　安装上极

7）整球调整

利用"龙门"夹具、手拉葫芦调整球罐几何尺寸，使其达到规范要求，自检合格后，进行停止点检查。

8）组装排版图：由组装工程师作组装排版图，即将球罐展开，将每一块球罐注上编号，与球壳板出厂资料做到可追溯性。

5.2.2　焊接

1. 焊接方法：采用焊条电弧焊或药芯焊丝自动焊。

2. 焊接工艺评定：施焊前按《承压设备焊接工艺评定》JB4708进行焊接工艺评定，低温球罐需做低温冲击试验。

3. 球罐本体焊接顺序（以五带球罐为例，见表5.2.2）。

4. 焊接要点

1）焊接顺序：先纵缝，后环缝；先外侧，后内侧。

2）按规定进行预热，层间温度控制及焊后消氢处理，必须将焊接段全长预热到规定温度。

3）采用单侧全厚度分段退焊法，且对称同步施焊。环缝分段后对称、同步，沿同一方向施焊。

4）混合式球罐Y形接头处，严格按规定的顺序施焊。

5）严格按焊接工艺规程施焊，线能量由焊工自控，设专人监测。

6）焊缝经外观检验合格后，进行成型打磨。

5. 焊接管理

1）焊条按规定存放、烘焙、发放、回收。

2）焊接气象管理：设专人观测、记录气象条件，焊接环境必须符合规范要求。

3）球罐外侧搭设防风、雨棚，改善作业环境。

4）由现场焊接工程师以组装排版图为基准作出焊接排版图，图上注明焊缝号、焊工号、焊接日期。

5.2.3　焊缝无损检测

1. 表面检测

球罐本体焊接顺序　　　　　　　　　　　　　　表 5.2.2

	外　侧	内　侧
纵缝	赤道带 ↓ 下温带 ↓ 上温带 ↓ 下极 ↓ 上极	碳刨清根、打磨、PT检测合格 ↓ 赤道带 ↓ 下温带 ↓ 上温带 ↓ 下极 ↓ 上极
环缝	赤道带×下温带 ↓ 赤道带×上温带 ↓ 下温带×下极 ↓ 上温带×上极	内侧碳刨清根、打磨、PT检测合格 ↓ 赤道带×下温带 ↓ 赤道带×上温带 ↓ 下温带×下极 ↓ 上温带×上极

采用磁粉检测（MT）及渗透检测（PT），由表面检测二级人员出具检测报告。由无损检测工程师作出 MT 及 PT 检测部位排版图。排版图依焊接排版图为基础，注明检测部位、合格级别。

2. 射线检测（RT）

1）采用 X 射线检测法或 γ 射线全景曝光检测法。对接焊缝必须做 100％ 射线检测。

2）由无损检测工程师做好排版图，在图中标明拍片部位和片号、焊工号等。

3）底片上标出：球罐号、焊缝编号、焊工号、片号、拍片日期、象质计、拍片方向、搭接符号等。如返修后拍片，则注上返修符号及返修次数。

3. 超声检测（UT）

1）按规范或设计规定需进行超声检测复验时，复验比例不少于检测焊缝长度的 20％，T 形、Y 形接头为必检部位。

2）由无损检测工程师作出超声检测排版图，图中注明检测部位，有无返修。

5.2.4　球罐整体热处理

1. 燃油内燃法

1）将球罐外表面用超细玻璃棉毡保温。

2）在球罐下人孔用喷油嘴将轻柴油喷入球罐内部燃烧，用压缩空气助燃，对球体进行加热，用控制风油比的办法，调节升温、恒温过程，达到预定的热处理曲线。

2. 电加热法

当没有下人孔的球罐进行整体热处理时或不宜用燃油内燃法进行热处理的球罐，采用电热法加热。按球罐大小将电热片分层分组设置在球罐中间，用电热片发出的热量加热球体，用控制柜控制电加热片进行调节，以达到预定的热处理曲线。

3. 热处理效果分析

1）用热电偶及自动温度记录仪记录热处理过程曲线，应与预定的热处理曲线相吻合。

2）产品焊接试板随球罐一起热处理后，进行力学性能试验。如低温球罐需做低温冲击试验，以分析热处理效果。

5.2.5 压力试验与气密试验

1. 压力试验

1）液压试验

（1）液压试验压力：不小于球罐设计压力的1.25倍（或按设计图样规定）。

（2）液压试验介质：采用清洁水。

（3）液压试验、液体温度：碳素钢不低于5℃；低合金钢：不低于15℃；低温球罐：不低于0℃。

（4）在充水、放水过程中，对基础进行沉降观测。

2）气压试验

（1）气压试验压力：应符合设计图样规定。

（2）气压试验介质：采用压缩空气或氮气，介质温度不低于15℃。

（3）气压试验必须采取安全措施，必须设置两个或两个以上临时安全阀。

2. 气密试验

1）在液压试验合格后，进行气密试验。

2）气密试验压力：符合设计规定。

3）气密试验介质：采用压缩空气或氮气，介质温度不低于5℃。

6. 材料与设备

6.1 主要施工用材料（以2000m³球罐为例，见表6.1）

主要施工用材料表 表6.1

序 号	名 称	规格型号	数 量	用 途	备 注
1	龙门码	L=500	600只	组装	—
2	脚手管	φ48×3.5	5500m	—	加10%余量
3	垂直扣件	—	3300个	—	加10%余量
4	接管扣件	—	400个	—	加10%余量
5	旋转扣件	—	800个	—	加10%余量
6	钢跳板	3m/块	2000块	—	加10%余量
7	圆销	φ40	1200只	组装	—
8	斜铁	L250	2400只	组装	—
9	带孔定位块	L50 H50 φ28	1200只	组装	—
10	三防布	4m×6m	80块	防风雨棚	—

6.2 主要施工机具表（表6.2）

主要施工机具表 表6.2

序号	名 称	规格型号	数 量	单 位	用 途
1	履带起重机	50t	1	台	球壳板吊装
2	直流电焊机	AX—500	2	台	碳刨清根
3	电焊机	YEBX—1—500（或ZX5—400）	24	台	球罐焊接（根据材质选用）
4	CO_2保护自动焊机	林肯DC600配BUG—0小车	6	套	球罐自动焊
5	空压机	0.9m³	2	台	碳刨清根

序号	名　称	规格型号	数　量	单　位	用　途
6	钢平台	4m×1.5m	60	m²	支柱与赤道板焊接
7	烘箱	500℃；300℃	各1	台	焊条烘焙
8	排风扇	18000m³/min	1	台	球罐内部通风
9	X射线探伤机	300KVP	4	台	焊接检测
10	超声波探伤机	CTS—22	1	台	焊接检测
11	磁粉探伤机	DCE—F	2	台	焊接检测
12	超声波测厚仪	CCH—16	1	只	球壳板测厚
13	角向砂轮机	ϕ125；ϕ180	各20	只	焊缝打磨
14	水准仪	S3	1	架	基础测量
15	手拉葫芦	2t	20	只	球罐组装、调整
16	手拉葫芦	3t	10	只	球罐组装、调整
17	热处理设备	——	1	套	焊后整体热处理
18	螺旋千斤顶	15t	10	只	热处理时调节支柱
19	电动试压泵	SY—350	2	台	耐压试验
20	空压机	W—10/60	1	台	气密试验

7. 质量控制

7.1　本工法执行的法规

7.1.1　《压力容器安全技术监察规程》质技监局锅发〔1999〕154号。

7.1.2　《球形储罐施工规范》GB 50094—2010。

7.1.3　《钢制球形储罐》GB 12337—2010。

7.1.4　《固定式压力容器》GB 150—2011。

7.2　本工法的质量要求

执行标准及检查方法见表7.2。

执行标准及检查方法　　　　　　　　　　7.2

序　号	项　目	执行标准	组　装　后		测量方法
1	对口间隙	GB 50094	1. 手工焊 2±2mm 2. 药芯焊缝气体保护焊 3±1mm		焊缝量规
2	棱　角	GB 50094	焊前	焊后	样板或深度游标卡尺
			≤7mm	≤10mm	
3	对口错边量	GB 50094	≤1/4δn 且≤3mm		深度游标卡尺
4	赤道水平误差	GB 50094	每块球壳板≤2mm 相邻球壳板≤3mm 任意两块球壳板≤6mm		连通管
5	最大直径与最小直径差	GB 50094	小于球罐设计内径 3‰，且不应大于50mm		钢卷尺
6	支柱垂直度	GB 12337	1. H≤8000mm 　Δ≤10mm 2. H＞8000mm 　Δ≤1.5H/1000mm且不大于15mm		线锤、钢直尺
7	拉杆中部挠度	GB 50094	$\Delta=5.42\times10^{-4}\cdot(L^4\cos\theta)^{1/3}$		钢丝、钢直尺

7.3 工序控制

严格工序控制，使球罐现场组焊全过程自始至终处于受控状态，共设置了60个控制点。在重要的控制点中，设置了以下7个"停止点"（凡遇"停止点"，必须经有关责任人员及监测人员、业主代表共同确认后，方可转入下道工序）：

7.3.1 球罐本体材料质量控制。

7.3.2 焊工资格审查。

7.3.3 球罐组装后几何尺寸检查。

7.3.4 球罐焊接后检查。

7.3.5 球罐整体热处理。

7.3.6 产品焊接试板焊制和评定。

7.3.7 压力试验。

7.4 质量保证体系

公司设质量保证体系，分材料、组装、焊接、无损检测、热处理、机具、质量检验、理化检验等8个系统，质保工程师及各系统的责任工程师，严格按质保手册的规定，对球罐安装全过程进行质量控制，以保证球罐安装质量。

8. 安 全 措 施

除遵照执行国家和地方颁发的各项安全法规，以及本公司颁发的安全生产制度外，还应采取下列安全措施：

8.1 必须搭设安全可靠的内外脚手架，钢管脚手架必须有良好接地。

8.2 使用可燃性气体进行预热、保持层间温度、后热消氢处理时，操作人员不准离岗，严防熄火及可燃性气体外溢，而引起意外事故。

8.3 电焊软线必须完好并加强检查，防止有破损而损伤球壳板。

8.4 球罐施焊时，对防风雨棚要用阻燃型三防布搭设并加强监护，防止火警。

8.5 球罐内部施焊时，在上人孔必须设置排风扇，加强球罐内部通风。

8.6 现场必须配备有足够数量灭火器，并设专人监护。

8.7 球罐内部照明，必须遵守安全用电规定。

8.8 现场设专职安全员，管理、检查现场安全施工。

8.9 球罐内部使用的电动工具，必须通过隔离变压器供电。

8.10 现场主要作业点、危险区等区域，必须设置安全标志。

8.11 在容器内进行气刨作业时，必须对作业人员采取听力保护措施。

8.12 现场射线检测场所划分为辐射控制区和辐射监督区。在监督区内严禁进行其他作业。

9. 环 保 措 施

球罐组焊过程中，实现对环境污染的预防和进行有效的控制。

9.1 水压试验后，废水排放到指定地点。

9.2 现场建筑垃圾，金属渣屑等清理到指定地点。

9.3 施工用柴油、化学品等，严格管理，防止泄漏。

9.4 无重大突发性污染事故。

9.5 资源消耗（水、电）及原料消耗控制在额定标准范围内，节约能源。

10. 效 益 分 析

10.1 社会效益

本工法技术先进、工艺成熟、控制严格、质量优良。自本工法实施至今，所竣工的 300 余台球罐，经开罐检验未发现任何裂纹，赢得了良好的社会信誉及众多建设单位的信任，在行业中有较强的竞争能力。

10.2 经济效益

应用本工法施工，至今直接创造产值 2.4 亿元人民币，平均每年 1260 余万元。应用本工法一般可降低成本 20%。

11. 应 用 实 例

11.1 1997 年，为上海天然气管网公司安装了 10 台 3500m³ 高强钢天然气球罐，材质为 WEL—TEN610CF，壁厚为 38mm，球壳板从日本新日铁进口。球罐安装质量优良，X 射线检测平均一次合格 99%。其中一台高达 100%，在气压试验时，随机抽查一台做应力测试。实测应力值均匀，与理论值吻合。经专家评审，整体技术达到国际先进水平，获上海市 2000 年度科技进步二等奖。

11.2 2000 年为南荣石油化工（江阴）有限公司安装的 3 台 5000m³ 丁二烯球罐，壁厚 32/33mm，材质 16MnR，我公司用国产燃油喷嘴进行球罐整体热处理。经实测热处理曲线及产品试板评定，热处理结果良好，节省成本约 30 万元。

11.3 2007 年为中国天然气有限公司独山子石化分公司（由合肥通用机械研究所总包）安装的 6 台 2000m³ 乙烯球罐，设计温度 −50℃，材质 JEE−6100U₂L，壁厚 38mm，球壳钢板由日本进口，我公司压片焊后整体热处理，安装质量优良。

大型储罐自然硫化橡胶衬里施工工法

YJGF58—92（2009～2010 年度升级版- 091）

中化二建集团有限公司

王丽霞　陈永宏　李文才　秦金瓜　张永胜

1. 前　　言

橡胶衬里具有防护金属或其他基体免受各种介质侵蚀的能力。各种橡胶衬里不仅能耐受酸、碱、无机盐及多种有机物的腐蚀，而且具有良好的综合性能，如弹性、耐磨性、抗冲击性及金属和其他基体的黏合性能。橡胶衬里广泛应用于石油、化工、化肥、冶金、电力、食品、医药及环境保护业等。

橡胶衬里按硫化方式分为加热硫化衬里、自然硫化衬里和预硫化衬里。自然硫化橡胶板不需要加热硫化，施工简便、快捷，且成本较低等特点，在各种防腐措施中占有重要地位，特别是在大型设备容器的防腐蚀方面，自然硫化橡胶衬里更是首选的重要方法之一。

中化二建集团有限公司通过南京化学工业公司磷肥厂 1 台万吨磷酸储罐，大连化学工业公司 24 万 t 磷铵工程的 2 台万吨磷酸储罐、1 台尾气洗涤器和 1 台磷酸日槽等工程，采用自然硫化橡胶衬里施工，形成本工法，并于 1994 年 4 月获国家科技进步奖、1991 年 3 月获国务院国家重大技术装备成果奖一等奖、1993 年 1 月获国家级工法、1992 年 2 月获全国化工消化吸收国产化优秀项目等奖项。

近年来，通过云南新立有色金属有限公司 10 万/年钛白粉工程、瓮福达州化工有限责任公司磷硫化基地项目、烟台万华氯碱离子膜烧碱工程、河南义马气化厂工程、云天化云峰分公司 7.5 万 t/年改 20 万 t/年磷酸装置技改项目、河南联创化工济源恒通化工 12 万 t/年离子膜烧碱和聚氯乙烯工程、贵州瓮福肥厂 30 万 t/年磷酸装置、贵溪化肥厂 12 万 t/年磷酸和 24 万 t/年磷铵化肥厂，云南昆阳磷肥厂 10 万 t/年重钙和广东湛江化工厂 10 万 t/年磷铵等工程的实践，在不断发展和创新的基础上，对施工工艺进行了较大的改进和提升。特别是在原有合成氯丁橡胶的基础上，增加了耐腐蚀性能和施工性能更好的溴化丁基橡胶，扩大了本工法的使用范围；从设备基体及胶板表面处理、下料作业、贴衬压合胶板、缺陷的修理到自然硫化的施工过程进行改进，完善了施工工艺，提高了衬胶质量和使用寿命。

本工法的关键技术于 2011 年 1 月，经中国化工施工技术鉴定委员会鉴定，结论为国内领先。2011 年 3 月获 2009～2010 年度全国化工施工工法（部级）。

2. 工 法 特 点

2.1　自然硫化法无需热源，节约能源，降低造价；无含硫废水排放，绿色环保。

2.2　自然硫化法施工方便快捷，施工质量可靠，设备使用寿命长，适用于各种几何形状的罐体，并能保证衬胶粘贴牢固。

2.3　基体的表面处理质量采用粗糙度仪进行检测，且对胶板表面采用打毛处理，更加提高了粘结性能；运用电烙板进行衬胶的边角、搭接缝的压实处理更加可靠。

2.4　底涂料和胶粘剂由胶板生产厂家配套提供，保证了材料的可靠性和施工质量。

2.5　修理、更新容易，胶板自身施工及生产产生的缺陷及损坏，采用未硫化胶板修理稳定可靠，衬胶层整体性能不受影响。

3. 适 用 范 围

适用于各种几何形状的罐体衬胶，尤其是适用于无法进行热硫化的大型储罐及非承压容器的罐体衬胶；对中小型设备橡胶衬里、混凝土容器橡胶衬里、管道橡胶衬里等有一定的参考价值。

4. 工 艺 原 理

衬胶工艺采用自然硫化法，其胶板采用未硫化的合成氯丁胶或溴化丁基胶板，通过胶粘剂将胶板贴衬于设备上，在常温下放置一定的时间，使其自然硫化后即可投入使用。

衬胶施工工艺（图4）：

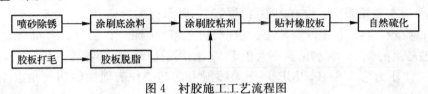

图 4　衬胶施工工艺流程图

5. 施工工艺流程及操作要点

5.1　施工工艺流程图（图5.1）

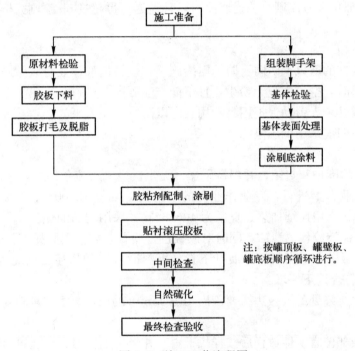

注：按罐顶板、罐壁板、罐底板顺序循环进行。

图 5.1　施工工艺流程图

5.2　操作要点

5.2.1　施工准备

1. 施工前应先熟悉图纸或设备实物，检查衬里设备是否符合设计要求；

2. 准备施工用的工机具，检查其完好状况；

3. 施工方案已经按规定审批完；

4. 劳动力组织根据各工序作业要求而变化，作业人员组成要少而精；

5. 做好各项安全环保措施。

5.2.2　原材料检验

1. 施工中用胶板、胶粘剂、底涂料等都应符合设计要求，所有到场材料都应附有产品的合格证及检验报告，对质量有疑问时应及时进行复检。

2. 下料前，对胶板进行外观检查，采用电火花针孔检测仪做针孔查漏，检测电压为 2～2.5kV；若厚度达不到要求或有严重缺陷应剔除；对个别气泡或针孔允许修补后使用；胶板上不得沾染油污，不干净的部位要用溶剂擦净。

5.2.3 基层表面处理

1. 罐内基层表面处理采用干式喷砂法，除锈达到 Sa2.5 级以上，采用粗糙度仪进行检测，粗糙度要求达到 60～80μm。

2. 喷砂用压缩空气应干燥洁净，不得含有油污和水分；作业前应将白漆靶板置于压缩空气气流中不少于 1min，然后检查靶板表面，没有肉眼可见的油污和水迹为合格。

3. 喷砂采用石英砂，其砂粒坚硬、洁净、级配良好；砂中泥土、云母、有机杂质及其他有害物质的总重量不应超过总重的 2%；含水量应不大于 1%；使用前应经过筛网筛选。

4. 压缩空气工作压力为 0.6～0.8MPa；磨料喷射方向与工作表面法线间夹角以 15°～30° 为宜；喷嘴与工件间距离为 100～300mm。

5. 施工前，应采取有效措施将非喷砂工作面遮蔽保护。

6. 喷砂合格的区域，用压缩空气吹扫或大型毛刷清扫，如有油污污染，采用 120 号溶剂汽油或乙酸乙酯溶液清洗。

7. 考虑到设备内会产生较严重的结露和潮湿现象，为防止经处理的金属表面再度生锈，应对表面处理验收合格后的施工部位及时涂刷第一道底涂料，且最迟不得超过 8h 喷刷完毕（超过 8h 应进行二次喷砂）。

8. 注意事项

1）施工现场应有良好的通风、防雨、防结露措施。在设备内部作业时应做好防粉尘危害措施。

2）涂第一道底涂料时，空气中应无粉尘，且不能与喷砂同时进行。

3）施工人员应穿戴好个人劳动保护用品和用具，以防发生伤人事故。

4）设备内部作业照明应采用低压电源。

5.2.4 胶板下料

1. 下料间应有较好的围护和封闭，并保持干燥、无尘，空气对流条件好，并应有足够的照明。

2. 下料应在专业作业台上进行，专业作业台的规格为 6000～12000mm×1200mm×800mm，其表面温度冬季为 45～60℃，采用连续加热；夏季为 40～50℃，采用间断加热。

3. 画线裁剪过程要保持胶板的清洁，同时对胶板进行检查，如发现胶板有不合格之处应剔除。

4. 参考施工图和排版图，以实测尺寸展开下料。下料时接缝的搭接留料宽度，依据接缝的形式和设备的直径选择，并应符合以下要求：

1）搭接或对接时，接缝处的胶板边缘要割出 10～15mm 的坡口，下料坡口角度小于 30°，以便两块胶板紧密结合。

2）重要部位和复杂部位宜实体放样后按样板下料，并经试贴，修正合适再衬贴。

5. 下料采用自制电刀进行，电刀功率为 75～100W，采用温控器控制电刀头温度 180～210℃。

6. 注意事项

1）从冷藏集装箱取出的胶板，需经解冻和预热后方可下料，预热温度宜为 40～60℃，预热时间一般不宜超过 30min。

2）胶板排版要合理，下料尺寸要准确，施工中严禁采用拉或挤压胶板调整下料偏差。

3）下料应根据设备实形或图纸进行，对封头及结构复杂的衬胶件，应放料样或制作样板放样，要求下料准确、合理、排布均匀，尽量减少搭缝。

4）整体下料过程，应注意合理搭配，减少胶板损耗。

5）先弹线、后裁切。

6）每片胶板削完边后，应立即用抹布擦干坡口上的水迹并晾干。

7）对表面有污迹或灰尘的胶板，应用 120 号溶剂汽油或乙酸乙酯擦洗干净。

5.2.5 胶板表面处理

1. 胶板表面打毛

涂刷胶粘剂前，胶板粘贴面采用钢丝轮刷进行打毛，局部采用砂布或木锉进行打毛。

2. 脱脂

打毛后的胶板粘贴面，采用120号溶剂汽油或乙酸乙酯溶液进行脱脂处理。

5.2.6 胶粘剂配制

1. 配制胶粘剂用胶片必须与衬里用橡胶牌号一致，最好采用同一厂家生产的制品，且在出厂前配制好，胶片应全部溶解，不能出现结块。特殊情况可将胶片带到现场配制。

2. 配制方法：将母胶剪成10mm×10mm的小颗粒（越小越好）后放入溶剂中，搅拌。浸泡1～2h后采用间歇式搅拌，每次搅拌时间为5min，间隔30min，直止胶料全部溶解。

3. 配制比例应严格按生产厂家要求进行。

4. 胶粘剂在每次使用前和使用中，必须搅拌均匀。

5.2.7 涂刷底涂料和胶粘剂

1. 喷砂合格后的基层表面要用120号溶剂油清洗脱脂，然后均匀地刷一层底涂料，以防止氧化生锈。

2. 当天喷砂完成后8h内，涂刷第一遍底涂料；第一遍底涂料干燥后，涂刷第二遍底涂料；第二遍底涂料干燥后，可以涂刷胶粘剂三遍，涂刷间隔为涂膜触指干为止。第三遍胶粘剂在衬胶前1～1.5h涂刷。

3. 胶板下料后，涂胶粘剂一遍，触指干并保持粘结性的胶板用绸布卷好外包塑料布送到施工部位。

4. 底涂料和胶粘剂涂刷质量控制应符合表5.2.7要求。

底涂料和胶粘剂涂刷质量控制表　　　　　　　　　　　表5.2.7

部　　位	材　　料	标准涂刷次数（次）	标准级用量（kg/m²）
金属侧	底涂料	2	0.2～0.3
	胶粘剂	3	0.5～1.7
胶板侧	胶粘剂	1	0.1

5. 注意事项

1）前后两遍的涂刷方向应纵横交错。

2）胶粘剂的涂刷，应在底涂料涂刷后的有效期内进行。

5.2.8 贴衬滚压胶板

1. 胶板的贴衬

1）储罐贴衬顺序为先顶部、罐体，后底部。首先核对储罐的几何尺寸，然后按排版图放线，找出定位线，作出标记。

2）贴衬首先从端部开始，然后从两边同时向另一端部进行，最后贴衬另一端部，如图5.2.8-1所示。贴衬时应注意向外赶尽空气，并随铺随将衬布抽出。

3）对接时为了增加接缝的强度，可在接缝处再贴一宽30～50mm的同种胶条，见图5.2.8-2。

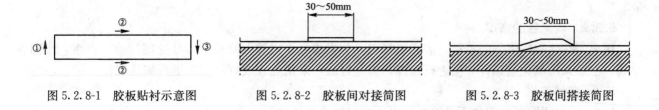

图5.2.8-1　胶板贴衬示意图　　　　图5.2.8-2　胶板间对接简图　　　　图5.2.8-3　胶板间搭接简图

4）搭接时，搭接宽度为30～50mm，见图5.2.8-3。

2. 胶板的滚压

1）胶板贴好后，采用热烙法和滚压法交替进行压衬。大面积压衬采用自制的可控温电烙板进行压衬，局部和拐角处采用压辊进行滚压。

2）电烙板温度控制在80～100℃，烙板在胶板上要一个方向运动，以利于排出空气。

3）常用压辊的直径为25～50mm，宽5～10mm，压轮上设有印纹以利于胶板的贴合。操作时，压轮一次滚压范围为100～200mm，往复移动，并向四周排出空气，每次滚压宽度应相互重复1/3左右。

4）第一层胶板衬完，采用电火花检测仪检测，合格后，方可衬贴第二层，两层胶板的搭接缝之间应错开250mm以上，接口不能出现十字交叉。

5）对压衬过程中出现的气泡，应随即切口放气，直至压实，并在切口部位加贴80～100mm² 的圆盖板一块。

5.3 缺陷的修理

储罐衬胶修理分硫化前修理和硫化后修理两种。

5.3.1 硫化前修理

1. 用电刀切除缺陷部分的胶板，坡度尽可能取大一些，充分剥离到没有浮起的部位，如图5.3.1（a）所示。

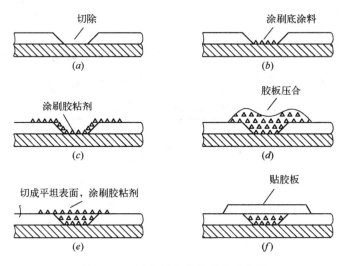

图5.3.1 衬胶缺陷修补程序示意图

2. 对暴露的金属件表面涂刷底涂料两遍，涂刷间隔为触指干为止，视需要用干燥器促进干燥，如图5.3.1（b）所示。

3. 当底涂料干燥后，往修补处金属侧涂刷胶粘剂三遍，在胶板上涂一遍，如图5.3.1（c）所示。

4. 胶粘剂触指干后，贴衬已涂胶粘剂的胶板，并用压滚仔细滚压，赶尽空气。如图5.3.1（d）所示。

5. 把压好的胶板用电刀切除成平坦的表面，并涂刷胶粘剂（稀）一遍，如图5.3.1（e）所示。

6. 当胶粘剂干燥后，再贴一块规则的胶板（涂胶粘剂）仔细滚压，赶尽空气四周涂盖缝胶，如图5.3.1（f）所示。

5.3.2 硫化后的修理

用电刀切除缺陷部分的胶板，磨光机打磨，如果修补面积较大时采用喷砂处理，清净表面，涂刷底涂料，然后采用硫化前修补方法进行修理，修补好后，采用红外线灯等方法进行加热硫化。

5.4 自然硫化

5.4.1 氯丁胶板和溴化丁基胶板均可采用自然硫化法进行硫化。

5.4.2 各种温度下的标准硫化时间见表5.4.2。

各种温度下的自然硫化时间 表 5.4.2

硫化温度	硫化方法	硫化时间（周）
10℃	自然硫化	13～15
20℃	自然硫化	10～12
30℃	自然硫化	7～9

6. 材料与设备

6.1 主要施工材料

氯丁胶和溴化丁基胶的主要物理性能见表 6.1。

胶粘剂和底涂料由胶板供应厂家配套供应。

其他材料：120 号溶剂汽油或乙酸乙酯、石英砂、8 号铁线等。

硫化橡胶的物理性能表 表 6.1

物理性能指标	标 准 值	
	氯丁胶 CR	溴化丁基胶 BIIR
拉伸强度（MPa）	≥8.0	≥5.0
硬度（邵尔 A）	55～70	55～70
黏合强度（单板法 kN/m）	≥6.0	≥6.0
扯断伸长率（%）	350	350
扯断永久变形（%）	40	40

6.2 主要施工机具（表 6.2）

主要施工机具明细表 表 6.2

序 号	机 具 名 称	规 格 型 号	单 位	数 量	备 注
1	空压机	4L－20/8 型	台	根据工程实际配置	
2	砂罐	3m³	台	根据工程实际配置	
3	轴流风机	ϕ600 3kW	台	根据工程实际配置	
4	加热平台	6000×1200×800mm	座	根据工程实际配置	
5	喷砂工具		套	根据工程实际配置	
6	电火花检测仪	0～25kW	台	1	
7	测厚仪	2.5～10mm	台	1	
8	粗糙度仪	TR220	台	1	
9	邵氏 A 型硬度计	TH200A	台	1	
10	弹簧秤	0～30kg	台	1	
11	台秤	1000kg	台	1	
12	弹簧测力计	0～294N/cm²	台	1	
13	干湿温度计		台	2	
14	点温计	0～100℃	台	2	
15	黏度计	0～4000 厘泊	台	1	
16	专用压辊	中型、小型	个	根据工程实际配置	自制
17	专用电烙板		个	根据工程实际配置	自制

续表

序　　号	机具名称	规格型号	单　位	数　量	备　注
18	钢丝轮刷	φ100	个	根据工程实际配置	
19	滚刷	250mm	个	根据工程实际配置	
20	毛刷	25～50mm	把	根据工程实际配置	

7. 质量控制

7.1　遵照执行的标准规范

7.1.1　《橡胶衬里》第1部分：设备防腐衬里 GB 18241.1。

7.1.2　《未涂覆过的钢材表面和全面清除原有涂层后的钢材表面的锈蚀等级和处理等级》GB/T 8923.1。

7.1.3　《工业设备、管道防腐蚀工程施工及验收规范》HGJ 229。

7.1.4　《橡胶衬里化工设备》HG/T 20677。

7.1.5　《表面粗糙度参数及其数值》GB/T 1031。

7.2　质量检查

质量检查要从原材料检查、施工中间检查、产品最终检查进行控制，其中施工中间检查包括喷砂质量的检查、衬胶质量的检查。

7.2.1　原材料检查

1. 按照《橡胶衬里》第1部分：设备防腐衬里 GB 18241.1 的要求进行检查。

2. 施工中用胶板、胶粘剂、底涂料等应符合设计要求，所有到场材料都应附有质量证明书。

3. 进入施工现场的材料堆放要做到规格化，标识清楚，并与材料的合格证、检验报告等做到一一对应，具有可跟踪性。

4. 产品的合格证、检验报告、复检报告作为工程的原始资料纳入竣工资料存档。

5. 下料前，对胶板进行外观检查，并采用电火花针孔检测仪做针孔查漏，检测电压为2～2.5kV；若厚度达不到要求或有严重缺陷应剔除；对个别气泡或针孔允许修补后使用；胶板上不得沾染油污，不干净的部位要用溶剂擦净。

7.2.2　施工中间检查

1. 喷砂质量检查

1）按照《未涂覆过的铜材表面和全面清除原有涂层后的钢材表面的锈蚀等级和处理等级》GB/T 8923 要求全数检查，达到 Sa2.5 级的要求。

2）采用粗糙度仪检测表面粗糙度，达到 60～80μm。

2. 衬胶质量检查

1）用目测法（可借助5～10倍的放大镜）和叩诊棒检查衬胶层外观质量和胶层与金属的粘结情况，不得出现机械损伤、鼓起、气泡、夹杂物、裂缝或黏合不良等缺陷。设备物料进出口接管处胶板搭接方向应与物料流动方向一致。

2）用电火花针孔检测仪对衬胶面全面检查，应无击穿现象，火花长度以衬胶层厚度的3倍为宜，试验电压按3×胶板厚（mm）×1000V/mm。如有气泡，应将气泡刺破，排除气体后压紧，涂两遍胶浆，覆盖一块胶条并压实。如有开胶，则将开胶处涂以胶浆，经晾胶后贴合压实。

3）在与贴衬作业同步，条件相同的情况下，应制备尺寸为 300mm×300mm 试板。试板数量应为：

罐顶：施工开始时和施工结束时各2件；

罐壁：上、中、下各2件；

罐底：共2件。

7.2.3　产品最终检查

1. 外观检查

目测或手感检查，胶层表面应无机械损伤、鼓起、气泡、夹杂物、裂缝或黏合不良等缺陷。

2. 叩诊检查

用叩诊棒轻打衬胶面，检查衬里层有无剥离现象。

注意：设备衬里层不允许有脱层现象，胶板搭接缝处不允许有剥离现象。

3. 针孔检查

采用电火花针孔检测仪对衬胶面全面检查，应无击穿现象，火花长度以衬胶层厚度的 3 倍为宜，试验电压按 3×胶板厚（mm）×1000V/mm。缺陷处理同施工中间检查。

4. 硬度检查

采用邵氏 A 型硬度计测试胶板硬度，达到设计要求。

5. 厚度检查

采用测厚仪检测衬胶层厚度，符合设计要求。

6. 试板黏合强度试验

采用 0～294N/cm² 的弹簧测力计检查衬胶时同步完成的钢衬橡胶试板，胶板与钢粘结的黏合强度应符合设计要求。

7.3　检查记录

1. 衬胶前基体尺寸的检查记录。

2. 温、湿度的记录（包括全过程）。

3. 底涂料、胶粘剂的涂刷记录。

4. 衬胶外观的检查及完工后的尺寸记录。

5. 电火花检查记录。

6. 衬胶层修复及电火花检查记录。

7. 试板拉力试验报告。

8. 原材料的产品合格证、检验报告和复检报告等。

9. 文件资料检查记录。

8. 安 全 措 施

8.1　安全控制的关键点

8.1.1　高处作业安全。

8.1.2　喷砂作业产生粉尘对人体的危害。

8.1.3　涂料作业有机溶剂对人体的危害。

8.1.4　施工全过程的防爆和防火。

8.1.5　电气安全。

8.2　安全作业措施

8.2.1　施工现场设置专职安全负责人。各作业组设兼职安全员，负责安全防火工作。

8.2.2　作业人员必须佩戴安全防护用品，如安全帽、安全带、防尘口罩、防毒面具、防静电工作服、喷砂防护衣、仿羊皮手套、防护眼睛、防尘帽、护膝、球鞋等。

8.2.3　进入施工现场不得吸烟，操作间和涂料周围 15m 内不得使用明火。在储料间、操作间、储罐内设置充分的消防器材。

8.2.4　喷砂作业时，应设有防止胶带爆破伤人的措施；所用压力容器必须经质量技术监督检验部门检验合格，并在有效期内。

8.2.5　罐内作业人员要严防中毒和注意防火防爆，作业时要保证充分的排风和通风。涂料作业每班工作时间15～30min，操作者携带防毒面具。罐口设专人看护，并配戴氧气抢救器。施工全过程应经常采用甲苯检测管，快速测定甲苯浓度。

8.2.6 储罐、操作间要有良好的接地装置，要特别注意防护静电和雷电。罐内配线全部采用软质绝缘电缆，使用漏电安全开关。

8.2.7 罐内要设置安全照明。

8.2.8 不足部分按照《涂装作业安全规程 有限空间作业安全技术要求》GB 12942执行。

9. 环 保 措 施

9.1 环境保护措施

9.1.1 严格按公司ISO 14001环境管理体系标准运行。

9.1.2 认真贯彻公司的环境管理方针：遵守法规，文明施工，珍惜资源，保护环境。

9.1.3 办公场所有有机垃圾、无机垃圾应分类堆放；对一些安装前需清洗的零部件其清洗后废液不能随便排放应和甲方商定按规定排放；现场的废胶浆桶、废油桶、非包装材料等应定期回收，集中存放，统一处理。

9.1.4 对施工中产生的建筑垃圾应运到甲方指定的垃圾场，不得随便乱倒。

9.1.5 工程中废弃的塑料布、橡胶皮、棉纱等不得随处堆放、焚烧，及时清理，应统一回收运往甲方指定的场地填埋。

9.1.6 及时清理罐体内的灰尘及废砂。

9.1.7 喷砂的过程中用帆布盖住各种出口，防止灰尘扩散和影响其他施工队伍工作。

9.1.8 午夜12点以后，停止喷砂及其他可能造成噪声的施工作业。

9.2 文明施工措施

9.2.1 遵守国家法律法规及甲方有关规定。

9.2.2 施工现场管理人员和施工人员一律要穿统一的工作服。

9.2.3 施工现场应通风良好，容器内、外应设有排风扇。

9.2.4 操作人员必须配戴安全帽，防护眼罩、手套等。

9.2.5 文明安全施工，严禁违章操作。

9.2.6 工作区域用隔离带隔开并有标识。

9.2.7 施工现场材料必须堆放整齐，保证施工现场道路畅通，场容整洁。

10. 效 益 分 析

10.1 自然硫化橡胶衬里较其他橡胶衬里方法，无需大量蒸汽且节省了保温设施，不会产生大量的含硫废水的排放，保护环境不被污染；同时由于无需热源，节约能源及大量的硫化费用，以及因本体蒸汽硫化而增加的钢材费用和压力容器制造费用。

10.2 由于氯丁橡胶和溴化丁基橡胶的粘结力强，质地软，施工容易，质量可靠，设备使用寿命长。

10.3 自然硫化法较其他硫化法施工方法简单，可节约工期和人力，对于不同类型的设备，可节省10d到3个月的工期，节约成本约5万到15万元。

10.4 自然硫化衬里可在设备现场以最短的时间实施修复作业，无需拆卸设备和大面积清理，省时、省力、安全、经济。

11. 应 用 实 例

11.1 瓮福达州化工有限责任公司磷硫化工基地项目

2010年7月～2011年1月完成的瓮福达州化工有限责任公司磷硫化工基地项目，其浓缩工段的蒸发器、雾沫分离器、第一氟吸收塔、第二氟吸收塔和大气冷凝器等各 3 台，酸性循环水工段的第一氟循环槽和第二氟循环槽等各 3 台，以及磷酸罐区磷酸储罐 4 台，共计 25 设备衬胶应用本工法，实施 $\delta = 4 \sim 6mm$ 氯丁橡胶自然硫化衬里，总衬胶面积达 $16000m^2$；工艺管道近 $7000m^2$，采用 $\delta = 3 \sim 5mm$ 氯丁橡胶自然硫化衬里；衬胶质量达到设计要求，工期缩短 72d，为实现工程总进度目标奠定了基础，受到业主的好评。

11.2 云南新立有色金属有限公司钛白粉工程

2009 年 10 月～2010 年 6 月，在云南新立有色金属有限公司钛白粉工程 CP 工序的压滤机洗涤水槽、金属氯化物储槽、溢流废水事故槽等 31 台设备衬胶施工中，应用本工法，内衬 $\delta = 4mm$ 溴化丁基胶板一层，总衬胶面积 $1500m^2$，施工质量优良，缩短总工期 30d，满足了业主的要求，为公司赢得了监理和业主的好评。

11.3 烟台万华氯碱离子膜烧碱工程

2009 年 3 月～2009 年 5 月，在烟台万华氯碱有限责任公司离子膜烧碱一、二次盐水工程的盐水罐、净盐水罐、淡盐水罐、废盐水罐、盐酸罐等设备衬胶施工中，应用本工法内衬 $\delta = 4mm$ 室温自硫化丁基胶板，总衬胶面积 $1800m^2$，施工质量优良，工期缩短 15d，加快了工程总进度，赢得了监理和业主的好评。自投运以来，胶层质量稳定，无脱落现象。

11.4 河南义马气化厂脱盐水工程

2008 年 7 月～2009 年 4 月，河南建工防腐有限公司在河南义马气化厂脱盐水工程的主要设备——18 台离子交换浮动床的衬胶应用本工法施工，采用 $\delta = 3mm$ 溴化丁基胶板，衬胶面积 $700m^2$，施工质量优良，工期缩短 10d，满足了业主的要求。自投运以来，质量稳定，胶层无脱落。

11.5 云南云峰化工有限公司 7.5 万 t/年改 20 万 t/年磷酸装置技改项目

2005 年 11 月～2006 年 6 月，在云南云峰化工有限公司 7.5 万 t/年改 20 万 t/年磷酸装置技改项目施工中，其规格为 $\phi 18200 \times 13500mm$ 的 1 台稀磷酸澄清槽和 1 台浓磷酸储槽，应用本工法内衬 3mm 厚氯丁胶板二层，总衬胶面积 $2843.12m^2$，节约工期 21d，优质、高效。自投入使用以来，未发现任何不良现象，衬胶质量稳定。

11.6 河南联创化工济源恒通化工离子膜烧碱工程

2004 年 4 月～2004 年 5 月，在河南联创化工济源恒通化工 12 万 t/年离子膜烧碱和聚氯乙烯工程的 5 台凯膜过滤器等设备衬胶中应用本工法，内衬双层 $\delta = 3mm$ 预硫化丁基胶板，总衬胶面积 $1080m^2$，施工质量优良，工期缩短 15d，满足了工程总进度的要求，赢得了监理和业主的好评。自投入使用以来，无任何不良现象发生，胶层无脱落，质量稳定。

11.7 贵州瓮福肥厂磷酸工程

1999 年 3 月～1999 年 6 月，在贵州瓮福肥厂 30 万 t/年磷酸装置的设备管道衬胶工程中，应用本工法施工，实施 $\delta = 3 \sim 5mm$ 氯丁胶板，衬胶面积 $4800m^2$，自投入使用以来，无任何不良现象发生，胶层无脱落，质量稳定，深受业主的好评。

11.8 大连化学工业公司 24 万 t/年磷铵工程

在大连磷铵工程的 2 台万吨级磷酸储罐、1 台尾气洗涤器、1 台磷酸日槽施工中，采用消化吸收的国产氯丁胶板，实施自然硫化橡胶衬里施工工法，获得成功，满足了业主要求，并获得化工部科技进步三等奖。自 1989 年投入使用以来，胶层质量稳定，无脱落现象。

11.9 南京化学工业公司磷铵厂

南京化学工业公司磷铵厂的 1 台万吨级磷酸储罐，公称容积 $6900m^3$，引进日本大机公司的氯丁胶板，采用自然硫化橡胶衬里施工工法获得成功，满足了业主要求。自 1988 年投入使用以来，胶层质量稳定，无脱落现象。

超大型耐热钢焦炭塔制造组焊工法

YJGF77－2002（2009～2010 年度升级版－092）

中国石化集团宁波工程有限公司　中国石化集团第五建设公司

俞松柏　瞿继虎　胡明

1. 前　言

　　焦炭塔是延迟焦化装置的关键设备，长期的（除焦和充焦）在常温－430/500℃的工况下交替作用，使塔体不断经受冷热疲劳，二相温差引起局部的塑性变形，长期使用造成塔体鼓胀，尤其裙座与锥体封头的搭接接头处产生大量的不规则裂纹。采用锻焊连体锥形封头作过渡段，从而使裙座与锥封头搭接处的疲劳寿命从不到 600 次提高到 10000 多次，设备材料也从 15CrMoR 提升到了 1.25Cr－0.5Mo－Si/1.25Cr－0.5Mo，且气液二相及以上部分采用了 25Cr－0.5Mo－Si＋410S 复合板材料，使得设备的耐蚀性也大为提高，但给设备制造组焊过程中的焊接、热处理等工艺提出了新的要求。在总结高桥石化、镇海炼化焦炭塔制造经验的基础上，2006～2010 年度在青岛大炼油、中海油惠州大炼油和出口印度爱莎石油公司焦炭塔、新疆塔河延迟焦化焦炭塔的制造组焊过程中，针对新材料的焊接特点、苛刻的技术质量要求和设备的不断大型化，我们改进和开发了新的组装、焊接和热处理工艺，如开发新材料的焊接工艺、开发使用横向埋弧自动焊的专有（技术）工艺、保证圆度的加固方法等。在技术开发和创新的同时，在原工法的基础上，增加了因运输条件的制约无法整体或分段制作、运输的大型焦炭塔在现场进行分片组焊等内容，创新和完善了本工法。

2. 工 法 特 点

　　2.1　本工法制造的青岛大炼油焦炭塔（Dg9400×39440）、中海油惠州大炼油焦炭塔（Dg9800×36600）、新疆塔河焦炭塔（Dg9000 × 38626），在亚洲乃至世界属于最大直径的焦炭塔，而 1.25Cr－0.5Mo－Si＋410S/1.25Cr－0.5Mo－Si 材料又在国内首次应用于焦炭塔。1.25Cr－0.5Mo－Si 相比 15CrMoR 强度降低而韧性提高，从而大大提高设备的疲劳寿命，同时采用复合板提高了设备的耐腐蚀性能，但焊接时更容易产生延迟裂纹，同时如果坡口加工和焊接不当容易形成马氏体组织而产生裂纹。

　　2.2　本工法在工厂组焊时采用将塔体采用立式组装成大段（10m 左右）、卧式组装成整体的组装工艺；环缝焊接采用自行新开发的立式横向埋弧焊工艺和卧式埋弧自动焊工艺相结合；热处理采用了分段整体炉内热处理及环缝局部电加热热处理工艺。

　　2.3　锻焊过渡段分 4 段（与原工法相比，直径增大分段减少）进行炉外精炼、锻压、热处理及压弯（冷弯），坡口加工后进行组对焊接和热处理，再进行机械加工和无损检测。

　　2.4　对于大直径筒体进行卧式埋弧自动焊并进行良好的预后热是极其困难的，加之 1.25Cr－0.5Mo－Si＋410S/1.25Cr－0.5Mo－Si 焊接时若工艺操作不当极易产生冷裂纹或延迟裂纹和马氏体组织。本工法在原工法的基础上，采用刚性外加固圈取代原来的内圈工字钢加米字形加固，减少了对设备本身的损伤。并对加热器进行改造，适合壳体转动时的预热，成功地解决了壳体刚度不足、避免了转动时的冷作硬化及埋弧焊接时的预后热难题。

　　2.5　本工法在现场分片组焊时，为防止筒节变形采用立式组对，组对在水平刚性平台上进行，并采取合理加固措施，有效控制了筒节和筒体的椭圆度、端面不平度、棱角等，保证了组焊质量。

2.6 分段立式组焊在预制场内形成流水作业，充分提高了机具的周转率、人员的劳动效率，大幅降低施工成本；而且分段吊装可使用吊装能力较低的起重设备，降低机械使用成本。

2.7 舍弃了以往在装置焦池内进行组对吊装的组焊方法，改在装置外单独设置立式分段组对的预制场地，并在焦炭塔框架与焦化炉中间站位吊车进行分段吊装，最大程度减少了由于焦炭塔组焊对其他部位施工带来的工期、安全等不利影响。

3. 适 用 范 围

本工法适用于材料为 Cr－Mo 珠光体、贝氏体耐热钢大直径压力容器的整体制造、现场分片组焊；适用于大直径压力容器的整体制造。

4. 工 艺 原 理

制造组焊方法是根据焦炭塔的交货状态、结构及材料特点、工期及技术质量要求、可利用资源，结合在大型设备制造方面的经验和优势，优化组合而成的新的工艺方法：

4.1 锥形连体过渡段的加工是通过进行炉外精炼、锻压、热处理及精确的冷成型（通过改进锻压和成型工艺，锻件的厚度比原来减少 15mm 左右，节省材料，减少加工量），坡口加工后进行组对、焊接和热处理，再进行机械加工和无损检测，解决了大型锥体过渡段锻件的制作难题。

4.2 国内首次使用 1.25Cr－0.5Mo－Si＋410S/1.25Cr－0.5Mo－Si 材料。设计对材料和焊缝金属的要求很高：其中材料 σ_b 在 415～585MPa 间（焊缝金属不大于材料的 1.1 倍）、$\sigma_{0.2} \geqslant 241$MPa；－20℃时冲击值 $\geqslant 54$J；X 系数 $\leqslant 15$PPm 等。通过对板材、锻件、特别是焊接材料的化学成分调整和热处理的控制，经过大量的试验和复验，制定了合理先进的工艺措施，满足了设计要求，且低温冲击值一般均在 100J 以上。

4.3 通过对埋弧焊机的专门设计和改造，将焊机倚挂在设备壁板上，筒体上圈筒节顶部作为焊机行走路径，并设计合理的坡口，成功地使用了横向埋弧自动焊焊接工艺。

4.4 焊接时采用电加热方式保证了焊前预热温度、焊接层间温度和焊后消氢温度；同时，通过改造加热器的结构形式（为满足水平埋弧焊，在预热用的加热器上安装滚珠轴承），并对塔体进行了刚性外加固，提高塔体刚度，保证塔体表面质量，解决了预热、消氢处理难题，成功地使用了埋弧自动焊焊接工艺。

4.5 采用现场组焊，在装置外预制、分段组焊的方法能有效克服现场作业环境狭窄的制约因素；采用分段吊装可选用合理的吊装能力相对较小的吊车，最大限度满足了因场地狭窄大型吊车无法站位的组焊要求，并对周边单元施工影响也降到最低，提高吊车利用率，有效降低吊装成本。

4.6 在预制平台组对时，通过投影检测的方法，保证了下椎体上口与下口的同心度。设置多个预制平台进行筒节组对和分段组装，可以形成高效流水作业，提高人员劳动效率和机具使用率。

4.7 在热处理方面，利用大型热处理炉（现场拼装式的和正式的）在炉内进行立式分段整体热处理和段间环缝局部热处理相结合的方法，以及组焊完毕在基础上进行整体内燃式、外保温的热处理方法，有效解决了大设备整体热处理的技术难题，保证了热处理质量。

5. 施工工艺流程及操作要点

5.1 工艺流程
5.1.1 加工厂加工工艺流程图见图 5.1.1。

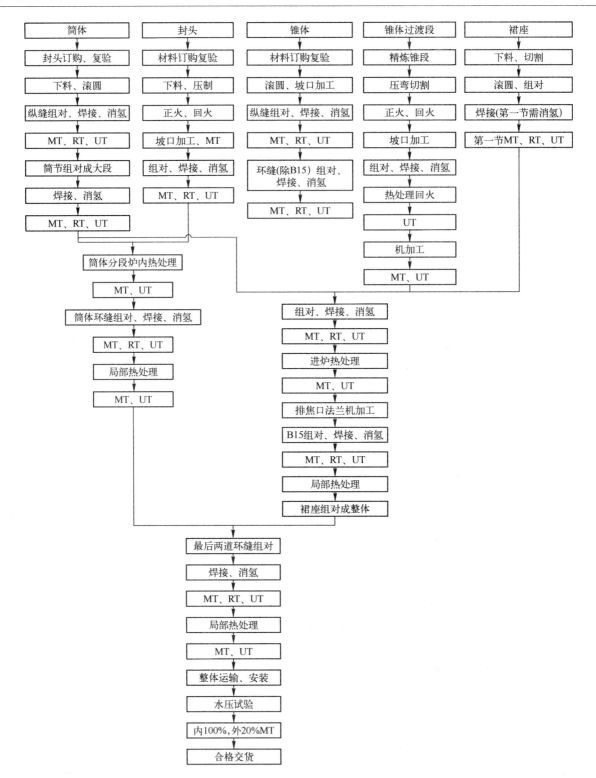

图 5.1.1　加工厂加工工艺流程图

5.1.2　现场组焊分段立式组装施工工艺流程图见图 5.1.2。

5.1.3　根据吊装、热处理、焊接等工装能力，按排版图筒体组焊成 7～12m 一段进行炉内热处理，然后进行外加固；封头单独成体；锥体段除最下段外，其余组焊成一体后与锻焊过渡段组焊（B12），然后进行炉内热处理；最下面段与排焦口法兰（B16）焊接后进行炉内热处理，然后进行法兰密封面的加工。环缝先组焊 B1 缝、接着组对 B5、B9 缝、最后组焊 B11 缝，B15 缝在立式状态下组对焊接。

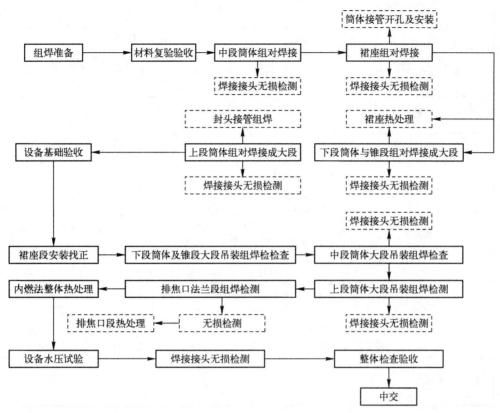

图 5.1.2 现场分段立式组装工艺流程图

5.1.4 现场组焊分段原则： 焦炭塔以分片形式运至现场，根据吊车吊装能力，在指定区域组对焊接成三段，即裙座＋大锥段＋1 节筒体构成下段、5 节中间筒体为中段和球封头＋3 节筒体构成上段，经过二次倒运至吊装位置进行吊装，用 400T 吊车进行吊装。

5.2 操作要点

5.2.1 锻件制造工艺要点

锥形过渡段锻件整体由 4 份组对拼焊组成，如图 5.2.1 所示，每份长约 8m，均厚为 245～255mm。（改进锻压和成型工艺后，有所减薄）各工序工艺要点见表 5.2.1。

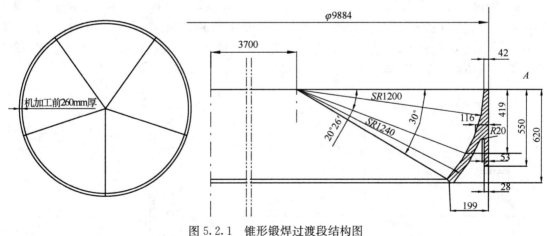

图 5.2.1 锥形锻焊过渡段结构图

工序工艺要点   表 5.2.1

序 号	工 序 名 称	工艺要求及控制措施
1	制锭（炉外精炼）	1. 选用低 S、P 的优质生铁； 2. 控制 Sn、Sb、As 等元素，合理选择 Si、C、Mn 含量，浇铸系统干燥清洁

续表

序　号	工序名称	工艺要求及控制措施
2	锻压	1. 厚度单侧余量≥20mm 左右，长度单侧余量 50mm 余； 2. 锻造比≥6，加热温度 1220℃终锻温度≥800℃，锻造后热处理：930℃±10℃×5h（空冷）660℃±10℃×6h（炉冷）
3	压弯	1. 采用专用模具压弯，采用冷弯成型； 2. 公差为≤±8mm 表面凹坑≤5mm，挠曲≤15mm
4	单片热处理	1. 930℃±10℃×6h 空冷（风冷），660℃±10℃×6h（炉冷）； 2. 炉冷至 150℃时取样。 3. 试板检验
5	拼焊	1. 坡口加工，按双 U 形对称坡口进行加工，并进行 MT； 2. 周长留 10～15mm 余量； 3. 采用手工电弧焊，焊前预热 180～250℃、层间温度均为 200～250℃；焊接时采用交替焊以防焊接变形，减少焊接应力； 4. 焊后进行 690～700℃×5h 消应力热处理； 5. 焊道清根打磨，控制线能量，内外交替分段退步焊
6	机械加工	1. 用 10m 以上数控立车加工，并设胎模； 2. 内外圆出白后进行 UT，尽可能减少翻转，避免切削量过大
7	检测	1. 试板力学性能试验； 2. 用直、斜探头进行 UT 检测、MT、PT 检测和几何尺寸检查

5.2.2　组装工艺要点

1. 工厂预制总体方案

1）锻件组对在平整的胎膜上按事先号制的线进行，无需进行加固。

2）设计合理的坡口。纵缝坡口外大内小，以防止棱角的产生，环缝坡口应适用于横向埋弧焊工艺；复合板的坡口复层开设 5～6mm 的台阶，以防止碳钢焊材焊至复层上而产生裂纹；筒节的组对和筒体的组对应在刚性平台上进行，以防止产生端口不平。

3）每 3～4 个筒节立式组焊成一大段（一般高约 8～12m，也可以组对成 5～8m 段），环缝采用横向埋弧焊进行焊接。环缝立式组对吊装采用"十"字平衡梁进行，以防椭圆变形。热处理前对筒体进行外加固，热处理后将筒体放倒，利用 300t 滚轮架将几个大段卧式逐一组对焊接环缝而成整体，并制作埋弧自动焊专用操作平台架。具体程序根据焦炭塔制造排版图。

4）为保证圆度，外加固圈应整体制作并立式将其设置在筒体上。程序如下：以加固圈外圈尺寸加焊接收缩量为直径制作作为加固圈外翼板的筒节（内翼板可分瓣单独滚制）→自动切割作为加固圈的腹板→腹板与外翼板筒节组对焊接→用自动切割机切割成单独加固圈→放置在水平胎具上组焊内翼板成整体加固圈→将加固圈套置在塔筒体的指定位置，如图 5.2.2-1 所示。

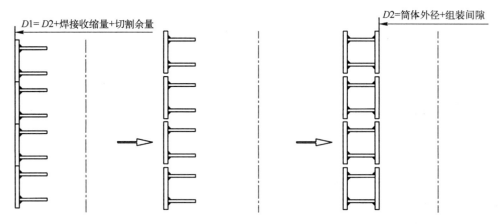

图 5.2.2-1　加固圈制作程序示意图

注：分段筒体在热处理炉内立式进行，炉子可以是电加热也可以是油气加热。

5）焦炭塔组焊分段情况如图 5.2.2-2 所示。

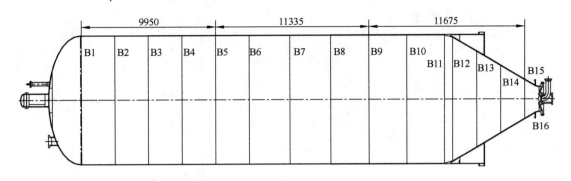

图 5.2.2-2　焦炭塔组焊分段示意图

注：B2－B4、B6－B8、B10、B11 采用横向埋弧自动焊，B1、B5、B9 采用卧式埋弧自动焊。

2. 操作要点

1）坡口设计要合理，要防止棱角产生，满足埋弧焊的需要，而且复合板坡口须设置台阶。外加固圈应整体制作、整体设置在筒体上，并用加减丝拉紧后焊接牢固，内侧翼板局部（隔一定距离）采用与壳体相同的材料，以便与壳体进行部分的焊接。

2）筒体、锥形封头、椭圆封头的立纵向焊缝组对焊接应在找平后的刚性平台上进行；环向焊缝组对、焊接以及整体组对，应在找水平后的滚轮架上进行，以保证圆度及端面不平度。环缝组对时应事先测量周长，使错边均匀。

3）塔体整体组对在大型托滚上进行，托滚下面设置轨道，对托滚应找水平和对中，以免塔体转动时产生偏重和偏心。

4）为防止壳体失稳并避免壳体损伤，与滚轮架滚轮接触应是外加固圈。

5）工卡具、吊耳、引弧板等须统一设置，严禁强制组对。

6）成型弧板、筒节、成段筒体的吊运应采用专用平衡梁，以防变形。

3. 现场分片组装方案和要求

1）筒节和筒体组对（图 5.2.2-3）

（1）筒节组对在刚性平台胎具上进行，组装胎具的基准面必须找平，其水平度允许偏差为 1mm；

（2）在距离组对焊缝两侧约 100mm 范围处各设置一块定位板，在组装基准圆内，设置组装胎具，以定位板和组装胎距为基准，用工卡具使瓣片紧靠定位板和胎具，进行对口间隙和错边量的调整；

（3）组对完成后，在筒圈外测进行必要的防变形加固措施，可采用工厂组焊的外加固方法；

（4）筒体环缝组焊也应在刚性水平平台上进行，在底圈筒体的上口内侧或外侧每隔 500mm 设置一块定位板，以定位板为基准，相邻筒节四条方位母线要求必须对正，在对口处每隔 500mm 放置间隙片一块，用调节丝杠调整组对间隙，用卡子、销子调整错边量，使其沿圆周均匀分布，防止局部超标。

2）下段筒体组对

组对流程见图 5.2.2-4。

3）锥体组对

（1）锥体组对在钢平台上划出锥体大口组装基准圆，组装胎具的基准面必须找平，其水平度允许偏差为 1mm。

（2）以定位板和组装胎距为基准，用工卡具使瓣片紧靠定位板和胎具，进行对口间隙和错边量的调整，胎具示意图见图 5.2.2-5。

（3）锥段组对间隙、错变量等具体允许偏差必须符合设计文件要求，并要求上下口保持同心，同心圆的检测方式如图 5.2.2-6 所示，上圆投影到底板上的圆 C1 与底板定位圆 C2 间距相等，所有测量的 a 的数据相等。

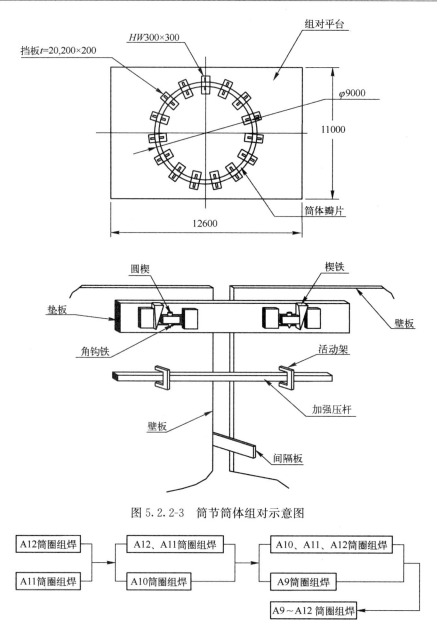

图 5.2.2-3　筒节筒体组对示意图

图 5.2.2-4　筒节下段组对流程图

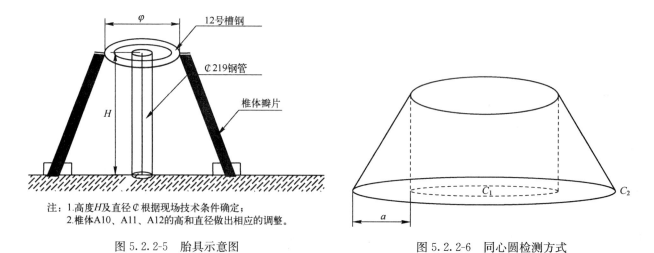

注：1.高度 H 及直径 ℂ 根据现场技术条件确定；
　　2.椎体 A10、A11、A12 的高和直径做出相应的调整。

图 5.2.2-5　胎具示意图　　　　　　　　　图 5.2.2-6　同心圆检测方式

（4）锥体环缝组对时，在底圈筒体的上口外侧每隔 500mm 设置一块定位板，以定位板为基准，相邻筒节四条方位母线应对正，在对口处每隔 500mm 放置间隙片一块，用调节丝杠调整组对间隙，用卡子、销子调整错边量，使其沿圆周均匀分布，防止局部超标。

（5）锥体与圆筒筒圈组对要求同上。

4）上段组对（上段组对流程图见图 5.2.2-7）

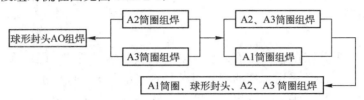

图 5.2.2-7　上段组对流程图

（1）球形封头的组对必须搭设临时胎具，其水平度允许偏差为 1mm，球形封头组对胎具示意如图 5.2.2-8 所示。

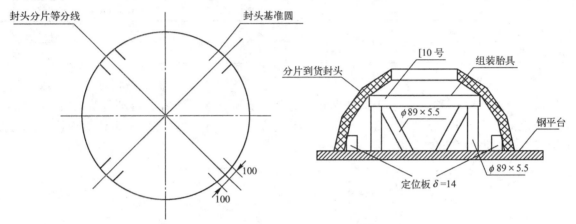

图 5.2.2-8　球形封头组对胎具图

（2）以定位板和组装胎距为基准，用工卡具使瓣片紧靠定位板和胎具，进行对口间隙和错边量的调整。

（3）找正球形封头整体的错边量、对口间隙、下口的周长、圆度等。

（4）球形封头与圆筒筒圈组对时，根据球形封头最大切面的几何尺寸与相邻的筒圈 A1 的几何尺寸应进行相应的调整，具体以球形封头的尺寸为准。

5.2.3　焊接工艺要点

1. 工厂制作总体方案

1）筒体、锥形封头、椭圆封头的纵向焊缝焊接采用立式手工电弧焊，筒节间的段内环缝采用横向埋弧自动焊；筒体间、筒体与锥形封头、椭圆封头之间的环向焊缝，组对成大段采用卧式埋弧自动焊（图 5.2.3-1）。

图 5.2.3-1　埋弧自动横焊焊接状态图

2）复合板段的复层和过渡层采用 NiCrFe－3 的 Ni 基焊材，避免使用其他奥氏体焊材而产生与铁素体膨胀系数不一致的问题。

2. 现场分片组焊总体方案

1）现场所有纵、环缝的焊接全部采用手工电弧焊。

2）复合板段的复层和过渡层采用 NiCrFe－3 的 Ni 基焊材，避免使用其他奥氏体焊材而产生与铁素体膨胀系数不一致的问题。

3. 工厂制作操作要点

作为低合金耐热钢，其焊接的主要特点是易产生冷裂纹、延迟裂纹，因此降低组装应力、改善焊缝成型、进行焊接预后热、控制并采用合理的线能量等是焊接的关键。同时坡口设计要合理，纵缝要防止棱角的产生，环缝要适合于横向埋弧焊。焊接工艺参数如表 5.2.3-1 所示（横向埋弧焊比水平埋弧焊要略小）：

焊接工艺参数表　　　　　　　　　　　　　　　　　　表 5.2.3-1

焊接方法	焊　材	电流（A）	电压（V）	焊速（cm/min）	线能量（J/cm）
手工电弧焊	R307CRH	110～160	23～26	6.5～12.5	17500～38000
埋弧焊	H08CrMo	580～650	34～36	32～48	24650～40800

1）埋弧自动横焊坡口通常采用不对称 X 形坡口，上面角度稍大，根据壁板厚度一般取 35°，下面开设小坡口，角度一般取 15°，以利于提高焊缝性能并使清渣方便（渣容易自动脱落）、背面清根容易。坡口上口钝边留 1～2mm，下口钝边留 5～6mm，可有效地防止组对过程中出现错边而影响焊接质量。典型的埋弧自动横焊焊接坡口如图 5.2.3-2 所示。

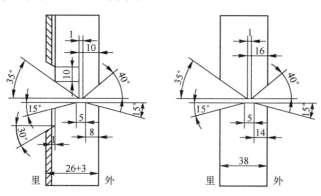

图 5.2.3-2　典型埋弧自动横焊焊接坡口图（左侧为复合板）

埋弧自动横焊的一个关键工序在于根部打底焊接，为减少焊缝背面清根工作量，一般要求采取以下措施：

（1）组对时先在下部筒节上每隔 3m 左右点焊一块与壁板同材质厚度为 2mm 的小板条，以保证组对间隙均匀保持在 1.5mm 左右，定位焊完成后用氧—乙炔焰将小板条清除。这样，根部打底焊接时焊缝背面穿透会较好，背面只要用角向磨光机打磨清根即可，使背面坡口基本保持原样，以利于另一侧的焊接工作。

（2）也可以采用以下方法，但小板条采用 3mm 厚度，定位焊完成、小板条清除后，在背面焊缝贴上横向对接接头专用陶瓷衬垫，这样，根部打底焊接能形成单面焊双面成型，背面只需要局部修正即可进行焊接，省时省序，并能更好地提高焊接质量。

（3）若不采取上述措施，则焊缝背面需要进行气刨清根，再进行打磨，直至露出新鲜金属。由于横向焊接穿透性较差，气刨清根工作量大，有时甚至会刨得很深，焊接之前需要用手工电弧焊进行补焊找齐。这样，虽然焊前工作量少了，但背面焊接前工作量大大增加，而且焊接质量还不容易保证。因此，宜采用上述 2 种措施。

2）定位焊前采用火焰预热，预热温度为 200～250℃，要求定位焊焊缝每段长度不小于 150mm，厚度 12～16mm，间距 440～500mm。

3）每条纵向焊缝内外第一、二遍采用自上而下分段退步焊，其余各遍自下而上一次焊完。

4）焊前及焊接过程中，焊缝表面温度应预热温度及层间温度严格控制在150～250℃之间。

5）定位焊及临时工卡具、吊耳的焊接应采用和主体相同的焊接工艺及焊材，去除打磨后应进行表面检查。

6）雨、雪天、相对湿度大于85％、风速大于10m/s等焊接环境下，未采取保护措施不得焊接。对接焊缝及角焊缝表面不得有咬边。RT、UT、MT检验须在焊接完24h后进行。

4．现场分片组焊操作要点

1）焦炭塔所用的焊接工艺评定，须经特检中心、业主等相关单位审批。焊接方法按照设计文件要求选用采用焊条电弧焊和氩弧焊。

2）焊缝坡口及组对形式

（1）焦炭塔环焊缝焊接形式图，见图5.2.3-3。

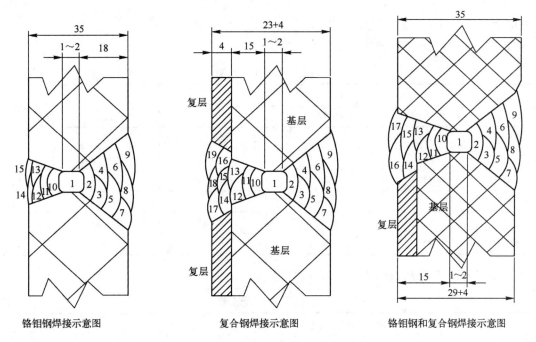

铬钼钢焊接示意图　　　复层钢焊接示意图　　　铬钼钢和复合钢焊接示意图

图5.2.3-3　焦炭塔环焊缝焊接形式图

（2）焦炭塔纵焊缝焊接形式图见图5.2.3-4。

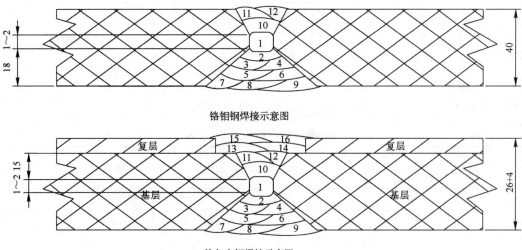

铬钼钢焊接示意图

铬复合钢焊接示意图

图5.2.3-4　焦炭塔纵焊缝焊接形式图

（3）焦炭塔裙座与下椎体焊缝形式图见图 5.2.3-5。

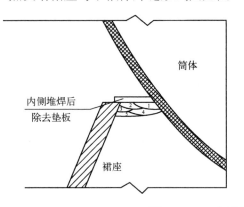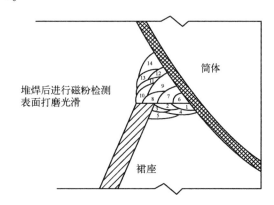

图 5.2.3-5　焦炭塔裙座与下椎体焊缝形式图

3）焊接主要技术参数：

（1）铬钼钢焊接工艺参数按照表 5.2.3-2 执行。

铬钼钢焊接工艺参数　　　　　　表 5.2.3-2

焊 缝 层 数	填 充 金 属		焊接电流（A）	焊接电压（V）	焊接速度（cm/min）
	焊条牌号	直径φ			
外侧打底层	R307	φ3.2	100～130	20～24	7～10
外侧中间层	R307	φ4.0	140～175	24～28	12～14
外侧盖面层	R307	φ4.0	150～170	25～27	11～13
内侧首层	R307	φ3.2	100～130	21～24	8～10
内侧中间层	R307	φ4.0	140～175	24～28	12～14
内侧盖面层	R307	φ4.0	150～170	25～27	12～13

（2）复合钢焊接工艺参数按照表 5.2.3-3 执行。

复合钢焊接工艺参数　　　　　　表 5.2.3-3

焊 缝 层 数	填 充 金 属		焊接电流（A）	焊接电压（V）	焊接速度（cm/min）
	焊条牌号	直径φ			
外侧打底层	R307	φ3.2	110～130	21～24	6～9
外侧中间层	R307	φ4.0	140～160	24～27	10～14
外侧盖面层	R307	φ4.0	140～155	24～27	10～14
内侧首层	R307	φ3.2	110～130	21～24	7～9
内侧中间层	R307	φ4.0	150～180	25～28	10～14
内侧复合层	ENiCrFe－3	φ3.2	85～150	18～25	9～14

（3）铬钼钢和复合钢焊接工艺参数按照表 5.2.3-4 执行。

铬钼钢和复合钢焊接工艺参数　　　　　　表 5.2.3-4

焊 缝 层 数	填 充 金 属		焊接电流（A）	焊接电压（V）	焊接速度（cm/min）
	焊条牌号	直径φ			
外侧打底层	R307	φ3.2	110～130	21～24	7～9
外侧中间层	R307	φ4.0	150～180	25～28	10～14
外侧盖面层	R307	φ4.0	150～170	25～27	10～14
内侧首层	R307	φ3.2	110～130	21～24	7～9

焊缝层数	填充金属		焊接电流（A）	焊接电压（V）	焊接速度（cm/min）
	焊条牌号	直径φ			
内侧中间层	R307	φ4.0	150～180	25～28	10～14
内侧复合层	EniCrFe—3	φ3.2	90～140	19～24	12～15

5.2.4 防变形操作要点

1. 大直径筒节无法进行校圆，因此纵缝的棱角应从坡口设计、滚弧及焊接程序和方法上加以控制。坡口采用不对称 X 形坡口，滚弧时板端形成 4～5mm 的负棱角如图 5.2.4-1 所示（复合板的纵缝要达到 6～7mm）。焊接时，进行分段退步焊，焊接过程中根据变形情况及时调整焊接顺序，过渡层及复层焊接要实施多道焊，不得摆动焊，以减少内应力控制变形。

2. 由于壳体直径大，壁厚相对较薄（φ9800×28＋3～42），放置在滚轮上会发生瘪壳失稳，因此在壳体热处理后安放上滚轮上之前，在壳体与滚轮接触部位置的壳体外侧设置有足够刚度的"Ⅱ"形支撑，（同时轨道和托滚要求找正）如图 5.2.4-2 所示。

3. 环缝焊接接头局部热处理时，支撑点应设置均匀合理，尽量使被处理接头不处于受力状态；同时加热器每串联组应设置一热电偶，以防过烧而变形。

4. 热处理炉内设置 8 个水平的活动支撑座，并设置好加固。

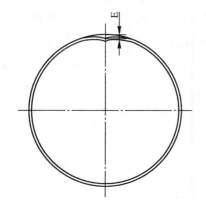

图 5.2.4-1　纵缝组对后示意图

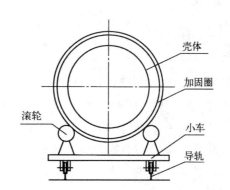

图 5.2.4-2　塔体"Ⅱ"形加固支撑示意图

5. 为保证排焦口的密封效果，所有锥段的端口圆度应合适。法兰应先与锥体的一段焊接，单独整体热处理后进行法兰密封面加工，然后与锥体进行无应力组对。焊接采用氩弧焊打底，4 个焊工同时同向对称进行焊接，如图 5.2.4-3 所示。

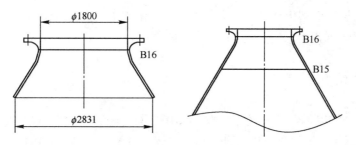

图 5.2.4-3　排焦口法兰及锥体示意图

5.2.5 防止裂纹操作要点

1. 控制下料尺寸误差，保证滚弧质量，组对时减少错口，吊装时使用"十"字平衡梁，避免强力组对，减少组装应力。

2. **焊前预热及消氢**

组对及工卡具的焊接应采用氧—乙炔焰按规定温度进行预、后热，以避免表面硬而产生表面裂纹；

焊前进行 150～200℃ 的预热，层间温度控制在 150～250℃ 之间，以降低残余应力、提高焊接接头的强度、避免延迟裂纹的产生；焊后立即进行 2h 350～400℃ 的消氢处理，利于氢的溢出、提高改善焊缝金属的抗裂性能，避免延迟裂纹的产生。

3. 复层刨边时不得将复层材料残留基层上，基层焊接时不得将复层材料融入焊池或焊到复层上，以免产生马氏体组织而产生裂纹，焊后应仔细检查，尤其是横向埋弧焊，有怀疑时应用 $CuSO_4$ 溶液检验并彻底打磨清除。

4. 焊接时选用合理的线能量，既要降低焊接拘束应力和焊接接头的硬度，又要防止热影响区晶粒粗大、焊接接头冲击韧性降低，避免产生延迟裂纹。

5.2.6 预热和焊后消氢操作要点

预热和焊后消氢至关重要且是一大技术难题，稍有不慎即产生延迟裂纹。焊前将磁铁加热器紧紧地固定在焊接工作面的背面，焊接完成后在加热器的另一侧设一层硅酸铝纤维（用磁铁的扁钢固定）或也设置加热器，将温度升到 350～400℃ 进行消氢。手工电弧焊及横向埋弧自动焊焊接时，加热器设置在焊缝的另一侧；水平埋弧自动焊内侧焊接时，在原加热器结构的基础上将两根 4～6mm 厚的端头（原磁铁部位）各固定一只滚珠轴承。各加热器用 2mm 扁铁紧密串接紧贴壳体，分成上下两半分别固定在自动焊框架上，并要求滚珠轴承与壳体接触。当壳体转动时通过轴承传递，使加热器处于相对位置而不转动，从而达到预热的目的。焊接完成后在加热器的另一侧设一层硅酸铝纤维，将温度升到 350～400℃ 进行消氢。预热、焊后消氢用加热器如图 5.2.6 所示。

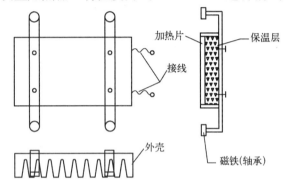

图 5.2.6 预热消氢用加热器示意图

5.2.7 热处理操作要点

1. 工厂预制热处理操作要点

将在立式状态下组焊完毕的大段进行炉内整体热处理，大段与大段组对而成的环缝采用局部热处理。热处理恒温温度：（690±15）℃。恒温时间 90～120min。

1）整体热处理

每大段的热处理在炉内立式进行。炉内设 8 个平衡滑块式支座，使热处理件的下端口处于水平位置并防止变形，在大段两侧端口附近外侧进行周向加固，以保证热处理后的整体圆度。测温热电偶应固定在工件上，每次处理的热电偶数量不少于 8 个，以保证工件均匀受热。

2）局部热处理

将履带式红外线加热器紧密串联（每 3 片为一组），每组设一热电偶，并用 8 号铁丝捆扎在被处理的外侧，内外进行保温，保温宽度不小于 1.8m、厚度不小于 0.06m，用 DWK－36 电脑温控仪进行控温。

2. 现场组焊热处理操作要点

1）热处理方法

采用燃油法进行热处理以焦炭塔内部为炉膛，选用 0 号轻柴油（随气温选用标号）为燃料，焦炭塔外部用保温材料进行绝热保温，通过鼓风机送风和喷嘴将燃料油喷入并雾化，由电子点火器点燃，随着燃油不断燃烧产生的高温气流在塔体内壁对流传导和火焰热辐射作用，使塔体升温到热处理所需的温度。

2）热处理工艺流程，见图 5.2.7。

3）热处理工艺参数

恒温温度：690℃±14℃；恒温时间：2h；升温速度：50～80℃/h（≤400℃时可不予控制）；降温速度：50～80℃/h（≤400℃时可不予控制）；恒温时的最大温差：≤28℃；升温时的最大温差：≤100℃；降温时的最大温差：≤120℃。

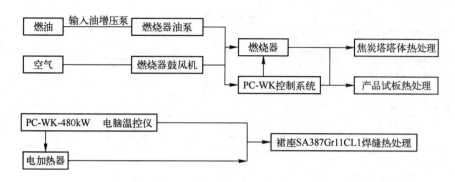

图 5.2.7 热处理工艺流程

4）热处理工艺系统控制

热处理系统由燃油、供油、温度测量、形态测量和排烟系统组成。

（1）燃油系统

采用燃烧器与焦炭塔底部的管口法兰，通过过渡法兰相对接，用一套微机系统对热处理过程进行智能化控制，以满足工艺要求，燃料采用 0 号柴油（按气温选标号）通过油泵送油，由电磁阀控制经喷嘴后喷出，雾化的燃烧油，由电子点火器自动点燃柴油进行燃烧。燃烧器上的鼓风机风量按预先设定的风油比助燃。

（2）供油系统

根据热工计算，本次焦炭塔热处理最大耗油量为 1164L/h，单台热处理耗油量≤8t，储油罐一次装油量应保证塔体热处理全周期所需油量的 1.5 倍。

（3）温度测量控制系统

温度测量监控系统由热电偶，补偿导线和一套 PC—WK 型集散控制系统对温度进行智能化测量和控制。

（4）测温点布置

按照《钢制压力容器焊接工艺评定》JB/T 4708—2000、美国 ASME 的有关技术标准的要求，本次热处理在塔体上共设测温点 63 个，每块焊接试板各设置一个热电偶。其中封头上布置 15 个、筒体上布置 36 个、锥体布置 12 个。

（5）热电偶安装

采用储能式热电偶点焊机将热电偶牢固地点焊在塔体壁板，烟道气和试板应单独另设热电偶。试板和接管按规范都布置热电偶，在热处理过程中往往因外力和操作不慎碰断电偶，又因高温期间无法补焊和修复，因此对试板、接管等关键部分采用双热电偶以备发生故障及时替代更换，在每段多布置 1 至 2 点作为备份。补偿导线应妥善固定，以防烧毁。各热电偶型号均为 K 型镍铬－镍硅，补偿导线采用 K 型双芯线。

（6）温度监测

温度监测配置两套系统，一套是 EH100－24 长图自动平衡记录仪 2 台，共可记录 48 个测温点，另一套是微机集散型温度监控系统，3s 扫描一个测温点巡回检测各测温点的温度，并与设置的热处理工艺曲线进行比较对照，从而向燃烧器给出具体燃油控制量，同时按工艺每 30min 打印 1 份各点温度的报表。

3. 硬度检测

硬度测试在整体热处理后，对所有焊缝进行硬度测试（包括母材、焊缝金属和热影响区）。硬度值 ≤ 225HB。

6. 材料与设备

6.1 材料

以青岛大炼油延迟焦化装置 4 台焦炭塔的制造组焊为例，本工法需用主要措施用料见表 6.1。

措施用料表　　　　　　　　　　　　　　表 6.1

序　号	名　　称	规　格	数　量	用　途	备　注
1	Cr—Mo 钢板	δ36/42	12m²/8m²	吊耳、刀把、弧板	
2	钢板（16MnR）	δ28—36	180m²/95m²	工装胎具、加固圈	分可重复利用
3	钢板（16MnR）	δ10—16	16m²	组对胎具	
4	管子（20 号）	φ325×10	30m	封头、筒体组对胎具	（重复利用）
5	管子（20 号）	φ159×6	48m	封头组对胎具	
6	加减丝		60 套		
7	道木		60 根	摆放筒体	
8	防火石棉布		约100m²	防火	
9	安全网		约240m²		符合安全要求
10	竹跳板		250 片	操作平台	
11	竹拍子		100 片	操作平台	

6.2　机具设备

以青岛大炼油延迟焦化装置 4 台焦炭塔的制造组焊为例，本工法需用的主要机具设备见表 6.2。

施工机具设备表　　　　　　　　　　　表 6.2

序　号	名　　称	规　格	数　量	用　　途	备注
1	吊车	100t	2 台	纵缝组对、翻转、环缝组对，大段进出热处理炉。	
2	吊车	50t	2 台		
3	汽车吊	75/50t	各 1 台	大段运输、翻转	
4	烘烤房		2 个		
5	烘烤箱	YGCH—G—60	2 台	焊材焊剂烘烤	
6	恒温箱	YGCH—X—200	1 台		
7	电焊机	ZXG7—300	6 台		
8	横向埋弧焊机		3 台	横向自动焊	改造
9	电焊机	DC—1000	2 台	埋弧焊用电源	
10	气刨机	QBT—1000	3 台		
11	电脑温控仪	360kW	3 台		
12	加热器	860×260	350 片	预热、局部热处理	
13	千斤顶	10T/5T	6 个	组对用	

7. 质 量 控 制

7.1　本工法应执行的主要规范、标准

《钢制压力容器》GB 150—1998

《钢制化工容器制造技术要求》HG 20584—1998

《钢制塔式容器》JB/T 4710—2005

《承压设备无损检测》JB/T 4730—2005

《承压设备用碳素钢和合金钢锻件》NB/T 47008—2010

《压力容器用钢焊条订货技术条件》JB/T 4747—2002

《钢制压力容器焊接工艺评定》JB 4708—2000

《钢制压力容器焊接规程》JB/T 4709—2000

《钢制压力容器产品焊接试板的力学性能检验》JB/T 4744—2007

《固定式压力容器安全技术监察规程》TSG R0004—2009（原《压力容器安全技术监察规程》99版）

《焦炭塔制造技术条件》11060－C－101A～D

7.2 质量保证措施

7.2.1 认真执行国家有关法规、标准和质量体系文件要求，做好过程质量控制。

7.2.2 编制详细的质量检验及控制计划并编制工艺、焊接、热处理、运输、试压、油漆等作业指导书。并设立如下质量控制重点：

1. 制订订货技术协议、工艺文件编审，主材及焊接材料的订货。

2. 焊接工艺及热处理工艺试验、焊工培训、工艺评定、焊工考试。

3. 材料、半成品（尤其是封头）的复验、验收。下料允差、错口、棱角、椭圆度的控制。

4. 预后热温度控制，热处理过程、尤其是局部热处理温度均匀性的控制。

5. 焊材发放、回收，焊接过程工艺纪律检查。

6. 产品焊接、验证试板的制作与检验。

7.2.3 严格工艺纪律，控制错边量和装配间隙，彻底进行焊前坡口表面及层间的清理；加强材料表面的保护；对焊前预热、焊后消氢处理及最终热处理都设专人测温；对咬边、裂纹、气孔、夹渣做专职检查；合理设置工装胎具及吊耳，减少对母材表面的损坏，严禁强力组装。

7.2.4 严格按规范标准进行原材料、焊缝（焊接接头）、试板、锻件、焊材的机械性能、化学成分、硬度等的检验和测试，质检员和责任工程师对检测、检验过程和结果进行跟踪检查。

7.3 质保体系

7.3.1 加工厂质保体系见图7.3.1。

7.3.2 现场施工质保体系见图7.3.2。

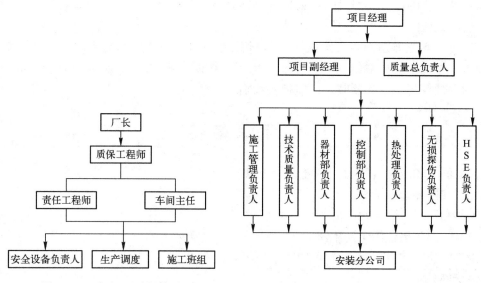

图 7.3.1　加工厂质保体系　　　　　图 7.3.2　现场施工质保体系

8. 安 全 措 施

8.1 应执行的国家、行业和地方的法律法规及规定

8.1.1 中华人民共和国国务院令 建设工程安全生产管理条例。

8.1.2 中国石化集团公司健康、安全、环境管理体系。

8.1.3 中国石化集团公司安全生产监督管理制度、安全检查规定、安全教育管理规定。

8.1.4 中国石化集团公司临时用电安全管理规定。

8.2 措施

8.2.1 严格执行国家、地方的法律法规和行业的有关规定，搞好安全教育，充分做好风险和环境识别以及应急预案措施。

8.2.2 做好安全技术交底，对施工方法、工艺程序、工艺要求、现场作业特点、关键控制点等做详尽交底。

8.2.3 施工用电必须做到规范，并做随时、定时检查。用电设备应由专业人员进行维修及定期维护，并做好防雨措施。导线、把线、电缆线应避免损坏漏电，电动设备、工具须配备相应的漏电保护器。热处理前应详细检查导线、接头是否配合良好，确保无误后方可通电。

8.2.4 筒节（体）摆放、运输应平稳，吊装运输前作技术交底，按要求详细检查吊装机索具、吊耳，确认无误后方可起吊，吊装时由专人统一指挥，吊装过程中应平稳，严禁冲撞脚手架。

8.2.5 整体组对区地面应埋设轨道，轨道应水平；放置设备的托滚应对中，以防止设备转动时串动。转动时应严密监视设备的横向串动情况。

8.2.6 脚手架的搭设应编制《脚手架搭设技术措施》，并按措施执行。脚手架材料一律采用钢管架，严格按《石油化工施工安全技术规程》SH3505－1999 第二节有关规定。所有脚手架、梯子、安全网必须经联检合格确认，挂牌后方可使用，并做定时检查。

8.2.7 每个动火的操作平台，四周围设合格的三防帆布（高约 1.2m），竹拍子上铺设二层石棉布，每个动火点设 4～6 个灭火器材。

8.2.8 无损检测应设专门警示牌及警戒线。现场作业时须按规定要求进行，并执行《石油化工施工安全技术规程》SH3505－1999 规定。

8.2.9 夜间作业应有足够照明，冬季、雨季做好防冻防滑工作。壳体内施工应使用 12V 安全行灯。

8.2.10 酸洗钝化的废液要经过中和处理方可排放。

8.2.11 压力试验时，应设警戒线，无关人员严禁进入试压区。

8.2.12 进行 X 射线检测时，必须根据项目 HSE 管理规定办理射线作业票，与业主取得联系、同意，应和其他工序错开，避免射线伤害，作业现场无防护时，则以 X 射源为中心的 20m 内不得有人，并设"当心辐射"的警告牌。必要时，设监护人和临时围栏。

9. 环保措施

9.1 执行的国家和地方（行业）环境保护法规

《中华人民共和国环境保护法》

《中华人民共和国环境噪声污染防治法（修订）》

《中华人民共和国放射性污染防治法》

《中国石化集团公司建设项目环境保护管理实施细则》

9.2 环保措施

9.2.1 遵守国家有关环境保护的法律法规，建立有效的环境监测系统，加强对施工现场粉尘、噪声、废气、废水的检测和监控工作。与文明施工现场管理一起定期检查、考核、奖罚各项环保工作，及时采取措施消除粉尘、废气、废水噪声的污染。要对易飞扬物的细颗粒、散体材料和废弃物的运输、堆放应具备可靠的防扬尘措施。禁止在施工现场焚烧垃圾。

9.2.2 及时回收余料、废料、严禁乱堆乱放，施工材料做到工完料净场地清，保证施工场地清洁、道路畅通，排水系统处于良好的使用状态。在车辆、行人通行的地方施工时，应设置施工标志。

10. 效 益 分 析

10.1 经济效益

采用本工法施工的青岛大炼油和惠州大炼油延迟焦化 8 台焦炭塔的制造组焊经济效益分析见表 10.1。

焦炭塔的制造组焊经济效益分析   表 10.1

工程定额直接费	实际发生费用	节约费用
人工费：878.52	725.36	153.16
机械费：989.97	878.67	111.30
消耗材料费：1062.78	816.23	246.55
锻件制作费：2557.6	2232.8	324.8
热处理费：516.5	369.39	147.11
合　计：6005.37	5022.45	982.92

注：1. 单位：万元；

    2. 工程定额直接费是参照《全国统一安装工程预算定额浙江省单位估价表》而得出的。

10.2 社会效益

本工法的应用，有效保证了设备的制造质量、降低了劳动强度、提高了劳动效率、减少了现场的交叉作业，为现场施工的有效组织创造了良好的条件，同时为大型设备制造组焊开拓了一条新的路子。

11. 应 用 实 例

本工法在原工法基础上进行了改进和创新，已成功地应用于青岛大炼油工程、惠州大炼油工程、印度爱莎焦炭塔项目、新疆塔河延迟焦化装置、广州石化 140 万 t/年延迟焦化等焦炭塔的制造组焊，青岛大炼油/惠州大炼油延迟焦化装置等焦炭塔的规格为 DN9400/9800×3944000/36600×24＋3/28＋（3～42）/44 等，主材使用 1.25Cr－0.5Mo－Si＋410S/1.25Cr－0.5Mo－Si 和 1.25Cr－0.5Mo＋410S/1.25Cr－0.5Mo，单台重达 323/t，首次采用锻焊的连体锥形封头过渡段结构，锻焊过渡段最厚处达 120mm，使用本工法取得了良好的经济效益和社会效益，从而也证明了本工法的合理性和先进性。焦炭塔的性能参数见表 11。

青岛大炼油/惠州大炼油延迟焦化装置 8 台焦炭塔的性能参数   表 11

设计温度（℃）	上：40℃　下：500℃	无损检测	100%RT、100%UT、100%MT 及 PT
设计压力（MPa）	0.35	耐压试验（MPa）	0.60（立式）
主体材质	1.25Cr－0.5Mo－Si＋410S/1.25Cr－0.5Mo－Si	保温厚度（mm）	140
规格（mm）	φ9400×39440×24＋（3～42）	热处理	焊接预后热、焊后消氢、整体应力解除热处理
金属总重（t）	322	容积（m³）	2196
设计温度（℃）	490℃	无损检测	100%RT、100%UT、100%MT 及 PT
设计压力（MPa）	0.414	耐压试验（MPa）	0.897（立式）
主体材质	1.25Cr－0.5Mo＋410S/1.25Cr－0.5Mo	保温厚度（mm）	140
规格（mm）	φ9800×36600×28＋（3～44）	热处理	焊接预后热、焊后消氢、整体应力解除热处理
金属总重（t）	340.5	容积（m³）	2152

大型立式圆筒形压力容器现场整体内燃法热处理工法

YJGF112—2004（2009～2010 年度升级版- 093）

中国石油天然气第一建设公司

薛金保　卫建良　王启宇　李清军　樊锐莉

1. 前　　言

随着我国石油化工行业的快速发展，炼化装置的生产能力越来越强，超高、超重、超大设备越来越多地应用到石油化工生产装置中，从而分片到货、现场组焊的工艺设备如塔、容器、反应（再生）器等压力容器类设备（以下简称塔器）越来越多；同时，装置对国外高硫原油依赖程度也越来越高，为减轻 H_2S 等介质腐蚀或消除焊接应力，延长设备使用寿命，对现场组对焊接的大型炼油化工塔器越来越多地提出了进行整体热处理的要求。大型塔器现场热处理历来是施工中技术难度较大、操作参数难于控制、质量不易保证的工序。尤其是塔器类工艺设备具有外形尺寸大、长径比（设备长度或高度与直径之比）大、结构复杂等特点，国内外常规现场砌筑热处理炉、电加热法以及霍克喷嘴内燃法等热处理技术对于大型圆筒形压力容器现场热处理都不同程度存在缺陷，难于满足热处理温度均衡性和热量要求。需要寻找一种快速、简洁、高效的热处理方法以解决大型炼油化工设备现场热处理问题，满足施工工期和装置运行质量要求。

根据现场组焊大型圆筒形压力容器热处理的需求，经过周密调研，选用新型大功率燃油喷嘴、实现微正压内燃工艺；通过在塔器内设置热气流导向装置，采用 DCS 集散控制系统调节油风比例和烟囱热量排放张强度，对局部超厚壁板适当电加热辅助，从而解决大容积变截面不等壁厚超重大容积设备施工现场热处理中温度不均衡、调整难度大等技术关键，创新了国内大型炼油化工设备现场整体热处理技术，取得良好效果，形成了完善配套的施工工艺方法。

现场组焊大型圆筒形压力容器内燃法热处理已经逐渐在大型项目中应用，中国石油一建公司 2008 年独山子石化 120 万 t/年延迟焦化项目，2009 年中海石油炼化有限责任公司惠州 420 万 t/年延迟焦化项目及 2010 年乌鲁木齐石化公司 120 万 t/年延迟焦化项目中都应用到内燃法热处理方法。

根据现场组焊大型圆筒形压力容器多次热处理取得的经验编制出《大型立式圆筒形压力容器现场整体内燃法热处理工法》。

2. 工 法 特 点

2.1　配备新型 EK9－1000 型大功率燃油喷嘴作为热处理加热设备，采用微正压内燃工艺，便于燃烧烟气（热气流）向器壁流动。

2.2　塔器内设置热气流导向装置。导向装置可局部改变烟气流向，强制烟气尽量沿器壁向上流动，使热气均匀向塔器加热，保证塔器筒体温差在规范允许范围内。

2.3　使用 GC－W/K 新型温控设备，该设备集成了喷嘴、油泵、流量计、鼓风机、电子点火器、温度记录仪等自动调节单元，与电源、油罐接好就能工作。

2.4　控制系统采用 DCS 集散控制，按照预先设定值和热处理曲线自动调节升降温速度和温差，使其符合工艺要求，实现升降温度和恒温自动控制，提高了温度控制精度。烟囱还设有一个电磁阀，通过信号线与热处理装置相连，用以调节烟囱开合度。

2.5　对局部超厚壁板或较大补强区以及筒体延伸等特殊部位，适当采用电加热辅助，与 GC－W/K 温控设备连接，实现自动控制，保证局部特殊部位与塔器整体温度均匀。

3. 适 用 范 围

本工法适用分片到货、现场组焊、并要求进行整体热处理的大型塔器类设备，如：延迟焦化装置焦炭塔、催化裂化装置再生器等设备。对于超长设备也可通过设置临时顶盖或底盖的方法进行分段热处理。

4. 工 艺 原 理

4.1 热处理工艺原理

4.1.1 改变常规热处理方法：即将工件热处理的外热法改为内热法，常规的外热法为将工件放在热处理炉内，通过燃油、燃气或电加热在其外部提供热量，满足热处理要求。以炉体耐火材料减缓热量损失。内热法也可称内燃法，是在工件腔体底部或其他部位设置高效燃油喷嘴，通过燃油加热提供热处理热量。工件表面用保温材料包裹，起到隔热作用，防止热量损失。

4.1.2 根据塔器类工艺设备具有外形尺寸大、长径比大等特点，燃烧烟气不易在设备内腔形成回流，对设备均匀加热。因此在内部设置导流设施，调整热气流流向，强制烟气的流动，使热气均匀向塔器加热，以保证热量分布均衡。导流装置的形状尺寸和安装位置是本工法的关键点。

4.1.3 对于局部难以满足热处理均衡温度要求的死角，辅以电加热带或加热板补充热量，从而满足热处理温度要求。

4.2 热工计算

热工计算主要进行热处理热能和油耗计算，热处理油耗计算结果是热处理设备选用的依据，计算要求按照最大热处理工件重量和同时参与热处理的辅助金属材料之和（以下统一简称工件）进行。

按照热处理曲线和升降温速度选择温度区段和时间区段，根据温度区段选择工件和保温被以及燃烧废气的热工特性值，在热处理过程中主要存在工件吸热、保温被吸热、保温被散热、废气带走热等主要热支出项，柴油燃烧放热为热收入项。为确保热处理工作的正常运行，必须保证总热收入大于等于总热支出，据此进行热平衡计算。

已知条件：1kg 0 号轻柴油燃烧放热 0.042×106kJ，需 11.55 标准立方米空气，产生 12.15 标准立方米烟气。

4.2.1 热收入计算（式 4.2.1）

$$Q_{收} = Q_H B \tag{4.2.1}$$

式中 $Q_{收}$—— 一个温度区域内的热量收入（kJ）；

Q_H—— 轻柴油燃烧放热（kJ/kg）；

B—— 一个温度区域内的燃料耗量（kg）。

4.2.2 热支出计算

1. 工件吸热（式 4.2.2-1）

$$Q_{工件} = cm\Delta t \tag{4.2.2-1}$$

式中 $Q_{工件}$——工件吸收热量（kJ）；

c——工件在特定温度区域下的比热容（kJ/kg·℃）；

m——工件质量（kg）；

Δt——温差（℃）。

根据工件在各温度区域内的比热容，计算各温度区域内工件吸收热量情况。

2. 保温被散热（式 4.2.2-2）

$$Q_{散} = A_{外} q\tau \tag{4.2.2-2}$$

式中 $Q_{散}$—— 保温被散热量（kJ/h）；

$A_\text{外}$—— 保温被表面积（m^2）；

q—— 保温被向空气中散失的热流（$kJ/m^2 \cdot h$）；

τ—— 散热时间（h）。

根据提供保温被在各温度区域内向空气中散失的热流系数，计算各温度区域内保温被的散热量。

3. 保温被吸热（式 4.2.2-3）

$$Q_\text{被} = c_\text{被} G_\text{被} t_\text{平均} \tag{4.2.2-3}$$

式中　　$Q_\text{被}$—— 保温被吸收热量（kJ）；

$c_\text{被}$—— 保温被在平均温度下的比热容（$kJ/kg \cdot ℃$）；

$G_\text{被}$—— 保温被质量（kg）；

$t_\text{平均}$—— 保温被在温度区域内的平均温度差（℃）。

根据保温被在各温度区域内的平均温度及在平均温度下的比热容可以计算出保温被在各温度区域内的吸热情况。

4. 燃烧废气带走热，计算耗油量（式 4.2.2-4、式 4.2.2-5、式 4.2.2-6）

$$Q_\text{产} = V_\text{m} c_\text{产} t_\text{产} B \tag{4.2.2-4}$$

式中　　$Q_\text{产}$—— 燃烧产物带走的热量（kJ/h）；

V_m—— 单位燃料燃烧生成的燃烧产物量（m^3/kg）；

$t_\text{产}$—— 燃烧产物温度（℃），根据实际测试燃烧产物比工件温度高出 100℃ 左右；

$c_\text{产}$—— 在 $t_\text{产}$ 温度下的燃烧产物比热容（$kJ/kg \cdot K$）；

B—— 燃料消耗量（kg/h）。

$$\sum Q_\text{支} = Q_\text{工件} + Q_\text{散} + Q_\text{被} + Q_\text{产} \tag{4.2.2-5}$$

根据热平衡方程：

$$Q_\text{收} = \sum Q_\text{支} \tag{4.2.2-6}$$

可以得出：$Q_\text{H} B = Q_\text{工件} + Q_\text{散} + Q_\text{被} + V_\text{m} c_\text{产} t_\text{产} B$

$B = (Q_\text{工件} + Q_\text{散} + Q_\text{被}) / (Q_\text{H} - V_\text{m} c_\text{产} t_\text{产})$

根据在各温度区域内的燃烧产物在该温度下的比热容可以计算出各温度区域内的耗油量以及每小时耗油量。

根据计算最大小时耗油量和喷嘴特性，乘以一定裕量系数（取 1.6～1.8），得出满足热处理要求的喷嘴最小耗油量，以此校验燃烧喷嘴能力是否满足热处理要求，并根据各温度区段耗油量总和，乘以一定裕量系数（取 1.3～1.5），得出热处理前需储备的燃油量。

4.3　辅助电加热部分

对于仅靠工件热传导难以满足热处理温度要求的局部超厚或延伸部位，可按照现场热处理工作量，考虑热传导因素确定电加热板的数量和热处理设备"路、点"布置方式。

按工艺要求向温控设备输入热处理工艺曲线，热处理运行后，由温控设备按输入工艺曲线自动跟踪、控温，定时打印热处理温度和热处理曲线，若超出设定的温度报警值范围，发出报警信号，自动调节燃油量和烟囱张合度，满足热传导要求，必要时进行手动调整。

5. 施工工艺流程及操作要点

5.1　施工工艺流程（图 5.1）

5.2　操作要点

5.2.1　导流伞架设置

大型塔器设备的长径比一般较大，在圆柱形筒体内不易使烟气产生回流循环，对容器均匀加热。而仅靠设备自身热传导很难满足温度均匀性要求，尤其对于某些变截面塔器设备。必须通过内部导流设施，

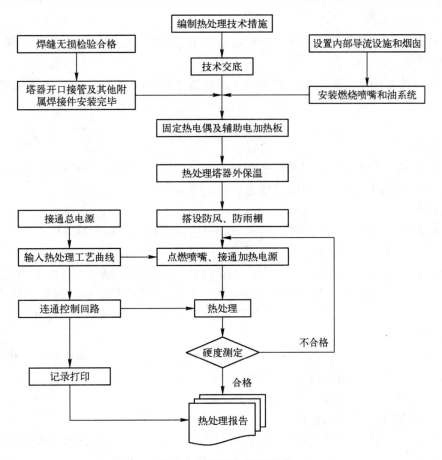

图 5.1 施工工艺流程图

才能强制烟气在容器下部局部回流，增加加热气流在底部循环和滞留时间，对其底部及下段加热，并依靠热传导满足温度均匀性要求。导流设施一般设计成伞状，如图 5.2.1 所示：为保证伞架能从人孔

图 5.2.1

等设备接管内通过，降低导流设施重量，导流伞架一般用圆钢做骨架，敷设铁丝网，隔热用的硅酸铝针刺毯敷设在伞架上。然后将保温毯用铁丝和铁丝网、圆钢固定，导流伞架用圆钢临时固定在塔器设备内部。伞架底部直径和伞架底面距燃油喷嘴距离根据热处理工件结构尺寸确定。

5.2.2 热处理设备选择

热处理设备选用 EK9－1000 型燃油喷嘴和 GC－W/K 型控制柜。该设备供热能力为 1000 万卡/h，最大供油能力 1200kg/h，可满足 600t 工件热处理供油需要，并集成了喷嘴、油泵、流量计、鼓风机、电子点火器、温度记录仪、自动调节单元等，与电源、油罐接好就能工作，控制系统采用 DCS 集散控制，按照预先设定值自动调节升降温速度和温差使其符合工艺要求。烟气放空的烟囱设有一个电磁阀，通过信号线与热处理装置相连，用以调节烟囱开合度。

5.2.3 热电偶设置

按照设计文件要求的测温位置和数量确定测温点，《钢制压力容器》GB 150—98 或按照《钢制压力容器焊接规程》JB/T 4709—2000 和《碳钢、低合金钢焊接构件焊后热处理方法》JB/T 6046—92 要求布置。测温点采用镍镉—镍硅铠装热电偶，热电偶间隔不大于 4.5～5m，用专用点焊机固定在工件外侧，专用点焊机固定较以往开口螺栓固定具有固定速度快、测量精度高、对设备母材损伤小等优点。

5.2.4 电加热带布置

辅助加热推荐选用 LCD－220－1 型履带式电加热器。固定加热器可利用扁铁折弯点焊在工件外壁，加热器外再用铁丝勒紧。

5.2.5 保温系统

保温材料：按热处理温度要求选用保温材料，通常采用无碱超细玻璃棉。为便于现场敷设和周转使用，常制作成棉被形式。

保温：先在设备外壁固定焊有保温钉的 40×3 的扁铁，扁铁间距 500mm，将两层共 100mm 厚的保温被将设备外壁敷设严密。敷设时应由下向上进行，两层的接缝错开 200mm 以上。在保温被外再用扁铁和铁丝勒紧加固。

5.2.6 温度设定

通过 GC—W/K 型控制柜的计算机操作界面输入升降温速度、热处理温度和恒温时间，同时设置温度跟踪点、温度输出间隔时间以及长图记录仪走纸速度等参数。

5.2.7 热处理

全部检查合格后，启动自动点火装置，进入 GC—W/K 温控设备运行状态，控制程序自动按热处理工艺曲线升温、恒温及降温，并自动记录热处理温度。

400℃以下升温，原则上可不要求控制升温速度和温差。但为控制 400℃以上的升温速度和温差，当升温接近 400℃时，应采取有效措施进行控制，防止局部温度偏差超标，如调小烟囱开合度和燃油量，通过工件热传导进行均温。使各点温度基本一致，满足温差要求时，再适度增加燃油量，进行400℃以上控制升温。

运行中若出现意外值或报警，可暂停运行，实施补救措施。检查加热油路系统、热电偶测温回路系统、烟囱废气排放、保温等有无意外情况，排除故障后恢复运行。

5.2.8 热处理效果评价。按以下方式进行：

1. 热处理曲线满足设计或规范要求；

2. 硬度测试，根据设计或规范要求确定测定点数量和测点位置，测点硬度值满足设计要求为合格；

3. 必要时（如用户要求或需进行应力消除评价）可采用盲孔法进行应力测试，比较热处理前后应力变化情况。

6. 材料与设备

本工法所采用的材料与设备见表 6。

材料与设备 表6

序 号	名 称	型号及规格	数量	单位	备 注
1	热处理设备	EK9—1000 型	1	台	
2	温控设备	GC—W/K 型	1	台	
3	履带式电加热板	LCD—220—1 型	72	块	
4	电焊机	ZX5—400	1	台	伞架焊接及点焊保温钉等
5	电焊机		1	套	热偶固定专用
6	热电偶	镍镉—镍硅铠装热电偶	70	支	
7	硬度仪		1	台	
8	K 形补偿导线	KC2×1.0mm²	2	km	
9	接长导线（阻燃）	50mm² 24m 长	40	根	
10	低压动力电缆	VV223×185+1×95mm²	200	m	
11	保温被	无碱超细玻璃棉	2000	m²	
12	扁铁	40×3mm	835	m	
13	磨光机	φ125mm	2	台	
14	铁丝	20 号	750	kg	

序　号	名　　称	型号及规格	数量	单位	备　注
15	钉头	L＝120mm	1500	个	
16	油箱	10t	1	个	
17	油管	ϕ25 PVC	50	m	
18	柴油	0 号	15	t	

7. 质量控制

7.1 执行标准

《钢制压力容器》GB 150—98

《钢制压力容器焊接规程》JB/T 4709—2000

《碳钢、低合金钢焊接构件焊后热处理方法》JB/T 6046—92

7.2 主要质量指标

若非设计另有要求，通常按以下要求：

升温速度 V_1：50℃/h≤V_1≤5000/δ℃/h（δ 为焊接接头处钢材厚度，mm），且 V_1≤200℃/h。

降温速度 V_2：50℃/h≤V_2≤6500/δ℃/h（δ 为焊接接头处钢材厚度，mm），且 V_2≤260℃/h。

升温期间任意 5000mm 内温差不大于 120℃。

恒温期间最大温差不大于 65℃。

7.3 质量控制措施

7.3.1 成立热处理领导小组，由项目技术负责人任组长，实行统一领导。

7.3.2 热处理前向热处理人员进行详细技术交底，交清质量要求，明确质量责任。

7.3.3 做好热处理期间天气预报预测，尽量选择好天气进行热处理。热处理时做好挡风，防雨、雪措施。

7.3.4 内燃法热处理空腔内为正压，热处理前设备所有接管和遗留缝隙必须密封严实。

7.3.5 当温度达到 400℃时，如果局部温度偏差太大，必须调小烟囱开合度和燃油量，通过工件热传导进行均温，各点温度基本一致时再适度增加燃油量。

7.3.6 热处理时统一指挥，协调行动，及时处理突发事故。

8. 安全措施

8.1 工作危险性分析

热处理过程中存在人员高空坠落、高空落物伤人、触电、碰伤、烧伤、火灾等潜在施工危险，而且存在温控系统、供油设备等工程设备操作危险。

8.2 安全保证措施

8.2.1 技术员和专职安全员共同完成工作危险性分析报告（JHA）的编制，每天逐项检查预防、控制措施的落实情况。定期召开安全会议，对作业人员不安全行为进行讲评。

8.2.2 对参加热处理工作的人员进行专门训练和安全教育。

8.2.3 热处理应尽量选择在风力较小天气的时间进行。

8.2.4 作业前进行全面检查，电气设备工况良好。

8.2.5 热处理现场划定安全区，设置警戒线，非工作人员严禁入内。

8.2.6 脚手架绑设牢固，设置安全护栏或安全网，高空作业挂好安全带。

8.2.7 作业现场严格管理易燃物品，预防火灾。并配置足够的消防器材和照明设备。

8.2.8 维护好现场用电设备，保护好电缆线，以防漏电。

8.2.9 配备值班车和值班电话，专职安全员巡回检查，及时发现隐患并处理事故。

8.2.10 风油量突然变化或风油比不当、机械和管路出现故障，会发生灭火，如发生中间灭火，应立即关闭供油阀门，排除故障后再重新点火，不得灭火后继续供油。

9. 环 保 措 施

9.1 文明施工控制措施

9.1.1 现场应进行科学规划，做到合理有序，整齐美观。

9.1.2 施工中坚持工完、料净、场地清，保证施工垃圾及时清运出场。

9.1.3 现场采用洒水措施进行降尘。

9.2 环境保护措施

9.2.1 热处理保温棉使用时要用铁丝扎紧，轻拿轻放避免产生碎屑飞沫。

9.2.2 热处理作业结束拆除保温棉时，要注意防止保温棉碎裂，作业平台碎屑要清扫、收集好，投放到污染物质垃圾箱，无害化处理。

9.2.3 任何油料溢漏必须进行清理。

9.2.4 任何情况下废物都不允许在现场埋地和回填，严禁倾倒在未经批准的地方或焚烧。

9.2.5 经常进行环境监控和检查，及时消除对环境的不利影响因素。

9.2.6 生活垃圾、生活废水、废液要分类堆放或处理。

10. 效 益 分 析

10.1 采用 GC－W/K 型温控设备和导流装置，提高了控温精度，减小温差，提高了热处理质量，热处理一次合格率达到 100%。

10.2 开发大型塔器现场热处理工艺，可实现大型塔器设备分段、分片出厂，现场组装焊接，内燃法热处理工艺简单，控制全部实现自动化，仅需 3d 时间就能一次完成热处理工作，缩短施工工期。

10.3 采用内燃法热处理工艺，省去现场建筑退火炉或大功率电加热设备等临时热处理设施，可降低热处理成本。

10.4 采用高效燃油喷嘴，热效率高，燃烧充分，一次热处理工件重量可达 600 多吨，缓解了炼油化工设备向大型化方向发展受热处理技术的制约和限制。

11. 应 用 实 例

11.1 2008 年，独山子石化公司 120 万 t/年延迟焦化装置焦炭塔，尺寸 ϕ9000×38728mm，壁厚 25～40mm，筒体材质为 14Cr1MoR /0Cr13＋14Cr1MoR，采用微正压内燃法进行热处理，仅用 5 天半时间完成 2 台焦炭塔整体热处理工作，均做到一次成功。其中升温阶段最大温差 69℃，恒温阶段最大温差 16℃。

11.2 2009 年，中海石油炼化有限责任公司惠州 420 万 t/年延迟焦化装置分馏塔，尺寸 ϕ7600/ϕ5800×57480mm，壁厚 32/34/40mm，下段材质 16MnR＋321，上段材质 16MnR＋410S。分馏塔下段 9550～40090mm 塔体之间采用微正压内燃法进行进行消除应力热处理，用了 2 天半的时间一次成功完成了分馏塔热处理工作。其中升温阶段最大温差 67℃，恒温阶段最大温差 14℃。

11.3 2011 年，乌鲁木齐石化公司 120 万 t/年延迟焦化装置焦炭塔，尺寸 ϕ9000×37680mm，壁厚 34/38/42/46/48mm，材质上部筒体采用 1.25Cr－0.5Mo－Si ＋410S，下部筒体选用 1.25Cr－0.5Mo－Si，采用微正压内燃法进行热处理，仅用 5d 时间完成 2 台焦炭塔整体热处理工作，均做到一次成功。

附　　录

2009～2010年度国家一级工法名单

工法编号	工法名称	完成单位	完成人
GJYJGF001—2010	长螺旋钻孔压灌混凝土旋喷扩孔桩（简称"WZ"桩）施工工法	1.哈尔滨长城建筑集团股份有限公司 2.江苏南通三建集团有限公司	王景军、丁延生、时宝辉、袁金生、盛胜刚、曹守兴
GJYJGF002—2010	基坑支护型灌芯式大直径现浇混凝土薄壁筒桩施工工法	1.上海星宇建设集团有限公司 2.杭州萧宏建设集团有限公司	刘国良、徐翔、何强、章铭荣、李元水
GJYJGF003—2010	钉形水泥土双向搅拌桩施工工法	1.上海市第一市政工程有限公司 2.东南大学	叶文勇、刘松玉、朱志铎、蔡志、储海岩
GJYJGF004—2010	胁迫振冲大葫芦头挤密砂石桩施工工法	1.江苏省建筑工程集团有限公司 2.华仁建设集团有限公司	韩选江、张三旗、高宝俭、周晶、祁敏
GJYJGF005—2010	倾斜桩顶推和注浆组合纠偏施工工法	1.浙江银力建设集团有限公司 2.温州中城建设集团有限公司	吴家锋、张小成、王新华、朱奎、潘一中
GJYJGF006—2010	抱压式桩端自引孔静压入岩PHC管桩施工工法	1.中鑫建设集团有限公司 2.浙江中富建筑集团股份有限公司	王铁、王桦、王伟东、陈立刚
GJYJGF007—2010	高性能水泥土连续墙施工工法	1.中国一冶集团有限公司 2.中国新兴保信建设总公司	王平、胡磊、蒋学茂
GJYJGF008—2010	超大型基坑工程踏步式逆作施工工法	1.上海市第一建筑有限公司 2.舜元建设（集团）有限公司	朱毅敏、黄玉林、周臻全、彭韬、姜峰
GJYJGF009—2010	自适应支撑系统基坑变形控制施工工法	1.上海市第五建筑有限公司 2.上海城建建设实业（集团）有限公司	王正平、李立顺、吕达、高顺成、顾国明
GJYJGF010—2010	新型柱锤强夯（置换）法地基处理施工工法	1.江西中恒建设集团有限公司 2.山东宁建设集团有限公司	聂吉利、刘献江、曹开伟、熊信福、唐志勃、于静
GJYJGF011—2010	混凝土预制拼装塔机基础施工工法	1.江苏省建筑工程集团有限公司 2.西宁建设（集团）有限责任公司	仇天青、钱红、从卫民、徐朗、王罗清
GJYJGF012—2010	钢筋混凝土筒仓内衬钢轨与库壁滑模一体化施工工法	1.河北省第四建筑工程公司 2.河北省安装工程公司	线登洲、韩建田、吕波、王辉峰、计振邦
GJYJGF013—2010	三维弧形墙体模板施工工法	1.青建集团股份公司 2.青岛一建集团有限公司	张同波、邴启武、王胜、孙丛磊、臧小龙
GJYJGF014—2010	高空悬崖、蛇形推进、环保安全型模架施工工法	1.山东高阳建设有限公司 2.威海建设集团股份有限公司	孙裕国、常新文、王奋、王德强、边昌学
GJYJGF015—2010	新型插盘式脚手架施工工法	1.浙江中南建设集团有限公司 2.鹏达建设集团有限公司	陈虎顺、姚金满、王海山、周黎明、廖永
GJYJGF016—2010	高层钢结构建筑钢筋混凝土筒体内支外爬施工工法	1.浙江省建工集团有限责任公司 2.浙江中富建筑集团股份有限公司	金睿、吴飞、常波、胡强、平京辉
GJYJGF017—2010	大型钢筋混凝土倒锥壳水塔液压滑升施工工法	1.中国十九冶集团有限公司 2.江苏省盐阜建设集团有限公司	杨贵柏、宋少华、孙斌、马会军、全爱华
GJYJGF018—2010	高原地区火山石混凝土施工工法	1.云南官房建筑集团股份有限公司 2.云南建工第五建设有限公司	刘继杰、杜杰、王龙、张兴武、焦伦杰
GJYJGF019—2010	混凝土结构超长预应力分段张拉施工工法	天津三建筑工程有限公司	宋红智、刘智浩、胡井远、张军、林克文
GJYJGF020—2010	预制与现浇相结合的清水混凝土施工工法	1.上海市第七建筑有限公司 2.上海市第四建筑有限公司	汤永根、王学忠、韩旭、陶金、项子佳
GJYJGF021—2010	钢绞线网片—聚合物砂浆加固施工工法	1.中国建筑科学研究院 2.中达建设集团股份有限公司	姚秋来、王忠海、李福清、史志远、苗培博

工法编号	工法名称	完成单位	完 成 人
GJYJGF022—2010	自适应变形型二次后浇圈梁柔性连接施工工法	1. 江苏双楼建设集团有限公司 2. 江苏弘盛建设工程集团有限公司	陈克荣、薛锋、张明、江庆华、吕俊
GJYJGF023—2010	节能隔声复合墙板施工工法	1. 中国京冶工程技术有限公司 2. 中冶天工集团有限公司	陈福林、马晓明、谢水兰、黄国宏、姚晓阳
GJYJGF024—2010	顶模系统施工工法	1. 中国建筑第四工程局有限公司 2. 中建新疆建工集团有限公司	令狐延、苏国活、郭云来、肖云燕、赵大进
GJYJGF025—2010	拔杆兼支撑接力旋转大跨度钢结构安装工法	1. 中国新兴建设开发总公司 2. 上海城建建设实业（集团）有限公司	蒋旭二、戴华松、张顺利、窦春雷、葛勇
GJYJGF026—2010	超高层组合结构转换层施工工法	1. 大连金广建设集团有限公司 2. 大连九洲建设集团有限公司	冯亮亮、王丽华、张炯、王伟
GJYJGF027—2010	索穹顶"ω"形整体提升安装张拉成型施工工法	1. 南京东大现代预应力工程有限责任公司 2. 江苏广宇建设集团有限公司	罗斌、褚靖宇、刘荣君、仇荣根
GJYJGF028—2010	冷弯薄壁型钢结构住宅施工工法	1. 曙光控股集团有限公司 2. 湖南高岭建设集团股份有限公司	周绪红、吴方伯、陈大路、颜宏蕾、胡锷
GJYJGF029—2010	大跨度双层网壳无脚手架安装施工工法	1. 浙江展诚建设集团股份有限公司 2. 浙江大地钢结构有限公司	楼道安、左权胜、卓新、吴建挺
GJYJGF030—2010	复杂造型大跨度网架拔杆扩展提升施工工法	1. 青建集团股份公司 2. 青岛博海建设集团有限公司	张同波、王辉、付长春、袁永林、乔永胜
GJYJGF031—2010	超高层建筑物风阻尼器施工工法	1. 中建钢构有限公司 2. 中国建筑第八工程局有限公司	王祥明、张琨、王宏、刘进贵、仇春慧、周光毅
GJYJGF032—2010	复杂钢结构仿真施工工法	中国京冶工程技术有限公司	侯兆新、张莉、聂金华、陈增光、刘培军
GJYJGF033—2010	雨棚三跨连续不等跨张弦梁同步张拉施工工法	1. 中铁建工集团有限公司 2. 天津天一建设集团有限公司	张力光、张建设、张文学、许丽华、孙晋、赵志强
GJYJGF034—2010	大跨度网架累积提升施工工法	中铁建设集团有限公司	杨国强、周海洋
GJYJGF035—2010	外立面超长双曲面"上、下唇"雨屏铝合金板施工工法	1. 北京建工博海建设有限公司 2. 中国新兴保信建设总公司	宋盛国、彭宇、陈树军、刘玉彬、赵静
GJYJGF036—2010	SI 住宅工程施工系列工法	1. 中建一局集团第三建筑有限公司 2. 浙江八达建设集团有限公司	富笑玮、程先勇、张培建、刘锡洁、金义勇
GJYJGF037—2010	后浇混凝土覆盖层超平地面施工工法	广东浩和建筑股份有限公司	周岳、江创福、朱向锋、杨明、陈代光
GJYJGF038—2010	智慧型"挂钩式"幕墙施工工法	1. 方远建设集团股份有限公司 2. 海南省建筑工程总公司	金崇正、杜军桦、郭泽文、方从兵、李伟
GJYJGF039—2010	巴洛克风格建筑外墙艺术雕塑构件制作工法	1. 中国建筑一局（集团）有限公司 2. 河南红旗渠建设集团有限公司	焦润明、王剑峰、马宁、孙康、常佩顺
GJYJGF040—2010	大跨度网架屋面太空板施工工法	中太建设集团股份有限公司	谢良波、马素瑞、王一平、李丽艳、杨国民
GJYJGF041—2010	网架型钢组合支撑结构上人钢屋面保温防水层倒置法施工工法	江苏省江建集团有限公司	赵林、高原、鲍玉龙、孙建东、朱磊
GJYJGF042—2010	碳纤维电热板采暖系统施工工法	1. 鹏达建设集团有限公司 2. 云南巨和建设集团有限公司	廖永、王剑辉、李刚、朱治平、张竣业、朱从裕
GJYJGF043—2010	建筑工程电气专利线盒、线管施工工法	成都建筑工程集团总公司	周强、谢惠庆、康清泉、戴纪文、吴贵君

续表

工法编号	工法名称	完成单位	完成人
GJYJGF044—2010	大型剧院舞台设备安装工法	中国机械工业建设总公司	胡忠、卫东磊、吴备战
GJYJGF045—2010	"八牵8"张力放线施工工法	北京送变电公司	陈茂生、刘钧、郎福堂、贾聪彬、张洁
GJYJGF046—2010	超长异型无机布组合防火卷帘施工工法	1. 中建一局集团建设发展有限公司 2. 五洋建设集团股份有限公司	李博、翟海涛、倪陈、郭池、罗海
GJYJGF047—2010	吊轨式吊船施工工法	北京江河幕墙股份有限公司	杨时银、管宏宇、王屹、未良奎、柴硕
GJYJGF048—2010	超高层屋盖内爬塔高空移位、拆除施工工法	1. 中国建筑一局（集团）有限公司 2. 中国华西企业有限公司	沈小峰、何勇、杨雁翔、陈跃熙、邱祥德、鄢仲军
GJYJGF049—2010	超高斜拉桥塔施工用超大型塔式起重机安装、拆卸工法	1. 江苏省建筑工程集团有限公司 2. 华仁建设集团有限公司	温锦明、马恒晞、应兆兵、祁敏、高宝俭
GJYJGF050—2010	新型桅杆起重机超高整体大吨位吊装施工工法	1. 湖南省第六工程有限公司 2. 湖南省第四工程有限公司	唐福强、任伟、伍灿良、肖奕、杨志
GJYJGF051—2010	流砂层及砂砾层动水双液注浆堵水施工工法	1. 湖南省建筑工程集团总公司 2. 中南大学	周海兵、黄友汉、黄海军、牛建东、庄海华
GJYJGF052—2010	核芯筒内外墙体自动爬升物料平台施工工法	北京市建筑工程研究院有限责任公司	任海波、吕利霞、刘福生、李扬、苏贝
GJYJGF053—2010	双曲面薄壁结构翻模施工工法	1. 中建五局第三建设有限公司 2. 湖南长大建设集团股份有限公司	胡沅华、唐国顺、周永红、李锋、张言胜
GJYJGF054—2010	148 m 跨预应力张弦网架结构施工工法	中国建筑第六工程局有限公司	王存贵、杜澎泉、李永红、田国魁、樊云鹏
GJYJGF055—2010	高抗车辙性沥青混凝土路面施工工法	1. 北京市公路桥梁建设集团有限公司 2. 北京市政路桥建材集团有限公司	柳浩、石效民、杨丽英、吕志前、张肇潜
GJYJGF056—2010	土石混填路堤分层冲击碾压施工工法	1. 河北路桥集团有限公司 2. 龙建路桥股份有限公司	平长德、李瑞喜、刘朝晖、李建斌、马勇
GJYJGF057—2010	填砂路基辗压密实施工工法	江西省交通工程集团公司	任东红、刘久明、郑雪峰、钱志民、彭德清
GJYJGF058—2010	高分子聚合物注浆处治高速公路病害施工工法	1. 郑州优特基础工程维修有限公司 2. 河南省路桥建设集团有限公司	王复明、王辉、张红春、张建华、李强
GJYJGF059—2010	改性透水混凝土复合路面系统施工工法	1. 云南官房建筑集团股份有限公司 2. 云南建工第五建设有限公司	刘继杰、杜杰、詹望、方菊明、焦伦杰
GJYJGF060—2010	三辊轴机组连续配筋水泥混凝土路面裸化施工工法	1. 湖南路桥建设集团公司 2. 中国路桥工程有限责任公司	罗振宇、向良、何艳春、祝玉波、李曼容
GJYJGF061—2010	泡沫沥青冷再生混合料施工工法	中国交通建设股份有限公司	薛成、徐增权、雷波、李晓林、刘学勇
GJYJGF062—2010	CRTS I 型板式无砟轨道轨道板铺设施工工法	中铁四局集团有限公司	陈亮、何贤军、骆海剑、杨慧丰、冯海珍
GJYJGF063—2010	高速铁路客运专线无砟轨道道岔铺设施工工法	中铁八局集团第三工程有限公司	陈谨、陈加升、刘泽发、兰勇
GJYJGF064—2010	无砟轨道无缝线路施工工法	1. 中铁三局集团有限公司 2. 中铁二十五局集团有限公司	贾印满、张建平、闫宏亮、李周玉、王亚忠
GJYJGF065—2010	敞开式 TBM 掘进与二次衬砌同步施工工法	中铁十八局集团有限公司	郭惠川、李宏亮、王宝友、郭振宇、许杰
GJYJGF066—2010	客运专线 CRTS II 型板式无砟轨道施工工法	1. 中铁十七局集团有限公司 2. 中铁六局集团有限公司	刘国英、张坛、张利军、李佃宇、王臻斐

续表

工法编号	工法名称	完成单位	完成人
GJYJGF067—2010	DPG500 型跨区间无缝线路铺轨机组施工工法	1. 中铁十五局集团有限公司 2. 河南省永阳建设有限公司	段玉顺、郭华、罗波、黄功华、徐松兵
GJYJGF068—2010	隧道高压富水断层快速施工工法	中铁十二局集团有限公司	商崇伦、和万春、董裕国、赵西民、武亮月
GJYJGF069—2010	高压旋喷加劲水泥土桩锚施工工法	1. 武汉市市政建设集团有限公司 2. 上海强劲基础工程有限公司	谢学彬、刘全林、姚颖康、刘立恒、郝文
GJYJGF070—2010	隧道独头掘进 9500m 以上无轨运输巷道式射流施工通风工法	1. 中铁二局股份有限公司 2. 成都建筑工程集团总公司	卿三惠、杨家松、陆懋成、王崇绪、邓江云
GJYJGF071—2010	竖井工程分瓣式机械一体化滑膜衬砌施工工法	1. 中交隧道工程局有限公司 2. 中铁二十一局集团第三工程有限公司	刘宝许、皇甫明、王巍、王周理、王亮
GJYJGF072—2010	超大断面隧道双侧壁上下导坑钻爆开挖施工工法	中建八局第三建设有限公司	肖龙鸽、陈坤、李金会、杨德、李念国
GJYJGF073—2010	特大体量隐伏岩溶释能降压工法	1. 中铁十一局集团有限公司 2. 中铁一局集团有限公司	李文俊、张旭东、张宏明、李建铭、侯小军
GJYJGF074—2010	富水砂卵石地层土压平衡盾构施工工法	1. 中铁隧道集团有限公司 2. 中铁港航局集团有限公司	杨书江、章龙管、马林坡、程瑞明
GJYJGF075—2010	超大直径盾构穿越浅覆土水下隧道施工工法	1. 中铁十四局集团隧道工程有限公司 2. 中国铁建股份有限公司	王守慧、王华伟、陈健、杨纪彦、葛照国
GJYJGF076—2010	水下无封底混凝土套箱技术施工海上大桥承台和墩柱工法	1. 中国港湾工程有限责任公司 2. 中交第一航务工程局有限公司	刘德进、张宝昌、曲俐俐、王成生、赵建明
GJYJGF077—2010	深水超深巨型沉井施工工法	1. 中国交通建设股份有限公司 2. 江苏省长江公路大桥建设指挥部	肖文福、黄涛、刘学勇、冯兆祥、陈策
GJYJGF078—2010	双套钢拱塔竖向转体施工工法	天津第七市政公路工程有限公司	王峰、周舵、武瑞征、卜明津、袁登祥
GJYJGF079—2010	大型沉井施工工法	1. 锦宸集团有限公司 2. 黑龙江省建工集团有限责任公司	吴方华、李焕军、穆保岗、钱明、卢春范
GJYJGF080—2010	宽翼缘板 PC 斜拉桥牵索挂篮施工工法	1. 中铁四局集团有限公司 2. 安徽建工集团有限公司	余秀平、孙小猛、李道显、欧阳石、牛子民
GJYJGF081—2010	预应力混凝土系杆拱桥逆序拆除施工工法	1. 中铁四局集团有限公司 2. 中铁上海工程局有限公司	刘解放、牛子民、秦林、欧阳石、聂雷
GJYJGF082—2010	桥梁水中墩土工冲泥管袋围堰施工工法	1. 中铁十局集团有限公司 2. 中国海外工程有限责任公司	林定权、张维超、张学飞、董泽进、黄峻峻
GJYJGF083—2010	深水桩基础浮式平台施工工法	1. 中铁大桥局股份有限公司 2. 中铁港航局集团有限公司	叶亦盛、赵发亮、郑思超、李艳哲、左学军
GJYJGF084—2010	深水浅覆盖层锁口钢管桩围堰施工工法	1. 中铁三局集团有限公司 2. 中国中铁航空港建设集团有限公司	田丰、李军锋、徐结明、熊勇、安康
GJYJGF085—2010	高墩悬臂液压爬模施工工法	1. 河南省公路工程局集团有限公司 2. 郑州市第一建筑工程集团有限公司	刘昕、李青、鲁立、裴辉、汪红卫
GJYJGF086—2010	碗形箱梁桥梁模板架系统及 BWPC 弧形外膜施工工法	1. 中建五局土木工程有限公司 2. 湖南省第四工程有限公司	聂海柱、彭云涌、石进阳、张红卫
GJYJGF087—2010	大跨度斜腿刚构桥斜腿竖向转体及单边悬臂灌注梁施工工法	1. 中铁十一局集团有限公司 2. 新八建设集团有限公司	余先江、刘素云、周冬梅、游国平、何磊
GJYJGF088—2010	时速 350km 高速铁路深水大跨桥梁裸岩基础施工工法	1. 中铁十四局集团有限公司 2. 中国土木工程集团有限公司	魏贤华、张立岩、范春生、孙晓迈、王维发
GJYJGF089—2010	异型板桥梁"钢弹簧支顶"主动加固施工工法	1. 中铁十六局集团北京轨道交通工程建设有限公司 2. 中国铁建股份有限公司	陈永栓、付丙峰、马栋、吴琼、郭秀琴

续表

工法编号	工法名称	完成单位	完成人
GJYJGF090—2010	钢与混凝土混合连续刚构桥钢混接头施工工法	1. 重庆城建控股（集团）有限责任公司 2. 长江航道局	王俊如、秦晓锋、李勇超、丁纪兴、于海祥
GJYJGF091—2010	液压同步提升大吨位钢拱塔施工工法	1. 中交第四公路工程局有限公司 2. 中国路桥工程有限责任公司	王昕、凌四、王国俊、唐永、任鸿鹏
GJYJGF092—2010	公路钢－混凝土组合梁斜拉桥上部结构安装施工工法	1. 中交第一公路工程局有限公司 2. 天津城建集团有限公司	田克平、黄天贵、曹玉新、刘福宏、赵强、吴立波
GJYJGF093—2010	采用特殊出口装置的大管径虹吸施工工法	1. 中国葛洲坝集团股份有限公司 2. 长江航道局	余英、程志华、石义刚、张群、孙昌忠
GJYJGF094—2010	1.3MPa水压力下地下洞室大流量透水灌浆封堵技术施工工法	中国水利水电第九工程局有限公司	罗朝文、李定忠、曾凡顺、陈菊、柴海涛
GJYJGF095—2010	大型导流洞进出口围堰水下拆除爆破施工工法	中国水利水电第六工程局有限公司	叶明、聂文俊、翟万全、王金田
GJYJGF096—2010	高面板堆石坝坝体填筑预沉降控制施工工法	1. 葛洲坝集团第五工程有限公司 2. 葛洲坝新疆工程局（有限公司）	周厚贵、王章忠、邓银启、王亚文、雷骊彪
GJYJGF097—2010	采用专用坐底船安装大型沉箱工法	1. 中国港湾工程有限责任公司 2. 中交第一航务工程局有限公司	吴利科、赵玉起、刘亚平、李德钊、刘德进
GJYJGF098—2010	水下整平器施工工法	1. 中交广州航道局有限公司 2. 中交天津航道局有限公司	刘思、刘勇、罗伟昌、赵凤友、田桂平
GJYJGF099—2010	桩基工程中的应力释放孔施工工法	1. 上海港务工程公司 2. 上海中交水运设计研究有限公司	陈赟、蔡基农、刘炜、童志华、唐皓京
GJYJGF100—2010	超长排距大型绞吸船与接力泵船串联施工工法	1. 中交上海航道局有限公司 2. 上海港务工程公司	陶冲林、秦学明、朱友明、沈徐兵、王桂林
GJYJGF101—2010	自动监控下深厚粉细砂地基振冲施工工法	上海港务工程公司	叶军、肖飞、徐梅坤、叶建平、贾新勇
GJYJGF102—2010	自动监控条件下具有稳带技术的塑料排水板施工工法	1. 上海港务工程公司 2. 中交上海航道局有限公司	叶军、喻栓旗、钱文博、叶建平、谢桢
GJYJGF103—2010	绞吸船管线变径施工工法	1. 中交天津航道局有限公司 2. 中国港湾工程有限责任公司	秦亮、高伟、赵凤友、朱信群、徐恩岳
GJYJGF104—2010	滨海型绞吸挖泥船"单桩双锚四缆"施工工法	中交天津航道局有限公司	周泉生、赵凤友、秦亮、徐恩岳、田桂平
GJYJGF105—2010	沉箱坞壁式干船坞湿法施工工法	中国交通建设股份有限公司	潘伟、高广凯、康松涛、郁祝如、刘学勇
GJYJGF106—2010	绞吸船超短排距切割泥泵叶轮施工工法	1. 中交天津航道局有限公司 2. 中国港湾工程有限责任公司	高伟、秦亮、张德新、田桂平、徐恩岳
GJYJGF107—2010	高土石坝心墙防渗土料（碎石土）掺配施工工法	1. 中国水利水电第五工程局有限公司 2. 云南建工水利水电建设有限公司	刚永才、李法海、阙丕林、沈家文、王嘉贵、张国林
GJYJGF108—2010	沿空留巷巷帮支护施工工法	淮南矿业（集团）有限责任公司	何勇、柏发松、吕福星
GJYJGF109—2010	高寒地区钢筋混凝土井塔冬期快速施工工法	中煤建筑安装工程公司	吴春杰、魏来安、刘慧、丛立波、周振宇
GJYJGF110—2010	钻井法凿井施工工法	中煤特殊凿井（集团）有限责任公司	刘建国、蔡鑫、朱东林、郑立锋、王明思
GJYJGF111—2010	复杂环境深孔控制爆破安全快速施工工法	1. 中铁第五勘察设计院集团有限公司 2. 中铁十四局集团有限公司	何广沂、李玉春、孙永、徐永刚、朱连臣

续表

工法编号	工法名称	完成单位	完成人
GJYJGF112—2010	千米立井井筒机械化配套施工工法	1. 中煤第五建设有限公司 2. 中国华冶科工集团有限公司	印东林、胡传喜、闫振斌、李明楼、刘冬至、崔喜旺
GJYJGF113—2010	大厚度锰钢－不锈钢复合容器焊接施工工法	河北省安装工程公司	贺广利、申知瑕、于春芬、付书宾、王拥鹏
GJYJGF114—2010	多晶硅工艺设备清洗施工工法	1. 中建工业设备安装有限公司 2. 江苏顺通建设工程有限公司	李本勇、王运杰、宫治国、殷雄、佘小颉
GJYJGF115—2010	超高速、特宽幅造纸设备安装工法	1. 山东高阳建设有限公司 2. 科达集团股份有限公司	孙裕国、潘相庆、郭海燕、王万峰、朱德军
GJYJGF116—2010	大型冰蓄冷站施工工法	广东省工业设备安装公司	黄伟江、张广志、李观生、于文杰、李琦
GJYJGF117—2010	风洞关键部件收缩段制造安装工法	1. 四川省工业设备安装公司 2. 中国华西企业有限公司	孙东华、杜江、曾健、帅龙飞、胡宁
GJYJGF118—2010	400kA以上特大型电解槽铝母线施工工法	1. 七冶建设有限责任公司 2. 中国十五冶金建设有限公司	周黔华、彭敬阳、陈新、胡云、李汇
GJYJGF119—2010	转炉炉体安装整体推移台架应用施工工法	中国十九冶集团有限公司	胡伟山、周彬辉、熊德武、王一、陈亮
GJYJGF120—2010	鲁奇气化炉安装工法	1. 中化二建集团有限公司 2. 中国化学工程第十一建设有限公司	胡富申、周武强、王金财、肖晓磊、郭瑞杰、唐贤斌
GJYJGF121—2010	吊车固定尾排吊转法吊装大型设备施工工法	中国石化集团宁波工程有限公司	王志远、陈煜、许良明
GJYJGF122—2010	采用液压提升装置倒装法安装塔式锅炉尾部垂直段烟道施工工法	1. 上海电力安装第一工程公司 2. 上海电力安装第二工程公司	刘伟钧、陈坚、郁张来、汤定隆、张映诺
GJYJGF123—2010	静叶可调轴流风机施工工法	天津电力建设公司	谢鸿钢、朱春宝、陈振刚
GJYJGF124—2010	近海3000kW风机码头组装施工工法	1. 新疆电力建设公司 2. 中国石化集团宁波工程有限公司	朱炜、朱朝晖、喻安辉、虞大林、赵利江、苏伯林
GJYJGF125—2010	5500m³高炉顶燃式热风炉砌筑工法	1. 中国三冶集团有限公司 2. 中国十七冶集团有限公司	张兴无、吴志敏、金海波、陶金福、夏宗金、刘松怀
GJYJGF126—2010	高炉中间段炉壳更换施工工法	1. 攀钢集团冶金工程技术有限公司 2. 中国十九冶集团有限公司	苏钢、涂修利、高宗来、洪定军、胡健
GJYJGF127—2010	火箭加注供气系统超长距离高洁净度管道安装施工工法	成都建筑工程集团总公司	张静、胡笛、杨福良、辜碧军、徐言毓
GJYJGF128—2010	永冻土地区长输保温管道预制施工工法	大庆油田建设集团有限责任公司	刘家发、李德昌、吕彦民、郜玉新、田智超
GJYJGF129—2010	管道自动焊焊接工法	中国石化集团第四建设公司	李雪梅、吴卫、马德勇
GJYJGF130—2010	轧机大型主传动电机安装施工工法	1. 中国三冶集团有限公司 2. 中国新兴保信建设总公司	何志江、丁维、孙谦、李哲、梁海涛
GJYJGF131—2010	连铸机弧形段空间尺寸量化检测施工工法	1. 攀钢集团冶金工程技术有限公司 2. 四川省晟茂建设有限公司	黄亮思、赵玉明、赵跃军、何小龙、程晓波
GJYJGF132—2010	大型塔式容器现场组装焊接工法	1. 福建省工业设备安装有限公司 2. 福建六建集团有限公司	官家培、何积忠、张俊峰、张志强、杨仁光

2009～2010 年度国家二级工法名单

工法编号	工法名称	完成单位	完成人
GJEJGF001—2010	刚一柔性桩复合地基施工工法	温州东瓯建设集团有限公司	毛西平、朱奎、金文
GJEJGF002—2010	浅水位栈道木桩施工工法	1. 福州第七建筑工程有限公司 2. 福州建工（集团）总公司	张孝松、林元明、刘越生
GJEJGF003—2010	长螺旋钻孔压灌混凝土桩施工工法	1. 江西中恒建设集团有限公司 2. 南昌市建筑工程集团有限公司	聂吉利、曹开伟、何丹、胡琪、李运华、杨东海
GJEJGF004—2010	大直径嵌岩灌注桩潜孔锤同步跟管成孔施工工法	1. 山东万鑫建设有限公司 2. 山东新城建工股份有限公司	王庆军、于可猛、李永峰、宗可锋、崔殿和
GJEJGF005—2010	管桩水泥土复合基桩施工工法	1. 山东省建筑科学研究院 2. 山东聊建集团有限公司	宋义仲、赵西久、王庆军、马凤生、卜发东
GJEJGF006—2010	水泥土搅拌桩加固旋挖成孔软弱孔壁施工工法	陕西建工集团机械施工有限公司	李存良、刘睿、贾新发、缑百强、赵文英
GJEJGF007—2010	搅拌水泥土锚杆施工工法	1. 江西中煤建设集团有限公司 2. 宁波建工股份有限公司	刘红艳、廖军云、俞建波、李水明、沈学毅
GJEJGF008—2010	联动作业式锚杆施工工法	1. 深圳市鹏城建筑集团有限公司 2. 广东金辉华集团有限公司	詹前进、陆观宏、卢文权、李甫、周宇
GJEJGF009—2010	复杂环境下深基坑联合支护施工工法	1. 山东新城建工股份有限公司 2. 济南城建集团有限公司	伊功善、崔佃和、岳可江、孙杰、张磊
GJEJGF010—2010	悬挂式基坑支护施工工法	1. 郑州市第一建筑工程集团有限公司 2. 郑州市市政工程总公司	吴纪东、罗付军、刘炜蟠、常红星、商卫中
GJEJGF011—2010	卵石层深基坑环状闭合支护体系施工工法	甘肃省建设投资（控股）集团总公司	王世新、蒲小平、黎粤桥、徐成贤、何霁耀
GJEJGF012—2010	新型钢盖板盖挖逆作施工工法	1. 腾达建设集团股份有限公司 2. 浙江舜江建设集团有限公司	卿淞、朱俊峰、金秋、王玲才
GJEJGF013—2010	深厚淤泥软土地区抗沉陷地基基础施工工法	1. 广东金辉华集团有限公司 2. 内蒙古兴泰建筑有限责任公司	唐业清、李甫、卢文权、韩平、余志文
GJEJGF014—2010	液压双轮铣削深搅拌施工工法	1. 江苏弘盛建设工程集团有限公司 2. 启东建筑集团有限公司	陈福坤、师永生、薛峰、孙刚、蒋云昌
GJEJGF015—2010	含黏性土卵石地层转盘式钻机钻进施工工法	1. 方远建设集团股份有限公司 2. 宁波建工股份有限公司	陈日鑫、阮冠华、李伟、陈黎明、刘用海
GJEJGF016—2010	深基坑钢支撑支设预加轴力施工工法	1. 湖南长大建设集团股份有限公司 2. 广东省建筑工程机械施工有限公司	李和平、李天成、李盛、李志强、陈健平
GJEJGF017—2010	装配式可回收锚索施工工法	1. 广东金辉华集团有限公司 2. 广东省第四建筑工程公司	詹前进、陆观宏、卢文权、李甫、周宇
GJEJGF018—2010	沙漠地区沟槽开挖单排轻型密布井点降水施工工法	1. 重庆城建控股（集团）有限责任公司 2. 长江航道局	于海祥、丁纪兴、祁刚、肖喻峰、何跃
GJEJGF019—2010	自然灾害应急事件中彩钢夹芯板房快速施工工法	甘肃省建设投资（控股）集团总公司	王世新、张春效、雏世苞、黎粤桥、罗金兰
GJEJGF020—2010	予力劈裂压浆增强型复合地基施工工法	1. 宁夏伊斯兰地质工程公司 2. 江苏省建筑工程集团有限公司	韩选江、周晶、高宝俭、訾兵、杨军平
GJEJGF021—2010	建筑基底可控减压排水抗浮施工工法	1. 中国京冶工程技术有限公司 2. 中冶天工集团有限公司	刘波、张慧东、隋作刚、李旭强、许佳
GJEJGF022—2010	淤泥质地层井点降水施工工法	中铁十九局集团第一工程有限公司	许爱军、许爱峻、邵云帆、韩士钊、贾常志

续表

工法编号	工法名称	完成单位	完成人
GJEJGF023—2010	软弱土层大面积满布密集管桩静压施工工法	1. 广州市恒盛建设工程有限公司 2. 湖南长大建设集团股份有限公司	陈卫文、赖惠清、邓迎芳、李和平、黄自强、李天成
GJEJGF024—2010	预应力抗浮锚杆逆作法施工工法	1. 中建八局第一建设有限公司 2. 中国建筑第六工程局有限公司	赵海峰、孙俊杰、秦家顺、赵小柱、蒋勇
GJEJGF025—2010	近浅基础旁多层地下室悬挑结构施工工法	1. 南京建工集团有限公司 2. 江苏双楼建设集团有限公司	鲁开明、张怡、张明、陈克荣、苏斌
GJEJGF026—2010	长套筒泥浆护壁旋挖钻孔灌注桩施工工法	1. 福建二建设集团公司 2. 厦门源昌城建集团有限公司	徐惠民、陈知奋、林渝榕、陈斌、黄跃森
GJEJGF027—2010	JX—F—05型渗透结晶型防水材料施工工法	1. 吉林天宇建设集团股份有限公司 2. 长春建工集团有限公司	俞明、蔡英淑、李洪植、姜哲、刘红
GJEJGF028—2010	长螺旋钻孔压灌混凝土后插型钢支护桩施工工法	1. 泛华建设集团有限公司 2. 北京六建集团有限责任公司	王鹏、刘培培、张鹏飞、王瑞清、吕艳红
GJEJGF029—2010	静压锚杆桩地下室纠偏加固施工工法	1. 新疆七星建设股份有限公司 2. 温州东瓯建设集团有限公司	金文、许宗国、胡明大、毛西平
GJEJGF030—2010	现浇混凝土楼板外侧模板支架施工工法	北京金港机场建设有限责任公司	白立斌
GJEJGF031—2010	钢筋混凝土烟囱壁单侧软模板提升施工工法	河北省第四建筑工程公司	王彦航、张秀华、田丽敏、姚立国、游月娟
GJEJGF032—2010	钢骨混凝土高位连体结构悬挂式模板系统施工工法	1. 南京大地建设集团有限责任公司 2. 江苏南通三建集团有限公司	仓恒芳、刘亚非、耿裕华、张赤宇、曹光中
GJEJGF033—2010	RAPID早拆型模板施工工法	1. 中厦建设集团有限公司 2. 浙江众立建筑工程有限公司	慕翔、金开建、张爱花、金小刚、吴劲松
GJEJGF034—2010	混凝土梁板组装桁架模板支撑施工工法	1. 山东德建集团有限公司 2. 山东兴华建设集团有限公司	胡兆文、金佐明、赖忠楠、荆建明、周兆伟
GJEJGF035—2010	铝合金模板系统及施工工法	广东建星建筑工程有限公司	王爱志、疏杰、林少锋、程敏、向勇
GJEJGF036—2010	可调式独立支撑模板体系施工工法	1. 中国建筑第八工程局有限公司 2. 四川省晟茂建设有限公司	马荣全、赵亚军、李栋、陈俊杰、程晓波
GJEJGF037—2010	框架柱新型塑料模板安装施工工法	陕西建工集团第五建筑工程有限公司	韩伟、王锦华、张国华、曹拥军、屈磊
GJEJGF038—2010	大空间门架式模板支撑体系施工工法	陕西建工集团第五建筑工程有限公司	韩伟、王双林、张国华、高云飞、王娟平
GJEJGF039—2010	内伸外挂脚手架施工工法	1. 江苏省建工集团有限公司 2. 中设建工集团有限公司	陆建彬、陈晓寅、施建军、沙学政、徐玉萍
GJEJGF040—2010	建筑用脚手架短钢管光电控制自动焊接施工工法	中国华西企业有限公司	张洪、刘新玉、邱云胜、戚岷、龙绍章
GJEJGF041—2010	螺栓连接型钢悬挑脚手架施工工法	1. 海南省建筑工程总公司 2. 标力建设集团有限公司	郭泽文、汪吉明、童万和、倪志正、陈宝弟
GJEJGF042—2010	挑拉混合式悬挑脚手架施工工法	甘肃省建设投资（控股）集团总公司	王世新、王跃军、黎粤桥、潘存瑞、张渭军
GJEJGF043—2010	景观造型清水混凝土施工工法	北京市第三建筑工程有限公司	曹勤、王京生、徐伟、郭彦玉、崔桂兰
GJEJGF044—2010	承重混凝土砌块短肢墙结构施工工法	1. 黑龙江省建工集团有限责任公司 2. 龙建路桥股份有限公司	王玉林、王君、邓冬梅、于彩峰、孙雪飞
GJEJGF045—2010	清水防火墙工法	1. 苏州二建建筑集团有限公司 2. 江苏省盐阜建设集团有限公司	周建中、韩树山、周成永、叶国山、魏义生

续表

工法编号	工法名称	完成单位	完成人
GJEJGF046—2010	钢筋混凝土窗台压顶逆作施工工法	1. 温州中城建设集团有限公司 2. 三箭建设工程集团有限公司	陈林、潘一中、王新华、叶锡国、潘烈侠
GJEJGF047—2010	钢筋桁架模高精度混凝土现浇板施工工法	安徽华力建设集团有限公司	赵学军、吴银国、陈文生、赵利明、梁月波
GJEJGF048—2010	型钢预应力钢筋混凝土桁架施工工法	福州市第三建筑工程公司	余贤英、郑自强、林一苏、余少月、肖斯昕
GJEJGF049—2010	内置 BZS 模盒现浇钢筋混凝土楼板施工工法	1. 江西中恒建设集团有限公司 2. 贵州梦真建材研发有限公司	聂吉利、邓燕华、周清云、熊信福、谢孟
GJEJGF050—2010	钢—聚丙烯混杂纤维混凝土增强增韧阻裂防渗工法	1. 青岛市胶州建设集团有限公司 2. 科达集团股份有限公司	郭道盛、姜焕胜、张德光、刘执圣、黑增武
GJEJGF051—2010	空间多折面薄壁型现浇混凝土围护结构施工工法	武汉建工股份有限公司	吴建军、王爱勋、黄昕、李文祥、江筠
GJEJGF052—2010	高空悬挑混凝土结构施工支架平台技术施工工法	1. 广州机施建设集团有限公司 2. 佛山市新一建筑集团有限公司	雷雄武、冯少鹏、肖志举、肖焕詹、潘梅胤
GJEJGF053—2010	FR 轻集料混凝土空心隔墙板安装施工工法	1. 成都建筑工程集团总公司 2. 成都芙蓉新型建材有限公司	贾佐铭、王础、杨金渝、杨洪波、游铎章
GJEJGF054—2010	耐热混凝土施工工法	1. 云南省第二建筑工程公司 2. 江西中恒建设集团有限公司	甘永辉、洪洁、舒永华、付艳梅、李建平
GJEJGF055—2010	液压劈裂剥离无粘结预应力筋表层混凝土施工工法	1. 中国华西企业有限公司 2. 永升建设集团有限公司	王晓波、缪建国、崔苗、赵建雷、黎规梅
GJEJGF056—2010	混凝土框架梁体外预应力加固施工工法	1. 新七建设集团有限公司 2. 新疆城建（集团）股份有限公司	刘炳元、易登猛、江涛
GJEJGF057—2010	连续跨环形预应力梁施工工法	1. 云南省第二建筑工程公司 2. 云南建工第五建设有限公司	甘永辉、洪洁、舒永华、杨绍坤、钟剑
GJEJGF058—2010	有粘结和无粘结二合一组合预应力梁施工工法	1. 中国一冶集团有限公司 2. 济南四建集团有限责任公司	王平、杨建新、刘明周、宫文晋、韩刚平
GJEJGF059—2010	转换层支模"逆作法"整体浇筑施工工法	1. 山东新城建工股份有限公司 2. 山东天齐置业集团股份有限公司	王玉伦、崔佃和、岳可江、肖华锋、朱立东
GJEJGF060—2010	拱板屋架高空预制及成组滑移施工工法	1. 江苏邗建集团有限公司 2. 江苏环盛建设集团有限公司	徐永海、汪万飞、王刚、盛正文、王贤坤
GJEJGF061—2010	全预制装配整体式剪力墙结构（NPC）体系施工工法	南通建筑工程总承包有限公司	张军、董年才、郭正兴、顾春明、陈耀刚
GJEJGF062—2010	自然毛石与页岩实心砖混搭砌筑施工工法	1. 天津渔阳建工集团有限公司 2. 天津住宅集团建设工程总承包有限公司	周广斌、张海燕、叶红亮、王继峰、刘晨光
GJEJGF063—2010	地下交通枢纽钢管柱逆作定位安装浇筑施工工法	1. 天津三建建筑工程有限公司 2. 山西省第五建筑工程公司	宋红智、陈宝来、齐悦、张志利、刘志军、王伦康
GJEJGF064—2010	塔吊超高外附着设计、安拆、周转施工工法	中建三局第二建设工程有限责任公司	黄刚、黄晨光、郑承红、梁贵才、宋文霞
GJEJGF065—2010	卵形消化池伞形模架施工工法	1. 中铁四局集团有限公司 2. 中铁上海工程局有限公司	陈军、董燕囡、张立新、杨国新、杨慧丰
GJEJGF066—2010	超长清水混凝土雨篷施工工法	1. 中厦建设集团有限公司 2. 同济大学	张国荣、陈伟、骆义荣、黄长庆、赵鸣
GJEJGF067—2010	钢筋混凝土网格墙现浇磷石膏二次填充施工工法	1. 贵州建工集团第一建筑工程有限责任公司 2. 贵州建工集团有限公司	廖卫红、王钢、付定鑫、余万江、毛华祥

续表

工法编号	工法名称	完成单位	完成人
GJEJGF068—2010	自流平抗裂耐磨再生混凝土地面施工工法	1. 湖南望新建设集团股份有限公司 2. 湖南拓展建设工程有限公司	汤彦武、李九苏、刘月升、叶群山、夏艺红
GJEJGF069—2010	框架结构楼内增设钢筋混凝土核心筒施工工法	1. 浙江舜杰建筑集团股份有限公司 2. 深圳市建工集团股份有限公司	朱炎成、邵卫平、赵蓉
GJEJGF070—2010	气密性熏蒸仓滑模施工与检测工法	1. 大连金广建设集团有限公司 2. 大连阿尔滨集团有限公司	冯亮亮、刘显全、魏勇、王伟、张炯
GJEJGF071—2010	大跨度快拆小径木支撑系统施工工法	1. 黑龙江省建工集团有限责任公司 2. 浙江昆仑建设集团股份有限公司	张厚、丁永明、张旭东、王玉辉、孙雪飞
GJEJGF072—2010	斜拉式高空大悬挑工作平台施工工法	1. 江苏扬建集团有限公司 2. 江苏弘盛建设工程集团有限公司	祝寿均、张迎春、孔祥峰、徐柔、袁树翔
GJEJGF073—2010	高密度纤维水泥平板轻质灌浆墙施工工法	1. 华太建设集团有限公司 2. 浙江海滨建设集团有限公司	颜可琴、竺炜江、林萍、潘磊、俞浩军
GJEJGF074—2010	含相变合金材料抗裂保温砂浆施工工法	1. 浙江舜江建设集团有限公司 2. 浙江国泰建设集团有限公司	陈国庆、朱俊峰、严中海、洪昌华
GJEJGF075—2010	一种复合生物法中水处理站施工工法	1. 安徽鲁班建设投资集团有限公司 2. 安徽建工集团有限公司	张联合、徐根旺、程进、陈刚
GJEJGF076—2010	钢大梁液压同步提升与高空平移施工工法	福建二建建设集团公司	徐惠民、陈文广、周宝华、郑定鸿、黄跃森
GJEJGF077—2010	拉索式点支承玻璃幕墙施工工法	1. 福州建工（集团）总公司 2. 福州第七建筑工程有限公司	念保镖、黄健、庄国强、郭晓、张孝松
GJEJGF078—2010	水池池壁整体支模施工工法	1. 中设建工集团有限公司 2. 江西省发达建筑集团有限公司	陈生贤、胡幼香、吴伟峰、韩永水、徐丰昌
GJEJGF079—2010	复合灌注聚氨酯硬泡外墙外保温系统施工工法	1. 河南红旗渠建设集团有限公司 2. 林州建总建筑工程有限公司	郝卫增、王凤青、冯俊昌、栗荣喜、郭军林
GJEJGF080—2010	筒中筒结构"内滑外倒"施工工法	二十三冶建设集团有限公司	周乃云、范险峰、李剑
GJEJGF081—2010	内浇外挂式外墙 PC 板施工工法	1. 深圳市鹏城建筑集团有限公司 2. 深圳市建设（集团）有限公司	李世钟、麻利、费权、田原、陈志龙
GJEJGF082—2010	大型破碎机房高大漏斗（钢·混凝土组合结构）施工工法	1. 广西建工集团第五建筑工程有限责任公司 2. 广西建工集团第一建筑工程有限责任公司	芦继忠、梁伟、海涛、肖玉明、孙富达
GJEJGF083—2010	重木结构施工工法	1. 浙江舜江建设集团有限公司 2. 陕西建工集团第二建筑工程有限公司	严忠海、朱俊峰、刘建明、刘建国、谢慧珍
GJEJGF084—2010	填充墙墙面粉刷石膏薄抹灰施工工法	陕西建工集团第五建筑工程有限公司	王锦华、张玉峰、蒋伟鹏、王慧英、王蓉
GJEJGF085—2010	剪力墙结构外墙外侧定型大钢模空中不落地周转施工工法	1. 启东建筑集团有限公司 2. 青海省建筑工程总承包有限公司	蒋云昌、陈伟、朱海荣、白永平、李玉宝
GJEJGF086—2010	高层建筑电气竖井膨胀型有机防火堵料施工工法	1. 中建新疆建工（集团）有限公司 2. 中建八局第一建设有限公司	姜向东、关挺、乔宏刚、秦家顺、赵海峰
GJEJGF087—2010	PVC 中空内模水泥隔墙施工工法	中建四局第六建筑工程有限公司	丁云朝、孙成帅、初善忠、刘芳玲、银克俭
GJEJGF088—2010	无比钢轻钢建筑施工工法	1. 歌山建设集团有限公司 2. 山西六建集团有限公司	吕国玉、任继连、蒋沧如、李鹏斐、卢国荣
GJEJGF089—2010	大型体育场馆巨拱结构高空倾斜偏转提升施工工法	1. 内蒙古兴泰钢结构有限责任公司 2. 内蒙古兴泰建筑有限责任公司	高海军、贾俊杰、王喆
GJEJGF090—2010	大跨度曲线钢箱梁焊接施工工法	1. 中国三冶集团有限公司 2. 浙江大东吴集团建设有限公司	那丽、张德利、曾斌、薛福国

工法编号	工法名称	完成单位	完成人
GJEJGF091—2010	带狗骨式阻尼器的张弦梁结构施工工法	哈尔滨长城建筑集团股份有限公司	翟文忠、相克位、韩再国、赵书明、白晶
GJEJGF092—2010	空间曲面钢结构管桁架屋盖安装施工工法	1. 五洋建设集团有限公司 2. 浙江昆仑建设集团股份有限公司	张杭生、阮连法、王栋、徐建丰、劳震宇
GJEJGF093—2010	多高层钢结构非压型板组合楼盖施工工法	1. 山东德建集团有限公司 2. 青岛市胶州建设集团有限公司	胡兆文、郭道盛、刘世国、杨宪奎、穆立春
GJEJGF094—2010	大型折叠升降LED显示屏风帆架施工工法	1. 广州机施建设集团有限公司 2. 中十冶集团有限公司	丁昌银、余建洲、黎丁、黄东阳、雷雄武
GJEJGF095—2010	体育馆轮幅式张拉梁屋盖同步分级张拉整体提升施工工法	1. 四川省晟茂建设有限公司 2. 浙江东南网架股份有限公司	肖波、杨勇义、周科男、刘永刚、何挺
GJEJGF096—2010	大跨度管桁架拼装施工工法	1. 攀钢集团冶金工程技术有限公司 2. 成都建筑工程集团总公司	周旭、朱明、钟彪、范龙尧、黄良
GJEJGF097—2010	装配式钢结构试水装置施工工法	1. 新疆城建（集团）股份有限公司 2. 新七建设集团有限公司	李忠亮、刘炳元、江涛、易登猛、陈宽城
GJEJGF098—2010	混凝土框架转换钢结构节点施工工法	1. 永升建设集团有限公司 2. 江苏广宇建设集团有限公司	何政、徐兴明、王双喜、徐剑刚、朱成慧
GJEJGF099—2010	高强螺栓预张拉施工工法	1. 中建钢构有限公司 2. 中建新疆建工（集团）有限公司	戴立先、陈韬、马人乐、张根宝、尹昌洪
GJEJGF100—2010	高铁大型交通枢纽动荷载框架结构制作工法	1. 上海宝冶集团有限公司 2. 中冶建工有限公司	汪应祥、曹义进、沈涛、赵淑荣、刘春波
GJEJGF101—2010	木结构古建施工工法	上海殷行建设集团有限公司	许培丽、应桢琳、李立民、徐远景、韩华东
GJEJGF102—2010	青砖小瓦花格窗施工工法	1. 浙江中联建设集团有限公司 2. 中鑫建设集团有限公司	尉烈扬、王保兴、陈国仕、陈玲芬、朱亮
GJEJGF103—2010	古建筑木梁柱嵌肋加固施工工法	1. 成都建筑工程集团总公司 2. 攀钢集团冶金工程技术有限公司	黄良、黄维成、车汪速、涂捷、雷勇
GJEJGF104—2010	仿古建筑屋面劈开砖施工工法	陕西建工集团第一建筑工程有限公司	刘成荫、程华安、丁保安、刘丹洲
GJEJGF105—2010	大面积水隐舞台施工工法	1. 广州机施建设集团有限公司 2. 广东浩和建筑股份有限公司	雷雄武、黎丁、黄东阳、彭文海、周岳
GJEJGF106—2010	带金属装饰网架的球体网壳结构施工工法	1. 福建省第五建筑工程公司 2. 广东金刚幕墙工程有限公司	石清辉、耿天勇、吕建星、郭定国、付志宏
GJEJGF107—2010	沿海、台风地区工业厂房压型钢板屋盖施工工法	1. 海南省建筑工程总公司 2. 方远建设集团股份有限公司	郭泽文、金崇正、周官青、陈方丽
GJEJGF108—2010	仿古建筑斜坡屋面现浇混凝土施工工法	1. 陕西建工集团第七建筑工程有限公司 2. 陕西建工集团第六建筑工程有限公司	何建升、王瑞良、雷亚军、赵长经、张雪娥
GJEJGF109—2010	穹顶钢结构双向旋转累积滑移施工工法	1. 正太集团有限公司 2. 广州市第三建筑工程有限公司	孟向惠、杨轶、陈年军、刘志强、刘美英
GJEJGF110—2010	多维、铰接、管支撑结构体系的制作、安装施工工法	华北建设集团有限公司	邓德胜、刘建强、孙鹏龙、付彬、顾红霞
GJEJGF111—2010	大型场馆钢管桁架结构安装施工工法	宁夏建工集团有限公司	李强、刘志刚、张兴宁、王海琳、张德友
GJEJGF112—2010	"平桥"施工超高大空冷塔筒壁施工工法	宁夏建工集团有限公司	郑怀祥、李志国、张德友、毛学军、王东红
GJEJGF113—2010	开放式陶板（陶管）幕墙施工工法	1. 北京建工集团有限责任公司 2. 沈阳远大铝业工程有限公司	白玉璞、翟培勇、朱文键、尹中国、吴全义

工 法 编 号	工 法 名 称	完 成 单 位	完 成 人
GJEJGF114—2010	预制外墙外侧保温节能装饰挂板施工工法	1. 北京韩建集团有限公司 2. 江苏省第一建筑安装有限公司	贾大虎、张玉海、李云松、刘俭、许锦峰、王勇
GJEJGF115—2010	地采暖纤维钢筋混凝土楼地面施工工法	1. 天津天一建设集团有限公司 2. 长业建设集团有限公司	赵志强、叶黎明、许丽华、赵喜全、孔祥武
GJEJGF116—2010	既有建筑物围护结构节能改造施工工法	1. 鹏达建设集团有限公司 2. 浙江中南建设集团有限公司	廖永、王剑辉、张观贤、段洪涛、赵士永
GJEJGF117—2010	椭圆外倾建筑异型外挂人造石板材施工工法	内蒙古兴泰建筑有限责任公司	赵刚、高培义、王瑞林、井谢谢、王峰
GJEJGF118—2010	现场喷涂塑胶场地施工工法	1. 辽宁建工集团有限公司 2. 辽宁建设安装集团有限公司	平玉柱、赵成强、李明、刘美丽、李宏伟
GJEJGF119—2010	粘钉一体化外墙外保温系统施工工法	1. 浙江舜杰建筑集团股份有限公司 2. 龙信建设集团有限公司	陈坤校、邵卫平、谢建华、张豪、董新毅、张裕忠
GJEJGF120—2010	加气混凝土砌块内墙薄抹灰施工工法	1. 浙江海天建设集团有限公司 2. 标力建设集团有限公司	胡新锋、王小燕、王凤林、金宝锋、陈宝弟
GJEJGF121—2010	玻璃幕墙横梁立柱新型连接结构施工工法	1. 宁波建乐建筑装潢有限公司 2. 宁波建工股份有限公司	许必强、熊昱栋、王仁华、余劲草、徐增建
GJEJGF122—2010	博物馆场景仿真树施工工法	1. 浙江昆仑建设集团股份有限公司 2. 五洋建设集团股份有限公司	左斌、江波、劳震宇、郑立明、罗海
GJEJGF123—2010	GF—3型防辐射涂料施工工法	1. 浙江湖州市建工集团有限公司 2. 温州中城建设集团有限公司	卢伟强、陈有生、张锦方、应汉东、王新华
GJEJGF124—2010	GYGD保温隔热装饰一体板外墙外保温施工工法	1. 安徽建工集团有限公司 2. 浙江中南建设集团有限公司	陈刚、周松桂、邱立龙、陈虎顺、汪叶照
GJEJGF125—2010	组合一体式工具顶棚吊筋钻孔施工工法	1. 潍坊昌大建设集团有限公司 2. 山东三箭建设工程股份有限公司	朱九洲、付光文、安伟平、姜波、房桂芹
GJEJGF126—2010	建筑外立面超长金属花槽与节水滴灌系统安装施工工法	1. 新蒲建设集团有限公司 2. 华仁建设集团有限公司	丁银生、祁敏、姚小伟、任旭东、过露霞
GJEJGF127—2010	防氡涂料施工工法	1. 泰宏建设发展有限公司 2. 河南国基建设集团有限公司	宋广明、郭强、王喜元、朱国防、张国杰
GJEJGF128—2010	框架结构外墙防裂施工工法	新八建设集团有限公司	夏华、沈志勇、姚正刚、张万鹏、涂福平
GJEJGF129—2010	超高大跨度天棚藻井系统分层施工工法	1. 湖南建工集团装饰工程有限公司 2. 中南大学	李忠、梁曙曾、赵波、彭琳娜、周玉明
GJEJGF130—2010	观赏水体水下景观施工工法	1. 中国建筑第七工程局有限公司 2. 河南省路桥建设集团有限公司	周申彬、张中善、田鹏、李海军、王海峰
GJEJGF131—2010	半圆攒尖螺旋屋面瓦作施工工法	山西省第一建筑工程公司	张金虎、李卫俊、白少华、淮钢、梁国艳
GJEJGF132—2010	屋面雨水生态利用施工工法	1. 歌山建设集团有限公司 2. 浙江弘业建设有限公司	吕国玉、金晓华、蒋国伟、傅义峰、张明
GJEJGF133—2010	沥青铜瓦坡屋面防水施工工法	温州东瓯建设集团有限公司	周凤中、吴勇
GJEJGF134—2010	金属屋面太阳能光电板安装施工工法	1. 中国建筑第七工程局有限公司 2. 林州建总建筑工程有限公司	陈胜文、孙忠国、陈浩峰、何海英、秦文昌
GJEJGF135—2010	76m超长自锁式防水压型彩板厂房屋面施工工法	1. 广州市恒盛建设工程有限公司 2. 广州市市政集团有限公司	赖惠清、邓迎芳、徐晓博、李慧莹、张海钊
GJEJGF136—2010	屋面工程细部处理施工工法	1. 汕头市建安（集团）公司 2. 广东正升建筑有限公司	陈松根、林静辉、魏育明、张静民、肖创皆

工法编号	工法名称	完成单位	完成人
GJEJGF137—2010	饰面板嵌入式植筋与八字背槽式挂件组合挂贴施工工法	1. 福建二建建设集团公司 2. 福建省建筑科学研究院	黄跃森、甘为民、周述文、金华松
GJEJGF138—2010	双层可呼吸式弧形玻璃幕墙安装施工工法	陕西建工集团总公司	刘永强、王易安、唐宝成、薛振华
GJEJGF139—2010	泡沫混凝土屋面找坡隔热抗裂施工工法	1. 江苏省第一建筑安装有限公司 2. 青海一建建筑工程有限责任公司	刘俭、王勇、胡增广、王进
GJEJGF140—2010	新型保温双叶墙体施工工法	湖南高岭建设集团股份有限公司	周绪红、吴方伯、胡锷、陈伟、李骥原
GJEJGF141—2010	ASHFORD FORMULATM 精密耐磨地坪施工工法	1. 启东建筑集团有限公司 2. 南通五建建设工程有限公司	蒋云昌、朱海荣、葛家君、朱叶军、潘华
GJEJGF142—2010	具有多层空气间层的不透明干挂外墙外保温系统施工工法	1. 上海城建建设实业（集团）有限公司 2. 上海华御建筑装饰材料有限公司	张家华、王满林、余琼、周红锤、姚育辉
GJEJGF143—2010	DKGL 硬质纤维保温吸声层喷涂施工工法	1. 北京中关村开发建设股份有限公司 2. 广东金辉华集团有限公司	袁勇军、张奇、赖文桢、卢文权、王志兴
GJEJGF144—2010	外墙干挂花岗岩施工工法	南昌市建筑工程集团有限公司	吴志斌、舒奕荣、秦建昌、李华文、陈新发
GJEJGF145—2010	应用激光标线技术的墙面抹灰施工工法	1. 深圳市建设（集团）有限公司 2. 深圳市鹏城建筑集团有限公司	肖营、陈力波、郭宁、张宇航、昝帅
GJEJGF146—2010	超高层建筑施工临时用水设置工法	1. 中国新兴建设开发总公司 2. 中国新兴保信建设总公司	曹举胜、张国超、靳艳军、陈刚
GJEJGF147—2010	人工顶进长距离混凝土管道减少摩阻力施工工法	1. 沈阳市政集团有限公司 2. 中铁四局集团有限公司	王少春、贲晓明、盛刚、孙焕斌、杨仲杰、张海涛
GJEJGF148—2010	排水系统 UPVC 套筒直埋法施工工法	江苏天宇建设工程有限公司	徐新、刁咸华、衡达松、王权、倪兆成
GJEJGF149—2010	悬吊支座一体浇筑成套技术施工工法	1. 济南城建集团有限公司 2. 山东滨州城建集团公司	孙杰、许庚、李少成、袁文义
GJEJGF150—2010	沉管式检查井施工工法	1. 郑州市市政工程总公司 2. 郑州市第一建筑工程集团有限公司	吴纪东、罗付军、王明远、郭伟、雷霆
GJEJGF151—2010	地源热泵 U 形垂直埋管换热系统安装工法	1. 安阳建工（集团）有限责任公司 2. 广西建工集团第一建筑工程有限责任公司	王兰兰、郭进保、王磊、秦海卫、马建军
GJEJGF152—2010	软弱土质大口径长距离钢筋混凝土管泥水平衡顶管施工工法	1. 广东华恒建设工程有限公司 2. 金中天集团建设有限公司	吴全科、林超、米建华、谢绍凯、邓永祥
GJEJGF153—2010	内衬不锈钢复合钢管安装工法	1. 四川省晟茂建设有限公司 2. 浙江中南建设集团有限公司	肖波、吴炜、冷冽、陈飞雁、陈音
GJEJGF154—2010	预埋套管线性与标高控制施工工法	1. 中建五局第三建设有限公司 2. 重庆交通建设（集团）有限责任公司	吕基平、杨荫洲、陈田山、李英玉、刘建
GJEJGF155—2010	太阳能辅助地源热泵空调系统施工工法	1. 陕西建工集团第一建筑工程有限公司 2. 长春建工集团有限公司	靳少平、程华安、肖建军、张全军
GJEJGF156—2010	大面积钢筋混凝土地面地辅热供暖施工工法	1. 陕西建工集团第二建筑工程有限公司 2. 浙江舜江建设集团有限公司	刘建明、崔曾录、刘建国、严忠海、朱俊峰
GJEJGF157—2010	增强型共板法兰风管制作安装施工工法	1. 陕西航天建筑工程公司 2. 新八建设集团有限公司	于亚龙、李晖、李欣、许景刚、张卫星
GJEJGF158—2010	平屋顶柱承式安装型太阳能光伏发电系统设计与施工工法	1. 中设建工集团有限公司 2. 浙江宝业建设集团有限公司	陈晓寅、朱关庆、王立、章瑞文、葛兴杰、杨晓华

续表

工 法 编 号	工 法 名 称	完 成 单 位	完 成 人
GJEJGF159—2010	光导照明施工工法	1. 济南四建（集团）有限责任公司 2. 威海建设集团股份有限公司	葛军、刘清杰、于栋、张振宇、王奋
GJEJGF160—2010	无电池应急灯具自动切换供电施工工法	1. 潍坊昌大建设集团有限公司 2. 济南四建（集团）有限责任公司	王维奇、闫鹏、王丰娟、王磊、徐东新
GJEJGF161—2010	防水防尘可挠性金属导管施工工法	1. 重庆一建建设集团有限公司 2. 保定市满城长瑞管业有限公司	周忠明、王红静、代进、唐邦福、陈阁琳
GJEJGF162—2010	住宅厨房卫生间排气道安装施工工法	1. 江苏南通二建集团有限公司 2. 河北恒山建设集团有限公司	曹文山、曹国华、肖晓冰、赵计存、陈炳良
GJEJGF163—2010	中央空调碳钢管道内壁镀膜防腐施工工法	1. 江西中煤建设集团有限公司 2. 宁波建工股份有限公司	万平、周诗庆、邵波、沈毅华、陈黎明
GJEJGF164—2010	超宽大截面薄钢板风管施工工法	1. 青岛安装建设股份有限公司 2. 青建集团股份公司	秦贵平、王胜、蔡军强、王波、王乃鹏
GJEJGF165—2010	数码多联中央空调施工工法	1. 山东宁建建设集团有限公司 2. 山东德建集团有限公司	高保林、盛建银、胡兆文、李成民、于静
GJEJGF166—2010	快速静态 GPS 基坑水平位移安全性监测工法	1. 山东兴华建设集团有限公司 2. 山东新城建工股份有限公司	万世军、刘新杰、胡龙伟、崔佃和、韩明辉
GJEJGF167—2010	超高层建筑 GPS 测控施工工法	1. 重庆一建建设集团有限公司 2. 温州中城建设集团有限公司	姚刚、周忠明、陈阁琳、潘一中、王新华
GJEJGF168—2010	市政排水管半开槽顶管施工工法	1. 郑州市市政工程总公司 2. 江苏省第一建筑安装有限公司中州分公司	吴纪东、高振波、刘勇、马军、杨成海
GJEJGF169—2010	远程监控电缆敷设施工工法	1. 山东寿光第一建筑有限公司 2. 中建八局第一建设有限公司	程广仁、赵民生、程助远、邵娜、赵海峰
GJEJGF170—2010	空心钻头冲孔灌注桩施工工法	1. 中建七局第三建筑有限公司 2. 福建六建集团有限公司	陈仁开、王世杰、王耀、赖友华、张书锋
GJEJGF171—2010	现浇板、梁模板支撑快拆体系工法	1. 中天建设集团内蒙分公司 2. 内蒙古兴泰建筑有限责任公司	楼联红、吴俊华、侯志伟、薛瑞、贾二军
GJEJGF172—2010	掺轻质材料改善泡沫混凝土综合性能的施工工法	山西省第二建筑工程公司	王荣香、王建、霍瑞琴、王宏江、张波
GJEJGF173—2010	超大面积激光整平原浆压光混凝土楼地面施工工法	1. 广西建工集团第二建筑工程有限责任公司 2. 中国建筑第八工程局有限公司	王志刚、何震华、方思忠、桂文清、黄海明
GJEJGF174—2010	严寒地区高强、高性能混凝土施工技术工法	1. 中国建筑一局（集团）有限公司 2. 江苏南通三建集团有限公司	李洪海、赵向前、黄勇、徐巍、曹光中
GJEJGF175—2010	低位少支点模块化整体顶升钢平台模架体系施工工法	中建三局第三建设工程有限责任公司	何穆、杨婧、白进松、孙玉林、刘晓升
GJEJGF176—2010	异型双层钢管偏心支撑桁架施工工法	1. 中国建筑第八工程局有限公司 2. 山东百世建设集团有限公司	马荣全、张晓勇、袁建勋、韩淼兵、张宝华
GJEJGF177—2010	斜向多面体钢筋混凝土柱施工工法	1. 中建八局第二建设有限公司 2. 广西建工集团第一建筑工程有限责任公司	李忠卫、邓程来、肖玉明、孙磊、卢武成
GJEJGF178—2010	倾斜单元式幕墙不规则菱形钢格构安装施工工法	1. 中国建筑股份有限公司 2. 泛华建设集团有限公司	彭明祥、谭利华、陈代义、彭焕中、孙在久
GJEJGF179—2010	夯实水泥土桩处理软基施工工法	1. 河北路桥集团有限公司 2. 科达集团股份有限公司	胡月、聂增芳、李超、吴志国、赵月平
GJEJGF180—2010	采空区地基注浆处理施工工法	1. 山西六建集团有限公司 2. 歌山建设集团有限公司	石晶、赵宝玉、郭存生、王江江、李文燕

续表

工法编号	工法名称	完成单位	完成人
GJEJGF181—2010	季节性冻土地区冰湖地基路基施工工法	1. 龙建路桥股份有限公司 2. 黑龙江省建工集团有限责任公司	郑立君、陆要武、史新春、张鹏、李梓丰
GJEJGF182—2010	无噪声、无振动、环保汽车坡道施工工法	1. 浙江海滨建设集团有限公司 2. 华太建设集团有限公司	竺炜江、王再福、沈洪、俞浩军、潘磊
GJEJGF183—2010	彩色透水性混凝土路面施工工法	1. 林州建总建筑工程有限公司 2. 河南省第一建筑工程集团有限责任公司	吴顺庆、张春成、李继宇、李运刚、冯俊昌
GJEJGF184—2010	路基沉降观测与填筑同步施工工法	1. 河南省路桥建设集团有限公司 2. 湖南大学	李成效、刘晓明、张红春、王虎、张建中
GJEJGF185—2010	高速公路精品化预制构件施工工法	1. 河南省公路工程局集团有限公司 2. 河南三建建设集团有限公司	干英辉、高渐斌、刘运霞、李青、赵月英
GJEJGF186—2010	气泡混合轻质土路堤填筑工法	1. 广东冠粤路桥有限公司 2. 广东冠生土木工程技术有限公司	王树林、谢学钦、肖礼经、刘龙伟、陈小丽
GJEJGF187—2010	薄层环氧抗滑层路面（CRM）施工工法	重庆市智翔铺道技术工程有限公司	程玮、曾波、刘昌仁、王新海、张晓东
GJEJGF188—2010	SNS 柔性主动防护系统施工工法	1. 安通建设有限公司 2. 北京市公路桥梁建设集团有限公司	郑忠智、陈中华、董波、夏孝奋、石效民
GJEJGF189—2010	浅埋式大断面箱涵顶推施工工法	中交第四公路工程局有限公司	李金光、田军乐、王国俊、孟俊芳、王小榆
GJEJGF190—2010	温拌沥青混合料施工工法	河北路桥集团有限公司	杜欣峰、王林山、李海良、张文、张金凤
GJEJGF191—2010	钢桥面 ERS 铺装施工工法	1. 中交第三公路工程局有限公司 2. 广州市市政集团有限公司	刘元炜、张志宏、杨志超、安关峰、张洪彬、刘添俊
GJEJGF192—2010	橡胶沥青、胶粉双复合改性沥青混凝土路面施工工法	1. 湖南路桥建设集团公司 2. 新疆交通建设（集团）有限责任公司	罗振宇、彭益民、向良、沈金生、李茂文、熊刚
GJEJGF193—2010	软土地基上高速公路路基拓宽施工工法	1. 上海市第四建筑有限公司 2. 浙江舜江建设集团有限公司	王水良、倪晓峻、潘寅杰、朱金建、严忠海
GJEJGF194—2010	硅藻土改性沥青路面施工工法	云南路桥股份有限公司	王在杭、角述宾、陈建刚、徐家锦、蔡从兵
GJEJGF195—2010	戈壁沙漠地区水泥稳定砂砾半刚性基层施工工法	甘肃路桥第一公路工程有限责任公司	曹贵、岳永和、康成生、林琴、魏虹
GJEJGF196—2010	公路沥青路面综合表面处治施工工法	新疆交通建设（集团）有限责任公司	沈金生、李茂文、熊刚、马莲霞、马光强
GJEJGF197—2010	岩盐路基施工工法	新疆交通建设（集团）有限责任公司	马振斌、高德军、周斌、张宏军、张旭锋
GJEJGF198—2010	彩色沥青混凝土路面施工工法	1. 厦门市政工程公司 2. 厦门源昌城建集团有限公司	黄国章、魏继峰、廖铭顺、刘国智、杨克红
GJEJGF199—2010	嵌挤式混凝土块路面现浇施工工法	山西路桥建设集团有限公司	李彦、张明亮、苏国森、李玉峰、苏国天
GJEJGF200—2010	掺降粘剂型温拌沥青混凝土路面施工工法	中国云南路建集团股份公司	王春华、赵勇、吕俊、肖国新、张富
GJEJGF201—2010	高速铁路无砟轨道路基基床施工工法	1. 中铁大桥局集团有限公司 2. 中国水电建设集团铁路建设有限公司	张春新、张皓月、彭建萍、张铁松、曹玉新、朱浩波
GJEJGF202—2010	无砟轨道摩擦板、端刺、过渡板施工工法	1. 中铁六局集团有限公司 2. 中铁十二局集团有限公司	沈学利、张国红、赵玉宝、曹刚龙、王伟

工法编号	工法名称	完成单位	完成人
GJEJGF203—2010	中国列车运行控制系统（CTCS）3 级调试工法	中国铁路通信信号集团公司	季鹏、郭屯、张朝波、邢毅
GJEJGF204—2010	地铁道岔支架法整体道床施工工法	中铁五局（集团）有限公司	王国庆、薛明胜、龚楠富
GJEJGF205—2010	单轨交通信号系统设备安装调试工法	中铁电气化局集团有限公司	沈九江、李新潮、蒋先进、范建伟、穆红普
GJEJGF206—2010	大断面单拱单柱双层地铁车站中洞法施工工法	1. 中铁二局股份有限公司 2. 中铁十局集团有限公司	刘泽、骆斌、蒲晓蓉、何开伟
GJEJGF207—2010	高速铁路无砟轨道滑动层预张紧铺设工法	1. 中交第四公路工程局有限公司 2. 中国路桥工程有限责任公司	王昕、安爱军、赵新志、王付芳、汪淼
GJEJGF208—2010	高速铁路 CRTSⅢ型板式无砟轨道预应力混凝土轨道板预制工法	中建铁路建设有限公司	徐细军、张鹏、于海涛、李飨民、卞京
GJEJGF209—2010	高速铁路桥梁钻孔桩"预钻法"成孔施工工法	1. 中国水电建设集团铁路建设有限公司 2. 中国水利水电第四工程局有限公司	李斌、郝长福、罗卿、曹玉新、午向阳
GJEJGF210—2010	时速 350km 高速道岔岔枕制造工法	1. 中铁十四局集团有限公司 2. 济南四建（集团）有限责任公司	姜忠仁、曹凤洁、范宗宇、林春妮、孙洁
GJEJGF211—2010	格构式接触网硬横跨全过程施工工法	中铁二十一局集团有限公司	石学勤、白永宏、周玉伟、张锁胜、魏志荣
GJEJGF212—2010	CRTSⅠ型板式无砟轨道水泥乳化沥青砂浆施工工法	1. 中铁十七局集团有限公司 2. 中铁十一局集团有限公司	郭宏、张义理、崔幼飞、王建峰、张军林
GJEJGF213—2010	城市轨道交通先隧后站逆序施工工法	中铁二十二局集团有限公司	靳海龙、王爱国、王在仁、熊乾、王连征
GJEJGF214—2010	严寒地区铁路客运专线支座灌浆冬期施工工法	中国建筑土木建设有限公司	裴正强、龙军屹、蔡宁、肖剑光、赵兴超
GJEJGF215—2010	地铁薄壁异型护栏板的施工工法	1. 广州市市政集团有限公司 2. 广东金辉华集团有限公司	陈世宏、杨斌、郭飞、杭世杰、张洪彬
GJEJGF216—2010	复合式衬砌隧道黏土浆液背后注浆工法	1. 北京市公路桥梁建设集团有限公司 2. 北京市市政工程研究院	孙西濛、叶英、王义海、夏春蕾、叶春琳
GJEJGF217—2010	瓦斯隧道大掏槽减振钻爆法	1. 北京市公路桥梁建设集团有限公司 2. 北京市市政工程研究院	孙文龙、孙西濛、傅洪贤、谷文元、胡建华
GJEJGF218—2010	车站风道下井盾构始发施工工法	1. 中建市政建设有限公司 2. 浙江勤业建工集团有限公司	邓美龙、尹清锋、油新华、郝本峰、邵东升
GJEJGF219—2010	分次复式楔形掏槽减振爆破施工工法	1. 中铁十九局集团有限公司 2. 中铁九局集团有限公司	鲍茹苍、李娜、于建军、李少先、樊艳祥
GJEJGF220—2010	隧道区间风井吊筑施工工法	1. 上海建工集团股份有限公司 2. 上海市第一建筑有限公司	范庆国、屠春军、杨子松、陈志明、张正
GJEJGF221—2010	浅埋暗挖隧道超大管棚与改良袖阀管复合加固施工工法	1. 广州机施建设集团有限公司 2. 裕通建设集团有限公司	黎丁、陈蜀东、秦健新、何炳泉、谢国华
GJEJGF222—2010	地铁车站预留隧道孔洞之轮幅式支模体系施工工法	1. 广州工程总承包集团有限公司 2. 汕头市达濠市政建设有限公司	文勉聪、饶文海、余建民、陈广、梁钊
GJEJGF223—2010	大断面双连拱明洞整体台架隧道拱体施工工法	1. 北城致远集团有限公司 2. 重庆建工第三建设有限责任公司	符云钢、袁勇、王安立、蒋红庆、刘敏
GJEJGF224—2010	冰川堆积体隧道开挖施工工法	1. 安通建设有限公司 2. 北京市公路桥梁建设集团有限公司	张继锁、易宇明、祁鹏、何利军、周世生
GJEJGF225—2010	多变径模板台车整体衬砌施工工法	1. 中交隧道工程局有限公司 2. 中国路桥工程有限责任公司	张伯阳、张亚果、丁立金、王善高、张英明

续表

工法编号	工法名称	完成单位	完成人
GJEJGF226—2010	偏压状态下明暗交界段隧道进洞开挖施工工法	浙江省宏途交通建设有限公司	吴旭初、朱培良、李继平、高小威、许建兴
GJEJGF227—2010	应用 3D 激光扫描仪监控隧道围岩施工工法	中铁十八局集团有限公司	刘齐山、潘建立、史振春、付兆岗、刘金德
GJEJGF228—2010	浅滩沙层大直径竖井施工工法	1. 中铁一局集团有限公司 2. 中国中铁航空港建设集团有限公司	李治军、孟维孝、何小龙、张松、刘源
GJEJGF229—2010	盾构空推通过暗挖隧道或车站施工工法	1. 中铁三局集团有限公司 2. 中国中铁航空港建设集团有限公司	辛振省、朱俊阳、高俊峰、徐建中、康见星
GJEJGF230—2010	冻土区隧道湿喷混凝土支护施工工法	1. 中铁五局（集团）有限公司 2. 中铁十局集团有限公司	夏真荣、杨安杰、苟祖宽、林定权
GJEJGF231—2010	大跨隧道拱箱双层组合结构施工工法	1. 中铁隧道集团有限公司 2. 中铁港航局集团有限公司	赵炜、周彦军、高奇文、彭跃松、曹军强
GJEJGF232—2010	地铁盾构法隧道水下进洞施工工法	1. 宏润建设集团股份有限公司 2. 腾达建设集团股份有限公司	郝明亮、顾乾岗、顾晓建、王亚俊、王玲才
GJEJGF233—2010	组合拱桥步履式平移整体顶推施工工法	1. 中交第二航务工程局有限公司 2. 新八建设集团有限公司	周光强、姚平、杨绍斌、舒大勇、申蒙
GJEJGF234—2010	新型锁口钢管桩基坑支护施工工法	1. 北京城建道桥建设集团有限公司 2. 泛华建设集团有限公司	郭志仁、孙圣明、尤宏坤、王莹、张晶
GJEJGF235—2010	大跨度预应力连续梁悬灌浇筑施工工法	1. 中国建筑第六工程局有限公司 2. 天津住宅集团建设工程总承包有限公司	刘宝新、刘积海、张杰、王伟、陆海英
GJEJGF236—2010	拱桥加固施工工法	1. 中太建设集团股份有限公司 2. 鹏达建设集团有限公司	谢良波、张明礼、董翔、袁雅杰、廖永
GJEJGF237—2010	高寒地区聚酯纤维加强改性沥青混凝土桥面铺装施工工法	1. 江苏九鼎环球建设科技集团有限公司 2. 龙建路桥股份有限公司	李彭英、李培刚、李洪林、杨继禹、卢立军
GJEJGF238—2010	软土地区预应力管桩做箱梁支架基础桩帽施工工法	1. 杭州萧宏建设集团有限公司 2. 浙江国泰建设集团有限公司	黄卓杰、俞国军、王妙荣、章铭荣、洪昌华
GJEJGF239—2010	折线配筋预应力混凝土 50 米 T 梁先张法施工工法	1. 浙江省大成建设集团有限公司 2. 中鑫建设集团有限公司	张忠胜、姜天鹤、陈国平、钟跃平、王毛彬
GJEJGF240—2010	箱形截面替代肋形主拱圈截面改造双曲拱桥施工工法	1. 江西中煤建设集团有限公司 2. 中际联发交通建设有限公司	曾水泉、张红芹、谌乐强、黄菊平、王立国
GJEJGF241—2010	连续板替代拱式拱上建筑改造双曲拱桥施工工法	1. 江西中煤建设集团有限公司 2. 中际联发交通建设有限公司	黄菊平、谌洁君、章亮亮、蔡文宇、王立国
GJEJGF242—2010	预应力混凝土预制箱梁冬期施工工法	1. 江西省交通工程集团公司 2. 龙建路桥股份有限公司	刘仁达、王艳、马勇、任建章、姜月萍
GJEJGF243—2010	高空混凝土结构物反支点预压施工工法	1. 中铁一局集团有限公司 2. 中国中铁航空港建设集团有限公司	何占忠、王胜利、卜东平
GJEJGF244—2010	外倾式变截面预应力混凝土拱肋液压自爬模施工工法	1. 中铁二局股份有限公司 2. 中国海外工程有限责任公司	林用祥、蒋光全、张明书、邰小群、万宗江
GJEJGF245—2010	大型双壁钢套箱围堰施工工法	1. 中铁大桥局股份有限公司 2. 中国海外工程有限责任公司	吴丹桂、程晨、王元利、郑思超、潘军
GJEJGF246—2010	波形钢腹板预应力混凝土连续箱梁现浇施工工法	1. 中铁三局集团有限公司 2. 中国中铁航空港建设集团有限公司	张克治、王军海、杨晓峰、张新领、汪之明
GJEJGF247—2010	胶结密实圆砾土层双壁钢围堰施工工法	1. 中铁四局集团有限公司 2. 中铁上海工程局有限公司	秦林、陈平、马朝、付威、张汉一
GJEJGF248—2010	深水溶蚀地质旧桥墩加固利用施工工法	1. 中铁四局集团有限公司 2. 中铁上海工程局有限公司	唐骏、闫子才、姚松柏、武军、刘明友

工法编号	工法名称	完成单位	完成人
GJEJGF249—2010	全焊接钢桁梁斜拉桥主梁整节段安装施工工法	1. 中铁大桥局股份有限公司 2. 中铁港航局集团有限公司	陈理平、胡勇、黄勇、殷秀凯、周贵平
GJEJGF250—2010	可移动式预制构件对桥梁支撑架进行加载的施工工法	1. 中国一冶集团有限公司 2. 华太建设集团有限公司	武钢平、王平、赵海莲、颜良真
GJEJGF251—2010	桥梁支座端多点整体同步顶升施工工法	1. 汕头市达濠市政建设有限公司 2. 广州工程总承包集团有限公司	辛绪权、周岳峰
GJEJGF252—2010	高速铁路128m钢箱系杆拱桥施工工法	1. 中国铁建股份有限公司 2. 中铁二十一局集团第五工程有限公司	朱全泉、姚璐、冯建军、张德昌、陈小科
GJEJGF253—2010	铁路T形简支梁现场预制循环流水生产线施工工法	1. 中铁十二局集团有限公司 2. 中国土木工程集团有限公司	王立军、范军、王勇、王双卯、张金平
GJEJGF254—2010	大跨度变截面栓焊结构钢管桁架拱肋加工制作工法	1. 中铁十三局集团第一工程有限公司 2. 中国铁建股份有限公司	刘志、李志辉、刘宏宇、李长武、陶中原
GJEJGF255—2010	潮汐大流速深水裸露基岩基础施工工法	1. 中铁十六局集团有限公司 2. 中铁建电气化局集团有限公司	王小飞、潘寿东、楼敏、周培峰、郭秀琴
GJEJGF256—2010	大跨度桁架式钢筋混凝土预应力桥斜拉挂篮施工工法	1. 中铁十八局集团第五工程有限公司 2. 中铁建电气化局集团有限公司	程志强、代敬辉、李宇航、郑宏银、高强
GJEJGF257—2010	连续钢箱梁逐段拼装空间曲线顶推工法	1. 中铁二十局集团有限公司 2. 中铁建电气化局集团有限公司	杜越、李庆民、王永丽、仲维玲、严朝锋
GJEJGF258—2010	变截面高桥墩模板制作与安装工法	重庆交通建设（集团）有限责任公司	魏河广、潘正华、吴宏宇、曾好
GJEJGF259—2010	斜拉桥塔梁错步并进施工工法	贵州省公路工程集团有限公司	黄凡、靳如平、赵钦、伍祖涛、周大庆
GJEJGF260—2010	采用先拱后梁施工的大跨度系杆拱桥混凝土系杆无支架施工工法	1. 云南巨和建设集团有限公司 2. 中达建设集团股份有限公司	朱治平、刘少伟、李福清、杨继东、徐林真
GJEJGF261—2010	采用悬臂支撑体系进行梁体体系转换的施工工法	新疆北新路桥建设股份有限公司	熊保恒、赵光军、陈长江、罗先宏、武涛
GJEJGF262—2010	单墩同步整体顶升式支座更换施工工法	1. 杭州市市政工程集团有限公司 2. 新疆维泰开发建设（集团）股份有限公司	张爱平、周松国、杨胜利、陈军、杨血烽
GJEJGF263—2010	现浇钢筋混凝土拱桥无支墩施工工法	1. 安通建设有限公司 2. 北京市公路桥梁建设集团有限公司	夏孝奋、张韶华、董波、李辉、孙文龙
GJEJGF264—2010	弓弦式挂篮悬臂浇筑施工工法	湖北省路桥集团有限公司	潘诚文、夏君华、王军、张泽宇、王能定
GJEJGF265—2010	悬索桥边跨无索区钢箱梁安装施工工法	四川公路桥梁建设集团有限公司	卢伟、杨如刚、邓亨长、龙勇、李润哲
GJEJGF266—2010	宽幅城市桥梁多箱分体顶推施工工法	北京城建道桥建设集团有限公司	杨国良、寇志强、刘喜旺、陆文娟、王茂杰
GJEJGF267—2010	复杂条件下城市高架现浇混凝土箱梁混合式排架施工工法	1. 上海市第四建筑有限公司 2. 浙江舜江建设集团有限公司	吴联军、陈家伟、虞硕华、江家杰、严忠海
GJEJGF268—2010	多圆弧异型独柱塔悬臂模板施工工法	1. 中铁十五局集团有限公司 2. 安阳建工（集团）有限责任公司	贾贯乾、魏俊龙、王晓飞、赵东海、董莹
GJEJGF269—2010	悬索桥卷扬机式吊装系统钢箱梁安装施工工法	四川公路桥梁建设集团有限公司	邓亨长、卢伟、杨如刚、虞业强、鲁翼
GJEJGF270—2010	超长预应力钢绞线机械穿束施工工法	1. 云南建工第五建设有限公司 2. 云南建工第四建设有限公司	焦伦杰、王剑非、陈芝轩、王天锋、周伟
GJEJGF271—2010	高压注浆置换处理桩基施工工法	中国云南路建集团股份公司	夏传友、倪生会、王春华、全凤文、肖国新

工法编号	工法名称	完成单位	完成人
GJEJGF272—2010	薄壁空心墩施工工法	中国云南路建集团股份公司	赖国富、沈杰
GJEJGF273—2010	上承式钢管混凝土拱桥盖梁预制吊装施工工法	甘肃路桥建设集团有限公司	刘建勋、张鈺、田过勤、姜敏、王生辉
GJEJGF274—2010	接力式双排钢板桩水中深基坑支护施工工法	1. 中国建筑第六工程局有限公司 2. 天津住宅集团建设工程总承包有限公司	王建朋、巩汉波、高小强、衣成林、刘鹏
GJEJGF275—2010	景观橡胶坝施工工法	1. 山西六建集团有限公司 2. 江苏省盐阜建设集团有限公司	赵泳钢、郭丽丽、孙国梁、周爱民、王斌
GJEJGF276—2010	超大有轨弧形平面双开钢闸门在独立门库移位安装工法	1. 江苏省水利机械制造有限公司 2. 江苏省第一建筑安装有限公司	王兵、仇翼建、田建京、王进、王勇
GJEJGF277—2010	渠道薄板混凝土衬砌施工工法	安蓉建设总公司	陶然、韩冬杰、张仕超、黄强、李晓鹏
GJEJGF278—2010	水平深孔对穿锚索施工工法	湖北安联建设工程有限公司	陈勇、陈孝英、陈太为、郭冬生、申逸
GJEJGF279—2010	大跨度上承式预应力混凝土拉杆拱施工工法	中国水利水电第十三工程局有限公司	徐建亭、刘持鹏、郑花香、雒焕斌、齐宗海
GJEJGF280—2010	高水头弧形闸门及埋件适宜紧密止水安装工法	中国葛洲坝集团股份有限公司	张为明、熊高峡、卫书满、陈群运、李齐
GJEJGF281—2010	大型升船机液压自升式模板施工工法	中国葛洲坝集团股份有限公司	曾明、孙昌忠、詹剑霞、杨富瀛、周雄
GJEJGF282—2010	整体吊装模板在水下混凝土施工工法	1. 葛洲坝集团第二工程有限公司 2. 浙江中南建设集团有限公司	余炳福、刘江平、陈光国、魏义民、段洪涛
GJEJGF283—2010	核电站钢衬里壁板安装自动焊施工工法	中国核工业华兴建设有限公司	张科青、程小华、别刚刚、魏金锁
GJEJGF284—2010	高海拔、寒冷地区超长 GIS 设备基础施工工法	1. 青海送变电工程公司 2. 浙江中联建设集团有限公司	何恩家、王彤、王鹏武、刘文革、曾光昌
GJEJGF285—2010	陡边坡混凝土面板无轨拉模施工工法	江夏水电工程公司	严匡柠、陈剑华、王松波、陈和勇、姚自友
GJEJGF286—2010	复杂地质条件下深厚覆盖层竖井施工工法	中国水利水电第六工程局有限公司	翟万全、王金田、蔡荣生、刘永胜、张坤
GJEJGF287—2010	复杂地质边坡大孔径深孔锚索钻孔施工工法	1. 中国水利水电第七工程局有限公司 2. 中国水电建设集团铁路建设有限公司	罗建林、李正兵、黄平、吕文强
GJEJGF288—2010	水工建筑物过流面抗磨蚀层环氧胶泥施工工法	1. 中国水利水电第十一工程局有限公司 2. 中国水电建设集团铁路建设有限公司	张涛、丁清杰、黄俊玮、张汉平
GJEJGF289—2010	地下厂房混凝土无盲区高速布料施工工法	中国葛洲坝集团股份有限公司	周厚贵、郭光文、石义刚、余英、屈庆余
GJEJGF290—2010	大深度沉井群施工工法	1. 中国葛洲坝集团股份有限公司 2. 长江航道局	郭光文、屈庆余、石义刚、余英、戴志清
GJEJGF291—2010	现浇混凝土闸门封堵导流洞进水口施工工法	葛洲坝集团第一工程有限公司	张小华、黎学皓、刘经军、才永发、邸书茵
GJEJGF292—2010	无套管一次性注浆预应力锚杆施工工法	1. 葛洲坝集团第二工程有限公司 2. 浙江中南建设集团有限公司	杨忠兴、高一军、姚金满、闫平、罗运诚
GJEJGF293—2010	导流洞混凝土堵头施工工法	江南水利水电工程公司	韦顺敏、李虎章、帖军锋、范双柱、赵志旋
GJEJGF294—2010	凿岩棒水下环保碎岩施工工法	1. 中交广州航道局有限公司 2. 中国港湾工程有限责任公司	潘永和、张胜康、苏绍鑫、刘毅光、吴院生

续表

工法编号	工法名称	完成单位	完成人
GJEJGF295—2010	大型钢桩式抓斗挖泥船施工工法	1. 中交上海航道局有限公司 2. 上海港务工程公司	肖剑、刘少丞、冯进华、房德明、陶冲林
GJEJGF296—2010	绞吸船开挖珊瑚礁灰岩施工工法	1. 中交天津航道局有限公司 2. 中国港湾工程有限责任公司	周泉生、高伟、赵凤友、闫永桐、关巍
GJEJGF297—2010	抓斗挖泥船平板侧推扫浅施工工法	1. 长江航道局 2. 重庆城建控股（集团）有限公司	江建明、罗宏、蒋状、王峰、罗磊
GJEJGF298—2010	软弱地质条件下码头超深 T 形地下连续墙施工工法	1. 中国港湾工程有限责任公司 2. 中交第四航务工程局有限公司	陈米、刘天云、林治平、周翰斌、朱信群
GJEJGF299—2010	黏性土航道免扫浅施工工法	1. 中交上海航道局有限公司 2. 中国路桥工程有限责任公司	诸葛玮、吕玉琪、戴自国、熊仕伶、黄锦彬
GJEJGF300—2010	生态型雨水回收透水地面施工工法	1. 潍坊昌大建设集团有限公司 2. 威海建设集团股份有限公司	张连悦、王奋、王建波、胡曰俊、张建平
GJEJGF301—2010	预应力锚索网格梁板施工工法	1. 云南建工水利水电建设有限公司 2. 湖北地矿建设工程承包集团有限公司	吴亚俊、王嘉贵、李家向、陈少平、张志、阳志雄
GJEJGF302—2010	序列式柔性振动沉模板桩防渗墙施工工法	1. 浙江海天建设集团有限公司 2. 中国水电建设集团十五工程局有限公司	卢锡雷、胡新峰、王东、何小雄、杜立红、乔勇
GJEJGF303—2010	碾压混凝土坝异种混凝土同步浇筑上升施工工法	1. 中国水利水电第十六工程局有限公司 2. 中国水利水电第十一工程局有限公司	陈祖荣、周宗斌、吴友旺、宋海波、李晓光
GJEJGF304—2010	浮箱式闸首施工工法	中国交通建设股份有限公司	童小飞、刘瀚波、季汉忠、李天恩、刘学勇
GJEJGF305—2010	大直径高筒仓综合成套技术施工工法	1. 中平能化建工集团有限公司 2. 河南省第二建设集团有限公司	宋永恒、于朝辉、高山林、刘学辉、孙智会
GJEJGF306—2010	地下矿山掘进高分段（大参数）无底柱分段崩落施工工法	1. 攀钢集团冶金工程技术有限公司 2. 中国三冶集团有限公司	周旭、黄勇、王巧兰、徐晓军、史铭杰
GJEJGF307—2010	岩石斜井综掘机械化施工工法	1. 中煤第三建设（集团）有限责任公司 2. 中煤第七十一工程处	王厚良、吴信远、周树清、王劲红、方体利
GJEJGF308—2010	立井施工硬岩爆破液压伞钻凿岩施工工法	中煤第五建设有限公司	刘传申、杨思臣、陈学伟、程志彬、马传银
GJEJGF309—2010	白垩系含水层立井工作面预注浆施工工法	江苏省矿业工程集团有限公司	杨海楼、丁育洋、左武峰、欧阳志龙
GJEJGF310—2010	多高层建筑折叠爆破拆除施工工法	武汉市市政建设集团有限公司	谢先启、贾永胜、罗启军、韩传伟、刘昌邦
GJEJGF311—2010	采石场岩体块度分区、预测与控制爆破工法	1. 广东宏大爆破股份有限公司 2. 深圳市鹏城建筑集团有限公司	郑炳旭、邢光武、李萍丰、李战军、宋常燕
GJEJGF312—2010	大直径预应力钢筋混凝土筒仓刚性平台滑模施工工法	1. 中煤建筑安装工程公司 2. 山西焦煤西山金信建筑有限公司	苗志同、马德迎、倪时华、刘光强、付汉江
GJEJGF313—2010	小坡度斜井机械化配套快速施工工法	1. 中煤第五建设有限公司 2. 中平能化建工集团有限公司	孟凡良、曹武昌、李明、何志清、李勇、戴传东
GJEJGF314—2010	非煤矿山凿岩台车平巷快速掘进施工工法	1. 金诚信矿业建设集团有限公司 2. 中国有色金属工业第十四冶金建设公司	王先成、刘文成、谭金胜、赵守昌、贾计
GJEJGF315—2010	井下垂直下向钻孔穿突煤层施工工法	淮南矿业（集团）有限责任公司	崔兴安、赵俊峰、方有向、杨伟
GJEJGF316—2010	大峡谷中塔吊配合整体爬模变截面高墩施工工法	1. 中铁十二局集团第一工程有限公司 2. 山西路桥建设集团有限公司	周仲猛、米俊峰、张传刚、王传明、李彦

工法编号	工法名称	完成单位	完成人
GJEJGF317—2010	大跨度曲线连续梁转体施工工法	1. 中铁十二局集团第二工程有限公司 2. 山西路桥建设集团有限公司	武峰、李晓超、王克勤、梁军军、李彦
GJEJGF318—2010	大型群组地脚螺栓可调式整体预埋施工工法	河北省第四建筑工程公司	董富强、孟惜英、仇雨贵、李莉、张秀华
GJEJGF319—2010	长距离大直径长轴找正定位施工工法	1. 内蒙古兴泰建筑有限责任公司 2. 温州中城建设集团有限公司	韩平、王喆、王新华、潘一中、陈林
GJEJGF320—2010	2000kW 风力发电机安装工法	1. 中国十七冶集团有限公司 2. 中国二冶集团有限公司	丁效武、刘斌、陈登明、韩露、马智慧
GJEJGF321—2010	干熄槽壳体分段分片安装工法	中国十五冶金建设集团有限公司	何国武、肖永军、郭峰、刘海州、骆亚芳
GJEJGF322—2010	套管换热器倒装法施工工法	二十三冶建设集团有限公司	刘劲、肖进飞、刘超军、陈银元、石长春
GJEJGF323—2010	浮法玻璃生产线锡槽制造安装工法	1. 广西建工集团第一安装有限公司 2. 广西建工集团第二建筑工程有限责任公司	何报通、王永华、陆伟设、邓斌、凌荣超
GJEJGF324—2010	采用自调节式垫板快速安装大型半自磨机施工工法	1. 攀钢集团冶金工程技术有限公司 2. 四川省晟茂建设有限公司	王志伟、钟彪、黄亮思、刘建刚、肖波
GJEJGF325—2010	电解槽整体移动施工工法	1. 七冶建设有限责任公司 2. 二十三冶建设集团有限公司	王来强、张劲松、皮忠锡、陈长月、李勇军
GJEJGF326—2010	风力发电塔架结构制作施工工法	1. 中国三冶集团有限公司 2. 济南四建（集团）有限责任公司	王延忠、郑广斌、刘大剑、张喜超、赵晓华
GJEJGF327—2010	钛换热器焊接施工工法	1. 中国有色金属工业第十四冶金建设公司 2. 十一冶建设集团有限责任公司	葛艳彪、李国锦、江嵩、何权、胡国春
GJEJGF328—2010	热卷箱在线安装施工工法	中国十九冶集团有限公司	胡伟山、周彬辉、陆聪、熊德武、王一
GJEJGF329—2010	30 万 m³POC 型干式储气柜结构安装施工工法	1. 中国三冶集团有限公司 2. 中国十九冶集团有限公司	王延忠、焦洪福、苏钢、李铁、杜云彪、雷杰
GJEJGF330—2010	特大型环冷机设备安装施工工法	1. 中冶天工集团有限公司 2. 中冶建工有限公司	钟晓雷、黄强、牛勇、庞健、郭永亮
GJEJGF331—2010	利用柜顶作爬升式操作平台正装大型橡胶卷帘密封干式气柜施工工法	1. 中化二建集团有限公司 2. 中国石化集团南京工程有限公司	张晓亮、李青文、白爱明、冷辉、胡贾建、韩新兰
GJEJGF332—2010	吸附塔内件安装及吸附剂装填施工工法	中国石化集团南京工程有限公司	潘洪鑫、郑祥龙、王德明、孙桂宏
GJEJGF333—2010	大型冻结站快速安装施工工法	中煤第五建设有限公司	陈占怀、郭永富、王永友、李志清、李春山
GJEJGF334—2010	超高塔类建筑主被式阻尼抗振系统直线电机底座吊装施工工法	1. 中建工业设备安装有限公司 2. 山东百世建设集团有限公司	张成林、韩宝君、谢上冬、周宝贵、张宝华
GJEJGF335—2010	大型循环流化床锅炉炉衬砌筑施工工法	湖南省火电建设公司	谭杰、陈爱军、邓运球
GJEJGF336—2010	低温多效蒸馏海水淡化蒸发器组合、安装工法	山东电力建设第二工程公司	张仕涛、王学武、刘东现、郭延鹏、梁浩
GJEJGF337—2010	超超临界机组热工仪表管安装工法	1. 上海电力安装第二工程公司 2. 浙江省火电建设公司	钱明高、涂现勇、吕国华、戴杭明、鲁魁
GJEJGF338—2010	超大型灯泡贯流式机组导水机构安装工法	中国水利水电第七工程局有限公司	韩强、刘旻
GJEJGF339—2010	大中型船闸人字闸门整体提升检修安装施工工法	中国葛洲坝集团股份有限公司	张为明、曹毅、李波、李浩武、范品文
GJEJGF340—2010	超大型倒锥水箱液压提升工法	1. 河北省安装工程公司 2. 河北省第四建筑工程公司	赵银森、蒲社安、王立朝、和建青、贾荣杰

续表

工 法 编 号	工 法 名 称	完 成 单 位	完 成 人
GJEJGF341—2010	高耸混凝土筒体附着式鹰架施工工法	1. 江苏南通三建集团有限公司 2. 江苏阳江建设集团有限公司	姜跃周、姜雪岐、曹光中、顾飞舟、倪孝强
GJEJGF342—2010	电动升模装置组装及试验工法	湖南省第四工程有限公司	匡达、朱林、江晓峰、李小春、蒋荣华
GJEJGF343—2010	焦炉燃烧室在线热修施工工法	1. 中国十九冶集团有限公司 2. 攀钢集团冶金工程技术有限公司	郑辉、彭强、付晓林、陈伟攀、易振翔
GJEJGF344—2010	焦炉抵抗墙施工工法	中十冶集团有限公司	屈昕颖、王攀、徐飞宇、任泊远、呼维强
GJEJGF345—2010	大型炼钢转炉基础混凝土"分块跳仓"法施工工法	1. 中国十七冶集团有限公司 2. 攀钢集团冶金工程技术有限公司	陈明宝
GJEJGF346—2010	大型高炉炉壳制作工法	1. 上海宝冶集团有限公司 2. 中冶建工有限公司	咨健全、刘玉伟、陈文进、樊少岩、陈勇
GJEJGF347—2010	带肋冷却塔筒壁施工工法	天津电力建设公司	于亮、崔虹、孙成江
GJEJGF348—2010	催化主风机组安装工法	1. 中国石油天然气第七建设公司 2. 中国石油天然气第一建设公司	范文杰、刘光明、代学彦、丁仁义、郭葆军
GJEJGF349—2010	热板卷生产精轧机组安装工法	中国三安建设工程公司	汤立民、王福朝
GJEJGF350—2010	大型火力发电厂管式空冷岛安装工法	江苏江安集团有限公司	杜春禄、袁日勇、石桂有、李刚、周爱萍
GJEJGF351—2010	大口径薄壁管道浅海敷设施工工法	上海市基础工程有限公司	沈光、李耀良、柳立群、解泰昌、夏贤行
GJEJGF352—2010	跨山谷架空管道安装施工工法	成都建筑工程集团总公司	彭光明、辜碧军、胡笛、杨洪、卢文宇
GJEJGF353—2010	不锈钢管道背面自保护焊钨极氩弧焊丝打底焊使用工法	1. 宁夏电力建设工程公司 2. 江苏邝建集团有限公司	徐永海、汪万飞、李百年、李生录、李志杰
GJEJGF354—2010	埋地管道不开挖长距离内翻衬施工工法	大庆油田建设集团有限责任公司	樊三新、刘玉玲、刘家发、孙卫松、迟英
GJEJGF355—2010	长输管道清管、试压同步施工工法	陕西化建工程有限责任公司	王俊杰、徐毛选、张来民、李丽红、张世杰
GJEJGF356—2010	长距离大坡度隧道内管道施工工法	1. 辽河石油勘探局油田建设工程二公司 2. 胜利油田胜利石油化工建设有限责任公司	牟宗元、张彦军、刘洋、雷礼斌、王清元、徐军华
GJEJGF357—2010	铝合金管对接焊接接头（带衬垫）X射线检测工法	重庆工业设备安装集团有限公司	闫伟明、曾鹏飞、刘维忠、李万蜀、袁志杰
GJEJGF358—2010	悬挂式吊篮封网不停电跨越施工工法	四川电力送变电建设公司	王光祥、景文川、吴开贤、杨小斌、彭宇辉
GJEJGF359—2010	大型变压器差动保护系统的整组试验施工工法	1. 中冶建工有限公司 2. 重庆一建建设集团有限公司	王明远、周忠明、刘川、王玉、张顺友
GJEJGF360—2010	330kV整流变压器安装工法	1. 七冶建设有限责任公司 2. 中国十五冶金建设有限公司	张云胜、张显兵、查埔、张兴、李汇
GJEJGF361—2010	直线电机运载系统DC1500V三轨接触网系统施工工法	中铁电气化局集团有限公司	罗兵、陈永、吴生阳、蔡志刚、刘超
GJEJGF362—2010	大型低温储罐拱顶气压顶升施工工法	1. 中国核工业第五建设有限公司 2. 成都建筑工程集团总公司	莫晓军、熊道安、傅宇、周兴、范龙尧
GJEJGF363—2010	锅炉蒸汽干度自控系统施工工法	1. 永升建设集团有限公司 2. 江苏广宇建设集团有限公司	王乐宇、卢国平、杨冰、谢春刚
GJEJGF364—2010	带内筒大型立式圆筒形压力容器现场整体顶喷内燃法热处理工法	1. 广西建工集团第一安装有限公司 2. 广西建工集团第二建筑工程有限责任公司	李河、黄孙民、黄华君、邓斌、凌荣超

2009~2010 年度国家二级工法名单（升级版）

工 法 编 号	工 法 名 称	完 成 单 位	完 成 人
YJGF02—2002 (2009—2010 年度 升级版—001)	静态泥浆护壁旋挖式钻孔灌注桩施工工法	山西机械化建设集团公司	王永强、安明、刘淑芳、冯廷华、岳效宁
YJGF05—98 (2009—2010 年度 升级版—002)	静压沉管夯扩灌注桩施工工法	1. 福州市第七建筑工程有限公司 2. 福建六建集团有限公司	张孝松、王世杰、林元明、黄高飞、姜勇
YJGF02—92 (2009—2010 年度 升级版—003)	预应力土层锚杆工法	1. 中国京冶工程技术有限公司 2. 中国二十冶集团有限公司	胡建林、范景伦、柳建国、张智浩、张培文
YJGF04—2000 (2009—2010 年度 升级版—004)	多层地下室逆作法施工工法	广东省基础工程公司	钟显奇、彭小林、张双铃、刘庆兰、严振豪
YJGF80—2004 (2009—2010 年度 升级版—005)	隔震建筑橡胶支座施工工法	1. 中建七局第三建筑有限公司 2. 福建六建集团有限公司	张书锋、张世奇、王世杰、王耀、薛云林
YJGF18—2000 (2009—2010 年度 升级版—006)	深基坑开挖监测工法	广东省基础工程公司	邵孟新、李钦、彭小林、钟国辉、许健
YJGF70—2004 (2009—2010 年度 升级版—007)	多层面超大面积钢筋混凝土地面无缝施工工法	中建五局第三建设有限公司	蒋立红、粟元甲、刘胜利、湛裕勤、唐白奎
YJGF36—2002 (2009—2010 年度 升级版—008)	水泥基渗透结晶型防水材料工法	1. 河南省第一建筑工程集团有限责任公司 2. 郑州市第一建筑工程集团有限公司	胡保刚、闵志刚、靳鹏飞、江学成、雷霆
YJGF28—98 (2009—2010 年度 升级版—009)	玻璃钢圆柱模板工法	1. 河南省第一建筑工程集团有限责任公司 2. 林州建总建筑工程有限公司	职晓云、赵东波、马丙欣、李丽、冯俊昌
YJGF41—2002 (2009—2010 年度 升级版—010)	多功能爬架施工工法	中建六局建设发展有限公司	岳兰芳、邓青山、张辉、罗天寿
YJGF44—2002 (2009—2010 年度 升级版—011)	滚轧直螺纹钢筋接头施工工法	北京市建筑工程研究院有限责任公司	李大宁、黄伟、金崇正、陈志军、张宗生
YJGF26—98 (2009—2010 年度 升级版—012)	新型镦粗直螺纹钢筋连接施工工法	1. 建研科技股份有限公司 2. 温州建设集团有限公司	徐瑞榕、吴广彬、胡正华、刘永颐、郑笑芳
YJGF34—2000 (2009—2010 年度 升级版—013)	钢筋剥肋滚压直螺纹连接工法	1. 中国建筑科学研究院建筑机械化研究分院 2. 温州建设集团有限公司	赵红学、刘占辉、刘子金、胡正华、金瓯
YJGF25—98 (2009—2010 年度 升级版—014)	钢筋滚轧直螺纹连接施工工法	中建七局第三建筑有限公司	高洁琦、吴建英、郭常胜、杨克红
YJGF66—2004 (2009—2010 年度 升级版—015)	大跨度箱形变截面钢筋混凝土拱施工工法	1. 中建二局第三建筑工程有限公司 2. 中铁六局集团有限公司	施锦飞、裴健、倪金华、李应龙、韩友强
YJGF38—2002 (2009—2010 年度 升级版—016)	坡屋面现浇混凝土施工工法	1. 福建六建集团有限公司 2. 福州建工（集团）总公司	吕明、黄高飞、刘越生、严涛、林青

续表

工法编号	工法名称	完成单位	完成人
YJGF40—2002 （2009—2010 年度 升级版—017）	薄壁芯管现浇混凝土空心楼盖施工工法	湖南省第六工程有限公司	方东升、伍灿良、王本森、杨志、肖奕
YJGF51—2002 （2009—2010 年度 升级版—018）	夹层橡胶垫隔震层施工工法	1. 山西省第五建筑工程公司 2. 泛华建设集团有限公司	周遂、白艳琴、芦瑞玲、雷志芳、谭利华
YJGF49—2002 （2009—2010 年度 升级版—019）	ALC 板内隔断非承重墙安装工法	南通新华建筑集团有限公司	易杰祥、邬建华、吴勉和、钱志强、鲁开明
YJGF42—98 （2009—2010 年度 升级版—020）	建筑物整体移位施工工法	1. 福建省建筑科学研究院 2. 福建六建集团有限公司	张天宇、王世杰、吴志雄、李梁峰、黄高飞
YJGF72—2002 （2009—2010 年度 升级版—021）	焊接 H 形钢结构建筑制作安装工法	中铁四局集团有限公司	夏阳、陈宝民、李荣浩、刘瑜、方继
YJGF47—2002 （2009—2010 年度 升级版—022）	大型仿古建筑混凝土结构构架施工工法	山西省第一建筑工程公司	张兰香、白少华、李卫俊、王跃立、李止芳
YJGF55—2002 （2009—2010 年度 升级版—023）	高舒适度低能耗建筑干挂饰面幕墙聚苯复合外墙外保温施工工法	1. 北京建工博海建设有限公司 2. 浙江大东吴集团建设有限公司	蔡晓鸿、姚新良、刘凤鸣、孙书森、王强
YJGF88—2004 （2009—2010 年度 升级版—024）	聚苯保温板与混凝土现浇复合外墙施工工法	1. 浙江舜杰建筑集团股份有限公司 2. 江苏省华建建设股份有限公司	程杰、朱靖、姚荣海、许世明、鞠玉忠
YJGF74—2004 （2009—2010 年度 升级版—025）	防静电水磨石地面施工工法	1. 中国建筑第七工程局有限公司 2. 浙江环宇建设集团有限公司	焦安亮、黄延铮、刘文明、祁忠华、周国勇
YJGF68—2004 （2009—2010 年度 升级版—026）	骨架式膜结构施工工法	1. 浙江省建工集团有限责任公司 2. 浙江海滨建设集团有限公司	金睿、卓建明、焦挺、王坚飞、胡庆红
YJGF54—2002 （2009—2010 年度 升级版—027）	低温辐射采暖地板施工工法	山西四建集团有限公司	张文杰、侯湘东、戴斌、李彦春、杨军伟
YJGF60—2002 （2009—2010 年度 升级版—028）	薄壁连体法兰矩形风管施工工法	1. 上海市安装工程有限公司 2. 浙江舜江建筑集团有限公司	何广钊、许光明、严忠海、朱俊峰
YJGF53—2002 （2009—2010 年度 升级版—029）	高舒适度低能耗建筑天棚低温辐射采暖制冷系统施工工法	1. 北京建工博海建设有限公司 2. 浙江大东吴集团建设有限公司	董艳洁、姚新良、孙书森、郭笑冰、杨玉苹
YJGF43—2002 （2009—2010 年度 升级版—030）	电控附着式升降脚手架与模板一体化成套技术施工工法	1. 北京市建筑工程研究院有限责任公司 2. 北京六建集团有限责任公司	任海波、殷志华、于大海、李海生、李桐
YJGF45—2002 （2009—2010 年度 升级版—031）	HRB400 级钢筋电渣压力焊施工工法	山西四建集团有限公司	郝英华、段海兵、常彦妮、贺伟、闫春泽
YJGF46—2000 （2009—2010 年度 升级版—032）	钢管混凝土顶升浇筑施工工法	1. 中建三局第二建设工程有限责任公司 2. 中国一冶集团有限公司	罗宏、方胜利、黄晨光、郑承红、王平
YJGF46—2002 （2009—2010 年度 升级版—033）	现浇混凝土曲面斜筒体结构施工工法	1. 北京建工集团有限责任公司 2. 方远建设集团股份有限公司	杨秉钧、金崇正、翟培勇、朱文键、郑直

续表

工 法 编 号	工 法 名 称	完 成 单 位	完 成 人
YJGF48—2002 （2009—2010年度 升级版—034）	大跨度屋盖钢结构胎架滑移施工工法	1. 中建三局建设工程股份有限公司 2. 中建新疆建工集团第五建筑工程有限公司	张琨、王宏、鲍广鑑、周发榜、刘曙
YJGF87—2004 （2009—2010年度 升级版—035）	大、厚、重艺术浮雕石材干挂施工工法	1. 福建六建集团有限公司 2. 中建七局第三建筑有限公司	陈伯朝、王世杰、吴平春、薛云林、黄高飞
YJGF26—2002 （2009—2010年度 升级版—036）	弹性整体道床施工工法	1. 中铁隧道集团有限公司 2. 中铁十八局集团有限公司	胡新朋、孙谋、郭奇、王柏松、赵铁山
YJGF14—2002 （2009—2010年度 升级版—037）	敞开式硬岩掘进机在软弱围岩铁路隧道施工工法	1. 中铁隧道集团有限公司 2. 中交隧道工程局有限公司	徐军哲、郑清君、夏安琳、高存成、吴全立
YJGF81—2002 （2009—2010年度 升级版—038）	城市轨道交通 ATC 系统数字轨道电路调试工法	中国铁路通信信号集团公司济南工程有限公司	于明、李本刚
YJGF24—2002 （2009—2010年度 升级版—039）	轨枕埋入式无砟轨道施工工法	中铁十一局集团有限公司	崔幼飞、张军林、雷鹏飞、郑红伟、赵洪洋
YJGF25—2002 （2009—2010年度 升级版—040）	板式无砟轨道水泥乳化沥青砂浆施工工法	中铁十一局集团有限公司	崔幼飞、张军林、彭勇锋、赵洪洋、杨德军
YJGF10—2002 （2009—2010年度 升级版—041）	沉管隧道混凝土管段制作裂缝控制工法	上海城建（集团）公司	朱卫杰、李侃
YJGF09—2002 （2009—2010年度 升级版—042）	沉管隧道桩基囊袋注浆施工工法	上海城建（集团）公司	谢彬、张冠军
YJGF08—2002 （2009—2010年度 升级版—043）	复合型土压平衡盾构掘进工法	上海隧道工程股份有限公司	李章林、傅德明
YJGF14—2000 （2009—2010年度 升级版—044）	DK 式土压平衡顶管工法	上海城建市政工程（集团）有限公司	余彬泉、韩为峰、章建青、张乃涓、傅纪伟
YJGF13—2002 （2009—2010年度 升级版—045）	铁路车站三线大跨度软弱围岩隧道施工工法	1. 中铁隧道集团有限公司 2. 中交隧道工程局有限公司	杨秀权、陈庆怀、于忠波、李世君、石新栋
YJGF11—2002 （2009—2010年度 升级版—046）	隧道水平旋喷预支护施工工法	中铁二十局集团有限公司	杨米柱、张永鸿、仲维玲、程刚、周山虎
YJGF52—2004 （2009—2010年度 升级版—047）	悬索桥主缆索股架设工法	路桥华南工程有限公司	王崇旭、王嗣江、黄小鹏、李勇、刘洋
YJGF23—2004 （2009—2010年度 升级版—048）	悬索桥复合式隧道锚碇施工工法	路桥华南工程有限公司	王崇旭、王嗣江、李勇、黄小鹏、胡亚锋
YJGF63—2004 （2009—2010年度 升级版—049）	旧桥改造之桥梁同步顶升施工工法	天津城建集团有限公司	杨勇、宋成国、汪济堂、卢士鹏、李义
YJGF34—2002 （2009—2010年度 升级版—050）	长线台座先张桥梁板和重级制吊车梁施工工法	山西建筑工程（集团）总公司	赵斌、王宏业、安瑞平、孟启基、郭谦

工法编号	工法名称	完成单位	完成人
YJGF12—94 （2009—2010 年度 升级版—051）	高速铁路预应力混凝土连续箱梁多点顶推架设工法	中铁十三局集团有限公司	李庆丰、肖新华、牛宏伟、黄海、张林
YJGF20—2002 （2009—2010 年度 升级版—052）	大跨度刚构—连续组合弯梁桥施工工法	中铁十一局集团有限公司	余先江、何志勇、游国平
YJGF42—2002 （2009—2010 年度 升级版—053）	顶杆外置式液压提升平台爬模施工工法	中铁十一局集团有限公司	邱砚秀、明艳华、熊强艳、李正鸿、宁煜泽
YJGF21—1998 （2009—2010 年度 升级版—054）	缆索吊架设大跨度大吨位多节段拱桥工法	中铁十七局集团有限公司	席红星、景改萍
YJGF26—2000 （2009—2010 年度 升级版—055）	大跨度结合梁跨越电气化铁路编组场施工工法	中铁十七局集团有限公司	田朝霞、陈金元、王道斌、袁俊青
YJGF19—2002 （2009—2010 年度 升级版—056）	特大跨连续刚构悬灌梁施工工法	中铁十七局集团第三工程有限公司	邱瑞、杜嘉俊、吕建明、袁俊青、靳江海
YJGF27—2002 （2009—2010 年度 升级版—057）	大吨位箱梁提运架施工工法	中铁十七局集团有限公司	范琦山、郭淑云、董琪
YJGF21—2002 （2009—2010 年度 升级版—058）	大跨度可调式无支墩钢拱架施工混凝土拱桥工法	中铁十七局集团有限公司	田学林、唐文喜
YJGF35—2004 （2009—2010 年度 升级版—059）	基于 GPS 实时监控水下抛石施工工法	1. 中建八局第三建设有限公司 2. 中建筑港集团有限公司	程建军、招庆洲、李国、李清超、沈兴东
YJGF73—2004 （2009—2010 年度 升级版—060）	核电站安全壳预应力施工工法	1. 中国核工业华兴建设有限公司 2. 南京凯盛建设集团有限公司	张卫兵、赵月州、王德桂、郝发领、宋建义
YJGF01—94 （2009—2010 年度 升级版—061）	真空预压加固软土地基技术施工工法	中交第一航务工程局有限公司	杨京方、刘爱民、梁萌、喻志发、诸葛爱军
YJGF98—2004 （2009—2010 年度 升级版—062）	滩海油田大型平台整体浮装法就位施工工法	胜利油田胜利石油化工建设有限责任公司	桑运水、贾芳民、姜俊荣、郭刚、王允
YJGF69—2004 （2009—2010 年度 升级版—063）	体育场环向超长钢筋混凝土结构施工工法	1. 中国建筑第八工程局有限公司 2. 中建新疆建工集团有限公司	赵亚军、李栋、马荣全、李锋、陈俊杰
YJGF29—2004 （2009—2010 年度 升级版—064）	建基物基底水平预裂爆破施工工法	中国核工业华兴建设有限公司	张卫兵、李新建、沈勤明、郭雪珍、陆正
YJGF48—92 （2009—2010 年度 升级版—065）	无钢架火炬（细高塔）多独立吊点整体吊装工法	河北省安装工程公司	张国友、贺广利、牛义宾、蒲社安、郝国荣
YJGF69—2002 （2009—2010 年度 升级版—066）	300kA 预焙阳极电解槽槽壳及金属结构制作安装施工工法	山西省工业设备安装公司	雷平飞、孙志坚、葛守文、曹海洋、要明明
YJGF91—2004 （2009—2010 年度 升级版—067）	超大型龙门起重机整体提升安装施工工法	1. 江苏天目建设集团有限公司 2. 江苏华能建设工程集团有限公司	史胜海、史红卫、周天喜、宋健、孙保兴

续表

工法编号	工法名称	完成单位	完成人
YJGF58—2002 （2009—2010 年度 升级版—068）	汽轮发电机组地脚螺栓直埋与锚固板定位施工工法	1. 湖南省第四工程有限公司 2. 湖南省建筑施工技术研究所	朱林、匡达、江晓峰、刘运武、张天祥
YJGF59—2002 （2009—2010 年度 升级版—069）	细长圆形金属储罐气吹倒装施工工法	湖南省工业设备安装有限公司	闵泽鹏、李桂芳、田成勇
YJGF57—98 （2009—2010 年度 升级版—070）	板坯连铸机安装工法	1. 中冶天工上海十三冶建设有限公司 2. 中国华冶科工集团有限公司	杨晓斌、张银峰、张书会、孙兴利、陈爱坤
YJGF68—2002 （2009—2010 年度 升级版—071）	大型阳极预焙电解槽制作工法	九冶建设有限公司	张全来、王伟、李万庆
YJGF92—2004 （2009—2010 年度 升级版—072）	DBQ4000tm 门座塔式起重机安装（拆除）工法	1. 中国一冶集团有限公司 2. 大连金广建设集团有限公司	黄树琦、李前国、余宗奎、王拥鹏、所玉敏
YJGF29—91 （2009—2010 年度 升级版—073）	桅杆扳吊设备工法	中国化学工程第四建设有限公司	孙韵、阳正源、毛广周、张俊、蒋翔
YJGF48—98 （2009—2010 年度 升级版—074）	大型低温常压 LPG 储罐现场安装工法	中国南海工程有限公司	彭清、康克诚、郭家松、温晓峰、邹德新
YJGF97—2004 （2009—2010 年度 升级版—075）	乙烯装置大型裂解炉安装施工工法	1. 中国石化集团第十建设公司 2. 中国石化集团第四建设公司	杜宗岚、焦富刚、郭胜
YJGF80—2002 （2009—2010 年度 升级版—076）	液压、润滑管道在线酸洗、油冲洗施工工法	1. 中冶天工集团有限公司 2. 中国华冶科工集团有限公司	刘巨才、林会明、庞健、张溪波、郭英昌
YJGF75—2002 （2009—2010 年度 升级版—077）	长输管道全位置自动焊接工法	1. 中国石油天然气管道局第三工程分公司 2. 中国石油天然气管道第二工程公司	王纪、张英奎、武志乐、魏国昌、刘金岭
YJGF73—2002 （2009—2010 年度 升级版—078）	管道环焊缝相控阵全自动超声波检测工法	中国石油天然气管道局第一工程分公司	张宏亮、李健、韩国军、王成强、贾世民
YJGF78—2002 （2009—2010 年度 升级版—079）	钢质管道固定/撬装 3PE 外防腐作业工法	中油管道防腐工程有限责任公司	穆铎、于洪波、刘月芳、谢武岗、金鹏
YJGF74—2002 （2009—2010 年度 升级版—080）	管道爬行器 X 射线检测工法	中国石油天然气第一建设公司	龚华、李鹏、胡述超、华金德、马彦涛
YJGF79—2002 （2009—2010 年度 升级版—081）	钢质弯管环氧粉末机械化连续外防腐作业工法	中国石油天然气管道科学研究院	焦如义、张瑛、袁春、姚士洪、王玮
YJGF71—2002 （2009—2010 年度 升级版—082）	大型水平定向钻穿越施工工法	中国石油天然气管道局穿越分公司	吴益泉、石忠、尹刚乾、刘艳辉
YJGF59—98 （2009—2010 年度 升级版—083）	锆及锆合金管道焊接工法	1. 中国化学工程第六建设有限公司 2. 陕西化建工程有限责任公司	李柏年、潘兰兰、曹满英、袁黎明、龚固
YJGF66—92 （2009—2010 年度 升级版—084）	尿素级双相不锈钢焊接工法	1. 中国化学工程第七建设有限公司 2. 中国化学工程第三建设有限公司	孙逊、苏富强、黄俊斌、吴明傲、崔建兴

续表

工法编号	工法名称	完成单位	完成人
YJGF56—2002 （2009—2010年度 升级版—085）	X70钢级大口径弯管制作工法	1. 中油吉林化建工程有限公司 2. 中化二建集团有限公司	许秀丽、何永胜、于俊、邵长云、徐文新
YJGF70—2002 （2009—2010年度 升级版—086）	浅海油田海底管道浮拖法施工工法	胜利油田胜利石油化工建设有限责任公司	桑运水、姜俊荣、钱孟祥、张军、倪京华
YJGF63—2002 （2009—2010年度 升级版—087）	ABB数字式直流传动装置调试工法	中国十七冶集团有限公司	金仁才、董伟、张赛、蒋永辉
YJGF62—98 （2009—2010年度 升级版—088）	110/10kV变电所调试工法	1. 中国二十冶集团有限公司 2. 中国华冶科工集团有限公司	赵俊杰、郭宏、吴文平、刘民业、沙德敏
YJGF17—2000 （2009—2010年度 升级版—089）	水底电（光）缆敷设施工工法	上海市基础工程有限公司	柳立群、沈光、解泰昌、陈荣凯、朱建国
YJGF35—90 （2009—2010年度 升级版—090）	球形储罐安装工法	上海市安装工程有限公司	倪家利、袁旭光、林艳萍、严忠海、朱俊峰
YJGF58—92 （2009—2010年度 升级版—091）	大型储罐自然硫化橡胶衬里施工工法	中化二建集团有限公司	王丽霞、陈永宏、李文才、秦金瓜、张永胜
YJGF77—2002 （2009—2010年度 升级版—092）	超大型耐热钢焦炭塔制造组焊工法	1. 中国石化集团宁波工程有限公司 2. 中国石化集团第五建设公司	俞松柏、瞿继虎、胡明
YJGF112—2004 （2009—2010年度 升级版—093）	大型立式圆筒形压力容器现场整体内燃法热处理工法	中国石油天然气第一建设公司	薛金保、卫建良、王启宇、李清军、樊锐莉